U0281500

THE ROYAL
HORTICULTURAL
SOCIETY

英国皇家园艺学会

[英]

克里斯托夫·布里克尔 主编

王晨 马洪峥 等 译

电子工业出版社

Publishing House of Electronics Industry

北京·BEIJING

Original Title: RHS Encyclopedia of Gardening

Copyright © 1992, 2002, 2007, 2012 Dorling Kindersley Limited, London

本书中文简体版专有出版权由Dorling Kindersley授予电子工业出版社。未经许可，不得以任何方式复制或抄袭。

版权贸易合同登记号 图字：01-2012-8639

图书在版编目（CIP）数据

园艺百科全书: 典藏版 /（英）克里斯托夫·布里克尔（Christopher Brickell）主编；王晨等译. — 北京：电子工业出版社，2021.5

书名原文：RHS Encyclopedia of Gardening

ISBN 978-7-121-40675-1

Ⅰ. ①园… Ⅱ. ①克… ②王… Ⅲ. ①园艺—通俗读物 Ⅳ. ①S6-49

中国版本图书馆CIP数据核字（2021）第039076号

审图号：GS（2021）1583号

主译：王 晨 马洪峥

译者：王 晨 马洪峥 陈习龄 付建新 李娜娜 刘 铭 洪 艳
牛雅静 彭金根 亓 帅 石丛蒙 宋雪彬 孙秋玲 唐杏姣
王 斌 王 璐 王 青 严亚瓴 杨立文 于 超 张 超
张蒙蒙 张 蜜 张亚琼 张 辕

责任编辑：牛晓丽

文字编辑：郝志恒 刘御廷

印 刷：鸿博昊天科技有限公司

装 订：鸿博昊天科技有限公司

出版发行：电子工业出版社

北京市海淀区万寿路173信箱 邮编：100036

开 本：965×1270 1/16 印张：45.5 字数：2620.8千字

版 次：2014年8月第1版
2021年5月第2版

印 次：2023年2月第4次印刷

定 价：598.00元

凡所购买电子工业出版社图书有缺损问题，请向购买书店调换。若书店售缺，请与本社发行部联系，联系及邮购电话：（010）88254888，88258888。

质量投诉请发邮件至zlts@phei.com.cn，盗版侵权举报请发邮件至dbqq@phei.com.cn。

本书咨询联系方式：QQ 25305573。

CONTENTS

目录

第二部分　养护花园 549

关于工具和装备、温室、建筑材料和技术的实用建议；认识土壤类型和气候；植物如何生长繁殖以及处理植物生长问题的最佳办法

主编简介

　　克里斯托夫·布里克尔于1958年在英国皇家园艺学会开始了他的职业生涯,在1969年担任皇家园艺学会威斯利花园(Wisley Garden)园长。从1985年任职直到1993年退休,他任皇家园艺学会理事长,代表学会在全球的利益。除了在国内外讲学,他还参与编著了许多植物学和园艺参考书,并出版了许多著作。克里斯托夫·布里克尔1976年荣获学会颁发的维多利亚奖章,1991年被授予英帝国二等勋位爵士,以表彰他在园艺方面做出的贡献。他是国际栽培植物命名法规制定委员会主席,还是国际园艺科学学会前主席。

本书的贡献者

Roger Aylett Dahlias

Bill Baker Lilies

Larry Barlow (with W.B. Wade) Chrysanthemums

Caroline Boisset Climbing Plants

Deni Bown Growing Herbs

Alec Bristow (with Wilma Rittershausen) Orchids

Roy Cheek (with Graham Rice and Isabelle van Groeningen) Perennials

Trevor Cole (with Michael Pollock) Frost and Wind Protection

Kath Dryden and Christopher Grey-Wilson (with John Warwick) Rock, Scree, and Gravel Gardening; Alpine Houses and Frames

Jack Elliott Irises; Bulbous Plants; Tulips and Daffodils

Colin Ellis (with Mervyn Feesey) Bamboos

Raymond Evison Clematis

John Galbally (with Eileen Galbally) Carnations and Pinks

Jim Gardiner Ornamental Trees; Dwarf Conifers; Topiary; Hedges and Screens; Ornamental Shrubs

Michael Gibson (with Peter Harkness) Roses, Roses for Display and Exhibtion

George Gilbert Growing Fruit

Richard Gilbert Hydroculture

Will Giles Hardy Palms and the Exotic Look

Rupert Golby Garden Planning and Design

Deenagh Goold-Adams (with Richard Gilbert) Indoor Gardening

Diana Grenfell Hostas

John Hacker (with Geoff Stebbings) The Lawn

Andrew Halstead and Pippa Greenwood (with Chris Prior, Lucy Halsall, and Beatrice Henricot) Plant Problems

Lin Hawthorne Meadow Gardening

Arthur Hellyer (with Graham Rice) Annuals and Biennials

Clive Innes (with Terry Hewitt) Cacti and Other Succulents; (with Richard Gilbert) Bromeliads

David Joyce Container Gardening, Balconies and Roof Gardens, Water Gardens in Containers

Tony Kendle Soils and Fertilizers

Hazel Key (with Ursula Key-Davis) Ferns, Pelargoniums

Joy Larkcom (with Michael Pollock) Growing Vegetables

Keith Loach (with David Hide) Principles of Propagation; (with Michael Pollock) Basic Botany

Bill Maishman (with Jeff Brande) Sweet Peas

Peter Marston Conservatory Gardening

Peter McHoy (with Geoff Stebbings) Tools and Equipment; Greenhouses and Frames; Structures and Surfaces

Michael Pollock Climate and the Garden; The Bed System

David Pycraft Weeds

Peter Robinson Water Gardening; Water Lilies; Water Conservation and Recycling

Don Tindall Tender Vegetables and Fruits

Isabelle Van Groeningen Perennials for Ground Cover

John Wright (with George Bartlett) Fuchsias

Willow Walls: text and pictures courtesy of The Garden Magazine

序

　　这本书是皇家园艺学会编纂的《园艺百科全书》的第四版。在第一版面世后的20年中，它已经成为园艺家庭爱好者和专业学生在园艺实践上的权威指导。前三版总共销售了240万册，如果这是你第一次见到这本书，那么你很快就会发现为什么它能够取得这么骄人的销量。

　　在赫格斯特·克罗夫特花园——这是我家在赫里福德郡的花园，我们的那本《园艺百科全书》已经用得很旧了。从在果蔬园中栽培水果和蔬菜，到繁殖草本植物以及修剪乔木和灌木，我们遵循了书中几乎所有的建议。当我们的花园出现问题时，我们第一个求助的就是它。

　　这部修订本包括许多得到充分展开的主题，例如如何种植植物去吸引传粉的昆虫以及如何打造绿色屋顶和绿色墙面等。盆栽水果和盆栽蔬菜的新主题能让你在最小的空间内种植自己的食物。这本书中还提供了气候、植物耐性以及其他许多有用的信息。我个人特别喜欢"植物生长问题"这一章，它是由威斯利花园的专家更新的，现在成了一本插图丰富的珍贵指导手册，让你更容易诊断出植物的生长问题。

　　所有的这些改进都是为了保证《园艺百科全书》继续实现皇家园艺学会的承诺：将最好的信息呈献给那些追求它的人们。我谨代表皇家园艺学会感谢本书主编克里斯托夫·布里克尔以及所有其他撰稿人，同时向不断支持这本园艺技术必备参考书的出版人表示谢意。

伊丽莎白·班克斯
皇家园艺学会主席
伦敦，2012年4月

引言

　　每一位关注天气情况的园艺师都会意识到过去几十年间发生的气候变化。人们广泛认为，最近一些年频繁发生的极端天气，如暴风雨、持续干旱和洪涝等，是由于二氧化碳等温室气体在大气中增加而造成全球变暖所导致的。

　　气候变化是一个持续的过程，而植物对于变化的气候常常很敏感，于是这给我们带来了挑战和机遇。为了应对科学家们预测的炎热干燥的夏天和温暖潮湿的冬天，我们也许必须调整花园中的植物选择和技术措施。敢于创新的园艺师可能会享受试验栽种不同植物的乐趣，而传统的捍卫者可能要为维持完美的草坪下一番苦功。

　　然而，园艺师们不应因为气候变化而沮丧：作为光合作用（绿色植物吸收二氧化碳并释放氧气以产生生命生长所需能量的过程）的副产物，释放进入大气中的氧气将有助于减轻全球变暖的某些影响。因此，只要种植更多的植物并鼓励在当地社区种植树木，我们就能应对全球变暖带来的影响。如果我们采取更多的有机措施，例如减少或避免使用有害化学物质，我们就能给环境带来更多的好处。于是，无论气候如何，我们都能继续进行这项令人愉悦的业余爱好。

提供全年景观的低维护灌木

密集种植的常绿植物，包括桃叶珊瑚（*Aucuba japonica*）、卫矛（*Euonymus*）、日本小檗（*Berberis thunbergii*）等，为天然石材铺砌的台阶和矮墙提供了苍翠繁茂又十分和谐的背景，而且它们都是耐旱性和抗性很强的灌木。大缸中种植着经过修剪的黄杨和月桂，带来了结构上的变化和生趣，而观赏草则带来轻快运动的气息。最后，罐子里种植的三色堇为这座小型城市花园带来了一抹季节变化的亮色。

什么是有机园艺

"有机园艺"（Organic Gardening）这个术语常常被简单地用来描述在花园中管理土地并生产健康苗壮的植物时不使用人工合成的肥料、杀虫剂或其他化学物质的栽培活动。这种栽培方法使用粪肥和来源于动植物残渣的天然肥料来改善和保持土壤肥力。

然而，这个术语具有更广泛的内涵，它不只强调避免污染（包括篝火等），还将其他环境因素考虑在内，包括保护稀缺资源，例如节约和储存用水，以及尽可能对废物进行循环利用、再利用或进行堆肥，另外对平台或庭院家具使用的木头也要注意其来源和处理方式，还有避免使用含草炭的盆栽基质等。如果某种有机材料是从很远的地方运过来的——例如含椰子壳纤维的基质，而当地又有它的替代品，那么完全意义上的有机园艺师也不会使用它。这是一种自然的、更加可持续的园艺方式，意识到了生物多样性和遗传多样性的重要意义，对病虫害提倡采用预防性措施并给予野生动物生存空间。

实施彻底的有机园艺方式相当具有挑战性，这是个人选择的问题。但是使用人工合成的产品和化学物质种植观赏植物、水果和蔬菜并不意味着不能采用其他有机措施，如堆肥和综合病虫害防治等。

避免使用化学物质的方法
使用金盏菊作为伴生植物对付土壤中的害虫；使用简易的驱鸟设施驱赶害鸟；经常锄地，以控制野草；吸引瓢虫进入花园，以控制蚜虫。

有机土壤管理和堆肥

有机园艺成功的关键在于管理土壤、维护土壤的良好结构和生物活性，并根据需要为土壤提供必要的补充，如施加堆肥、动物粪肥、腐叶土或绿肥等。这些有机土壤改良剂能够为土壤微生物提供养分，微生物将这些物质分解，为植物提供必需的营养和微量元素。在需要的时候，骨粉、血、鱼刺和骨头、海草粉和磷钙土等天然肥料都可以在适当的时间和地点使用。

必须投入充分精力才能得到并维持高水平的土壤肥力，同时确保土壤的结构不受破坏。土壤结构对于空气和水分在土壤颗粒中的自由流通十分重要。如果在栽培活动中行走在比重较大的土壤上，它会特别容易变得紧实，从而限制土壤中的空气流动和排水，特别是在寒冷潮湿的天气中。因此，当播种或种植植物幼苗时，最好使用板子分散你的体重。

虽然锄地能够打破土壤的紧实状态，改善土壤排水性和根系生长情况，增加土壤通气性并提供施加大颗粒粪肥的机会，但是最好将锄地的频率维持在最低水平。一些有机园艺师根

本不锄地：不被扰动的土地通过蒸发损失的水分更少，为有益的土壤微生物提供了良好的生活环境，而且也许能够帮助保护土壤结构。定期使用有机土壤改良剂作为护根覆盖土壤能够隔离土壤表面以对抗水分蒸发，改善土壤结构并抑制杂草生长。

园艺堆肥既是一种土壤改良剂，也是一种环境友好型肥料，而堆肥箱是厨余、花园和其他有机废料的理想再利用设施。一个花园应该至少有一处堆肥。堆肥是循环利用废料的自然方式，还能增加土壤的保水能力。除了能够维持细菌和土壤微生物群落之外，堆肥还为吃蛞蝓等害虫的刺猬和草蛇提供了庇护所。

不浪费，不愁缺

每个花园都应设置一个堆肥箱的空间，堆肥箱能够提供免费的护根物，而有些箱子的样式也是很吸引人的。堆肥可以用叉子插入土壤中，但其他有机土壤改良剂如干草等只能用作护根。

吸引野生动物

吸引野生动物是一种非常有效的控制虫害的方法。水池里会出现饥饿的两栖动物，原木垛或落叶堆足够刺猬栖身，二者都会吃掉蛞蝓。水池还能为鸟类提供饮水和洗浴用水。富含花蜜的花朵会吸引蜜蜂、蝴蝶和食蚜蝇，以及其他利于传粉的昆虫。

野生动物园艺

　　花园可以为野生动物提供许多栖息地。随着城市的发展以及导致野生动物死亡的农业措施的滥用，这些花园中的"避难所"比以往更加重要了。私人花园在房屋建设区和开阔区域之间形成了自然的"桥梁"，可以让野生动物在其间轻松穿行。鸟类、蝴蝶、蜜蜂、大黄蜂、蛾子和食蚜蝇等的存在可以为花园增添活力，而且吸引野生动物是一种有效控制虫害的方法。在不使用杀虫剂的花园，天然捕食者和传粉昆虫会活跃得多。

　　有许多方法可以让你的花园吸引野生动物。比如，种植可提供花蜜、花粉、种子和果实的观赏植物能够吸引蜜蜂、瓢虫、草蜻蛉、蓝山雀以及其他以害虫为食的鸟类。为了吸引野生鸟类，还应该种植能够在秋冬季节为其提供果实或种子的植物，例如观赏蓟、向日葵、松果菊和金光菊等，都会在冬天为吃种子的鸟类提供丰富的食物。常绿攀援植物和大型灌木能为鸟类提供安全的筑巢之所，而小型乔木能够提供提防捕食者的有利观测点。原木垛、茂密的长草和肥堆是无脊椎动物的家园，这些无脊椎动物又是许多鸟类的主要食物来源。

　　水和庇护所对野生动物也很重要：无论多小的水景都能增加花园的生物多样性，它们会促进以蛞蝓和蜗牛为食的两栖动物在此产卵，同时为鸟类和哺乳动物提供水源。鸟类、哺乳动物和昆虫会格外喜欢能够生活和繁殖的地方；树篱本身可以提供很棒的栖息地，但是专门为刺猬、蛙类和蝙蝠建造的巢穴有助于增添野生动物的种类，并减轻乡村地区生物多样性的损失。

自然主义和草地风格

对于园艺师来说，将花园打造成像天然草地、丘陵地和高山牧场那样拥有丰富植被的地方特别有吸引力，尤其是那些希望花园吸引野生动物的人。即使是在面积较小的花园中，也能够开辟一块种植野花的草地，让它看上去十分自然，并能吸引蜜蜂、蝴蝶和其他昆虫，还有哺乳动物和吃种子的鸟类。

为了便于进出，可能需要在野花草地区域建立一条通道，这可以通过长草/短草策略来实现。草地的一部分可以一直留到9月份再修剪，以便花期较晚的植物结实。在冬天留下一些斑块或边缘，以供昆虫过冬。野花草地区域种植的常常是本地植物，但你也可以使用一些早花和晚花的球根花卉，如春花番红花（Spring Crocuse）和秋花番红花（Autumn Crocuse）、花格贝母和秋水仙等，以延长草地的观赏期并增加花园中植物的种类。

最近发展出了一种"自然主义"园艺风格，试图以花园景观的形式小规模地重现世界各地不同的风景和生境。这个概念现在越来越流行，特别是在那些想要目睹异国丰富多彩的野生植物的人中间，这些地区包括南非、加利福尼亚、澳大利亚以及环地中海国家的部分区域。在那里的砂质土区域，每年的春天都闪耀着万花筒般纷繁复杂的一年生、宿根和球根花卉。再现这些物种的生长条件并不总是简单的事情，但你可以把分布于世界不同区域但需求

相似的物种混种在一起得到迷人的效果。有的花卉能够自播繁衍，在来年继续开花。

轻松的草地风格

一年生和宿根草花，包括千屈菜、茴香、风铃草、滨菊，在草地上开成一片，形成漂亮的野花草地景观。整个效果看起来十分自然，但其实色彩的搭配混合是经过精心设计的，并且保证不让任何一种花"一家独大"。这一年的晚些时候，外形奇异的果实将增加一抹别样的美感。

可持续园艺

随着气候变化的影响越来越明显，作为园艺师，我们应该考虑自然资源使用方式的可持续性，以及肥料和其他化学物质对于环境的整体影响。园艺产品中草炭的使用是一个最为公众所知的例子。草炭在过去用作盆栽基质、土壤改良剂和护根覆盖层，我们如今意识到对草炭的商业开采已经破坏了许多野生动物的栖息地，而这些栖息地可能需要数千年才能恢复。希望避免使用含草炭产品的园艺师现在可以尝试其他替代品，如腐叶土、腐熟后的树皮等，如果实在没有其他替代品也可以使用椰壳纤维。

节水措施

随着气候变化导致的各季节气温和降水模式发生变化，今后的夏天和秋天会变得更热并且降水变少，干旱会更频繁地出现，这将导致严重的水资源短缺。为应对这种不利的影响，我们必须在花园中引入节水技术作为标准园艺措施。

为保证干旱时期花园中有充足供水，最显而易见的办法是用集雨桶收集和储存从房屋、棚架和温室顶上流下来的雨水。漂洗衣物或沐浴后的"浑水"中如果没有高含量的清洁剂，也可以在小范围内用于花园中，但是不能用于食用作物。

你也可以采用各种简单的栽培措施减少水分从土壤表面蒸发——例如在秋天和冬天而不是在春天和夏天准备苗床——因为较高的温度会增加水分的蒸发，或者雨后用护根物覆盖土壤以保留水分。把花园的需要按优先顺序排好——在干旱时并不一定非要为草坪浇水，在

浇水时一定要浇透，但不用过于频繁，这比每次只喷洒少量水对植物更有益处。

专业措施

再利用和循环利用材料可以保护资源，是可持续园艺策略中的一个重要方面。植物性材料（如修剪的残枝、割下来的草、树叶和蔬菜废弃物等）应该进行堆肥并用于改良土壤结构、为植物提供营养并作为护根。不要烧掉这些废物，这会释放温室气体。保证建设棚屋、温室或庭院家具使用的木材来自可持续林业，这也是有机园艺的专业措施之一：寻找林业认证的标签。你也可以考虑使用回收利用的木材。

对家居建筑或商用建筑的外表面进行"绿化"是一种相对较新的方法，这种措施也能为环境带来许多好处。最流行的例子是屋顶绿化，但这个概念也能同样成功地用于其他结构，例如墙面和围栏等（50~51页，见"绿色屋顶和绿色墙面"）。可以考虑使用攀援植物覆盖那些不够坚固、难以支撑基质和植物重量的结构和表面，总体的效果是相似的，而且通过选择合适的植物，你还可以吸引鸟类和其他野生动物来到花园。

避免化学物质并与大自然合作

只需采取几个简单的步骤创造一个野生动物友好型环境，你就能通过吸引在花园中常年逗留的害虫捕食者而得到一支生物"警察部队"，从而降低虫害的影响。选择种植一些为鸟类和昆虫提供食物的植物，并等到春天再清扫落叶

濒危物种

让人吃惊的是，某些在野外濒临绝种的植物居然是花园中流行的物种，如波叶仙客来（*Cyclamen repandum*，上）以及兰花类如耿氏棒心兰（*Lycaste deppei*，下）。确保你的植物来源于栽培，能够防止植物资源在野外被过度采集。

层和死亡腐朽的植被（如果你能接受一个不太整洁的花园的话），因为其中可能居住着过冬的蚜虫捕食者，如瓢虫和草蜻蛉等。哺乳动物如刺猬等会用吃掉蛞蝓和蜗牛的方式感谢你为它们提供的庇护地和冬眠场所，如原木堆或树篱基部堆积的叶碎屑。

许多害虫可以用引入天然捕食者或者寄生虫的方法控制，有时也可以用细菌或真菌来控制。虽然这听起来有些极端，但这些"生物武器"具有高度选择性，只针对某些特定的害虫而不会伤及无辜（这跟化学防治不同，而且后者还常常需要在一个生长季里使用多次）。一些"天然生物防治产品"可以在商店里买到，如以毛虫为宿主的细菌苏云金杆菌（*Bacillus thuringiensis*）——它可以喷洒在受到蛾蝶类虫害的植物上，还有控制葡萄象鼻虫幼虫的线虫，以及用在温室中的一系列其他产品（见643页）。

节约用水和防涝

集雨桶和储水罐能够在干旱时期为花园供水，但我们也需要合适的策略应对短时间带来巨大降水的暴雨，以防引起内涝。建造可渗车道、使用砾石或渗透性铺装能够吸收落在地面上90%的降水，减轻排水系统的压力，并有利于植物生长。

增加生物多样性

蓍属、风铃草属、婆婆纳属和唐松草属植物（Thalictrum）不但可以用来欣赏，还能吸引昆虫（右）。色彩鲜艳的授粉昆虫如蜜蜂（下）能为花园增添生气，而某些昆虫（如上图中的食蚜蝇）的幼虫则以蚜虫、蓟马和其他刺吸类害虫为食。

保护我们的植物遗产

　　许多观赏植物如今在野外已经濒临灭绝，部分的原因是采集过度，因此园艺师应该检查所得到的植物的来源。只购买有确切栽培来源的种苗和植物是很重要的，这有助于阻止涉及濒危野生动植物物种国际贸易公约（CITES）列出植物的非法贸易——其中包括许多很受欢迎的植物种类，如仙人掌、兰花、雪花莲（Galanthus）、仙客来和苏铁类等。

　　保存花园中过去种植的较老的植物也很重要，它们中的许多已经被新品种代替了。花园中的老品种具有育种价值，有助于培育新的花卉、果树和蔬菜作物；它们可以将对病虫害的耐性传递到后代。"植物遗产"（Plant Heritage）这个组织开发出了国家植物收集体系，对于许多花园植物的物种和品种保护做出了重要贡献。已经有超过600份植物材料得到收集保存，建立起了"活的图书馆"，为当今和未来的园艺师维持花园植物的多样性。

第一部分

营建花园

运用设计原则，选择和栽培各种类型的植物，营造花园景观。

花园的规划和设计

对于一座花园的营建者来说，看着它随季节变换不断发展成熟，是一种享受回报的美好体验。

然而，要建造成功的花园，需要从一开始就谨慎缜密地思考。带有简单线条和自然曲线的花园，游刃有余地散发着轻松迷人的魅力，这样的花园也许表面看起来在设计上没花多少心思，然而几乎可以断定，它一定经过了聪明的规划。在规则式的花园中，设计过程是显而易见的，但是看起来好像不那么有艺术气息的自然式花园，在设计上需要投入同等的精力，才能得到比例协调而平衡的整体效果，并与周围景致达到和谐。

我们为什么要进行园艺活动

在一块土地上栽培植物，改变土地的外貌，这样做的动机是从哪里来的呢？也许我们仍然有一种本能的需要，去种植赖以生存的食物，为专属于自己的一块土地做出标记，或者在它周围建立起防御性的边界。一旦身处花园之内，我们就能把日常的工作、生活抛诸脑后，回到自己安全的私有天地。无论我们进行园艺活动的内在动机是什么，最初灵光乍现的一点兴趣都可以发展成为伴随一生的热情和真正快乐的源泉。

硬质与软质景观
一个硬质边缘和柔软种植的令人愉悦的融合。

气候和环境

在大多数情况下，花园都环绕着一座房子，这就产生了控制环境的基本的实际需要。要步行或乘车进入花园意味着必须设立无障碍的步行道和车行道，保证全年在各种天气下都能轻松进入房屋。采光需求也是基本的：必须时时留意门窗附近生长的植物。

在稍远的距离种植乔木和灌木丛作为风障，能为建筑和更柔弱的植物提供保护，使其免遭风害。这样的乔木屏障带还能防止雪在风的作用下飘到花园里。在炎热的天气，乔木和灌木丛能为房屋和周围带来阴凉。对乔木和灌木丛进行有策略性的合适种植，还能保持水土，防止风或水引起的土壤流失。

花园场景

绝不能将花园抽出其身处的场景而孤立地看待。划定花园的边界并保护我们的私人空间，限制外部世界对我们称之为家的地方产生影响。这些屏障可以将附近地面上不雅观的景色挡住，并增加花园的私密性。要是你的花园位于田野中，则可以将边界设置成视野开放式的，将乡间景色引入花园，但同时也要避免牲畜进入。花园树篱和乔木还可以减弱附近房屋或道路上的噪声。

花园还可以引入至家中的生活区域，在房屋和花园之间形成微妙的过渡。铺砌的台阶、覆盖着植物的结构以及前方开放的门廊使室内和户外的衔接变得柔和起来。它们创造了安全的儿童户外活动区域——这对于规模有限的房屋尤其有用，同时也为户外用餐提供了空间。

改善我们的环境

除了满足我们的生活需要，花园当然还有一个显而易见的作用，那就是美化房屋的外观——无论是为了我们自己的乐趣还是为了改善我们居住的街道或社区。邻里之间的竞争并不与社区精神相悖，而且常常催生出专业园艺所少见的热情和园艺技能水平。

在房屋周围有限的面积内营建一个美丽的花园，并且将空间利用到极致，是许多园艺家最钟爱的挑战。可以从你的房子和房子所使用的材料上获得灵感，让你的花园衬托出整体的风格，最终的目标是达到和谐的整体效果。这也许看起来不费什么力气，但那些直接参与过的人都能领会投入其中的努力、愿景和想象力。

规划和设计花园是展现你创造力的绝好机会，而且还允许你将自己的个性在设计、色彩和植物组合中表达出来。与室内设计和绘画不同的是，花园是有生命的，它总是在变化，每个季节都会带来不同的回报和挑战。虽然需要辛勤的投入，但是大多数任务的实践性和视觉

边界的处理 与花园相毗邻的土地并不一定必须因为安全和隐私原因而被屏蔽起来。你可以在花园边界留出能够看到附近景物的空隙，最大限度地利用迷人的背景，并将它引入到你的花园中，达成视觉上的融合。

和谐的场景 这座漂亮的村舍花园与房屋的风格非常一致。精心布置的植物柔化了房屋和花园之间的边界。

上的丰厚回报为那些久居室内的人提供了巨大的慰藉。

家庭生产

花园用不着太大就能产出丰富：即使是面积不大的一小块圃地也能为厨房提供蔬菜、水果和香草，为家中提供鲜花。从前，花园中经常留有一块尺寸可观的土地种植蔬菜，一方面是为了省钱，另一方面也可以保证新鲜食物的供应。如今，虽然水果和蔬菜都实现了全年供应，但许多人担心杀虫剂和化肥的过量使用，更喜欢使用有机的方法为自己生产。虽然有机作物的产量略微低一些，但很多人觉得其口味和质量更好，并且产生的垃圾更少。

安全和出入

可以通过花园的设计和布局方式来增强家庭的安全性。房屋周围应尽可能留有开阔的空间。这样，有人来的话，可以很容易看到；如果你安装了安全摄像头，这一点尤其重要，因为摄像头要求建筑四周有开阔的视野。碎石子上的脚步声特别明显，这对窃贼有震慑作用，特别是家中有对声音警觉性较高的狗时。由多刺扎人的植物构成的树篱也能很好地防贼。应避免种植为底层窗户提供通道的攀援植物和靠墙灌木。对花园进行细心规划、尽量减少高度变化、设置舒适的道路宽度以及在房屋的至少一个门前提供车行通道，可以让访客和送货员轻松出入房屋。

环境问题

如今，按照环保原则进行园艺活动是许多园艺师思考的目标。在花园内拒绝使用有害的化学物质是与自然生境和谐相处的第一步。

还有许多其他措施能够保护和改善环境，而不是破坏和摧毁它。涵养水源、对有机物进行再利用制造园艺堆肥、使用不含草炭的盆栽基质以及购买苗圃栽培生产的种苗（尤其是种球）而不是从野外采集，都是相对容易采取的办法。

如果你想按照环保路线进一步发展花园，可以考虑营建一个野生动物友好型花园，在其中种植可为鸟类和昆虫提供食物的植物、可供鸟类筑巢的乔木和灌木，并设置可供水生生物生活的水体。不使用化学物质可以引来更多传粉的昆虫，它们能极大地丰富花园的环境，在种植水果时也很有用。

多层次种植　这处令人愉悦的种植设计中，色彩搭配较为淡雅、质感、形状和形式的对比更加强烈。

花园设计的重要性

对于许多人来说，"花园设计"这个词语暗含着某种形式感，它暗示着需要应用许多严格的规则和复杂的公式。幸运的是，真实情况并不是这样，然而的确存在一个应该时刻注意的首要原则——在任何工程开始之前，必须经过深思熟虑，想出所有供选择的方案。一旦工程开始，对设计做出一点改动可能会花费巨大，而且不利于设计方案的成功。许多美丽的花园并没有按照全面的设计方案来建造，它们是从某个起始点有机地发展起来的，这些起始点可能包括：开阔空间中种下的一棵美丽树木，连接道路和房屋的一条天然小道，是前业主留下来的布局等。年复一年地进化之后，一座充满魅力的花园的确可以就此产生，但也很有可能错过适当的发展机会，使花园明显缺乏整体性和和谐感。

设计意识

我们生活在一个经过设计的社会里。今天，对于经过良好设计的产品，人们会给予更多的关注和赞赏。附有精美插图的图书和杂志以及信息量丰富的电视节目吸引了比以往任何时候都更多的受众，让人们产生了对风格、产品和植物越来越浓厚的兴趣。设计师第一次可以论证对花园进行规划的好处，并使用设计开发不同阶段的照片进行清晰的交流。

设计师富有经验的双眼能够看出一块土地的潜力，提炼出它的力量，同时尊重它并从现场得到启发。最重要的是，一个好的设计师绝不会在不首先考虑业主的愿望、要求和生活方式的情况下将自己的想法实施在花园上。

一个专业的设计师当然能够负责整个项目的实施，但这样的花费相当高。不过，也可以只在规划早期请设计师前来探查一番，设计师提供的建议、指导和无偏见的意见是很宝贵的，而且这样肯定便宜得多，你还可以随着项目的进展在随后的阶段继续征求意见。

巧妙的设计　有经验的设计师能充分利用空间，并将许多不同的景致（如为野生动物设立的栖息所）融合在同一区域内。

花园的类型和风格

将花园归入特定的类型或风格是一件困难的事，因为每个花园都是不同的。许多花园中包含松散地组织在一起的一系列不相干的主题，而另一些花园无法归入任何一个独立的门类，因为它们融合了好几种风格。因此，所有的分类在某种程度上都是主观武断的，应该只作为一般性的指导原则。

发展风格

当建造新花园或者改造旧花园的工作开始时，一般要采用一个常见的主题，即使这个主题是经过改造的或者是个人化的。这个主题可能来自杂志中的一篇文章、一本书，或者是对某个花园的一次造访，对花园的一瞥就能反映出房屋的内在，或者让花园和房屋以及背景的风格共同发展融合。对于任何一个敏感的花园设计师来说，他都能从建筑和建筑所在地得到很多信息，并依此决定许多简单的常识性细节。

所有的花园都应该散发出场所感和归属感。一座与房屋或风景的风格相差极大的花园可能会显得很不协调，无论业主有多想要它，也无论在它身上耗费了多少资源。应用具有场所感的设计几乎最后都能得到更加和谐的效果，特别是在需要放松的地方。

设计差异

在任何一个宽泛的花园风格内，你都能将变化融入其中，这种变化可以体现出业主的个人兴趣、生活方式，甚至年龄。吸引野生动物来到花园或者种植大量香草的愿望将为花园设计又增添一个维度。如果你只是想要达到纯粹的视觉效果，可以通过引入和房屋或附近植被颜色相融合的特定颜色的花或繁茂的枝叶来实现。

个人喜好以及你在不同时节使用花园的方式都决定了花园中需要什么。例如，如果花园主要用来户外娱乐，那么在仲夏时分，特别漂亮的花园也许是最适合的；只需要最少的维护但全年都保持吸引力的花园可以用于放松，也是个不错的主意；或者你可能想把世界关在外面，创造一个隐逸的天堂，让你可以在里面安静地栽培特别的植物。

种植上的考虑

花园内植物材料的选择会对它的风格产生重要的影响。叶子较大、质感丰富的植物会带来幽深和繁茂的感觉，而叶子细小、银灰色的植物带来的感觉则是比较轻快的。花园的维护水平

低维护设计　在这处种植设计中，装满了砾石和板岩的台阶状矩形容器里设置了小型气泡喷泉，而花岗岩砌石、砾石和石板的组合衬托着极为简约的植物种植。

也会对花园外观产生不同程度的影响。精心布局并且维护水平良好的花园跟一个设计相似但维护水平很差或不稳定的花园相比，在外观上会有惊人的差异。

高维护和低维护

一般来说，可以根据花园的功能将其分为两大类。一个花园的设计意图可能主要是为了带来视觉冲击力，也可能主要是为了创造一个让人休息的宁静环境。用来放松的花园应该是低维护的，省出尽可能多的时间享受它。相反，对于收集某些特定植物的爱好者来说，乐趣来自培育和维护花园所消耗的时光。在被珍视的花园收集中，植物不再是纯装饰性的，它们拥有自己的完整性、个性和历史，特别是在已经建立起植物收藏的地方。

有趣的是，这两种园艺策略都能扩展社交生活。低维护花园是户外娱乐的理想场所，而对于植物爱好者来说，花园让他们有机会接触和偶遇志同道合的收藏者。

衬托建筑

花园提供了一个不用花费高昂的代价或做出大的改动就能改变房屋外观的机会。植物可以用来柔化生硬的屋檐线，也可以遮挡使用不当的丑陋建筑材料；不起眼的结构也可以加上引人注目的攀援植物或主景植物（Architectural Plants），这能够强化建筑的外观，并为建筑添加性格。总之，建筑结构和栽种植物的花园可以互相融合，相得益彰。除了极为少数的一些立面不加装饰更美观的建筑，大多数房屋都可以通过在旁边栽种植物或者将攀援植物引到房子正面来大大改善其外观。

规则式花园的风格

规则式花园拥有均衡的比例，常常是对称的并在布局上呈现出几何式的平衡，给人一种有形的约束感。它们拥有以墙壁、道路或台地阶梯作为形式的基础骨干，植物被严格限制在这些骨干的框架和线条中，这些线条体现了规则式花园的内在力量。传统上，规则式种植涉及的植物种类很少，但这些植物被大量使用，创造出统一的质感和色彩。规则式花园的全部重点就是强调一种无处不在的控制感。

有序的布局

规则式花园的内在哲学是要清楚地呈现出对自然有力、简明的控制。在园艺实践中，以细砾石或者平整的草坪作为背景，经过精致修剪、拥有清晰形状的常绿植物构成的花坛是表现这种哲学最好的实例。

在历史上，规则式风格用来传达一种对于更宽广的风景的权力感，大型规则式花园能够产生让人敬畏的感觉，是一种表达财富和地位的方式。即使较小的规模也能得到相似的效果，因为这样的布局常常要求进行费工耗财的维护。

古代灵感

17世纪和18世纪的意大利和法国规则式花园影响了全欧洲的花园风格，而它们自己也受到了古希腊和古罗马花园的启发。在这些花园中，各部分的比例以及建筑的尺寸都得到了严格的控制，跟周围富于建筑感并且对称的花园设计相得益彰。

这些华丽且被紧紧控制的花园常常呈现出一系列台地的形式，台地之间由一段段宽阔的阶梯连接，并以人工瀑布、沟渠和喷泉作为主景，掩映在用树篱围住或两边栽种成行树木的人行道中，装点着古典雕塑或盆栽植物。

古典花园

现代规则式花园中仍然可见希腊和罗马式花园的特色，如经过修剪和裁边的整洁的草坪，修剪整齐的树篱和树木造型，以及使用经过修剪的低矮树篱作为边缘的植物花境。终止于视觉焦点的笔直通道和景观网络可以由林荫小径或林荫大道组成，道路两侧种以外观相同、间隔规律的树种。约束带来了装饰性，如果要用到几个装饰性物品，要么将它们设计成匹配的一套，要么重复使用一个设计，形成一系列重复的细节。

适合规则式花园的植物

无论是被修剪成树篱，还是被整形成树木造型，拥有特定形状的植物都是规则式花园中的重要元素。经过整形的常绿树能够给二维的花园布局带来高度和形式上的变化以及强烈的雕塑感。生长缓慢的常绿树如欧洲红豆杉（*Taxus baccata*）、锦熟黄杨（*Buxus sempervirens*）、欧洲冬青（*Ilex aquilolium*）和圣栎（*Quercus ilex*）等，都能常年承受必要的定期修剪。（见第108页，"树木造型"；第82页，"树篱和屏障"。）

树枝编结在一起的乔木（pleached tree）和高跷式树篱（stilt hedge）会在规则式花园内部建立吸引人的分区。沿着步行道或林荫路两侧栽种时，它们受到严格控制的外形以及柱廊般的树干会带来一种韵律感和秩序感。椴树属植物（*Tilia* spp.）和欧洲鹅耳枥（*Carpinus betulus*）是最常用于这种景观的植物。此种植方式还可以具有很强的功能性。例如，经过整枝编结在一起的椴树可以用于花园的边界，提供封闭的私密感。（见第75页，"编结乔木"。）

结节花园和花坛花园

结节花园（Knot Garden）和花坛花园（Parterre）都是发展程度很高的规则式花园，它们对于植物的种植有着绝对的控制。在结节花园中，错综复杂的植物图案由一圈经过修剪的低矮常绿灌木如锦熟黄杨（*Buxus sempervirens*）镶边。传统结节花园的发展受到了16世纪的针织工艺以及极具装饰性的灰泥吊顶的启发。在花坛花园里，一圈圈低矮镶边的树篱构成的格子中填充着彩色砾石或低矮的植物。结节花园和花坛花园都能提供全年观赏的景观，这点在冬季尤其重要，特别是在花园距离房屋很近的时候。

统一和对比

在规则式的布局中，自然主义风格的植物元素能够带来对比，强烈地反衬出内在的规则性。例如，在修剪整齐的薰衣草（*Lavendula*）、迷迭香（*Rosmarinus*）、月桂（*Laurus nobilis*）或锦熟黄杨（*Buxus sempervirens*）之中，让香草植物自由散漫地生长，就能得到这样的对比。相似地，放置在平台上的一组修剪过的盆栽葡萄牙桂樱（*Prunus lusitanica*）会在房屋附近带来秩序感和统一性，它们会和花园别处种植得比较随意的植物形成对比。

东方式的规则性

中国的花园可以溯源至3000年前，它们是用于沉思和冥想的极度宁静之地。中国花园的灵感来源于它们周围引人注目的风景，造园师们将这些风景微缩复制在封闭的园墙之中。花园中的植物呈规则式并受到控制，常常经过修剪和整枝，并呈现高度的风格化样式。每棵乔木或灌木都有其引人深思的象征意义。

传统日式花园早在1200年以前就借鉴了中国人的设计理念。它们和中国花园一样都受到了自然的启发，但使用了更加丰富和多样的种植形式、形状和位置都富于象征性的岩石，以及用耙子耙过的砾石或沙子。这种花园的内在基础是融合了平衡、简洁和象征主义的规则式原则。

充满结构感的布局

这个花坛花园被镶边的黄杨分成了许多区块，给本来较为自然和混杂的植物种植带来了秩序感和能够整年维持的结构。这些强烈的线条将一系列视线焦点引到了矮墙之外。

简单的形状

将成熟的雕塑式造型应用在植物上将会带来重量和实在感,无论这种修剪过的形状多么简单或是复杂。在这里,几株尺寸不同的锦熟黄杨球有效地调和了附近铺装和墙面笔直的水平线条。它们本身经过修剪的规则形状也由于周围植物的自然种植得到了缓和。

雕塑群

斟酌使用比例和谐、位置得当的装饰物,往往能大大提升花园的整体视觉效果。

编结椴树

使用椴树(*Tilia*)做的高跷式树篱并没有使这个小型结节花园变得压抑。在冬天,当椴树叶子落下的时候,树枝的巧妙编结技法将形成另一道别样的景致。

规则式静水

如镜的水面上映出的倒影会让对称设计的效果更加突出。深色水面上自然分布的漂浮植物为这座幽静的规则式花园增添了几分情趣和动感。

自然式花园的风格

在外观上，处在最佳状态的自然式花园常常好像是大自然参与设计的。自然式花园的线条显得无规律并且柔软，虽然这些线条通常是人工制造出来的，但也可以自然发展出来。虽然自然式花园看起来也许有些失去控制，但其实它们的成功取决于良好的设计以及园艺师的有力手段，才能在看似混沌中维持某种程度的秩序感。

自然式元素

拥有自然感的花园能够带来放松的氛围，是远离现代生活压力的庇护所。和拥有严格几何棱角的规则式花园不同的是，自然式花园是由流动的曲线和柔和的轮廓构成的。硬质表面通过伸展到它们边缘上的植物得到了柔化，花境中充满了高低起伏的植物，它们一簇簇地融合在一起，似乎是随意种植的。攀援植物自在地爬上墙壁，或者从乔木和灌木中穿过去。虽然灌木也会被修剪以确保健康和生产力，但它们可以生长成自然形状，很少像在规则式花园中那样被修剪成既定的形状。

花园中的自然式元素可以在相对较短的时间跨度内产生成熟感，例如用植物遮掩不雅观的景色。如果用柔软的植物把建筑的僵硬边角或者刺眼颜色遮掩起来，即便是最平常的场所也会增添巨大的魅力。即使是最规则的矩形花园，如果在其刻板的轮廓中层层应用自然式种植，也会获得某种神秘感。

自然风格

花园的风格和自然程度受到场所性质和业主个人喜好两方面的影响。你可以只是通过种植更多已经生长在那里的自然植被来扩大现存的林地或草地；或者只是对植物种植的边界进行改造，形成曲折蜿蜒的线条。也许应该放缓割草的频率并减少对花境的维护，让自播植物能够繁衍。作为另外一种完全不同的策略，你也可以营建一个全新的花园，为它选择各种不同的自然风格。

村舍花园

传统的村舍花园本质上是生产性花园，其中种植着观赏作物和食用作物。水果、蔬菜、香草以及芍药、飞燕草和楼斗菜等花卉都种在一起。鲜花能够保证有益昆虫的数量，有利于为其他作物授粉，控制有害昆虫，并能吸引鸟类，这些都能促进作物的健康生长。

可以使用工艺质朴的花园陈设来创造村舍花园古雅简朴的外观，例如用树枝修建的拱门或者为攀援植物设立的柳编支撑结构。用回收材料如瓦片镶边的砖纹路或卵石路也能强化这种风格。

野生花园和林地花园

自然主义风格更加强烈的自然式花园不只是一种轻松美丽的花园，而且还为在其他地方受到威胁的动植物提供了生存空间。例如，种植球根花卉的草皮不经修剪，能让其他禾草和草地野花生长开花（见401页，"野花草地"）。无论多小的水体都能吸引许多野生动物到花园里来，如果在水边种植能够为鸟类和两栖动物提供安全庇护所的植物的话，效果会更加明显。（见284页，"野生动物池塘"。）

小型乔木或一小片林地能为鸟类提供筑巢场所，为昆虫和小型哺乳动物提供冬眠场所，尤其是当其下层种植灌木和攀援植物时。即使是在花园更受控制的区域，如果将草本植物的果实留到冬天，也能为鸟类提供食物。

受到掌控的混沌

植物会表现出很强的竞争性，最强壮的植物会抑制其他植物的生长，最终杀死最弱小的植物。必须对植物加以管控，防止这种情况出现。比如，必须定期对健壮的草本植物进行分株，削弱或除去过于庞大的灌木，或者清除自播植物的幼苗。这些工作有助于维持野生花园和自然式花园中的平衡，防止它们的自然主义风格退变为粗野蓬乱的状态。

林地

林地中的植被必须能够忍耐树荫下的低光照，以及土壤极度干燥或极度潮湿的条件。

观赏草花境

花园中一系列轻快而优雅的观赏草在秋日阳光的映射下显得分外迷人。这处种植设计的成功之处在于高度、色彩和形状的变化，避免了种植观赏草时可能会出现的单调感觉。

栽培植物和自播植物混合效果（左）
富含花蜜的花朵闪烁着斑斓的色彩，形成一道非常美丽的风景，并在夏天为蜜蜂、蝴蝶和其他益虫提供了丰富的食物。精心的管理是年复一年取得成功的关键。

自播植物（下）
假栾树（*Melianthus major*）和日光兰（*Asphodeline lutea*）被种植在墙脚处，这是模仿自播植物的效果。在成熟的花园中，这种组合方式可能会自然形成，而且有很好的效果。

厨房花园（上）
在传统的村舍花园中，花菱草（*Eschscholzia californica*）和香草、抱子甘蓝以及小胡瓜簇拥在一起，一丝空间也不会被浪费。

边缘种植（中上）
即便是最小的水池，你也能利用一系列花园植物模糊水和陆地的边界。当地的野生动物将大大受益于凉爽荫庇的条件。

村舍花园风格（右）
月季、飞燕草和攀援植物在花境中巧妙地融合在一起，并从支撑结构上挥洒下来，显得既大方又轻松。

混合维护（最右）
虽然果树必须得到完好的维护以确保好收成，但是树下氛围轻松的牧草地赋予了这座小型果园几分迷人的自然感。

以人为本的花园

家庭使用的花园几乎都必须是一个多功能空间。为了保证花园设计能够照顾到所有潜在使用者的需要，最好花时间确定一下可能的需要都有哪些。这可能包括供用餐和娱乐的平台，或是供儿童安全玩耍并能够尝试种植自己植物的区域。

在满足功能需求的同时，一座花园也能极富装饰性。例如，由芳香攀援植物覆盖的藤架不但可供观赏，而且还能为仲夏时节的户外用餐提供一片喜人的阴凉。安装户外照明设备之后，可以让它的用处延伸至晚间娱乐时，甚至可以在这里举办一场烧烤宴会。植物种植风格在很大程度上是个人选择的问题，无论你选择的风格是非常传统的还是更有试验性质的，设计灵感的来源从未像现在这么多种多样，从杂志和电视栏目到向访客开放的私人和公共花园都能提供许多参考。

设计精巧的平台
这块全天候休憩区有遮风的屏障和遮阳的棚架，可以在一年中很长的一段时间内使用。

满足生活需要

房屋内部的设计是为了满足在其中生活的人的需要，同样，花园也可以经过改造来满足一家人的需求。这常常意味着将花园作为额外的房间，把室内生活延伸至户外。例如，如果娱乐是花园的首要用途，那么应该在离厨房足够近的位置设立一个平整、洁净并适合在所有天气使用的平台，以便进行户外用餐。为了安全和方便起见，房屋和用餐区之间应避免设立台阶、斜坡或其他水平面上的变化。在阳光充足的平台上，架设于头顶的落叶攀援植物（而非常绿植物）能够在盛夏时分提供一片舒适的阴凉，而在温度较低和光照较弱的春天和秋天则会让更多或全部的阳光倾洒下来。

如果花园中不存在得到适当庇护而且又温暖的户外场所，可以考虑使用树篱或香叶灌木围合一个区域，创造出这样一个空间。它们会将温暖的空气围起来，并能遮挡晚间的冷风。

为了最大限度地利用这块空间并创造一个舒适的氛围，可以安装晚间照明设备。要记住，通向用餐区的路上也必须有良好的照明。

特定兴趣

如果一座花园在整体上是以最低维护的原则修建的，那么在花园里就可以发展出满足特定兴趣的区域。例如，周围种植健壮且维护需求较低植物的一片简单草坪，可以为儿童提供游戏和宿营场地，或者为成人提供一片充满慰藉的绿洲。在草坪周围，用于更剧烈活动的区域可以围绕它扩展出来。比如一座小型厨房花园，其中可以种植不寻常的水果、蔬菜，以及商店里不常见的香草。如果这块区域不大，那么照料它的任务就不会变成苦役；它会给园丁带来很高的满足感，如果鼓励儿童参与，还可以成为他们的学习体验。

另一块满足特定兴趣的区域可能是供应切花的花境，它可以为家庭全年提供装饰用的鲜花。其中可能包括早春开花的灌木，如连翘和十大功劳，以及用于冬季装饰的红瑞木（Cornus alba）。为了满足夏秋季节的切花需求，留出一块地种植宿根植物，其中补充一二年生花卉以延长鲜花供应的时间。

特殊需要

对于家庭中活动能力较弱或体力有限的人，花园中位置较高的容器或者完全被抬高的苗床省了弯腰劳作的辛苦，能够满足所有人从事园艺活动的需要。固定式容器应该被安放在合适的高度，并经常用

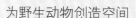

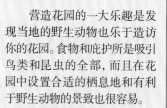

为野生动物创造空间

营造花园的一大乐趣是发现当地的野生动物也乐于造访你的花园。食物和庇护所是吸引鸟类和昆虫的全部，而且在花园中设置合适的栖息地和有利于野生动物的景致也很容易。

在花园中安装鸟食架和喂食器，这样在屋子里就能看见鸟儿的活动了，尤其是在冬天。可以根据你想要吸引的鸟的种类在花园的墙壁或篱笆上安装相应的巢箱。浅浅的一捧水能为小型哺乳动物和鸟类提供饮水，而一个水池将吸引丰富多样的野生动物，特别是两栖动物和昆虫（如蜻蜓）等。

护根、木桩，甚至肥堆都是野生动物的良好资源，为它们提供了隐蔽的角落，可供它们在其中觅食、筑巢和冬眠。低矮的树篱能提供庇护所和筑巢场所，而一些自然栽植的茂密灌木和攀援植物，如栓皮槭、野玫瑰和金银花等，能提供果实和种子，有助于保障自然界中的食物供应。选择那些富含花蜜和花粉的植物（见179页），你的花园马上就会受到蜜蜂、蛾子和食蚜蝇的欢迎。

鲜艳的一年生草花装点。无论是种在花园围墙顶上的盆中还是种在升高的香草花园里，享受充足阳光和排水良好土壤的一排西红柿都能给你带来无尽快乐，并生产出优质的食物。

展望未来

在一些预见性的帮助下，花园中的一些区域可以设计得随着家庭不断改变的需要而随之变化。例如，用木头搭建的儿童游戏室将可以变成工具间或苹果储藏室。无论是形状不规则的沙坑还是规则的矩形沙坑，都可以在儿童长大到足以理解水的危险性之后改造成小水池。用光滑木材制作的攀登架在以后可以成为支撑攀援植物的藤架，创造出美妙的效果。

家庭花园（右）

一座花园能够反映出所有者的生活方式，花园布局也取决于他们的兴趣。这里是一处富于想象力的花园，融合了种植区域、娱乐区域、放松区域和游戏区域，最大限度地利用了这一小块市郊土地。

安全水景（下）

即使是最浅和最小的水池也能对幼童构成危险。这个小型喷泉下面设置了一个紧固的金属网格，盖在它的蓄水池上面。

游戏区域（下中）

周围种植健壮无刺植物的草坪是儿童进行球类或其他类型游戏的理想场所。

高层园艺（上）

对于那些活动能力有限的人，抬高的基床会把园艺活动变得更加舒适。通过这种方式还能近距离观察植物的细节。花盆的使用让那些需要关注的植物（这里有一些正在整枝的植物）能够轻松地得到照料，还能随季节变化更换不同的植物种类。

双重目标（左）

夏末时分，正在成熟的果树旁栽种着用于室内装饰的花卉，分外漂亮。这处偶然为之的栽植当初只是为了满足装点房屋的需要，而其最终效果就像其他有主题的花境一样美丽。

以植物为本的花园

在以植物为本的花园中，植物占据了舞台中心，而不只是简单地作为"柔软的"设计材料用于花园，这种类型花园的拥有者可以收集并种植一系列特定的或者足以展览的植物。与其他植物相比，一些植物类群需要更多的维护，因为它们对于生长条件十分挑剔。一座花园的土壤或小气候可能特别适合某种特定的植物类群，不过花园中常常需要进行额外的改造工作以提供最合适的土壤、光照、湿度和遮蔽。

纯粹的园艺

以植物作为首要目标的花园也许是最纯粹的园艺形式。在这种类型的花园中能得到许多不同的乐趣，但引导你获得这些乐趣的是对于植物的热爱。

收集、栽培、授粉和繁殖植物的魅力使园艺师开始对园艺产生兴趣。搜寻珍稀或新近发现的植物种类可以变成追随一生的事业。在这样一座"纯粹"的花园中，专业知识和技能总是最重要的，让园艺师能够应对各种不同的任务。

灵感来源

对于以植物为本的花园，它所在的场所也可以成为灵感所在。幽暗潮湿的北向斜坡也许能够激起园艺师收集大量蕨类的兴趣，而干燥多石的南向土壤是种植许多地中海植物（如岩蔷薇属植物）的最佳场所。

要想办法将劣势转化成优点：一片过度茂盛的林地或许看起来无法进行栽植，但只要加以精心的管理，它就能为植物种植提供不寻常的可能性。在浓密的树荫下，喜阴的本土林下植物能够繁密茂盛地生长。

在生长条件达不到标准的地方，植物的生长情况会不理想，难以发挥它们全部的潜力。不过这种不良条件是可以改善的。土壤可以通过添加有机物质或改善排水得到改良；使用防风林或防风带可以为花园增加遮蔽（见82页，"树篱和屏障"；120~121页，"竹类"）；可以通过让周围树冠变得稀疏或提升周围树冠来增加光照强度。

主题收藏

色彩、质感和形状互相匹配的草本花境是一种展示植物收藏的方式，它完全依赖于良好的设计技巧。除此之外，还有许多其他不同

分门别类的植物
范围特定的植物收藏不一定全无美学价值。在这里，许多不同类型的盆栽欧洲报春花一层层摆放得很美观。

的方式可供选择。例如，你可以使用较为传统的做法，再造一个20世纪早期风格的花境。这种花境中有很高的草本植物，必须使用传统的豌豆支架和榛子树枝才能支撑起来。色彩主题花境是另一种主题收藏的展示方式（见46~47页，"植物种植的质感、结构和色彩"）。

更为现代的处理方式可能是混合花境，其中的主角是灌木月季类和能够自我支撑的宿根植物、自播一年生植物和一簇簇观赏草。或者在有遮蔽保护的情况下，也可以使用郁郁葱葱的常绿观叶植物搭配鲜艳的宿根花卉带来一种亚热带风情。

有风格的植物收藏

以植物为本的花园并不需要墨守混合花境的成规。在这里可以发展出种植植物参加展览的嗜好，你也许会在花园里把大丽花（见250页）或韭葱养到极致，丝毫不用考

虑它们在花园中的摆放会增加什么美学价值。不过你也能通过精心摆设，用这些限定明确范围的植物装点花园。例如，果树园中带有特殊造型的树木能够在花园内提供结构边界和内部分区（见419页，"整枝样式"）。随着果树慢慢长成特殊而美妙的形状，最终产生一种几乎是永恒般的感觉，这种展示方式是对一丝不苟的长期修剪的"致敬"。

一个树木收藏者也许能够幸运到拥有充足的空间建造一个树木园，不过其中树木的种植方式不一定是枯燥乏味的。丛植的乔木能够创造园林风格，非常美观（见54页，"作为设计元素的乔木"）。

种植某些特定区域的本土植物可能需要温室或高山植物温室来控制生长条件。这样的植物并不一定非得种在覆盖砾石、毫无景致的背景中。发挥一点想象力，可以将它们安置在模仿自然生境的地形中。

自然的植物收藏
特定的植物收藏可以很容易地融入花园之中。在这里，一群"活泼"的番红花属植物开在草坪上。

内敛的色彩（上）
高低错落的白色花境中各种绿色、白色和银色色调交相辉映，是一个经典的永恒主题。这个种植设计庄严纯洁的效果需要一丝不苟的架杆支撑、移栽和除草。

单季展示（上）
有些园艺师喜欢将各种类型、形状和颜色的植物放在一起，同时达到最美丽的观赏期——这里呈现出一幅色彩和谐的拼贴画。

热带风格（左）
在温暖、土壤肥沃且受到遮蔽保护的区域，可以尝试在夏季种植充满异域情调的热带植物。其中，许多物种需要提前挖取贮藏过冬，不过这种特殊的美丽景致足以回报这些劳作。

风格化花园

　　高度风格化的花园可以看作是经过精巧设计、拥有纯粹美学价值的艺术品，植物在其中只是为了满足有严格限定的设计要求。这样的花园可以作为一组现代雕塑的背景，或者构成一座重要建筑周围的场景。这种花园需要高度的协调和提前规划，以提炼出所需要的风格。所有材料的色彩、质地和饰面都非常重要。在这里，植物是一种陈设——评价和使用它们的标准是其功用，而不是它作为活的植物的个体美感。

主题

　　如果设计师的目的只是创造一个非常风格化的图景，那么花园设计的方法就跟画家绘画或者设计师布置舞台相似。最终的效果会非常惊艳，因为所有的注意力都集中在最大化地实现视觉效果上，并不会考虑单个植物的问题。选择植物时只考虑它们的色彩、形式和质感，并且尽可能地按照抽象和形象化的原则摆放它们，保证最终效果能使材料之间互补和谐。

　　虽然这种方法常常应用在大规模的风景设计项目中，但它也能应用在规模小且更加私人的空间。它能够避免在有限区域中因使用太多不同材料而导致凌乱的问题。使用尽可能少的材料能够带来力量感和整体感。这些精致的设计都具

有简单的核心原则，这是它们最生动的要素。

　　即使是在传统的花园布局中，这种直率也能够发展成整体的概念或主题。例如，一座色彩受到限制的花园，其中只有开黑花和白花的绿叶植物。更为激进的策略是花园中几乎不栽种植物，只根据所需要的质感播种出不同方向和不同长度的草丘。

　　另一种独具风格的做法是大量种植单一的植物，如果这种植物非比寻常，那效果就更加明显。在一百块或者更多的小块土地上种满同一种植物将带来惊人的效果。大片芍药、裂叶罂粟（*Romneya coultier*）或许多大戟属植物都能带来壮观的景象。带有实用性质的花园也可以进行风格化的处理。一座厨房花园可以设计成富于装饰性的菜园。除

了仍然能够提供食物，在它高度结构化的布局中需要更加强调色彩和质感的严格分布。

协调的设计

　　风格化私家花园面临的最大挑战之一是让高度风格化的花园与房屋或场所的气质相配。解决方法之一是使用当地的植物和材料，但要用完全不同的形式加以使用。例如，可以使用当地常见的乔木或灌木（如果它们耐修剪的话）建造修剪过的树篱和景观树，然后把这些植物材料以严格分区的形式安排在

花园中（见75页，"编结乔木"）。当地出产的石材和砾石可以做成铺装和植物的护根，创造一个完全现代的规则式花园。

　　城镇中的小型花园，特别是有界墙的花园，是营造风格化花园的理想场所。由于大多数情况下只从一个方向——房屋的窗户——得到欣赏，它们提供了非凡的可能性。一个真正具有戏剧性的、几乎两维的护院可以就此创造出来，硬质铺装的棱角以及它们在色彩、形状和位置上的选择会造成一种奇怪的透视感。

种植安排
用一些技巧、知识，再加一点照料，一系列精心布置的"花饰"就此被创造出来了。利用种植台地的高度变化，可以让和谐的色彩和对比强烈的叶形效果更加突出。

现代风格
即使是最常见的花园植物也能够以风格化的方式应用。在这里，通过把蔓生植物栽在定制的高低不平的容器中，使它们的效果得到了改善。

现代设计

呈方块种植的金钱麻（*Soleirolia soleirolii*）形成了
紧密的垫状地被，与蓝色的碎玻璃参差交映，这一
充满几何感的现代设计着重强调的是色块。

日式花园

在这个极为简单抽象的场景中只摆设着岩石和
耙过的砾石，人的视线只会集中在纯粹的线条
以及物质和空间毫不费力的平衡之中。

现代雕塑

专门为这个现代水景雕塑创造的"栖息地"让这个本来在
花园内显得疏离的艺术品与周围景致更加协调。

多肉植物

主景植物，如'黄心'龙舌兰（*Agaveamericana* 'Mediopicta'）
和翠绿龙舌兰（*A. attenuata*），在这片温暖、阳光充足并
且排水良好的基床上沿着夏季开花的宿根花卉创造了引
人注目的效果。

评估现存的花园

无论你是要改造自己的花园还是要处理从前业主留下来的花园，最困难的任务之一就是考虑如何将你自己的想法和灵感转移到已经存在的东西上。构成现存花园的所有东西都必须得到仔细检视和评价，以便确定出对整体效果最有正面贡献的物件以及那些贡献最少或者和你喜欢的风格品味相差最远的东西。花园中的任何一部分都不能省去这次评价，因为即使是看起来不可能改变的因素也可以通过巧妙的设计和种植对其施加影响继而加以改进。比如，花园的形状和大小是无法改变的，但是可以通过许多设计方法让狭窄的花园显得更宽，开阔的区域显得更加隐蔽，笨拙的形状显得更加流畅。

将材料从环境中取出
即使你不喜欢某个景致，或者它的设计和周围的花园很不协调，但可以考虑是否能把它的材料用在别的地方。

花时间深思熟虑

你新设计的灵感可能完全来源于自己的想象，也可能是参观别的花园或阅读书籍和杂志时产生的。不过在开始画粗略的草图之前，你最好在花园中待上一段时间，除了琢磨各种改造的可能性什么也不干。一座花园最初的设计阶段应该以镇定冷静的观察开始，详细检视现存的东西和需要的东西是非常关键的。如果没有充足的时间去做重要的决定，规划过程会拖得很长，质量也很糟。

让花园在一段相对较长的时间内持续发展需要长远的眼光，你能够从现有景致的混沌中看到将来。

这个阶段还应该避免预算、劳力和其他现实制约条件的干扰。为花园确定一个目标，而通往这个目标的方法将为你实现梦想，赋予花园整体的风格和你自己的个性。总体规划需要逐步实现，时刻将这样一个规划印在脑海中，能够让你更好地掌控花园持续的发展过程。

权衡花园中的元素

当评估现存花园的时候，新的设计需要多大程度的改造会在你脑中形成一个大概的想法。在这个阶段需要考虑你是想一次完成新的设计还是准备花好几年时间慢慢改造。

随身携带一个笔记本，在其中记下你对花园中所有元素的看法和想法，把它们和你想要的进行比较。所有的可能性必须提炼成一个行之有效的理念，许多想法会得到细化和执行，但这些想法必须适合运用在当时当地，并且符合当地的土壤和气候条件。

对花园的结构、铺装表面、景致和种植进行系统的"审计"，以便决定哪些东西需要保留，哪些需要重新设计或者重新安置，而哪些是多余的，这一步骤非常有用。需要提出的问题以及需要考虑的因素将在下文详细说明。

通过设计节水

不断增长的节约用水的需要对于园艺师来说是一个难办的问题，但是通过建造储水设施并将节水策略融于设计中，你就能在节约用水和花园耗水之间取得平衡。据估计，即使是小型房屋，每年也能收集24 000升水，足以装满150个普通尺寸的集雨桶，所以要保证房子、棚屋和温室都安装通往集雨桶或带盖水箱的排水槽和落水管；如果空间允许的话，可以把两个或更多的容器串联在一起，以便在下暴雨的时候收集充足的雨水。在温室中，带盖水箱可以埋设在工作台下面的地里，以储存从屋顶流下来的水。你也可以把雨水从露台和硬质铺装直接引到花园边界的种植区中（见585页）。

决定先后取舍
一座现存的花园中可能含有符合你自己需求的元素，如座位区或者抬升的基床，即使它们所用的材料或饰面并不太符合你的喜好。就像植物可以被审慎地保留或重新造型以保持花园的种植结构一样，硬质材料也可以如此处理并增加个人风格。

考虑现存植物

如果可能的话，绝不要仅仅因为所在位置不够完美就丢弃一棵美丽、成熟、健康的植物。这棵棕榈属植物（*Trachycarpus*）是一棵漂亮的园景树，值得重新安排种植计划以适应它；事实上，它可以启发出新的种植设计主题。

使用照片

困难而复杂的决定常常可以用照片使之简化和明晰。一系列反映整个花园的照片能够将它所有的景致放在一起互相比照，使你能够做出谨慎考虑后的决定。照片有一种聚焦和简单化的效果，它能够去除花园现场的其他干扰，突出强调其中的优点和劣势。静止的画面更容易进行分析，并且能够清晰地展示花园的内在构成和机制。这种分离感会为决策带来更大的自由度。尺寸过大的常绿灌木、花境前方笨拙的线条或者其他杂乱无力的种植都会在静态图像里得到更生动的呈现，从而在新的设计中得到纠正。

评价自己的花园

在由业主营造已久的花园中，多愁善感的感情因素可能会产生消极的影响。在良好设计和布局中本应没有立足之地的植物会因此得到保留并被忽视；衰老、带病或者大小不合适的植物也会被留下，特别是那些成为纪念或者曾是礼物、会让业主想起亲爱的朋友或亲属的植物。随着一座花园移交给新的业主，这些反常现象会得到更客观的处理。例如，一年前种下的欧洲七叶树如今阻挡了一块台地的所有光线，那么就应该毫不留情地将它除去。

然而，作为有趣花园的精髓，个性常常来源于个人情感的癖好。虽然是非常规的，但这些精致有可能赋予了花园独一无二的性格，所以还是那句话：三思而后行。全面清理的方式可能会产生意料不到的负面后果。例如，如果仅仅因为"不时髦"而将一棵松柏移走，则意味着你失去了和邻居之间的有用屏障或者是一个从室内可见的优良筑巢场所，失去了它，鸟儿就再也不会在春天回来了。

评价新的花园

新的业主几乎总是希望对现存的花园做出改变。一个狂热的园艺师可能会立刻引入自己喜爱的植物，但如果花园或其中部分和你的个人品味并不合拍，那就需要用更深远的眼光来审视它。从许多方面来说，处理一块"处女地"——例如新房子的花园建设——或者完全被忽视的毫无景致的小块土地是一项更容易的任务，在空白的画布上总是易于创作新的图景。完全理解一座别人留下的完好花园需要时间和耐心。最有价值的建议是不要做出任何匆忙的改变：一座历经岁月的花园会包括许多很有价值的景致，它们都经受了时间的考验。和清空场地并从完全贫瘠的土地上开始建设花园相比，保留一些现有的植物和结构，并且如果可能的话对它们进行重新理解和诠释是一个更好的选择。

花园中前业主安置下来的这些现存元素可能会唤起一种特别的氛围，将这种氛围保留下来也是很重要的。对于这种花园，过度热情的清理会立刻除去所有魅力或神秘感，这种氛围需要好好养护而不能丢弃一旁。经过几代人维护的花园中会存在独一无二的丰富性和多样性，层层叠叠的植物产生了互惠互利的小气候，形成了错综复杂的分层结构。随着时间的推移，植物和结构能够获得自己的性格，不再只是纯粹的装饰。

用发展的眼光观察

应该在尽可能多的季节（理想的情况是一整年）里对花园进行观察，观察时应该留意那些随时间变化的因素，如郁闭度、盛行风、区域温暖程度以及种植的季相变化等。

通道和台地应该在全年都能使用，起屏蔽作用的灌木所能提供的隐私程度应在夏冬两季都进行检查，并评价整个花园和种植所需要的维护度。

让植物展示它们的价值

种植特定植物的原因也是明确的：一棵带有低矮横生枝条的樱桃树在春天和树下的草花一起绽放，这将立刻说明它存在的价值并奠定其不寻常的地位。

一切都太简单了，就很容易犯错：为了某些原因，靠房子南墙种植的一棵"月桂树"很可能会被匆匆砍倒丢弃，随后才发现这其实是一棵株龄不小的广玉兰（*Magnolia grandiflora*）。如果你发现某些植物难以鉴定，可以向当地苗圃、园艺俱乐部或植物园寻求建议，以免意外除掉珍贵的植物。

一旦鉴定出了所有的重要植物，也不要匆忙去除任何一棵。留下某些成熟的大龄树木作为永久或临时措施能够防止改造后的花园比例失调，为年幼脆弱的植物提供防风遮蔽，当其他种植在一步一步进行时还能继续提供私密性。

从形状获得灵感

爬满常春藤的这棵老树（最左端）也许需要移走，但是它低垂的拱状枝条为远处的景物创造了一个令人愉悦的框架，你可以从此获得灵感，在这个位置安装一个拱门。

表面、道路和水平变化

草坪/植草区域

评估你的花园

▪ 草坪是否由优质草种构成，是否不含杂草？

▪ 草坪状态是否良好，是否被房屋或乔木遮蔽，并由于光线不足和排水不畅而生长苔藓？

▪ 它的面积是否足够大，能否容纳帐篷或用于游戏？

▪ 草坪上有任何树木吗？

▪ 对该区域进行铺砌或融入种植苗床是否会更好？

▪ 经常修剪的草坪是否覆盖很大一块面积？可以减少远端草坪的修剪次数，在边缘留下一片草地。

▪ 草坪足够宽阔么？花园如果没有令人镇静的绿色区域，会显得有些狂乱过头。即使是宽阔的砾石或铺砌也没有青草的抚慰作用。

要考虑的

　　入口　草坪必须为行人、割草机和独轮小推车留有足够的入口；还要考虑建立一条处理所割的草的通道。当使用草坪代替原来作为花园通道的硬质表面时，建议保留一长条，以便在天气恶劣时使用。

　　核心作用　即使是面积较小的草坪也起着设置场景的作用，它提供了一片开阔的前景，透过它才能看到景观。这个作用非常重要，足以让你移除或减少花园边界现有的植物，得到足够大的草坪面积。

　　更多信息见385～401页，"草坪"。

露台和台地

评估你的花园

▪ 露台区域足够大吗？

▪ 它是阳光明媚还是冷暗阴沉？

▪ 它是否位于不同道路的交点，使得难以安置永久性的庭院家具？

▪ 它和房子离得近么？位于花园远端的台地也许能捕捉到落日的最后一抹余晖，但对于户外用餐和娱乐并不实用。

▪ 表面状况是否良好，是否有背向房屋的轻微斜度，以利于排走滞流水？

▪ 露台是用什么材料建造的？砾石对于安放桌椅并不舒适。更能接受的是平整的铺装，或是浇筑混凝土，浇筑时可将骨料暴露在外，这可使表面防滑并同时增加质感。

要考虑的

　　硬质表面　花园中一块硬质区域的价值是无法估量的，它既可以作为工作区，又能进行户外娱乐。

　　朝向和位置　在一天的不同时间和不同的季节内，露台和台地被阳光照射和被荫蔽的区域都不同。要同时考虑风景和朝向。

　　周围材料　当和周围的建筑材料相协调时，铺装常常会呈现最好的效果。决定表面是否运用一种颜色和统一的质感，还是运用富于装饰性的设计。

　　入口　在房屋和台地之间设置一条通道，如果可能的话不要台阶。这能够在携带饮料或食品时减少意外的发生。

　　更多信息见585页，"露台和台地"。

道路

评估你的花园

▪ 道路是否保养良好，是否足够宽阔以便步行或独轮小推车通行？

▪ 路面是否有破损不平现象？这很危险，应该马上修理或更换。

▪ 道路是否按照自然线条铺设，不会让人产生走捷径的想法？

▪ 道路是否为花园增添了趣味和结构？它们应该在一个区域和另一个区域之间产生视觉联系。如果有任何一条道路显得没有必要，果断移去它。

▪ 道路使用的频率如何？植草道路很美观，但它是软质通道：过度使用会造成损坏。

要考虑的

　　路线　应该按照最合理和沿途最美观的原则设定路线。避免太多道路造成杂乱的效果。

　　覆盖材料　和铺砌路相比，砾石路造价更低，视觉上也更柔软，特别是当道路需要弯曲时——大块硬质材料难以适应曲线。

　　基础材料　准备良好的基底压缩硬核材料能够保证排水顺畅和路面平整；道路应该能经受时间的考验，保持线条的清晰。

　　宽度　道路宽度应该能够允许两人并排而行。如果可能的话，道路宽度应该能够足以行驶小型车辆和装载拖车。

　　更多信息见593页，"道路和台阶"。

台阶和斜坡

评估你的花园

▪ 如果将某些斜坡改造成由台阶连接的一系列台地，是不是会有更好的功能性？

▪ 现存的水平变化是否将花园分隔为理想的区段？

▪ 在一座小型花园中，水平面上的轻微变化是会增加一块区域的重要性，还是会提供一个在材料或主题上增添变化的机会？

▪ 一段台阶是否能在空间上和视觉上将不同的区域聚在一起？

▪ 挡土墙和种植植物或草坪的堤岸是否能提供水平层面的分隔？它们是否能够风格化并富有细节地标记水平变化？

要考虑的

　　视觉冲击　无论如何进行精巧的解读，一座完全平整的花园都不可能拥有依山而建或在波动地形上建造的花园那样的生动活力。

　　挡土墙　可以使用挡土墙放大土地高度的轻微变化。

　　强调景致　可以利用高度变化展示植物和水景。位于不同水平面上，由跌水连接的一系列水池会显得十分生动。

　　花园使用者　台阶对于年幼者和年老者可能并不适合。

　　台阶细节　每级台阶的宽度和高度都应该一致。如果台阶两边种植了植物，中间必须留下足够宽的整洁区域。

　　更多信息见593页，"道路和台阶"。

边界和结构

墙和栅栏

评估你的花园

- 现有的墙安全吗？如果存疑的话，寻求专家的建议。如果需要维修陈旧的园墙，建议联系熟悉当地建筑技术的石匠或建筑工人。
- 栅栏的情况是否良好？要特别注意检查栅栏杆的基部，查明是否有腐烂现象或真菌生长。栅栏上的嵌板或桩杆往往可以进行独立更换，不用换掉整个结构。
- 园墙和栅栏是否具有美学价值还是纯粹为了实用？处理丑陋园墙或栅栏的最简单的办法是使用攀援植物或灌木加以遮掩。
- 在种植之前，墙脚下或栅栏下的土壤是否需要改良？
- 砂浆或灰泥是否含有石灰？如果从旧砖墙上掉下含有石灰的灰屑，那么墙脚下的土壤可能会变得不适宜喜酸植物（如山茶）的生长。

要考虑的

成本　传统砖墙或石墙的建造有一定难度并且造价较高。更经济的办法是用灰泥修建砌块墙。如果墙有一定的高度，千万不能在工艺上马虎了事。

高度　与邻居构成边界的墙壁或栅栏通常有高度上的限制。

材料　使用坚固的栅栏作为花园的边界。屏风、框格或柳编墙等较轻的结构可以用来进行花园内部的分区。

更多信息见596页，"墙壁"；600页，"栅栏"。

树篱

评估你的花园

- 花园中现存的树篱是否位于合适的位置？它们也许能够过滤掉强劲的风并提供遮蔽，但也同样可能产生过多的树荫并遮挡视线。
- 对于花园来说，现有的树篱是否太宽或太高了？
- 你是否在花园中拥有合适类型的树篱？常绿树篱有时候会显得很有压迫性，而落叶树篱会在阴冷的冬天透过更多阳光。
- 树篱已经在花园中存在了多长时间？年老的树篱基部会变得稀疏；降低整体高度、减小上部宽度能够促进下半部分再次生长。

要考虑的

形状　树篱并不一定非得像墙壁和栅栏那样有严格的棱角，它可以拥有波浪起伏的曲线，为自然式的植物种植提供背景。

材料　树篱的材料可以是有变化的，并以不同的方式进行组合，以增加质感和自然感。

美学　拥有鲜艳花朵、果实或浆果的树篱能够别添生趣。

来自乔木的树荫　上方乔木的树荫会阻碍树篱植物的生长。可以使用混合式树篱，在乔木下种植耐阴植物来克服这一点。

规则式树篱　规则式树篱会为花园设计增添结构感。经过修剪的树篱可以充当不同风格空间的分隔"墙壁"。可以在树篱上开出窗口或拱门，创造不同空间之间的通道。

更多信息见82页，"树篱和屏障"。

花园建筑

评估你的花园

- 建筑是否得到了足够的维护？
- 它是否位于最合适的位置上？无论它的功能是什么，花园建筑不应该主导花园。必要的话，可以考虑将建筑结构挪到别的地方。
- 建筑和周围的景致和谐吗？一个办法是用攀援植物或灌木将它遮掩起来。还可以将它粉刷成不同的颜色或者用和周围环境和谐的材料重新贴面。
- 如果将建筑改造成另一番用途会不会更加有用？一个小屋或亭子可以用来存放庭院家具或苹果；一个保育温室也可以作为种植植物的暖房。

要考虑的

次要用途　建筑可以成为花园景色的一部分并增加建筑元素，或者是用攀援植物和灌木隐藏起来。

位置　在建筑的实际功能和美学价值之间找到平衡。一座凉亭、保育温室或暖房需要一个适应人类和植物需求的位置。花园中的小屋或储藏室则可以放在阴凉的角落。所有的建筑都应该能够轻松抵达（最好是从硬质铺装上）。

材料　所有建筑结构都应该用易于保养的坚固材料建造，它们也必须拥有足够牢固的基础。

更多信息见356页，"温室园艺"；566~583页，"温室和冷床"；605页，"花园棚屋"。

藤架和拱门

评估你的花园

- 它的结构是否牢靠？它必须能够支撑植物和它自己的重量。
- 它能够承受风对植物冠层造成的压力吗？
- 现存的结构有没有弱点？检查木材和金属工艺，如果有必要的话加以修理；应该对表面加以清洁并用防腐剂或油漆处理。对于较大的结构，建议雇用结构工程师或有资质的建筑工人进行检查。
- 有无长势失控的植物？应该彻底削弱它们的长势，让阳光和空气能够进入植物冠层。
- 有无已显颓势的植物？对于年老且扭曲多瘤的攀援植物，可以保留它们的个性，但要进行仔细的修剪。

要考虑的

建筑元素　一座藤架或一系列拱门能够形成花园的主轴线，还能在不同的部分之间形成过渡。

材料和设计　可以参考花园或房屋中已经使用过的材料和设计来选择。

框架　从较细的金属框架到较厚重的砖木结构，框架有许多形式，可以产生不同的效果。在冬天，落叶植物将不能遮掩它们的支撑结构，所以框架形式一定要美观大方。

更多信息见603页，"藤架和木杆结构"。

观赏植物

乔木

评估你的花园

- 乔木的株龄是否成熟？成熟或半成熟的乔木是一笔难得的资产。这么大的乔木不容易得到，它投下来的树荫会为景色增添别样的情趣。

- 你是否希望增添一棵最喜爱的树木？小型乔木在有限的空间内效果最为理想。在较大的花园中，如果位置得当，它也能将体形较大的"标本"树衬托得更加突出。

- 现有的乔木是否过于浓密？为了立刻得到理想的效果，花园种植在一开始常常比较密集，之后可能需要移除某些乔木，或者让它们的树冠变得更稀疏。

- 乔木是否遮挡了风景或隔绝了光线？如果是的话，必须对它们进行适度的修剪；如果房屋附近乔木的落叶堵塞了排水沟和落水管，也要注意对乔木进行修剪。

要考虑的

功能　一棵乔木可以扮演很多角色。它可以同时拥有优美的树形，有花、果、美丽的秋色叶和美观的树皮，为全年提供景致。

连续性　这可以通过大量使用同一树种或品种来实现。

发展　为了兼顾短期和长期效果，可以用不同的乔木进行混植；观察一棵乔木逐渐长大的过程也是一种乐趣。

位置　树根，特别是那些生长速度很快的树种的树根可能会毁坏排水设施和建筑基础。在确定乔木位置时，注意在建筑周围留出足够的空间。

更多信息见53~85页，"观赏乔木"。

灌木

评估你的花园

- 现存灌木是否能在较长的一段时期保持观赏价值？

- 它们的现状是否良好，有无长势凌乱、营养不良或缺乏光照的情况？

- 它们是否生长过旺或体形过于庞大？并不是所有的灌木都能很好地适应修剪。在进行移除或修剪以控制长势之前，务必先确定灌木的种类。

- 对于嫁接繁殖的灌木，检查其砧木是否长出了萌蘖条？如果置之不理，它们可能会压过接穗植物的长势，所以必须从基部清理干净。

- 你是否想要一座低维护水平的花园？如果是这样的话，那么就得把某些需要经常照料的灌木替换掉。

- 花叶灌木是否长出了带绿色叶片的枝条？把它们剪掉。

要考虑的

季相　保证每个月都至少有一种能够提供色彩和香气的灌木，哪怕是在阴暗的冬日。有些种类既能赏花，又可观果。许多灌木能为室内装饰提供切花或切枝。

形状和形式　每种灌木的形状和形式都有所不同。它们能赋予花园更柔软的边缘，减少边界直线带来的单调感。

分隔作用　在花园内部某些地方使用树篱或栅栏分隔空间会显得有些突兀，而使用一组灌木就感觉和谐多。灌木的树冠常常会贴近地面，而常绿灌木即使到了冬天也不落叶。

野生动物　灌木会为鸟类提供筑巢之所，也能为过冬的动物提供食物。

更多信息见87~121页，"观赏灌木"；147~169页，"月季、蔷薇类"。

攀援植物

评估你的花园

- 现有的攀援植物能否衬托花园的景致？是否为植物在建筑和墙壁周围及上方的生长留下了足够的空间？

- 无论其支撑结构是乔木、墙壁、拱门还是藤架，攀援植物的长势对于支撑结构来说是不是过于旺盛？需要对超出其生长空间的植物进行相当程度的修剪，但这会减少开花和结果。

- 贴墙整枝的灌木是种植得距离建筑过近？这可能会对建筑的地基造成损害。茂密的攀援植物会在墙壁上形成潮湿的水汽，还可能遮挡窗户的采光。

- 攀援植物是否生长得过于茂盛，堵住了排水沟或者从屋顶瓦片或挡雨板上爬过？长过界的植物必须得到及时清除或定期修剪。

要考虑的

伪装　只要动一点点脑筋，攀援植物能够对最沉闷和最丑陋的建筑加以补救，用一层绿色的帷幕将它遮掩起来并柔化坚硬的建筑线条和材料。

用于墙壁　一些攀援植物会紧紧地贴在墙壁的夹角，而另外一些则能够模糊边缘，将墙角变成弯曲的流线型。

维护　你在攀援植物身上投入的时间多少将决定它们的外观。如果对一株茂盛的攀援植物疏于照料，它会在几个生长季内爬满整个建筑。而如果对这同一株攀援植物进行定期修剪和精心绑扎，则会得到整洁可靠的效果。

更多信息见91页，"贴墙灌木"；123~145页，"攀援植物"。

草本花境

评估你的花园

- 花境的大小、色彩和植物种类符合你的喜好吗？

- 花境会不会在一个月里很壮观，却在接下来的整个夏天显得萎靡不振？

- 长势健壮的植物是不是阻碍了其他较柔弱植物的生长，破坏了花境的设计和平衡？

- 花境中有没有年老的植物需要更换？分株或分球之后，只种植那些年轻有活力的部分。

- 是否有多年生杂草（见646页）在花境中泛滥，如羊角芹（*Aegopodium podagraria*）或匍匐披碱草（*Elymus repens*）？

- 能否缩小花境面积或简化种植形式，以便轻松打理？

要考虑的

色彩　种植草本花卉的主要目的是提供鲜艳活泼的色彩。

位置　在一年的大多数时候，与房屋平行的花境都会看起来比较空旷。最好让你能够沿着花境较长的一边望过去，这样，其中的植物总是会显得很饱满，植物之间的空隙也不容易被发现。

主题　花境能够采用的主题包括受到限定的色彩范围、某个季节或某个属。花境植物的叶子可以和树篱或者用于镶边、道路和墙壁的材料的颜色和质地构成和谐互补的关系。

更多信息见171~203页，"宿根植物"；205~223页，"一二年生植物"；225~251页，"球根植物"。

厨房花园	香草花园	水景	花园装饰和种植钵

厨房花园

评估你的花园

▪ 目前这块区域是否是花园中土壤最好的？是否既温暖又有良好的光照？如果有更适合进行耕作的区域，可以考虑将作物转移到那里去。

▪ 想要保留现在的厨房花园区域？在决定种植任何作物之前，先弄清土壤条件（见616页，"土壤及其结构"），它可能需要改良或进行深耕。

▪ 现存的果树和灌木还有生产能力吗？抑或是已经年老不堪了？年老的树可以通过修剪重新增加产量，或者干脆替换掉。还要考虑你的家居需要，以及其他特别的喜好和嫌恶。

要考虑的

主要作物 想好你的主要需求是什么——可能是用于沙拉的作物、菜市场里不常见的商品或者是能够全年供应的新鲜便宜的水果和蔬菜。

时间和精力 种植蔬菜需要花费大量时间和辛苦劳动，在决定菜地大小时一定要牢记这一点。

可用空间 在空间有限的地方需要种植较小的作物，可以将蔬菜和水果种植于整个花园之中。这不但有利于昆虫授粉，外观也会很漂亮。

更多信息见417~489页，"种植水果"；491~548页，"种植蔬菜"。

香草花园

评估你的花园

▪ 遗留下来的香草花园中是否包含对你重要的植物？香草花园中可选择的植物种类很多，种植哪些植物完全靠个人选择；某些已有的香草可能有必要除去，并重新种植那些你需要的种类。

▪ 那些生长迅速的香草如薄荷等是不是过于茂盛并影响了其他较柔弱的香草的生长？这样的植物必须加以修剪和遏制，但这并不是一个一劳永逸的办法；可以在安全的容器中种植较为柔弱的植物，或者将那些容易蔓延的种类限制在花盆中。

要考虑的

地点和土壤 香草需要排水良好的土壤才能茁壮成长，土壤并不用特别肥沃，但需要充足的阳光，得到最多的光照和热量。

位置 香草花园最好距离房屋和厨房较近，便于随时取用。用于烹调或干制混合香料的大批量香草可以种在特定区域，并加以采收和储藏，以便全年使用。

种植组合 并不一定必须将烹调植物、芳香植物和药用植物分门别类地种植。香草花园的风格可以延伸至整个花园的栽培区域。花卉、水果、蔬菜和香草可以搭配种在一起，将香味、色彩以及鲜花和叶片的形状和质地融合在一起。

更多信息见403~415页，"种植香草"。

水景

评估你的花园

▪ 花园中的水景状况是否良好，是否需要维修？在保留任何现有的池塘、水池或水道之前，必须对它们的整体状况加以评估，寻找任何可能出现的问题。

▪ 水池上方是否被乔木遮蔽，使水池得不到充足光照并使得水中充满碎屑？

▪ 水体大小相对于整个花园是否和谐？池塘需要耗费相当多的时间和精力才能维持良好的状态。如果不能保证足够的付出，最好还是将这些水体清除。

▪ 水景是否得到了适宜的保护？在家庭花园中，安全是第一考虑。即使是最小的池塘也会对孩子造成威胁，特别是那些对花园不熟悉的孩子。

要考虑的

安全 当孩子年纪尚幼时，可以在小水池中铺上圆卵石使其变浅。水池边上设置的凸出岩脊可以让年纪较大的孩子从水池里爬出来。缓慢倾斜的水池边缘也比较利于从较深的水中逃脱，宠物和花园中的小型哺乳动物可能会因此得救。

尺寸 无论多小的水体都能为花园带来动感、声响和活力。平台上可以安置小型喷头和水池；花园中可以设置一个适度大小的池塘，其中种植本地水生植物；也可以设置一系列互相连接的水池和水道，它们的尺度都应该和周围的场景达到和谐。

更多信息见281~303页，"水景园艺"。

花园装饰和种植钵

评估你的花园

▪ 在搬到一处新房产之后，是否有机会得到这里形成已久的花园装饰主题？如果有这样的机会，千万不要放过。一般很难在别人留下的房屋和花园中得到雕像和大型种植钵。这些装饰品一般会随着家中的摆设一起被搬走或卖掉。

▪ 现存的装饰品摆设的位置怎么样？在装饰品摆放得当的花园中，这些装饰品的移除或更替会影响花园的观赏性。相反，一座过度装饰的花园会让人眼花缭乱，无所适从——它必须得到控制以重建平衡并为花园场景带来秩序。

要考虑的

花园设计 摆放得当的种植钵和装饰品能够强化现有的花园风格。装饰品应该和当地的各种因素契合，如尺度、风格、材料等。

个人品味 雕像和种植钵能够反映个人的品味。它们能为花园带来或传统或当代、或具象主义或抽象主义的艺术。使用某些特别的雕塑或种植钵，能让花园得到截然不同的个性。

焦点 花园中的装饰品会起到指示牌的作用，鼓励游客从中穿过，或是停下来欣赏一处风景；它们能够强化某些焦点，将本来分散的区域联系起来。

更多信息见305~335页，"盆栽园艺"。

规划草图

在对花园进行精确测量和制订新设计方案之前，一张或一系列粗略的草图能够帮助你评估现有地块的整体布局。这将为设计详图的绘制打下基础（见36页），你可以在详图上标出那些需要保留的花园景致和植物，以及其他需要添加的元素（见38页）。

观察全貌
当要画出花园的边界和花园中任何不规则的形状时，可以从楼上的窗户进行观察。这里还是观测阳光和阴影变化的有利地点。

这些草图中应该包含粗略的规划，将对花园的最终布局和植物选择产生影响的许多实际因素都表现出来。这些草图中应该用注释的方式详细说明影响场所的实际因素，如气候、土壤类型、视野、郁闭程度、地块和房屋的朝向，以及花园区域的大小和形状——这些都是无法改变的因素。其中还应该包括和房屋以及花园有关的设施，如室外水龙头和花园内的棚屋。这些设施的位置可能不够理想，需要调整。

气候和朝向

花园所处地区的整体气候以及花园内部的特殊小气候是最关键的决定性因素，它们不但影响花园的布局，还决定了植物的选择和位置（见606~615页，"气候与花园"）。应该寻找并研究有关当地气候条件的信息，如年降水量、平均温度和光照水平等。这些一般性的气候条件会受到花园内部实际地形的影响。一座地势低洼的花园或许可以免受强风侵袭，但它也会形成易于结霜的霜穴，而山丘顶部则比附近的朝南地点冷好几度。海边的花园会受到强劲海风的侵扰，海风中还可能含有盐分，不过和内陆相比，海滨环境能够防止气温的剧烈变化。

在花园内部存在拥有不同小气候的小块区域，或温暖或冷凉，或潮湿或干燥，适合一系列不同的植物类型（见609页，"小气候"）。花园以及其中房屋的朝向将决定房屋墙壁温暖与否，以及花园中阴影区域的位置。这些因素不但影响你的植物选择，还会影响到座椅的安放位置。

评价你的土壤类型

花园的土壤也是一个必须考虑的关键性因素。土壤类型、质地及其酸碱性（pH值）都是应该了解的重要性质（见616页，"土壤及其结构"）。不同地区之间的土壤差异很大，既有致密的黏土，又有疏松的砂质壤土；既有碱性的白垩土或石灰质土，又有酸性的泥炭土。每一种土壤都适合不同的植物种类。

那些在适宜土壤上生长的植物会兴盛起来，而种在不适宜土壤上的植物只能挣扎求生。不同类型土壤的持水和排水能力也不同。耕作的难易程度也会受到土壤类型的影响，那些结构致密、排水不畅的土壤会给耕作带来困难。

糟糕的排水不光会影响到植物的选择。土壤柔软且过于潮湿的场所不能建造任何较大的建筑，除非通过安设排水沟和渗水坑来解决这个问题（见623页，"改善排水"）。如果建筑和土方工程留下大量碎石或底层土，可以对这些材料加以利用——用它们来建造台地区域的地基，或用它们建造一个砾石园。这种类型的土壤排水极为迅速，适宜相应的植物生长（见256页，"砂砾床和铺装"）。

设施

草图中还应该标明花园中的其他固定设施，例如服务于房屋的车行道和步行道，以及那些重要但不雅观的设施，如窨井盖等。管道检查点和化粪池等也可能需要标注出来。一个油罐或煤仓常常是花园中不甚美观但十分重要的陈设，特别是在偏远的乡村地区；可以考虑另外寻找地点安置它们，不过用植物或其他东西把它们遮挡起来是一个更容易操作的选择。木垛在花园里会显得美观得多，还能够吸引野生动物。

任何悬在头顶上方的电线或电话线都应该出现在草图上，因为高大的乔木不能种在这些线路旁边。也不建议在这些线路进入房屋的那堵墙上种植扭曲的攀援植物，因为植物会将这些线路作为攀爬的支点，房屋墙壁接线的地方也很难够到，如果进行修剪或拉拽抑制生长会造成危险。

花园地形
水体不但会增加土壤湿度，还会增加附近空气的湿度，这对许多植物都是很有利的。然而，水常常占据一处低洼区域，而这里很容易变成霜穴（见607页）。除了土壤和气候条件，选择植物时还应该考虑它们的抗寒性。

一张现场规划图
画出花园的整体布局和房屋的位置。然后加上重要的结构性种植，如乔木和树篱、硬质铺装和草坪的轮廓、道路的路线，以及任何花园内部的分区和建筑，如棚屋、屏障和墙壁等。接下来，一般性质的植物花境可以用阴影来表示。在这个位于北半球的花园中，对角线方向的投影表示这是太阳在盛夏正午时分投下的阴影。

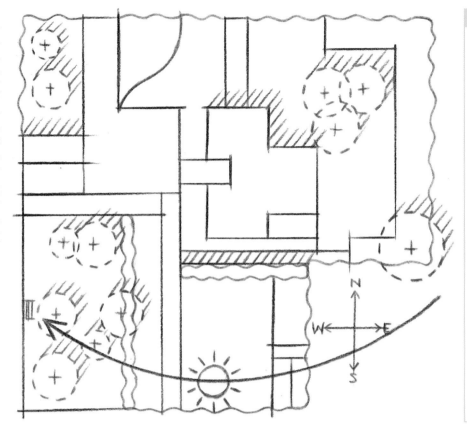

未雨绸缪

虽然你的规划只是位于起步阶段，但是做出重要改变的想法可能已经萌发了，例如砍掉一棵树或者建造一座凉亭等。从一开始做一些调查在法律上是有回报的，不然你很有可能会在随后发现一些不愉快的意外阻止你的计划实施。法规包括当地建筑和规划法规、可能存在的树木保护条例、对于相邻物业边界的描述和责任认定，以及你所在区域的任何环保法令。即使你最终并没有按照开始的思路进行改造，也必须尽早办好所有必需的许可，因为协议和清除工作会花相当长的一段时间。

其他实用设施

还有一些实用设施也是花园中不可缺少的。你应该列一张清单，检查一下现有的花园是否设施齐全，能否满足你的需要。标出室外水龙头的位置，并考虑是否需要挪动。如果花园中有一个别人留下的肥堆，那自然是一件好事，但你也可以根据自己的需要轻松将它移到别处，其他可能有用的结构也是如此，如冷床和焚化炉等。将这些设施现在的位置都画在草图上，花园中的棚屋和储藏箱也要画进去，并考虑花园中的储藏空间是否足够，这些空间不光要用来存放园艺工具，还要储存其他家居杂物，如折叠椅、玩具和自行车等。

花园外部

有些超出你控制范围的元素也需要出现在规划草图上。无论花园周围是可以利用的美丽景色，还是必须用乔木精心遮挡的丑陋建筑，一个优秀的园艺师都能利用它们将花园开发到极致。必须认真检查花园边界的私密性和安全性，记录下现在的状况。如果需要额外增加私密度和遮挡程度，先权衡一下因此损失的风景和阳光，并确保这些改变不会惹恼附近花园的邻居。和增加封闭度相比，有时候将花园敞开反而能增加安全性；考虑一下将车行道和棚屋纳入眼帘是不是有可能显得更加美观。

从房屋前穿过的繁忙车流会对花园造成冲击。如果花园位于路口，在晚上车的灯光甚至会打进花园中，可以通过填满花园边界的缝隙来减轻或消除这些影响。经过修剪的茂密树篱还能起到声障的作用（见82页，"树篱和屏障"）。

遮蔽令人不快的景色
远处的停车区闯入了这片花园的视线，令人想起不受欢迎的城市生活。为了重新获得幽静的环境，可以在这里种植一棵狭窄而笔直的乔木，或者用格子砖稍稍加高后墙并让攀援植物爬在上面。在做出这些遮挡视线的改变之前，要先从邻居的角度考虑一下。

延长远景
改变这个花境的形状并在前景中带来更多高度，将打开并延长通向那棵松柏的远景，进一步展示出后面的乡村风光。将树篱高度降低也能增加距离感，但树篱和后面的乔木可能会构成防护带。应该先调查盛行风，这个地点可能十分暴露。

绘制测量图

绘制测量图需要一个晴朗干爽的天气，没有时间限制，再加一个额外的人手会让这个任务轻松得多。你需要的工具有一个速写本或写字夹板及纸张、两个30米长的卷尺、铅笔、橡皮、圆规、结实的细绳，以及一些将细绳固定在地面上的线桩。小花园只用一张图就能画出全貌，而较大的花园可分成几块不同的区域测绘，然后再拼接成一个整体。

开始

先对花园边界进行测量并绘制在测量图上，除了界墙、树篱或栅栏的长度，它们的高度也要注明在图中。然后将房屋和其他建筑的位置标明在花园边界之内。可以通过测量房屋的墙角或其他固定点与花园边界上两个固定点之间的距离来判断建筑的位置，如角落、门柱或树干等固定点。找到三四个这样的点之后，建筑的精确位置就能确定下来了。房屋周围的台地可以通过测量房屋和其边缘的距离来确定位置，检查它们是否和房屋平行，如果不平行，估测一下偏差有多大。

定位

当对那些难以和临近边界或房屋墙壁产生联系的景致进行定位时，你必须自己创造一条用于测量的假想线。在房屋中央的门到远端边界的栅栏柱之间拉直一个卷尺，就能形成一条"基准线"。以这条线作为起点，再用一个卷尺垂直测量，确定其他东西的位置，如树木、日晷、窨井盖等。记录下测量时第一个卷尺和第二个卷尺相交的读数，以及从交点到其他东西之间的距离。

建立基准线之后，其他物品都可以在这条线左右得到定位。在较大的花园中，可能需要许多这样的基准线才能将所有景致都定位出来。为精确定位单个独立景物，如

从基准线测量

除了非常小的花园，几乎不可能通过测量和边界距离的方法确定树木和小型建筑等元素的位置。使用一条设在中央的基准线会使这个任务轻松得多。在这里，铺装中一条和房屋平行的直线为基准线提供了理想的起始点，这条基准线通向花园远端边界上一个能够定位的点。

测量现有布局
使用一条或数条基准线，并在这些线的左右两边进行一系列测量，得到花园的位置图。这个方法还能有效确定现场的大小。

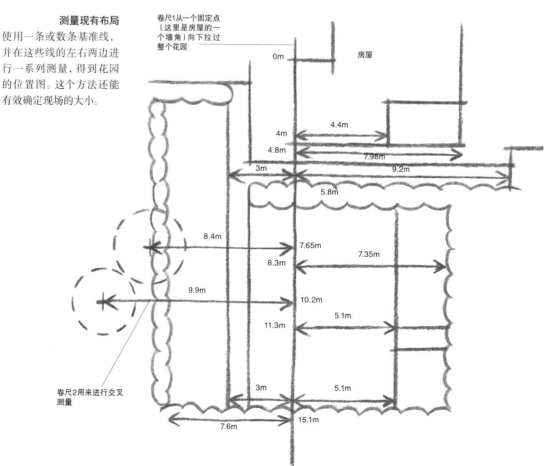

卷尺1从一个固定点（这里是房屋的一个墙角）向下拉过整个花园

卷尺2用来进行交叉测量

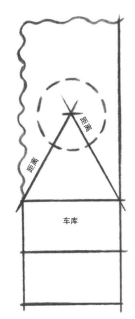

三角测量法
如果某样景物不能直接根据现有的直线测定位置（如一棵树），那么可以测量它和两个固定点之间的距离来定位。转移到图纸上时，先按照比例缩小实际的距离，然后以两个固定点作为圆心，以缩小后的距离作为半径画圆，圆弧交点就是此景物的位置（在这里是一棵树）。

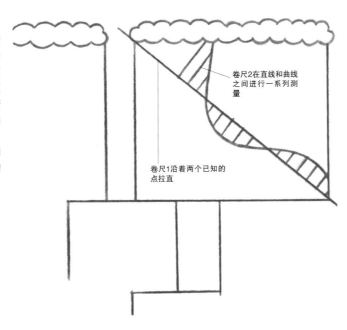

卷尺2在直线和曲线之间进行一系列测量

卷尺1沿着两个已知的点拉直

画出不规则曲线
必须使用两个卷尺：一个卷尺从两个已知点之间笔直地穿过曲线，每隔一段固定距离用另外一个卷尺测量曲线上的点到第一个卷尺之间的垂直距离。例如在第一个卷尺上，每隔50厘米，就用另外一把卷尺垂直测量它和曲线的距离，并记录下一系列坐标位置。

草坪中的一棵乔木，可以使用三角测量法（见上图）。直线边缘很容易测量和绘制，而车行道或花境边缘的曲线则需要花费更多的时间精确地复制在纸上（见右上图）。

增添更多尺寸

所有线性测量完成之后，应该继续收集其他有用的信息。测量并标注所有边界上的门和入口，以及房屋的所有门和窗户。对于花园内部用于分区的树篱和屏障，应该记录其高度，乔木、藤架或拱门的高度和冠幅也应该记录下来。

水平面的变化也要做记录。如果水平面变化不够理想，可能需要在将来的花园规划中设置台地、挡土墙、阶梯和斜坡等。简单的斜坡和轻微的水平变化可以相对容易地计算出来，而波状起伏并拥有横向斜度的地形就不是通常园艺师能够解决的了。这种地形必须请专业的测量员测量。大尺度的花园比小花园更难测量和协调，也许留给专业人士是更好的选择。

转移到图纸上

当"野外工作"完成并得到所有精确的统计数字之后，再进行一系列额外的交叉测量作为整体布局和局部细节的验证，然后就可以把这些信息画到正式的图纸上了。若图纸尺寸太小，则难以绘制，并且看起来会很别扭。尽可能使用最大的比例，以便在平面图中记录每一个细节。方格纸或坐标纸便于将现

将测量草图转移到方格纸上

使用纸张能够容纳的最大比例画出测量图；如果必要的话，可以将几张纸粘在一起，绘制一张又大又清晰的图纸。一张花园总平面图（如下）能够以1:100的比例展示出花园的基本轮廓和其中的景致。在平面图上标注出所有的东西，包括那些你不想保留的。这张平面图再加上你对各区域现存之物的视觉记忆，能够帮助你决定新的布局及景物的尺寸。

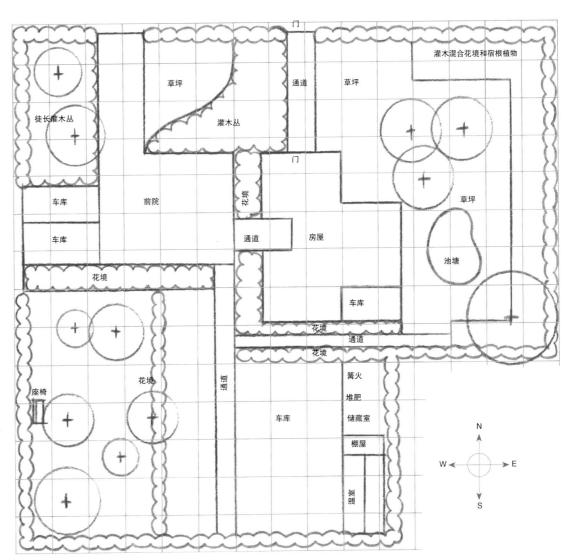

场测得的数据转移到平面图上，但使用比例尺在白纸上绘图会更加灵活。一张能够表现所有物品和景致的花园总平面图可以按照1:100的比例绘制。但是更详细的花境种植图（见45页）则需要1:50或1:40的比例才能合适地描述种植设计。

当使用坐标纸时，必须先确定好多少格子代表1平方米。应该首先计算出纸张能够容纳的最大比例，将最长的距离画在纸上，如果能够画得下，那么整个平面图都可以画在纸上。艺术设计商店中提供A号大纸，普通的文具店可能找不到这样大的尺寸。

铅笔制图

设计新手肯定需要多试几次才能画出测量图来，即使是专业人员，在这个阶段也只会使用铅笔制图。首先将主要景物画在平面图上，从花园边界及边界上的门和通路开始画。然后将房屋及其门和窗户定位在图纸上。房屋的门和窗户

是很重要的，从这里能看到外面的风景。花园的外部和内部框架建立好之后，就应该完善房屋周围的细节了。你可以先画出步行道和车行道，在它们之间的区域描绘出草坪、硬质地面和花境。这样做有利于定位更加孤立的景物，如园景树、棚屋和温室等。

除了那些在最后的设计中肯定不会保留的东西，不要遗漏任何景物。在这个阶段，所有别的东西都必须出现在图纸上，即使有的元素可能会在将来去掉。可以用墨线重新描画一遍，制成永久性图纸。应该使用细线描画所有现有的细节，以便添加新想法并将旧景致遮挡起来或加以强化。这样你就能创造一个新的设计，其中不但包括有价值的已有元素，你还要用自己的新想法让这些元素更显魅力。

增加新设计

最初的平面图上不能做标注。要么对其拍照使用，要么用描图纸

覆盖在上面使用。在尺寸已知并且绘图精确的情况下，你可以在平面图上增添无穷无尽的可能性。你可以考虑建设各种不同大小和位置的台地、车行道、庭院和池塘（见584~605页，"结构和表面"；281~303页，"水景园艺"）。用纸板剪出不同形状代表种植、装饰物、水池或建筑，在平面图上比画移动，能帮助你想象这些景致在花园中呈现的效果。

这个最初的规划阶段虽然并不涉及造园的具体操作，但它是必不可少的重要一环，因为关于你个人花园的所有想法、观念和梦想必须被提出、考虑、应用，然后才能被采纳或放弃。应该制作大量草图展示出设计上所有的可能性。

根据工作思路绘制的任何图纸都应该保留，因为一个先前被丢弃的想法可能会换上一套不同的包装重新出现。有时候两个想法可以完美结合实施，而单提出一个来可能会被否决，因此必须保留每个想

法、每张草图，直到项目完成。

完成全景

当平面图的设计得到严格检查，并在实用性、可达性和适当性满足要求之后，就可以用新的方法来表现花园。不同的区域可以涂上阴影或色彩以代表不同的元素，这有助于对比例和尺度的最终决定。

这时你也可以评估一下设计中硬质景观和"软质"景观，即植物的比例，如果有必要的话需要加以调整。这时你可能已经想到了要用什么建筑材料，以及主要种植元素的性质—甚至是独立的结构性植物的种类（见42~49页，"种植原则"）。剪贴簿、剪报集或者从杂志上剪下来的照片元素能够为你的平面图增添色彩和质地，还能提醒你完成设计所需要预定和购买的物品。

在已有的平面图上增添新设计

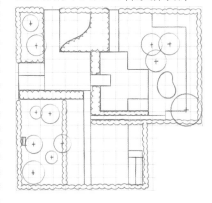

绘制出精确的测量图之后（见37页和上图），使用复印件或描图纸开始试验你的新设计。使用描图纸的优势是想要丢弃的景物或轮廓可以简单地空出来，这会让画面显得更加整洁和清晰。在右侧的描图纸上，现有花园被保留的部分——包括大部分成年树篱以及大部分乔木——用的是蓝笔标注。车行道采用了更加柔软的线条，花境占用了更多空间，一座菜园风格的厨房花园代替了原来破旧的果园。房屋的主客厅现在拥有由露台和规则式水池构成的风景。

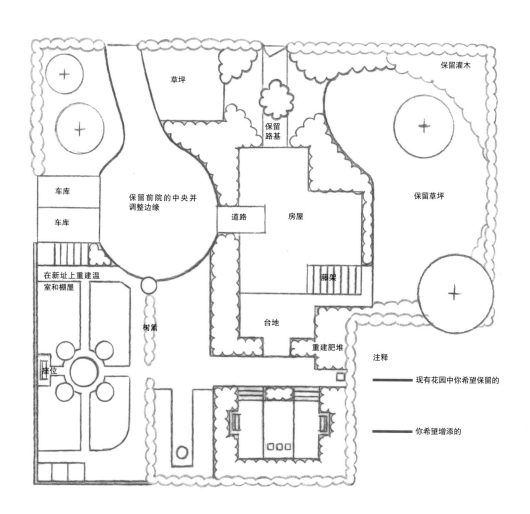

草坪

保留灌木

保留路基

保留草坪

车库

保留前院的中央并调整边缘

车库

道路

房屋

在新址上重建温室和棚屋

藤架

树篱

台地

重建肥堆

座位

注释

———— 现有花园中你希望保留的

———— 你希望增添的

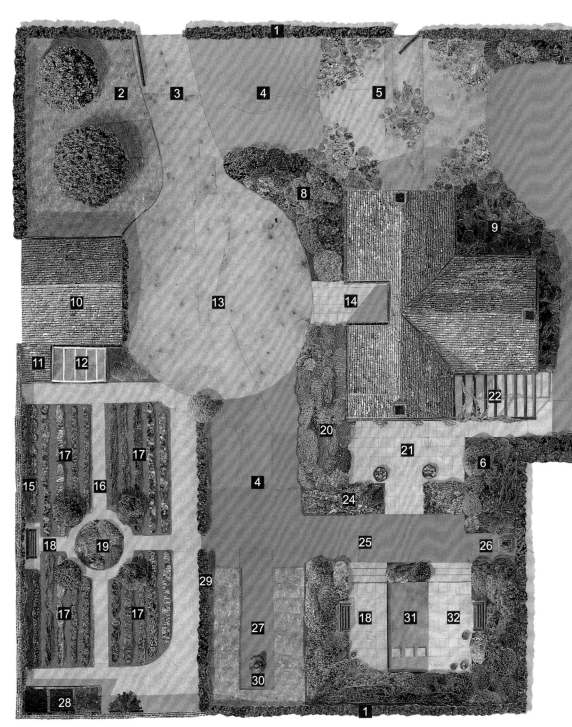

最终的设计

　　无论是在种植区域还是在硬质景观材料的选择上，这张漂亮的平面图都已经增添了色彩、细节和质地。现有的花园和房屋会提供材料选择的灵感，你可以选择和现有物业已经使用的材料相匹配的材料。在这样的案例中，从房屋到花园的一系列天衣无缝的材料会产生令人满意的设计。即使找不到完全相同的砖块、石料或混凝土，相似颜色、质地和尺寸的材料也能产生令人满意的效果。

　　一座缺少现有材料的花园提供了使用新材料的机会。当地的色彩和质地仍然应该得到尊重，在设计范围之内可以选择一系列特定的鹅卵石、铺路石、砖块或砌块。尺寸较小且花纹复杂的材料适合用于小而封闭的空间，而在较大的空间中则会显得过于繁复，较大空间使用尺寸较大的铺装单元会更适合。

　　藤架、门或栅栏所使用的木材以及台地、道路或车行道所使用的砾石必须从它们在现场的适合度、美学价值以及耐久性三个方面加以选择。栅栏无论是原色的还是刷过油漆的，都能改变整个花园的外貌；形成疏松表面的砾石和碎屑的颜色及尺寸也有同样的功能。

注释

1　常绿树篱	11　盆栽棚屋/储藏室	22　带桌椅的藤架
2　长草和球根植物以及林地草本植物	12　温室	23　遮挡相邻房屋的乔木
3　木材做边缘的砾石车行道	13　拥有足够转弯空间的砾石前院	24　一年生鲜艳草花花境
4　精心修剪的草坪	14　铺着石板的房屋主入口	25　主轴风景
5　自然式栽植宿根植物的砾石花园	15　带有整枝果树的砖墙	26　雕塑
6　混合灌木	16　铺装道路	27　中央割草过道，两边是草地和球根植物
7　园景树	17　蔬菜、切花、水果和香草	28　肥堆和篝火区
8　可全年观赏的种植	18　花园长凳	29　落叶树篱
9　喜阴植物花境	19　中央香草花园	30　水缸装饰
10　双位车库	20　混合花境	31　带有踏石的规则式水道
	21　石板铺就的平台	32　带阶梯的下沉花园

园艺百科全书（典藏版）

付诸实践

就像把现有花园记录到纸上一样，现在你必须将新设计应用于现场。在这个进行现场测量和标记的阶段，设计中存在的问题往往会浮现出来。例如，你对于可用空间的估计可能过于乐观，或者对于最实用的道路路线的把握有所偏差。只有亲自在现场对建设后的场景加以想象，才能看出设计中存在的毛病和问题。

设计的实施

对于规则式对称设计，就像在纸上画出来那样在现场进行标记后就能实施。你可以使用引导线创造一张与平面图尺度相对应的网格，让整个设计转移到现场的过程变得相对容易一些。所有的测量和角度都必须进行严格的检查。

使用替代物

你可以用手边的任何东西模拟设计中出现的元素，在现场搭建出基本的构架。你必须围绕那些很可能被移除的景物工作——无论这有多么不方便——因为布局试验可能最终会让你发现这些元素是有价值的，值得保留。

你可以使用藤条、木桩、软管、细绳、罐子、纸箱和垃圾箱来当作道路和花境边缘、阶梯踏板、园景树、池塘，或者是想象中的露台前面成列的灌木。最简单的指示物——打进开阔草坪的沉重木桩——能够确认或否决一棵宽大展开的乔木的合适位置，它附近的种植、建筑和景色都是重要的考虑因素。

如果可能的话，将支撑架多放置几天，感受它们在一天中不同时刻带来的冲击。用来指示花境边缘的引导线和木桩可以移走，转而用瓶子里倒出的沙子或喷雾器喷出的颜料作为边缘。

对摆设替代物的花园拍摄照片，这些照片在决定最终的布置或移除某些景物时会很有用。在这个时候，犹豫也是一种力量，因为一味坚持原来的想法而不考虑改动是一种蛮干的行为。机会不会再次出现，而建设问题在绘图板上解决总比在现场找承包商解决容易得多。

工作顺序

为了协调实施一个新设计方案，必须精心安排工作计划。这需要很多不同的元素和技能，而每一项都需要按照逻辑顺序进行，以确保工程顺利实施，并将浪费减少到最小程度。

花园的改造要一次完成，还是要在几个星期、几个月或者几年之内分阶段完成，这是首先要做出决定的问题。尽量在一个阶段内完成所有的硬质景观工程，因为这会避免建筑工人返回，再一次产生灰尘、噪音和不便（见584~605页，"结构和表面"）。对工程做好时间安排，确保硬质景观工期能够结束于天气比较好的季节（如夏天或秋天），将秋天、冬天或春天用于种植、播种和铺设草皮。

实施阶段的改动

无论是因为时间或预算的限制，还是只想单纯地保留一块有用的户外区域，对花园的改造常常只能零零碎碎地实施。必须制订一个进行改动的策略。有一段时间，目标中的花园会和现有的布局重叠起来，这看起来会有些怪异，永久保留的景物、暂时保留的物品以及新的种植和景物都出现在一起。你需要仔细计划才能让原有的花园顺畅地过渡到新的设计。

为了一系列变化的实施，第一个实用的办法是为花园中所有的内容做标签，你可以用文字或编码颜色标明要保留的、要移动的、要暂时保留的以及要彻底清除的植物和材料。虽然之前已经做出了决定，此时再进行最后的考虑也是很有必要的，被标记的植物可以重新得到评估，以免日后造成混乱和不可挽回的错误。

使用替代物

通过摆设房屋和花园中收集来的物品，你可以模拟设计中出现的关键景物。在这里三角支撑架代表的是种植着攀援植物的方尖碑，它们之间倒扣过来的桶代表的是灌木，而木板条和土工布形成了一块露台区域，两侧种植着大量薰衣草。为了完善视觉效果，草坪上安置了一棵园景树，花境边缘增添了一列小型盆栽。

寻求专业人士的帮助

一旦确定下来工程的规模，就可以估算出需要多少帮助才能完成计划了。也许你可以在很长一段时间内自己完成所有的改造，也许你需要某些额外的帮助来完成建筑工程或砍伐树木。你也可以寻找一家园林公司或承包商，由他们来完成整个花园的改造。在寻求帮助的时候，你需要精确地陈述你需要的东西，并获得一张详细的报价单。你还需要关于园林的参考资料或者个人推荐。

专业意见也可用于评估树木、墙壁和花园建筑的情况。它们或好或坏的情况被验证之后，就可以采取相应的措施了。即使某些元素并不受现在工程的影响，也要提早检查它们的状况，因为邀请树木修补专家和建筑工人重新回到已经完成的花园中，可能会产生混乱和破坏。

应对有限的入口

不能从道路直接进入花园的连栋房屋，其花园改造工程应该和房屋的整修工程一起进行，因为所用的材料必须从房屋中穿过，可能会对房屋内部造成损伤。材料可以从墙上搬过去，但要付出一些代价。如果翻斗车无法进入花园，你还要办理在路边停靠翻斗车的许可。在禁止燃放篝火的地方不能焚烧垃圾。

挖掘和弃泥

当挖掘工作产生了大量需要从现场清走的泥土之后，记住丢弃底层土，但保留表层土。在地平面降低的区域，你需要挖起表层土并储存起来，挖出底层土并清走，然后重新换上表层土，这样就能把最优质的土壤保留在花园里。挖洞的时候，先确定所有设施——水、电力或天然气管道——的位置，这些东西都可能埋设在花园里。先谨慎地挖掘，精确地找到它们的位置，然后再进行下一步的工作。

清理工作区

花园改造的第一阶段是清除所有不想要的材料和结构。拿到相应的许可之后，可以砍伐并清走树木。树桩也必须移走，让它们留在土里腐烂会增加滋生蜜环菌的风险（见661页）。状况良好的优质材料如旧砖块和铺装石等可以卖掉，这需要你花些精力寻找一位声誉良好的经销商。那些最后需要重新利用的材料应该清洁干净并寻找现场外的安全场所储存起来。

在大型花园中，工作区域应该用栅栏围起来，将可能造成的损伤和散落的材料限制在一个地方。当搬动较重的材料时，应该使用木板对需要保留的铺装和阶梯加以遮盖保护。草皮可以卷起来并短暂储存以便再次使用，或者用新草皮代替。

留在原地的植物

如果墙壁需要维修，可以在短暂的时间内将周围留在原地的植物用土工布裹起来。对于那些在原地显得过大而又不忍心移走的大型灌木，可以通过疏枝或修剪的方式减小其体量，甚至可以从地面平茬，待其重新萌发枝条（见107页，"复壮"）。在平茬之前，可以对一些植物进行繁殖作为额外的保障：从月季、赫柏或铁线莲上剪下插条，并确保其能够存活（见632页，"茎插条"）。

如果存放在阴凉的角落并且有充足的水分，许多宿根植物都能忍受被挖出、分株和上盆（见194页，"起苗和分株"）。剪下插条或收集种子（见629页，"收集和储藏种子"）是另一个在新花园中保留这些植物的方法。

创造景观

清理完所有不想要的材料之后，将所有有害的杂草清除掉，如宽叶羊角芹和旋花草等（见646页，"控制杂草"）。在这个阶段，任何有关地面高度的调整都可以进行，同时可以进行的还有花园设施（如照明和灌溉设施）所需要的挖掘工作。此时可以挖掘墙基脚或路基，打下坚实的基础（见593页，"道路和台阶"；596页，"墙壁"）。然后，就可以修建墙壁和其他结构（见584~605页，"结构和表面"；571页，"建造温室"）了。在种植之前，可以对栅栏和木材进行处理或涂漆，并在墙壁和栅栏上为攀援植物搭起支撑用的绳子。

准备种植

如果需要种植株龄、尺寸较大的植物，可能必须在硬质景观施工的时候种植，因为在随后的阶段可能无法将大型植物运进现场。不过，将保存下来的植物材料应用到新设计中以及引入新植物通常开始于硬质景观和设施完成之后。

在种植植物之前，任何被压缩的土壤都必须得到补救，并用充分腐熟的有机物对土壤进行改良（见621页，"改善土壤结构"）。

给予灌木和硬质表面的保护措施现在可以撤除了，并用高压水柱冲洗表面。随着较脏工作的结束，疏松表面现在可以铺设最后一层材料了，将干净的砾石或树皮碎屑铺在最上层。然后，新的种植规划开始成形。

正确的时机

千万不要耽搁新草皮的铺设。对于运输时间的把握很关键，因为只要卷起来（如下）超过一两天，草皮质量就会变差。散布的球根花卉能够赋予草坪成熟的气息，如这些番红花（左）。在秋季铺草皮的话，可以同时种植球根花卉，它们会在第二年春天开花。

硬质景观

因为不可避免地会造成土壤的压实，所以硬质景观应该在新植物种植之前进行建造。在只有花园的一部分被改造的情况下，清理出足够大的区域，可以让你自如地工作（如上）。施工阶段铺装下面的管道（右）在将来可以安放设施管线。

种植原则

一旦确定了花园的总平面图，接下来选择植物的过程将带来巨大的乐趣。植物的选择对于花园的影响是巨大的。植物赋予花园以风格、魅力、个性、深度和温暖，这还只是它们的部分特性。一棵树枝高悬的乔木可以为临近的街道增添魅力，能够柔化僵硬的线条，为城市景观带来随季节变化的色彩和质地。周围带有高高围墙的隐蔽庭院可能会看起来像是监狱的院子，然而攀援植物（例如紫藤）的装饰作用能够把这个空间改造为惬意的栖息之所。

植物不仅能用流动的形体和柔软的色调带来镇静的效果，它们还能像房屋中的家居软装饰一样减弱刺耳的噪声。越来越多的人认识到，尽管存在过敏问题，但植物的存在仍大大改善了我们周围的大气条件，它们能够减少环境污染，并增加空气中的氧气和水分含量。

保证植物种植的成功

成功的植物选择可以塑造一个花园；甚至可以说，直到种植植物之后，花园才真的存在。花园舒缓情绪、减轻压力的功能主要来源于其中的植物，也许还来源于水的存在以及建筑材料的和谐运用。充满魅力和个性的安静种植元素能把一小块种植绿地转变为一处避难圣所。即使是最初级的种植也会给原本粗糙而疏离的场所带来活力、色彩和柔软的质感，例如在建筑环境中代替硬质表面的一片草坪。

成功选择植物

大量不同的植物可能会让你挑花眼，但是具体的植物种类的选择从来不会像它看起来那样毫无限制。在众多乔木、灌木、宿根植物及其他植物中，许多植物都可能因为不适宜的条件而被排除在外，例如不匹配的土壤类型、气候、尺寸或生长速度。一旦确定了最合适的植物，个人对于特定色彩或形状的偏好将进一步缩小选择的范围。

花园的使用方式和使用频率也能用来帮助确定植物的选择范围。例如，只在夏季使用的花园区域可以种植一些在夏季最漂亮的植物。紧邻房屋的四周和沿着入口车行道两侧的种植在植物材料的选择上有更高的要求，因为这些地方最好能做到全年有景可赏。这需要对植物材料进行仔细的选择和搭配，尽量保证在每个季节都有花开；将植物材料进行丛植，也能带来其他特性——在混合搭配的常绿树中加入一些结实的乔木或灌木，再增添具有观赏性树干或树皮的植物，并栽植球根花卉和一年生草花，在一年中稍显沉闷的时节注入一些欢快的色彩和情趣。

确定种植风格

各个花园的种植都有众多与众不同之处，可以说每个花园都是独一无二的。因此，某种特定的种植风格可能看似无从谈起。然而，在所有的种植风格中存在着两种极端——规则式风格和自然式风格。确定出你所需要的规则程度或自然程度将会大大有利于确定选择植物的种类以及所使用植物材料的多样性。例如，和更自然的花园相比，一座形式非常规则的花园在植物种类的运用上可能会有严格的限制。

规则式种植

使用种类较少但数量众多的植物能给花园带来强烈的力量感和秩序感。然而，植物并不一定需要以生硬、受严格约束的形式出现，也不一定非得在严格限定的区域内种植。单一植物大范围成片种植也能在自然形式中产生整齐的效果，带来某些规则感。即使是某些本身样式比较自然的植物，如果大量种植，也能获得整齐的效果。例如，

对比鲜明的种植风格
花园或花园区域内部的种植风格可以宽泛地分为规则式或自然式种植风格。有一些植物本身即偏向于其中某一种风格。维护规则式花园（右）所需要的劳力是很明显的，然而自然式种植如花境（左）所需要的照料也并不一定更少：在种植紧密的不同植物的需要和活力之间进行平衡需要大量的技巧，并投入很大的精力。

"编辑"自然

此处的植物选择很谨慎,它们不但匹配周围的环境,而且能和相对不重要的植物成功竞争,创造出迷人的自然林地风景。

成片种植的观赏草或竹类能提供立体的质地,带来秩序感。

传统规则式花园充满建筑感的特性传达了一幅有力的画面——对称和平衡、精密和准确。植物可以作为强烈的结构元素,与墙壁和其他建筑元素联系得更加紧密。对于修剪得整整齐齐的规则式花园来说,其视觉冲击力在很大程度上来自于对合适植物材料的选择,因为后续的植物控制和维护决定了规则式花园的视觉效果。规则式种植对花园的影响是一年四季持续不断的。在所有其他东西都光秃秃的冬季,清澈明亮的阳光下,它们简明的外形能够成为最有吸引力的景致(见108页,"树木造型")。

规则式风格通常需要约束,对于那些想使用最广泛植物材料进行设计的人来说,这是一个两难的问题。面对车道两旁的开阔草地,有些园艺师会难以抗拒诱惑,想要选出20种不同的树木用在这里。然而,不断重复使用单一物种会带来更强烈的规则式视觉冲击,你可以用规则式的组块或者连续的双线来形成一条精心设计的林荫道。

柔化视觉效果

花园中强烈的规则式种植可以表现为许多不同的形式,但达到的效果是同等的。树木造型、结节花园和花坛花园等极端形式可以与自然式种植风格结合在一起,产生鲜明的风格对比。这种搭配会有季相变化,并能减弱规则式种植带来的刻板印象。

两种不同风格的共存呈现出一个生动而充满惊喜的花园,在房屋角落、树篱或灌木丛的每一个转角处都能看到意想不到的景致。当规则式植物可以向自然形式过渡和放松时,规则中也同样掺杂了自然。精心修剪的欧洲红豆杉(*Taxus baccata*)树篱可以种植成曲线,并修剪成云朵的形状,而沿着整个花境的长边并以固定间隔种植的美洲茶属植物(*Ceanothus*)会长成相同的大小和尺寸,但它们的形状可以是不规则的。于是,某种程度的规则感就融入到了自然式种植之中。

自然式种植

显得较为自然的种植设计实际上包含了大量不同的植物——乔木、灌木、宿根草本植物及一二年生植物从色彩、质感、形状和形式等方面精心组合搭配,这些丰富多样、各不相关的植物,会带来迷人的效果。

就像规则式种植一样,自然式种植主题下面也有各种不同的变化。

在村舍风格的花园中,花园植物的组合方式看起来像是随机搭

人工环境

选择适合当地生长条件的植物:屋顶也许并不是一个自然栽植场所,但这些耐旱、喜阳且抗风的植物在这里生长得很好。

配的。这是一片受到控制的混沌,然而它可能很快变成真正的混沌,陷入生长过旺的野生状态,在这个过程中,许多植物都会在物种竞争中消失。为了保护和维持这种花园的现状,需要应用专门技术并花费相当的时间控制不同的植物,经常检查它们的生长状态。

这种自然式种植也可以更进一步通过选择适宜的植物组合来实现,这些植物能够和谐共处地生长,并能适应当地的气候和土壤条件。不需要或几乎不需要支撑的草本植物就是一个好例子。可以融入栽培植物,创造野花草地的意境,或者种植本土植物以创造"自然"草地(见401页,"野花草地")。实际上,整片生境都可以使用当地自然生长的植物来营造。通过提供食物来源和筑巢场所,本土植物还能吸引野生动物来到你的花园。

对许多人来说,下面的方法可能在自然式园艺的道路上走得太远了,但是通过研究当地环境并记下在其中繁茂生长的植物,你可以对花园的种植设计进行相应的改动。种植树冠较稀疏的乔木能让充足的阳光穿透下来,让下层的灌木得以生长。在灌木下面,耐阴的草本植物会在春季开花的球根花卉凋谢之后繁茂起来。这个分层次的植物群落也许看起来有些拥挤,然而如果在整个生长季中每一层被选中的植物都能够得到合适的光照和其他生长条件的话,它们会生长得很好。

如何画出种植平面图

为了精确地绘制出植物群组、种类和数量，首先要画出规定比例的平面图，如果有帮助的话使用坐标纸绘图。一个格子代表1平方米的比例可用于覆盖草本植物的地面，而一个格子代表4平方米的比例则适合灌木或小乔木覆盖的区域。你所使用的比例大小要足以清晰地表达植物尺寸。这实际上需要两张不同比例的平面图：大比例平面图展示花园区域的总体布局（见36~37页），而小比例平面图详细描述花境的组成。平面图的样式越简单越好，既便于他人阅读，也便于后面的更改。你可以使用数字、象征符号或首字母来指代各种植物，不过如果空间允许的话最好写下植物全名，以便清晰且迅速地辨认。

充分利用植物

应该抑制用植物填满花园的冲动。另一个常见的设计失误是尽一切可能使用大量不同的植物：太宽泛的植物范围会减弱设计感，而一些关键植物种类的重复能够将整个规划统一起来。

在种植平面图上给种植常绿植物的地方涂上阴影，并计算出花园在冬季时的植物覆盖程度。还要标出花境中彩色叶植物及色彩鲜艳明亮的花卉所在的位置。这有助于评估每种颜色的比例，让你能维持色彩均衡，并计算出用来平衡布局的绿叶植物的数量。

完成平面图

标明哪些植物需要保留之后，将关键的园景树画在平面图上。有些植物能够框住景色、结束景色、带来高度或体量，起到稳定整个种植设计的作用。在早期阶段，这样的植物并不需要提前确定种类，只需确定大致高度和冠幅就可以了。列出适合的植物名单，然后将从书籍、手册和杂志中收集的照片拿出来进行比较——在选择时一定要灵活，不可太过拘泥于某种特定的植物。过于谨慎的植物规划会导致一个过度设计、可预测的花园的出现，在那里高度、色彩和空间的确

对比鲜明的花境风格

这是两个大小和背景都很相似的花境，都主要由高度渐渐降低的草本植物组成，然而它们的外貌差异巨大，这是植物材料选择的不同导致的。混合花境（上）面对的是一片修剪过的草坪，花境边缘是砖块铺设的长条，便于在花境植物蔓延时修剪草坪；观赏草花境（下）中茂密的禾草旁边是一条自然式的砾石小路。

定都太精准了。应该"计划"一些惊喜增加花园的自然性和生动性，如近距离内较高的植物或者用作对比的一道惹眼的色彩。

丛植和种植距离

将奇数数目的植物丛植在一起——通常是三、五或七株——会产生令人满意的群体效果。在丛植时选择花期不同的植物还能延长花园的观赏时期。另外，以不超过三棵的小型树丛作为一个单元不断重复也是一种处理方法，它会产生更加轻快、像是跳棋棋盘那样的效果。

和房屋的内部设计所不同的是，刚开始看起来不甚起眼的种植在短短几年之后就能创造出壮观的效果。在对花园进行设计和规划时，一定要考虑时间尺度。你需要

决定是在短期内还是长期对种植进行疏苗，还有是否在永久性的种植中填充临时性植物材料以免种植区域显得单薄。

一座为了快速得到丰满效果而种植半成熟植物的花园可能会在几年之后出现问题，这些植物会超出它们各自的地位。如果需要更多空间的话，一些很有价值的植物材料可能就需要被牺牲掉，以拯救那些更珍贵的物种。

一个解决办法是购买一些规格较大但昂贵的树种，它们会赋予花园尺度感，同时再买更多的较小、较便宜的植株。树龄较小的植株一般生长速度更快，稍加一些耐心，它们会最终超过那些最初种植时更大、更成熟的植株。

为计算合适的种植距离，你需

密集种植

不用根据冠幅计算种植间距的例外情况包括：使用绿篱和镶边植物时，需要浓密效果的地方，以及将寿命短且耐践踏的植物移栽到苗床上时。

要知道单株植物或植物丛成熟期的冠幅。

查表、阅读参考书或者从苗圃工人那里寻求建议以获取准确信息。最后一个办法也许是最可靠的，因为植物在不同地区的表现并不一致。同样有价值的还有植物达到成熟期所需的时间，这能帮助你决定是否加入一年生或多年生"填充"植物。

对于两株极为相似的植物来说，它们之间的距离等于其中一棵植物的冠幅。为确定两棵不同植物之间需要的距离，只需将它们成熟期的冠幅加在一起，然后除以二。

如果可能的话，在根据平面图进行种植之前，将所有的植物陈列在现场的地面上。你可能因为植株大小的差异而必须做一些微小的调整，平面图还可能需要修改，比如你碰到了埋设的管道或者一处必须用常绿树遮盖的窨井盖。植物一旦各就各位，就应该进行小心的移植，并用能够抑制杂草生长并具有保水作用的有机物质覆盖护根（见626页，"有机护根"）。确保植物在最重要的第一年里得到精心的照料，它们会在这一年全面地成长起来。

大小和尺度

在较小的区域内（如右图）要当心，不要过度种植：从较高的物种开始向外扩散，然后在纸上用互相重叠的圆圈填充可用空间，但不要显得拥挤。在经验的帮助下，你可以估测植物在活力和尺寸方面的表现情况，如果空间允许的话，你可以群丛的方式画出植物种植图，如同这个典型的英式花境的一部分所呈现的那样（下）。创造一年生花境需要的方法有轻微的不同：规划的区域是用来播种的，可以直接在土地上规划（又见215页），也可以使用初步设计图。

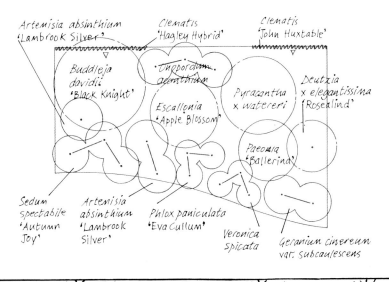

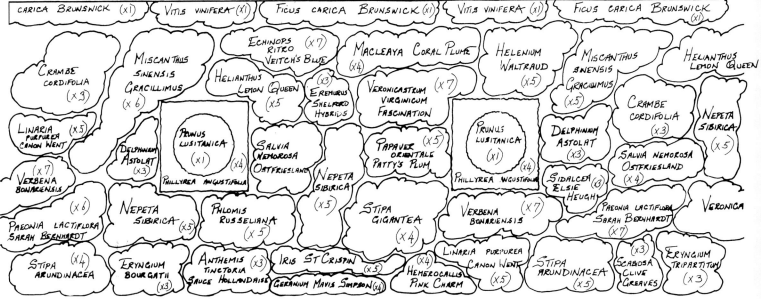

園藝百科全書（典藏版）

植物种植的质感、结构和色彩

当选择植物的时候，它们的花朵、果实或秋季色调常常是主要的考虑因素，尽管这些特征可能在一年之中只持续几个星期。相比之下，植物的形状、形式和最终大小会全年影响你的花园。为了创造一个富有持久性的种植计划，你可以选择少量具有全年观赏价值的植物，并搭配其他在不同时节提供季相色彩的种类。最好能亲自看到要使用的植物，造访别的花园是欣赏它们更微妙品质的理想方法。

主景植物

拥有醒目外貌或强烈特殊形状的植物被称为主景植物。这些物种是花园中理想的园景植物，在单独作为视线焦点或者和附近其他植物形成对比时，都会产生很大的视觉冲击。大叶蜜花（*Melianthus major*）的锯齿形叶子或芒（*Miscanthus sinensis*）如同羽毛般的花序都是很好的例子；而峭立的灌木如楤木（*Aralia elata*）以及灯台树（*Cornus controversa*）层层叠叠的树枝都拥有优美的形状。

改变外观

植物种植可以用来强调花园景致，或者将那些难看的东西伪装起来。如果使用紧贴墙面的匍匐植物，如爬山虎（*Parthenocissus*），来装饰一座盒子外形的建筑，它那不美观的轮廓仍然会得到保留，但是如果使用更具个性的攀援植物（如紫藤），那建筑的轮廓就会隐藏在植物扭曲的枝条和繁茂的花朵下面。

相似地，视觉障碍，如形成水平面变化的土堤，也可以使用种植在较低地面上的植物材料来遮掩。雪球荚蒾（*Viburnum plicatum*）或卫矛（*Euonymus alatus*）都适合应用于这种情况。

草坪区域可以使用单株园景树来添彩。当选择园景树时，草坪的大小及其与房屋的距离是需要考虑的重要因素，同时需要考虑的还有土壤类型及当地气候。园景树也需要和周围场景相称。拥有圆形树冠的园景树在草坪上会显得比较稳重，而一棵又高又尖并呈塔形的树木在这种开阔区域中看起来会像发射台上的一枚火箭。

自然力量

舒缓人心的绿色以及吸引人的外形有助于创造一个宁静的空间。蕨类植物区就是一个经典的例子，在这里没有鲜艳的色彩转移注意力，人们可以专注地欣赏蕨类植物美丽的外观（见202~203页，"蕨类"）。

观赏草能够提供优雅而精致的外形，它们的叶子会随风摇摆，簌簌作响，这一点让它们不可或缺。即使在冬天，它们枯瘦的外形也会起到重要的作用，让风景不至于显得那么荒凉。叶子宽阔的博落回（*Macleaya cordata*）旁边种植的优雅的观赏草大针茅（*Stipa gigantea*）和蓝燕麦草（*Helictotrichon sempervirens*）非常吸引人们的视线。

当所有落叶植物在冬天变得光秃秃的时候，作为背景的大型常绿植物将提供色彩和外形。它们不但能够全年呈现绿叶和形式感强烈的外形，还能在恶劣的天气保护野生动物，用于创造永久性屏障和私密空间。

常绿植物可以自然生长形成与人工造型相似的规则形状，在不需要修剪的情况下赋予花园以雕塑般的外观。球状的长阶花属植物（*Hebe topiaria*）或*H. buxifolia*可以设置在花境前方充当园景树，而墨西哥橘（*Choisya ternata*）和*Viburnum x globosum* 'Jermyns Globe'都能长成紧密的大球形。

修剪成形

植物的自然结构可以通过修剪来增强。当对柳树（*Salix*）和山茱萸（*Cornus*）进行每两年一次的平茬之后，它们会在短时间内长出大量色彩鲜艳且笔直的新枝。椴树（*Tilia*）和悬铃木（*Platanus*）可以进行截顶：如果每一年或两年都将树枝截至同一位置，它们会在修剪处形成肿胀的"拳头"。这两种修剪方法都能创造独特的外形，为花园设计增添魅力。又见104页，"灌木的平茬与截顶"。

持久的外形
树木在花园中形成永久性的结构。寻找那些叶形有趣的树木，如树叶完全裂开的花楸（*Sorbus*）及树叶深裂的鸡爪槭（*Acer palmatum*）。两种树都有美丽的秋色叶，在冬季和早春也能展现优雅的树形。

营造视线焦点的植物
这株造型奇特、叶色斑驳的丝兰属植物（*Yucca*）种在一个高高的坛子里，显得更加引人注目。

斑点状色彩（左）
深红色的马其顿川续断（*Knautia macedonica*）在毛地黄和茴香浅色调的映衬下显得特别醒目。

凉爽的绿色（中上）
花园中的每一抹绿色都在设计中起到镇静和和谐的作用。

卷起的树皮（右上）
血皮槭（*Acer griseum*）有着奇妙的古铜色卷翘树皮，在冬天的花园中格外引人注目。

传统的调色板式搭配（中下）
白色、粉红和蓝色的经典组合使用在这个浪漫主义的花园里十分完美。

运用色彩

当在花园中运用色彩的时候，个人品味几乎可以不受拘束地发挥。然而，如果色彩的运用完全不受限制，每种颜色和色调都设置在形成对比的色调之中，则会显得喧闹和杂乱，让任何一种颜色失去在花园设计中的作用。所以，必须加以约束，限制色彩的范围和使用量。例如，以沉静的绿色做背景能够使混合各种颜色的前景变得平静，更凸显各种色调的明亮。

色彩和距离

明亮轻快的颜色如柠檬黄和白色能更好地反射阳光，而较深的色调在远处会显得柔和沉寂。用在前景中的明亮颜色常常会有从原来的位置上跳出来的感觉。如果它们出现在稍远的地方，会显得更近，在视觉上缩短花园的长度，这种作用常常是不利的。

在传统上，有深度的颜色如蓝色、淡紫色、紫色和银灰色常常用在花园的远端，创造一种距离感，而色调较浅的黄色、白色、奶油色和粉红色则占据前景。红色、橙色和深黄色最好种在苗床的中间位置；它们在远处会变得不起眼，而用在近的地方则会支配整个布局。

光照的影响

位置是进行植物色彩设计时需要考虑的重要因素。在强烈的阳光直射下，更强烈的黄色、橙色和红色变得光彩夺目，能够产生一幅充满动感的画面。不过，如果你想让烈日骄阳下的座位区域变得更凉爽一些，银灰色的叶片和蓝色花朵将能创造一个更宁静的场所。

在光照一般的条件下，一些柔和的颜色如浅蓝、粉红、奶油黄和银灰色等会形成美丽的搭配组合。如果在夜晚用于娱乐的台地或露台周围种上拥有白色花朵或白色斑纹叶子的植物，它们会在灯光的映射下增添幽雅的气氛。

色彩的组合

花园设计最大的挑战之一就是创造卓有成效的色彩组合。蓝色和白色搭配在一起尽显优雅，其凉爽洁净的外观是其他组合难以匹敌的，而绿色和白色搭配在一起会有完全纯净的效果，特别是一种植物同时出现这两种色彩时，如雪花莲（*Galanthus*）或白花荷包牡丹（*Dicentra spectabilis* 'Alba'）。

如果其他种植区域的搭配更加多样，这些微妙而精致的种植组合会显得更加突出。橙色和紫色是两种拥有同样力量的主导色彩，当使用在一起时会显得更加动人——明亮的橙色金盏菊搭配紫灰色的羽衣甘蓝作为背景是一个很吸引眼球的设计。蓝色和黄色也能产生鲜明的对比，它们的浓烈让花园显得更加生动。当黄色郁金香或'鲁提亚极限'冠花贝母（*Fritillaria imperialis* 'Maxima Lutea'）搭配蓝色的勿忘草属（*Myosotis*）或美洲茶属（*Ceanothus*）植物时，它们之间会产生奇妙的相互作用。

增加质感

许多植物的叶子都有丰富的质感，如果大片种植的话能够得到很有趣的效果。一大片每年修剪一次的薰衣草（*Lavandula*）或迷迭香（*Rosmarinus*）会长成散发芳香的柔软厚毯，和任何一种草本花境一样美丽。

即使是单株缺乏观赏性的植物，如果成群使用，也会有很好的效果。灌木状的光亮忍冬（*Lonicera nitida*）或者许多较高的竹类都能带来许多质感上的变化，还能做成优良的树篱和屏障（见120～121页，"竹类"）。

不同的质感搭配能够产生微妙的趣味，即使是使用同一种植物。例如一棵底部修剪整齐而顶部自然伸展的红豆杉（*Taxus*）会形成长长的茎秆，产生奇妙的质感对比。不同植物的搭配还能形成有层次的观感。例如荚果蕨（*Matteuccia struthiopteris*）的羽毛状叶子会和大根乃拉草（*Gunnera manicata*）的宽大叶子形成平衡且互相呼应，两者在桦木（*Betula*）白树干的映衬下也会显得更加突出。

树干极富触感的质地不应该被忽视。欧洲栗（*Castanea sativa*）的树皮有深深的皱纹，能和光滑、水平的形状形成很好的对比，而一些灌木如紫彩绣球（*Hydrangea aspera* subsp. *sargentiana*）和栓翅卫矛（*Euonymus phellomanus*）也会随着时间推移渐渐长出吸引目光的干皮。

植物的季节性和全年性观赏价值

花园种植的艺术是在每个季节都带来丰富的观赏价值。一座花园从晚春到仲夏一周接一周地抵达高潮，然后迅速黯淡下来，在秋天和冬天变得无花而凋敝，这样的情况太多了。这半年光景还有一些好天气不能辜负，为这些常常被遗忘的月份进行设计也是很重要的。

一座花园应该包括精挑细选的一系列植物，能够在光照和生长速度都减弱的季节里继续保持观赏价值。由乔木、灌木和树篱等组成的永久性种植框架将构成基本的骨架，在这些骨架上面可以叠加其他层次，如攀援植物、草本植物、花坛植物和球根植物等，用来在每个季节中提供美景和观赏价值。

春天

冬末和早春不只是花开的时节，还是甜香的季节。灌木，如美丽野扇花（*Sarcococca confusa*）、金银花（*Lonicera* x *purpusii*）、蜡梅（*Chimonanthus praecox*）及瑞香属（*Daphne*）许多美丽的物种让空气中充满了香气。球根花卉提供早春的色彩，冬菟葵（*Eranthis hyemalis*）和雪花莲争先恐后地要做头名，接下来是番红花、水仙和郁金香。接着开花的球根花卉是花期较早的宿根植物如藜芦，随着球根花卉的凋谢，其他宿根花卉将次第开花，弥补这段空隙。

夏天

从夏初开始，草本宿根花卉带来了色彩大爆炸，各种色调、形状和外形交织成一幅灿烂的图画，一年当中没有其他季节能与之相比。芍药、飞燕草、风铃草和羽扇豆展露出最美的一面，而在灌木花境中沿着溲疏和花葵（*Lavatera*）种植的月季也开始吐露芳华。在夏季的高潮，可以让大花铁线莲爬过春季开花的灌木如连翘等。随后，像花烟草（*Nicotiana*）和波斯菊（*Cosmos*）这样的一年生植物填满了灌木之间的空隙，然后柔弱的或半耐寒性的宿根植物如钓钟柳和双距花等将为苗床或花境带来一抹亮色。

秋天

在一座维护水平良好的花园中，如果定期去除死去的花序并精心进行套种，那么它可能在这个季节迎来又一次高潮。除了在夏季四处盛开，宿根植物也有秋天开放的晚花物种，如日本秋牡丹、香鸢尾和荷兰菊（*Aster novibelgii*）等。随着阳光一天天黯淡下去，臭牡丹（*Clerodendrum bungei*）开出一簇簇深粉色的花朵，凉爽的空气中充

季节性的阳光
随着季节发生变化的并不只是种下的植物；阳光也需要全年使用，照亮不断演化的植物形状和形式。在这里，微弱的冬日阳光在多彩的早花仙客来（*Cyclamen coum*）上投射出长长的影子，早花仙客来在整个冬天都会开放。

满了它浓郁的甜香气味。

叶子的颜色在秋天变得炽烈起来，槭树和波斯铁木（*Parrotia persica*）等乔木的树叶渐渐转为各种色调的黄色、橙色、紫色和红色。异叶蛇葡萄（*Vitis coignetiae*）的宽大叶子也会在落叶前变成壮观美丽的色彩。浆果和其他果实丰富了秋天的色调，莱莲属和卫矛属植物（*Euonymus*）用它们的果实装点着花园。开花的球根植物（如仙客来和秋水仙等）也会加入这场秋天的盛会。

冬天

冬天是花园中最令人棘手的时节，这时几乎难以找到色彩和具有观赏价值的东西。现在该由永久性的结构植物来占据舞台了。落叶灌木和乔木（如白桦和鲜艳的欧洲红瑞木）的树干会在冬天凋敝的阳光下熠熠闪光。

当别处变得光秃秃的时候，常绿树仍然在用独特的质感和形状装点着冬季的花园。精心修剪的美洲茶或球形的一丛丛轮花大戟（*Euphorbia characias*）使得花境不至于显得"空旷"。而一些常绿灌木如日本茵芋（*Skimmia japonica*）和月桂荚莲（*Viburnum tinus*）开始结出鸟喙状的花蕾。伴随它们的还有博得南特荚莲（*Viburnum* x *bodnantense*）芳香四溢的花，它遇到第一波回暖的迹象就会立刻开放。

持续的观赏价值
'魔鬼'雄黄兰（*Crocosmia* 'Lucifer'）拥有持久的观赏价值。春天，它那像剑一样的叶子钻出地面；夏末时分，开出鲜红色的花朵（右）。它的果序也很美观，特别是结了霜的时候（上）。

早春至仲春

球根花卉是早春第一批开花的植物之一。在这里，大片水仙用来点亮这条花境，它们轻轻摇摆的金黄色花朵和剑形的叶子相得益彰。伴随它们的还有大戟草（*Euphorbia*）和正在萌发的宿根植物，它们的叶子正在从土壤里钻出来。

晚春

随着春天的时光慢慢溜走，光照日益增强，花境很快充满了茂盛的叶子和早开的花朵，这有助于掩盖早春球根花卉正在凋萎的花朵和叶片。在这里，出现在前景中的是蓝色的天竺葵和拥有波纹状边缘圆叶子的柔软羽衣草（*Alchemilla mollis*），还有相似颜色的花卉开在花园远端。

盛夏

这些丰富的花卉中包括仍然在开放的蓝色天竺葵，引领着盛夏的高潮。柔和的蓝色、黄色和奶油白色创造了一个凉爽的花境，仿佛驱走了夏日骄阳。这些色彩还让景色显得更深更远，花境好像变长了，并将视线引导至远端的座椅区。

由夏入秋

柔和的色彩让位于炽烈的火红，这种强烈的色彩很快就能用来映衬乔木和灌木的秋色叶。随着时间推进，由夏入秋，景色也随之逐渐达到顶点。这个花境展示了在花园中如何使用植物改变色彩和情绪，甚至改变透视。

绿色屋顶和绿色墙面

屋顶花园一直是改善城市环境的一种常用手段，近些年又出现了更多创新性的方法，将绿色结构和表面推广到了更大的尺度。将植物直接种植在倾斜屋顶或坚实外墙上的观念正在变得越来越普及——尤其是在拥挤的城市中的建筑上种植，这对环境特别有益。绿色屋顶和绿色墙面能够吸收雨水，为建筑隔热，降低噪声，并提供所有和植物生长有关的益处，例如改善空气质量，通过为野生动物创造生境来增加生物的多样性。

什么是绿色屋顶

很简单，绿色屋顶就是生长着植被的屋顶。有时候地衣、苔藓、青草或自播野花会在房屋、车库、棚屋和附属建筑的屋顶上自然生长出来，而近些年人们考虑到美学、生态学和环境上的需要，发展出了人工绿色屋顶，特别是在城市中。

根据基本观念的不同，绿色屋顶可以分为两大类。其中一类是"加强型"绿色屋顶——就是常说的屋顶花园：在对平屋顶进行强化和加固之后；种植传统花园植物，这些植物包括从高山植物到灌木乃至小乔木等种类。植物一般种植在容器中，也可以种植在填充土壤或基质的苗床里。屋顶花园常常建造在办公楼、医院或学校的屋顶。又见316～317页，"阳台和屋顶花园"。

另外一类是"简约型"绿色屋顶，这种绿色屋顶需要更少的维护。它们使用草炭或薄薄的一层土壤或基质作为基础，上面可以种植一些低矮的植物，如景天属植物、百里香、海石竹和其他野花。"简约型"绿色屋顶更适合园艺师在家居房屋或附属建筑（例如车库和棚屋）的平屋顶或坡度较缓的屋顶上打造，不过它也常常出现在商业建筑及学校和商店的屋顶上。

收获益处

绿色屋顶对于环境的益处不只表现在一个方面。植物具有抗污染功能：它们能过滤二氧化碳、酸雨和大气中的重金属，改善城市和工业区的空气质量，减弱噪声污染的影响。此外，绿色屋顶上的植被能保留大量雨水，这些雨水本来可能会流入排水系统白白浪费掉。屋顶绿化还有一定的隔绝作用，能够在冬天减少建筑的热量损失，在夏天反射更多的热量，这将降低建筑的供暖和降温成本。此外，有些屋顶的寿命也会得到延长，因为土壤和植被能够保护屋顶免遭日光、紫外线辐射以及温度波动的危害。

绿色屋顶的另一个好处是能增加区域的生物多样性，特别是在城镇和城市中。绿色屋顶为许多昆虫提供了繁殖场所，还为鸟类提供了新的筑巢场所和食物来源。

建设并维护绿色屋顶

在房屋或其他建筑物上安置绿色屋顶可能需要建筑许可证，这件事最好有资质的承包商去解决。

在开始施工之前，必须确保现有的屋顶和建筑足够坚固，可以支撑建设绿色屋顶所使用材料的重量。对于拥有传统屋顶的棚屋或相似建筑，可能必须提供额外的支撑，因为排水和种植所需要的层层材料会在屋顶上增加附加的重量。第一层应该是防水毡，然后在防水毡上覆盖植物根系阻拦层，再铺设

吸引传粉者

这个绿色屋顶上各种不同的景天属植物提供了不同的色彩，它们的花朵将蜜蜂、蝴蝶、食蚜蝇及其他昆虫吸引进了花园。

气象防护

绿色屋顶有助于保持雨水，并为下面的建筑结构提供一定程度的保护。在这里，野花生长在经过改造的船运集装箱上。

建筑法规

使用草来覆盖屋顶是一个使用数百年的方法，如今这种方法再度兴起。绿色屋顶的建设有时候需要建筑许可证。

适合用于绿色屋顶和表面的植物

蓝羊茅　　　百里香

海石竹　　　'蓝雾'囊杯猬莓

丽晃　　　'圭尔夫夫人'长生草　　　毛草石蚕

'矮生'蕨叶蒿　　'布朗角'匙叶景天　　西洋石竹

一层排水膜之后就可以覆盖上植物生长所需要的足够深度的基质了。

生长基质或基质层的深度取决于所种植的植物类型。绿色屋顶常常使用景天属（Sedum）和长生草属（Sempervivum）物种或草皮和野花，因为它们在深仅有4～6厘米的基质中就能生长得很好，而较大的宿根植物如庭芥属（Alyssum）、石竹属（Dianthus）和百里香属（Thymus）植物需要厚度达10厘米的基质层。

许多能够在绿色屋顶上成功使用的植物都能买到商品化的穴盘苗。除大规模种植外，也可以将植物种植在"植物垫"上，然后直接铺设在生长基质上面。

建造完成之后，绿色屋顶需要一定程度的维护，所以必须保证能够轻松上到屋顶。除草是必不可少的，偶尔还可能需要施肥，在干旱时也许还需要浇水，尽管绿色屋顶常用的许多植物，如景天属植物等，是耐旱植物。

垂直园艺

垂直园艺又称为绿色墙面，它在过去的30多年中得到了很大的发展。绿色墙面带来的环境效益和绿色屋顶是相似的。它的理念是利用

有用的种植区域
像栅栏和墙壁这样的垂直区域可以用来栽培香草或其他植物。在这里，坚固的栅栏上安装的小袋里种着不同种类的香草。

房屋、车库和其他建筑的垂直空间种植并展示观赏植物，还能栽培香草和沙拉作物。这对于那些花园较小或没有花园的房屋特别有意义，不过普通园艺师也会对它产生兴趣。

在建造绿色墙面之前，必须确保结构表面足够坚固，可以支撑植物生长所需的垂直框架，无论它是砖结构、混凝土结构还是木结构。在有些情况下，可能必须使用防水复合物对结构表面进行保护。

将要形成墙面的植物幼苗种植在由毡制品或类似材料制成的小穴或小袋里，这些小穴或小袋安置在垂直框架结构中。然后将这个框架安装在墙上或栅栏上，也可以使用独立结构在花园别处安放。最好安装一套滴灌系统或类似的自动灌溉系统，保证所有植物都能得到均匀的灌溉。

如今市面上有许多垂直种植设备，它们所使用的技术方法只有细微的不同，有些还包括自动灌溉系统。在尺寸较大的设备中，植物是用营养液水培的，它们通过稀释的溶液吸收水分和营养，不需要内设基质。

适合种植于绿色墙面的植物材料包括花坛植物——凤仙属植物（Impatiens）、小花矮牵牛（Calibrachoa）、矮牵牛属植物和天竺葵属植物，除此之外还有各种香草和沙拉作物如莴苣等。

适于绿色屋顶的植物

4～6厘米厚基质
天蓝猬莓 Acaena caesiiglauca, 小叶猬莓 A. microphylla
对叶景天 Chiastophyllum oppositifolium
瓦莲属植物 Rosularia aizoon
硬皮虎耳草 Saxifraga callosa, 少妇虎耳草 S. cotyledon, 长寿虎耳草 S. paniculata
苔景天 Sedum acre, '黄金' 苔景天 S. acre 'Aureum', 白景天 S. album, S. cauticola, S. 'Ruby Glow'
蛛网长生草 Sempervivum arachnoideum, 长生花 S. tectorum

6～12厘米厚基质
金庭芥 Alyssum saxatalis
蝶须 Antennaria dioica
海石竹 Armeria maritima
南庭芥 Aubrieta
西洋石竹 Dianthus deltoides
夏枯草 Prunella vulgaris

10～15厘米厚基质
金毛蓍草 Achillea chrysocoma
匍匐筋骨草 Ajuga reptans
高山羽衣草 Alchemilla alpina
岩白菜 Bergenia purpurascens
毛草石蚕 Stachys byzantina

观赏乔木

和其他植物相比，乔木能在花园中产生更强烈的持久感和成熟感。

　　它们为花园增添了高度、结构和雕塑般的视线焦点，它们巨大而独特的轮廓也与其他植物柔软的线条形成了迷人的对比。乔木的种类非常多样，除了形状和式样，它们在树叶、花朵、树干的色彩和质感上都有不同。每一种乔木都有其独特的吸引力，柏木拥有尖圆柱形，鸡爪槭的秋色绚烂夺目，桉树（*Eucalyptus*）的树皮带有独特斑纹。乔木的种植方式有许多种：球根花卉拥簇下的榛树和桦木自然式林地拥有自然主义的魅力，而紫叶山毛榉构成的林荫大道适合规则式的风格。有些乔木，如木兰属植物，单独作为园景树使用效果最佳。

适用于花园的乔木

种植观赏乔木的目的是欣赏它们的花朵、树叶、树皮或果实的美丽，而不是为了得到食物产出或木材。然而，许多果树也有美丽的花朵，一些观赏乔木例如海棠（*Malus*）等也能够结出大量可供储藏的果实。乔木和灌木之间的区分也常常很模糊；前者常常有一根独立的主干，但也并不是所有的乔木都是这样，而后者如丁香（*Syringa*）等则有许多树干，有时也会长到乔木的高度。

双色海棠拥有鲜艳的花朵和果实。

选择乔木

一般来说，乔木是最大也是最长寿的花园植物，对乔木进行挑选并为其选址是花园设计的一个重要方面。花园中可容纳的乔木数量越少，谨慎的挑选和选址就越重要；在只有一棵乔木的花园里，乔木的挑选和选址合适与否决定着设计成功与否。乔木的整体外貌和特色显然是很重要的，不过它对于花园土壤、气候和朝向的适应性以及它本身的最终高度、冠幅和生长速度也同样重要。一旦选好了一棵乔木，接下来的设计过程就是决定将它种在哪里（见63页，"选择种植位置"）。园艺商店中全年提供最流行的观赏乔木；专业苗圃提供更广泛的选择，有些还有邮购服务，但那里的乔木一般只在秋季和冬季裸根出售。

乔木的高度相差巨大，有些低矮松柏植物只有大约1米高，而巨大的红杉（*Sequoia*）可高达90米。生长速度从低矮松柏植物的每年2.5厘米以内到某些杨属植物（*Populus*）的每年1米以上。你无法在花园中央的一棵乔木幼苗上看出它未来的生长潜力，而有些物种，特别是松柏类，既有微型品种，又有体型很大的品种。一定要谨慎地选择品种，如果你得到的是替代品，要确保它们能够同样满足你的需要。

作为设计元素的乔木

乔木以和硬质景观同样的方式在花园中产生强烈的视觉冲击。它们还有助于形成花园的永久性框架，在周围设置来来去去的较为临时性的元素。

乔木可以当作活的雕塑使用（见55页，"园景树"），简单而有较大差异的背景更适合映衬以这种方式使用的单株乔木。例如，叶色较浅或斑驳的乔木在深绿色欧洲红豆杉（*Taxus baccata*）的映衬下显得非常醒目，而到了冬天，乔木的枯枝在白墙面前会有脱颖而出的效果。乔木还可以限制和围合空间。成排的宏伟乔木

或一丛自然式乔木能够标记房产的边界，将花园的不同部分分隔开，还可以突出一条道路。对植的两棵树就像相框那样将远处的风景框起来，也可以在花园入口处形成一道迷人的绿色拱门。

形状和形式

在氛围和风格的设定以及对空间的实际考虑上，乔木的形状和形式跟它的大小一样重要。一些乔木，如许多用于观赏的李属植物（*Prunus*），体量小且迷人，而其他乔木，如雪松属植物（*Cedrus*），则体量大且庄严。大部分乔木都可以种植成规则式的或自然式的，这取决于场景风格和对乔木的处理方式。火炬树（*Rhus typhina*）拥有奇异的形式，非常适合用于现代花园，而多种棕榈植物的弯曲叶片能够为庭院或保育温室带来几分苍翠。欧洲花楸（*Sorbus aucuparia*）和冬青属植物（*Ilex*）是英式村舍花园中的典型乔木，鸡爪槭和大型龙爪柳（*Salix babylonica* var. *pekinensis* 'Tortuosa'）适合用于东方式花园，而本地物种是野生园的理想选择。

窄而峭立的乔木如野木海棠（*Malus*

花园中的乔木
花境中仔细挑选的一棵乔木，如这棵银边灯台树（*Cornus controversa* 'Variegata'），能带来强烈而鲜明的设计效果。当与对比强烈的式样和色彩搭配时，它能够提供围绕其建设的结构。

tschonoskii）适合用于较小的花园，它们拥有一种规则得像是人工制造的外表。树冠呈圆形或枝繁叶茂的乔木看起来更为自然，但会遮住更多阳光并截留更多雨水，难以在树下种植其他植物；而那些形状不规则、树枝打开的乔木呈现出自然主义的吸引力。利落的圆锥形或锥体形乔木拥有强烈的雕塑效果，而垂枝型乔木则拥有更柔和的轮廓。

要考虑乔木形成自己独特形状所需要的时间——有些物种可能需要数十年。例如，'关山'晚樱（*Prunus* 'Kanzan'）在幼年期的形状十分生硬，其树枝和树干形成难看的锐角；而10年之后其树枝开始变成拱形，到第30年的时候，它就能拥有优雅的圆形树冠。

在空间允许的地方，可以将对比鲜明的树形搭配在一起，产生活力十足的效果，但将许多不同形状的树种在一起可能会显得杂乱且不协调。

园景树

园景树是独自种植的单株乔木，它能够充分展现出自己全部的自然魅力，不受任何相邻树木的影响。取决于当地气候的不同，四照花（*Cornus kousa* var. *chinensis*）、金垂柳（*Salix* x *sepulcralis* var. *chrysocoma*）、各种观赏李属植物以及棕榈植物如荷威棕属（*Howea*）和刺葵属（*Phoenix*）植物都是流行的园景树树种。园景树可以在任何尺度的环境中成为视线焦点，但是你应该选择一棵大小与背景相衬的树，尺寸过小的园景树在宽阔的花园里会有迷失的感觉，而过大的园景树在有限的空间里会显得盛气凌人、压倒一切。园景树，特别是规则式花园中的园景树，通常都安置在草坪中央。然而，要是将园景树放置在比较偏的一侧，将会为种植设计带来生动感和自然感。其他选择包括将园景树种在花园门或入口的旁边，或者种在一段阶梯的低端或顶端，用来标记花园中空间或水平面的过渡和变化。

在一片砾石或地被植物如常春藤属（*Hedera*）和蔓长春花属（*Vinca*）植物中种植的园景树会得到很好的衬托。在混合花境中，可以使用乔木充当主角，围绕着它搭配周围植物的色彩和样式。园景树可以倒映在花园的池塘中，也可以在树下设立一座雕像或涂白的长椅。

丛植树

如果空间允许的话，可以将三棵或更多相同种类的乔木呈自然团簇的方式种植，也可以将大小相似的不同物种搭配在一起。与孤植乔木相比，丛植乔木还能在风景的一侧或两侧产生帷幕似的充实效果。

树形

开展形
日本樱花

垂枝形
'吉尔马诺克'黄花柳

锥体形
'塔形'欧洲鹅耳枥

圆锥形
'强壮'加杨

圆头形
'马德格堡'海棠

拱形
假槟榔

柱形
柱形红花槭

大型乔木如栎属（*Quercus*）和山毛榉属（*Fagus*）植物形成的树丛会让视线焦点分布在很大一片区域，18世纪的伟大英国园艺师万能布朗（Capability Brown）常常运用这种手法。在气候更加温暖的地方，几株高高的棕榈植物仁立在草坪或砾石上，也会给人同样深刻的印象，也可以将它们和其他较低矮的或多分枝的植物进行间植。

在较小的尺度中，一小群枝叶稀疏的落叶乔木，如垂枝桦（*Betula pendula*）或槭树（*Acer*），能够形成微缩林地的支柱。乔木树冠下斑驳的树影以及富含树叶腐殖质的土壤非常适宜洋水仙、蓝铃花（*Hyacinthoides nonscripta*）以及欧洲报春（*Primula vulgaris*）的生长。以自然团簇形式栽植的乔木之间可以挨得更近，两棵乔木之间的距离可以小于它们潜在的树冠之和的一半。这可能会造成乔木相对较高、较窄或不对称，但这样的效果可能是令人赏心悦目的自然形式，互相交缠的树枝在天空的映衬下好像花饰窗格般迷人。

观赏特征

尽管乔木在大多数情况下因其姿态而受到重视，然而它们也能通过特定的特征提供观赏价值，如花朵、树叶、浆果和树皮等。为乔木选好位置，使它们能充分展示最迷人的特征（又见57页，"季相变化"）。

树叶

无论是在体量上还是在持久性上，树叶都是最重要的特征。它们的形状、大小以及颜色拥有无穷的变化，从'丽光'美国皂荚（*Gleditsia triacanthos* 'Sunburst'）那精致、金黄且好似蕨类的树叶到棕榈类植物如刺葵（*Phoenix*）的又大又奇特的叶片，纷繁多样。树叶表面的质地会影响光的反射，有光泽的树叶能够增添一抹亮色。树冠既有密不透光的，也有稀疏通风的，在进行树下种植时这是一个重要的考虑因素。

那些拥有彩色或斑驳树叶的乔木，如树叶紫红的紫叶稠李（*Prunus virginiana* 'Schubert'）或树叶镶有金边的*Ligustrum lucidum* 'Excelsum Superbum'，能够带来大量鲜艳的色彩，可以和绿叶乔木形成鲜明的对比。

有些乔木（如桉树）的树叶会散发出令人愉悦的香气，还有些乔木（如山杨）的树叶会在轻风吹拂下发出悦耳的沙沙响声。

花

花朵的存在是短暂的，但它总是令人怀念，乔木的花既有零星点缀在枝叶间的，亦有繁花满树的。在秋季、冬季和早春开放的花朵特别珍贵，它们可以弥补此时花园中其他植物的不足。

花朵的颜色应该与更大的背景相配。颜色浅的花朵能够从颜色深的树叶中脱颖而出，而色彩浓重的花朵在浅色背景中表现最好。让铁线莲或月季等攀援植物爬到成熟的乔木上，你可以轻松地将花朵的观赏期延长好几周。

拥有芳香花朵的乔木不多，最好将芳香看作额外的收益。乔木花朵的香气也有所不同，从银荆（*Acacia dealbata*）淡雅的冬日冷香到日本厚朴（*Magnolia obovata*）以及鸡蛋花（*Plumeria rubra* f. *acutifolia*）的夏日香气。对于花朵和芳香，拥有遮蔽保护的场所是最理想的。

果实

有些乔木果实的美丽与花朵相比不相上下，

树叶的颜色和质感 这里，一株满树秋叶的落叶乔木和一株蓝绿色的松柏植物在色彩、质感和形状上形成了充满戏剧性的对比。树木下方的宿根植物的灰绿色叶子提供了进一步的对比，虽然它们会随着时间进入深秋而逐渐凋萎。

来自花朵的色彩 '丽丝'海棠充满活力的粉红色花朵在紫色叶片和深色树枝的映衬下分外惹眼，是春季花园中一道靓丽的景色。

甚至有过之而无不及，如荔梅属（*Arbutus*）的好似草莓的果实、'金大黄蜂'海棠（*Malus* 'Golden Hornet'）的黄色海棠果以及木兰属植物形状奇异的蓇葖果。在气候温暖的地区，柠檬和无花果等乔木可以结出引人注目的可食用水果。某些乔木如冬青属植物（*Ilex*）需要异花授粉才能结果；其他有些乔木只有在进入成熟期或遇到特定的气候条件时才结果。某些观赏浆果（*Sorbus aucuparia*）很受鸟类的欢迎，刚刚成熟就会被吃掉，不过你可以选择其浆果对鸟儿没那么有吸引力的乔木。有些结果乔木的果实成熟得很晚，如'卡里埃'拉氏山楂（*Crataegus x lavallei* 'Carrierei'），于是它们的果实可以完好保存到来年春天。向园艺商店或苗圃员工寻求建议。

树皮和树枝

树皮能带来颜色和质感，特别是在树叶都落光了的冬天。观赏价值较高的包括细齿樱桃（*Prunus serrula*）的红褐色且具有丝绸光泽的树皮、白糙皮桦（*Betula utilis* var. *jacquemontii*）的雪白树皮，以及充满异域情调的尼菲桉（*Eucalyptus paucidlora* subsp. *niphophila*）好似蟒蛇的绿、灰、白三色斑驳的树皮。

'布里茨'红枝白柳（*Salix alba* var. *vitellina* 'Britzensis'）的嫩枝呈明亮的橙红色，而红枝白柳（*S. alba* var. *vitellina*）的嫩枝则是深黄色的。最好经常修剪这些生长速度很快的乔木，以促进新枝的形成，因为新枝的颜色最浓烈。一些乔木只有到成年期树皮才显示出鲜艳的色彩，而有些乔木在幼年时树皮就很漂亮了。

春天的讯息 在叶子长出来之前，拥有美丽的白色树皮的美洲桦（*Betula papyrifera*）长出了黄色的雄性葇黄花序。

季相变化

特征和外貌跟随季节改变的植物会赋予花园更生动的节奏。在细心选择和计划的帮助下，它们的叶子、花朵、果实等伴随着不变的树枝和树干来来去去，组成一篇完美的"乐章"。通过种植连续开花的不同乔木可以一直保持观赏特性，并让视线焦点随着季节而变化，如在春天开花的南欧紫荆（*Cercis siliquastrum*）、夏天开花的紫葳楸（*Catalpa bignonioides*）、早秋开花的灰岩蜜藏花（*Eucryphia x nymansensis*）以及冬天开花的'十月'日本早樱（*Prunus subhirtella* 'Autumnalis'）。有些乔木能够全年保持观赏价值，它们要么是常绿植物如冬青属植物和大部分松柏植物，要么拥有雅致或独特的姿态。

落叶乔木带来的季相变化最明显，特别是在春秋两季，春天，李属的许多观赏植物都开满了花；而到了秋天，许多槭树便换上了鲜艳的秋色叶。相反，常绿树则提供了延续感而不是变化感，这也很有用。挑选并混搭种植落叶乔木和常绿乔木能为花园提供持久的观赏价值，并且还能随着季节变化产生动态效果。

春天和夏天

春天来了，落叶乔木光秃秃的树枝上萌发出叶子和花朵的芽，为花园带来了鲜活的生命。有些乔木的嫩叶非常精致，如淡黄白背花楸（*Sorbus aria* 'Lutescens'）。随着复苏的乔木逐渐将树叶展开，它们发展出了各具特色的外形，树冠呈现出大块的色彩和质感，并提供大片树荫。

在晚春和夏季，各种颜色和式样的花朵——从毒豆属植物（*Laburnum*）低垂的黄色花序到七叶树（*Aesculus*）像蜡烛般直竖起来的奶油色或粉红色花序，为浓密的树叶增添了别样的色彩和情趣。

秋天和冬天

秋天，当大多数草本植物逐渐凋萎、落叶灌木的叶子都落了了的时候，乔木提供了别样的色彩，树叶从绿色变成了各种色调的黄色、橙色、红色乃至棕色，有些色彩则来自鲜艳的果实。

秋天，蔷薇科的观赏植物，尤其是那些来自栒子属（*Cotoneaster*）、山楂属（*Crataegus*）、海棠属（*Malus*）和花楸属（*Sorbus*）的物种、品种和杂交种上热热闹闹地挂满了果实；有时候，枝头上的果实会一直留到冬天。

冬天，花园中一片凋敝，乔木脱颖而出。它们的骨架或轮廓成了最显眼的景致，并产生强烈

树皮有观赏价值的乔木

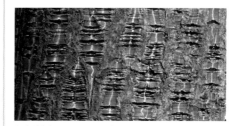

细柄槭（*Acer capilipes*）

白糙皮桦（*Betula utilis* var. *jacquemontii*）

细齿樱桃（*Prunus serrula*）

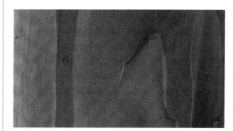

山桉（*Eucalyptus dalrympleana*）

血皮槭（*Acer griseum*）

宾州槭（*Acer pensylvanicum*）

的雕塑感。可以用松柏类植物和阔叶常绿树的颜色和质感补充并柔化附近落叶乔木的"生硬"外貌，而带有花纹、质感的树皮或卷起的树皮增加了额外的观赏价值。一些松柏类植物的树叶会在冬天披上一层迷人的黄褐色调，如日本柳杉（Cryptomeria）等。

用于小型花园的乔木

对于小型花园来说，高度不超过6米的乔木是最适合的。花园中可能只有一棵乔木的空间（见55页，"园景树"），所以观赏价值能够维持不止一个季节的树种特别有用。例如，多花海棠（Malus floribunda）的芽呈猩红色，然后开出粉红或白色花朵，最后在拱形的枝条上挂满小小的红色或黄色果实。

落叶乔木没有树叶时的外表对于小型花园特别重要，因为有些乔木一年会有6个月都是光秃秃的，并且从面对花园的窗户向外都能看到它。理想的选择包括火炬树（Rhus typhina）、无花果（Ficus carica）以及'垂枝'柳叶梨（Pyrus salicifolia 'Pendula'），它们没有鲜艳的花朵，但都有漂亮的树叶和充满个性的冬季姿态。

刺多的乔木在非常小的花园中不宜使用，如山楂或冬青等，它们会减少花园中的活动区域，而那些会滴下浓稠树液的乔木如某些椴树不应栽植在座位区上方。如果要在乔木下进行种植，应选择树冠较稀疏、树根较深厚的乔木，如皂荚属（Gleditsia）或刺槐属（Robinia）植物，因为

小型花园的乔木 这株体量较小的'金叶'刺槐（Robinia pseudoacacia 'Frisia'）很适合种在小型花园里，它投射的阴影很少，可以让其他植物在周围生长。

小型植物很难和那些较浅且四处蔓延的根系竞争，如李属观赏乔木。

用于林荫大道的乔木

林荫大道主要用于规则式的花园中，它需要依赖乔木以及乔木之间距离的一致性产生壮观的效果。林荫大道越长和直，乔木及其阴影的韵律对于风景的冲击力就越明显。乔木的种植方式应该能够将视线引到出众的景致或视线焦点上，大型乔木常常用于通向房屋的车行道两边。长寿的森林乔木如山毛榉和七叶树等在过去常用于林荫大道，而在当代设计中松柏植物的外形也许是最引人注目的。像白背花楸（Sorbus aria）或女贞（Ligustrum lucidum）这样的乔木适合较小的花园。

自然式林荫大道可以使用弯曲且两侧互相编结的幼年乔木来打造，在通道上方形成绿色拱门。乔木之间的距离应该比规则式林荫大道更稀疏，避免产生强烈的分区感。

整枝效果

乔木的枝条可以编结起来，创造一种雅致的规则感。对两侧的树枝进行整枝，形成水平、平行的线条，将其他树枝截断或者编织在水平树枝之间，形成一道垂直的屏障。山毛榉、椴树、鹅耳枥（Carpinus）以及悬铃木（Platanus）是传统的编结乔木，而果园中的墙式苹果树和梨树为这种技术提供了一些变化。

截顶需要经常砍去乔木的整个树冠，剩余部分会产生大量细树枝，形成一个圆球形的浓密树冠。这会产生一种人工的规则感，很适合用于自然树冠产生阴影太多或者阻碍交通的城市区域。一些柳属（Salix）乔木常常会被截顶或平茬（砍到地面高度），以得到色彩鲜艳的幼嫩枝条。平茬后的乔木在自然式背景中效果很和谐，如林地花园或池塘岸边。

用于屏障和防护林带的乔木

大范围种植的乔木能够遮蔽建筑和道路，减弱噪声并抵御风霜侵袭。笔直的单排速生钻天杨（Populus nigra 'Italica'）常用来遮挡难看的景致，但是它们的巨大高度和像手指般峭立的外形常常会吸引人们注意它们本来想隐藏的东西。更宽阔的落叶乔木和常绿乔木搭配起来的效果一般会更自然，也更有效。树篱是屏障中最紧密的形式，而且它们的尺寸可以得到控制（见82~85页，"树篱和屏障"）。

大量种植的乔木可以过滤风，与固体障碍

编结乔木 在这里的小型规则式设计中，编结椴树被用来限定座位区域并标记和花园周围景致的边界。

物相比，能够更有效地减少潜在的危害，后者经常在背风面形成风涡。防护林带或丛植乔木能够保护脆弱植物免遭霜害，特别是在春天。

盆栽乔木

将乔木种在大型罐子或大桶中能够大大提升它们在花园设计中的潜力。在屋顶、露台或庭院中，一系列盆栽乔木是创造成熟风景最快的方法，能为设计带来高度和结构。

你可以用大罐或大桶中的乔木装点硬质铺装围绕的门廊，或者把它们摆在宽阔阶梯的两侧，这些位置特别适合使用造型树木（见108-109页，"树木造型"）。过于柔弱不能在室外越冬的乔木可以种在容器中，夏季于室外展示，在寒冷的季节搬到没有冰霜的室内。一年生和柔弱的植物，如矮牵牛属、倒挂金钟属、旱金莲属植物（Tropaeolum），也可以种在容器中，带来季节性的色彩和观赏价值，或者使用常春藤属植物当作永久性地被。

盆栽乔木是长期景致，所以要使用既耐寒又美观的容器。容器在大小、风格和材料上都有广泛的差异（见320页，"选择容器"）。如果你要使用的容器会永久性地待在花园里经受冬天的冰霜，那么要确保它们是防冻的。

乔木种植指南

用于小型花园的乔木

细柄槭Acer capillipes d,
 '银纹'杂种槭A. x conspicuum 'Silver vein' d,
血皮槭 A. griseum d,
鸡爪槭 A. palmatum,
 '红皮'鸡爪槭A. palmatum 'Sango-kaku',
 '辉煌'欧洲槭 A. pseudoplatanus
 'Brilliantissimum' d
加州七叶树Aesculus californica d
拉马克唐棣Amelanchier lamarckii
杂交荔莓Arbutus x andrachnoides
牛皮桦Betula albosinensis var. septentrionalis d,
岳桦B. ermanii d,
垂枝桦B. pendula d,
 '戴尔卡利'垂枝桦B. pendula
 'Dalecarlica' d,
白糙皮桦B. utilis var. jacquemontii d
 '黄叶'紫葳楸Catalpa bignonioides
 'Aurea'
连香树Cercidiphyllum japonicum d
南欧紫荆Cercis siliquastrum
樟树Cinnamomum camphora 1
日本四照花Cornus kousa
 '保罗红'钝裂叶山楂Crataegus laevigata
 'Paul's Scarlet',
 '卡里埃'拉氏山楂C. x lavallei
 'Carrierei',
深裂叶山楂C. orientalis d
榅桲Cydonia oblonga
雪桉Eucalyptus pauciflora subsp.
 niphophila d
 '道维克金'欧洲山毛榉Fagus sylvatica
 'Dawyck Gold' d
 '丽光'美国皂荚Gleditsia triacanthos
 'Sunburst' d
银桦 Grevillea robusta 1 d
利氏帛带木Hoheria lyallii
瓦氏毒豆Laburnum x watereri 'Vossii'
朝鲜槐Maackia amurensis d
 '伊丽莎白'木兰Magnolia 'Elizabeth',
 '银河'木兰M. 'Galaxy' d,
 '美尼尔'洛氏木兰M. x loebneri
 'Merrill' d
 '达特茅'海棠Malus 'Dartmouth'
 '高峰'海棠M. 'Evereste' d,
多花海棠M. floribunda,
 '金大黄蜂'海棠M. 'Golden Hornet',
野木海棠M. tschonoskii d
楝 Melia azedarach
欧海棠Mespilus germanica d
海枣Phoenix dactylifera 1 d
阿勒坡松Pinus halepensis d
李属众多物种，包括
小绯樱P. 'Okame'、'潘多拉'樱P.
 'Pandora'、'螺形'樱P. 'Spire'、日本早樱
P. x subhirtella，日本樱花P. x yedoensis
 '公鸡'豆梨Pyrus calleryana 'Chanticleer',
 '垂枝'柳叶梨P. salicifolia 'Pendula'
 '金叶'刺槐Robinia pseudoacacia 'Frisia' d
白背花楸（部分样式）Sorbus aria,
欧洲花楸（部分样式）S. aucuparia,
克什米尔花楸S. cashmiriana,
 '红叶'杂色花楸S. commixta 'Embley',
川滇花楸S. vilmorinii
大花紫茎Stewartia pseudocamellia
穗花牡荆Vitex agnus-castus

冬景

美丽的花朵

银荆Acacia dealbata 1
 '查斯拉菲尔'滇藏木兰Magnolia
campbellii 'Charles Raffill',
武当玉兰M. sprengeri（及其杂种），
 '星球大战'木兰M. 'Star Wars'
豆樱Prunus incisa
梅P. mume,
 '十月'日本早樱P. x subhirtella
 'Autumnalis',

 '十月玫瑰'日本早樱P. x subhirtella
 'Autumnalis Rosea'
 '灿烂'瑞香柳Salix daphnoides 'Aglaia'

金色树叶

 '黄叶'欧洲桤木Alnus glutinosa 'Aurea'
 '兰氏金'美国扁柏Chamaecyparis
lawsoniana 'Lanei Aurea',
 '斯特瓦提'美国扁柏C. lawsoniana
 'Stewartii',
 '温斯顿·丘吉尔'美国扁柏C. lawsoniana
 'Winston Churchill'
 '金字塔'亚利桑那柏Cupressus arizonica
 'Pyramidalis',
 '金叶'大果柏木C. macrocarpa
 'Goldcrest',
 '斯旺尼黄金'C. sempervirens 'Swane's Gold'
 '黄绿'杂交扁柏x Cuprocyparis leylandii
 'Castlewellan',
 '洒金'杂扁柏x C. leylandii 'Robinson's
Gold'
 '金星桧'圆柏Juniperus chinensis 'Aurea'
 '金叶'欧洲赤松Pinus sylvestris 'Aurea'
胡秃子柳Salix elaeagnos,
黄线柳S. exigua
 '淡黄'白背花楸Sorbus aria 'Lutescens',
 '黄纹'北美乔柏Thuja plicata 'Zebrina'
 '银叶'山地铁杉Tsuga mertensiana
 'Argentea'

灰色树叶

窄冠北非雪松 Cedrus atlantica f. glauca
 '孔雀'美国扁柏Chamaecyparis lawsoniana
 'Pembury Blue'
 '金字塔'亚利桑那柏Cupressus glabra
 'Pyramidalis'
聚果桉Eucalyptus coccifera 1,
疏花桉E. pauciflora
 '粉叶'山地铁杉Tsuga mertensiana
 'Glauca'

美丽的树皮

细柄槭Acer capillipes,
 '银纹'杂种槭A. x conspicuum 'Silver vein',
青榨槭A. davidii,
 '蛇纹'青榨槭A. davidii 'Serpentine',
血皮槭A. griseum,
葛罗槭A. grosseri var. hersii,
 '红皮'鸡爪槭A. palmatum 'Sango-kaku',
宾州槭A. pensylvanicum,
杂交荔梅Arbutus x andrachnoides,
美国荔梅A. menziesii
牛皮桦Betula albo-sinensis
 var. septentrionalis,
棘皮桦B. dahurica,
 '杰利米'桦B. 'Jermyns',
垂枝桦B. pendula,
白糙皮桦B. utilis var. jacquemontii
山桉Eucalyptus dalrympleana,
疏花桉E. pauciflora,
雪桉E. pauciflora subsp. niphophila
尖叶龙葵木Luma apiculata
白皮松Pinus bungeana
 '琥珀美人'斑叶稠李Prunus maackii
 'Amber Beauty',
细齿樱桃P. serrula
 '蓝纹'锐叶柳Salix acutifolia 'Blue
Streak',
 '布里茨'红皮白柳 S. alba var. vitellina
 'Britzensis',
瑞香柳S. daphnoides,
金卷柳S. 'Erythroflexuosa'
大花紫茎Stewartia pseudocamellia
 '冬橙'欧洲小叶椴 Tilia cordata 'Winter
Orange'

盆栽乔木

灰叶相思树Acacia baileyana,
 银荆A. dealbata 1
合欢Albizia julibrissin 1

异叶南洋杉Araucaria heterophylla 1
香橼Citrus medica 1
新西兰朱蕉Cordyline australis 1
 '金叶'大果柏木Cupressus macrocarpa
 'Goldcrest',
 意大利柏木C. sempervirens
龙血树Dracaena draco 1
枇杷 Eriobotrya japonica 1
垂叶榕Ficus benjamina 1
银桦Grevillea robusta 1
蓝花楹Jacaranda mimosifolia 1
 '烟柱'洛基山桧Juniperus scopulorum
 'Skyrocket'
紫薇Lagerstroemia indica 1
月桂Laurus nobilis
 '加里索内勒'广玉兰 Magnolia grandiflora
 'Galissonnière'
油橄榄Olea europaea
天川樱Prunus 'Amanogawa',
 '菊枝垂'樱 P. 'Kiku-shidare-zakura',
 吉尔马诺克'黄花柳Salix caprea
 'Kilmarnock'
 '峭立'欧洲红豆杉Taxus baccata
 'Standishii'
棕榈Trachycarpus fortunei

两个季节以上的观赏价值

全年

银荆Acacia dealbata 1
细柄槭Acer capillipes,
 '红皮'鸡爪槭A. palmatum 'Sango-kaku'
杂交荔梅Arbutus x andrachnoides,
 美国荔梅A. menziesii
牛皮桦Betula albo-sinensis
 var. septentrionalis,
岳桦B. ermanii,
 '杰利米'桦B. 'Jermyns',
白糙皮桦B. utilis var. jacquemontii
四照花Cornus kousa var. chinensis
美丽桉Eucalyptus ficifolia 1
 '金国王'阿耳塔拉冬青Ilex x altaclerensis
 'Golden King'
广玉兰Magnolia grandiflora

冬/春

桦叶槭Acer negundo
杂交荔梅Arbutus x andrachnoides
川梨Pyrus pashia

春/秋

拉马克唐棣Amelanchier lamarckii
 '卡里埃'拉氏山楂Crataegus x lavallei
 'Carrierei'
 '高峰'海棠Malus 'Evereste',
 '金大黄蜂'海棠M. 'Golden Hornet'
 '颂春'樱Prunus 'Accolade',
 小绯樱P. 'Okame',
 大山樱P. sargentii
克什米尔花楸Sorbus cashmiriana,
 '红叶'杂色花楸S. commixta 'Embley'

夏/秋

紫葳楸Catalpa bignonioides
黄木香槐Cladrastis lutea
日本四照花Cornus kousa
 四照花C. kousa var. chinensis
羽叶蜜藏花Eucryphia glutinosa
 '道维克金'欧洲山毛榉Fagus sylvatica
 'Dawyck Gold'
北美鹅掌楸Liriodendron tulipifera
大花紫茎Stewartia pseudocamellia
垂银椴Tilia 'Petiolaris'

秋/冬

细柄槭Acer capillipes,
 青榨槭A. davidii,
 血皮槭A. griseum,
 鸡爪槭A. palmatum 'Sango-kaku',
 '红枝'宾州槭A. pensylvanicum
 'Erythrocladum'

大花紫茎Stewartia pseudocamellia

园景树

紫果冷杉Abies magnifica,
 壮丽冷杉A. procera
宾州槭Acer pensylvanicum,
 欧亚槭A. pseudoplatanus,
 红槭A. rubrum
欧洲七叶树Aesculus hippocastanum
意大利桤木Alnus cordata
 '杰利米'桦Betula 'Jermyns',
 '戴尔卡利'垂枝桦B. pendula
 'Dalecarlica'
雪松属Cedrus
聚果桉Eucalyptus coccifera 1,
 山桉E. dalrympleana
 '雷·伍兹'窄叶白蜡Fraxinus angustifolia
 'Raywood'
胶皮枫香树Liquidambar styraciflua,
 '兰罗伯特'胶皮枫香树L. styraciflua
 'Lane Roberts'
北美鹅掌楸Liriodendron tulipifera
蒲葵属Livistona 1
滇藏木兰Magnolia campbellii,
 '查尔斯拉菲尔'滇藏木兰M. campbellii
 'Charles Raffill'
水杉Metasequoia glyptostroboides
毛背南水青冈Nothofagus alpina
多花蓝果树Nyssa sylvatica
刺葵属Phoenix 1
布鲁尔氏云杉Picea breweriana,
 塞尔维亚云杉P. omorika
欧洲黑松Pinus nigra,
 辐射松P. radiata,
 欧洲赤松P. sylvestris,
 乔松P. wallichiana
英国悬铃木Platanus x hispanica
大王椰子属Roystonea 1
金垂柳Salix x sepulcralis
 var. chrysocoma
巨杉Sequoiadendron giganteum
垂银椴Tilia 'Petiolaris',
 阔叶椴T. platyphyllos
异叶铁杉Tsuga heterophylla
高加索榉Zelkova carpinifolia

注释

1 不耐寒
d 可能长到6米高或以上

辉煌欧亚槭

耐寒棕榈类植物和异域风情

过去，在易于结霜的地区，许多美丽的热带和亚热带植物都种植在加热的玻璃温室中。随着维护费用特别是加热费用在20世纪的飙升，这些"异域植物"的栽培有所减少。然而，近些年在温带地区，一种新的园艺方式开始兴起，它将热带和亚热带植物的视觉冲击力重现于受到遮蔽的花园室外环境中。

在易于结霜的地区，使用的大部分植物应该足够耐寒才能全年生长。在无霜的月份，可以加入半耐寒或不耐寒的盆栽热带和亚热带植物，为设计带来一些变化（见61页）。它们可以作为视线焦点，或者融入整个种植框架中，带来季节性的观赏价值。这样的展示既需要精心的规划，也需要使用无霜温室或保育温室，让这些植物在其中过冬。

一些半耐寒的植物可以在小气候比较适宜的室外区域露地栽植，但在寒冷的季节仍然需要使用稻草、麻布或其他覆盖物包裹，防止寒风和冰霜把常绿的叶子冻伤。随着冬季越来越冷，这样的保护措施也变得更加重要。同样重要的是要确保这类植物种在排水良好的土壤中，以防止根系腐烂，特别是在严寒结霜的一段时间里。在温带地区，种植这类充满异域风情的植物

最有可能在海边或者有遮挡的城市花园中获得成功，不过在更寒冷的区域也不妨一试。

关键骨架植物

这类异域风情植物在温带地区很难长到原产地那样的尺寸，不过在适宜的室外栽培条件下，它们仍然能够长成相当大且充满活力的花园植物。花园中能够作为结构性元素的乔木状异域风情植物可以粗略分为三类：棕榈和类棕榈植物、树蕨以及蕉类植物。每一类都包括拥有壮观迷人叶片的耐寒和半耐寒植物，有些还有美丽的花。这些具有热带风情的植物也可以和更常见的大型耐寒观叶植物如雅致的竹类（见120~121页）和根乃拉草属植物搭配在一起。

棕榈和类棕榈植物

棕榈植物中有一些物种能够在温带地区正常露地种植，最常见的就是原产于喜马拉雅山脉的棕榈（Trachycarpus fortunei）。如果种植在受到适当遮蔽的位置，它能够承受-15℃或更低的温度。它的近缘物种瓦氏棕榈（T. wagnerianus）拥有更坚硬、更耐风的树叶。另外一种适合栽植于花园的棕榈植物是矮棕（Chamaerops humilis），虽然它起源于炎热干燥的地区，但也能忍受-10℃或更低的温度。那些拥有蓝灰色叶子的种类如C. humilis var. argentea特别漂亮。

来自墨西哥和加利福尼亚的长穗棕（Brahea armata）偶尔会种在室外很受遮蔽保护的地方；在寒冷地区，它还是一种用于夏季花园陈设的优良盆栽植物。果冻椰子（Butia capitata）虽然起源于巴西

叶片的鲜明对比
船桨状的大型蕉类植物叶片和蓖麻（Ricinus）的掌状叶形成了鲜明对比，成为引人注目的视觉焦点。

和乌拉圭，却是比较粗放的，其高度和耐寒性与长穗棕相似。

拥有精致羽毛状叶子的智利椰子（Jubaea chilensis）可以在温带地区室外生长并长到5米高，也是营造异域风情的选择之一，类似的还有长叶刺葵（Phoenix canariensis）。后者的近缘物种美丽针葵（P. roebelenii）比较矮，适合在温室中盆栽，在夏天搬到室外观赏。

除非能从专业苗圃里得到大规格苗木，用在花园边界的耐寒棕榈植物应该先种在容器中直到完全成熟。待其成年之后，将它们从容器中取出，种在排水良好又能适当保湿的土壤中。随着棕榈植物的茎秆逐渐变粗，它们对于低温的耐受能力也逐渐增强，不过在有些比较冷的年份仍然建议使用冬季防寒措施。类棕榈植物，如朱蕉属（Cordyline）

耐寒性
结霜的棕榈树叶展示着这种植物令人惊奇的耐寒性。

树蕨
附近的一棵乔木为这棵蚌壳蕨属（Dicksonia）树蕨植物提供了阴凉和遮蔽保护。它被小心地种植在乔木浓密的树冠边缘，再往外的话土壤就会过于干燥，不适合它的生长。

一系列异域植物

大叶蜜花　　　　大花曼陀罗

金姜花　　　　翠蓝木

'桑给巴尔'蓖麻　　西番莲　　　　'罗斯蒙德·科尔斯'美人蕉

吊灯芙蓉　　　　龙舌兰　　　　大戟属植物

和丝兰属（*Yucca*）植物，也是异域风情花园中的重要组成部分。新西兰朱蕉（*C. australis*）可以在温带地区露地生长，并能长到6～12米高。新西兰朱蕉可以在背风的花园中不加保护措施露地生长，但在非常寒冷的冬天可能会损失一些树叶，不过这些树叶在次年春天又会重新长出来。那些拥有彩叶或斑驳叶片的变异品种通常不能忍受持续数天的零度之下的低温。

丝兰属的物种，如丝兰（*Y. filamentosa*）和凤尾兰（*Y.gloriosa*），也能为花园带来一抹异域风情，并可纳入永久性栽植计划中，这两个物种都能承受−15℃的低温。

树蕨

蚌壳蕨属（*Dicksonia*）和白桫椤属（*Cyathea*）的一些物种在保育温室和背风花园中越来越流行。例如，澳大利亚蚌壳蕨（*D.antarctica*）在潮湿的阴影中生长得很好，这种环境和它的原产地澳大利亚温带雨林很相似。

如果不是盆栽，树蕨在栽植时"树干"至少应深埋30厘米以上，并种植在阴凉、潮湿、背风的地方。让植物保持湿润，是非常重要的，特别是在种植的第一年，千万不能让它们干掉。可以用滴灌系统（见561页）来维持植物周围高水平的空气湿度，模仿其自然生境。有时候，最好将树蕨盆栽并放置在阴凉区域，因为蕨类的叶片在明亮的

异域风情园
来自世界各地的大量亚热带植物可以在温带地区的背风花园中茂盛生长。

阳光下可能会被灼伤。

虽然澳大利亚蚌壳蕨能够承受至少−5℃的低温，但是在有更加寒冷并有冰霜侵袭的地方，还是应该使用防寒材料对其树冠和茎秆进行包裹（见613页，"防冻保护"）。比它稍稍柔弱的是新西兰蚌壳蕨（*D. fibrosa*）和紫柄蚌壳蕨（*D. squarrosa*）。这两种植物最好盆栽，可于夏季摆在花园中观赏。另外一种需要相似栽培和保护措施的树蕨植物是白桫椤（*Cyathea medullaris*）。

蕉类

主要有两个属的蕉类植物用于观赏种植，它们是芭蕉属（*Musa*）和象腿蕉属（*Ensete*），后者是一类来自非洲并拥有巨大奇异叶片的大型植物。这两个属的植物都应该种植在湿润、肥沃的土壤中，并用腐熟的粪肥覆盖护根。蕉类植物需要阳光和背风环境，以防它们好似船桨的巨大叶片被风撕裂，它们在生长季还需要大量浇水，勤施肥料。

包括芭蕉（*M. basjoo*）在内的一些芭蕉属物种能够承受−8℃的低温。然而，即使是在背风的花园中，也仍然建议采用一些冬季防寒措施。对于幼龄植物，应该在剪掉叶片之后，用很深的填充稻草的罐子——烟囱管帽是一个理想的选择——扣在树冠上。罐子顶上放一片瓦，防止雨水进入罐子使稻草腐烂。对于年长植物，可以用15厘米厚的稻草护根覆盖在茎秆周围。老叶子会在冬天凋萎，新的叶芽会在第二年春天长出来。

在适宜的过冬条件下，芭蕉属、象腿蕉属以及许多其他蕉类植物能够为花园增添浓郁的异域风情。

其他充满热带风情的植物

金蝉脱壳（*Acanthus mollis*）
楤木（*Aralia elata*），
'金边'楤木（*A. elata* 'Variegata'）
芦竹（*Arundo donax*）1
银枪草（*Astelia chathamica*）
丝兰龙舌草（*Beschorneria yuccoides*）
苏铁属（*Cycas*）
红大丽花（*Dahlia coccinea*）1，
树形大丽花（*D. imperialis*）1
光亮蓝蓟（*Echium candicans*）1
牛舌草（*E. pininana*）1
锯叶刺芹（*Eryngium agavifolium*）
八角金盘（*Fatsia japonica*）
智利根乃拉草（*Gunnera tinctoria*）
麻兰属（*Phormium*）
刚竹属（*Phyllostachys*）
掌叶大黄（*Rheum palmatum*）及其品种
五彩苏属（*Solenostemon*）1

注释
1 在易于结霜的地区需要冬季防寒措施，或者在适当的地方用于夏季苗床

低矮松柏植物

低矮松柏植物易于维护，可以种在紧凑的苗床或容器中，特别适合用于小型现代花园。这类植物的色彩多样，从金黄到鲜绿，再到蓝灰和银灰色；树形也很丰富，包括球形、锥体形和细长的尖塔形。它们的生活习性也很多样，从匍匐型、堆积型到直立型和垂枝型，叶子有些呈轻柔的羽毛状，有些则浓密扎人。通过细心的规划，这些丰富多样的色彩、式样和质感能够提供全年的观赏价值。

选择植物

当选择用于小型空间的松柏植物时，必须意识到真正的低矮种和品种与生长缓慢的种和品种之间的区别。有时候所谓的"低矮"松柏其实只是大型乔木生长较为缓慢的变异而已。幼年期的松柏很难鉴定种类，因为它们的叶子和成年期相比常常有很大差别。在购买植物时，要确定每种植物的名称都是正确的，以免有任何植株最后超出其限定的生长空间。如果存疑，向零售商寻求建议。

种植低矮松柏植物

低矮松柏植物在花园中的用途十分广泛。它们可以单独用来创造一个景致，或一起种植产生和谐的全年色带；它们还可以用来衬托其他植物或作为地被使用。岩石园（rock garden）、石南花园（heather garden）和美观的园艺容器也是种植各种低矮松柏植物的绝佳场所。

孤植

一些生长缓慢的松柏植物适

一些低矮松柏植物

'金币'欧洲赤松

'蓝星'高山柏

洒金柏

'簇生'北美香柏

硬尖云杉

'矮金'日本扁柏

'津山桧'欧洲刺柏

加强松柏植物的效果
为了更好地展示松柏植物，在种植中增加石南类植物，为花园带来一抹鲜艳的亮色。

合孤植观赏。例如，树冠开展型的松柏可以用来柔化硬质景观的边缘，而柱状孤植松柏会起到视觉焦点的作用。

丛植

如果空间允许的话，一系列低矮松柏可以形成非常吸引人的景致。松柏的多样色彩也可以用来在不同季节强调不同区域。例如，蓝色和银色在冬季的冷光下最美，而金色和绿色在春天最为鲜明动人。

陡坡和堤岸常常很难进行有效的种植和绿化，但当它们种上成片的匍匐松柏植物之后，也能够成为引人注目的景观。植物一旦站稳脚跟，这些通常很容易产生问题的区域就会变得易于维护，而且也不再容易滋生杂草。

植物的关联

低矮松柏植物和其他个性类似的植物种类之间具有良好的联系。它们常常用于石南花园，以延长观赏期，并与帚石南属（*Calluna*）、大宝石南属（*Daboecia*）、石南属（*Erica*）品种在色彩和形式上形成对比。其他与低矮松柏植物互补的植物包括金雀儿属（*Cytisus*）、小金雀属（*Genista*）、岩蔷薇属（*Cistus*）植物以及体量较小的栒子属物种和品种。

岩石园

在岩石园中，低矮松柏植物为其他相互映衬但更不持久的植物提

供了框架。你可以使用所有的色彩、质感和形状，但选择植物种类时要保证它们不会长得过大或压制别的植物。体量较小的物种和品种，如'津山桧'欧洲刺柏（*Juniperus communis* 'Compressa'），非常适合用于微缩景观，种在紧凑、隆起的苗床上，也是下沉花园和其他园艺容器中的理想植物。

地被

许多低矮松柏植物都是很优秀的地被植物，还可以抑制杂草。它们要么形成浓密的垫子，要么长高并将枝叶展开，隔绝树冠之下的光线。某些鹿角桧品种特别适用于覆盖窨井盖或混凝土铺装。（见94页，"用于地被的灌木"。）

孤植
'金叶'欧洲红豆杉是理想的视觉焦点，它的树叶全年都呈金色。

土壤准备和种植

一旦种下去，乔木就可能在原地待上几十年甚至几百年，因此必须尽可能为它提供好的生长条件。气候、土壤类型以及光照和背风程度都影响乔木的生长，因此在决定种植位置的时候要考虑所有这些因素。精心的准备和种植与随后的养护一样，对于乔木的快速恢复和健康生长至关重要。

气候上的考虑

在选择乔木之前，首先要确保当地的气温范围、降水量和空气湿度水平能够让它正常生长。一些特定因素，如山顶上的强风等，也会影响你的选择。即使是同一个物种，不同品种对于生长条件的适应性也有差别，所以某些植物会成活，而其他的不会。例如，广玉兰的不同品种能够承受的低温为−12～6℃不等。

在有春霜侵袭的地区，应选择那些展叶较晚的乔木，以防冰霜冻伤幼叶。在寒冷地区，并不完全耐寒的乔木可能种植在户外，但需要冬季防冻措施进行保护（见612～613页，"防冻和防风保护"）且应该种在背风的地方。如果在温带地区种植不耐寒的植物或热带植物，需要在冬季进行包扎防寒，或者使用盆栽，以便在冬季移入室内。

乔木很少能在年降水量小于250毫米的地区正常生长，大多数乔木更喜欢1000毫米的年降水量。除了刚刚种下，乔木并不需要浇水灌溉，它们会从降雨中得到足够的水分，有些地区的水源主要来自浓雾凝结在它们叶子上形成的水滴。

选择种植位置

当种植乔木时，尽量选择花园中最好的位置，因为即使同一小块土地上的微环境也可能有相当程度的差异。确保选择的位置既有充足的光照，又有适当的遮蔽。许多叶子宽大的乔木会在背风并有部分遮蔽的位置生长得很茂盛，但是在充分暴露的位置可能会生长不好，因

为树叶会受到强风和强光侵袭。

在海滨区域，种植位置应该背风，因为海洋飞沫和含盐分的海风（甚至会深入内陆几公里）可能会让树叶枯萎并对嫩芽造成损伤。不过有些乔木树种能够适应海滨环境（见67页，"适合暴露或多风区域的乔木"），并可以作为防风林种植，保护其他更柔弱的植物免遭强风侵袭。相似地，如果在山坡上种植乔木，要牢记一点，那就是比较柔弱的乔木在半山坡上比在山顶或山脚都更容易成活（又见607页，"霜穴和冻害"）。

最好不要将乔木种得离墙壁或建筑太近，否则幼年期的乔木会因为"雨影区"效应（见608页，"雨影区"）而无法得到充足的光照和水分。在理想的情况下，它们和任何建筑结构之间的距离应该保持在成年高度的一半以上。除此之外，一些乔木如杨属（*Populus*）和

盆栽乔木

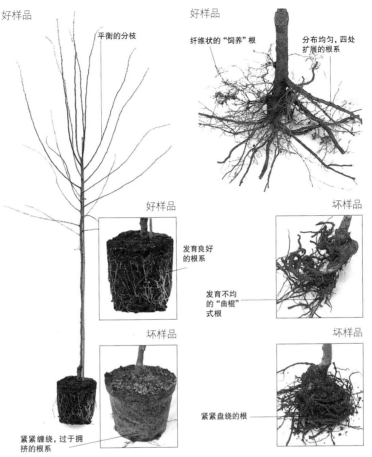

好样品

平衡的分枝

好样品

发育良好的根系

坏样品

紧紧缠绕，过于拥挤的根系

裸根乔木

好样品

纤维状的"饲养"根

分布均匀，四处扩展的根系

坏样品

发育不均的"曲棍"式根

坏样品

紧紧盘绕的根

柳属（*Salix*）物种的强壮根系还可能在生长过程中破坏建筑的排水系统和地基（见70页，"树根和建筑"）。较柔弱的树种应该种植在暖墙附近，它们可以享受墙壁截留下来的热量，从而在无法生存的地区存活。

当选择种植位置时，确保乔木不会干扰空中及地下的线路和管道，它们可能会阻碍乔木的生长或者被乔木破坏。

选择乔木

乔木在买来时可能是盆栽的、裸根的或坨根的，不过松柏类和棕榈类通常不会裸根出售。乔木苗木的大小和成熟阶段也有不同，从幼苗到半成熟的都有。苗木株龄越小，其种植和恢复速度越快，而大龄苗木能在花园中立即产生强烈的效果，但也更加昂贵。无论你选择哪种规格的苗木，都要确定其地面

坨根乔木

好样品

杂扁柏

包扎完好的紧实根坨

自己制作腐叶土

选择落叶乔木和灌木可以带来一个额外的好处，那就是它们会为腐殖质（腐叶土）提供优秀的有机来源。腐叶土具有良好的稳定性和保水性，含有某些抗疾病的生物体，是一种优秀的土壤改良剂，也是播种及上盆基质的重要成分之一。你所需要做的就是收集树叶，并等待两三年，让其自然腐烂降解（见628页，"腐叶土"）。

只能使用落叶乔木和灌木的树叶，如山毛榉、栎树或鹅耳枥等；最好不要用那些叶脉突出、坚硬的树叶，如欧亚槭（*Acer pseudoplatanus*）的树叶，这种树叶的腐烂速度很慢。常绿树和大部分松柏植物的树叶分解所需的时间更长，不适合用来制作腐叶土。

以上部分和根系健康、有活力，没有害虫、病害或损伤痕迹。树枝和根系都应该发育良好，并围绕树干均匀分布。地面以上部分相对于根系来说不能过大，否则根系无法吸收足够的养分和水分用于新的生长，乔木可能会因此无法恢复。例如，盆栽乔木的冠幅不应该超过其容器直径的3或4倍。

被允许过早开花或结实的乔木会给买家留下较深的印象，然而这种乔木也不应该使用。这种生殖生长很可能是以牺牲根系的发育作为代价的。

盆栽乔木

盆栽乔木来源非常广泛，可以在一年之中任何一段时间购买和种植，除非土壤特别干燥或潮湿；在规格相当的情况下，盆栽乔木通常比裸根和坨根乔木更贵。对于那些移栽后不易恢复的物种如木兰属和桉属乔木来说，购买盆栽乔木是最好的方法，这样对根系的干扰最小。这些难于恢复的乔木应该在幼苗时购买和种植。热带乔木和不常见的乔木通常也是盆栽出售的。

在购买树苗之前，如果可能的话，将它从容器中取出，这样就能清晰地观察它的根系：不要购买根系拥挤成一团或者有粗根从容器排水孔中伸出的树苗。这样的树苗可能很难恢复。同样地，如果树苗从容器中取出后，基质本鞡很好地黏附在根坨上，也不要购买，因为它的根系还没有发育完全。确保容器相对于乔木来说足够大：一般来讲，容器的直径不应小于乔木高度的1/6。种植在小容器里的高大乔木，其根系会被束缚得很厉害。

盆栽基质也很重要：种在含土壤盆栽基质中的乔木，其恢复速度比种在其他基质中的乔木更快，因为它们更适应与附近土壤性质相似的基质。

裸根乔木

裸根出售的几乎都是落叶乔木，它们种在开阔的圃地中，出售时挖起来，根上几乎不留土。然而一

立桩

由于新移栽乔木的根系需要一个或多个生长季才能稳固地扎在土壤中，所以立桩防风是很重要的。将木桩打入土壤60厘米深，确保其牢固稳定。两或三年后，苗木就会足够牢靠，这时可以将木桩撤除。支撑的方法取决于苗木本身、种植地点以及个人喜好。

过去常常使用一根高高的竖直木桩，将它钉在苗木的盛行风向一侧，顶端直达树冠下方。如今一般使用低木桩，它能让苗木在风中更自然地活动。

对于茎秆比较柔软的乔木如海棠等，可以在第一年使用高桩，然后在第二年将其截短，第三年撤除。

对于盆栽和坨根乔木，最好使用迎着盛行风向的斜桩，因为这能避免将木桩打入根坨中。也可以在根坨周围使用两或三根短桩。

在多风地区或者在种植高于4米的苗木时，在根坨两边打入两根垂直桩以提供支撑。大型乔木常常使用固定在低桩上的拉绳来固定。在拉绳上面套上软管或贴上白胶带，让它们变得更加显眼，以防有人绊倒。

高桩
在种植之前打入一根高桩。使用两个衬垫结或带扣−垫片结将树苗固定在桩上。

低桩
低桩能让树干进行一定程度的活动；将桩打入土壤，只留50厘米在地平面上。

斜桩
种植之后可以增添低矮的斜桩。将它朝向盛行风，以45°斜角钉入地面。

双桩
将两个木桩以相对的方式打入苗木两边，并使用重型橡胶结将它们和苗木固定在一起。

旦根系暴露在空气中，吸收营养的细根就开始变干。专业的苗圃会去除所有的须状根以及不平衡的、过长的或者受损的根。

裸根乔木一定要在它们的休眠期购买，最好在秋天或早春；如果在有树叶的时候购买并移植，它们很可能无法存活。白蜡（*Faraxinus*）、杨树（*Populus*）以及许多蔷薇科乔木如海棠等常常是从苗圃裸根出售的，而园艺中心只有裸根果树出售。

确保你选购的苗木拥有发育良好的根系，向各个方向均匀生长。

有直径约2~5毫米的细根是一个好现象，这意味着它们每年都进行了底切（undercut），这是一种促进生长和保持根系活力的技术。检查根系，确保它们没有损伤和病虫害，也没有因暴露在风中而引起的干燥痕迹。不要购买所有根系都长到一边的"曲棍"式根苗木，它们很难恢复。

坨根乔木

这些苗木也种植在开阔地中，但挖起来的时候根系周围的土壤会用麻布或网绳包裹起来，让根坨聚在一起并防止根系失水。高度超过4米的落叶乔木、许多常绿乔木特别是松柏类，以及高度超过1.5米的棕榈类常常以这种方式出售。

应在休眠期购买和种植坨根乔木，最好是秋天和早春，其购买标准和裸根乔木及盆栽乔木相同。在购买之前确保根坨紧实，包裹无损。如果有任何干掉或受损的痕迹，苗木就不容易恢复良好，而且由于最终产生的根系不稳定，乔木很可能承受不了强风侵袭，特别是在成年之后。

树木固定结

固定结必须牢固、持久，能够适应树木的周长，不会勒进树皮里。你可以购买专利固定结，也可以用尼龙带子或橡胶管自制。使用垫片以防固定桩摩擦树干，或者将衬垫结打成八字结，并把它钉在木桩上。当使用双桩或三桩时，使用重型橡胶带或塑料结固定乔木。如果用拉绳支撑大型乔木，则使用多线结构的绳子或尼龙绳。

带扣—垫片结
将带子穿过垫片，围绕树干一圈后再次绕回来；用带扣固定，这样固定得既紧又不会损伤树皮。

橡胶结
如果使用没有带扣的橡胶或塑料结，可以把它钉在木桩上，防止摩擦对树皮造成的损伤。

幼苗、移栽苗和鞭状苗

苗龄为一年的幼苗（seedlings）可以在专门的苗圃买到。移栽苗（transplants）是移栽到苗圃的实生苗和扦插苗，苗龄为4年。它们已经是健壮茂盛的苗木，株高一般为60厘米至1.2米。苗龄和处理方式可做如下简记："1+1"表示将幼苗留在苗床一年，然后移栽进行下一年的生长；"1u1"表示第一年过后进行底切（见64页，"裸根乔木"），然后在原地进行下一年的生长。鞭状苗（whips）是只有茎秆、形状像鞭子的树苗，按高度出售；它们有1~2米高，至少移栽过一次。

羽毛状苗木

拥有一根主干和一系列直达地平面的水平分枝（所谓的"羽毛"）。它们至少移栽过一次，株高常达2~2.5米。

标准苗和大树

标准苗（standards）高约3米，并进行了修剪，地平面2米以上无水平分枝。中央主干标准苗（central-leader standards）和羽毛状苗木类似，但基部有较长一段没有侧枝；开心形标准苗（branched-head standards）的树冠修剪成开心式。株高2.1米，拥有1.2~1.5米清晰茎秆的苗木是半标准苗（half-standards）；株高3.5米的是精选标准苗（selected standards）。专业苗圃中还有更大规格的苗木，包括5米高的特大标准苗（extra-heavy standards）和5~12米高的半成熟苗木。

运输过程中的冲击

许多苗木都因为运输条件不当

假植
如果错过了种植时机，可将苗木在背风处进行假植。先挖出一道沟渠，然后将苗木的根部放进去。让沟渠的侧壁支撑苗木的树干。使用湿润易碎的土壤覆盖苗木根部和树干基部，避免树根干掉。

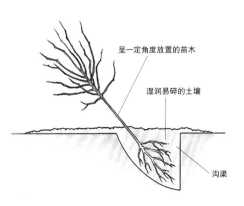

呈一定角度放置的苗木

湿润易碎的土壤

沟渠

死亡或受损，它们被放在车顶行李架，被戳入汽车车顶的开口或者暴露在开敞式卡车中，运输过程中的震动和冲击会对它们造成伤害。

乔木的生长速度会突然减慢，因为它们的生长环境发生了突然变化，从之前苗圃中受到保护的群植变成了花园中暴露在强风、骄阳或冰霜里的孤植。

种植时间

乔木最好在购买之后尽快种植，不过盆栽和坨根乔木可以在保持湿润无冰霜的条件下保存数个星期。

除了干燥、极度湿润和下霜，盆栽乔木可以在一年之中的任何时间种植；落叶裸根乔木可以在深秋至仲春之间种植（避开霜冻和极度潮湿的天气）。带有新鲜根系的耐寒常绿乔木和耐寒落叶乔木应该在深秋或者仲春至晚春种植，半耐寒乔木应该在仲春种植，坨根乔木应该在早秋至深秋或仲春至晚春种植，落叶乔木应该在冬季温和的天气种植。

秋天种植能让植物的根系在冬天到来之前恢复，这有助于乔木承受次年夏天的高温和干燥。在寒冷地区，在春天种植能让乔木更好地恢复。如果在冬天种植，地面可能会由于随后的霜冻而隆起；如果出现了这样的情况，应该待土壤解冻之后重新压实。

土壤准备

预先准备能让土壤状况稳定下来，并减少购买和种植乔木之间的延迟。选择一个排水良好的地点，排水不畅的地点需要在种植之前加以改善（见623页，"改善排水"）。将草皮和其他植物材料统统去除，清理出乔木根坨三四倍大小的区域，消除土壤中对养分和水分的竞争，然后开始锄地，将有机物质锄进土壤最上面的部分。

大多数乔木需要深达50厘米至1米的土壤才能生长良好。有些只需在15厘米厚的土壤中就能生长，但它们更加不稳定，也不耐干旱。

适合酸性土壤的乔木

冷杉属Abies
美国荔梅Arbutus menziesii
连香树Cercidiphyllum japonicum
太平洋四照花Cornus nuttallii
柳杉属Cryptomeria
筒瓣花Embothrium coccineum
北美山毛榉Fagus grandifolia
尖叶木兰Magnolia acuminata
滇藏木兰M. campbellii及其品种
含笑属Michelia 1
酸木Oxydendrum arboreum
云杉属Picea大部分物种
金钱松Pseudolarix amabilis
黄杉属Pseudotsuga
红苞木Rhodoleia championii
日本金松Sciadopitys verticillata
紫茎属Stewartia
野茉莉Styrax japonicus
异叶铁杉Tsuga heterophylla

适合碱性土壤的乔木

栓皮槭Acer campestre,
  意大利青皮槭A.cappadocicum subsp.
  lobelii, 梣叶槭A. negundo及其品种, 挪威槭A. platanoides及其品种
七叶树属Aesculus
欧洲鹅耳枥Carpinus betulus
黎巴嫩雪松Cedrus libani
南欧紫荆Cercis siliquastrum
美国扁柏Chamaecyparis Lawsoniana及其品种
山楂属Crataegus
杂扁柏x Cuprocyparis leylandii及其品种
光皮柏木Cupressus glabra
欧洲山毛榉Fagus sylvatica及其品种
欧洲白蜡Fraxinus excelsior
花白蜡F. ornus
刺柏属Juniperus
苹果属Malus
黑桑Morus nigra
鹅耳枥铁木Ostrya carpinifolia
总序桂Phillyrea latifolia
欧洲黑松Pinus nigra
银白杨Populus alba
'重瓣'欧洲甜樱桃Prunus avium
'Plena', 大山樱P. sargentii
梨属Pyrus物种和品种
刺槐属Robinia物种和品种
白背枇Sorbus aria及其品种
欧洲红豆杉Taxus baccata及其品种
崖柏属Thuja
白背椴Tilia tomentosa

注释
1 不耐寒

大山樱

种植乔木

准备好种植地点之后，先挖树坑，其直径应为苗木根坨的2~4倍，具体大小取决于苗木是盆栽的、裸根的还是坨根的。如果预先挖好了树坑，先松散地回填一些土，直到能够种植苗木，这样能让土壤保持温暖。将挖出来的土壤和腐熟的有机物混合，如果是在春天种植，还要再加入约110克缓释肥。用叉子在树坑壁上和底部插孔，让四周的土壤变松，利于根系的扩张；这对于厚重的黏质土壤尤其重要。如果你用的是一根固定桩，在种植前将它打入树坑中央偏一点的位置，以确保根系不会在后来受到损伤（见64页，"立桩"）。

盆栽乔木

如果基质很干的话，将它完全弄湿，可以将容器放在水中浸泡一两个小时，直到基质湿透。然后将容器去除，必要的话可以将它剪开。轻柔地梳理根系以促进它们长进周围的土壤，这对于受到容器束缚的植物来说至关重要。对于根系发育充分但还没有受到容器束缚的植物，则可以在种植前用园艺刀从下往上在根坨上划出2个或4个垂直的浅切口。用修枝剪将破损的树根清理掉。

必须确保种植深度合适：如果苗木种植得过深，它的根系可能得不到足够的氧气，生长速度会减缓甚至死亡；如果种得太浅，根系又可能干掉。将苗木放在树坑中，并

适合砂质土壤的乔木

北美冷杉Abies grandis
银荆Acacia dealbata 1
梣叶槭Acer negundo及其品种
柳香桃Agonis flexuosa 1
锯叶班克木Banksia serrata 1
垂枝桦Betula pendula及其品种
欧洲栗Castanea sativa
欧洲朴Celtis australis
南欧紫荆Cercis siliquastrum
光皮柏木Cupressus glabra
美丽桉Eucalyptus ficifolia 1
美国皂荚Gleditsia triacanthos
刺柏属Juniperus
欧洲落叶松Larix decidua
棟Melia azedarach
斜叶南水青冈Nothofagus obliqua
长叶刺葵Phoenix canariensis 1
海岸松Pinus pinaster, 辐射松P. radiata
冬青栎Quercus ilex
柔毛肖乳香Schinus molle 1
黄花风铃木Tabebuia chrysotricha 1
北美香柏Thuja occidentalis及其品种

适合黏质土壤的乔木

挪威槭Acer platanoides及其品种
栗豆树Castanospermum australe 1
钝裂叶山楂Crataegus laevigata及其品种
白蜡属Fraxinus
黑胡桃Juglans nigra
苹果属Malus
水杉Metasequoia glyptostroboides
杨属Populus
梣叶枫杨Pterocarya fraxinifolia
'公鸡'豆梨Pyruscalleryana 'Chanticleer'
沼生栎Quercus palustris, 夏栎Q. robur
柳属Salix
落羽杉Taxodium distichum

注释

1 不耐寒

欧洲刺柏

种植盆栽乔木

1 将盆栽苗木的根坨浸泡在一桶水中持续1~2个小时。在地上标记出树坑范围，大约是根坨直径的3~4倍。清除所有草皮或杂草，然后挖掘树坑，深度约为根坨长度的一倍半。

2 用叉子在树坑四壁戳孔。将挖出的土壤和腐熟的有机质混合在一起。

3 如果只使用一根固定桩，将它钉入树坑稍偏离中心的位置。将20%的土壤和有机质混合物添入树坑中。

4 将苗木放平，取下容器。轻柔地疏理根系，并避免弄散根坨，去除基质中的所有杂草。

5 将苗木放置在固定桩旁边，使其根系伸展。在树坑上架一根木棍，测量种植深度。可以通过添土或取土的方式调整种植深度。

6 用更多表层土和有机质回填树坑。沿苗木周围将土壤踩实，然后用叉子轻轻耙地，充分浇水灌溉。

7 截去受损茎秆或过长及位置较低的侧枝。在苗木周围覆盖5~7厘米厚的护根。

找到土壤标记（soil mark）——树干基部附近的一道深色标记，指示苗木在苗圃中生长时的土壤高度。将一根细木棍靠着树干架在树坑上，如果需要的话，增添或取出根坨下的土壤，使土壤标记与细木棍重合。在排水顺畅的土壤中，可将一段直径10厘米的穿孔排水管插入树坑中——顶端应该刚好露出地平面，底端则埋设在苗木的根系之中。在后来的炎热天气里，可以将水直接灌到这个管子里，直达乔木的根系。

回填树坑，仔细将土壤踩实，去除其中的所有气穴；注意不要将黏质土壤压得过实，这可能会让地表层压缩，不利排水。在砂质土壤中，乔木周围的一道浅沟有利于将水引到根部。相反地，在黏质土壤中，树干周围的小丘有利于将水排出根坨位置。

适度修剪地上部分，使其与根系平衡（见71页，"修剪和整枝"），然后使用一个或多个固定结将苗木固定在桩上（见65页，"树木固定结"），浇透水并铺上厚厚的护根（见68

种植坨根乔木

1 挖一个宽度为苗木根坨直径2~3倍的树坑。将挖出的土壤和腐熟有机质混合，然后将苗木放入树坑中，解除根坨包裹。

2 将苗木放倒至一侧，将包裹材料从根坨上扯下来压在根坨下方，然后将苗木放倒至另一侧，小心地将包裹材料扯出来。回填树坑，压实，覆盖护根，浇透水。

页，"护根"）。

裸根乔木

种植位置的准备方法和种植盆栽乔木时一样，确保树坑的宽度足以让根系在其中完全伸展；剪去受损的根，只留下健康生长的根系。如果只用一根固定桩，将其钉入树坑中稍偏中心的位置，然后将苗木的根系围绕它伸展开。如果需要的话可以调整种植深度，然后部分回填树坑，轻轻摇晃树干使土壤下沉。仔细踩实回填好的土壤，注意不要弄伤根系。最后，为苗木浇水并在周围覆盖护根。

坨根乔木

坨根乔木的种植方法和盆栽乔木非常相似。树坑的宽度应该是根坨宽度的2倍，若是在厚重的黏质土壤中则应是3倍。将苗木以合适的种植深度放置在树坑中，然后去除包裹根坨的麻布或网绳。如果使用斜桩或在根坨两侧各使用一根直桩，这时将它们打入土中：它们应该紧密地依靠着根坨，但不要刺穿它。

在厚重的黏质土壤中，可以将根坨顶部稍微提升至地平面以上来促进排水，然后使用5~7厘米厚的松散土壤覆盖根坨暴露出来的部分，并围绕树干留出2.5~5厘米宽的空隙；充分浇水并覆盖护根。

养护

在种植后最初的两三年，要为苗木提供大量的水，特别是在干旱时期。如果不能做到这一点，将会阻碍乔木的恢复，甚至导致其死亡。清理周围区域的草皮和杂草，经常施肥和覆盖护根（见68~70页，"日常养护"）。

有些乔木需要额外的风霜保护。例如，暴露位置上的常绿树最开始应该用风障保护起来，防止风将其吹干（见612~613页，"防冻和防风保护"）。

保护树干

在许多地区，必须对幼年乔木的树干加以保护，以免兔子或其他动物啃咬树皮。可以用几根木棍或立桩固定的铁丝网将树干围起来，也可以使用专门的树干保护套栏。园艺商店和苗圃有很多类型的保护套栏，包括用柔软塑料制成的螺旋形包裹套栏以及用高强度塑料或金属网制成的套栏。可降解塑料网套栏也是一个选择，其高度由60厘米至2米不等。

在暴露区域如山坡上，可以使用树木保护套帮助移栽苗和鞭状苗很好地恢复；这些可降解的塑料结构长达1.2米，直径达8~15厘米。

保护新栽植树苗免遭动物破坏的措施：用木棍固定在地面上的金属网或塑料网（A），硬质塑料树木保护套（B），高强度橡胶或塑料保护套栏（C），柔软塑料制成的螺旋形包裹套栏（D）。

适合暴露或多风区域的乔木

标注c的不适合用于滨海区域

欧亚槭Acer pseudoplatanus
垂枝桦Betula pendula c，
　欧洲桦B. pubescens c
拉氏山楂Crataegus x lavallei，
　普通山楂C. monogyna
岗尼桉Eucalyptus gunnii，
　疏花桉E. pauciflora及其亚种
欧洲白蜡Fraxinus excelsior
阿耳塔拉冬青Ilex altaclerensis及其品种
挪威云杉Picea abies c，
　北美云杉P. sitchensis c
旋叶松Pinus contorta，欧洲黑松P. nigra，
　辐射松P. radiata，欧洲赤松P. sylvestris
夏栎Quercus robur
白柳Salix alba
白背花楸Sorbus aria，
　欧洲花楸S. aucuparia及其品种

能忍受空气污染的乔木

挪威槭Acer platanoides及其品种，欧亚槭A. pseudoplatanus及其品种，银槭A. saccharinum及其品种
欧洲七叶树Aesculus hippocastanum
意大利桤木Alnus cordata，
　土耳其榛A. glutinosa
垂枝桦Betula pendula
欧洲鹅耳枥Carpinus betulus及其品种
紫葳楸Catalpa bignonioides
土耳其榛Corylus colurna
山楂属Crataegus
杂扁柏x Cuprocyparis leylandii
白蜡属Fraxinus
银杏Ginkgo biloba
皂荚属Gleditsia
阿耳塔拉冬青Ilex x altaclerensis
鹅掌楸属Liriodendron
广玉兰Magnolia grandiflora
苹果属Malus
蓝果树属Nyssa
悬铃木属Platanus
杨属Populus
梨属Pyrus
西班牙栎Quercus x hispanica及其品种，
　冬青栎Q. ilex，聚果栎Q. x turneri
刺槐属Robinia
柳属Salix
国槐Styphnolobium japonicum
白背花楸Sorbus aria，
　欧洲花楸S. aucuparia，
　瑞典花楸S. intermedia
欧洲红豆杉Taxus baccata，
　曼地亚红豆杉T. x media
克里米亚椴Tilia x euchlora，
　欧洲椴T. x europaea，
　阔叶椴T. platyphyllos及其品种

欧洲花楸

日常养护

乔木所需要的养护程度很大程度上取决于物种种类、小气候、土壤类型和种植地点。如果想要恢复良好，大多数乔木都要浇水、施肥，还要有一块没有杂草的生长区域；盆栽乔木也应该经常更换表层基质，并偶尔重新上盆。此外，其他的一些措施如去除萌蘖条或控制病虫害都是必要的，而在特定的情况下，比如一棵乔木长势颓弱，最好的解决办法是将它砍掉或者移到别处栽植。

灌溉

大多数乔木需要大量的水才能良好地生长，特别是在疏松的砂质土壤中或者刚刚种植的头两三年。作为一般性的指导，在生长季的干燥天气中，每棵树每周需要50~75升水/平方米。一旦恢复完好，大多数乔木都只在连续干旱期才需要人工灌溉。

施肥

施肥对所有的乔木都有好处，特别是那些种植在贫瘠土壤中或者刚栽植头几年的乔木。不过，年长的乔木通常只需要偶尔施肥。观花和观果乔木通常需要更多钾肥和磷肥，而观叶乔木则需要更多氮肥。

有机肥料如腐熟粪肥或堆肥常常用作护根：在秋天或者乔木休眠季任何无霜的时期，将这些有机肥料围绕乔木周围铺设5~8厘米厚的一层并在树干旁留出空隙。当为幼年乔木施肥时，将护根延伸至"滴水线"——树冠外沿下方的土地；对于较大的乔木，需要在直径3~4米的区域施肥。

人造化肥通常在春季使用。沿着乔木基部将肥料撒开，施肥量为70克/平方米，或者将化肥和堆肥混合起来，填入在"滴水线"之外2米处挖的小洞中。也可以使用专利液体肥料洒在乔木周围。

种在植草区域的乔木如果长势较弱，可能需要每年都施肥。树干和"滴水线"下面的青草可以使用工具或化学药剂清除，然后用富含氮元素的护根覆盖。

盆栽乔木

和那些种植在开阔地的乔木相比，盆栽乔木一般需要更频繁地浇水和施肥，因为它们赖以生长的少量基质只能储存很有限的水分和养分。在炎热干燥的季节，它们可能需要每天浇两次水。在基质上面覆盖碎树皮或相似的材料当作护根，以保持水分。另外，每年春天进入生长季之前更换容器中的表层基质。这需要将旧基质挖出，换上混合了肥料的新鲜基质。与此同时，剪去所有死亡、受损、孱弱或散乱的树枝，使乔木复壮，并保证它健康、茁壮生长。

更换基质

盆栽乔木消耗肥料的速度比种在开阔地的乔木更快，因为它们的根系受到束缚。你可以在春天更换基质，为它补充营养。使用泥铲或手清除护根和表层5厘米厚的基质。使用混合了缓释肥的新鲜基质代替旧基质。浇透水后用护根覆盖。

每3到5年为乔木重新上盆，可以使用原来的容器，不过将其移栽到更大的容器中更好。首先将乔木小心地从容器中取出，然后梳理根系，将粗大且粗糙的根剪去三分之一。如果根系有些干的话，先将它浸泡在水中，然后用新鲜的基质重新为乔木上盆（见334页）。如果使用原来的容器，在添加新的基质并上盆之前要先清洗干净。

护根

在乔木周围覆盖护根能够抑制杂草生长，减轻根部周围的极端温度现象，还能减少土壤表面的水分流失。一般而言，树皮屑等有机材料最美观，它们可以用来覆盖可生物降解的护根垫。黑色塑料也很有效，但是不要使用透明的塑料，因为热量会通过它很快传递到土壤中，可能会损伤表层树根。富含氮元素的护根一般只在乔木需要施肥时才使用。

护根最好在春天使用，不过只要土壤湿润，它们可以在任何时间使用，霜冻期除外。护根覆盖范围应比乔木根系宽30~45厘米。年幼的乔木应该每一或两年增添一次护根。

除草

乔木树冠下方的区域不能生长杂草和其他青草，以避免乔木纤

维状的吸收根和其他物种竞争，争夺有限的水分和养分。如果一棵乔木的生长速度过快，可以保留或者在其周围种植青草，通过引入竞争者的方式减缓其生长势头。有些除草剂可以在乔木周围使用，因为它们并不影响乔木的根系。不过护根会让除草工作没有多少用武之地。（关于杂草的处理，见645~649页，"杂草和草坪杂草"。）

萌蘖条和徒长枝

如果任其自由生长，萌蘖条和徒长枝会将养分从乔木的主枝上夺走。所以，一旦出现，就将它们去除。

茎生和根生萌蘖条

一棵乔木可能同时产生茎生萌蘖条和根生萌蘖条：茎生萌蘖条出现在嫁接繁殖的乔木上，生长于嫁接结合部正下方，是砧木长出的萌蘖条；根生萌蘖条则是从根部直接生长出来的。嫁接植物的萌蘖条会很快长得比树冠部分还大，甚至在几年之后完全取替它，最后砧木物种而不是嫁接品种占据主导地位。

生长力特别旺盛或者根系贴近地表的乔木，如杨属乔木和李属观赏乔木，如果根系受损的话，可能会形成根生萌蘖条。它们可用于繁殖，但是如果从草坪和道路中长出来会很麻烦。

去除萌蘖条
使用修枝剪尽可能贴近树干剪去萌蘖条，然后用刀子削平剪过的表面；抹去任何重新再生的嫩芽。

尽可能从基部剪去或拔掉萌蘖条，如果必要的话，一直挖到萌蘖条与根部相连的地方。对于某些植物如李属植物来说，在树根的切口上涂抹氨基磺酸铵能够防止萌蘖条再生，剂量小的话不会伤害树木。

徒长枝

徒长枝会从树干上直接长出来，常常长在修剪造成的伤口周围。一旦发现，就用手将它们抹去，或者从基部剪掉，如果再生的话重新将其抹去。

霜冻和风

乔木可能会被强风损伤，而剧烈的霜冻会影响年幼的树木，所以应该提供防风和防冻保护如风障等，特别是在暴露的区域。风障可以是人工的，如篱笆；也可以是自然的，如树篱（又见609页，"风障的工作原理"）。新栽植乔木周围的

土壤可能会因为霜冻隆起。如果发生了这种情况，在土壤解冻之后重新将其压实，以免根系干掉（见612~613页，"防冻和防风保护"）。

生长中出现的问题

缺乏活力是乔木出现生长问题的体现。除了检查有无病虫害，还要确定乔木会不会种植得太深了，根系和茎秆有没有受到损伤，这些都可能导致生长不良和枯梢。

最常见的害虫是蚜虫（654页）和红蜘蛛（668页），而蜜环菌（661页）是最具破坏力的病害，影响并常常杀死种类广泛的乔木。

乔木移植

最好在移植前一年就开始做准备，这样会大大提高乔木恢复并成活的概率。除非乔木的树龄很小，不然对它移植是比较困难的，而且

去除徒长枝
使用修枝剪从基部剪去从树皮中长出来的或者从树枝去除后形成的伤口上长出来的徒长枝。

砍掉一棵小型乔木

砍伐乔木可以在一年中的任何时间进行。这是一项需要技术并且有潜在危险的操作；如果要砍伐的树高度超过5米，应该把它交给树木整形专家处理。确保要砍掉的树不受《树木保护条例》的保护，如果它在你花园的边界上，你还要确定它的确在法律上归你所有。

确保有充足的空间让树倒下，树倒下时也有适合的逃生路线。

乔木的砍伐通常需要不同的阶段，首先去除所有的大树枝，然后是剩余的树干。

最好将树桩清理掉，不过如果难以清理的话也可以使用化学药剂处理；留在原地腐烂的树根可能会滋生蜜环菌（见661页）。用铁锹将树桩和所有大树根挖出来。用斧头劈开坚硬的树根。如果树根很大，你可以雇佣承包商将它磨碎或者用绞车拔出来。

你也可以将树桩锯至地面高度，然后在表面涂抹专利生产的氨基磺酸铵溶液。在移植别的树木之前等待至少12周。

1 在乔木要倒下的那一侧离地面大约1米的位置，弄出一个约为树干三分之一深的倾斜切口。用锯子水平地锯到切口低端，锯出一个楔子。将楔子取出，确保树木向正确的方向倒下。

2 在乔木的另一侧开始锯，一直锯到楔形切口基部上面一点点的位置。向预定方向轻推树干，直到它开始倒下。

3 在剩下的树桩周围挖一条深沟，用铁叉或铁锹松动根系，然后把它挖出来或者用绞车拔出来。

可能不会很好地适应；如果高度超过2.5米，乔木会难以适应新的种植地点。大型乔木可能需要请树木栽培专家进行移植。

准备

在移植预定时间前一年的初秋，当土壤仍然温暖、乔木的根系活跃的时候，标记出最优的根坨直径，大约是乔木高度的三分之一。沿着标记区域挖一条宽30厘米、深60厘米的环形沟，并将挖出的土壤与大量腐熟有机质混合均匀。

使用尖铁锹从底部尽可能对根坨进行底切，切断大而粗的根。这样能够促进纤维状吸收根的生长，有助于乔木在移植后成功恢复和生长。然后将土壤和有机质的混合物回填至沟中。

挖出乔木

在第二年秋天对乔木进行移植

（见65页，"种植时间"），先修剪掉所有细枝，再将乔木修剪成匀称的框架，然后小心地将剩下的树枝绑在中央主干上。这既是对它们的保护，也能增加乔木周围的操作空间。

沿着去年挖的沟外侧再挖一个同样大小的环形沟，并逐渐铲掉多余的土壤，直到根坨的大小和重量易于控制为止。在砂质土壤中，挖掘之前先浇透水，可以让根坨更加紧实。然后用铁锹切断根坨下面的所有根系，让它彻底脱离周围的土壤。在将乔木从树坑中取出的时候，为了让根坨保持形状并防止根系变干，应该用麻布或塑料薄膜将根坨仔细包裹起来。这可能有点棘手，不过最容易的办法是先将树木朝一个方向倾斜，再向另外一边倾斜，在这一过程中将麻布或塑料薄膜垫在根坨下面包裹好。使用绳索固定包裹好的根坨，然后将乔木弄

上斜坡，运输到新的种植地点。

重新种植

在乔木抵达新地点之前，先准备好树坑（见67页，"坨根乔木"）。当乔木到达之后，将它放到树坑里并调整种植深度，直到树干上的深色标记与地面平齐。然后将根坨的包裹解开，小心地倾斜树干，撤去包裹着根坨的麻布或塑料薄膜。回填树坑，将根坨周围和上面的土壤压实，直到土壤与树干上的深色标记平齐。

可能需要除去树冠的25%~30%，以减少水分散失，并促进其第二年春天的再生长。使用固定在地面斜桩上的拉绳支撑乔木，直到它完全恢复。为它浇透水，然后在周围的土壤覆盖上约10厘米厚的护根，以保湿并抑制杂草生长。如果不能立刻种植，可以采用和新购买苗木同样的方法（见65页）。

树根和建筑

许多乔木，尤其是城市中的大型乔木，相对于周围环境以及/或者附近的建筑来说长得太大，纠正它们的根系或树枝避免可能造成的损伤是相关土地拥有者的法定责任。

例如，树根会破坏建筑的基础，特别是那些深不足0.5米、黏质土壤上的地基。墙壁在干旱时期特别脆弱，因为树根吸收了土壤中的水分，导致土层收缩。树根还可能堵塞排水管道并让它们破裂，在地下产生不稳定的潮湿区域。

根系和根生萌蘖会破坏通道上的铺路石板，所以它们对行人是一种威胁，而掉落的树枝会砸坏屋顶、排水系统、栅栏、电线，甚至附近的汽车。

如何移走年幼的乔木

1 在移栽一年之前做好准备。移走时将树枝绑在主干上，以防它们受到损伤。在根坨区域外围挖出一条30厘米宽、60厘米深的沟。

2 小心地将土壤从根坨上铲掉，每次铲掉少量土，避免损伤根系。

3 用铁锹从底部切断根坨，并用修枝剪去除从根坨中戳出的树根。

4 将乔木倾斜，靠在根坨的一端，将麻布（或塑料薄膜）塞到根坨下面。

5 小心地将乔木倾斜到另一端，从下面拉伸麻布（或塑料薄膜），使根坨位于麻布（或塑料薄膜）中央。

6 将麻布（或塑料薄膜）拉起，使其完全覆盖根坨。使用绳索就地捆绑结实，确保移动乔木时根坨不会受损。

7 将乔木倾斜至一侧，在下面垫两块长木板形成一个斜坡。将乔木轻轻转移到斜坡上并运到新的种植地点。

修剪和整枝

正确的修剪和整枝有助于保持乔木的健康和活力，调整其形状和尺寸，在某些情况下还能改善其观赏品质。对于幼年乔木，正确的修剪是十分重要的，这能让它发育出树枝分布均衡的强壮骨架。

修剪和整枝的程度取决于乔木的类型以及希望的效果：一棵造型普通、树形均衡的乔木需要的修剪相对较少，而使用互相编织的树枝做一条编结式林荫道则需要花费更多的精力。

修剪时间

大多数落叶乔木最好在晚秋或冬季的休眠期修剪；也可以在其他时间修剪，但是冬末或初春除外，因为这时候许多乔木会因为修剪而流出树液。槭树、七叶树、桦树、胡桃和樱桃等树种流树液的时间很长，甚至会拖到它们休眠期末；这些树种应在盛夏至夏末新的枝叶已经成熟时再修剪。除了在夏末去除死去或染病的树枝，常绿乔木基本不需要修剪。

修剪原则

在修剪时要戴上防护手套。第一阶段是去除乔木所有死亡、染病或受损的部分，然后剪去纤弱或散乱的枝条。接下来对剩下的框架进行评判，确定截短或剪掉哪些树枝，以便使乔木均衡生长。注意，不要让修剪损害乔木的自然生长习惯，除非你想要得到特定的形式，如墙树。程度较重的修剪能够刺激树木更有活力地生长，而程度较轻的修剪只能使其有限地生长。

修剪切口要精确并干净利索，以便最大限度地降低对树木造成

截短树枝

互生芽
对于芽互生的乔木，在健康、朝外生长的芽上部剪出一个利落的斜切口。

对生芽
对于芽对生的乔木，在一对健壮的芽上部剪出一个利落的平切口。

的伤害。如果要截短树枝，应该在向需要方向生长的单芽、对生芽或侧枝的正上方动剪刀。例如，如果对拥挤的树枝进行疏剪，那么应该将树枝截短至向外生长的芽或侧枝上方，这样它生长的时候就不会

与别的树枝发生摩擦了。修剪时的切口既不要离芽太远，也不要离芽太近，太远会留下一段残枝，病害会从此处进入树体，而太近又会对芽本身造成损伤。

如果要将树枝完全截掉，要在其基部的树枝领圈——树枝基部与树干接触且微微膨大的部位——外动刀。这里是愈伤组织形成的地方，最终愈伤组织会将伤口覆盖起来。千万不要在乔木的主干上进行平齐的修剪，这会损害乔木的自然保护区域，让它更容易遭病害困扰。死亡树枝的基部领圈会沿着树枝延伸一段，但修剪的时候仍然要把伤口留在领圈外面。

整形修剪

幼年乔木经过整形修剪之后，能够发育出树枝分布均衡的强壮骨架。最简单的整形修剪包括除去死亡、受损、染病的部分以及孱弱或交叉的树枝。

整形修剪也可以用来在乔木生长时确定其形状。例如，一棵年幼的羽毛状苗木需要持续几年的修剪才能长成标准苗，或者靠墙整枝做成墙树。修剪的程度取决于乔木类型以及需要的形状。

所有类型的修剪都应该注意不要破坏乔木本身的自然生长特性。

幼年热带乔木的修剪尤其重

截除树枝

当截除直径小于2.5厘米的整根树枝时，可用修剪锯或修枝剪直接一次锯下或剪下。对于更粗的树枝，要先将树枝大部分的重量卸除：在距离树干30厘米的树枝下方进行切割，然后在稍远一些的地方从上往下锯。如果没有下方的切口，树枝会在锯到一半的时候断裂，并将树皮撕裂至树干，使其易遭感染。

为去除剩下的残枝，先在其基部领圈外进行底切，然后从上向下锯开。如果你找不到领圈的位置，在距离树干一小段距离的地方锯断残枝，并使切口向树干外倾斜。

如果树枝和树干的角度很小，可能从下方锯掉残枝会更容易。不要使用伤口涂料或敷料：没有明确的证据表明它们能够促进伤口愈合或防止病害。

修剪部位

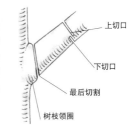

上切口

下切口

最后切割

树枝领圈

当截除树枝时，注意不要损伤树枝领圈：先用两个切口去除树枝的大部分，然后在领圈外切口去除剩下的残枝。

1 在进行最后切割时，先在树枝下方靠近领圈外（离树干约3厘米）的位置进行切割，切到树枝三分之一粗处停止（第一个切口）。

2 从第一个切口正上方或离领圈稍近的地方进行切割（第二个切口）。确保两个切口精确地对接在一起，得到光滑干净的伤口，这样的伤口愈合得更快。

3 切口表面应该尽可能小，以最大限度减小病害感染植物的区域。用修枝刀将粗糙的边缘修齐。

要，因为它们的生长速度很快，主干和树枝会很快变粗；如果在种植后的前几年得到了正确修剪，它们就可以在随后进行自然生长。而对于其他常绿植物，大多数都能自然成形，只需要很少甚至不需要照料；修剪只局限于去除死亡、受损、交叉的树枝以及位置不良的侧枝。

观赏乔木的整形修剪方式取决于购买或需要的乔木类型。羽毛状苗木有一根中央主干，在树干四周都分布有侧枝。中央主干标准苗的树干在基部的一段是没有侧枝的；开心形标准苗有光秃秃的主干，但其中心领导枝被去除，以刺激横向枝的生长——这一修剪方式常在许多李属乔木中应用。

羽毛状苗木

对于羽毛状苗木，可以只简单地修剪以促进其自然成形，也可以将其修剪成标准苗。这样的过程有时也会自然发生。虽然大部分羽毛状苗木会保留底部的侧枝，不过在有些物种中，这些底部侧枝会逐渐死亡，幼苗最终会变成中央主干标准苗；还有的乔木会失去中央领导枝的顶端优势，变成开心形标准苗。

然而，无论乔木最终的形态如何，早期的修剪整枝都是简单明确的。首先去除所有竞争枝条，只留下一个中央领导枝，然后去除细弱和位置不当的水平侧枝，使树干四周的树枝框架分布匀称。

中央主干标准苗

羽毛状苗木经过两三年的修剪能够形成标准苗。一种叫作"去羽"的技术常常得到使用，它可以将营养转移到主干上，让树干变粗变结实。首先，对羽毛状苗木进行修剪，去除所有与主干竞争顶端优势的枝条以及孱弱的水平侧枝。然后，将苗木下端三分之一的所有水平侧枝全部截至树干；将中部三分之一的水平侧枝截至一半长度；上部三分之一不加修剪，但要去除向上生长的健壮枝条，防止其与中央领导枝竞争。

在秋末或冬初，将得到修剪的水平侧枝截至树干。在接下来的两三年中重复这一程序，直到得到一

幼年乔木的修剪和整枝

羽毛状苗木

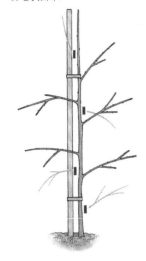

去除拥挤和交叉的枝条，然后去除细弱或位置不良的水平侧枝，得到平衡的树枝框架。

中央主干标准苗

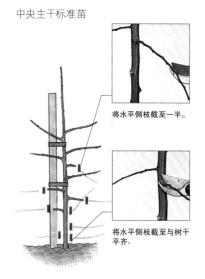

将水平侧枝截至一半。

将水平侧枝截至与树干平齐。

第1年
将下端三分之一的水平侧枝截至树干处，将中部三分之一的水平侧枝截至一半长度，去除所有细弱枝和顶端优势竞争枝。

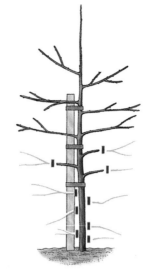

第2年和第3年
继续修剪，完全去除最低的水平侧枝，将中部三分之一的水平侧枝截至原来长度的一半。

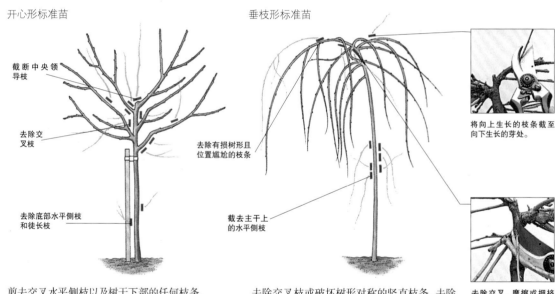

开心形标准苗

截断中央领导枝

去除交叉枝

去除底部水平侧枝和徒长枝

剪去交叉水平侧枝以及树干下部的任何枝条。将中央领导枝截短至健康的芽或者分枝上面。

垂枝形标准苗

去除有损树形且位置尴尬的枝条

截去主干上的水平侧枝

去除交叉枝或破坏树形对称的竖直枝条。去除主干上萌发的所有枝条。

将向上生长的枝条截至向下生长的芽处。

去除交叉、摩擦或拥挤的枝条。

棵拥有约1.8米无侧枝主干的乔木。

开心形标准苗

为了得到一棵开心形标准苗，先要把苗木整形为中央主干标准苗，以得到足够长的、没有侧枝的树干。然后，在仲秋至秋末，将中央领导枝截短至强壮健康的芽或者分枝上面，留下四或五个强壮而匀称的水平侧枝。在这个阶段，还要去除所有交叉或拥挤的水平侧枝，以及任何损害分枝结构平衡的树枝。

在随后的几年里，尽可能多地

对苗木进行修剪，使树冠保持平衡且中心开放；去除任何健壮的垂直枝条，以免形成新的领导枝；将主干上萌发的幼嫩水平侧枝尽早去除。得到垂枝形标准苗所使用的高接法也可以用来得到开心形标准苗。

垂枝形标准苗

垂枝形标准苗是用一或两个接穗嫁接在砧木上形成的，砧木约有1.8米长的无侧枝树干。这种嫁接方式称作顶端嫁接，最常用于果树（见443页，"顶端嫁接"），亦可用于'

垂枝'欧洲白蜡（*Fraxinus excelsior* 'Pendula'）、'吉尔马诺克'黄花柳（*Salix caprea* 'Kilmarnock'）以及许多其他观赏垂直乔木。一旦嫁接完成，幼嫩的下垂枝条就开始生长。

修剪最好只限于去除交叉枝和直立枝以及其他任何有损于乔木结构对称平衡的枝条。虽然一般要去除向上生长的枝条，不过可以留下一些半垂直的树枝，它们常常会在后来向下生长，产生一层层下垂枝条。

如果主干上有萌发枝条的迹象，一经发现就将其抹去或掐掉。

墙式和扇形整枝

树墙式和扇形式整枝的目的是通过持续数年的修剪和整枝，在一个平面内用树枝形成对称美观的结构。这些技术有时用于生长在栅栏或墙壁旁边的观赏乔木，不过和它们最常产生联系的是果树。

修剪时机因树种不同而不同。例如，对于在仲夏至夏末开花的广玉兰，应该在春天刚进入生长期的时候修剪；而对于春天开花的银荆（*Acacia dealbata*）；则应该在开花之后紧接着进行修剪。关于修剪技术的全面指导，见441~442页。

成形落叶乔木的修剪

落叶乔木一旦成形，进一步修剪的必要就变得很小。对成熟乔木进行重大修剪最好由树木整形专家或栽培家操作，因为这项工作既需要技术又很危险，而且如果操作水平不佳，很可能把树毁掉。

许多开心形乔木在成熟时，中心会变得过于拥挤，限制中央分枝获得空气和阳光。除去向内生长的枝条以及任何破坏树形平衡的树枝。

如果乔木相对于环境生长得过于庞大，不要尝试通过截短每年的新生枝条来限制它的尺寸。这种"理发"式修剪会在每个生长季产生难看而拥挤的成簇枝条，破坏乔木的自然外观并减少开花量和结实量。正确的处理方式应该和老树复壮（见74页）一样。

在去除较大的树枝之后，乔木可能会长出大量徒长枝；一经发现，应立即抹去或剪除（见69页）。

如果中央领导枝受损，可以挑选主干顶端的强壮树枝，将其整枝为垂直生长并代替原来的领导枝。将被选择的枝条绑在木棍上，木棍固定在主干高处，并剪去任何潜在的竞争枝。待枝条生长为具有明显顶端优势的强壮枝条后，可将木棍撤去。

如果一棵乔木拥有两个或更

除去竞争领导枝

使用修枝剪或长柄修枝剪从基部将竞争领导枝干净利落地剪除，当心不要损坏留下的领导枝。

多竞争领导枝，将所有其他的枝条除去，只留下最健壮的一枝。彼此竞争的领导枝之间的狭窄角度是乔木结构上的弱点，在强风侵袭下，乔木很可能会在此处被撕裂。

幼年开心形乔木可能会长出健壮的竖直枝条。如果置之不理，这些枝条会迅速长成互相竞争的领导枝，所以要尽早将它们清除干净。

成形常绿乔木的修剪

阔叶常绿乔木只需要最低程度的修剪。如果这类乔木在幼年时已经发育出了良好的领导枝并且除去了所有位置不良的水平侧枝，那么成年之后只需要去除死亡、受损或染病树枝即可。

松柏类一旦成形之后就只需要基本的修剪，用作树篱的除外（见82~85页，"树篱和屏障"）。某些松属（*Pinus*）、冷杉属（*Abies*）和云杉属（*Picea*）乔木领导枝上的顶芽会自然死亡。如果发生了这种情况，使用位置最好的侧枝代替领导枝并剪去所有参与顶端优势竞争的直立枝条。成形的棕榈植物基本不需要修剪，只需将死去的叶片彻底去除即可，去除时应截至主干。

根系修剪

如果一棵已经成形的成熟乔木生长得很茂盛，开花或结实的量却很少，可以对根系进行修剪，这有助于减缓其生长速度并提升整体表现。

在早春时，沿着乔木树冠投影外沿挖一条环形沟，然后使用修剪

新领导枝的整枝

将强壮枝条整枝为竖直生长，用以代替受损的领导枝。将木棍固定在主干顶端，并将新枝条绑在木棍上。剪去旧的受损领导枝。新的领导枝取得明显顶端优势并健壮生长之后，立即将木棍取下。

锯、修枝剪或长柄修枝剪将所有粗主根截短至沟内壁。保留沟内壁上的纤维状根，回填土壤并压实。更多详细步骤见429页，"根系修剪"。在有些情况下，如果修剪根系之后看起来不太稳固，可能需要使用木桩和拉绳对乔木进行固定（见64页，"立桩"）。对于盆栽乔木的根系修剪，见68页，"日常养护"。

盆栽乔木的修剪

盆栽乔木应该每年修剪一次，修剪原则和其他乔木类型一样，以达到调控形状和尺寸的目的，并维持树枝均匀分布的平衡结构。

平茬和截顶

平茬指的是定期将树木截短至地面附近，以促进强壮的基生枝条生长。截顶指的是将乔木修剪截短至主干或大树枝框架，以促进整个水平面上新枝条的萌发。在过去，这两种技术都用来提供木柴或编织

如何平茬

平茬可以用来限制树木尺寸，增加叶片大小或改善树枝颜色。

使用长柄修枝剪将所有茎秆剪到离地面7厘米处，不要损伤树木膨大的木质基部。

篮子、篱笆使用的柔韧枝条。如今，人们在花园中使用这些修剪技术，以增强树色和观赏枝条的大小或颜色，或者用来限制乔木的尺寸。

平茬

树木的平茬应该在冬末或早春进行，然而对于那些观赏彩色或蓝绿色枝条的柳属乔木，可以留到仲春，在芽萌发之前或萌发之后立即修剪。将所有枝条截至基部，只留下膨大的基部木桩，所有新的枝条都会从那里萌发。长势较弱的树木可以分两年进行平茬，第一年剪掉一半枝条，第二年剪去剩余的老枝条。

截顶

要进行截顶修剪，先种植一棵幼年的开心形标准苗。当它的树干长到2米或期望高度的时候，在冬末或初春将树枝截短至距离主干2.5~5厘米处。这会促使大量枝条从被修剪的茎秆顶端萌发。每年

（或每两年）将这些枝条剪掉，进一步促使新生枝条从茎秆变大的顶端萌发。如果这些枝条过于密集，可以进行疏枝修剪。对于那些从树干上直接生长出来的枝条，一经发现就要立刻除去。

对于保留大分枝结构的截顶修剪，要先让乔木在期望的高度发育出平衡的树枝框架。在冬末或初春，将大分枝截短到大约2米。每两到五年，将产生的次级枝条修剪掉，间隔时间取决于乔木种类，直到截顶修剪定形为止。在此之后，每年或每两年进行一次修剪，并按上述要求进行疏枝。如果太多的膨大茎秆顶端挤得过于紧凑，可以将其中部分茎秆彻底剪掉。

提升树冠

这种修剪方式会将部分或所有较低的树枝除去，在树下产生更大空间，以得到更美观的树形，让人在树下行走，抑或打开视线。

老树复壮

适合平茬和截顶的乔木

'扭枝' 欧榛Corylus avellana 'Contorta' 2
山桉Eucalyptus dalrympleana,
蓝桉E. globulus 1 2,
岗尼桉E. gunnii 2,
疏花桉E. pauciflora
'金叶' 加杨Populus x canadensis 'Aurea',
'极光' 杰氏杨P. jackii 'Aurora'
锐叶柳Salix acutiflolia 'Blue Strwak',
绢毛白柳S. alba var. sericea,
红枝白柳S. alba var. vitellina
'布里茨' 红枝白柳S. alba var. vitellina 'Britzensis',
'灿烂' 瑞香柳S. daphnoides 'Aglaia',
金卷柳S. 'Erythroflexuosa',
露珠柳S. irrorata 2
阔叶椴（Tilia platyphyllos）及其品种 '火烈鸟' 香椿Toona sinensis 'Flamingo'

注释
1 不耐寒
2 只适合平茬

阔叶椴

修剪已经成形的截顶乔木

每一或两年，在冬末或早春将树枝修剪至距离主干被截顶端1~2厘米处。这会促进来年春天新枝条的萌发。许多观枝乔木新生枝条的颜色特别鲜艳，如红枝白柳（Salix alba var. vitellina）。

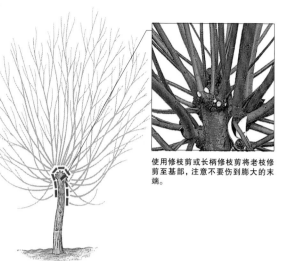

使用修枝剪或长柄修枝剪将老枝修剪至基部，注意不要伤到膨大的末端。

那些超出生长范围或者被忽视的乔木应该被移除并代替，或者进行复壮，重新恢复全面的健康和活力。复壮需要相当程度的精力和技能，建议动手之前先咨询有经验的树木整形专家。在有些情况下，乔木的年龄可能会很老，复壮之后存在潜在的危险，所以最好用别的树取代它。有些老龄乔木由于银叶病（见669页）的原因很难进行成功复壮，如樱花树及其他李属乔木。

除了生长季开始时的春天，复壮可以在一年中的任何时候进行；然而对于大多数乔木来说，特别是那些产生大量树液的种类，如七叶树和桦树等，秋末或冬初是最适宜进行复壮的时间。

乔木复壮

第一个阶段是去除所有死亡、染病和受损的树枝，然后剪去所有交叉枝和过于拥挤的分枝，以及那些破坏整体树形结构的分枝。修剪程度较重的复壮最好分两或三年进行，让乔木慢慢恢复，因为大量的修剪会严重削弱甚至杀死健康状况不良的乔木。如果你需要去除任何较大的分枝，要逐段将其除去（见71页，"截除树枝"）。

复壮修剪完成之后，要为树木施肥。用腐熟的粪肥覆盖护根，并在树冠下的土地中施加化肥。施肥应在每年春天进行，持续两到三年。这种程度较重的修剪会刺激大量侧枝形成。若它们过于拥挤，可以将其中部分枝条疏剪，留下均衡匀称的

结构。所有萌蘖条和徒长枝一经发现就要立刻去除干净（见68页）。

"理发"式修剪乔木的复壮

那些每年被剪掉所有新生枝条的乔木会于每个生长季在疙疙瘩瘩的分枝上长出成簇枝条，但缺少真正截顶之后的匀称结构。这种遭受"理发"式修剪的乔木很不美观，并且开花量和结实量都会很低。为了纠正其后果，应先清除掉部分分枝末端的带瘤残桩；然后将剩余残桩上的年幼枝条剪到只留一或两枝，并将这些保留的枝条截短至原来长度的三分之一；在接下来的三或四个生长季继续重复这一过程，直至得到更加自然而美观的树形。

树木整形专家

关于大型乔木的修剪、复壮或移除，建议咨询有资质的树木整形专家。距离你最近的园艺学院或树木协会也许能够提供有资质的顾问和承包商的名单，他们符合安全施工操作和技术水平的标准。

在邀请承包商投标之前，要精确确定所需要工作的范围，包括对所有碎片残骸的处理，这有可能是树木整形工作中耗资最多的一部分。报价单一般是无偿提供的，但涉及咨询可能会收取一定的费用。

第一年
剪去所有死亡、染病和受损的枝条，除去所有交叉或互相摩擦的枝条，它们会破坏树枝结构的平衡。

第二和第三年
第二年，对由第一年修剪刺激萌发的新枝条进行疏枝，并去除所有徒长枝。如有必要，在下一年重复这一过程。

编结乔木

　　编结乔木为一或多行种植，树干底部无侧枝，上部树枝被水平编织在一起，形成一道规则的、升起的"墙"（见58页，"用于林荫大道的乔木"）。鹅耳枥属及椴树属乔木如阔叶椴（*Tilia platyphyllos*）、'冬橙'欧洲小叶椴（*T. cordata* 'Winter Orange'）和克里米亚椴（*T. x euchlora*）能够形成效果很好的编结林荫大道，因为它们能够被精确地造型修剪并在四五年内形成方块状外观。

搭建支撑框架

　　在乔木成形之前，它们应该在支撑框架上进行整枝。首先，为每棵乔木准备一根木桩，在地面设置一排高2.5～3米的结实等距木桩。在打入地面约60厘米至1米深之后，这些木桩的高度就达到了最低分枝的高度要求——大约2米或更高，以便行人在下面行走。然后用木板条或金属丝在这些木桩上搭建次级框架，得到所需的整体高度。

初步整枝

　　秋末或初冬，在每根木桩旁种植一棵幼年乔木。选择有足够高度的乔木，其侧枝可以在支撑框架上整枝。种植完成之后，将中央领导枝和水平侧枝绑在支撑框架上，剪去任何位置不良的枝条。

进一步整枝

　　在整个生长季中，剪去所有不能被整枝到两侧的新生枝条。将中央领导枝绑到一侧的顶端木板条上，使其沿着木板条生长。选择一根位置良好的侧枝，将其绑到主干另一侧的顶端木板条上。

　　冬天，将所有较长的侧枝截短至一个强壮的侧芽处，然后将次级侧枝修剪至保留两或三个芽，促使新生枝条覆盖整个框架。在接下来的生长季继续将树枝绑在框架上，截短水平侧枝以促进新生枝条茂盛生长，形成方形外观。

　　一旦编结乔木充分定形且树枝已经编结在一起，就可以拆去框架。去除所有死亡、受损或染病的枝条，以及强烈向外生长的侧枝，以保持健康茂密的树形。主干上萌发的新生幼嫩枝条一经发现就要去除干净。

建立框架

第一年

牢固的支撑框架搭建好以后，在每根木桩前种植一棵三或四年苗龄的乔木，尽可能多地将侧枝绑在框架的水平结构上。将领导枝绑在木桩上，并随着树木的生长在后续生长季中增加绑结。

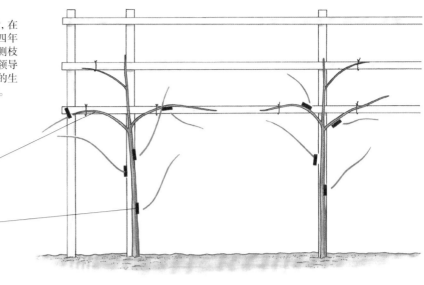

去除所有不能牢固地绑在金属丝或木板条上的水平侧枝。将剩余的侧枝沿着最近的金属丝或木板条绑扎好。

将金属丝或木板条下方的所有水平侧枝截至主干。

第二年

将所有未整枝的树枝编结并绑在框架上以填充空间。抹去底部树干上萌发的所有新枝。

当领导枝长到足够的高度时，将其压弯到框架顶端上并绑好。将位置合适的一条侧枝绑在另一侧的顶端木板条上。

在冬天，将次级侧枝截短至保留两或三个芽，以促进新枝萌发。

每年维护

　　继续抹去下方树干上长出的新枝，并除去死亡、染病或受损的枝条。检查旧绑结的牢固程度，如有必要加以更换。在春天给乔木施足肥料。

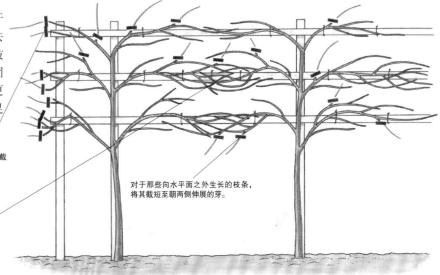

对于超出框架范围的新枝，将其截短至只留一个芽。

对于那些向水平面之外生长的枝条，将其截短至朝两侧伸展的芽。

继续编结并将位置合适的枝条绑在框架上。随着不同层树枝的空隙变窄，上方和下方的树枝可以被牵引并编结在一起。

繁殖

乔木的繁殖方式有扦插、播种、压条和嫁接。扦插也许是最常见的乔木繁殖方法，它非常简便，并且能够相对较快地提供新的植株，而播种或压条虽然也很简单，但得到植株的速度却很慢。业余园艺师很少用到嫁接技术，因为使用这种方法成功繁殖新植物需要相当程度的技巧。

许多乔木物种可以使用种子繁殖，但杂种和品种的实生苗很少能够保持原来的特性。而营养繁殖的方法，如扦插、压条和嫁接，既可用于杂种和品种，也可用于物种。然而要保证繁殖成功，在植物材料的选择上需要注意。

硬枝插条

许多落叶乔木都可以用硬枝插条（或称休眠枝插条）繁殖。在早秋时节土地还温暖的时候，为扦插整地。插条可以直接插在户外的开阔地上，对于那些不是很容易生根的乔木，可以在冷床内更稳定的环境下扦插。

那些容易生根的乔木如柳树等的插条可以直接插到沟槽中，而那些较难生根的插条如水杉的插条应该先扦插到沙床上，然后在次年春天移植到沟槽中。无论是哪种情况，都要保证沟槽狭窄，并且一面垂直，使插条生根时保持直立。沟槽的深度取决于所需要的植物类型：对于多干型乔木，它的深度应该比插条长度浅2.5~3厘米；对于单干型乔木，则应该与插条长度一样，这样顶芽只是刚刚被土覆盖，光照的缺乏将会阻碍所有其他芽的生长。

为了达到最好的效果，在结构松散、排水良好的土壤中挖这条沟槽；如果土壤质地黏重，就在沟槽底部添加一些粗砂。如果要准备不止一条沟槽，在开阔地中应为相邻的两条沟槽之间留下30~38厘米的间隔；若是在冷床中，则间隔控制

硬枝插条慢速生根扦插

1 对于那些不容易生根的乔木种类（这里是水杉），先将插条捆绑成束，再将基部蘸上激素生根粉。

2 将成束插条插入沙床，并将其放置于冷床过冬。次年春天，将它们各自插入户外准备好的沟槽中。

在约10厘米即可。

插条的准备和扦插

在落叶刚刚结束之后选择插条：选择当个生长季长出的健壮枝条，并在当个生长季和上个生长季的交界处将其剪下，剪口位置应临近单芽或对芽上方。按图中所示将

插条剪短，并将基部伤口蘸上激素生根粉促进根系生长。将插条以正确深度靠在沟槽垂直的侧壁上，回填土，然后轻轻压实并浇透水。

对于生根困难的物种，将插条以不多于10条捆成一束，然后插入沙床（见638页）中越冬，它们会在移植之前在冷床中生根。

硬枝插条快速生根扦插

1 将铁锹垂直插入土壤中，然后轻轻向前推，形成一条大约19厘米深的沟槽。

2 挑选强壮、竖直的枝条（右）；避免采用柔软、纤弱、老旧或受损的枝条（左）。从枝条上剪下约30厘米长度的插条，从紧挨着芽的上面剪。

3 清除所有叶片。将插条剪短至约20厘米：在顶芽上方剪出斜切口，在底芽下方剪出平切口。

4 将插条插入沟槽中，彼此间隔10~15厘米，并根据所需要的乔木是多干型还是单干型选择合适的扦插深度。

种植深度

多干型乔木
为得到多干型乔木，将插条插入土中，外露2.5~3厘米在地面上。

单干型乔木
每根插条的顶芽应该刚好被土覆盖。

5 踩实插条周围的土壤，用耙子耙地面，并插上标签。将其余的沟槽保持30~38厘米的间距。

6 在第二年秋天将生根的插条挖出，然后单个上盆或移栽至开阔地。

后期养护

对插条做好标签并任其生长到第二年秋天。冬天，地面可能会由于冰冻而隆起；如果发生了这种情况，应该将插条周围的土壤重新压实。到秋天时，插条应该发育出了良好的根系，可以按要求被独立移栽至开阔地或容器中。如果插条之前种植在冷床中，应该在第一个春天进行炼苗，然后再移栽到室外；在接下来的春天将它们进行上盆或移栽到开阔地中的最终位置上。

半硬枝插条

许多松柏类乔木以及某些阔叶常绿乔木，如广玉兰和葡萄牙桂樱（Prunus lusitanica）等，可以用半硬枝插条进行繁殖。这些插条切取于夏末或秋季几乎成熟的枝条上，这些枝条在这个时候已经增粗并变得更硬了（又见111页，"半硬枝插条"）。

选择插条

在一个温度为21℃的封闭箱或者冷床中为插条准备好合适的生根基质。这种基质可以由比例相同的粗砂和草炭替代物或草炭组成（又见565页，"标准扦插基质"）。使用锋利的刀子从健康的侧枝上切取带茬插条，插条基部带着主枝的硬化木质部分（见112页，"带茬插条"），或者从领导枝或侧枝上切取10～15厘米长的插条，并立刻紧挨着茎节的下端剪齐。

在切取松柏类乔木的插条时，选择最能体现母株特性的领导枝或侧枝，因为松柏类枝条的生长方式差异很大。在切取生长缓慢（低

准备半硬枝插条

从领导枝或侧枝上切取10～15厘米长的插条，并立刻紧挨着茎节下端剪齐。撕掉下部树叶（这里是'矮金'日本扁柏Chamaecyparis obtusa 'Nana Aurea'），如果插条顶端过于柔软，将其掐掉。在插条底部一侧划出一道2.5厘米长的浅伤口，然后蘸取促进生根的激素。

矮类）松柏的时候，插条材料的选择就更加至关重要了。某些植物会产生逆转或没有特性的枝条，要只使用符合你期望的典型枝条。

插条的准备和扦插

在两种类型的插条中，使用锋利的刀子将底部一对树叶切去，然后将剩余树叶削减三分之一或一半，减少水分的蒸腾流失。如果插条末梢过于柔软，将其掐掉。为促进插条生根，使用刀尖在每根插条基部两侧各划出一道2.5厘米长的竖直浅伤口；或者用刀在每根插条基部划出一道更长的伤口，然后撕去一小片树皮。无论是哪种情况，都将插条基部切口（包括伤口在内）蘸上激素生根粉。

将每根插条的基部三分之一插入生根基质，注意在插条之间留下足够的空间，使其不至于互相重叠，这能保证空气围绕它们自由流动。然后将基质弄实，使用含杀真菌剂的溶液浇透，标上标签。

后期养护

定期检查插条生长状况，浇水程度应只以不使其变干为宜。迅速清除所有掉落的叶子，因为它们可能会腐烂并将疾病传播给插条。在易于霜冻的地区，应使用麻布或类似的东西将冷床隔绝起来。

如果插条扦插在底部加热的封闭箱里，它们应该能在早春前生根。冷床中的插条常常保留到将至的秋天，不过将它们留在冷床中度过第二个冬天，在下一个春天再上盆的话会更好。

在夏天要经常对插条喷雾，防

止其失水干燥。如果插条受到强烈的阳光直射，会有被灼伤的风险，必须设法遮阴。在冷床上施加园艺遮阴涂料或者放置其他遮阴材料（见576页）。插条一旦生根，就使用手叉将它们小心挖出，并移栽到独立的容器中，然后进行炼苗（见638页），之后再进一步上盆或种植到开阔地中。冷床中的生根插条炼苗时可以继续待在冷床里，只需将冷床的盖子打开即可，打开时间先短后长。一旦插条发育出完好的根系，就可以上盆或者移栽到冷床外了。如果根系发育好之后不能及时上盆，要用液体肥料给冷床中的生根插条施肥。

嫩枝插条

虽然这种繁殖方法常用于灌木，但也适合桦木、水杉和某些观赏樱以及其他乔木物种。嫩枝插条切取于春天快速生长的新枝条顶端，非常容易生根。它们枯萎的速度很快，所以从母株上切取之后应尽快扦插。

插条的准备和扦插

春天，在切取插条之前，在容器中填入适当的基质并弄实，使基质高度正好在容器边缘的下端。使用修枝剪或锋利的刀子切取树枝顶端的新生嫩枝作为插条，切口应紧挨着芽或叶根部的上方。为减少水分散失，立即将插条浸入水中或将它们放入不透明的塑料袋中并密封。即使是少量水分散失也会阻碍根的形成。

使用锋利的刀子将插条削至大约6厘米长，切口应紧挨着叶根部下方。去除基部树叶。每根插条基部都应蘸取激素生根粉以促进生根。将插条插入已经准备好基质的容器中，做好标记，使用杀真菌剂的稀释溶液浇透水。

为促进快速生根，将容器放置在喷雾单元或者21～24℃的封闭箱中，箱底最好有加温设施，并用含有杀真菌剂的水每周灌溉一次，防止发生腐烂和病害。一旦生根之后，就可以逐渐进行炼苗，然后再小心移栽入独立的容器中了。

紫葳楸

用种子繁殖乔木

乔木物种可以使用种子繁殖，它们的实生苗一般都会保留亲本植物的特性；而杂种和品种的实生苗很少能够保持亲本的特征。从种子培养成乔木是一个相对简单的过程。然而，如果种植乔木的目的是观赏其花卉的话，这就是一种很慢的方法，因为乔木需要很多年才能从种子长到开花。

种子的提取

某些种子上有保护性覆盖层，必须先去除干净。去除的方法不尽相同，主要取决于种皮的类型。有翅种子的外层可能只用手指搓就能去掉。一些球果会自然解体，果鳞也会就此脱落下来。将松树和云杉的球果放入纸袋中，并将其放置在温暖干燥的地方，直到果鳞打开，然后晃动纸袋，种子会自然脱出；对于雪松的球果，则需要将其放入热水中浸泡，直到鳞片打开。

从水果或浆果中提取种子的方法取决于种子的大小以及果肉的类型。对于那些较大的水果，如海棠，应该将果实切开，取出里面的种子。对于较小的果实，如花楸属的果实，应将它们在温水中浸泡数天：有活力的种子会沉在水底；丢弃所有漂浮在水面上的种子。

储存

种子提取出来之后，立刻干燥并放入密封且带标记的塑料袋中。如果计划在数天之内进行播种，可在室温下储存；长期储存应放在冰

清洁黏附果肉的种子

1 用手指将黏附果肉的种子取下。将这些种子放入温水中浸泡1~2天。一旦外层果肉开始软化并分离，就将水倒掉。

2 剥去残存的果肉，并将种子擦干。可立即播种或将其与草炭或草炭替代物混合，装入塑料袋中并放进冰箱储存。在冬末播种。

箱上层的冷藏室内，使其保持凉爽而又不致冻坏。

打破种子休眠

有些种子具有天然休眠期，休眠的目的是防止种子在不良气候条件下萌发，威胁实生苗的存活。休眠必须被打破，种子才能够萌发。休眠有几种类型，不同类型的休眠有时会叠加出现，这取决于乔木的种类。最常见的情况是：休眠要么是因为厚厚的种皮阻碍水分进入造成的，要么是因为化学抑制剂造成的，这些化学成分能够阻碍种子萌发，除非出现剧烈的温度变化。在大多数情况下，可以通过人工磨去种皮或对种子进行冷处理来打破休眠。

划破种皮法

在对种皮不透水的种子进行播种之前，先将种皮划破，种子才

能萌发：对那些较大、种皮特别硬的种子，如栎属乔木的种子，可用锋利的刀子在种皮上刻痕，或者用锉刀将部分种皮锉掉，允许水分进入；而对于难以刻痕的较小种子，如松属乔木的种子，可以在内衬砂纸或部分填充尖砂的罐子中摇晃，或者用指甲砂锉一个个地锉掉部分种皮。豆科植物的种子（如金合欢属和刺槐树的种子）应该在盛满热水的容器中浸泡约24小时，水与种子的比例为3:1。

层积法

温带地区乔木种子的休眠通常靠冷处理（或称"层积"）来打破。这些种子可以播种在户外，经过冬天的低温自然打破休眠，或者更可靠的是，在冰箱中采用人工层积的方法进行冷藏。

如果要冷藏种子，首先将种子和

潮湿的蛭石、草炭替代物或草炭混合在一起。将混合物放入干净的塑料袋中，密封后再将塑料袋放入冰箱。定期打开袋子，检查种子情况——一旦有萌发迹象就应该播种。

冷处理所需时间也有相当程度的差异：作为一般性的指导，许多落叶乔木需要6~8周0.5~1℃的低温诱导，而松柏类乔木只需大约3周。一些种子只有在冷处理结束并播种之后才会萌发。在这种情况下，应间隔一段时间分批播种，如在冷处理4周、8周和12周之后各播种一批，保证至少有部分种子能够萌发。

在容器中播种

这是培育少量实生苗的简便方法。在播种之前，彻底清洁所有工作台面和容器，防止土传病虫害的污染。使用播种基质将种植盆、种植盘或播种盘填充至边缘。

对于较大或实生苗有较长主根的种子，如栎属乔木的种子，应该以约8厘米的间隔播种在较深的单穴或多穴播种盘中，或者播种在柔性的整根容器中。使用压板将种子压入未压紧实的基质中，然后用基质覆盖至与种子厚度同样的深度并压实至容器边缘以下约5毫米处。

对于非常大的种子，如欧洲七叶树的种子，应单独种植在直径为10~15厘米的花盆中。将种子按入紧实的基质中，使其顶端暴露在基质表面。

对于较小的种子，如花楸属乔木的种子，可以均匀地撒播，如果

在容器中播种

1 将细小的种子（这里是花楸属植物的种子）撒播在填充了紧实播种基质的容器中，确保撒播均匀，手要放低，以免种子弹跳。

2 将含有播种基质的筛子放在播种盘上，然后轻轻拍打筛子一侧，直到种子正好被筛过的基质覆盖到其自身深度。

3 用一层5毫米厚的园艺细砾石覆盖播种后的种子。做好标记并用带细花洒的喷水壶浇水。

4 当幼苗长到可以用手操作的大小时，轻轻地将它们挑出并转移到独立的花盆里，注意不要压到柔弱的茎和根系。

大种子的播种

1 将较大或实生苗有较长主根的种子按入单个花盆未压紧实的基质中。用基质覆盖。

2 在深花盆中播种，以便每棵实生苗（这里是栎属乔木）的主根不受限制地生长。

足够大的话，也可以逐个按入填充紧实基质的花盆或播种盘中。然后用筛过的基质薄薄地盖上一层，再用一层5毫米厚的细砾石覆盖。播种完成之后，从上方浇透水，然后做好标记。将容器放在冷床内或温室内的封闭繁殖箱中，或放在一块玻璃下面。温带物种的种子最好保持12～15℃的温度，亚热带和热带物种的种子应保持在21℃左右，以促进萌发。一旦种子成功萌发，就要定期使用杀真菌剂喷洒，防止发生猝倒病。

移栽

当幼苗长到可以用手拿起操作时，将它们挑出来给予更多生长空间。可以先敲击容器边缘，让基质松动，然后将实生苗挖出并转移到单个花盆中。或者将所有的幼苗和基质一起从容器中转移出来，最大限度地减少幼苗根系所受的伤害。移栽完成之后，轻轻压紧幼苗周围的基质，然后轻轻拍打工作台上的

花盆，让基质变平。

后期养护

为幼苗浇水并做好标记，避免阳光直射，并使温度保持在萌发所需的水平，直到幼苗恢复。在接下来的几周内逐渐进行炼苗（见638页），定期施肥，使用杀真菌剂喷洒。不要浇水过量，但确保基质不会干透。一旦炼苗完成且没有霜冻危险，它们就可以移栽到室外了。

室外播种

如果要得到大量实生苗，种子应该播种在室外的苗床上。用这种方法得到的实生苗不需要那么多的照料，也不像容器中种植的实生苗那样生长会受到限制，但是必须提前准备好特殊的苗床。如果可能的话，在播种前数月就做准备，将播种区域的土地掘到一铲深（见619页，"掘地"），加入有机质和部分粗砾石。将杂草清除干净。

当准备好播种的时候，用耙子将土壤耙细，以便于耕种，然后将细小的种子进行撒播，大些的种子进行逐个点播。用耙子轻轻耙过种子，在苗床上均匀覆盖0.5～1厘米厚的砂砾，用压板压实。如果土壤完全干燥，则浇透水。然后，标记好植物名称和播种日期。

在暴露区域，年幼的实生苗可能需要风障（见613页）或漂浮钟形罩（见582页）保护。如果幼苗之间有足够间隔，病害不会成为问题。幼苗可以在原地生长12个月再进行移栽。必要的时候为幼苗浇水并定期进行检查，以便控制虫害如蚜虫（见654页）和红蜘蛛（见668页）。

压条

压条既可以用来繁殖杂种和品种，也可以繁殖物种。这种繁殖方式会在某些植物中自然发生，它们的低矮枝条会在土地中生根。如果发生了这种情况，可以将这样的枝条从母株上分离并单独种植。进行空中压条的枝条会在地面上方生根，常用于没有低矮枝条的乔木。

压条的优势是一旦根系形成，被压的枝条几乎不需要照料。然而这是一种很慢的繁殖方法，因为要

得到合适的材料，必须提前一年做准备，被压的枝条可能会花一年或更长的时间才能生根。

简易压条

将枝条用小钉桩钉进土壤中待其生根，然后将生根枝条从母株上切取下来（又见115页，"简易压条"）。

在实施压条一年之前进行母株的准备工作：在冬末或早春，剪去一根位置较低的树枝，以刺激新的年幼枝条萌发。在接下来的早春，选择一根健壮枝条并在顶端向下30～45厘米处划一道小伤口。在伤口上涂抹激素生根粉以促进生根。在枝条接触地面的地方加入大量腐叶土或类似有机质以及尖锐砂砾，并将枝条钉入浅洞中，将末端绑在竖直的木棍上。

回填浅洞并压实土壤，使枝条顶端暴露在外，然后浇透水，如果必要的话，可使用金属网保护枝条免遭兔子和其他动物啃食。等待12个月，然后检查枝条是否生根。如果已经生根，则将其从母株分离，种在开阔地或上盆栽植；如果还未生根，则将其留在原地，一个月后再来观察。

空中压条

空中压条的原理与简易压条相同，但被压枝条是在地面上方而不是在土地中生根（又见116页，"用空中压条法繁殖灌木"）。春天，选择一根前一年已经成熟的强壮枝条，并除去茎尖下方30～45厘米的所有叶片。在枝条顶端向下22～30厘米处切出一条5厘米长的舌片，或者在此处环剥6～8毫米宽的树皮；无论采用哪种方法，都在伤口上涂抹激素生根粉。

简易压条

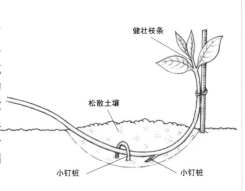

在健壮枝条顶端下面30～45厘米处切出一条5厘米长的舌片，或在此处去除一圈较窄的树皮。在伤口处涂抹激素生根粉，将枝条钉入浅洞中。将枝条的另一端绑在支撑木棍上并回填浅洞。

健壮枝条

松散土壤

小钉桩　　小钉桩

在被割伤的枝条上包裹潮湿的生根基质并密封。为做到这一点，首先将一个塑料袋的底部切掉，将其套在枝条上并包住伤口，然后用绳子将底端系上。将透气性良好的生根基质（如泥炭藓、草炭替代物或草炭与珍珠岩等比例混合物）弄湿，塞在舌片下面；加入更多基质包裹住枝条，再将顶端系上密封。

如果压条在第二年春天生根，将枝条从母株分离，去除包裹物，上盆栽植；如果仍未生根，应该再保留一年。

需要层积的乔木种子

槭树属 *Acer*
桦木属 *Betula*
山核桃属 *Carya*
山毛榉属 *Fagus*
花楸属 *Sorbus*

适合压条繁殖的乔木

简易压条
连香树属 *Cercidiphyllum*
流苏树 *Chionanthus retusus*
榛属 *Corylus*
珙桐属 *Davidia*
金钱槭属 *Dipteronia*
蜜藏花属 *Eucryphia*
银钟花属 *Halesia*
授带木属 *Hoheria lyallii*
月桂属 *Laurus*
滇藏木兰 *Magnolia campbellii*
广玉兰 *M. grandiflora*, 日本厚朴 *M. obovata*

空中压条
榕属 *Ficus* 1
广玉兰 *Magnolia grandiflora*,
　'星球大战' 木兰 *M. 'Star Wars'*

注释
1 不耐寒

珙桐

嫁接

与插条相比，嫁接植物的优势是它已经有了发育良好的根系，所以建成的速度相对较快。将被繁殖植物枝条的一部分（接穗）接到另一种相容植物形成的砧木上，通常是同一个属的植物。在有些情况下，砧木的某些优良性状会转移到目标植物上，如特定的生长特性或高抗病性。

嫁接方法包括切接、嵌芽接、劈接、镶接和舌接。关于镶接和舌接的详细方法，见636页。确保砧木和接穗是相容的。

切接

这是观赏乔木最常用的嫁接技术。一年生枝条作为接穗，嫁接在准备好的砧木一侧。通常在树叶掉落之前的仲冬至冬末进行，不过对于槭树属乔木，夏天进行嫁接更容易成功。

提前一年开始进行砧木的准备工作，将一年或两年苗龄的实生苗在秋天上盆，并将其培养为开放式树形。在嫁接三周之前，把砧木放入冷温室中，迫使它们慢慢进入生长期。保持砧木干爽，特别是那些容易流树液的种类，如桦木属和松柏类乔木，因为大量树液可能阻止接穗与砧木的成功结合。

对于接穗，从要繁殖的乔木上收集强壮的一年生枝条。如果可能的话，它们的直径应该与砧木茎秆的直径相当。将它们修剪至15～25厘米长，切口应紧挨单芽或一对芽上方，并放入塑料袋中，然后放入冰箱储存，直到准备嫁接。将砧木的地上部分切短至约5～7厘米，或者在嫁接接口上方留下部分砧木，到后面的养护阶段再截去（见81页，"后期养护"）。

在砧木和接穗上切出相匹配的切口，一次切出一对。切完之后就立刻将接穗和砧木接在一起；如果它们的切口哪怕干掉了一点点，都很有可能阻碍切接成功。如果接穗比砧木细，在砧木边缘对齐，以保证至少一边形成层的结合。使用干净的塑料嫁接绑带、酒椰纤维或橡胶条将接穗绑在砧木上，然后在所有

适合嫁接繁殖的乔木

嵌芽接
山楂属 *Crataegus*
毒豆属 *Laburnum*
木兰属 *Magnolia*
苹果属 *Malus*
李属 *Prunus*
梨属 *Pyrus*
花楸属 *Sorbus*

劈接
七叶树属 *Aesculus*
梓属 *Catalpa*
紫荆属 *Cercis*
山毛榉属 *Fagus*

切接
冷杉属 *Abies*
槭树属 *Acer*
桦木属 *Betula*
鹅耳枥属 *Carpinus*
雪松属 *Cedrus*
柏木属 *Cupressus*
山毛榉属 *Fagus*
白蜡属 *Fraxinus*
银杏属 *Ginkgo*
皂荚属 *Gleditsia*
落叶松属 *Larix*
木兰属 *Magnolia*
云杉属 *Picea*
松属 *Pinus*
李属 *Prunus*
刺槐属 *Robinia*
花楸属 *Sorbus*

舌接
白蜡属 *Fraxinus*
皂荚属 *Gleditsia*
刺槐属 *Robinia*

银杏

使用切接法繁殖乔木

1 将接穗剪至15～25厘米长，切口应紧挨单芽或一对芽上方。将接穗放入塑料袋中，然后放入冰箱储存，直到准备嫁接。

2 使用锋利的刀子在砧木顶端下方约2.5厘米处向下切出一道短小向内的切口。

3 从砧木顶端附近向下切出一道向内倾斜的切口，切口底端与之前第一道切口的底端重合。去除切出的一小片木头。

4 在砧木上切出最后一道切口，从第一道切口下端开始向上切。在砧木一侧留下一个平整的切面（见插图）。

5 现在准备接穗：在基部切出一个浅而倾斜、约2.5厘米长的切口，然后在基部另一侧切出一个短的斜切口（见插图）。

6 将接穗基部插入砧木切口（见插图）。从顶端开始，用嫁接固定条将嫁接结合部包裹结实。

7 将嫁接蜡涂抹在砧木和接穗的外露切口上。如果接穗曾被截短，其顶端也应涂蜡。

芽的生长迹象

8 数周之后，如果嫁接成功，接穗上的芽会出现生长迹象。清除砧木上可能会长出的萌蘖条，因为它们会夺走接穗的营养。

暴露在外的切口上涂蜡, 减少水分散失。养护建议见右侧。

嵌芽接

这种嫁接方法主要用于果树, 也是一种很适合繁殖木兰属和蔷薇科植物如海棠等的方法。在这种方法中, 接穗包含一个单芽, 新的生长都从这里开始, 而嫁接接穗的砧木种在室外而不是花盆中。

在冬天, 将一或两年苗龄的实生苗或硬枝扦插苗种在开阔地中。这些苗将用作砧木。在仲夏时节, 去除主干基部45厘米内的所有侧枝。从完全成熟、直径与砧木相当的当季枝条中选择营养枝 (不开花) 作为插穗。

然后对砧木和芽条进行准备处理和嫁接 (见下图)。如果嫁接成功, 接口会在数周之内愈合, 这时即可去除绑带。养护建议见右侧。

劈接

这种嫁接方法和切接法相似, 只是接穗是直接接在砧木顶端的。在仲冬时节, 从待繁殖的植物上收集上一个生长季长出的枝条, 然后将它们假植在土地中。在冬末或早春时, 将用作砧木的一年苗龄实生苗或健壮植株挖出并清洗干净, 然后截短至根部往上5厘米处。在每个砧木顶端中央切一个深

2.5~3厘米的切口。将接穗的底部削成楔形, 然后插入砧木顶端; 将接穗顶部的切口暴露在外。捆绑嫁接后的植物并上盆, 然后按照下面给出的指导进行后期养护 (又见118页, "劈接")。

后期养护

落叶乔木应该放置在10℃的温室中, 而松柏类、阔叶常绿乔木以及夏季嫁接乔木应该放置在潮湿的封闭箱中, 温度应维持在15℃。接口会在数周之内愈合, 接穗上能够观察到新的生长迹象。为了得到更快的效果, 可以将嫁接后的植物放置在热管中 (见637页, "热空气

嫁接")。掐掉结合部下方长出的所有萌蘖条, 这些都是从砧木上长出的。6~10周后, 对嫁接植物进行炼苗。如果在嫁接时砧木没有被截短, 这时将砧木顶部截短至接口10厘米之内。

将生长中的芽绑到剩余的砧木顶端, 确保新枝条直立生长。在盛夏时分, 将砧木剪到接口上端, 并将新枝条绑到支撑木棍上。也可以在春末时再将砧木剪到接口上端。一旦嫁接植物开始旺盛生长, 就将嫁接后的乔木上盆或移栽到开阔地。

使用嵌芽接法繁殖乔木

1 选择并采取芽条 (这里是海棠), 注意要选择长而健壮的当季成熟枝条。它应该拥有发育完好的芽, 大约有铅笔粗细。

2 将柔软的部分切去, 并去除枝条顶端的所有叶片。

3 用一把锋利的刀子在健康的芽下面2厘米处切第一个切口, 将刀刃以45°角插入枝条约5厘米深。

4 在第一个切口上方约4厘米处切第二个切口, 并从木质部往下切与第一个切口会合, 注意不要伤到芽。

5 用拇指和食指捏住芽, 将带芽接穗取下, 保持形成层的干净。将带芽接穗放入塑料袋中, 防止脱水。

6 将砧木主干基部30厘米内的所有枝条和树叶清理干净。两腿分立站在砧木上方最容易操作。

7 在砧木上切两道切口以迎合带芽插穗的形状, 使芽可以与砧木接合。去除切出的小片木头, 注意不要碰到主干切口的表面 (见附图)。

8 将带芽接穗插入砧木的切口中, 使接穗和砧木的形成层尽可能地紧密接合 (见附图)。用嫁接绑带将结合部位绑紧。如果嫁接成功, 芽会膨胀萌发, 这时即可撤去绑带。

9 在接下来的春天, 将砧木剪短至紧挨结合部位上方。芽会发育成领导枝。

树篱和屏障

无论是规则式的还是自然式的，树篱和屏障都在花园的结构和个性中扮演着重要的角色，并拥有许多实际用途。

实际用途

无论是自然式的开放树篱还是规则式的紧密修剪树篱，大多数树篱都是出于实用主义的目的种植的：划定边界，提供庇护和阴凉，并为花园提供屏障。不过，美也能融入其中。

绿色栅栏

作为绿色栅栏，树篱可能需要数年才能建立起来，不过如果维护得当的话，它们常常比一般栅栏更受欢迎，因为它们能够带来质地、色彩和阴凉。大多数用作树篱的植物都很长寿并且如果加以正确养护，将会在很多年里提供有效的屏障，有时几乎无法穿过。树篱可以做得较矮，也可以任其长高，不过它们的高度可能会受到地方规划部门法规和国家法令的限制。

防风

树篱是很好的风障，它能过滤快速流动的空气，减弱风撞击固体如一面墙或栅栏后产生的湍流效应。树篱的孔隙度取决于所用树种以及一年当中的时间段；因此，在冬天，一座密集修剪的常绿欧洲红豆杉（*Taxus baccata*）树篱的孔隙度要比落叶欧洲山毛榉（*Fagus sylvatica*）小得多。据测算，在50%孔隙度的理想情况下，一座1.5米高的树篱能将7.5米外的风速降低50%，15米外降低25%，30米外降低10%。树篱提供的防风作用非常重要，特别是对于暴露在风中的花园，在其中即使耐寒植物也会因为大风而受损。

噪声屏障

树篱可以屏蔽不受欢迎的声音，有效降低噪声。这方面最有效的树篱类型叫作"环境屏障"，它有一个填实土壤的内核。水平编织的蒿柳（*Salix viminalis*）枝条穿过竖直的木桩，其内核塞满土壤，形成一道墙壁。蒿柳将根扎进土壤中，顶部和两侧的枝条需定期修剪。

观赏树篱

许多植物都可用于树篱，它们有丰富多样的形状、尺寸、质地和色彩，有落叶树和常绿树，规则式和自然式，还有开花和结果的。将常绿树和有花有果的落叶树搭配使用能够得到一幅"活的拼贴画"。

规则式

假以6~10年的营建，欧洲红豆杉能够形成很棒的树篱。杂扁柏的生长速度特别快。低矮的规则式树篱常见于花坛花园、结节花园以及树木造型中（见108~109页，"树木造型"）。各种式样的锦熟黄杨（*Buxus sempervirens*），特别是'矮灌'锦熟黄杨（*B. sempervirens* 'Suffruticosa'），被广泛用于规则式树篱，同样常用的还有圣麻属（*Santollina*）植物和光亮忍冬（*Lonicera nitida*）。织锦树篱（或称马赛克树篱）将许多相容的植物搭配在同一座树篱中，提供全年不断变化的视觉效果。使用的植物种类包括欧洲红豆杉、地中海冬青、欧洲鹅耳枥以及欧洲山毛榉。将常绿树和落叶树混合在一起能够带来持续全年且有趣多彩的背景。这些所用的物种必须拥有相似的生长速度，避免出现长势过旺的植物占支配地位的情况。

自然式

自然式树篱将实用和观赏价值结合在一起。虽然它们并不适合于严格的规则式设计，但它们依然

适合自然式树篱的植物

'金丘'火棘

'北金'连翘

'兰利'南美鼠刺

'布内特夫人'地中海冬青

'花坛'蔷薇

团花枸子

修剪整齐的规则式树篱

树篱植物	种植间距	适宜高度	修剪次数和时间	对复壮的反应
常绿树				
锦熟黄杨*Buxus sempervirens*	30厘米	30~60厘米	两或三次，生长季修剪	有
美国扁柏*Chamaecyparis lawsoniana*，除矮生类型之外的大部分品种	60厘米	1.2~2.5米	两次，春天和初秋	无
杂扁柏 x *Cuprocyparis leylandii*	75厘米至6米	2~4米	两或三次，生长季修剪	无
南美鼠刺属 *Escallonia*	45厘米	1.2~2.5米	花期后立刻修剪	有
地中海冬青*Ilex aquifolium*及其品种	45厘米	2~4米	夏末	有
薰衣草属*Lavandula*	30厘米	45~90厘米	春天和花期后	无
女贞属*Ligustrum*	30厘米	1.5~3米	两或三次，生长季修剪	有
光亮忍冬*Lonicera nitida*	30厘米	1~1.2米	两或三次，生长季修剪	有
欧洲红豆杉*Taxus baccata*	60厘米	1.2~4米	两次，夏天和秋天	有
'塔形'北美乔柏*Thuja plicata* 'Fastigitia'	60厘米	1.5~3米	春天和初秋	无
落叶树				
日本小檗*Berberis thunbergii*	45厘米	60~1.2米	一次，夏天	有
欧洲鹅耳枥*Carpinus betulus*	45~60厘米	1.5~6米	一次，仲夏至夏末	有
普通山楂*Crataegus monogayna*	30~45厘米	1.5~3米	两次，夏天和秋天	有
欧洲山毛榉*Fagus sylvatica*	30~60cm	1.2~6米	一次，夏末	有

能够提供有效的屏障和遮挡。许多用在这些自然式边界中的植物都有美丽的花或果实，有的二者兼具，会带来特有的样式和色彩。

将不同颜色背景小心地融入整体设计中。团花枸子（*Cotoneaster lacteus*）、达尔文小檗（*Berberis darwinii*）或连翘属植物常常使用，杂种灌木月季和蔷薇属物种也能制造精美的自然式树篱。土壤湿度较高且需要风障的地方最适合种植大多数速生竹类。

选择植物

在为树篱选择植物时，要考虑它们的最终高度、冠幅以及生长速度，并确保选择的物种足够耐寒并适应花园的土壤类型。规则式树篱使用的植物必须生长密集并能承受频繁的修剪。对于观花或观果的自然式树篱，选择那些一年只需修剪一次的植物。

常绿树还是落叶树的选择部

分是个人喜好的问题，但要牢记一点的是常绿树和松柏类能够全年提供茂密的防风屏障，它们所能提供的保护在严寒的冬天可能是至关重要的。

土壤的准备和种植

树篱是花园的永久性景观，因此必须在种植前彻底对种植区域进行完好的准备，并在每年春天使用配比均衡的肥料和护根施加表肥。年幼的植物应该单列种植在45~60厘米宽的沟槽中，而更成熟的植物需要60~90厘米宽的整备土地，土地宽度取决于植物根坨大小。间隔90厘米的双排种植形式很少用到，除非用于防止家畜进入。年幼植物不耐干旱，所以要在新种植树篱的基部铺设一根渗水软管，在植物逐渐成形时定期为其浇水。也可以将年幼的树篱植物透过园艺织物或黑色塑料布种植来保水，这有助于抑制杂草的生长，避免竞争。

薰衣草树篱
耐寒薰衣草可以形成漂亮且低维护水平的树篱，只需要每年花期过后进行一次修剪。

在种植前的一或两个月对现场进行准备，以便使土壤条件稳定。将腐熟粪肥掺入沟槽底部，并在回填沟槽时将普通化肥混入土壤中。

在种植时为成束的裸根树篱植物如混合本土物种等挖掘一条沟槽，而不是独立的种植坑。

杂扁柏

常绿的杂扁柏（x *Cuprocyparis leylandii*）是一种极具活力的松柏类乔木，如果处理得当，它能够形成理想的高大风障，一个生长季常常能长高45~60厘米。然而，用作花园树篱的杂扁柏却有一个坏名声，这是因为它的生长速度很快，常常不能受到及时的管控。如果不定期修剪，杂扁柏的长势会很快恶化，即使对它进行较大程度的修剪，它也很难复壮，所以只能替换掉。

虽然生长速度很快，杂扁柏仍然可以成功地保持高度不超过2~2.5米、厚度不超过60~100厘米的花园树篱。为了做到这一点，在种植后的第一年将侧枝剪短至距主干10~20厘米。在接下来的生长季中将侧枝至少修剪三次，如果长势很旺盛，则可能要至少修剪四次。这种处理会产生非常紧凑的枝叶效果。

当树篱长到距离预定高度30厘米以下的时候，将领导枝截短。然后，每年至少对树篱两侧和顶部进行两次修剪——夏初至仲夏修剪第一次，夏末至秋初修剪第二次。修剪时使侧面倾斜，让枝叶顺着斜坡向树篱顶部生长。

全年色彩
杂扁柏的品种在混合松柏树篱中产生了对比鲜明的效果。

自然式观花树篱

树篱植物	观赏特性	种植间距	适宜高度	修剪时间
常绿树				
达尔文小檗	黄色花朵，紫色浆果	45厘米	1.5~2.2米	花期后立刻修剪
团花枸子	白色花朵，红色果实	45~60厘米	1.5~2.2米	果期后修剪
南美鼠刺属	白色、红色或粉红色花朵	45厘米	1.2~2.5米	花期后立刻修剪
丝缨花	灰色、绿色、红色或黄色葇荑花序	45厘米	1.5~2.2米	花期后立刻修剪
地中海冬青	白色花朵和浆果	45~60厘米	2~4米	夏末
薰衣草属	紫色花朵，灰绿叶子	30厘米	0.6~1米	早春至仲春
火棘属	白色花朵，红色浆果	60厘米	2~3米	修剪见106页
落叶树				
日本小檗	浅黄色花朵，红色果实，红色秋叶	30~38厘米	1~1.2米	花期之后如有需要则进行修剪
欧榛	黄色葇荑花序	45~60厘米	2~5米	花期后修剪
普通山楂	芳香白色花朵，红色浆果	45~60厘米	3米以上	冬天除去选定的健壮枝条
'亮丽' 间型连翘	黄色花朵	45厘米	1.5~2.2米	花期过后除去老枝
短筒倒挂金钟	蓝红双色花朵，黑色浆果	30~45厘米	0.6~1.5厘米	春天除去老枝
金露梅	明黄色花朵	30~45厘米	0.6~1.2米	春天修剪
黑刺李品种	浅粉或白色花朵，红色和紫色树叶	45~60厘米	2.5~4米	冬天除去选定的健壮枝条
'密枝' 血红茶藨子	深粉色花朵	30~45厘米	1.5~2米	花期后除去选定的枝条
'内华达' 月季	芳香奶油色花朵	60厘米	1.5~2米	春天剪去细小枝条
'花坛' 蔷薇	芳香猩红色花朵	45厘米	1.5米	春天剪去细小枝条

园艺百科全书（典藏版）

整形修剪

修剪前
领导枝和侧枝都不受限制地生长。绿篱（光亮忍冬）需要进行造型修剪。

修剪后
将水平侧枝截短一半，领导枝截至目的高度，促进茂密生长。如果需要的话，进行浇水、施肥和护根覆盖。

大多数树篱植物的种植间距为30~60厘米。如果需要厚达90厘米或更厚的树篱，应该错列种植双排树木，每排树木的间距约为90厘米，两排之间的距离约为45厘米。低矮树篱、花坛花园和结节花园所用的植物间距应为10~15厘米。

修剪和整枝

规则式树篱最初阶段的修剪是它从底部到顶部形成均匀结构的

如何对树篱进行造型

1 在两根直立木桩之间拉起一条紧绷的水平线作为树篱最高点的基准，然后沿着这条线将树篱顶部剪平。

2 切出目的形状的模板。将模板放置在树篱上，并沿着模板边缘修剪，随着修剪进度移动模板，然后将边缘修剪整齐。

3 抵达树篱末端后，撤去模板、木桩和绷紧的绳线，将树篱末端修剪整齐。

关键。在种植后的两到三年，要特别注意进行适当修剪。

早期修剪和造型

大多数落叶树木，尤其是那些茂密的、自然分枝点较低的树木，需要在种植时截短三分之一，强壮的水平分枝也要截短三分之一。在第二年冬天，继续截短一半。

在对那些长势强健以及树形直立的植物（如女贞和山楂）进行造型时，应该在晚春时将它们截短至距离地面15~30厘米，接着在夏末进一步将水平侧枝剪短。到第二个冬天或早春，进行程度较重的修剪，去除上一生长季长出的至少一半枝条。

即使是在这个比较早期的阶段，树篱两侧也应该开始修剪成或大或小的倾斜角度，让基部成为最

树篱造型

将树篱顶部处理得稍窄，以便使强风和暴雪偏转方向。在降雪量很大的地区，应将树篱顶端处理成尖形，防止积雪对树篱造成损伤。

鹅耳枥

红豆杉

宽的部位。

平顶A字形树篱或者带有尖顶的弧线形树篱不容易受到雪和强风的伤害。雪会沿着渐尖树篱的侧壁很快滑落；有坡度的树篱边缘会让强风偏转方向，将对植物造成的损伤降至最低水平。

树篱的平顶可以借助平尺或者木棍之间拉伸的园艺线来修剪得到。在修剪低矮的树篱时，同样要使用辅助工具，因为视线在向下观察时同样会出现水平偏差。一旦得到了合适的大小和坡面，后续生长季的

修剪只需要保持树篱的形状即可。

松柏类和许多常绿树都广泛用于树篱。在大多数情况下，只有侧枝才在最初的几年中修剪，特别是在对成形最重要的第二年，目的是让顶端枝条长到预定高度，之后再将其截短。

树篱的维护

规则式树篱需要定期修剪以维持形状：在大多数情况下应该一年修剪两次，春天一次，夏末一次（见82页）。大多数规则式树篱都

树篱的修剪

使用园艺大剪刀修剪
为保证树篱顶端的平齐，将园艺大剪刀的刀锋始终与树篱边缘线保持平行。

使用绿篱修边机修剪
当使用电动修边机时，将刀锋与绿篱保持平行，并使用大面积横扫的动作。

如何对徒长的树篱进行复壮

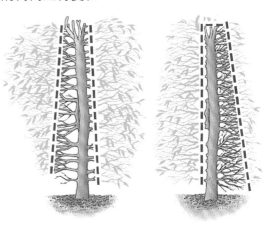

将无人照料的落叶树篱一侧剪至主干，另一侧照常修剪（右图）。一年之后，如果生长得很茂盛的话，将另一侧剪至主干（最右图）。

使用园艺大剪刀或电动绿篱修边机修剪。在对树篱进行造型修剪时使用直尺或园艺线作为辅助工具。

自然式树篱也需要定期修剪以维持形状。去除错位的枝条，并将其他树枝截短，以得到需要的形状。观花或观果的树篱只能在适当的季节修剪。自然式树篱和那些有较大常绿树叶的绿篱在修剪时最好使用修枝剪，以免对叶片造成难看的损伤。

复壮

许多树篱植物，如鹅耳枥属、忍冬属植物和欧洲红豆杉，都对复壮措施有很好的反应（即使树篱已经无人照料，徒长得过于茂盛）。为了得到最佳效果，落叶树篱应该在冬季进行复壮，而常绿树篱应该在仲春进行复壮。

如果需要进行程度较大的修剪，应该在紧接着的两个生长季中对不同的侧面进行截短。要想让复壮成功，最重要的是在修剪前的季节对植物进行施肥和护根，并在修剪后再次进行施肥和护根，以促进健康新枝条的萌发。

柳编墙

使用柳属植物枝条进行编织有一段悠久而杰出的历史。编织枝条早在史前时期就用作栅栏，上面还可以覆盖厚厚的泥巴、黏土和粪肥，曾是世界上许多地方的主要建筑材料之一。绿色柳编墙是一种新的园艺艺术形式。树枝线条和生机勃勃的新鲜幼嫩叶片之间形成鲜明的对比。这种形式甚至还能呈现一定的功能性，比如座位、屏障、凉亭以及拱门，越来越多的园艺师开始热衷于将这种园艺形式融入自己的花园中。

适合的植物

使用的柳属植物物种或品种必须与目标结构的大小和性质相匹配。活力、强韧程度和美学价值是主要的考虑因素。大多数柳属植物都有足够柔韧的枝条可供编织，只有脆枝柳（*Salix fragilis*）除外。白

柳（*S.alba*）的品种最为适合，它们鲜艳的枝条在冬天显得特别漂亮。

准备

种植和编织应该在冬季进行，此时的植物正在休眠。可以使用当年生柳条作为硬枝插条扦插，插条长度约为38厘米，插入地下30厘米深，然后留在原地生长，或者用长枝条种植后立即编织在一起。如果土地做好了充足的准备，长枝条可以像插条一样成功地存活生长。另一个选择是使用多干型植物，它们很容易从苗圃种植的植株发育得到，经过重剪后刺激两条或更多枝条的生长。

规划好柳编墙的形状和高度：它可以沿着一条笔直或弯曲的基准线生长。在种植之前标记柳编墙的轮廓。需要牢记的是，柳树需要明亮的光线才能繁茂生长。

计算出需要多少、多长的长枝条。长枝条的种植间距至少应为15厘米，较高的柳编墙需要的种植间距更宽，并且需要使用更有活力的品种。以15厘米为种植间距，一段12米长的柳编墙需要80根长枝条。

编织和绑结

间隔均匀的一排柳枝种下之后，即可进行编织，得到美观的钻石形图案。最好一次将柳条编织到预定高度，以便让柳编墙更容易保持直立。抽出的新枝可以继续向上编织，但不会严格沿着原来的枝条方向生长。编织本身就可以在一定程度上将枝条维系在一起，不过交叉点还是应该使用涂有焦油的麻线绑扎结实。对于形式简单的柳编墙，只需在每三个或每四个交叉点中绑结一个。

麻线会在大约两年之后自然降解，不过柳条的结合速度比这还要快。定期检查绑结好的交叉点，如果柳条已经结合，即将麻线撤去。

在长枝条已经种植的地方，侧枝一出现就要立刻去除，让生长集中于茎尖，这有助于增加高度并促

进柳条之间的结合。一旦柳条结合之后，就可以允许侧枝生长并用它们来填补柳编墙了（将侧枝编织在主枝之间）。当结构定型之后，定期剪掉新枝条，或将其编入柳编墙中。

将水平和竖直枝条编织成方块图案的柳编墙更有难度。水平枝条必须弯曲90°才能整形得到。死亡的枝条可以作为水平结构先编入，等到竖直枝条长出侧枝之后，再用侧枝取代它们的位置，但这样的柳编墙成形时间更长。将侧枝整形为平行生长还会减慢树液流动，减弱其活力。

更复杂的结构

其他主要的编织技术需要将枝条弯曲并缠绕在其他枝条上，用来为拱门和通道进行造型。被扭曲的枝条需要进行绑扎固定。长枝条的种植深度应超过30厘米，以提供进一步的稳定性，这并不会影响它们的生根能力。

如何对柳编墙进行造型

1 均匀种植一排长柳条，然后将它们倾斜45°，并交替编织在一起。

2 在交叉点使用浸过焦油的麻线绑牢。这会在柳条生长时将它们挤在一起，促进形成层的结合，将整个结构固定起来。

3 在柳编墙顶部，将最后一排交叉点用园艺橡胶绑结固定。这会允许枝条在风中轻微摇动，并防止顶端裂开。

绿色框格
绿色柳编织的屏障是很漂亮的园艺雕塑品。它们可以以很大的尺度呈现，足以将整个花园遮挡起来并隔绝繁忙交通的噪声。

观赏灌木

灌木因其结构特性和长期的观赏价值而备受园艺师们重视，它们在形成种植设计的骨架方面发挥着重要作用。

在混合花境中，灌木可以提供坚实的实体质感，平衡更加柔软、生存时间短的草本植物，而组团常绿和落叶灌木能让你创造全年观赏的低维护水平景观。除了多样的形状和式样，灌木还能提供大量别具一格的景致：从八角金盘（*Fatsia japonica*）闪闪发亮的掌状叶或丁香散发芳香的花序，到火棘属植物念珠状的浆果或粉枝莓（*Rubus biflorus*）的雪白茎秆。无论大小或风格如何，总有一种灌木适合你的花园。

花园中的灌木

灌木通常从基部产生分枝结构，而不是像大多数乔木那样拥有单独的树干。然而，仅以此来区分灌木和乔木是不正确的，因为某些灌木（如倒挂金钟属植物）也可以整枝成只有一根主干的标准苗，而许多乔木是多干型的。同样，大小上的差别也不能作为区分的依据，因为某些灌木长得比某些乔木还大。任何大小或风格的花园中都可种植许多种类的灌木。从世界范围内搜集的众多属内的物种中，人们已经培育出了大量观赏品种。

选择灌木

灌木在花园中的重要性无可估量，这体现在许多方面；也许最重要的是，它们赋予了设计以形状、结构和实体，并提供了一个框架。然而，它们远远不是纯粹的功能性元素，因为它们还具有各种观赏特性，包括芳香和鲜艳的花朵、常绿或带有斑纹的叶片、吸引人的果实，以及彩色或形状美观的枝条。

这些观赏特性对于你的植物选择有着重要影响。不过，在决定自己的花园中种植哪种灌木时，还有其他需要考虑的实际因素。

与生长条件的相容性是灌木良好生长的基础，而灌木的生长速度、习性、最终高度和冠幅都决定着它是否适合一座花园以及它最适合的位置。

式样和尺寸

在尺寸方面，灌木既有极为低矮的种类，如适用于岩石园的株高仅有20~30厘米的'侏儒'柳叶栒子（*Cotoneaster salicifolius* 'Gnom'），又有5~6米高的体形庞大的种类。这些大灌木包括一些漂亮的常绿杜鹃花属植物，它们的尺寸几乎达到了乔木的标准。

灌木有很多不同的式样和生长习性，包括

圆球形、拱形和峭立形。有些灌木足以单独种植欣赏，例如拥有爆炸式剑形叶子和直立圆锥花序的凤尾兰（*Yucca gloriosa*）。还有些灌木，如日本木瓜（*Chaenomeles japonica*），有蔓生习性，贴墙整枝会更加美观。大部分灌木都可用于低维护水平的园艺中，特别是那些用作地被、周围覆盖护根的低矮灌木。

作为设计形体的灌木

在选择灌木的时候，不但要考虑它们如何与其他种植产生联系，还要考虑它们和附近结构元素的关系，如房屋或露台。如果要用灌木形成设计框架的一部分，一般来说最适合的是那种外形独特、充满雕塑感的灌木——例如像波浪般伸展的'蓝地毯'高山柏（*Juniperus squamata* 'Blue Carpet'）或醒目的间型十大功劳（*Mahonia x media*），可将它们看成是抽象的形体，单独或组合使用，创造充满对比和互补形式的平衡种植方案。

基础种植

灌木常常用于基础种植，将房屋和花园联系在一起，形成建筑的硬质边缘与植物和草坪较柔软的形状与质感之间的过渡。

这种类型的种植可以用来有效地标记房屋的入口；对称的灌木组团或成排灌木可以种植在车行道或门道两侧，自然式栽植的灌木丛也可以种在通向门口的曲径旁。

在设计这种类型的种植时，应该注意使其与建筑的风格、颜色和尺度相配。人们常常选择常绿灌木，因为它们有连续不断的观赏期，但是加入落叶植物能够创造更多样的趣味，同时仍然提供体量和结构感，特别是在自然式的背景中。

选择适合种植位置条件的灌木

为保证灌木繁茂生长并带来长期观赏价值，选择适合你自己花园特定条件的植物种类特别重要。即使是在同一个小型花园中，不同位置的生长条件也会有相当程度的变化。既然有这么多可供挑选的灌木种类，那就没有必要种植与选定地点不相配的植物。

土壤类型

土壤的性质应该是要考虑的第一因素。在许多情况下，可以对土壤进行改良，扩大能够在土壤中良好生长的植物的种类范围。特别重要的是，要增加黏重土壤的孔隙度，改善排水性能，而松散轻质土壤则需要增加保湿性能，除此之外，也需要中和土壤中过量的酸碱性。

然而，成功种植必须考虑土壤本身的性质。即使是相对极端的土壤条件，也仍然有许多植物可供选择：红瑞木和柳属植物喜欢潮湿的土壤，而金雀花（金雀儿属和小金雀属植物）以及薰衣草在排水良好的土壤中生长得很茂盛。杜鹃花属和其他杜鹃科植物需要酸性条件，而许多灌木在碱性土中生长得很好，如溲疏属（*Deutzia*）、金丝桃属（*Hypericum*）和山梅花属（*Philadelphus*）植物。

朝向和小气候

植物对于阳光或阴凉的偏好也必须铭记在心。喜阳灌木如果没有被种植在充足的阳光下，会长得很散乱，不过许多灌木能够忍受甚至喜欢一定程度的阴凉。后者适合用于城市花园，那里的灌木接受的不是从乔木上方滤过的斑驳阳光，而是既有充分的阳光直射，又有建筑投影下来的深深阴凉。

灌木的耐寒性是另一项要考虑的因素。气温范围、海拔、避风程度、朝向以及与海岸的距离都

种植组合
成功的灌木花境依赖于选择在相同生长条件下生长良好并提供长期观赏价值的植物。

会影响种植材料的选择。海洋会让气候变得温和，但充满盐分的海风会损伤沿海花园中的许多植物。不过，也存在既能享受温和气候又耐盐水飞沫的灌木，如南美鼠刺属和小金雀属植物。在开阔花园中因为不够耐寒而可能冻死的植物在更加避风的位置可能会长成贴墙整枝的标本式灌木。

季相变化

当选择灌木时，要考虑它们观赏价值的季相性，看其是像常绿树叶那样连续的还是像夏日繁花那样短暂易逝的。要想得到连续不间断的观赏效果，可以种植观赏特性表现时间相接的灌木，达到此起彼伏的效果。

春天

春天开花的灌木因其带来的色彩和活力而备受珍视。将这些灌木进行组合，提供贯穿整个季节的观赏价值，从最早开花、萌芽状银灰色葇荑花序的'韦氏'戟叶柳（*Salix hastata* 'Wehrhahnii'），

到散发芳香气味、开粉红和白色花朵的'筋斗'伯氏瑞香（*Daphne* x *burkwoodii* 'Somerset'）。

夏天

可供选择的夏季开花灌木种类非常多，最好组合使用它们，以形成连续开花的景象。'伊丽莎白'金露梅（*Potentilla* 'Elizabeth'）和'华丽'小叶丁香（*Syringa pubescens* subsp. *microphylla* 'Superba'）等的花期可以从晚春持续到早秋。

建议种植在酸性土壤中的灌木

'赠品'威氏山茶
Camellia x *williamsii* 'Donation'

'威廉姆斯'展枝石南
Erica x *williamsii* 'P.D. Williams'

椭圆蜜藏花
Eucryphia milliganii

'冬天'短尖叶白珠树
Gaultheria mucronata 'Wintertime'

柠檬叶白珠树
Gaultehria shallon

宽叶山月桂
Kalmia latifolia

'霍姆布什'杜鹃
Rhododendron 'Homebush'

黄杯杜鹃
Rhododendron wardii

小叶越橘
Vaccinium parvifolium

白铃木
Zenobia pulverulenta

秋天

这是一个许多落叶灌木走向前台的季节，绚烂的树叶形成引人注目的壮观景色。用于秋天的灌木包括拥有深红树叶的卫矛和拥有黄色、红色或紫色树叶的各种黄栌。彩色的浆果也很有观赏价值，如'金丘'火棘（*Pyracantha* 'Golden Dome'）的成簇黄色浆果或'克鲁比亚'栒子（*Cotoneaster* 'Cornubia'）的亮红色浆果。

冬天

灌木是冬季花园中的重要元素，能提供丰富的景致。常绿灌木也许是贡献最大的，提供醒目的大块色彩和质感。不过，花朵也可以在冬天出现，外形充满雕塑感的日本十大功劳（*Mahonia japonica*）在这时绽放黄色的花序，而'戴安娜'间型金缕梅（*Hamamelis x intermedia*）则开出细长的红色花朵，其他芳香的开花灌木如博得南特荚蒾也很适用。常用的还有茎秆具观赏价值的灌木，如'黄枝'偃伏梾木（*Cornus sericea* 'Flaviramea'），它有着鲜艳的石灰绿枝条。

灌木花境

全部用灌木种植花境是在花园中使用灌木的最令人满意的方法之一。从适合当地土壤、气候和位置的大范围灌木中可以挑选出一系列种类，能够全年呈现连续不断的色彩和观赏价值。最终目标是创造一个平衡的设计，除了观赏价值和季相变化，每种灌木的形状、式样、高度和冠幅也应考虑在内。

灌木花境的种植几乎全部依赖于树叶质感和色彩的混合，但其他景致也可以占有一席之地。例如，加入形状奇特的灌木以及其他拥有鲜艳浆果或枝条的灌木，以维持常年的观赏价值。不要依赖花朵，因为花朵虽然令人印象深刻，却是短暂易逝的。但通过谨慎的选择，也有可能长期不断开花。

一些灌木可以视为长期植物，而其他灌木则会很快成熟并退化。在对灌木花境进行规划时，要将长期灌木间隔开，这样它们一旦成熟，之后也不需要疏枝或进行程度较大的修剪。也可能需要加入生长速度很快的灌木，但一旦它们变得过于拥挤、快要将灌木种植的核心挤出时，就要对它们进行疏枝。

草本宿根、一年生植物以及其他植物可以

混合种植
在此处种植设计中，常绿的杜鹃花属植物和月桂属植物提供了永久的结构和质感，而观赏草和宿根植物则呈现出夏日色彩。

在一开始就间植在其中，这样在短期内灌木花境的组成就能与混合花境类似。密集的种植，包括地被在内，有助于抑制杂草生长，不过还是建议在植物成形之前使用护根覆盖来减少杂草和水分散失。

混合花境

混合花境的理念是将灌木种植框架和不同的草本植物融合在一起，使二者相得益彰。它的主要优势是灌木能够提供长期甚至是全年的观赏价值，并为其他植物充当背景。由于灌木提供了高度和结构，因此不需要种植高的宿根植物，这些高的宿根植物在传统的草本花境中还需要木棍支撑。

可以将混合花境设计成适合不同的背景。如果它位于一面墙旁边，种植中可以加入贴墙

整枝的灌木和其他灌木作为背景，还可以使用攀援植物，然后将其他植物引入前景中。在岛式苗床上，灌木一般在中央形成形状不规则的核心，四周围绕着以不规则团块或流线型分布的其他植物。

管理混合花境有时候要比照料灌木花境更加复杂，因为不同的植物有着多样的需求。不过，这是将拥有各种特性的不同植物类群整合在一起的最有效的方法之一。

园景灌木

那些特别美观的灌木（也许是因为它们精致的形状或是特殊的个性，如精美的花朵或醒目的叶片）最好作为园景灌木，独立种植在从不同角度和观察点都能很好地观赏的位置。

合适的灌木

既然以这种方式种植的灌木在花园中出类拔萃,那么它的外观一定要配得上它的位置。外形轮廓优美的灌木最为适合,比如呈浓密圆锥形的'加里特'海桐(*Pittosporum* 'Garnettii')或细长圆柱形的'爱尔兰'欧洲刺柏(*Juniperus communis* 'Hibernica'),而开花灌木如'赠品'威氏山茶也能在春天的盛花期形成引人注目的视觉焦点。

当为园景灌木选择树种时,其长期观赏价值是一个重要的考虑因素。在大的花园中,相对短暂但壮观的景致也许足以满足你的需要,因为还有许多其他灌木在别的时间各显神通。然而,占据小型花园重要位置的灌木需要在全年提供色彩和样式,或者拥有不止一个观赏季,例如既有繁花又有美好的秋色叶。

为园景灌木选址

为园景灌木选址时,首先要保证它的尺寸与其在花园中的位置相配,并且和花园的整体设计之间有良好的联系。最好的位置常常位于从房屋主窗户望出去的视线焦点或者两处景色的交汇处。背景跟灌木本身同样重要:通常来说,均匀一致的质感和色彩,如茂密的常绿树篱或成片草坪,是最好的衬托。

不过,也可以试着将园景灌木种在别处,特别是和其他花园景致相搭配,比如能够产生美丽倒影的水池边。在种植之前,可使用相同高度和宽度的竹竿作为替代品,粗略估计灌木的大小和位置对设计产生的影响。

贴墙灌木

对于许多植物来说,温暖、避风的墙脚下的花境是理想的种植位置;虽然这个位置会有些干燥,但如果得到充足灌溉的话,这里的生长条件适宜各种因为太柔弱而无法在花园别处更加开阔或暴露的地方生长的灌木。

将灌木贴墙整枝常常是对外形松散的灌木的最好处理方法,比如美丽茶藨子(*Ribes speciosum*)和连翘(*Forsythia suspensa*)这类没有支撑就会乱作一团的灌木。对于许多灌木来说,这是展现它们观赏特性的最好方式,比如火棘属植物的橘红色或红色浆果。一些耐寒灌木,例如木瓜属植物,也可以不需要支撑物种植,但贴墙整枝的话会显得更加漂亮,并为样式普通的背景增添一些情趣。

有时候并不需要整枝:银香梅属(*Myrtus*)等灌木只需要种植在墙脚附近享受温暖和庇护即可。其他灌木如皱叶醉鱼草(*Buddleja crispa*)则需要整枝才能开花良好。

低矮和地被灌木

在高位栽培床或容器中种植低矮灌木,如长阶花属品种或'布拉姆迪恩'瑞香(*Daphne* 'Bramdean')等,可以很容易地近距离欣赏它们,并在种植设计中增添结构和长期观赏价值。在大的尺度内,使用低矮的灌木可以平衡苗床和花境中的圆形或峭立式样,形成对比。

这些灌木可以在地平面上表现出良好的观赏特性,半日花属(*Helianthemum*)各品种以及一系列多彩的石南植物(帚石南属、大宝石南属和石南属)能够点亮混合花境的前景或柔化道路的硬质边缘,有些蔓延成一片漂亮的地毯,能够很好地衬托其他植物。那些生长速度相对较快的灌木可以作为地被(见94页)。地被灌木最适合用于难以耕作的陡峭堤岸。即使直接位于乔

贴墙整枝的灌木 大戟属植物和茶花常山可以不需要支撑物而种植,不过靠墙种植后也能享受到温暖和庇护。

木下方的阴影区域,像匍匐十大功劳(*Mahonia repens*)和扶芳藤(*Euonymus fortunei*)各品种这样的灌木也能生长得很好。

树叶

一座花园的实质感和季相的连续性在很大程度上依赖于树叶,特别是常绿灌木。落叶灌木的树叶——从春天的新叶到秋天的秋色叶——也比大多数花具有更长时间的观赏价值。

色彩

叶子的色彩能带来很多,叶色不只包括各种色调的绿,还有银灰色、红色和紫色,以及黄色、金色和带斑纹的式样。最醒目的叶色效果,如墨西哥橘树叶的黄色、马醉木属(*Pieris*)某些物种新叶的红色和'银后'扶芳藤(*Euonymus fortunei* 'Silver Queen')叶带白色斑纹的绿,可以像鲜艳的花色那样应用。

形状和质感

灌木的树叶还有许多其他特性值得在园艺观赏中发掘。尺寸巨大或形状特异的树叶,如八角金盘或通脱木(*Tetrapanax papyrifer*)的叶子特别引人注目,而从平滑、有光泽到粗糙、无光泽的质感变化也会形成令人满意的对比。

花

从许多金雀花植物(金雀儿属/小金雀属)的豆状小花到丁香属植物的大型厚重圆锥花

序, 灌木的花呈现出令人印象深刻的多样性。

色彩和式样

灌木拥有各种颜色的花朵, 每种颜色都有无穷无尽的变化; 例如, 粉色色调就有从 '品奇' 木兰 (*Magnolia* 'Pinkie') 的浅粉白色到 '伊诺德吉里' 杜鹃 (*Rhodofendron* 'Hinodegiri') 的猩红色。

有时候大片花朵的群体效果最吸引人, 如美洲茶属植物成簇的密集蓝色花朵或连翘像五角星般的繁茂黄花, 而其他灌木, 比如精致但花期短暂的牡丹 (*Paeonia suffruticosa*), 则以单朵花的华美而著称。

在大型花园中, 如果一种植物的盛花期很短暂并不要紧, 但在小花园里, 这可能就是一个严重的缺点。所以, 如果某种植物的花期非常短暂的话, 则要考虑用它的形状和树叶来弥补。

香味

虽然某些花的吸引力大部分来自它们的色彩和式样, 但那些有香味的花赋予了花园另一个维度。这些花可能既漂亮又有诱人的香味 (例如许多山梅花属的植物, 也可能像野扇花属 (*Sarcococca*) 植物的花那样在外表上很不起眼, 但在仲冬时节将香味洒遍整个花园。

浆果

结浆果的灌木可以将鲜艳的色彩从夏末维持到冬天, 还能吸引鸟类。在常绿灌木 (如火棘属植物) 中, 鲜艳的浆果在绿叶的陪衬下形成鲜明的对比, 而那些落叶灌木如欧洲荚蒾 (*Viburnum opulus*) 的浆果则有不断变化颜色的秋色叶以及冬天的秃枝作为陪衬。橙色和红色浆果最常见, 不过也有其他颜色——从黄色的 '罗斯奇丁' 枸子 (*Cotoneaster* 'Rothschidianus') 到粉红色的 '海贝' 短尖叶白珠树 (*Gaultheria mucronata* 'Sea Shell')。

要牢记的是, 在某些灌木中, 雄花和雌花开在不同的植株上。因此, 只有将雄株和雌株靠近种植才能得到满意的结实率。

树皮和枝条

在冬天, 裸枝的剪影会非常醒目。除了充满雕塑感的简单外形, 某些灌木 (例如红瑞木等) 的枝条还有鲜艳的色彩, 甚至有些灌木如露珠柳 (*Salix irrorata*) 的枝条上还覆盖着灰绿色的花。

可将同一种类型的几种灌木组团在一起使用, 欣赏它们密集的枝条; 或者将一棵精致的园景灌木放置于简单的背景映衬之下, 想象一下 '西伯利亚' 红瑞木 (*Cornus alba* 'Sibirica')

彩色枝条 '西伯利亚' 红瑞木的裸枝在冬天显得特别鲜艳。为了每年得到健壮枝条, 应该在早春对枝条进行程度较大的修剪。

的红色枝条被一面白墙衬托的效果或粉枝莓的雪白枝条映衬在深色墙上的样子。

细枝构成的精致纹路常常被人忽略, 除非它有鲜艳的色彩, 不过不寻常的形状以及满是刺或扭曲的枝条提供了额外的情趣。'扭枝' 欧榛 (*Corylus avellana* 'Contorta') 和金卷柳 (*Salix* 'Erythroflexuosa') 的扭曲枝条如果以墙面或者更普通的植物作为背景, 将成为令人惊奇的珍品。

许多观赏枝条的灌木需要定期修剪, 因为新枝的观赏特性最明显。

盆栽灌木

如果定期浇水和施肥, 许多灌木都能在容器中良好地生长。以这种方式种植, 它们将成为除观赏景致外的多面手: 可以将它们作为活的雕塑, 用来提供强烈的外观冲击并作为平衡其他种植的框架。一棵常绿灌木或低矮松柏植物会在种植钵中形成全年维持效果的中心景致, 可以在春天用球根花卉并在夏天用鲜艳多彩的一年生草花对其进行搭配补充。

盆栽灌木在小型铺装花园、露台或阳台中特别有价值。它可以单独作为园景灌木使用, 或者与变化的一系列其他盆栽植物组合搭配。在较大的花园中, 一棵漂亮的盆栽灌木能够比一座园林雕塑形成更引人注目的视觉焦点。盆栽灌木能够引入某种规则感, 可能只是简单地用一对盆栽灌木放置在拱门两侧, 或者更苦心经营的话, 可以在更大的设计中用盆栽灌木来标记林荫道。

选择植物

最适合的盆栽灌木是那些观赏期很长的种类, 如常绿的山茶属和杜鹃属植物, 它们即使在花朵凋谢之后仍然很漂亮。为得到良好的观赏效果, 可以考虑矮棕, 它有巨大、光滑的掌状树叶。颜色和质感多样的松柏类也是不错的选择。

落叶灌木的外观会从春天到秋天不停改变, 以鸡爪槭为例, 当所有叶子全部落光的时候, 精致枝条构成的优美图案会被保留下来。像 '金焰' 粉花绣线菊 (*Spiraea japonica* 'Goldflame') 这样拥有鲜艳叶色和顶端玫瑰粉色花序的灌木种在园艺种植钵中会显得特别精致。

实用优点

在容器中种植灌木的一个好处是可以利用这种方法将不耐寒的植物如夹竹桃 (*Nerium oleander*) 和棕榈类植物引入花园, 在夏季赋予花园一抹地中海或亚热带风情, 到冬天可以将这些植物转移到有设施保护的地方。有香味的灌木在开花时, 也可以挪到座位区或窗户附近。这还是一种引入不能忍受花园土壤的灌木的好方法。例如, 只要给予不含石灰的水和酸性基质, 在种植钵或其他容器中种植的山茶属和杜鹃属灌木甚至可以在钙质土区域良好生长。

盆栽灌木 鸡爪槭在容器中生长得很好, 成为花园中一道雅致的景色 (特别是种植在美观的容器中时)。

灌木种植指南

暴露位置

能够忍受暴露或多风位置的灌木；标注"c"的灌木不适合用在海边

熊果*Arctostaphylos uva-ursi*
灌木柴胡*Bupleurum fruticosum*
帚石南*Calluna vulgaris*及其品种
黄枝滨篱菊*Cassinia leptophylla* subsp. *fulvida*
岩蔷薇属*Cistus*部分物种 1
朱蕉属*Cordyline* 1
栒子属*Cotoneaster*矮生物种，平枝栒子*C. horizontalis*
沙枣*Elaeagnus angustifolia*
春石南*Erica carnea*及其品种 c
南美鼠刺属*Escallonia*
扶芳藤*Euonymus fortunei*及其品种
短筒倒挂金钟*Fuchsia magellanica*及其品种
柠檬叶白珠树*Gaultheria shallon* c
小金雀属*Genista*部分物种 1
覆瓣栎木属*Griselinia*部分物种 1
铃铛刺*Halimodendron halodendron*
长阶花属*Hebe*部分物种 1
沙棘*Hippophäe rhamnoides*
地中海冬青*Ilex aquifolium*
花葵属*Lavatera*
榄叶菊属*Olearia*部分物种 1
新蜡菊属*Ozothamnus*部分物种 1
麻兰属*Phormium*
黑刺李*Prunus spinosa*
火棘属*Pyracantha*
意大利鼠李*Rhamnus alaternus*
彭土杜鹃*Rhododendron ponticum* c
柳属*Salix*
千里光属*Senecio*部分物种 1
鹰爪豆属*Spartium*
绣线菊属*Spiraea*
柽柳属*Tamarix*
荆豆属*Ulex*
丝兰属*Yucca*部分物种 1

避风位置

喜欢避风位置的灌木

多花六道木*Abelia floribunda* 1
苘麻属*Abutilon*部分物种 1
鸡爪槭*Acer palmatum*及其品种
紫金牛属*Ardisia* 1
班克木属*Banksia* 1
龙舌草属*Beschorneria* 1
寒丁子属*Bouvardia* 1
长春菊属*Brachyglottis* 1
柑橘属*Citrus* 1
臭茜草属*Coprosma* 1
曼陀罗属*Datura* 1
罂粟木*Dendromecon rigida* 1
篦齿常绿千里光*Euryops pectinatus* 1
芭蕉*Musa basjoo* 1
夹竹桃属*Nerium* 1
隐脉杜鹃*Rhododendron maddenii*，越橘杜鹃组*R. Section Vireya* 1

贴墙灌木

六道木属*Abelia*部分物种 1
苘麻属*Abutilon*部分物种 1
银荆*Acacia dealbata* 1
阿查拉属*Azara*部分物种 1
皱叶醉鱼草*Buddleja crispa* 1
红千层属*Callistemon*部分物种 1
山茶属*Camellia*部分物种 1
美洲茶属*Ceanothus*部分物种 1

夜香树属*Cestrum*部分物种 1
木瓜属*Chaenomeles*
火把花属*Colquhounia*
毛花瑞香*Daphne bholua*
法兰绒花属*Fremontodendron*
月月青*Itea ilicifolia*
火棘属*Pyracantha*
'秋花'智利藤茄*Solanum crispum* 'Glasnevin'，素馨茄*S. laxum* 1

空气污染

能够耐污染空气的灌木

桃叶珊瑚属*Aucuba*
小檗属*Berberis*
大叶醉鱼草*Buddleja davidii*
山茶*Camellia japonica*及其品种
偃伏梾木*Cornus sericea*
栒子属*Cotoneaster*
胡颓子属*Elaeagnus*
大叶黄杨*Euonymus japonicus*
八角金盘*Fatsia japonica*
短筒倒挂金钟*Fuchsia magellanica*及其品种
丝缨花属*Garrya*
阿耳塔拉冬青*Ilex* x *altaclerensis*，地中海冬青*I. aquifolium*
鬼吹箫属*Leycesteria*部分物种 1
女贞属*Ligustrum*
蕊帽忍冬*Lonicera pileata*
广玉兰*Magnolia grandiflora*
冬青叶十大功劳*Mahonia aquifolium*
木樨属*Osmanthus*
山梅花属*Philadelphus*
柳属*Salix*
绣线菊属*Spiraea*
荚蒾属*Viburnum*

干燥阴凉

能够忍受干燥阴凉的灌木

桃叶珊瑚属*Aucuba*
加拿大草茱萸*Cornus canadensis*
桂叶瑞香*Daphne laureola*
扶芳藤*Euonymus fortunei*，大叶黄杨*E. japonicus*
八角金盘*Fatsia japonica*
常春藤属*Hedera*部分物种 1
地中海冬青*Ilex aquifolium*
板凳果属*Pachysandra*

潮湿阴凉

能够忍受潮湿阴凉的灌木

桃叶珊瑚属*Aucuba*
锦熟黄杨*Buxus sempervirens*
山茶*Camellia japonica*
加拿大草茱萸*Cornus canadensis*
桂叶瑞香*Daphne laureola*
扶芳藤*Euonymus fortunei*，大叶黄杨*E. japonicus*
八角金盘*Fatsia japonica*
地中海冬青*Ilex aquifolium*
蕊帽忍冬*Lonicera pileata*
冬青叶十大功劳*Mahonia aquifolium*
木樨属*Osmanthus*部分物种 1
三色莓*Rubus tricolor*
野扇花属*Sarcococca*
茵芋属*Skimmia*
蔓长春花属*Vinca*

两个或更多观赏季

全年

灰叶相思树*Acacia baileyana* 1
紫金牛*Ardisia japonica*
银毛旋花*Convolvulus cneorum*
'金边'埃氏胡颓子*Elaeagnus* x *ebbingei* 'Gilt Edge'
长圆叶常绿千里光*Euryops acraeus*
西班牙薰衣草*Lavandula stoechas*
杜香叶新蜡菊*Ozothamnus ledifolius*

冬天/春天

粉叶小檗*Berberis temolaica*
'扭枝'欧榛*Corylus avellana* 'Contorta'
露珠柳*Salix irrorata*

春天/夏天

加州夏蜡梅*Calycanthus occidentalis*
'森林之火'马醉木*Pieris* 'Forest Flame'

春天/秋天

'埃迪氏'四照花*Cornus* 'Eddie's White Wonder'

夏天/秋天

'迈耶'柑橘*Citrus* 'Meyer' 1
'银边'欧茱萸*Cornus mas* 'Variegata'
'火焰'黄栌*Cotinus* 'Flame'
猩红果栒子*Cotoneaster conspicuus*
云南双盾木*Dipelta yunnanensis*
'雪花'浅裂叶绣球*Hydrangea quercifolia* 'Snowflake'
蓝叶忍冬*Lonicera korolkowii*
银香梅*Myrtus communis*，袖珍银香梅*M. communis* subsp. *tarentina*
西康绣线梅*Neillia thibetica*
黄叶糙苏*Phlomis chrysophylla*
火棘属*Pyracantha*
'仙鹤'华西蔷薇*R. moyesii* 'Geranium'

秋天/冬天

荔梅*Arbutus unedo*
粉叶小檗*Berberis temolaica*
'银边'欧茱萸*Cornus mas* 'Variegata'

香花灌木

白花连翘*Abeliophyllum distichum*
总序金雀花*Argyrocytisus battandieri*
互叶醉鱼草*Buddleja alternifolia*
茶梅*Camellia sasanqua*
'金黄'蜡梅*Chimonanthus praecox* 'Luteus'
'阿兹特克珍珠'墨西哥橘*Choisya* 'Aztec Pearl'
墨西哥橘*C. ternata*
'圆锥'桤叶山柳*Clethra alnifolia* 'Paniculata'
'粉花'智利简萼木*Colletia hystrix* 'Rosea'
毛花瑞香*Daphne bholua*，巴尔干瑞香*D. blagayana*，欧洲瑞香*D. cneorum*，瑞香*D. odora*
胡颓子属*Elaeagnus*
葡萄牙石南*Erica lusitanica*
'苍白'间型金缕梅*Hamamelis* x *intermedia* 'Pallida'
'冬美人'桂香忍冬*Lonicera* x *purpusii* 'Winter Beauty'，斯坦氏忍冬*L. standishii*
馥郁滇丁香*Luculia gratissima* 1
小花木兰（天女花）*Magnolia sieboldii*，汤普逊氏木兰*M.* x *thompsoniana*

日本十大功劳*Mahonia japonica*
山桂花*Osmanthus delavayi*
山梅花属*Philadelphus*许多物种
海桐花*Pittosporum tobira*
耳叶杜鹃*Rhododendron auriculatum*，泡泡叶杜鹃*R. edgeworthii* 1，'香花'杜鹃*R.* 'Fragrantissimum' 1，根特杂种杜鹃*R.* Ghent hybrids，芳香型罗德里杜鹃群*R.* Loderi Group，纯黄杜鹃*R. luteum*，西洋杜鹃*R. occidentale*及其杂种，'北极熊'杜鹃*R.* 'Polar Bear'，罗斯蒂卡杂种杜鹃*R.* Rustica hybrids，粘杜鹃*R. viscosum*
野扇花属*Sarcococca*
荚蒾属*Viburnum*许多物种

香叶灌木

莸属*Caryopteris*
木薄荷属*Prostanthera* 1
银香菊属*Santolina*

外形奇异的灌木

龙舌兰属*Agave* 1
'金边'楤木*Aralia elata* 'Aureovariegata'
矮棕属*Chamaerops* 1
椰子属*Cocos* 1
朱蕉属*Cordyline* 1
苏铁属*Cycas revoluta* 1
龙血树属*Dracaena* 1
枇杷*Eriobotrya japonica*
荷威椰子属*Howea* 1
智利椰子属*Jubaea* 1
露兜树属*Pandanus* 1
刺葵属*Phoenix* 1
麻兰属*Phormium*
箬棕属*Sabal* 1
丝兰属*Yucca*部分物种 1

注释：
1 不耐寒

春石南

用于地被的灌木

使用浓密的垫状开花或观叶植被覆盖地面最初是用来抑制杂草生长的种植手段。地被还能减少裸露土壤的水分蒸发。耐干旱常绿植物，如杂种岩蔷薇（*Cistus x hybridus*）、开粉花的粉花岩蔷薇（*C. x skanbergii*）以及迷迭香属（*Rosmarinus*）和薰衣草属的大多数品种形成的浓密植被会荫蔽土壤并使其保持凉爽，而且它们缓慢降解的落叶也会起到护根的作用。

容易遭受风雨侵蚀的陡峭堤岸可种植地被灌木，如'蓝地毯'高山柏（*Juniperus squamata* 'Blue Carpet'）或矮生枸子（*Cotoneaster dammeri*）。它们低矮蔓延的生长习性、常绿的树叶以及发达的根系共同构成了稳定的覆盖层，能够有效防止表层土被侵蚀。

在野生动物花园中，地被可以用来吸引蜜蜂和蝴蝶。例如，低矮蔓生的百里香属植物如早花百里香（*Thymus praecox*）及其品种对蜜蜂就特别有吸引力。

一旦成形之后，地被植物就会扼杀大多数试图在树冠下生长的杂草幼苗，夺走杂草的阳光，并与它们竞争水分和养分。在野外环境中，这是一种自然发生的常见过程；在花园中可以模仿这种自然现象，得到只需很少后期管理的美观的整体种植设计。

在开放式花园中，常绿地被灌木能够起到标记低矮边界的作用。它们还能将被风刮起的垃圾挡在树枝下面，方便清除。

选择植物

选择那些能够快速用浓密的枝条覆盖种植空间的美观且健壮的植物。低矮且有蔓延性的灌木是最有用的。常绿灌木能够维持全年观赏价值，也是一个很好的选择，如果像'金斑'扶芳藤（*Euonymus fortunei* 'Sunspot'）那样拥有带金黄斑点的深绿色叶片的话，还能够点亮不起眼的阴暗角落。

选择的植物应该能够适应种植地或干或湿、或阴凉或暴晒的条件。它们应该容易进行养护，平常不需要修剪或者每年只需修剪一次并施一次肥。选择那些能够保持5~10年健康的长期植物。最后，寻找树叶和外形美观的物种、品种和栽培类型，如果有可观赏的花和果实就更好了。

植物的组合

大规模的单一植物会呈现统一的"地毯式"效果，不过生活力相似的植物也可以组合搭配在一起。不同色彩、质感和形式的地被植物可以混合起来成为花园中的别样景致，或者为设计提供具有联系作用的美观要素。低矮的地毯状灌木还能构成球根花卉的优良背景，并且维护简单，不像草类那样在球根花卉的叶子凋萎之后还需要割草。

有些灌木特别适合用于中等高度的地被，或者作为乔木下方的林下层使用。拥有色彩鲜艳的果实的猩红果枸子（*Cotoneaster conspicuus*）、拥有发亮深绿色树叶的'密枝'桂樱（*Prunus laurocerasus* 'Otto Luyken'），还有叶子深裂且带白边的'白斑叶'八角金盘（*Fatsia japonica* 'Variegata'），都能很好地覆盖地表并提供观赏价值，即使是在冬季。

一般栽培

完全准备好土地之后，有几种种植方法可以保证地被灌木快速覆盖地面：将它们按照其所需的最佳间距进行种植后，在土壤上覆盖松散的护根；将它们按照最佳间距透过一层防野草的黑塑料膜护根种植；或者将它们按照比一般间距更密的密度种植，以便更快地达到覆盖目的。

具体选用哪种方法取决于所用植物的类型和造型、气候和土壤条件，以及你愿意为最终效果等待多久。在适宜条件以合适间距种植的速生植物一般会在两到三年内填满

植物之间的空隙。

一旦成形之后，许多灌木植物只需要偶尔进行修剪，并去除死亡和受损的枝条，就能保持紧凑。一些种类需要更频繁地每年进行修剪，例如，蔓长春花属（*Vinca*）植物和大萼金丝桃（*Hypericum calycinum*）过几年就会变得相当散乱，而圣麻属（*Santolina*）植物则会向四周展开，露出它们的中心。

富于质感的毯状地被
健壮而低矮的'蓝地毯'高山柏提供了一片宽达3米、充满色彩和质感的地被。

为地被覆盖护根

当地被植物以正确的间距种下去之后，它们之间的地面仍然是裸露的。在植物开始长满周围区域之前，建议用护根覆盖它们之间的空隙。这有助于保持土壤中的水分并抑制杂草生长。质地松散的护根如树皮碎屑最为理想，覆盖厚度应达约5厘米。

为保持新种植植物（这里是春石南）之间的水分，覆盖一层5厘米厚的松散护根。每年春天，更换一次成形植物周围的护根。

修剪地被植物

圣麻属
一些丛生植物需要进行重剪。在春天，将地上部分修剪至新枝条从主干抽出来位置的正上方。

大萼金丝桃
春天，将前一个生长季长出的枝条进行重剪。

土壤准备和种植

大多数花园都能种植种类众多的灌木，即使土壤状况并没有达到最理想的状态——肥沃、排水良好但又充分保水。改善潮湿土壤的排水性能，以及通过加入腐殖质的方式改善干燥土壤的结构和保水性能够大大增加可种植灌木的种类。土壤的酸碱性也是影响可种植植物范围的一个重要因素，它也可以得到改良。虽然这些改良措施很重要，但花园中的土壤仍然会偏向本身的潮湿或干燥、黏重或疏松、酸性或碱性。最适合用在你花园的灌木是那些最能适应你花园土壤条件的种类。

选择灌木

灌木可以从园艺中心、苗圃和非专业渠道如超市购买。一些苗圃的灌木还可邮购。这些植物通常在休眠季进行配送，以容器栽植、坨根或裸根的方式售卖。

出售的灌木应该有精确的标牌、健康、完好无损，没有感染病虫害。当直接购买时，对植株进行全面检查，挑选分枝均匀且分枝点接近地面的苗木。对于标准苗灌木，要挑选有足够高度的无分枝主干。在超市的温暖干燥环境中出售的灌木，其储藏寿命很短。可靠的供应商会保证，如果在一年之内发现灌木标错了名字或者在给予良好照料的情况下死亡，则免费更换。

容器栽植灌木

灌木最常见的售卖方式是在容器中栽植售卖，容器有很多种类型，从硬质花盆到简单的塑料袋。大多数以这种方式售卖的灌木都是一直在容器中生长的；还有一些是在大田中生长，然后在出售之前的季节里上盆栽植的。这两种类型较难区分，不过一直在容器中生长的灌木一般有发育更充分的根系（常常能从花盆的排水孔处看到）。

将灌木从容器中取出，根系应该呈现出健康的白色尖端，而且发育良好的根系应该能够保留容器中的全部或大部分基质。拒绝使用根

选择灌木

盆栽灌木

好样品
苗壮、均衡的地上部分

楔叶木薄荷
发育良好的苗壮根系

坏样品
长满细枝的稀疏主干，新生枝条少
被容器束缚的根系

坏样品的复壮
梳理被容器束缚的根系，并将所有非常长或受损的根截短

好样品
发育良好且均衡的分枝结构

香荚蒾
健康、苗壮、无病虫害的枝条

坨根灌木
包裹完好，没有漏洒或受损
确保根坨是紧实的

系发育不良以及根系生长受到容器束缚（部分根系从容器中伸出来）的灌木，这种类型的苗木很少会生长良好。

容器栽植灌木的一个重要优势是它们可以在任何时间购买和栽植（极端温度或干旱时除外）。上盆灌木可以在冬天安全地进行栽植，但是在其他时间栽植可能会恢复得很慢，除非它们也拥有发育良好的根系。

裸根灌木

繁殖容易的落叶灌木有时候会在休眠季中直接从大田挖出，根部裸露出售。购买裸根灌木的季节是从秋天到第二年春天。为防止变干，它们常常会假植在土地中直到出售。在购买之前，应仔细检查，确保裸根灌木具有发育均衡的健壮根系。

坨根灌木

这类灌木通常在秋季或早春出售，之前都在露天的大田生长，然后在出售时连同根坨一起挖出，根坨用麻布或网布包裹。松柏类植物常常以这种方式出售。要检查根坨的包裹是否完好，包裹不完好的话根系会暴露在外被风干，此外还要确保根坨的紧实性。

适合砂质土壤的灌木

岩高兰小檗Berberis empetrifolia
帚石南Calluna vulgaris及其品种
聚花美洲茶Ceanothus thyrsiflorus
艳斑岩蔷薇Cistus x cyprius
桤叶山柳Clethra alnifolia
金雀儿Cytisus scoparius
欧石南Erica arborea、灰色石南E. cinerea
短筒倒挂金钟Fuchsia magellanica及其品种
小金雀Genista tinctoria
针叶哈克木Hakea lissosperma
铃铛刺Halimodendron halodendron
半日花属Helianthemum
蜡菊属Helichrysum部分物种 1
沙棘属Hippophäe
薰衣草属Lavandula部分物种 1
榄叶菊属Olearia部分物种 1
新蜡菊属Ozothamnus部分物种 1
糙苏属Phlomis
麻兰属Phormium
鹰爪豆Spartium junceum
柽柳属Tamarix
荆豆Ulex europaeus
凤尾兰Yucca gloriosa

适合排水良好黏性土壤的灌木

唐棣属Amelanchier
楤木属Aralia
涩果属Aronia arbutifolia
桃叶珊瑚属Aucuba
小檗属Berberis
华丽木瓜Chaenomeles x superba及其品种
'西伯利亚'红瑞木Cornus alba 'Sibirica'
黄栌属Cotinus
栒子属Cotoneaster
溲疏属Deutzia
连翘属Forsythia
丝缨花属Garrya
沙棘属Hippophäe
宽叶山月桂Kalmia latifolia
忍冬属Lonicera部分物种 1
间型十大功劳Mahonia x media
山梅花属Philadelphus
委陵菜属Potentilla
火棘属Pyracantha
黄花柳Salix caprea
欧洲接骨木Sambucus racemosa
绣线菊属Spiraea
红豆杉属Taxus
欧洲荚蒾Viburnum opulus
锦带花属Weigela

注释
1 不耐寒

'柏福德'山梅花

种植时间

秋季到第二年春季是裸根灌木和坨根灌木的种植季节，也是盆栽灌木的最佳种植时间；然而，那些不太耐寒的种类应该在春季种植。秋天种植可以让灌木的根系在土壤还温暖的时候恢复，这样灌木就可以在第二年夏天的干燥气候之前茁壮地生长。

种植可以在冬天较温和的天气下进行，但是不能在土地冰冻时进行。在非常冷的土壤中，根系不会伸展，它们甚至有可能被冻僵并因此死亡。

春季种植的主要缺点是灌木的地上部分很可能在根系恢复之前先生长，如果干旱天气提前出现的话，可能需要经常灌溉才能使其成活。

土壤的准备

许多灌木都能活很长时间，所以在种植前需要对土壤进行充分的准备。整地的目标是在种植区域外为单独的灌木耕作好一块区域，最好对整个种植床进行整地耕作。

整地耕作的最好季节是夏末和秋天。首先清除或杀死所有杂草，注意将多年生杂草彻底清理干净（见645~649页，"杂草和草坪杂草"）。用双层掘地法（见620页）将一层8~10厘米厚的腐熟有机质铺在下层土壤中。如果这难以做到，也可将大量有机质混入30~45厘米厚的土壤表层。如果适当的话还可以加入化肥（见624~625页，"土壤养分和肥料"）。

如何种植

灌木的种植穴必须足够宽，能够容纳它的根坨。对于盆栽或坨根灌木，种植穴应该是根坨的两倍宽，如果种植在黏质土壤中则应该是根坨的三倍宽。对于裸根灌木，种植穴的大小必须足以让其根系充分伸展。种植穴还必须足够深，让灌木的种植深度与其之前在容器或大田中时保持一致，其树干基部有一个深色标记，可以指示种植深度。在种植穴上横放一根木棍，可辅助确定种植深度。对于后期上盆灌木的处理，取决于当它从容器中取出时根系的发育程度。如果基质从根系上脱落，那么就像种植裸根灌木一样种植它；如果没有，就像种植盆栽灌木一样对待它。如果根系被容器束缚得太厉害，则要对其进行梳理。在将坨根植物放入种植穴之后，要去除麻布或网布的包裹。在回填种植穴时，轻轻摇晃裸根灌木以利于土壤沉降。逐渐紧实土壤，但对于黏质土壤不要压得太

种植贴墙灌木

1 在距离墙壁至少22厘米的地方挖一个种植穴。将灌木（这里是一株火棘属植物）种植在里面，并将它绑在支撑木棍上。

2 回填土壤并压实。在中央木棍和金属丝上固定水平竹棍，这样侧枝就能被支撑并绑在上面（见插图）。

种植盆栽灌木

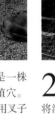

1 挖出一个灌木根坨（这里是一株荚蒾属植物）两倍宽的种植穴。将表层土与腐熟有机质混合。用叉子在种植穴的四壁和底部叉洞。

2 将一只手放在基质顶部并支撑住灌木，小心地将植物从容器中取出。将灌木放置在准备好的种植穴中。

3 在种植穴上放置一根木棍，确保种植深度与之前一致。如有必要，通过增加或挖取表层土的方式调节种植深度。

4 用挖出的表层土与有机质的混合物回填种植穴，逐步紧实土壤。注意不要产生气穴。

5 种植穴被完全填满之后，用脚或手压实灌木周围的土壤。

6 将染病或受损的枝条剪掉，并将所有向内生长或交叉生长的枝条修剪至向外生长的分枝或芽处。去除所有特别长的、纤弱的或散乱的枝条，以及那些破坏灌木整体平衡结构的枝条。

7 浇透水。铺一层5~7厘米厚的腐熟基质或碎树皮护根，覆盖宽度应为30~45厘米。

实。为了改善种在黏质土壤中灌木周围的排水性，将灌木稍稍向地面上方提升，并用土壤埋住根坨暴露在外的部分，顶端埋到土壤标记为止。在砂质土壤中，将灌木种植在稍稍下沉的坑洼中，把水引导到植物的根系周围。为灌木浇水并覆盖护根。

种植贴墙灌木

一些灌木可以在固定于墙壁或栅栏上的金属丝上整枝。在距离墙壁至少22厘米的地方种下灌木，将植株向墙壁一面倾斜。用木棍支撑灌木的主干和水平分枝，然后将水平分枝绑在金属丝上（又见105~106页，"贴墙灌木"）。

立桩

灌木一般不需要立桩支撑，除非是那些根系受到束缚的大型园景灌木或者标准苗型灌木。前者最好在一开始就不要选用，如果选用了，它们在种下去的头一两年肯定需要一定程度的支撑，直到它们的根系伸展开来才会变得稳定。

对于所有从近地面处分枝的灌木，最好的支撑方法是以灌木为圆心、以1米为半径作圆，在圆上取3个等距点立桩，然后在桩上拉出绳索，将灌木支撑在这些绳索上。为防止对树皮造成损伤，建议用橡胶或相似材料覆盖在绳索与树枝接触的地方。

对于标准苗型灌木，在种植前将木桩钉入种植穴中，以防对根系

使用集水圈

为帮助保持水分，可以在灌木周围用一圈隆起的土壤制造一个浅低注。在浇过几次水之后，将这圈土壤推入低洼处，然后再覆盖护根。

为标准苗型灌木立桩

1 将木桩打入稍偏种植穴中心一点的位置，木桩顶端应该正好位于种植后灌木树冠的下方。将灌木挨着木桩种植。

2 确定好种植深度之后，回填并紧实土壤。在排水良好的土壤中，在灌木周围形成一个低洼，利于保水。使用合适的绑结固定树干（见插图）。

造成损伤。木桩的顶端应该正好位于最低分枝的下面。使用专利绑结或者自制的八字结将主干固定在木桩上，以防摩擦。

保护新种植灌木

如果不加保护的话，新种植灌木可能会因干燥或寒冷受到伤害。开阔环境中的阔叶常绿灌木和松柏类灌木尤其容易受到伤害。

以麻布或网布形成的屏障能够有效减少寒风的干燥效应。在距离灌木需要保护的受风面30厘米处竖起一道坚固的木质框架，将麻布或网布用大头钉钉在框架结构上，整个结构应该超出灌木上方及两侧至少30厘米。也可在植物周围设立一个四面的框架，钉上麻布或网布，给予更加全面的保护。

还有一种既可单独使用，又可与传统屏障保护法结合使用的方法——使用抗干燥喷剂喷洒在植株上，减少水分散失。在树叶两面都喷洒一层喷剂，形成薄膜。

在灌木基部铺撒护根有助于保护树根免遭霜冻伤害。最好在温和天气下铺撒护根，这时土地还相当温暖湿润。

在降雪量很大的地区，脆弱的常绿灌木特别需要额外的保护。最好用木材和铁丝网搭建的笼子来提供保护。迅速除去积压在灌木上

的大量积雪。对于半耐寒和不耐寒的灌木，可能需要更极端的保护措施（见612~613页，"防冻和防风保护"）。当在春天移除这些隔离设施的时候，应检查是否有因为冬季保护而滋生的病虫害。

在容器中栽植灌木

夏末至秋天是对灌木进行盆栽的主要时期（又见315页，"灌木"）。当移栽灌木时，新容器的深度和直径都应该比上一个容器大5厘米。若使用旧容器，要在填土前彻底清洁内表面。

笨重的容器应该在种植前就放在预定的位置。将容器放置在砖块或砌块上，以利于排水。将碎瓦片放置在排水口上，并铺设一层2.5厘米厚的排水材料，如粗砾石。

以壤土作为基础的基质富含营养，比以草炭为基础的基质更适合，后者包含的养分有限，并且更容易变得干燥。因此，种在草炭基质中的灌木需要频繁地浇水和施肥。对于杜鹃属和其他厌钙植物，要使用酸性基质；如果想要绣球花开出蓝色花，也要用酸性基质。将植株放入花盆之后，将其根系均匀伸展，并用基质围绕根系回填。保证土壤标记与基质表面平齐。在基质上铺设一层砾石或碎树皮，避免基质表面形成硬壳。这样的护根还会显得很美观。

适合酸性土的灌木

倒壶花属Andromeda
荔梅属Arbutus大多数物种
熊果属Arctostaphylos部分种类1（部分物种）
帚石南属Calluna
山茶属Camellia部分种类1
山柳属Clethra部分种类1
加拿大草茱萸Cornus canadensis
蜡瓣花属Corylopsis大部分物种
枸骨叶Desfontainia spinosa
吊钟花属Enkianthus
石南属Erica大部分物种
北美瓶刷树属Fothergilla
白珠树属Gaultheria
哈克木属Hakea部分种类1
山月桂属Kalmia
木藜芦属Leucothöe
璎珞杜鹃属Menziesia
金钟木属Philesia magellanica 1
马醉木属Pieris
杜鹃属Rhododendron部分种类1（大部分物种）
药用安息香Styrax officinalis
蒂罗花Telopea speciosissima 1
越橘属Vaccinium
白铃木属Zenobia pulverulenta

适合碱性土的灌木

东瀛珊瑚Aucuba japonica及其品种
达尔文小檗Berberis darwinii
大叶醉鱼草Buddleja davidii及其品种
黄杨属Buxus
矮棕属Chamaerops 1
墨西哥橘Choisya ternata
岩蔷薇属Cistus部分种类1
枸子属Cotoneaster
金雀儿属Cytisus部分种类1
溲疏属Deutzia
卫矛属Euonymus
连翘属Forsythia
长阶花属Hebe部分种类1
木槿属Hibiscus部分种类1
金丝桃属Hypericum部分种类1
女贞属Ligustrum
忍冬属Lonicera部分种类1
夹竹桃Nerium oleander 1
山梅花属Philadelphus
橙花糙苏Phlomis fruticosa
石楠属Photinia
委陵菜属Potentilla所有灌木类型物种
玫瑰Rosa rugosa
迷迭香属Rosmarinus
千里光属Senecio
丁香属Syringa
月桂荚蒾Viburnum tinus
穗花牡荆Vitex agnus-castus
锦带花属Weigela
芦荟叶丝兰Yucca aloifolia 1

注释
1 不耐寒

'火烈鸟'
日本马醉木

日常养护

下面所给出的养护方针是通用的，虽然并不是所有的灌木都有同样的要求。新种植灌木一般需要灌溉和施肥，而那些盆栽灌木需要周期性地更换表层基质或重新上盆。另外，摘花头、去除萌蘖条、除草以及病虫害防治等可能都是必要的养护手段。

施肥

有规律地施加有机肥料或无机肥料对于大多数灌木都很有益处，特别是若同时定期修剪的话。如今市面上有许多类型的有机肥料，既有速效肥，又有缓释肥。它们最好在早春使用。一些缓释肥只有在温度达到植物能够利用它们的时候才会释放其养分。标准的施肥量应该是每平方米60克。

速效肥有助于灌木在春天开始生长时萌发新的枝叶。液体肥料的肥效比固体肥料发挥得快——这些肥料应该在灌木种植之后立刻施加。

颗粒状或粉末状肥料应该混入比灌木地上部分稍宽区域的土壤中。对于根系较浅的灌木，让肥料自然渗入土壤或者用浇水的方式将其带入土壤中，避免用叉子混合肥料时将根系弄伤。施肥可能会影响土壤的pH水平，例如，大多数无机氮肥都会让土壤变酸。

灌溉

已经成形的灌木只在长期干旱时才需要浇水，但是年幼的灌木则需要经常灌溉。将水浇灌在灌木周围的地面上，将土壤浸透。浇水时不要次数多、程度浅，这会让根系向土壤表层生长。浅根系会让灌木在干旱时期变得脆弱。最好的灌溉时间是晚上，这时候的蒸发作用最小。

护根

使用腐熟的大块粪肥作为护根有助于保持土壤湿度并提升土壤肥力。它还能调节根系周围的极端温度，并抑制杂草的滋生。

在新种植灌木周围覆盖护根，覆盖范围应比植物根系宽45厘米。成形灌木四周的护根应该超出地上部分15~30厘米。由碎树皮、木屑或粪肥组成的护根应为5~10厘米厚，但不要紧挨着灌木树干。不要在天气寒冷或者土壤干燥的时候覆盖护根。

除草

杂草会竞争养分和水分，所以在种植前一定要清理地面上所有的杂草。新种植灌木周围的区域需要经常除草，直到种植灌木的地方形成浓密的枝条，能够抑制杂草的竞争。关于除草方式，见645~649页，"杂草和草坪杂草"。

去除萌蘖条

包括杜鹃属植物在内的一些嫁接灌木容易在嫁接结合部下方长出萌蘖条，这些萌蘖条可以从茎或根上长出。一旦发现这些萌蘖条，就用拇指和食指将它们掐掉。如果萌蘖条已经长得太大，就将它们剪掉，剪的时候尽可能贴近它们生长的树干或树根。把它们扯掉能够去除任何休眠芽，但当心不要损伤树干和树根。留意之后萌蘖条的再生情况。

逆转与突变

大多数彩斑灌木都是由绿叶植物产生的突变枝条繁殖得到的。彩斑灌木的树枝时常会逆转回母株原始的性状，或再次突变，树叶变成浅奶油色或黄色。由于这类枝条通常更加苗壮，它们会最终压制那些仍保持彩斑性状的枝条，因此应立刻剪掉。

摘花头

对于包括杜鹃属、丁香属和山月桂属在内的一些灌木，在结实之前将它们已经凋谢的花朵立刻除去，会对植株有很大好处。将残花去除能够将能量转移到枝叶上，促进下一生长季开花，但这对于灌木本身的健康并不重要。为避免对新芽造成损伤，在花朵枯萎之后立刻将其摘除。大多数花朵都能干净利落地从树枝上

为杜鹃属植物摘花头

在新芽完全发育之前，从花梗基部掐去每朵枯萎的花。注意不要损伤幼嫩枝叶。

掐去，如有不整齐的地方，用修枝剪修理干净。

盆栽灌木

与露天种植的灌木相比，盆栽灌木需要更多照料，因为它们能够接触到的水分和养分都很有限。在灌木完全成熟之前，每一年或两年的春季对它们进行换盆，然后更换基质。当成熟之后，只要每年春天更换表层5~10厘米厚的基质即可（又见333~334页，"盆栽灌木和乔木的养护"）。

如何去除萌蘖条

去除萌蘖条
扯去或者剪断基部的萌蘖条（这里是一株金缕梅属植物Hamamelis）；如果它是被扯掉的，将伤口修剪整齐，留下干净的切口（见插图）。

识别萌蘖条
通常可以通过叶片区分萌蘖条和普通枝条：左侧是树冠处的正常枝条，右侧是从根部抽生的萌蘖条。

去除无彩斑枝条和逆转枝条

无彩斑枝条
对于彩斑灌木（这里是'金翡翠'扶芳藤Euonymus fortunei 'Emerald' n 'Gold'），将所有浅色枝条修剪至彩斑枝条处。

逆转枝条
将逆转枝条（这里是'丽翡翠'扶芳藤E. fortunei 'Emerald Gaiety'）修剪至主干。如果必要的话，去除整个枝干。

成形灌木的移植

对于灌木的精心选址应该能够避免之后的移植，不过有时候移植也是不可避免的或者是人们想要达成的。在移植常绿灌木之前，使用抗干燥喷剂喷洒叶片。对于落叶灌木，要修剪掉三分之一枝条，以平衡对根系造成的干扰。

何时移植

大多数落叶幼年灌木可以在休眠季节裸根起苗。拥有大型根系的成形灌木应该在移植前带土坨起苗。秋天是最适合移植的季节，而常绿灌木应该在春天新的枝叶还未萌发时移植，小心地将整个根坨起出。

灌木的断根缩坨

最好对灌木进行带坨移植，以最大限度地降低对根系的损伤。在起苗之前先准备好新的种植位置。

沿着灌木树冠的投影挖出一道环形沟，切断木质根，但不要伤害纤维状根。如有必要，用叉子将根坨边缘的土壤弄散，并缩小根坨体积。然后用铁锹从底部切断根系，使用修枝剪将所有冒出根坨的直根剪断。

将根坨完全脱离地面之后，用麻布或相似材料垫在根坨下面，然后紧实地裹在根坨上，将灌木从洞中起出并移栽。在移栽前将麻布撤除。

移栽后灌木的养护措施同首次种植灌木是一样的，但它们需要更长的时间才能恢复。

生长中的问题

如果给予很好的生长和养护条件，植物就不容易受到病虫害侵袭。许多问题都是由于排水不良、缺少水分、种植过深、土壤过于紧实或者暴露于极端温度下而引起的。

机械损伤

笨拙的修剪造成的参差不齐的伤口、位置不佳的切口，或者在错误时间进行修剪都会让致病真菌乘虚而入。这还可能导致枯梢病。割草机擦过树干造成的伤口也会为病害的侵入提供机会。

病虫害

维持花园良好的卫生状况能够最大限度地降低植物感染病虫害的可能。然而，随着灌木的年龄增长，它们会渐渐失去活力并更容易染上病虫害。年老或者因染病而完全失去活力的灌木基本不值得挽救，应该替换掉。

最容易感染灌木的病虫害有蚜虫（见654页）、红蜘蛛（见668页）、火疫病（见659页）、蜜环菌（见661页）、疫霉根腐病（见666页）以及白粉病（见667页）。对于病虫害的征兆要特别留心，这些征兆包括叶子上突然出现条纹或变色，叶片发蔫、减少，枝条扭曲，以及真菌滋生。

霜冻和风

选择灌木种类并挑选种植位置时，既要考虑地区的总体气候，也要考虑花园的独立小气候。然而，几乎不可能预先知道极端温度或者罕见大风的出现。

耐寒灌木的种类有很多，许多园艺师都选择依靠这些灌木。如果种植对该地区耐寒性一般的灌木，那么建议采用合适的防冻和防风措施（见612~613页）。

与露地栽培的灌木相比，盆栽灌木更容易受到极端天气的伤害。在那些气温偶尔降到冰点以下的地区，大多数盆栽耐寒灌木都可以留在室外过冬（除了那些根系不耐寒的种类，如山茶属植物）。不过，在更寒冷的区域，要将灌木转移到环境温度大约为7~13℃的室内（具体温度依据物种而定）。

移植灌木

1 在对大型灌木进行移植之前，先对地上部分进行修剪，让其变得稀疏。这有助于之后的操作，还能帮助灌木快速恢复。使用叉子在灌木树枝（这里是'金心'地中海冬青*Ilex auifolium* 'Golden Milkboy'）外围标记出一个圆圈。将所有拖尾的枝条绑扎起来，或者用麻布将整个灌木罩住，防止损伤。

2 沿着圆圈挖一条环状沟，然后用叉子把根坨周围的土壤弄松。注意不要伤害到纤维状根。

3 继续小心地把根坨上的土壤叉下来，减小根坨的尺寸和重量。

4 用铁锹从底部切断根坨。如果必要的话，切断木质直根，将根坨从四周的土壤中分离出来。

5 卷起一块麻布。将灌木倾斜至一侧并在根坨下方展开这块麻布。将根坨向另一侧倾斜，然后展开剩余的麻布。

6 将麻布拉起包裹住根坨，绑扎结实。把灌木从洞中移走并运输到新的种植地。

7 解除麻布，并将灌木种植在已经准备好的新种植穴中，土壤标记仍和以前一样与地面平齐。压紧土壤，浇透水，覆盖护根。

修剪与整枝

有些灌木，特别是自然紧凑的常绿灌木，如野扇花属植物，只需要很少或不需要修剪或整枝就能长成美观的植株。它们可能只需要去除死亡、受损和染病枝条。如果这些枝条没有得到处理，会显得很难看并威胁灌木的整体健康。许多灌木需要修剪或者修剪与整枝配合才能完全实现观赏价值。

修剪与整枝的
目标与效果

最常见的是幼年灌木的整形修剪，目的是得到苗壮且外形均衡、美观的灌木。许多灌木还需要定期修剪，以维持花、果、叶或枝条的观赏特性。修剪的时机很重要，取决于灌木的生长模式以及所需要的效果。

修剪还是一种将徒长植株变回健康可控状态的手段。一株灌木是否值得挽救取决于个人选择。当一株灌木需要经常截短复壮时，将其替换掉常常是最好的处理方式。

作为特殊造型或树篱种植的灌木，从成形阶段起就需要专门的修剪。

在整枝过程中，园艺师指导着

修剪与野生动物

大多数修剪都是为了促进枝条苗壮生长，最大化地增加开花与结实量。但是如果不修剪或只是轻剪的话，许多灌木能为野生动物提供良好的栖息场所。

分枝茂密的灌木如火棘属植物、古老月季及荚蒾属的部分物种都是这种类型的植物：它们为小型鸟类提供食物和庇护所，它们的花能够吸引蝴蝶、蜜蜂和其他昆虫。如果不加修剪（去除死亡、受损或染病枝条除外），这些灌木能够继续自由开花结实，虽然与那些经过更多人工修剪的植株相比有时产量会低一些。

植物的生长。大多数露地栽植的灌木不需要任何整枝。然而，依靠支撑种植的灌木一般都需要修剪和整枝互相配合才能形成均衡的分枝结构。

修剪和整枝的原则

修剪一般会刺激生长。枝条顶端的嫩枝或生长芽一般是具有顶端优势的，会通过化学方法抑制下端芽或分枝的生长，将其剪掉能够消除顶端优势机制，让下方的分枝或芽更苗壮地生长。

重剪或轻剪

与程度较轻的修剪相比，程度重的修剪更能够刺激生长。在修正形状不均衡的灌木时，这点要铭记于心。将有活力的枝条进行重剪往往会刺激更强健的枝条长出。对纤弱的枝条进行重剪，而对强壮的枝条进行轻剪。

如何修剪

修剪造成的伤口和灌木可能遭受的其他损伤一样，都是病害可能乘虚而入的地方。使用锋利的工具在恰当的位置切出干净的切口能够减少灌木染病的风险。

对于带有互生芽的枝条，应该紧挨着生长方向与预期一致的芽上方修剪——例如生长方向朝外的芽，这样当它长成枝条之后就不会与另外的枝条交叉。从健康芽的另一边开始剪下，在芽稍微靠上一点的地方剪出一个斜切口。如果切口距离芽太近，芽会死掉；如果太远，树枝本身会得枯梢病。

对于带有对生芽的枝条，在一对健康芽正上方修剪。两个芽都会正常生长，形成二叉形分枝结构。

过去，园艺师们常常在修剪伤口上涂一种伤口涂料，不过如今的研究表明这种伤口涂料并不是控制病害的有效方法，有时甚至还会刺激病害的发生。

在何处修剪

对生分枝
对于带有对生芽的枝条，在一对强壮的芽或分枝正上方修剪，得到一个干净的直切口。

互生分枝
对于带有互生芽的枝条，在一个单芽或分枝正上方修剪，得到一个干净的斜切口。

斜切口
将切口倾斜，切口基部正对芽基部，顶部与芽形成空隙。

光是修剪还不能刺激新枝条的苗壮生长。复壮修剪或经常截短的灌木还需要施肥和覆盖护根。在生长季开始的春天、土地开始变暖的时候施加通用肥料，施肥量为每平方米120克，并覆盖一层厚5～10厘米含腐熟有机质的护根。

整枝

树枝顶部芽或侧枝的生长也可以通过整枝的方式来修整。当树枝直立生长时，树枝底部的芽通常会长得很弱。对于被整枝成水平方向的树枝，其底部的分枝和芽会生长得更苗壮。将分枝整枝成近水平方向会大大增加灌木的开花和结实量。贴墙整枝的灌木应该绑扎在支撑物上。随着枝条成熟并逐渐木质化，它们会变得缺乏韧性，难以进行整枝。

整形修剪

整形修剪的目标是确保灌木拥

重剪以刺激枝条苗壮生长
通过重剪促进枝条的苗壮生长。使用锋利、干净的长柄修枝剪或修枝剪，将大量主要分枝修剪至灌木基部。

有匀称的分枝结构，以便使其按照自然特性生长发育。整形修剪的工作量在很大程度上取决于灌木的类型以及植株的品质。因此，在购买灌木时，你应该寻找不但有健康根系，还具有匀称分枝的苗木。

常绿灌木一般不怎么需要修剪。种植之后可以在仲春将可能形成偏向一侧不平衡形状的富余枝条剪去。

与常绿灌木相比，落叶灌木更需要整形修剪，应该在仲秋至仲春之间的修剪期或者在种植之后进行。

下列方针对于大多数落叶灌木都适用。如果一根健壮的枝条扭曲了分枝结构，则对其进行轻剪而不是重剪，以刺激相对较弱的枝条。如果灌木没有匀称的分枝结构，则对其进行重剪，促进强壮枝条的萌发。

对于大多数灌木，都要彻底地去除所有细长纤弱并交叉或者互相摩擦、让整个分枝结构显得凌乱的枝条，只有一些生长速度较慢的落叶灌木除外，特别是羽扇槭（*Acer japonicum*）和鸡爪槭，它们一般不需要任何修剪。

有时候与根系的尺寸相比，一棵灌木的地上部分会生长得过于庞大。这时应将分枝的数目减少三分之一，并截短剩下的所有枝条，截短长度也是三分之一，这会让植物的状况更加稳定。

整形修剪

在种下半年幼灌木之后（这里是一株山梅花属植物），剪去所有死亡、受损和纤弱的枝条，并除去交叉枝和拥挤枝，形成中心展开的匀称结构。

将交叉枝或拥挤枝修剪至向外生长的芽处，或者直接剪到基部。

剪去纤弱、长而散乱的枝条，直接剪至基部。

除去破坏整体形状、位置尴尬的枝条，留下匀称的结构框架。

落叶灌木程度最小的修剪

这种修剪可能不会每年都需要，如果要修剪的话，应该在花期过后立刻修剪，去除所有死亡、纤弱的枝条，对拥挤的地方进行疏枝，以维持灌木（这里是金缕梅属植物）匀称展开的框架。

使用修枝剪除去所有交叉枝和互相摩擦的枝条，特别是从灌木中心长出的枝条。

将所有纤弱、散乱、不规则或畸形的枝条剪至主干。

落叶灌木

落叶灌木可以分为四种修剪类型：修剪程度最小的类型；春季修剪的类型，这类灌木一般在当年生枝条上开花；夏季开花后修剪的类型，这类灌木一般在上一生长季长出的枝条上开花；易生萌蘖的类型。两个重要的因素决定灌木的修剪方式：一是灌木新生枝条的抽生程度，二是开花枝的年龄。

修剪程度最小的灌木

成形之后，那些不经常从基部或者底部分枝产生健壮枝条的灌木只需要很少或基本不需要修剪，只要除去死亡、染病和受损部分，并剪去瘦弱或交叉的枝条即可。在花期过后立即进行这些修剪。在春天施肥并覆盖护根。在春天修剪鸡爪槭等灌木会流出大量树液，应该在仲夏至夏末修剪，这时候它们的树液活动是最弱的。

春季修剪的灌木

如果不加修剪，当季枝条着花的落叶灌木会变得拥挤，花朵的品质也会恶化。当在春季修剪时，这些灌木通常会产生茁壮的枝条，这些枝条会在夏天或早秋开花。在秋天将开花枝截短，最大限度地降低植株被风吹松动的风险。

一些大型灌木，如美洲茶属中的落叶灌木，会长出木质框架结构。在第一个春天，对灌木的主干进行程度较轻的修剪，然后在第二个春天，将上一生长季长出的枝条截短一半。在当年冬天或次年早春，对上一生长季长出的枝条进行重剪，只留下1~3个芽。将框架上的主要分枝修剪到稍微不同的高度，促进所有层次开花。在成熟的植株上，每年剪去部分最老的枝条，防止树形变得拥挤。关于如何修剪大叶醉鱼草（*Buddleja davidii*），见102页。

一些亚灌木如分药花属植物（*Perovskia*）等会形成木质基部，可以进行重剪，修剪成15~30厘米高的结构。每年春天将上一生长季长出的枝条剪掉，只留一个或两个芽。

有些灌木如榆叶梅（*Prunus triloba*）在冬末或早春上一个生长季长出的枝条上开花，对这样的灌木最好在春天花期过后进行重剪，然后再像对待这个类群其他灌木那样修剪。在种植后的第一个春天，将主枝截短一半，形成基部框架。在次年开花之后，将所有枝条截短至只留两到三个芽。

春季修剪的灌木

在当季枝条上着花的灌木（这里是粉花绣线菊*Spiraea japonica*）应该在春季进行修剪，促进新生开花枝条的萌发。

将上一年长出的枝条修剪至只留2~4个芽。

将死亡或受损枝条剪至健康部位，或直接剪至基部。

除了除去所有纤弱、细长的枝条，还要将部分主干剪至灌木基部。

修剪落叶灌木

修剪程度最小的灌木

唐棣属 *Amelanchier*
涩果属 *Aronia*
智利醉鱼草 *Buddleja globosa*
锦鸡儿属 *Caragana*
蜡梅属 *Chimonanthus*
山柳属 *Clethra*（落叶种）
'银斑'互叶梾木 *Cornus alternifolia*
　　'Argentea'
假醉鱼草属 *Corokia* 部分种类 1
蜡瓣属 *Corylopsis*
瑞香属 *Daphne*（落叶物种）
猫儿屎属 *Decaisnea*
双花木属 *Disanthus*
吊钟花属 *Enkianthus*
蜜藏花属 *Eucryphia*（落叶物种）
北美瓶刷树属 *Fothergilla*
授带木属 *Hoheria*（落叶物种）
钓樟属 *Lindera* 部分种类 1
木兰属 *Magnolia*（落叶物种）1
枳属 *Poncirus*
榆橘属 *Ptelea*
白辛树属 *Pterostyrax*
鼠李属 *Rhamnus*（落叶物种）
荚蒾属 *Viburnum*（落叶物种）
白铃木属 *Zenobia*

春季修剪的灌木

苘麻属 *Abutilon* 部分种类 1
橙香木属 *Aloysia* 部分种类 1
大叶醉鱼草 *Buddleja davidii*
克兰顿莸 *Caryopteris* x *clandonensis*
美洲茶 *Ceanothus* x *delileanus* 各品种
岷江蓝雪花 *Ceratostigma*
　　willmottianum
火把花属 *Colquhounia*
黄栌属 *Cotinus*
曼陀罗属 *Datura* 1
连翘属 *Forsythia*（花期过后修剪）
倒挂金钟属 *Fuchsia*（耐寒品种）
木槿 *Hibiscus syriacus*
绣球属 *Hydrangea*
金丝桃属 *Hypericum* 部分种类 1
木蓝属 *Indigofera*
花葵属 *Lavatera*
鬼吹箫属 *Leycesteria* 部分种类 1
分药花属 *Perovskia*
榆叶梅 *Prunus triloba*（花期过后修剪）
珍珠梅属 *Sorbaria*（部分物种）
灰背绣线菊 *Spiraea douglasii*,
　　粉花绣线菊 *S. japonica*
多枝柽柳 *Tamarix ramosissima*
朱巧花属 *Zauschneria*

注释：
1 不耐寒

'鲁比里吉斯'三月花葵

修剪大叶醉鱼草

由于长势非常旺盛，和大多数其他在新枝上开花的灌木相比，大叶醉鱼草需要更大程度的修剪。如果它位于花境后部需要较高植物的地方，修剪时留下90~120厘米高的木质结构；如果在别的位置，修剪后的木质结构达到60厘米即可。

在种植后的第一个春天，将主枝截短一半至四分之三，修剪至一对健康侧枝或芽上方。剪掉除主枝外的所有枝条。在次年早春至仲春，从基部剪去上一生长季的枝条，并截短新枝。

为防止灌木变得过于拥挤，每年剪去一或两根最老的枝条。

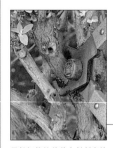

用长柄修枝剪剪去斜刺出的木质枝条，得到展开、匀称的结构。

用修枝剪修剪上一年开过花的所有主枝，保留老枝上1~3个芽。

修剪绣球属植物

根据修剪类型，绣球属植物（攀援类物种如多蕊冠盖绣球 *Hydrangea anomala* subsp. *petiolaris* 除外）可以分为三类。

第一类（如圆锥绣球 *H. paniculata*）于仲夏在当季新枝上开花，对其应该采取与其他在春季需要重剪的植物一样的修剪措施（见101页）。

在种植后的第一个早春，剪去所有枝条，只留下两或三根强壮的主干，将这些主干修剪至距地面约45厘米的一对健康芽处。如果植株位于向风处，而且夏季的温度不足以让枝条成熟到可以抵御非常寒冷的冬天，那么就将主枝修剪到稍稍伸出地面。在以灌木为圆心、直径60厘米的圆圈内按每平方米120克的量施加速效肥，并覆盖10厘米厚的护根。在次年早春，将上一季长出的枝条修剪至保留一或两对强壮的芽，施肥，覆盖护根。

第二类包括绣球（*H. macrophylla*）在内，也是在仲夏开花，但花开在上一生长季长出的枝条上。在早春对幼年植株进行轻度修剪，剪去所有纤细的繁密小枝以及旧花头。

一旦植株成形，苗龄达到三或四年的时候，在每年春天去除部分最老的枝条。剪去超过三年的老枝，并将上一生长季开花的其他枝条截短至距基部15~30厘米的一对健壮芽处，然后施肥并覆盖护根。

其他物种如高山藤绣球（*H. aspera*）和相关变种构成第三类，只需要在春天进行最低程度的修剪。

在春天，剪去所有开过花的树枝以及受损和孱弱的枝条，并将部分老枝截短至基部。

绣球

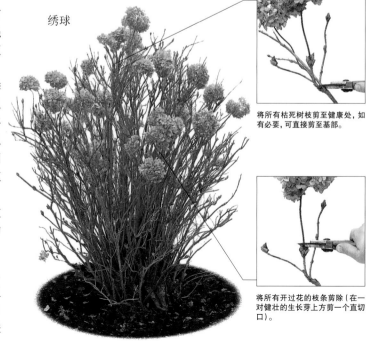

将所有枯死树枝剪至健康处，如有必要，可直接剪至基部。

将所有开过花的枝条剪除（在一对健壮的生长芽上方剪一个直切口）。

在因为夏季凉爽而每年生长有限的区域，只需将三分之一的枝条截短至地平面附近，其他枝条截短至15～30厘米。

对于这个类群的所有灌木，都要在修剪之后立刻施加肥料。在仲春时，于修剪前用护根覆盖灌木树冠的投影区域。

夏季开花后修剪的灌木

许多在春天或初夏开花的落叶灌木的花都开在上一生长季长出的枝条上。有时候花朵直接形成在前一年的树枝上，如木瓜属植物。还有些灌木的花开在前一年长出的水平短枝上——如溲疏属、山梅花属、丁香属和锦带花属灌木。

如果不用修剪刺激接近地面的年幼苗壮枝条抽生，这类灌木会长满密集的小枝，头重脚轻，花的数量和品质都会降低。将开过花的花头除去，能够防止灌木为种子生产输送能量。

当种植此类灌木时，将纤弱或受损枝条剪去，并将主枝截短至健康的单芽或一对芽上端，促进强壮分枝

结构的形成。如果种植后的第一年灌木就开花了，在花期过后应立即再修剪一次。将开花枝修剪至强壮单芽或一对芽的上端，并除去所有细长枝条。修剪之后，施加少量肥料并围绕灌木覆盖护根。

在次年开花后再重复一遍这样的过程。虽然将开过花的枝条截至最强壮的芽上端是最理想的状况，但也不要总是固守这个原则，因为保持匀称的形状也是很重要的。在修剪之后，要施肥和覆盖护根。

随着植株逐渐成熟，需要进行程度更大的修剪来刺激生长。在第三年之后，每年可以将最老枝条的五分之一剪至距地面5～8厘米。

在应用这些方针时一定要谨慎判断，如果对这类灌木如连翘属植物的幼年植株进行了程度过重的修剪，可能会导致难看和不自然的外形。

这个类型中的其他灌木，特别是那些独立生长而不是贴墙生长的灌木，只需要程度非常小的修剪。例如，木瓜属植物具有生长细枝的自然特性，会长出无数交叉枝条，而成熟的个体几乎不需要修剪。修剪短枝能

够促使成花量更多（见438页，"冬季修剪"），在仲冬将短枝和侧枝修剪至3～5片叶子。

在修剪像丁香属植物这样在开花时进入生长季的灌木时要特别注意。在剪去旧花头的时候，花序下面形成的新枝很容易受到损伤，这会减少第二年的成花量。

易生萌蘖的灌木

一些赏花灌木在上一生长季的枝条上开花，但是大部分新枝条是从地面附近长出的。这些灌木利用萌蘖条伸展，其修剪措施和那些拥有固定分枝结构的灌木不同。

在种植之后，剪去易生萌蘖灌木的细弱枝条，但保留健壮枝条及其侧枝。在第二年花期过后立即剪去所有屠弱、死亡或受损的枝条，然后对开过花的枝条进行重剪，修剪至强壮单芽或一对芽上端。

从第三年开始，每年将四分之一至一半开过花的枝条修剪至距离地面5～8厘米，并将剩余枝条剪短一半，修剪至苗壮的侧枝，然后施肥，覆盖护根。

夏季修剪的灌木

互叶醉鱼草*Buddleja alternifolia*
溲疏属*Deutzia*
双盾木属*Dipelta*
白鹃梅属*Exochorda*
全盘花*Holodiscus discolor*
矮探春*Jasminum humile*
猬实属*Kolkwitzia*
绣线梅属*Neillia*
山梅花属*Philadelphus*
毛叶石楠*Photinia villosa*
血红茶藨子*Ribes sanguineum*
美味树莓*Rubus deliciosus*,
'崔德尔'树莓*R.* 'Tridel'
'尖齿'绣线菊*Spiraea* 'Arguta',
李叶绣线菊*S. prunifolia*,
珍珠绣线菊*S. thunbergii*
小米空木属*Stephanandra*
丁香属*Syringa*
锦带花属*Weigela*

易生萌蘖的灌木

夏蜡梅属*Calycanthus*
木瓜属*Chaenomeles*
栒子属*Cotoneaster*（落叶物种）
二乔玉兰*Magnolia x soulangeana*,
星花木兰*M. stellata*
杜鹃属*Rhododendron*
（落叶物种）

'哈丁'欧丁香

在夏季修剪灌木

对于锦带花属之类的灌木，开花之后，将开过花的树枝截短，并去除死亡和细长枝条。也可剪掉某些老旧主枝。

使用修枝剪将所有死亡枝条修剪至健康部位。

前　　　后

将五分之一最老的枝条修剪至距地面5～8厘米。

将所有细弱、散乱的枝条截至刚露出地面的基部。

继续剪掉细枝或交叉枝，形成中心展开、匀称的结构。

修剪易生萌蘖的落叶灌木

在花期过后，将易生萌蘖的落叶灌木（这里是唐棣属植物）的所有开过花的枝条截短，大多数截短一半，剩余的截至接近地面。将所有屠弱、死亡或受损枝条去除。

将开过花的枝条剪去一半长度，修剪至生长苗壮的新枝分枝处。

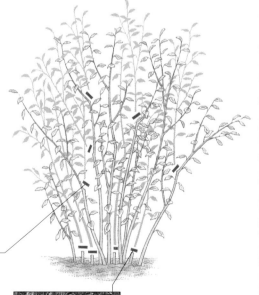

将剩余开过花的枝条修剪至距地面5～8厘米处，还要将所有死亡或受损的枝条剪至地面高度。

适合平茬和截顶的灌木

平茬

'黄金' 红瑞木 *Cornus alba* 'Aurea'，
'雅致' 红瑞木 *C. alba* 'Elegantissima'，
'紫枝' 红瑞木 *C. alba* 'Kesselringii'，
'西伯利亚' 红瑞木 *C. alba* 'Sibirica'，
'史佩斯' 红瑞木 *C. alba* 'Spaethii'，
'银边' 红瑞木 *C. alba* 'Variegata'，
'黄枝' 偃伏株木 *C. sericea* 'Flaviramea'，
'紫叶' 大榛 *Corylus maxima* 'Purpurea'
黄栌 *Cotinus coggygria*，
'优雅' 黄栌 *C.* 'Grace'
'多花' 圆锥绣球 *Hydrangea paniculata*
'Floribunda'，
'大花' 圆锥绣球 *H. paniculata* 'Grandiflora'，
'无敌' 圆锥绣球 *H. paniculata* 'Unique'
粉枝莓 *Rubus biflorus*，
华中树莓 *R. cockburnianus*，
西藏树莓 *R. thibetanus*，
'布里茨' 红枝白柳 *Salix alba* var. *vitellina*
'Britzensis'，
瑞香柳 *S. daphnoides*，
露珠柳 *S. irrorata*
'金羽' 欧洲接骨木 *Sambucus racemosa*
'Plumosa Aurea'

截顶

桉属 *Eucalyptus* 部分种类 1
锐叶柳 *Salix acutifolia*

注释

1 不耐寒

'西伯利亚' 红瑞木

可以重剪的常绿灌木

桃叶珊瑚属 *Aucuba*
达尔文小檗 *Berberis darwinii*
黄杨属 *Buxus*
墨西哥橘 *Choisya ternata*
柑橘属 *Citrus* 1
'唐纳德实生' 南美鼠刺 *Escallonia*
'Donard Seedling'
扶芳藤 *Euonymus fortunei*，
大叶黄杨 *E. japonicus*
朱槿 *Hibiscus rosa-sinensis* 1
阿耳塔拉冬青 *Ilex* x *altaclerensis*，
地中海冬青 *I. aquifolium*
日本女贞 *Ligustrum japonicum*
光亮忍冬 *Lonicera nitida*，
蕊帽忍冬 *L. pileata*
夹竹桃 *Nerium oleander* 1
木樨属 *Osmanthus*
总序桂属 *Phillyrea*
桂樱 *Prunus laurocerasus*，
葡萄牙桂樱 *P. lusitanica*
彭土杜鹃 *Rhododendron ponticum*，
三花杜鹃亚组 *R.* Subsection Triflora
圣麻属 *Santolina*
小野扇花 *Sarcococca hookeriana* var. *humilis*
红豆杉属 *Taxus*
月桂荚蒾 *Viburnum tinus*

注释

1 不耐寒

朱槿

灌木的平茬与截顶

许多观干或观叶的落叶灌木需要在春天进行大幅度的修剪。大多数这种灌木都在上一生长季形成的枝条上开花，但当用来观干或观叶时，它们的花都被牺牲了。对这些灌木所使用的重剪方法来源于以前为得到稳定供应的藤制品、木柴和栅栏而对某些乔木和灌木使用的管理方法。在平茬时，灌木和乔木被定期截短至地面附近。在截顶时，每年将枝条截短至由主干组成的永久性框架。

对像红瑞木这样的灌木进行平茬能够保证幼嫩新枝不断长出，这些新枝的颜色比老枝更鲜艳，在冬天更加显眼。对于观叶的 '金羽' 欧洲接骨木（*Sambucus racemosa* 'Plumosa Aurea'），重剪会让它们长出更大的叶片。在早春至仲春生长开始之前，对苗壮的灌木如 '布里茨' 红枝白柳（*Salix alba* subsp. *vitellina* 'Britzensis'）进行平茬，将所有枝条修剪至距地面5~8厘米处。每根分枝距地面的高度应有所不同，避免僵硬刻板的效果。长势较弱的灌木如 '西伯利亚' 红瑞木需要较轻的修剪，只对三分之一至一半的枝条进行平茬，然后施加速效肥，并在以灌木为圆心、60厘米为半径的范围内覆盖护根。

那些经过整枝、具有一根或数根无侧枝主干的灌木，应该在每个生长季被截短——或称截顶——至茎秆框架。第一年的修剪目标是建

冬季观干灌木的平茬

对于拥有鲜艳枝条的灌木（这里是偃伏株木的某个品种），在春天生长开始之前将其所有枝条重剪至距基部约5~8厘米处（见插图）。在灌木周围施肥，促进新枝生长，然后覆盖护根。平茬会促使新枝苗壮生长，其颜色更加鲜艳。

截顶一棵桉属灌木

将年幼植株截短至一根或数根主干，形成主干框架（如下图）。在接下来的每年春天，将上一生长季的枝条重剪至距主干框架5~8厘米处或剪至基部，因为桉属植物可以从地平面处更新。

立这个框架；种植之后，在春天尚未进入生长期之前，将年幼植株截短，形成单干长30~90厘米的标准苗；或者留下3、5或7根分枝主干，主干数量取决于目的植株的大小以及可利用的空间。施加速效肥料，并像对待平茬后的灌木那样围绕主干覆盖护根。

在植株的第一个生长季，将切口下长出的分枝数目限制在4或5个，将富余的分枝以及在主干下端生长的分枝都剪去。在接下来的一两年里重复这一过程。这样的做法让主干增粗，以支撑更重的树冠。在次年和接下来年份的春天，将上一生长季的枝条截短至距主框架5~8厘米的芽处（见上图，截顶一棵桉属灌木）。对于较大的种类，只修剪一半或三分之一的枝条。施肥并覆盖护根。

常绿灌木

常绿灌木的修剪和整枝方式取决于期望它们在成熟时达到的尺寸。所有经过严寒的冬天而呈现出枯梢迹象的常绿灌木都应该以同样的方式处理，无论其大小如何。

在仲春时节，将死亡枝条修剪至灌木开始再生新枝的地方，如果新枝过于拥挤或交叉，则对其进行疏枝。如果灌木到仲春仍未显露出生命迹象，则在树皮上刻痕，观察树皮下是否有活跃的绿色部分。一些灌木会在整个生长季保持休眠。

高度不超过90厘米的小型灌木

低矮常绿灌木可分为两类，它们需要采用不同的修剪方式。第一类包括几种短命灌木，如果每年进行修剪并且没有老化就会开出繁茂的花朵，如圣麻、薰衣草属植物，以及大多数石南类植物（帚石南属、大宝石南属以及石南属植物，但不包括欧石南）。这些灌木最好每5~10年更换一次。那些好几年都没有修剪过的植株也要换掉，它们已经变

修剪常绿灌木

在开花之后，对常绿植物进行修剪（这里是葡萄牙桂樱）。去除受损或死亡枝条，并将开过花的枝条以及所有难看或散乱的枝条截去。

将开过花的枝条修剪至主枝。剪去拥挤和交叉枝条。

将难看的生长枝条修剪至位置合理、健康、朝外的生长枝条上方。

将所有死亡或受损枝条剪至健康部位，若有必要，剪至基部。

观赏灌木的扇形整枝

一些灌木如观赏桃（例如'克拉拉·迈尔'桃 *Prunus persica* 'Klara Meyer'），适合像果树那样进行扇形整枝。在种植的第一个春天，将植株修剪至距嫁接结合部38～45厘米处，保留3和4个强壮分枝。将枝条整形到绑在水平金属丝的木棍上。在生长季即将结束时，如果保留有3个强壮分枝，将中央分枝除去；如果保留4个分枝，将这些分枝均匀整枝，形成一个扇形。在冬天，将所有枝条截短一半。

在接下来的生长季中，在每个主枝上选择2个或4个分枝；将每个分枝与绑在金属丝上的木棍连在一起。然后在仲夏除去所有其他分枝。在第三年，花期过后立刻将所有框架上的分枝截短四分之一至三分之一。将2或3个新枝条绑在每个框架主枝上。在仲夏除去不理想的枝条。如果扇形中有空隙，在花期结束后将临近枝条截短三分之一，促进新枝生长。将所有其他长枝截短至5～8厘米，促进一年龄短枝上的开花。

在这里，'红千鸟'梅（*Prunus mume* 'Beni-chidori'）经过整枝，形成了匀称的分枝结构，它使用的是和扇形整枝果树同样的整形方法。

得细长而孱弱，开花和更新的状况都很差。

在仲春时，使用修枝剪或园艺大剪刀将新种植植株的孱弱枝条或开花枝剪掉，这能保证新枝条从植株基部长出。接下来每年的仲春，去除旧花头以及所有死亡、染病或受损的枝条。一些石南类植物拥有美观的冬季叶片，对于这类植物和其他常绿植物，有时在秋天即摘除枯花。在非常冷的地区，秋季摘除枯花有导致枯梢病的风险，因为这个原因，修剪可以推迟到第二年仲春。在修剪之后，以每平方米60克的量施加缓释肥，并覆盖一层5厘米厚的护根。

第二类包括生长缓慢的灌木，如低矮的栒子属和长阶花属植物。与第一类灌木相比，它们需要的修剪更少，修剪的主要目的是在仲春除去死亡、染病或受损的枝条。没有必要摘除枯花。

高度不超过3米的中型灌木

一旦建立了匀称的框架，大多数中型常绿灌木都只需要很少的修剪，如达尔文小檗、山茶属灌木、南美鼠刺属灌木、朱槿，以及杜鹃属的许多灌木。

仲春时，在生长即将开始之前，将交叉或孱弱树枝以及任何影响灌木整体对称结构的树枝除去。施肥并覆盖护根。后续的修剪就只限于除去散乱的枝条、限制尺寸，并对植株进行造型以适应其所在位置。使用修枝剪或长柄修枝剪去所有或部分被选中的枝条。

冬季或春季开花的灌木（如达尔文小檗和月桂荚蒾）应该在开花后立即进行修剪。对于从仲夏开始开花的其他灌木（如南美鼠刺属植物），应在仲春生长即将开始之前将较老的枝条剪掉，或者在仲夏将开过花的枝条去除。朱槿的花期从春天持续至秋天，最好在仲春进行修剪。对于在春天修剪的灌木，修剪后施肥并覆盖护根。不要对夏末修剪后的植物立刻施肥并覆盖护根，而应等到第二年春天，以最大限度地减少霜冻可能造成的伤害。

高度超过3米的大型常绿灌木

大型杜鹃属植物和其他较高灌木需要的修剪很少，但在幼年时期需要造型修剪，以形成匀称的框架结构。在幼年植物即将进入生长季之前或者等到花朵凋谢之后修剪。

修剪的目标是促进中心展开且分枝均衡灌丛的形成。剪去所有交叉和孱弱的树枝，修剪后施肥并覆盖护根。常规的修剪一般只限于除去死亡、受损和染病的树枝。一些大型常绿灌木如桂樱（*Prunus laurocerasus*）可用于树篱（见82～85页）。

类棕榈灌木

类棕榈灌木如朱蕉属和丝兰属植物只在遭受冻伤或者想要形成灌丛式多干植株时才需要修剪。春天，一旦开始新的生长，就将受损分枝截短至新枝正上方，然后施肥并覆盖护根。为得到多干植株，要在生长即将开始之前将生长点剪去，然后施肥并覆盖护根。朱蕉属和丝兰属的植物都对重剪和复壮有很好的反应，截短至合适的侧枝或基部枝条。

其他类棕榈多肉植物如龙舌兰属和麻兰属只需要将死亡的叶片或者凋谢的花梗除去。

贴墙灌木

将灌木贴墙种植有三个原因。第一，某些灌木的耐寒性较差，无法在寒冷地区花园的开阔处生长，但在避风处能够生长得很好。第二，对灌木（包括耐寒灌木如火棘属植物）进行贴墙整枝，能够使花园容纳以其他形式无法容纳的植物。第三，一些灌木有天然的攀援特性，如瓶儿花

（Cestrum elegans），所以需要支撑。

应该尽早对贴墙灌木进行修剪和整枝，使其保持紧凑和"良好剪裁"，这样可定期产生大量开花枝。在对贴墙灌木进行整枝时，建立一个可以绑扎枝条的支撑框架，如框格结构、网架或间隔排列的平行金属丝，就像贴墙整枝的果树一样（见424页）。

对于独立式灌木的修剪建议也适用于贴墙灌木，但需要花费更多的精力对其进行整形修剪和整枝。当枝条长出后立即将其绑扎，并截去强烈偏离墙面的次级水平侧枝。

整形修剪和整枝

在第一个生长季，将领导枝和主要水平侧枝整形成主框架，剪掉向外生长的水平枝条，促进短侧枝在框架附近生长发育。将所有向墙面或栅栏生长的侧枝以及向错误方向生长的枝条完全除去。目标是得到一个整洁的垂直"挂毯"，将墙面覆盖。

日常修剪

在第二个以及接下来的生长季，会形成开花的侧枝。开花过后，将

修剪美洲茶属植物

花期过后，立即将春天开花的美洲茶属植物的新枝修剪至2~3片叶。将新枝绑扎起来，并截短向外生长的枝条，让树形保持紧贴墙面或栅栏。

开过花的枝条修剪至距主枝7~10厘米处。这会促进新开花侧枝的发育，提供下一季的花朵。继续将枝条绑扎在框架上；截短向外生长的侧枝，除去向内生长的枝条和其他错位枝条。不要在仲夏之后修剪贴墙灌木，这样会减少第二年的开花枝。这一点对于美洲茶属植物以及许多半耐寒常绿灌木特别重要，否则它们会长出容易被冻伤的柔软枝条。每年春天对贴墙灌木施肥和覆

盖护根，使其保持健康生长。

那些既观花又观果的灌木（如火棘属植物），只需要程度较轻的修剪。开过花的枝条不需要截短，而应留下来待其结果。当开始挂果的时候，将新生侧枝截短至2~3片叶，让果实能够充分接触阳光。当第二年春天新的枝叶长出的时候，应将宿存的果实剪掉。

对于在夏天和秋天开花的灌木（如美洲茶属部分物种），应该像前文所述那样进行整枝，但其修剪方式根据是在上一生长季的枝条上开花（见103页，"夏季开花后修剪的灌木"）还是在当季新枝上开花（见101页，"春季修剪的灌木"）而有所不同。某些半耐寒或不耐寒灌木——特别是美洲茶属植物——很难从老枝上长出新枝，因此一旦忽视徒长，之后很难进行复壮。

攀援灌木

这类灌木也需要进行整形，以控制它们摇摆不定的枝条。对于某些在夏末于枝条末端或短分枝上开花的种类（如半耐寒的瓶儿花），可在第二年春天完全剪去开过花的枝

条或截短至强壮、位置较低的水平枝条。其他种类的灌木主要于夏天在水平侧枝上开花，它们应该在开花之后截短至7~10厘米。它们常常会进一步产生在同一个生长季内开花的次级侧枝。在春天，再次将这些侧枝截短至7~10厘米，它们会在夏天开花。

标准苗型灌木的整枝与修剪

某些灌木（如倒挂金钟属植物和互叶醉鱼草）可以种植成标准苗型灌木。其主干的高度取决于植株的活力以及所需要的效果。关于标准苗型倒挂金钟属的整枝细节，见119页；关于标准苗型月季的修剪，见162页。

为了将互叶醉鱼草这样的灌木整枝成标准苗，先在第一个生长季将一根强壮枝条绑扎在木棍上，将所有侧枝修剪至2~3片叶，只留下主枝尖端附近的几根侧枝不修剪。随着枝条的生长，继续截短侧枝。当无侧枝的主干达到预定高度之后，将顶芽除去，促进树冠的分枝生长。在第二年的早春，将树冠的分枝长度截短至约15厘米。

修剪并整枝年幼的贴墙灌木

在第一年，对灌木（这里是一株火棘属植物）进行修剪，将主枝绑扎起来，建立匀称的框架。在接下来的年份中，每年春天都要绑扎新枝；在仲夏，截短向内和向外生长的枝条，形成一面垂直的"挂毯"，并将死亡、受损或纤弱细长的枝条完全除去。

用修枝剪将所有纤弱细长、死亡或受损的枝条剪去。

在仲夏时，将所有向外生长的枝条截短至距离主框架7~10厘米处。

检查并替换坏掉的绑结。用园艺绳打成八字结，重新将枝条绑在金属丝上。

修剪成形的贴墙灌木

对成年植物（这里是火棘属植物）进行修剪，维持匀称的枝条框架，并充分展示观果灌木的果实。在夏末除去所有向外生长的枝条，并将开过花的枝条截短，以促使其茂密生长，观果灌木除外。还要检查绑结，如有必要则替换之。在春天将新枝绑扎起来。

将年幼枝条剪至基部2或3片叶，露出正在成熟的浆果。

使用修枝剪将所有受损或死亡枝条修剪至健康部位。

施肥并覆盖护根。接下来就按照夏季开花后修剪的灌木的修剪方法进行修剪（见103页）。

某些垂枝型品种是嫁接在砧木上的，去除其产生的所有萌蘖条（见103页），像对待月季那样对其进行处理（见159页）。

根系修剪

根系修剪有时被用来控制茁壮灌木地上部分的生长，并让它们更自由地开花；枝叶繁茂但开花结实较少的嫁接灌木常常可以从根系修剪中获益。

在早春，围绕灌木地上部分边缘挖一条深30～60厘米的环状沟。使用长柄修枝剪或锯子将粗壮的木质根弄断，将它们截短至环状沟半径的一半长度。不要修剪纤维状根。在环状沟四周插入一层板岩或聚碳酸酯板，限制根系的进一步伸展。回填之后，对环形沟内的区域覆盖护根。

根系修剪常常用来控制盆栽灌木。最好在换盆的时候进行根系修剪。将五分之一的木质根截短四分之一的长度，将其他的根截短至适合容纳在容器中。然后使用新鲜基质和缓释肥重新上盆，浇透水。

复壮

年老、散乱或徒长的灌木有时候可以通过剧烈修剪的方式进行复壮。对这种措施反应良好的灌木通常会从基部长出幼嫩新枝。严重感染病害的灌木并不值得挽救。一些灌木不能忍受剧烈修剪，如果有任

何疑问的话，在两到三年内逐渐完成重剪。

在对落叶灌木如丁香进行复壮时，应该在花期之后或者休眠时进行；对于常绿灌木如月桂荚蒾，应该推迟复壮的时间，直到花期之后的仲春。

复壮年老或徒长的灌木

将所有孱弱和交叉的枝条剪掉，并将主枝截短至地面上方30～45厘米，留下匀称的框架。以每平方米120克的量施加缓释肥，并在灌木周围覆盖一层厚5厘米的护根。保证灌木在整个夏季得到充分灌溉。

在下一个生长季，大量枝条会从切口下方的主枝上长出。每个主枝上保留最强壮的2～4个枝条，提供新的分枝框架。对于落叶灌木，在休眠季将多余的枝条剪去；对于常绿灌木，在仲春剪掉多余枝条。

在接下来的生长季，枝条被剪掉的地方会长出次级枝叶。将这些枝叶抹去。

逐步复壮

不那么剧烈的方法是在两或三年内逐渐完成修剪过程。落叶灌木在开花之后修剪，常绿灌木在仲春修剪。将一半的最老枝条修剪至距地面5～8厘米。如果可能，将剩余枝条截短一半长度，修剪至新生茁壮枝条。施加缓释肥，浇透水，然后覆盖护根。在下一年的同一时间，对剩余的老枝进行同样的操作。自此之后，依照灌木本身的生长和开花习性对其进行修剪。

逐步复壮

落叶灌木在开花后修剪，常绿灌木在仲春修剪。将三分之一至一半最老的主枝（这里是一棵溲疏属植物）截至将近地面，并除去死亡、纤细的枝条。在接下来的一或两年内将剩余的老主枝截短。

将大约一半枝条截短至距地面5~8厘米。除去最老的和破坏整体树形的枝条。 | 将老枝截短至一半长度，修剪至较新的健壮枝条，并除去所有细弱或死亡的枝条。 | 将交叉、摩擦或拥挤的枝条修剪至不会和其他枝条交叉的芽或枝条处。

一步复壮

从基部产生新枝条的灌木（这里是一株丁香）可以进行复壮。如果是落叶灌木，在休眠期进行复壮；如果是常绿灌木，则在仲春进行复壮。将所有主枝修剪至距地面30～45厘米。去除萌蘖条，将其修剪至基部。

修剪和堆肥

大多数园艺师每年至少需要处理一次木质废料，如修剪树篱、乔木和灌木得到的残枝，有时候还会有大型乔木分枝。将它们烧掉会污染环境，最好将它们切碎并进行堆肥腐熟。切碎的植物残渣会在肥堆中降解得更快。

最好将落叶植物与常绿植物——特别是那些叶片大而硬的物

种（如桂樱*Prunus laurocerasus*）和冬青属植物——的残渣分开堆肥，因为常绿植物的叶片需要更长时间才能降解。

将粉碎的残渣和割过的禾草或紫草科植物的叶子混合在一起能够加快堆肥过程。最后得到的堆肥需要3～12个月完全腐熟，可用作成形乔木或灌木的护根。又见627页。

树木造型

作为乔木和灌木的一种整枝和修剪方式，树木造型这门园艺艺术自从古罗马时代以来就一直在花园中流行，创造出了形式各异的迷人人工形状。过去，它主要用于规则式花园中，创造出充满强烈建筑感和几何感的形状，如今它已经发展出包括鸟类、动物等样式，还包括一些不平常的甚至是异想天开的造型，包括巨大的国际象棋棋子以及全尺寸火车等。

在设计中运用树木造型

不同风格的树木造型可以用来创造各种各样的效果。富于创造力的绿色雕塑能够展示个人风格并增添一抹幽默或古怪感。圆锥体、方尖形和圆柱形等几何形状的树木造型能够为设计提供强烈的结构元素。这种类型的树木造型在规则式花园和自然式花园中都有价值，在前者中可以构成一幅远景或一条林荫道，在后者中可以形成良好的背景，衬托结构性较弱的种植。

在某些花园中，可以将树篱的顶端部分做成树木造型的形式，例如将其修剪成一只或更多只鸟、球形或者方块。盆栽树木造型也很有效果，单株盆栽植物可作为主景，两株盆栽可置于门廊两旁，几株盆栽可沿着通道排列。还可以用一根或多根枝条创造吸引眼球的枝条效果，如扭曲形和螺旋形的树木造型。

适合树木造型的植物

用于树木造型的植物需要有繁茂、柔韧的枝条以及较小的树叶，并

能快速从修剪中恢复。常绿植物如卵叶女贞（*Ligustrum ovalifolium*）、欧洲红豆杉、光亮忍冬和山桂花（*Osmanthus delavayi*）是温带地区的理想选择。锦熟黄杨也是很常用的材料，但易感染黄杨疫病（见656页）和毛虫（见657页）。意大利柏木（*Cupressus sempervirens*）也能进行整枝造型以满足几何式设计的需要，但它在更温暖的区域才能良好生长。月桂（*Laurus nobilis*）、冬青属植物（如阿耳塔拉冬青的多刺品种）以及许多其他常绿植物都可以使用，但更难以整枝。

常春藤属植物如'饰边'洋常春藤（*Hedera helix* 'Ivalace'）适应性很强，并能轻易地整枝在一个框架上生长；也可以从现有植物上取下插穗，种植在内垫苔藓基质的结构上。

创造形状

大多数树木造型的设计最好借助成型框架，不过某些简单的形状也可以徒手操作。

如何进行简单造型

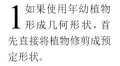

1 如果使用年幼植物形成几何形状，首先直接将植物修剪成预定形状。

2 第二年，用木棍和铁丝围绕植物，搭建一个框架，并将植物修剪成形。

3 当植物达到预定形状之后，使用修枝剪每年对其进行修剪，保持整齐的轮廓。

简单的设计

使用年幼的植物，选择一根或数根能够形成设计核心的枝条。最简单的形状是圆锥体，只需要一根木棍来进行辅助造型。对于其他形状，使用细铁丝网或平行的铁丝绑在树木四周的数根立桩上，然后在这个框架上进行造型。将枝条绑在铁丝制成的框架上，然后掐去枝条尖端，促进它们分枝，将框架铺满。

创造形状（续）

将新的分枝绑扎进框架结构中，填满所有空隙，直到将框架全部盖住。植物各部位的生长速度会有不同，这取决于朝向。向下整枝的分枝常常生长得很慢。

复杂的设计

复杂设计的造型框架一般可以从市面上买到，不过也许你决定要用坚固的材料如护栏铁丝搭建自

一系列适合进行树木造型的植物

'金国王'阿耳塔拉冬青

'斑叶'月桂荚蒾

洋常春藤（小叶品种）

月桂

欧洲红豆

'矮灌'锦熟黄杨

钝齿冬青

'匹格森黄金'光亮忍冬

山桂花

修剪出的鸟类造型

传统的形状仍然是树木造型中最流行的。这只欢快的鸟儿站在它的巢上，观察着周围的花园。

修剪

和一般的树篱相比，树木造型需要更多、更深入的精确修剪。要花费时间慢慢将小树枝修剪成需要的形状，特别是树木造型刚开始的时候。不要在一个地方修剪太重，这会破坏造型设计在整个生长季中的对称性，直到新的枝叶长出才能得到弥补。

即使你的眼力非常准，在进行植物造型的时候也最好使用水平仪、铅垂线以及其他工具确保修剪的精确性。总是从植物顶端向下、从中心向四周进行修剪，同时修剪植物两侧，保持形状的对称和均衡。

和有棱角的几何形状相比，圆形的树木造型更容易得到，有时候可以不借助辅助工具修剪而成。为得到一个球面形状，首先修剪植物顶端，然后沿着圆周向下剪出一个凹进去的环形。再以90°为夹角，剪出另一个环形，留下4个角，进一步修剪即可。

拥有精确平面和棱角边缘的几何式树木造型更难修剪和维护，需要精准老到的修剪才能得到完美的形状。这种几何式的设计最好使用绑在木棍上的准绳辅助修剪，以维持对称性。

何时修剪

树木造型定型之后，还需要在生长季中经常进行日常修剪。修剪的时间间隔取决于植物的生长速

富于建筑感的设计

这条小道旁边，两个极吸引眼球的螺旋形设计衬托着中间的圆锥形树木造型，两侧再配以圆顶状球体。

度。黄杨的复杂几何造型可能每4~6周需要修剪一次。当有新枝开始让表面不平整的时候就应立即修剪。

如果并不需要全年维持完美的效果，在生长季进行两次修剪通常就足以维持一般效果了，这跟所采用的植物也有关系。例如，红豆杉属植物一年只需要修剪一次，黄杨属植物（取决于品种）通常需要修剪两次，而光亮忍冬需要修剪三次。

在一年中适宜的时间修剪植物。不要在早秋之后修剪灌木，因为第一次修剪后长出的新枝需要足够的时间成熟才能忍受冬季的低温。在温暖的地区，生长可能几乎是连续不断的，定期修剪会贯穿全年。

枝条整枝

在框架上整枝的年幼枝条生长速度很快，因此需要大量工作才能在整个生长季将新分枝绑扎起来。趁分枝年幼柔韧的时候将其绑扎，并检查之前的绑结有无破损，是否对枝条造成摩擦或限制了枝条的生长。

如果框架中使用了立桩，确保它们牢固，不发生破裂、折断或弯曲。如果已经变形，用新的立桩代替之。

己的基础框架。你可以用细铁丝网编入基础框架中，得到更精确的形状。在框架的成形过程中，园艺木棍也可以用来作为临时性的辅助。涂焦油的麻线是将树枝绑在框架上的好工具，因为它最后会自然降解。

日常养护

除草、灌溉和护根都是重要的基础养护，和其他自由生长的灌木一样（见98页），不过要在生长季施加两次均衡肥料，施肥量为每平方米60克。

冬季养护

在降雪量较大的地区，用网状织物遮盖树木造型可以防止枝条被雪压断。将所有平面上的积雪除去，防止其破坏树木造型的结构。

修复与复壮

如果树木造型的顶端、部分或一根分枝受损或断裂，使用修枝剪将其干净利落地剪去。将附近的枝条绑扎起来，填补空隙。

如果树木造型在一或两年之内都没有进行修剪，常规修剪就能恢复其原始形状。如果树木造型多年未有人打理，已经失去了原来的形状，应该在第一个春天进行重剪，重建其轮廓，然后在接下来的两或三个生长季中进行更精细的修剪。

枯萎与枯梢病

某些常绿植物的枝叶在严寒的冬天会枯萎而死。受损的叶片在春天会被新的枝叶覆盖，在不美观的地方将死去的枝叶剪去，注意保持树木造型的形状。如果没有新发枝叶补充空隙，那么根系可能存在问题，需要进行处理。

如何进行复杂造型

1 使用坚固的材料为大型树木造型建造框架，这些材料会在原地保留数年之久。对年幼的植物进行修剪，使其保持在框架之内。

2 随着植株生长并将框架填充起来，每年沿着框架的外轮廓对其修剪一次，并剪去枝条尖端，促进植株呈灌丛式生长。

3 植株形成茂密的灌丛并覆盖整个框架。需要定期修剪，以维持形状的精准。

繁殖

有许多方法能够对灌木进行繁殖，得到新的植株，包括扦插、播种、压条、分株以及嫁接。

扦插是许多灌木的一种简便繁殖方法，而且不像播种繁殖那样可能会得到变异的子代，可以用来繁殖品种、杂种和芽变。

播种繁殖既简单又廉价，但要花费较长时间才能得到尺寸足以开花的植株。有些灌木可以分株繁殖，还有些可以压条。

嫁接需要将待繁殖植物的枝条与相容的植物砧木结合起来。除商业用途之外，这并不是常用的方法，与其他繁殖方法相比，它需要更多的技巧和技术，但对于某些灌木来说，这是最适合的繁殖方法。

嫩枝插条

嫩枝插条扦插技术主要适用于繁殖一些落叶型的灌木，如倒挂金钟属和分药花属植物。嫩枝插条应该在春天从快速生长的茎尖上采取，采取长度为6~8厘米。这种插条基部柔软，和更成熟的枝条相比更容易长出更多根。

插条的准备

在早晨采取插条。选择健康、柔韧、无分枝的枝条，采下后密封在不透明的塑料袋中。采集之后尽快对插条进行处理：将插条截到茎节正下端，并除去位置较低的树叶。通常掐掉柔软的茎尖，因为它容易腐烂；掐去茎尖还能促进插条生根后形成灌丛式植株。使用等比例的草炭替代物（或草炭）与珍珠岩或尖砂混合的扦插基质。用戳孔器将插条插入基质中。浇水，喷洒杀真菌剂防止腐烂，并放入喷雾单元或增殖箱中。

后期养护

如果不保持在湿润的环境中，嫩枝插条会很快枯萎，因此后期养护非常重要：每天将落下的叶子除去；如果可能的话，每周喷洒一次杀真菌剂。生根之后，对插条进行炼苗并将其移栽到独立的花盆中，或者保留在原来的容器里。如果保留在原来的扦插基质中，应该在生长季每两周施肥一次，并在第二年春天将生根插条单独上盆。

绿枝插条

几乎所有能用嫩枝插条繁殖的灌木也都能用绿枝插条繁殖。在春末或夏初枝条结实且基部稍微木质化的时候从健壮的枝条上采取绿枝插条，可从茎节处采取嫩梢插条，亦可采取带茎插条（见112页）。使用与采取嫩枝插条同样的方法。

如果插条长度超过8~10厘米，将其柔软的茎尖掐去，并剪掉基部的树叶。对于嫩梢插条，在茎节正下方用利刃做出直切口。对于带茎插条，将

采取绿枝插条

在晚春生长速度慢下来而且新枝更强韧的时候选取并处理绿枝插条。

其基部修剪整齐。将插条蘸取生根激素，并插入基质中。使用含杀真菌剂的溶液为插条浇水，然后将其放置在喷雾单元或增殖箱中。每天清理落叶，每周喷洒一次杀真菌剂。

生根之后，对插条进行炼苗并移栽，或者保留在原来的容器中生长。如果保留在原来的容器中，应该在生长季定期施肥，并在第二年春天移栽。

使用嫩枝插条繁殖

1 在春天，将年幼的不开花枝条（这里是一株绣球属植物）带3~5对叶片切下。将它们密封在不透明的塑料袋中并保持阴凉，直到可以进行处理。

2 将每根插条截短至8~10厘米长，在茎节正下端做出直切口（见插图）。剪去下端的叶片，掐掉生长的茎尖。

3 将插条插入放好扦插基质的花盆中，保证叶片不会互相接触。

4 用含杀真菌剂的溶液为插条浇水，然后做好标记并放入增殖箱中，将温度保持在18~21℃。

5 插条生根之后，进行炼苗，然后将它们从花盆中起出并小心地分开。

6 将分开的插条移栽进独立的花盆中。浇水，标记，将插条放置在阴凉区域，直到其完全恢复。

用嫩枝插条或绿枝插条繁殖的灌木

六道木属*Abelia*部分种类 1
苘麻属*Abutilon*部分种类 1
橙香木属*Aloysia*大部分种类 1 2
帚石南属*Calluna*
莸属*Caryopteris*
美洲茶属*Ceanothus*部分种类 1（落叶物种）
蓝雪花属*Ceratostigma*部分种类 1 2
夜香树属*Cestrum* 1 2
枸子属*Cotoneaster*（落叶物种）
金雀儿属*Cytisus*部分种类 1
大宝石南属*Daboecia*
伯氏瑞香*Daphne* x *burkwoodii*
溲疏属*Deutzia*（部分物种）
吊钟花属*Enkianthus*
石南属*Erica*
连翘属*Forsythia*
倒挂金钟属*Fuchsia*部分种类 1
小金雀属*Genista*部分种类 1
银钟花属*Halesia*
绣球属*Hydrangea* 2
猬实属*Kolkwitzia*
紫薇属*Lagerstroemia*部分种类 1 2
马缨丹属*Lantana* 1 2
花葵属*Lavatera*
分药花属*Perovskia*
山梅花属*Philadelphus*
委陵菜属*Potentilla*
荚蒾属*Viburnum*（落叶物种）
锦带花属*Weigela*（部分物种）

帚石南

注释
1 不耐寒
2 只用嫩枝插条繁殖

半硬枝插条

许多常绿灌木和一些落叶灌木可以用半硬枝插条扦插繁殖。

合适的插条

半硬枝插条一般在仲夏至夏末采取，有时候会在秋初采取。选取基部已经木质化但尖端仍然柔软的当季坚韧枝条。和嫩枝插条不同的是，它们在被弯曲的时候会有一定阻力。有些灌木采用半硬枝插条的变形形式进行繁殖，如长踵插条（见112页）和叶芽插条（见112页）。

生根基质的准备

在从母株上采取扦插材料之前，在大小合适的容器或增殖箱（底部加热）中填入适宜的生根基质：可使用碎松树皮，或者等比例的草炭替代物（或草炭）与砂砾或珍珠岩的混合物。

插条的准备

半硬枝插条可以是带茎插条，也可以是嫩梢插条。带茎插条应该为5~7厘米长，从茎部采取；嫩梢插条应该为10~15厘米长，来自领导枝或侧枝，并用锋利的刀刃或修枝剪从茎节下端切取。

将柔软的茎尖从带茎插条和嫩梢插条上除去。无论是哪种插条，都要将其下端的树叶除去，对于树叶较大的植物，还要将剩余树叶的大小缩减一半，最大限度地减少水分散失。

可以在插条基部的一侧划出一道浅伤口。对于难以生根的植物如绢毛瑞香（Daphne sericea），这个切口应该更深一些，可将一小片树皮剥去。

上盆

将包括整个伤口在内的插条基部蘸取激素生根粉，然后使用戳孔器将它们插入增殖箱或容器内准备好的基质中。

将插条之间的间隔保持在8~10厘米，并确保它们的叶子不会互相重叠，否则会让水分聚集，真菌

容易在此繁殖。将插条周围的基质弄紧实。给每个容器做好标记，并用含杀真菌剂的溶液浇透水，防止猝倒病的出现（见658页）。

适宜的温度

将容器中的插条放置在冷床或温室中越冬。直接在增殖箱中扦插的插条应该通过基部加热将温度保持在21℃左右。

后期养护

在冬季定期检查插条，迅速清理出现的落叶。基质一旦出现干燥的迹象，就要浇水。如果插条在冷床中越冬，它们可能需要某种形式的隔离，如在冷床上覆盖麻布或旧毯子，保护插条免遭霜冻侵害。

在冷床或不加温温室中越冬的插条需要在容器中再生长一段时间才能发育出完好的根系。保持冷床封闭，除非在天气非常温和的时候。冷床和温室的玻璃应该保持干净，并且不能有水汽凝结，因为其内部的高湿度会为真菌感染提供适宜的条件。在晚春或初夏，逐渐延长打开遮盖的时间，对插条进行炼苗。如果必要的话，使用适宜的遮阴材料覆盖在玻璃上，以抵御强烈的阳光直射。

在整个生长季，每两周对所有半硬枝插条施加一次液态肥，并清理掉所有孱弱或有病害症状的插条。

移栽

在增殖箱中越冬的插条应该在早春就会生根，因为基部加热能够促进根系的发育。在对插条进行移栽之前，检查根系是否足够强壮。将它们从容器中起出，小心地分开，然后将其植入独立花盆或者开阔地中，并做好标记。如果有些插条没有生根，但是形成了愈伤组织，则将部分愈伤组织刮去以刺激生根，并将插条重新插入生根基质中。

在冷床中生长的插条如果发育良好的话，可以在秋天移栽到外面，或者种在避风位置；也可以留在冷床中，直到下一年春天再独立上盆或者移栽到室外。

使用半硬枝插条繁殖

1 在仲夏至夏末，选取当季的健康枝条作为插条。从茎节上端将它们从母株上分离下来（这里是"金国王"阿耳塔拉冬青）。它们应该是半成熟的：茎尖仍然柔软，但基部已经很坚韧了。

2 将侧枝从主枝上切下来。每根侧枝的切取长度为10~15厘米，从茎节下端切取。

3 将每根插条的柔软茎尖掐掉，然后除去最底部的一对叶，切口与枝条平齐。

4 在插条上切出伤口，以促进生根：从插条基部一侧小心地切掉一块长约2.5~4厘米的树皮。

5 将每根插条的基部蘸取生根粉，然后将其插入增殖箱或冷床中的扦插基质。

6 生根之后，小心地将插条起出，并单独种植。在将它们移栽到花盆或室外时，要先逐渐进行炼苗。

用半硬枝插条繁殖的灌木

倒壶花属*Andromeda*
熊果属*Arctostaphylos*
桃叶珊瑚属*Aucuba* 2
阿查拉属*Azara*部分种类1 2
小檗属*Berberis*部分种类1 2
香波龙属*Boronia* 1 2
长春菊属*Brachyglottis* 1
柴胡属*Bupleurum* 2
黄杨属*Buxus*
红千层属*Callistemon* 1 2
山茶属*Camellia*部分种类1
魔力花属*Cantua* 1 2
扁枝豆属*Carmichaelia*部分种类1 2
茶花常山属*Carpenteria* 2
滨篱菊属*Cassinia* 2
岩须属*Cassiope* 2
美洲茶属*Ceanothus*部分种类1 2
墨西哥橘属*Choisya* 2
筒萼木属*Colletia* 2
臭茜草属*Coprosma* 1 2
假醉鱼草属*Corokia*部分种类1 2
枸子属*Cotoneaster* 2
金雀儿属*Cytisus*部分种类1 2
瑞香属*Daphne*
溲疏属*Deutzia*（部分物种）
林仙属*Drimys*
胡颓子属*Elaeagnus* 2
石南属*Erica*
南美鼠刺属*Escallonia* 2
丝缨花属*Garrya* 2
大头茶属*Gordonia* 1 2
银桦属*Grevillea*部分种类1 2
覆瓣梾木属*Griselinia*部分种类1 2
朱槿*Hibiscus rosa-sinensis* 1
冬青属*Ilex*部分种类1
月月青*Itea ilicifolia* 2
薰衣草属*Lavandula*部分种类1
细子木属*Leptospermum*部分种类1 2
木藜芦属*Leucothöe* 2
广玉兰*Magnolia grandiflora* 2
十大功劳属*Mahonia*
夹竹桃属*Nerium* 1 2
榄叶菊属*Olearia*部分种类1 2
山梅花属*Philadelphus*
石楠属*Photinia* 2
马醉木属*Pieris* 2
海桐花属*Pittosporum*部分种类1
李属*Prunus*（常绿物种）2
火棘属*Pyracantha* 2
杜鹃花属*Rhododendron* 2
茵芋属*Skimmia* 2
荚蒾属*Viburnum*
锦带花属*Weigela*

注释
1 不耐寒
2 带茎插条

'巴豆叶'东瀛珊瑚

带茎插条

带茎插条可以从绿枝、半硬枝或硬枝枝条上采取，是苗壮的当季生枝条。每根带茎插条的基部带有木质的"茎"，这个部位集中了有助于生根的植物激素。

带茎插条特别适合一系列常绿灌木如马醉木属和部分杜鹃花属植物、茎有髓或中空的落叶灌木如小檗属和接骨木属植物，以及拥有绿枝枝条的灌木如金雀花类植物（金雀儿属/小金雀属）。

1 将当季的健康侧枝（这里是'展枝'桂樱，从主枝上带茎扯下。

选取和母株性状一致的健康侧枝作为插条。将侧枝从主枝上扯下来，这会带下来主枝上的一小段树皮。不要从主枝上撕下太多树皮，否则会造成感染。用利刃将茎修齐，然后根据枝条的成熟程度，按照绿枝插条（见110页）、半硬枝插条（见111页）或硬枝插条（见右）的扦插方法进行处理。

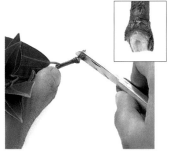

2 使用锋利的刀子将茎基部的"尾巴"切去，然后再插入扦插基质中。

长踵插条

长踵插条是从半硬枝枝条上取下的，它是由当季枝条连接在一小段上一生长季的老枝上形成的，其基部呈木槌形的栓状结构。长踵插条常常用来繁殖茎有髓或中空的灌木，因为导致腐烂的真菌不容易感染老枝。它特别适合用于许多绣线菊属和落叶小檗属物种，这些物种会在主枝两侧长出许多短分枝。

夏末，将上一生长季长出的枝条从母株上取下，并截成数段，每一段都包括一根苗壮的侧生新枝。如果基部的主枝部分直径超过5毫米，将其纵向撕裂，然后按照半硬枝插条的扦插方法处理（见111页）。

长踵插条

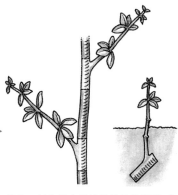

将上一年生长出的枝条从母株取下，在每个分枝的上端和下方约2.5厘米处剪切，得到插条。将插条截短至10～13厘米，然后除去基部的叶子。

叶芽插条

叶芽插条也是从半硬枝枝条上取下的，由一小段带叶和叶芽的枝条组成。和枝条插条相比，叶芽插条对于母株扦插材料的使用更经济。这种繁殖方法最常用于山茶属和十大功劳属植物。

在夏末或初秋，选择带有健康叶片和饱满芽的当季苗壮枝条。用锋利的刀子或修枝剪从每片叶子正上方将枝条切下，然后在叶柄下方约2厘米处将插条截断。

叶芽插条在上盆前不需要用激素生根粉处理，不过可以在基部划出伤口来促进生根。将它们插入含扦插基质的容器中，并按照半硬枝插条扦插的方法处理（见111页）。

为了节省冷床或增殖箱中的空间，将所有较大叶片卷起并用塑料带固定；将木棍从卷起叶片中间穿过并插在基质中能起到稳定的作用。将灌木（如十大功劳属植物）的复叶修剪掉一半。

硬枝插条

用硬枝插条扦插是繁殖许多落叶灌木和部分常绿灌木的简单方法。在秋末至仲冬采取当季生长、完全成熟的苗壮枝条。对于落叶灌木，应该在叶落之后立即采取插条，或者在春天芽萌动之前采取插条。

准备土地

硬枝插条最好在冷床中的种植床或容器中扦插生根，不过它们也可以露地扦插。

叶芽插条

1 选择半硬枝枝条（这里是山茶）。在每片叶子下约2厘米处将枝条切下，在叶子正上方截断。

2 在每根插条的基部除去长5毫米的一小段树皮（见插图），然后将插条插入基质，叶腋刚好露出基质表面。

用硬枝插条繁殖的灌木 ✿

地中海滨藜 *Atriplex halimus*
桃叶珊瑚属 *Aucuba*（部分物种）
醉鱼草属 *Buddleja*
黄杨属 *Buxus*（部分物种）
红瑞木 *Cornus alba*,
　偃伏梾木 *C. sericea*
瓦氏栒子 *Cotoneaster* x *watereri*
'粉簇' 雅致溲疏 *Deutzia* x *elegantissima*
　'Rosealind',
　长叶溲疏 *D. longifolia*, 粉花溲疏 *D.* x
rosea,
　溲疏 *D. scabra*
连翘属 *Forsythia*
莫氏金丝桃 *Hypericum* x *moserianum*
卵叶女贞 *Ligustrum ovalifolium*
山梅花属 *Philadelphus*
悬钩子属 *Rubus*
芸香 *Ruta graveolens*
柳属 *Salix*
接骨木属 *Sambucus*
绣线菊属 *Spiraea*
毛核木属 *Symphoricarpos*
怪柳属 *Tamarix*
荚蒾属 *Viburnum*（落叶物种）
锦带花属 *Weigela*

接骨木属植物

硬枝插条

1 选择强壮，健康的当季成熟枝条（见插图，左），避免细弱枝（中）和老枝（右）。

健康枝　细弱枝　老枝

2 除去落叶灌木的所有叶片并剪去茎尖。将插条剪至15~20厘米长，基部蘸取激素生根粉。

3 将插条插入装好基质的容器中，露出基质表面2.5~5厘米。为花盆做好标记，并将其放入冷床中。

在夏末或初秋准备苗床，首先将土壤耕耘松散，然后挖出一条12~15厘米深的平沟。为促进生根，在沟底部铺一层2.5~5厘米厚的粗砂（这对于黏重的土壤是很重要的）。种植沟的间距为38厘米。

准备插条

挑选铅笔粗细的插条，从当季和上一季枝条的结合处将插条剪下。

将落叶灌木的插条修剪至15~22厘米长，插条顶端切口位于单芽或对芽正上方，插条底端切口位于单芽或对芽下方；常绿灌木插条长度应为15厘米，在叶片的上端和下方剪切。对于有髓的枝条，要采取带茎插条（见112页）。将常绿灌木插条下端三分之二的叶片除去，并将剩余叶片剪去一半大小。使用生根激素处理基部切口。将基部附近的一小段树皮撕去，可以促进难以生根的插条生根。

将插条插入容器中的扦插基质里，或者将落叶灌木插条放置在准备好的沟槽的垂直侧壁上。如果是露天扦插，应保持15厘米的间距；如

果在冷床内，间距为10厘米即可。插条露出地面2.5~5厘米。回填沟槽，并压实土壤。

后期养护

如果霜冻导致地面隆起，将插条周围的土地再次压平。保持苗床无杂草，在整个生长季浇足水。在冷床中的插条一般会在第二年春天之前生根。在上盆或移栽之前进行炼苗（见638页）。露天扦插的插条应该留在原地直到秋天，然后再移植到永久性场所。

根插条

可以用根插条繁殖的灌木包括小花七叶树（*Aesculus parviflora*）、楤木属、大青属（*Clerodendrum*）、杨梅属（*Myrica*）、盐肤木属（*Rhus*）和黄根（*Xanthorhiza simplicissima*）等。在仲冬至冬末还未再次进入生长期的时候，将年幼植株起出，清理掉根系的土壤。如果不现实，可暴露灌木的部分根系。切下主干附近的年幼根——粗5毫米或稍粗，将它们放置于湿润的麻布袋或塑料袋中，直到能够进行处理。

插条的准备

首先将纤维状的侧根除去，然后在完好根从母株上分裂的末端处做一直切口，在另外一端做一斜切口。插条长度应为5~15厘米——较细的插条应该长一些——同一根上可以取下好几根插条。生根环境越冷，插条越细，所需要的插条就越长；露地扦插的根插条至少应有10厘米长。用杀真菌剂粉末处理所有根插条，不需要用激素生根粉处理，这会抑制枝条的产生。

插条的扦插

楤木属植物和其他很容易用根插条繁殖的灌木可以在室外扦插。对于不太容易生根的灌木，最好在受控环境中扦插。准备好尺寸足以容纳数个插条的容器，在其中填满扦插基质。将基质轻轻压实，以5厘米的间距将每根插条垂直插入基质中（带有斜切口的那端朝下）。细而长的插条可以水平放置。将基质压实，使插条直切口一端刚刚露出基质。铺上

一层3毫米厚的砂砾（水平放置的插条可铺蛭石），浇水。这次浇水可能足以支撑到枝条发育出来，但过多的水分会导致腐烂。

后期养护

扦插在室外的根插条会在10周内生根，在冷床内的插条会在8周内生根。如果保持在18~24℃的设施中，根插条会在4~6周内产生枝条。从生长快速的灌木上取下的根插条一旦生根，就应该换盆，其他根插条可以在花盆中继续保留12个月，每月或每两个月施加一次液态肥，然后上盆或移栽。

用种子繁殖灌木

用种子繁殖灌木既简单又经济。对于种间极易杂交的属，只使用受控传粉得到的种子。不过，使用园艺栽培杂种开放授粉得到的种子，可能会产生有趣的新植物。

从浆果中分离种子

1 用手指将浆果（这里是火棘属植物的浆果）搓碎，除去外面的大部分果肉。在温水中搓洗种子。

2 用纸巾吸干种子的水分，并将其放入装有粗砂或湿润蛭石的透明塑料袋中冷藏，直到准备播种。

种子的采集和清洁

在种子成熟后采集蒴果或果实。取出种子，清洁后晾干，然后再进行播种或储藏。将肉质果实浸泡在温水中或者压碎它们，以便更容易挑出种子。对于蒴果，要采集整个果实，最好在它们已经变成棕色之后再采集。将蒴果放置在纸袋中并保持在室温下，直到它们裂开。

种子的储藏

种子的寿命取决于物种和储藏条件。例如，瑞香属、山月桂属和杜鹃花属植物的种子应该在新鲜的时候播种；油性种子不耐储藏，应该在采集之后尽快播种；如果储存在3~5℃的温度中，种子的寿命会得到延长。

打破种子休眠

有些灌木的种子具有休眠习性，防止它们在恶劣的条件下萌发。这种休眠可以通过人工划破种皮或层积的方法来打破（见629页，"如何克服休眠"）。

对于拥有坚硬种皮且较大的种子，如山茶属和芍药属（Paeonia）植物的种子，为了让空气和水能够渗入种子内部，可在播种前用小刀在种皮上刻痕或者锉去一小部分种皮。较小、难以刻痕的坚硬种子可用玻璃砂纸打磨。将有些种子在冷水（如山茶属和海桐花属植物的种子）或热水但不能是沸水（如荔梅属、锦鸡儿属、小冠花属和金雀儿属植物的种子）中浸泡几个小时，能进一步促进它们的萌发。这会软化坚硬的种皮，让水分能够进入，种子得以萌发。

需要长时间冷处理的种子可以进行层积——鸡爪槭、唐棣属、栒子属、卫矛属、沙棘属和荚蒾属的种子都需要这样的处理。采集了种子之后，在有排水孔的容器底部铺一层碎瓦片，并将种子撒在两层沙子和草炭替代物（或草炭）组成的混合物之间。将容器齐边埋入花园室外或放入冷床中。

第二年春天，部分种子可能已经萌发了，将种子挖出并间隔播种。具有一定耐寒性的灌木如荚蒾属植物的种子可能需要在冰箱中进一步冷处理。

对耐寒种子进行人工冷藏会得到更可靠的结果。将种子和湿润蛭石、草炭替代物或草炭混合起来，然后密封在透明的塑料袋中，放入冰箱冷藏。每个物种所需要的冷藏时间各不相同，最好在种子于仲冬至冬末在冰箱中开始萌发之前进行试种。为保险起见，在冰箱中保留一些额外的种子，每周进行检查直到开始萌发，然后取出播种。

在容器中播种

耐寒灌木的种子应在秋天播种于冷床，或者放在冰箱中并于仲冬至冬末播种，而不耐寒灌木的种子应在春天播种于花盆。大多数细小的杜鹃科种子应在冰箱中储存到仲冬至冬末，它们会在15℃的湿润环境中萌发。

清洁所有容器、工具和工作台面。使用标准播种基质，但对于厌钙植物要使用酸性基质。许多较大的种子需要单个播种在模块或整根容器中。用基质将花盆或种植盘装得冒尖，轻轻压实后刮去多余的基质。使用压板再次压实基质，使基质表面位于花盆或种植盘边沿下方1厘米处。将种子以5厘米为间距播种，然后将它们均匀按进基质中。覆盖一层5毫米、厚筛过的基质和一层5毫米厚的干净砂砾。为每个容器做好标记，浇水。

许多大小中等的种子也可以用这种方式播种，但基质表面和容器边缘之间的高度差应为5~8毫米。同样用筛过的基质和5毫米厚的砂砾覆盖。在容器上放置金属网，防止小型动物啃食。当播种细小种子的时候，将基质压实到距容器边沿5毫米处。在种植前浇水并让基质将多余的水排走，小心地晃动，将种子撒播在基质表面。不要覆盖种子，也不要从上方浇水。

容器中实生苗的后期养护

播种之后，将容器放入增殖箱、温室或冷床中。温带地区的物种需要12~15℃的温度，暖温带和热带地区的物种更喜欢21℃的温度。对于春季园艺设施中播种的种子，应该维持12~15℃的恒温。定期检查容器中的种子，有必要的话随时浇水，但不要从

种子上方浇水。将容器在浅水槽中放置一段时间，水分会通过毛细作用进入容器的基质中。种子萌发之后，不时用杀真菌剂喷洒种子。

移栽

当实生苗长到能够操作的时候，对幼苗进行移栽。可在温室的工作台上轻轻叩击容器边缘，让基质松动，或者将实生苗与基质一起取出，再将幼苗分离，尽可能减少对其根系造成的扰动。

将实生苗移栽至干净的花盆或种苗盘中，其中的基质应该平整但没有被压实。使用小锄在基质中戳孔并将幼苗插入。轻轻拍打容器顶部，使基质平整并将幼苗固定，然后标记并浇水。将容器置于与萌发条件类似的温度下并避免阳光直射，直到幼苗恢复。

露天播种

露天苗床适合播种不需要日常照料的大批种子。这样的苗床通常为90~100厘米宽，并高出周围地面

15~20厘米以利排水。在播种前六个月至一年前准备苗床。

在秋天，将土地精耕。细小的种子撒播在播种区域，而大小中等或较大的种子以10~15厘米的间距成行点播，行间距为45厘米。如果需要的话，大型种子的种植间距还可以进一步加大。

在较大和中等大小种子上覆盖0.5~1厘米厚的土壤，细小种子不要覆盖。然后，在苗床上覆盖一层0.5~1厘米厚的砂砾。用压板压实砂砾，然后为每排种子做好标记。

室外实生苗的后期养护

使用50%透性的网布遮盖，防止刮风造成幼苗损伤；为防止冻害，使用固定牢稳的园艺织物。如果幼苗之间有足够的间距，它们一般不会遭受病害困扰，但可能存在蚜虫（见654页）、红蜘蛛（见668页）和啮齿类动物啃食（见668页）等问题。

如果间距足够的话，可以将幼苗留在苗床中直到下一个秋天；然后要么上盆，要么移栽到单独的育苗床中。

在容器中播种

1 从折叠的纸中将种子轻轻拍打下来，均匀地撒播在盛满了细筛基质的种植盘中。

2 用细基质薄薄地覆盖种子，然后铺上一层5毫米厚的砂砾。做好标记并放入冷床中，直到种子萌发。

3 当幼苗尺寸大到可以操作的时候，用小锄小心地将它们掘出，用手轻轻地拿着叶子取出来。

4 将幼苗移栽到独立的花盆中，或者将3株幼苗移栽到一个直径为13厘米的花盆。在第二对叶形成之后，再单独上盆。

压条繁殖

压条繁殖是一种在脱离母株之前促进枝条生根的灌木繁殖方法。商业上常用的茎尖压条（dropping）和培土压条（stooling）是压条繁殖技术的变异类型。

简易压条

许多落叶和常绿灌木都可以用这种方法繁殖。在秋天或春天，压条开始大约12个月之前，修剪母株上位置较低的一根分枝，促进苗壮枝条的生长，这些新枝有更强的生根能力。在接下来的秋末至早春之间，准备枝条周围压条所用土壤，使其变得松散。如果土地黏重，加入砂砾和腐殖质。

保留选中枝条尖端的叶片，去除其余叶片和枝条上的所有侧枝。将枝条拉到地平面上，在其茎尖后22～30厘米处的土地上做标记。在标记点为枝条挖出一个浅洞或浅沟。在枝条会被钉入洞中的地方划出伤口，即在其茎尖后约30厘米处，斜刻或剥去一小圈树皮。在伤口上撒上激素生根粉，然后用弯曲的金属丝将枝条钉入洞中，将枝条尖端向上拉直，并固定在竖直的木棍上。回填挖出的沟并紧实土壤，将枝条尖端暴露在外。

在整个生长季，保持压条周围区域的湿润。压条会在秋天前生根。在接下来的春天，确保根系发育完好，然后将压条从母株分离，上盆或在花园露地种植。如果仍未生根或生根数量很少，则将其保留在原地继续等待一个生长季。

空中压条

这种技术特别适合分枝难以接近地平面的灌木。它对于在高湿度、高降水量以及温暖环境中生活的植物也很适宜。

在春天，选择已经成熟的强壮、健康一年生枝条。剪去侧枝或叶片，在尖端后面留下一段光秃秃的茎秆。斜切割伤枝条，并在伤口表面撒上激素生根粉。

将尺寸约为22厘米×18厘米的黑色或不透明密封塑料袋剪去底端，并套在枝条上，用胶带、酒椰纤维或细绳将距离茎尖最短的一段系紧。

将透气性良好的生根基质（如泥炭藓，或者等比例的草炭替代物或草炭与珍珠岩的混合物）弄湿，使其湿润但不至于浸透。将潮湿的基质放入包裹着枝条伤口的塑料袋中，然后在顶端系上密封。让塑料袋留在原位，保持一整个生长季。

第二年春天，检查压条是否生根。如果已经生根，立即将压条从母株分离，去除包裹物，并梳理根系。将压条上所有的新生枝叶修剪至保留木质部分附近的一片树叶或芽。根据物种选用标准盆栽基质或酸性基质将压条上盆。做好标记并将压条放入温室或冷床中，直至其完全恢复。如果去除塑料袋后只有很少的根或没有根，重新进行密封并将其留在原地保持数月，然后再按上述流程处理。

茎尖压条

部分容易从茎尖生根的灌木，主要是悬钩子属（Rubus）的物种和杂种，可以用这种方法繁殖。在初春，选择健壮的一年生枝条，掐去其生长点以促进侧枝生长。在春末，耕作枝条周围的土壤。如果土壤质地过于黏重，混入有机质和砂砾。

在仲夏，当茎尖稍微变硬之后，将枝条拉到地平面，并在地面上标记茎尖的位置。在此位置挖一条深7～10厘米的沟槽，一面侧壁垂直，另一面侧壁斜伸向母株。使用金属U字钉将正在生长的茎尖钉在靠近垂直侧壁的沟槽底部。回填沟槽，轻轻压实，浇水。

在秋末之前，根系发育良好的植株就会形成。将这些植株从弯曲的压条进入沟槽的地方从母株上分离出来。将生根的压条起出后上盆或露天移栽。（又见471页，"茎尖插条"。）

坑埋压条

使用这种方法繁殖，母株几乎会被埋起来。这种方法用来繁殖低矮的灌木，如低矮的杜鹃属和石南类植物（石南属、大宝石南属、帚石南属），所使用的母株长势已经变得散乱。

在休眠季，对拥有大量拥挤枝条的植物进行疏枝，让剩下的枝条在被埋之后能够接触足够多的土壤，以利于生根。

适合简易压条的灌木

倒壶花属 Andromeda
桃叶珊瑚属 Aucuba
茶花常山属 Carpenteria
岩须属 Cassiope
木瓜属 Chaenomeles
流苏树属 Chionanthus
蜡瓣花属 Corylopsis
巴尔干瑞香 Daphne blagayana
双花木属 Disanthus
银叶胡颓子 Elaeagnus commutata
地桂属 Epigaea
石南属 Erica
北美瓶刷树属 Fothergilla
白珠树属 Gaultheria 部分种类 1
八角属 Illicium 部分种类 1
山月桂属 Kalmia
月桂属 Laurus
木兰属 Magnolia
木樨榄属 Osmanthus 部分种类 1
杜鹃花属 Rhododendron 部分种类 1
茵芋属 Skimmia
旌节花属 Stachyurus 部分种类 1
丁香属 Syringa
南高丛越橘 Vaccinium corymbosum

注释
1 不耐寒

'粉丽人'
华丽木瓜

用简易压条法繁殖灌木

1 选择年幼柔韧的低位置枝条。将其拉到地面上，并用木棍标记其尖端之后22～30厘米在地面上的位置。

2 在所标记的位置挖一个深约8厘米的洞，在枝条与母株相连的一侧做一浅斜坡。

3 将选中枝条上的侧枝和树叶全部除去。在枝条底端与土壤相接的地方，切出一条舌片或剥去一圈树皮。

4 用激素生根粉涂抹在枝条的伤口上。用弯曲的金属丝将枝条钉在土壤中，使伤口与土壤接触。

5 将枝条尖端弯曲起来并用绑结固定在木棍上。回填挖出的洞。用手指轻轻压实土壤，浇水。

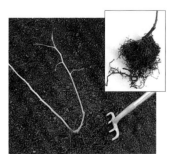

6 生根之后（见附图），将压条挖出并从母株上切下，从新的年幼根处将其分离。将压条上盆或露地移栽。

园艺百科全书（典藏版）

用空中压条法繁殖灌木

1 选择上一生长季长出的健康、水平枝条，剪去所有叶片和侧枝，得到一段长22~30厘米的光滑茎段。

2 用两端开口的塑料袋套住枝条，然后用胶带将其底部一端密封在茎段上。

3 向后折叠塑料袋。在枝条上顺着生长方向朝植株外做一个4厘米长的斜切口，切入茎段约5毫米厚。涂抹激素生根粉。

4 将两把泥炭藓浸入水中，然后轻轻挤出水分。用刀背将浸湿的泥炭藓塞入枝条的切口中。

5 将塑料袋拉回来，盖住伤口。小心地在塑料袋中塞满潮湿的泥炭藓，将茎段全部包裹住。

6 继续塞入泥炭藓，直到泥炭藓距塑料袋开口5厘米。用胶带将开口密封起来。

7 密封的塑料袋能保持水分，促进生根。将其保留至少一个生长季，让新生根系充分发育。

8 压条生根之后，将塑料袋除去并从根系底端将压条切下，上盆或将新灌木（这里是一株杜鹃花属植物）移栽室外。

培土压条

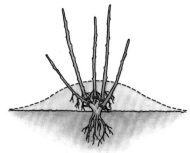

用排水性良好的土壤覆盖枝条，并随着它们的生长逐渐添土。枝条会在下端生根，可以在秋天从母株分离并上盆。

在生长开始前且霜冻风险结束之后，挖一个足够将植株埋起来并只露出枝条尖端的坑。如果土地黏重，加入砂砾和有机质。

将母株带根坨起出，尽量保持根坨完整，并将其"丢入"准备好的坑中。整理好每根枝条旁边的土壤，使其露出地面2.5~5厘米。紧实土壤并做好标记。在夏天要保持土壤湿润，在秋天要小心清理植株周围的土壤，观察是否生根。将生根枝条从母株分离出去，上盆或露地移栽，做好清晰的标记。若未生根，回填土壤并继续保持12个月。

培土压条

虽然这种方法最初是用来繁殖果树砧木的，但也可以用来从未嫁接植株上繁殖落叶观赏灌木，如山茱萸和丁香等。

将生根的压条或其他年幼植物在春天种植，做好标记，并让其生长一年。在第二年春天，将地上枝条修剪至距地面8厘米，并以每平方米120克的量施加均衡肥料。当新长出的枝条达到15厘米长时，使用富含有机质的松散土壤将这些枝条埋住。如果土壤质地黏重，加入砂砾。随着枝条的生长，继续添加土壤培土，直到每根枝条被埋约22厘米长。在干燥的天气，要保持土壤湿润。

在秋天树叶刚刚掉落的时候，轻轻地将土堆叉走直到与地面平齐，露出已经生根的枝条。将它们剪下来，上盆或露地移栽。如果一直施肥的话，这一过程可以每年重复，同一母株可以在后来的年份再次用于繁殖。

适合空中压条的灌木

柑橘属 *Citrus* 1
榕属 *Ficus* 部分种类 1
金缕梅属 *Hamamelis*
宽叶山月桂 *Kalmia latifolia*
木兰属 *Magnolia*
杜鹃花属 *Rhododendron* 部分物种 1
丁香属 *Syringa*

适合培土压条的灌木

唐棣属 *Amelanchier*
木瓜属 *Chaenomeles*
黄栌 *Cotinus coggygria*（及其品种）
亚木绣球 *Hydrangea arborescens*，
圆锥绣球 *H. paniculata*
麦李 *Prunus glandulosa*
茶藨子属 *Ribes*
柳属 *Salix*
小米空木属 *Stephanandra*
丁香属 *Syringa*

注释
1 不耐寒

'里奇'木兰

法式压条

这种方法是培土压条法的一种变形，用来繁殖落叶灌木如梾木属植物（红瑞木、偃伏梾木）和黄栌等。

将生根的压条或年幼植物在春天种植，做好标记，并让其生长一年。然后，在休眠季将母株修剪至距地面8厘米。在第二年春天，以每平方米60~120克的量施加均衡肥料。

接下来的秋天，留下10根最好的枝条，剪去剩余的所有枝条；修剪剩余枝条的顶端，使它们长度一致。用金属U字钉将所有枝条围绕母株均匀散开地钉在地面上。这样枝条上排列的所有芽就会在第二年春天同时萌动。

当被钉在地上的枝条抽生出的新枝长到约5~8厘米长的时候，将U字钉取下，并耕作母株周围的土地，以每平方米60~120克的量施加均衡肥料。再次将主枝均匀放倒，填入5厘米深的沟槽中。将每根枝条钉入沟槽底部并覆盖土壤，露出新枝的尖端。随着新枝的生长逐渐加高土壤，直到土丘高度达到15厘米。在干旱天气对压条区域浇水。

叶落之后，小心地将新枝周围的土壤叉走，露出水平放置的枝条。将这些水平枝条从中央的母株上平齐切下，然后将枝条切成成段的生根新枝，将这些新枝上盆或露地移栽在花园中，并做好标记。同一个母株还可以再次使用。

分株

分株是易产生萌蘖条灌木的一种简便繁殖方法。假叶树属（Ruscus）、棣棠属、白珠树属和野扇花属植物都适合用这种方法繁殖。用这种方法繁殖的灌木必须生长在自己的根系上，不能是嫁接在别的砧木上的植物。

在春季开始生长之前将植株挖出。将成丛的母株分成数小丛，每丛都有健壮的枝条和发育良好的根系。剪去受损的根，并将地上枝条截短三分之一至一半，减少水分散失。露地移栽分株后的灌木，并在干燥的天气里浇水。或者只是挖出一条长有萌蘖条的根，将其从母株上分离之后露地移栽。

对于包括盐肤木属灌木在内的某些灌木，在夏天或秋天对母株周围的土地进行深挖会促进萌蘖条的生长。这会对根系造成损伤，刺激不定芽在春天抽生萌蘖条。这些生根的萌蘖条可以挖出上盆或露地移栽。

嫁接

嫁接可将两种植物结合在一起，融合成一株植物生长。接穗是从待繁殖的植物上取下的，它构成新植株的上部分，而另一部分称为砧木，它为新植株提供根系。砧木和接穗必须是相容的，它们一般属于同一个物种或者亲缘关系很近的物种。

对于难以生根或者实生苗难以真实遗传亲本性状的植物，嫁接是一种重要的繁殖方法。使用选种的砧木，可以改善植株的活力、抗病性或者对于某种特定生长环境的耐性，有时还能控制其基本的生长模式。

在嫁接技术的各种变形中，三种最为常用的嫁接方法是鞍接、切接和劈接。无论用哪种嫁接方法，砧木和接穗都应该在切割之后立刻

结合，而且双方的切口表面应保持清洁。所有类型的嫁接对热管都有很好的反应，这会促进愈合组织的形成（见637页）。

鞍接

这种嫁接方法主要用于繁殖常绿杜鹃花属物种和杂种，一般使用彭土杜鹃或'坎宁安白'杜鹃当作砧木。在嫁接实施一个月之前，将砧木放入温度维持在10~12℃的温室中。

在冬末或初春，选择适合嫁接的接穗材料。选择的接穗应为5~13厘米长，从待繁殖植物的健壮、一年龄、不开花枝条上取下。如果只能从带花芽的枝条上采取接穗，则应将这些花芽掐去。接穗应做好标记，装入塑料袋放进冰箱储存。

选择茎秆直立且有铅笔粗细的砧木，并用修枝剪在茎秆上做一直切口，将其截短至距基部5厘米。然后用小刀在砧木顶端做两个斜切面，形成一个倒V字形伤口。在接穗上做出两个与之对应的斜切口，使其

基部——所谓的鞍——能够紧密地安在砧木的顶端。

确保砧木与接穗紧密地贴合在一起，然后用透明的嫁接带将二者绑在一起。将所有大的叶片剪短一半，以减少水分散失。做好标记，然后将嫁接植物放入增殖箱中并避免阳光直射。每天检查植物的水分和卫生情况，并每周用杀真菌剂溶液喷洒。嫁接部位的融合一般在4~5周内完成。

当接穗开始自由生长时，将绑带去除并逐渐对嫁接植物炼苗——每天延长打开增殖箱的时间。如果将嫁接植物保留在原来的花盆中持续一个生长季，应该每月施加一次液态肥。

切接

这种嫁接方法可以用来繁殖一系列常绿和落叶灌木。大多数切接都在仲冬进行，不过落叶灌木如伯氏荚蒾（Viburnum x burkwoodii）可以在夏天进行切接。至于砧木，应选择与待繁殖植物相容的一到三年

生实生苗，其茎秆应有铅笔粗细。在实施嫁接约3周之前，将砧木放入温室，为其浇少量水，避免太快打破休眠，因为树液的快速流动可能会阻碍嫁接的成功。如果在夏天嫁接，使用两年生实生苗作为砧木，并提前一个月将它们放置在相当干燥的环境中。

在夏季和冬季嫁接中，砧木和接穗的准备和接合手法是完全一样的。

在开始嫁接之前，选择拥有部分成熟木质部的健壮一年龄枝条作为接穗，它们的粗细应该和砧木差不多。如果采取接穗后不能立即嫁接，应做好标记，并装入塑料袋放进冰箱保存。

在嫁接时，首先将接穗修剪至15~20厘米长，对于木兰属灌木剪至10~12厘米长。在接穗基部一侧做一个2.5~4厘米长的斜切口，然后在另一侧做一个楔形小切口。将砧木的主干截短至约30厘米长。在砧木距土壤表面8厘米处做两个切口，

用分株法繁殖萌蘖灌木

1 挖出带有萌蘖条的根，不要扰动母株。确保萌蘖条基部有纤维状根。

2 从其与母株相连的地方将长有萌蘖的长根剪下。回填并紧实母株周围的土壤。

3 将主根截短至纤维状根系处，然后将萌蘖条分开，保证每根萌蘖条都有自己的根。将地上部分的枝条截短一半。

4 将萌蘖条移栽入准备好的种植穴中。紧实萌蘖条周围的土壤并浇水（这里所用的植物是柠檬叶白珠树）。

适合分株繁殖的萌蘖灌木

加拿大唐棣Amelanchier canadensis
倒壶花属Andromeda
涩果属Aronia
小舌紫菀Aster albescens
黄杨叶小檗Berberis buxifolia
锦熟黄杨Buxus sempervirens
蓝雪花Ceratostigma plumbaginoides
臭牡丹Clerodendrum bungei
红瑞木Cornus alba,
　加拿大草茱萸C. canadensis
　偃伏梾木C. sericea
大王桂Danäe racemosa
矮状忍冬Diervilla lonicera
石南属Erica
扶芳藤Euonymus fortunei
白珠树属Gaultheria部分种类 1
弗吉尼亚鼠刺Itea virginica
棣棠属Kerria
匍匐十大功劳Mahonia repens
璎珞杜鹃Menziesia ciliicalyx
崖翠木属Paxistima
远志属Polygala部分种类 1
盐肤木属Rhus部分种类 1
假叶树Ruscus aculeatus
野扇花属Sarcococca
粉花绣线菊Spiraea japonica（各品种）

注释
1 不耐寒

金币'棣棠

嫁接繁殖灌木

鞍接
杜鹃花属*Rhododendron*部分种类 1
（许多杂种和物种）

切接
鸡爪槭*Acer palmatum*（品种）
'金边'楤木*Aralia elata* 'Aureovariegata'
荔梅*Arbutus unedo*（品种）
滇山茶*Camellia reticulata*,
　茶梅*C. sasanqua*
树锦鸡儿*Caragana arborescens*
'杂交垂枝'栒子*Cotoneaster* 'Hybridus
Pendulus'
毛花瑞香*Daphne bholua*,
　意大利瑞香*D. petraea*
金缕梅属*Hamamelis*
木兰属*Magnolia*
'黄斑'番樱桃状海桐*Pittosporum
eugenioides* 'Variegatum' 1
麦李*Prunus glandulosa*
石斑木属*Rhaphiolepis*

劈接
'步行者'树锦鸡儿*Caragana arborescens*
'Walker'
匈牙利瑞香*Daphne arbuscula*
木槿属*Hibiscus*部分种类 1
丁香属*Syringa*

注释
1 不耐寒

鸡爪槭

用嫁接法繁殖灌木

1 选择上一年长出的健壮不开花枝条（这里是某杜鹃花属植物）作为接穗。

2 对选好的茎秆直径与接穗相同的砧木进行处理，将其截短至距基部5厘米。

3 使用锋利的小刀在砧木顶端做两个斜向上的切口，使其尖端呈倒V字形。

4 在接穗基部做出相匹配的切口（见插图），并将其长度截短至约5~13厘米。

5 将切割后的接穗（见插图）放在砧木顶端，使二者结合在一起。如果砧木太窄，至少保证其一侧形成层与接穗形成层紧贴。

6 用塑料嫁接带或酒椰纤维绑结将嫁接结合部绑扎结实。将较大的树叶剪短一半。把嫁接植物放入增殖箱中，直到切口融合。

切下一小片木质部，留下一个与接穗的切口大致匹配的切口。

将接穗靠在砧木上，让二者的形成层尽可能紧密地贴在一起，如果砧木和接穗的宽度不同，可靠边紧贴，用嫁接带将它们绑在一起。然后做好标记，并将其放置于增殖箱中，温度保持在10~15℃。常为植株浇水，并每周喷洒杀真菌剂。

切口应该会在4~5周内融合。在接下来的4周对嫁接植物进行炼苗，然后将其从增殖箱中转移出来，种植在温室中。

随着接穗开始生长，逐渐将砧木的茎秆截短；在第一个生长季结束时，嫁接结合部上方的砧木茎秆应该全部截去。在第一个生长季中，如果生长速度较快的话，解下最初的绑结并用酒椰纤维绑结代替。

对于在夏天嫁接的植物，在第二年春天生长开始之前将砧木截短至嫁接结合部上端。用小绑结代替之前的旧绑结，防止接穗被砧木推开。重新上盆后，用木棍支撑领导枝。

劈接

劈接是一种相对简单直接的技术，适合繁殖许多种类的灌木，包括锦鸡儿属、木槿属和丁香属植物。

在仲冬时节，收集一年龄枝条用作接穗。将它们放入标记好的塑料袋中，并置于冰箱中保存以抑制其发育。

也是在仲冬，选择与接穗植物相容的一年龄灌木实生苗作为砧木。砧木和接穗都应有铅笔粗细。在即将进行嫁接之前，挖出并清洗砧木，将其茎秆截短至距根部约2.5厘米。然后用锋利的刀子从砧木茎秆顶端中央向下切出深2.5厘米的竖直伤口。

将接穗从冰箱中取出，选出一根直径与砧木相似的带有健康芽的

接穗。在健康单芽或对芽上端平切，将其截短，并在切口下端15厘米处做一个相同切口。在接穗基部两侧各做出一个2.5~4厘米长的斜切口，形成一个楔形。

将接穗插入砧木上准备好的切口中。如果接穗比砧木窄，将其靠在砧木一侧，使其与这侧的砧木边缘平齐。用嫁接带或湿润的酒椰纤维绑结将二者绑在一起。如果使用了酒椰纤维绑结，要用嫁接蜡将嫁接结合部的边缘封住，以减少水分流失。接穗顶端也用蜡密封。

将嫁接后的植株上盆或插入含有盆栽基质的育苗盘中，然后做好标记并放入底部加温的增殖箱中，将温度保持在10~15℃。

砧木和接穗的融合应该在约5~6周内完成。结合牢靠之后，将嫁接带或酒椰纤维绑结解下。将育苗盘中的植株上盆并逐渐炼

苗。在露地移栽之前，将植株在冷床中继续种植一年。

劈接

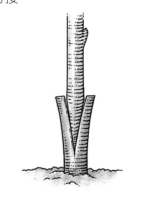

在砧木上做一个简单的竖直切口。将接穗基部切削成倒V字形，并插入砧木中。将二者绑在一起，上盆，放入增殖箱中。

倒挂金钟属植物

倒挂金钟属植物的适应性很强，它们拥有可爱且形态各异的下垂花朵，有的呈细长管状，有的是双层两色花瓣，其萼片向后掠去，十分独特。该属所有物种和品种都可在夏季苗床露地种植，或者种在容器中（见315页，"灌木"），许多种类都有足够的耐寒性，可以用于永久性的种植设计中。那些自然直立的种类可以整枝成标准苗型或其他规则式形状，而蔓生种类种植在吊篮或窗台花箱中会显得特别美观。

日常养护

浇充足的水，使土壤保持湿润，但不要浸透过涝——吊篮中种植的倒挂金钟每天浇一次水，塑料花盆中种植的倒挂金钟数天浇一次水。千万不要将容器置于水中。大多数倒挂金钟属植物都不喜欢强烈的阳光或加热温室的生长条件；在寒冷地区，许多种类需要防冻保护。

对于吊篮中的倒挂金钟属植物，可在夏末施加均衡液态肥。花园中的耐寒倒挂金钟属植物需要在春季修剪后以及夏季施加普通肥料。成熟的植株可在早春偶尔施加均衡肥料并在花期开始的时候施加富含碳酸钾的液态肥。

葡萄黑耳喙象（见672页）、蚜虫（见654页）、粉虱（见673页）、红蜘蛛（见668页）以及葡萄孢菌引起的灰霉病（见661页）可能会很麻烦。在锈病（见668页）刚出现征兆的时候，将感染的叶子去除，并全株喷洒杀真菌剂。

繁殖

倒挂金钟属植物能够很容易地通过扦插繁殖，而且扦插所得到植株的品质往往比播种得到的实生苗更优良。当植株拥有适合的不开花枝条时，可在一年的任意时间采取插条。如果在早春采取插条，它们在夏末就会长成开花植株；如果在夏末采取插条，将它们放入温室越冬，晚春就会开花。掐掉的茎尖会生根。硬枝插条也可成功用于繁殖。

嫩枝插条

从茎节下将枝条剪下，保留茎尖和三轮叶片。将位置最低的两轮叶片去掉，然后按照其他灌木嫩枝插条的扦插方式处理（见110页）。如要得到数根插条，可将嫩枝剪成数段，每段带有一组叶片，叶片上方和下方各留1厘米长的茎段。如果叶腋中的芽完好无损，可将茎段劈开，形成单叶插条。底部加热会促进生根。保持湿润环境和良好的空气流动，以防止猝倒病。

生根之后，将它们移栽入装有盆栽基质、直径为7厘米的花盆中，每周施一次富含氮元素的液态肥。在初期避免施加富含磷酸盐和碳酸钾的肥料。当根系到达花盆内的土球外围时，将幼苗移栽到直径为13厘米的花盆中。使用含草炭替代物或草炭、排水性良好的基质。

硬枝插条

在严霜到来之前，将枝条从茎节下方剪下，长度为22厘米；去除所有叶片和柔软的尖端。将插条基部刻伤，蘸取激素生根粉或生根液。将3或4根插条插入直径为9厘米的花盆的基质中，然后放入冷床。在冬天保持基质稍微湿润。一旦生根，就将其上盆或使用年幼枝条当作嫩枝插条。

整枝

倒挂金钟属植物常被整枝成灌丛或标准苗，也可以按照果树整枝的方法将其整枝为扇形式或树墙式（见441~442页及453页）。

插条

茎段插条

茎尖插条

在一轮叶片的上方和下方将茎段剪下

单芽插条

垂直劈开茎段，只留一片叶子

可以在对植株进行摘心时，于一年中的任意时间从生长的茎尖上采取插条。

灌丛式倒挂金钟

为了得到灌丛式树形，先等到年幼的植株拥有三轮叶片，然后掐掉生长的茎尖（摘心），刺激2或4个侧枝生长。当这些侧枝长出两轮叶片的时候，再次对其进行摘心，直到植物达到预期的灌丛程度。

摘心能够增加潜在的开花数量，但会延迟开花时间。为调控开花时间，对于单瓣品种（4片花瓣），应在开花前60天进行最后一次摘心；对于半重瓣品种（5~7片花瓣），应在开花前70天最后一次摘心；对于重瓣品种（8片或更多花瓣），最后一次摘心时间是开花前90天。

标准苗型倒挂金钟

为得到标准苗，保留年幼植株的尖端，任其生长，等到侧枝出现。然后掐掉所有侧枝，但不要去掉主干上的叶片。将茎秆绑在木棍上，为植株提供支撑。继续掐掉侧枝，直到茎秆长到预定高度。标准苗的公认高度是："迷你标准苗"15~25厘米，"四分之一标准苗"25~45厘米，"半标准苗"45~75厘米，"全标准苗"75~107厘米。让植株再长出三轮叶子，然后将尖端掐去。之后的处理和灌丛式倒挂金钟的整枝方法一致。

得到全标准苗需要18个月，得到四分之一或迷你标准苗只需6个月。

越冬

有些倒挂金钟属植物比想象的更耐寒，可以保留在原地，如'波普尔夫人'倒挂金钟（*Fuchsia* 'Mrs Popple'）。不过，可以在早秋采取插条作为冻害的保险措施。标准苗在冬天一定要覆盖保护。

耐寒倒挂金钟属植物

在秋季寒冷的地区，用秸秆、蕨丛或树皮覆盖在树冠上。即使植株被冻伤了，仍然能够像宿根植物那样从树冠长出枝条。深栽也是一种有用的方法。当春季再次开始生长的时候，将地上枝条剪至地平面。

不耐寒倒挂金钟属植物

在秋末将不耐霜冻的倒挂金钟属植物转移到无霜条件下。如果保持在最低8℃的温度中，它们可以在冬季开花。对于已经移栽的植株，挖出并上盆。去除绿色的茎尖和叶片。在冬天保持植株的凉爽，不要过干。在春天，将它们重新上盆，栽入稍小的花盆中并重剪。

如何对标准苗倒挂金钟进行整枝

1 当插条达到15厘米高时，掐掉叶腋中出现的所有侧枝。

2 当植株达到预定高度并继续长出三轮叶之后，将正在生长的茎尖掐掉。

3 掐掉茎秆顶部侧枝的茎尖，使其进一步分枝。

4 当顶端树冠形成之后，主干上的树叶会自然脱落；如果没有脱落，可以小心地人为除去。

竹类

这种木质常绿禾本科植物是用途最广泛的植物类群之一。竹类已有数千年的使用历史——特别是在亚洲国家，它们可作为建筑、家具和其他人工制品的材料，一些物种的竹笋还可栽培食用。它们的叶形雅致、树形典雅，并且能在一系列不同的生长条件中繁茂地生长，为园艺师们提供了许多有用的多年生植物。

选择竹类

许多竹类都来自热带，但也有相当数量来自温带地区的耐寒种类，并能生活在较寒冷的地区。它们从地下的根状茎（这些根状茎是长而伸展或紧凑丛生的）上抽生出木质分节的茎秆，我们称之为竹秆，竹秆上有时会出现一系列从黑或红到翠绿或鲜黄的斑纹。竹秆通常是中空的，并在一个生长季内长到最大高度，从茎节处长出分枝和叶子。一些种类会定期开出与禾草类似的花，但绝大多数的种类持续多年不开花。

竹类的高度从50厘米到10米不等，竹秆鲜艳的物种和品种包括朱丝贵竹（*Chusquea culeou*）、人面竹（*Phyllostachys aurea*）、黄金竹（*P. bambusoides* 'Holochrysa'）、紫竹（*P. nigra*），黄秆乌哺鸡竹（*P. vivax* f. *aureocallis*）和雷竹（*P. violascens*）也很美观。这种巨大的多样性让竹类能够成为重要的园景植物，可以和观赏草混合种植，或用于树篱或屏障，或盆栽种植。

一般栽培

无论是阳光充足还是阴凉的地方，无论是酸性土壤还是碱性土壤，竹类都能很好地生长，不过最适宜它们的是湿润、富含腐殖质且排水良好的土壤。将种植区域深翻，加入骨粉和腐熟有机质或粪肥。大多数竹类都是盆栽供应的，所以在种植前要将根坨周围的健壮纤维状根弄松，以促进它们向外生长。

不要让竹子变干，特别是年幼的竹子，也不要让它们的根系被冻僵。耐寒物种有时会遭受冻害，但只要浇足够的水，就会在春天完全恢复。植株成形之后，每年春天施加一层5厘米厚的堆肥树皮或腐熟腐叶土充当护根，偶尔施加均衡肥料，便足以维持其茁壮生长。

限制竹类生长

由于许多竹类物种具有入侵性，有时候需要物理屏障来将它们控制在种植区域。这些障碍物一般用塑料或橡胶制成，应该围绕竹丛周围插入土壤60厘米深，并在接缝处密封。根状茎可以从障碍物上方迈过，所以看到后就应该立即将其清理掉。对于低矮的竹类，有时候可以通过在早春将竹秆截至地面的方法来限制它们的活力。然而，虽然将旧的枝叶去掉能够产生更美观的年幼枝条，但植株的活力常常并不会降低。

病虫害

竹类特别容易遭受竹蜘蛛螨的侵害，这是一种生长在叶子背面并覆盖着一层薄网的昆虫，以树液为食。对于新栽植的植株，应该检查叶片上有无纵向的黄色点线状（像摩斯电码）斑纹。为根除竹蜘蛛螨，将受感染的叶片剪下并烧掉；如果必要的话，用杀螨剂喷洒杀掉这些螨类。粉虱（673页）和红蜘蛛（668页）只会侵害园艺设施中的竹类，对于露地竹类不是问题。蚜虫（654页）易于侵害某些物种，兔子（667页）和灰松鼠（661页）可能会把新生的竹笋吃掉。

成簇的竹秆
拐棍竹（*Fargesia robusta*）和其他丛生竹类是优良的园景植物，它们可以作为很好的屏障、树篱或风障，在混合种植中也很有用。

修剪和提冠

随着植株的成熟，竹类植物会需要一定程度的修剪。修剪应该在春天进行，去除死亡、受损或孱弱纤

疏剪成形竹秆
从基部将最老的竹秆剪去并将残枝碎叶清理干净，让光线和空气能够进入。

限制竹类的蔓延

1 在竹丛周围挖一条比植株根系更深的窄沟。深翻土地，清理外围根系。

2 插入不透水材料如板岩或硬塑料组成的障碍层。回填窄沟。浇透水。

细的竹秆。从近基部将竹秆剪去，不要截短至一半，这会毁掉它们的外观。

在春天或夏末时，对稠密的成簇竹秆进行疏枝，减轻植株中心的拥挤程度。除去所有细弱、死亡和受损的竹秆，并从基部将最老的竹秆截去。清理残枝落叶，让阳光和空气能够进入，让年幼竹秆也能无阻碍地生长。

"提冠"这个术语有时用来描述一种对某些竹类物种和品种进行修剪以展示其美观年幼竹秆的更有效的方法，这些竹类包括刚竹属（Phyllostachys）的种类和朱丝贵竹（Chusquea culeou）等。提冠应该在春天或夏末进行。将细弱竹秆完全剪去，所有位置最低的分枝也都剪去，把鲜艳的年幼竹秆暴露在外。

繁殖

栽培竹类很少产生种子，所以繁殖主要依靠对拥有根状茎的成形竹丛进行分株。最好的分株时间是早春新竹秆长出之前（这样新竹秆就不会受损）或者凉爽湿润的秋天。

单条根状茎很难恢复——小型分株苗常常长势很弱，因此在对竹类进行分株的时候，要确保将数根根状茎栽植在一起。对于根状茎成簇的物种，使用铁锹或斧子劈透簇团，保证你移下来的部分含有数根根状茎。为繁殖根状茎长而伸展的竹类，弄松竹丛边缘的土壤，将根状茎露出来。用修枝剪从数根根状茎上剪下数段，然后将这些茎段放在一起。虽然露地分株有可能成功，但最好还是将它们上盆并放入冷床或凉爽的玻璃温室中，保持湿润环境，它们会恢复得更快。

盆栽竹类

一些根状茎紧凑的丛生竹类如白纹阴阳竹（x Hibanobambusa tranquillans 'Shiroshima'）、倭竹（Shibataea kumasaca）和许多箭竹属的植物都能成功地盆栽。它们在台地或类似位置上摆放时效果特别好。带有底部排水孔的上釉瓷花盆

叶子雅致的竹类植物

紫竹

曲竿竹

刚竹

菲白竹

华西箭竹

毛金竹

拐棍竹

或者坚韧的塑料花盆是最适合的容器。使用包含缓释均衡肥料、排水良好的含土壤基质，并用砂砾或小鹅卵石铺在基质表面，减缓水分散失。竹类植物需要大量水分才能在容器中生长，千万不能让它干掉。在春天生长开始之前剪掉老竹秆也有助于减少水分散失。在整个生长季保持基质的湿润。冬季需要的水较少。如果竹类在一个容器里生长数年，应每年施加一或两次液态肥。几年之后将其移栽到较大的花盆中，到时也许可以将竹丛分株，得到两或三棵健壮的新植株。

丛生竹类植物

朱丝贵竹Chusquea culeou
'宁芬堡' 华西箭竹Fargesia nitida 'Nymphenburg',
拐棍竹F. robusta
白纹阴阳竹x Hibanobambusa tranquillans 'Shiroshima'
箬竹Indocalamus tessellatus
金镶玉竹Phyllostachys aureosulcata f. spectabilis,
黄金间碧竹P. bambusoides 'Castillonis', 黄金竹P. bambusoides 'Holochrysa', 乌哺鸡竹P. vivax,
黄秆乌哺鸡竹P. vivax f. aureocallis;
曙笹Pleioblastus argenteostriatus 'Akebono', 菲白竹P. variegatus 'Fortunei'
牝矢竹Pseudosasa japonica var. pleioblastoides
业平竹Semiarundinaria fastuosa,
翠绿业平竹S. fastuosa var. viridis
'邱园丽人' 粗节筱竹Thamnocalamus crassinodus 'Kew Beauty'
斑壳玉山竹Yushania maculata

盆栽竹类的养护

1 随着根系充满花盆，盆栽竹类会逐渐失去活力，必须每两三年重新上盆。

2 寻找与地上部分相通的自然分界线，根据植株大小用锯子将其分为两或三部分。

3 保证每部分都有合适的根系、一些健壮的茎秆和能够从基质表面观察到的新嫩枝。

4 分过株的竹子可以种在原来的花盆或更大的容器中，其他部分可露地栽植在花园中。

攀援植物

木本和草本攀援植物是最常用的植物类群之一，为充满想象力的设计提供了广阔的空间。

无论是在房屋的墙壁上还是在柱子或藤架上，攀援植物都能为种植设计带来强烈的垂直元素。如果不加支撑，它们的枝条会四处蔓延，增加色彩、质感以及水平线条，而有些攀援植物还能当作抑制杂草生长的地被。当爬上其他较高植物的时候，攀援植物能够延长观赏时间，还可以和花园中其他鲜艳并充满质感的元素搭配使用。它们最大的用处之一是遮挡花园中不雅致的景观，如栅栏、墙壁、树桩、棚屋和其他花园建筑。许多常用攀援植物也是芳香植物，它们会开出繁茂的芬芳花朵。

花园中的攀援植物

各种大小和类型的花园都能从攀援植物获益。种植某些攀援植物如西番莲属（*Passiflora*）物种主要是为了欣赏它们美丽的花，而其他一些种类如普通忍冬（*Lonicera periclymenum*）因为香味而受到同样的重视。许多攀援植物是因为漂亮的叶子而被种植的，它们整年都具有观赏性，或者提供浓郁壮观的秋色叶，就像爬山虎属植物（*Parthenocissus*）和异叶蛇葡萄（*Vitis coignetiae*）一样。即使在落叶的时候，它们雅致和充满建筑感的外形也会为荒凉的冬季花园增添几分情趣。有些攀援植物还会结出丰硕的果实或浆果，无论对园艺师还是野生动物都很有吸引力。

攀援方法和支撑

在自然生境下，攀援植物使用各种技术爬上宿主植物，目的是得到更多光线。在花园中，天然或特地建造的支撑物可以用来匹配攀援植物的生长模式。某些攀援植物是自我固定的，它们有的像常春藤那样用气生根（不定细根）将自己固定在支撑物上，有的则是用带黏性的卷须，如五叶地锦（*Parthenocissus quinquefolia*）。这些攀援植物能够抓牢任何提供足够牢靠立足点的表面，如墙壁和树干，并不需要额外的支撑，除非在早期阶段，这时候它们需要木棍或绳线的引导，直到它们建立稳固的立足点。拥有气生根的攀援植物整枝之后还特别适合用作地被。

有些攀援植物的茎会以螺旋形缠绕着支撑物盘旋上升，至于缠绕方向是顺时针还是逆时针则取决于它们的解剖学和形态学特征。例如，普通忍冬和双色蔓炎花（*Manettia luteorubra*）呈顺时针缠绕，而醉龙（*Ceropegia sandersonii*）和紫藤则呈逆时针缠绕。所有茎秆缠绕的物种都需要永久性的支撑，通常由栅格或金属丝提供。它们也可以沿着强健宿主植物的主干和分枝攀援生长（见126页，"在其他植物上攀援"）。

有些灌木如铁线莲属植物和旱金莲属（*Tropaeolum*）的某些物种会用卷曲的叶柄将植株固定在支撑物上。许多其他种属于卷须攀援植物，它们会用带黏性的卷须缠绕在支撑物上，这些卷须常常是变态的叶或小叶，如吊钟藤（*Bignonia capreolata*）和香豌豆（*Lathyrus odoratus*）；或腋生枝，如西番莲属植物；或顶生枝条，如葡萄属植物。在地锦属植物中，卷须一旦与支撑物接触，就会在末端发育出具有黏附性的吸盘。

叶子花属（*Bougainvillea*）植物、使君子（*Quisqualis indica*）和迎春（*Jasminum nudiflorum*）等蔓生攀援植物会长出长长的拱形枝条，松散地搭在支撑物上。这些植物在生长的时候需要绑在金属丝框架或栅格结构上。也可以让它们爬过墙面和堤岸，得到较为自然的效果。这种类型的植物也可以贴地整枝当作地被使用，穿插在其他植物之间，可抑制杂草的生长。

包括攀援月季和某些悬钩子属植物在内的一些物种长有带钩的刺，这些刺能够帮助它们自然地攀爬到宿主植物身上。如果不依靠其他植物生长，这些种类的攀援植物需要绑在牢固的支撑物上。

位置和朝向

为了最大程度地发挥潜力，包括大多数铁线莲属品种在内的许多攀援植物都更喜欢阳光充足且根系位于阴凉的位置，虽然某些植物需要更凉爽的地方。其他植物的需求更少，而且尽管更喜欢阳面朝向，但它们也能承受阴凉——地锦属植物和钻地风属（*Schizophragma*）植物就是两类很好的例子。

柔弱的攀援植物在寒冷地区生长时需要南向墙壁的保护，许多种类在冬天都需要覆盖。不过耐寒攀援植物的种类很多，它们在没有任何保护的情况下也能生长得很好。

攀援植物的支撑 '黄叶'啤酒花（*Humulus lupulus* 'Aureus'）是一种健壮的攀援植物，它用茎将自己缠绕在支撑物上，茎上布满粗糙的刚毛。

位置 攀援类忍冬属植物喜欢阳光充足的地方。

阳光充足或背风位置

在温带地区，背风墙壁能为柔弱或充满异域风情的热带开花攀援植物提供适宜的小气候。智利钟花（*Lapageria rosea*）和西番莲（*Passiflora caerulea*）在拥有这种冬季防寒保护措施的位置能生长得很好；墙壁散发出的热量有助于木质枝条的成熟，让植物能够更好地承受冬季低温。

墙体本身也能为几种程度的霜冻提供防护。如果霜冻可能发生在花期，那么要避免将这样的攀援植物种植在花芽会暴露在清晨日光下的位置，否则花芽常常会因为快速解冻而受伤。在攀援植物基部可以种植喜阳草本植物和球根植物，保持它们根系的凉爽。

凉爽或向风位置

对于阴凉的北向墙壁和经常遭受冷风侵袭的位置，健壮的耐寒攀援植物——特别是某些忍冬属植物和许多常春藤属植物——是适宜的植物。在阴凉处，要使用绿叶的常春藤；那些拥有彩斑或黄色叶片的常春藤喜欢更多光照，而且更容易受到霜冻的伤害。

墙壁、建筑和栅栏上的攀援植物

无论是用来衬托还是遮掩支撑物，贴在墙壁或建筑物上的攀援植物都能立即带来视觉冲击。许多攀援植物能提供强烈的色彩，而其他种类会为花园整体设计带来更全面和更微妙的背景。同样，花园的墙壁和栅栏如果覆盖着具有美丽的花、叶、果的攀援植物，它们也会变成充满装饰性的景致。

衬托建筑

在种植之前，先评价一座建筑的建筑特征，然后再使用植物突出强调其特点。一座设计良好的建筑可以被拥有强烈视觉冲击的攀援植物很好地衬托，这些视觉上的冲击可能是因为形状独特或色彩鲜艳的叶子，或者是美丽的花朵。狗枣猕猴桃（*Actinidia kolomikta*）拥有尖端呈粉色或白色的圆形叶片，是一个很好的选择。

被植物覆盖的方尖塔 独立式方尖塔特别适合紧凑的攀援植物，如夏季开花的铁线莲属植物或一年生香豌豆；它可以放置在花园中任意一个需要的地方，带来一种高度感。使用它为两或三种不同的攀援植物提供支撑，尽可能得到最好的观赏效果。

视觉上不太美观的建筑也可以通过攀援植物变得更加迷人一些。规则式的面板状攀援植物可以用来打破墙壁延续不断的单调，也可以强化或缓和强烈的垂直或水平线条。向上伸展的窄条形攀援植物会让建筑显得更高。另一方面，较宽并且只在第一层墙壁上生长的攀援植物会让一座高而窄的建筑显得更宽。如果必要的话，可以使用攀援植物将建筑不美观的地方全部掩盖起来。最适合这种用途的植物包括常春藤属的大部分物种以及其他拥有自我固定根的攀援植物，如多蕊冠盖绣球（*Hydrangea anomala* subsp. *petiolaris*）和钻地风（*Schizophragma integrifolium*）。这些植物会形成浓密的面板状，并能够修剪成想要的外形。

在更加放松的自然式背景中，常常搭配使用健壮的攀援植物，提供繁茂的花朵和浓郁的芳香：拥有深色常绿叶片和白色花朵的山木通（*Clematis armandii*）或是香味浓郁且花朵呈红黄两色的美国忍冬（*Lonicera* x *americana*）与许多攀援月季的搭配效果都很好，它们中间或许还可以点缀一些一年生的香豌豆。这种组合能够提供一整年的观赏价值，特别是在窗边或门廊边，花朵和香味在那里会得到最充分的欣赏。

用攀援植物遮蔽

活力更强的攀援植物可以非常快地遮盖住不美观的附属建筑、墙壁或栅栏。可以使用的植物包括绣球藤（*Clematis montana*，在晚春会开出相当可观的成簇粉花或白花）和巴尔德楚藤蓼（*Fallopia baldschuanica*，在夏末会迅速形成浓密的覆盖并开出小白花组成的圆锥花序）。后者还被称为"一分钟一英里藤"，这是有原因的——它长势极为迅猛，必须严加照料，否则它甚至会迅速掩盖长势相当茁壮的邻居。它还需要定期进行重剪，以控制生长范围。

在需要全年覆盖的地方，常春藤属植物也许更加合适，也可以使用常绿攀援植物和落叶攀援植物的组合。例如，春铁线莲（*Clematis cirrhosa*）的雅致常绿叶片会在夏天为攀援型蔷薇'新曙光'的粉色花朵提供完美的背景。

藤架和柱子上的攀援植物

藤架、柱子和其他特制的结构可以让人们从各个角度欣赏攀援植物，除此之外，还为花园设计增添了强烈的风格化元素。它们可以用来为本来扁平的花园增添高度上的变化。它们的形状可以是规则而雅致的，也可以是自然而古朴的，这取决于使用的材料。如果设计良好，它们在被植物半遮半掩的时候会呈现出最迷人的面貌。不过，它们必须足够牢固，能够承受非常重的植物茎秆和枝叶，耐久性也必须良好，因为植物需要很多年的支撑。

藤架

爬满了攀援植物的藤架或凉亭不仅为花园提供了一处阴凉的座位区，还能给本来暴露的区域带来隔离和私密感。在选择植物时，最合适的是那些藤架在一天或一年中最常使用的时间或季节里表现最出色的植物。

如果一座凉亭经常在夏日夜晚使用，合适的植物可能包括素方花（*Jasminum officinale*）、'托马斯'普通忍冬（*Lonicera periclymenum* 'Graham Thomas'）或攀援月季'卡里尔'（*Rose* 'Madame Alfred Carrière'），它们都有美丽的浅色芳香花朵，在昏暗的暮光中表现良好。为得到夏日阴凉，可以使用叶子宽大的攀援植物如异叶蛇葡萄（它还有绚烂的秋色叶）或'紫叶'葡萄（*Vitis vinifera* 'Purpurea'），后者深紫红色的幼叶在成熟后会变成暗紫色。或者亦可用'白花'紫藤（*Wisteria sinensis* 'Alba'）的繁花作为夏季的遮挡。这种植物的花在走道旁的藤架上会取得非常好的效果。要保证横梁足够高，这样就不必弯曲身体以免蹭到花朵了。

为了得到冬景，可以种植常绿攀援植物，如常春藤，特别是斑叶品种。在气候比较温和的地区可以使用不耐寒的智利木通（*Lardizabala biternata*）或者南蛇藤属（*Celastrus*）植物、紫藤之类的落叶植物，它们扭曲的裸枝在冬天会带来一种美丽的雕塑感。

柱子

为了给花境增添垂直元素，可让铁线莲之类的攀援植物爬在柱子上生长。还可以考虑用这些柱子标记出一条轴线或一个视觉焦点，例如苗床一角或地平面高度变化的地方。用垂下的绳索将柱子连接在一起，沿着这些绳索对攀援植物进行整枝。

对于常绿攀援植物，或者作为临时性景致，在结实的柱子上包裹网丝就能提供足够的支撑。如果种植落叶植物，柱子在冬天是可以被看到的，所以建议购买已经做好的格子结构的方尖塔，即使没有花叶覆盖，其本身也很美观。

在其他植物上攀援

在野外，许多攀援植物自然地长在其他植物上，这种习性也可以复制到花园中。跟宿主植物相比，攀援植物的长势不应太过旺盛。在种植之前，要仔细考虑色彩上的搭配组合，将花、叶和果实都考虑在内；当宿主植物表现出最美的一面的时候，攀援植物可以起到衬托作用或与之形成对

比，或者用于延长观赏期。

适合在灌木上攀援的植物种类包括意大利铁线莲（*Clematis viticella*）的杂种和那些每年修剪至近基部的大花型铁线莲种类。用其他植物来支撑大多数一年生攀援植物和拥有火红花朵和枝条的六裂叶旱金莲（*Tropaeolum speciosum*），也是一种常见的做法。

要是想让攀援植物在乔木上生长，长势强健的物种如光叶蛇葡萄（*Ampelopsis brevipedunculata* var. *maximowiczii*）或绣球钻地风（*Schizophragma hydrangeoides*）能够将叶、果实和花美丽地结合在一起。或者试着将'幸运'腺梗月季（*Rosa filipes* 'Kiftsgate'）如瀑布般落下的繁花和绣球藤（*Clematis montana*）的白色或粉色花枝混合在一起。这两种植物都会产生强壮的缠绕性枝条，并很快地爬到乔木的树枝上。

植物搭档 夏季开花的铁线莲属植物如'哈格利杂种'铁线莲（*Clematis* 'Hagley Hybrida'），与攀援月季交相辉映，后者的花朵很美，但花期短暂。

地被 如果不带支撑种植，许多强健的攀援植物如一年生旱金莲属植物会形成美观的、抑制杂草生长的地被；它们的茎会攀挡在路上的任何障碍物。常春藤属植物也可以用这种方式种植，以得到永久性的常绿地被。

用作地被的攀援植物

某些攀援植物，特别是那些拥有气生根的种类或者蔓生种类，可以不用支撑种植，产生成片的地被。它们特别适合顺着缓坡生长或越过墙壁，能够在下方的土壤中生根。

像爬山虎属植物那样通过黏性卷须固定自身以及能够自我生根的攀援植物在用作地被时，能够起到很好的抑制杂草生长的作用。在为这些植物确定位置的时候要小心，因为它们可能会将附近的其他任何植物当作支撑，将其淹没。为了降低这种风险，应选择活力不那么强的攀援物种，或者重新安排其他植物的位置，让攀援植物能够充分伸展。

如果枝条均匀地在地面上伸展，缠绕性的攀援植物也可以用作地被，线钩可以用来将枝条固定在原位。花大色深的'埃尔内斯特·马克汉姆'铁线莲（*Clematis* 'Ernest Markham'）和'杰克曼尼'铁线莲（*C. Jackmanii*）在地平面上非常美观，六裂叶旱金莲的蓝绿色叶子和鲜红色花朵也同样出色。

多彩的攀援植物

花园不同位置的光照水平不同，因而色彩效果也存在差异。在阳光充足的地点，明亮或浓重的颜色会吸收光线，看起来比浅颜色更强烈。而浅色可以成功地点亮沉闷的空间，用在晚间经常观赏的地方能够产生很好的效果。

在种植攀援植物之前，首先考虑花园永久性景致的颜色。如果墙壁或支撑物已经是明亮色调的了，那么就使用色彩微妙、互补的植物，除非你想得到一个特别活力四射或对比强烈的设计。

色彩组合

将不同的攀援植物种植在一起或者与其他植物进行搭配会为花园的色彩设计增添另一个维度。攀援植物可以用来将种植设计中不同的色彩模块穿插在一起，用互补的颜色得到鲜明的效果，或用紧密相关的色调得到更微妙的平衡。

花朵色彩

攀援植物的花色多种多样，从'紫星'铁线莲（*Clematis* 'Etoile Violette'）的深紫罗兰色到厚萼凌霄（*Campsis radicans*）的鲜红色，再到白蛾藤（*Araujia sericifera*）的奶油白色，应有尽有。许多颜色最鲜艳的攀援植物都起源于热带，在比较冷的气候区并不耐寒，所以需要一定程度的保护。

叶子花这样花色浓烈的攀援植物拥有醒目而繁茂的外形，但需要精心挑选位置，不然就会

季相　许多攀援植物能提供不止一季的观赏价值，特别适用于空间有限、需要植物提供最大观赏特性的小型花园。唐古特铁线莲（*Clematis tangutica*）在夏末开花，而它美观的果实可保留入冬。

变得压倒一切。那些花朵颜色较浅的种类如'伊丽莎白'红花绣球藤（*Clematis montana* var. *rubens* 'Elizabeth'）更适合用于色调微妙的种植设计。

枝叶和果实色彩

攀援植物的叶也可以像花那样使用：有技巧地运用枝叶可以得到美丽的效果，叶子的色调能够提供令人镇静的对比，和生动的花色达到平衡。'黄叶'啤酒花的黄色叶片在深色背景的映衬下几乎像黄金一样夺目。更有视觉冲击力的是狗枣猕猴桃，叶子上布满了奶油白和粉色的色斑。彩斑类常春藤也几乎同样显眼，特别是叶子较大的类型，而且因为它们是常绿的，所以观赏期能持续一整年。

有些攀援植物结出的果实跟它们的花朵一样鲜艳，有时甚至有过之而无不及，其中最出色的包括木通（*Akebia quinata*，紫色）、不太耐霜冻的长花藤海桐（*Billardiera longiflora*，蓝紫色、粉红色或白色）以及南蛇藤（*Celastrus orbiculatus*，先绿后黑，然后裂开露出黄色的内里和红色的种子）。

季相变化

为了得到持续全年的观赏价值，在进行种植设计时应该使用随着季节变化此起彼伏的不同攀援植物。选择花期互相连接的植物，或许需要使用一年生攀援植物补充其中的空隙。这个方法可以用在紧挨着种植或者在花园各部分独立种植的攀援植物上。

春天和夏天

许多攀援植物都在春天和夏天换上最美丽的衣装。早花的大瓣铁线莲（*Clematis macropetala*）和盛花期在仲夏的'晚花'普通忍冬（*Lonicera periclymenum* 'Serotina'）种植在一起是一对极好的组合。铁线莲的花朵还会留下银灰色毛茸茸的果实，与忍冬带香味的管状花相映成趣，这些吸引眼球的果实会在枝头上度过整个秋天，有时甚至会保留到初冬。（又见209页，"攀援植物和蔓生植物"。）

有益的植物 许多攀援植物对野生动物一样有吸引力。芳香的素馨属植物是花园中的美丽点缀，还强烈地吸引着授粉昆虫。

秋天和冬天

有些攀援植物呈现出光彩夺目的秋色叶：爬山虎（*Parthenocissus tricuspidata*）深裂且有时呈波状的叶子也许是其中最华美的，它们会在落叶之前转成各种鲜红、猩红和最深的紫红色。在冬天开花的攀援植物很少，并且一般不耐寒；迎春是一个少有的例外，它即使在面北的墙下也会开出精致的黄色花朵。稍不耐寒的多花素馨（*Jasminum polyanthum*）在避风的位置能够开出繁茂的花朵，而春铁线莲会在所有地区的无霜天气中开花。

拥有不同寻常叶子的常绿攀援植物也能在冬天带来观赏价值。常春藤属植物是最常使用的种类，它们大多数都很耐寒，有些还带有显眼的彩斑：多彩的'毛茛叶'洋常春藤（*Hedera helix* 'Buttercup'）和'金心'洋常春藤（*H. h.* 'Goldheart'）就是很好的例子；有些拥有奇异的叶形，如叶形好似鸟足的'鸟足'洋常春藤（*H. h.* 'Pedata'）和叶边缘呈波浪状起伏的'皱芹'洋常春藤（*H. h.* 'Parsley Crested'）。

芳香攀援植物

散发香味的攀援植物如来自热带的大花清明花（*Beaumontia grandiflora*）以及香豌豆拥有特别的吸引力。为充分领略它们的芳香，应将香豌豆种在门廊或窗户旁边的向阳位置。如果种植在花境中，可将它们安排在外围边缘，也可以把它们种植在容器里，便于领略香味。

某些攀援植物会在一天当中的某个时段释放香味；素馨属（*Jasminum*）植物的香味一般在野外更加强烈，因此最好种植在晚上使用的凉亭上或露台旁边。这种夜晚芳香的攀援植物最理想的种植地点是房屋的墙根下，它们的香味会漫过开着的窗户并充满房间。

吸引野生动物的攀援植物

许多健壮的攀援植物一般都被推荐用于遮挡不美观的建筑或其他景致，并提供私密性。虽然这是它们的主要用途，但它们也常常会成为野生动物的乐园，因为大多数攀援植物都会形成错综复杂的植被，是鸟类的理想筑巢场所，还能帮助鸟类躲避捕食者的注意。

由于它们在花园中也是长期种植设计的一部分，会保留数年之久，所以在选择植物种类时也要考虑花、叶和果的美观，果实会吸引觅食的鸟类，花朵会引来授粉昆虫和其他益虫。除了美学价值和吸引野生动物，许多攀援植物一旦成形后，除了偶尔剪去一些过长的、死亡或受损的枝条，几乎不需要照料。

适合用于这些目的的攀援植物种类包括：巴尔德楚藤蓼（不过它对于许多花园可能都显得过于旺盛），健壮的蔷薇属物种如复伞房蔷薇（*Rosa brunonii*）和'幸运'腺梗月季，绣球藤及其品种，科西加常春藤（*Hedera colchica*）、阿尔及利亚常春藤（*H. algeriensis*）以及其他常春藤属植物，拥有鲜艳红色秋叶的异叶蛇葡萄。

一年生攀援植物

一年生攀援植物如香豌豆，以及那些在凉爽地区作为一年生植物栽培的攀援植物如智利悬果藤（*Eccremocarpus scaber*）和葛藤（*Pueraria lobata*），特别适合营造短期效果。一年生攀援植物可以在种植设计中有效地引入多样性，因为它们每年都可以根据需要更换。它们也可以用来相对快速地填补空隙，沿着竹架整枝的一年生植物还能为花境增添垂直元素，直到更长久的植物完全成形（见209页，"作为填充的一二年生植物"）。大多数一年生攀援植物都很容易用种子繁殖并在数周之内开花。

一年生攀援植物 有些作为一年生植物栽培的攀援植物如翼叶山牵牛（*Thunbergia alata*）其实是不耐寒的多年生植物，它们最好每年用种子来种植。

盆栽攀援植物

盆栽攀援植物可以按照露地攀援植物一样的方式整枝；如果支撑结构固定在容器中，就可以随心所欲地移动植物。一些低矮的攀援植物如大瓣铁线莲也可以不用支撑种植——将这类攀援植物种在高容器中，让它们的枝条垂向地面。常春藤属植物也可以用这种方法种植。

如果空间有限，可以将长势旺盛的攀援植物如紫藤栽在容器中，以控制其生长势头，同时还需要修剪、浇水和施肥。盆栽还适合需要冬季保护的不耐寒攀援植物，让它能够被放入保护设施之内。

临时陈设 在容器中种植攀援植物，使它们能在盛花期搬到显眼的位置，等花期过后再搬走。

攀援植物种植者指南

向北墙壁

可以沿着向北墙壁种植的攀援植物

树萝卜属Agapetes 1（部分物种）
木通Akebia quinata
软枝黄蝉Allamanda cathartica 1
彩花马兜铃Aristolochia littoralis 1
智利藤Berberidopsis corallina
白粉藤属Cissus 1
铁线莲属Clematis部分种类 1
龙吐珠Clerodendrum thomsoniae 1
连理藤属Clytostoma calystegioides 1
鸡蛋参Codonopsis convolvulacea
异色薯蓣Dioscorea discolor 1
麒麟叶属Epipremnum 1
哈登柏豆属Hardenbergia 1
常春藤属Hedera部分种类 1
球兰属Hoya 1
啤酒花Humulus lupulus
多蕊冠盖绣球Hydrangea anomala subsp.
　petiolaris
南五味子Kadsura japonica
智利钟花Lapageria rosea 1
宽叶香豌豆Lathyrus latifolius
美国忍冬Lonicera x americana,
　喇叭忍冬L. x brownii,
　异色忍冬L. x heckrottii,
　贯叶忍冬L. sempervirens,
　台尔曼忍冬L. x tellmanniana
吊钟苣苔Mitraria coccinea 1
龟背竹Monstera deliciosa 1
爬山虎属Parthenocissus部分种类 1
喜林芋属Philodendron 1
冠盖藤Pileostegia viburnoides 1
蕊叶藤Stigmaphyllon ciliatum 1
合果芋Syngonium podophyllum 1
老挝崖爬藤Tetrastigma voinierianum 1
六裂叶旱金莲Tropaeolum speciosum
异叶蛇葡萄Vitis coignetiae

空气污染

能忍受污染空气的攀援植物

厚萼凌霄Campsis radicans
铁线莲属Clematis部分种类 1
何首乌属Fallopia
常春藤属Hedera部分种类 1
多蕊冠盖绣球Hydrangea anomala subsp.
　petiolaris
爬山虎属Parthenocissus部分种类 1
葡萄属Vitis部分种类 1

阴凉

能忍受阴凉的攀援植物

智利苣苔Asteranthera ovata
扶芳藤Euonymus fortunei及其变种
何首乌属Fallopia
啤酒花Humulus lupulus
爬山虎Parthenocissus tricuspidata
圆萼藤Strongylodon macrobotrys 1

芳香的花朵

心叶落葵薯Anredera cordifolia 1
大花清明花Beaumontia grandiflora 1
山木通Clematis armandii,
　绣球藤C. montana
澳大利亚球兰Hoya australis 1,

球兰H. carnosa 1
素方花Jasminum officinale,
　多花素馨J. polyanthum 1
香豌豆Lathyrus odoratus
忍冬属Lonicera
　（不包括贯叶忍冬L. sempervirens或
　台尔曼忍冬L. x tellmanniana）部分种类 1
使君子Quisqualis indica 1
金盏藤Solandra maxima 1
多花黑鳗藤Stephanotis floribunda 1
络石属Trachelospermum
紫藤属Wisteria

盆栽攀援植物

叶子花属Bougainvillea 1
　（进行非常重的修剪）
白粉藤属Cissus 1（部分物种）
高山铁线莲Clematis alpina,
　大瓣铁线莲C. macropetala
异色薯蓣Dioscorea discolor 1
麒麟叶属Epipremnum 1
爪哇三七草Gynura aurantiaca 1
哈登柏豆属Hardenbergia 1
洋常春藤Hedera helix 1
素方花Jasminum officinale,
　多花素馨J. polyanthum 1
智利钟花Lapageria rosea 1
冠籽藤Lophospermum erubescens 1
龟背竹Monstera deliciosa 1
喜林芋属Philodendron 1（部分物种）
　'黄斑叶' 大舌千里光Senecio macroglossus
　'Variegatus' 1
多花黑鳗藤Stephanotis floribunda 1
扭管花Streptosolen jamesonii 1
合果芋属Syngonium 1（部分物种）
老挝崖爬藤Tetrastigma voinierianum 1
翼叶山牵牛Thunbergia alata 1
紫藤属Wisteria（进行非常重的修剪）

常绿攀援植物

黄蝉属Allamanda 1
黄葳属Anemopaegma 1
落葵薯属Anredera 1
白蛾藤属Araujia 1
银背藤属Argyreia 1
智利苣苔属Asteranthera 1
清明花属Beaumontia 1
智利藤属Berberidopsis 1
帕冯蒲包花Calceolaria pavonii 1
丽蔓属Calochone 1
白粉藤属Cissus 1
红龙吐珠Clerodendrum splendens 1,
　龙吐珠C. thomsoniae 1
连理藤属Clytostoma 1
大花风车藤Combretum grandiflorum 1
赤壁草Decumaria sinensis 1
异色薯蓣Dioscorea discolor 1
红钟藤属Distictis 1
苦绳Dregea sinensis 1
麒麟叶属Epipremnum 1
土三七属Gynura 1
哈登柏豆属Hardenbergia 1
常春藤属Hedera部分种类 1
束蕊花Hibbertia scandens 1
鹰爪枫属Holboellia 1
球兰属Hoya 1

小牵牛属Jacquemontia 1
珊瑚豌豆属Kennedia 1
智利钟花属Lapageria 1
智利木通属Lardizabala 1
猫爪藤属Macfadyena 1
飘香藤属Mandevilla 1
鱼黄草属Merremia 1
龟背竹属Monstera 1
玉叶金花属Mussaenda 1
卷须菊属Mutisia部分种类 1
粉花凌霄属Pandorea 1
冠盖藤属Pileostegia
肖粉凌霄属Podranea 1
炮仗藤属Pyrostegia 1
菱叶藤属Rhoicissus 1
仙蔓属Semele 1
疑仙年Senecio confusus 1,
　大舌千里光S. macroglossus 1,
　蔓茎千里光S. mikanioides 1,
　假常春S. tamoides 1
金盏藤属Solandra 1
野木瓜属Stauntonia
黑鳗藤属Stephanotis 1
蕊叶藤属Stigmaphyllon 1
圆萼藤属Strongylodon 1
合果芋属Syngonium 1
硬骨凌霄属Tecoma 1
南洋凌霄属Tecomanthe 1
崖爬藤属Tetrastigma 1
络石属Trachelospermum

爬在其他植物上的攀援植物

多花竹叶吊钟Bomarea multiflora 1
叶子花属Bougainvillea 1
南蛇藤属Celastrus
铁线莲属Clematis部分种类 1
鸡蛋参Codonopsis convolvulacea
啤酒花Humulus lupulus
忍冬属Lonicera部分种类 1
卷须菊属Mutisia部分种类 1
五裂叶旱金莲Tropaeolum peregrinum 1,
　六裂叶旱金莲T. speciosum
异叶蛇葡萄Vitis coignetiae
紫藤Wisteria sinensis

生长速度快的攀援植物

软枝黄蝉Allamanda cathartica 1
蛇葡萄属Ampelopsis
心叶落葵薯Anredera cordifolia 1
珊瑚藤Antigonon leptopus 1
彩花马兜铃Aristolochia littoralis 1
铁线莲属Clematis部分种类 1
连理藤Clytostoma callistegioides 1
电灯花Cobaea scandens 1
绿萝Epipremnum aureum 1
何首乌属Fallopia
啤酒花Humulus lupulus
珊瑚豌豆Kennedia rubicunda 1
猫爪藤Macfadyena unguis-cati 1
西番莲Passiflora caerulea 1,
　紫心西番莲P. manicata 1
杠柳属Periploca
攀援喜林芋Philodendron hederaceum 1
蓝雪花Plumbago auriculata 1
炮仗藤Pyrostegia venusta 1
使君子Quisqualis indica 1

蕊叶藤Stigmaphyllon ciliatum 1
圆萼藤Strongylodon macrobotrys 1
赤瓟Thladiantha dubia
葡萄Vitis vinifera

一年生攀援植物

三色旋花Convolvulus tricolor
智利悬果藤Eccremocarpus scaber 1
番薯属Ipomoea 1（部分物种）
扁豆Lablab purpureus 1
香豌豆Lathyrus odoratus
冠籽藤Lophospermum erubescens 1
使君子Quisqualis indica 1
翼叶山牵牛Thunbergia alata 1
五裂叶旱金莲Tropaeolum peregrinum 1

草本攀援植物

多花竹叶吊钟Bomarea multiflora 1
加那利参Canarina canariensis 1
鸡蛋参Codonopsis convolvulacea
啤酒花Humulus lupulus
大花山黧豆Lathyrus grandiflorus,
　宽叶香豌豆L. latifolius
赤瓟Thladiantha dubia
六裂叶旱金莲Tropaeolum speciosum,
　三色旱金莲T. tricolor 1,
　块茎旱金莲T. tuberosum 1

可用作地被的攀援植物

智利苣苔属Asteranthera
铁线莲属Clematis部分种类 1
常春藤属Hedera部分种类 1
珊瑚豌豆属Kennedia 1
爬山虎属Parthenocissus
冠盖藤属Pileostegia
蓝雪花Plumbago auriculata 1
硬骨凌霄Tecoma 1
络石属Trachelospermum

注释

1 不耐寒

'哈里斯' 光叶子花

土壤准备和种植

在理想的生长条件下，攀援植物能够带来持久的回报，所以要确保它们适应种植地的土壤类型。攀援植物很少能在过湿或过干的条件下生长良好。部分种类如树萝卜属（*Agapetes*）和吊钟苣苔属（*Mitraria*）植物不能忍受碱性环境；其他一些种类如铁线莲属植物能够在包括碱性土壤在内的大部分土壤中生长，只有酸性最强的土壤除外。许多攀援植物都很健壮并需要充足的养分，所以在种植前应充分锄地施肥（又见624~625页，"土壤养分和肥料"）。

在种植攀援植物时，选择正确的支撑物是很重要的。支撑物要能够适应植物最终的高度、冠幅和活力。

支撑物类型

支撑物有三种主要类型：木质或塑料框格棚架、金属或塑料网架以及固定在防锈钉之间拉伸的金属丝（一般由塑料包裹）。如果支撑结构每年都更换的话，园艺绳或钢丝足以为一年生和草本攀援植物提供支撑。在种植前确保所有的支撑结构都固定在正确的位置上。不要使用U形钉将任何植物的枝条固定在支撑物上：植物会很快超出这些钉子的大小，枝条会被挤压，甚至会导致枯梢。选择与攀援植物的大小和强度相适应的支撑结构。如果不够坚固的支撑物用于健壮的攀援植物，会很快被淹没并最终倒塌。框格棚架是所有缠绕型攀援植物最可靠的支撑结构，在加以绑扎的情况下也可用于攀爬型攀援植物。金属丝或网是卷须型攀援植物的理想选择。

如果支撑物不是永久性结构，使用草本攀援植物（如大花山黧豆和宽叶香豌豆）、每年修剪至地平面的攀援植物（晚花的意大利铁线莲杂种及品种）或者一年生攀援植物如裂叶牵牛（*Ipomoea hederacea*）。当沿着一面平的独立式框格棚架或柱子种植攀援植物时，要牢记攀援植物会向光生长并只在支撑物的一面开花，所以要为植物选好位置，让它们的花朵呈现在最醒目的地方。

框格棚架和网架

为了让空气自由流通，在安装框格棚架或网架时，要使其稍稍离开墙面或栅栏，并保证框架基部位于地平面以上约30厘米。

墙壁有可能需要在以后某个时间维护（重新勾缝、粉刷或抹灰）。在可能的情况下，在框格和网架的顶部用钩子固定，而在基部用铰链固定，或者在顶部和基部都用钩子固定。当墙面需要维护时，枝条柔软的攀援植物能够和框架一起放低；如果两端都用了钩子，就能被平放到地面上。或者使用能够承受重剪的攀援植物。不要尝试放低枝条坚硬的攀援植物，如攀援月季或火棘属植物。

金属丝

金属丝可以水平或竖直拉伸在防锈钉子之间。和框格棚架一样，金属丝也应该和墙面或栅栏保持5厘米的空隙，并且必须拉直紧绷。

长势健壮的攀援植物

美味猕猴桃*Actinidia deliciosa*
木通*Akebia quinata*
大花清明花*Beaumontia grandiflora* 1
叶子花属*Bougainvillea* 1
白粉藤属*Cissus* 1
绣球藤*Clematis montana*
红钟藤*Distictis buccinatoria* 1
巴尔德楚藤蓼*Fallopia baldschuanica*
鹅掌牵牛*Ipomoea horsfalliae* 1
飘香藤属*Mandevilla* 1
五叶地锦*Parthenocissus quinquefolia*,
　爬山虎*P. tricuspidata*
西番莲属*Passiflora*大部分种类 1
蓝花藤*Petrea volubilis* 1
金盏藤*Solandra maxima* 1
温南茄*Solanum wendlandii* 1
老挝崖爬藤*Tetrastigma voinierianum* 1
异叶蛇葡萄*Vitis coignetiae*
紫藤*Wisteria sinensis*

注释
1 不耐寒

红钟藤

攀援方法

攀援植物通过各种不同的方法将自己固定在支撑物上。许多攀援植物通过气生根固定在毫无支撑的垂直表面上。其他方法都需要一些支撑物，它们是缠绕的枝条、叶柄以及卷曲的卷须。叶子花属植物等蔓生攀援植物产生的长长枝条需要以固定间隔进行绑扎。

气生根 常春藤属植物能够自我固定。

叶柄 铁线莲属植物使用叶柄攀援。

卷曲的卷须 西番莲属植物用卷须将自己固定起来。

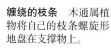

缠绕的枝条 木通属植物将自己的枝条螺旋形地盘在支撑物上。

将框格棚架安装在墙壁上

在安装框格棚架时，首先用至少5厘米厚的木质板条将棚架固定在墙壁上（这会让框格棚架离开墙壁，允许空气自由流通），然后用螺丝钉将框架永久性地固定在墙壁上（右图）。不过这样就限制了以后对墙面的接触和处理。使用钩子和铰链（下图）能够在需要的时候允许植物和支撑结构被放低。用钩子将框格棚架固定在顶端和底端的板条上，可以使它从墙上整个取下。

使用木板条
用螺丝钉将框格棚架固定在厚木板条上。

用钩子和带环螺丝钉在顶部固定棚架

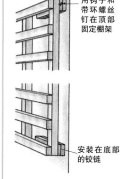

安装在底部的铰链

使用钩子和铰链
为了便于维护墙面，在墙壁和棚架上都安装木板条。沿着框架基部安装铰链、在顶部安装钩子以固定其位置。

如何选择攀援植物

好样品　　　　　　　　好样品

标签
健壮、有力的茎
金银花
健康的芽
坏样品
细长纤弱的茎以及受损的芽

根系可见且健康，但并不盘绕
坏样品
紧密地围着根坨盘绕的根系

自然的支撑
在这个方尖塔形结构的每条腿处种植一或两棵种子或穴盘苗（这里是香豌豆），随着植株生长，幼苗就会方便地顺着支撑结构爬上去。

可以每两米设置一个拉紧装置。金属丝的间隔应保持在30～45厘米，位置最低的水平金属丝（或竖直金属丝的基部）距地面约30厘米。

购买攀援植物

攀援植物通常以盆栽形式出售，不过部分种类（包括攀援月季）可能是裸根出售的。选择拥有健壮根系和匀称框架的健康植株，不要选择有任何病虫害症状的植株。裸根植株应该拥有与地上部分相称的大量健康、发育良好的纤维状根。对于盆栽植物，将容器翻转，检查是否存在刚刚露出根坨的年幼根尖；如果有，说明植株的根系发育良好。不要选择根系受压迫的植株——它们的根绕着根坨缠成一团，也不要选择根系从排水孔中钻出的植株，它们很少能够生长良好。

户外种植

不完全耐寒的攀援植物如智利藤茄（Solanum crispum）和素馨茄（S. laxum）应该在春季种植，以便在第一个冬天之前完全恢复。常绿和草本攀援植物在春天种植会更快地恢复，不过它们也可以在天气温和的秋天加以保护地种植。所有其他容器中生长的攀援植物可以在春天、秋天或其他任何时间种植，只要土地没有霜冻或涝害的情况即可。不推荐在夏季长期干旱的时期种植，但若无法避免，在干旱持续时保证每天为植株浇水。

种植位置

墙壁和实心栅栏会产生自己的雨影区，所以贴着它们整枝的植物应该距离支撑物的基部至少45厘米种植。在这种方式下，它们一般能够得到足够的雨水，一旦恢复之后不用再额外浇水。独立式的柱子或框格棚架不会产生密度这么大的雨影区，只需留出20～30厘米的间隔即可。

当攀爬在其他植物上的时候，攀援植物会和宿主植物争夺养分和水分；为了最大限度地降低这种影

适合砂质土壤的攀援植物

北美荷包藤Adlumia fungosa
心叶落葵薯Anredera cordifolia 1
彩花竹叶吊钟Bomarea andimarcana 1
吊灯花属Ceropegia 1（只有物种）
红耀花豆Clianthus puniceus 1
攀援商陆Ercilla volubilis
嘉兰Gloriosa superba 1
番薯属Ipomoea
珊瑚豌豆Kennedia rubicunda 1
冠籽藤属Lophospermum 1
蔓桐花属Maurandya
木玫瑰Merremia tuberosa 1
绒倍卷须菊Mutisia oligodon
爬山虎属Parthenocissus部分种类 1
西番莲属Passiflora 1（部分物种）
希腊杠柳Periploca graeca
蓝花藤Petrea volubilis 1
温南茄Solanum wendlandii 1
扭管花Streptosolen jamesonii 1

适合黏质土壤的攀援植物

大叶马兜铃Aristolochia macrophylla
凌霄属Campsis
美洲南蛇藤Celastrus scandens
铁线莲属Clematis部分种类 1（大部分）
红钟藤属Distictis 1
'银后'扶芳藤Euonymus fortunei 'Silver Queen'
常春藤属Hedera部分种类 1
'黄叶'啤酒花Humulus lupulus 'Aureus'
多蕊冠盖绣球Hydrangea anomala subsp. petiolaris
宽叶香豌豆Lathyrus latifolius
忍冬属Lonicera部分种类 1（部分物种）
爬山虎属Parthenocissus部分种类 1
西番莲属Passiflora部分种类 1
异叶蛇葡萄Vitis coignetiae
紫藤属Wisteria

适合酸性土壤的攀援植物

树萝卜属Agapetes 1（数个物种）
智利苣苔Asteranthera ovata 1
大花清明花Beaumontia grandiflora 1
智利藤Berberidopsis corallina
藤海桐属Billardiera 1（只有物种）
珊瑚豌豆属Kennedia 1
智利钟花Lapageria rosea 1
智利木通Lardizabala biternata 1
吊钟苣苔Mitraria coccinea 1
卷须菊属Mutisia部分种类 1（部分物种）

注释
1 不耐寒

嘉兰

响，种植时将攀援植物的根系尽可能远离宿主植物的根系。如果宿主植物的根系很深，而且表层土深度足够的话，可以将攀援植物靠近宿主植物的主根种植。如果宿主植物有大量地下根茎或浅根，则要将攀援植物的根系保持在宿主植物根系45厘米之外。可以用绑在宿主植物上的倾斜木棍引导攀援植物攀爬到宿主身上。

准备土壤

清除种植区域的所有杂草（见645~649页，"杂草和草坪杂草"），然后翻土并施入大块有机质。这会增加砂质土壤的保水性和肥力，让黏质土壤的质地变得疏松。用叉子小心地将缓释肥施入表层土中，施肥量为每平方米50~85克。

种植穴的直径至少应为攀援植物原本生长容器的两倍，给根系充分伸展的空间。然而，如果想让攀援植物顺着乔木或灌木生长，这一点

可能做不到，在这种情况下，要挖出足够容纳根坨的种植穴，并尽可能为根系伸展留出大量空间。

如何种植

在将植株取出花盆之前，确保基质是湿润的——为植株浇透水，使根坨湿透，然后让植株自然排水至少半个小时。清除基质表层，以除去杂草种子，然后将花盆倒转，小心地将植株取出。如果根系已经开始在花盆里卷曲，轻轻地梳理它们。将所有死亡、受损或伸出花盆的根系修剪至根坨范围之内。

安放植物，使根坨顶部与周围的土壤平齐。不过对于铁线莲属植物，建议种植得更深一些。对于嫁接的攀援植物（如大多数紫藤属植物），应将嫁接结合部埋在地面下6厘米深。这会促进接穗本身生根，降低砧木长出萌蘖条的概率。关于种植裸根攀援植物的信息见157页（"种植灌木月季"）。当在容器中种植攀援植物时，选择较深的花盆，如果攀援植物在冬天待在室外的话，花盆还要是防冻的。盆栽基质应该能够充分保水，同时又能良好地排水；使用以壤土为基础的盆栽基质，或者使用两份草炭替代物或草炭与一份尖砂组成的混合基质，再添加缓释肥料。在种植前将起支撑作用的框格架子插入基质中（见325页，"在容器中种植攀援植物"）。

在种植穴中填入土壤，压实并浇透水。将木棍插在植株基部并将它们固定在支撑结构上。将植株的主枝散开并分别绑在木棍和支撑结构上（如果它们够得到的话），以进行整枝。不要拉扯和绑扎得太紧，以免损伤枝条。剪去死亡或受损的枝叶，并将向外生长的枝条截去。

卷须型攀援植物能够牢牢地固定在支撑结构上，但它们年幼的枝条也需要轻柔的引导和一定程度的绑扎，直到它们完全成形。缠绕型攀援植物能很快将枝条以自然生长的方向（顺时针或逆时针）固定在支撑物上，但最初也需要绑扎。对于不为自己提供支撑的攀援植物，应该用合适的绑结每隔一段距离对

枝条进行绑扎。更多信息见136页，"成熟攀援植物的整枝"。

浇水和护根

为新种植的攀援植物浇透水，然后用一层5~7厘米厚的护根覆盖

在植株周围60厘米之内的土壤表面。这对根系有好处，因为它能保持整个区域的水分，给根系充分恢复的机会。此外，护根还能抑制杂草滋生，避免这些杂草和新种下的攀援植物争夺养分和水分。

大花山黧豆

靠墙种植攀援植物

1 在土壤表面上方30厘米、距离墙面5厘米处安装好支撑结构。在距墙面45厘米处挖出种植穴。弄松种植穴底部的土壤并加入堆肥。

2 将攀援植物的根坨浸透水，以45°角安放在种植穴中，地面横放一根木棍以校正种植深度。将根系向墙壁的反方向伸展。

3 在植株周围回填土壤并压实，确保根系之间不会形成气穴，使植物得到充分支撑。

4 将枝条从中央的木棍解下，选出4或5根强壮枝条。为每根枝条插入一根木棍，并将木棍固定在最低的金属丝上。将每根枝条绑在对应的木棍上。

5 用修枝剪将所有细弱、受损和向外生长的枝条截至主茎，得到攀援植物的初始框架。

6 为植株浇透水（这里是云南素馨 *Jasminum mesnyi*）。用一层厚护根覆盖周围土壤以保持湿度并抑制杂草。

日常养护

攀援植物需要每年施肥才能保持健康生长，它们基部的土壤也应该保持湿润。盆栽攀援植物需要定期更换表层基质和重新上盆，充足的灌溉也是必不可少的。定期摘除枯花有助于延长花期。对于攀援植物，还需要进行病虫害防护；对于不耐寒的种类，要进行防霜冻保护。

施肥

在头两个生长季的春天为攀援植物施肥，施入50~85克均衡肥料；然后每年按照生产商推荐的施肥量施加一次缓释肥。

浇水

在干燥时期，每周为攀援植物浇一次水。浇透植株根部周围的土壤；在整个根系区域覆盖一层5~7厘米厚的护根，防止土壤变干。

摘除枯花和绑扎

如果可能的话，当攀援植物的花朵枯萎后，立即将枯花摘除。这能让植物将能量专注于后期开花，而不是用于结果或种子上。如果需要果实用作观赏，那么只摘除四分之一到三分之一开过花的花枝，足以促进持续开花。

趁新枝还柔软的时候将其绑扎起来，并按需要将徒长的植株截短。

病虫害

仔细检查有无病虫害症状，受影响植株的处理参照639~673页。

保护不耐寒的攀援植物

在冬天，特别是在持续寒冷或易霜冻的时期，用防护性遮盖材料将种在室外的不耐寒攀援植物的地上部分包裹住（见612~613页，"防冻和防风保护"）。

盆栽攀援植物的养护

在干燥的天气中，盆栽攀援植物需要每天浇一或两次水。当容易发生霜冻时，应该将它们移到室内，或者在花园背风处将它们连花盆一同埋入土地中，花盆边缘与地平面平齐。在一年中，一棵盆栽攀援植物会消耗盆栽基质的大部分养分。因此，应该每年更换一次表层基质和护根。在浇水的时候，新鲜的养分会渐渐渗透并补充到下面的基质中。除了生长速度极慢的种类，所有的攀援植物都需要每三四年转移到更大的容器中，并使用新鲜基质。春季开花的植物需要在秋天重新上盆，其他的种类可以在春天和秋天换盆。

为盆栽攀援植物更换表层基质

1 在春天或初夏，刮走并丢弃容器中表层2.5~5厘米厚的基质。注意不要扰动攀援植物的表层根系和伴生植物。

2 使用混合了少量缓释肥的新鲜基质代替被丢弃的基质。轻轻压实土壤，挤走气穴。确保基质深度和之前一致。浇透水。

3 为了帮助土壤在夏季保水，用疏松的装饰性护根（如椰子壳或碎树皮）覆盖基质。

为盆栽攀援植物重新上盆

1 每三到四年，为盆栽攀援植物（如这株忍冬属植物）重新上盆，防止它们被花盆束缚长势。将基质浸透水，然后小心地将根坨移出花盆。

2 梳理根系并将粗根截短约三分之一。保持纤维状根的完整，并尽可能保留它们周围的基质。

3 将地上部分截短三分之一，去除死亡和受损的枝条。使用混合了缓释肥的新鲜湿润基质为植株重新上盆。

4 确保最终的种植深度和之前一致。用八字结将枝条稳固地绑扎在支撑物上，但不能绑得太紧。

修剪和整枝

在最初的几年，修剪是为了得到一个强壮的结构框架，以促进健康的、活力高的枝条茁壮生长，并便于在支撑结构上整枝。整枝的目的是趁枝条柔软时引导一系列强壮的主枝，让它们爬上并穿过支撑结构，得到美观的外形。

一些攀援植物（如巴尔德楚藤蓼）除了主枝之外，还会长出大量细枝，这些细枝需要在最初的整形中定期绑扎以维持所需的形状。然而，长势健壮的攀援植物在第一年后往往很难整枝，最好任其自由生长，只在它们超出花园中的既定空间时才加以限制。

基本原则

日常修剪是成功栽培几乎所有攀援植物的基础。如果不通过修剪加以控制，这些植物很难开好花，并且同样重要的是，有些健壮的攀援植物会淹没附近的植物或损坏屋顶、排水沟和砖石建筑。修剪和整枝可以结合起来，为植物创造最好的结构和外形。

修剪部位

应将枝条修剪至饱满芽上方2~3厘米处。选择位置合适、面对的方向正好需要新枝的芽。随着新枝的生长，它可以被绑扎入框架中或者代替一根老枝。

使用锋利的修枝剪保证每个切口干净利落。在离芽稍远的地方做斜切口，这样能确保雨水不会聚集在芽周围，从而避免感染病害。切口的位置很重要：距离芽太近的切口会伤到芽，而距离芽太远又会留下一段枯梢的残桩，是病害可能的入口。

使用正确的工具

锋利的修枝剪是大多数类型修剪的最好工具。长柄修枝剪对于较粗的枝条特别有用，而大剪刀适用于除去大量死亡或细弱枝条（见137页，"如何修剪忍冬属植物"）。

整形修剪和整枝

在种植和植物开始生长的时候，整枝需要将最强壮的枝条绑扎在支撑结构上，以得到匀称的分枝结构——植物自然向上、朝光生长，而不会自动向两侧生长。在生长季，需要进行一些引导和绑扎，让柔软、缠绕的枝条或卷须将自己固定在支撑结构上。这要趁它们柔韧、木质部还未彻底成熟时进行，因为很难在不损伤它们的情况下将硬的枝条弯曲到需要的位置。

如果攀援植物不是那种需要每年修剪至基部的种类，那么对于所有向不当方向生长的枝条，如交叉在别的枝条上或背离支撑结构生长的枝条，应该重新确定位置。在最初种植之后的冬末或早春，严重霜冻的危险过去之后立即进行重新定位。你也可以趁枝条年幼柔软时进行绑扎。有时，年幼的枝条在整枝时也会断裂，所以在所有选定的枝条绑扎完毕之前不要剪去任何多余的枝条。在生长稀疏或过长的地方可以将枝条截短，促进分枝。随着枝条的生长继续进行引导和绑扎，得到均衡匀称的分枝结构。

整形修剪和整枝

为了让攀援植物拥有健康、强壮的分枝结构，在种植之后的冬末或早春尽快进行修剪和整枝。这里的植物是云南素馨。

在苗壮生长而不产生分枝的领导枝处截断，促进枝条下方的分枝。

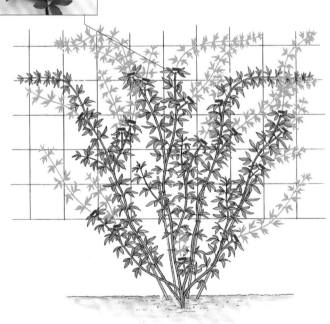

休眠季的养护修剪

在当季枝条上开花的攀援植物（如这里的智利藤茄），应该在冬末或早春进行修剪。

剪去所有交叉枝叶，除去交叉枝条以及互相竞争的枝条中最弱的枝条。

剪去死亡或冻伤的枝条，修剪至健康的部位。

为促进开花，将侧枝修剪至留5或6个强壮、健康的芽，在芽上方做斜切口。

成熟攀援植物的修剪

对于成熟的攀援植物，在一年中的什么时候修剪取决于它们的开花习性。有些种类在当季长出的枝条或偶尔在上一年长出的较晚的枝条上开花。这些种类一般在休眠季的冬末或早春、新芽还未发育的时候修剪，它们会在当年长出的新枝上开花。

其他攀援植物在上一年的成熟枝条上开花。这些种类需要在花期过后立即修剪，给新枝充分的时间在冬季到来前发育成熟。这些枝条在第二年就是开花枝。如果修剪得足够早的话，某些早花攀援植物会在生长季末期再次开花。

分辨当年生枝条和两年生枝条并不困难：当年生枝条依然柔韧并通常是绿色的；而两年生枝条一般是灰色或棕色的；生长超过两年的枝条拥有明显的深色树皮，并且非常坚固，木质化程度高。

在修剪的时候，除去所有死亡、受损枝条和所有拥挤的细弱枝叶。将超出植物既定空间的枝条截短，这既是为了维持灌木的外形，也是为了防止徒长。

修剪铁线莲属植物的方法，见139~140页。

开花后的养护修剪

对于在上一年的成熟枝条上开花的攀援植物如红素馨（*Jasminum beesianum*），应该在花期过后立即修剪，让新枝在冬天到来之前充分成熟。

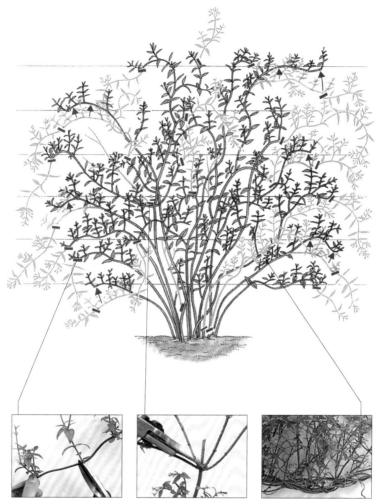

将已经开过花的枝条截短，修剪至位置较低的健壮侧枝。

剪去所有受损或死亡的枝条，干净地修剪至一根健康的枝条或主枝处。

在生长拥挤的地方，将细弱的枝条除去。

修剪紫藤

除非将健壮、叶子繁茂的夏季枝条截短，让植株的能量转移到产生花芽上，否则紫藤可能会很难开花。对主枝进行水平整枝而不是垂直整枝，也可以改善开花质量。花芽产生在短枝上，而修剪的目的是促进这些短枝在成熟植株框架分枝上生长。最简单的修剪方法是两步修剪法。在夏末，将长的新枝和较短的水平新枝截短。只在需要枝条延伸分枝结构的时候才放任其生长，并将它们整枝。在仲冬，将夏季修剪过的短枝修剪至两或三个芽。同时，将夏季修剪之后长出的长枝条截短至15厘米。

1 在夏末，限制健壮、叶子繁茂枝条的生长，促进第二年更多花芽生成。

2 将长枝剪至15厘米长，留下4~6片叶。在最末一个芽上端做切口，注意不要伤到芽。

冬季
再次修剪夏季被截短的枝条，将它们截短至8~10厘米，只留两三个芽。

'秋花'智利藤茄

初冬修剪

当在初冬修剪落叶攀援植物时，很容易看清植物的框架结构并将新枝整枝。
这里展示的攀援植物是金山五味子（Schisandra glaucescens）。

疏剪过于拥挤的枝条，去除细弱枝和交叉枝。

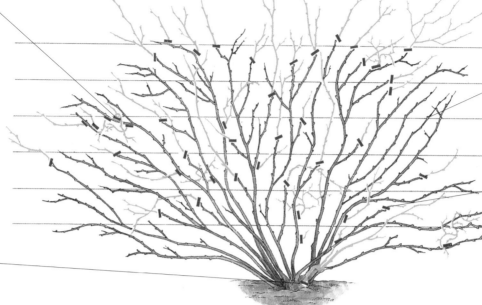

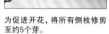

绑扎新枝，注意留出空间，以得到匀称的分枝框架。

去除死亡枝条，如有必要，剪至茎秆基部。

为促进开花，将所有侧枝修剪至约5个芽。

常绿攀援植物

在夏季对常绿攀援植物进行修剪，这时它们已经长出了新枝，而且修剪痕迹会很快被继续长出的新枝掩盖。除了观叶还赏花的常绿攀援植物在上一季的枝条上开花，所以对于这些种类应该推迟修剪，直到花期过后再进行。无论何种情况，都要清除死亡或受损枝条，并将生长方向偏离的枝条截去以保持植株外形。

初冬修剪

在上一生长季已经修剪过至少

一次的攀援植物应该在冬天再次修剪，整理好它们的外形（见上方插图）。这对于落叶植物特别有用，因为在枝干裸露的时候最容易看清分枝结构。不要剪掉成熟枝条，那是下一季的开花枝。如果气候比较温和，冬季修剪的植物会受刺激长出新枝，这些新枝可能会被后来的霜冻伤害。在春天将这些受损的枝条截去。

用于观赏的葡萄属植物应该在初冬修剪，这时植株处于休眠期，修剪伤口不会流出树液。如果在春天修剪枝条，它们会流出很多树液，并

很难止住，会对植物造成伤害。

成熟攀援植物的整枝

用气生根固定自己的攀援植物几乎不需要整枝，除了在刚种下的头几年还没有足够气生根的时候。所有其他类型的攀援植物都需要每年对新枝整枝，以得到理想的形状。

在每年的生长季，在枝条还未变硬和木质化之前，选取最强壮的新生主枝，将它们整枝在基本分枝结构上作为延续。整枝时要按照既定空间的形状进行并让领导枝以直线伸展，直到抵达预定的高度。使用塑料扭结或藤结按固定间隔将所有的枝条牢固地绑扎在支撑结构上。

修剪叶子花属植物

叶子花属植物长势极为强健，无论修剪与否，都会稳定地开花。在仲冬和早春之间修剪，以控

制植物的大小。将侧枝修剪至距主枝数厘米，但是要留下用于延伸主分枝结构的侧枝。

1 将不规则的侧枝修剪至距框架主枝2.5～5厘米。

2 干净利落地在健康的芽旁做一切口，芽会迅速萌发新的枝叶。

在藤架或柱子上为攀援植物整枝

为了在藤架或柱子上得到均匀分布的枝叶，要在整个生长季不断绑扎主枝，按需要将它们伸展开，以填补所有空隙。为促进植株下端枝条开花，定期将缠绕性物种的侧枝围绕支撑结构进行整

枝，确保枝条按照自然生长方向生长：顺时针或逆时针。

花期过后，除去所有死亡或染病枝条，并截短主枝和任何领导枝，这会促进第二年水平分枝的生长。

1 将松散的侧枝以自然生长方向引导到支撑结构上并绑扎。

2 在夏末，将所有领导枝截短三分之一，促进侧枝生长。

确保绑结足够紧，以免枝条在大风天气晃动，与支撑结构摩擦；然而绑结也不能妨碍植株枝条的生长。随着枝条逐渐长粗，这些绑结需要定期加以松动。

年老或荒弃攀援植物的复壮

未曾修剪或整枝的攀援植物常常会产生一团错综复杂的木质茎秆，开花质量也很差。这样的植物需要进行重剪以复壮。大部分攀援植物都能承受截至基部或主分枝的修剪，但健康状况不佳的植株很难承受这样的处理。在这样的情况下，最好在两三年内逐渐减小植株的尺寸，而且每年修剪后都应该施肥。

对于修剪至基部的植物，在早春将所有现存枝条修剪至距地面30~60厘米。为促进新枝的快速生长，以每平方米50~85克的量施加速效均衡肥料。在根系区域浇透水，覆盖护根。然后像对待新种植攀援植物那样，对所有新生枝条进行整枝。

在两到三年内进行复壮（见下图）更加困难一些，因为枝条常常会纠结在一起。在冬末或早春，尽可能多地去除拥挤的枝叶，然后将二分之一或三分之一的主枝截至基部。轻

如何修剪忍冬属植物

忍冬属攀援植物不用怎么修剪也能大量开花，但是如果置之不理，很容易长成一团细弱纠缠的枝条，并只在枝条顶部长叶开花。在给这种状态下的忍冬属攀援植物复壮时，要在生长季开始之前的冬末或早春进行重剪。新枝条会很快长出来，应该对这些枝条进行整枝，以得到匀称的分枝结构。

如果不进行这种重剪，还可以通过剪去年幼新枝下方的死亡或受损枝条进行复壮。使用大剪刀而不要使用修枝剪，这样能加快速度。

复壮修剪
如果植株生长得太厉害，使用长柄修枝剪将所有茎秆修剪至距地平面30~60厘米。

替代方法
如果不想或没有必要进行这种程度的重剪，可以将年幼新枝下方的所有死亡枝条剪去。

柔地将截去的主枝连同其分枝撤走。如果有任何枝条受损，在被截去的主枝及连带分枝撤走之后，立即将其剪去。剪去所有细长纤弱的枝条，因为这些枝条不会很好地开花。还要去除死亡的枝条，然后像对待修剪至基部的攀援植物那样施

肥、浇水、覆盖护根，促进健康新枝的生长。对新生基部枝条进行整枝以填补空隙，确保它们不会和老枝纠缠。在第二年春天，重复此步骤，然后再次为植物施肥、浇水、覆盖护根。

荒弃攀援植物的复壮

对于被荒弃的攀援植物（这里是南蛇藤），可以在每年冬末或早春进行一次重剪，在两到三个生长季内完成复壮。

尽可能多地去除拥挤的枝条。

去除细弱或受损枝，只留下强壮的枝条。

用长柄修枝剪将三分之一到二分之一的老枝修剪至基部，保留更有活力的枝条。

除去所有死亡或染病的枝条。用锋利的修枝剪将其修剪至健康的芽处。

可以修剪至基部的攀援植物

软枝黄蝉*Allamanda cathartica* 1
心叶落葵薯*Anredera cordifolia* 1
珊瑚藤*Antigonon leptopus* 1
马兜铃属*Aristolochia*部分种类 1
杂种凌霄*Campsis x tagliabuana*
铁线莲属*Clematis* 部分种类 1（大部分物种）
龙吐珠*Clerodendrum thomsoniae* 1
连理藤*Clytostoma calystegioides* 1
红钟藤*Distictis buccinatoria* 1
巴尔德楚藤蓼*Fallopia baldschuanica*
忍冬属*Lonicera* 部分种类 1（大部分物种）
猫爪藤*Macfadyena unguis-cati* 1
蔓炎花*Manettia cordifolia* 1，
双色蔓炎花*M. luteorubra* 1
西番莲属*Passiflora*大部分物种 1
蓝花藤*Petrea volubilis* 1
炮仗藤*Pyrostegia venusta* 1
使君子*Quisqualis indica* 1
金盏藤*Solandra maxima* 1
茄属*Solanum*部分种类 1
蕊叶藤*Stigmaphyllon ciliatum* 1
圆萼藤*Strongylodon macrobotrys* 1
山牵牛属*Thunbergia* 1

注释
1 不耐寒

西番莲

铁线莲属植物

在所有的攀援植物中，铁线莲属植物能够提供最长的花期，该属各物种和品种几乎在一年中的每个月都有盛开的，许多种类在花期过后还会结出美丽的银色果实。它们的习性非常多样，除了最为人熟知的攀援种类外，既有草本植物如全缘铁线莲（Clematis integrifolia）和丛生的直立威灵仙（C. recta），又有亚灌木如朱恩铁线莲（C. x jouiniana）。

铁线莲属植物的花色和花型也很多样，从长花铁线莲（C. rehderiana）精致的乳白色钟形花朵，到唐古特铁线莲（C. tangutica）充满异域风情的金色肉质灯笼形花朵，再到意大利铁线莲及其众多杂种的样式简单但色彩丰富的花朵，还有花型更复杂的大花型重瓣品种，如'普罗透斯'铁线莲（C. 'Proteus'）和'维安·佩内尔'铁线莲（C. 'Vyvyan Pennell'）。

种植地点

花园中的任何地方几乎都可以种植铁线莲属植物。健壮的春花物种和品种适合用于掩盖难看的建筑、栅栏和墙壁，或者用来攀爬年老的乔木、树桩和凉亭，为本来沉闷的景致增添色彩和质感。

不那么繁茂的种类可以整枝在框格棚架或凉棚上，或者让它们沿着阶梯台地长下来。在地面，更精致的物种会水平伸展开来，让它们的花朵得到最好的欣赏角度。

一些铁线莲属植物适合在露台上盆栽，而不耐寒的种类可以盆栽在玻璃温室内。其他种类攀爬在宿主植物（如乔木、攀援植物和强健的灌木）上，能够延长观赏期，增添一抹色彩，或者创造植物间不同寻常的迷人联系。

铁线莲属植物的类群

基于开花期和习性，铁线莲属植物基本可以分为三大类。

类群一包括早花物种和它们的品种，以及高山铁线莲组、大瓣铁线莲组、绣球藤组，它们直接在上一生长季的成熟枝条上开花。类群二是早花大花品种，在当季的短枝条上开花，这些短枝条都是从上一年的老枝上长出来的。类群一和类群二有时被称作"老枝"开花铁线莲。类群三包括晚花物种、晚花大花品种以及草本类型，它们都是在当季枝条上开花的。

早花物种和品种

稍不耐寒的早花常绿物种及其品种原产于温暖气候区，因此在霜冻严重的地区种植时最好加以防冻保护。其中最耐寒的常绿物种是山木通和较小的春铁线莲。这两种植物在朝南或朝西南的地方生长得最好，攀爬在其他贴墙整枝的植物上时效果极佳。

高山铁线莲组和大瓣铁线莲组能忍受非常低的冬季温度，因此可以攀爬在任何朝向的贴墙整枝乔木或灌木上。不要让它们爬到攀援月季或者其他需要每年修剪的灌木上，因为这些铁线莲基本不需要修剪。它们适合种在暴露的迎风地点如建筑的东北角，但也是很好的露台盆栽植物，可以整枝在任何支撑结构上。

绣球藤组的成员非常耐寒且健壮，可以攀爬到7~12米高。这些植物能够覆盖墙壁和凉亭，攀爬在松柏植物或活力下降的年老果树上效果很好，但它们健壮密集的生长可能会损伤松柏植物的枝叶。

早花大花品种

这些品种充分耐寒、抗霜冻，可以长到2.5~4米高。更为紧凑的品种如'伊迪丝'铁线莲（C. 'Edith'）通常是第一批开花的，非常适合盆栽。重瓣和半重瓣品种以及仲夏开花、花朵极大的类型最好攀爬在其他贴墙整枝的乔木或灌木上生长，在那里它们的花朵可以免遭强风暴雨的侵袭。拥有淡紫色条纹或粉色花朵的花色较浅品种在阳光直射下会变白，因此最好种植在半阴区域，它们的花朵可以用来点亮一面深色的墙壁。深红和深紫品种更适合种于阳光充足的地点，它们在温暖的条件下更容易产生漂亮的花色。

晚花物种和品种

这个种类的铁线莲属植物包括晚花大花品种如'杰克曼尼'铁线莲（C. 'Jackmanii'）、小花的意大利铁线莲及其杂种以及其他各物种和它们的品种，包括草本铁线莲属植物在内。'杰克曼尼'铁线莲攀爬在攀援月季、灌木月季或者其他中等大小的常绿或落叶灌木上时效果极佳。意大利铁线莲的杂种特别适合生长在地被植物之间，特别是夏季或冬季开花的石南类植物（帚石南属、大宝石南属，以及石南属植物）之间。

在这一类群的其他成员中，朱恩铁线莲是理想的地被植物，而微型的、郁金香型花朵的得克萨斯铁线莲（C. texensis）及其杂种在低矮的常绿植物背景下显得非常漂亮。健壮的东方铁线莲（C. orientalis）和唐古特铁线莲需要高大的墙或乔木，以便不受限制地生长，展示自己的繁花和毛茸茸的果实。大卫铁线莲（C. heracleifolia var. davidiana）和其他草本物种不会攀爬，所以应该种植在草本或混合花境内；全缘铁线莲（C. integrifolia）等物种与灌木状丰花月季的搭配效果极好。

土壤的准备和种植

当用健壮的铁线莲属植物覆盖框格棚架或藤架时，应先在种植前确保支撑结构牢固。相似地，当使用铁线莲属植物攀爬在年老乔木上时，也要保证乔木的树枝足够结实，能承受铁线莲的重量。

铁线莲属植物

类群一

红花绣球藤

'弗朗西斯'铁线莲

'马克汉姆粉'铁线莲

类群二

'总统'铁线莲

'亨利'铁线莲

'内利·莫舍'铁线莲

类群三

'埃尔斯特·马克汉姆'铁线莲

'杰克曼尼'铁线莲

'朱丽亚·科内翁夫人'铁线莲

对于攀爬在其他宿主植物上的铁线莲属植物，铁线莲和宿主的活力必须相适应，以免铁线莲将宿主植物淹没。还要确保宿主植物和铁线莲的修剪要求是可以兼容的。

大多数攀爬物种可以在半阴或日光直射下生长，只要根部保持凉爽和荫蔽即可。可以将它们种在低矮的灌木下，或者种在宿主乔木或墙壁的阴面。草本物种在阳光直射的条件下生长得很好。为了在露台上种植铁线莲属植物，可以使用直径为45厘米、深45厘米的容器盆栽。

大多数铁线莲属植物在任何肥沃、排水良好的土壤中都能长得很好，如果土壤呈中性或微碱性更利于它们的生长。常绿物种如东方铁线莲和唐古特铁线莲不能种植在冬季潮湿的土壤中，否则它们的纤维状根系会很快腐烂。种植细节和其他攀援植物基本一样（见130～132页，"土壤准备和种植"），只是铁线莲属植物的种植深度应该比一般攀援植物深大约5厘米，以促进基部的芽在地平面下发育。如果茎秆受损，植株还可以从地面下再长起来。

日常养护

为新种植的植株浇足水直到其完全恢复，并在每年春天用园艺堆肥或腐熟粪肥为攀援和草本物种覆盖护根。

幼嫩的新枝很容易在早春遭到蛞蝓（见670页）的伤害。铁线莲属植物容易滋生蚜虫（见654页），晚花大花品种可能会得白粉病（见

色彩的对比
铁线莲属植物是优良的伴生植物，可以攀爬在各种宿主植物上生长并产生非同寻常的效果。在这里，'维尼莎'铁线莲（C. 'Venosa Violacea'）的鲜艳花瓣与欧亚圆柏（Juniperus sabina 'Tamariscifolia'）的翠绿枝叶形成了强烈对比。

种植铁线莲属植物

将铁线莲苗木时期的种植深度再加深5厘米，这有助于芽在土壤中发育，并能消除铁线莲枯萎病。

667页）。由真菌引起的铁线莲枯萎病（见657页）会影响新种植的大花型铁线莲。

修剪和整枝

每个类群的修剪要求各不相同，所以在修剪前要先确定。如果修剪的方式不正确，开花枝可能会被剪掉。

适用于所有类群的最初修剪和整枝

铁线莲属植物通过叶柄卷须将自己固定在支撑结构上。需要将它们整枝到支撑物上，在春季和夏季还需要绑扎新枝。在茎节（或叶腋芽）下端进行绑扎，并将枝条均匀地分布在支撑结构上，为后续的生长留下足够空间。

在为铁线莲属植物进行最初修剪和整枝时需要特别留心。如果不加整枝，植株常常会长出一或两根15～18厘米长的枝条，这样会留下头重

脚轻的杂乱枝叶。为了避免这一现象，所有新种植的铁线莲属植物都应该在种植后的第一个春天重剪。

除非植株已经拥有三或四根从基部长出的枝条，否则将所有枝条修剪至距地面约30厘米的一对强壮的健康叶芽上端。如果这样的重剪没能在早春促生出三或四根额外的基生枝条，应将所有新枝再次截短至约15厘米，修剪至一对健壮叶芽上端。

类群一

许多这类健壮的铁线莲属植物几乎不需要定期修剪，特别是在种植之后重剪的情况下。如果必须限制植株的大小或者清理纷乱的枝叶，应该在花期后进行修剪。这时也可以除去所有死亡、细弱或受损的枝条。新生枝条会在夏末和秋天成熟并在第二年春天开花。所有过长的枝条可以在秋天截短并绑扎到支撑结构上，但要记住这会减少开花量。在蔓生枝条上开出大量花朵的山木通应该每年进行疏枝，防止拥挤；在花期过后立即修剪至位置良好的年幼新枝处。

类群一铁线莲的修剪
类群一铁线莲的成熟枝条在下一季开花，所以只在植株徒长时才修剪，时间是花期过后。

类群一：早花物种和品种

高山铁线莲 C. alpina 及其种
山木通 C. armandii 及其品种
春铁线莲 C. cirrhosa
大瓣铁线莲 C. macropetala 及其品种
绣球藤 C. montana 及其品种
大花绣球藤 C. montana var. grandiflora
红花绣球藤 C. montana var. rubens

'梅德沃尔宫'大瓣铁线莲

直接从上一季成熟枝条上长出的花枝

疏剪或去除浓密生长的枝条或超出既定空间的枝条，将它们截至基部。

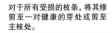
对于所有受损的枝条，将其修剪至一对健康的芽处或剪至主枝处。

类群二

单朵大花开在从上一季成熟枝条上长出的15~60厘米长的当季枝上。在早春生长开始之前对这些植物进行修剪。

去除所有死亡、细弱或受损枝条，并将健康枝条截至主分枝结构，在一对强壮的叶芽上端做切口。这些芽会开出第一批花。这个类群的植物可能会在夏末的新枝上开第二次花，这一次花量较少。

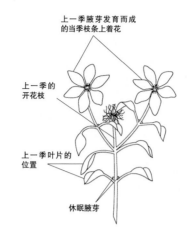

上一季腋芽发育而成的当季枝条上着花

上一季的开花枝

上一季叶片的位置

休眠腋芽

类群二铁线莲的修剪

类群二铁线莲在当季枝条上开花，所以应在早春开始生长之前修剪。

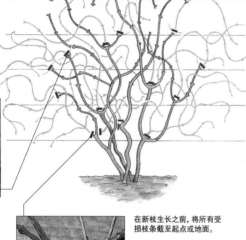

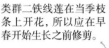

将老枝修剪至一对强壮的芽处。这些芽长成的枝条会开出这一季的花。

在新枝生长之前，将所有受损枝条截至起点或地面。

类群三

这个类群直接在当季新枝上开花。在早春新枝生长之前修剪。将所有上一季枝条截短至其基部的一对健壮芽上端，距地面约15~30厘米。随着新枝出现，将新枝绑扎在支撑结构或宿主植物上。在处理柔软脆弱的新枝时要特别小心。将它们均

类群三铁线莲的修剪

类群三铁线莲在当季枝条上开花，所以应在早春开始生长之前修剪。

长在当季新枝上的花枝

将每根枝条修剪至底部的一对强壮芽上端——距地面15~30厘米。用锋利的修枝剪做直切口，不要伤到芽。

匀地分开，并以固定间距绑扎。

对于在宿主植物或地被植物如石南类植物上攀爬的铁线莲类，也应该进行修剪。在秋末除去过长的枝叶，这样有利于保持植株和宿主植物的整洁，并且使其不容易被风伤害。当铁线莲属植物攀爬在冬季开花的石南植物上生长时，所有的铁线莲都应该在秋末石南植物开花前截短至30厘米长。

繁殖

铁线莲属物种可以在秋天用种子繁殖，并在凉爽的温室或冷床中越冬（品种不能通过种子真实遗传）。品种一般用嫩枝插条、半硬枝插条（见632页）或压条（见631页）的方法繁殖，分株（见378页）或基生茎插穗（见200页）适合用于草本类型。

嫩枝和半硬枝节间插条比茎节插条更好用，不过两种插条都能成功地用于扦插。在春天采取节间插条，在茎节下方2.5~5厘米处做切口将枝条剪下。在距茎节1厘米处去掉节上着生的一片叶子，将另一片叶子的面积剪去一半，然后在茎节上端约1厘米处将枝条剪断。用激素生根粉处理插条基部，扦插到底部加热的密闭增殖箱中生根，在第二年春天移栽幼苗之前先逐渐进行炼苗（见638页）。

节间插条

节

去掉的叶片

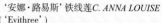

在茎节正上端及下方3.5厘米处将插条剪下，使其长度为5厘米。每根插条都要去掉一片叶子。

'里昂城' 铁线莲

繁殖

攀援植物可以用种子、茎插条或根插条以及压条的方式来繁殖。紫藤还常常通过嫁接繁殖（关于此技术的更多信息见80页，"嫁接"）。

播种繁殖是产生大量植株的最经济的做法，也是一年生攀援植物唯一可行的繁殖方法，是繁殖草本攀援植物最简便的方法。然而，杂种和品种很少能够通过种子真实遗传，因此对于这些类型的攀援植物，建议使用营养繁殖的方法，如扦插。另外，木质植物从种子长到能够开花的大小需要好几年的时间。

几乎所有攀援植物都可以用从柔嫩或半成熟枝条上取下的茎插条成功地繁殖，这也是繁殖品种的最好方法。硬枝插条一般只适用于葡萄属植物，根插条可以在少数植物如南蛇藤属植物的繁殖中应用。一些攀援植物通过自动生根的方式自然产生新的植株。如果只需要少量植株，可以用简易压条和波状压条的方法来繁殖扦插难以成功的攀援植物。

用种子繁殖攀援植物

大多数物种都能容易地产生可育种子。然而，对于不太耐寒的植物来说，漫长而炎热的夏季对于种子的成熟是必不可少的。为得到雌雄异体植物如美味猕猴桃和南蛇藤属植物的种子，两种性别的植株必须种得足够近，以保证成功授粉。

在达到开花年龄之前，幼苗的性别是无法确定的。不过对于有些植物如美味猕猴桃来说，可以用无性繁殖的方法得到雄性和雌性植株的克隆。关于一年生攀援植物的播种和种植，见214~219页。

准备种子

对于某些攀援植物，在播种前必须先将种子浸泡在水中。哈登柏豆属植物的种子应该浸泡24小时，而智利钟花属植物的种子应浸泡48小时。拥有坚硬外种皮的种子需要冷处理来打破休眠，最好将它们在冰箱中存放6~8周（更多信息见630页，"低温层积"）。

播种

如果在陶制花盆或播种盘中播种，首先用碎瓦片盖住排水孔（使用塑料花盆和播种盘时不用这样），然后用播种基质填充花盆或播种盘，用压板将基质压实，确保其中没有气穴或空洞。较大的种子应该均匀间隔播种；轻轻地将它们按入基质，并用一层和它们厚度一样的细筛基质和少量园艺细沙的混合物覆盖。将细小的种子和少量细沙混合，这样可以保证均匀播种；不用覆盖额外的基质。

为花盆做好标记，用喷雾给基质浇水。然后，覆盖一层细沙或用透明塑料薄膜或玻璃覆盖在花盆上，防止基质变干。

当在凉爽气候区种植时，某些攀援植物如卷须菊属和赤爬属植物的种子需要人工加热才能萌发，所以应该放置在13~16℃的增殖箱中。电灯花属植物如果作为一年生植物栽培，应在冬末加温条件下播种，这样等幼苗移栽到室外时就已经发育良好了。大多数其他种子应该放置在温暖地方并避免阳光直射。然而，耐寒攀援植物如大多数铁线莲属植物在寒冷条件下最容易萌发，应将花盆齐边埋在室外的冷床中。

移苗

当实生苗长出之后，撤去玻璃或塑料薄膜。当第一对真叶形成后（实生幼苗的第一对叶和成年植株的叶片会有很大差异），将实生苗单独移栽到小花盆里。如果实生苗非常小的话，可以成排移植，排与排之间保持一片叶子的间距。

移植室外

当实生苗发育完全以后，将其移栽于室外。生长迅速的一年生和多年生攀援植物可以在即将开花时移植。如果移植地点易发生霜冻，而攀援植物并不完全耐寒，要么将它们放在钟形玻璃盖（园艺用）下面，要么推迟移植时间，直到霜冻的风险完全过去。

对于生长缓慢的攀援植物，当每次根系开始出现在花盆底部的时候，都应该将其移植到更大的花盆里。在第一个生长季，应将它们种植在背风位置或苗床中。为所有的植物提供木棍作为支撑，并保持盆栽植物基质的湿润。

播种

1 从植株（这里是铁线莲）上采收成熟的种子——它们应该能很容易地从果实中剥离。没有必要将整个果实采下。

2 将种子薄薄地播种在装满紧实、潮湿、含砂砾播种基质的播种盘或其他容器中。

3 用含砂砾的基质在种子上覆盖薄薄的一层，再覆盖一层细沙，做好标记，然后将其齐边埋入室外的沙床或冷床中。

4 种子萌发之后进行移苗：用小锄子松动幼苗，然后轻轻地拿着叶片将其拉出并单独移植。

5 当实生苗长出第一对真叶的时候，使用湿润的基质将它们单独上盆。标记好后放入冷床中。

6 继续让实生苗生长，直到发育完全，然后就可以移栽到室外的固定位置了。

贯叶忍冬

用嫩枝插条繁殖

嫩枝是枝条最年幼、最绿的部分，并且不断在茎尖产生。在春末或初夏，枝条刚刚长出不久、还未变硬的时候采取嫩枝插条。准备好花盆或扦插盘，齐边填充湿润的扦插基质，然后压实。

采取插条

从母株上切下约15厘米长的枝条，在茎节上端做切口。然后剪短每根插条的基部，剪至茎节的正下端。（铁线莲属植物例外：可以用节间插条，节间下还有一小段枝条，见140页，"繁殖"）。

嫩枝插条特别容易流失水分，所以应该立即将它们放入透明塑料袋中保持水分。

插条的准备和扦插

用锋利的小刀将插条基部三分之一的叶片削去。可在插条基部蘸取杀真菌剂粉末，以防止腐烂；也可以在扦插之后用含杀真菌剂的溶液浇透基质。用戳孔器戳出洞，然后将插条插入基质中。

上盆

插条生根一般需要4~8周，而忍冬属攀援植物需要的时间更长。将它们上盆在以壤土为基础的基质中，或者使用两份草炭替代物或草炭与一份沙子的混合物。因为这样的基质不含养分，所以应每两周施一次液态肥或进行叶面施肥。

早春采取的插条到秋天就应该能够移植了。在后面采取的所有插条都应该覆盖过冬，并在第二年春天霜冻风险过去之后移植。在寒冷的地区，所有不耐寒的插条都应该挪到无霜地点过冬，在第二年春天逐渐进行炼苗，然后在霜冻风险过去之后移植。

用半硬枝插条繁殖

在仲夏至秋初，从健康枝条上采取半硬枝插条。像嫩枝扦插一样，准备好盛有湿润扦插基质的花盆。选择尚未完全成熟的6~15厘米长的枝条，在叶根或茎节上端做切口，然后将插条基部修剪至茎节下端。或

用嫩枝插条繁殖

1 用湿润的标准扦插基质填满花盆。用直边将多余的基质清理掉，使基质与花盆边缘平齐，轻轻压实。

2 从健康枝条（这里是智利藤茄）上剪下15厘米长的插条。将插条放入透明塑料袋中，防止脱水。

3 依据物种不同，将插条修剪至5~10厘米，在叶根下端做一直切口。除去基部的叶子。

4 在一个花盆内扦插两或三根插条，让最低的叶子正好位于基质上。不要让插条彼此接触，以防止病害传染。

5 为插条浇水、标记，并将花盆放入增殖箱或透明的塑料袋中（填充空气，以免边缘接触插条）。

6 生根之后，将插条移栽到单独的花盆中。用喷雾器喷水，保持插条湿润。

用半硬枝插条繁殖

好样品　　　　　　坏样品

忍冬属攀援植物

修剪过的"茬"

半成熟枝条

修剪至茎节下端

柔软细弱的枝条

太成熟的枝条

用硬枝插条繁殖

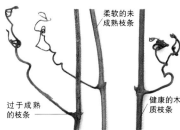 

柔软的未成熟枝条

过于成熟的枝条

健康的木质枝条

1 从当年生枝条上取下一段健康枝条，在一个芽上端做切口。不要使用过于成熟或柔软的未成熟枝条。

2 剪去卷须和侧枝。将枝条剪成段，在芽上端做斜切口，在基部做直切口。

3 削掉每根插条基部的最外一层，做出一条干净的向下切口，露出形成层（见插图）。

4 将插条插入含砂砾的基质中，只露出顶芽，然后进行标记、浇水并放入冷床中。

5 当插条生根后，为每根插条单独换盆。立桩固定并任其生长，直到露地移栽。

者在选中枝条与母株相连处干净利落地将其剪下。一些插条如果带"茬"，会更容易生根。轻柔地将枝条从母株上扯下来，枝条基部会带下来一小段三角形的树皮，或称"茬"。将每根插条的"茬"修剪整齐，然后削去插条基部1～2厘米长的一小段树皮。将整个伤口蘸取激素生根粉，然后将插条插入基质并做好标记。将花盆放入增殖箱或冷床中。半硬枝插条通常需要8～12周或更长时间才能生根。

当插条生根之后，使用标准盆栽基质换盆，并在重新恢复之后放入冷床中生长。生根的插条应该在第二年春天炼苗和移栽。

用硬枝插条繁殖

硬枝插条应该于秋天至仲冬在经过一个生长季变得木质化的健康枝条上采取。使用修枝剪从芽上端将一段长枝条剪下来。剪掉所有侧枝，然后将枝条截成12～20厘米长的小段，在芽上方做斜切口、下方做直切口。或者使用更长的插条，每根插条上保留两个或更多芽。为促进生根，用锋利的小刀割去插条基部的一小段树皮。用激素生根粉处理伤口会加快难生根攀援植物的生根速度，不过合适的季节采下的合适枝条并不总是需要生根粉。

扦插

准备好装满排水良好的扦插基质（加入少许沙子或砾石）的花盆，基质与花盆边缘齐平并使其充分湿润。沿着花盆边缘轻轻插入插条，深度为插条本身长度的三分之二至四分之三，只露出顶部的芽。插条之间间隔约5厘米。压实基质，浇水，做标记，放入冷床中越冬。或者直接将插条插入冷床或花园中背风处的沟槽中（见76页，"硬枝插条"）。不完全耐寒植物的硬枝插条应该在无霜地点越冬。

硬枝插条可能需要几个月才能生根，但大多数在第二年仲春就能换盆或移植。使用标准盆栽基质换盆，或者先将其种植在背风处，第二年秋天再移植到固定地点。

大花山牵牛

根插条

某些攀援植物（特别是南蛇藤属和茄属植物）可以用冬末至早春采取的根插条繁殖。

采取插条

在距离母株45~60厘米处挖一个洞，露出约1厘米粗的根，这些是最好的扦插材料。取下20~30厘米长的根段，具体长度取决于所需插条的数量。根顶端（靠近植株的一端）直切，底端斜切。将扦插材料放入透明塑料袋中，以防止脱水。

插条的准备和扦插

清洗根段，洗掉土壤，然后将其切成更短的根段并去除纤维状侧根。顶端直切，底端斜切。将插条斜切口的一端向下扦插，插入盛满等比例草炭替代物或草炭与沙子混合基质的花盆中。它们之间应保持7厘米的间距，尖端稍稍露出。覆盖1厘米厚的沙子。浇透水，做好标记，放入冷床或增殖箱中，保持基质湿润。

炼苗和换盆

春天，芽会出现在插条顶端。在初夏将插条单独上盆并逐渐炼苗，偶尔施加液态肥或叶面肥料。随着插条生长，立桩并将其固定。新的植株可在接下来的秋天露地移栽至固定地点。

用根插条繁殖

1 在植株基部以外挖一个洞，露出部分根系。

2 用修枝剪剪下根段。根段应有1厘米粗，至少10厘米长。

3 将根洗净并分成4~5厘米长的根段，在顶端做平切口，基部做斜切口。

4 将每根插条垂直插入花盆的基质中，使尖端刚刚露出基质的表面。

5 覆盖1厘米厚的沙子。浇水，做标记，放入冷床。

6 当插条发育出完好根系，并且新枝长到2.5~5厘米高时，将其移至独立的花盆中。

自动生根的攀援植物

许多攀援植物都有能够自动生根的蔓生枝条。可以在秋天将自动生根后的枝条挖出并从母株上截去，不过若秋天根系不够强健，可以等到春天再动手。选择健康、根系发育良好、带有新枝的生根枝条，小心地将它挖出并截断。将生根枝条截短，只留下产生新枝和形成新芽的茎段，去掉根系附近的所有叶片。将生根茎段单独上盆，使用一半草炭或草炭替代物和一半沙子混合而成的标准扦插基质，浇透水。如果在秋天分离生根枝条并上盆，将它们（特别是常绿种类）放在冷床中，在第二年春天露地移栽。对于其他的生根枝条，一旦长出强壮的根系和新枝，即可露地移栽。

简易压条

如果攀援植物长长的蔓生枝条

自动生根植物的繁殖

1 选择已经在土地中生根的低矮枝条，用手叉将生根的部分挖出。

2 小心地将枝条从母株（这里是一株常春藤属植物）上截去，用锋利的修枝剪在节间做切口。

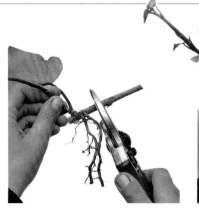

3 将枝条剪成数段，每一段都带有健康的根系和苗壮的新枝。去除位置较低的叶片。

4 将每段生根枝条种植在装有扦插基质的花盆中，或者种在固定位置。

不会自动生根的话,可以用简易压条的方法来繁殖它们。

将枝条划伤后钉入附近的土壤中;这会让它在茎节处生根,长成新的植株。

许多在秋天至早春压条的攀援植物在下一个秋天会长出强壮的根系,这时就可以将压条从母株上分离了。木通属、凌霄属和葡萄属植物应该在冬末压条,因为如果它们的枝条在春天受伤会流出树液,并难以生根。

土壤的准备

如果附近的土壤比较贫瘠,则应在进行压条至少一个月前用叉子施入一些有机堆肥。或者在花盆中填满盆栽基质,齐边埋入压条的地方。

压条

选择长到足以在地面上蔓延的健壮不开花枝条。剪去被压条部位的叶片和侧枝,以在茎尖后约30厘米处产生一段干净的枝条。

轻轻地将枝条压弯至地面,为促进生根,用锋利的小刀在枝条茎节附近靠近地面的一侧做一斜切口,切入枝条一半的深度。对于大多数攀援植物,都要使用激素生根粉处理伤口。不过,长势旺盛的攀援植物(如紫藤)并不需要。

用一或两个U形铁丝将枝条稳固地扎在地面上并覆盖不超过8厘米厚的土壤。将被压枝条的尖端固定在木桩上,使其保持直立。

分离生根压条

在秋天,当新的枝条和根系已经从被埋枝条上长出的时候,可以将生根压条从母株上分离,然后上盆或露地移栽。在种植之前将老枝截短,并立桩固定新植株。如果将压条种在容器中,应将其放入冷床中越冬。在春天和夏天每隔一段时间施加叶面肥料或液态肥。在接下来的秋天逐渐炼苗并露地移栽到其固定位置。

用简易压条法繁殖

1 选择年幼的低矮枝条(这里是木通),将叶片除去,在茎尖后得到一段光滑的茎段。

2 在光滑茎段中间靠近地面一侧进行斜切,形成"舌片"。

3 用干净的毛刷将生根粉涂在切口中(见插图)并轻轻地抖掉多余的生根粉。

4 用U形铁丝将枝条牢固地钉在准备好的区域。覆盖不超过8厘米厚的土壤。

5 在接下来的秋天,从母株附近将压条分离出去。用手叉将压条挖出并截短老枝。

6 将压条种植在装有标准盆栽基质、直径为13厘米的花盆中,或者直接种植在固定地点。浇水,做标记。

用波状压条法繁殖

小心地将蔓生枝条压弯到准备好的土壤上并剪去叶片和侧枝。在各茎节附近做出伤口,每个伤口之间至少留一个芽。涂上激素生根粉,然后就像简易压条法那样将受伤部位钉入土壤中。在秋天将小植株挖出并分离,这时每个伤口处都应该已经长出了根系。在重新种植和立桩前将新植株上的老枝截短。

用波状压条法可以得到数棵新植株。用U形铁丝将压条钉在地面上(见插图)。

攀援植物压条的种植者指南

自动生根
智利苣苔属 *Asteranthera*
南蛇藤属 *Celastrus*
薜荔 *Ficus pumila* 1
常春藤属 *Hedera* 部分种类 1
球兰属 *Hoya* 1
绣球属 *Hydrangea*
吊钟苣苔属 *Mitraria* 1
龟背竹 *Monstera deliciosa* 1
爬山虎属 *Parthenocissus* 部分种类 1
杠柳属 *Periploca*
喜林芋属 *Philodendron* 1
藤芋属 *Scindapsus* 1
硬骨凌霄属 *Tecoma* 1
络石属 *Trachelospermum*
雷公藤属 *Tripterygium*
豇豆属 *Vigna* 1

简易压条
猕猴桃属 *Actinidia* 部分种类 1
木通属 *Akebia*
清明花属 *Beaumontia* 1
白粉藤属 *Cissus* 1
攀援商陆属 *Ercilla*
葎草属 *Humulus*
智利钟花属 *Lapageria* 1
忍冬属 *Lonicera* 部分种类 1
飘香藤属 *Mandevilla* 1
龟背竹属 *Monstera* 1
油麻藤属 *Mucuna* 1
卷须菊属 *Mutisia* 部分种类 1
西番莲属 *Passiflora* 大部分种类 1
冠盖藤属 *Pileostegia*
肖粉凌霄属 *Podranea* 1
钻地风属 *Schizophragma*
茄属 *Solanum* 部分种类 1
圆萼藤属 *Strongylodon* 1
南洋凌霄属 *Tecomanthe* 1
山牵牛属 *Thunbergia* 1
山葡萄 *Vitis amurensis* 1
紫藤属 *Wisteria*

波状压条
蛇葡萄属 *Ampelopsis*
凌霄属 *Campsis*
南蛇藤属 *Celastrus*
铁线莲属 *Clematis* 部分种类 1
何首乌属 *Fallopia*
鹰爪枫属 *Holboellia* 1
珊瑚豌豆属 *Kennedia* 1
爬山虎属 *Parthenocissus* 部分种类 1
吊钟苣苔属 *Sarmienta* 1
五味子属 *Schisandra*

注释
1 不耐寒

尖叶球兰

月季、蔷薇类

自古罗马时代以来，园艺师和诗人们就将月季推崇为"花中皇后"，它们超凡脱俗的美丽花朵也的确配得上这个称号。

月季、蔷薇类植物拥有纷繁复杂的花色、花型和香味，从简单纯粹的野蔷薇到色调柔和的古老园艺月季，再到散发珠宝般光泽的现代杂种月季。很少有植物像月季那样在生长习性、株高、枝叶和形式上表现出如此多样的形态，从精致的微型盆栽月季到高大茂密的攀援月季，你可以用月季的繁花来装点整个花园。无论是单独种植在规则式花园的壮美场景中，还是用于点亮一处混合式花境，月季总是代表着夏日的荣光。

花园中的月季

　　无论你是因为优雅的习性、枝叶和香味而选择种植古老园艺月季，还是因为漫长的花期和醒目的花朵而选择现代月季，月季（蔷薇属）的多样性使它们成为花园中几乎处处可见的一种植物，用它们可以创造出任何种植风格和情调，无论是拘谨的古典主义还是华彩的自然风格，它都能轻松驾驭。

选择月季

　　月季是适应性很强的植物，它们能在世界上几乎所有地方很好地生长。它们一般在暖温带地区生长得最为健壮，不过有些种类也能很好地适应亚热带和寒冷气候。在热带气候区，它们可以持续不断地整年开花。

　　月季品种的数量庞大得令人迷惑，每年都有许多新的品种出现。在选择月季品种之前，最好造访一些已经建成的花园，尽可能多地观察种植在花园中的月季种类。在一段时间内完成观察过程，全面评价月季的习性、最终株高、健康状况、活力、香味、强烈阳光下花色的稳定程度，以及所有其他优良月季应该具有的品质。还要记录一株月季是单次开花还是多次开花的，后者是一类重复或持续开花的月季，它们的花期极为漫长。

　　大多数月季协会都会发表产品清单，其中会说明在哪里可以购买会员苗圃培育的蔷薇属物种和月季品种；在寻找奇异月季品种的供应商时，

这些信息常常很有用。除了商品名之外，现在许多月季已经有了编码的品种名——例如商品名为"赌城"（CASINO）的月季品种如今有了编码的品种名'麦加'（'Macca'）——这样你就能确定自己买到的是正确的植物（又见677页，"植物名称"）。

花型

　　蔷薇属植物的花型非常多样，从蔷薇属野生物种的简单单瓣花到现代月季优雅的反卷收拢花朵，再到许多形状好像洋白菜的古老月季。

　　右侧的月季主要花型展示出了花朵最完美状态（有时候是在完全盛开之前）时的样子。月季花可能是单瓣（4~7片花瓣）、半重瓣（8~14片花瓣）、重瓣（15~20片花瓣）或完全重瓣（超过30片花瓣）的。

框景

混在一起的灌木月季和攀援月季给这座用墙围起来的月季园增添了一抹柔软、自然的气息。

月季、蔷薇的类群

　　蔷薇属有一百多个野生物种，它们是如今市面上所有13000个栽培品种的祖先。这些品种的种源组成非常混杂，几乎所有月季品种都经过数百年随意而不加区别的育种，那时人们还不了解异花授粉，也没有对本源做出清晰的记录，所以无法对它们进行精确的分类。例如，微型月季和丰花月季杂交会得到矮性丰花月季，表现为双亲的中间类型。

　　月季还在不断地演变，所以月季爱好者们提出的分类类群也在变化，它们应当被视作一般性的指导，而不是毫不变通的定义。下面是世界月季联合会（The World Federation of Rose Societies）和英国皇家月季协会（The Royal National Rose Society）推荐的类群划分标准。

野生物种

　　蔷薇属野生物种及物种间杂种（继承了双亲物种的大部分性状）一般是树枝呈拱形的大型灌木或攀援植物，在春天或仲夏开一次花，花朵有五片花瓣，秋季结出漂亮的蔷薇果。

古老园艺月季

类群A

　　大多数起源于欧洲，夏季成簇开花，花芳香，叶片无光泽，植株灌木状。白蔷薇、大马士革蔷薇和法国蔷薇最初都是因为其香味而种植的。两种

大马士革蔷薇和一种苏格兰蔷薇在秋天开花。

　　白蔷薇（Alba） 大型灌木，叶密，灰绿色，花为白色、奶油色或红色，芳香。来自古代。

　　百叶蔷薇（Centifolia） 又称普罗旺斯蔷薇。枝叶茂密，多刺，灌木，枝条松散，花有粉色、白色和紫色，芳香。起源于15世纪50年代。

　　大马士革蔷薇（Damask） 枝条松散的多叶类群。大多数开粉花（有些开白花），芳香。来自古代。

　　法国蔷薇（Gallica） 茂密多叶，呈紧凑的灌木状，易生萌蘖。花为粉色、栗色、紫色以及条纹类型，许多种类都有芳香。来自古代。

　　苔蔷薇（Moss） 这些灌木的茎秆和花萼上密被苔状腺毛，其他性状与百叶蔷薇相似。起源于18世纪20年代。

　　苏格兰蔷薇（Scots或Scotch） 多刺的低矮灌木，花为白色、粉色、紫色、黄色或有条纹。茴芹叶蔷薇（Rosa pimpinellifolia）的品系或杂种。起源于18世纪90年代。

　　香叶蔷薇（Sweet Briar） 锈红蔷薇（R. rubiginosa，同R. eglanteria）的杂种，以叶子的苹果香气而闻名。大型多细枝灌木，花为粉色、浅黄或紫色。起源于20世纪90年代。

类群B

　　东方月季和欧洲月季的杂种。除了夏季之外，几

乎都还在秋天开花。

　　波邦蔷薇（Bourbon） 多叶灌木或攀援植物，株型松散开展。花有芳香，包括粉色、白色、紫色和条纹类型。起源于1817年。

　　波尔索月季（Boursault） 茎秆光滑、枝叶青绿的灌木，花期早，需要防病措施保护。起源于19世纪20年代。

　　中国月季（China） 亲本中包括月季花（R. chinensis）的杂交类群。灌木、灌丛和攀援月季，叶片小而尖，发亮，有时稀疏。花型花色丰富，有粉色、白色、红色、浅黄色和黄色。香味淡。起源于18世纪50年代。

　　杂交麝香月季（Hybrid Musk） 健壮的多季开花灌木，枝叶繁密，花有芳香，重瓣，成束开放。起源于20世纪10年代。

　　杂种长春月季（Hybrid perpetual） 健壮灌木、灌丛和攀援月季，株型直立，多叶，花大，重瓣，常有香味，红色、粉色、白色或紫色。起源于19世纪30年代。

　　诺瑟特蔷薇（Noisette，以一位法国育种家的名字命名） 花瓣有丝状质感，奶油色、黄色或浅黄色花朵成簇开放，健壮的灌木或攀援植物，叶小。微香。由麝香蔷薇（R. moschata）、中国月季和茶香月季杂交育种而来。起源于1805年。

　　波特兰蔷薇（Portland） 又称为大马士革波

花型

平展 露心，单瓣或半重瓣，花瓣几乎平展，如上图中的'仙鹤'华西蔷薇。

杯状 露心，单瓣（如上图中的粉红单瓣玫瑰）至完全重瓣，花瓣从花心向内反卷。

突心状 半重瓣至完全重瓣的杂种香水月季类型，花心高而紧密，如'银色佳节'月季。

球状 重瓣或完全重瓣，大小均匀的花瓣重叠形成碗状或圆球状外形。这里是'高山日落'月季。

绒球状 花小，球状，重瓣或完全重瓣，常簇生，花瓣小而多，如'粉种'月季。

莲座状 常重瓣或完全重瓣，较扁平，花瓣多而繁杂，大小不等，略重叠。这里是'旋瓣'蔷薇。

坛状 古典、反卷、平顶的杂种香水月季类型，半重瓣到完全重瓣。'金饰'月季是一个极好的例子。

四分莲座状 较平，通常重瓣或完全重瓣，如这里的'亮相台'月季，花瓣繁杂，大小不等，呈四等分状。

特兰蔷薇。多叶，枝干坚硬的灌木，花大，芳香，有白色、粉色、紫色或洋红色，由早先与中国月季杂种得到的月季类群培育而来。秋季开花不稳定。起源于18世纪80年代。

长绿蔷薇（Sempervirens） 灌木，花为白或粉色，夏季成簇开放，叶亮。起源于19世纪20年代。

茶香月季（Tea） 名字来源于微妙的茶香气。灌木和攀援月季。以其丝状质感花朵的淡雅香气和优雅姿态闻名，花大多数为黄色、淡黄色、粉色、白色或洋红色。起源于19世纪10年代。

现代园艺月季

大多数现代月季都在夏天和秋天不断开花，叶子有光泽，这些性状显示了东方月季的影响。

攀援月季（Climber） 长势健壮、枝条坚硬的攀援月季，花型花色各异，适合整枝在坚固的支撑结构上。起源于19世纪70年代。

微型攀援月季（Climbing Miniature） 多季开花的攀援植物，花叶较小，部分种类有香气，花色多。起源于20世纪90年代。

丰花月季（Floribunda） 成簇开花的灌木，花朵持续不断，有些种类有香气，花色多。适合做切花。起源于1909年。

地被月季（Ground cover） 株型匍匐的灌丛状

月季，花色多。部分种类有香气。起源于1919年。

杂种香水月季（Hybrid Tea） 灌木月季，花大，突心状，花色多，常完全重瓣，芳香，单生或三朵一簇。起源于19世纪60年代。

微型月季（Miniature） 微型版本的杂种香水月季和丰花月季，很少有香气。起源于20世纪20年代。

矮生丰花月季（Patio） 像丰花月季、灌丛月季或地被月季，但更小，外观更整洁。香气极淡。起源于20世纪80年代。

多花小月季（Polyantha） 灌丛、灌木和攀援月季，成簇开放，花小而繁多，大多数呈白色、粉色或红色。香气轻微。源自多花蔷薇（R. multiflora）。起源于19世纪70年代。

蔓生月季（Rambler） 健壮的攀援性月季，花色多，枝叶松散，枝条长而柔韧，容易整枝在支撑结构上。有些有香气，大多数种类开出大量成簇小花，但只在夏季开花。起源于19世纪90年代。

皱叶月季（Rugosa） 健壮的耐寒灌木，玫瑰（R. rugosa）参与育种，叶皱，蔷薇果鲜艳，花香，大部分呈白色、粉色或紫色。起源于18世纪90年代。

灌丛月季（Shrub） 比灌木月季更繁茂多叶，在习性、花色范围、花期和香气上呈多样性。起源于19世纪90年代。

规则式花园 在修剪整齐的黄杨树篱中建立月季园，它在飞燕草和其他草本植物的帮衬下能够提供漫长的夏季花期。冷静的绿色树篱结构让月季成为花园中的主角，同时柔化了硬质线条。

芳香

月季早就因为它们的香气而饱受赞赏；大多数古老园艺物种和部分现代月季都有迷人而多样的香气——丁香、麝香、蜂蜜、柠檬、香料，甚至是茶，最后一种香气被认为是"真正的"月季香。很难确定一株月季的确切香型，因为它的香气和浓淡会根据一天中不同的时间、空气湿度、花朵年龄以及每个园艺师的嗅觉而产生很大的变化；有些人会觉得某些品种很香，而其他人可能并不这么认为。

对于大多数月季，必须离得很近才能闻到香气，最好将它们种植在门窗旁边，让香气在夏日晚上飘进室内，或者种在露台周围、道路两侧、花园中的背风处。有些月季，特别是可以攀爬在乔木上的蔓生月季，香气非常浓郁，可以弥漫整个花园。

花色

现代月季拥有几乎每种花色，从淡雅的粉彩色到醒目、明亮的红色和黄色。蓝色月季是传说中才有的东西，尽管有些品种在名字中用了"蓝色"这个词，如'蓝色香水'月季（*R.* 'Blue Parfum'），但实际上它是淡紫色的。古老园艺月季的花色包括从白色到浅粉色、深粉色、猩红色、紫罗兰色以及紫色的一系列颜色。大多数月季放在一起

时或与其他植物搭配时都很好看，但将太多鲜艳的颜色（如亮朱红色搭配樱桃红色）放在一起会产生不和谐的效果。可将白色或淡雅的粉彩色月季种在颜色浓艳的月季之间，起到镇静作用。

叶色

除了开出美丽的花朵，有些月季还用叶色来延长观赏期。白蔷薇以及许多蔷薇属物种拥有漂亮的叶色，从淡淡的灰绿色到有光泽的深蓝绿色，即使不开花的时候也很美观。皱叶月季的亮绿色叶片拥有有趣的褶皱纹理，如果将这类月季用作树篱，能够为其他植物提供优良的背景。有些种类的叶子是暗淡的李子紫色，如紫叶蔷薇（*Rosa glauca*）；有些种类的叶片会在秋天变成晚霞般的颜色，如弗州蔷薇（*R. virginiana*）。

美丽的蔷薇果和刺

单瓣或半重瓣的皱叶月季会在花期末尾结出亮红色的蔷薇果。还有些蔷薇属物种如华西蔷薇及其杂种会在秋天结出美观或醒目的果实，其颜色从黄或橙色到各种红色，再到黑紫色。扁刺峨眉蔷薇（*R. sericea* subsp. *omeiensis* f. *pteracantha*）拥有巨大扁平的刺，年幼的时候在阳光映衬下呈现鲜亮的红色。

花园布置

月季园中最好的背景是一片平坦的绿色草坪，不过淡雅的灰色或蜜色岩石铺装也可以一样美观。线条圆润的砖石小道，特别是色调柔和淡雅的小道，可以和旁边种植的月季相映成趣。无论使用什么材料，均应避免多彩的图案花纹，它们会产生喧宾夺主之感。石子铺装的外形和质感都很美观，但难以打理，其中很容易长出野草。

秋景 这株蔷薇属植物的蔷薇果为绿色背景带来了一抹亮色，并和铁线莲毛茸茸的果实相映成趣。

而且还很难清除干净，石子还会渐渐向周围扩张或者跑到种植区域消失不见。

还可以在月季苗床边缘种上镶边植物。传统的黄杨树篱能构成规则式的边界，但也可使用其他植物得到更自然的效果，特别是那些叶片呈灰绿色或银灰色的种类。有毛茸茸柳叶形叶片的单头尼泊尔香青（*Anaphalis nepalensis* var. *monocephala*）或者更低矮的薰衣草都很合适，猫薄荷也是不错的选择，如果有足够空间让它爬上路面的话。

耐寒天竺葵类中也有许多很美观的品种，特别是那些蓝花种类，甚至花色对比强烈或互补的微型月季也可以种植在苗床的向阳一侧。

规则式月季园

规则式月季园是最常见的月季种植方式，它能在特定形状的花坛中展示这种植物优雅的古典之美。一般，将杂种香水月季和丰花月季的灌木苗或标准苗用作永久性种植材料，以群植方式提供大块色彩。许多这类灌木呆板而直立的枝条有助于营造形式感，但不能和其他植物很好地搭配混植，尽管在月季下种植其他植物会很美观（见152页）。

月季花坛可以设计成任何形状和尺寸——方形、椭圆形、三角形或圆形；如果位于步行道或车行道两边，它们可能是狭窄的条状。在建造新的月季花坛之前，先在纸上画出设计图，试验不同的花坛形状和布局，再决定哪个对于现场是最好的选择。不要将花坛设计得太宽，否则对月季进行喷雾、护根覆盖和修剪都会很困难。

如果在同一个花坛中使用不同的月季品种，那么每个品种都应该至少五或六棵植株集中种植在一个规则形状中，以得到有分量的色块。一般不是所有品种都同时达到盛花期。色调有差异的花园，如浅粉和深粉加上一抹白色的设计，会产生和谐的效果，比各种明亮色彩混合在一起更加美观。

在种植的时候，要记得不同品种的最终高度有所差异。对于开阔区域的花坛，选择高度基本一致的品种。对于靠着墙壁或树篱的月季花坛，如果前面的品种比后面的品种矮的话，它会显得非常漂亮。标准苗型月季可以用来增加高度。在圆形花坛中央种植一株标准苗型月季会产生优雅的对称感，而沿着长条形花坛中央以约1.5米的间隔种植几棵标准苗型月季有助于打破它的规则感。

自然式种植

月季的魅力可以在许多自然式种植设计中充分施展，特别是和草本植物或其他灌木搭配的时候。月季的类型非常多样，在各种形状和株型的灌木、微型、攀援和地被月季中总能找到适用于种植在花园中任何地方的月季。

月季能很好地和其他植物搭配，例如，在主要春季开花的岩石园中，微型月季既能给它增添夏季的花朵，又能增加高度上的变化，而地被月季能够用芳香的花朵覆盖堤岸。

月季不能和其他植物混合种植的观念可能来自以前的时代，在那时常用的品种都大而笨拙，并且不能很好地适应爱德华时代和维多利亚时代的花坛设计。它们都在单独的围墙花园中种植，为室内提供切花。不过，人们早就意识到，月季并不一定非得单独种植。

月季和草本植物搭配

在花坛或花境中用草本植物搭配月季不但能衬托月季开花时的美丽，还能在月季沉寂的时候补充观赏价值。许多灌丛月季的生长习性非常适合自然式种植，如株型松散的中国月季和大马士革月季。

柔和的枝叶或花朵，如心叶两节芥朦胧的白色小花最能映衬夏日的鲜艳月季。在一年中的其他时间，使用更艳丽的花卉可以延长观赏季，并遮掩无花的月季枝条。

许多植物都能为月季主导的植物增添魅力。比如，毛地黄（*Digitalis purpurea*）高高的紫色圆锥状花序、洁白的岷江百合（*Lilium regale*）以及其他白色或粉色的百合属植物会和繁茂的古老园艺月季在株型和花型上形成鲜明的对比。

月季和其他灌木搭配

灌丛月季和蔷薇属物种都能和其他灌木很好地搭配，只要它们能接受充足阳光的照射，就会开出繁茂、美丽、芳香的花朵，在其他春花灌木枝叶的映衬下分外迷人。许多这样的月季都有

令人愉悦的柔和粉彩 这面墙为攀援月季以及前景中的裂叶罂粟（*Romneya coulteri*）、薰衣草和彩斑品种的香根鸢尾（*Iris pallida*）提供了迷人的背景。

温暖的色彩 ‘阿曼达’月季（*Rosa* ‘Armada’）是一种健壮、耐寒的灌丛月季，在开出成簇芳香半重瓣花朵后会结出圆形的橙色蔷薇果，其还是一种优良的树篱植物。

几乎常绿的叶片，在秋天还有鲜艳的果实（见150页，"美丽的蔷薇果和刺"）。较小的灌丛月季以及法国蔷薇、大多数大马士革蔷薇、波特兰蔷薇，还有许多外观相似的现代品种都能充当其他灌木的前景。

枝条长而伸展的月季，如拥有繁茂深粉花朵的‘鲜红’月季（*R.* ‘Scharlachglut’）和‘折叠’蔷薇（*R.* ‘Complicata’），可以攀爬在沉闷的常绿灌木上，为其增添活力。还可以用蔓生月季的花朵装点乔木的枝叶，其甚至能将死掉的乔木变得生机勃勃。

当它们和叶片灰绿、花朵蓝色的灌木如花朵繁茂的克兰顿莸（*Caryopteris* x *clandonensis*）、叶片空灵的滨藜分药花（*Perovskia atriplicifolia*）、某些长阶花属植物和大多数薰衣草属植物种在一起时，古老月季的柔和色调会显得分外迷人。

月季花坛中的下层种植

在月季花坛中，可以在月季之间种植低矮的浅根系植物，这样可以在月季的花期之外延长花坛的观赏期。众多植物都可以覆盖地面并以充满对比的颜色、质感和形式为月季提供背景。堇菜是一个很好的选择：白色、浅蓝色和蓝紫色品种与月季的搭配效果很好。不过，所有这样的地被植物都会使护根的覆盖工作变得很困难。在特别宽的花坛中为月季浇水时，注意不要踩到地被植物。

在月季之间进行种植时，要考虑各种伴生植物的最终高度，在选择种植位置时要避免它们在成熟后互相遮挡或遮挡月季。

繁茂的花朵 ‘爱丽丝公主’月季（*Rosa* ‘Princess Alice’）是一种健壮、重复开花的月季，单株可开出多达20朵大花，花期持续入秋。

黄绿色的柔软羽衣草（*Alchemilla mollis*）、粉色和白色花的海石竹（*Armeria maritima*）以及蔓生的耐寒天竺葵在月季下面都显得非常漂亮。春季开花的球根花卉能在新年伊始时为光秃秃的月季花坛带来一抹亮色：尝试种植蓝花或白花的雪百合属植物（*Chionodoxa*）、洋水仙、雪滴花和星状白花的土耳其郁金香（*Tulipa turkestanica*），可创造艳丽的色彩拼贴效果。它们唯一的缺点是，逐渐凋萎的叶片影响观感，所以应该及时清理叶片。

许多香草也是月季的良好伴生植物，如圣麻（*Santolina chamaecyparissus*）、各种百里香或鼠尾草——可以是烹调用的种类，也可以是美观的斑叶品种。月季在叶色银灰宿根植物的映衬下看起来很棒，如叶片像蕨类的银叶艾蒿（*Artemsis ludoviciana*）和冷蒿（*A. frigida*），或叶片被毛、植株呈垫状的毛草石蚕（*Stachys byzanthina*）。

地台

在陡峭的山坡上，可以用地台将条件恶劣的地点改造成展示月季的舞台。它们在创造吸引眼球的高度变化和视角的同时，也能够提供可用于种植的平整土地，还能保持月季需要的水分。如果用风化的砖或石头建造地台的墙壁，会显得非常美观。灌木月季可以种在地台的花坛中，而（蔓生）月季和地被月季则可以爬过挡土墙，创造如帘幕般的繁花效果。

较小的地台花坛可用于种植微型月季。从地面上升起后，它们小小的美丽花朵更容易得到欣赏。为每株微型月季准备的花坛应该有大约45～60厘米宽。将标准苗型微型月季种在地台顶端的花坛上以吸引眼球，并使一些较小而秀丽的地被月季从挡土墙上垂下。这种类型的地台也特别适合用于下沉式月季园。

孤植

单独种植的大型灌丛月季可以作为漂亮的园景植物使用，如果它是本类型月季中出类拔萃的植株，可以将它放在草坪中或者用来标记花园中的视线焦点。用这种方式种植的垂枝型标准苗月季更是令人印象深刻。这种月季是将蔓生月季嫁接在1.5～2米的月季茎秆上形成的，这样它们长长的柔韧枝条就能在夏季开着繁花一直垂到地面。它们的花期一般有限，除非嫁接时选择的是多季开花的地被月季。

做标准苗式栽培的攀援月季能在整个夏天提供繁茂的花朵，但它们僵硬的枝条不能像垂枝类型那样产生夸张的瀑布效果。

在较大的花园中，许多大型灌丛月季是标本植物的较佳选择，它们有优雅的拱形枝条、几乎常绿的枝叶和繁茂的花朵。例如，冠幅可达2米×2米或更大的‘内华达’月季（*R.* ‘Nevada’）在初夏时开满奶油色的大花，并且在夏末再次开花。其他月季，特别是蔷薇属物种及其杂种如‘春之黄金’蔷薇（*R.* ‘Frühlingsgold’）不会开第二次花。

对于留给开花植物的空间有限的小型花园，可使用多季开花的月季，这类月季的花期能持续整个夏天并转入秋季，如香气浓烈的‘花坛’蔷薇（*R.* ‘Roseraie de l'Haÿ’）、带有一抹淡粉金色花朵的‘中国城’月季和枝叶上端开白花的‘莎莉·福尔摩斯’月季（*R.* ‘Sally Holmes’）。这样的小型灌丛月季尺寸不够大，不适合单株种植，但可以三株丛植来充当标本植物。

墙壁、凉亭和藤架

大多数蔓生和攀援月季都非常健壮，并在夏天开出茂盛的花朵。它们能够覆盖诸如凉亭、墙壁和栅栏之类的结构，遮掩不雅观的景致，或为花园中的夏季花朵增添高度上的变化。注意选择最终高度恰好覆盖目标区域的月季种类。

蔓生和攀援月季可以整枝在金属凉亭、拱道、拱门和三脚支柱上，这些结构如今在市场上都能买到。虽然金属支撑结构看起来不如古朴的柱子美观，但它们的使用寿命更长，整枝于其上的月季一旦成熟就会立刻将它们遮掩起来。样式古朴的拱门即使经过处理，最后也会在土壤中腐烂。

其他攀援植物如铁线莲，既能映衬月季的花朵，又可延长总体的花期。开蓝花的攀援植物效果最好。有些健壮的灌丛月季特别是波邦蔷薇，也能在柱子或短墙上长成很好的小型攀援月季。

蔓生月季

和攀援月季相比，蔓生月季的枝条更加柔韧，因此更容易将它们沿着复杂的结构如藤架、拱门和框格棚架进行整枝。然而，当靠墙种植时，它们茂密的枝条可能会由于空气流动不畅而发霉。要覆盖一座较长的藤架，可使用健壮、开白色小花的蔓生月季如'博比'（'Bobbie James'），但要记住：它们可以长到10米长，会淹没较小的结构。

为得到风景如画的效果，可以尝试将月季沿着悬垂在立柱之间的锁链或绳索来整枝，得到松垂摇摆的繁花效果。

攀援月季

和蔓生月季相比，攀援月季较坚硬的枝条更容易修剪，用来美化墙壁和栅栏有很好的效果。许多不太强健的现代攀援月季种植在柱子上或者作为独立式灌木，效果都很好。粉红的'阿洛哈'月季（'Aloha'）有美妙的芳香，但枝条太僵硬和直立，不易得到拱形枝条，不过它适合用在高藤架的立柱上。波邦蔷薇类的'无刺'月季（'Zéphirine Drouhin'）有粉色的花朵并且重复开花，最适合用在拱门和藤架上，因为它是目前唯一一种既芳香又能攀援的月季。不过它却易生霉病。

月季树篱和屏障

如果加以仔细挑选，月季、蔷薇类是用来创造自然式树篱或屏障的最漂亮的植物。一些种类如玫瑰（R. rugosa）及其杂种，通过冬天的修剪可以形成浓密的树篱，同时保持灌木式的自然外形。没有一种蔷薇属植物是真正常绿的，所以它们很少能提供全年保持私密性的屏障，虽然它们的刺可使屏障无法被穿越。更多详细信息，见82～85页。

杂种麝香月季如杏黄色的'丽黄'月季（'Buff Beauty'）可以长成高达2米的浓密多刺屏障，并在整个夏天开满芳香花朵，所以可将它们的枝条水平地整枝到金属丝或铁链栅栏上。如果月季树篱沿着道路种植，应使用株型直立的品种，以免横生枝条阻挡道路。

对于小型花园，最好使用高大的丰花月季作为树篱。这类月季株型一般是直立的，如果以两排交错种植（见157页，"月季树篱的种植间距"），像杏黄色的'安妮'月季（'Harkaramel'）这样的品种能很快地长成1.2米高的可爱树篱。某些较低矮的古老园艺月季如'查尔斯'蔷薇（'Charles de Mills'）有美观的枝叶，并能形成类似高度的树篱，但其只在仲夏开花。随着种植间距的缩短，它们也变得越来越容易感染霉病。

将攀援或蔓生月季整枝在预定高度的木质框架上，可以形成美观的屏障，这是分离花园各区域一种令人愉悦的做法。市面上有预制好的木质和塑料框格棚架，但要确保它们足够牢固，因为它们要持续多年承受相当大的重量。

盆栽月季

在表面大部分被铺装、少有或基本没有花坛的露台花园中，盆栽月季能带来宝贵的夏日色彩和芳香。包括吊篮在内的多种容器都适合种植月季，只要它们所处的位置至少有半天接受阳光照射即可（又见304～335页，"盆栽园艺"）。选择灌木状、株型紧凑的现代品种（见315页），因为基部裸露的月季看起来很不美观。如果在一个容器中种植多株月季，则要确保有足够大的空间为植株留下空隙，以满足其未来生长的需要，注意，不要低估它们所需要的空间。

即使是非常健壮的攀援月季，只要给予墙壁的支撑，也可以将其种植在桶中。它们应该像其他攀援月季那样种植和整枝，但由于容器中的养分消耗得极快（而月季又非常难以换盆），因此需要经常给它们施肥。

盆栽月季并不一定非要种植在露台花园中。它们也能为其他铺装区域带来色彩，如香草花园中央、水池边缘，甚或是屋顶花园。

传统伴生植物 对于在藤架或拱门上生长的攀援或蔓生月季，可用铁线莲穿插其中，这能为花园增添一种浪漫的旧式风格。

地被月季

在地面上铺展的低矮月季会形成一片浓密多花的地毯，在夏天和秋天持续很长时间，是非常漂亮的地被植物。它们可以用来遮掩不美观的景致如窨井盖，或者沿着难以种植的陡坡铺下来。它们在灌木花坛或花境前种植时效果也很好，能提供持久的色彩。

选择地被月季

月季用于地被的历史很久了。在历史上，由两个蔷薇属欧洲物种——旋花蔷薇（Rosa arvensis）和（R. sempervirens）——培育出的品种都曾用作地被，除此之外还有中国的照叶蔷薇（R. wichurana）的衍生种类。其中许多都是蔓生月季；然而，虽然它们能够用来覆盖大片荒芜土地，但它们却很少浓密到能够抑制杂草的生长。

近些年来，人们为培育地被月季花费了许多精力，现在种植的许多品种都可以在工业厂矿和市政绿化中非常成功地提供大面积的色块。抗病性品种花毯月季（R. FLOWER CARPET 'Heidetraum'）是一种

花期长、有深粉色大簇半重瓣花的小型蔓生灌木，用于地被非常有效。它有许多不同花色的类型，如金花毯（R. FLOWER CARPET GOLD 'Noalesa'）和白花毯（R. FLOWER CARPET WHITE 'Noaschnee'）。另外几个以英国郡名命名的月季也被成功地用作地被，包括重瓣白花的'肯特'月季（R. KENT 'Poulcov'）、浓杏黄色的'苏塞克斯'月季（R. SUSSEX 'Poulowe'）以及鲜艳深红色花朵单生的'汉普郡'月季（R. HAMPSHIRE 'Korhamp'）。

最近培育的蔓生月季如'山鸡'月季（R. PHEASANT 'Kordapt'）和'松鸡'月季（R. GROUSE 'Korimro'）都有粉色小花和有光泽的叶片，是优良的地被月季，但它们健壮的生长力

使其不适用于小型花园。它们沿着地面自然伸展并在所到之处生根，非常近地覆盖着土地。所以，需要严格控制它们生长，以防伸展得太远。

某些月季如重瓣白花的'雅芳'月季（R. AVON 'Poulmulti'）和重瓣红宝石色的'萨玛'月季（R. SUMA 'Harsuma'）有低矮、伸展的枝条，如果将它们沿着下沉式花园中的矮墙墙顶种植，会产生瀑布般的垂花效果。

栽培

地被月季的基本栽培方法和花园中的其他月季一样。然而，你不能期望地被月季像其他地被植物如大蔓长春花（Vinca major）和小蔓长春花（V.minor）或观赏常春藤类那样自然形成浓密的垫状地被，可以强烈地抑制前进途中的所有杂草。因此，在种植地被月季前需要将种植区域的所有一年生和多年生杂草清理干净，并在种植后覆盖护根。这可以最大限度地减少日后冒着被刺扎的危险对月季进行除草的次数。如果你在一大块区域使用月季当作地被，当完全清理掉地面的所有多年生杂草后，则可以考虑将月季透过园艺织物种

植。这会大大减少将来的养护工作量，同时还能使雨水渗入土壤。在种植之后，用腐熟的堆肥或粪肥护根覆盖在园艺织物上。

枝条水平钉在地面上生长的某些健壮攀援月季也可以成为优良的地被植物，如'奥尔良'月季（R. 'Adelaide d' Orleans'）、'永

用作地被的月季

'肯特'月季

'雪地毯'月季

'汉普郡'月季

'苏塞克斯'月季　　'岩蔷薇'月季　　'劳拉·艾希莉'月季

月季的钉枝

对于波邦蔷薇和杂种长春月季这样枝条又长又笨拙并且只在顶端开花的月季种类，这种技术是一种有效但费时的增加开花量的方法。与一般在夏末或秋季对枝条进行修剪不同的是，这时应将它们轻轻地压弯，千万注意不要折断。将枝条牢固地钉入地面。或者将枝条顶端绑在地上的

钉桩或钉桩拉伸起来的金属丝上，或者绑在植株周围放置的低矮金属丝框架上。将被钉枝条的侧枝剪短至10~15厘米。

这样产生的效果和对攀援月季和蔓生月季进行水平整枝产生的效果大体相同（见164页），并且会得到优美的拱形，上面覆盖着大量于下一季开花的侧枝。

选择长的不开花枝条，剪去柔软的茎尖。轻轻将每根枝条压弯，并用坚固的线钩将其固定在土壤中（见插图）。

地毯般的繁花

这种地被月季能有效地覆盖一大片裸露土壤，用夏秋两季的重瓣花朵装点地面。

'福'蔷薇（*R*.'Félicité Perpétue'）、'马克斯·格拉芙'月季（*R*.'Max Graf'）、'新曙光'蔷薇（*R*.'New Dawn'）、'包利蔷薇'月季（*R*.'Paulii Rosea'）和'盗贼骑士'月季（*R*.'Raubritter'）都适合用这种方式种植。

修剪

大多数地被月季都是低矮、枝条伸展的现代灌丛月季，所以要像对待灌木月季那样对它们进行修剪。另外，蔓生的照叶蔷薇（*Rosa wichurana*）类会匍匐在地面上，对它们的修剪只是为了防止它们向有限的空间之外伸展（又见下图）。

地被月季的更新修剪

将枝条修剪至预定空间之内，剪至向上生长的芽处。

月季、蔷薇类种植者指南

香花

'爱利克红'月季*Rosa* ALEC'S *RED*（'Cored'）†
'亚瑟钟'月季*Rosa* 'Arthur Bell' †
百叶蔷薇*Rosa* x *centifolia*各品种
'埃托伊莱'攀援月季*Rosa* 'Climbing Etoile de Hollande'
'同情'月季*Rosa* 'Compassion' †
'双喜'月季*Rosa* DOUBLE DELIGHT（'Andeli'）
'香云'月季*Rosa* FRAGRANT CLOUD（'Tanellis'）
'格特鲁德杰基尔'月季*Rosa* GERTRUDE JEKYLL（'Ausbord'）†
'柯内西亚'月季*Rosa* 'Korresia' †
'磁石'月季*Rosa* L'AIMANT（'Harzola'）
'哈蒂'蔷薇*Rosa* 'Madame Hardy' †
'佩雷尔'蔷薇*Rosa* 'Madame Isaac Pereire' †
'梅里尔'月季*Rosa* MARGARET MERRIL（'Harkuly'）†
'新西兰'月季*Rosa* NEWZEALAND（'Macgenev'）
'感知'月季*Rosa* PERCEPTION（'Harzippee'）
'芭蕾舞星'月季*Rosa* 'Prima Ballerina'
大马士革四季开花蔷薇*Rosa* 'Rose de Resht'
'哈克里斯'月季*Rosa* ROSEMARY HARKNESS（'Harrowbond'）†
'花坛'蔷薇*Rosa* 'Roseraie de l' Haÿ' †
'权杖之岛'月季*Rosa* SCEPTER'D ISLE（'Ausland'）
'温迪·库森'月季*Rosa* 'Wendy Cussons'

观果

'仙鹤'蔷薇*Rosa* 'Geranium'
紫叶蔷薇*Rosa* glauca †
白花单瓣玫瑰*Rosa rugosa* 'Alba' †
紫色单瓣玫瑰*R. rugosa* 'Rubra' †
'斯卡布罗萨'月季*Rosa* 'Scabrosa'
'封蜡'月季*Rosa* 'Sealing Wax'

混合花境（花境前景）

'雅芳'月季*Rosa* AVON（'Poulmulti'）
'贝贝乐'月季*Rosa* BABY LOVE（'Scrivluv'）
'伯克郡'月季*Rosa* BERKSHIRE（'Korpinka'）
'赫特福德郡'月季*Rosa* HERTFORDSHIRE（'Kortenay'）†
'肯特'月季*Rosa* KENT（'Poulcov'）†
'娜塔莉·耐普斯女士'月季*Rosa* 'Mevrouw Nathalie Nypels'
'威尔士公主'月季*Rosa* PRINCESS OF WALES（'Hardinkum'）
'仙女'月季*Rosa* 'The Fairy' †
'时代'月季*Rosa* THE TIMES ROSE（'Korpeahn'）
'瓦伦丁之心'月季*Rosa* VALENTINE HEART（'dicogle'）

中部

'安娜·利维亚'月季*Rosa* ANNA LIVIA（'Kormetter'）
'芭蕾舞女'月季*Rosa* 'Ballerina' †
'贝蒂·哈克尼斯'月季*Rosa* BETTY HARKNESS（'Harette'）
'邦尼卡'蔷薇*Rosa* BONICA（'Meidomonac'）†
'丽黄'月季*Rosa* 'Buff Beauty'
'越轨'月季*Rosa* ESCAPADE（'Harpade'）†
'挚友'月季*Rosa* FRIEND FOR LIFE（'Cocnanne'）
'变色'法国蔷薇*Rosa gallica* 'Versicolor' †
'遗产'月季*Rosa* HERITAGE（'Ausblush'）
'冰山'月季*Rosa* ICEBERG（'Korbin'）†
'杰奎琳'月季*Rosa* JACQUELINE DU PRE（'Harwanna'）
'表演者'月季*Rosa* MARJORIE FAIR（'Harhero'）†
'佩内洛普'蔷薇*Rosa* 'Penelope' †

中部至后部

'科妮莉亚'月季*Rosa* 'Cornelia'
'范丁拉托'蔷薇*Rosa* 'Fantin-Latour' †
'幸福'蔷薇*Rosa* 'Felicia' †
'格特鲁德杰基尔'月季*Rosa* GERTRUDE JEKYLL（'Ausbord'）†

'金翼'月季*Rosa* 'Golden Wings'
'托马斯'月季*Rosa* GRAHAM THOMAS（'Ausmas'）†
'花坛'蔷薇*Rosa* 'Roseraie de l' Haÿ'
'莎莉·霍尔摩斯'月季*Rosa* 'Sally Holmes' †
'威斯特兰'月季*Rosa* WESTERLAND（'Korwest'）

朝南或朝西墙壁

'至高无上'月季*Rosa* ALTISSIMO（'delmur'）
'古玩'月季*Rosa* ANTIQUE（'Antike'）
'生息'蔷薇*Rosa* BREATH OF LIFE（'Harquanne'）
'克莱尔·马丁'月季*Rosa* CLAIR MATIN（'Meimont'）
'同情'月季*Rosa* 'Compassion' †
'猩红小瀑布'月季*Rosa* CRIMSON CASCADE（'Fryclimbdown'）
'富丽'月季*Rosa* 'Danse du Feu'
'梦想之巅'月季*Rosa* 'Dreaming Spires'
'都柏林'月季*Rosa* DUBLIN BAY（'Macdub'）†
'好似金'月季*Rosa* GOODASGOLD（'Chewsunbeam'）
'厚望'月季*Rosa* HIGH HOPES（'Haryup'）†
'卡里尔'月季*Rosa* 'Madame Alfred Carrière' †
'莱恩'月季*Rosa* PENNY LANE（'Hardwell'）†
'夏日美酒'月季*Rosa* SUMMER WINE（'Korizont'）†
'白花结'月季*Rosa* 'White Cockade'

朝北或朝东墙壁

'阿尔伯利克·巴比尔'月季*Rosa* 'Albéric Barbier' †
'阿曼达'月季*Rosa* ARMADA（'Haruseful'）†
'中国城'月季*Rosa* 'Chinatown'
'科妮莉亚'月季*Rosa* 'Cornelia'
'同情'月季*Rosa* 'Compassion' †
'多特蒙德'月季*Rosa* 'Dortmund' †
'黎明宝石'月季*Rosa* 'Morning Jewel'
'新曙光'蔷薇*Rosa* 'New dawn' †
'佩内洛普'月季*Rosa* 'Penelope' †
'繁荣'月季*Rosa* 'Prosperity'

观叶

腺果蔷薇*Rosa fedtschenkoana*
紫叶蔷薇*Rosa* glauca †
多腺小叶蔷薇*Rosa gymnocarpa* var. *willmottiae*
闪蔷薇*Rosa nitida*
报春蔷薇*Rosa primula*
扁刺峨眉蔷薇*Rosa sericea* subsp. *omeiensis* f. *pteracantha*
弗州蔷薇*Rosa virginiana*

用作园景树的灌木月季

'樱桃红'月季*Rosa* 'Cerise Bouquet'
'折叠'蔷薇*Rosa* 'Complicata'
'幸福'蔷薇*Rosa* 'Felicia' †
'弗里茨诺比斯'月季*Rosa* 'Fritz Nobis'
'雏菊花'月季*Rosa* 'Marguerite Hilling' †
'内华达'月季*Rosa* 'Nevada' †
'斯卡布罗萨'月季*Rosa* 'Scabrosa'
'金丝雀'月季*Rosa xanthina* 'Canary Bird' †

拱门、花柱和藤架

'阿尔伯利克·巴比尔'月季*Rosa* 'Albéric Barbier' †
'阿尔伯丁'月季*Rosa* 'Albertine' †
'金蔓'月季*Rosa* 'Alister Stella Gray'
'阿洛哈'月季*Rosa* 'Aloha'
'班特里湾'月季*Rosa* 'Bantry Bay'
'叹息桥'蔷薇*Rosa* BRIDGE OF SIGHS（'Harglowing'）†
'都市女孩'月季*Rosa* CITY GIRL（'Harzorba'）
'塞西尔·布鲁诺尔'攀援月季*Rosa* 'Climbing Cécile Brünner'
'同情'月季*Rosa* 'Compassion' †
'多特蒙德'月季*Rosa* 'Dortmund'
'梦想之巅'月季*Rosa* 'Dreaming Spires'
'伊斯利金蔓'月季*Rosa* 'Easlea's Golden Rambler'
'爱米丽'月季*Rosa* 'Emily Gray'
'永福'蔷薇*Rosa* 'Félicité Perpétue'
'瑞郎威尔'月季*Rosa* 'François Juranville'
'金晃'月季*Rosa* 'Golden Showers' †
'金翅雀'月季*Rosa* 'Goldfinch'
'劳拉福特'月季*Rosa* LAURA FORD（'Chewarvel'）
'勒沃库森'月季*Rosa* 'Leverkusen'
'斯塔林'月季*Rosa* 'Madame Grégoire Staechelin'
'五月金'月季*Rosa* 'Maigold' †
'等待的情人'月季*Rosa* 'Phyllis Bide'

'罗莎莉珊瑚'月季*Rosa* ROSALIE CORAL（'Chewallop'）
'桑德白蔓'月季*Rosa* 'Sander' s White Rambler'
'酒宴'月季*Rosa* 'Sympathie' †
'蓝蔓'月季*Rosa* 'Veilchenblau' †
'热忱'月季*Rosa* WARM WELCOME（'Chewizz'）

攀援乔木的月季

'博比'月季*Rosa* 'Bobbie James'
'蓝蔓'月季*Rosa* 'Blush Rambler'
'爱米丽'月季*Rosa* 'Emily Gray'
'幸运'腺梗月季*Rosa filipes* 'Kiftsgate' †
Rosa mulliganii
'喜马麝香'月季*Rosa* 'Paul' s Himalayan Musk'
'长蔓'月季*Rosa* 'Rambling Rector'
'海鸥'月季*Rosa* 'Seagull'
川滇蔷薇*Rosa soulieanaw*
'珍藏'月季*Rosa* 'Treasure Trove'

地被月季

'布伦海姆'月季*Rosa* BLENHEIM（'Tanmurse'）
'布罗德兰兹'蔷薇*Rosa* BROADLANDS（'Tanmirsch'）
'诺曼底'蔷薇*Rosa* DOUCEUR NORMANDE（'Meipopul'）
'艾塞克斯'月季*Rosa* ESSEX（'Poulnoz'）†
'大开眼界'月季*Rosa* EYEOPENER（'Interop'）†
'菲奥纳'月季*Rosa* FIONA（'Meibeluxen'）†
'格棱沙内'月季*Rosa* GLENSHANE（'Dicvood'）
'松鸡2000'月季*Rosa* GROUSE2000（'Korteilhab'）
'格温特郡'月季*Rosa* GWENT（'Poulurt'）†
'汉普郡'月季*Rosa* HAMPSHIRE（'Korhamp'）
'劳拉·艾希莉'月季*Rosa* LAURA ASHLEY（'Chewharla'）
'可爱精灵'月季*Rosa* LOVELY FAIRY（'Spevu'）†
'魔毯'月季*Rosa* MAGIC CARPET（'Jaclover'）†
'北安普敦郡'月季*Rosa* NORTHAMPTONSHIRE（'Mattdor'）
'岩蔷薇'月季*Rosa* 'Nozomi' †
'我们的莫莉'月季*Rosa* OUR MOLLY（'Dicreason'）†
'牛津郡'月季*Rosa* OXFORDSHIRE（'Korfullwind'）
'松鸡'月季*Rosa* PARTRIDGE（'Korweirim'）†
'探路者'月季*Rosa* PATHFINDER（'Chewpobey'）†
'山鸡'月季*Rosa* PHEASANT（'Kordapt'）†
'红毯'月季*Rosa* RED BLANKET（'Intercell'）†
'红垫'蔷薇*Rosa* ROSY CUSHION（'Interall'）†
'聪明蓝儿'月季*Rosa* SMARTY（'Intersmart'）†
'雪地毯'月季*Rosa* SNOW CARPET（'Maccarpe'）†
'斯瓦尼'月季*Rosa* SWANY（'Meiburenac'）

注释

† 抗病性适度或良好

'哈克里斯'月季

土壤的准备和种植

如果满足月季的基本需求，在花园中种植它们并不困难。它们是寿命相对较长的植物，因此应该花些时间和精力选择一个合适的种植地点，合理地准备土壤，选择适宜种植地点生长条件的品种，并对它们进行合适的种植。

位置和朝向

所有的月季都喜欢向阳背风、空气通畅、土壤肥沃的场所。它们在浓荫中、乔木下、与其他植物拥挤在一起或在连作土壤或过涝土壤中都无法良好生长。大多数地点都可以通过改良来达到要求，如使用竖立风障或为黏重的潮湿土壤排水（见623页，"改善排水"）的方法。在抬升苗床或容器中的合适基质里种植月季可以解决不合适土壤的问题。

在选择品种之前，对种植场所进行仔细的评价：月季家族的众多种类提供了许多能够适应一系列生长条件的植物。大多数现代月季不能适应白垩土，但几乎所有的古老园艺月季只要在种植和覆盖护根时施加大量有机质，就能在碱性条件下生长得很好，玫瑰（*Rosa rugosa*）和茴芹叶蔷薇（*R. pimpinellifolia*）类群在砂

质土壤中表现得很好。这些只是普遍化的结论，因为即使是在现代月季类群中，品种之间也存在很大差异。例如，在贫瘠的土壤中，'正义'月季（*R.* 'Just Joey'）和'富尔顿·麦凯'月季（*R.* FULTON MACKAY 'Cocdana'）会长得很差，而只要施加额外的水肥，'沙威酒店'月季（*R.* SAVOY HOTEL 'Harvintage'）和'时代'月季（THE TIMES ROSE 'Korpeahn'）以及其他种类都能很茂盛地生长。砧木可以帮助月季适应某些生长条件，例如，狗蔷薇（*R. canina*）的抗性很好，常常生长在黏重、寒冷的土壤中。

土壤质量

月季在大多数类型的土壤中都能生长，但更喜欢偏酸性、pH值约6.5的条件。既能保水同时又排水良好的土壤是最好的。在准备土壤时要将杂草清理干净，以免它们和年幼的月季植株争夺阳光、水分和养分。

改良土壤

黏质土壤的排水性、疏松砂质土壤的保水性以及碱性土壤的pH值都可以通过施加大量有机质来改

善。如果在表层土壤很浅的白垩土上种植，在种植时将其挖到约60厘米深，并用有机质代替其中的部分白垩土。更多关于如何影响土壤酸碱度以及一般性土壤准备的信息，详见618~621页，"土壤耕作"。如有可能，在种植前的三个月准备好土壤，让其充分沉降。

月季的连作问题

如果将新月季种苗种植在已经种了两年或更久月季的苗床中，它们几乎肯定会得"月季病"（见668页，"再植病害/土壤衰竭"）。与已经在苗床中生长的月季老根相比，新月季的纤维状吸收细根更容易感染连作病害。

如果要在种满了月季的苗床中替换一或两株月季，应先挖一个至少45厘米深、60厘米宽的洞，并用花园中别处连续几年都未曾种植过月季的土壤替换到洞中。为整个苗床进行这样的换土工作量非常大，所以应该将苗床设置到别的地点，或者用专门的土壤改良剂进行化学处理。

月季的选择

在哪里购买月季以及如何购买

在一定程度上取决于你希望种什么品种。许多古老月季只能从专门的苗圃中得到，如果当地没有这种苗圃，还可以邮购。要记住品种目录中的照片并不一定能准确地反映花色，而且在植株到货之后才能评价植株的质量，不过如果是声誉可靠的苗圃，这通常并不是问题。对于媒体广告中的"特价促销货"要特别注意，这些便宜的花坛月季或树篱月季常常质量很差。

英国的苗圃如今一般使用疏花蔷薇（*R. laxa*）作为砧木，因为它基本不生长萌蘖条，并且在大多数类型的土壤中都能生长良好。想培育自己的月季品种（又见168~169页，"杂交"）的人，可以购买一些砧木。

裸根月季

邮购供应商、商店和超市都售卖裸根月季，有时还带有塑料包装。裸根月季处于半休眠或休眠状态，它们的根系基本不带土壤。只要在运输过程中避免脱水并且运到之后尽快种植，它们就能很好地恢复。

当在商店购买裸根月季时，要仔细检查。如果月季的储存环境过于温暖，那么它们要么发生脱水，要么会提前开始生长，长出发白的细弱枝条，这些细枝在种植后一般会死掉。不要购买任何表现出这些症状的月季。

盆栽月季

除了长期干旱以及地面冻结，在容器中生长的月季可以在任何时间种植。为了便于销售，许多园艺中心和供应商会把没卖出去的裸根月季的根系剪短后上盆出售；在购买盆栽月季之前，要确保它不是最近才上盆的。抓住植株的主干，轻轻地摇晃它。如果月季的根系不紧实并在基质中移动，那么它很可能不是在容器中生长的。

那些追求快速、方便生产的供应商倾向于挑选与标准大小容器相匹配的月季苗，而不是选择最大最好的植株。只要它们健康状况良好，没有细长瘦弱枝条，这些月季也是可以接受的。在对它们进行储存和种植时应参照裸根月季的处理方式。

如果有根从容器的排水孔伸

选择健康的月季

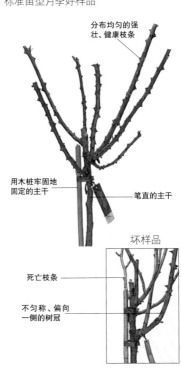

裸根灌木月季好样品

- 强壮的芽接处
- 发育良好的纤维状根系

坏样品
- 细长、受损的枝条
- 发育不良的根系

盆栽月季好样品
- 颜色良好的健壮枝叶
- 湿润的基质
- 健康的根系

坏样品
- 细长的枝条
- 黑斑
- 死亡或将死的叶子
- 杂草

标准苗型月季好样品
- 分布均匀的强壮、健康枝条
- 用木桩牢固地固定的主干
- 笔直的主干

坏样品
- 死亡枝条
- 不匀称、偏向一侧的树冠

月季树篱的种植间距

高大树篱月季
单行种植，株距保持在1~1.2米，当植株成熟的时候，树枝会彼此交叉，形成有效的屏障。

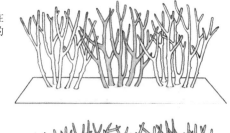

现代灌木月季
为得到更密集的树篱，将月季双排交错种植，株距为45~60厘米。

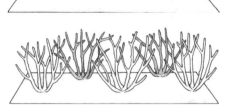

出，应将植株从花盆中取出，检查根系是否围绕根坨紧密缠绕——这是根系在容器中生长时间太久、受到束缚的标志。

选择一株健康的月季

无论是裸根月季还是盆栽月季，植株都应该拥有至少两或三根强壮结实的枝条，以及与地上部分的尺寸相匹配的良好根系。盆栽月季上的所有枝叶都应该是健壮的。如果要购买攀援月季，应确保枝条健康并至少有30厘米长。选择树冠匀称的标准苗型月季，因为它很可能需要从各个方向观赏；笔直的茎秆是最好的，不过轻微弯曲的茎秆也在接受范围之内。

准备种植

在种植阶段应遵循几个简单的原则，如确保正确的种植间距和深度、小心地处理根系、在有必要的时候提供支撑，以避免后来的日常养护中可能出现的问题。如果土壤太湿、冰冻或太干，根系不能很好地适应土壤，可将种植时间向后推迟数天。

何时种植裸根月季

裸根月季最好在秋末或冬初即将进入休眠期或休眠期刚刚开始时种植，以减轻移植对植株产生的影响。在冬季气候恶劣的地区，初春也许是更好的种植时间。在购买后立即种植。如果不能立即种植，例如被不合适的天气耽搁，最好将它们假植在空地上，根系埋在浅沟里（见65页，"假植"）；或者将它们储存在凉爽无霜的地方，并保持根系湿润。

何时种植盆栽月季

只要天气合适，这些月季在一年当中的任何时间都可以种植。与裸根月季不同的是，盆栽月季可以在种植前带着容器在室外等待三周或更长时间，只需适当浇水。即使是耐寒种类，也不要让它们长时间暴露于霜冻中，它们的根系在非常冷的气候中会被冻伤。

花坛月季的间距

生长习性决定了花坛月季的种植间距。过密的种植会让护根、喷洒和修剪变得更加困难，还会使空气不畅通，让霉病和黑斑病快速传播。与松散扩展的品种相比，窄而直立的品种需要的生长空间更少，因此可以种植得更密一些。将灌木月季的种植间距保持在45~60厘米，距离月季花坛边缘约30厘米。

如果要在现代月季或非常大的蔷薇属物种的下层种植植物，应将月季的种植间距扩大至约75~120厘米，具体数字取决于它们的最终大小和生长习性。根据植株的不同冠幅和最终高度，微型月季的种植间距大约为30厘米。

月季树篱的种植间距

所选品种的大小和生长习性决定了形成树篱时月季的位置。为得到规则的密集枝叶，可单排种植高的树篱月季如'佩内洛普'月季（R. 'Penelope'）和'金翼'月季（R. 'Golden Wings'），其冠幅可达1.2米；或者双排交错种植现代灌木月季如'亚历山大'月季R. ALEXANDER（'Harlex'）。

种植灌木月季

种植月季的第一阶段是准备植株。如果裸根月季的根系看起来发干，可将植株在水中浸泡一或两个小时，直到完全湿透。将盆栽月季放入一桶水中，直到基质表面有潮湿的迹象。如果根坨包裹在塑料或麻布中，将包裹物小心地剪掉。去除所有松散的基质，轻轻地梳理根系，并剪去所有受损或死亡的枝条和根；对于裸根月季，去除所有芽或蔷薇果以及大部分叶片。

挖出一个足以容纳根系或根坨的种植穴，并将种植深度控制在种植后月季的芽接结合部位于地平面下约2.5厘米处，对于微型月季这个数字是1厘米。芽接结合部很好辨认，是树枝基部的膨大处，即品种嫁接在砧木上的地方。

在种植穴基部添加由园艺堆肥、土壤和少量肥料组成的混合物。将月季放在种植穴中间，检查种植深度是否合适。如果裸根月季的根系全部指向一个方向，则将月季贴近种植穴的一侧，并尽可能宽地将根系按照扇状伸展。然后用种植穴中挖出的土回填，轻轻摇晃月季，让土壤沉降在根系或根坨周围。

用脚将土壤踩实，但不要踩得过紧。用脚尖而不是脚跟来施加合适大小的压力，特别是在那些很容易被压缩的黏重土壤上。注意不要损伤根系。做好标记，浇透水，但要等到接下来的春天再覆盖护根（见159页，"为月季覆盖护根"）。

如何种植裸根灌木月季

1 去除染病或受损枝条。剪掉所有交叉枝以及基部的细弱或散乱枝条，得到匀称的株型。将所有粗根剪短约三分之一。

2 在准备好的苗床中挖出种植穴，并用叉子在种植穴基部掺入一桶有机堆肥和少量普通肥料。

3 将月季放入种植穴中央并将根系均匀散开。在种植穴上横放一根木棍，确保种植后其位于地平面之下约2.5厘米处。

4 在种植穴中回填土壤，同时用手逐步将根系紧实地固定在土壤中。轻轻地踩踏周围的土壤。用耙子轻轻地耙过土壤，浇透水。

如何种植攀援月季

1 将月季放入种植穴中，以45°的角度朝向墙壁倾斜放置，使枝条抵达位置最低的金属丝。将一根木棍横放在种植穴上，以确定种植深度。

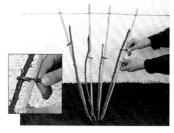

2 用木棍将较短的树枝引导至金属丝上。用塑料绑带将所有的枝条绑在木棍或金属丝上（见插图）。

种植攀援月季或蔓生月季

将攀援月季整枝在墙壁或栅栏上，使其沿着间距45厘米的水平金属丝生长，这些金属丝要用带环螺丝钉或牢固的铁钉固定在墙壁或栅栏表面上。如果一面墙的砖或石材很硬，可用电钻在墙上为带环螺丝钉钻出4.7毫米的孔。金属丝应与墙面保持7厘米的间隔，允许空气自由流通，防止病害。

墙壁附近的地面很容易干燥，因为它位于墙壁的雨影区中，而且砖石会从土壤中吸收水分。在距离墙壁45厘米的地方种植，这里的土壤不那么干燥，而且从树叶上滴下的水不会总是滴在花上。

准备好土壤和种植穴，然后按照修剪灌木月季那样进行修剪。为植株定好位置，使其向墙壁倾斜45°，并将其根系向湿润的土地伸展。如有必要，将树枝沿着插在地面上的木棍整枝，但要将木棍远离根系，避免对其造成损伤。

像种植灌木月季那样进行回填和紧实之后，用专门为月季设计的

小型塑料绑带将枝条固定在起支撑作用的金属丝上。注意，不要将带子绑得过紧，必须为月季的枝条留下生长空间。

不要在这个阶段修剪攀援月季的主枝，等到下个生长季开始的时候再进行轻度修剪，然后再等待一或两年，让月季开始攀援。在第一年，应保持充足灌溉并为根系保留充足空间，从而帮助月季恢复。

在乔木旁种植蔓生月季

必须保证月季与乔木的活力匹配，因为某些蔓生月季的重量足以将瘦弱的乔木压垮。

将蔓生月季种植在乔木的向风面，这样月季年幼的柔韧枝条就会被吹向乔木，而不会被吹离乔木。在距离树干至少一米的地方挖出种植穴，以增加月季根系能够得到的雨水量。将所有新枝整枝在朝乔木倾斜的木棍上，木棍的顶端小心而牢固地绑在树干上，另一端正好插在月季后面。如果在花园的边界上用这种方式种植，要记住月季的花朵会朝向阳光最强烈的方向生长。

在容器中种植月季

为了使根系充分生长，种植灌木月季的容器至少应有30~45厘米深，微型月季至少应有23~35厘米深。在排水孔上铺一层碎瓦片，然后用含壤土的标准盆栽基质填满花盆。像种植灌木月季那样以合适的深度进行种植（见157页）。又见324~326页，"种植大型长期植物"。

种植标准苗型月季

大多数苗圃培育标准苗型月季的方法是使用玫瑰（*Rosa rugosa*）作为砧木并在上面芽接，然而玫瑰易生萌蘖条，这是一个问题；不过有些苗圃正在用其他砧木进行试验。为了将萌蘖条数量减到最少，不要将月季种得比土壤标记更深，较深

的种植深度会促进萌蘖条的生长。如果有必要，将上层根系剪去，这样底层根系就不会长得过深。

标准苗型月季需要在盛行风向一侧立桩提供支撑。用对植物无毒性的防腐剂处理整根木桩，然后让其自然干燥。在为月季确定种植位置之前，将木桩牢固地插入种植穴中心附近，以免损伤根系，刺激萌蘖条的生长。将月季放置在木桩旁边，并让木桩顶端正好抵在月季位置最低的分枝；如有必要，调整木桩的高度。使用木棍或耙柄确保植株上的土壤标记与土壤表面平齐。

像种植灌木月季那样回填并紧实土壤。用两个月季专用绑带将月季的茎秆固定在木桩上，这样的绑带含有缓冲，能防止木桩与茎秆发生摩擦，但不要完全绑紧，直到月季在土壤中固定好。随着茎秆的增粗，这些绑带在一个生长季中至少应该放松一次。

如何种植标准苗型月季

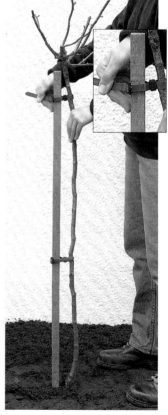

1 用木桩在种植穴中定位，并为月季的茎秆留下种植穴中央的位置。将木桩打入土壤中，使其顶端正好位于月季树冠的下方。

2 将木棍横放在种植穴上，确定种植深度。用茎秆上留下的旧土壤标记作为指标，按照相同的深度进行种植。回填种植穴，紧实土壤。

3 在月季树冠下和茎秆中间处用月季专用绑带（见插图）将茎秆绑在木桩上。剪去细弱和交叉枝条。

日常养护

月季需要进行日常养护才能长成健康茁壮、对病虫害有抵抗力的植株。在施肥、浇水、护根、除草等养护上花费的精力，会换来贯穿花期的美丽繁花作为奖励。

施肥

月季会大量消耗养分，即使是准备良好的肥沃月季苗床，月季也会很快消耗掉其中的营养。许多重要的矿物质会随着雨水滤出流走，特别是轻质土壤。要想月季繁茂生长，需要经常施加基本营养元素（氮、磷、钾）和微量元素配比均衡的肥料。市面上有很多专利生产的月季专用复合肥。关于如何处理缺素症的信息，见639~673页，"植物生长问题"。

在春天修剪之后，趁土壤湿润的时候，在每株月季周围撒一把或者25~50克肥料。用锄头或耙子将肥料均匀地弄进土壤中，不要让肥料沾到月季的茎秆上。在仲夏过后约一个月，当月季开第二次花的时候，用同样的步骤再施一次肥。这一年之后不要再施加普通肥料，因为这会促进秋季柔软枝条的生长，这样的枝条容易被冻伤。不过可以在秋初以每平方米60克的施肥量施加一层硫酸钾，帮助较晚抽生枝条的成熟，起到保护作用。

叶面施肥（忽略根系，直接将液态肥喷洒在叶片上）一般只用于月季展览需要获得特别大的花和叶时。不过，叶面施肥也可用于应付持续干旱和白垩质土壤，在这两种情况下，月季都很难通过根系获得养分。

盆栽月季会很快消耗掉基质中的养分。为补充养分，每年用均衡肥料更换表层基质并在生长季进行一或两次叶面施肥，以维持健壮的生长。

浇水

月季的健康生长需要大量的水，特别是在刚种植的时候。太少且太频繁的浇水会起到坏作用，因为这会促使根系向土壤表面生长；相反地，应该一次为月季浇满满一桶水，将它们根系周围的土壤浇透。

月季是深根性植物，可以在干燥而漫长的夏天和近干旱的条件下繁茂地生长，特别是在种植后很好地恢复了的情况下。在这样的条件下，花朵会比平常小，并且开放得很快。花瓣也容易被太阳灼伤。在花期中，不要在阳光强烈的时候为月季浇水，否则花朵会萎蔫。对于盆栽月季，每隔一天浇一次水，在特别炎热干燥的气候中每天浇一次水。

为月季覆盖护根

早春修剪施肥后覆盖一层8厘米厚的护根，有助于抑制杂草生长，并维持土壤的高湿度和均匀的温度。完全腐熟的粪肥是理想的护根，能提供月季需要的许多营养，但现在很难弄到粪肥，树皮屑或椰

萌蘖条及其处理

萌蘖条是从芽接结合部下方、直接在品种嫁接的砧木上长出的枝条。它们一般较细，并且呈现比品种枝条更浅的绿色，刺的形状或颜色也不同，复叶颜色也较浅，有七片或更多小叶。

萌蘖枝条出现后应立刻将其去除，防止砧木将能量耗费在萌蘖条的生长上。某些砧木很容易产生萌蘖条，特别是在种植深度过深的情况下。霜冻或者锄头、木桩造成的根系受损都会刺激萌蘖条的产生。

将萌蘖条从砧木上扯掉，这样能够去除萌蘖条与根系相连处的休眠芽。不要将其剪掉，这相当于修剪，会刺激更多健壮的萌蘖条生长出来。

标准苗型月季茎秆上长出的枝条也是萌蘖条，因为茎秆是砧木的一部分。它们通常拥有典型的玫瑰深绿色叶片。用手将它们扯下或者用小刀从基部削去。

在标准苗型月季上，扯掉任何从茎秆上长出的萌蘖条，注意不要撕破树皮。

萌蘖条的生长方式

萌蘖条（右）直接从砧木上长出来。如果只从地面上剪掉，它会再次抽生出来并分走更多的能量。

去除灌木月季的萌蘖条

1 小心地挖走土壤，露出砧木根系。检查从芽接结合部下方长出的可疑枝条。

2 戴上保护手套，将萌蘖条从砧木上扯下来。回填挖出的洞，并轻轻压实土壤。

月季的有机种植

有机种植的月季在种植前需要和非有机种植月季相同的土壤准备和处理，但须确保粪肥、堆肥和其他材料都是有机来源的。在春天，用一层8~10厘米厚的粪肥、松散堆肥护根覆盖。这样能改善土壤结构，并有助于增加有益的土壤生物，特别是利于保水保肥的菌根真菌。

在月季花坛中种植时，为植株之间留下充分空间，以保证良好的空气流通。种植间距取决于物种和品种成熟时的活力和大小。这样有助于防止病害扩散，如黑斑病、月季锈病和白粉病。施加硫粉有助于抵抗这些病害，但至关重要的是剪掉并销毁感染枝条，处理所有感染的落叶。一些月季的抗病性较强，如'查尔斯'蔷薇、'丽黄'月季、'五月金'月季、'弗里茨诺比斯'月季和'幸运'腺梗月季。

像蚜虫这样的害虫可以用有杀虫作用的肥皂水或除虫菊杀虫剂来控制。为它们的天然捕食者（如瓢虫和草蜻蛉）提供越冬场所，也可以减少害虫的数量。

子壳都是很好的替代物。关于进一步的信息，见626页，"表面覆盖和护根"。

摘除枯花

摘除已经枯萎的花朵会促进年幼新枝的发育，使月季在花期开出更多的花。月季花受精之后会迅速枯萎，如果留在枝头不加处理，则会抑制老花下面新枝的生长。

某些月季会长出蔷薇果，这会分走继续开花所需要的能量。定期摘除枯死花朵，除非想要留下蔷薇果作观赏之用。在秋天，即使月季继续开花，也不要再摘除枯花，以免促进柔软新枝的生成，这样的新枝会被初霜冻伤。

月季的移植

月季可以在任何苗龄移植，但苗龄较大的月季较难适应移栽。大龄月季的根较粗，并且扎得很深，对于移栽恢复至关重要的细吸收根也少。移栽不到四年苗龄的月季并不困难，但不要将它们移栽到种植月季时间较长的苗床中（见156页，"月季的连作问题"）。

如果条件允许，只在休眠期移栽月季，并且将其移入准备良好的苗床中。首先用铁锹在根坨外至少25厘米周围松动土壤，再用铁叉从

盲枝

盲枝是指未在顶部发育出花芽的枝条。它们就像萌蘖条那样会分走月季开花所需要的能量（见159页，"萌蘖条及其处理"），所以一旦出现，就应立即将其剪掉。

将盲枝剪短一半，修剪至向外生长的芽处，以促使其生长、开花。如果没有芽，则将其剪至主干。

外面叉到植株中央底部，将其抬升掘起，得到一大坨土壤，尽可能不要干扰根系。在松散土壤中，使用铁锹将月季掘出，以免土壤从根系脱落。剪去所有粗劣的根，并将根坨包裹在塑料布或麻布中，防止根系脱水；移栽后立即并定期浇水，直到月季完全恢复。

秋季修剪

强风会松动根系，让月季易受冻害。在黏重土壤中，被压缩的泥土会在茎秆周围形成一圈缝隙，其中会填充水并在后来冻结。水冰冻之后发生膨胀，会损伤芽接结合部——这是月季最脆弱的部位。为了防止这样的情况发生，应该在秋天将高的杂种香水月季或丰花月季剪短。

冬季保护

在温带气候区，月季只有在气候极为恶劣的冬天才需要保护。严酷的冬天会直接冻死没有采取保护措施的月季。即使存活下来，植株也需要每年长出全新的枝条，并且花期变得极短。

如果在根颈部培土，杂种香水月季和丰花月季能够忍耐-12～-10℃的低温长达一个星期。用稻草或蕨叶包裹标准苗型月季的根颈部。在更寒冷的条件下，需要提供更多保

护，或者选择能忍耐极端低温的月季种类。能承受-23～-20℃低温的种类包括波邦月季、百叶蔷薇、中国月季、加州蔷薇（*Rosa californica*）和照叶蔷薇。如果温度降到-30℃，可以种植白蔷薇、大马士革蔷薇和法国蔷薇，以及某些蔷薇属物种，如黄蔷薇（*R. foetida*）和洛泽蔷薇（*R. palustris*）。有些蔷薇属物种如弗州蔷薇（*R. virginiana*）、光滑蔷薇（*R. blanda*）、狗蔷薇（*Rosa canina*）、紫叶蔷薇（*R. glauca*）能度过-37℃

的低温而存活。关于保护月季的全面指导意见，见612～613页，"防冻和防风保护"。

病虫害

蚜虫（见654页）、白粉病（见667页）、月季萎缩病（见668页）、黑斑病（见655页，"细菌性叶斑病"）以及锈病（见668页）是月季的常见病害。如有必要，提前喷洒预防药剂，定期检查月季植株，观察到明显症状时立即采取行动。

如何摘除月季枯花

1 丰花月季 花束中央的花朵最先凋谢，应该将其剪掉，维持整体的效果。

2 当所有花朵凋谢之后，将整个花束剪掉，修剪至萌发的芽或完全成形的枝条处。

3 杂种香水月季 将带有凋谢花朵的枝条剪至向外生长的芽（见插图）或完全成形的枝条处。

秋季修剪

修剪前（左）
在仲秋至秋末，将高度超过75厘米的杂种香水月季和丰花月季剪短，避免强风摇动月季植株。

修剪后（下）
将整个灌丛的高度降低三分之一至一半，所有枝条均修剪至一个芽上端。

修剪和整枝

对月季进行修剪的目的，是促进苗壮健康的新枝代替细弱老枝，以此得到美观的外形和最佳的开花状况。将植株整枝在支撑结构上能促进开花侧枝的生长，并引导新枝生长到预定的空间。修剪的程度取决于月季的类型，不过某些修剪的原则适用于所有类型的月季。

修剪月季的基本原则

一把锋利、高质量的修枝剪是基本的要求。长柄修枝剪和细齿修剪锯可用于去除粗糙多瘤的残枝和较粗的枝条。在进行所有修剪时都要戴保护用的手套。

如何修剪

对枝条进行修剪时，在方向合适的芽上端剪一倾斜的干净切口。这样的芽常常是向外生长的，不过如果松散扩展的灌木月季中央需要填补的话，这样的芽应该是向内生长的。如果看不到休眠芽，就剪到合适的高度，并剪去后来发展出的残桩。

剪去死亡和衰败的枝条，一定要剪到看到健康、白色髓为止，即使这意味着几乎剪至地面。还要剪去交叉枝条，让空气和阳光自由进入月季中央。

关于是否进一步对灌木月季进行修剪的意见有所差异。英国皇家月季协会曾经进行过月季的修剪试验，评估不同修剪方法的价值。传统的措施是去除所有看起来不能产生开花枝的繁茂细枝，而试验证明实际上最好将它们保留不动，因为它们会很早地展叶，为生长季刚开始的月季提供宝贵的能量。

何时修剪

在秋季叶落至春季芽萌发之间，即月季休眠或半休眠时进行修剪。在活跃的生长季修剪月季有时候也是必要的，但会严重地阻碍生长。不要在霜冻时修剪月季，否则切口下面的生长芽会被冻伤，枝条会发生枯梢。经过严寒的冬天后，在春天将冻伤的枝条修剪至健康的芽

做出修剪切口

用修枝剪在芽上端做出切口。注意不要离芽太远，留下一截残枝，否则枝条会染病，引起枯梢。如果发生了这种情况，将枝条一直剪到健康的木质部出现的地方。

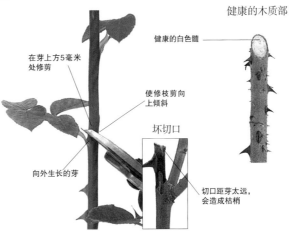

在芽上方5毫米处修剪

使修枝剪向上倾斜

向外生长的芽

坏切口

切口距芽太远，会造成枯梢

健康的木质部

健康的白色髓

处；如果冬天的环境总是很恶劣，那么在春天撤去防寒材料之后，立即对月季进行修剪。相反地，在月季花几乎连续开放的温暖气候区，应该在较凉爽的月份里对它们进行修剪以诱导休眠，让它们进入一段人为的休整阶段。

种植后的月季修剪

几乎所有新种植的月季都应该进行重剪，以促进健壮枝条和根系的发育。攀援月季是这条规则的例

如何修剪杂种香水月季

在秋季或春季进行重剪，剪掉所有没有收益的枝条，并将主枝截短，得到强壮、匀称的分枝框架。

外——在第一年只进行轻度的美化修剪，将所有细弱、死亡或受损枝条剪掉。将标准型月季的所有细弱、死亡或交叉枝剪掉。对于种植在缺乏营养素土壤中的月季来说，最好进行程度不太重的修剪并经常施肥。

现代园艺灌木月季

现代月季在当年新枝上开花，所以应该进行程度较重的修剪，以促进健壮新枝的生长，得到更好的

剪去交叉和拥挤的枝条，得到中心展开的植株。

去除所有死亡以及有受损或染病迹象的枝条。

将主枝修剪至距地面20~25厘米。

开花效果。

修剪新种植的灌木月季

将新种植的灌木月季修剪至距地面约8厘米。修剪至向外生长的芽处，并清除所有被冻伤的枝条。

杂种香水月季

去除死亡、受损和染病的枝条，修剪至健康的部位。繁茂的细枝可以留在植株上（见左侧，"如何修剪杂交香水月季"）。用长柄修枝剪去之前修剪留下的残枝，这些残枝虽然还健康，但并未产生任何有价值的新枝条。

从灌木中央修剪细弱或交叉枝条，得到匀称并允许空气自由流通的分枝框架。对于紧密种植的花坛月季，匀称的分枝框架不像对于作为园景植物种植的月季那样重要，后者会被从各个角度观赏。

在温带地区，为得到一般的开花效果，应将主枝修剪至20~25厘米长，但在气候极为温和的地区，应该进行程度更轻的修剪，剪至45~60厘米。要达到展览级的花朵效果，应将主枝重剪至只保留两或三个芽。

丰花月季和多花小月季

在对这些类型的月季进行修剪时，像对待杂种香水月季那样清除所有没有收益的枝条（见左侧）。剪短所有侧枝，尺寸较小的品种剪短约三分之一，对于较高大的品种如"莎莉·福尔摩斯"月季，应将侧枝剪短三分之二。将主枝截短至30~38厘米，但对于较高大的品种，截短枝

条长度的三分之一即可。不要再加重修剪程度，除非是为了展览而种植月季，因为这样会减少接下来的生长季的开花数量。

矮生丰花月季

这类月季是丰花月季的低矮版本，应该按同样的原则在秋季或春季修剪。

微型月季

修剪微型月季有两种截然不同的方法。简单的一种是只进行最低程度的修剪：剪去枯梢的枝条，偶尔对过于茂密的杂乱细枝进行疏剪，剪短所有过于苗壮并有损植株平衡的枝条。

第二种方法是像微型杂种香水月季或丰花月季那样修剪。除了最强壮的枝条，剪去所有其他枝叶，然后再将剩余枝条剪短约三分之一。对于从美国引入英国还不适应新环境的品种，这种方法比较令人满意。这些植株受到额外重剪的刺激，会长出苗壮的新枝。这种方法还能用来改善难看的株型。

标准苗型月季

大多数标准苗型月季是用杂交香水月季或丰花月季的灌木品种或小型灌丛月季芽接在直立、不分枝的茎秆上形成的，通常高1.1~1.2米。像对待所有的灌木或灌丛月季那样进行修剪，将枝条剪短约三分之一，使其长度大概相同。对于标准苗型

如何修剪丰花月季或多花小月季

在秋季或春季，剪去无收益的枝条并修剪侧枝。按照与品种高度合适的比例将主枝剪短。

将交叉或拥挤枝条剪至主干。

将所有死亡、受损或染病的枝条修剪至健康的芽处。

将主枝修剪至距地面30~38厘米处。

将侧枝剪短三分之一至三分之二，修剪至芽处。

月季，得到四面美观的匀称树冠非常重要。如果树冠不匀称，较浓密一侧枝条的修剪程度应该较轻，这样这一侧产生的新枝就没有较稀疏一侧产生的新枝多。

垂枝型标准苗

这类月季常常是用小花型蔓生月季品种嫁接在高约1.5米的茎秆上形成的。它们柔韧的枝条是下垂的，

只需要有限的修剪：当花朵凋谢后去除开过花的老枝，不要动当季长出的新枝。多季开花的垂枝型标准苗月季只需要在秋天进行轻度修剪，然后在冬季进行重剪。

灌丛月季、蔷薇属物种和古老园艺月季

虽然在生长习性上有很大的不同，但大部分现代和古老园艺灌丛

月季以及所有蔷薇属物种都在两年或更老的枝条上开花。应该对它们进行程度相当轻的修剪，以免损伤开花枝。如果任其自然生长，不进行任何形式的修剪，许多种类仍然能持续多年大量开花。只需要剪去所有死亡、受损、染病或细弱的枝条，让月季保持健康。虽然如此，但是一定程度的修剪有助于增加花朵的数量和提高花朵的质量。

对于包括杂交麝香月季和茶香月季在内的成熟多季开花灌丛月季，应该在每年冬天进行轻度的更新修剪，将部分较老的主枝剪至基部。这样会促进新的健壮基部枝条产生，这些枝条会在第二年夏天开花。经过四年的更新修剪后，所有的老枝都会被代替，再加上经常施肥，月季会保持多年大量开花。非多季开花月季的修剪措施与之相似，但要在花期过后立即修剪。

法国蔷薇

这类月季中的许多种类都会长出繁茂杂乱的细枝，需要经常疏剪。花期过后，只将侧枝剪短并剪去所有死亡或染病枝条。对于用作树篱的法国蔷薇，轻度修剪其顶部以维持整齐的形状。不要试图将它们修剪成规则式树篱的形状，因为这样会剪掉大量在第二年开花的侧枝。

如何修剪微型月季

修剪前
微型月季经常长出一团杂乱的细枝（左）。这株月季因为基部过于旺盛的枝条变得不平衡了。

修剪后
杂乱的细枝和受损枝条都被清除了，健壮的枝条被截短了一半（下）。

如何修剪标准苗型月季

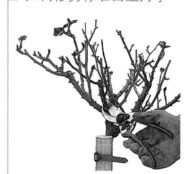

修剪前
在春天修剪标准苗型月季，防止树冠过重并保持树冠匀称，以便使其大量开花。

修剪后
所有死亡、受损的部分以及交叉的枝条都已经修剪至健康的主枝。主枝被修剪至20~25厘米长，侧枝被剪短约三分之一。

修剪法国蔷薇

在整个花期里，对这类月季进行疏剪以保持其健康。每年花期后进行一次修剪，需要剪短侧枝、不开花枝条以及部分老枝，以促进新枝生长。

定期疏剪杂乱细枝，并将开过花的枝条剪至主枝。

每三至四年，将四分之一数量的主枝从基部剪去。

将侧枝剪短约三分之二，不要剪主枝。剪去所有死亡、受损或细弱枝条。

修剪白蔷薇、百叶蔷薇、大马士革蔷薇、苔蔷薇和波特兰蔷薇

花期后修剪，剪短主枝和侧枝。如有必要，在夏末再次修剪，以去除发育出的所有过长枝条。

将老而木质化的主枝剪短四分之一至三分之一。

夏末

将所有过长枝条剪短约一半。

将侧枝剪短约三分之二。

蔷薇属物种、诺瑟特蔷薇、苏格兰蔷薇、长绿蔷薇和香叶蔷薇

这类蔷薇植物的大部分魅力在于它们拱形的长长枝条，在长出后的第二年及往后的年份，沿着长枝开满了花，常常开在相对较短的侧枝上。

需要进行整形修剪以建立强壮新枝构成的匀称分枝框架。之后只需要对这些月季去除死亡或染病枝条，除非它们变得过于密集或开花稀疏，如果发生了这样的情况，就像对待非多季开花月季一样进行更新修剪。重剪能够促进强壮的营养枝生长，但新生枝条到第二年才会正常开花。如果灌木丛偏向一侧，在花期过后进行重新整形并剪掉所有过长的枝条。

白蔷薇、百叶蔷薇、大马士革蔷薇、苔蔷薇和波特兰蔷薇

在花期过后，将主枝和侧枝都剪短。在夏末，截短所有徒长的过长枝条，以防它们在风中晃动，对根系造成松动和损伤。

波邦蔷薇和杂种长春月季

这些种类一般是多季开花的，所以应该像对待杂种香水月季那样在早春对它们以及玫瑰的杂种进行修剪（见161页），但修剪程度应该轻得多。

为用于展览的月季摘蕾

同一个品种应该多种几株，保证有选择余地。只要在花园中好好照看并使叶片不染上病害，普通的花园灌木月季都可用于展览。对月季品种进行重剪，得到数量有限的强壮枝条，每根枝条一季只开八或九朵花，对其额外施肥，以维持其健壮生长。月季常常需要摘心才能开出展览需要的花朵。对于杂种香水月季，将新形成的侧蕾摘掉，让主蕾充分发育。

将丰花月季中央的花蕾摘除，让其余花蕾在大致相同的时间开放。

同一品种的花朵应该大小一致。健康美观的叶片也很重要。

杂种香水月季

一旦花蕾长到容易操作的大小，就立即将所有侧蕾掐掉，留下中央的顶蕾继续生长。

留下顶蕾继续发育

掐去侧蕾

丰花月季

将每个花束中央的花蕾掐去，以得到一致的开花效果。

掐去顶蕾

留下侧蕾继续发育

高耸的圆锥形花心

紧实、无瑕疵的花瓣

圆形轮廓

干净、未损伤的叶片

开放四分之三的花朵

外层花瓣均匀反卷

'梦想时光'月季

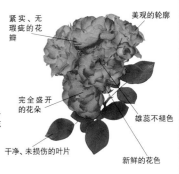

美观的轮廓

紧实、无瑕疵的花瓣

完全盛开的花朵

雄蕊不褪色

干净、未损伤的叶片

新鲜的花色

'汉娜·戈登'月季

攀援月季和蔓生月季

这些月季很少需要修剪，但需要每年整枝。攀援月季和蔓生月季都不能自我支撑，如果整枝不当，很难大量开花并且基部会变得裸露。某些灌木月季，如一些杂种麝香月季，会伸出角度尴尬的长枝条，可以将其整枝在墙壁或其他支撑结构上。

攀援月季

在种植后的第一年和第二年（除非它们长得异常茂盛），除了去除死亡、染病或受损枝条，不要修剪攀援月季。对于由灌木月季芽变得到的攀援品种，头两年内一定不要修剪，否则它们可能逆转回原来的灌木状态。微型攀援月季和波尔索月季的修剪方式与攀援月季相同。

在新枝条够着支撑结构时开始整枝；将它们整枝在水平的支撑物上，可促进开花。在不能这样整枝的地方，如门和窗户之间的狭窄区域，选择高灌木月季和攀援月季的过渡类型品种。许多这样的品种会从植株基部到顶部开出很好看的花，并不需要专门修剪，如'金晃'月季、'约瑟夫外套'月季（'Joseph's Coat'）和一些较健壮的波邦蔷薇。

许多攀援月季都能维持多年良好的开花状态而基本不用修剪，只需去除死亡、染病枝条或杂乱的细枝。在花期过后的秋天修剪。不要修剪强壮主枝，除非它们超出了自己的既定空间。如果发生这样的情况，按照合适的比例将其截短，否则只将侧枝剪短。趁枝条还柔韧时，将所有当季新枝整枝在支撑结构上。

如果灌木月季的基部变得十分裸露，偶尔进行更新修剪也是有必要的。将一或两根较老主枝修剪至距地面约30厘米，以促进健壮新枝发育并代替老枝。在接下来的数年重复这一程序。

成熟蔓生月季的修剪和整枝

头两年过后，在夏末花期刚刚结束时修剪，剪去所有死亡、染病或细弱枝条。然后将新枝整枝。

攀援月季的修剪和整枝

在种植后的头两年，只需要剪去没有收益的枝条。从第三年开始，在秋季花期过后进行修剪。

将侧枝剪短约三分之二或约15厘米，修剪至一向外生长的芽处。

将所有新枝绑扎到间距15~20厘米的水平金属丝上；枝条不要交叉。

去除所有染病、死亡枝条或杂乱细枝，修剪至健康部位或主枝。

蔓生月季

像攀援月季一样，蔓生月季也能在没有任何正式修剪的情况下正常生长很多年。与大多数攀援月季相比，它们从基部抽生的枝条数量更多，如果不仔细整枝的话，会长成一团无法梳理的纠缠枝条。这样会造成空气流通不畅，易于产生病害，并且很难为植株彻底喷洒药剂。

在夏末修剪蔓生月季。在头两年，只是将所有侧枝剪短约7.5厘米，剪至健壮的枝条处；同时去除所有死亡或染病枝条。在后来的年份中，对月季进行程度较重的修剪，维持其框架。将所有枝条从支撑结构上解下，如果可能的话，将它们平放在地面上。将四分之一至三分之一的最老枝条修剪至地面，留下新枝和部分较老但仍然健壮的枝条用于绑扎，得到匀称的框架。

将主枝尖端所有未成熟的部分剪去，并剪短所有侧枝。将超出有限空间或破坏整株平衡的枝条剪短。枝条尽量接近水平整枝，以促进花朵满满地开在沿着主枝生长的新生短侧枝上。

整枝在拱门、藤架、柱子和乔木上

攀援月季或蔓生月季可以整枝在柱子、拱门或藤架上。将主枝扭曲在直立结构上，以促使开花枝在下方形成。在枝条成熟变硬之前，将它们按照自然生长方向小心地整枝。这对于枝条坚硬的攀援月季很重要。用麻绳或塑料月季绑结它们绑扎起来；塑料绑结便于在修剪时解开，或者随着月季的生长加以松动。一旦主枝长到支撑结构的高度，就对其进行定期修剪，将月季限制在生长范围内。

过多过长侧枝会毁坏柱子上月季的外形，不过少量额外修剪就能很快改变这一点。在春天将侧枝截短15厘米，保留三或四个芽。

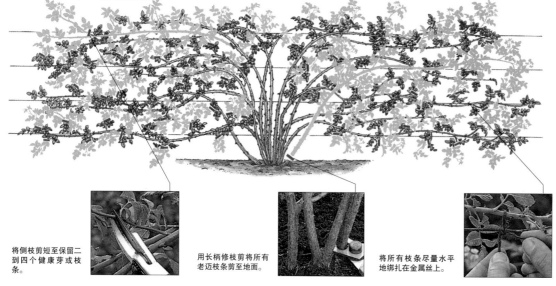

将侧枝剪短至保留二到四个健康芽或枝条。

用长柄修枝剪将所有老迈枝条剪至地面。

将所有枝条尽量水平地绑扎在金属丝上。

繁殖

月季的繁殖方法主要有三种：扦插、芽接和播种。采取插条是最容易的方法，但等待的时间最长；除微型月季外，扦插苗需要三年才能成熟。芽接需要已经种植好的砧木，不过一般会产生更强壮的植株。许多蔷薇属物种（如紫叶蔷薇）能够用种子稳定地真实遗传。杂种月季之间或与蔷薇属物种之间进行杂交，可以产生新的品种。

硬枝插条

大多数月季都可以用硬枝插条繁殖，特别是某些与野生物种亲缘关系很近的品种，如蔓生月季。微型月季插条的生根和发育速度极快，因此扦插广泛用于其商业生产。遗传组成复杂的杂种香水月季生根没有这么容易，而且两或三年后的大小还不能达到商用的程度，因此它们一般嫁接在别的砧木上。

扦插苗长成的月季有一个优势：由于没有砧木，所以不会产生萌蘖条。劣势包括：某些品种的生长势头会减弱（不过对于微型月季反而是个优势），以及在最初的几年中容易变得生长苗壮但不爱开花，特别是蔷薇属物种。

在众多气候区中，用硬枝插条是最可靠的扦插方法，但不同种类的生根成功率有差异。所以，最好采取大量插条，以防可能出现的扦插失败。

插条的准备

在早秋，从当季枝条上选择扦插材料。将选中枝条上所有凋败的花朵剪去，并将枝条装入透明的塑料袋中以防脱水。准备插条时将所有叶子剪掉并截短至23厘米。将插条上的刺折断以便于操作。将每根插条的基部弄湿并蘸取激素生根粉，抖掉多余的粉末。

微型月季的插条更短，只需5~10厘米长。

扦插苗床的准备

为扦插苗床选择一块开阔地，最好是正午阳光直射不到的地方。用单层掘地法整地、紧实土壤并耙出均匀的表面。

插条的扦插

用木棍或戳孔器戳出一系列15厘米深的种植孔，并在底部填入少量粗砂，以利于排水。或者挖出一道同样深的裂缝形狭窄沟槽，并沿着基部撒一层粗砂。在疏松砂质土壤中，可用铁锹沿着中线垂直插入地面，然后前后晃动将裂缝弄宽。

将插条垂直插入种植孔或沟槽中，露出地面约三分之一的长度。它们应该保持足够的间距，以便在生根后单独挖出时不会扰动邻近的插条。紧实土壤，浇水。随后若出现持续干旱期，再次浇水；霜冻可能会使土壤中的根系松动，所以在霜冻后再次紧实土壤。

另一个选择是将硬枝插条扦插在装满疏松砂质土壤的深花盆中生根。将花盆齐边缘入户外阴凉处的土壤或沙子中，并按照需要浇水。对于微型月季的插条，冷床或凉爽温室中的种植袋或花盆是更方便的选择。

插条的生长发育

在秋天，每根插条的基部会形成愈伤组织，根系会在第二年春天从这里长出。生根之后，年幼的扦插苗就会迅速开始发育，如果在夏天形成了花蕾，要将这些花蕾全部除去，让植株能将能量集中在营养生长上。第二年秋天，如果大小足够，即23-30厘米高，则将这些月季幼苗移植到固定的种植地点；如果还不够大，则让它们再生长一年。

半硬枝插条

在冬季严寒的地区，半硬枝插条可能比硬枝插条更容易扦插成功。在夏末花期过后，选择绿色的成熟侧枝。从枝条开始变硬的芽上端将其截取15厘米长的一段，并将柔软的末端剪掉。准备插条时将其修剪至10厘米长，程序和半硬枝插条一样。

将它们插入装满砂质基质（等比例的草炭替代物或草炭与沙子）的深花盆中。用塑料袋覆盖花盆或者将花盆放入增殖箱中，以防插条失去水分，再转移到凉爽无霜的地方。在春天，将生根扦插苗移栽到苗床中。

如何用硬枝插条繁殖月季

1 选择大约铅笔粗细、约30~60厘米长、已经在夏天开过花的健康成熟枝条（这里是'梦想之巅'月季）。从一个向外生长的芽上端斜切，将其采下。去除所有叶片和柔软的顶端部分。

2 将枝条剪至23厘米长，在顶芽上端做斜切口，底芽下端做直切口。在插条基部蘸取激素生根粉。

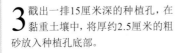

3 戳出一排15厘米深的种植孔，在黏重土壤中，将约厚2.5厘米的粗砂放入种植孔底部。

4 在每个种植孔里插入一根插条：确保插条抵达种植孔的底部，大约有15厘米埋入土中。紧实土壤，浇水，做好标记。

5 一年之后，用手叉挖出每棵生根的扦插苗，注意不要损伤根系。将它们种在苗床里或放入冷床中继续生长。

园艺百科全书（典藏版）

如何芽接月季

1 选择约30厘米长、带有三到四个芽的开花枝条。将其剪下，在母株上向外生长的芽上端做斜切口。

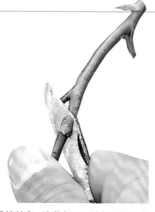

2 手持枝条，让芽朝下。用小刀从距芽5毫米处切入。用刀刃将芽挖下来并保留2.5厘米长的"尾部"。

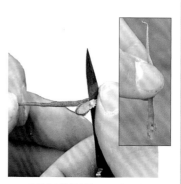

3 手持插穗的尾部，用小刀削去绿色树皮上的粗糙木头。剪短尾部，得到约1厘米长的插穗。

4 用小刀的刀背将砧木茎秆上的刺刮去，清理出约4厘米长的茎段。

5 做T字形切口，以正好穿透树皮为宜。水平切口约5毫米长，垂直切口约2厘米长。

6 用芽接小刀的尖端插入T字的两翼然后向外拨动，露出内部的白色形成层。

7 手持接穗的尾部，将其插入砧木的树皮里面，使芽紧密地贴在水平切口的正下方。

8 顺着水平切口，用小刀小心地将伸出T字上方的多余尾部切掉，不要损伤树皮下面的部分。

9 将橡胶绑结围绕芽接区域绑好，在芽的对面绑上。这会将砧木和接穗牢牢地固定在一起。

在标准苗砧木上进行T字形芽接

为得到树冠匀称的标准苗型月季，在砧木茎秆的预定高度——通常为距地平面1.1～1.2米，以8厘米为垂直间距交错嫁接二或三个芽。用橡胶嫁接补丁（右）固定每个芽。在春天，将砧木截短至嫁接芽长出的新枝上端（最右）。

芽接

芽接过程需要将来自两种不同月季的植物材料结合在一起，得到双方的优点。将用于观赏的植物地上部分的休眠芽（接穗）插入砧木根系上端的树皮下，砧木通常是蔷薇属物种或特定的无性系，选择它们是因为其活力和耐寒性较好。不同的砧木可以适应不同的土壤或气候条件，或者用来促进接穗的茁壮生长。

选择合适的砧木

有许多砧木可以用来适应不同的生长条件：耐寒而健壮的野蔷薇（*Rosa multiflora*）被广泛地用作砧木，特别是在冬天极为寒冷的地方；它也可以用在贫瘠的土地上，不过芽接在这种砧木上的植株寿命不会很长。狗蔷薇（*R. canina*）会产生耐寒的植株，在冬季严寒或者土壤黏重的地方很受欢迎，但它会大量生长萌蘖条；在休眠期较短的地方，更常使用的是攀援种类'休伊博士'蔷薇（*R.* 'Dr Huey'，其用作砧木时曾被称为'Shafter'）。疏花蔷薇（*R. laxa*）的优选无性系已经大范围取代了其他大多数商用砧木，它在大多数土壤和气候条件下都表现得非常稳定，并且几乎无刺，便于芽接操作，还很少产生萌蘖。任何砧木供应商和当地苗圃都应该能够提供最能适应当地生长条件的砧木信息。

可以从野生灌木状月季中获得砧木，但它们的品质不稳定，最好还是使用生长性状更一致的砧木。

种植砧木

在秋天将砧木种植于育苗床中，株距30厘米，行距75厘米。对于灌木月季，应将接穗插入根和茎相接的地方（根颈部）。所以为了方便芽接，将砧木以45°角种植，并使根系顶端正好位于地面上。在茎秆基部培土，保持芽接处树皮的湿润和柔韧。标准苗型月季的砧木必须长到约2～2.2米高，在它们长成直立、裸露茎秆之前，需要将所有的芽抹掉。

何时芽接

芽接应该在仲夏至夏末进行，最好是在凉爽、多阵雨的条件下。如果在芽接的月份天气很干燥，要给予砧木充足的灌溉。这能保证树液的大量流动，防止树枝脱水，这样才能将树皮剥开而不伤到里面的部分。迅速操作也是避免芽和砧木脱水的重要方法。

可以使用形状特殊、末端锋利渐尖的单刃芽接小刀（见第555页，"园艺刀"），不过普通的园艺刀亦能胜任。任何用于芽接的小刀都必须非常干净和锋利。

选择取芽枝条

选择在叶腋处拥有肥壮休眠芽的完全成熟枝条。这样的枝条称作取芽枝条。剪去叶子和叶柄；将取芽枝条装入塑料袋中，防止其在使用前脱水。

准备接穗

手持取芽枝条并让末端朝下，从芽基部上方开始，用芽接小刀将芽带细尾部挖出。这片约2.5厘米长、带有芽的盾牌状树皮就是插穗。将芽后面的木质部分去除，并截短尾部，使接穗长度为大约1厘米。如果保留木质部分，会阻碍接穗与砧木的结合。如果接穗从枝条上挖下时切得过深，很难在去除木质部分时不损伤芽。

准备砧木

对于灌木月季，将砧木根颈部的土壤清除干净，刮去刺，将其擦干净。用芽接小刀在根颈部做一个T字形切口，穿透树皮，但不要切入木质部分，否则会造成损伤。

将芽嫁接到砧木上

小心地用刀刃的钝面将砧木被切割的树皮剥开，不要将树皮或下方的木质部分撕裂。轻轻地将接穗插入"T"字中，芽朝上。将露出的所有尾部切掉。用橡胶嫁接补丁牢固地固定好芽，并保持树皮的紧密贴合以免散失水分。这种补丁很容易

固定，并且会自动降解，不会阻碍芽的生长。

截短砧木

如果接穗愈合成功，芽会很快膨胀并长出枝条，一般是在第二年春天。一旦枝条长出，就将接穗上方的砧木截去。如果枝条需要支撑，可将其绑在木棍上，不过一般不需要。

标准苗型月季的芽接

标准苗砧木的芽接应该在预定高度的茎秆顶端进行，通常为大约1.1~1.2米；垂枝型标准苗的嫁接高度稍高，约1.5米。绕着茎秆嫁接二或三个芽，得到匀称的树冠。如果使用狗蔷薇当砧木，可以将芽紧挨主干插入匀称的侧枝上。更常用的方法是将三个芽垂直交错地嫁接在玫瑰砧木的主干上。

压条繁殖

只要拥有长而柔韧、能够压弯并钉在地面上的枝条，任何月季都可以用简易压条法来繁殖。

在花期过后的夏末，选择一根健康成熟枝条并剪去部分叶子，得到一段裸露茎段。将一些草炭替代物或草炭混入待压条的土壤中，然后将枝条钉在准备好的土壤中以促进其生根。第二年春天，将生根压条从母株分离，在根系正后面切下，然后将压条种在预定位置继续生长。

蔓生月季和攀援月季很适合压条，不过要是它们种在墙壁基部的狭窄种植床上，可能没有足够大的裸露土壤区域进行压条，特别是在有别的植物种在月季基部的情况下。许多灌丛状月季如大马士革蔷薇、百叶蔷薇、波邦蔷薇以及大多数白蔷薇和蔷薇属物种都适合压条，因为它们的株型很松散，并且基部一般会有更多裸露土壤可以进行压条。

现代灌丛月季如'中国城'月季实际上是很高的丰花月季，它们的枝条非常硬，所以应该趁枝条年幼柔韧时进行水平整枝，为压条做准备。地被月季品种最适合使用这种

繁殖方法。某些品种如'山鸡'月季（PHEASANT 'Kordapt'）或'松鸡'月季（GROUSE 'Korimro'）的枝条会自然向土壤中扎根；只需将它们从母株上分离并移植即可。

对于花园中最常见的现代杂种香水月季和丰花月季，大部分种类的枝条都太硬，并且株型过于直立，很难成功压条，应该采用扦插繁殖。只有少量株型松散的品种如'太后'月季（QUEEN MOTHER 'Korquemu'）才能轻松地用压条的方式繁殖。

分株繁殖

如果月季长在自己的根系上，那么采取生根萌蘖条是一种简便

的繁殖方法。不过，大多数来自苗圃的月季都是嫁接在砧木上的，所以萌蘖条从砧木长出，因此这样的月季不能用分株的方法繁殖。

某些由实生苗长成的蔷薇属物种以及由扦插苗长成的月季会自然地抽生萌蘖条。在休眠期，将生根萌蘖条或枝条从母株上分离，并移栽入苗床或固定位置。对有芽的灌丛月季品种深植，有时会促进枝条生根。可以像使用生根萌蘖条那样用它们繁殖。

大量抽生萌蘖条的种类如茴芹叶蔷薇、玫瑰的品种以及某些法国蔷薇都可以用这种方法轻松繁殖。

如何对月季进行压条

1 在成熟又柔韧的长枝条下方做一个2.5厘米长的斜切口。用激素生根粉处理伤口，再用火柴棍将其撑开（见插图）。

2 将枝条压入准备好的土壤中的小坑，并用铁丝环将其钉牢。覆盖并紧实土壤，将被压枝条的末端绑在短木棍上。

分株繁殖月季

1 在秋末或早春，选择一根发育良好的萌蘖条。将土壤挖走，露出它的基部。将其从母株上分离，尽量多带根。

2 准备好宽度和深度能容纳根系的种植穴。立即将萌蘖条种在里面，浇水并紧实土壤。将枝条截短至23~30厘米。

月季的播种繁殖

1 用干净锋利的小刀剖开从母株上采下的成熟蔷薇果（见插图）。用刀背将种子逐个挑出。

2 将种子放入装满潮湿草炭替代物或草炭的塑料袋中，在室温下放置两至三天，然后放入冰箱保存三至四周。

3 将种子点播在砂质基质（1份沙子加1份草炭替代物）表面。用砂砾覆盖，做好标签，放入冷床中。

4 当实生幼苗长出第一片真叶后，将其单独移栽到填充含壤质土基质、直径为5厘米的花盆中。

使用种子繁殖月季

与品种不同的是，蔷薇属物种是自交可育的，能像其他灌木那样用种子繁殖。虽然很难在市场上买到月季种子，但可以很容易地将它们从成熟的蔷薇果中提取出来。杂交月季的实生苗不能真实遗传，所以一般用芽接（见166页）的方法来繁殖。

种子的提取和播种

在秋天蔷薇果膨胀成熟的时候，将种子取出并在播种前在冰箱内进行层积处理（见629页，"如何克服休眠"）。层积处理是所有蔷薇属物种的种子播种前必须进行的操作。

将种子种在播种盘、种植包或独立的花盆中，这些容器都至少应有6厘米深。如果使用播种盘，则将种子间距保持在5厘米，并用沙子或砂砾覆盖，厚度为种子本身的大小。然后将播种盘和种植包放入冷床中以防被老鼠和其他动物吃掉。种子需要一年才能萌发。当第一对真叶形成后，将实生幼苗移栽至独立容器中。首先长出的一对叶是椭圆形的子叶，和月季的正常叶片形状不同。在操作幼苗时要非常小心，因为它们正处于脆弱的发育阶段。

让幼苗在冷床中继续生长，直到它们在容器中完全成形。然后白天将它们移出冷床，逐步进行炼苗之后，就可以将幼苗种植在开阔地里了。如有必要，也可以换盆，待其长到足够大时再移栽。

杂交

通过杂交可以创造新月季品种，这一过程需要某个品种或物种与不同的品种或物种异花授粉，然后将得到的新种子播种，培育幼苗。这样做的目的是得到遗传双亲优良性状的品种。

选择亲本

大多数月季的种源都很复杂，所以不要对杂交结果有太大的预期，得到品质独特的优良品种的概率很小。了解月季的双亲遗传特征——特别是它们的染色体数目和结构，在育种中很重要。

染色体是植物细胞内通过基因控制性状遗传的结构。不同种类的月季染色体数目可能会有差异，尽管所有月季的染色体数都是7的倍数。大多数蔷薇属物种的染色体数为14（二倍体）、28（四倍体）、42（六倍体）或56（八倍体）。当两个月季杂交时，来自双亲的等价染色体开始配对，然后在新的月季品种中合并在一起。大多数园艺月季都是四倍体，两个四倍体杂交得到的子代仍然是四倍体。

月季的杂交

准备结实亲本

1 选择一朵无瑕疵、尚未完全展开花瓣的花朵（这里是'肯特公主'月季），这样的花还没有授粉。

2 从外层开始，剥去花瓣。在剥掉中心花瓣的时候，注意不要损坏露出来的柱头。

3 用镊子或小剪刀将柱头周围的雄蕊或花瓣去掉。

4 用放大镜观察，确保没有残留的雄蕊或花瓣。如果有的话，它们会腐烂并让真菌进入蔷薇果。

5 做一个锥形纸筒，将上端捏紧（见插图）。将花萼向后拢，用纸筒将花盖住，在花梗处绑扎结实。

另一种方法：
将洁净干燥的塑料袋套在花上并绑扎结实，以防传粉昆虫污染。

而二倍体（14）和四倍体（28）杂交得到7+14条染色体，所以新月季品种的染色体数是21（三倍体）。这不是一个偶数，所以有7条染色体没有参与配对。三倍体常常是不育的。最新版的《现代月季》中详细列出了大量月季的谱系信息。

遗传并不是选择亲本时唯一的考虑因素。有些杂种月季是很好的授粉亲本（父本），但当作结实亲本（母本）时表现很差，反之亦然。有些种类完全不可育，有些几乎不能育，对于花瓣数量很多的月季如百叶蔷薇类，很多雄蕊都被花瓣取代了，所以很难为杂交提供花粉。如果多季开花是目标性状的话，非多季开花月季和多季开花月季的杂交可能会产生问题，因为这样的杂交组合产生的第一代常常是非多季开花的。至少需要再进行一次杂交，才会在后代中出现多季开花的性状。

这里只是对复杂的育种项目进行简单描述，在月季育种中蕴藏着大量机会。无论采用多么科学的方法，结果都是无法预知的。作为一般性的准则，选择那些最健康的品种作为亲本，并从最简单的杂交组合开始，即将两个不同的丰花月季品种进行杂交。

控制生长环境

除非在无霜气候下，否则应使用温室中的盆栽月季，这样能更好地控制温度、湿度、病虫害，以便蔷薇果有较大的概率发育成熟。精确的记录是必需的。在完成杂交后，用带日期的标签牢固地挂在所有的花枝上，在上面标明双亲的名称，母本在前，如'安妮'月季（ANNE HARKNESS 'Harkaramel'）×'纪念品'月季（MEMENTO 'Dicbar'）。

准备结实亲本

首先从母本植株上选择一朵刚要展开但昆虫还不能接触花心的花朵，以免外来花粉的污染。小心地除去花瓣和雄蕊（去雄），并确保不留下任何以后会导致腐烂的组织。用圆锥纸筒或塑料袋套在去雄后的花上，任其生长一或两天，让柱头完全成熟。

准备供粉亲本

从父本植株上剪下发育阶段与母本相同的花，将花枝插在水中并防止昆虫，直到花药释放出微小的黄色花粉粒，一般在剪下的第二天出现。母本植株的柱头应该渗出黏稠的分泌物，这表明它们已经准备好接受花粉。将父本植株的花瓣扯掉，保持花药的完整。

为结实亲本授粉

撤去保护套，用父本的雄蕊刷涂母本的柱头。它们的黏性分泌物有助于黏附花粉。重新将保护套套在花上，在花枝上做好标记。

另外一种方法是将父本植株的花药剪下，放入小型的干净容器如塑料药盒中，标记上父本名称，储藏在凉爽、干燥的地方，直到盒子中释放出花粉粒。用细毛刷将盒子中的花粉涂抹在母本的柱头上。如果使用不同的月季进行多次杂交，确保每次操作之前将毛刷清洗干净，最好使用甲基化酒精或消毒酒精处理。

如果杂交没有成功，新形成的蔷薇果会迅速枯萎。如果杂交成功，花萼会翘起，蔷薇果开始膨胀。一旦观察到明显的迹象，将保护套撤去，让果实充分生长。

蔷薇果会继续膨胀，一般需要两个半月才能成熟，具体时间取决于气候。当成熟的时候，蔷薇果从绿色变成红色、黄色或栗色，具体颜色取决于月季植株个体。

收获和播种

采下成熟的蔷薇果并小心地提取种子。播种并培育幼苗（见168页，"种子的提取和播种"）。杂交得到的种子可以直接播种，不用进行层积处理。

选择

实生苗可能在第一年就开花——常常是在温室中萌发后数个星期之内，但是在第二年花朵才会展示出新杂种的典型性状，可以此判断是保留下来继续生长还是丢弃。

当茎长到粗5毫米时，有希望的新实生苗可以芽接在砧木上（见166页，"芽接"）。然而即使是有经验的杂交育种家在判断实生苗的潜力时也会感到很有挑战性，因为一个种系只有试种几年后才能发现它的缺陷。

准备供粉亲本

6 选择一朵无瑕疵、尚未完全开放的花（这里是'埃琳娜'月季）。在一个芽上端将花枝斜切下。

7 将选中的花插入水中并放在室内避免昆虫接触，直到完全开放（通常过夜即可）。

8 当花朵开放、花药分叉露出花粉的时候，将花瓣扯掉。

9 露出的花药这时可以释放出花粉颗粒。

准备供粉亲本

10 将结实亲本的保护套撤去，用父本的花药从母本的柱头刷过。花粉粒会黏附在母本的柱头上。

11 再次将保护套罩在母本的花上，绑扎结实。标记好双亲的名称，任果实逐渐成熟。

宿根植物

色调丰富多彩的花朵，纷繁复杂的形状和质感，常常带有美妙的香气，正是因为这些特质，宿根植物才会在花园中得到如此广泛的应用。

它们的多样性让它们可以用在大多数花园中，而它们的可靠性又让它们成为持久的快乐源泉。对许多人来说，传统的宿根花境就是园艺之美的缩影，但宿根植物在混合花境中也同样美丽，它们可以混植于灌木、一年生植物、球根花卉和蔬菜中，亦可盆栽或当作地被。既有纤秀的羽状复叶，又有香鸢尾那样的条带状叶子；它们的花也能满足各种需求，从精巧秀丽的丝石竹属（Gypsophila）植物到华贵雍容的芍药。包括许多景天属植物在内的部分宿根植物花期过后还有美丽的果实。在安静的树木背景下，宿根植物能够提供几乎不受限制且不断变化的种植组合。

花园中的宿根植物

　　按照植物学严格来讲，这类植物应该被称作草本宿根植物，但人们常将其简称为"宿根植物"。"草本"解释了每年地上部分枯死这一事实，而"宿根"指的是根系能够存活三年或更长时间。少量宿根植物如臭铁筷子（*Helleborus fortidus*）是常绿的，在冬天很有价值。

选择宿根植物

　　大部分宿根植物会在秋天结束之前完成开花、结果，然后逐渐枯萎到地面，进入冬季的休眠期。有些会保留木质化的基部，如黄花蓍草（*Achillea filipendulina*）；或肉质枝条，如玉树（*Sedum telephium*）；而其他种类完全消失在地下。有些宿根植物在炎炎夏日进入完全休眠，如东方多榔菊（*Doronicum orientale*）。大部分宿根植物在夏季开花，不过有些种类如阔叶山麦冬（*Liriope muscari*）和爪斑鸢尾（*Iris unguicularis*）在秋季和冬季为花园增色，而东方铁筷子（*Helleborus orientalis*）和肺草属（*Pulmonaria*）植物在早春开花。

　　比任何其他类群植物都突出的是，宿根植物拥有极为多样的形状、形式、色彩、质感和香味。大部分用于观花，也有很多拥有美观的叶子——从玉簪属植物有棱纹且开展的叶子或鸢尾属的剑形叶子到茴香（*Foeniculum vulgare*）玲珑剔透的纤薄叶片。特别是在小型花园中，部分宿根植物有美观的叶片，可延长观赏期——叶子持续的时间往往比花长。

　　宿根植物的株高差异极大，从只有5厘米高的猬莓属（*Acaena*）植物到高可达2.5米或更高的柳叶向日葵（*Helianthus salicifolius*）。低矮的宿根植物可用于花境前缘或穿插在灌木中，而高的宿根植物一般用在花境后方，赋予植物设计高度和结构。株型优美的宿根植物，如百子莲属（*Agapanthus*）植物或某些观赏草如新西兰丛生草（*Chionochloa rubra*）和'霜卷'缨穗苔草（*Carex comans* 'Frosted Curls'），可在花境或盆栽中用作标本植物。

　　某些宿根植物单是凭其香气就值得种植，如许多康乃馨、石竹（*Dianthus*）以及铃兰（*Convallaria majalis*）。康乃馨和石竹非常适合种在高花坛或窗槛花箱中，而可用作地被的铃兰在阴凉的灌木林中生长得很好。其他宿根植物如八宝景天（*Sedum spectabile*）以及众多菊科和伞形科植物如紫菀属植物和当归属（*Angelica*）植物开出的花朵能吸引有益昆虫，如蜜蜂和蝴蝶。

　　还可以选择拥有美丽果实或优美冬态的宿根植物将观赏期延伸至秋季和冬季。茴香、西伯利亚鸢尾（*Iris sibirica*）以及蓍属（*Achillea*）植物等都会在你最意想不到的时候给你惊喜。鸟类可以从果实上得到双重收获：它们喜欢吃其中的种子，还能够以寄居在空心茎秆和果实中过冬的昆虫为食。

　　和所有植物一样，当为种植设计选择宿根植物时，要保证它们能够适应种植地的生长条件，如土壤、小气候以及花坛或花境的朝向。在适宜的环境中，宿根植物更容易繁茂地生长，与那些在不良生长条件中挣扎的植物相比，它们所需要的养护也更少（见183页，"位置和朝向"）。

草本花境和混合花境

　　宿根植物在传统上用于花境——它们是长方形的苗床，前面是一片草坪或一条道路，后面映衬着树篱或墙壁，有独立出现的单花境，亦有相向而对的双花境。从19世纪末期开始流行的草本花境只使用宿根花卉，以团簇或条带状组合，最低矮的植物放在前面，用羽扇豆、福禄考及类似植物逐渐升高，抵达后面较高的植物如翠雀。它们的观赏期只限于夏季，因为在很多花园中花境只不过是众多观赏区域中的一个，每个观赏区在不同的季节都有各自的美丽。

　　随着花园在20世纪逐渐变小，空间变得更加有限，花境的开花期和植物选择范围被迫延伸和扩展。于是，混合花境越来越流行。如今，它们所使用的植物类型包括花坛植物、灌木、攀援植物，甚至还有开花小乔木，以及宿根植物。

　　混合花境的优点是它所需要的劳力更少，因为较大的面积可以使用要求不高的木质植物填充（见173页，"花坛与花境的设计"）。成功的花境需要定期养护。可能需要立桩支撑，因为密集种植以及背后的树篱或墙壁减少了光照，这会让宿根植物长得高而细。在所有这么密集的种植方案中，灌溉和营养水平也需要进行定期监测。

　　混合花境需要的额外杂务包括移栽早花球根花卉和桂竹香，然后是大丽花、美人蕉以及其他热带植物，将观赏期延伸至早春和秋季。还需要经常摘除枯花，在更长的花期内保持整洁。

岛式花坛

　　被草坪或铺装包围的岛式苗床可以从四面观赏和操作，所以种植设计应该保证所有角度的

自然式花境　有力的深绿色欧洲红豆杉（*Taxus baccata*）背景衬托出了混合宿根植物的自然感和多样性。

美观。和草本花境一样，草本花坛也在夏天展示出最美的一面。为延长观赏期，可以在宿根植物中混植各种球根花卉以及一或二株灌木。

　　因为较难抵达花坛中央，所以植物应该是健壮、低矮或紧凑的，这样就用不着立桩固定了。

　　不过，岛式花坛中的植物一般不太需要支撑，因为较高的光照水平和较好的空气流通会让它们比花境中的植物更加健壮。

　　几何式、圆形、正方形或长方形岛式花坛适合用于规则式环境中。在自然式花园或地形稍稍波状起伏的地方，更适合使用带有自由曲线的岛式苗床，避免使用复杂的形状和紧张的线条，否则很难进行维护，并且会降低种植物的观赏性。为创造空间，小型花园可以用多个岛式花坛填充。

在土壤贫瘠或易于过涝的花园中，抬升的岛式花坛可以为挑剔的宿根植物、较强性的高山植物以及地中海植物改善生长条件。花坛高度的增加也最大限度地减少了养护时弯腰的需要——这对于体弱或年老的园艺师很重要。

花坛与花境的设计

无论是草本花境还是混合花境，抑或是岛式花坛，设计种植方案时的总原则都是大体相似的。植株高度、体量、尺度、质感、顺序、形式、颜色等都是影响设计的变化因素。种植是一个非常个人主义的问题。每个人都有最喜欢的植物和色彩以及使用哪些植物搭配的既定观念。

岛式花坛 这个花坛的形状反映了周围的轮廓。最高的植物应该种在中间，最低的种在边缘。在这里，提供高度的是落新妇属（*Astilbe*）、半边莲属（*Lobelia*）和蚊子草属（*Filipendula*）植物。

体量与色彩 草坪边缘的规则式花境，其中的色块相对比较规则。规则感是重复种植带来的。例如，前景中间隔种植着鲜黄色大戟属（*Euphorbia*）植物，创造出来的韵律感将人的视线沿着花境吸引过来。

想象力和个人品味会不可避免地影响种植方案，不过要得到美观的花境也有一些需要遵循的基本原则。

一般原则

草本花境可以设计并种植成各种风格，奠定或强化花园的个性和基调。以修剪整齐的树篱作为背景的边缘，清晰笔直的花境具有很强的结构性，这在冬天很美观，在夏天可以通过种植花草来进行柔化。形状不规则的岛式花坛形式非常随意，但在冬天时不能为花园增添魅力。外形高贵大方的植物如羽扇豆、翠雀和婆婆纳等，如果按照严格的色彩方案以充满韵律感的节奏种植的话，则会带来某种程度的规则感。更随意的方法是引入株型较松散的植物，如丝石竹（*Gypsophila*）和柔软羽衣草（*Alchemilla mollis*），然后随机加入关键的园景植物如布景天（*Sedum* 'Herbstfreude'）。

在开始种植设计之前，先列出一张你想要使用植物的全面清单，其中应该包括你想要保留的任何现有植物，以及经过透彻研究的、将覆盖所有季节的其他植物，这些植物还得适合你的花园。

为植物留出发育成熟需要的空间，要将它们生长速度的不同考虑在内。在等待主要植物长到预定高度和冠幅之前，生长缓慢的植物周围可以种植耐阴地被（见180页，"地被宿根植物"）来填充空地。

首先要确定位置的是基调植物，如灌木、月季及任何壮观的宿根植物和观赏草，以及重要的景致植物；然后决定在哪里放置较小的植物。开始种植之前，按照你的种植图将植物摆在种植区域，并在这个阶段完成所有的调整。无论之前的种植方案做得多么仔细，微小的改动都是不可避免的，因为没有两座花园是一样的，植物在其中的反应亦有不同。

种植尺度

虽然花坛和花境的大小通常是由周围空间决定的，但种植的尺度也应该将花园和附近建筑物的尺度考虑在内。

花境或花坛的范围变化很大，但一条总的原则是，作为背景的花园越大，花境或花坛就可以设置得越大。两个大花坛比三或四个小花坛好，它们会增强空间感，并且让花园看起来不过于零碎。

花境的深度应该不小于1.5米，最好是3~5米，具体取决于道路的长度和宽度。这能保证足够的种植宽度，得到有层次的均衡效果。

对于从远处观赏、一侧是宽阔道路的大型花境，应该种植醒目的成簇植物，以产生足够的视觉冲击力。观赏距离越近，种植尺度就应该越小，这样当你沿着花境踱步时依然觉得它很可爱（见175页，"成团种植"）。

植株高度的变化

传统上，高的植物放在花境的后方，然后依次逐渐降低株高，得到多层的效果，保证每种植物都不会被隐藏起来。

在岛式花坛中，最高的植物位于中央，最低矮的位于四周的边缘。这样的种植方法会得到规则式的效果。可以在前景中引入较高但通透的植物，增加神秘感和对比效果，这会给总体的种植方案带来较强的起伏。

许多修长的植物如柳叶马鞭草（*Verbena bonariensis*）和许多观赏草如大针茅（*Stipa gigantea*）能够提供额外的高度，同时又能让视线穿过它们，看到另一面的景致。将质感丰富的宿根植物如开着柔软圆锥花序的'透明'竹形蓝天草（*Molinia caerulea* subsp. *arundinacea* 'Transparent'）种在前面，足以从花坛边缘触摸到。

一般来说，花期晚的宿根植物是最高的，因为它们的生长期最长。这可能导致夏末开花的植物高高地耸立在早花植物的枯花上。为了隐藏早花植物如东方罂粟凋谢后的空隙，可以在距离花坛前部较近的地方种植一些较矮的晚花植物，如'卡西诺山'紫菀（*Aster pilosus* var. *pringlei* 'Monte Cassino'）。

一般花坛或花境越宽，植物就会越高；非常高的植物在狭窄花境中会显得很尴尬，并且最高植物到最矮植物的角度看起来会过于陡峭。

成团种植

同一品种的数棵植物可以成功地聚集成团簇种植。特别是在花境的后部和花坛的中央，一大团同种植物会带来很强的视觉冲击力，而在前景中较小的团块可以增加多样性和趣味性。取决于种植方案的尺度，团块中植株的数量应保持在三株或以上，最多可达十二株左右。要想得到流线型自然式风格，应采用奇数种植——偶数会为花坛或花境带来某种严整的规则感。还应该引入不同大小的团块。如果有所疑虑，可以使用竹竿、扫帚或其他更有体量的支柱得到植物的"轮廓"，以确定空间中植物的分配。

叶子较小的宿根植物在成团种植时更加美观，如叶子小巧的阴地虎耳草（*Saxifraga* x *urbium*）最好以七株或更多植株丛植，而叶子宽大的岩白菜属（*Bergenia*）物种和杂种以三株丛植效果最好。至于叶子巨大的大根乃拉草（*Gunnera manicata*），单株种植就足够引人注目了（见178页，"孤植"）。

轮廓分明的宿根植物如花序直立的具茎火炬花（*Kniphofia caulescens*）在小团块种植时比那些形式一般的植物效果更好，如花朵松散的暗色老鹳草（*Geranium phaeum*）。

形式和轮廓

宿根植物的株型多种多样，包括直立形、圆球形或拱形，还有水平伸展的形状。将形式迥异的成团植物搭配在一个花境或花坛中，可得到一系列装饰画般的图案。例如，在圆锥丝石竹（*Gypsophila paniculata*）和心叶两节芥（*Crambe cordifolia*）云雾般的花朵映衬下，翠雀或独尾草属（*Eremurus*）植物的修长花序就像巨大的彩色感叹号。当鸢尾和其他条形叶植物的强烈垂直线条与'月光'蓍草（*Achillea* 'Moonshine'）或'马特罗娜'玉树（*Sedum telephium* 'Matrona'）的花序水平出现在一起时，也会形成对比。

有些植物是自然分为两层的，本身就能带来对比：'深紫'掌叶大黄（*Rheum palmatum* 'Atrosanguineum'）就是这样一个例子，它在大约1米高处长出一层红紫色叶片，上面开出小花组成的尖塔形羽状花序。

理解植物的质感

虽然花朵能够为种植方案带来整体质感，但是叶片提供了最强的视觉冲击，因为它在一年中持续的时间最长。即使从远处看，它也能创造醒目的对比和微妙的和谐效果。轮叶金鸡菊（*Coreopsis verticillata*）的秀丽叶片或茴香的细丝状叶子都非常纤巧，而优美大玉簪（*Hosta sieboldiana* var. *elegans*）等植物的巨大单叶则会产生一种醒目的质感效果。

观赏草尤其能够为花园带来各种不同的质感。细细的花梗和条形叶片看起来非常柔顺，然而又很强壮，在风中摇摆着，发出沙沙的响声，为花园增添了一些动态效果。许多种类都很强壮，花序能持续整个秋天甚至到冬天，如'马来帕

和谐的质感 不同形式和质感可以在花境中创造繁茂而充满异域风情的感觉。洋红色、橙色以及红色等暖色调的使用与绿色和较浅的颜色形成了令人愉悦的对比。

图'芒（*Miscanthus sinensis* 'Malepartus'）或'卡尔·弗斯特'尖花拂子茅（*Calamagrostis* x *acutiflora* 'Karl Foerster'）。

质感还受叶子表面的影响，无论是八宝景天无光泽的蜡质叶片、岩白菜（*Bergenia purpurascens*）的革质叶子，还是毛剪秋罗（*Lychnis coronaria*）毛茸茸的叶子。你需要理解叶子的质感如何影响种植方案，例如，有光泽的叶片会反射光线，在晴朗的日子里增添闪烁的光芒，而无光泽的叶片能吸收光线，创造出更幽静的效果。

至于形式，将质感对比明显的成团植物搭配在一起可以增加趣味性。例如，柔软羽衣草那柔软起褶的叶片和刺芹属（*Eryngium*）植物多刺的茎秆和锯齿状的叶片能形成很好的对比效果。耐寒的老鹳草属（*Geranium*）物种和品种以及匍匐筋骨草（*Ajuga reptans*）等地被宿根植物特别适合为其他植物充当低矮的背景，并填补种植方案中的空隙，增加质感（见180页，"地被宿根植物"）。

色彩的融合与对比

色彩的选择是一件非常个人化的事情。每个人都有属于自己的偏好和嫌恶。重要的是要选择你感到舒服的色调，无论它们的流行情况如何，也不要管你最好朋友的意见。像调色板那样严格分区的色块可以很壮观，但是难以融入小型花园。

为得到最广泛的植物种类，应该选择在同一时间或连续季节出现的多种色彩。如果你担心这样的效果太过喧闹，可以尝试剔除一种色彩之后的其他所有颜色。最尴尬的搭配应该是橙色和粉色，用其中之一搭配黄色、紫色、蓝色和红色得到的效果非常美观。你也可以选用互补的颜色，就是那些在色环上相对的色彩，如橙色和蓝色、黄色和紫色或绿色和红色。另一种选择是色环上相近的颜色，可以将暖色调的黄色、红色和橙色融合在一起，或者将冷色调的粉色、蓝色、紫色和淡紫色搭配使用。这样的色彩搭配是园艺界老前辈格特鲁德·哲基尔（Gertrude Jekyll）所常用的。

在单色种植设计中，叶子的角色和花一样重要。然而，这样的单色方案不但限制了植物种类，还很容易显得单调乏味，除非设计中有强烈的对比和变化。例如，在打造一个白色花园时，必须融入各种类型的白色，如奶油白、粉白和青白，以及各种色调的绿。引入对比鲜明的叶色、叶形和质感，有助于为种植方案带来张力。因此，在白色花园中，除了浅绿、中绿和深绿的叶子之外，还可以使用银色、灰色或者灰绿色的叶子。

一般来说，彩叶植物会强调色彩感，特别是在混合花境中，树叶为金色、银色或红色的灌木有助于衬托花朵。它们应该用作小的点缀，而不应成为主要景致。

色彩的深浅也在花园设计中起着重要的作用，白色、浅粉和浅黄等浅色比蓝色、红色和紫罗兰色等较深颜色的光线反射率更高，因此看起来更远。当进入黄昏、光线变暗的时候，浅色就开始闪烁起来——这样会让某些花朵消失，而其他花朵好像发光一般。后者可以用在夜晚休憩区域附近。浅色还能点亮幽深的角落，或用来强调视线焦点。而深色最好用于离观察点最近的前景。

季相

在混合花境中可以设计出连续不断、随着季节变化的色彩方案，不过要做到这一点需要协调每种植物的花期，让它们互相自然衔接。这样连续不断的方案需要在前期深思熟虑，不过错误是很容易改正的，只需在第二年秋天将不适宜的地方修正即可。

早在仲冬就拉开了春天的序幕，这时雪花莲属（*Galanthus*）植物和冬菟葵（*Eranthis hyemalis*）已绽开了花瓣，随即而来的是铁筷子属植物。混合花境后方某些冬季开花的灌木和攀援植物如蜡梅（*Chimonanthus praecox*）和桂香忍冬（*Lonicera* x *purpusii*）也会加入第一场表演。在该生长季稍晚之时，这些木质植物可以为某些不太健壮的草本攀援植物提供支撑，如六裂叶旱金莲（*Tropaeolum speciosum*）和意大利铁线莲（*Clematis viticella*）的杂种。在冬末和早春，黄色是主流，从欧洲报春（*Primula vulgaris*）、黄水仙到多榔菊属（*Doronicum*），然后是浅蓝色，从鸢尾类和肺草属植物（*Pulmonaria*）到散布着的葡萄风信子（*Muscari*）。随着郁金香的开放，春天结束了。

到初夏时，大部分球根花卉已经结束了它们的表演，真正属于宿根植物的季节到来了。首先是美丽的东方罂粟，它们的花朵炫目而短暂，然后是

春天的色彩 在较高的夏花宿根植物接手之前，晚春的花卉呈现出各种鲜艳色彩，既有勿忘我（*Myosotis*）的蓝紫色、花菱草（*Eschscholzia californica*）的黄色，又有蓝铃花（*Hyacinthoides*）的深蓝色。

花型复杂的芍药，还有花朵秀丽、带着长长的苞的黄花耧斗菜（*Aquilegia chrysantha*）以及许多耐寒的老鹳草属植物。一旦霜冻危险过去，剩余的不耐寒植物将逐渐开始争奇斗艳，包括大丽花属、木茼蒿属、骨籽菊属和美人蕉属植物。它们的花期都很长，在秋季的第一次霜冻来临之前能提供宝贵的色彩。有数百种植物可供选择，包括羽扇豆属、传统的欧洲山萝卜属、蓬松的唐松草属（*Thalictrum*）、香味强烈的福禄考属、红色的火炬花属（*Kniphofia*）植物以及大量菊科物种如飞蓬属（*Erigeron*）、堆心菊属（*Helenium*）、紫松果菊（*Echinacea purpurea*）、向日葵属（*Helianthus*）、金光菊属（*Rudbeckia*）、菊花和紫菀属等植物——最后两类是非常重要的秋花。

有时候可以在某特定植株或成簇植物旁种植一棵外形相似的植物，延伸其效果。例如，拥有深蓝色穗状花序的'蓝色尼罗河'翠雀（*Delphinium* 'Blue Nile'）可以和同样拥有蓝色花朵的乌头（*Acotinum carmichaelii*）种在一起，而且如果后者种在前面的话，还能将逐渐变黄的翠雀叶子遮挡起来。将地上部分很早就枯死的宿根植物（如羽扇豆属植物）种在较晚发育的种类如假龙头花属（*Physostegia*）植物前面，可隐藏难看的空隙或枯萎的叶子。

在混合花境中，在宿根植物刚刚开始生长的冬末或早春，球根植物可以提供宝贵的色彩。相似地，球根花卉的花朵凋谢后，宿根植物的新生枝叶会遮挡它们逐渐枯萎的叶子。例如，常绿的'紫黑'扁莛沿阶草（*Ophiopogon planiscapus* 'Nigrescens'）的紫黑色叶子、'蓝雾'囊杯猬莓（*Acaena saccaticupula* 'Blue Haze'）的柔软蓝灰色叶片或者小叶猬莓（*A. microphylla*）的铜色变种都能为雪花莲属植物提供完美的背景，并在它们的最佳观赏期过后继续提供观赏价值。当宿根植物进入生长期时，种植在花境后部的黄水仙和郁金香已经结束开花，于是枯死的叶子也被挡住了。

在秋末和冬季，特别是小型花园中，灌木对于维持种植设计的形状和结构很重要，还能带来色彩和质感。将叶色优美（如'品紫'黄栌Cotinus coggygria 'Royal Purple'）或果实鲜艳（如许多灌丛月季）的灌木融入种植方案中，有助于将人的注意力从分散枯萎的宿根植物上转移开。

自然主义种植风格

特别是在较大区域中，以自然主义风格种植

持久的观赏性　在仲夏开过花后，这株景天属植物伞状花序上的平展果实结了霜，在上方和后面刺芹属（*Eryngium*）植物的映衬下闪烁着寒光。

的各种成片宿根植物看起来效果很好。植物的选择应该注意能够适应当地的条件，比如林地中使用林下植物，沼泽区域使用滨水植物，而且种植模式应该能反映每种植物的自然繁殖习性。这样的种植方案应该能够逐渐自我演化。能够在附近自播繁衍的植物应该这一零星种植，而根茎会扩张的植物如紫菀类最好呈条带状种植。所有的土壤都应该得到覆盖，要么用植物，要么用护根。

在自然主义风格种植中，会得到更加自然和随意的效果，其中的植物可以自动演化改变。照

料这样的种植方案更像是管理植被，而不是传统的花园园艺，因为你需要控制植物类群，偶尔削弱失控的物种和品种。理想情况下，这样一种种植方案的管理者应该理解它的目标，并且知道应该保留哪些幼苗，而哪些幼苗会成为隐患。所需要的维护措施很少，因为不需要立桩固定，也不需要摘除花头。在选择植物时已经考虑了它们在秋天和冬天的样子，可以保留果实在枝头。观赏草是自然主义风格种植中的重要部分，它们能带动动感，并且在秋季和冬季仍然保持美观，特别是在结霜的清晨。

村舍花园

　　传统的村舍花园中种植着香草、月季、攀援植物、一年生植物、蔬菜和水果，还有宿根植物。村舍花园的特点是形式简单，可实现生产空间的最大化，很少花钱投入在复杂的结构上。种植区域纵横着狭窄的通道并装饰着简单的结构，如支撑着攀援植物的拱门。在过去，村舍花园的园艺师们自己育种，并创造了很多美丽的宿根植物，如大花三色堇（*Viola* x *wittrockiana*）、耳叶报春（*Primula auricula*）和有香味的石竹（*Dianthus*）。园艺师们之间互相交换植物，因为在19世纪末期之前还基本没有专门的苗圃。这些古老品种如今有很多都遗失或者被更强壮、更可靠的品种取代了。其他典型村舍花园植物包括芍药、羽扇豆、白花百合（*Lilium candidum*）、东方罂粟、翠雀和福禄考。而花朵芳香、重瓣、特大或花色特异的野生花卉，如报春花类和雏菊（*Bellis perennis*）也是很适合的种类。

林地花园中的宿根植物

　　落叶林地能够为许多宿根植物提供背风、半阴的生长条件和富含腐殖质的土壤。由白桦和其他树叶较稀疏的落叶乔木构成的小树林能够为许多喜阴植物提供适宜的环境。应将宿根植物种在不会和树木根系产生太多竞争的地方。如果不可避免地种在离树根很近的地方，应该每年用大量中等至低等肥力的护根如腐叶土来覆盖种植区域，为根系较浅的宿根植物提供湿润的生根区域。

　　林地花园一般是自然式的，在布局、结构和种植上都模仿自然。因此，应该避免笔直的线条和界定清晰的种植团簇，可以将植物群落的边缘混合或者将单株植物如毛地黄等散布在整个区域。许多蕨类在林地的低水平光照条件下生长得很好，还能带来奇特的形状，它们既可以呈醒目的条带状种植，也可以散布在整个种植区域。

　　部分最有魅力的宿根植物就是为春天揭开序幕的某些小型林地植物。为了生长，它们利用秋天、冬天和春天从树林中透过的阳光和雨水，然后进入休眠期，避开夏天的低光照和干旱条件。为了春天的色彩和美丽，当头顶的树冠还没长出叶子的时候，种植仙客来、雪花莲（*Galanthus*）、欧洲报春（*Primula vulgaris*）、林荫银莲花（*Anemone nemorosa*）和猪牙花（*Erythronium*）等宿根植物。将它们和林地球根花卉以及喜阴灌木搭配在一起。在凉爽、干燥的林地树荫中，可以

种植地被宿根植物如开珍珠白色小花的铃兰（*Convallaria majalis*）和黄精属（*Polygonatum*）植物，还可以选择肺草属植物（有些种类的叶片很美观）。

　　耐阴的夏花宿根植物不多，其中有开浅黄色蜡质钟形花的黄山梅（*Kirengeshoma palmata*）以及在松散、细长的枝条上开出白色星状花朵的叉枝紫菀（*Aster divaricatus*）。

孤植

　　在大面积的草坪或砂砾上，株型端庄、富有雕塑感的宿根植物如刺老鼠簕（*Acanthus spinosus*）单独种植，可以产生醒目的效果。在较小的花园中，周围簇拥着低矮地被的孤植宿根植物能够提供视线焦点，可以用在花境伸到草坪或硬质铺装的地方，或者用在花园角落两个花境相遇处。例如，'魔鬼'雄黄兰（*Crocosmia* 'Lucifer'）拥有剑形叶片和火红的拱形花枝，在下方石灰绿色的柔软羽衣草或者修剪整齐的毯状'古铜地毯'小叶猥莓（*Acaena microphylla* 'Kupferteppich'）的映衬下显得十分壮美。

　　要得到全年观赏价值，常绿宿根植物如麻兰（*Phormium tenax*）和轮花大戟（*Euphorbia characias* subsp. *wulfenii*）都是很好的选择。在背风处，可以尝试使用拥有灰绿色整齐锯齿状叶片的大叶蜜花（*Melianthus major*）。许多观赏草的观赏期都很长，其中外形最美丽动人的包括'卡尔·福斯特'竹形蓝天草（*Molinia caerulea* subsp. *arundinaceae* 'Karl Foerster'）——它那修长的穗状花序会在雨中优雅地低垂，花序又高又轻盈的大针茅（*Stipa gigantea*），以及拥有轻快柔和羽状花序的'格罗斯喷泉'芒（*Miscanthus sinensis* 'Grosse Fontäne'），它们在秋季和冬季尤其引人注目。

全年观赏价值
这片异常繁茂的草本花境中鲜花很少，但观赏期很长。放置在前景中的是羽毛状的狼尾草（*Pennisetum alopecuroides*）、叶片呈条形的麻兰属（*Phormium*）植物以及'秋之喜'景天（*Sedum* 'Autumn Joy'），而蒲苇（*Cortaderia selloana* 'Pumilla'）则构成背景的一部分。这样的组合可以一直观赏到冬天。

湿润的林地
在有稳定水源的地方，可以种植多种喜湿宿根植物在春天和初夏观赏。在这里，大玉簪（*Hosta sieboldiana*）和'巴特尼'粉被灯台报春（*Primula pulverulenta* 'Bartley'）在池塘周围繁茂地生长。

其他观赏期稍短的宿根植物也能因其形状、花朵或叶子成为引人注目的重点植物，从奥林匹克毛蕊花（*Verbascum olympicum*）毛茸茸的高耸茎秆，到喜湿的大根乃拉草（*Gunnera manicata*）的庞大叶片或'莎拉·本哈特'芍药（*Paeonia lactiflora* 'Sarah Bernhardt'）的华贵花朵。由于这些植物在冬天会枯死，因此最好在附近放置其他景致，如一株盆栽植物，以便在它们的休眠期里延续观赏性。孤植植物最好用平淡背景衬托，如树篱、墙壁或草坪区域，以免喧宾夺主。

在容器中种植宿根植物

宿根植物可以种在露台、庭院、阳台或屋顶花园摆放的容器中，这样的种植方式和种在露地花坛和花境中的效果同样好（见306页，"盆栽园艺"）。以这种方式种植还可以引入冬天需要遮盖保护的植物，以及那些需要的土壤类型和湿度水平与花园不同的种

吸引昆虫的宿根植物

鲜艳的宿根花卉常常富含花粉和花蜜，是蜜蜂、蝴蝶和蛾子等昆虫的食物来源。它们能在采集食物的时候无意之中为植物传粉。宿根植物还能吸引捕食昆虫如草蜻蛉和食蚜蝇，它们的幼虫以蚜虫为食。

通过在种植中增加特定的宿根植物，从春天第一波开花的菟葵一直到在秋天调零的紫菀和银莲花，可以在整个生长季引来有益的昆虫。

在春天吸引昆虫的植物有很多，其中能

类，如喜湿的'深紫'掌叶大黄（*Rheum palmatum* 'Atrosanguineum'）。花盆和容器对于那些具有入侵性的植物也很适合，如'花叶'宽叶羊角芹（*Aegopodium podagraria* 'Variegatum'）或'花叶'蕺菜（*Houttuynia cordata* 'Chamelon'）。许多盆栽常绿宿根植物，如岩白菜（*Bergenia purpurascens*）和阔叶山麦冬（*Liriope muscari*）可以全年提供观赏价

将吸引力延续到夏天的种类包括水杨梅属植物、花荵属植物、东方罂粟、牛舌草（*Anchusa azurea*）以及蛇鞭菊（*Liatris spicata*）。风铃草属植物、丝石竹（*Gypsophila paniculata*）、稔葵属（*Sidalcea*）植物以及长叶婆婆纳（*Veronica longifolia*）在夏季展露它们的魅力，而鼠尾草属、堆心菊属、金光菊属、老鹳草属植物以及柳叶马鞭草（*Verbena bonariensis*）能将诱惑一直持续到秋天。

值，而草本宿根植物最好与常绿灌木或冬季开花的球根花卉如冬菟葵（*Eranthis hyemalis*）种在一起，以延长观赏期。

一般来说，容器摆放在一起比在花园中散布的效果更好，植物在一起创造的小气候也对它们的生长有好处。

园艺百科全书（典藏版）

地被宿根植物

地被种植特别适合维护水平很低的区域，如林地和灌木丛地带，或者需要植被固坡的土堤。它对于土壤裸露的区域也很重要，因为地被不但能防止表层土被侵蚀和养分流失，还能减少水分蒸发和杂草滋生。

许多地被植物都能适应荫蔽环境，因为它们的自然生境就是林间下层，所以和较高的宿根植物、灌丛月季和其他灌木一起种植时效果非常理想，特别是当这些植物还需要数年才能长大的时候。地面可以种植耐阴的早花宿根植物如香堇菜（Viola odorata）、'白花'肺草（Pulmonaria 'Sissinghurst White'）或东方多榔菊（Doronicum orientale）。当树荫变得过于浓密影响健康生长时，可以将这些植物移栽到别处。

可以使用的植物

可以用作地被的宿根植物有很多。有些植物从地下块茎中逐渐长出大而浓密的枝叶，如萱草属植物（Hemerocallis）或盔苞芋（Arisarum proboscideum）。其中有些地上部分很早就枯死了，所以它们适合种在生长期较晚、具有伸展性的宿根植物或落叶乔木下。毯状植物会产生地面走茎，在与土壤接触的地方生根。野草莓、紫色叶子

的'卡特林斯巨人'匍匐筋骨草（Ajuga reptans 'Catlins Giant'）和'紫银叶'紫花野芝麻（Lamium maculatum 'Beacon Sliver'）都是很好的地被植物，常常可以在数年之内覆盖大片区域。

最有效的地被植物产生的地下根会长出新萌蘖，比如外形端庄的金蝉脱壳（Acanthus mollis）、修长的珍珠菜（Lysimachia clethroides）或在春天展露出蓝绿色细小针状叶片和深红色芽的'芬斯·露比'柏大戟（Euphorbia cyparissias 'Fens Ruby'），但这些植物如果变得入侵性太强，则会很麻烦。

有些地被宿根植物比其他种类更能抑制杂草。它们很快进入生长期，拥有浓密的枝叶，能够阻挡光线，从而抑制野草萌发，而且在休眠期仍然保留着叶片，比如冬季保留红色叶片的心叶岩白菜（Bergenia cordifolia）和'晚辉'岩白菜（B. 'Abendglut'）、淫羊藿属（Epimedium）植物，以及某些老鹳草属植物，特别是'小怪兽'老

枝叶茂盛的地毯
在后面，'白边'狭叶玉簪（Hosta fortunei 'Albomarginata'）为种植设计增添了结构性元素。在前景中，习见蓝堇菜（Viola sororia）簇拥着雪白淫羊藿（Epimedium x youngianum 'Niveum'）。

鹳草（Geranium 'Tiny monster'）和大根老鹳草（G. macrorrhizum）各品种，它们花期很长，叶子有香味并且是秋色叶。成簇生长、枝条低垂扩展的宿根植物如铁仔大戟（Euphorbia myrsinites）等也能很快覆盖周围的土壤。

植物的混植

为得到更自然主义的效果并延长观赏期，成片的某种植物中可以点缀其他花期不同的物种。夏天开花的地被植物可以和球根花卉混植，中等高度的宿根地被可以与黄水仙和蓝铃花混植，而低矮的种类与番红花和雪莲花种在一起效果很好。低矮、早花、长势不过于迅猛的物种可以和夏秋开花的健壮宿根植物种在一起，如多态蓼（Persicaria polymorpha）或黄山梅（Kirengeshoma palmata），还有许多蕨类。

一般栽培

在乔木已经造成阳光和水分竞争的地方，应该在树叶掉落之后的早秋立即种植地被植物，在树木长出新枝叶之前留给其充足的生长时间。将地被宿根植物种在准备良好的土壤中，并充分灌溉，特别是在那些树木

根系造成很大水分竞争的地方。施加护根有助于抑制种植区域的杂草、增加土壤肥力和保持湿度。

大部分地被宿根植物只需要很少的养护（见192~194页）。不过淫羊藿属（Epimedium）的叶子应该在冬末剪掉，让开花枝在新叶长出之前发育。

观赏地被植物

'夏雪'三脉香青
种植间距为50厘米。

'司库伯特'大花费菜
种植间距为15厘米。

'花叶'聚合草
种植间距为50厘米。

蓝色狭叶肺草
种植间距为30厘米。

心叶黄水枝
种植间距为30厘米。

'紫银叶'紫花野芝麻
种植间距为30厘米。

更多用于地被的宿根植物

匍匐筋骨草 Ajuga reptans
三脉香青 Anaphalis triplinervis
欧洲细辛 Asarum europaeum
加拿大草茱萸 Cornus canadensis
白花柳兰 Chamaenerion angustifolium var. album
淫羊藿属 Epimedium
柏大戟 Euphorbia cyparissias, 圆苞大戟 E. griffithii
野草莓 Fragaria vesca
老鹳草属 Geranium
矾根属 Heuchera
森林地杨梅 Luzula sylvatica
珍珠菜 Lysimachia clethroides
蓼属 Persicaria
夏枯草属 Prunella
肺草属 Pulmonaria
岩缝景天 Sedum cauticola, 匙叶景天 S. spathulifolium, 大花费菜 S. spurium
石蚕属 Stachys
聚合草属 Symphytum
饰缘花属 Tellima
黄水枝属 Tiarella
香堇菜 Viola odorata, 里文堇菜 V. riviniana
紫叶类群 Purpurea Group

宿根植物的种植者指南

暴露区域

耐受暴露多风条件的宿根植物

蓍属Achillea
香青属Anaphalis
海石竹Armeria maritima
洋艾Artemisia absinthium
'卡尔•弗斯特'尖花拂子茅Calamagrostis x acutiflora 'Karl Foerster'
羽裂矢车菊Centaurea dealbata,
 白背矢车菊C. hypoleuca
红穗心排草Centranthus ruber
海甘蓝Crambe maritima
变叶刺芹Eryngium variifolium
轮花大戟Euphorbia characias
蓝羊茅Festuca glauca
沿海花葵Lavatera maritima,
 欧亚花葵L. thuringiaca
宽叶补血草Limonium platyphyllum
荆芥属Nepeta
西亚糙苏Phlomis russeliana
八宝景天Sedum spectabile, 玉树S. telephium
毛草石蚕Stachys byzantina
丝兰Yucca filamentosa, 软叶丝兰Y. flaccida

潮湿阴凉

喜潮湿阴凉的宿根植物

匍匐筋骨草Ajuga reptans
单叶落新妇Astilbe simplicifolia
大星芹Astrantia major
大叶蓝珠草Brunnera macrophylla
苔草属Carex（棕红苔草C. buchananii和缨穗苔草C. comans除外）
铃兰Convallaria majalis
雨伞草Darmera peltata
森林老鹳草Geranium sylvaticum
萱草属Hemerocallis
玉簪属Hosta
黄山梅Kirengeshoma palmata
掌叶囊吾Ligularia przewalskii
'黄叶'莫林草Milium effusum 'Aureum'
蓝天草属Molinia
香没药Myrrhis odorata
'极品'拳参Persicaria bistorta 'Superba'
橘红灯台报春Primula bulleyana,
 巨伞钟报春P. florindae,
 日本报春P. japonica,
 粉被灯台报春P. pulverulenta
七叶鬼灯擎Rodgersia aesculifolia,
 羽叶鬼灯擎R. pinnata
唐松草属Thalictrum
大花延龄草Trillium grandiflorum,
 无柄延龄草T. sessile

干燥荫蔽

喜干燥荫蔽的宿根植物

金蝉脱壳Acanthus mollis
乌头Aconitum carmichaelii,
 欧洲乌头A. napellus
掌叶铁线蕨Adiantum pedatum
秋牡丹Anemone hupehensis,
 日本秋牡丹A. x hybrida
楼斗菜Aquilegia vulgaris
欧洲细辛Asarum europaeum
铁角蕨属Asplenium
宽钟风铃草Campanula trachelium
荷包牡丹属Dicentra
大花毛地黄Digitalis grandiflora,
 黄花毛地黄D. lutea
淫羊藿属Epimedium
老鹳草属Geranium
臭铁筷子Helleborus foetidus,
 东方铁筷子H. orientalis
红籽鸢尾Iris foetidissima
春花香豌豆Lathyrus vernus

'花边'森林地杨梅Luzula sylvatica 'Marginata'
荚果蕨Matteuccia
沿阶草属Ophiopogon
荫蔽虎耳草Saxifraga umbrosa,
 阴地虎耳草S. x urbium
大花聚合草Symphytum grandiflorum
红叶群缘花Tellima grandiflora Rubra Group
小蔓长春花Vinca minor
香堇菜Viola odorata, 里文堇菜V. riviniana

冬季和早春的观赏价值

装饰性的花

'巴拉伟'岩白菜Bergenia 'Ballawley',
 心叶岩白菜B. cordifolia
多榔菊属Doronicum
淫羊藿属Epimedium
'罗比'扁桃叶大戟Euphorbia amygdaloides var. robbiae,
 墨麒麟E. characias
铁筷子属Helleborus
爪斑鸢尾I. unguicularis
春花香豌豆Lathyrus vernus
肺草属Pulmonaria

装饰性的叶

'云纹'美果芋Arum italicum 'Marmoratum'
'青铜'缨穗苔草Carex comans bronze
蓝羊茅Festuca glauca
'巧克力波浪'矾根Heuchera 'Chocolate Ruffles',
 '青灰月'矾根H. 'Pewter Moon'
'花叶'红籽鸢尾Irisfoetidissima 'Variegata'
'紫银叶'紫花野芝麻Lamium maculatum 'Beacon Silver', '金色纪念日'紫花野芝麻L. maculatum GOLDEN ANNIVERSARY ('Dellam'), '白斑叶'紫花野芝麻L. maculatum 'White Nancy'
'斑叶'阔叶山麦冬Liriope muscari 'Variegata'
'紫黑'扁茎沿阶草Ophiopogon planiscapus 'Nigrescens'
麻兰属Phormium（各品种）
'银毯'毛草石蚕Stachys byzantina 'Silver Carpet'
多叶黄水枝Tiarella polyphylla
蔓长春花属Vinca（斑叶品种）

香花

铃兰Convallaria majalis
紫红秋英Cosmos atrosanguineus 1
石竹属Dianthus（许多种类）
白鲜Dictamnus albus
旋果蚊子草Filipendula ulmaria
香猪殃殃Galium odoratum
萱草属Hemerocallis
欧亚香花芥Hesperis matronalis
大叶玉簪Hosta plantaginea var. grandiflora
禾叶鸢尾Iris graminea
待宵草Oenothera odorata
芍药Paeonia lactiflora
锥花福禄考Phlox paniculata
有距堇菜Viola cornuta, 香堇菜V. odorata

切花用花

柔软羽衣草Alchemilla mollis
葱属Allium
六出花属Alstroemeria
楼斗菜属Aquilegia
紫菀属Aster
粉珠花属Astrantia
矢车菊属Centaurea
刺头草属Cephalaria
雄黄兰属Crocosmia
大丽花属Dahlia 1
翠雀属Delphinium 部分种类 1

石竹属Dianthus
荷包牡丹属Dicentra
多榔菊属Doronicum
飞蓬属Erigeron
丝石竹属Gypsophila
堆心菊属Helenium
火炬花属Kniphofia 部分种类 1
美国薄荷属Monarda
芍药属Paeonia
'亚马逊'块根糙苏Phlomis tuberosa 'Amazone'
福禄考属Phlox
金光菊属Rudbeckia
蓝盆花属Scabiosa
八宝景天Sedum spectabile,
 玉树S. telephium
一枝黄花属Solidago
婆婆纳属Veronica

干花用花

蓍属Achillea
柔软羽衣草Alchemilla mollis
香青属Anaphalis
假升麻属Aruncus dioicus
落新妇属Astilbe
蓝苣属Catananche
矢车菊属Centaurea
菜蓟属Cynara
巴纳特蓝刺头Echinops bannaticus,
 小蓝刺头E. ritro
丝石竹属Gypsophila
补血草属Limonium 部分种类 1
'火尾'抱茎蓼Persicaria amplexicaulis 'Firetail'
鬼灯擎属Rodgersia
八宝景天Sedum spectabile,
 玉树S. telephium
一枝黄花属Solidago

主景植物

匈牙利老鼠箭Acanthus hungaricus,
 金蝉脱壳（苋力花）A. mollis
圆当归Angelica archangelica,
 朝鲜当归A. gigas
花叶芦竹Arundo donax var. versicolor 1
蒲苇Cortaderia selloana
心叶两节芥Crambe cordifolia
菜蓟属Cynara 1
'暗紫'斑茎泽兰Eupatorium maculatum 'Atropurpureum'
茴香Foeniculum vulgare
大根乃拉草Gunnera manicata 1
柳叶向日葵Helianthus salicifolius
尖叶铁筷子Helleborus argutifolius
优美大玉簪Hosta sieboldiana var. elegans
繁茂旋覆花Inula magnifica
'奥赛罗'齿叶囊吾Ligularia dentata 'Othello'
黄苞沼芋Lysichiton americanus
博落回属Macleaya
大叶蜜花Melianthus major 1
芒Miscanthus sinensis
多态蓼Persicaria polymorpha
'深紫'掌叶大黄Rheum palmatum 'Atrosanguineum'
鬼灯擎属Rodgersia
'马特罗娜'玉树Sedum telephium 'Matrona'
大针茅Stipa gigantea
奥林匹克毛蕊花Verbascum olympicum

装饰性的果

老鼠箭属Acanthus
蓍属Achillea
刺芹属Eryngium
茴香Foeniculum vulgare
玉簪属Hosta
繁茂旋覆花Inula magnifica

鸢尾属Iris

宿根银扇草Lunaria rediviva
芒属Miscanthus
蓝天草属Molinia
东方罂粟Papaver orientale
酸浆Physalis alkekengi
景天属Sedum

吸引昆虫

紫菀属Aster
毛地黄属Digitalis
紫松果菊Echinacea purpurea
茴香Foeniculum vulgare
堆心菊属Helenium
旋覆花属Inula
荆芥属Nepeta
月见草属Oenothera
鼠尾草属Salvia
景天属Sedum
毛蕊花属Verbascum

速生宿根植物

'金盘'黄花蓍草Achillea filipendulina 'Gold Plate', 大叶蓍草A. grandifolia
白花蒿贵州组Artemisia lactiflora Guizhou Group
'大叶'芦竹Arundo donax 'Macrophylla' 1
大花矢车菊Centaurea macrocephala
大刺头草Cephalaria gigantea
心叶两节芥Crambe cordifolia
'暗紫'斑茎泽兰Eupatorium maculatum 'Atropurpureum'
大阿魏Ferula communis
大根乃拉草Gunnera manicata 1
博落回Macleaya cordata
狭冠小锦葵Malva alcea var. fastigiata
多态蓼Persicaria polymorpha
麻兰Phormium tenax 1
掌叶大黄Rheum palmatum 'Atrosanguineum'
裂叶罂粟Romneya coulteri
'重瓣'金光菊Rudbeckia laciniata 'Goldquelle'
沼生鼠尾草Salvia uliginosa 1
加拿大一枝黄花Solidago canadensis
大针茅Stipa gigantea
紫花唐松草Thalictrum rochebruneanum
阿肯色斑鸠菊Vernonia crinita
维州腹水草Veronicastrum virginicum

注释
1 不耐寒

大星芹

吸引授粉昆虫

人们日益认识到，花园是昆虫和其他野生动物的重要栖息地。园艺师能够增加生物多样性的方法之一，就是种植能够吸引多种昆虫的植物，它们能提供富含蛋白质的花粉和富含高能量糖类的花蜜，这些都是昆虫的食物。幸运的是，能够吸引昆虫的美丽宿根植物有很多种，这让园艺师在选择植物时既能满足创造美观花园的需要，又能支持多样的野生生命。

吸引蝴蝶和蜜蜂的花境
昆虫会被所有颜色、形状和大小的植物吸引：高高的椭圆形圆头大花葱（*Allium sphaerocephalon*）和鼠尾草属各物种（*Salvia* spp.）混植在一起。

为什么要吸引昆虫

虽然部分植物如观赏草是风媒花，但我们花园中的大部分其他植物都需要昆虫来传粉，这样才能受精，结出种子和果实。在过去的五十年或更长的时间里，许多曾经很常见的昆虫数量都发生了明显的减少，特别是蜜蜂、黄蜂、食蚜蝇、蝴蝶和蛾子——很可能是因为乡间草地生境的减少导致的。必须逆转它们减少的趋势，因为昆虫的减少不光影响观赏植物，还影响经济作物以及家庭种植的水果和蔬菜，如草莓、树莓、苹果、梨、樱桃、小胡瓜以及红花菜豆等。

园艺师们能做什么

如今市面上能够吸引昆虫的乔木、灌木、草本宿根植物和高山植物、香草和球根花卉的种类非常广泛，完全可以设计出几乎每个季节都能吸引授粉昆虫来到花园中的花境或花坛。即使在冬天，有香味的灌木如美丽野扇花（*Sarcococca confusa*）和间型十大功劳（*Mahonia* x *media*）各品种也能在晴朗的白天吸引蜜蜂，同样能达到这种效果的还有早花的托马西尼番紫花（*Crocus tommasinianus*）、雪花莲属（*Galanthus*）植物、冬菟葵（*Eranthis hyemalis*）以及早花铁筷子属植物——当然，并不是只有昆虫才能享受冬季的香味和色彩。

不过对于昆虫来说，最繁忙的季节还是春天、夏天和秋天；如果想用植物增加花园的生物多样性，最好使用一系列开花不断、能够吸引昆虫的植物，在设计花境和花坛中别忘了融入此起彼伏的花朵。要记住，与重瓣种类相比，像单瓣月季或单瓣大丽花这样的植物能产生更多花蜜和花粉，昆虫也更容易接触。还可以考虑在种植方案中增加本地野花，如报春花，这有助于花园吸引授粉昆虫。包括大叶醉鱼草（*Buddleja davidii*）众多花色变异品种在内的许多灌木都很有用，而蚕豆和红花菜豆都将昆虫吸引到种植蔬菜的地方。

最后，不要在植物开花的时候在上面或周围喷洒除草剂和杀虫剂，否则就前功尽弃了。

吸引授粉昆虫的一系列宿根植物

'马格纳斯'紫松果菊

小蓝刺头

'乔治王'蓝菀

'蓝色霍比特'扁叶刺芹

马其顿川续断

柳叶马鞭草

'金前锋'大花金光菊

'金羽'一枝黄花

'红辣椒'欧蓍草

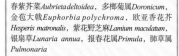

各季节吸引授粉昆虫的宿根植物

春紫芥菜*Aubrieta deltoidea*, 多榔菊属*Doronicum*, 金苞大戟*Euphorbia polychroma*, 欧亚香花芥*Hesperis matronalis*, 紫花野芝麻*Lamium maculatum*, 银扇草*Lunaria annua*, 报春花属*Primula*, 肺草属*Pulmonaria*

夏乌头属*Aconitum*, 芹味藿香*Agastache foeniculum*, 假升麻*Aruncus dioicus*, 矢车菊属*Centaurea*, 松果菊属*Echinacea*, 桂竹香*Erysimum cheiri*, 草原老鹳草*Geranium pratense*, 水杨梅属*Geum*, 天芥菜属*Heliotropium*, 向日葵属*Helianthus*, 奥尔比亚花葵*Lavatera olbia*, 麝香锦葵*Malva moschata*, 美国薄荷属*Monarda*, 荆芥属*Nepeta*, 牛至属*Origanum*, 东方罂粟*Papaver orientale*, 钓钟柳属*Penstemon*, 花荵属*Polemonium*, 稔葵属*Sidalcea*, 大花水苏*Stachys macrantha*, 婆婆纳属*Veronica*, 腹水草属*Veronicastrum*

秋紫菀属*Aster*, 赛菊芋*Heliopsis*, 金光菊属*Rudbeckia*, 鼠尾草属*Salvia*, 一枝黄花属*Solidago*

冬铁筷子属*Helleborus*

在花园中养蜂
在蜂箱周围种植富含花蜜的植物有助于维持健康的蜜蜂种群，还能为餐桌上增添新鲜的蜂蜜。

土壤的准备和种植

草本宿根植物的起源地区很多，这些地方的气候和土壤条件多种多样，所以无论种植区域是背风还是迎风，是肥沃还是多石贫瘠，总有许多植物能在那里茂盛生长。最好选择能在既定生长条件下生长得很好的植物，而不要逆势而为。

位置和朝向

在选择种植哪些植物的时候，要考虑的因素包括气候、朝向、土壤类型，以及种植区域在不同季节、一天内的不同时间接受的阳光、阴凉和遮挡程度。例如，落叶乔木投射的阴影在春末和夏天最浓密。

花园的不同区域会提供不同的生长条件。例如，朝南的花境适合喜阳植物，如景天类；而朝北或者乔木下的地点适合喜阴物种，如玉簪属植物，只是要一直保持土壤湿润。

由于雨影区效应，紧挨着墙壁、篱笆或树篱的土壤一般会比较干燥，但这里也比较温暖和背风，适合种植不太耐寒的植物。

改变生长条件

在小型花园中，可能需要使用某些元素来创造适合广泛植物种类的生长条件。对于黏重、湿涝的土壤，可以进行排水，或将植物种在抬升花坛或容器中；而对于轻质疏松土壤，可以通过增添有机物质来改善。乔木的树荫可以通过疏枝来减轻，灌木、树篱或风障可以提供遮挡（见612~613页，"防冻和防风保护"，以及82~85页，"树篱和屏障"）。

土壤的准备

对于大多数宿根植物来说，理想的土壤条件是排水良好又有充足保水能力的肥沃土壤。使用专利土壤测试剂盒测定土壤的酸碱度，这能决定哪些植物会在其中生长良好。

检查土壤的排水性能也很重要；如果地面在潮湿的天气下总是过涝，那么就需要安装渗滤坑和排水管道（见623页，"改善排水"）。

清理种植区域

在种植前需要将现场的所有杂草清理干净，否则当植物生长成形后，杂草特别是宿根杂草就难以清理了。如果地面杂草丛生，可以在生长季种植前用合适的除草剂处理整个区域。不过，如果宿根杂草较少，则可以在冬季准备土壤时将它们锄掉。

在第一个生长季，一旦发现任何残余的宿根杂草，都应该用叉子小心地清理掉，或者使用除草剂进行定点清理，注意不要伤害到新种植的宿根植物。对于一年生杂草，可以在种植前喷洒除草剂或将其锄掉。

改良土壤

所有土壤都可以通过加入腐殖质或腐熟有机质的方法来改善，也可加入专利生产的土壤改良剂（见624~625页，"土壤养分和肥料"）。这样会增加疏松土壤的保水性和黏重土壤的孔隙度，还能改善土壤的肥力。在种植前（最好提前数周），施加一层5~10厘米的腐熟有机质，然后用叉子或铁锹将其混入表层土中，让土壤充分沉降。如果土壤已经足够肥沃并且富含腐殖质，这时可能不必使用肥料，不过在后来的生长季中可能需要施肥（见192页，"施肥"）。

选择宿根植物

好样本

羽扇豆

强壮、健康的地上枝叶

湿润的基质

成形的健壮根系

坏样本

孱弱的木质化地上部分

未发育完全的根系

干燥的基质

基质上长出的苔藓和杂草

受花盆束缚的根系

选择植物

大部分宿根植物都是盆栽出售的，不过有时裸根植株在秋天至早春的休眠期也可以买到。在选择植物时，寻找没有枯梢或异常叶色的健壮植株。如果你在生长期开始时购买草本植物，要确保它们有苗壮的根系。有少量壮芽的植物比那些有大量孱弱芽的植物更好。

基质中的一或二株一年生杂草很容易除去，但不要购买任何带有宿根杂草、苔藓或地钱的盆栽植物。这些现象通常表示植物已经在容器中待了太长时间，非常缺乏营养元素，或者基质的排水性非常差，植物的根系可能已经腐烂或枯死。

可能的话，将植株从容器中取出并检查其根系。不要选择根系紧密缠绕成团或者粗根从排水孔伸出的植株。当从花盆中取出植株时，根系只要能保持大部分基质即可。对于生长在塑料袋中的植物，可通过塑料袋触摸感受它们根系的发育程度。

如果购买裸根植物，则要保证根系强壮、未脱水，幼嫩的枝条没有枯萎。在购买后立即种植，在种植前用塑料布或湿报纸包裹，以防止脱水。

大型植株的分株

在购买纤维状根植物的时候，要选择那些拥有健康枝条、在种植前可以分株的大型植株，而不是选择数棵比较小且便宜的植株。分株时用双手或者两只叉子将植株掰开，注意每棵分株后的植株都应该拥有自己的根系，并在根系周围保留尽可能多的土壤（见198页，"宿根植物的分株"）。

自然主义风格种植的整地方法

为得到自然主义风格的种植或草地花园（见401页），需要减少土地的肥力。创造这种类型的景观在砂质土或土壤距离下层白垩很近的花园中比较容易，那里的土壤肥力一般比较低。在更肥沃的土壤上，可以用下列方法降低土壤肥力：
■ 不要施加肥料或绿肥。
■ 保证种植区排水良好。
■ 为创造适合旱地物种的生长条件，在种植区域铺一层10厘米厚的砂砾。
■ 如果种植区已经长草，则以固定间距割草，并将割下的草料移走堆肥。
■ 在肥沃的草地上，将上层草皮移走；将草皮堆积起来，为盆栽基质提供壤土。

如果草地过于茂盛，可以通过撒播小佛甲草（*Rhinanthus minor*）的种子来减弱它的长势。这是一种半寄生性的物种，会从不同的观赏草物种上吸取营养物质，达到抑制它们生长的效果。也可以在播种和种植其他物种之前施加生长迟缓剂。如果必要的话，在冬天再施加一次。

适合砂质土的宿根植物

刺老鼠簕 *Acanthus spinosus*
蓍属 *Achillea*
羽衣草属 *Alchemilla*
海石竹属 *Armeria*
日光兰 *Asphodeline lutea*
红穿心排草 *Centranthus ruber*
石竹属 *Dianthus* 部分种类 1
蓝刺头属 *Echinops*
三裂刺芹 *Eryngium* x *tripartitum*
大花天人菊 *Gaillardia* x *grandiflora*（各品种）
球花属 *Globularia*
宽叶补血草 *Limonium platyphyllum*
法氏荆芥 *Nepeta* x *faassenii*
'黄叶' 牛至 *Origanum vulgare* 'Aureum'
东方罂粟 *Papaver orientale*
裂叶罂粟 *Romneya coulteri*
景天属 *Sedum* 部分种类 1
长生草属 *Sempervivum*
庭菖蒲属 *Sisyrinchium* 部分种类 1

适合白垩土的宿根植物

假升麻属 *Aruncus dioicus*
落新妇属 *Astilbe*
花蔺属 *Butomus* 2
驴蹄草属 *Caltha* 2
草甸碎米荠 *Cardamine pratensis*
雨伞草属 *Darmera peltatum*
流星花属 *Dodecatheon*
血水草属 *Eomecon*
'黄叶' 旋果蚊子草 *Filipendula ulmaria* 'Aurea'
大根乃拉草 *Gunnera manicata* 2
萱草属 *Hemerocallis*
玉簪属 *Hosta*
蕺菜属 *Houttuynia*
红花半边莲 *Lobelia cardinalis* 1
沼芋属 *Lysichiton* 2
排草属 *Lysimachia* 部分种类 1
千屈菜属 *Lythrum*
斑花沟酸浆 *Mimulus guttatus* 2
勿忘草属 *Myosotis scorpioides* 2
蓼属 *Persicaria*
麻兰属 *Phormium*
梭鱼草属 *Pontederia* 2
橘红灯台报春 *Primula bulleyana*，巨伞钟报春 *P. florindae*，玫红报春 *P. rosea*
倭毛茛 *Ranunculus ficaria* 各品种，剑叶毛茛 *R. flammula* 2
大黄属 *Rheum*
鬼灯擎属 *Rodgersia*
慈姑属 *Sagittaria* 部分种类 1
水玄参 *Scrophularia auriculata*
金莲花属 *Trollius*

注释
1 不耐寒
2 耐受过涝土壤

'烛灯' 蓍草

何时种植

只要土壤可以耕作，盆栽宿根植物可以在一年中的任何时间移栽，但最好的季节是春季和秋季。秋季种植有助于植物在冬季到来之前快速恢复，因为土壤还很温暖，会促进根系生长成熟。春季适合种植晚花宿根植物，在寒冷的地区还比较适合种植不完全耐寒或不喜潮湿条件的宿根植物，如火炬花属（*Kniphofia*）、裂柱莲属（*Schizostylis*）、红花半边莲（*Lobelia cardinalis*）和高加索蓝盆花（*Scabiosa caucasica*）。它们应该在第一个冬天到来之前完全成形。

裸根植物应该在春天或秋天种植，不过少量种类，如玉簪属植物，可以在生长季中成功进行移植。

种植宿根植物

将宿根植物种植在准备好的土壤中，注意保持正确的种植深度（见下图）。例如，那些基部易腐烂的植物最好凸出地面种植，以便排走多余的水。

盆栽植物

将植株浇透，最好是在种植的前一天晚上浇水。挖出种植穴，然

如何种植盆栽宿根植物

1 在准备好的苗床上，挖出一个比植物根坨宽和深一半的种植穴。

2 在将植物从容器中取出之前，浸透花盆中的基质。

3 轻轻刮去表层3厘米厚的基质，去除杂草和杂草种子。小心地梳理根坨四周和底部的根系。

4 在种植并围绕根坨回填土壤时，确定植株的正确种植深度。紧实植株周围的土壤，浇透水。

种植深度

'花叶' 条纹庭菖蒲

紫菀属植物

玉簪属植物

黄精属植物

地平面种植
大部分宿根植物都应该这样种植，使植株的地上部分与周围土壤平齐。

抬升种植
对于基部易生根的植物以及易发生逆转的彩斑植物，地上部分应稍露出地面。

浅埋种植
对于需要潮湿环境的宿根植物，可将地上部分埋至2.5厘米深。

深埋种植
对于具有地下茎根系的宿根植物，将地上部分埋至土壤表面下10厘米处。

后将植物从容器中移走，注意不要伤害根系。为帮助植物快速恢复，用手指或叉子梳理根系，小心地松动根坨四壁和底部，特别是受到容器束缚的根坨。以合适的种植深度将植株放入种植穴中，回填并紧实土壤。用叉子刨松周围的土壤，浇透水。

裸根植物

为防止脱水，购买裸根宿根植物后要立即种植。像对盆栽植物那样，挖一个种植穴，将根系均匀伸展，在根系之中填入土壤，然后浇透水。

移栽自播幼苗

包括耧斗菜属（*Aquilegia*）和毛地黄（*Digitalis*）植物在内的许多宿根植物经常会产生自播幼苗，这些幼苗可以移栽到花园的其他地方或育苗床中。

在挖出幼苗之前，先准备好合适的种植穴，留给它们充足的生长空间。然后用小泥铲将每株幼苗轻轻挖出（注意保留根系周围尽可能多的土壤），立即进行移栽。紧实土壤后浇透水。在晴朗的天气为植株遮阴，并定期浇水，直到其完全恢复。

高苗床

高苗床常用来在碱性土花园中种植喜酸植物，或者在黏重的土壤中提供排水良好的苗床。只能在酸性土上繁茂生长的植物，最好种在填充杜鹃花专用基质的高苗床中（见257页，"抬升苗床"及"杜鹃科植物"）。

高苗床可以用很多材料建造，包括木材、砖、石材和原木（见599页，"抬升苗床"）。在基部设置一层粗排水材料（如碎砖块）——厚度以苗床的三分之一为宜。种植前，在上面铺一层纤维状材料并填充表层土。

容器

和种植许多其他植物一样，在容器中种植宿根植物能够引入花园

露地长得不好的植物，无论是因为它们耐寒性太差还是不适应土壤类型。如果在同一容器中种植不同植物，注意选择生长条件要求相似的种类。

在选择容器时，要保证它的深度和宽度足够植物的根系伸展。要将选中植物成熟后的外形和容器联系起来，达到平衡的效果。很高的植物在深而窄的容器中或者低矮植物在宽大容器中都会显得比例不协调。

移栽幼苗

将幼苗连带根系周围的土壤一起挖出，不要破坏根坨。移栽并浇透水。

在容器中种植

如果使用厚重的容器如石瓮、铅制水槽、木桶或大陶土罐，应在填土和种植前将其放到既定位置上，因为种植后再移动会很困难。塑料容器显然轻得多，但它们稳定性较差，还可能会被大风刮翻。将容器放在支撑砌块或砖块上，以便自由排水。

确保容器底部或侧壁近地面处有排水孔，以防涝害。用直径为5～8厘米大的碎砖或碎石覆盖排水孔，并在上面添加一层纤维状材料如泥炭或椰壳纤维；这能让水自由地从中过滤出来，同时防

止基质被水冲到容器底部堵住排水孔。

大多数盆栽基质都可用于容器种植，不过喜酸植物必须种在杜鹃花科植物基质中。添加缓释肥的通用基质适合大部分植物。对于那些需要额外排水的植物（如景天属或蓍属植物）可额外添加砂砾或尖砂基质。

在种植前将植物摆在基质上，确保它们拥有足够的空间自由生长。就像露地种植宿根植物一样，在容器中种下宿根植物，并充分浇水，直到其完全恢复。

'华紫'柔毛矾根　　'里奇·鲁比'钓钟柳

'波维斯城堡'蒿　　　浅纹老鹳草

1 当在容器中种植时，将植株和花盆摆在一起，确定间距和安排。然后种植，紧实土壤，浇透水。

2 数月之后，植物已经长成匀称、美丽的样子。

'银光'岩白菜

菊花

菊花头状花序的丰富花色、华美花型以及持久的花期使它成为一种广受欢迎的花卉，既可在花园中观赏，还能用于房屋中的切花以及展览。它们喜欢充足的阳光和肥料。

菊花的分类

园艺菊花起源于东亚的一些菊属物种，且起源于复合杂交。育种过程中得到了许多不同的花型——它们的分类是根据花瓣及头状花序内小花的形状和排列方式以及花期来确定的。

菊花通常在一根主茎上自然形成许多花序，称为"多头型"。"单头型"菊花是在早期将多头型菊花的侧蕾掐掉形成的。这样会留下一个大的顶蕾，产生较大的头状花序。

早花菊花从夏末开到初秋，宜室外种植。晚花品种宜盆栽，夏季在室外生长，然后转移到温室，能从秋天开到冬末。早花类型与晚花类型的栽培方法相似，但用于展览的植株需要投入更多时间和精力。

早花菊花

早花菊花可以在春天从专家那里邮购。为了保证选到想要的花色，最好在花期观察这些植物，或者从附图目录中选择。

一旦在花园中成形，就应该对生长健壮、开出健康花朵的植株进行标记，这些植株可以用来采取插穗，繁殖新植株。

单头型菊花
'朦胧时光'菊（*Chrysanthemum* 'Hazy Days'）硕大的独立花序是通过除去侧枝上的所有花蕾形成的。

土壤的准备和种植

早花菊花在大多数地区都是完全耐寒的，它们需要阳光充足的背风区域。土壤应选择排水良好、pH值为6.5的微酸性土。对于大多数土壤，应该在秋末或早春整地，混入大量腐熟有机质。疏松轻质土壤应

该在早春整地，在初夏覆盖有机质护根。在晚春露地移栽前，将1.2米高的木棍以45厘米的间距插在土壤中（如果需要的话，将一根斜木棍绑在顶上，支撑较高品种）。将每株菊花种在木棍旁，使根坨刚刚被土覆盖。将每株植物的茎秆稳固地绑

菊花花序的花型

莲座型 '爱丽森·柯克'菊
花序完全重瓣，花瓣紧密弯曲内卷。

完全反卷型 '西布罗米奇黄'菊
花序完全重瓣，花瓣反卷接触茎秆。

反卷型 '伊冯·阿劳德'菊
花序完全重瓣，部分花瓣反卷，花序呈尖形。

中间型 '发现'菊
花序完全重瓣，花瓣内卷，形状规则。

蜘蛛型 '穆克斯顿之羽'菊
花序完全重瓣，小花细长下垂，尖部带钩或卷。

管瓣型 '彭尼内粉红'菊
花序的管状小花尖端开口，呈匙形。

托桂型 '莎莉球'菊
花序单瓣，中心为圆球形花盘，花瓣扁平，偶匙形。

蜂窝型 '橙红仙女'菊
完全重瓣的密集花序，花瓣管状，先端平圆。

单瓣型 '三叶草'菊
花瓣约五排，平展，中央花盘明显。

匙瓣型 '彭尼内铜色'菊
单瓣花序，管状小花直伸。花瓣尖端开口，呈匙形。

在支撑木棍上。

摘心

在种植后（参照种植者目录或专门出版物确定种植时间）不久，植株需要进行摘心。这需要将正在生长的茎尖掐去，促进开花侧枝的发育。

当侧枝长到8厘米长时，将它们减少到所需要的数量，对于用于一般观赏的多头型品种，每个茎秆上留四个开花侧枝即可，而单头型植株需要保留四到六个侧枝，用于展览的植株保留二或三个侧枝。

摘心约一个月后，锄地并浇水，以每平方米70克的量施加均衡肥料。一个月后重复这一施肥过程，以促进植株健壮生长。除去侧枝上长出的所有次级侧枝，将植株能量全都集中在开花侧枝上。

摘心和去除侧枝

摘心
当插穗长到15~20厘米时，将1厘米长的茎尖掐掉，促进侧枝生长。

去除多余侧枝
两个月后，选择留下三或四个健康匀称的侧枝，将其余侧枝除去。

除蕾

当主蕾周围的侧蕾长出小小的花梗时，将它们全部掐掉，只留中央的主蕾。

除蕾

在摘心七或八周后，每个侧枝的顶端都会出现一个主蕾，周围拥簇着数个侧蕾。

如果每个茎秆上只需一个花序，则将所有侧蕾都掐掉，主蕾就会不受阻碍地发育生长，每个侧枝会开出一个大花序（"单头型"）。为得到均匀的多头小花，应该只将主蕾掐去。这会让次级侧枝生长，产生许多花序。

日常养护

经常为植株浇水，当花蕾发育时每周或每十天浇一次液态肥。施肥必须在花蕾显色之前停止，这样花序才不会因过于柔软而受到伤害。

采取插穗

在新枝条长出四或六周后采取插穗，并将母株丢弃。选择从主茎基部长出的柔软而坚韧的枝条，用小刀将其采下或用手将其折断。将它们剪成约4厘米长的插穗，剪至节间下端。在每根插穗的基部蘸取激素生根粉，然后将它们插入标准扦插基质，把花盆放入增殖箱，最好底部加温10℃。二或三周内即可生根（见200页）。

越冬

1 花期过后，将茎秆截短，挖出植株（这里用的是一棵年轻植株），清洗根系。剪去细长的根，将根坨缩至网球大小。

2 在10厘米深的盒子中垫上报纸，将植株茎秆直立放在一层2.5厘米厚的潮湿基质上，回填基质并紧实，将盒子放在凉爽通风处。

后期养护

生根后，将插穗从增殖箱转移到稍微凉爽一些的地方，放置一周，然后以六或八根插穗为一批种在花盆或容器中，填充含壤土或不含壤土的湿润盆栽基质。如果只有少量插穗，则将它们单独上盆。定期检查病虫害并进行相应处理（见639~673页，"植物生长问题"）。大约一个月后，将植株转移到冷床中并逐渐炼苗，防止严重冻伤并保证充分通风。

晚花菊花

室内或晚花菊花生长在容器中，并且在房屋或温暖温室内开花。它们的栽培要求与早花菊花相似。

种植

可以在早春像种植早花菊花一样，使用含壤土或不含壤土的湿润盆栽基质种植晚花菊花并立桩。用支撑金属丝将木桩连起来，保持植株在大风天气直立。将容器放在室外阳光充足的背风位置度过整个夏天。在需要时浇水，不要让基质干透。

摘心与除蕾

在仲夏对植株摘心，它们会在十至十二周后开花。除蕾及除去次级侧枝的方法与早花菊花相同。

日常养护

在早秋，将花盆转移至气温保持在10℃的凉爽温室内。温室应该遮阴，并保持气温的凉爽。继续施加均衡液态肥，直到花朵开始显色，然后将它们转移到更温暖的地方开花。

采取插穗

采取插穗并在增殖箱中生根，就像对待早花菊花一样。晚花多头型品种的插穗直到夏初或仲夏才需要扦插生根。一旦生根，像对待早花菊花一样处理。在早春，当根系填充花盆的时候，将植株移栽到最终的容器中。根据根系活力，使用直径为24厘米或25厘米的花盆。使用湿润的含壤土盆栽基质，在其中加入缓释肥。在最终上盆前，为所有品种以及那些花序大的种类立桩。

康乃馨和石竹

康乃馨和石竹属于石竹属（Dianthus）。它们的花朵美丽，常有香味，叶色呈灰绿色，常绿。它们是根据生长习性、花朵形状和耐寒性进行分类的：直立的灌丛式花境康乃馨以及低矮蔓延的石竹都很耐寒且多花。

现代石竹是多次开花的，并且比古典石竹更苗壮（关于低矮石竹，见255页，"选择植物"）。花境康乃馨和石竹能够提供三或四年的花。四季康乃馨和多头康乃馨比花境康乃馨高得多，不耐霜冻，可全年开花。法国康乃馨（马尔迈松康乃馨）的花朵大而重瓣，非常芳香，应该种植在保育温室或凉爽温室中。它们全年开花，花期零散而不定。一二年生康乃馨和石竹（Dianthus chinensis）及其杂交品种，以及须苞石竹（D. barbatus）的处理方法和其他耐寒或半耐寒的一年生植物一样（见214~219页，"播种和种植"）。

康乃馨的花朵有单色、双色或多色的，或者有明显的花边。石竹的花朵可以是单色、花心为另一种颜色，双色或多色的，或者在每片花瓣边缘有不同颜色（通常花心也是一样的颜色）。所有康乃馨和石竹都能提供持久的切花。

掐尖

当四季康乃馨的生根插穗长出八或九对叶时，将顶部的三或四对叶连茎尖一起掐掉。大约一个月后，继续掐掉侧枝的茎尖，每个茎尖留五或六个节。

一般栽培

花境康乃馨和石竹喜欢阳光充足的开阔地区，以及pH为6.5~8、排水良好的土壤。四季康乃馨应该种植在温室中，开花时的最低温度是10~12℃。在5℃时，只有少量花会开放。

在冬天，清理植株周围的所有死亡叶片和杂物；对室外种植的所有被霜冻弄松土壤的年轻植株，重新紧实土壤。

花境康乃馨

为得到最好的效果，应该在秋天从专业种植者那里得到生根压条，或者在春天得到盆栽植株。

为准备种植苗床，应该在秋天用单层掘地法整地，混入有机质，然后在第二年春天按照生产者建议的量施加均衡肥料。为年幼植株浇透水，然后将其以38~45厘米的间距移栽到潮湿土壤中。紧实土壤，确保最低的叶子不会接触土壤表面。在种植后的第一个月，只在持续干旱时才浇水。一旦成形，则只在非常干旱的天气才浇水，并用小棍支撑植株。

花境康乃馨是灌丛式的，所以不需要摘心。如果用于花园观赏，并不需要对一年龄植株除蕾。为在二年龄植株上得到大花，需要去除多余的花蕾，每个枝条留二到三个花蕾。三年或四年龄植株只需要保留顶蕾。

石竹

在秋天购买石竹的生根插穗或者在春天购买盆栽植株。种植方法与花境康乃馨类似，但间距应为22~30厘米。当使用插穗种植重复开花的现代石竹时，将年幼植株的茎尖掐去，留五或六对叶。古典石竹一般不需要掐尖。

四季康乃馨

最好在春末或夏初购买生根插穗或盆栽植株。如果种植生根插穗，应该在种植一或两周后掐去茎尖，以促进叶腋枝条生长。拥有三到五个侧枝的植株可以在春天购买并种植在直径为14厘米的花盆中。浇透水，用1.2米长的木棍支撑。

重新上盆约一个月后，再次为部分侧枝摘心，以延长花期（不要为多头型康乃馨"二次摘心"）。在数天之内逐渐为植株除蕾，这样花萼就不会裂开。只留一个顶蕾，并将花萼带套在花蕾上。对于多头型康乃馨，只除去顶蕾。

只在基质开始变干时才浇水，最好是在清晨。施加均衡液态肥料，开始两周施一次，仲夏每周施一次，以获得美丽的开花效果。秋末，改成每月施一次钾肥，以得到能度过整个冬天的强壮枝叶。

春天，将一年生植株重新上盆到直径为21厘米的花盆中，然后将一汤匙的石灰岩撒在基质表面，防止基质因为频繁浇水而变酸。一个月后，恢复生长季施肥。在第二年年底将植株丢弃，换上新的植株。

病虫害

康乃馨和石竹可能感染的病虫害有蚜虫（654页）、毛虫（657页）、蓟马（671页）、真菌性叶斑病（660页）和锈病（668页）。温室种植的

除蕾

为在四季开花康乃馨的每个开花枝上得到一朵大花，用手扶住花枝，并掐去所有侧蕾，只留下一个顶蕾（左）。对于多头型品种，在花蕾开始显色时，将每个枝的顶蕾去除（右）。

康乃馨和石竹的类型

四季康乃馨
'克莱拉'石竹
重复开花，通常无香味，半耐寒。

花境康乃馨
'迷彩'石竹
花朵常有香味，耐霜冻。

古典石竹
'马斯格拉夫'石竹
有香味，耐霜冻。

现代石竹 '海牛'石竹
花朵有香味，具有2~3个萌发主花芽，耐霜冻。

多头型'花边'石竹
每根茎上开五或更多朵花，半耐寒。

法国康乃馨（马尔迈松康乃馨）
'马尔迈松纪念'石竹
香花，半耐寒。

康乃馨最容易受到红蜘蛛（668页）的侵袭。在炎热干旱的夏季，经常用干净的水喷洒作为预防措施。在冬季，使用烟雾或粉尘状的杀虫剂和杀真菌剂医治真菌病害。

繁殖

所有康乃馨和石竹都可以用插穗繁殖，但为了取得最好的花境抗耐性，最好采用压条繁殖。所有的石竹属物种都可以用种子繁殖（见214页，"播种"，以及196页，"种子"）。大多数宿根石竹属植物的实生苗不能真实遗传，而且大部分在第一年都不开花。

观赏用植株一般一年后就需要丢弃。在丢弃它们之前，采取插穗或压条（选择合适的方法）重新繁殖。

插穗

石竹应该在夏天采取插穗。选择拥有四或五对叶的健康枝条，并将它们完全折断。在节间下端剪去底部的一对叶。将插条以大约4厘米的间距扦插在种植盘或花盆中，其中装满干净的尖砂或者等比例标本盆栽基质与尖砂的混合物，不要让叶子接触生根基质。用塑料袋覆盖它们或者放入增殖箱或喷雾单位中，像对待茎尖插穗那样处理（见200页）。插穗会在两至三周内生根，将它们单独上盆至直径为7厘米大的花盆中，其中装满标准生根基质，然后放入冷床或温室中生长。

准备插穗

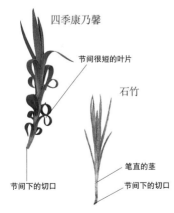

四季康乃馨
节间很短的叶片

石竹
笔直的茎
节间下的切口
节间下的切口

选择不开花、节间极短的枝条。去除底部的一对叶，得到一小段茎，并修剪整齐。

四季康乃馨和多头型康乃馨可以在任何季节采取插穗扦插，只要底部加温至20℃即可。选择花朵摘下后发育出的强壮腋生枝条，然后按照石竹插穗的方式进行准备。将每根插穗的基部蘸水，然后再蘸取激素生根粉，后面的处理方式与石竹插穗一样。

压条

对于花境康乃馨，可以在开花后对一年龄植株进行压条。在母株周围的土壤中混入7厘米深等比例的尖砂和潮湿扦插基质，然后紧实土壤。选择部分匀称的不开花侧枝，除顶部四或五对叶外，去除所有叶片。在位置最低叶片的节下端，向下切到下一个节，形成一条舌片。将枝条钉在土壤中，使舌片被土壤包裹。当被压枝条生根后，将它们从母株上分离并移栽，以便在第二年开花。

为在容器中繁殖观赏植株，首先移走植株周围表面2.5厘米宽、7厘米深的一圈基质，用等比例的生根基质和尖砂替换，然后将植株围绕花盆边缘压条。六周内，当压条生根后，将它们独立移栽到装满标准盆栽基质、直径为7厘米的花盆中。

当根系长到基质边缘的时候，将它们再次移栽到直径为15厘米的花盆中，根坨顶部与基质表面平齐。将基质紧实至花盆边沿向下2.5厘米处。或者将两棵植株移栽到一个直

花境康乃馨的压条

1 将不开花侧枝割伤，促进生根，然后将枝条钉入母株周围的土壤中。轻轻地将每根枝条上的舌片推入土壤中，然后用压条钉固定好。

2 保证被压枝条几乎与地面垂直，舌片在土壤中完全伸展。如果必要的话，为多叶的茎尖立桩固定。在生根区域喷洒少量水，保持湿润。五或六周后，分离并挖出生根压条，上盆或露地移栽。

径为21厘米的花盆里。用1米长的木棍支撑，并浇透水。之后，只需在基质快干的时候浇水。

展览用花

康乃馨和石竹用于展览已经有数个世纪。石竹和四季康乃馨可按照"一般栽培"（见对页）来种植，但花境康乃馨一般种在光亮通风的温室中，以保护花朵。在夏天，温室必须保持良好通风、轻度遮阴，并经常喷雾。

准备展览

当石竹或康乃馨将要现蕾的时候，每十天施一次均衡液态肥，直到花蕾开始显色，然后再施一次钾肥。当康乃馨的花蕾长到能用手操作的时候，就对其进行除蕾，这一步骤需要在数天之内逐渐完成。将花

萼带套在剩余的花蕾上，防止它们的花萼裂开。石竹从不用除蕾，不过展览者会去除所有开过的花。

应该在清晨或晚上从浇足水的植株上选择用于展览的花，最好是在展览开始前48小时内进行。在节间上端做斜切口，将花枝剪下，并放入水中，转移到凉爽、黑暗、没有气流的地方备用。

花萼带

花萼带
裂开的花萼

当花蕾显色时，将柔软的金属丝圈或橡胶带套在花蕾上（左），以防其开裂形成不规整的花朵。

展览用花

一朵优质的花能展示品种的所有特性，不能有病虫害的迹象。留在花朵上的花萼带或裂开的花萼都会影响花朵的品质。

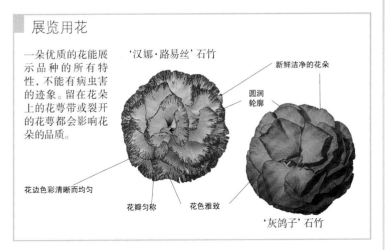

'汉娜·路易丝'石竹
新鲜洁净的花朵
圆润轮廓
花边色彩清晰而均匀
花瓣匀称
花色雅致
'灰鸽子'石竹

玉簪属植物

除了醒目且富有雕塑感的叶片，许多玉簪属物种和品种还会开出美丽的白色、淡紫色或紫色的花。易于维护且长寿的玉簪属植物是花园中难得的景致。

虽然已经有超过两千个注册品种，但玉簪类植物还没有正式的统一分类系统。不过许多苗圃遵循的是美国玉簪学会的分类方法，这种方法依据的是植株成熟时叶片的高度：低矮玉簪不足10厘米高，微型玉簪的高度是10～15厘米，小型玉簪是15～25厘米，中型玉簪是25～45厘米，大型玉簪是45～70厘米，特大型玉簪的高度超过70厘米。

在花园中使用玉簪属植物

玉簪主要是作为观叶植物应用的，可种植在轻度或中度遮阴的区域，盆栽或种在池塘边也很美观。它们叶子的颜色、质感和形状差异极大。现代杂交玉簪的叶子呈现出各种绿色、白色和金色，或者镶着完全不同颜色的花边。它们的质感有的浓郁而富有光泽，有的柔软犹如丝绒。叶子的形状有的呈狭窄的带状，有的呈心形或几乎为圆形。玉簪属植物适合大部分程度的遮阴，从轻度或斑纹状遮阴到中度遮阴均可。一般来说，蓝叶子的玉簪喜欢整日轻度遮阴，而黄叶子的品种喜欢部分阳光。

用于阴凉区域的玉簪属植物

玉簪是其他喜阴宿根植物的良好伴生植物。它们能为其他鲜艳花朵（如落新妇）充当背景，而它们巨大的叶片与其他植物的细叶也能形成有趣的对比，如色叶华东蹄盖蕨（*Athyrium niponicum* var. *pictum*）和苔草属（*Carex*）植物。对于岩石园中的阴凉区域，可以选择微型玉簪，如雅致玉簪（*Hosta venusta*）和'闪亮琼浆'玉簪（*H.* 'Shining Tot'）。

用玉簪能使荫蔽的入口生动起来。为了产生视觉冲击力，使用叶子醒目的品种，例如片状的'蓝天使'玉簪（*H.* 'Blue Angle'）或带白边的'爱国者'玉簪（*H.* 'Patriot'），二者都会在仲夏开出美丽的花。可种在房屋附近的香花种类包括'糖和奶油'玉簪（*H.* 'Sugar and Cream'）、'甜蜜蜜'玉簪（*H.* 'So Sweet'）和玉簪（*H. plantaginea*），后者是花期最晚的一批玉簪属植物之一。

在遮阴的露台上，可以在容器中种植玉簪，和那些更喧闹的一二年生植物形成对比。金黄色的'富园黄金'玉簪（*H.* 'Richland Gold'）或黄心的'六月'玉簪（*H.* 'June'）都是优良的盆栽植物。

地被

大片种植的玉簪是效果非常好的地被。仔细地选择花叶观赏性衔接良好的品种。例如，'绿面团'玉簪（*H.* 'Green Piecrust'）、'克罗莎极品'玉簪（*H.* 'Krossa Regal'）、'蜜钟花'玉簪（*H.* 'Honeynells'）以及玉簪（*H. plantaginea*）的搭配能够创造出充满异域风格的组合，可以连续开花几个月。如果只使用叶色有限的少数玉簪种类，可以得到更微妙的设计效果。为得到快速生长的低矮地被，应选择'珍珠湖'玉簪（*H.* 'Pearl Lake'）和'园主'玉簪（*H.* 'Ground Master'）。

其他位置使用的玉簪

数棵种在一起的玉簪可以用作免修剪的低矮夏季绿篱。

披针叶玉簪（*H. lancifolia*）最

混合花境
玉簪属植物和其他喜阴植物搭配得很好，为夏花提供了背景，并在花期过后继续延续观赏性。

用于不同条件的玉簪属植物

'爱抚'玉簪
中型至大型，轻度遮阴。

'晨光'玉簪
中型，轻度至中度遮阴。

'金品'玉簪
中型，轻度遮阴。

'翠鸟'玉簪
中型，轻度遮阴。

'巴克绍蓝'玉簪
中型，轻度至中度遮阴。

'金三彩'玉簪
中型，轻度遮阴。

'金边'山地玉簪
特大型，轻度至中度遮阴。

披针叶玉簪
小型至中型，耐全日照，但喜轻度遮阴。

'效忠者'玉簪
中型，中度遮阴。

'极乐'玉簪
中型，耐全日照，但喜轻度遮阴。

'蜜歌'玉簪
中型至大型，轻度遮阴。

适合如此使用，并且能忍受除了热带地区以外的全日光照射。它在夏末会开出柔软的紫色钟形花朵。大多数玉簪在水边都能很好地生长，'诚信'玉簪（*H.* 'Sum and Substance'）、大波叶玉簪（*H. undulata* var. *erromena*）、白边波叶玉簪（*H. undulata* var. *albomarginata*）在潮湿土壤中生长得特别好。

栽培

除了未经改善的黏重土壤和纯砂，玉簪属植物能够适应众多类型的土壤。它们在富含有机质、pH值为6.5～7.3的湿润壤土中长得最好。在种植前充分准备土壤，特别是在其中缺乏营养的情况下（见183页，"土壤的准备"）。

种植玉簪属植物

裸根玉簪可以在春天或秋天种植。盆栽玉簪可以在任何时间种植，但如果在种植时它们还处于活跃生长中，注意不要影响它们的根系（见184页，"种植宿根植物"）。不过，在春天和秋天，除非容器中充满了根系，否则最好摇晃掉大部分基质，像种植裸根玉簪那样种植。

种植时将根颈与地面平齐（见184页，"种植深度"）。不要让粪肥接触到根系，这会造成第一年的叶子变色。让植株周围稍稍低洼一些，这样当浇水的时候，水分会直接通向植株的根系。

日常养护

玉簪属植物需要五年才能成熟，因此可以留在原地任其生长多年。如果土壤一直保持湿润，玉簪属植物会生长得很好。

为得到颜色美观的繁茂叶子，应该用堆肥或腐熟粪肥为玉簪更换表层土，这会增加土壤腐殖质和养分含量。在春天，为贫瘠土壤中生长的玉簪属植物施加均衡肥料。

护根

在土壤湿润时施加春季护根。只能使用完全腐熟的有机材料，以免蛞蝓出现。在冬季寒冷的地区，在地面冻结之前为每株玉簪周围铺设一层秸秆或树叶护根，注意不要盖住植株的地上部分。在新种植的浅根系植株上，护根能防止严重霜冻造成的地面隆起；而在成形的植株上，护根能减少冠腐病。如果使用非常粗糙的材料当作护根，应该在春天将其移除。

病虫害

蛞蝓和蜗牛（670页）能把玉簪属植物毁了，有时候它们会在生长期结束前将叶片啃成碎片；蠷螋（659页）也会在叶子上啃出洞。冠腐病（658页）也会造成问题，特别是在黏重土壤中或者相对潮湿的气候下。

繁殖

玉簪属植物很容易通过分株或用锋利铁锹从根蘖上削下一部分的方法繁殖。当蒴果变成棕色的时候，可以采集种子来繁殖玉簪，但得到的新植株很少能够真实遗传。种子宜在秋天或冬天播种（见196页）。

砍伤根蘖分株

繁殖玉簪属植物的一个实用方法是春天在它们的根蘖部做许多小伤口，以促进新芽和根的生成。这种方法对于生长速度缓慢的玉簪很有用。

到秋天，伤口会长出愈伤组织，并且发育出新的根系和休眠芽。可以在秋天或第二年春天挖出整个植株并分成数个部分，每个部分都要有自己的芽。移栽后，新植株需要生长至少一年才能再次使用这套流程。

玉簪属植物的分株

根茎健壮的大型玉簪应该用铁锹来分株。分株后的每一部分应该保留数个芽，并用小刀将受损的部分清理干净。根茎松散肉质根系的玉簪属植物应该用双手或两个叉子背对背分株，每个部分应该至少有一个嫩枝。

健壮的纤维状根系
用铁锹将根蘖分株，每部分应该保留数个发育中的芽。

松散的肉质根系
对于小型植株和根蘖松散的植株，用手将株丛拽开。

地被
在这个半阴的花境中，玉簪属植物成了理想的地被。在这里，'弗朗西斯·威廉姆斯'玉簪（*Hosta* 'Frances Willaims'）伸展着自己带有浅绿色边缘的心形绿色叶片，点亮了这片阴凉，它醒目的外形和后面的蕨类形成了鲜明的对比。

园艺百科全书（典藏版）

日常养护

虽然大多数宿根植物在极少的养护下也能生长得很好，但一定的日常养护会让它们显得非常美丽而健康。偶尔的浇水和施肥是必要的，应该清除周围地面的杂草。此外，如果摘除枯花或切短，许多宿根植物会进一步生长并开花；而对植物进行分株会更新其活力。高而脆弱的宿根植物或者那些花序繁重的种类可能需要立桩固定，特别是在暴露的花园中。

浇水

植株所需的水量取决于种植场所、气候以及植物种类。如果种在合适的条件下，成形的宿根植物常常只需要很少或者不需要额外灌溉。如果在生长季出现长期干旱，需要为植物额外浇水。如果它们因为缺水而枯萎或枯梢，一般会在大雨之后完全恢复，或者进行休眠，直到下一个生长季来临。最经济的灌溉方法是滴灌，而不是兜头洒水（见560~561页，"灌溉工具"）。

年幼植株需要大量水才能成形，不过一旦开始稳健地生长就不应该再浇水，除非出现非常干旱的天气。如果需要灌溉的话，最好在晚上进行，这时水分从土壤表面蒸发的速度比较慢。

施肥

在种植前完全做好准备的土壤中，很少有宿根植物需要额外施肥，只需每年用骨粉或均衡缓释肥混入表层土中即可，最好在每年春天下雨之后进行。

如果天气干旱，应先将土壤浇透，然后用叉子将肥料混入土壤表面。别让肥料接触到叶片，以免引起灼伤。对于主要观叶的植物如景天类和玉簪类，在生长季中偶尔施加液态肥料很有好处。

如果植物在适合的地点仍然生长不好，应检查它是否被病虫害感染，并进行相应的处理。提前发黄的叶子很可能是因为土壤排水出现问题或者是缺乏某种营养元素导致的。如果适当的排水或施肥仍然不能改善植物的生长，应取一份土壤样本送到实验室进行分析，这能确定缺少的到底是哪种元素（见624~625页，"土壤养分和肥料"）。

护根

每年覆盖一次有机护根，如专利生产的护根或树皮屑等，有助于抑制杂草生长，减少土壤水分散失并改善土壤结构。在春天或秋天土地湿润的时候，围绕植物根茎铺撒一层5~10厘米厚的护根。

除草

在任何时候，都要保持花坛和花境中没有杂草，因为它们会和观赏植物争夺土壤中的水分和养分。种植合适的地被植物（见180页）或者在春天覆盖护根有助于减少一年生杂草。所有由风吹来的种子或在土壤中休眠的种子长成的杂草都应该在尚未成形之前手工清除。

如果在种植过后地面长出宿根杂草，小心地用叉子将它们挖出来。这时使用系统杀虫剂是不合算的，因为它们只有在杂草长到开花时才有效，而且很难保证不会把杀虫剂喷洒在观赏植物上。

如果宿根杂草的根系与某棵花境植物的根系长在了一起，则在早春将这棵植株挖出，清洗根系，然后小心地将杂草拔除。重新将花境植物种下，确保原来的地方没有杂草根系残存。不要在宿根植物周围锄地，这会对表面根系和萌发的嫩枝造成伤害（关于杂草防治的进一步信息，见645~649页，"杂草和草坪杂草"）。

改善开花状况

某些宿根植物可以在生长期中以一或两种方式修剪，以增加开花数量、花朵大小，或延长花期。

覆盖护根

清理所有杂草，在潮湿土壤上覆盖一层5~10厘米厚的护根；不要损伤植物的嫩枝（这里是一株芍药）。

疏枝

虽然大部分草本植物会在春天长出大量苗壮的枝条，但其中有些可能会细长瘦弱。如果在生长早期除去这些细弱枝条，植株会继续发育出较少但更强健的枝条，上面一般会开出更大的花。当植株长到最终高度的四分之一至三分之一时，将最弱的枝条掐去或截掉。这种疏枝法可以成功地用在翠雀属、福禄考属和紫菀属等植物上。

摘心

对于易产生侧枝的宿根植物如堆心菊属（*Helenium*）和金光菊属（*Rudbeckia*）植物，可以通过摘心的方法增加花朵的数量。这样才能产生更强健的枝条，并防止植株因长得过高而松散。摘心一般应该在植株长到最终高度的三分之一时进行，用手指或修枝剪在每根枝条某叶节的上端，将尖端2.5~5厘米长的部分掐掉或剪掉。这会促进最上方叶腋中的芽发育成侧枝。

群体内的不同单株可以隔几天摘心，这会延长总体花期。关于如何得到较少但更大花朵的信息见251页，"摘心与除蕾"。

还有一种相似的技术叫作"切尔西削顶"，应该在五月底（花朵开始出现之后）进行，可以用来延长某些宿根植物的花期，如堆心菊属、福禄考属和紫菀属植物。如果将所有枝条截短三分之一至一半，能将花期推迟到夏末。

或者，将植株前半部分的枝条剪短一半，这会延长花期而不是完

如何为宿根植物疏枝和摘心

疏枝
当年幼枝条（这里是一株福禄考）尚未长到最终高度的三分之一时，对其进行疏枝。从基部剪去或掐掉枝条总数三分之一的细弱枝条。

摘心
当枝条（这里是一株紫菀）长到最终高度的三分之一时，掐掉顶部2.5~5厘米长的部分，促进灌丛式的分枝生长。

通过缩剪延长花期

翠雀
开过花后，当能看到新的基生枝条时，将老枝修剪至地面。

福禄考
当花朵凋谢时，将中央花序剪去，促进侧枝开花。

全推迟花期。如果一种植物有数丛的话，可以只截短其中几棵，以延长整体花期。

摘除枯花

除非需要观赏果实或者采集种子进行繁殖，当花朵凋谢后将其清除掉。植株会进一步长出开花侧枝，从而延长花期。

对于许多宿根植物（如翠雀和羽扇豆）来说，当第一批花凋谢后，将老枝修剪至基部会促进新枝发育，这些新枝会在当季开第二次花。

缩剪

对于钓钟柳类等基部木质化的宿根植物，应该在每年早春进行一次缩剪。用修枝剪将越冬枝条修剪至基部，幼嫩新枝会继续生长。或者将枝条截短一半至四分之三，除去繁杂、细弱或不开花的枝条。这会促进健壮枝条的发育，产生贯穿夏季和秋季的花朵。

秋季清理

秋天，一旦宿根植物花期结束，就将枝条修剪至基部，并清理所有死亡或凋零的枝叶以及任何杂草。保持花坛或花境的整洁。对于不完全耐寒的植物，可以将它们的地上部分留下过冬，为根颈提供一

秋季修剪
在秋天或冬初，将死亡枝条（这里是一株金光菊属植物）剪至地面或新枝叶的上端。

定的防冻保护（这些枯死的地上部分应该在第二年春天清理）。某些宿根植物如八宝景天和许多观赏草的果实和叶子即使变成棕褐色仍然很美观，可以将它们留在原地，提供冬季的装饰直到早春。

移栽成熟宿根植物

如果你想改变花园的种植方案，大部分宿根植物都能轻松移栽。如果可能的话，在秋末进入休眠期后进行移栽，或者在春天刚刚进入生长期时移栽。对于厌恶寒冷潮湿条件的植物（如羽扇豆属以及那些不完全耐寒的种类），应该在春天土壤温度能促使快速生长时移栽。某些长寿植物特别是芍药和堆心

立桩

高而脆的宿根植物可能需要立桩支撑，特别是在多风地点。在生长季早期插入立桩，因为在后期更难立桩并且容易损伤植株。将立桩深深地插入土壤，这样随着植株的增高，还可以将它们逐步升起。

对于翠雀属植物和其他高且单干的宿根植物，应使用茎秆最终高度三分之二长的坚固木棍。将木棍牢靠地插入每棵植株基部附近的土壤中，注意不要损伤植株的根系。用八字结将茎秆绑在木棍上。

要支撑多干型植株，应该使

用数根木棍以相等间隔围绕植株立桩。在植株高度三分之一和二分之一处各套一个环形线圈。对于灌丛式植株（如芍药等），可以使用专利生产的设备支撑，如环形桩和连接桩。枝条会穿过支撑结构，最终将它隐藏起来。

有两种相当不引人注意的立桩方法。将几根细支架插入年幼枝条附近的土壤中，然后以正确的角度将它们向内弯曲，形成一个很快被植株覆盖起来的"笼子"。或者将一根矮桩插入一小丛植物或茎秆中央，然后将每根茎都绑在它上面。

环形桩
在生长季早期为低矮的灌丛型植株（这里是芍药）立桩。随着植株生长将立桩逐渐抬升。

连接桩
对于较高的植物如这株紫菀，将连接桩深深插入土壤，然后随着植株生长将立桩逐渐抬升。

木棍单桩
当单干型植株（这里是翠雀）长到20~25厘米时为其立桩。松散地将茎秆绑在木棍上。

线圈桩
对于枝条细弱的植株（这里是矢车菊），用围绕着麻绳线圈的数根立桩为其提供支撑。

储藏植物

如果必要的话，可以在越冬时将宿根植物挖出并储藏，或者在不能立即移栽的情况下储藏——例如在搬家时移栽。

在冬天的休眠期将植株挖出，并放入填充一半潮湿碎树皮或基质的盒子中。用树皮或基质将根系盖住，防止它们脱水。存放在凉爽无霜的地方。

菊，不能很好地适应移栽造成的影响，移栽后需要两年或更长时间才能恢复。它们应该只在需要繁殖时才被挖出。

准备好移栽的新场所并挖出大小合适的种植穴。挖出植株，保留根坨周围尽可能多的土壤。最好在这时将植株分株（见下，"起苗和分株"）。用手将植株附带的杂草清除干净，然后像移栽盆栽宿根植物那样将分株苗重新种下，紧实土壤，浇透水。

生长期中的移栽

有时候必须在植株旺盛生长的时候移栽。不过，成熟的植株可能无法成功移栽，如果必须在这时移栽，需要小心地加以处理。

为最大限度地减少移栽造成的影响，挖出之后将其在一桶水中浸泡数个小时。然后，将地上部分修剪至距基部8~12厘米，用优质的盆栽基质上盆。将植株放在凉爽遮阴的位置，根据每天的需要洒少量水。当有健康新枝生长的迹象时，精心准备新的位置并进行移栽，尽可能多地保留根坨周围的土壤。

起苗和分株

如果可以的话，应该每三到五年对花坛或花境中的宿根植物进行起苗、分株和重新种植。对于生长迅速的苗壮物种特别是那些垫状植物，如筋骨草属（*Ajuga*）和石蚕属（*Stachys*）植物，可能需要每两年分株一次。变得木质化的植株（中央会有枯死的现象）或者看起来很拥挤并且开花没有往年多的植株，都需要进行分株。

将宿根植物挖出后，可以彻底清理种植场所的杂草，并在翻地后按照需要混入腐熟有机质或肥料。分株能够让植株复壮，保持其健康，并防止过于茂盛的生长。

在秋末或早春将植株挖出，注意不要损伤其根系，将它们轻轻地扯成几部分。对于较大的株丛，可以使用铁锹或叉子将其分开（见下图）。丢弃木质化的中央部分，分株后的每部分都应该保留许多健康的嫩枝和它自己的根系（又见198页，"宿根植物的分株"）。在原来的地点翻地并施肥，然后重新种植分株苗。注意，要为植株生长留下足够间距。或者按照需要将分株苗种在准备好的新场所。

盆栽宿根植物

与露地栽培的种类相比，在容器中栽植的宿根植物需要更多的照料，因为它们的养分和水分储备很有限。确保盆栽基质在生长期不会干掉，在炎热干旱的天气可能需要每天都浇水。植株的根系需要保持湿润但不能过于潮湿。基质中可以加入保水颗粒（见323页）帮助保持土壤湿度。护根除了抑制杂草外，还有助于减少水分蒸发。

每一或两年的春天或秋天，将盆栽植物分株，并用新鲜基质将最健壮的部分重新栽植，否则它们会很快耗光有限的养分，并且变得相对于花盆过大。如果使用同一个容器，在重新种植前清洗内壁，或者使用较大的新花盆（见334页，"木本植物的换盆"）。在重新栽植前，将灌丛式植株的根系剪短四分之一。在寒冷地区，秋季将半耐寒和不耐寒植物转移到室内保护，直到霜冻危险过去（见612~613页，"防

自然主义风格种植方案的养护

宿根植物以高水平养护而著称，生长在花坛和花境中，它们需要起苗、分株、护根、立桩、摘除枯花，还有缩剪，当然除草是一直进行的工作。在自然主义风格的种植方案中，工作量会明显降低，只在春天和秋天有两段主要的养护期。

自然主义风格的种植方案需要不同的管理方式。总的目标是维持色彩和质感的多样性，防止本地杂草蔓延，并促进自播。不需要覆盖护根和摘除枯花，因为这两种方法都会抑制或阻碍自播的成功。在以野趣为美的景致中，立桩也是不必要的。管理方案非常简单。在春天，手工除草是必需的，彻底清除所有侵入性强的物种——本地禾草、蒲公英（*Taraxacum officinale*）、毛地黄以及匍枝毛茛（*Ranunculus repens*），以防它们喧宾夺主。其他类型的杂草如剪秋罗属植物以及大量自播的植物可以容忍，但需要经常进行疏枝，防止它们一家独大。剩余的植物只需留在原地，无论它们看起来有多么拥挤，夏末或秋季自播结束后将所有地上部分剪掉。这时你应该抓住机会重复春天的除草过程。

冻和防风保护"）。

病虫害

如果种植在肥沃的土壤中，宿根植物通常不会感染严重的真菌病害、发生昆虫或其他虫害。蛞蝓和蜗牛（670页）、葡萄黑耳喙象（672页）、蚜虫（654页）、蓟马（671页）的确会造成伤害，对于某些特定的种类（如荷兰菊各品种），也会发生白粉病（667页）和霜霉病（659页），但很少造成需要关注的问题。在生长期定期检查病虫害的迹象，并在需要的时候用合适的杀真菌剂和杀虫剂处理。

草本宿根植物的分株

1 选择一棵健康植株并充分浇水，确保根系湿润。剪短老枝，使根颈清晰可见。在植株周围挖土并将其撬起来。

2 摇晃掉多余的土壤。如果不能用手将株丛掰开，可以用两个叉子背对背将其分开。继续重复这一过程，直到得到足够数量的分株苗。

3 在根系失去水分之前，将每棵分株苗种在准备良好的土壤中。确保植株的种植深度与之前一样，紧实土壤并浇足水。

观赏草

这类丰富多样的花园植物不但包括真正的禾草，还有苔属（*Carex*）、灯芯草属（*Juncus*）植物以及竹类（见120～121页）。它们之所以得到广泛的应用，不仅是因为众多物种和品种在形式、色彩和高度上表现出丰富的多样性，也因为其中大多数种类都很容易种植——可以在各种各样的花园生境中生长得很好。

作为花园植物的观赏草

在花境和苗床上使用观赏草是相对新颖的发展趋势，它大大提升了我们美化花园各个区域的手段，也大大增加了花园中色彩的多样性，拥有绿色、灰绿色还有黄色的叶片——有些种类的叶片上带有白色、奶油色或黄色斑纹，还有些种类的叶子和花序在秋天会变成美丽的橘红色或古铜色。它们的株型相差很大，有拱形、峭立、丛堆和铺展状等，这使得它们可以应用在包括岩石园在内的大部分花园场景中。在岩石园中，蓝绿色的蓝羊茅（*Festuca glauca*）及其品种能够和活泼的高山植物形成有趣的对比。高观赏草如蒲苇属（*Cortaderia*）、针茅属（*Stipa*）、狼尾草属（*Pennisetum*）、芒属（*Miscanthus*）植物，无论盆栽还是种在花园中都能作为良好的标本植物。

如果通过地下茎或者大量自播蔓延得太快，一些观赏草会成为恼人的问题。注意，应选择那些不会大量结实并且虽然有地下茎，但入侵性不强的物种。

栽培

观赏草多为喜阳植物，大部分在排水良好、适当肥沃的土壤中生长良好，在生长期除了用少量有机质护根并在非常干旱的时期浇水，基本不需要额外养护。莎草和灯芯草通常比较喜欢潮湿的环境。

在种植时，应确保根颈部与地面平齐，更深的种植会抑制其生长。很少需要额外施肥，施肥反而会导致枝叶变软，易感染病害。当叶片在冬天逐渐掉落后，将落叶观赏草剪至地面附近，对常绿观赏草的叶子进行修剪和整理，等待第二年春天长出新的枝叶。

繁殖

大多数宿根观赏草是丛生的或者具有根状茎，因此可以用分根茎的方法繁殖。从外围较年轻的部分选择带有强壮纤维状根系或根状茎的健壮苗分株，并将根丛中央年老的木质化部分丢弃。分株后应尽快重新种植，以免脱水。一些物种如芦竹（*Arundo donax*）及其品种可以从侧枝上采取插条进行扦插繁殖。

根据繁殖时间，可以将观赏草分为冷季型和暖季型。冷季型观赏草如拂子茅属（*Calamagrostis*）、羊茅属（*Festuca*）、针茅属（*Stipa*）植物，在秋末的休眠期进行分株，或者在即将进入生长期的早春进行分株。暖季型观赏草如蒲苇属、芒属以及狼尾草属植物，只能在春末或夏初进入生长期时进行分株。一年生观赏草如大凌风草（*Briza maxima*），可以在春天直接播种在土壤中。

观赏花叶效果的观赏草

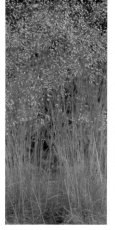

'晨光'芒

'哈默尔恩'狼尾草　　细茎针茅　　'塔特拉黄金'曲芒发草

形状和质感
观赏草几乎是草本花坛和花境种植方案中不可或缺的一部分，它们能带来动感和质感，成为自然主义种植风格中重要的基础。

观赏草

新西兰风草*Anemanthele lessoniana*
大凌风草*Briza maxima*
'卡尔·弗斯特'尖花拂子茅*Calamagrostis* x *acutiflora* 'Karl Foerster'，野青茅*C. arundinacea*
'普米拉'蒲苇*Cortaderia selloana* 'Pumila'，'乳白穗'蒲苇*C. selloana* 'Sunningdale Silver'
'青铜面纱'发草*Deschampsia cespitosa* 'Bronzeschleier'，'塔特拉黄金'曲芒发草*D. flexuosa* 'Tatra Gold'
'青狐'蓝羊茅*Festuca glauca* 'Blaufuchs'
'金纹'箱根草*Hakonechloamacra* 'Alboaurea'，'金线'箱根草*H. macra* 'Aureola'
蓝燕麦草*Helictotrichon sempervirens*
'红叶'白茅*Imperata cylindrica* 'Rubra'
尼泊尔芒*Miscanthus nepalensis*，'克莱恩喷泉'芒*M. sinensis* 'Kleine Fontäne'，'晨光'芒*M. s.* 'Morning Light'，'银羽毛'芒*M. s.* 'Silberfeder'
竹形蓝天草*Molinia caerulea* subsp. *arundinacea*，'卡尔·福斯特'竹形蓝天草*M. c.* subsp. *arundinacea* 'Karl Foerster'，蓝天草*M. c.* subsp. *caerulea*
柳枝稷*Panicum virgatum*（众多品种）
'哈默尔恩'狼尾草*Pennisetum alopecuroides* 'Hameln'，'秋季魔术'狼尾草*P. a.* 'Herbstzauber'，'林边'狼尾草*P. a.* 'Woodside'，东方狼尾草*P. orientale*，牧地狼尾草*P. setaceum*
拂子茅状针茅*Stipa calamagrostis*，大针茅*S. gigantea*，细茎针茅*S. tenuissima*

种子需要特殊处理的宿根植物

层积

乌头属 *Aconitum*
侧金盏花 *Adonis amurensis*
风铃草属 *Campanula* 部分种类1
绿绒蒿属 *Meconopsis*
报春花属 *Primula* 部分种类1

划破

岩豆属 *Anthyllis*
赝靛属 *Baptisia*
山羊豆属 *Galega*
香豌豆属 *Lathyrus*
羽扇豆属 *Lupinus*

新鲜时种植

铁筷子属 *Helleborus*
绿绒蒿属 *Meconopsis*
报春花属 *Primula* 部分种类1

浸泡

箭芋属 *Arum* 部分种类1
赝靛属 *Baptisia*
大戟属 *Euphorbia* 部分种类1

播种后两年内开花的宿根植物

羽衣草属 *Alchemilla*
银莲花属 *Anemone* 部分种类
耧斗菜属 *Aquilegia*
紫菀属 *Aster* 部分种类1
粉珠花属 *Astrantia*
风铃草属 *Campanula* 部分种类1
蓝菊属 *Catananche*
矢车菊属 *Centaurea*
萼距花属 *Cuphea* 1
翠雀属 *Delphinium*
山桃草属 *Gaura*
勋章菊属 *Gazania* 1
柳穿鱼属 *Linaria*
半边莲属 *Lobelia* 部分种类1
剪秋罗属 *Lychnis*
锦葵属 *Malva*
绿绒蒿属 *Meconopsis*
骨籽菊属 *Osteospermum* 部分种类1
罂粟属 *Papaver*
花葱属 *Polemonium*
报春花属 *Primula* 部分种类1
鼠尾草属 *Salvia* 部分种类1（不包括灌木种）
蓝盆花属 *Scabiosa*
稳葵属 *Sidalcea*
蝇子草属 *Silene* 部分种类1
毛蕊花属 *Verbascum*

注释

1 不耐寒

紫斑东方铁筷子

繁殖

草本宿根植物的繁殖方法有好几种。当需要大量植株时，播种繁殖是一种理想的方法。这种方法并不需要多少经验或专业技能，但只适用于繁殖物种，不适用于新品种。

对于许多草本植物，最简单也最常见的繁殖方法是将它们挖出，然后把株丛分为数个独立植株。不过，有些种类最好用种子繁殖，或者营养繁殖如扦插或不常见的嫁接。营养繁殖可适用于所有品种。

种子

播种繁殖是一种得到大量宿根植物的简单经济的方法，但除了少数品种（如'羞娇娘'宽叶香豌豆 *Lathyrus latifolius* 'Blushing Bride'），大部分品种都无法靠种子真实遗传。大部分物种也会在株型和花色上呈现一定程度的变异，所以当你自己采集种子时，记得从开花和生长情况最好的植株上采集。

初夏至仲夏，早花宿根植物的种子会在植株上成熟，如果成熟后立刻播种，会很快萌发长成幼苗，这些幼苗可以露地或在冷床中成功越冬。不过，对于大多数宿根植物来说，都是在秋季采集种子后立即播种，这些种子会在第二年早春萌发。如果储藏在凉爽干燥的条件下，大部分种子在春天播种也能成功萌发。

然而，某些草本植物（如芍药和铁筷子）的种子通常会有一个相当长的休眠期——芍药种子的休眠期可达18个月，除非提供合适的条件打破休眠，诱导萌发。有些需要冷处理或光照一段时间，还有些有坚硬的种皮，需要在种植前划伤或浸泡软化（见629页，"如何克服休眠"）。

种子萌发前的预处理

对于需要通过冷处理打破休眠的种子，可以于秋季或冬季种植在室外（见197页，"播种需冷处理的种子"）或于春天播种前在冰箱中储存数周。这种打破休眠的方法适合许多属的植物，如乌头属（*Aconitum*）、侧金盏花属（*Adonis*）、风铃草属（*Campanula*）和报春花属（*Primula*）。萝藦龙胆（*Gentiana asclepiadae*）等植物的种子需要暴露在光照下一段时间才能成功萌发。

划伤种皮和浸泡

许多宿根植物（特别是豆科植物）的种子都拥有坚硬的种皮，会阻碍种子快速均匀萌发。在播种前，用砂锉或砂纸摩擦它们，或者用锋利的小刀将种皮划伤，让水分能够进入种子，使其得以萌发。

对于许多种子，还可以用浸泡的方式让种皮变软，需要在热水（不能是开水）中浸泡12~24个小时；这会让种子吸收水分，从而更容易萌发。浸泡适用于多种宿根植物，如箭芋属（*Arum*）、赝靛属（*Baptisia*）和大戟属（*Euphorbia*）植物。浸泡之后的种子应该立即播种。

双重休眠

芍药和延龄草属（*Trillium*）植物的种子通常需要两次冷处理才能促使根和茎萌发。根系会在种子萌发的第一个生长季发育出来，但茎一般只有在种子接受下一个冬天的第二次冷处理后才会出现。秋天，将种子按照正常方法播种在容器中。

在容器中播种

除非需要大量植株，否则一般在容器中播种即可，这样最简单。普通的塑料播种盘能容纳下两三百颗种子，较大的方花盆也能播种50颗种子。方花盆能够紧密地排列成行，并且比同样宽度的圆花盆容纳的基质更多。

用合适的播种基质填充花盆或播种盘。如果实生幼苗要在基质中保留较长时间的话，含壤土的基质常常比含草炭的基质更好。沿着花盆或播种盘的边缘，轻轻地将基质压紧，然后用压板或另一个花盆的底部将基质表面大致压平，使基质表面位于容器边缘之下1厘米。

播种

播种应该稀疏地进行——种子之间保持大约0.5厘米的间距，太密集的播种会得到细弱瘦长的植株，易得猝倒病（见658页）。对于细小的种子以及需要光照才能萌发的种子，如某些龙胆属（*Gentiana*）植物

采集种子

种子成熟后立即采集。将它们从果实中摇晃出来，或者将果实绑成串并密封在纸袋中，头朝下悬挂起来，让种子落入纸袋。

确保种子完全干燥后，将它们储藏在干净的纸袋或信封里，标记上植物名称和采集时间。

当果实变成棕色的时候将它们采下来（这里是绿绒蒿属植物 *Meconopsis* 的果实）。摇晃果实，将其中的种子接在纸上，然后储藏到凉爽干燥的地方，直到准备播种。

的种子，播种时可以不盖土，或者撒一层薄薄的细筛基质、珍珠岩或蛭石，然后用压板轻轻地压实。对于芍药等较大的种子，应该覆盖一层0.5厘米厚的基质。

后期养护

标明种子名称和种植日期，然后用细喷头的水壶浇水，注意不要将种子冲走。如果种子很细小，可以将容器立在水中浸泡一段时间，直到其中的基质吸足水，这个方法能防止种子被冲走。用玻璃板、塑料板或塑料膜盖住容器，最大限度地减少水分蒸发，并将它们放入冷床或温室中。在晴朗的天气，用报纸或遮阴网提供一定程度的遮阴。一旦种子开始萌发，将覆盖物除去并减少遮阴。

将容器齐边埋入室外苗床

如果要将容器不加保护地置于室外，通过秋冬自然气候打破种子休眠，应在播种后的种子上覆盖一层砂砾。这样能防止它们被大雨冲出花盆，并在一定程度上抑制基质表面长出苔藓和地钱。用细金属网盖住容器，以免鸟类啄食幼苗。

将花盆齐边埋入沙床中，为萌发提供稳定、一致的条件。当种子萌发能看到幼苗时，将容器转移到冷床中。

移栽

一旦幼苗长到可以操作的时候，即第一对或第二对真叶出现时，便可以进行移栽。将它们均匀地种在播种盘中，每个播种盘种30~40株，或者将它们移栽到独立的容器里。对于不耐根系扰动的幼苗，移栽到独立容器中更合适。或者将幼苗移栽到穴盘中。无论使用哪种方式，都要使用优质的含壤土盆栽基质。

为移栽好的幼苗浇透水，做标记，然后将其放入冷床或凉爽温室中，直到它们成形。之后，可以再次单独上盆或者移栽到开阔的永久栽培位置。

播种繁殖宿根植物

1 在直径为13厘米的花盆中填充湿润的播种基质。将基质压实至容器边缘下1厘米处。

2 使用折叠起来的干净纸片将种子（这里是大滨菊*Chrysanthemum x superbum*）均匀、稀疏地撒在基质表面。

3 用一层薄薄的细筛基质覆盖种子。标记并浇水，注意不要将种子冲跑。

4 用干净的塑料板或塑料膜覆盖在容器上，以保持湿度。将容器放入冷床中，直到幼苗长出两片真叶。

5 将幼苗移栽入花盆中，可以使用可降解花盆（见插图）直接进行种植。用手拿着叶片操作，因为嫩茎很容易受到伤害。

6 当幼苗长成拥有良好根系的小型植株后，将它们露地移栽或上盆。

播种需冷处理的种子

1 在秋天，将种子稀疏地种在盆栽基质中，并覆盖薄薄的一层细基质，再铺一层细砂砾。

2 在花盆中标记种子名称和播种日期，浇透水，然后将花盆齐边埋入室外的开阔沙床中，促进种子的萌发。

开阔地中的露地播种

如果需要大量植株，露地播种也许更加方便。在肥沃、排水良好的土壤中准备好播种区域，清理杂草并对土地进行细耕。用直线或直边板作为指导，用耨锄（draw hoe）、洋葱锄（onion hoe）或大标签的尖端划出播种沟。

播种沟的深度取决于种子的大小，0.5厘米深足够小型种子使用，而大型种子需要至少1厘米深的播种沟。如果要移植年幼的实生苗，种植沟的间距应保持在10~15厘米，如果它们继续成排生长，那么排间距应为15~22厘米。播种时小型种子的株距应为0.5厘米，而大型种子如芍药的间距应为2.5厘米以上。

播种后，将土壤轻轻地耙过播种沟，将其覆盖，然后为每条播种沟标记好种子名称和播种日期。小心地为播种沟浇水，注意不要将土壤冲走。（更多信息见215页，"条播"。）

用绳线标记出播种区域。对于较大的种子，可以用戳孔器戳出孔后单独点播。对于较小的种子，使用绳线标记出播种

沟，并按照种子包装上的说明以一定间距播种。

宿根植物的分株

这种方法适合繁殖许多具有蔓延性根茎并从基部产生茎的宿根植物。这是一种繁殖砧木的方法，并且在很多情况下分株能够对植物实现复壮，保持它们的活力，因为可以除去老旧的部分（见194页，"起苗和分株"）。

某些宿根植物可以用手或者两只叉子背对背扯开，其他拥有肉质根系的植物最好用铁锹或刀子分开。

何时分株

大部分植物都应该在秋末至早春的休眠期分株，但要避开过冷、过湿或过于干旱的天气，因为这样的天气会让分株苗难以恢复。

肉质根宿根植物通常在春天休眠期将要结束时分株。这时，它们的芽正要开始长出嫩茎，那里是生长最活跃的部位，也是分株苗需要保留的部分。

准备

首先松动待分株植株周围的土壤，注意不要损伤根系，然后用叉子将植株撬起来。晃掉根系上尽可能多的松散土壤，并清理掉死亡枝叶，以便看清从何处进行分株。这样还能让你看到植株哪些部分是健康、应该保留的，哪些部分是老旧衰弱、应该丢弃的。

将肉质根植物根系和根颈部的大部分土壤清洗掉，使所有芽清晰可见，以防在分株时不慎将芽弄伤。

纤维状根植物

将两个叉子背对背插入植株中央附近，使叉子的齿紧密相靠，把手分开，然后将把手向两侧轻轻推开，用叉子尖端将植株逐渐分离，使其变成两个较小的部分。再在每一部分上重复这一步骤，得到更多分株苗，每个分株苗上都要保留一些嫩茎。

对于形成木质化根丛或根系粗壮结实的植物，应该用铁锹或刀子分株，确保每棵分株苗上至少有两个芽或嫩茎。丢弃植株中央老弱、木质化的部分，拥有健壮嫩枝和健康根系的部分通常生长在植株的边缘。

对于拥有松散、伸展根颈部和大量茎秆的宿根植物如紫菀，很容易用手或两个叉子分株。只要将根颈部边缘生长的拥有根系的单茎分离即可。

肉质根植物

对于拥有大块肉质根的宿根植物如大黄属植物，可能需要用铁锹来分株，因为背对背的叉子难以分开它们的根颈。在清理完植株、露出发育中的芽后，用铁锹将它们从中间劈开，注意每部分至少留两个芽。然后用刀子将每部分修剪整齐，丢弃所有年老的木质化部分以及受损或腐烂的根系。

对于根颈错综复杂交织在一起的植物，如龙舌百合属（*Arthropodium*）植物以及丛生观赏草，可以用两个叉子分株。

重新栽植和养护

分株后，在所有切口撒上合适的杀真菌剂粉末（见632页，"根系如何形成"）。

尽快种植分株苗。分株苗不能脱水，如果必须延迟几个小时才能种植的话，应将植株蘸水后放入密封塑料袋中，并放在阴凉处保存，直到你准备好种植。

如何分株繁殖宿根植物

1 将待分株植株挖出，注意叉子插入土壤中的位置应远离植物，以免损伤根系。摇晃掉多余的土壤。这里展示的是一株向日葵属植物。

2 用铁锹将植株的一部分从木质化的中央劈下来。

3 用手将劈下的植株瓣成更小的部分，每部分都要保留数根新茎。

4 将旧枝叶剪去，并将分株苗以与之前同样的深度种植。紧实土壤，浇透水。

另一种方法

对于纤维状根的草本植物（这里是一株萱草），用两个叉子背对背地将其分开。

大型分株苗如果立刻种植的话，仍然可以在当季开出效果很好的花朵，不过茎秆常常会变短。而非常小的分株苗最好在苗床或花盆中生长一年，这样才能成形。一般来说，分株苗的种植深度应当和原来的植株相同，但那些基部易腐烂的种类最好稍稍凸出地面种植，使根颈部不受多余水分的浸泡（见184页，"种植深度"）。

在重新种植时，保证根系在种植穴中充分伸展，然后紧实土壤。为新种植的分株苗浇透水，注意不要将土壤冲走，以免暴露出根系。

芍药的分株

在对芍药进行分株时应该特别细心，因为它们不喜移植，并且恢复得很慢。为得到最好的效果，应在早春休眠期即将结束时挖出芍药并进行分株，这时其膨胀的红色嫩芽清晰可见。将根丛切成数段，每段保留数个芽，注意不要伤到肥厚的肉质根。

1 在早春嫩芽清晰可见的时候将植株挖出，切成数段，每段保留数个芽。

2 用杀真菌剂粉末处理所有切口，防止感染和腐烂。

3 将分株后的部分以大约20厘米的间距重新种植。芽应该刚好露出地面。紧实土壤并浇水。

根状茎植物的分株

对拥有粗厚根状茎的植物如岩白菜属（*Bergenia*）和根状茎类鸢尾进行分株时，应该用手将植株掰成数部分，然后将根状茎切成数段，每段保留一或多个芽。竹类要么用短的根状茎形成浓密的根丛，要么拥有长而伸展的根状茎。对于前者，用铁锹或叉子将其分开；对于后者，用修枝剪将其剪成数段，每段应保留三个节或节间（见120～121页，"竹类"）。

1 将待分株植株（这里是一丛鸢尾）挖出，叉子应远离根状茎，避免伤害它们。

2 摇晃根丛，去除多余土壤。用手或叉子将根丛分成数段。

3 丢弃老的根状茎，然后将新的年幼根状茎从根丛上分离，将它们的末端修剪整齐。

4 用杀真菌剂粉末处理切口部位。将长根剪短三分之一。对于鸢尾类植物，将叶子剪短至15厘米长，以防大风将根系摇散。

5 以12厘米的间距将根状茎种下。根状茎应该半埋在土壤中，叶子和芽直立。紧实土壤并浇水。

分株繁殖的宿根植物

蓍属*Achillea*
乌头属*Aconitum*
沙参属*Adenophora*
秋牡丹*Anemone hupehensis*
箭芋属*Arum* 部分种类 1
紫菀属*Aster* 部分种类 1
落新妇属*Astilbe*
粉珠花属*Astrantia*
岩白菜属*Bergenia*
牛眼菊属*Buphthalmum*
风铃草属*Campanula* 部分种类 1
苔草属*Carex*
羽裂矢车菊*Centaurea dealbata*
铁线莲属*Clematis*（草本种类）
轮叶金鸡菊*Coreopsis verticillata*
心叶两节芥*Crambe cordifolia*
多榔菊属*Doronicum*
柳叶菜属*Epilobium*
山羊豆属*Galega*
老鹳草属*Geranium* 部分种类 1
堆心菊属*Helenium*
向日葵属*Helianthus*
东方铁筷子*Helleborus orientalis*
萱草属*Hemerocallis*
矾根属*Heuchera*
玉簪属*Hosta*
鸢尾属*Iris*（根茎类）
火炬花属*Kniphofia* 部分种类 1
蛇鞭菊属*Liatris*
红花半边莲*Lobelia cardinalis* 1
剪秋罗属*Lychnis*
排草属*Lysimachia*
千屈菜属*Lythrum*
舞鹤草属*Maianthemum*
芒属*Miscanthus*
荆芥属*Nepeta*
红茎月见草*Oenothera fruticosa*
沿阶草属*Ophiopogon* 部分种类 1
芍药属*Paeonia*
麻兰属*Phormium*
假龙头花属*Physostegia*
花葱属*Polemonium*
肺草属*Pulmonaria*
大黄属*Rheum*
金光菊属*Rudbeckia*
森林鼠尾草*Salvia nemorosa*
 草原鼠尾草*S. pratensis*
肥皂草属*Saponaria*
高加索蓝盆花*Scabiosa caucasica*
裂柱莲属*Schizostylis*
八宝景天*Sedum spectabile*
稳葵属*Sidalcea*
一枝黄花属*Solidago*
毛草石蚕*Stachys byzantina*
聚合草属*Symphytum*
红花除虫菊*Tanacetum coccineum*
唐松草属*Thalictrum*
无毛紫露草群*Tradescantia*
 Andersoniana *Group*
金莲花属*Trollius*
婆婆纳属*Veronica*

注释
1 不耐寒

蛇鞭菊

用茎尖插穗繁殖宿根植物

1 从健壮枝条尖端选取长7～12厘米的柔软部分。这里展示的植物是钓钟柳属的一个品种。

2 将每根插穗修剪至某茎节下端，做一个直切口，剪短至5～7厘米。将位置较低的叶片去除。

3 将插穗插入直径为15厘米的花盆的边缘并浇水。用木棍支撑的塑料袋覆盖，不要让塑料接触插穗。

4 当插穗生根后，轻轻将其挖出，并单独上盆到直径为10厘米的花盆中。

用茎插穗繁殖的宿根植物

茎尖插穗
灰毛菊属 *Arctotis* 1
木茼蒿 *Argyranthemum* 1
全缘叶蒲包花 *Calceolaria integrifolia* 1
萼距花属 *Cuphea* 1
石竹属 *Dianthus* 部分种类 1
双距花属 *Diascia*
糖芥属 *Erysimum*
蓝菊属 *Felicia* 部分种类 1
红花半边莲 *Lobelia cardinalis*
线裂叶百脉根 *Lotus berthelotii* 1
大果月见草 *Oenothera macrocarpa*
骨籽菊属 *Osteospermum* 部分种类 1
纽西兰威灵仙属 *Parahebe*
钓钟柳属 *Penstemon* 部分种类 1
鼠尾草属 *Salvia* 部分种类 1
水玄参 *Scrophularia auriculata*
球葵属 *Sphaeralcea* 1
紫露草属 *Tradescantia* 部分种类 1
红车轴草 *Trifolium pratense*
马鞭草属 *Verbena* 1
堇菜属 *Viola* 部分种类 1
灰叶朱巧花 *Zauschneria californica*

基生茎插穗
春黄菊 *Anthemis tinctoria*
紫菀属 *Aster* 部分种类 1
菊属 *Chrysanthemum* 部分种类 1
翠雀属 *Delphinium* 部分种类 1
羽扇豆属 *Lupinus*
美国薄荷属 *Monarda*
锥花福禄考 *Phlox paniculata*（只有斑叶品种）
假龙头花属 *Physostegia*
景天属 *Sedum* 部分种类 1

注释
1 不耐寒

'玛丽·伍顿' 木茼蒿

茎尖插穗

这种繁殖方法最常用于难以成功分株的草本宿根植物，以及无法用种子真实遗传的品种。只要有合适的枝条，插穗可以在生长季中的任何时间采取。

选择没有花蕾的健壮茎尖，不要用任何细弱、瘦长或受损的茎。如果采集后不能立刻扦插，则先将它们放入密封塑料袋中以防脱水。

插条的准备和扦插

用修枝剪或锋利的小刀采取插穗，在茎节上端迅速将茎尖切下。将插穗底部三分之一的叶片剪去，然后将插穗修剪至某茎节下端或剪至5厘米长。将所有插穗的基部蘸取激素生根粉或凝胶。然后将插穗插入装满了合适扦插基质的花盆或种植盘中，并用手指压紧。为插穗之间留下足够空间，使它们的叶子不会互相接触，空气能够自由流通。这样做能防止猝倒病（见658页）。

后期养护

用带细花洒的洒水壶为插穗浇水，并用杀真菌剂处理防止感染和腐烂。插穗必须维持在高湿度水平，否则它们会发生枯萎，如果可能的话，将它们放置在喷雾单元或增殖箱中。也可以用塑料袋将插穗罩住。用棍子或线圈支撑塑料袋，防止塑料接触叶片，造成水滴凝结引起的真菌感染。当天气炎热时，用报纸、遮阴网或其他半透明材料为插穗遮阴，防止叶片被日光灼伤。遮阴材料应尽快撤除，保证插穗得到充足光照。

每天检查扦插苗，清理所有落叶和死亡叶片，以及所有感染的枝叶。必要时为基质浇水，保持湿润但不能过于潮湿。在二至三周后，插穗即可生根，可以独自种植在花盆中。在这个阶段仍未长出根系的健康插穗，应该重新扦插并养护，直到它们生根。

基生茎插穗

这种类型的扦插方法适用于许多在春天从基部长出成簇新枝的草本植物。除了那些拥有柔软组织的植物，茎中空或具髓植物（如羽扇豆和翠雀）的短而基生的插穗都能成功地生根。

如果必要的话，可将待繁殖的植株挖出并种在温暖温室的花盆和种植盘中，促进基部枝条提前生长。这样，插穗就可以早一些生根，

用基生茎插穗繁殖宿根植物

1 当枝条长到7～10厘米（这里是一株菊花）高时采取插穗，在枝条与木质化部分相连接的地方将其切下。

2 去除插穗基部的叶片。在某茎节下端做一个直切口，将插穗截短至5厘米长。

3 将插穗基部蘸取激素生根粉或凝胶，然后插入装满湿润盆栽基质的花盆中。将花盆放入增殖箱中。

4 当插穗生根后，将它们分离，尽可能多地保留根系周围的基质。单独上盆。

扦插苗也能提前在生长期成形。这些扦插苗可以替代花园中被挖走的母株。

插穗的准备和扦插

选择第一次展叶的强健枝条并用锋利的小刀将它们尽可能靠近基部切下，插穗基部可以包括部分木质化组织。不要使用中空或受损的枝条。

将插穗底部的叶片去除，基部蘸取激素生根粉，然后将单独或数个插穗一起插入花盆或种植盘的扦插基质中。紧实基质，浇透水，将其放入冷床或增殖箱中。或者用线圈支撑的干净塑料袋罩在每个容器上。为插穗遮阴，避免阳光直射，防止叶片灼伤或枯萎。

后期养护

每隔几天检查插穗，尽快清理所有死亡或腐烂叶片，防止腐烂的蔓延。保证基质一直湿润但不要过

于潮湿，并除去玻璃或塑料覆盖物上凝结的水滴。插穗一般会在一个月内生根，然后可以单独上盆到装满等比例壤土、沙子以及草炭替代物或草炭的花盆中。

根插穗

对于拥有粗厚肉质根的宿根植物如毛蕊花属（Verbascum）植物和东方罂粟各品种，根插穗是一种行之有效的繁殖方法。要想用感染了线虫的花境福禄考繁殖得到健康的新植株，这也是唯一的方法。因为线虫只侵害福禄考的地上部分而不侵害根系，所以采取根插穗可以得到无线虫感染的健康植株。然而，这种繁殖方法不能用于花叶类型的福禄考品种，因为得到的植株只会产生绿色叶片。

在切取根插穗时，应注意最大限度地降低对母株造成的伤害，并且立即种植插穗。在休眠期采取的插穗最容易种植成功，休眠期一般

在冬天。

准备

挖出强壮、健康的植株并清洗掉附带的土壤，露出根系。选择年幼、健壮、粗厚的根，它们容易成功地长出新植株。将年幼根贴近根茎处切下并将母株重新种回去。

当繁殖根系粗壮的植物如老鼠簕属（Acanthus）、牛舌草属（Anchusa）、裂叶罂粟属（Romneya）、毛蕊花属（Verbascum）植物时，选取铅笔粗细的根并将它们剪成5～10厘米长的根段。对于细根宿根植物，将根剪成7～13厘米的根段，以保证插穗的发育有足够的营养储备。

在切根段时，要保证上端（距离茎近的一端）直切、下端（距离根尖近的一端）斜切，以便以正确的方向扦插插穗。枝条会从插穗上端长出，根系从下端长出。在扦插前，剪去所有纤维状根。

插穗的扦插

准备好插穗之后，用杀真菌剂粉末处理，以防止腐烂发生。然后，平端向上，垂直插入花盆或种植盘中，容器中的盆栽基质深度应为它们长度的一倍半，插穗顶端应和基质表面平齐。用薄薄的一层细沙或砂砾覆盖花盆，做好标记并将其放入增殖箱或冷床中。在插穗生根之前不要为它们浇水。一旦长出嫩枝，使用合适的基质将它们单独上盆。

根较细的植物如秋牡丹（Anemone hupehensis）、日本秋牡丹（A. x hybrida）、风铃草属（Campanula）植物、福禄考和球序报春（Primula denticulata）等的处理方式略有不同，因为它们的根太细，很难垂直扦插。将它们的根插穗平放在装满紧实基质的花盆或种植盘中，用更多基质覆盖。然后像对待标准根插穗那样处理它们。

如何用根插穗繁殖宿根植物

1 在休眠期将植株（这里是一株老鼠簕属植物）挖出并清洗根系。选择铅笔粗细的根并用小刀从根茎附近将它们切下。

2 将每条根切成5～10厘米的根段。在根段上端直切、下端斜切（见插图）。

3 将插穗插入湿润扦插基质的洞中，紧实基质。插穗的顶端应与基质表面平齐。

4 用粗砂砾覆盖花盆，做好标记，并将它们放入冷床，直到插穗生根。

5 当插穗长出嫩枝后，用含壤土的盆栽基质将它们单独上盆到花盆中。浇水并做好标记（见插图）。

细根插穗的繁殖方法

将修剪过的插穗水平放置在湿润的紧实基质上，用基质覆盖并轻轻压实。

用根插穗扦插的宿根植物

老鼠簕属 *Acanthus*
牛舌草 *Anchusa azurea*
秋牡丹 *Anemone hupehensis*，
　日本秋牡丹 *A. x hybrida*
软紫草属 *Arnebia*
风铃草属 *Campanula* 部分种类 1
蓝苣 *Catananche caerulea*
蓝刺头属 *Echinops*
牻牛儿苗属 *Erodium* 部分种类1
刺芹属 *Eryngium* 部分种类 1
天人菊属 *Gaillardia*
老鹳草属 *Geranium* 部分种类 1
丝石竹属 *Gypsophila*
宽叶补血草 *Limonium platyphyllum*
滨紫草属 *Mertensia*
矮黄芥属 *Morisia*
东方罂粟 *Papaver orientale*
锥花福禄考 *Phlox paniculata*，
　钻叶福禄考 *P. subulata*
球序报春 *Primula denticulata*
白头翁属 *Pulsatilla vulgaris*
裂叶罂粟属 *Romneya*
金莲花属 *Trollius*
毛蕊花属 *Verbascum*

注释
1 不耐寒

东方罂粟

蕨类

蕨类是一类最受欢迎的观叶植物，它们能够为房屋或花园增添独特的质感和氛围，在流水或潮湿荫蔽的角落中效果特别好。

栽培

耐寒蕨类适合生长在开阔的花园中，而不耐寒的热带蕨类最好栽培在温室或保育温室内，或者作为室内植物观赏。

耐寒蕨类

大多数耐寒蕨类都很容易种植，并且适合阴凉潮湿的环境。一旦成形，耐性极强的它们只需要最低程度的养护。除了喜酸性土壤的沼泽蕨属（*Thelypteris*）、乌毛蕨属（*Blechnum*）和珠蕨属（*Cryptogramma*）的所有物种，蕨类喜欢中性至碱性条件。添加腐殖质的园土适合大部分蕨类物种。

盆栽蕨类可以在任何时间进行种植。在干旱天气中经常为它们浇水，直到完全恢复。在全阴或半阴处种植，某些属如鳞毛蕨属（*Dryopteris*）只要种植在荫蔽的条件下就能忍受干旱，不过几乎所有蕨类植物都需要潮湿环境才能生长良好。

许多蕨类植物如蹄盖蕨属（*Athyrium*）、珠蕨属（*Cryptogramma*）和紫萁属（*Osmunda*）植物在第一次

霜冻后地上部分就会枯死，而鳞毛蕨属（*Dryopteris*）的某些物种可以将羽状叶子保持到冬季。

将植株上的老叶留到早春能够保护根颈部，但要在新叶开始舒展时将它们清理掉。铁角蕨属（*Asplenium*）、贯众属（*Cyrtomium*）、耳蕨属（*Polystichum*）、水龙骨属（*Polypodium*）的所有物种和品种都适合种在冷温室中，它们在最寒冷的季节也能在其中生长得很好。

不耐寒的热带蕨类

不耐霜冻的蕨类在温室或保育温室中是很好的观叶植物，可以种植在花盆或吊篮中；有些还是优良的室内观赏植物。大多数种类需要10～15℃的冬季最低温度，但不喜欢炎热干燥的条件，应该避免阳光直射，能在炎热天气保持潮湿的砂砾苗床上的向北位置是最理想的地点。

热带蕨类常常种在非常小的花盆中出售，应该使用不含土壤的盆栽基质重新栽植到直径为13厘米或

水边
莢果蕨属（*Matteuccia*）植物在水流边的潮湿环境中生长得很茂盛，与前景中的鬼灯擎属（*Rodgersia*）植物在形状和质感上形成了鲜明的对比。

15厘米的花盆中。这样的基质应该用三份含草炭替代物或草炭的盆栽混合基质加两份粗砂或中级珍珠岩混合而成。每升混合基质中加入一杯木炭颗粒，并遵照包装说明加入适量均衡肥料或粉末肥料。

根坨不能完全干透；在盆栽蕨类花盆的外面再套一个不透水的容器，容器基部添加2.5厘米厚且永远保持湿润的沙子或砂砾。蕨类植物，特别是铁线蕨属（*Adiantum*）物

种，不喜欢喷洒浇水或从上方浇水，而最容易作为室内观赏植物栽培的肾蕨属（*Nephrolepis*）物种应该在接近干旱时再浇水。偶尔用室内植物液体肥料为蕨类施肥。

繁殖

蕨类主要通过孢子繁殖，但也可以分株繁殖，某些物种还能用珠芽繁殖。

岩缝
药蕨（*Ceterach officinarum*）的半常绿叶片和背后提供阴凉和遮蔽的岩石形成了有趣的对比。

用珠芽繁殖

1 选择被珠芽的重量压弯的叶片。珠芽可能已经长出了小小的绿色叶片。从基部将选中的叶片剪下。这里展示的植物是鳞茎铁角蕨（*Asplenium bulbiferum*）。

2 将叶片钉在准备好的基质上。确保叶脉平展。

3 浇透水，做好标记，将播种盘放入塑料袋中。将塑料袋密封，放到温暖明亮的地方，直到珠芽生根。

4 除去固定用的金属钉，用小锄子或小刀将生根珠芽挖出，如有必要，将它从母株叶片上剪下。

5 将每个生根珠芽转移到装满不含土壤的湿润基质的7厘米直径花盆中。在温暖明亮的地方保持湿润，直到植株长到足够大、可以移栽。

珠芽

鳞茎铁角蕨（*Asplenium bulbiferum*）和耐寒的耳蕨属（*Polystichum*）部分物种会沿着叶子长出珠芽或幼小植株。将这部分叶片带珠芽一起固定在播种盘或扦插基质中进行繁殖。珠芽很快就会长成生根小植株，这时可将其分离并上盆。在休眠期，新植株需要六个月才能露地移栽或再次上盆。

孢子

蕨类不开花也不产生种子，但拥有一种独特的繁殖方法。它们会在叶片背面长出非常小的孢子囊，从中释放大量粉末状的孢子，当这些孢子种在潮湿基质上时，会长出小小的原叶体。每个原叶体中都有雄性和雌性器官：雄性器官（精子囊）产生游动精子，它们会游过原叶体湿润的表面，抵达躺在雌性器官（藏卵器）中的"卵细胞"，完成受精。受精后形成一个受精卵，受精卵最终会发育成新的蕨类植株。蕨类就用这种方式继续着自己的生命史。

从播种孢子到移栽成熟蕨类植株需要18～24月。从快要自然散粉的母株叶片上采集孢子。成熟的孢子囊很饱满，不同物种的颜色有所差异。许多是深棕色的，有些是蓝灰色的，还有些是橙色的。未成熟的孢子囊是扁平的，颜色为绿色或浅黄色。如果孢子囊呈深棕色且很粗糙，则说明它们很可能已经散过粉了。将叶片放在一张干净的纸上，留在温暖的室内。一天左右的时间内，孢子就会散落在纸上，看起来就像棕色的粉尘。将它们转移到做好标记的种子袋中。

在直径为7厘米的花盆中装满标准播种基质，压紧基质并使其表面平滑。为基质消毒：在表面放置一张纸巾，小心地将开水倒在纸巾上，直到水从排水孔流出。当基质冷却下来后，撤掉纸巾并在基质表面上稀疏地播撒孢子。覆盖花盆，或者将其放入增殖箱，留在阳光不能直射的温暖明亮处。为保持基质表面的湿润，经常用温开水在上面喷雾。当基质表面覆盖一层绿色苔藓状植被时，将覆盖物移走；如果基质看起来有些干，则将花盆放入一浅碟水中一会儿。

根据物种不同，原叶体覆盖基质表面需要6～12周。将它们以小块状挖出移栽。将它们绿色一面朝上，均匀地放在另一个装满消毒好的播种基质的花盆里，然后向下按压进基质中，用温开水喷洒。用聚乙烯膜覆盖花盆，或者再次将花盆放入增殖箱。随着原叶体的发育，每天用温开水喷洒它们，直到小小的植株出现。当植株长到足够大、可以操作的时候，将它们单独移栽到装满无土基质的花盆中，直到它们长到足够大、可以露地移栽或上盆。

规则式种植
金色黄杨（前景）的水平线条为荚果蕨（*Matteuccia struthiopteris*）羽毛球形的醒目外观提供了完美的基础。

孢子繁殖

1 检查叶片背面，找到一片孢子囊成熟准备散发孢子的叶子。用干净锋利的小刀将选中叶片割下，小心地放在干净的白纸上收集孢子。这里展示的植物是'弗莱兹-卢西'楔叶铁线蕨（*Adiantum raddianum* 'Fritz Lüthi'）。

未成熟　　　　成熟　　　　过老

2 将收集的孢子放入折叠纸片中，轻轻弹动纸片，将孢子撒播在准备好的消毒基质上。用聚乙烯膜覆盖或者将花盆放入增殖箱。

3 每周喷两次水雾，直到基质表面覆盖一层绿色的苔藓状植被，用小锄子或小刀成块挖出。

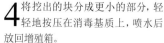

4 将挖出的块分成更小的部分，轻轻地按压在消毒基质上，喷水后放回增殖箱。

5 当叶状小植株出现后，将它们小心地挖出，栽入装满湿润基质的种植盘或小花盆中。当它们长出小小的羽状叶片时，再次进行移栽。

一二年生植物

传统上，一二年生植物被视作为花园中增添色彩的一种快速、经济的方法。

然而，如果只是将它们的用途限制在这方面，则是对它们在叶子、香味、质感和高度上表现出的巨大多样性视而不见。它们的用途和它们的特质一样繁多：它们能在短短几个月内为花园增添活力，或者作为切花或干花为室内增添一抹色彩。虽然寿命很短，但很多一二年生植物能在数周甚至数个月内持续大量开花。园艺师可以利用这些丰富浓郁的色彩创造出无穷无尽的花坛种植方案，得到连续不断的花朵。虽然一二年生植物最常用在花坛和容器中，但是某些具有蔓生或攀援习性的种类也可依靠在支撑物上生长，或者繁茂地匍匐在堤岸上，非常美观。

花园中的一二年生植物

一年生植物指的是在一年的时间里完成全部生活史的植物。那些耐霜冻的种类是耐寒一年生植物；不耐霜冻的是半耐寒一年生植物，必须在保护设施中育苗，然后在春天所有霜冻风险过去后再移栽。二年生植物则需要两个生长季才能完成生活史，它们在第一个生长季长出枝叶和根系，越冬后在第二年开花。

别样植物 一年生观赏草带来微妙的色彩。

一年生植物花境

全部使用一年生植物的花境或花坛能产生缤纷多彩的效果。它们最适合用在新花园中，能快速提供生机勃勃的景色，也可以用在已经成形的花园中。在一个生长季内可能需要更换几次植物，以得到不同的观赏效果。

许多用在一年生植物花坛或花境中的植物在自然生境中其实是灌丛状的，如天竺葵、金鱼草（*Antirrhinum majus*）或是蓖麻（*Ricinus communis*）。在温带地区，如果用种子播种一年生植物，它们会生长得更健壮并能大量开花。它们一般会在生长季结束时被丢弃，不过许多种类都可以转移到温室中越冬，或者采取插穗保存。

色彩效果

最美观的一年生植物花境常常使用的是有限的色彩——炫目的橙色和红色、沉静的粉色和紫色、柔和的蓝色和淡紫色。用一片横扫过去的颜色为种植定下基调，在选择相邻的色调时，注意两者要能够和谐地融合在一起。灰色、绿色和白色能够让更活跃的红色和蓝色安静下来。许多一年生植物如金鱼草、三色堇和大花三色堇（*Viola* x *wittrockiana*）以及矮牵牛都有非常丰富的花色，这使得无论需要哪种颜色，都可以使用特定的植物。完全使用白色花朵的花境显得清新精致，而绿色叶子能防止整体显得单调。种植时不应用奶油色替代更纯净的白色或者与之混合使用。

形式和质感

除花色之外，叶子的质感和植株的整体形状都能为花境的种植组合增添魅力。将叶子或花朵质感差异较大的不同植物成簇贴近种植，这样它们的不同特性会得到更充分的体现。一年生植物的形式和质感常常被忽视，但它们能大大强化种植风格，无论是使用叶片纤细的黑种草（*Nigella*）、拥有醒目穗状花序的一串红（*Salvia splendens*），还是自然伸展的沼花（*Limnanthes douglasii*），都能提供有趣的对比。可以考虑使用叶子美观的一年生蔬菜为一年生花卉种植设计提供体积和厚重感，紫叶甘蓝、球芽甘蓝以及各种羽衣甘蓝都非常合适。

引入各种形状和尺寸的植物能够提升种植方案的观赏性。可供挑选的形式多种多样，如天人菊属（*Gaillardia*）植物雏菊般的花形、向日葵（*Helianthus annuus*）的金色花盘、矮牵牛的喇叭状大花、羽状鸡冠花（*Celosia cristata* 'Childsii'，同*C. plumosa*）的羽毛状花序、穗状鸡冠花（*Celosia cristata*）的圆柱形花序、雏菊（*Bellis perennis*）小小的绒球状花朵以及'处女宫'短舌菊蒿（*Tanacetum parthenium* 'Virgo'）的重瓣头状花序。

丛植

对于大多数一年生植物，一个品种大量种植在一起时效果最好。单株看起来很孤单，并且会弱化种植方案的结构感。按照不规则的片区进行播种，使植株成熟后的效果就像传统的草本宿根花境一样，由互相连接的条带组成。不同片区的形状和大小应有所差异，产生自然流动的效果。

当花境主要从一个方向观赏（可能是道路或草坪）或者背靠栅栏、墙壁时，应按照高度依次排列植物。将最高的植物如蜀葵（*Alcea*）、较高的苋（*Amaranthus*）、高的向日葵种在后面，而使用自然低矮的物种如藿香蓟（*Ageratum*）、香雪球（*Lobularia maritima*）以及福禄考（*Phlox drummondii*）覆盖花境前面的部分。对于高度中等的种类，将株高稍稍不同的植物并列在一起，可得到一定的变化。这样会产生一种波浪般起伏的自然感。

将在相似条件下生长良好的植物搭配在一起。例如烟草属（*Nicotiana*）物种和品种在高高的茎上开出带香味的疏散管状花，它们能够与低矮紧凑、覆盖着花朵的莉齐系列凤仙产生很好的搭配效果，因为它们都喜欢凉爽荫庇的种植场所。

观叶植物

种植某些一年生植物主要是为了用它们的叶子与明亮的花朵产生和谐或对比效果，同时为花坛或花境增添质感。

拥有银灰色叶片的银叶菊（*Senecio cineraria*）很容易用种子繁殖。虽然常常被视作半耐寒一年生植物进行栽培，但是它其实是一种宿根植物，如果加以防冻保护的话，可以留在原地生长数年。菊蒿（*Tanacetum ptarmiciflorum*）与其相似，但株型更加直立，拥有深银灰色的直立平展叶片。蓖麻是一种常绿灌木，在凉爽的气候区可当作半耐寒一年生植物处理，它绿色或紫铜色的叶片也能提供一处惹眼的景致。鲜绿色的蓬头草（*Bassia scoparia* f. *trichophylla*，同*Kochia scoparia* f. *trichophylla*）呈扁柏状的圆柱形，在多彩的种植方案中能产生很好的对比效果，而五彩苏属（*Solenostemon*）和苋属的许多品种拥有丰富的叶色：红色与紫色、黄色和绿色，而且一片叶上常常出现两种或三种颜色。短舌菊蒿（*Tanacetum parthenium*）各品种的叶片在整个夏天保持金黄，而某些有纤维状根的秋海棠属植物拥有漂亮的古铜色叶子，很值得种植。

有些观赏蔬菜也可以作为优良的观叶植物与

一年生植物的花朵 许多一年生夏花植物如金鱼草（*Antirrhinum majus*）能够开出颜色丰富多彩的花朵，它们可以混合种植，得到生机勃勃的景致。

一年生植物搭配使用。甜菜（*Beta vulgaris*）的各个品种都很有生气，如拥有鲜红色直立茎秆的红宝石（'Ruby Chard'）、有鲜艳黄色茎秆的'亮黄'（'Bright Yellow'）以及拥有六种不同颜色的"亮光"（'Bright Lights'）。观赏甘蓝和羽衣甘蓝（*Brassica oleracea*的各种变型）能够在生长季末期提供紫色、粉色、绿色和白色的低矮沉静叶子，而且某些可食用羽衣甘蓝如紫色的'Redbor'、红球甘蓝和紫叶的球芽甘蓝种植在一起效果也很好。

一年生观赏草

最能给人留下深刻印象的观叶植物类群之一是观赏草——'海葵'玉米（*Zea mays* 'Quadricolor'）拥有宽大的条形绿色叶片，上面带有白色、奶油色和粉色条纹。为得到更精巧雅致的效果，可以使用其他一年生观赏草为夏季花境增添几分愉悦。兔尾草（*Lagurus ovatus*）会在坚硬的直立花梗上长出柔软的灰绿色花序，还可以用于制作优良的干花。大凌风草（*Briza maxiam*）沙沙作响的

心形花在初开时是绿色的，然后变成秸秆一样的颜色，它通常可以自播。这一点很适合干旱土壤中的地中海种植风格。粟（*Setaria italica*）更高且更挺拔，会生成毛毛虫一样的饱满绿色花序。

季相

在为一年生植物进行种植设计时，尽可能使它们的花期相遇，以免种植方案中出现开花空隙。为提供长期观赏效果，使用连续开花的一年生植物。在创造特别的色彩组合时，确保选择的植物同时开花。

如观赏春花，应选择糖芥属（*Erysimum*）、勿忘草属（*Myosotis*）、雏菊属（*Bellis*）植物，三色堇和大花三色堇（*Viola x wittrockia*），欧洲报春（*Primula vulgaris*）和九轮草报春。至于夏天和初秋，开花植物的可选范围就广泛得多了，组合方式更是无穷无尽。

矮牵牛具有极高的多样性，以至于只使用它们就能得到复杂的色彩方案。从带条纹对比强烈

的花朵、明亮的单色花朵或色彩柔和的单色花朵中选择，可以单独或组合使用。在可能的地方，选择不会被雨水毁坏的杂种。

万寿菊属（*Tagetes*）植物也能提供丰富的色彩，从奶油色到深橙色再到红褐色，花序既有细叶万寿菊（*Tagetes tenuifolia*）的单瓣型，又有非洲系列品种的重瓣球形。容易种植的孔雀草（*Tagetes patula*）既有单瓣花序，又有重瓣花序，花色表现为从柠檬色过渡到金色和橙色，再到栗色和红褐色的一系列颜色。它们那灌丛式的株型可以用作鲜艳多彩的地被。

规则式花坛种植

许多一年生植物的现代品种都拥有变异广泛的色彩、形状和尺寸，这使得从春天到秋天的持续观赏成为可能。当将一种低矮且多花的品种密集地种在一起时会得到非常浓郁的颜色。例如，由天竺葵或一串红组成的一片鲜红色地毯，在绿色草坪的映衬下会显得极为夺目。用不同颜色一年生植物拼出的种植图案会得到相似的醒目效果。

混合种植 将不同的一年生植物搭配部分宿根植物混合种植在一起，有助于保证夏季不间断开花。

环境变化中的一二年生植物

如果像人们预测的那样，全球变暖使得春天更早，夏天和秋天更热，并且降水量减少，更频繁地发生干旱，园艺师们可能需要选择更多能够适应这些条件的植物。在部分地中海国家以及南非、智利、墨西哥和澳大利亚的部分地区，有很多美丽的一年生植物生长在半干旱、几乎是沙漠的地区。如今越来越多的这些物种可以在我们的花园中得到驯化，与传统的种类如花菱草和沼花相伴。

能够在干旱夏季茂盛生长且美观的一年生植物包括冰岛罂粟，黑种草属、醉蝶花属（Cleome）、秋英属、种穗花属（Phacelia）植物和头花吉莉草（Gilia capitata）。适合种在干旱土壤中的鲜艳肉质植物包括日中花属、彩虹花属（Dorotheanthus）、太阳花、大花马齿苋（Portulaca grandiflora）以及红娘花属（Calandrinia）植物。如果要得到更多高度植物，那么向日葵、水飞蓟（Silybum marianum）、紫的柳叶马鞭草（Verbena bonariensis）以及花期很长的蓝花鼠尾草（Salvia farinacea）都是干旱生长条件下的良好选择。

许多一年生植物枝叶密集且连续开花，最适合用于复杂、规则的图案。可供使用的低矮和中间型品种有很多。对于用砖块、石子或其他建筑材料勾出轮廓的设计，可以用植物来增添色彩。

一年生植物非常适合用在结节花园和花坛花园中，在这样的花园中，小型常绿植物如黄杨属（Buxus）、百里香属（Thymus）或薰衣草属（Lavandula）植物都被修剪成固定的轮廓。应该随着季节改变色彩方案，例如，夏天可以将从冬天生长到春天的三色堇换成低矮的百日草。

也可以只使用一年生、二年生和其他临时性植物创造出颜色和形式对比强烈的种植方案。由单色低矮植物形成的轮廓有助于限定图案并包裹其中的其他植物。白色是一种清新干净的镶边颜色——可以在春天使用雏菊（Bellis perennis），夏天使用香雪球（Lobularia maritima）或南非半边莲（Lobelia erinus）的白色品种。图案的填充植物可以是形状较松散、较不规则的花卉，如金鱼草。

混合花境

包含灌木、宿根植物、球根植物和一年生植物的混合花境是花园中一道美丽的景致。如此多样的植物种类，给其色彩、质感、季相和设计都提供了最大的多样性和可能性。一二年生植物在所有永久性种植方案中都占有一席之地，可以每年播种或留下来自播。如果留置原地自播，它们会产生随机分布的丰富花朵，效果与传统村舍花园相似。在那里，所有类型的植物，包括蔬菜和沙拉作物，都在同一块自然式种植地上你推我挤地生长。

一二年生植物常常用来为宿根植物和灌木增添鲜艳的色彩，能够为成形花境带来一抹生机。可将山字草属（Clarkia，同Godetia）、秋英属（Cosmos）、花菱草属（Eschscholzia）植物以及虞美人（Papaver rhoeas）混合在一起，或者小心地协调色彩方案。一年生开花植物如猩红色的尾穗苋（Amaranthus caudatus）、红花烟草（Nicotiana x sanderea）、鲜红色的秋海棠、天竺葵以及美女樱（Verbena）品种会为以紫色叶为框架的花境增色不少。

自播一二年生植物会很快成为混合花境中的永久性景致，它们有助于统一种植风格并引入一种令人愉悦的不确定性。在初夏，黑种草（Nigella damascena）变成一张有色的网，填充空隙，并将附近的花朵和晚花植物的年幼叶片编织在一起。某些二年生植物如毛蕊花属（Verbascum）和毛地黄属（Digitalis）植物的尖形茎秆为较低的植物增添了宝贵的垂直元素。

主景植物

漂亮的叶片、引人注目的花朵以及挺拔的株型使某些植株从它们的同伴中脱颖而出。拥有这些要素的一二年生植物可以成为混合花坛或花境中的关键景致，提升整个种植组合的魅力。这类植物在和附近其他植物互补时能够产生最大的视觉冲击力。例如，棉毛蓟（Onopordum acanthium）的巨大多刺灰色叶片以及高大多分枝的花梗，在由其他类型银灰色植物组成的花境中占据着雕像般的中心位置。艾克沙修系列（Excelsior Series）毛地黄以及皇家系列（Imperial Series）和庄园系列（Sublime Series）飞燕草（Consolida）的尖塔状花序会在附近植物上方优雅地升起。

富于建筑感的种植方案　一二年生植物拥有一系列截然不同的株型，包括能够为你的种植方案带来建筑感的类型。在这个种植方案中，二年生植物毛地黄（Digitalis purpurea）为一年生植物罂粟（Papaver somniferum）的圆形果实提供了垂直背景。

临时性地被 密集地种植或播种在一起的一年生植物能够形成非常醒目的地被，防止幼年杂草成形。

作为填充的一二年生植物

由于一二年生植物生长速度很快且相对便宜，因此可以使用它们来填补种植中出现的空隙，这些空隙可能是因为某植株死亡造成的，也可能是新花境中年幼的宿根植物或灌木之间的空隙。在需要开花的地方播种，应选择那些高度和花色与永久性种植方案协调的品种。

在生长期结束时，将糖芥属（*Erysimum*）植物种在空隙中，可观赏它们冬季的叶片和春天的花朵。冬季开花的三色堇和大花三色堇、欧洲报春或九轮草类报春可以和春花球根植物种在一起，如洋水仙、风信子或晚花郁金香。

在高山植物成形之前，岩石园中的空隙可以用喜爱同样生长条件的喜阳一年生植物填补。不过，为防止一年生植物破坏高山植物的精致颜色和较矮的株型，应选择大小与高山植物相似的一年生植物，如三色堇（*Viola tricolor*）、南非半边莲（*Lobelia erinus*）和马齿苋属（*Portulaca*）植物。

用作地被的一二年生植物

某些一二年生植物可以用作临时性的地被，在裸露的地面上产生成片的色彩。一年生植物中既有适合荫蔽条件的，也有适合阳光充足条件的；既有能生活在贫瘠土壤中的，也有能生活在肥沃土壤里的。香雪球（*Lobularia maritima*）或屈曲花属（*Iberis*）的单色品种可以用作阳光充足场所的地被，利兹系列凤仙品种可以用在阴凉条件下，它们伸展的枝叶和持续不断的花朵会很快覆盖地面。为得到更多质感和鲜艳的色彩，可以播种虞美人或花菱草，这两种植物都扩散得非常快。为得到快速扩展的地被，还可以使用蓝色、紫色或玫瑰色的三色旋花（*Convolvulus tricolor*）品种，以及呈现出活泼的红色、橙色或黄色的旱金莲属植物，它们中的有些种类拥有美丽的彩斑叶片。

攀援植物和蔓生植物

健壮的攀援一二年生植物能快速地将墙壁或栅栏转变成一面花叶斑斓的帷幕，编织出一张提供隐私的屏障，或者装饰现存的结构如拱门。许多一年生植物拥有美丽的花朵及叶片，有些品种还有香味，如香豌豆（见212～213页，"香豌豆"）。

攀援一二年生植物在空间有限的地方可大有作为，如露台和阳台，除地面之外，它们还能利用垂直空间。此外，许多一年生攀援植物还能种植在花盆中，非常适合装饰新花园，软化表面，还可以掩饰不雅观的景致。

除了最常用的种类如香豌豆和番薯属（*Ipomoea*）植物，如今有越来越多的半耐寒或不耐寒攀援植物有种子或幼苗提供。繁茂的植物如旱金莲属的攀援品种以及翼叶山牵牛（*Thunbergia alata*）可以用来和更多其他宿根攀援植物一起提供充沛的夏花。

园艺百科全书（典藏版）

如果是长得比较慢的植物，提早种植能得到特别醒目的效果，可选择开紫色或发绿白色钟形大花的电灯花（*Cobaea scandens*）或者拥有深紫色管状花和栗色花萼的有趣的缠柄花（*Rhodochiton atrosanguineus*）。

如果让攀援一年生植物生长在宿主植物如常春藤或松柏类上，效果会非常棒。可以使用攀援的一年生五裂叶旱金莲（*Tropaeolum peregrinum*），它拥有浅绿色多裂叶片以及鲜黄色带有流苏的花朵。另一个不错的选择是半耐寒性攀援植物智利悬果藤（*Eccremocarpus scaber*），它拥有卷须，花期很长，在小型锯齿状羽状叶之间长出成簇的黄色、橙色或红色管状花朵。为得到茂密多叶的屏障，应该种植红花菜豆（*Phaseolus coccineus*），它拥有精致的鲜红色花朵，果实还可食用。为得到更具异域风情的景致，可以尝试'露比月亮'扁豆（*Lablab purpureus* 'Ruby Moon'），它拥有紫绿色的叶片、亮紫色的花朵以及闪闪发亮的紫色荚果。

容器种植 将一年生植物种植在容器中可以试验不同的颜色和植物组合。选择有直立和蔓生习性的不同植物搭配在一起，还可以考虑加入小型宿根植物和灌木，如洋常春藤（*Hedera helix*）。

用作切花和干花的一年生植物

许多一年生植物可以为室内提供很好的切花。如果花园中空间足够的话，可以开辟专门的区域用于提供切花。它们可以融入花境中，或者单独种在独特的区域。高一点的品种特别合适，可以选择的种类包括金鱼草、矢车菊（*Centaurea cyanus*）、紫罗兰属（*Matthiola*）和丝石竹属（*Gypsophila*）植物。香豌豆特别适合用作切花，并能让房间充满浓郁的香气。如果定期从植株上采切花枝，植株会继续持续开花数周。飞燕草属（*Consolida*）植物也可用于切花，无论是鲜切花还是制作成干花都同样漂亮。

许多一年生植物可以干燥后制成"常春花"用于室内装饰，例如麦秆菊属（*Xerochrysum*）、尾穗苋（*Amaranthus caudatus*）、补血草属（*Limonium*）植物。其他植物如银扇草属（*Lunaria*）和黑种草属植物干燥后的果实常常用于观赏。一年生观赏草如秀丽银须草（*Aira elegantissima*）和牧地狼尾草（*Pennisetum setaceum*）等的干燥果序也可堪玩赏。

容器中种植的一年生植物

无论是花盆、木桶还是窗槛花箱，任何容器都能成为花园中的视觉焦点，其中种植的植物也能成为引人注目的景致。F1和F2代杂种一年生植物长势均匀、花色稳定，特别适合提供整齐、持久的花朵。而大多数一年生植物都可以种在容器中，要么单独种植，要么与其他植物搭配（见313页）。

一年生植物适合全年观赏。在春天和初夏，冬季开花的三色堇和大花三色堇、报春花、矮糖芥以及九轮草类报春品种都会在背风地点继续开花。露台上背风但阳光充足的地点还可以种植矮牵牛、小花矮牵牛、勋章菊、百日草和利兹系列凤仙花属植物，它们能在整个夏天维持自己的色彩。

吊篮和窗槛花箱

蔓生植物特别适合种在窗槛花箱和吊篮中，它们低垂的叶子和花朵会创造出迷人的效果。其中可靠的植物种类包括蔓生矮牵牛、南非半边莲（*Lobelia erinus*）以及某些美女樱（*Verbena* x *hybrida*）品种，后者拥有许多种颜色，如纯净的红色和鲜红色，以及深紫色、猩红色和白色。用种子繁殖的蔓生三色堇和蔓生F1代天竺葵也有很好的观赏价值（见220~221页，"天竺葵属植物"）。

常春花 深波叶补血草（*Limonium sinuatum*）和许多其他鲜艳的一年生植物可以很容易地干制，将切下来的花枝倒悬挂在温暖通风的地方即可。

垂直种植 蔓生植物如常春藤、叶天竺葵从吊篮和窗槛花箱上倾泻下来，形成连续不断的彩色花帘。

一二年生植物的种植者指导

暴露区域

耐暴露或适合多风区域的一二年生植物（可能需要支撑）

琉璃苣Borago officinalis
金盏菊属Calendula
矢车菊Centaurea cyanus
琉璃苣属Cerinthe
山字草属Clarkia
须苞石竹Dianthus barbatus,
　石竹D. chinensis
蓝蓟Echium vulgare
糖芥属Erysimum
花菱草属Eschscholzia
黄花海罂粟Glaucium flavum
屈曲花Iberis amara,
　伞形屈曲花I. umbellata
三月花葵Lavatera trimestris
沼花属Limnanthes
大花亚麻Linum grandiflorum
香雪球属Lobularia maritima
银扇草属Lunaria
涩芥属Malcolmia
马洛葵Malope trifida
月见草Oenothera biennis
虞美人Papaver rhoeas,
　罂粟P. somniferum
矮牵牛属Petunia 1
黑心菊Rudbeckia hirta（各杂种）
彩苞花Salvia viridis
细叶万寿菊Tagetes tenuifolia 1
麦蓝菜Vaccaria hispanica
茼蒿X. coronarium,
　南茼蒿X. segetum

干燥阴凉区

耐干燥、阴凉的一二年生植物

毛地黄Digitalis purpurea
长瓣紫罗兰Matthiola longipetala subsp. bicornis

湿润阴凉区

喜湿润、阴凉的一二年生植物

瓦氏凤仙Impatiens walleriana 1
长瓣紫罗兰Matthiola longipetala subsp. bicornis
　'海中女神'杂种沟酸浆Mimulus x hybridus 'Calypso' 1,
　美丽沟酸浆系列M. x hybridus Magic Series 1,
　马里布沟酸浆系列M. Malibu Series 1
月见草Oenothera biennis
九轮草群Primula Polyanthus Group,
　欧洲报春P. vulgaris
大花三色堇Viola x wittrockiana

香花

珀菊Amberboa moschata
苋菊Calomeria amaranthoides 1
珀菊Centaurea moschata
大沙博系列石竹Dianthus Giant Chabaud Series
紫芳草Exacum affine 1
天芥菜属Heliotropium 部分种类1
香豌豆Lathyrus odoratus
香雪球Lobularia maritima
布朗普顿群紫罗兰Matthiola Brompton Series,
东洛锡安群紫罗兰M. East Lothian Series,
十周群紫罗兰M. incana Ten Week Mixed
翼耳烟草Nicotiana alata 1,
　红花烟草N. x sanderae 1（部分品种）
报春花属Primula 部分种类

木樨草属Reseda odorata
大花三色堇Viola x wittrockiana

盆栽蔓生植物

灰毛菊Arctotis venusta 1
腋花金鱼草属Asarina
'全景'系列秋海棠Begonia Panorama Series 1
阿魏叶鬼针草Bidens ferulifolia 1
鹅河菊Brachyscome iberidifolia
小花矮牵牛Calibrachoa（百万小铃）
三色旋花Convolvulus tricolor
天芥菜属Heliotropium 部分种类 1
瓦氏凤仙Impatiens walleriana 1
小瀑布系列南非半边莲Lobelia erinus Cascade Series 1,
　喷泉系列南非半边莲L. erinus Fountain Series 1,
　赛艇系列南非半边莲L. erinus Regatta Series 1
蔓生系列香雪球Lobularia maritima Trailing Series, '漫游星'香雪球L. maritima 'Wandering Star'
繁花系列天竺葵Pelargonium Multibloom Series 1,
　'夏季阵雨'天竺葵P. 'Summer Showers' 1（以及其他合适的 F1和F2 系列）
矮牵牛属Petunia 1, 尤其是冲浪系列Surfinia Series
蛇目菊Sanvitalia procumbens
草海桐属Scaevola
旱金莲Tropaeolum majus 半蔓生品种,
　包括印度皇后旱金莲T. majus 'Empress of India', 闪烁系列旱金莲T. majus Gleam Series,
直升飞机系列旱金莲T. majus Whirlybird Series
美女樱Verbena x hybrida 1（蔓生类型）
灿烂系列大花三色堇Viola x wittrockiana Splendid Series

干花植物

藿香蓟属Ageratum 1
苋属Amaranthus 1
银苞菊Ammobium alatum
野燕麦Avena sterilis
大凌风草Briza maxima, 银鳞茅B. minor
金盏菊属Calendula
青葙属Celosia 1
矢车菊Centaurea cyanus
山字草属Clarkia
飞燕草Consolida ambigua
千日红Gomphrena globosa 1
芒颖大麦草Hordeum jubatum
兔尾草Lagurus ovatus
深波叶补血草Limonium sinuatum 1
罗纳属Lonas 1
贝壳花Moluccella laevis 1
黑种草Nigella
　'堇色'黍Panicum miliaceum 'Violaceum'
长毛狼尾草Pennisetum villosum
彩苞花Salvia viridis
狗尾草Setaria glauca 1
羽毛草Stipa pennata
花笄属Syncarpha 1

一年生攀援植物

见129页名单

主景植物

尾穗苋Amaranthus caudatus 1,
雁来红A. tricolor 1
蓬头草Bassia scoparia f. trichophylla 1

大阪系列甘蓝Brassica oleracea Osaka Series,
　'东京'甘蓝B. oleracea 'Tokyo'
风铃草Campanula medium（高品种）
美人蕉属Canna
醉蝶花Cleome hassleriana 1
飞燕草属Consolida
艾克沙修系列毛地黄Digitalis purpurea Excelsior Group
向日葵Helianthus annuus
棉毛蓟Onopordum acanthium,
蓖麻Ricinus communis 1
水飞蓟Silybum marianum
万寿菊Tagetes erecta（高品种）
大银毛蕊花Verbascum bombyciferum,
　密花毛蕊花V. densiflorum
'海葵'玉米Zea mays 'Quadricolor' 1

盆栽植物

适合播种作为（温室）盆栽植物的一年生花卉

金鱼草属Antirrhinum 部分种类 1
四季秋海棠Begonia semperflorens 1
苋菊Calomeria amaranthoides 1
塔钟花Campanula pyramidalis 1
辣椒属Capsicum 1（观果品种）
珀菊Centaurea moschata
曼陀罗属Datura（矮生品种）
紫芳草Exacum affine 1
瓦氏凤仙Impatiens walleriana 1（高品种）
等节跳属Isotoma 1
骨籽菊属Osteospermum 1
天竺葵属Pelargonium 1（F1 和F2 杂种）
瓜叶菊Pericallis x hybrida 1（各品种）
矮牵牛属Petunia 1
报春花Primula malacoides 1,
　鄂报春P. obconica 1,
　藏报春P. sinensis 1
土耳其长筒补血草Psylliostachys suworowii 1
猴面花属Salpiglossis 1
蛾蝶花属Schizanthus 1
五彩苏属Solenostemon 1
翼叶山牵牛Thunbergia alata 1
蓝猪耳Torenia fournieri 1
疗喉草Trachelium caeruleum 1
翠珠花Trachymene coerulea 1

可作为一年生植物栽培的宿根植物

夏粉彩群著Achillea Summer Pastels Group
'女指挥'蜀葵Alcea 'Majorette',
　夏日狂欢群蜀葵A. Summer Carnival Group
'日出'大花金鸡菊Coreopsis grandiflora 'Early Sunrise'
百夫长系列翠雀Delphinium Centurion Series
'冠军'石竹Dianthus 'Champion',
　'花匠'石竹D. 'Floristan'
双距花属Diascia
'白衣女士'大滨菊Leucanthemum x superbum 'Snow Lady'
紫柳穿鱼Linaria purpurea 各品种
扇子系列红花半边莲Lobelia x speciosa Fan Series, 赞扬系列红花半边莲L. x speciosa Compliment Series
龙面花属Nemesia
管种系列钓钟柳Penstemon Tubular Bells Series
'宝塔'夏枯草Prunella 'Pagoda'
'观光'婆婆纳Veronica 'Sightseeing'

切花植物

'米拉斯'麦仙翁Agrostemma githago 'Milas'
金鱼草属Antirrhinum 1（高品种）

金盏菊属Calendula
翠菊属Callistephus 1（高品种）
矢车菊属Centaurea cyanus
飞燕草Consolida ambigua
'日出'大花金鸡菊Coreopsis grandiflora 'Early Sunrise'
秋英属Cosmos 1
须苞石竹Dianthus barbatus,
　大沙博系列石竹D. Giant Chabaud Series,
骑士系列石竹D. Knight Series
桂竹香Erysimum cheiri
天人菊Gaillardia pulchella
头花吉莉草Gilia capitata
千日红Gomphrena globosa 1
丝石竹Gypsophila elegans
向日葵Helianthus annuus,
　多彩时尚系列向日葵H. Colour Fashion Series
香豌豆Lathyrus odoratus
深波叶补血草Limonium sinuatum 1
银扇草Lunaria annua
布朗普顿群紫罗兰Matthiola Brompton Series,
　东洛锡安群紫罗兰M. East Lothian Series,
　紫罗兰M. incana,
　十周群紫罗兰M. incana Ten Week Mixed
贝壳花Moluccella laevis 1
黑种草Nigella damascena
橘黄罂粟Papaver croceum,
　'夏日微风'橘黄罂粟P. croceum 'Summer Breeze'
土耳其长筒补血草Psylliostachys suworowii 1
黑心菊Rudbeckia hirta（杂种）
彩苞花Salvia viridis
花笄属Syncarpha 1
茼蒿X. coronarium,
　南茼蒿X. segetum
干花菊Xeranthemum annuum 1
百日草属Zinnia 1

注释

1 不耐寒

香豌豆

香豌豆

香豌豆（*Lathyrus odoratus*）有"一年生皇后"的称号，它们拥有美丽的花朵、浓郁的香味以及持久的花期。整枝在拱顶、柱子或木棍上之后，它们会提供持久和鲜艳的花朵。将它们种在宿根植物或灌木之间，或者种在菜园中，可增添观赏性。

香豌豆的类型

最常见的是斯潘塞（Spencer）系列和大花（Grandiflora）系列品种，它们用叶卷须攀爬在支撑框架上。取决于生长条件，大花的斯潘塞系列品种可以长到2~3米高，大花系列品种的花朵较小，花型比较"古典"，但香味更加浓郁。

中间型香豌豆如"问客群"（Knee-hi Group）和"斯努皮群"（Snoopea Group）在有支撑的情况下可以长到1米高，而斯努皮系列品种在没有支撑的情况下会变成良好的地被。矮生类型包括'粉红丘比特'（'Pink Cupid'）、"珠宝群"（Bijou Group）、"露台混合群"

古典香豌豆
和现代香豌豆品种相比，古典香豌豆更接近原始物种。它们的花色精致，花朵小，香气浓郁。

矮生香豌豆
矮生香豌豆能长到45厘米高，几乎不需要支撑。它们能在木桶、窗槛花箱和吊篮里生长得很好。

（Patio Mixed）。

通过播种种植香豌豆

在气候温和的地区，可以在仲秋播种；在冬季寒冷的地区，可以在冬末或早春播种。播种过程是一样的。应保护幼苗和植株免遭鼠类啃噬。

播种

香豌豆的种子颜色差异很大，从浅黄色到黑色都有。为帮助它们萌发，对于颜色较深的种子，应该用锋利的铅笔刀削去种脐另一面的一小块种皮。也可以通过浸泡促使其快速萌发，不过有时会产生腐烂的问题。

在播种盘、花盆（每个花盆一个、两个或三个种子）或者特殊的香豌豆种植管（直径5厘米，深15厘米）中种植。使用含百分之二十砂砾的无土基质或者标准的播种基质。

深色种子在非常潮湿的基质中萌发得很好，但浅色种子需要刚刚湿润的基质。用玻璃将容器覆盖并保持15℃的温度。当幼苗长出后，将它们转移到冷床里。

上盆

当植株长到3.5厘米高的时候，将幼苗从种植盘中挑出并单独上盆。在直径为6厘米的花盆或香豌豆种植管中填充与播种基质相似的基质。修剪根尖，然后重新种下。

如果秋播香豌豆（斯潘塞系列）在仲冬前还未长出侧枝，则应该进行修剪。对于春播幼苗，应该修剪至第二对真叶。

幼苗的越冬

在霜冻较轻的天气，尽量保持冷床开放，这有助于对植株进行炼苗。在低于-2℃的霜冻天气，将冷床关闭密封。在大雨天气，将冷床的天窗打开，以利通风。控制蚜虫，并在

丛生香豌豆

豌豆支架
豌豆支架是支撑香豌豆的传统手段。在移栽幼苗时，将支架向植株中间倾斜靠拢，以得到额外的稳定性。

线圈
丛生香豌豆可以沿着用数根竹棍固定的线圈生长。植株会穿过这些线圈，将支撑物隐藏起来。

拱顶
将由木棍搭建起来的拱顶在顶端固定好，能提供坚固的支撑。通常在每根木棍旁种植一株幼苗，就能得到密集开放的花朵。

冬末施加稀释的液体肥料。

春播植株的炼苗

这类植株需要更多的照料，因为与秋播植株相比，它们更小，枝叶更加柔软。保持冷床通风良好，但如果有霜冻可能，则应关闭天窗。在非常严重的霜冻天气，应用聚苯乙烯膜好好保护。

种植

香豌豆在阳光充足的开阔区域以及排水良好、富含腐殖质的土壤（见620页，"土壤结构和水分含量"）中生长得很好。在种植三周前，小心地耙地并以每平方米85克的量施加均衡肥料。为得到最好的效果，可以在秋天进行双层掘地（见620页，"双层掘地"）。将腐熟的粪肥施加到底部。

秋播香豌豆应该在仲春移栽，而春播香豌豆应该在晚春移栽。植株之间以及植株与支撑物之间的间距应为23厘米，底部枝条与土壤平齐。在持续干旱期以及花蕾出现的时候浇水。仲夏以后，每两周施加二至三次液态肥料。为植株摘除枯花，以促使其持续开花。

绶带型香豌豆的初步整枝

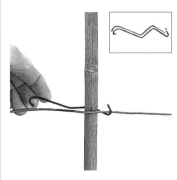

1 在安装好金属丝和标杆之后，将2.5米高的木棍以23厘米的间距以稍稍倾斜的角度靠在金属丝上，并用V字形夹子固定。

2 种植香豌豆幼苗两周后，选择每个植株最强壮的枝条，并在某茎节下端用线圈松散地绑在木棍上。

3 与此同时，掐去或剪去所有侧枝，将所有能量集中在主枝上。

4 在生长过程中继续掐掉所有侧枝或卷须以及携带花蕾数量少于4个的花枝。

绶带型香豌豆的压条

1 在初夏，当香豌豆长到1.2米高时，就可以进行压条了。这能给它们更多生长和开花的空间。

2 小心地将植株从木棍上解下，并全部平放在地面，如果植株是双排种植的，每次处理其中一排即可。

3 将茎尖绑在同一排前方的新木棍上，使其尖端距地面30厘米高。沿着这一排逐个绑扎，直到将所有的植株固定在新木棍上。

4 为第二排重复同样的步骤。压条会促进新枝叶的生长并在上面开花。还可以在当季再次对香豌豆压条，只要植物保持健康不染病即可。一旦它们长到顶端金属丝的高度，就将枝干解下并绑在同一排前面的木棍上。

丛生香豌豆

香豌豆经常自然生长成丛状。可以用豌豆支架、框格棚架、木棍或硬质塑料网来提供支撑。木棍可以设置成圈状、尖顶状或排状。双排豌豆支架或木棍必须得到良好的支撑，最好在两头用标杆和拉紧的线来加固。用塑料绑结将幼苗绑在支撑结构上，之后它们基本不再需要绑扎。将侧枝留下发育生长，其能在短枝上开出更多的花。

绶带型香豌豆

香豌豆整枝成绶带型会开出最优质的花朵，因此常常用作展览。

提供支撑

在每一排末端打进顶端附近带有45厘米横梁的标杆，标杆露出地面2米。在横梁之间拉出两条金属丝。将2.5米高的木棍以23厘米的间距以稍稍倾斜的角度靠在金属丝上，并用V字形夹子固定。每一排都应该是南北走向，让植株能均匀地接受光照。

初步整枝

植株生长两周后将较弱的枝条掐掉，只留下最强壮的枝条以及茎尖正下端的枝条，以防领导枝被鸟类等破坏。将枝条整枝在木棍上，在每个茎节处用酒椰纤维、带子或线圈绑扎。随着植株生长，去除侧枝和卷须。当花枝形成后，将花蕾数量少于4个的花枝去除。

压条

当植株长到1.2米高时，应将它们解下来并整枝在同一排前方的新木棍上（见右，"绶带型香豌豆的压条"）。应该挑选树液不多的温暖天气进行压条。它们能继续生长并持续开花数周。

播种和种植

霆动系列人波斯菊

一二年生植物是最容易用种子繁殖的植物类群之一。苗圃或园艺中心也有幼苗或年幼植株出售，它们会给花园里的花境或室内外摆放的容器快速增添色彩。

购买种子

要购买储藏在凉爽条件下的新鲜种子。不同种子的萌发能力相差很大，某些种类——如豌豆和其他豆类的种子，只要储存在凉爽干燥的环境中，即使过几年也能萌发，但大多数种类只过一年萌发能力就开始退化，特别是储存在潮湿温暖条件下的。储存在密封锡箔包装中的种子可维持数年萌发能力，不过一旦包装打开，种子的萌发能力就会开始降低。

许多一二年生植物和部分宿根植物都有杂种F1和F2代种子出售。这样的种子长出的植株健壮，生长速度均匀，花朵表现一致。追求整齐的园艺师最喜欢这样的种子，但对于大多数普通的园艺用途来说，开放授粉的种子也同样令人满意。

包衣种子和待发种子

可以在单粒种子上包裹糊状物制成丸形。这样便于操作，在容器中或露地种植时更容易保持间距。如果以正确的间距种植相应的品种，它们萌发后就不用疏苗，因此尽管包衣种子较贵，但需要的种子量更少。应该在播种后为种子浇透水，保证萌发需要的水分尽快透过种皮。许多杂种和物种都有包衣种子出售，特别是那些种子细小的物种以及某些开放授粉的属，如半边莲属（Lobelia）和庭芥属（Alyssum）。

待发种子经过了预处理，因此播种后可以立即萌发，常用于不容易萌发的物种和品种。

种子带和种子凝胶

种子带是薄纱状可溶性条带，上面镶嵌着均匀分布的种子。将种子带铺在播种沟基部，然后覆盖薄薄的一层土壤。种子凝胶可以用来进行流体种植——种子被添加在凝胶状物质里并均匀地悬浮于其中。播种时沿着准备好的播种沟将种子与凝胶的混合物挤出。不要让混合物变干。这两种方法都能实现均匀播种，和纯手工播种相比，这种方法需要的疏苗工作量较少。

购买幼苗

对于种子不太容易萌发的植物，某些种子公司出售萌芽阶段的种子——它们的种皮已经破裂，根和子叶即将长出。这样的种子一般是播种在琼脂培养基上并分装在密封塑料包装中出售的。健康的幼苗应该有新鲜湿润的根和子叶，不要选择叶片浅绿或过于拥挤的幼苗。培养基中含有足够的养分和水分，可维持一段时日，但应该尽快将种子转移到需要的生长条件下，以便幼苗得到发育所需的足够光照。

某些品种有穴盘苗出售，它们至少长出了一对真叶，已经准备好进行移栽了（见217页）。这对于种子细小的植物如矮牵牛等很有用，许多园艺师自己很难播种萌发成功。穴盘苗是装在硬质透明塑料容器中保存运输的。如果在抵达24小时之内移栽并在受保护的环境中生长，它们能像亲自播种萌发的植物那样正常生长。

穴盘中的完全成形幼苗也很容易买到。根据大小，它们可以继续在穴盘中生长，也可以单独上盆在小花盆或吊篮里。还可以将它们放到温室或冷床中，或是阳光充足的窗台上生长，直到充分炼苗后再移栽。它们比能直接用在花坛中的植物便宜得多。

耐寒和半耐寒一二年生植物

一年生植物会在一年之内完成全部生活史，而二年生植物需要两年。在园艺上，一二年生植物被分为耐寒和半耐寒两类。耐寒一年生植物耐霜冻，因此可以很早地露地播种，并在更不耐霜冻的一年生植物之前生长成形。半耐寒一年生植物只能忍耐有限的低温，在冰点温度会被冻死或严重冻伤，它们需要在13~21℃的无霜条件下才能萌发和生长成形。耐寒二年生植物应该在仲夏前种植，让植株在冬季到来之前完全成形。半耐寒二年生植物需要在凉爽温室或封闭冷床中越冬。

荷包蛋花

播种

在何时何处播种一二年生植物取决于所需的开花时间及它们萌发所需要的温度。

耐寒一年生植物

当春天土壤温度达到7℃的时候，在需要它们开花的地方播种。如果连续分批地播种到仲夏，耐寒一年生植物会提供花期漫长的夏季花朵。

对于某些耐寒一年生植物，如果在秋天播种，它们会萌发并长成小的植株，这些植株能够成功露地越冬并在第二年晚春或初夏开花。这样的植物包括黑种草属（Nigella）、矢车菊（Centaurea cyanus）和罂粟属（Papaver）植物等。

耐寒一年生植物的种子也可以播种在花盆或播种盘中，然后在秋末种植在最终的开花地点，或者在冷床中越冬以便在春天移栽。这对于春天回暖较慢的黏性土花园是一种很有用的方法。

耐寒二年生植物

大多数耐寒二年生植物可以在晚春至仲夏在室外播种。各种植物的最佳播种时间并不相同。勿忘草属（Myosotis）植物的生长速度很快，所以应该等到仲夏再播种，而风铃草（Campanula medium）需要更长的发育时间，所以应该在晚春或初夏播种。

年幼的植株可以在秋天或者第二年春天移栽到最终种植地。植株不成熟时开花会减少春天的开花量，所以要将第一年长出的花蕾掐掉。

半耐寒一二年生植物

在温暖气候区，当土壤温度达到最适合的萌发条件时，可直接露地播种。在较冷的地区，当春天温度为13~21℃时，将半耐寒一年生植物播种在容器中，具体温度取决于特定的属。半耐寒二年生植物可以在仲夏的相同条件下播种。对于不耐霜冻的宿根植物，如利兹系列凤仙、勋章菊属以及部分半边莲属物种，可以用和半耐寒一年生植物同样的方式播种种植。

许多不耐寒宿根植物（包括木茼蒿属和骨籽菊属植物）可以在秋天采取插穗扦插繁殖（见200页，"茎尖插穗"），并转移到无霜条件下越冬，然后在晚春移栽。

露地播种

现场露地播种的方式主要有两种：撒播和条播。无论用哪种播种方式，都要事先在阳光充足的地方准备好苗床。将土壤掘到一铁锹的深度，充分耙地，然后轻轻地将土壤踩实。不要在太肥沃的土壤中播种，这会促进叶子而不是花朵的生长。在缺乏营养的土地中，应该在种植前以每平方米70克的量施加均衡肥料（见624~625页，"土壤养分和肥料"），促进植株的生长。

在为花境播种前，先准备好指示各品种种植区域的平面图，利用可能被荫蔽的区域种植耐阴植物。

标记一年生植物花境

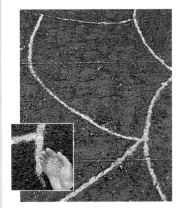
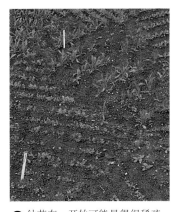

1 在土壤中撒砂砾或沙子，或者用木棍标记出不同的播种区域。

2 幼苗在一开始可能显得很稀疏，但随着它们的生长会逐渐交织在一起。

用砂砾或木棍在种植场地指示每个品种的播种位置，以便在播种前检查不同植物花色、株高以及株型的平衡性。

露地种植特别适合深根性一年生植物如山字草属（Clarkia）、丝石竹属（Gypsophila）以及罂粟属（Papaver）植物，因为它们不易移栽，最好直接播种在开花地点。

撒播

将种子稀疏而均匀地撒在准备好的苗床表面，然后轻轻地将它们耙进土壤。做好标记，然后用带细花洒的水壶浇水。

条播

条播得到的幼苗以固定的间距成排生长，所以可以轻松地将杂草和幼苗辨别开，后者的生长地点是随机

条播

1 扯一条线作为指导线，用锄头划出一条深约2.5厘米的沟。

2 用手将种子均匀地撒在播种沟中。

别的方法

如果是包衣种子，将它们逐个播种在沟的底部。

3 用耙子将土壤带回沟中，不要移动种子。为播种沟做好标记，用带细花洒的水壶浇水。

撒播

1 用耙子细耕土壤。用手或从包装袋中将种子稀疏地散播在准备好的区域中。

2 以合适的角度再次耙过撒播区域以覆盖种子，尽可能减少对种子的扰动。

能自播的一二生植物

只要附近没有种植亲缘关系密切的品种，就能够通过自播真实遗传或变异极小的一二年生植物

麦仙翁 *Agrostemma githago*
琉璃苣 *Borago officinalis*
金盏菊 *Calendula officinalis*
矢车菊 *Centaurea cyanus*
愉悦山字草 *Clarkia amoena*
异色锦龙花 *Collinsia bicolor*
毛地黄 *Digitalis purpurea*
花菱草 *Eschscholzia californica*
欧亚香花芥 *Hesperis matronalis*
沼花 *Limnanthes douglasii*
柳穿鱼 *Linaria maroccana*
香雪球 *Lobularia maritima*
银扇草 *Lunaria annua*
海滨涩芥 *Malcolmia maritima*
小花勿忘草 *Myosotis sylvatica*
兰氏烟草 *Nicotiana langsdorffii*
黑种草 *Nigella damascena*
月见草 *Oenothera biennis*
亚麻叶脐果草 *Omphalodes linifolia*
棉毛蓟 *Onopordum acanthium*
虞美人 *Papaver rhoeas*，
  罂粟 *P. somniferum*
平蕊罂粟 *Platystemon californicus*
高雪轮 *Silene armeria*
水飞蓟 *Silybum marianum*
短舌菊蒿 *Tanacetum parthenium*
旱金莲 *Tropaeolum majus*
麦蓝菜 *Vaccaria hispanica*
毛蕊花属 *Verbascum*（部分物种）
堇菜属 *Viola*（许多物种）
南茼蒿 *Xanthophthalmum segetum*

三色堇杂种

为幼苗提供保护和支撑

茎秆柔软或较高的一年生植物需要支撑。在幼苗周围的土壤中小心地插入支架或细枝，支撑物应该比植株的最终高度稍矮，这样当植株成熟时可以将支撑物隐藏起来。这些支撑有助于保护幼苗免遭啮齿类动物和鸟类的伤害。

也可以用网眼不超过2.5厘米的金属网罩在苗床上，在边缘弯曲折叠，使其不会接触幼苗，用条形针或线针将它牢固地固定在土壤中。植物成熟后会从网眼中钻出并完全覆盖金属网。

用细枝支撑
可以在幼苗之间的土壤中插入支架或细枝。随着植株生长，较高的一年生植物（这里是飞燕草）会将支撑物覆盖起来。

疏苗

单株幼苗
在拔出不想要的幼苗时，用手按压要保留的幼苗（这里是飞燕草 *Consolida ambigua*）一侧的土壤，重新紧实土壤并浇水。

成簇幼苗
将成簇幼苗（这里是须苞石竹 *Dianthus barbatus*）带着根系周围的大量土壤挖出。对剩余的幼苗重新紧实土壤并浇水。

的。条播得到的幼苗最开始看起来有些片段化，但疏苗之后就会形成浓密且自然的种植效果，相邻区域的播种沟可以以不同的角度安排。

用小泥铲或者锄头的尖端标记出间距为8~15厘米的浅沟，具体间距取决于植株最终的大小。将种子稀疏而均匀地撒在每条沟中，然后用耙子或锄头小心地将土壤拉回沟中覆盖种子。为每条播种沟做好标记，用带细花洒的水壶浇透水。

疏苗

为防止过于拥挤，通常需要对幼苗进行疏苗。疏苗应该在土壤湿润、天气温和的条件下进行，注意尽量保留较健壮的幼苗并且使间距保持均匀。为最大限度地减少对所保留幼苗造成的扰动，应该在拔出多余幼苗时用手指按住要保留的幼苗周围的土壤。

如果幼苗非常浓密，则将它们成块挖出，保留根系周围的大量土壤，尽可能不要扰动土地中的其他幼苗。某些二年生植物，如勿忘草属（*Myosotis*）和银扇草属（*Lunaria*）植物，非常容易萌发，如果直接在花地点播种的话，应该进行适当的疏苗——勿忘草属植物应疏苗至间距15厘米，银扇草属植物应疏苗至

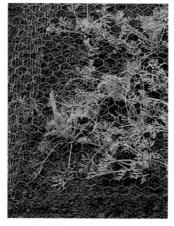

金属网保护和支撑
将金属网弯曲形成笼子保护幼苗（这里是花菱草）。金属网会在植株穿过它的时候提供支撑。

间距30厘米。

疏掉的幼苗可以用来填充播种或萌发不均匀造成的稀疏区域，或者移栽到花园中别的地方。在移栽时应选择疏掉幼苗中最强壮和最健康的，然后以合适的间距种在需要的地方，适量浇水以稳定它们的根系。

许多一二年生植物会大量散播自己的种子，常常产生浓密的幼苗丛。对这些成簇的幼苗，需要以合适的间距小心疏苗，使保留的年幼植株在没有竞争的情况下生长发育。

在花盆或播种盘中播种

半耐寒一年生植物常常在容器中播种，以便在有遮盖保护的情况下生长发育，然后在生长条件适宜的时候再进行露地移栽。耐寒一年生植物也可以播种在室外容器中，在有足够空间的时候将幼苗移栽到开花位置。

花盆、播种盘以及穴盘都是合适的容器，具体选择哪种容器取决于播种的种子数量以及它们需要的空间。对于不适应移栽的幼苗，可降解花盆很有用，因为可将整个花盆进行移栽，不会扰动根系。

种子的播种

在选中容器里齐边填充标准播种基质，并用指尖轻轻按压容器边缘的基质，确保其中不会有气穴。为让基质沉降，将容器在硬质表面上叩击，然后轻轻压实基质表面，使基质表面正好位于容器边缘下端。用带细花洒的水壶浇水，并等待一个小时，让多余的水流走。

将种子稀疏地撒播在基质表面。将它们从包装袋或V形纸片中弹落，以得到均匀的效果。大型种子或包衣种子可以一粒粒地种在穴盘中，或者以一定间距种在种植盘中。对于非常细小的种子，可以将它们和等体积的细沙混合在一起，这样更容易播种，能产生更均匀的效果。

用筛过的基质、珍珠岩和蛭石将种子覆盖，其厚度为种子本身的厚度，然后轻轻浇水，不要扰动种

在种植盘中播种

1 在播种盘中填充标准播种基质，然后用压板将基质压平至容器边沿下1厘米处。

2 用V字形纸片将种子稀疏地撒在基质表面，以得到均匀覆盖的效果。

3 用一层筛过的湿润基质、珍珠岩或蛭石将种子覆盖住，覆盖厚度与它们自身厚度一致。轻柔地为种子浇水。

4 将一块玻璃或透明塑料板放在播种盘上，保证湿度均匀。

5 如果播种盘受到阳光直射，用网罩遮阴。萌发开始后，立即撤去玻璃或网罩。

有特殊需求的种子

有些种子需要特殊的条件才能成功萌发。五彩苏属、秋海棠属植物以及利兹系列凤仙的种子需要光照并喜欢21℃的恒温。报春花属植物的种子喜欢光照，但需要的温度不超过20℃。种穗花属（*Phacelia*）、大花三色堇以及其他堇菜属植物的种子应该在黑暗中萌发。翼叶山牵牛（*Thunbergia alata*）和天竺葵属植物的种子需要划破种皮再播种，并在21~24℃的环境中萌发。贝壳花属（*Moluccella*）植物的种子需要层积——将播种盘放入冰箱中几周，然后再转移到18~21℃的环境中两三周。

子或者基质表面。尘土状种子如矮牵牛等植物的种子，不用覆土，应从底部灌溉：将每个容器浸入水中，边沿距水面约2.5厘米，直到基质全部湿润。不要让它们在水中浸泡太长时间，因为过涝会导致种子萌发前腐烂，或者使幼苗产生疾病（见658页，"猝倒病"）。

为保证湿度均匀，最好用一块玻璃或透明塑料板盖在容器上，不要让它接触到基质，以免扰动种子。将容器放在加热垫（见580页，"繁殖设施"）上、增殖箱中或者温室操作台上，然后在被阳光直射时用报纸或者细网遮阴。当萌发出第一株幼苗时，立刻撤掉遮盖。保持基质湿润、幼苗接受充足的光照，直到准备移栽。

疏苗移植

对于在播种盘中播种的幼苗，应在它们变得过于拥挤前将它们移植到较大的容器中，否则被剥夺充足的空间或光照后，幼苗会很快变得细弱瘦长。移植可使幼苗在移栽到花园之前长得更大、更健壮。

在新容器中填入盆栽基质并轻轻压实。直径不超过7厘米的小花盆或者穴盘适合单株幼苗，较大的花盆或者种植盘可用于数株幼苗一起生长。

移植前，首先将种植幼苗的容器在台面上轻轻叩击以松动基质，将它完好地从容器中取出。然后，一只手抓住幼苗的小小子叶以免擦伤茎秆或生长点，另一只手用小锄子或其他工具将幼苗刨松动。小心地将每棵幼苗从土壤中挖出，保留根系周围的部分播种基质，以确保幼苗重新种植后尽快恢复。

用戳孔器在基质中戳洞并在每个洞中插入一株幼苗。确保将所有的根都覆盖上基质，然后用手指或戳孔器轻轻地紧实每一株幼苗，再将基质压平。种满每个容器后，用带细花洒的水壶浇水，让根系周围的基质沉降。用透明的塑料覆盖容器数天，让幼苗逐渐恢复，但要保证塑料不会接触幼苗的叶片，以免造成腐烂。然后将幼苗放回之前的生长环境继续生长。

如果幼苗已经长大到可以疏苗移植，但由于晚霜不得不推迟的话，则先将它们暂时上盆在更大的容器中并施加液体肥料，确保生长过程不被打断。

单独播种或以固定间距播种的幼苗不需要疏苗移植，但可以在露地移栽前炼苗。

移栽至穴盘

1 当幼苗（这里是万寿菊属植物）长大到可以操作的时候，将种植盘在硬质表面上叩击，使其中的基质松动。

2 用手拿着幼苗的子叶，小心地将它们分离开。在根系周围保留大量基质。

3 将每株幼苗移栽到穴盘单独的穴孔中。用手指或戳孔器紧实每株幼苗周围的土壤，然后浇水。

盆栽一年生植物

许多一年生植物都是优良的盆栽植物。将幼苗移植到可拆式穴盘或单个花盆中，当根系刚刚填充满基质后，将每棵幼苗转移到更大的花盆里（花盆中装满含壤土的盆栽基质）。花盆的尺寸取决于物种或品种以及播种的时间。夏末播种的植物应栽入直径为9厘米的花盆中度过生长缓慢的冬天，然后转移到最终的花盆中，可以是直径为13厘米或19厘米的，抑或三五株一起栽到更大的花盆中。对于春播一年生植物，应直接移栽到最终的花盆或容器中。

许多一年生植物（这里是

蛾蝶花属植物）都可以在春天的凉爽温室中提供鲜艳的早花。

炼苗

所有在温室或其他保护设施中培育的半耐寒一年生植物在露地移栽前，都需要逐渐适应室外生长条件。炼苗的目的是减少幼苗对人工加热和保护的依赖，不能突然将它们暴露在剧烈的环境变化中，以免造成伤害。

炼苗在温室或冷床中最容易进行。在对幼苗进行露地移栽六至七周前，将它们转移到温室中较凉爽的地方大约一个星期。然后再将其转移到封闭冷床中，逐渐增加通风，直到最后的几天将冷床的天窗完全打开。

密切注意植物的生长迹象，以防温度变化过于强烈或迅速造成其生长停滞或者叶片变黄。

其他适合用于炼苗的设备还包括玻璃冷床，当环境适宜的时候可以将它的盖子完全撤去；还有钟形罩，它可以按照需要随时拿起或盖上。也可以将年幼植株种在室外背风处并用覆盖在临时性木框架或竹框架上的园艺织物或塑料加以保护（一般只在晚上才需要）。除非天气非常恶劣，应该在白天将遮盖物撤除，以保证充足的光照和通风。

露地移栽

当所有霜冻风险过去后，移栽半耐寒幼苗，这对于耐寒性较差的植物（如秋海棠属植物和一串红等）特别重要。不过，对某些半耐寒一年生植物来说，只要经过炼苗，它们就能够忍受短期的凉爽无霜条件。

在移栽之前，准备好种植苗床（见215页，"露地播种"），为幼苗浇透水，然后放置一个小时等待排水。为将植株从花盆中取出，将花盆翻转，用手指在一侧支撑幼苗的茎秆，然后在硬质表面上叩击花盆边缘，使根坨从花盆中松动脱落。对于拆分式穴盘，应逐个将每株幼苗带根坨取出。

如果幼苗种在非拆分式的播种盘中，应该用双手牢牢地抓住播种盘，用其一侧在地面上叩击以松动基质，然后轻轻地将全部基质带幼苗倒出。仔细地用手指将单株幼苗分离出来，尽可能多地保留根系周围的土壤。或者用小锄子或其他工具挖出每株幼苗，注意不要伤害到其幼嫩的根系。

挖出一个大小足够容纳根坨的洞。使植株保持在完全成熟时正好能彼此接触到的间距。根据种植物种或品种的株型，一般来说，种植间距应保持在15~45厘米。

摘心

随着一年生植物幼苗的生长，某些种类可能需要摘心，以促进产生侧枝并发育成丛状株型。摘心需要将年幼植株生长中的茎尖掐去。即使是自然分枝的一年生植物，摘心也可能是必需的，特别是在少数植株产生比其他植株更健壮的分枝时。如果需要植株达到均匀的生长株型，应该在高植株长到五或六个节间时将每个长枝顶端掐掉，缩短

至需要的高度。

摘心会推迟开花，因此希望早日观赏花朵的话不要进行摘心。对于顶端枝条强健的植物如金鱼草和紫罗兰（Matthiola）等植物也不要摘心，因为它们会在主枝上长出大花序，并且会在夏天自然生长侧枝，延续花期。

露地移栽

1 将组装式穴盘拆开，小心地将每棵幼苗带根坨拿出。

2 将每棵幼苗放入足以容纳其根坨的洞中，保证植株的种植深度与穴盘中一致。

3 在植株周围回填土壤并轻轻压实，避免产生气穴。为移栽区域浇水。

炼苗

拱形塑料棚
将半耐寒一年生植物（这里是万寿菊属植物）的幼苗放入拱形塑料棚中。两边打开，以利于通风。

冷床
幼苗也可放在冷床中，每天逐渐增加冷床打开的时间。

第一年的生长

风铃草等二年生植物在第一年只进行营养生长，在第二年夏天才开花。

如何购买植物
花坛植物

好样品

紧凑健壮的枝叶

坏样品

健康的绿色叶片

矮牵牛

细长而裸露的茎

死亡叶片

盆栽一年生植物

好样品

丛生健壮枝叶

发育中的健康花蕾

利兹风仙

湿润基质

坏样品

变色的叶片

花坛植物

购买比较成熟且能够直接种在花坛、花境或容器中的植物能够节省时间，如果没有温室来播种半耐寒一年生植物，这也是唯一可行的办法。此外，许多一年生植物的种子是混合出售的，而商业种植只能得到单色的种类，这就为园艺师们提供了更广泛的种植选择。

评价花坛植物的品质

分枝匀称、节间短、叶片健康的健壮年幼植株最容易生长成形并呈现出最好的效果。植株应该具有发育良好的根系，但不能被容器束缚。不要购买基质干燥、叶片发黄或染病的植株，它们常常很难恢复。

不同阶段的半耐寒花坛植物出售，既有幼苗，又有开花植株，它们常常在还不能安全露地移栽时出售。你要确保拥有合适的保护条件让它们留在容器中继续生长。如果要立即移栽的话，还要确定它们是否经过炼苗。让幼苗逐渐适应外部环境，直到所有霜冻风险过去。突然暴露在霜冻甚至冷风中可能会将它们杀死，因为它们可能是在加温温室中生长的。炼苗后才可以露地移栽。

一年生攀援植物

一年生攀援植物应该种植在它们能够自然攀爬上乔灌木，或者是能整枝在栅栏、墙壁及其他支撑物上的地点。如果要让一棵缠绕型攀援植物爬过一株灌木，则要将它种植在阳光最充足的一侧。在攀援植物要沿着墙壁或栅栏生长的地方，应提供适合其生长习性的支撑物（见130页，"支撑物类型"），然后将植株种在距离墙壁或栅栏基部30厘米远的地方。

按照设计种植花坛植物

在花坛或花境中种植植物前，将所有要使用的花坛植物放在一起并和设计图案对照。将植物带着容器大致地摆在准备好的土壤上，确保种植后苗床不会显得太拥挤或太稀疏。这是对种植位置做最后一次调整的机会——等它们种在地里后一切就太晚了。保留一些植株用于替换种植后可能死亡的植株。

1 在种植前标记出整个苗床的设计图案。从中央向外或者从苗床背部向前种植。使用板子或跪台，以免土壤被自己的体重压得过实，变得难以耕作和排水。

2 小心地种植幼苗，尽可能减少手持幼苗的时间。紧实每株幼苗周围的土壤。逐块完成种植。

3 当完成每个分区的种植后，剪去所有受损、不均匀或者散乱的枝条，让成簇植株显得更紧凑。随着种植进行逐块为幼苗浇透水，以免首先种植的幼苗在种植其他幼苗时脱水。

花坛种植的种植者指南

藿香蓟属*Ageratum*
金鱼草属*Antirrhinum*
木茼蒿属*Argyranthemum*
秋海棠属*Begonia*
鬼针草属*Bidens*
金盏菊属*Calendula*
翠菊属*Callistephus*
金鸡菊属*Coreopsis*
秋英属*Cosmos*
大丽花属*Dahlia*（单瓣类）
西伯利亚糖芥*Erysimum x marshallii*和其他壁花
花菱草属*Eschscholzia*
倒挂金钟属*Fuchsia*
凤仙属*Impatiens*
烟草属*Nicotiana*
天竺葵属*Pelargonium*
矮牵牛属*Petunia*
蓖麻*Ricinus communis*
黑心菊*Rudbeckia hirta*
蓝花鼠尾草*Salvia farinacea*
一串红*S. splendens*
银叶菊*Senecio cineraria*
五彩苏属*Solenostemon*（Coleus）
万寿菊属*Tagetes*
马鞭草属*Verbena*
堇菜属*Viola*

抗性系列矮牵牛

天竺葵属植物

天竺葵属植物起源于南非，几乎都是不耐寒的常绿宿根植物。被引入到英国时，它们得到了"geranium"这个通俗的常用名，因为它们和老鹳草属（Geranium）中耐寒的草本物种很相似，后者当时在欧洲栽培广泛。这个常用名到现在还在广泛地使用，虽然几乎所有被称作"geranium"的植物其实都属于天竺葵属（Pelargonium）。

天竺葵的类型

根据植株的主要特征，天竺葵属植物可以宽泛地分为5类：带纹型、矮生和微型带纹型、华丽型、常春藤叶型和香叶型。

带纹型

这类天竺葵拥有圆形的叶片，具有明显的深色花纹，花为单瓣、半重瓣或重瓣。不过，某些品种的叶片上并没有带纹，还有些品种的叶片有金色或银色彩斑，或者呈现三种颜色。

在温带地区，它们在露天花园中生长得很好，并且非常适合用于夏季苗床，因为它们能持续不断地从初夏开花至秋末。它们也能在窗槛花箱、吊篮和容器中种植。带纹型天竺葵很容易适应温室或保育温室中的生长条件。

矮生和微型带纹型

矮生带纹型天竺葵从土壤基部到植株顶部（不包括花枝和花朵）的株高为13～20厘米。它们非常适合种在窗槛花箱和花盆里，在温室和保育温室中观赏。微型带纹型天竺葵的株高为7～13厘米（测量方法同上）。这类繁茂多花的植物既有重瓣类又有单瓣类，花色非常丰富，拥有绿色或墨绿色叶片。

近些年，F1代和F2代杂种带纹型天竺葵得到了发展。它们是用种子繁殖得到的，主要用于苗床种植。它们是单色花卉，花色种类和那些营养繁殖得到的品种一样。

华丽型

这类天竺葵是小型丛生植物，叶片圆，带有深锯齿，花朵宽大，呈喇叭状，花色常常非常奇特。

它们可以种植在露地花园中，不过在温带地区，它们更广泛地用作温室、保育温室和室内植物，因为花朵很容易被雨水毁坏。在较温暖的气候区，它们可以永久性地露地栽植，成为绚烂的花灌木，几乎能够全年持续开花。

常春藤叶型

这类天竺葵拥有圆形、浅裂、呈常春藤叶形的叶子，它们的花朵与带纹型天竺葵的花朵相似，拥有丰富的各类花色。它们主要用于吊篮和其他容器，这样蔓生枝条上的花朵可以得到最充分的欣赏。也可以将它们移栽到室外，披散在抬升苗床或墙壁的边缘。

香叶型

香叶型天竺葵的花朵小巧、精致，拥有5片花瓣，叶片有芳香气味。它们是优良的温室和室内植物，在温带地区可以在夏、秋两季以盆栽植物或花坛植物的形式种植在室外。

一般栽培

天竺葵属植物可以种植在所有排水良好的基质中——无论是壤土、草炭替代物还是草炭，只要基质新鲜且在储存时远离阳光直射。然而，在浇水时要注意，某些基质比其他基质更易排水，天竺葵属植物需要在恢复之前保持一定的干燥，在后续的生长季才需要大量水分。

每周为天竺葵属植物施加一次钾肥，从上盆三周后开始施肥，持续整个夏天，这会让其开出大量优质花朵，同时使枝叶不会过于繁茂。

越冬

天竺葵属植物必须保持在无霜条件下，只有Pelargonium endlicherianum除外，这是一个来自土耳其的耐寒物种，可以在露地抬升苗床上生长。在温带地区，可以在第一次霜冻来临之前将露地种植的植株转移到室内或保护设施中，留到第二年再栽培。将植株从地面或容器中挖出，尽可能多地摇晃掉根系周围的土壤，然后将茎秆剪短一半并去除所有剩余的叶片。使用新鲜的盆栽基质，将准备好的植株重新栽入盒子或小花盆中，最大限度地利用储藏空间。（老旧基质或储藏方法不当的基质都可能导致越冬植株受损。）为基质充分

天竺葵属植物的类型

带纹型
'多利·瓦登'天竺葵
叶片圆，有深色条带，花单瓣至重瓣。

华丽型
'紫皇'天竺葵
深锯齿状叶片，宽大的喇叭状花朵。

常春藤叶型
'紫晶'天竺葵
蔓生植株，叶片浅裂，花单瓣至重瓣。

香叶型
'皇栎'天竺葵
花朵小，常常呈不规则的星状，主要赏其香叶。

矮生带纹型
'蒂莫西·克里福德'天竺葵
丛生，大量开花，与带纹型相似，13～20厘米高。

'多利·瓦登'天竺葵

'弗兰克·海德里'天竺葵

'褶裥夫人'天竺葵

'普利茅斯夫人'天竺葵

盆栽天竺葵属植物

将带纹型和香叶型天竺葵搭配在一起，除了能够提供长时间的花朵，还会呈现出迷人的叶片。

对比鲜明的株型
蔓生的常春藤叶型天竺葵沿着容器边缘垂下，与中央的直立型植株形成了鲜明的对比。

华丽型或香叶型天竺葵，要选择不开花枝条），在茎尖下的第三个节上端剪下。将每根插穗修剪至最低节的下端，并小心地将位置最低的叶片除去。

插穗的扦插

选择与插穗数量相符的花盆：直径为13厘米的花盆能够容纳5根插穗。在花盆中填充标准播种或扦插基质，向下压紧，并将花盆放入装满水的容器中，直到基质表面变得湿润。将花盆取出并让基质中的水分排出。将插穗插入基质，将它们向下按压，挤出插穗下方的气穴。先不要浇水。

后期养护

将花盆放在温暖明亮处，但不要放在太阳直射的地方。扦插一周后，从花盆底部灌溉。一周或10天后再浇一次水，这时插穗应该正在生根。如果从上方浇水，插穗可能会感染灰霉病（见661页）或猝倒病。出于同样的原因，也不要使用增殖箱，或者用塑料膜覆盖它们。插穗周围要一直保持良好的通风。当插穗生根后（新鲜叶片出现时），将它们单独上盆到直径为7厘米的花盆中。

用种子种植F1和F2代杂种

播种产生F1和F2代杂种对于业余爱好者比较困难，因为它们需要专门的生产环境。在热带国家，从播种到开花需要6个月，而在较寒冷的地区可能需要15个月。为缩短时间，商业化苗圃在高温条件和每天14小时人工补光的条件下进行5个月的冬季种植。他们还会使用矮化复合物处理植株，以得到紧凑的株型并使开花提前。

播种

在初夏播种（见216页，"在花盆或播种盘中播种"），当幼苗长到15厘米高时，掐掉茎尖，促进植株的丛状生长。冬天和春天，在凉爽温室中生长，夏季开花。

浇水，将盒子或花盆放在通风处两至三天，并将被剪的茎秆密封，防止黑腿病（见655页）的发生。储存在良好光照的无霜条件下。

新枝会很快出现。只在晴朗的天气浇水，这时叶片会干得更快些。在整个冬季，每6周施一次均衡肥料。在非常冷的天气，保持植株干燥并施加额外的保护（如用可透光的园艺织物遮盖）。

到春天，枝条已经长大到足够采取插穗。或者将新枝单独上盆，并在初夏移到露地栽培。

扦插繁殖

天竺葵属植物很容易用插穗繁殖，这种方法可成功用于所有类型的品种。采取插穗是生产新植株的一种便宜方法，并且能让花园中露地栽培的母株花期延续到第一次霜冻。

选择插穗

虽然从春天开始就可以采取插穗，但最佳的时间是夏末，这时的光照条件很好，并且天气还很温暖。选择强壮健康的枝条（如果是

采取插穗

1 选择一根健康的枝条，并在茎尖下第三个茎节上端将插穗切下。

2 使用锋利的小刀去除每根插穗上的叶片，只留顶端的两片叶子。掐掉所有花或花蕾。

3 小心地修剪每根插穗基部，在最低处的茎节下端做直切口。

4 在花盆中的潮湿基质中戳2.5厘米深的洞，插入插穗并紧实基质。

越冬

1 在第一次霜冻之前将植株挖出，摇晃掉所有的松散土壤。将茎秆剪短至10厘米，并去除所有叶片。

2 在盒子中填充至少15厘米深的新鲜基质。将植株种下，不要让它们互相接触。再次填充基质，浇水并让基质排水。

3 将植株放在明亮无霜处。在春天为植株上盆，或者等它们长到足够大时采取插穗。

日常养护

由于寿命相对较短，一年生植物所需要的养护通常很少，除非它们种在容器中（见332页，"日常养护"）。不过在干旱期需要经常浇水，特别是种植在容器中的，并且需要摘除枯花以延长花期。继续摘去茎尖（见218页）。对于高的一年生植物，需要在种植时或种植后立桩支撑，防止它们被风吹倒或者被自身的重量压弯。当花期后或生长期结束、叶片开始枯萎时，应将植株清理干净。

浇水、施肥和除草

露地栽植的年幼一二年生植物需要用水壶浇水，每次完全浇透苗床。一旦植株完全成熟，就只需要在长期干旱时浇水。靠着墙壁或栅栏种植的植物在浇水时要特别注意，因为它们接受的自然雨水较少（见608页，"雨影区"）。如果土壤已经准备充分，一年生植物很少需要额外施肥。在非常贫瘠的土壤中，当花蕾出现时可以施加液体肥料。施加少量肥料对二年生植物有好处，不过只有那些用于展览的种类才需要规律施肥。营养过剩会以开花减少为代价产生大量繁茂的枝叶。施加缓释肥和对叶面施肥对盆栽植物很有好处（见332页，"施肥"）。

为一二年生植物清除杂草，因为它们会争夺阳光、水分和养分。趁杂草年幼时手工拔除，如果不需要自播幼苗或者它们数量太多的话，用同样的方式将其清理掉。

提供支撑

许多一二年生植物的茎秆比较细长，需要某种程度的支撑。对于成熟后株高达1米的植物，使用小型灌丛状分枝或支架提供支撑。在植株只有几厘米高的时候，将支架插入它们周围的土壤中，让它们能够沿着这些支架生长，快速地将支架覆盖并将其隐藏起来。在插入支架时应特别注意不要损伤植物，特别是它们幼嫩的根系。

盆栽一年生植物
为支撑高的一年生植物，如猴面花属（*Salpiglossis*）植物，将木棍插入基质中并围绕木棍绑上绳线。

对于较高的一年生植物，如果用拱顶、三脚架、方尖架、棚架、框格棚架、栅栏、墙壁或强壮的乔灌木支撑的话，它们会生长得更加繁茂并大量开花。支撑结构应该在一年生植物种植之前架好。对于盆栽高一年生植物，应该在花盆边缘插入数根木棍提供支撑，并围绕木棍捆绑软绳线——当植株生长起来时会把支撑结构隐藏。

对于非常高的植物如蜀葵或向日葵，可能需要逐棵立桩。将木棍插入土壤中最隐蔽的地方，随着植株长高，逐渐将它绑在木棍上。

许多缠绕型一年生植物以及带有卷须的一年生植物（如香豌豆）可在短短的一生中长到2~3米，最好用塑料绑结或软麻绳将它们引导到支撑结构上，直到它们完全成形。应该用八字结将麻绳松散地绑在领导枝和支撑物上，防止茎秆与硬质表面发生摩擦，并让茎秆充分生长。某些没有缠绕性或不具卷须的攀爬一年生植物也需要绑在支撑结构上。

控制自播一二年生植物

发现自播幼苗是园艺活动中最大的乐趣之一——特别是当它们长在正确的位置时。万寿菊、银扇草和毛地黄都是很容易自播繁衍的植物，而许多其他植物也有自播的特性。随着草地园艺和自然主义风格的流行，园艺师们可以利用这种自然力量在阳光充足的开阔区域产生多彩、持久和自然的效果。

为在较为粘重而且排水良好的土壤上得到相似的效果，用一层10厘米深的砂砾覆盖种植区域，并将能够开花、自播并在后续年份持续生长开花的一二年生植物的种子（或穴盘苗）播种在该区域。一旦成形，许多植物都会自然播种，不过有些会逐渐衰退。

对于某些属的种类如花菱草属、沼花属和勿忘草属植物，它们会变得非常强势，如果太密集的话可能在春天需要疏苗。而其他植物会留下空隙，需要用其他植物的幼苗填补，来增加种植的多样性。

自播植物的目的是为了完全复制南非大草原春天的景致，使用的是来自众多生境相似国家的植物。可以尝试将常用的一年生矢车菊、罂粟、勿忘草和剪秋罗与加利福尼亚州的原产物种如锦龙花属（*Collinsia*）、红杉花属（*Ipomopsis*）、吉莉草属（*Gilia*）、Leptosiphon属的植物，以及来自南非的骨籽菊属（*Osteospermum*）、勋章菊属（*Gazania*）、日冠花属（*Heliophila*）、龙面花属（*Nemesia*）混合在一起。各种美丽的一年生草类如兔尾草（*Lagurus ovatus*）和凌风草属（*Briza*）物种也可以引入种植。

由于它们的本性，这样的种植是试验性质的，由于某些物种的衰退和当地杂草的侵入，所以还需要一定程度的修正。成功的种植会提供夏、秋两季极大的观赏乐趣。

可做干花或切花的一年生植物

许多一年生植物的干花或鲜切花都可用于室内观赏。对于"常春"花卉如干花菊属（*Xeranthemum*）、花笋属（*Syncarpha*）、补血草属（*Limonium*）植物，应该在它们半开的时候采收，然后将其头朝下悬挂在温暖、空气通畅的场所。对于蜡菊属（*Helichrysum*）植物，应该在它们的花序显色之前采收，以便在干制的时候保持它们的形状。鲜切花应该在花蕾显色时采收。将冰岛罂粟的花茎在开水中蘸取数秒钟，可实现对花茎的密封并防止形成阻碍水分吸收的气阻。

1 当花序开始开放的时候，将用作干花的花枝切下。一天中最适合的时间是清晨或晚上气温凉爽的时候。

2 许多常春花卉都可以用软绳或酒椰纤维绑成束，倒挂起来晾干。干燥后，可以将多余的枝干剪去，满足摆放的需要。

223

二年生植物

摘除枯花

为延长花期，在花朵枯萎后应立即将其摘除（从花梗基部剪下）。植株（这里是大花三色堇）经过一段时间后会产生新的花朵。

摘除枯花

立即摘除枯萎或死亡的花朵，能够延长许多植物的花期，并改善它们的外观。这样能阻止植物结实，使其将能量用于产生额外的花朵。用大拇指和其他手指折断花梗，要做到干净利落。使用锋利的剪刀或修枝剪对付较粗硬的花梗。

如果要观赏植物的种子或果实，则不要摘除枯花，如银扇草属（Lunaria）、野西瓜苗（Hibiscus trionum）和观赏玉米（Zea mays）。如果需要使用植物的种子在第二年繁殖，也不要摘除枯花。

有些一二年生植物如罂粟属种类，在摘除枯花后也不会产生额外的花朵。

采集种子

许多一年生植物的种子可以很容易地采集，以用于第二年的播种。应该只采集能够种子真实遗传的一二年生植物的种子，如黑种草属和银扇草属植物，因为从大多数园艺品种和所有F1代植株上采集的种子播种后得到的植株在花朵和株型性状上都无法与母株保持一致。

对于开花不良的植物，应摘除枯花，不要在形成种子后收集以备第二年播种。这样的种子不太可能得到开花优良的植株。

自播幼苗在性状和品质上会表现出一定程度的差异，但仍然会产生比较优良的植株。花菱草、艾克沙修系列毛地黄、香雪球以及许多其他一二年生植物品种的自播幼苗在花色和其他形状上与原来的植株相比，通常有较大的差异。

当蒴果变成棕色并开始开裂的时候，将它们剪下并放在带内衬纸张的种植盘中，再放到阳光充足且温暖的地方，直到它们完全干燥。将种子取出并清理掉所有残渣，进行包装、标记，然后将其存放在干燥、凉爽的条件下，直到可以播种。

清理苗床

秋天，当花期结束的时候，在采集完所需要的种子后，将所有凋萎的植物挖出并堆肥。将染病植株烧掉，防止它们将疾病扩散至花园别处。对于作为一二年生植物栽培的宿根植物，如大花三色堇和九轮草类报春，可以将其挖出来并移栽

秋季清理

当一年生植物的花期结束后，小心地用叉子将它们周围的土壤弄松，然后将老旧植株挖出并堆积沤肥。

到别的地方，在那里它们可以持续生长、开花数年。其他植物如糖芥属和金鱼草属植物，第一年之后很少会继续令人满意地生长，所以不适合保留以备使用。

对于不耐寒的宿根植物，如秋海棠属植物和利兹系列凤仙，可以在夏末挖出并上盆，用来延续房屋、保育温室或温室的花期。蜀葵和其他短命宿根植物可以在秋天修剪并保留，因为它们有时候可以生活数个生长季，虽然植株的品质和活力会退化。将天竺葵属植物F1和F2代品系的部分植株保存在温室或保育温室中，在很干燥的条件下，它们会存活下来并在第二年继续开花。智利悬果藤（Eccremocarpus scaber）也会在室外受到保护的区域生活数年。

病虫害

最容易侵害一二年生植物幼苗以及成熟植株的害虫包括蛞蝓和蜗牛（见670页）、蚜虫（见654页）以及毛虫（见657页）。植株还可能感染锈病（见668页）和其他真菌病害（见660页，"真菌性叶斑病"）。杀真菌剂可以防治这些病害，但最好的方法是将严重染病的植株拔出并烧掉。对于保护设施中栽培的幼苗，应防止其感染猝倒病（见658页）——这是一类土传病害，会引起植株腐烂和倒伏。

▌砍倒短命宿根植物

1 并不是所有的果实都在同时成熟。为防止自动结实，在任何果实完全成熟前，将开过花的枝条除去。

2 如果在开花后立刻砍倒，短命宿根植物如蜀葵等可以开花数季。

3 小心地从基部剪掉每根茎秆，确保生长季中长出的新枝条在这一过程中不会受损。

▌采集种子

1 当蒴果或果穗（这里是黑种草）在吸水纸或报纸上干燥后，就可以采集种子了。

2 当果穗干燥后，摇晃出其中的种子，将种子和残渣分离开。将种子储存在标记好的信封中，放在恒温的凉爽干燥处。

球根植物

金色的洋水仙吹响了春天的号角，仙客来引领着秋天的脚步，球根植物用它们灿烂的花朵鸣奏着四季的变化。

虽然有些球根植物拥有漂亮的叶片，有些球根植物因其香味而备受重视，但大多数是因其花朵而成为一类重要的植物。它们提供了多种多样的色彩和式样，从鲜艳明亮的原色到精致淡雅的色调，从唐菖蒲那高大的圆锥状花序到贝母秀丽的钟状小花。它们可以在规则式花坛中构成醒目的图案，填补混合花境，在容器中提供一抹抹色彩，在乔木下或草丛间创造迷人的景致。无论如何，球根植物都能为花园中的永久性种植带来活力。

花园中的球根植物

种植球根植物可以点亮花园，它们拥有富于装饰性且艳丽的花朵，有的种类还常常带有香味。种植在花园中的球根植物常常是耐寒种类，如番红花属、仙客来属、洋水仙属、风信子属和郁金香属植物，它们的物种和品种都丰富多样。许多不耐寒的球根植物也在花园中拥有一席之地，包括花朵星状的小鸢尾属（*Ixia*）、花序松散艳丽的魔杖花属（*Sparaxis*）以及炽烈的虎皮花属（*Tigridia*）植物。同样流行的还有葱属植物，它们能够从春天开到仲夏，提供鲜艳的色彩和充满建筑感的形态。

冰冻的美丽　将果实留下用于冬季观赏。

使用球根植物

球根植物的重要特点是它们只提供一季的视觉享受，在一年中的其他时间保持休眠，不被人留意。在小心的规划下，球根植物会成为花境中不可或缺的部分，也能让观赏草种植变得更加自然，或者成为优美的盆栽植物。

在许多花园中，球根植物可以一年年繁殖生长，它们凋萎的叶片会被随后生长的草本植物或灌木遮掩起来。许多球根植物，包括番红花属、洋水仙属（*Narcissus*）和雪花莲属（*Galanthus*）植物在大多数地点都繁殖得非常快。每年还可以在开花后将球根植物挖出再重新种植，为其他季相性植株提供空间，在小型花园或空间有限的地方非常实用和方便。

季相

球根植物的主要观赏季是从早春到初夏，不过许多球根植物也会在一年中的其他时节开花。在花园中大部分植物都沉寂着的冬天，可以种植露地栽培的早花球根植物，如粉红色的早花仙客来（*Cyclamen coum*）、'大花'拟伊斯鸢尾（*Iris histrioides* 'Major'）和雪花莲等，以及在室内催花的其他球根花卉。和春花球根植物相比，夏秋开花的球根植物一般比较大，形状和色调更加新奇。

在哪里种植球根植物

如果给球根植物提供生长和开花所需的排水通畅的土壤，它们就是所有花园植物中最容易栽培的类群之一。除了极为浓郁的荫蔽地，花园的各种生境都有与之相合适的无数品种和物种。

许多栽培球根植物都来自地中海气候区，所以需要将它们种植在阳光充足的地方，它们喜欢干燥炎热的夏天——不过也有大量球根植物能够在夏季雨量充沛的花园生长良好。

能够在林地中自然生长的球根植物也能在湿润和半阴的环境中生长得很好。许多其他种类，包括某些被称为"喜阳植物"的球根植物，也喜欢周围灌木、墙壁或框格棚架的轻度遮蔽。大多数耐寒仙客来属植物也能忍耐干燥

炽烈的苗床　一系列不同的球根植物混合起来能提供火红和金黄的鲜花，如这片'魔鬼'雄黄兰（*Crocosmia* 'Lucifer'）、'怀俄明'美人蕉（*Canna* 'Wyoming'）和'金币'金鸡菊（*Corepsis* 'Schnittgold'）。右侧的苦竹属（*Pleioblastus*）植物提供了一片宁静的绿色背景。

荫蔽的条件。白花或浅色花球根植物在黯淡的夜色中几乎有明亮的效果，所以将它们种植在荫蔽区域看起来非常动人。无论种在什么样的背景中，以同一个物种或品种成片种植的球根植物视觉效果最好，无论是比肩而种，还是在规则式花坛或成片观赏草中形成一片单色摇摆的海洋，视觉效果都非常好。

规则式花坛

球根植物是规则式花坛陈列中的重要组成部分。春花球根植物可以大量种植在花坛中，开过花后将其挖出并储藏起来度过休眠期。随后的夏天，一年生植物是花坛的主打。典型的花坛球根植物是风信子和郁金香，因为它们的外形具有强烈的雕塑感。总体而言，花朵大而艳丽的杂种球根植物最好种植在花园中较正式的地方。可以分不同的色块种植，每一个单独的色块都是一种球根植物，或者将花期不同的类群混合起来，延长整个春天的观赏期。可以全部使用球根植物填充花坛，或者与其他花色互补或对比的伴生植物结合起来，如深蓝色的勿忘草属（Myosotis）或炽烈的糖芥属（Erysimum）植物。

为得到美观的规则式种植效果，也有许多夏秋开花的球根植物可以使用。拥有优雅白色或绿色花序的夏风信子属（Galtonia）植物或者更加紧凑的唐菖蒲品种（特别是报春花群唐菖蒲和蝴蝶群唐菖蒲），如果成块大片种植并且以蓝紫色堇菜属植物或其他类似的低矮地被镶边的话，效果非常引人注目。杂种百子莲（Agapanthus Headbourne Hybrids）拥有大而圆润的蓝色或白色花朵，与宝典纳丽花（Nerine bowdenii）的优雅粉色花朵十分般配。

混合草本和灌木花境

填充在永久性花境种植方案中的球根植物能在各个季节开出纷繁多彩的花朵。在总体种植方案中，可以融入松散的条带或者用随意泼洒的色斑来吸引眼球。形状奇特的球根植物如拥有粉色或白色巨大喇叭状花朵的鲍氏文殊兰（Crinum x powellii），能够用引人注目的高度和形状强调花境的线条。在低矮的地被植物之间种植一些球根植物，可以让它们的花朵好像漂浮在叶子形成的地毯上一般。至于更加自然的村舍式花境，要选择球根植物的原始物种，因为绚丽的杂种有时候看起来会不太协调。

春花的混合种植

将球根植物种在混合花境中能延长花期，提供从冬末至初夏的一系列鲜艳明亮的色彩。在花境中的草本宿根植物和落叶灌木开始生长并扩散之前，使用小型洋水仙、浅蓝或深蓝色

球根植物的不同类型

在本书中，"球根"这个术语指的是所有球根植物，包括球茎、块茎、根茎及鳞茎植物。对于所有的球根植物，植株的一部分都膨大成为了储存食物的器官，使得植株在休眠期或条件不适合生长时能继续存活。

鳞茎（'威尔第'郁金香）

鳞茎植物

真正的鳞茎是肉质叶片或叶基形成的，常常由附生在鳞茎盘上的数圈同心鳞片组成。外部的鳞片常常形成保护性的干燥被膜，如洋水仙、网状群鸢尾以及郁金香等。在某些百合属（Lilium）和贝母属（Fritillaria）种中，鳞片是分离的，不形成被膜。朱诺群鸢尾的特殊之处是它们在鳞茎下方还有储存营养的膨大根系。

球茎（丽花唐菖蒲）

球茎植物

球茎是茎基部膨大形成的，并且每年都会被新的球茎代替。它们在鸢尾科（Iridaceae）中很常见，包括番红花属、唐菖蒲属、乐母丽属（Romulea）以及沃森花属（Watsonia）植物，它们通常都拥有由上一年的叶基形成的被膜。在百合科（Liliaceae）和相关科中，球茎植物包括花韭属（Brodiaea）以及秋水仙属（Colchicum）等植物。

根茎（禾叶鸢尾）

根茎植物

根茎是膨大的、多少有些水平的地下茎，对于鸢尾科（特别是鸢尾属）和百合科植物，它们会长出成熟植株的新根系和茎秆。这个能力能让植物进行营养繁殖，并且能在地下度过严寒的冬天。在某些植物（如睡莲、蕨类以及部分森林香草）中，根茎起到的是主茎秆的作用，叶和花都从上面生长出来。

块茎（'丰收'大丽花）

块茎植物

块茎指的是许多植物膨大且形状常常不规则的茎或根，用于储藏营养。它常常被错误地用来形容别的植物，例如希腊银莲花（Anemone blanda）的块茎状根——实际上是根茎，林荫银莲花（A. nemorosa）也有细长根茎（为了方便，这里都称作"球根植物"）。真正的块茎植物种类很多，包括大丽花属（Dahlia）、紫堇属（Corydalis）、某些兰花如掌根兰属植物（Dactylorhiza）、仙客来属物种（虽然有时被称作球根植物），此外还有丛植的花毛茛（Ranunculus asiaticus）。

的网状群鸢尾、雪花莲以及冬菟葵（*Eranthis hyemalis*）的金色杯状花朵为花境前部带来一抹生机。

在早花灌木如蜡瓣花、连翘和金缕梅下方种植星星点点的粉色与蓝色希腊银莲花、雪百合属植物（*Chionodoxa*）以及双叶绵枣儿（*Scilla bifolia*），或者用花朵更加繁茂的低矮洋水仙物种和品种创造出浅黄色的条带，映衬灌木的花朵。

在春天较晚的时节，能够开花的球根植物种类范围更广，较大的植物如高洋水仙、贝母属物种（如紫黑色的波斯贝母*Fritillaria persica*以及华丽的冠花贝母*F. imperalis*）或郁金香，可以自然式成簇使用，在灌木和宿根植物中带来一定的高度。

夏秋花的混合种植

许多球根植物都能在夏天为花园大大增添魅力。虽然它们常常被认为重要性仅居次席，但实际上许多夏季和秋季开花的球根植物非常健壮和高大，完全能与周围的宿根花卉争奇斗艳，并且可提供纷繁多样的花色和花形。

夏初，尝试使用拥有奶油白色羽状花序的克美莲（*Camassia leichtlinii*）、活泼的唐菖蒲、拥有松散蓝紫色成簇花序的疏花美韭（*Triteleia laxa*，同*Brodiaea laxa*），以及拥有醒目的鲜红色高脚杯状花朵的窄尖叶郁金香（*Tulipa sprengeri*）。

仲夏至夏末，使用拥有巨大紫色球状花序的荷兰韭（*Allium hollandicum*）、花朵弯曲呈鲜红色或鲜黄色的雄黄兰属植物、喜阳的百合属植物，稍晚些时候还可以使用拥有细长的粉色、红色或白色尖顶花序的裂柱莲属植物。在较温暖的花园中，凤梨百合属植物的绿白色凤梨状花朵能够为花境带来一抹异域情调。

自然造化　雀斑贝母（*Fritillaria meleagris*）精致的美丽花朵是春季花园中常见的一道景致。这种球根植物在观赏草或花境中会营造很棒的自然感。

在秋天，使用开芳香粉色喇叭状花朵的孤挺花（*Amaryllis belladonna*）、黄花韭兰（*Sternbergia lutea*）或西西里黄韭兰（*S. sicula*）的鲜黄色漏斗状花朵延续花期。

自然式种植的球根植物

当不被干扰时，许多球根植物会很轻松地自然繁殖，形成成片开放的花朵。让它们以这种方式自然生长，能够为花园中的许多区域增添色彩。在色调和形式上，它们的物种比大多数品种都更精致，当它们大片不规则种植时能够产生更加自然的效果。

将球根植物与园景树种在一起

对于深根性、树冠较稀疏且落叶的园景树，球根植物是很好的搭配。选择主要在春天或秋天开花的球根植物，在乔木叶子较少时形成漂亮的地被。在春天，乔木下方的土壤比较湿润，而且有较充足的阳光，这种环境非常适合银莲花、番红花、洋水仙或绵枣儿属植物。耐寒的秋花仙客来拥有斑驳的银色叶片以及轻柔地折叠在一起的花朵，它能够忍耐干旱的夏季并且喜欢半阴。

球根植物的花朵能够有效地与乔木互相映衬。例如，白花球根植物可搭配观赏樱的白色花朵，番红花干净挺括的外形与玉兰花朵的杯状挺拔外形互相呼应，而花朵下垂的球根植物与垂枝形乔木也有相似之处。

对于新种植乔灌木的周围区域，应该使用低矮品种来达到自然的效果，因为生长迅速的宿根植物（如洋水仙）会争夺营养。

林地背景

大片不规则种植的宿根植物能够突出落叶林地以及任何青苔状地被的自然美。许多球根植物都喜欢这样的林地条件，并且和其他林地植物搭配得很好，如蕨类、铁筷子以及报春花。

种植球根植物要追求花期的连续，还要追求形式和高度的变化。同一类颜色的轻微差异会反映出林地的宁静氛围。粉色和紫色的雪花莲属和仙客来物种是一对引人注目的搭配，而呈条带状分布的绵枣儿属和雪百合属植物增添了蓝色的色调。西班牙蓝铃花（*Hyacinthoides x massartiana*，同*H. hispanica*）或者许多葡萄风信子属植物提供成片的蓝色、粉色和白色，与它们相伴的是铃兰（*Convallaria majalis*）小小的白色花朵。它们成形之后能够占据大片区域。蓝铃花（*Hyacinthoides non-scripta*）只能单独种植，因为它们会快速入侵其他植物区域。

在观赏草中种植球根植物

球根植物能够转化观赏草的风貌，无论它们是种植在堤岸上，还是在一块草坪或整片草地，它们会在春天或秋天创造一片鲜艳的地毯，年复一年地扩展。选用的球根植物必须是能够忍受草类根系竞争的健壮物种。许多较大的球根植物在观赏草中效果最好，在草类的掩映下它们花期后的凋萎叶片不会那么显眼。

对于春季后需要割草的观赏草，应该搭配花期较早的球根植物，使它们的叶片在割草之前有足够的时间逐渐枯死。花期较晚的球根植物如掌根兰属植物，可以在草地中与观赏草或野花种在一起，这样的草地在仲夏或夏末之前是不会割草的。秋季开花的宿根植物一般在割草季结束前开始生长和开花，因此在夏末应该保留草类，而不能修剪。也可以将球根植物种植在不规则但有边界的区域，这有利于在它们周围割草。

洋水仙是观赏草的经典搭配，非常多的种类（特别是较健壮的物种和杂种）都可以这样种植。此外，许多番红花属植物也可以在观赏草中长得很好。也可以使用钟状花朵下垂的夏雪片莲（*Leucojum aestivum*）搭配在微风中瑟瑟摇动的雀斑贝母（*Fritillaria meleagris*），得到更加精致的效果。在草类不那么健壮的地方，特别是在半阴区域，某些低矮的球根植物生长得特别好：托马西尼番紫花（*Crocus tommasinianus*）、雪百合、某些洋水仙（如仙客来水仙*Narcissus cyclamineus*）、绵枣儿等植物都能在这样的条件下长得很好。

花园的边缘区域也可用球根植物装饰，可在规则式花园的苗床与周围的乡间草地之间创造和谐的过渡。

球根植物与高山植物

将球根植物用于岩石园、石槽和抬升苗床上能够延长观赏期，因为大部分高山植物在晚春才开花。球根植物直立的株型、花朵以及剑形叶片会和大部分低矮簇生或伸展蔓延的高山植物形成鲜明对比，同时引入形式上的多样性。选择花朵秀丽的低矮球根植物以适应高山植物的特点。避免使用垫状高山植物，它们会耗尽球根植物周围的土壤养分。

岩石园

许多小型球根植物都能在岩石园阳光充足或半阴的环境中生长得很好，特别是那些需要良好排水的物种。当种植在岩穴或者映衬在砂砾苗床背景中时，低矮球根植物看起来非常美观，苗床表层的砂砾还能防止潮湿天气让它们

的精致花朵沾染泥巴。如果在苗床中种植非常小的高山植物，则不要使用较高的球根植物，那样它们与伴生的高山植物会显得比例失调。

石槽中的球根植物

老旧的石槽可以成为一系列低矮球根植物和小型高山植物的良好背景，它们精细之处的魅力可以在石槽中得到近距离的观赏。球根植物喜欢排水良好的砂质土壤。

为保持植物比例协调，应该种植最小的物种以及它们较弱的杂种，生长迅速的球根植物会淹没附近的高山植物。应该种植较小的贝母属（*Fritillaria*）物种，欣赏它们有趣的花朵，如紫棕色和黄色相间的米氏贝母（*F. michailovskyi*）。

樱茅属（*Rhodohypoxis*）植物非常适合种在石槽中，它们可以在整个夏天开出星星点点的粉色、红色或白色花朵。在整个生长季，要保持球根植物的湿润，偶尔施加液态肥。仙客来属中有些物种适合在春天或秋天种在石槽中，它们的花色繁多，从纯白色到最深的粉紫色，可谓应有尽有。

在腐叶土苗床中种植球根植物

填充腐叶土和腐熟园艺堆肥的阴凉抬升苗床能够为低矮的"林地"球根植物提供完美的生长环境，无论它们是单独种植，还是与杜鹃科灌木或高山植物种在一起。猪牙花属拥有粉色、白色或黄色的外形秀丽的反卷花朵，可以

从下方观赏它们；也可以在腐叶土苗床中种植延龄草属植物。

水景园中的球根植物

某些球根植物能在潮湿、排水不畅的条件下生长得很好，是可种植在水边的优良花卉。它们强烈的形式感和醒目的花色能产生美丽的倒影。将它们成簇种植，与平展、开阔的水面形成对比。适合用在池塘边缘的球根植物包括几种：漂亮的根茎类鸢尾以及马蹄莲（*Zantedeschia aethiopica*），后者可以在宽大箭头状叶片的上方开出巨大的白色佛焰苞。雀斑贝母和夏雪片莲（*Leucojum aestivum*）都能在水边草地自然生长，它们喜欢池塘周围的湿润种植地点或者潮湿的苗床。

其他能用于水景园的球根植物包括华丽的紫红色玉蝉花（*Iris ensata*，同*I. kaempferi*）、开白花并带有深粉紫色纹路的'艺妓礼服'鸢尾（*I.* 'Geisha Gown'）以及花序柔软下垂的俯垂漏斗花（*Dierama pendulum*）。不过，这些物种喜欢的土壤不仅要湿润，还必须排水良好。

在容器中种植球根植物

在观赏花盆、窗槛花箱以及其他容器中种植球根植物能够提供多样而壮观的景致，在植物进入开花期时将容器转移到视线之内，可以在整个生长季中延续观赏性（见306页，"焦点的变化"）。对球根植物进行适当选择，可在冬末和春夏将它们同时纳入观赏期。每个容器

林地风采 在四月末和五月初，许多半阴林地区域披上了一层壮观的地毯，组成这片地毯的植物是蓝铃花（*Hyacinthoides non-scripta*），其可以用来在花园的荫蔽区域创造绝美的效果。

种植单一物种或品种，可得到整齐、均匀的效果，然后将容器聚集在一起，得到大片色块。

将盆栽花香球根植物（如风信子或水仙）放置在房屋入口附近，让它们的特质能够被充分欣赏。用于种植春花球根植物的花盆可以在后来种植夏花植物。当球根植物的地上部分凋零后，将它们挖出并移栽在花园中（或者储藏起来），然后在花盆里种上一年生植物或不耐寒的宿根植物。

某些较大的球根植物单独种植在容器中就能起到很好的效果。粉花或白花的较高百合属植物或鲍氏文殊兰（*Crinum x powellii*）特别美丽。百子莲属（*Agapanthus*）的所有物种或杂种都会提供持久的艳丽花朵。亦可将几种不同高度和花色的球根植物种在同一个大型容器如大木桶中，为露台增添一道别样的景致。

窗槛花箱

当在窗槛花箱中种植时，要选择与容器大小相匹配的小型球根植物。它们可以在其他植物下方分层种植，以充分利用有限的空间。球根植物会适时冲破表层种植，创造充满对比的高度和形式。可以用大花三色堇和常春藤搭配球根植物，然后再配以蔓生不耐寒宿根植物和一年生植物，延长窗槛花箱的观赏期。

保护设施中的球根植物

在保护设施中栽培球根植物可以增加许多需要特殊照料的珍稀物种，从而扩大栽培范围。在温带地区或寒带地区，无法露地栽培在花园中的不耐寒球根植物可以种植在保护设施里。在夏天多雨的地方，这是栽培许多球根植物物种最实用的方法，因为它们需要一个干旱的夏季休眠期才能良好生长和开花。球根植物可以种植在花盆、温室苗床或球根植物冷床中。这便于调控当地环境条件，使之能适应多种不同球根植物各自的需要，无论是需要干燥的夏季休眠期，还是需要冬季防湿、防寒或防冻，这种方法都很适用。

盆栽球根植物

在花盆中种植球根植物可以让每种植物都生长在各自最喜欢的条件中，特别是当栽培少量稀有的球根植物时。在需要的时候，花盆很容易从室外转移到冷床或温室的遮蔽中，或者在花朵盛开的时候将它们从温室或保育温室中转移到室外观赏。

在不加温温室中进行盆栽，可以种植许多耐寒性不足以在温带地区露地存活的球根植物物种，其中许多是来自南非或南美的球根植物，它们拥有极其丰富多样的花色，如密集花序呈深粉色、白色和红色的沃森花属植物。为观赏不耐寒的球根植物，如嘉兰属植物和冬季

开花的仙火花属植物，需要一个无霜温室。秋海棠属、美人蕉属和文殊兰属等物种和品种，可以在凉爽温室中越冬，然后在盛花期转移到室外，增添花园夏日景致。

球根植物可以种植在阴凉处。可以对基质进行相应的改造，以种植小型"林地"球根植物，包括粉花或白花且花瓣带有细小斑点的溪畔延龄草（*Trillium rivale*），或者不耐寒的陆生兰花，如花朵繁茂的虾脊兰属（*Calanthe*）物种。拥有高山植物温室的园艺师们可以用盆栽低矮春花球根植物增添一些高度和色彩。高山植物温室适用于栽培珍稀或不耐寒的球根植物，如雪白的坎塔布连水仙（*Narcissus cantabricus*）或亮蓝色的蓝蒂可花（*Tecophilaea cyanocrocus*）。

温室苗床

不耐寒的球根植物可以直接移栽到准备好的温室苗床里而不是种在花盆中，这样能得到更加自然和健壮的效果。球根植物可以和其他夏天开花的植物一起混合种植在苗床中，这时它们已经进入了休眠期。选择那些能够忍受球根植物所需干旱阶段的伴生植物，或者将伴生植物盆栽后齐边埋入苗床，这样为它们浇水时水分不会接触周围的球根植物。

蔓延性的喜热植物（如骨籽菊属或勋章菊属植物）以及许多银叶植物都能以这种方式使

用作切花的球根植物

许多球根植物的花都可以剪下来用于房屋装饰，它们的花形状美观、花茎修长，特别适合用于插花布置。某些种类还具有能弥漫整个房间的强烈香味，而且如果在花朵成熟之前采摘，大多数种类都可以在室内观赏很久。某些球根植物（如洋水仙）的花朵非常繁茂，可

以在花园中直接剪下用作切花，这样也不会使室外观赏的花卉产生空隙。当然，也可以留出一块独立的区域，专门种植用作切花的球根植物。

唐菖蒲是优良切花，也常常这样使用，因为较高的品种在开阔的花境中很难找到协调的

位置。美丽的小苍兰是唯一常栽培于保护设施中用作切花的不耐寒或半耐寒球根植物。它们在冬季开花，拥有漫长的花期，但盆栽植株株型比较瘦长，需要支撑，所以最好用作室内切花，观赏期也很长。

'旭日'裂柱莲

'魔鬼'雄黄兰

'快乐'水仙

'佐罗'大丽花

'埃弗雷特'小苍兰

'宝贝'唐菖蒲

'克罗伯勒'马蹄莲

宝典纳丽花

白纹杂种六出花

'巴特'郁金香

大花葱

'魅力'百合

用，然后在夏末球根植物开始进入生长期时移除或剪短。晚花的花韭属（Brodiaea）、蝴蝶百合属（Calochortus）和美韭属（Triteleia）植物还能进一步延长花期，将它们成簇种植在一起并单独浇水。夏季生长的球根植物不需要间植，如凤梨百合属（Eucomis）植物、某些唐菖蒲属物种以及不耐寒的纳丽花属（Nerine）物种。

球根植物冷床和抬升苗床

"球根植物冷床"一般指的是专门种植球根植物的抬升苗床。到了球根植物的夏季自然休眠期，在抬升苗床上覆盖冷床或荷兰式温室，这些设施在冬天可以使球根植物避免因为淋雨而腐烂。也可以只使用冷床覆盖在齐边埋入沙床中的盆栽球根植物上。这样的冷床可以使用石材镶边，使其变得更加美观。

除高山植物温室外，球根植物温室是种植不耐寒球根植物物种的最好方法，它不像盆栽种植那样会对根系造成束缚，主要由爱好者或收藏家使用。这种方法适合栽培大部分球根植物，除了那些习惯一定程度夏季降雨的种类，如"林地"和高山物种。某些番红花属、水仙属、贝母属和郁金香属物种、朱诺群和网纹群鸢尾，以及更难栽培的花韭属（Brodiaea）和棋盘花属，在温带地区很难成功地作为园艺植物露地栽培。除非用球根植物温室隔绝休眠期的多余水分，否则它们很难存活。

促成球根植物开花

通过促成盆栽球根植物开花，可以让它们在冬天和早春带来色彩和芳香。在将它们带入

光亮之前，将它们保存在凉爽黑暗处数月，让它们在自然花期之前开花。拥有巨大奇异花朵的朱顶红属（Hippeastrum）植物、芳香的风信子属植物以及水仙属植物，如纸白水仙（Narcissus papyraceus，同N.'Paper White'），都很适合催花，并且在出售时已经是催过花的球根植物。它们需要有人工冷处理模拟冬天的环境，以促进自然开花。许多耐寒春花球根植物（如郁金香属植物）都可以催花，但某些物种（如番红花属植物）如果催花速度太快的话，花朵开放很可能会失败。较温和的方法是将球根植物种植在保护设施中的花盆里，在花朵自然开放一或两周前、开始显色时，将它们转移到室内，加快开花速度。

球根植物的种植者指南

暴露区域

耐暴露或适合多风区域的球根植物
银莲花属Anemone
雪百合属Chionodoxa
秋水仙属Colchicum
番红花属Crocus
仙客来属Cyclamen 部分种类 1
贝母属Fritillaria（低矮物种）
雪花莲属Galanthus
花韭属Ipheion
网状鸢尾Iris reticulata（各品种）
葡萄风信子属Muscari 部分种类 1
水仙属Narcissus（低矮物种和品种）
海葱属Ornithogalum 部分种类 1
酢浆草属Oxalis 部分种类 1
绵枣儿属Scilla 部分种类 1
黄花韭兰Sternbergia lutea
美韭属Triteleia
郁金香属Tulipa（低矮物种）

墙壁保护区

喜欢墙壁保护的球根植物
百子莲属Agapanthus 部分种类 1（大部分物种）
六出花属Alstroemeria（白纹类群Ligtu Group除外）
孤挺花Amaryllis belladonna
红射干Anomatheca laxa
射干Belamcanda chinensis
环丝韭属Bloomeria crocea
凤梨百合属Eucomis
波斯贝母Fritillaria persica
唐菖蒲属Gladiolus 1（不耐寒的物种）
阴阳兰Gynandriris sisyrinchium
美花莲属Habranthus 部分种类 1（部分物种）
小鸢尾属Ixia 1
鹿葱Lycoris squamigera
肖鸢尾属Moraea spathulata
宝典纳丽属Nerine bowdenii
小红瓶兰Rhodophiala advena
锥序绵枣儿Scilla peruviana
魔杖花属Sparaxis 1
黄花韭兰Sternbergia lutea 西西里黄韭兰S. sicula
紫瓣花属Tulbaghia 部分种类 1
沃森花属Watsonia 1
葱莲Zephyranthes candida

干燥阴凉区

耐干燥、阴凉的球根植物
林荫银莲花Anemone nemorosa
'云纹'美果芋Arum italicum 'Marmoratum'
早花仙客来Cyclamen coum，地中海仙客来C. hederifolium，波缘仙客来C. repandum
雪花莲Galanthus nivalis
蓝铃花Hyacinthoides non-scripta
倭毛茛Ranunculus ficaria（各品种）

湿润阴凉区

喜湿润、阴凉的球根植物
亚平宁银莲花Anemone apennina，希腊银莲花A. blanda，毛茛状银莲花A. ranunculoides
天南星属Arisaema 部分种类 1（大部分物种）
美果芋Arum italicum
大百合属Cardiocrinum
紫堇属Corydalis（部分物种）
菟葵属Eranthis
猪牙花属Erythronium
黑贝母Fritillaria camschatcensis，川贝母F. cirrhosa
雪花莲属Galanthus
花韭Ipheion uniflorum
夏雪片莲Leucojum aestivum，雪片莲L. vernum
百合属Lilium（部分物种）
仙客来水仙Narcissus cyclamineus，三蕊水仙N. triandrus
豹子花属Nomocharis
假百合属Notholirion
双叶绵枣儿Scilla bifolia
延龄草属Trillium
林生郁金香Tulipa sylvestris

切花植物

百子莲属Agapanthus 部分种类 1
葱属Allium（部分物种）
六出花属Alstroemeria（较高的物种和品种）
孤挺花Amaryllis belladonna
圣布里查德群罂粟秋牡丹Anemone coronaria St Bridgid Group,
德肯群罂粟秋牡丹A. coronaria De Caen Group
克美莲属Camassia
君子兰属Clivia
文殊兰属Crinum 部分种类 1
雄黄兰属Crocosmia
漏斗花属Dierama 部分种类 1
小苍兰属Freesia 1

夏风信子属Galtonia
唐菖蒲属Gladiolus 部分种类 1
荷兰杂种鸢尾Iris Dutch Hybrids，宽叶鸢尾I. latifolia，剑叶鸢尾I. xiphium
小鸢尾属Ixia 1
百合属Lilium
水仙属Narcissus
纳丽花属Nerine 部分种类1
海葱属Ornithogalum 部分种类 1（高物种）
花毛茛Ranunculus asiaticus 1（变型）
魔杖花属Sparaxis 1
郁金香属Tulipa
沃森莲属Watsonia 1
马蹄莲属Zantedeschia 部分种类 1

主景植物

纸花葱Allium cristophii，大花葱A. giganteum
美人蕉属Canna 1
大百合Cardiocrinum giganteum
鲍氏文殊兰Crinum x powellii
冠花贝母Fritillaria imperialis
百合属Lilium（大部分物种和品种）

用于岩石园和高山植物温室的球根植物

肋瓣花属Albuca 1
葱属Allium（矮生物种）
银莲花属Anemone（部分物种）
红射干属Anomatheca
箭芋属Arum，部分种类 1（部分物种）
狒狒草属Babiana 1
罗马风信子属Bellevalia
袖珍南星属Biarum
蓬加蒂属Bongardia chrysogonum
春水仙Bulbocodium vernum
蝴蝶百合属Calochortus
秋水仙属Colchicum（小型物种）
紫堇属Corydalis（部分物种）
番红花属Crocus
仙客来属Cyclamen 部分种类 1
贝母属Fritillaria（大部分物种）
顶冰花属Gagea 部分种类 1
雪花莲属Galanthus
美花莲属Habranthus 部分种类 1
朱顶红属Hippeastrum 部分种类 1（低矮物种）
鸢尾属Iris（低矮物种）
囊果草属Leontice
白棒莲属Leucocoryne 1
雪片莲属Leucojum（部分物种）

长瓣水仙属Merendera
肖鸢尾属Moraea 部分种类 1（部分物种）
葡萄风信子属Muscari 部分种类1（部分物种）
水仙属Narcissus（低矮物种）
海葱属Ornithogalum 部分种类 1（低矮物种）
酢浆草属Oxalis 部分种类 1（部分物种）
全能花属Pancratium 部分种类 1
半夏属Pinellia
蚁播花属Puschkinia
樱茅属Rhodohypoxis
乐母丽属Romulea 部分种类 1
绵枣儿属Scilla 部分种类 1
黄韭兰属Sternbergia
蒂可花属Tecophilaea
郁金香属Tulipa（低矮物种）
葱莲属Zephyranthes 部分种类 1
棋盘花属Zigadenus

注释
1 不耐寒

'索维纳'郁金香

郁金香和水仙

郁金香属和水仙属植物会在春天带来醒目的鲜艳色彩。将它们种在一起，可延长混合花境的花期：某些水仙属植物的花期极早，而许多种类的郁金香能够持续开花至晚春。郁金香非常适合用于花坛或花境，而许多水仙属植物在林地中自然种植的效果极棒。矮生类型可以用于岩石园、高山植物温室或栽培在容器中近距离观赏。

郁金香

这个种类繁多的属可以根据花型分为15个园艺类别，但也常根据花期和园艺用途分类。

春花花境中的郁金香
在这片自然式的春花花境中，郁金香的强壮直立花茎与整齐杯状花朵不但带来了鲜艳的色彩，还提供了高度和结构感。

早花郁金香

单瓣早花郁金香拥有经典的高脚杯形状的花朵，有些种类的花瓣还带有条纹、彩晕或花边。重瓣早花郁金香的花期持久，花朵呈开阔的碗形，常常带有彩斑或彩边。早花郁金香传统上用于切花、规则式花坛，或用于花境镶边，许多种类也可以在室内盆栽。在自然式种植方案中，它们优雅的外形能够与蔓延性或俯卧的植物形成鲜明的对比。

中花郁金香

这个类群包括拥有圆锥形花朵的特瑞安福群（Triumph Group）郁金香以及花色浓郁丰富的达尔文杂种（Darwin hybrids）郁金香，其常常带有光滑柔软的基部花斑以及天鹅绒般丝滑的深色花药。两个类型的郁金香都很强健，对气候的适应性很强。

晚花郁金香

晚花郁金香中有一些色彩最鲜亮、形式最精致的种类，包括优雅的百合花型郁金香、鲜明而奢华的鹦鹉群（Parrot）郁金香、淡绿色的绿花群（Viridifloras）郁金香，还有生机勃勃的条纹状和羽裂状伦勃朗群（Rembrandts）郁金香。芍药花型郁金香适合用于自然式的村舍花园。所有此类郁金香都可以和深绿色或灰绿色地被自然搭配在一起，或者种植在自然式苗床中。

矮生物种和杂种

花型紧凑的考夫曼杂种群（Kaufmanniana hybrids）郁金香会在春天开出鲜艳的花朵并且花期极早，而稍高的福斯特杂种群（Fosteriana）和格里克杂种群（Greigii）郁金香通常开花稍晚。许多种类都拥有非常美观的、带有标记的叶片。矮生物种特别适合种植在容器、抬升苗床或岩石园中。窄尖叶郁金香（Tulipa sprengeri）和林生郁金香（T. sylvestris）都能忍受轻度遮阴，在叶子精细的观赏草中种植效果极佳。

栽培和繁殖

大多数郁金香属植物会在肥沃、排水良好、富含腐殖质的土壤中繁茂生长，它们喜欢充足的阳光和背风处，在理想的条件下，一些强健的品种可以年复一年地生长。不过，最好将许多种类视作一年生花坛植物并在开花后挖出，要么丢弃，要么重新种植直到它们逐渐死

在容器中种植郁金香
百合花型郁金香'西点'（'WestPoint'）在容器中展示着它绚丽的花朵。

郁金香的类型

郁金香的花型非常多，从简单的直立高脚杯状单瓣郁金香到花瓣饰有褶边并扭曲的鹦鹉群郁金香，以及开阔重瓣的芍药花型郁金香。郁金香可有除蓝色之外的大多数花色，从最纯净的白色到最深的紫色，中间还有许多绚烂的黄色、红色和猩红色。许多矮生郁金香还拥有美观的带有标记的叶片。

单瓣郁金香

'泼彩'郁金香
达尔文杂种群

'夜皇后'郁金香
单瓣郁金香, 晚花

'春绿'郁金香
绿花群

重瓣和鹦鹉群郁金香

'桃花'郁金香
重瓣郁金香, 早花

'埃斯特拉·瑞威尔德'郁金香
鹦鹉群

矮生物种和杂种

晚花郁金香
矮生物种

'梦之舟'郁金香
格里克杂种群

'威尔第'郁金香
考夫曼杂种群

'格鲁兹'郁金香
单瓣郁金香, 晚花

水仙

水仙属植物会在春天开出花朵，它们是最容易栽培也最容易收到回报的球根植物之一。它们在园艺上可以根据花型分为13个类群。

盆栽水仙

大多数水仙属植物都可以种植在花盆中，只要被埋到球根自身一倍半的深度即可。水仙（*Tazetta*）品种可开出多达12朵香花，常常种植在观赏草下，或者作为盆栽植物从秋末开到春天。花香浓郁的丁香水仙杂种群也可以用作盆栽植物，用于房屋室内装饰。小型物种如坎塔布连水仙（*N. cantabricus*）和北非水仙（*N. romieuxii*）能在高山植物温室中很早开花，也可以将其转移到室内观赏。

花园中的水仙

洋水仙是用于自然式种植的最可靠球根植物之一，它可以在混合花境中提供早花。在花境或观赏草中种植的洋水仙很少需要挖出。即使是微型物种如仙客来水仙（*N. cyclamineus*）和小水仙（*N.minor*），都会在细草皮上生长得很好。矮生水仙属植物适合用于岩石园和抬升苗床，某些种类如北非水仙（*N. romieuxii*）、'倾诉'水仙（*N.* 'Tête-à-tête'）以及阿斯图里拉水仙（*N. asturiensis*）的花期很早。

延长花期
将郁金香和水仙种植在一起，可提供从早春持续开放到夏天的花朵。

去。郁金香的球根很少会在第二年开花良好，但如果在秋天重新种植，会在两年内长到开花所需的大小。

矮生郁金香一般喜欢开阔的砂质土壤以及充足的阳光。只需在过于拥挤的时候挖出并重新栽植。郁金香可以用吸芽（见244页）繁殖，而物种可以用种子（见245页）繁殖。郁金香容易感染郁金香疫病（见672页）以及其他球根植物常见的疾病（见242页）。

在草丛中种植水仙
在自然式花园或野生花园中，可以将水仙种植在草丛中，为幽暗的角落或乔木下的地面带来迷人的色彩。

栽培和繁殖

洋水仙会在几乎所有类型的土壤中生长，但最喜欢排水良好、湿润的微碱性土壤。它们可以在日光充足或轻度遮蔽的条件下生长得很好。在夏末或初秋种植球根植物，种植深度为12～15厘米。当在观赏草中种植球根植物时，不要剪去老叶片，直到它们开花后至少六周。盆栽球根植物必须种植在凉爽条件下，并保证空气流通。高于7～10℃的气温常常会导致开花失败。种植后将花盆放入冷床中，并在12～16周后转移到凉爽温室中。花芽形成后，可以通过缓慢加温来促进开花，但气温不要超过13℃。

可以用吸芽（见244页）或瓣状鳞片（见248页）繁殖，新的杂种和物种可以用种子（见245页）繁殖。水仙属植物会感染水仙线虫（见664页）和水仙球蝇（见656页）。

水仙的类型

水仙属植物拥有多种形状和样式，从花瓣后掠的微小精致仙客来水仙杂种系列（*Cyclamineus hybrids*）到高大的喇叭状洋水仙以及漂亮的重瓣类型。现代水仙品种包括日冕（corona）类型和领巾（collarette）类型。除了标志性的亮黄色花朵之外，有些品种还有浅黄油色花朵、亮白色花瓣和橙色杯状花盏。

矮生物种和杂种

三蕊水仙
矮生物种

北非水仙
矮生物种

'嘉姆布雷'水仙
仙客来水仙杂种

'康沃尔之光'水仙
水仙

单瓣水仙

'热情'水仙
大杯型水仙

'好运'水仙
大杯型水仙

'琥珀门'水仙
大杯型水仙

重瓣水仙

'爱琳·科普兰德'水仙
重瓣类水仙

'塔希提'水仙
重瓣类水仙

土壤的准备和种植

许多球根植物在开花后会进入漫长的休眠期，在一年中的许多时候都不需要什么照料。不过，要想在种植球根植物时取得长期的成功，重要的是选择好的球根、准备土壤和正确种植。

购买球根

市面上出售的球根在质量和大小上都有很大的差别，所以在购买任何球根之前都应该仔细检查。不同类型的球根在一年当中的出售时间也有所不同，要在它们最新鲜的时候购买。选择适合种植场所的球根植物：大多数种类喜阳，某些种类喜阴，还有一些可以种植在草丛中。

保护

对野生球根植物的保护有着极高的重要性，它们的进口也有严格的法规管控。无论在什么情况下，都要确保苗圃和园艺中心出售的球根都来自栽培球根植物，而不是野外采集的球根植物。

干燥球根

大多数球根植物都在休眠期的干燥状态下出售。在它们进入生长期之前尽早购买，大多数水仙属植物一般在夏末开始长出根系，而很多其他春花球根植物会在早秋之前开始生长。对于秋花番红花类以

及秋水仙属（Colchicum）物种和杂种，提前种植特别有好处。专业苗圃会在仲夏出售它们。

所有的秋花球根植物都最好在夏末购买和种植。如果保持干燥的时间太长，球根容易退化：它们的生长期会变短并且需要一段时间来恢复良好的开花状态，所以应该在球根上市后尽快购买和种植。某些生长期在夏季的干燥球根，如夏风信子属植物（Galtonia）、唐菖蒲和虎皮花属植物（Tigridia）在春天就可以购买。

如何挑选鳞茎

好样品

郁金香

风信子

洋水仙（单箭鳞茎）

洋水仙（双箭鳞茎）

坏样品

破裂的被膜
病害迹象
染病组织
受损外层鳞片
无被膜
球根组织退化
柔软的箭
吸芽太小，不能开花

雪花莲属植物的球根最好在开花过后但叶片尚未枯死或者叶片刚刚枯死时购买，因为它们的干燥球根常常生长得很不好（见对页，"绿色球根植物"）。

在购买球根植物时，确保它们健康结实，拥有强壮的生长点，没有柔软或染病的部位，也没有被害虫损伤的迹象。比本类型平均大小小得多的球根以及吸芽在第一年不会开花。

朱诺群鸢尾在球根下拥有永久性储藏根。如果这些根系是断裂的，则不要购买，它们不会良好生长。郁金香属植物的球根应该拥有完好无损的被膜。如果被膜受损，它们很容易感染疾病。

湿润球根

虽然大多数球根都可以干燥储藏，但有些最好储存在轻微湿润的树皮、草炭替代物或类似材料中。这种方法特别适合某些喜阴球根物种，如一般生长在潮湿林地中的猪牙花属植物（Erythronium）、林荫银莲花（Anemone nemorosa）和延龄草属植物（Trillium）。

在购买仙客来块茎的时候，要寻找那些拥有健壮根系并储藏在湿润树皮中或者种植在花盆中长出根系的种类。虽然比较贵，但与干燥块茎相比，拥有健康根系的仙客来能更良好地生长，是最佳的购买选择。

盆栽球根植物

盆栽球根植物处于活跃的生长期，常常带花出售于苗圃和园艺中心。这类球根植物在休眠期一般不会出售而是上盆种植。它们的生长状况很好，可以立刻移栽种植，不会对根系造成扰动。也可以将其保留在花盆中直到开花，并在地上部分枯死后将干燥球根种下。不过，它们比干燥球根更贵。

不同土壤类型的影响

球根植物生长在遍布全球的一系列土壤类型、生境和气候区中。它们的自然生长条件昭示着它们的栽培需求。大多数耐寒球根植物来自地中海气候区，在温暖且阳光充足的地方生活得很好，喜欢能在春天迅速回暖的排水良好土壤，并在夏天变干燥。某些种类能够忍受生长期一直湿润的黏重土壤，只要在夏天将它们烘干即可。如果土壤适度肥沃并且富含腐殖质，许多球根植物都可以通过种子或者营养繁殖的方法一年年地稳定增殖。大多数种类喜欢中性或者微碱性土壤。

良好的排水是至关重要的，因为如果在休眠期时土壤潮湿不透气的话，大多数球根植物都很容易腐烂。少数种类会在野外的河边或沼泽地生境自然生长，那些在湿润（甚至是永久性潮湿）土壤中繁茂生长的球根不会干燥，即使是在夏天。

选择球茎、块茎以及其他球根植物

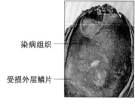

毛茛状银莲花

结实、丰满的块茎

俄勒冈猪牙花

良好的根系

地中海仙客来

奥氏鸢尾（朱诺群）

多花延胡索

完好无损的肉质储藏根

湿润的草炭替代物或草炭包装

结实、丰满的块茎

球茎上醒目的生长点

露地种植深度

种球类型	种植深度（从种球顶端算起）
葱属 *Allium*	5~15厘米
孤挺花属 *Amaryllis*	生长尖端与地面平齐
文殊兰属 *Crinum*	根颈在土壤上端
番红花（春花型）	10~15厘米
番红花（秋花型）	8厘米
仙客来 *Cyclamen*	5~8厘米
贝母属 *Fritillaria*	8~30厘米
雪花莲属 *Galanthus*	2.5~5厘米
夏风信子属 *Galtonia*	15厘米
唐菖蒲属 *Gladiolus*	10~15厘米
风信子属 *Hyacinthus*	10厘米
蓝铃花属 *Hyacinthoides*	8厘米
网状鸢尾 *Iris reticulata*	10~15厘米
百合属 *Lilium*	12~18厘米
葡萄风信子属 *Muscari*	5厘米
水仙属 *Narcissus*	10~15厘米
纳丽花属 *Nerine*	将球根的箭露出地面
郁金香属 *Tulipa*	8~15厘米

疏松土壤

砂质或疏松土壤在春天会迅速回暖，并且能提供大多数球根植物需要的良好排水条件，但它们常常缺乏繁殖质和营养元素。在种植之前，将大量腐熟园艺堆肥或者粪肥混入土壤中，并且在早春按照生产商的推荐量在表层土中施加均衡肥料。要将粪肥混入球根植物的种植深度之下，避免造成病害或化学损伤。如果使用新鲜的粪肥，应该在种植前至少三个月混入土壤中。如果需要更加肥沃的砂质土和壤土可以增添额外有机质，但第一年不必添加表层肥料。在岩石园中，将粗砂按照三分之一的比例混入表层30厘米的土壤中，以提高低矮球根植物需要的良好排水性。

黏重土壤

对于黏重土壤，常常需要做大量工作来改善它们的排水性。在排水性很差的土壤中，必须先安装排水系统才能成功地种植球根植物。将粗砂或砂砾按照每平方米至少1.5~2桶的量混入整个种植区域，可以极大地改善排水性。加入大量腐熟有机质可以改良土壤结构，从而改善排水性。（更多信息，见620页，"土壤结构和水分含量"。）

阴凉区域

喜阴球根植物大多数可以自然生长在林地生境中，只要对土壤进行合适的准备，它们能在任何阴凉区域生长得很好。种植前在土壤中混入大量腐叶土或者其他有机质，如腐熟的粪肥或园艺堆肥。喜酸的林地球根植物在草炭花园中长得很好，其中的土壤至少有一半成分是腐叶土、草炭替代物或草炭。

种植时间

干燥球根应该在购买后尽快种植。如果球根已经储藏起来准备越冬（见241页，"挖出、干燥和储藏"），则在它们开始生长前、休眠期即将结束时种植。购买盆栽球根植物之后，可以在整个生长季内的任何时候种植；也可以将它们保留在花盆中直到枯萎，然后按照干燥球根处理。将夏花球根植物（包括夏末开花的种类）种植在保护设施中，绿色球根植物在早春至仲春种植。

露地种植

一般用铁锹挖一个大种植穴，将数个球根种在其中。也可以单独种植。不要为种植区域划定轮廓，也不要按照固定间距种植，否则看起来会很不自然，如果一或两棵球根植物没能成活，还会留下难看的空隙。

在岩石园中，种植球根植物前应移除所有表层基质，然后在种植后更换之。

种植深度和间距

种植球根时其上部的土壤厚度应该是其本身厚度的两至三倍（在疏松土壤中比黏重土壤中深），种植间距为两至三个球根宽。将土壤

露地种植球根

1 在准备好的土壤中挖一个大种植穴并种下球根（这里是郁金香），生长点朝上，种植深度和间距至少为它们本身的两倍。

2 为得到自然效果，随机分配种植位置。就位之后，用手轻轻地将土壤掩盖在它们上面，避免移位和造成损伤。

3 用耙子背面将种植区域的土壤夯实。不要踩在土壤表面上，以免损伤球根的生长点。

逐个种植球根

以正确的深度逐个种植球根。用小泥铲掩盖土壤并轻轻地压实。

挖到合适的深度，用叉子将骨粉混入种植穴底部，插入球根。

有时候难以确定球根的"顶端"，特别是不生根的仙客来块茎。与下半部分相比，上半部分的表面更加平整，有时会有凹陷。紫堇属（*Corydalis*）植物的块茎几乎是球状的，但顶端常常有枝条生长的痕迹。如果不能确定顶端，可以将球根侧着种植。

回填土壤，将土块打散。轻轻地紧实土壤，避免球根周围形成气穴。

绿色球根植物

有时需要将球根植物从别的花园移植过来，或者因为空间有限每年都要将球根植物挖出来（见右）为其他植物腾出种植空间。在种植以绿色球根出售的雪花莲属植物时，必须根据绿色球根的状态进行种植。

在花朵凋谢后，叶片和根系还会保持一定时间的活跃，当它们还是绿色的时候移栽会造成营养流失。因此，建议推迟移栽时间，直到叶片尖端开始变黄再进行。

用小泥铲或小锄子挖出随机分布的种植穴，种植穴要足够宽，让根系充分伸展。逐个种植，深度与之前一样。地上部分的绿色叶片和位于地下的黄绿色叶基可以指示种植深度。种植后浇透水。

雪花莲属植物的球根不能干燥。如果不能立即种植，应先将球根放入轻微湿润的含壤土基质中并保持凉爽直到需要的时候。

挖出球根植物

这些球根植物（为方便种植在格子花盆中）在叶尖变黄时被挖出移植到花园中别的地方。

盆栽球根植物

作为盆栽植物购买的球根植物可以在地上部分枯死后作为干燥球根种植。在种植时，挖出足以容纳整个花盆的种植穴，使得里面的球根在种植时不会被扰动。

如果球根植物被花盆束缚得太厉害，应该在种植前轻柔地梳理基部的根系，促进它们将根系扎入土壤。如果它们生长在含草炭的基质中，应该在冬天将球根保存在保护设施里，因为草炭会像海绵那样吸水，而休眠的种球在过湿的基质中很容易腐烂。

种植生根块茎和球茎

许多林地球根物种如仙客来等最好在生根时种植，而不是种植干燥球根，这样种植恢复得更快。在这种状态下种植的话，第一个生长季更容易开花。干燥球茎和块茎在这方面很不可靠。在生根状态下种植还免去了区分块茎或球茎顶端与底端的问题。在种植之前将大量腐叶土或腐熟有机质混入土壤中，创造林地球根植物所需的湿润、富含腐殖质的生长条件，否则球根植物不会生长得很好。

种植深度和间距

按照种植干燥球根的方法计算球茎和块茎的种植深度和间距（见235页，"露地种植"），但要为根系留出额外的空间。

仙客来属植物在野外生长时块茎距离土壤表面很近，所以不要将块茎种得过深，否则它们可能无法开花。确保块茎的顶端与地面平齐。它们的种植间距可以比其他球根更近，但也至少要与它们本身的宽度一样大。

种植

将球茎或块茎逐个或集体种植。种植穴必须足够深和足够宽，以容纳根系。将根系伸展在种植穴中，这有助于植物更快地恢复。在种植穴中回填土壤，并压实土壤，去除所有气穴。

仙客来块茎的顶端可以稍稍露出地面，或者用松散的护根薄薄地覆盖。可以使用腐叶土，如果在苗床上已经施加了表层肥料，则可用粗砂砾。

草坪中的自然种植

当在草坪中自然种植时，首先将草尽可能地割短。随机确定种植位置，以得到更自然的效果。用手将球根撒在选定区域，并将它们种在落下来的地方，确保它们之间的距离至少有一个球根的宽度。用小泥铲或球根种植器挖出种植穴，后者是一种有用的工具，可以整齐地切下深达10～15厘米的整块草皮和土壤，最适合种植尺寸较大的球根。

确保所有的种植穴都有合适的深度，将球根生长点的一面朝上插入种植穴，然后重新将草皮铺上。

在草坪中种植大量小型球根

种植大量非常小的球根如番红花等是一项更容易且不那么耗费时间的工作，可以挖起一部分草皮，然后在草皮下方的土壤中种植一大批球根，而不是逐个种植。将草皮下方的土壤弄松，因为这样的土壤可能会变得十分紧实；用叉子混入少量均衡肥料或骨粉。将球根随机分布，间距至少为它们自身的宽度。将草皮重新铺在球根上，用手弄实或者用耙子的背面轻轻地夯实。也可以用宽齿园艺叉或铁锹在草皮戳洞，然后在土地中前后晃动工具，轻轻扩大洞的大小，使它们能够轻松地容纳球根。工具上的齿插入土地的深度应该为球根厚度的三倍，例如番红花属植物球根的深度为7厘米。在整个种植区域随机重复这一过程，得到自然分布的种植穴。在土壤中混入少量骨粉并在每个种植穴中加入一些，再逐个种植球根，然后用更多准备好的土壤覆盖整个种植区域。

球根的自然种植

1 使用半月形轧边机（或铁锹）在草皮上切割出一个H形。切割时将半月形的刃全部插入土地中，保证它穿透下面的土壤。

2 将两块草皮掀起来，露出下面的裸土。注意不要将草皮撕裂。

3 使用手叉将下方至少7厘米深的土壤弄松，以每平方米15克的量混入骨粉。

种植大球根

1 清洁球根（这里是洋水仙），除去所有松动的外层包被和老旧的根系。将它们随机散布在种植区域，保证彼此间距至少为本身的宽度。

4 将球根轻轻地摁在土壤中，注意不要损伤它们的生长点。随机分布球根，但间距至少应为2.5厘米。

5 用手叉将草皮下方的土壤弄松，让球根植物能够轻松穿过草皮生长出来。

6 将草皮铺回原位，注意不要挪动球根的位置或损伤草皮。向下压实草皮，特别是周围的接缝。

2 用球根种植器挖出深10～15厘米的草皮。在每个洞中放入少量土壤和肥料，再放入一个生长点朝上的球根。用草皮覆盖。

保护设施中的球根植物栽培基质

在球根植物冷床和温室苗床中使用的优质混合基质要含有充分的腐殖质，并且还要具有优良的排水性。可以用下述方法来准备：将两份草炭替代物或草炭、三份粗砂砾以及四份壤土混合在一起，然后以每5升25克的量施入基础肥料，再以每升25克的量添加园艺石灰（厌钙植物除外）。

制备充足的基质，为种植球根植物做好准备，基质深度至少应为30厘米，下面还要铺设一层5厘米厚的腐熟园艺堆肥。

类似的基质适用于大多数球根植物，无论是种在花盆中还是其他容器里。如果使用专利生产的盆栽基质，则混入至少三分之一的砂砾或粗砂，因为这些基质的排水性通常不能满足球根植物的需要。

种植在花盆或容器中的林地球根植物需要排水良好且额外添加富含养分的有机物质的基质，如三份腐叶土、两份壤土和两份砂砾组成的混合基质。

在花盆和保护设施中种植

在保护设施中的花盆里种植大多数球根植物都很容易，因为生长条件可以得到精确控制，可

在保护设施中盆栽球根植物

在保护设施的苗床中栽培的球根植物通常种在侧壁呈网格状的花盆中，这样不会对它们的根系造成束缚。将球根种在花盆里，做好标记，然后将花盆齐边埋入球根植物苗床中，苗床使用的基质与盆栽基质相同。可以将花盆从苗床挖出，但不要对旁边的球根植物造成干扰。另外的选择是，用岩板插入苗床分区，并在不同区块内种植不同的球根植物，但这不太方便。

延长观赏期的球根植物种植

番红花

郁金香

为延长观赏期，选择两种或者更多花期不同的球根植物，并将它们种在同一个容器中。将早花和晚花球根植物分层种植，每种植物的种植深度都大约为自身厚度的两倍。随机布置球根的位置，不要成排种植，以得到自然的效果。

满足植物的特定需要。不同类型的球根植物可以使用各自适合的基质，而且植物也能得到相应的季节性照料。

当在苗床温室或球根冷床中直接栽培球根植物时也可以进行相似的控制。保护设施中的球根植物种植方法和露地种植一样（见235页，"露地种植"）。

选择陶制或塑料花盆

球根植物可以种植在陶制花盆或塑料花盆中。陶制花盆不是很容易买得到，但它们更适合无法忍受多余水分的球根植物，因为与塑料花盆相比，浇水后陶制花盆中的基质干得更快。塑料花盆如今使用得很广泛，只要填充排水通畅的基质，也非常好用，浇水频率应该比陶制花盆更低一些。对于需要湿润条件的植物如林地球根植物，塑料花盆则更适合。

如果使用陶制花盆，在排水孔上放置一块或数块破瓦片。如果基质排水性足够好，不必在塑料花盆中放置破瓦片。在排水孔上放置一块带孔锌片，能够防止蠕虫进入花盆。

在花盆中种植球根植物

盆栽球根植物的种植深度应该和露地栽培的球根植物一样（见235页，"种植深度和间距"）。这对于较大的球根可能不太现实，至少要保证每个球根下面有2.5厘米厚的湿润基质。对于达到开花尺寸的球根植物，种植间距应该为球根本身的宽度。如果将大型球根和

较小的吸芽混合种植，应该拉大开花尺寸球根的间距，然后将小吸芽散布在它们之间。

用一些湿润基质覆盖球根，在花盆边缘留出足够的空间用于表层覆盖和施肥，然后紧实土壤。在花盆表面覆盖厚厚的一层园艺砂砾，有助于保持水分，并且能改善花盆的外观。用标签记下植物名称、种植日期和来源。轻轻为花盆浇水，以促进根系生长。然后保持花盆的湿润，但不能过于潮湿，以免损伤枝叶和花朵。

将花盆齐边埋入

种植后，将花盆保留在冷床或凉爽温室中。与花园露地栽培的球根植物相比，花盆中的球根植物更容易被冻伤。在严寒的冬天，不加温温室中的花盆土壤很可能会冻结。可以将花盆齐边埋入粗砂或砂砾组成的苗床中加以

齐边埋入苗床中的球根植物

将带有标签的花盆齐边埋入沙床或冷床中。定期检查花盆，确保基质不会干透。

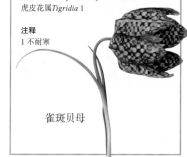

雀斑贝母

保护。或者在非常冷的时候提供一些最基本的加温措施。对于迅速干燥的陶制花盆中的球根植物，在夏天齐边埋入花盆是很重要的；建议也对塑料花盆采取同样的措施，以防止过热。

在装饰性容器中种植

球根植物可以种植在木桶、石槽、露台花盆或其他在底部设有足够排水孔的装饰性容器中。在容器基部铺设一层至少厚3厘米的碎瓦片或其他排水材料。用砖块或其他支撑物将它们从地面上抬起，这样能防止多余的水在底部聚集；如果容器是陶瓷材质的，这样还能防止容器被冻裂。

为满足不同类型球根植物的需要，应使用不同的基质（从富含壤土和腐叶土的基质到砂砾含量很高的基质）。基质必须拥有良好的排水性，以免过涝，使球根腐烂。在基质中的种植深度和间距与在标准花盆中一致。不要将球根在基质中压得太紧，否则会阻碍根系的生长。

可催花的球根植物

某些球根植物可以种在种植钵里并放置在黑暗中，促使它们提前开花。对于大多数室内观赏的球根植物，最好的催花方法是使用与种植盆栽球根植物（见238页）同样的方法将其种植在装饰性种植钵中，然后在即将要开花时将它们转移到室内。盆栽球根植物最好放置在凉爽的房间，气温只应该比它们生长的温室或冷床稍高。在较热的生长条件下，花茎会长得非常快，看起来会有些失调，而且花期也会变短。当花朵凋谢之后，立即将球根植物转移回温室或球根植物冷床中。

风信子

所有可催花的球根植物中最受欢迎的种类是芳香的风信子。可以购买已经准备好的球根，给予其适当的处理，它们就可以在仲冬开花。

在早春购买准备好的风信子球根，并将它们种植在填充了事

如何在花盆中种植球根

生长点朝上

1 球根（这里是洋水仙）的种植深度为本身厚度的两倍，间距为本身宽度。

2 用基质覆盖球根，基质表面距离花盆边沿1厘米。表面用砂砾覆盖，插标签。

先充分湿润的球根纤维的种植钵中。将球根紧密地种在一起，让它们几乎互相接触并且生长点刚刚伸出基质表面。将新种植的球根植物放在凉爽黑暗的地方，凉爽房间内的封闭橱柜是一个很好的选择。这会促使花茎在叶片之前长出，并让根系充分发育。

将种植钵放置在黑暗中大约8周，或者等到新枝长到4～5厘米高，黄绿色叶片顶端长出的花蕾开始显色。

当球根植物长到这个阶段后，将它们转移到白昼环境，但不要将其放在明亮的阳光中。不要提前转移，不然叶片会长得非常快并使花色模糊。一旦暴露在光线

水培法种植风信子

风信子的球根可以在水中催花。将球根放在特殊设计的玻璃容器中，并放置在远离阳光直射的凉爽房间，使水平面正好达到球根基部下端。球根会迅速长出根系并伸入水中。

等到花蕾开始显色时，将生根的风信子球根转移到温暖明亮的房间。花梗会发育并产生花朵。花期过后，将开过花的球根丢弃，因为它在第二年不会很好地开花。

在玻璃容器中加水至"颈"部，然后将球根放在上端，正好坐落在水面上。放置于凉爽处。随着根系生长继续加水。

下，随着植株生长并开始开花，叶片会恢复它们的自然绿色。

水仙

许多洋水仙，如'纸白'水仙（*Narcissus* 'Paper White'），可以像风信子一样种植在球根纤维中。不过它们需要光照，应该在枝叶刚刚长出基质后就立刻放置到阳光充足的窗台上。如果光照不足的话，水仙会徒长变得过高，可能需要立桩支撑。

朱顶红

花朵硕大的杂种朱顶红是非常受欢迎的室内观赏花卉。园艺中心和商店常常供应带适合球根

基质的全株，可以将其直接种在花盆中并放在温暖明亮的房间内生长，直到花期结束。如果种植在温室内并且只在花期转移到房屋中，杂种朱顶红可以更容易地一年年保存。

陶制花盆的准备

在陶制花盆中种植球根之前，将一块或数块碎瓦片放置在基部的排水孔上，然后再添加基质。

对盆栽风信子进行催花

1 在容器底部放置一些湿润的球根植物纤维。放置好球根并填充更多纤维，将球根顶部露出表面。将它们放到凉爽、黑暗的地方。

2 当花序出现在浅色叶片中时，将容器转移到明亮的非直射光照环境中。

百合

百合（Lilium）是最优雅的夏花植物之一——它们修长的茎秆上能够开出花色多样、形状奇异的花朵。可供选择的种类非常多——百合属有80多个物种以及成千上万个品种，各品种能很容易适应不同的条件，因此也很容易种植。

百合的分类

基于来源、亲本和花朵，百合可以分成9个类群。

第1类 亚洲物种如垂花百合（L. cernuum）和川百合（L. davidii）的杂种。

第2类 欧洲百合（L. martagon）和竹叶百合（L. hansonii）的杂种。

第3类 白花百合（L. candidum）和卡尔西登百合（L. chalcedonicum）的杂种。

第4类 美洲百合物种如柠檬百合（L. parryi）的杂种。

第5类 麝香百合（L. longiflorum）和台湾百合（L. formosanum）的杂种。

第6类 奥列莲杂交种系（Aurelian hybrids）：喇叭形百合杂交种系（Trumpet lilies）与亨利氏百合（L. henryi）的杂交后代。

第7类 东方杂种百合（Oriental hybrids）：来自远东物种。

第8类 所有其他杂种。

第9类 所有物种及其品种。

在哪里种植百合

百合需要种在排水良好的位置，是很棒的林地植物和月季的良好伴生植物。它们通常不能适应草本花境的生存竞争，但可以种植在花盆中并在开花时放置在需要的地方。第5类百合不完全耐寒，但在凉爽温室和保育温室中是很好的盆栽植物。

种植和养护

要购买新鲜的球根并立即种植。不要购买任何皱缩的球根。大多数百合在各种类型广泛的土壤中都能生长得很好，但如果种植在花盆中，则需要施加缓释肥。第3类百合喜欢碱性土和全日照。第7类百合杂种必须种在不含石灰的土壤中，或者种在填充杜鹃花专用基质的容器中。第4类百合杂种最适合种在潮湿的林地条件下。秋天，在准备充分、排水良好的土壤中以球根本身厚度的2.5倍深度种植。白花百合（L. candidum）球根以上只需要2.5厘米厚的土壤，并且应该在夏末种植。百合的日常养护与大多数球根植物（见240~242页）相似。为植株立桩支撑，以免花梗折断。

繁殖

百合可以用茎生珠芽、小鳞茎、种子繁殖；对于豹斑百合（L. pardalinum）和第5类百合，还可以用简单分株的方式繁殖。一定要用健康的母株繁殖。

百合花

欧洲百合
Lilium martagon
（长寿，可置于阴凉区域）

东方杂种百合
L. Oriental Hybrids
（非常香，喜酸性土壤）

'亮星'百合
L. 'Bright Star'
（奥列莲杂交种系，喜欢石灰质土壤）

'康涅狄格王'百合
L. 'Connecticut King'
（古老的第1类百合杂种，如今有粉色、红色和白色）

岷江百合
L. regale
（芳香的喇叭形品种，种植容易）

贝林汉姆群
L. Bellingham Group
（健壮杂种，花瓣反卷）

珠芽和小鳞茎

卷丹（L. lancifolium，同L. tigrinum）和珠芽百合（L. bulbiferum）等物种及其杂种会在叶腋长出茎生珠芽，旧花梗基部还会长出小鳞茎。将这些珠芽和小鳞茎摘下来并上盆种植，可继续生长。在接下来的秋天，将它们移栽到一起，或者单独上盆。

种子

播种能够产生健壮的无病毒球根（见246页，"用种子繁殖百合"），但繁殖速度慢，第5类百合很容易用这种方式繁殖（详细信息，参见244~247页）。

病虫害

百合特别容易感染几种由蚜虫传染的病毒。卷丹和它的部分杂种是载体但不会出现症状，要让它们远离其他种类的百合，最大限度地减少传染的可能性。在潮湿无风的条件下，灰霉病会造成问题，排水不良的条件会促进基腐病的发生。新疆百合负泥虫（见667页）会摧毁叶子和花。

用茎生珠芽繁殖

1 在整个夏末，当珠芽松动成熟的时候，将它们从百合茎秆的叶腋处小心地采下来。

2 将珠芽插入装满湿润的含壤土盆栽基质的花盆中，轻轻地按压入基质表面。用砂砾覆盖并用标签做记号（见插图）。将它们放入冷床中，直到长出新球根。

用小鳞茎繁殖

1 开花后，将球根和死亡的茎秆挖出，摘下小鳞茎，并重新种植主鳞茎。或者将鳞茎留在土地中，将鳞茎上方的茎秆剪下，摘下小鳞茎。

2 将小鳞茎种植在填充湿润、含壤土盆栽基质的直径为13厘米的花盆中，种植深度应该是它们厚度的两倍。覆盖一层砂砾并插入标签，然后放入冷床之中直到春天来临。

日常养护

如果提供正确的生长环境，球根植物并不需要大量的养护。如果它们开花不良，最可能的原因是过于拥挤，可以通过分株或移栽到新地点来补救。关于需要控制病虫害的问题，见652页和654~673页。

草地中的球根植物

与花园中其他地方的球根植物相比，在草地中自然种植的球根植物不需要那么多照料，但正确的割草时间非常重要。定期摘除枯花并偶尔施肥有助于球根植物保持健康。

施肥

不要经常为草地中的球根植物施肥，特别是氮肥，因为这样会以牺牲球根的生长为代价增强草类的生长。如果需要施肥的话（例如不能大量开花的洋水仙），要使用富钾肥促进开花。

摘除枯花

定期摘除枯萎的花朵能够延长花期并增强球根植物的活力，避免它们将能量耗费在结实上。花期过后，从花头下方的花梗处将其摘掉。如果随后需要采收果实或种子，可留下部分以待成熟，在采收种子后将茎秆剪至地面。

何时割草

如果种植早花球根如洋水仙等，要在它们开花后至少六周或者叶子变黄后再割草。如果种植自播繁殖的球根植物，在果实开裂散播种子之前不要割草——通常是叶子凋萎三周后。

秋花球根植物如秋水仙（Colchicum）会在割草季结束之前进入生长期。当第一对叶子或者花芽出现后，应将铁锹立起来割草以免伤到它们。当花芽太高不能躲避割草机时，应停止割草。

对种有球根花卉如耐寒兰花的野花草地，将割草时间推迟到所有的叶子凋萎后的仲夏至夏末。

花境和林地中的球根植物

对于草本、混合花境或者林地中的球根植物，它们需要的维护程度取决于它们是永久性的种植还是临时性的"填充植物"。永久性种植只需要很少的维护，直到球根变得过于拥挤，这时应该将它们挖出并分株（见241页）。

如果土地准备充分的话，第一年不需要额外施肥，但一个生长季内施加一或两次低氮高钾肥料可以促进开花而不是枝叶生长（见624页，"肥料的类型"）。

球根植物在生长期需要足够的水分，特别是在林地中，如果干

旱的话需要浇水。以对待草地球根植物同样的方式定期摘除枯花。

临时性种植的球根植物和永久性种植的球根植物第一年的养护措施相同。在生长期即将结束时将球根挖出储藏（见241页）。

去除枯叶

花境中的球根植物开过花后，要在去除叶子之前让它们彻底枯死。不要在叶片仍然是绿色的时候"整理"它们并将叶片绑在一起，这会降低光合作用在球根

立桩

某些枝干柔弱且比较高的球根植物需要立桩支撑。当这些植物长到足以绑结的高度时，立即为这些植物立桩并进行绑扎，当这些植物接近完全高度并即将开花时再次绑扎。在球根植物丛植的地方，将竹竿插在球根植物茎秆的内侧，使竹竿被生长的植物遮掩起来。立桩时将竹竿插到远离茎秆基部的地方，以免伤害球根。

1 当高的单棵植株如唐菖蒲长到15厘米高的时候，用竹竿为其提供支撑。用麻绳或酒椰纤维将茎秆绑扎在竹竿上。

2 当花蕾形成时，将花蕾下方的茎秆绑扎在竹竿上，防止花蕾开放时花枝折断。

为丛植球根植物立桩

对于百合等丛生植物，将一或数根竹竿插在株丛中间。用八字结将竹竿周围的茎秆绑扎在每根竹竿上，确保茎秆不会和竹竿摩擦。

摘除枯花

摘除枯花
除非要使用种子繁殖，否则用修枝剪将花境中所有球根植物（这里是葱属植物）的死亡花枝剪至地平面。

何时采收种子

如果需要种子的话，在果皮（这里是贝母属植物）变成棕色并开始裂开时再摘除枯花。成熟的种子可以用来播种或储藏。

中储藏第二年生长所需能量的能力，导致球根丧失活力，还可能让它们永久性枯死。

过于拥挤的球根植物

成熟球根植物的开花量比之前减少的原因可能是过于拥挤。这可能不太容易观察到，除非球根在土壤表面可见，如纳丽花属那样。

在根系开始生长之前的休眠期将拥挤的丛生球根植物挖出。将它们分离成单个的球根并以不规则的丛状重新种植。种植深度应该为本身厚度的二至三倍，种植间距为二至三个球根的宽度。将小型吸芽或小鳞茎种在球根之间，或者冷床或花园的花盆里或"育苗床"中（见245页，"幼苗养护"）。

如果挖出之后发现球根并不过于拥挤，而是开始变质或失去活力，则应检查有无病虫害迹象（见242页）。如果仍然找不到确切原因，则将它们重新种植在排水良好、光照和养分充足的新地点。也可以将球根种植在冷床或温室的花盆中，直到它们恢复。

挖出、干燥和储藏

对于临时种植在花坛或花境中的球根植物，应该让它们留在原地直到叶片开始变黄。然后将它们挖出并清理后摆在种植盘中干燥，再储藏于纸袋（不能用塑料袋）中并转移到干燥处直到下一个种植季到来。如果有任何真菌疾病的迹象，则将所有被感染的种球丢弃。或者在花期刚刚结束时将它们带枝叶全部挖出，并转移到花园中的其他地方，让它们的地上部分自然枯死。

抬升苗床或岩石园中的矮生球根植物

花境球根植物的日常养护原则对于抬升苗床或岩石园中的矮生物种同样适用。许多珍稀球根植物的繁殖速度很慢，生长数年也不会变得过于拥挤。在生长期要保持相当程度的湿润，在干旱时更应如此，并施加低氮高钾肥料。如果需要种子的话，在果实成熟后采收，并清理掉死亡的叶子，以维持苗床的整洁，降低疾病发生的概率。

户外盆栽球根植物

盆栽球根植物在生长期不能干燥，并且应该施加钾肥以促进开花。等到春花球根植物的叶片自然凋萎时，将它们挖出并清洁后储藏在凉爽干燥的地方度过夏天。早秋，将球根重新栽植在装满新鲜基质的容器中，第二年春天会开花。如果在叶片凋萎之前需要使用容器，可以将还是绿色的球根植物转移到空余的苗床中，并让它们自然凋萎后再按照正常流程挖出、清洁和储藏。

春花物种如番红花、水仙和风信子可以直接移栽到花园中。将夏花球根植物储藏在凉爽干燥的地方越冬并在春天重新种植。

某些球根植物如百合属植物，如果在开花后完全干燥，那么之后会生长不良。将它们的花盆齐边埋入阴凉处或冷床中以保持湿润。在每年春天为百合重新上盆。

遮盖冷床和抬升苗床中的球根植物

在冷床或保护设施中种植的球根植物在种植后需要的养护和那些花境中的球根植物（见240页）相似，但在浇水和施肥方面需要特别注意。

在生长期移去抬升苗床或冷床的遮盖，但在过冷或过湿天气中要短暂重新加盖。在干旱期为球根浇水。当大多数球根植物开始凋萎时，重新遮盖，直到下一个生长季开始。

当原始基质中的养分消耗完

如何对过于拥挤的丛生球根植物分株

1 当露地种植的球根植物变得过于拥挤时，在叶子凋萎后用园艺叉将整丛植株挖出。注意不要损伤到它们。

2 用手将丛状球根植物（这里是纳丽花属植物）分开，先掰成较小的丛块，然后是单个球根。

3 将所有不健康的球根丢掉。小心清洁完好的球根，除去松动的被膜，将它们重新种植在准备好的新鲜基质中。

如何挖出、干燥和储藏球根

1 花期过后大约一个月，当叶子开始变黄的时候，轻轻地用叉子将球根（这里是郁金香）挖出。将它们放入带标签的容器中，以免与其他植物混淆。

2 将球根上的土壤清理干净，并除去所有松动的被膜组织。剪掉或小心地去除枯死的叶片。丢弃所有出现损伤或病害症状的球根。

3 将球根放在金属网盘上，互相间不要接触，过夜干燥。然后将它们储藏在标记清楚的干净纸袋中。

后，为球根植物施肥以增强它们的活力。随着球根植物进入生长期，用颗粒肥料撒在基质表面，也可以每两周或三周施加一次液态肥料。在生长期后半程，施加低氮高钾肥促进开花。

保护设施中的盆栽球根植物

那些需要温暖、干燥的夏季以及冬季和春季生长期的球根植物，在不加温或凉爽温室中生长得很好，在这样的园艺设施中，可以对施肥、浇水进行控制，以满足它们的需要。在这些球根植物的叶子枯萎之后，让它们保持干燥，直到夏末或初秋自然生长期开始。

在生长季，当花盆基质几乎干燥时，将其在水中彻底浸泡，但是不要过涝，特别是在冬天。在花期之前的生长期给它们额外浇水，之后逐渐减少浇水量直到叶子枯萎。不要让某些耐寒球根植物如来自山区的番红花以及林地物种完全干燥，在夏天保持基质轻微湿润。

对于来自夏季降雨明显地区如南非和南美部分区域的球根植物如夏风信子（Galtonia），必须经常浇水，以便使其在夏季保持生长，但在冬季的自然休眠期应保持其完全干燥。

更新基质

更换盆栽球根植物的表层基质能为它们补充新的一年所需要的养分。在它们开始生长之前，轻轻地刮走老旧基质，露出球根的上半部分。如果球根健康且不至于太过拥挤，则用和花盆中类型相同的新鲜湿润基质覆盖它们。对于太拥挤的球根，要进行分离并重新上盆，如果它们足够耐寒的话，可以露地移栽。

重新上盆

球根植物有时候可以在同一个花盆中生长数年，但它们最终会变得过于拥挤并需要重新上盆——指示迹象有开花不良、叶片过小或不健康等。在休眠期结束时重新上盆，促进球根进入生长期。对于较大的球根，要单独上盆并种在相似的基质中（见237页，"在花盆和保护设施中种植"）。将较小的球

根或小鳞茎种植在成年球根之间，或者将它们单独上盆（见245页，"幼苗养护"）。

在早春，冬季休眠的不耐寒球根植物正要开始新的生长，在这时进行重新上盆。

施肥

如果球根植物在同一个花盆中生长数年，则生长季应该经常施加低氮高钾的液态肥料。如果每年对球根进行重新上盆或者更换表层基质，则不用额外施肥。

已催花球根的养护

当已催花球根已经准备好见光时，将它们（见238页）按照各自的需要放置在阴凉的窗台或者凉爽明亮的室内。当花蕾成形的时候，球根可以耐受稍微温暖的条件。定期转动种植钵以免枝条向光生长，并保持基质的湿润。催过花的球根植物在开花后的状况通常很不好。将它们丢弃，或者露地移栽在花园中，经过两年

或更长时间后，它们会按照正常时节再次开花。

对于已催花的杂种朱顶红，可以在每年花期过后将它们重新种植在同一花盆的富含腐殖质、排水良好的基质里，这样能维持它们良好的状态。从初秋至仲冬，都不要给它们浇水。如果它们变得过于拥挤，就重新上盆。

球根植物的生长问题

球根植物偶尔会开花失败。对长期丛生的植株，这常常是因为过度拥挤造成的，所以应该将球根挖出并分别种植在新鲜土壤中（见241页，"过于拥挤的球根植物"）。生长期中缺水是另一个导致球根植物开花失败的原因。

新种植球根不能正常开花可能是因为它们没有得到正确的储藏，或者它们还未完全成熟。（Iris danfordiae）、贝母属（Fritillaria）物种如曲瓣贝母（F. recurva）和浙贝母（F. thunbergii）以及某些其他

球根植物即使在自然界中也不会规律开花，被称为难开花物种。不要将这样的球根挖出来，除非它们看起来不健康或很拥挤，因为如果留下它们不进行打扰，它们最终可能会开花。将这些球根以较深的深度种植也许会有所帮助，因为这会抑制它们分裂成小鳞茎。

病虫害

在生长期中，仔细留意病虫害症状，并在任何问题出现时立即加以控制。在种植、重新上盆或繁殖休眠球根时，检查它们并处理掉所有严重感染的球根。

球根植物特别容易感染真菌病害，尤其是网状群鸢尾。水仙有可能成为水仙球蝇（见656页，"球蝇"）的猎物。蚜虫（见654页）有时候会侵害球根植物并造成病毒传播。红蜘蛛（见668页）有时会感染种植在保护设施中的球根植物。

对过于拥挤的球根进行重新上盆

1 将花盆中的部分基质清走以检查球根（这里是水仙）。如果它们在花盆中变得过于拥挤，则应该将它们重新上盆。

2 小心地倒出花盆中的内容物，将球根从基质中分离出来。丢弃所有死亡的或者显示出病虫害迹象的球根。

3 将带有大吸芽的成对或成簇球根轻轻地分开，形成独立的球根。

4 只选择健康的球根并加以清洁，用手指剥掉所有松散的外层被膜。

5 将球根重新上盆在装满新鲜湿润基质的花盆中。种植深度为它们自身厚度的两倍，间距至少为它们自身的宽度。

鸢尾属植物

鸢尾属中包括一些最可爱的开花植物。它们的精巧花朵呈现出各种不同的花色以及丝绒般的质感。鸢尾属各物种可以用于多种环境，从林地和岩石园、水滨和沼泽，到草本花境。在植物学上，鸢尾属被分为不同的亚属、组和系列。这些分类在它们的栽培需求上表现不同，并形成了便利的园艺分类体系。

日常养护和繁殖

鸢尾属物种可以在秋季或春季通过分吸芽或分根状茎繁殖，或者在秋季播种（命名品种只能通过分株繁殖）。更多信息见192～194页，"日常养护"，240～242页，"日常养护"，以及244～249页，"繁殖"。

根茎类鸢尾

这个类群的鸢尾拥有根状茎且在基部排列成扇形的剑形叶片。在植物学上，它们被分为几个亚属和系列，但在园艺用途上主要的类群是具髯群、冠饰群和无髯群。

具髯群鸢尾

垂瓣中央有大量"髯毛"，这个类群包括种植在花园中的常见鸢尾，有大量品种和杂种，大多数在初夏开花。适合用于草本或混合花境的它们喜欢生长在日光充足且肥沃、排水良好的碱性土壤中，许多种类还能耐受较贫瘠的土壤和半阴。

突环群鸢尾（Oncocyclus iries）来自夏季降水量很少的地方，因此在夏季多雨的气候区需要高山植物温室或冷床的保护。它们拥有大而美丽、形状奇异的花朵，但它们的要求很苛刻，因此并不容易种植。

它们需要肥沃、排水通畅的土壤以及全日照，开过花后需要一个干燥的休眠期。如果在花盆中种植，基质必须富含养分、排水良好并且最好呈碱性。

如果需要的话，在早春生长开始之前重新上盆。当花期过后叶子凋萎时停止浇水，并在根状茎休眠时保持它们干燥。在春天恢复浇水。

美髯群鸢尾（Regelia irises）旗瓣和垂瓣具髯毛，与突环群鸢尾的亲缘关系很近并且栽培需求相似。某些物种如胡格氏鸢尾（*I. hoogiana*）可以露地栽培，只要在夏天给予良好的排水以及炎热干燥的条件即可。突环美髯复合群（二者的杂交品种群）更容易露地栽培。

冠饰群鸢尾

有隆起或鸡冠状的冠饰，而没有髯毛。

伊温莎型鸢尾（Evansia irises）常常出现在潮湿的林地中。较大的物种如扁竹兰（*I. confusa*）或蝴蝶花（*I. japonica*）不完全耐寒，需要富含腐殖质土壤的背风位置，在温暖气候区还需要提供一定遮阴。较小的物种如冠状鸢尾（*I. cristata*）和姬鸢尾（*I. gracilipes*）最适合种植在阴凉岩石园中的草炭坑中。

根茎类和鳞茎类鸢尾

'粗纹'鸢尾（具髯群）　'卡纳比'鸢尾（具髯群）　未名鸢尾（太平洋海岸型）

'蝴蝶'鸢尾（日本型）　布喀利鸢尾（太平洋海岸型）　'乔伊斯'鸢尾（网状群）

无髯群鸢尾

这个类群的鸢尾没有髯毛的垂瓣，但通常有冠饰，其栽培需求和具髯群鸢尾相似。

太平洋海岸型鸢尾（Pacific Coast iriese）包括未名鸢尾（*I. innominata*）和坚韧鸢尾（*I. tenax*）在内的类群，适合做切花。已经得到许多优良的、开花繁茂的杂种，适合种植在富含腐殖质的酸性土壤中，在较寒冷的气候区喜全日照，在较温暖的气候中喜阴凉。

喜水型鸢尾（Water irises）是一群优雅的喜湿植物，可以在池塘边缘、沼泽花园或肥沃的永久潮湿土壤中旺盛生长。它们包括燕子花（*I. laevigata*）、黄菖蒲（*I. pseudacorus*）、玉蝉花（*I. ensata*，同 *I. kaempferi*）、铜红鸢尾（*I. fulva*）、变色鸢尾（*I. versicolor*）和黄褐鸢尾（*I. xfulvala*）。所有种类都需要相似的潮湿条件，但可能很难成形。

西伯利亚型鸢尾（Siberian irises）拥有细长的叶片和形状美丽、颜色精致的花朵。这个类群包括金脉鸢尾（*I. chrysographes*）、西藏鸢尾（*I. clarkei*）、云南鸢尾（*I. forrestii*）和西伯利亚鸢尾（*I. sibirica*）。它们可以种植在土壤肥沃且不会干燥的花境中，特别适合生长在非常湿润的水边土壤中。切花的瓶插寿命很长。

拟鸢尾型鸢尾（Spuria irises）拥有狭窄的芦苇形叶片和雅致的花朵。拟鸢尾型物种——东方鸢尾（*I. orientalis*）、禾叶鸢尾（*I. graminea*）和拟鸢尾（*I. spuria*）——适合用于阳光充足的草本花境，它们比西伯利亚型鸢尾更能适应干燥环境。

鳞茎类鸢尾

这类鸢尾的储藏器官是鳞茎，有时还带有粗厚的肉质根，包括网状群（Reticulata）、朱诺群（Juno）和剑叶群（Xiphium）鸢尾。

网状群鸢尾

低矮的耐寒球根植物，花期早。它们喜欢阳光充足、排水良好的酸性或碱性土壤，也可以种植在球根植物冷床中的花盆里。

朱诺群鸢尾

朱诺群鸢尾需要的生长条件与冠饰群鸢尾相似，栽培也比较困难。健壮的物种如布喀利鸢尾（*I. bucharica*）以及中亚鸢尾（*I. magnifica*）在温暖的室外生长得很好。

剑叶群鸢尾

包括花色鲜艳的荷兰型（Dutch）、英国型（English）和西班牙型（Spanish）鸢尾。常用作切花。全日照下的碱性、排水良好土壤都很适合。在寒冷地区，秋天将鳞茎挖出放置于无霜处越冬。在春天重新种植。

自然雅致
西伯利亚型鸢尾（蓝色和白色）以及黄菖蒲（黄色）的鲜艳花朵在花园水塘边形成了视觉焦点。

繁殖

大多数球根植物会在球根周围形成吸芽或小鳞茎，可以将它们从母球上分离下来用于繁殖。对于那些不容易分株的种类，可以将它们切成数段，将每段作为新的球根栽培。有些种类可以使用其他营养繁殖方法，如分离鳞片或挖伤鳞茎。用种子繁殖能得到较多的后代，但大多数球根植物需要数年才能开花。

球根植物的分株

在生长季，许多球根植物会从母球上长出吸芽，通常位于球根被膜内部。每一或两年将它们分离并露地移栽或者单独上盆。如果留在原地，它们会变得过于拥挤，并且需要更长的时间才能达到可以开花的大小。吸芽可能小而多，如在某些葱属物种中；也可能大而少，如在水仙和郁金香中。

其他球根植物可能会在叶腋处长出珠芽，如百合和某些蝴蝶百合属（*Calochortus*）物种，或者在球根基部长出小鳞茎，它们都可以用来繁殖。某些百合如美洲物种以及杂种百合，是根茎类物种，会产生吸芽状的根状茎。将它们水平放置上盆，生长一两年后再露地移栽。

用吸芽繁殖

某些球根植物如文殊兰可以通过挖出株丛并分离吸芽来繁殖。将吸芽轻轻地从母球上扯下来，或者用刀子在基盘上将吸芽与母球相连的地方割下。清理掉土壤以及所有松散或受损的组织。

将较大的吸芽以适合的间距重新丛植在花园中。将较小的吸芽单独上盆，或者将数个吸芽插入一个大花盆或深种植盘中。将它们放入凉爽温室中继续生长一两年，然后再露地移栽到花园里。

用小鳞茎和珠芽繁殖

和用种子繁殖的植株相比，用小鳞茎繁殖的球根植物通常会提前一或两年开花。当为球根植物重新上盆时，去除母球基部周围的小鳞茎，并将它们成排插入种植盘中。使用排水良好的基质，加入少量缓释肥。小鳞茎的种植间距应该和播种间距（见245页，"播种"）

如何用小鳞茎繁殖球根植物

1 在春天活跃的生长期开始之前，用园艺叉将丛生的球根植物（这里是文殊兰）挖出。将根系上多余的土壤晃掉并将株丛掰开。

2 选择带有数个发育良好吸芽的大型球根，将土壤从吸芽上清理干净并将它们从母球上掰下。注意，要保留根系。

3 在直径为15厘米的花盆中填入湿润的砂质基质。在每个花盆中插入一个吸芽，并用2.5厘米厚的基质覆盖。标记，浇水。

一样，并覆盖一层2.5厘米厚的基质。做好标记，并将它们转移到阴凉区域继续生长。保持基质湿润。如果使用的是陶制花盆，将它们齐边埋入苗床中以保持潮湿。然后，按照与播种相同的流程进行养护（见245页）。珠芽的

采集和处理方法与此类似（见239页，"用茎生珠芽繁殖"）。

唐菖蒲的小球茎

唐菖蒲常常在球茎基部长出小球茎。将它们从母球上分离并按

照处理小鳞茎同样的方式处理。或者，将它们成排种植在肥沃、排水良好的土壤中。然后，可以将它们留在原地直到两或三年后开花，也可以将它们挖出并永久性种植在需要的地方。

如何用小球茎繁殖唐菖蒲

1 当植株花期过后、叶子开始凋萎的时候，用手叉将球茎挖出。小球茎应该已经围绕着球茎基盘长出了。将所有的球茎储存在凉爽干燥处过冬。

2 在冬末或早春，将小球茎剥落（它们应该能够轻易地从母球上脱离）。小球茎的大小会有差异，但都可以使用。

3 在种植盘中填入一半湿润的砂砾状基质。插入小球茎，生长点向上，行距为2.5厘米。填入更多基质，弄平，紧实，并做好标记。

可分株繁殖的球根植物

吸芽
葱属*Allium*（部分物种）
六出花属*Alstroemeria*（健壮的杂种）
箭芋属*Arum*，部分种类 1
大百合属*Cardiocrinum*
文殊兰属*Crinum*，部分种类 1
番红花属*Crocus*
雪花莲属*Galanthus*
朱诺群鸢尾Iris Juno Group
雪片莲属*Leucojum*
百合属*Lilium*
水仙属*Narcissus*
纳丽花属*Nerine*，部分种类 1
海葱属*Ornithogalum*，部分种类 1
酢浆草属*Oxalis*
黄韭兰属*Sternbergia*
郁金香属*Tulipa*

小鳞茎
葱属*Allium*（部分物种）
弯尖贝母*Fritillaria acmopetala*，厚叶贝母*F. crassifolia*，洁贝母*F. pudica*，曲瓣贝母*F. recurva*，浙贝母*F. thunbergii*
网状群鸢尾Iris Reticulata Group（部分物种）
葡萄风信子属*Muscari*，部分种类 1（部分物种）

小球茎
唐菖蒲属*Gladiolus*（物种和杂种）

注释
1 不耐寒

'大紫花'春番红花

用种子繁殖球根植物

这种繁殖方法开始见效所需的时间较长，但最终能产生大量无病毒（除了那些专门靠种子传播的病毒）的球根植株，而分株的方法会将母株体内含有的病毒传递到幼年植株上。这种方法特别适合不喜根系被扰动的球根林地物种，如猪牙花等。

大多数球根植物从种子长到成熟的开花年龄需要三到五年。在花朵已经凋谢的大百合属（Cardiocrinum）球根植物中，留下较小球根形成的株丛，可进行分株

（见244页），或者每年定期采取种子并播种，以保证健康植株连续不断地生长，每年都能开花。

采集种子

大多数球根植物的果实都在旧花枝上，但某些植物，主要是番红花和网状群鸢尾，它们的果实会在地平面或紧挨着地平面的上方形成，较难被发现。

仔细观察正在成熟的果实，寻找开裂的迹象，因为种子可能很快会被散播掉。当果实开始变成棕色并要开裂时，将它们摘

下。尽快将其中的种子取出。让种子自然干燥（不要人工加热），并将其储藏在带标记的纸袋中，放入凉爽干燥的通风处，直到需要播种时。不要使用塑料袋，因为它们会将湿气密封在里面，导致种子腐烂。一些球根植物如紫堇属（Corydalis）植物在果实仍然是绿色的时候就开始散播种子，这些种子应该立即播种；将果实剪下并储藏在纸袋中，直到种子散播出来。

何时播种

下列方法适合大多数春花耐寒球根植物，如贝母属植物、水仙和郁金香。最好的播种时间是初秋，但如果之前有合适的种子，也可立即播种。种子应该会在早春萌发。

球根植物的播种基质

使用专利生产的含壤土播种基质，如果基质没有砂质外观可加入四分之一的粗砂。适合的含壤土基质可以用2份贫瘠壤土、1份草炭替代物以及1.5份粗砂或者颗粒状珍珠岩混合得到，并以每18升25克的量分别加入过磷酸盐和石灰。也可以使用包含草炭替代物的专利基质，但它们含有的养分只能使用一年。

播种

陶制或塑料花盆都可以使用，但在塑料花盆中更容易保持足够的湿度。如果使用陶制花盆，应在底部放置一些碎瓦片，以利于排水。在花盆中填充基质并紧实之，然后将种子薄薄地种在基质表面。对于较大的形状平展的种子，如贝母和郁金香等的种子，应将播种间距保持在一粒种子的宽度；对于较小的圆形种子，间距应为5毫米。在种子上覆盖筛过的基质，使其不可见，然后再一层燧石砂砾或水族池砾石覆盖在上面。为花盆标记植物名称、来源和播种日期。将它们放置在开阔花园中的阴凉处，或者齐边埋入砂质冷床中并保持湿润。

幼苗养护

当幼苗萌发后，将花盆转移到冷床或温室中的全日光条件下。保持幼苗湿润，直到它们显

现出凋萎的迹象，然后停止浇水。对于即使在夏季休眠期也不自然干燥的球根幼苗，如来自山区的番红花属物种，应该一直保持湿润。在初秋或者它们长出新的枝叶时开始浇水，并保持浇水直到枝叶凋萎。

大多数球根植物需要两个生长季才能重新上盆，除非它们生长得非常苗壮。在第一个生长季施肥并不重要，但如果在第二年经常施肥会形成大的球根。可使用番茄专用的液态肥料，但使用量要按照生产商推荐的量减半。

移苗

当球根植物幼苗完成两年的生长或者非常苗壮地生长了一年后，将它们上盆到适合成年球根植物的基质中（见237页，"保护设施中的球根植物栽培基质"）。在休眠期即将结束、叶子已经枯死的时候，将花盆中的内容物清空。分离出年幼的球根，清洁后重新上盆到新鲜湿润的基质中，让它们再次进入生长期。最好让它们在花盆中继续生长两到三年，直到它们长到足够大，再移载至室外。

花盆中幼苗的养护

球根植物幼苗可以在花盆中生长，或是与基质一起移栽以免扰动它们的根系。将一年龄幼苗带基质移栽到稍大的花盆中，并在第二年的生长期定期施肥。如果它们在生长期结束时长到足够大，则可以在休眠期或者将要进入生长期时将它们带基质整盆移栽到开阔的花园中。种植后应立即施肥，以免延误开花。如果它们还是太小，则将它们再保留在花盆中一年并定期施肥。

林地物种

许多喜阴球根植物在含腐叶土的基质中生长得最好。应用1份消毒腐叶土、1份草炭替代物或草炭以及1份消毒壤土加半份粗园艺砂或珍珠岩混合成播种基质。

许多这类球根植物（如猪牙花和延龄草）的生长速度很慢。将生长了二或三年的幼苗带整盆基质种植在准备充分的阴凉苗床

如何播种繁殖球根植物

1 准备花盆。在花盆中填充专利播种基质与四分之一份粗砂的混合物，填充至花盆边缘下方2厘米以内，用工具压实。

2 将种子袋打开，靠近基质表面，以免种子（这里是雀斑贝母）弹出，轻轻拍打，让种子均匀地散布在基质表面。

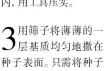

3 用筛子将薄薄的一层基质均匀地撒在种子表面。只需将种子掩盖住即可。

4 用粗砂将花盆表面覆盖应小心地加入，以免扰动基质或种子。

5 为花盆做好标记。将它放在开阔处的阴凉环境中。如果需要的话，将花盆齐边埋入潮湿的沙子和水中以保持基质湿润。

幼苗上盆

1 小心地将花盆中的全部内容物倒出，部分球根（这里是展瓣贝母*Fritillaria raddeana*）会出现在基质中。小心地取出所有球根。

2 将年幼球根重新种植在装满新鲜砂砾状基质的花盆中，种植深度为它们自身高度的两倍，间距为它们自身的宽度。

中，这比数年之中经常换盆要好，因为不会不断扰动根系。

仙客来

耐寒仙客来的种子在成熟后（通常是仲夏）立即播种最容易萌发。如果使用干燥后的种子，应在播种前浸泡24小时，以促进

两年龄球根植物幼苗

两年之后，幼苗球根（这里是托米尔蝴蝶百合*Calochortus tolmiei*）会在大小上出现相当大的差别，但所有的幼苗都会令人满意地发育。

萌发（播种方法见245页）。

幼苗通常在第一年就会生长得很健壮，可以将其重新上盆到幼苗基质中（见左），最好在它们处于生长期时进行。在3份基质中加入1份腐叶土，以促进它健壮地生长。将数个球根一起种在种植盘中，比单独种植更容易发育得好。将它们的根系伸展开插入基质中，并用砂砾覆盖顶端。

将种植盘放入遮阴冷床中生长一年。在第三年的春天，用同样的基质混合物将幼苗单独上盆并让它们生长到开花大小。在夏末，将它们露地移栽到花园中。

用种子繁殖百合

在直径为10厘米的花盆中填充草炭替代物、草炭或含壤土或草炭的播种基质，将成熟的种子（在夏末或秋初）立即播种在花盆里。稀疏地播种（可省去移栽的麻烦），用细砂砾覆盖，然后将花盆放入冷床或寒冷温室中。

某些百合的种子会在播种后二至六周内萌发。其他种类可能需要数月才能萌发。百合种子的萌发方式不同。对于子叶留土型百合，根系最先萌发，因此需要一段寒冷时期促进叶子的生长。而子叶出土型百合通常是根系和枝叶一起快速萌发（见630页，"萌发的需求"）。

将容器放入冷床或室外背风处过冬，然后在春天将它们转移到寒冷温室中。如果第一年过后没有幼苗出现，也不要灰心，萌发可能需要两年或者更长时间，具体时间取决于物种。

分离仙客来的种子

在初夏果实开始开裂时，将它们采收下来。将种子摇出来并浸泡在一碗温水中过夜，以促进萌发。

移栽林地球根植物

1 露地移栽林地物种时不要将年幼的球根分开。翻转长有两年龄球根（这里是猪牙花）的花盆。倾斜着倒出成团的球根和基质。

2 将基质和球根一起完整地放于土壤中，使球根的顶端距离地面至少2.5厘米。紧实土壤，标记并轻轻浇水。

将萌发后的幼苗留在容器中生长一年并定期施加液态肥料。或者当它们长出两片真叶后，将它们挑出并移栽到含壤土的盆栽基质中。定期为它们换盆，或将它们转移到育苗床中直到足够大并可以移栽在花园里。这个过程需要一至三年，取决于不同的物种。

热带球根植物

热带球根植物的播种方法和百合一样，但在冬天要让花盆温度保持在冰点以上，齐边埋入有遮盖的球根植物冷床或苗床中。许多热带植物（如朱顶红）的种子，如果使用底部加热（通常用地热导索提供，见580页，"土壤加温设施"）并将温度维持在21℃的话，则会萌发得更快。

如果不清楚某种植物的萌发特性，并且有大量可用的种子，则可将一半播种于底部加热的环境，一半播种于一般温室环境。如果底部加热的种子在六至八周内还不萌发，则将花盆转移到更凉爽的地方。某些属特别是六出花属（*Alstroemeria*）的种子如果在温暖时期后紧跟一个凉爽时期，则会快速萌发。

对于孤挺花属（*Amaryllis*）等球根植物，应该从还是绿色的果实中采取新鲜种子并立即种植。如果将种子留在果实中，那么种子可能会在果实里萌发，可以将它们取出并按照正常方式播种，并让幼苗继续生长（见245页，"幼苗养护"）。某些种类（如朱顶红属部分物种）的幼苗会在多个生长季中保持活跃生

长。如果是这样，保持湿润状态，它们则可能继续生长直到不经休眠期而开花。

朱顶红等热带球根植物的种子大而平，可以让这样的种子漂浮在容器中的水面上并将容器放入温暖（21℃）温室中或窗台上萌发。萌发需要三至六周，之后可将幼苗上盆到直径为7厘米的花盆的播种基质里。

发芽不稳定的种子

某些球根植物（如朱诺群鸢尾）的种子发芽极不稳定，有时候需要数年。如果经过两个生长季后只有少数幼苗出现，可将整个花盆中的种子带基质重新上盆，晚发芽的种子通常在一年左右之后就会萌发。

在塑料袋中萌发

某些种类的种子可以在塑料袋中萌发。这种方法常用于百合，但也适用于大多数种子较大的球根植物，如贝母、郁金香和热带种类（如朱顶红）。

将种子和其体积三或四倍的湿润草炭替代物、草炭、蛭石或珍珠岩混合在一起。所使用的萌发基质应该以挤压时不流出水为宜。将混合物放入塑料袋中，然后密封并做好标记。

对于较小的朱顶红属物种，因其种子在萌发时需要温暖的条件，所以应将塑料袋放置在温度为21℃的地方。当种子萌发后，将幼苗移栽到填满排水良好基质的花盆或种植盘中，并放在凉爽

如何用分离鳞片的方法繁殖百合

1 清洁百合球根，去除并丢弃所有受损的外层鳞片。轻轻地剥下大约6片完好的鳞片，尽可能接近鳞片的基部。

2 在塑料袋中装入等比例草炭替代物或草炭与珍珠岩的混合物，然后将鳞片放入塑料袋中。

3 为塑料袋充气，然后密封并做好标记。在温暖黑暗的地方放置三个月，温度保持在21℃。然后，将其转移到冰箱中六至八周。

4 当小鳞茎已经在鳞片上形成时，如果鳞片变软，则将它们去除。如果它们肉质还紧实，则将它们留在小鳞茎上。

5 将成簇小鳞茎单独种在小花盆中或数簇一起种在种植盘里。用砂砾覆盖容器表面，做好标记，然后将它们放置在温暖明亮处。

6 在第二年春天，将花盆放置在冷床中炼苗。

7 秋天，将它们从花盆中取出并分离，单独上盆或种植在固定位置。

的地方。如果在六至八周后还未萌发，则将塑料袋转移到冷床或凉爽温室中，直到种子萌发。

分离鳞片

分离鳞片是繁殖百合的重要方法，不过该方法也可以用于其他由鳞片组成的球根植物，如贝母属的部分物种。大多数百合的球根都是由着生在基盘上的同心鳞片排列组成的。如果从基部分离这些鳞片并让它们保留小部分基底组织，则会在基部附近长出小鳞茎。

在夏末或初秋根系开始生长之前，分离用于繁殖的鳞片。将休眠的球根挖出，然后剥离部分鳞片（通常只需要不多的几片）。将母球重新种植，其能在下一个生长季开花。如果需要大量新植株，可将整个球根的鳞片剥落。也可以不将母球挖出，而是清走它们周围的土壤并剥下部分鳞片。

只选择无病害、丰满、无斑点的鳞片，然后将它们和潮湿的草炭替代物和珍珠岩或蛭石一起混合在塑料袋中。密封袋子，并将其在温暖黑暗的地方放置三个月，温度保持在21℃。然后，将塑料袋放到寒冷的地方如冰箱中（但不能是冷冻室）6~8周，以促使小鳞茎发育。当小鳞茎形成后，在花盆中填充排水良好的盆栽基质。插入一片或更多带有小鳞茎的鳞片，使鳞片顶端正好位于基质表面之下。

在炎热的天气，将花盆放置在遮阴冷床或凉爽温室中。在夏天，将耐寒球根的花盆齐边埋入冷床或开阔花园中的背风位置。在第一个生长季结束的时候，将小鳞茎分离并单独上盆在适合成熟球根生长的排水良好基质中（见237~238页，"保护设施中的球根植物栽培基质"）。让它们在冷床或凉

如何分离双层鳞片

1 将鳞茎（这里是水仙）的棕色外层鳞片除去。用锋利的小刀切除根系，不要伤到基盘，然后将鳞茎尖部切除。

2 将鳞茎头朝下放置。用小刀向下切过基盘，将鳞茎切成数段，每段都有一部分基盘。

3 将每段鳞茎剥成对鳞片。使用解剖刀将每对鳞片切下，底部连接一小段基盘（见插图）。

爽温室中继续生长到第二年春天，然后重新上盆到容器中或者种在花园中。

或者，在种植盘中填充2份潮湿蛭石、珍珠岩或草炭替代物与1份粗砂的混合物，然后将鳞片扦插在里面。保持湿润和阴凉两个月，最好是在大约21℃的温暖温室中。在春天，将它们转移到凉爽的地方，促进叶片良好生长，然后将其重新上盆，继续生长一年后，可进行移栽。

分离双层鳞片

这种方法（见247页）可用于建立水仙、风信子以及雪莲花等植物的株系。保证双手、小刀以及切割表面完全洁净。从健康的休眠鳞茎上除去所有老旧的外层鳞片。将每个鳞茎切成数段，然后切成成对鳞片，每对鳞片都保留一小部分鳞茎的基盘。将成对鳞片放入装有等比例珍珠岩和湿润草炭替代物或草炭混合物的透明塑料袋中。使塑料袋膨大，然后密封并做好标记。将袋子放到21℃的黑暗环境中。当小鳞茎形成后（一般在春天），将成对鳞片从袋子中取出，然后用与单个鳞片相同的方法上盆。

将球根切成段

将球根切成段不是业余种植者常用的方法，但这对于不能大量分株或结实的植物很有用。可

球根的切块繁殖

1 拿出一个大的健康球根（这里是地中海仙客来），用干净的小刀将它切成二或三块。每块必须保留至少一个生长点。

2 将成块球根放置在温暖干燥处的铁架上48小时，直到切割表面形成愈伤组织（见插图）。然后将它们单独上盆在装有排水良好基质的花盆中。

如何用切段的方式繁殖球根

1 当叶片凋萎后，将休眠球根挖出，选择健康完好的球根（这里是朱顶红）。切除尖端和根系，不要损伤基盘。

2 将球根基盘朝上放在干净的切割台上。用干净、锋利的小刀小心地向下切割，将其切成两半。

3 用同样的方式切割每一半球根，保证基盘平均分配在每段中。

4 重复切割过程，直到球根被切割成16段，然后将它们放在铁架上晾数小时。

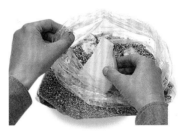

5 在塑料袋中装入11份蛭石与1份水的混合物。在每个塑料袋中装入数段球根，用橡胶带或塑料绑结密封袋子，然后将其储藏在温暖、黑暗的通风处。

6 当小鳞茎出现在基盘周围时，将每段球根单独种植在直径为6厘米的花盆中，花盆里装满排水良好的盆栽基质。然后，将其放在背风处继续生长。

以在休眠期将要结束时将球根切成数段。可将部分基盘切下，或者将整个球根切段。

切段

许多球根可以在休眠期即将结束时（如早秋）繁殖，将它们切成数段。这能让那些无法用吸芽快速繁殖的球根植物实现快速繁殖。大型球根（如水仙和朱顶红）可以切成16段之多。较小的水仙和其他球根植物（如雪莲花）的球根，常常切成4或8段。

良好的卫生对于避免病害感染是非常重要的。如果你对球根切割时渗出的汁液过敏，要戴上手套。用甲基化酒精清洁并为球根消毒。使用已在甲基化酒精中消过毒的小刀或解剖刀在干净的台面上切割。重复切割，直到球根被切成所需要的数目，然后将它们放在铁架上晾干。

将球根的片段储藏在装有蛭石和大量空气的塑料袋中，并放置在黑暗条件下12周。20～25℃的气温对于大多数种类都很合适。将成段球根上长出的小鳞茎分离下来，然后上盆到装有排水良好盆栽基质的种植盘中。它们会在两或三年内长到开花大小。

切割有生长点的球根

某些仙客来属物种，特别是地

用切段方法繁殖的球根植物

猪牙花属 *Erythronium*
贝母属 *Fritillaria*
雪花莲属 *Galanthus*
朱顶红属 *Hippeastrum*, 部分种类 1
（物种和杂种）
风信子属 *Hyacinthus*
纳丽花属 *Nerine*, 部分种类 1
绵枣儿属 *Scilla*, 部分种类 1
鸢尾属 *Iris*
水仙属 *Narcissus*
黄韭兰属 *Sternbergia*

注释
1 不耐寒

'蓝装' 风信子

中海仙客来（*C. hederifolium*）和天竺葵叶仙客来（*C. rohlfsianum*），会在块茎表面形成多个生长点。有些属如雄黄兰属（*Crocosmia*）和唐菖蒲属（*Gladiolus*）的球根也一样。这些块茎和球茎可以通过切成块的方式繁殖，只要每块

都保留一个生长点即可。准备底部有数个排水孔直径为5~6厘米的花盆，并在其中填充排水良好的盆栽基质，然后将成块球根单独插入在基质中，生长点朝上。用更多基质覆盖球根。用砂砾覆盖花盆表面，做好标记后放入寒冷温室中直到它们开始生长。保持基质足够湿润，以维持成块球根的生命状态，直到生长开始。

让它们在冷床中光照良好的条件下继续生长，并在炎热的夏季进行遮阴。小心地浇水，不要在生长季让年幼的植株脱水。在第二年秋天露地移栽。

简单切割

用锋利的小刀将球根的基盘切割至0.5厘米深，切口数量取决于球根的大小。把球根放入装有潮湿珍珠岩或蛭石的塑料袋中，在温暖处保存。

对基盘造成的伤害会诱使小鳞茎沿着伤口长出来。当小鳞茎形成之后，将球根头朝下插入1份草炭替代物和1份珍珠岩或粗砂的

如何用挖伤法繁殖风信子

1 使用干净锋利的勺子或小刀，将鳞茎基盘的中央部分挖去，只留外面一圈。丢掉挖下来的基盘。

2 将鳞茎放入装满沙子的种植盘中，伤口朝上。将种植盘放入通风橱里。

3 为沙子浇水以保持湿润。当小鳞茎在挖伤的基部周围形成时，将它们从母球上分离并上盆。

混合物中。小鳞茎会在老球根上生长。一年后，小心地将小鳞茎分离下来，并将它们种植在凉爽温室的种植盘中继续生长。

挖伤风信子鳞茎

挖伤法是商业生产风信子所使用的繁殖方法。将鳞茎基盘的中央部分挖去并丢弃，然后将鳞茎头

朝下保存在温暖、黑暗的环境中。

大量小鳞茎会在伤口表面和周围形成。可以将它们从母球上分离下来，并在单独的花盆中按照种植小鳞茎的方式种植（见244页，"用小鳞茎和珠芽繁殖"）。

基部切割

某些球根植物的发芽块茎可

以在晚冬用于基部切割——在老块茎上保留的幼嫩枝条会长出新的根系。将插条放入湿润基质中直到它们生根，然后上盆。关于该技术的详细信息，见251页，"如何通过基部插条繁殖"。将生根后的插条放到温暖温室中继续生长，直到所有霜冻危险过去。在冷床中炼苗并在初夏露地移栽。在春天用这种方法繁殖球根秋海棠和大岩桐（Sinningia speciosa）。

延龄草属植物的挖伤和刻痕

在夏末叶子枯萎后，可以使用多种切割方法繁殖根茎类延龄草。

有种方法能避免挖出母球：清走足够土壤并露出根状茎顶部，然后在每个根状茎的生长点周围轻轻地做一个浅切口。用等比例的草炭替代物和粗砂的混合

物或者松散、排水良好的土壤覆盖根状茎。小根状茎会沿着切口形成，并长到能用来繁殖的大小。

或者将根状茎挖出，并切除它们的生长点。做凹面切口，不要从生长点基部直切，这样能保证不会留下易腐烂的软组织。然

后，重新种植根状茎。小根状茎会在切口周围形成。

一年后，将根状茎暴露出来，取下年幼根状茎，并按照幼苗的种植方式上盆（见245页，"幼苗养护"）。

切除生长点

1 用干净、锋利的刀尖做一个凹形切口，将根状茎的生长点完全切除。

2 用土壤再次覆盖并轻轻压实。

如何用刻痕法繁殖延龄草属植物

1 小心地刮走表层土，露出根状茎。用锋利、干净的小刀围绕生长点下端做切口（见插图）。

2 用等比例的草炭替代物和粗砂混合物覆盖被刻伤的根状茎，用手指轻轻压实土壤。

3 一年后，将表层土刮走，露出根状茎并取下所有长出的小根状茎。将它们单独上盆，让其继续生长。

大丽花

大丽花的花朵可从初夏延续到秋天的第一场初霜，能够为花园提供持续数月的鲜艳色彩。大丽花的所有种类都不耐霜冻。只要土壤肥沃且排水良好，它们可以生长在各种不同的土壤中。大丽花是优良的花境植物，也是夏季盆栽的理想材料（又见314页，"球根植物"）。

如果用于展览或切花，最好将它们成排种植在专门准备的苗床中。矮生花坛用大丽花有两种种植方式：一种是营养繁殖，即使用命名品种块茎的插穗或分株繁殖；另外一种是使用种子进行一年生栽培（见216页，"在花盆或种植盘中播种"）。这些矮生大丽花适合种植在容器中。大丽花的花头有多样的花瓣形状和丰富的花色范围，从白色到深黄色，再到粉色、红色直至紫色。

大丽花可以分为10个类群：单瓣型（single-flowered）、托桂型（anemone-flowered）、领饰型（collerette）、睡莲型（waterlily）、装饰型（decorative）、球型（ball）、绒球型（pompon）、仙人掌型（cactus）、半仙人掌型（semi-cactus）以及混杂型（miscellaneous）。这些类群中有4类可以根据花朵大小继续细分。对于睡莲型大丽花，有微型类（直径一般小于102毫米）、小花类（直径为102～152毫米）和中花类（直径通常为153～203毫米）。装饰型及仙人掌型大丽花有两个额外的次级分类：大花类（直径通常为203～254毫米）和巨花类（直径超过254毫米）。球型大丽花被分为：微型球（直径通常为52～102毫米）和小型球（直径通常为103～152毫米）。绒球型大丽花的花朵直径应小于52毫米。

种植块茎

将1米高的立桩插入种植穴中。在块茎周围放置土壤，使新枝的基部位于土壤表面2.5～5厘米以下。

大丽花，种植间距应为60～90厘米；株高为75厘米至1.1米的大丽花，种植间距应为60厘米；不足60厘米高的花坛用大丽花，种植间距应为45厘米。在花盆中为植株浇水并让其排水。小心地种植，避免扰动根坨，然后轻轻压实土壤，让植株基部稍稍下陷，浇透水。植株会在晚秋长出块茎，可以挖出块茎并储藏，用于春天的再种植。

种植块茎

休眠块茎可以在最后一场霜冻之前6周直接种植。土地的准备和盆栽植株一样。挖出约22厘米宽、15厘米深的种植穴，将块茎放入其中并掩埋。用带标记的竹片立在块茎旁边以标明种植位置；在插入支撑立桩时，这能显示出块茎的确切位置。块茎需要3周长出地面上的枝叶。如果枝叶萌发后依然有霜冻风险，则要为它们提供遮盖保护。

种植生根插穗

成形的球根可以种在冷床或温室中生长，以提供插穗（见□□页，"繁殖"）。当所有霜冻风险过去后，将生根插穗种植在室外。随着枝叶的生长，适度为植株浇水。为保持水分，当植株长到30～38厘米高时，用腐熟堆肥或粪肥覆盖护根。不要将护根紧挨植株基部，因为这会导致茎腐病。如果堆肥中使用了割下来的草，则要确保它们没有被选择性除草剂处理过。

大丽花的类别

单瓣型
'黄链球'大丽花（每个花头有8～10个宽花瓣，中心有一个显露的花盘。）

托桂型
'彗星'大丽花（完全重瓣，有一或多轮扁平的边花，管状花瓣较短，位于中心。）

领饰型
'复活节'大丽花（中心有一个雄蕊构成的黄色花盘，外层花瓣宽大，花盘和外层花瓣之间有"衣领状"的较小花瓣。）

睡莲型
'维姬·克拉奇菲尔德'大丽花（顾名思义，这类大丽花的花朵像睡莲，花瓣宽大平展。）

装饰型
'弗兰克·霍恩西'大丽花（完全重瓣。宽花瓣末端圆钝，常向内侧弯曲，花瓣平，稍稍扭曲。）

球型
'伍顿·丘比特'大丽花（圆球形花头，花瓣螺旋状排列。花瓣内卷的部分超过长度的一半。）

绒球型
'小世界'大丽花（与球型大丽花相似但更小，直径最大不超过52毫米，并且更圆，花瓣整体内卷。）

仙人掌型
'淡紫阿瑟利'大丽花（完全重瓣。花瓣窄，顶端尖，直伸或内曲。）

半仙人掌型
'秀丽'大丽花（完全重瓣。花瓣尖，直伸或内曲，基部宽。）

栽培

大丽花在pH值为7、排水良好、肥沃的土壤中生长得最好。应提早准备好土壤。它们会大量消耗养分，所以要在土地中掘入大量粪肥或园艺堆肥，然后以每平方米125克的量施加骨粉，彻底粗耕苗床，使根系能扎透土壤。

种植地点和时间

大丽花可作为盆栽植物，用休眠块茎或从块茎上采取的生根插穗种植。带叶子的植株比块茎更好，因为它们更有活力。不过，休眠块茎可以在最后一场霜冻之前6周直接种植，而带叶植株应该在所有霜冻风险过去之后再种植。

选择不过于荫蔽的开阔背风处。在种植之前，以每平方米125克的量将骨粉施加在表层土中。将年幼植株绑在支撑用的立桩上。

种植盆栽大丽花

当种植盆栽大丽花时，应该先将竹竿以适当间距插在种植处。株高在120～150厘米之间的

摘心

1 当植株长到约38厘米高时，掐去中央茎尖，促进侧枝发育。

2 当植株拥有6~8根侧枝时，掐掉顶部的一对芽。将枝条绑在立桩上。

摘心与除蕾

当大丽花长到约38厘米高的时候进行摘心，除去所有茎尖，以促进侧枝生长。再插入两根竹竿，并将枝条绑在上面。

留下枝条的数目取决于需要的花朵大小。要得到巨型或大型花朵，每棵植株只保留4~6根枝条。要得到中型和小型花朵，可保留7~10根枝条。为得到高品质的花，从每根枝条上除去部分花蕾（见下图）。

除蕾

为得到高品质花朵，掐掉顶蕾下方的侧蕾以及一或二对侧枝。

夏季施肥

种植4~6周后，施加高氮高钾肥料，可以用颗粒状肥料，也可以用液态肥料。随着花蕾的发育，在液态肥料中添加额外的钾肥，这会产生强壮的茎秆和鲜艳的花色，特别是粉色花和淡紫色花，这对于展览用大丽花特别重要。

夏末和早秋的短日照条件会刺激块茎的发育。在这个阶段，按照生产商推荐的量施加硫酸钾和过磷酸盐肥料。避免让肥料接触茎秆和叶片，以免灼伤。

病虫害

大丽花特别容易受到蚜虫（见654页）、蓟马（见671页）、红蜘蛛（见668页）以及蠼螋（见659页）的危害。定期喷洒农药可以控制这些虫害。将感染病毒（见672页）的植株挖出并烧毁。

挖出并储藏块茎

当叶片被秋天的第一次初霜打黑时，将茎秆截短至15厘米。小心地挖出块茎并清理掉上面的土壤，剪掉所有细根。将它们头朝下放置数周，确保茎秆和叶子中没有水分残留。

为块茎做好标记，并将它们放入装有蛭石、椰壳纤维或其他相似基质的木盒中，储存在干燥、凉爽的无霜处。在冬天定期检查块茎，如果出现灰霉病或腐烂，则用干净、锋利的小刀将受损部位切除。

块茎的挖出和储藏

1 将茎秆剪至地平面以上约15厘米处。松动土壤并将块茎挖出，去除多余土壤。

2 将块茎头朝下放置在无霜处三周，让茎秆彻底干燥。

3 当茎秆干燥后，将块茎种在木盒中，并用椰壳纤维、蛭石或相似基质覆盖。将木盒放在凉爽的无霜处。保持块茎和茎秆干燥直到春天。

繁殖

在春天分割成熟块茎，将它们转移到冷床或温室中生长。将块茎轻轻按压到种植盘中的基质表面，洒水，保持温暖和潮湿。当枝条长出后，用锋利的小刀将块茎切成数块，保证每一块都至少有一个生长枝条。用通用基质将每块单独上盆。

或者在冬末以15~18℃的气温催化块茎。当每根枝条拥有生长点和两三对叶片时，在茎节处采取基部插条，并放入带底部加热的增殖箱中生根。在保护设施中继续生长，炼苗后移栽至室外。

大丽花的展览

用锋利的小刀在早上或晚上将花朵切下，保证花梗长度与花朵大小比例匀称。在展览时，花朵应该发育良好，没有受损花瓣。确定展览时间表，将正确数目的花枝插入瓶中，花朵朝向前方。

如何通过基部插条繁殖

1 冬末，在温室中催生块茎。当幼嫩枝条长到7.5厘米时采取插条。

2 从块茎上切下带生长点和两三对叶片的插条。在茎节处修剪。除去底部的一对叶片。

3 将插条插入花盆的湿润基质中，转移到增殖箱或塑料袋中生根。然后，单独上盆使其继续生长。

岩石、岩缝和砂砾园艺

高山植物生长在世界上某些最偏远的地区，但它们中的大多数都可以在排水良好、阳光充足的岩石园或砂砾园中生长得很好。

想要在有限空间里种植多样植物，在干旱地区的园艺师们可以考虑用岩石或石料创造别样的景致。许多这样的花园模仿高山植物的生境，或者是太阳炙烤着砾质土的地中海和沙漠环境，人们对于这些极端的生长条件的兴趣日益增长，因此也越来越能够领略在这些地区生长的小型植物的美。无论是传统的岩石园，还是简单的砂砾苗床、镶嵌着芳香匍匐植物和多肉植物的铺装区域，这样的景致对植物爱好者都是无价的馈赠。

高山植物和岩石园艺

高山和岩生植物的小巧体型特别适合用于小型现代花园。很少有其他种类的植物会如此整齐而紧凑，这使得在较小空间内种植大量物种和杂种成为可能。高山植物是生长在林木线之上高海拔地区的植物，不过这个术语常常宽泛地涉及众多低矮的岩生植物，包括许多球根植物，它们可以成功地种植在相对较低的海拔。

垫状莲座 长生草属植物在苔藓上长得很旺盛。

高山植物和岩生植物

高山植物的小巧体型和优雅姿态使它们很适合以迷人、鲜艳的组合丛植在一起。岩生植物是生长缓慢、体量较小的植物，在尺度上适合种在岩石园中。

真正的高山植物

高山植物可以是落叶或常绿木本植物，也可以是草本植物，或者从球根、球茎或块茎生长出来的植物，少量是一年生植物。它们特别耐寒，能适应极端气候，株型紧凑，株高很少超过15厘米。在高山植物自然生长的山区，它们的低矮或匍匐习性能够减少风的阻力，还能帮助它们抵御冬天积雪的重压。

高山地区的植物会体验强烈的阳光和新鲜的、经常移动的空气。它们的垫状生长习性以及小、肉质、多毛或羽毛状的叶片能使它们在强风和烈日中不脱水。例如，高山火绒草

（*Leontopodium alpinum*）的表面覆盖着有助于保持水分的绒毛，而长生草属（*Sempervivum*）植物的叶片拥有肉质的保水组织。

高山植物能够适应极端温度，但很少有种类能承受根系经常潮湿的冬季条件或者温暖、湿润的夏季条件。在它们的自然生境，它们常常生长在薄而贫瘠、缺少养分的土壤中，其中的有机质含量很低，但排水迅速。大多数高山植物都会长出巨大的根系，以寻找养分和水分。

容易种植的高山植物

许多高山植物物种及其更漂亮的品种在栽培需求上并不苛刻，很容易在开阔花园中种植。它们呈现出丰富的株型和形式，从微小的垫状植物到伸展的丛状种类。某些容易种植的高山植物可以一直开花到夏季，几乎不变地产生丰富的花朵。南庭芥属（*Aubrieta*）、石竹属（*Dianthus*）、福禄考属（*Phlox*）以及婆婆纳属（*Veronica*）的低矮品种会形成鲜艳

的"垫子"，可以用来为花坛镶边，它们的自然式伸展株型可以柔化直线。

需求严苛的高山植物

其他高山植物种类，例如点地梅属（*Androsace*）以及呈紧密垫状生长的虎耳草属植物，有特殊的需求，需要排水非常通畅的土壤以及冬季能排除多余水分的设施。大多数种类还需要大量阳光，但它们的根系必须保持凉爽，较低海拔的林地物种通常喜欢半阴并需要湿润的酸性土壤。

不过，只要给予它们排水良好的条件和适合的朝向，仍然可以在花园中欣赏众多需求严苛的高山植物的丰富色彩和多样形式。满足这些需要的最好方法是将这些植物抬升到地面以上，将它们种植在专门建造或精心控制的环境中，并使用含砂砾、排水良好的土壤或基质。

某些高山植物需要凉爽的根系环境和遮蔽，岩石园以及石墙或砖墙中的种植穴最适合它们，并且能将它们最好的一面展示在自然式背景中。在更自然的环境或者空间有限的情况下，抬升苗床或石槽也是美观的选择，特别是当它们用作与周围环境互补的材料时。独立式石槽还能在不同高度及硬质平面如露台和道路上引入色彩。

岩生植物

它们包括可用于框架（背景）种植的低矮乔灌木、为种植方案带来焦点的主景植物以及许多其他并不一定来自高山地区的植物。有些种类如海石竹出现在海滨生境，而许多微型球根植物的原产地是阳光充足的地中海山坡。和真正的高山植物一样，它们也需要排水良好的土壤，因此适合种在高山植物之中。小型宿根植物和低矮的耐干旱植物可以用来在岩石园中设立框架，它们在低维护水平的砂砾园或岩屑园中非常有用。由于许多真正的高山植物在春天和初夏开花，因而岩生植物如果花期较晚就更有价值了，因为它们能延长观赏期。

多样化种植 许多岩石植物保留着野花的魅力，但某些样式和杂种常常会开出更多、更大的各色花朵。

岩石园

    阳光充足的南向或西南向山坡是岩石园的理想坐落场所。修建良好的岩石园模仿自然岩石堆积的效果，往往能创造出令人过目难忘的景致。它们尽可能地复制高山植物的自然生境，创造出高山植物能够旺盛生长的条件——岩石下方的土壤提供了凉爽、湿润但排水通畅的根系环境，这是高山植物特别喜欢的。

岩石园的设计

    为实现最好的视觉效果，岩石园应该按照现场能够容纳的最大限度建设。如果可能的话，选择一处排水良好的自然开阔缓坡。一系列带有沟壑的岩层穿插在其中会非常美观，特别是设计中融入溪流和水池。

    向阳的朝向会适合大部分岩生植物，那些喜欢阴凉的种类可以种植在大块岩石北侧的凉爽荫蔽穴坑中。在建设阶段（见263页）小心地安排岩石的位置，以提供各种种植区域，从而满足多种不同高山植物的需要。

选择植物

    几种高山植物，如春天开浓密蓝色花朵的春龙胆（*Gentiana verna*）等，喜欢排水良好、砂质土壤的深穴坑，而呈垫状生长的'唐纳德·朗兹'密穗蓼（*Persicaria adffinis* 'Donald Lowndes'）在岩层之间的宽大石阶上生长得很好。圣塔杂交繁瓣花（*Lewisia cotyledon*）以及'瀑布'虎耳草（*Saxifraga* 'Tumbling Waters'）都在莲座形的叶片上开出瀑布般的花朵，它们能在竖直岩壁的狭窄缝隙中最茂盛地生长。高山或矮生石竹如高山石竹（*Dianthus alpinus*）和'火星'石竹（*D.* 'Mars'）会用整齐的叶子提供常绿的灰绿或绿色"垫子"，带有丁香香气、单瓣至重瓣、红色、粉色或白色的花朵会从夏天一直开到秋天，它们能适应任何排水良好的区域。

    在种植设计中融入尽可能多的季相变化。高山球根植物如平滑番红花（*Crocus laevigatus*）和'大花'拟伊斯鸢尾（*Iris histrioides* 'Major'）可以在冬天或早春带来生机，而地中海仙客来和黄花韭兰（*Sternbergia lutea*）会在秋天带来一抹趣味。为得到全年的色彩，可以融入一些常绿植物，如低矮的'矮金'日本扁柏（*Chamaecyparis obtusa* 'Nana Pyramidalis'）和'津山桧'欧洲刺柏（*Juniperus communis* 'Compressa'），以及低矮的灌木如'小叶'布氏长阶花（*Hebe buchananii* 'Minor'）。

星罗棋布的色彩　以极简主义风格搭配在一起的板岩和踏石被众多绿色、黄色和粉色的高山植物点亮。

可以用有着不同寻常的叶子或茎秆并且在高度和形式上不同的物种为种植增添质感和结构感。对比鲜明的叶片特别引人注目，例如，醒目的肉质莲座植物可以搭配白头翁属（Pulsatilla）精致的羽毛状叶片和花朵。扩展的垫状蔓生高山植物与几株低矮灌木或乔木的组合也能给人视觉上的乐趣。银叶寒菀（Celmisia coriacea）的剑形银色叶片与垫状植物如晚春和夏初开深蓝色花的'布丽'灰岩远志（Polygala calcera 'Bulley's Form'）以及在夏天开成簇浅蓝或白色钟形花朵的岩芥叶风铃草（Campanula cochleariifolia）能形成醒目的对比。

岩屑堆

在山上，自然风化过程会产生大量堆积在一起的碎岩石和石块，形成石坡。这些松散的石坡被称为岩屑堆，许多植物会在这种生境繁衍，它们的根系在生长季需要大量水分，在至少15厘米厚的岩屑堆中生长得最好。在岩屑堆中生长的植物是高山植物中最美丽的种类，完全值得在种植中对它们多加呵护。

岩屑床

可以用岩屑床复制岩屑堆的自然生境。岩屑很深，最好是用不同大小的石块堆积而成的缓坡，其中混入合适的基质（见262页）。可以在平地上堆起岩屑，从地面上抬起以利于排水，实际上成为一种抬升苗床（见257页）。在岩屑堆中生长的植物常常有浓密的叶片，形

岩石园和气候变化

岩石园、岩屑园和砂砾园有时被认为是费工的，但在干旱、炎热夏季更加频繁的气候变化中，它们的受欢迎程度可能会提高。这是一种在较小区域内种植多种美观植物的有效方法，并且在生态上也是合理的。

用在这些景致中的许多植物都是耐干旱的，常常拥有很长的直根深入土壤中寻找水分。根系在岩石、岩屑和砂砾下能够保持凉

成低矮的垫状，还有许多开鲜艳的小花，花朵是如此浓密，以至于完全盖住了叶子。碎石块为这种丰富的质感和色彩提供了完美的背景。

需求严苛的高山植物如金地梅（Vitaliana primuliflora）、簇生牛舌草（Anchusa cespitosa）以及高山勿忘草（Myosotis alpestris）都能在岩屑堆中生长得很好。其他容易种植的岩生植物也喜欢这样的生长条件。某些种类如主要观赏其银色叶片的银叶蓍草（Achillea clavennae）和蒿属植物（Artemisia glacialis）可以为明亮的色彩提供柔和的衬托。包括粉花点地梅（Androsace carnea subsp. laggeri）在内的众多物种会自播繁衍。岩芥叶风铃草小小的蓝色钟形花朵会为花园带来春的讯息，但如果它们和不太健壮的物种竞争的话，就会变成麻烦。

整合岩屑床

如果有足够空间，可以将岩屑床融入岩石

强烈的对比 '琼之血'高山石竹（Dianthus alpinus 'Joan's Blood'）那宝石般的色彩与其生长的岩石形成非常鲜明的对比。

岩屑床 模仿自然岩屑堆是一种展示不同形式植物的有效方法，同时还是一种低维护水平的园艺方式。

园中，形成醒目、统一的设计，并提供广泛类型的生境。岩屑床衬托着大块岩石的效果特别美观。或者在岩石园中加入填充岩屑的坑穴，种植那些根茎周围需要良好排水的种类。例如，簇状生长的红蕚石竹（Dianthus haematocalyx）就喜欢松散干燥石块形成的土壤表面。

融入几块较大的岩石能够强化岩屑床的视觉效果。可以将植物种植在它们基部，柔化岩石的轮廓。

砂砾床和铺装

砂砾或鹅卵石区域以及铺装也是传统的费工费水景致。硬质材料的来源也越来越多，许多是采石业的副产品。它们在外观上比之前应用的产品更加自然，因此在花园中使用得也更加普遍。

这些硬质园林景观中必须种植植物，以免显得严酷和贫瘠。然而，要想成功地使用与这些材料互补的岩石园和耐旱植物，需保证下层的土壤像它们需要的那样排水良好。需要在土壤中加入粗砂以改善排水，或者加设碎石基底层来渗走多余的水分（见623页）。设置缓坡也有利于排水。

在朝阳缓坡上，排水良好的土壤表面需覆盖砂砾或鹅卵石，这是地中海风格混合种植的理想环境。海滨植物如海石竹、补血草以及黄花海罂粟（Glaucium flavum）也会旺盛地生长。可以不用低矮松柏作为基调植物，尝试叶片灰绿色的小型灌木如银毛旋花（Convolvulus cneorum）以及长而尖的宿根植物如麻兰。

如果在阳光充足的露台上、岩缝及铺装块之间的种植空间填充排水良好的土壤，可为低矮喜阳植物提供理想的生长条件。露台还能够

岩石和水 将砂砾和岩石区融合在抬升苗床上的水景园中是一种增加植物生态位的好方法,增加了能够种植的植物种类。

为盆栽岩生植物(又见258页,"石槽和其他容器")提供美丽的背景。

杜鹃科植物

需要酸性土或林地环境的高山植物并不是总能轻松地适应岩石园的环境。喜酸植物如熊果属(*Arctostaphylos*)、岩须属(*Cassiope*)、龙胆属植物以及大多数越橘属(*Vaccinium*)物种都只能在低pH值的土壤中茂盛生长,而林地植物喜欢潮湿荫蔽的条件和富含腐殖质的土壤。专门建造的含有杜鹃科基质的苗床会提供湿润的酸性生长环境,当将它置于半阴中时,可以模仿出林地的生长条件。

位置和材料

富含腐殖质的酸性苗床可以作为单独的花园景致或岩石园的延伸建造。岩石园朝北的阴凉环境提供了理想的条件。不要直接将富含腐殖质的酸性苗床放到树下,因为雨后从树叶上滴落的水滴可能损伤植物。为得到最好的效果,苗床所处的位置应该在一年中的部分时间被阳光照射。传统上,这样的苗床会填充泥炭藓,它具有pH值低、透气性和保水性良好的优势。出于保护现有泥炭藓资源的考虑,应该使用腐叶土、树皮或椰壳纤维制造的性质相似的替代基质。树皮和椰壳纤维中常常会加入大量氮肥(大部分以尿素的形式加入),这适合生长快速的植物,但对于喜酸植物和大部分岩生植物来说肥力太强。

抬升苗床

在小型花园中,抬升苗床能高度经济地利用有限空间。在较大的花园中,狭窄的抬升苗床能成为美观的边界景致。抬升苗床的规则式外观能很好地融入许多现代花园的设计和布局中。在难以获得合适岩石或岩石过于昂贵的地区,抬升苗床可以代替岩石园。

由于排水不受下层土壤的影响,抬升苗床在土壤排水不良(如潮湿的黏土)的花园中特别有用。另外,抬升苗床应能够安装冷床天窗,以保护那些冬季会受水分损害的物种,同时又不会限制植物周围空气的自由流动。各种不同的材料都可以用来建造抬升苗床,包括传统的砖块、干垒石墙以及木质铁轨枕木。更多信息见599页,"抬升苗床"。

在抬升苗床中种植

大的抬升苗床可以分隔成独立的区块,每个区块使用不同基质满足不同植物类群的特殊需要。可以在基质表面放置和插入岩石,以提供质感上的对比,并为需要它们的植物提供垂直生态位和岩缝。

矩形抬升苗床有几个不同的朝向,因此不同需求的植物可以分别种在阳面和阴面。除了在苗床本身中种植植物,苗床的侧壁也可以设计为种植空间,和墙壁用于种植蔓生物种的方式一样。

选择那些随季节变化可持续不断观赏的植物。喉凸苣苔(*Haberlea rhodopensis*)浓密的常绿莲座形叶片会在春天抽生出漏斗状花朵,它可以在夏天被洋牡丹(*Aquilegia flabellata*)接续,后者是簇生高山植物,会开出钟形的浅蓝色花朵,花瓣凹陷并有短距。这两种植物都喜欢半阴,并且尺寸较小,种在抬升苗床中不显得拥挤。

在向阳处,可选择紧凑的石竹属物种,如高山石竹和'军士'石竹(*D.* 'Bombardier'),而'黑恩莱博士'狐地黄(*Erinus alpinus* 'Dr Hähnle')可以从挡土墙上垂下来。

墙壁

对花园墙进行改造，使之适合种植高山和岩生植物。抬升苗床的侧壁以及台阶缓坡的挡土墙可以用同样的方式改造。如果可能的话，在修建这样的墙壁时，留下空隙、岩缝或裂缝，以便在修建完成后进行种植。

选择植物

垫状植物最适合，如形成常绿"垫子"并在夏天覆盖粉花的颖状彩花（*Acantholimon glumaceum*），或者西洋石竹（*Dianthus deltoides*）以及其他高山石竹。根茎易腐烂的植物如繁瓣花属和欧洲苣苔属物种非常适合生长在墙壁中，因为其根系喜欢岩缝提供的凉爽和良好排水条件。蔓生半常绿的腋花金鱼草（*Asarina procumbens*）会开出奶白色与金鱼草相似的花，而灌丛状的矮钓钟柳（*Penstemon newberryi* f. *humilior*）也会在拱形枝条上开出丰富的花朵，它们都是理想的墙壁植物。

干垒石墙

这些墙壁为许多岩生植物的根系提供了充足的穿插空间，并且排水非常畅通。独立式单层或双层干垒石墙搭配精心选择的植物会成为非常美观的景致。排水良好的顶部非常适合垫状植物如匍匐丝石竹（*Gypsophila repens*）或岩生肥皂草（*Saponaria ocymoides*），它们都会沿着墙壁边缘漂亮地垂下来。虎耳草属以及长生草属植物整洁的莲座可以点缀在墙壁的表面，在墙壁的两面垂直侧壁可以同时种植喜阳和喜阴植物。

石槽和其他容器

容器提供了在小型花园中种植高山植物的机会，并且可以放置在通道或阶梯两边。老旧的石槽是很漂亮的岩生植物容器，但很难弄到，而且很贵。不过，用人造凝灰岩制作的石槽或外层覆盖这种材料的上釉石槽（见266页）比较便宜。石槽可以用来给露台和庭院或者较大花园中的台阶和碎石区增添景致（又见306页，"使用容器"）。

在石槽中种植

最小的高山植物通常是最精致的。'迷你'蝶须（*Antennaria dioica* 'Minima'）及其他紧凑的高山植物和岩生植物应该种于容器中。通过仔细的选择，用低矮和蔓生物种群形成一个微型岩石园。

试着在高度上引入一些变化。使用小型松柏类如'矮锥'日本扁柏（*Chamaecyparis obtusa* 'Nana Pyramidalis'）或'津山桧'欧洲刺柏（*Juniperus communis* 'Compressa'）以及矮生乔木如'艺伎'榔榆（*Ulmus parvifolia* 'Geisha'）作为框架植物，选择其他植物如瓶花风铃草（*Campanula zoyssi*）、高山石竹或小苞石竹（*D. microlepis*）用于中景和前景。还可以加入微型灌木，全年提供充满对比的形式和色彩。

其他容器

只要使用排水良好的合适基质，几乎所有容器都可以养护好植物。大型花盆和木桶适合种植少量最精致的高山植物，特别是那些会从容器边缘垂下来的种类，如夏弗塔雪轮（*Silene schafta*）。小型容器适合种植株型紧凑、生长缓慢的植物，如矮点地梅（*Androsace chamaejasme*）和蛛网长生草（*Sempervivum arachnoideum*）。旧烟囱管帽种上景天属或长生草属物种也是一道迷人的景致。

高山植物温室

在野外，许多高山植物会在厚厚的积雪下过冬，积雪能阻挡多余的水分、寒冷干燥的风以及严重的霜冻，积雪之下的温度只在冰点浮动。在海拔较低的花园中，生长条件发生了很大变化，需求较严苛的高山植物需要园艺设施的保护。

对某些植物来说，简单的开口钟形罩就能提供足够的保护，但在专门设计的温室或高山植物温室中（见569页，"高山植物温室"），可以种植的植物种类会大大增多，并能让园艺师们尝试一些要求最严苛的植物。微型物种最适合种植在容器中，并且能让苏格兰报春（*Primula scotica*）等细小的植物在不被邻近更健壮的植物淹没的情况下得到更好的欣赏。将数个花盆摆在一起，可以将许多栽培需求相似的同属植物种在一起。

使用高山植物温室

高山植物温室可以在精心控制的条件下容纳多种高山植物。观赏期可以在这里延续到初冬，此时花园中的色彩已经非常稀少了。早春，观赏性会大大提升，大部分真正的高山植物都会开花。在矮生灌木、球根植物、松柏类以及蕨类植物融入种植方案的地方，观赏期可以延长至全年（见277～279页，"高山植物温室和冷床"）。

干旱生境 开小粉花的'乔治·亨利'繁瓣花（*Lewisia* 'George Henley'）快活地生长在干垒石墙上。

垂直栖息地 在自然界中，高山植物常常镶嵌在岩石之间，这个石槽中的板岩片中长满各种高山植物，复制了自然界中的景象。

岩生植物的种植者指南

暴露区域
能忍耐暴露或多风区域的岩生植物
蝶须Antennaria dioica
普氏风铃草Campanula portenschlagiana
无茎刺苞菊Carlina acaulis
对叶景天Chiastophyllum oppositifolium
粉花还阳参Crepis incana
仙女木Dryas octopetala
墨西哥飞蓬Erigeron karvinskianus
刺芹属Eryngium，部分种类 1，j
铁仔大戟Euphorbia myrsinites
长阶花属Hebe，部分种类 1，j
半日花属Helianthemum
网状补血草Limonium bellidifolium
翼首花Pterocephalus perennis
景天属Sedum，部分种类 1，j
长生草属Sempervivum
独叶雪轮Silene uniflora
密穗水苦荬Veronica spicata

空气污染区域
耐空气污染的岩生植物
南庭芥属Aubrieta
金庭芥Aurinia saxatilis
常春藤叶风铃草Campanula garganica,
　普氏风铃草C. poscharskyana
狐地黄Erinus alpinus
大戟属Euphorbia，部分种类 1，j
景天属Sedum，部分种类 1，j
长生草属Sempervivum

干燥阴凉区域
耐干燥、阴凉的岩生植物
塔形筋骨草Ajuga pyramidalis,
　匍匐筋骨草A. reptans
丹麦石竹Dianthus carthusianorum,
　西洋石竹D. deltoides
心叶双距花Diascia barberae ‘Fisher’s
Flora’，‘宝石’红双距花D. barberae
‘Ruby Field’
翅茎小金雀Genista sagittalis
匍匐丝石竹Gypsophila repens
铁筷子属Helleborus，部分种类 1
紫花野芝麻Lamium maculatum
岩生肥皂草Saponaria ocymoides

湿润阴凉区域
喜湿润、阴凉的岩生植物
林石草Adonis amurensis
岩须属Cassiope
地中海仙客来Cyclamen hederifolium,
　欧洲仙客来C. purpurascens
巴尔干瑞香Daphne blagayana
银河草Galax urceolata
獐耳细辛Hepatica nobilis,
　罗马尼亚獐耳细辛H. transsilvanica
荷青花Hylomecon japonica
冠状鸢尾Iris cristata
西欧绿绒蒿Meconopsis cambrica
报春花属Primula，部分种类 1
　（许多物种和品种）
血根草Sanguinaria canadensis
独花岩扇Shortia uniflora
美国金罂粟Stylophorum diphyllum
延龄草属Trillium

岩屑园
颖状彩花Acantholimon glumaceum
大花岩芥菜Aethionema grandiflorum,
　‘沃利粉红’岩芥菜A. ‘Warley Rose’
山庭芥Alyssum montanum

绵毛点地梅Androsace lanuginosa,
　喜马拉雅点地梅A. sarmentosa,
　长生点地梅A. sempervivoides
高山石竹Dianthus alpinus,
　安纳托利库斯石竹D. anaticus,
　刺猬石竹D. erinaceus
狐地黄Erinus alpinus
高山柳穿鱼Linaria alpina
伯舍罂粟Papaver burseri,
　日本罂粟P. fauriei,
　雷蒂亚罂粟P. rhaeticum
长生草属Sempervivum
无茎蝇子草Silene acaulis
‘微型’有距堇菜Viola cornuta ‘Minor’

岩缝和铺装区域
紫芥菜Aubrieta deltoidea（许多品种）
金庭芥Aurinia saxatilis
岩刹叶风铃草Campanula cochleariifolia,
　普氏风铃草C. portenschlagiana
狐地黄Erinus alpinus
斗篷状牻牛儿苗Erodium reichardii
浅纹老鹳草Geranium sanguineum var. striatum
心叶球花Globularia cordifolia
科西嘉薄荷Mentha requienii
变色滇紫草Onosma alborosea,
　昭苏滇紫草O. echioides
具梗铜锤玉带草Pratia pedunculata
狭叶蓝盆花Scabiosa graminifolia
百里香属Thymus，部分种类 1

墙壁岩缝
比利牛斯金鱼草A. molle
‘柠檬’金庭芥Aurinia saxatilis ‘Citrina’
普氏风铃草Campanula portenschlagiana
狐地黄Erinus alpinus
心叶球花Globularia cordifolia
喉凸苣苔Haberlea rhodopensis（阴凉处）
圣塔杂种繁瓣花Lewisia cotyledon hybrids
美丽花荵Polemonium pulcherrimum
欧洲苣苔Ramonda myconi（阴凉处）
硬皮虎耳草Saxifraga callosa,
　匙叶虎耳草S. cochlearis,
　长叶虎耳草S. longifolia,
　长寿虎耳草S. paniculata
‘罗宾怀特布莱斯特’独叶雪轮Silene
uniflora ‘Robin Whitebreast’

石槽
簇生牛舌草Anchusa cespitosa
点地梅属Androsace（小型物种和品种）
‘迷你’蝶须Antennaria dioica ‘Minima’
紫花孟缀Arenaria purpurascens
粉花车前草Asperula suberosa
瑞香属Daphne（部分种类）
高山石竹Dianthus alpinus
‘迷你’仙女木Dryas octopetala ‘Minor’
矮小刺蓼参Edraianthus pumilio
岩生龙胆Gentiana saxosa
半日花Helianthemum oelandicum
‘矮生’猪毛菜状亚麻Linum suffruticosum
subsp. salsoloides ‘Nanum’
高山勿忘草Myosotis alpestris
双色脐果草Omphalodes luciliae 1
九叶酢浆草Oxalis enneaphylla
大花拟耧斗菜Paraquilegia anemonoides
三脉岩绣线菊Petrophytum hendersonii
钻叶福禄考Phlox subulata
粉报春Primula farinosa,
　齿缘报春P. marginata
虎耳草属Saxifraga，部分种类 1

（许多物种和品种）
岩缝景天Sedum cauticola
圆币草Soldanella alpina,
　山圆币草S. montana
‘迷你’红花百里香Thymus serpyllum
‘Minus’
金地梅Vitaliana primuliflora

凝华岩中种植
点地梅属Androsace（小型物种和品种）
瓶花风铃草C. zoysii
高加索葶苈Draba mollissima,
　多毛葶苈D. polytricha
矮小刺蓼参Edraianthus pumilio
大花拟耧斗菜Paraquilegia anemonoides
喙檐花Physoplexis comosa
雪线委陵菜Potentilla nitida
虎耳草属Saxifraga，部分种类 1（许多种类，
尤其是Kabschias系列）
卡索拉堇菜Viola cazorlensis

抬升苗床
‘沃利粉红’岩芥菜Aethionema ‘Warley Rose’
点地梅属Androsace
比利牛斯金鱼草Antirrhinum molle
洋牡丹A. flabellata
杜松叶海石竹Armeria juniperifolia
垫芹Bolax gummifera
擎钟花Campanula raineri
瓶花风铃草C. zoysii
匈牙利瑞香Daphne arbuscula,
　欧洲瑞香D. cneorum,
　‘大花’意大利瑞香D. petraea ‘Grandiflora’
石竹属Dianthus，部分种类 1
硬叶葶苈Draba rigida var. bryoides
草叶刺蓼参E. graminifolius
猥豆Erinacea anthyllis
无茎龙胆Gentiana acaulis
平卧球花Globularia meridionalis
喉凸苣苔Haberlea rhodopensis
高山火绒草Leontopodium alpinum
繁瓣花属Lewisia（部分物种和杂种）
牛至属Origanum（部分物种和杂种）
腺叶酢浆草Oxalis adenophylla,
　九叶酢浆草O. enneaphylla,
　‘艾奥尼海克’酢浆草O. ‘Ione Hecker’
伯舍罂粟Papaver burseri,
　日本罂粟P. fauriei
大花拟耧斗菜Paraquilegia anemonoides
耳叶报春Primula auricula,
　齿缘报春P. marginata
欧洲苣苔Ramonda myconi
少妇虎耳草Saxifraga cotyledon,
　长叶虎耳草S. longifolia,
　‘瀑布’虎耳草S. ‘Tumbling Waters’
长生草属Sempervivum
无茎蝇子草Silene acaulis
‘利蒂希娅’毛蕊花Verbascum ‘Letitia’

低矮灌木
‘致密珊瑚’狭叶小檗Berberis x stenophylla
‘Corallina Compacta’
矮灌桦Betula nana
‘亮绿’日本扁柏Chamaecyparis obtusa
‘Intermedia’
‘矮球’日本柳杉Cryptomeria japonica
‘Vilmoriniana’
欧洲瑞香Daphne cneorum,
　凹叶瑞香D. retusa,
　绢毛瑞香D. sericea
猥豆Erinacea anthyllis

长圆叶常绿千里光Euryops acraeus
镰叶小金雀Genista sagittalis subsp.
　delphinensis
‘小叶’布氏长阶花Hebe buchananii
‘Minor’
‘马氏’钝齿冬青Ilex crenata ‘Mariesii’
‘津山桧’欧洲刺柏Juniperus communis
‘Compressa’
硬毛百脉根Lotus hirsutus
珊瑚新蜡菊Ozothamnus coralloides
‘克兰巴西’挪威云杉
Picea abies ‘Clanbrassiliana’,
　‘格雷戈里’挪威云杉
P. abies ‘Gregoryana’,
　‘尖塔’白云杉P. glauca var. albertiana
‘Conica’
‘毕斯’金露梅
Potentilla fruticosa ‘Beesii’
波氏柳Salix x boydii
矮丛花楸Sorbus reducta

注释
1 不耐寒
j 只能用于岩生园的物种

狐地黄

建造、土壤准备和种植

可以使用各种方法在花园中种植高山植物。将它们种在岩石园中可能是最为人熟知的方式，但这会占据大量空间。对于较小的植物，岩屑堆、抬升苗床、草炭苗床以及墙壁上的岩缝都可以成为非常吸引人的景致。在空间更加有限的地方，石槽或其他容器也可用来种植高山植物。

购买植物

在精心的选择下，岩石园能够成为全年可观赏的景致。在购买任何植物之前，参考权威文献，找出适合特定位置气候、土壤以及一般条件的植物范围。造访公园和植物园中建成的岩石园，评估各种植物对于你的相对价值。形状、样式、叶色、果实、茎秆及整体生长习性都和花朵一样重要。

在哪里购买植物

植物的来源很广泛，包括园艺中心和专业苗圃。非专业渠道常常出售种类有限的鲜艳品种和容易栽培的物种。这些种类会形成大而伸展的团簇，很快盖过岩石园中其他更精致的植物。

有经验的苗圃工人会对特定条件下最合适的植物选择提出明智的意见，并且通常拥有展示成熟植株的苗床。这能让你了解不同植物最终的大小、冠幅和株型，这在设计阶段特别重要。可以就基质以及岩石的供应等问题咨询这样的专业人员。

专业种植者可以提供更加广泛的植物选择，还能提出详细的栽培建议——这对于新手特别重要。一般供应商也会有一些珍奇植物，但它们往往是留给专家的，因为它们可能不适用于一般的岩石园。这样的植物可能很漂亮但常常很贵，并且难以栽培。它们是充满诱惑的挑战，但只能在获得栽培建议后再购买。

选择高山植物

选择叶片健康、紧凑，没有病虫害或脱水迹象的植株。不要买枝叶发黄或柔弱的植株，这表示它们之前可能处于不良的光照条件下。标签应该记载植物名称、花期以及简明的栽培需求。植株不能被容器束缚，通过容器基部的排水孔不能看到或刚刚看到根系。不要购买任何根系已经深入容器下方土地的植株，这些植株肯定受到了容器的束缚。

在根系受损或者已经死亡后，植株的地上部分还可能保持一段时间的健康，所以要将植株倒出花盆，仔细检查根坨以确定根系是否健康。

有时可以买到较大的植株，但除非它们得到正确的栽培，否则它们需要花费比那些小而健壮的植株更长的时间恢复。

尽可能选择没有杂草的植株。在种植前，刮走表层砂砾或基质以清除杂草的种子。如果将碎米芥菜（*Cardamine hirsuta*）和仰卧漆姑草（*Sagina procumbens*）等杂草引入，它们一旦成形就很难彻底清除了。

许多植物如某些观赏葱会大量结实并自播。小心地选择植物以免引入这些麻烦的种类。

松毛翠

好样品

虎耳草

外观健康的紧密枝叶

无杂草的基质

坏样品

枝叶柔弱，不匀称

基质中有杂草

在花盆中卷曲缠绕的根系

为岩石园或岩屑床选址

好的位置对岩石园或岩屑床至关重要，因为高山植物需要良好的光照和排水条件才能旺盛生长。岩石园或岩屑床应该和花园的其他部分和谐一致、融为一体。在建设之前，在纸上画出草图，展示岩石园或岩屑床与花园中其他景致的关系。可以将岩屑床融入岩石园，亦可单独建设。

选择位置

选择远离乔木树冠的开阔向阳处。乔木会向下方的植物滴水，而且秋季的落叶还会遮盖植

为岩石园选址

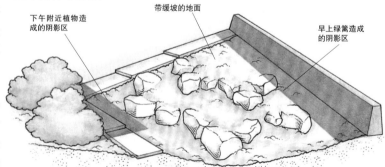

下午附近植物造成的阴影区

带缓坡的地面

早上绿篱造成的阴影区

如果可能的话，将岩石园建造在缓缓倾斜的地面上，以保证排水顺畅。选择接受全日照的开阔区域，远离乔木和大型灌木的根系和伸出来的树枝。

物或者产生潮湿的环境，从而导致植物腐烂。乔木的根系会与植物争夺水分和养分。不要将岩石园或岩屑床定位在霜穴中或暴露在寒冷干燥的通风位置。缓坡是岩石园的理想位置，它有良好的排水条件，而且人造岩层看起来更加自然，还能提供不同的穴坑和朝向以满足不同植物的生长需求。地势平坦的地点对于岩屑床（见264页）或抬升苗床（见269页）更合适。

岩石园或岩屑床最好设置在能够融入花园中自然种植区域的地方，可以在缓坡上、台地旁，也可以作为自然式岩层从灌木区伸出来。如果有水景如池塘和溪流，应该在设计早期将它们纳入计划中。如果岩石园或岩屑床要设置在草坪旁，应保证它们不会影响割草。它们在草本花境、花坛以及任何其他规则的种植区域如蔬菜园或果园旁边都不可能显得自然。如果主花园是规则式的，最好将高山植物种植在矩形的抬升苗床（见269页）中，而不是尝试着将自然式岩石园融入设计中。

选择岩石

在任何可能的地方购买用于建造岩石园的废弃或二手天然岩石，也可以尝试去当地采石场挑

岩石的类型

凝灰岩是用于岩石园的良好选择，因为它柔软多孔的质地意味着：植物可以像生长在岩石缝隙之间那样生长在它上面的孔隙中。外观自然的风化砂岩也是一个好的选择，就像石灰岩那样（如果能得到二手的话）。

砂岩

凝灰岩

石灰岩（肯特郡产砂质石灰岩）

天然岩层

层积岩如白垩岩和石灰岩拥有天然的层状结构，肉眼清晰可见。这种类型的岩石可以沿着层状结构轻易地劈开，可用于岩石园中。

自然界中形成的层积岩，其层状结构通常是朝着同一个方向的，在岩石园中要模仿相同的层积效果，否则会显得人为痕迹太重。

自然分层线

选不太大的合适岩石。选择一系列不同大小的岩石，建造外观自然的岩层。园艺中心会提供各种岩石，但有时大小和形状都很有限。也可以使用再生岩石产品。

天然岩石

某些类型的岩石特别是水冲石灰岩如今在自然环境中正遭受巨大的威胁，出于保护资源的考虑，不应该使用这些岩石。有时候能够买到已经开采很久的二手风化石灰岩，但不要购买刚刚开采的石灰岩或从自然环境中采集以及从石墙上扒下来的岩石。

不要使用柔软、快速风化的岩石如页岩和白垩岩，也不要使用坚硬、无生气、没有岩层结构的火成岩，如花岗岩和玄武岩。没有清晰岩层的坚硬岩石可能很

便宜，但很难使用，需要数年才能得到风化外表，并且一般都会显得不自然。其他材料如板岩也可使用，但很难融入花园的环境。

最适合的材料是各种各样的砂岩，其中的自然岩层清晰可见。使用岩层结构明显的岩石有一个好处：可以轻松劈开。如果你足够幸运的话，或许还能找到凝灰岩——一种多孔且富含石灰质的岩石，它很轻，很容易运输和操作。可以在它相对柔软的表面挖出或钻出种植用的坑穴。它为需要良好排水的植物提供了理想条件。

人造岩石

也可以使用用采石场废料甚至玻璃纤维制造的再造岩石。它们在外观上或多或少像天然岩石，需要用合适的表层材料覆盖（见265页）以及通过种植让它们显得自然。可以用2份尖砂、2份椰壳纤维和1份波特兰水泥来制造园艺用人工岩石，其中可能还要加入着色粉末。将混合物倒入土壤中挖出的有聚乙烯衬垫的洞中成形。

土壤和土壤混合物

在自然界中，许多高山和岩生植物生长在岩石碎块、砂砾和具有保水作用的富含腐殖质的岩石碎屑构成的"土壤"中。这样的生长介质排水性极好，在岩石园或岩屑床中使用性质相似的基质非常重要。栽培大多数岩生植物和高山植物，可以使用普通的园土，在其中加入草炭替代物（或草炭）以及

喜砂质土的岩生植物

天蓝猥莓Acaena caesiiglauca,
　小叶猥莓A. microphylla
凯氏蓍草Achillea x kellereri
'沃利粉红'岩芥菜Aethionema
　'Warley Rose'
匍匐丝石竹Gypsophila repens
半日花属Helianthemum
石生屈曲花Iberis saxatilis
圣塔杂种繁瓣花Lewisia cotyledon
hybrids
猪毛菜状亚麻Linum suffruticosum
昭苏滇紫草Onosma echioides
二裂福禄考Phlox bifida
岩生肥皂草Saponaria ocymoides
景天属Sedum, 部分种类 1
长生草属Sempervivum

在强碱性土壤中生长的岩生植物

岩芥菜属Aethionema
庭荠属Alyssum
多裂银莲花Anemone multifida
南庭芥属Aubrieta
风铃草属Campanula, 部分种类 1
石竹属Dianthus, 部分种类 1
葶苈属Draba
矮糖芥Erysimum helveticum
圆柱根老鹳草Geranium farreri
匍匐丝石竹Gypsophila repens
半日花属Helianthemum
高山火绒草Leontopodium alpinum
高山柳穿鱼Linaria alpina
牛至属Origanum
伯舍罂粟Papaver burseri,
　日本罂粟P. fauriei
白头翁属Pulsatilla
白舌假匹菊Rhodanthemum hosmariense
岩生肥皂草Saponaria ocymoides
虎耳草属Saxifraga, 部分种类 1
景天属Sedum, 部分种类 1（只有物种）
长生草属Sempervivum（只有物种）
夏弗塔雪轮Silene schafta
簇生百里香Thymus caespititius

注释
1 不耐寒

'火龙'半日花

砂砾，但对于那些对水分更敏感的物种（如生长在岩屑床上的种类），需要大量砂砾来提供良好的排水条件。

标准混合基质

1份消毒园土、1份草炭替代物（或草炭）以及1份尖砂或粗砾的混合物适合种植大多数岩生植物。富含腐殖质的材料保证了保

水性，而沙子或砂砾保证了良好的排水性。

岩屑植物混合基质

岩屑植物需要排水性非常好的基质。使用和标准基质相同的成分，但配比比例不同：使用3份粗砾或石屑（不是沙子），如果还未得到排水更通畅的基质，可以再增加砾石材料的比例。在干

旱地区，石屑的比例必须降低到2份，或者使用保水性更好的混合基质（由1份壤土、2份腐叶土、1份尖砂以及4份石屑构成）。

专用混合基质

某些挑剔的高山植物，如微型垫状的点地梅属和虎耳草属植物，需要排水性极好的基质。这些植物通常来自土壤养分含量很

低的高海拔地区。对于它们，使用由2或3份石屑或砾石加1份壤土或腐叶土（或草炭替代物或草炭）混合而成的基质。

对于喜酸植物，使用4份不含石灰的腐叶土、草炭替代物（或草炭）、腐熟树皮与1份粗砂混合的基质。然而，在碱性土壤上，将植物种植在装满酸性基质的坑穴中并不是长久之计，因为石灰会不可避免地渗透进来，将喜酸植物杀死。更好的解决方法是将这些植物种植在苗床（见269页）中。

建造岩石园

永远不要尝试在土壤潮湿的地方建造岩石园，因为沉重的岩石会压缩土壤并严重破坏土壤结构。这会影响排水，让植物的成形和生长出现问题。如果建造场所长满青草，可小心地将草皮切下并保存起来，以便在后来建造岩石园时使用。

清理杂草

清理现场的所有宿根杂草。如果在乔木和灌木附近修建岩石园，则应清除它们产生的所有萌蘖条。宿根杂草很难从建设好的岩石园中彻底清除，所以在建设前将它们挖出并杀死是很重要的（见645～649页，"杂草和草坪杂草"）。

排水

保证现场排水良好，特别是在平地上，如果必要的话可以设置渗滤坑或其他排水系统（见623页，"改善排水"）。这在黏重的土壤中特别重要。不要只是挖深坑——它们会形成水坑，水会留在其中，除非连接到排水沟。将岩石园抬升于周围地面是个可改善排水性的方法。在自然缓坡上，排水通常不是问题，不过在最低点也可能需要一条排水沟。

如果下层土壤的排水性很好，则只需要翻耕土壤并清除所有宿根杂草，然后轻轻将土壤踩实，以免后续发生沉陷。用叉子

种植和表面覆盖

1 在开始种植前，为所有植物浇水并让它们排掉多余水分。为确定植物的位置，将花盆摆放在种植床表面，要考虑植株的最终高度和冠幅。

2 小心地将每株植物从花盆中移出，并稍稍松动根坨以促进根系伸展。在种植前清除所有苔藓和杂草。

3 用小泥铲挖出足以容纳根坨的种植穴。将植株放入种植穴中。

4 用基质填充在植株周围并轻轻压实，保证根坨和基质之间不会形成气穴。

5 做好标记并用砂砾或碎石覆盖在基质表面，在植株根部周围留出空隙。

完成的岩石园
植物会很快长起来，形成一座美观成熟的岩石园。

6 继续以同样的方式种植，直到岩石园的种植全部完成。确定整个区域都得到了合适的覆盖，并为植物浇透水。

崔氏繁瓣花

耙土,以保持良好的土壤结构。

建造基础

铺设一层15厘米厚的粗石、碎砖、石块、道渣、角砾或豆砾。再在上面撒一层泥炭。这会防止岩石园的基质堵塞基部的排水层,同时又不阻碍正常排水。如果买不到泥炭,可以使用聚丙烯塑料布,在上面以固定间距打孔,让水从其中排出。

购买表层土或从花园中其他地方引入,尽可能确保其中不含杂草,将这些土壤铺设于岩石园的表面。在岩石之间种植植物的地方,应该使用专门配制的排水极好的基质（见262页）。

放置岩石

岩石的触感沉重而粗糙,所以要戴手套和穿安全鞋。使用滚筒搬动大型岩石,并让送货人将岩石运到离岩石园最近的地方。为将大型岩石定位到最终位置,可能要用滑车和撬棍进行最终的调整。先标记出大型岩石的大致位置,以避免徒劳工作。

首先选择被称为"楔石"的大块石头。每个裸露的岩层都是从这样的岩石发展出来的。先定位最大的楔石,然后再安排其余的岩石,形成突出的岩层。使用足够的岩石让岩层显得真实可信,同时为种植植物留下充足空间。随着工程进度观察视觉效果。如果使用的岩石有分层线,要保证它们都沿着同一个方向以同样的角度排列。

岩石的放置应考虑能种植范围最广的植物。例如,将岩石垛叠在一起创造狭窄的岩缝,其中可以生长众多不同的植物。在空间允许的地方,精心设计的多层式岩石园会在岩石间创造众多有用的种植位。

将岩石三分之一的体积埋入土壤中,并将露出的部分稍稍向后倾。这会确保岩石的稳定性,并让水顺着岩石流入苗床的土壤中,而不是流到岩石下面的植物上。站在岩石上确保它们完全稳定。

放置好岩石之后,用准备好的基质填充岩石之间的种植空间。任何不协调的地方都可以通过精心的种植设计来掩饰。

为了给高山植物和岩生植物提供凉爽、排水良好的凹处,在岩石园修建好之后将它们种植在两层岩石之间。将植物种在紧挨着岩石的土壤中,并在根系周围添加少量基质,然后轻轻地紧实土壤。

岩缝园艺

岩缝园可以作为岩石园的一部分,也可以作为单独的景致修建,它已经成为在相对有限的空间种植大量高山植物和岩生植物的流行方法。对于喜欢凉爽、排水良好条件的高山植物,岩缝是其理想的生长环境,能让它们的根系广泛地伸入下方的土壤中。

岩缝中的植物可能较难恢复,在种植时需要格外当心。当在水平岩缝中种植时,为避免岩石裂开,可用小块石头支撑位于上方的岩石,然后再在它们之间种植。当在垂直岩缝中种植时,也可以使用小石块来保留基质（见268页,"在垂直岩缝中种植"）。如果在已经修建好的岩石园的岩缝中种植,可使用小型工具（如小锄子）挖出种植穴。

使用带有健壮根系的年幼生根插穗。如果只能买到盆栽植株,则将根坨和地上部分修剪到合适的大小。在岩缝中放置一个小石块,在上面放少量基质,然后用小锄子将根系插入其中,使植物朝外生长。添加更多基质并紧实它,在根坨上放一小块石头以提供额外的稳定性。

岩缝园的建设
狭窄岩石或板岩可以几乎垂直地层层堆积在一起模仿自然岩层。在岩石之间填充排水良好的混合基质: 2份壤土、2份腐叶土、1份尖砂以及4份石屑。

增加色彩和质感
这个岩缝园中的岩石和植物相得益彰。在这里,破碎的板岩穿插在较大的结构性岩石中,形成了对比并增加了趣味。长生草的红色叶片与两种岩石相得益彰。

岩石园中的种植

高山植物和岩生植物几乎都是以盆栽形式出售的，并且可以在一年中的任何时间种植，不过最好不要在土地潮湿或霜冻的时候种植，也不要在非常温暖或干旱的时期种植。

在种植前为所有的植物浇透水，并排走多余的水。将还在花盆中的植物摆放在预定地点，观察最终的种植效果。在这个阶段，可做出任何重新安排，并调整种植间距。为某些健壮和快速生长的植物类型留出空间。小心地将每棵植株倒出花盆并清理基质中可能含有的杂草。检查根系和地上部分的病虫害迹象，并在种植前做出相应的处理（见639～673页，"植物生长问题"）。

用小泥铲或手叉挖出种植穴，确保其足以容纳根系。轻轻地松动根坨，将植株放入种植穴中，填充基质并紧实。植物的根颈处应稍稍露出地面，为表层覆盖砂砾或石屑留出空间。

当所有的植物都种下后，为它们浇透水。保持湿润，定期浇水直到它们恢复并开始长出新的枝叶。如果种植后出现干旱期，大约每周为植物浇一次水，直到根系扎入周围的基质。然后就不用人为浇水了，除非出现干旱。

养护

使用网或其他障碍物保护新种植的高山植物免遭鸟类危害。定期紧实那些可能松动的植物，如果必要的话添加新的基质。为植株做标签，或者保留种植时的种植图，以记录它们的名称。当添加、替换或重置植物时更新它们的名称。

岩石园中的野生动物

虽然岩石园不是那种能明显吸引大量野生动物的花园景致，但蜜蜂、蝴蝶以及其他有益的昆虫都会造访许多岩石园物种和品种以采集花蜜和花粉。

能吸引昆虫的岩生植物包括南庭芥属（*Aubrieta*）、南芥属（*Arabis*）、屈曲花属（*Iberis*）物种和品种，还有低矮的牛至属植物，如心叶牛至（*Origanum amanum*）和'肯特丽'牛至（*O.* 'Kent Beauty'），景天，石竹，风铃草以及某些番红花属和葡萄风信子属植物。

相似地，低矮灌木如欧洲瑞香（*Daphne cneorum*）、地中海瑞香（*D.collina*）、半日花属（*Helianthemum*）物种及品种，以及薰衣草都富含花蜜或花粉，能够为众多种类的蝴蝶、蛾子、甲虫、蜜蜂和其他昆虫提供食物。

建造岩屑床

以与建造岩石园相似的方式准备现场，有必要的话，设置人工排水系统（见623页，"改善排水"）。缓坡地点天然具有良好的排水性，但在平地上，岩屑床最好稍稍高出地面以利于排水，并用矮墙、原木或旧铁轨枕木围起来，就像抬升苗床一样（见269页）。

岩屑床应该有30～40厘米深，大约一半深度应该填充粗石，上半部分应该是一层岩屑植物混合基质（见262页）。用绳子或软管标记出现场，在原来种草的区域，将草皮移走。铺设粗石，然后用薄薄的反转草皮或带孔的聚丙烯塑料布盖在上面，以利于排水。

再铺设一层15～20厘米厚的岩屑植物混合基质，轻轻踩过整个区域以压实。为岩屑床浇水并让其沉降，然后在沉降的地方补充岩屑植物混合基质。

岩屑床中的种植

岩屑床中的植物可能比岩石园中的更难恢复，因为排水通畅的基质可能会在植株恢复前干掉。种植期间的养护以及精心的浇水是成功的关键。盆栽高山植物已经发育良好的根系不会很容易地穿透砂质的岩屑基质，所以要轻轻地摇晃掉根系上的大部分基质（特别是含草炭的）。保持裸根的湿润。将植株根系伸展，放入种植穴中，并小心地填充岩屑植物混合基质。用岩屑覆盖植株周围，并立即浇透水。

岩屑植物混合基质的排水速度很快，所以要经常为幼苗浇水，直到它们恢复。尽量不要弄湿叶片。在它们的自然生境中，在岩屑堆上生长的植物拥有深而广的根系，以便寻找养分和水分，所以一旦成形，它们便能在不浇水的情况下长期存活。

斜坡上的地中海风格种植

1 如有必要，将尖砂或砂砾混入土壤以利于排水。挖掘并埋入较大的石块。将花盆中的植物放在种植位置（这里是一系列香草）。

2 按照从大到小的顺序种植植物，种植深度和它们在花盆中的一样，浇透水。在覆盖表面前让土壤稍微干燥一下。

3 添加较小的岩石，然后铺一层厚厚的岩屑或豆砾。用小泥铲或手将它们均匀地铺在植物周围。

完成的"地中海式"堤岸
这样耐干旱的花园景致提供了一片低维护水平的区域，一旦植株成形就几乎不需要浇水。表层的岩屑或豆砾有助于保持土壤中的水分，将热量反射到喜阳植物上，并且能抑制杂草。发现杂草后，立即用手清理。

砂砾园的种植

1 将抑制杂草的塑料膜剪切成适合苗床的形状。对于较大的区域，剪下数块并重叠着拼在一起，就地固定。

2 将植物放在塑料膜上，并四处移动直到你对它们的位置满意。要记得考虑它们的最终高度和冠幅。

3 在每株植物下方剪出十字形，然后将塑料膜折起来，保证有充足的空间可以挖出大小合适的种植穴。

4 使用小泥铲挖出比植物根坨稍大的种植穴。将植物从花盆中移出，放入种植穴中。

5 向根坨周围回填土壤并紧实。将塑料膜披在植株茎秆周围。如果有缝隙，则将塑料膜用别针固定。浇透水。

6 用厚厚的一层砂砾或其他材料覆盖在塑料膜上。大量使用表层覆盖材料，不要露出塑料膜。用耙子耙平。

完成的砂砾园
经常浇水直到植物恢复，使用带细花洒的水壶，以避免将砂砾冲走。如有必要，定期将砂砾耙平并拔掉任何可能出现的杂草。

表层覆盖、砂砾和卵石

在种植后，岩石园或岩屑床的表面可以覆盖石屑、粗砂或砂砾。如果可能的话，表层覆盖应该和建设阶段所使用的岩石相匹配。

表层覆盖有很多优点：它为植物提供了美观自然的背景，并且能更好地与岩石融为一体，为植物提供良好的排水性，抑制杂草生长，保持水分，并防止土壤被大雨压实。岩石园的表层覆盖厚度至少应为2.5厘米。岩屑床上可以为2~15厘米，这取决于种植的植物种类。对于大多数岩屑床，2~3厘米厚的表层覆盖就足够了。

在砂砾床和砂砾园中，砂砾下方的可渗水土工布可以进一步抑制杂草，并延长表层覆盖物的使用寿命，阻止它们逐渐沉降到土壤中去。与单层砂砾和豆砾相比，这些土工布的保水性能也更好。在需要低水平维护的景观中，它们是理想的材料——虽然它们会阻止园艺植物的自播，从而阻止植物按自然方式繁衍。

用于表层覆盖的石屑和砂砾在园艺中心和建材商处都可以买到，并且有各种级别和颜色。如果表面用于行走，或者用作露台区并在上面摆放花园家具和容器，应该使用常被称作"豆砾"的较细砂砾，它能提供光滑、更容易亲近的表面。

为表层覆盖材料选择与岩石搭配效果自然的颜色。使用对比鲜明的色调可能会产生醒目张扬的现代主义效果——例如，深色板岩岩屑在浅色岩石之间形成一条条"河流"——不过这需要较高的设计技巧，才能避免笨拙的感觉。

卵石

不要从沙滩上采集卵石，它们可能是抵御海浪侵蚀的重要屏障。在海洋保护区以及人造海防区，移动卵石可能是违法的。

好的园艺中心应该提供来源合法、水洗过的卵石。你可以在水景部门找到它们，它们如今已经成为小型喷泉的热门装饰物。

石槽和其他容器

高山植物和岩生植物种植在石槽中看起来特别美观，它们也可以种植在大多数排水良好的防冻容器中。选择好放置容器的正确位置，因为一旦填充基质，它们就很难再移动。可以在容器中放置岩石，创造微缩岩石园的效果。放置岩石要在种植之前进行。

容器的类型

喂养牲畜用的老旧石槽在以前就用来种植高山植物，现在它们很稀少并且很贵。如今常常使用的是外层覆盖人造凝灰岩的上釉水槽或者完全用人造凝灰岩或再造石制造的石槽，还有大型陶罐和赤陶瓮。所有这些容器都应该有排水孔，确保水分自由流过基质。如果需要额外的排水孔，它们的直径至少应为2.5厘米。如果容器基部不是平的，则应该在最低点打排水孔。上釉水槽中的植物需要的水比石槽或凝灰岩水槽中的植物少，所以为了防止过涝，应该在基质下面加设额外的排水层。

覆盖上釉水槽

上釉的平底深水槽可以通过覆盖人造凝灰岩的方法来模仿石头容器。确保水槽清洁干燥，然后用瓦片或玻璃切割刀在表面刻痕，帮助人造凝灰岩附着在水槽上。为进一步帮助凝灰岩附着，施加人造凝灰岩之前可在水槽表面涂上黏合介质。

用1～2份筛过的草炭替代物（或水藓泥炭）、1份粗砂或细砂砾，以及1份水泥来制作人造凝灰岩。加入足够的水形成黏稠糊状物。将糊状物施加到水槽的整个外壁，内壁向下施加到基质的最终表面。用手（戴手套）将人造凝灰岩贴在表面，它应该有1～2厘米厚。将表面摩擦粗糙，使它看起来像岩石。当人造凝灰岩完全干燥时（大

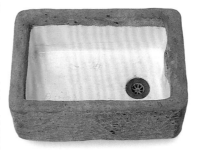

覆盖人造凝灰岩的上釉水槽是种植高山植物的良好容器。

约一周后），用钢丝球蘸取高锰酸钾或液体粪肥的稀溶液——大约每升水3茶匙——擦刷表面，以抑制藻类并促进苔藓和地衣的生长。

人造凝灰岩石槽

如果需要的话，石槽可以全部用人造凝灰岩制造。混合物的配方和覆盖水槽时一样，但要将沙子和砂砾的比例增加到3份，制备更坚硬的混合物。

准备两个能套在一起的木盒，套在一起时中间有5～7厘米宽的空隙。将较大的木盒立在砖块上，以便石槽制作完成后抬起。将两薄层人造凝灰岩混合物倒入木盒基部，在两层混合物之间以及与侧壁平行的位置放置坚韧的金属网。用厚木钉插透人造凝灰岩，制造排水孔。将较小的木盒放入大木盒中，两个木盒之间设置金属网，然后在空隙中填充混合物，轻轻填塞，去除气穴。

当空隙填满之后，用一块塑料布盖住石槽至少一周，等待混合物凝固，如有必要，还要做防冻处理。当混合物凝固变硬之后，移除木盒和木钉。如果盒子不容易取下，用细凿子和小锤将它们轻轻敲下。使用钢丝刷摩擦石槽表面使其变得粗糙，并涂上一层液体粪肥或高锰酸钾溶液以促进苔藓和地衣的生长。

如何制作人造凝灰岩石槽

1 需要两个木盒来制作石槽，其中一个比另一个稍大。在木盒表面涂上油以防人造凝灰岩粘连在上面。

2 在较大木盒的基部铺设一层2.5厘米厚的人造凝灰岩混合物，在上面以及侧壁周围放置一张金属网，起到加固的作用，然后添加另一层人造凝灰岩。

3 将数个厚木钉按入金属网和人造凝灰岩的基部，在石槽底部制造排水孔。

4 将较小的木盒放置在底层的人造凝灰岩中央，确保垂直金属网位于两个木盒中间。在空隙中填充人造凝灰岩混合物，在填充时向下按压。

5 用塑料布覆盖人造凝灰岩顶端，直到混合物凝固定型（大约需要一周）。用重物将塑料布压住，并做好防冻措施。

6 当人造凝灰岩硬化凝固之后，将石槽外侧的木板移走。如果人造凝灰岩粘在了木盒上，用锤子和凿子小心地将木盒拆掉。

7 这时候的人造凝灰岩表面光滑平整，为得到更加自然的外观，使用钢丝刷或粗粒砂纸摩擦石槽的外壁使其变得粗糙。

8 移走较小的盒子，如有必要的话使用锤子和凿子。为促进苔藓和地衣生长，用液体粪肥涂抹石槽的外壁。

容器的选址

一天中至少部分时段有阳光照射的开阔区域是大多数植物的理想位置。不要将容器放在多风的地点，除非种植的植物很坚韧；也不要放在草坪上，否则会使周边的草很难打理。避免不稳定的缓坡，并将容器放置在尽可能靠近水管的地方。

将石槽提升到距离地面45厘米高的位置。这样可以从更好的角度观赏植物，也能更容易地排走水分。容器四角下的石头或砖块能够提供稳定可靠的支撑。它们应该能够承受容器的重量，没有倾翻的危险，并且不要堵住排水孔。只有单个排水孔的水槽应该倾斜放置，以便让多余的水流走。

放置岩石和凝灰岩

基本上任何类型的岩石都可以用在石槽中。岩石能带来高度，并且能让基质有更深的深度。少量大块岩石比众多小块岩石好。岩石中的凹陷和岩缝也可以用来种植植物，特别是使用了硬凝灰岩的话。凝灰岩质量较轻且容易处理，可以在上面挖出种植穴。植物根系可以伸入布满孔隙、透气性良好但也能保水的岩石中。

无论使用什么类型的岩石，将每块石头的三分之一至二分之一埋入基质中，以确保稳固。

填充容器

岩生植物需要含壤土的盆栽基质，并在其中加入部分有利于排水的材料，以便抽提出它们旺盛生长所需要的养分。在基质中加入大约三分之一体积的珍珠岩或6~9毫米厚岩屑，并混入一些缓释肥。喜酸植物需要不含石灰的基质，其中不能加入石灰岩或砂砾岩屑。

用碎瓦片或金属网盖住排水孔，并将容器底部的四分之一至三分之一填充粗砂、砂砾或岩屑。再用稍稍湿润的基质装满，并轻轻压实。

将数块岩石或凝灰岩放置在基质上，并在填充容器时将它们半埋入其中。在岩石之间形成岩缝和凹陷，同时提供阴面和阳面，以适应不同植物的生长，并随机布置较小块的石头以模仿小型岩石园。在种植前浇透水，让基质彻底排干净多余的水。

种植

选择生长缓慢、不会淹没邻近植物并快速消耗有限养分的植物。不要在容器中过度种植；当容器过于拥挤时，对植物进行移栽（见271页，"石槽中高山植物的移栽"）。

将还在盆中的植物放在基质表面，或者在纸上画出种植设计图。挖出种植穴，小心地将植物倒出花盆并松动根坨。将植物放入种植穴中，填充基质并紧实。所有植物都种好后，浇透水。然后，在表面覆盖一层岩屑或砂砾，以保证排水顺畅。

在凝灰岩上种植

如果要将植物种植在凝灰岩上，用钻、锤子或凿子打出相隔10~12厘米的孔洞。它们的直径至少应有2.5厘米，深5~7厘米，在垂直或倾斜的表面至少应有30°~45°的角度，在水平面上应该垂直。浸泡凝灰岩，然后在每个孔洞的基部放置少量尖砂。使用容易恢复的年幼生根插条或小型植株。在种植前清洗根系，用戳孔器或铅笔将它们弄到孔洞中，并在洞里撒上基质。确保植物的根茎被埋入基质中且没有高出洞口。紧实基质，用小块凝灰岩在植株周围固定。浇透水并保

如何在石槽中种植高山植物

1 首先在凝灰岩上面钻出直径大约为2.5厘米、深7厘米的洞，洞的间距不要小于10厘米。将凝灰岩浸入水中过夜。

2 用细金属网盖住容器底部，或者用碎瓦片遮盖排水孔，并加入一层7~10厘米厚的粗砾。

3 在石槽中覆盖部分砂砾状潮湿基质，逐步紧实。放置凝灰岩，使它的三分之一至二分之一埋入基质中，以保持稳定。

4 继续填充基质并紧实，为表层覆盖和浇水留出大约5厘米。种植之前在凝灰岩的洞中塞入少量基质。

5 清洗植株的根系，并将它们塞入种植穴中。在洞中填充基质并压实，然后在植株周围放置小岩块。

6 将仍然在花盆中的植物放置在基质上确认位置和间距，然后再种植并紧实基质。

7 为基质浇透水，然后在表层覆盖一层2.5~5厘米厚的粗砂砾或石屑。

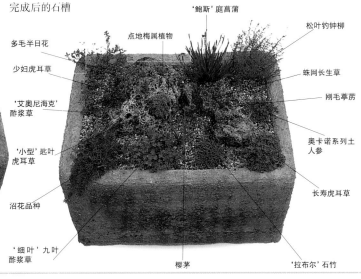

完成后的石槽

多毛半日花
少妇虎耳草
'艾奥尼海克'酢浆草
'小型' 匙叶虎耳草
沼花品种
'细叶' 九叶酢浆草
点地梅属植物
'鲍斯' 庭菖蒲
松叶钓钟柳
蛛网长生草
刚毛薹草
奥卡诺系列土人参
长寿虎耳草
樱茅
'拉布尔' 石竹

持凝灰岩湿润，直到植株恢复。在炎热干旱的天气中，经常用水浸泡凝灰岩。

墙壁

高山植物和岩生植物可以种植在干垒石墙的岩缝中，包括抬升苗床和堤岸的挡土墙。蔓生植物用这种方式种植效果尤其好。关于建造墙壁的详细信息，见598页，"干垒石墙"。

如有可能，在建造墙壁之前设计好墙壁上的种植方案。最实际的方法是间隔着留出墙壁上的种植位置，当建造工作完成后在上面进行种植。

也可以在建造墙壁的过程中进行种植。这样的效果非常好，因为植物可以种植在需要的高度，并能确保植物根系和墙壁后面土壤的良好接触。在建造过程中种植，还能更容易地清除气穴并在根系周围紧实土壤。

在已有的墙壁上种植是另外

如何建造干垒式挡土石墙

建造基础
挖一条35厘米长的沟，在其中填充25厘米厚的碎石，顶端放置一块大而结实的岩石。

垒加石块
将石块向后并向下倾斜以便更加稳定，并让水分更容易进入基质。

石块之间填充基质
在修建墙体时，在岩石之间的岩缝中填充壤土、腐叶土以及沙子或砂砾混合而成的基质。

一种选择，但需要在种植前用小锄子或茶匙移走部分土壤。使用年幼植株和生根插条，它们能轻松地进入岩缝中。

种植

使用如下混合基质用于墙壁岩缝中的种植：3份壤土（或消毒园土）、2份粗草炭替代物（或草炭）以及1~2份尖砂或砂砾。对于种植在墙壁本身的植物，使用额外的砂砾、沙子或石屑，这有助于保证排水良好。选择能在墙壁提供的朝向和条件中生长良好的植物种类。小心地将根系上的旧基质清理掉并用小锄子、小戳孔器或铅笔将根系塞入洞中。不要试着将根系填鸭式地塞入太小的空间里，这会损伤植物。用一只手固定植物的位置，在洞中塞入新鲜湿润的基质，然后用小锄子紧实，除去可能存在的气穴。在植物根茎周围塞入小石块可能有助于固定它们的位置，并防止基质移动。

从墙壁顶端浇透水，并经常为植株洒水。几天过后，用剩余的基质填补沉降的地方。定期检查植物并紧实任何松动之处。

如何在干垒石墙上种植

1 如果要在已有的墙上种植，应确保岩缝中有足够的基质支持植物。

2 使用实生幼苗或小型生根插条。将它们平放，用小锄子将根系塞入岩缝中。这里展示的是一株长生草属植物。

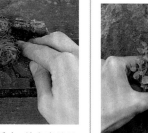

3 将植株按入基质中，并在岩缝里填入更多基质以固定植株的位置。用手指紧实植株。

在垂直岩缝中种植

1 用砂砾状基质填充岩缝。小心地将植株（这里是一株风铃草属植物）的根系塞入岩缝中。

4 对于较大的植株，从岩缝中挖出一些基质。将根系塞入洞中，并在保持植株位置的同时加入更多基质。

5 当所有植物就位之后，从墙顶上为它们浇水，或者用喷雾器浇水。保持植物湿润，直到它们完全恢复，并重新紧实任何松动之处。和长生草属植物种在一起的是两种虎耳草属植物。

2 用基质覆盖根系，然后嵌入一块小石头。在岩缝中填入更多基质并紧实。

柔化表面
在缝隙和岩缝中插入低矮的蔓生植物，以柔化台阶、挡土墙和铺装边缘。在植物周围的缝隙中填充砂质基质。注意不要让植物的枝叶掩盖台阶，使它们变得危险。

抬升苗床

许多种类的高山植物都可以种植在抬升苗床中（无论是在苗床本身，还是在支撑墙的岩缝中）。苗床的设计应该与房屋和花园和谐一致。基于所选植物的需求，抬升苗床应该设置在向阳处或背阴处。在苗床中填充排水良好的基质以满足植物的需求（见下，"适用于抬升苗床的土壤"）。如果必要的话，可以在冬天用玻璃或塑料覆盖在苗床上保护植物。

选址

对于大多数高山植物和岩生植物，抬升苗床应该设置在阳光充足的开阔处，远离乔木或附近建筑及栅栏投射的阴影。只有在种植需要阴凉条件的林地植物或其他植物时才将抬升苗床设置在背阴处。

为方便割草，应该在放置于草坪上的抬升苗床周围设置铺装石板或砖块。为年老或残疾园丁修建的抬升苗床应该有轮椅通道，苗床的高度和宽度能够允许在座位上轻松地料理其中的植物。在排水不畅而不能建造地面岩屑床的地方，可以将岩屑设置在抬升苗床的表面（见264页）。

材料和设计

建造抬升苗床的材料可以是岩石、砖块、旧枕木或其他合适并美观的材料。石材是最贵的，新砖、二手砖以及枕木比较便宜。

苗床可以是任何形状的，但必须和花园的总体设计协调。矩形苗床最常见。最理想的高度是60~75厘米，不过多层式苗床也很美观，并且在空间有限的地方会更合适。苗床的宽度不宜超过1.5米，以便能轻松打理——苗床中央应该在胳膊能够到的范围内，以便从各个方向清理杂草。

大型苗床可能需要灌溉系统，在苗床中填充基质之前安装水管和进水口。

建造

抬升苗床的挡土砖墙应该是垂直的，一块砖的厚度通常就足够了。它们的建造方法和传统砖墙一样，并且可以涂砂浆，但要在砖块间为植物留出小缝隙。墙体基部应该有用于排水的沟。更多信息见599页，"抬升苗床"。

石墙也可以作为抬升苗床的挡土墙。如果不用砂浆建造，它们需要稍稍向内倾斜，以实现更好的稳定性（见598页，"干垒石墙"）。干垒石墙的建造很消耗时间，因为每块岩石都需要精心挑选和放置。岩石之间的大岩缝可以用来种植高山植物。如果使用木质枕木，岩缝种植则不能进行。

适用于抬升苗床的土壤

使用3份壤土（或消毒园土）、2份粗糙的纤维状草炭替代物（如酸性腐叶土或园艺基质）或草炭、1~2份砂砾或尖砂混合而成的基质。对于需要酸性条件的植物，使用不含石灰的壤土和砂砾。为了在一个大型苗床中种植需要不同土壤类型的植物，可以用塑料膜将其分隔成数个部分，并在每个部分中填充合适的基质（见322页）。

准备抬升苗床

在苗床基部的三分之一处填充粗砂砾、石头或碎石，然后在上面放置一层翻转草皮或纤维状草炭替代物（或草炭），防止排水材料被堵塞。在苗床中填充准备好的基质并填充均匀，一边填充一边紧实。混入缓释肥料。因为会发生一定程度的沉降，所以要为苗床浇透水并放置两至三周。在种植前用基质将任何沉降的部位填平。

增添岩石能得到微型岩石园的效果，并改善抬升苗床的外观。将不同大小的岩石放置到基质中，为不同植物提供合适的生长位置。几块排列在一起的大块岩石比散布的岩石效果更好。

种植和表层覆盖

画出种植图或者在苗床表面摆放植物，观察它们的视觉效果。低矮的松柏类和小型灌木、簇绒状和垫状高山植物、苗床边缘的蔓生高山植物以及小型球根植物都是理想的选择。选择植物时应考虑全年观赏性。种植方法和岩石园一样（见264页），抬升苗床的岩缝可以像挡土墙的岩缝那样种植（见268页）。

种植后，用石屑或粗砂砾覆盖表面，与岩石搭配。这样不仅美观，还可抑制杂草，并且能减少蒸腾。经常为苗床浇水，直到植物成形。

冬季防护

许多高山植物厌恶多余的冬季水分，即使是在抬升苗床中排水良好的条件下也是如此。可以用钟形玻璃罩、砖块或线框支撑起的玻璃以及塑料板来保护高山植物苗床。将覆盖物固定好，不要让它们被风吹走。这样的保护应该在秋末放置并在第二年春天移除。如果整个苗床都需要保护，则建造一个木制框架并安装玻璃或塑料顶。植物周围必须有大量空气流动，让它们尽量保持干燥，所以不要覆盖框架的四壁。

喜酸植物苗床

酸性腐殖质或草炭苗床能够为众多喜酸植物和林地植物提供理想的生活条件。在土壤为碱性的花园中，应该用塑料或丁基橡胶衬垫将苗床与地面隔离，以免石灰进入。用原木或旧铁轨枕木围绕每个苗床。

在确定酸性腐殖质苗床的位置时要考虑植物的需要，在建造苗床时应使其融入花园的其他部分。不必在苗床中使用纯草炭，因为酸性草炭替代物的来源很广泛。许多酸性植物既可以种在苗床中，也可以种在墙壁的岩缝里，从而得到美丽的效果。

选址

选择能接受部分阳光照射和半阴的区域，最好远离阳光直射。岩石园旁边的缓坡或者建筑物旁边都是合适的地点。阳光直射下的暴露地点会让酸性腐殖质苗床迅速耗尽其中的水分，并且需要经常浇水。浓密的树荫并不合适，附近的树根会很快消耗水分和养分。涝渍处和霜穴也不合适。

完成后的苗床
将喜酸岩生植物种植在酸性腐殖质苗床中可得到漂亮的效果。经常浇水以保持土壤湿润，特别是第一年，用树皮碎屑覆盖苗床的表面，以保持水分和抑制杂草。定期用均衡肥料为植物施肥。

岩生植物的日常养护

即使高山植物和岩生植物已经在花园中成形，定期照料它们也是至关重要的。苗床、石槽和水槽必须保持干净并且没有杂草。虽然这些植物一般并不需要富含养分的土壤，但也应该定期施肥，并在土壤变干的时候浇水。表层覆盖能够改善植物根茎周围的排水，抑制杂草生长，并减少从土壤中蒸发的水分，应该不定时地更新补充表层覆盖物。

对于高山植物和岩生植物，应该定期摘除死亡枝叶和枯花，并随时修剪。应在石槽、水槽和其他容器变得拥挤时立即移栽其中的植物。定期检查病虫害迹象并做出相应处理。在寒冷或潮湿天气中，某些植物可能需要冬季防护。

除草

在种植时使用消毒基质应该能最大限度地减少杂草问题，至少第一年是这样。在杂草出现时尽快清理掉它们，一定要在它们开花结实前将其清理干净。如果宿根杂草已经成形并且难以清理的话，可使用转移性除草剂小心地涂抹它们的叶片，除草剂会被运送到根系并将它们杀死。更多信息见646页，"控制杂草"。

在除草时，使用三齿手持式松土器为年幼植株周围的紧实土壤松土并增加其孔隙度，注意不要损伤植株的根系。

施肥

如果原有基质得到了正确的处理并且添加了缓释肥，那么新的种植区域通常在数年内都不需要额外施肥。不过，一段时间过后，植物的生长速度可能会开始变慢，开花变得稀疏。可以于每年春天在植物周围的表面基质中添加缓释肥来缓解这一现象。

或者，小心地移除所有表面覆盖物以及苗床表面大约1厘米厚的基质，然后用新鲜基质以及用于表面覆盖的砂砾替代之。

表面覆盖

表面覆盖物的类型取决于种植的高山植物和岩生植物种类，不过也应该和苗床及岩石园中所使用的岩石、石块达成和谐一致的效果。用于石槽、水槽或抬升苗床中的表面覆盖物应该和容器或挡土墙搭配和谐。

粗砂和石屑适用于大多数情况，但在厌钙植物周围绝对不能使用石灰岩石屑。对于种植在草炭苗床中的植物，用树皮屑进行表面覆盖能很好地与植物互补。

更新表面覆盖

表面覆盖可能需要不时更新，因为砂砾或石屑会逐渐被冲走，特别是在斜坡上，而树皮会开始降解并混在下层基质中。在整个生长季观察有无裸露地块并随时补充覆盖。在秋天密切注意表层覆盖的情况，以保证冬季良好的土壤覆盖，并避免大雨压实土壤。在春天再次检查并在需要的情况下补充覆盖。同时，也可以施加缓释肥。

浇水

在岩石园和岩屑床中生长的植物成形之后会将其根系深深地扎入土壤中，除了雨水之外通常不再

除草

使用三齿手持式松土器在年幼植株周围除草，这样可同时松动土壤并增加其孔隙度。先移除所有表层覆盖物，然后在除草完成后重新铺设。

（见262页）

更新表层覆盖

1 移走旧的表层覆盖物和部分基质（见插图）。使用新鲜基质填充在植物周围（见262页）。

2 使用一层新鲜的粗砂或砂砾覆盖在苗床表面，在植物根颈周围和下方也添加一些。

需要额外的水分。不过，在干旱时期，应该为整个区域浇水。不要在霜冻严重的情况下或者一天中最热的时候浇水——清晨或傍晚是最好的时间。一次浇透，不要频繁少量地浇水。如果基质的干燥深度已达3～5厘米，则应浇水至水分抵达全根系深度。在降水量正常的夏季，只需要两次或三次这样的浇水，但在非常干旱的夏天需要增加浇水的频率。

在容器、抬升苗床和保护设施中浇水

在抬升苗床、水槽和石槽、冷床、高山植物温室中种植的高山植物和岩生植物需要更频繁的浇水，因为它们中的土壤干燥的速度比岩石园和岩屑床更快。

最好手动为石槽或水槽浇水，为每棵植株提供正确的水量。但这比较消耗时间，特别是在要为数个容器浇水的时候。

应该为高山植物温室和冷床中的花盆里种植的植物单独浇水。如果花盆齐边埋入砂砾或岩屑中，则要对花盆及周围的材料一起浇水。某些高山植物的叶片对水敏感，因此不喜欢兜头浇水。如果是这样，只需经常浸透齐边埋入的材料即可提供充足的水分。

整枝和修剪

高山植物和岩生植物需要定期修剪，以维持自然、紧凑的形状和健康的枝叶，并将它们限制在划定的空间之内。

修剪木质植物

为保持岩石园灌木和木质宿根植物的健康，应该剪去任何死亡、染病或受损的枝条。定期检查植株的状况，并使用修枝剪或锋利的剪刀尽可能将它们修剪干净。

没有必要进行重剪，因为大多数低矮灌木都生长缓慢，在许多年内都不会超出自己的生长范围。在修剪时，要保留植物的自然形

清理死亡枝叶

春天，在所有霜冻危险过去之后，剪去植株上面所有枯梢的枝条（使用锋利的剪刀或修枝剪小心地剪至健康部位）。

清理枯死的莲座叶

1 为清理虎耳草属植物等种类的莲座形叶片，使用锋利的小刀将莲座切下，不要干扰植株的其他部位。

2 覆盖裸露的土壤，抑制杂草在缝隙中生长，直到植物产生新的枝叶。

花期后修剪

1 开花后，将茎秆（这里是半日花属植物）剪短至一半长度，以促进健康新枝的生长。

2 植株会维持紧凑的株型，并在第二年大量开花。

高山植物苗床的复壮

1 快速扩张的植物（这里是指甲草 *Paronychia kapela*）最终可能会淹没附近不太健壮的植物。在春天对它们进行修剪。

2 挖出或拔出成簇侵入性植物。应该对蔓延的散乱植物进行重剪以确保附近植物有充足的生长空间。

3 在植株周围的基质表面铺设新鲜表层覆盖物之前，先在苗床中添加缓释肥料。

状，特别是在修剪低矮松柏植物的时候。

去除枯萎的花朵和枝叶

使用锋利的小刀、修枝剪或剪刀定期清理所有枯萎的花朵和叶片以及任何不想要的果实。用手仔细挑选小型高山植物，如果有必要，可以用镊子去除枯萎的叶片和花朵。小心地将枯死的莲座形叶片剪掉。不要用手拔，因为这可能会导致健康的莲座松动。

半日花属物种和品种在每年开花后需要用大剪刀修剪，将茎秆剪短至一半长度，可促进枝叶生长和第二年开花。南芥属、南庭芥属以及金庭芥属（*Aurinia*）也能从重剪（花期后）中受益，这有助于它们保持紧凑的株型和大量开花。如果在植株结实前修剪，它们还可能开第二次花。

侵入性植物

过于健壮的植物以及老旧散乱的植物会侵入邻近的植物中去，应该在早春对它们进行修剪。垫状植物可以简单地用手拔出来，其他植物可能需要用手叉挖出。支撑邻近的植物，并重新紧实那些无意中被拔出的植株。移走或修剪植株后，所有植株旁都应该留出空地，让它们不受阻碍地生长。对于经过重剪的植物，应该在其表层基质中施加缓释肥，以促进新枝叶的生长。

石槽中高山植物的移栽

当基质中的养分消耗完的时候，容器中的植物需要进行移栽。先浇透水，然后小心地移栽植物。丢弃老旧基质，用包含缓释肥的合适新鲜基质代替之（见262页）。在将植物重新种植到容器中之前，修剪它们的根系和地上枝叶。为它们的最终冠幅留出生长空间，用砂砾进行表层覆盖。

冠状鸢尾
半日花属物种
欧洲苣苔
半日花属物种

冬季保护

在石槽、水槽或抬升苗床中种植的植物以及部分高山球根植物可能需要保护措施来防御冬季潮湿。使用带支撑的单层玻璃板、开口钟形罩或者冷床天窗，都能够提供上方保护，同时不会阻碍空气流通。确保覆盖物安装稳固。可以在植物上覆盖一层常绿树的树枝来预防严重冻害。

控制病虫害

很少有严重的病虫害问题会影响高山植物和岩生植物，但可能需要控制某些常见的病虫害。基本的花园卫生通常足以控制遇到的大多数问题。如果高山植物种植在太过肥沃的土壤中，那么蚜虫（见654页）是最容易导致问题的，它会导致枝叶变得柔软、细长。

植株周围的粗砂表层覆盖能够阻碍蛞蝓和蜗牛，但某种程度的控制还是必需的，特别是某些高山植物如容易遭受此类害虫侵蚀的瓶花风铃草（*Campanula zoysii*）。还要控制蚂蚁（见654页）等昆虫，它们会将垫状植物下方的基质挖空。将用木棍或金属网制作的拱顶插入土壤中，覆盖在新种植的植株上，保护它们免遭鸟类的侵袭。

在高山植物温室和冷床中，真菌病害发展的速度会很快。

繁殖

许多高山植物和岩生植物都可以使用种子繁殖，不过某些植物是不育的，无法结实。另外，品种很少能通过种子真实遗传，必须用其他方式繁殖。其他繁殖方法包括扦插（采用各种不同类型的插条）和分株。

种子

通过种子繁殖是生产大量植株的最好方法。许多高山植物在早春开花，一般在仲夏可以得到成熟的种子，许多都可以直接播种。种子的萌发速度一般很快，冬天之前就能得到强壮的幼苗。秋播种子一般会保持休眠直到春天。如果种子提前萌发，则将幼苗保存在冷床中过冬。有时候最好将种子储藏起来过冬，在早春播种，不过短命种子应该在成熟后立即播种。

种子的采集和储藏

果实成熟后开始采集种子。将还长在茎秆上的果实采下并储藏在纸袋（不能是塑料袋）中干燥。对于可能开裂的果实，将它们密封在信封里，储藏在凉爽、干燥、通风良好的地方。对于许多高山植物的果实，都可以用手指将其中的种子搓出来。肉质果实可能需要压碎并放在纸上晾干。

干燥后，用筛子将种子筛出来或者用手拣出来，放入密封、带标记的信封中，再将信封放入凉爽处的密闭容器里。

播种前的处理

种皮坚硬的种子需要特殊处理之后才能吸收水分。用锋利的小刀在种皮上刻痕，或者用锉刀或细砂纸摩擦种皮，将种皮划伤。在某些情况下，将种子浸泡12～24小时可以加速水分的吸收。

单纯划伤对于木质岩生植物的坚硬种子并不起作用，它们还需要冷处理（层积）。在冬季，将种子放置在室外装有湿润沙子的盒子里2或3个月，然后在春天播种。或者将种子播种在装有播种基质的花盆中，并保存在冰箱里，用塑料袋密封放置数周，然后将花盆齐边埋入地面直到种子萌发。某些种子如

延龄草和芍药需要冷暖交替才能成功萌发。

播种

使用干净的瓦盆或塑料花盆，并在排水孔上覆盖碎瓦片。使用等比例的草炭替代物或草炭与珍珠岩的混合基质，或者使用含壤土的播种基质混合等比例的珍珠岩或尖砂。填充花盆并紧实基质。将小粒种子薄薄地、均匀地撒在基质表面，大种子用手播种，保持一定间距，然后用与它们自身厚度相当的基质进行覆盖。在播种前，将细小种子与干燥的银色细沙混合起来，播种后不用覆盖基质。

播种后，除细小种子外，使用一层5～10毫米厚的5毫米粒径砂砾覆盖在基质表面，以抑制苔藓和地钱的生长，并保护种子不被大雨或灌溉冲走。为花盆做好标签并将其立在深度为它们一半的水中，当基质表面湿润之后将它们拿出来。随时保持基质湿润。

萌发

萌发的速度取决于种子的类型、寿命以及播种时间。某些种子需要数个月甚至数年才能萌发。

室外的凉爽背风处是大多数高山植物种子萌发的理想场所。将花盆齐边埋入湿润的沙子中，以保持稳定的温度并减少浇水的需要。当幼苗长出后，将花盆转移到冷床中。在早春将花盆放置在微热处有助于加快萌发速度，但不要将种子暴露在更高的温度中。

移栽和上盆

当幼苗长到5～10毫米高并形成两片真叶时对它们进行移栽。将基质敲出并分离幼苗。操作时只能接触叶子，以免对茎和根系造成伤害。使用混合等量砂砾的低肥含壤土盆栽基质将幼苗单独上盆在小瓦盆、塑料花盆或者穴盘中。填充容器，沉降基质，为根系做种植穴。将幼苗放入种植穴中，填充基质，并轻轻压实。

在每个花盆中为幼苗覆盖一

层厚5～10毫米的砂砾表面。使用带细花洒的水壶浇透水，并将容器放在轻度遮阴的位置，直到幼苗成形。按照植物的需要浇水。当可以从排水孔看到根系时，将它们移植到更大的花盆中去。

那些发芽缓慢的种子常常萌发得不整齐，如果只有少量幼苗出现，当它们长到足以操作时，应尽快移栽。尽量不要扰动其余的基质，并用新鲜的表层覆盖物将它盖上。将花盆放回冷床，以备更多种子萌发。

新鲜时播种的岩生植物种子

银莲花属 *Anemone*
党参属 *Codonopsis*
紫堇属 *Corydalis*
仙客来 *Cyclamen*（高山物种）
流星花属 *Dodecatheon*
獐耳细辛属 *Hepatica*
绿绒蒿属 *Meconopsis*
报春花属 *Primula*
白头翁属 *Pulsatilla*
毛茛属 *Ranunculus*

德肯群罂粟秋牡丹

播种

1 在花盆中装入等比例混合的播种基质和园艺砂。轻轻压平基质并清除气穴。

2 小型种子（这里是繁瓣花）应该均匀地弹撒在基质表面。较大的种子应该用手以一定的间距播种。

3 用薄薄的一层基质覆盖种子，然后用砂砾进行表层覆盖，以保护种子并防止苔藓生长。浇水并标记。

4 当种苗长出两片真叶后进行移栽（见插图）。小心地挖出幼苗，只能手持它们的叶子进行操作。

5 在花盆中装入等比例混合的播种基质和园艺砂。单独为幼苗上盆。

6 用砂砾进行表层覆盖，浇水，然后将幼苗放到轻度遮阴处。当根系填充整个花盆后，将幼苗移栽到更大的花盆中。

嫩枝插条和绿枝插条

嫩枝插条采自不开花、叶片茂盛的枝条上，在活跃生长的时期采取，一般是在春天。

绿枝插条采于生长速度减缓的初夏，虽然比嫩枝插条稍微成熟一些，但它们需要的处理方法是一样的。

采取插条

在枝条充分膨胀的清晨采取插条。对于嫩枝插条，选择柔韧的年幼强壮枝条，不要有木质化或硬化的痕迹。绿枝插条的基部可能刚刚开始硬化。插条应该大约为2.5～7厘米长，用锋利的小刀采下。将它们立即放入塑料袋中，以保存水分，防止萎蔫。

插条的扦插

用锋利的小刀修剪每根插条的基部，干净利落地切至某茎节下端，并去除位置较低的叶片。

掐掉所有柔软的茎尖，特别是当它们显示出萎蔫的迹象时。在花盆中装入标准扦插基质，并用小型戳孔器做出扦插孔。将每根插条插入基质中一半长度，使位置最低的叶片位于基质表面。

为插条做标签，并用含杀真菌剂的溶液浇水，然后将它们放入底部轻度加热的密闭增殖箱或者喷雾增殖单元中。也可以将花盆密封在塑料袋中。插条需要良好的光照，但不能接受阳光直射，否则会因空气和土壤温度过高而发生萎蔫。

上盆

为生根插条浇透水，然后轻轻地将它们倒出花盆。小心地将它们分离并单独上盆，使用等比例的盆栽基质和砂砾。

用1厘米厚的尖砂砾进行表层覆盖。为插条浇透水并将其重新放回增殖箱，避免阳光直射。保持良好灌溉。一旦出现新的枝叶，就将插条放入冷床中并在露地移栽前小心地炼苗。

半硬枝插条和熟枝插条

半硬枝插条采于仲夏至夏末的不开花当季枝条上。轻轻弯曲时，枝条会有明显的弹力并且基部开始硬化。熟枝插条在夏末和秋天采自常绿植物，枝条已经完全成熟。

采取插条

插条长度取决于植物种类，为1～4厘米或更长。使用锋利的小刀或修枝剪将它们从母株上切下。在茎节下端做一个干净切口并去除尖端的柔软组织。摘除位置较低的叶片，并在插条基部蘸上激素生根粉。或者采取带茬接穗，并用锋利的小刀将茬修剪整齐。

上盆

小型插条在装有扦插基质、表面覆盖1厘米厚细沙的花盆中生根效果最好。在细沙中做出扦插孔，并插入插条长度的三分之一至二分之一。做好标签，用含杀真菌剂的溶液浇水，然后放入凉爽温室中的增殖箱里。经常检查病害情况。保守地浇水，并随着插条生长开始施加稀释的液体肥料。

如果采取了大量插穗，可以将它们扦插在底部带排水孔的冷床中。耕作冷床中的土壤，然后加入等比例草炭替代物（或草炭）与砂砾的混合物，上面覆盖一层2.5厘米厚的沙子。插入插条后，为它们浇水并关上冷床。在温和的天气打开冷床。如果有霜冻危险，则将冷床密封。

第二年春天，当插条生根时，使用等比例的盆栽基质和砂砾的混合物将它们重新上盆，或者露地移栽到育苗床中，但只有在所有霜冻风险都过去后才能这么做。浇透水。

保持生根插条湿润，让其继续生长，避免阳光直射。在生长季施加液态肥料。在秋天将它们移栽到固定位置。

嫩枝插条

1 春天，选择年幼的不开花枝条（这里是匍匐丝石竹），并采下2.5～7厘米长的插条。将插条放入塑料袋中。

2 剪去插条基部位置较低的叶片以及柔软的茎尖（见插图）。在花盆中填充湿润基质，将插条插入一半长度。

3 为插条浇水并做好标记。将花盆放入密封塑料袋中，保持良好光照但要避免阳光直射。

4 生根后，将插条单独上盆，只能用手拿住叶子进行操作。为花盆进行表面覆盖，浇透水，做好标记。

'格拉夫·齐柏林'锥花福禄考

插条繁殖的岩生植物（续）

熟枝插条

仙女木属*Dryas*

'津山桧' 欧洲刺柏
Juniperus communis 'Compressa'

蔷薇属*Rosa*

柳属*Salix*

莲座丛

点地梅属*Androsace*

杜松叶海石竹*Armeria juniperifolia*

三叉南美芹*Azorella trifurcata*

垫芹*Bolax gummifera*

葶苈属*Draba*

米氏蜡菊*Helichrysum milfordiae*

卷绢属*Jovibarba*

虎耳草属*Saxifraga*，部分种类 1
（各物种和品种）

长生草属*Sempervivum*（各物种和品种）

叶插

喉凸苣苔属*Haberlea*

希腊苣苔属*Jancaea*（各物种和品种）

纤柄翠萼报春*Primula gracilipes*

欧洲苣苔属*Ramonda*

景天属*Sedum*，部分种类 1

"爱尔兰式" 插条繁殖的岩生植物

银毛蓍草*Achillea ageratifolia*

山蚤缀*Arenaria montana*，
紫花蚤缀*A. purpurascens*

无茎龙胆*Gentiana acaulis*，
春龙胆*G. verna*

耳叶报春*Primula auricula*（及其品种）

齿缘报春*P. marginata*（及其品种）

蝇子草属*Silene*

长梗婆婆纳*Veronica peduncularis*

有距堇菜*Viola cornuta*（及其品种）

注释

1 不耐寒

长生花（屋顶长生草）

叶插

这种方法适合拥有肉质叶片的植物，例如喉凸苣苔属（*Haberlea*）、欧洲苣苔属（*Ramonda*）以及景天属（*Sedum*）植物。

使用锋利的小刀，在基部将健康、强壮、相对年幼的叶片从茎上切下。在花盆中装满等比例混合的标准扦插基质和沙子，以45°的角度将叶片插入基质中。用塑料袋密封花盆，当小植株长出后，将它们单独上盆。

基部插条

某些植物如齿缘报春（*Primula marginata*）及其品种可以用基部插条进行繁殖。这些插条是从植株基部的幼嫩枝条上采取的。基部插条通常在春天采取，不过也可在夏天或秋天采取。

使用排水良好的专利扦插基质，或者等比例混合的壤土和草炭替代物（或草炭）再加2份砂砾。在花盆中装满基质并紧实。

在某茎节下端修剪插条的基部。确保插条基部不是中空的。摘除位置较低的叶片，并在基部蘸上激素生根粉。

将每根插条长度的三分之一至二分之一插入基质中，叶片不要接触土壤。浇透水并将花盆放入阴凉封闭的增殖箱或冷床中。插条会在三至六周内生根，可将生根插条单独上盆或者移栽到育苗床或冷床中继续生长。

基部插条

齿缘报春

春天，采取长5~7厘米并带有新叶和短茎的插条。修剪基部并去除位置较低的叶片。插条的扦插深度如上图所示。

选择扦插材料

无论是哪种类型的插条，都要选择强壮、健康、没有病虫害迹象的。应该使用活跃生长的不开花枝条。除基部插条外，不要从植物的基部采取插条，因为这部分的长势比其他部位都更弱。不要在母株的一个部位采取所有插条，否则母株会变得不匀称。

采下插条后，立即将它们放入干净的塑料袋中，以防止水分散失。如果在花盆的扦插基质中添加砂砾，许多插条都会更容易地生根。也可以只使用园艺砂。插条的扦插深度如各图所示。

半硬枝插条
（福禄考）
在仲夏至夏末，选择刚刚开始变硬但还没有木质化的枝条。剪下3厘米长的枝条，修剪至大约1厘米。

绿枝插条
（蚖牛儿苗属）
初夏，从新枝的柔软茎尖采取插条。剪下2.5~7厘米长的枝条，修剪至大约1厘米。

莲座
（虎耳草属）
在初夏至仲夏，选择新的莲座，将它们从叶片下方大约1厘米处切下。干净利落地修剪每个莲座的基部。

熟枝插条
（仙女木属）
在夏末和秋天，选择新枝并采下长约2.5厘米的插条。剪短至大约1厘米，修剪至叶基。

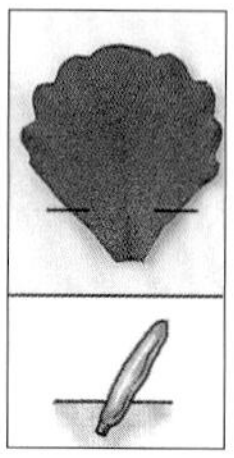

叶插
（景天属）
在整个生长季，选择没有损伤的成熟叶片，将它们剪下并修剪叶片基部。

"爱尔兰式"插条

1 将靠近植株（这里是婆婆纳属植物）基部的生根枝条挖出，并用锋利的小刀将它们切断。剪去侧枝和散乱的根。

2 单独为插条上盆。在花盆中放入少量砂质基质，插入插条，然后加入更多基质。轻轻压实基质，浇水，进行表层覆盖。

分株

许多高山植物和岩生植物都可以通过分株成功地繁殖，而且在某些情况下，分株可能是唯一一种切实可行的繁殖方法，特别是结实稀少或不育的植物。

特别适合分株的植物包括产生大量纤维状根的垫状物种以及产生成簇枝条、容易分离的簇生植物。

许多簇生植物会从中心开始枯死。可以在分株后通过移栽最年轻、最有活力的部位进行复壮。

何时分株

对于大多数植物，最好在早春刚开始生长新枝叶的时候进行

分株。不要在寒冷和霜冻天气，或者地面冰冻或涝渍的条件下分株。

也可以在初秋对植物进行分株，这可以让新的根系在土壤还温暖时生长。在冬季非常寒冷的地方，春天分株可能会更安全，因为这样可以留出整个生长季用来恢复。某些植物如报春花和绿绒蒿属（*Meconopsis*）植物应该在开花后立即分株，这样它们会进入苗壮的营养生长时期。重新种植后必须保持良好的灌溉，直到完全恢复。

如何分株

将植株挖出并摇晃掉土壤。对于较大的株丛，用两只园艺叉背对背插入株丛中央，将植株分成两半。对于较小的株丛，可以用手掰或者用锋利的刀子将其切成大量带有健康根系和芽的小块。植物中间老旧的木质部分应该丢弃。

如果分株苗不立即重新种植或上盆，应该将它们包裹在塑料袋或湿麻布中，并储存在没有阳光直射的地方。大多数耐寒植物的分株苗都可以立即种植在固定位置。如果植物特别珍贵或者分株苗非常小的话，更安全的做法是将它们上盆并放入冷床中，直到恢复成形后再露地移栽。使用1份低肥含壤土盆栽基质以及1份砂砾，对于喜酸植物要使用不含石灰的基质。如果露地重新种植，要挖出足以让根系充分伸展的种植穴。紧实土壤并浇透水。保持土壤湿润，直到植株完全恢复。

"爱尔兰式"插条

这些插条是已经生根的侧枝。百里香和其他匍匐岩生植物会产生这种类型的插条。这种繁殖技术对于植株木质化、难以分株的植物或者那些自然产生吸芽或走茎的植物特别有用。

在采取插条之前，将母株基部的表层土清理干净。使用锋利的小刀将生根插条从植株上切下，并用等比例混合的低肥含壤土盆栽基质和砂砾上盆。或者将它们种植在花园中的凉爽背风处，直到成形。

如何通过分株繁殖

1 拥有纤维状根系的植物（这里是无茎龙胆*Gentiana acaulis*）可以通过分株并重新种植，繁殖新的植株。挖出一丛母株并摇晃掉土壤。

2 用手叉背对背松动根坨，并将其分成数块。如有必要，用刀子进行分割。

3 分株苗应该拥有良好的根系。将它们重新种植在户外的永久性位置上，紧实根系周围的土壤。在植物周围进行表层覆盖，并用带细花洒的水壶浇透水。

分株繁殖的岩生植物

银毛蓍草*Achillea ageratifolia*
高山羽衣草*Alchemilla alpina*,
　艾氏羽衣草*A. ellenbeckii*
高山韭*Allium sikkimense*
蝶须*Antennaria dioica*
山蚤缀*Arenaria montana*
'矮生'蒴叶蒿*Artemisia schmidtiana* 'Nana'
广口风铃草*Campanula carpatica*,
　岩芥叶风铃草*C. cochleariifolia*
对叶景天*Chiastophyllum oppositifolium*
无茎龙胆*Gentiana acaulis*,
　华丽龙胆*G. sino-ornata*
单花报春*Primula allionii*
'金叶'珍珠草*Sagina subulata* 'Aurea'

根插条繁殖的岩生植物

白舌辐枝菊*Anacyclus pyrethrum* var. *depressus*
欧龙胆*Gentiana lutea*
长果绿绒蒿*Meconopsis delavayi*
矮黄芥*Morisia monanthos*
砖红罂粟*Papaver lateritium*
线叶福禄考*Phlox nana* subsp. *ensifolia*
球序报春*Primula denticulata*
白头翁属*Pulsatilla*
早花象牙参*Roscoea cautleyoides*
银瓣花*Weldenia candida* 1

注释
1 不耐寒

普通白头翁

根插条

数量有限的高山植物和岩生植物，如矮黄芥（*Morisia monanthos*）和球序报春（*Primula denticulata*），可以用根插条进行繁殖。在秋末或冬季植物处于休眠期时，从外表最健康的根上采取根插条。

选择材料

选择强壮、健康的植物并将其挖出。选择年幼、健壮的根并将它们从母株上切下来。插条长度应该大约为5厘米。在根插条的最上端（距离植株茎秆最近）直切，末端（距离根尖最近）斜切。在微温的水中清洗根插条并立即将母株重新种植；如果母株已经老旧散乱，可以直接丢弃。

插条的扦插

使用至少深10厘米的花盆。将碎瓦片放在排水孔上，并在花盆底部铺设一层2.5厘米厚的低肥含壤土盆栽基质。在花盆中装满水洗过的沙子并将其压紧实。在每个花盆边缘做出数个扦插孔。

将插条插入扦插孔中，平直的一端向上，顶端与沙子表面平齐。对于纤细瘦长的插条，可以将它们平放在基质表面。用细砂砾进行表面覆盖。为花盆制作标签，浇透水，然后将其放入冷床或增殖箱中。在寒冷天气关闭冷床，其余时间保持良好通风。

新枝叶出现后进行浇水。当新枝叶茁壮生长时，确定插条生根后，对它们进行上盆。轻轻地将它们敲出各自的花盆，检查根系。

生根插条的上盆

将插条倒出花盆并小心地分离开。使用混合等比例沙子的低肥含壤土盆栽基质将插条逐个上盆。除了沙子，还可以使用草炭

如何用根插条繁殖

1 在秋末或冬天，使用手叉小心地挖出根系发育完好的健康植株（这里是球序报春）。

2 将根系上的土壤洗干净，然后选择粗壮、健康的根用于插条。使用锋利的小刀将选择的根从贴近植株地上部位切下。

3 准备5厘米长的根插条，每根插条的上端（靠近母株一端）做直切口，末端做斜切口。

4 在花盆底部铺设一层基质，然后填充尖砂几乎至花盆边缘。插入插条，使上端与沙子表面平齐。

5 用1厘米厚的沙子覆盖花盆。浇水并为插条制作标签，然后将花盆放入增殖箱中或温室的操作台上。

替代物（或草炭）与沙子的混合物。用1厘米厚的尖砂或砂砾对花盆进行表面覆盖。浇水，然后将花盆放到室外并避免阳光直射。留在原地，直到新植株成形，按照植物的需求浇水。

挖去莲座丛

对于生长迅速或者形成莲座丛的植物如球序报春，可以在仲冬用根插条现场繁殖。用锋利的小刀将莲座丛挖去，露出根系的顶端。选择生长健壮的莲座丛，用杀真菌剂粉末涂抹根系顶端，防止灰霉病（见661页）的发生。用薄薄的一层园艺尖砂覆盖花盆。

枝叶会很快出现在每个根系的顶端。当枝叶长到大约2.5～5厘米时，就可以挖出了。将株丛分离成数个外观健康、枝条茁壮和根系独立的小植株（可以用手或锋利的小刀对它们进行分离）。

将年幼的植株上盆，让其继续生长（使用等比例混合的盆栽基质和园艺砂）。浇透水，并将其放到室外阴凉处。保持湿润，在年幼植株的根系填满花盆时，将它们移栽到室外。

如何挖去莲座丛繁殖

1 使用锋利的小刀挖去植株（这里是球序报春）的莲座丛，使根系顶端露出（见插图）。

2 用杀真菌剂粉末（见插图）处理暴露根系，防止灰霉病和真菌感染。轻轻覆盖少量园艺尖砂。

3 当新枝叶从根系出现后，使用手叉或小泥铲挖出整个根丛。注意不要损伤新的根系。

4 将根丛分成独立的植株，每个植株都有1根新枝和发育完好的根系。使用等比例混合的盆栽基质和沙子上盆。

高山植物温室和冷床

只要生长条件和土壤的特殊要求能得到满足，某些高海拔高山植物在温带地区的开阔花园中也能生长得很好，不过大部分高山植物种植在保护设施中会表现得更好。许多高山植物在冬末或早春开花，如果露地生长，它们娇嫩的花朵可能会被严寒的天气损伤，被蛞蝓或蜗牛吃掉，或者被鸟类啄食。

在高山植物温室中，植物可得到保护，免遭冬季潮湿、寒冷、干燥风以及严霜的侵袭，大大增加了可以种植的高山和岩生植物的种类，它们既可以种植在花盆中，又能种在地面或抬升的苗床上，提供引人注目又持久不衰的观赏效果。

使用高山植物温室

高山植物温室是一种不加温温室，通常带有升高的工作台，用于在可控条件下种植、展示高

使用高山植物温室
温室的一部分可以用来在砖砌柱子支撑的苗床上种植年幼的植物（前景）。

山植物和岩生植物。通常，温室中的一半面积用于种植植物，另一半用于展示。也可以将植物种植在冷床（紧邻高山植物温室）中，在植物最漂亮的时候临时性地转移到温室中进行展示。

植物的陈设

可以只将盆栽植物简单地放置在台面上，更常见的是，将花盆齐边埋入一层沙子中。这样可以保持根系凉爽和湿润，并减少温度波动。专门建造的陈设苗床也是一个美观的选择。在高山植物温室中可创造微缩岩石园景观，可以在齐腰高的牢固台面或地平面上建造。这样的景观中可以留出一部分进行永久性种植。在有沙子或砂质基质的区域，可以根据季节齐边埋入不同种类的植物。也可以加入重量较轻的凝灰岩并在上面种植，为这种类型的陈设增添魅力。

为高山植物温室选址

选择远离乔木、栅栏、墙壁

高山植物温室的陈设
众多岩生植物都可以种植在花盆中，并在高山植物温室的抬升沙床上陈设。

和高大建筑阴影的平坦处。将高山植物温室放在南北轴线上是最理想的，但任何开阔、阳光充足的位置都可以。避免凹陷处，因为冷空气会在这里形成霜穴；也不要设置在暴露多风的地点。确定高山植物温室的位置时，应注意让它与花园中的其他景致保持和谐，甚至可以考虑将其作为视线焦点。关于温室、通风、遮阴和陈设的更多信息，见575、576及579页。

使用冷床

冷床应该设置在高山植物温

室附近，用来为许多种类的植物提供保护（避免极端天气的伤害），或者用于储存不在花期中的植物。对于休眠期需要干燥的球根植物或者不耐夏季高温的植物种类，冷床都非常有用。冷床设置有顶部天窗，在需要时可打开，以提供良好的通风。标准荷兰式天窗就很适合，不过其他类型也可以。对于那些不耐夏季阳光直射的植物，可以在冷床上覆盖一层遮阴网提供保护（见576页，"遮阴网和织物"）。冷床中的花盆常常埋在一层碎石上的沙子中，为植物提供良好的排水性。

高山植物和低矮球根植物的花期后养护

室内高山植物
花期过后，需要将精心灌溉的盆栽高山植物齐边埋入保护设施的沙床里。

室外高山植物
对于能够忍耐夏季天气变化条件的植物如虎耳草属植物，可以在花期过后将其齐边埋入打开的冷床中。

室内球根植物
花期过后的盆栽低矮球根植物（这里是鸢尾属植物），可以齐边埋入台面的沙子或砂砾中保持干燥。

保护正在开花的高山植物
进入花期的高山植物可以种植在室外冷床中，然后再转移到高山植物温室中陈设。

花盆中的高山植物

在花盆中种植高山植物可以保证为每种植物采取专门的灌溉、基质或施肥措施。

塑料和陶制花盆

虽然塑料花盆适合种植高山植物并且能很好地保水，但陶制花盆更漂亮——如果植物用于展览，这一点很重要。塑料花盆中的基质比陶制花盆中的干燥速度更慢，所以不要过多地为植物浇水。在使用之前，清洁并消毒所有花盆，含次氯酸钠稀溶液的消毒剂比较合适，不要使用含焦油的消毒剂。

基质

所有高山植物都需要排水良好的基质，在陶制花盆的底部铺一层碎瓦片，在塑料花盆底部铺一层砂砾，因为即使是喜湿植物也不能忍受涝渍环境。

大多数物种在混合等比例砂砾的含壤土盆栽基质中能生长得很好。对于那些来自高山岩屑或岩壁岩缝生境的植物（如点地梅属物种）以及其他垫状植物，如果要保持它们整洁、自然的株型，应使用肥力更低、排水性更好的混合基质。在肥沃的土壤中，它们会变得柔软而茂盛，更容易遭受病虫害的侵袭。对于这些植物，使用3份砂砾与1份含壤土基质的混合基质。在植株年幼时将它们种在这样的基质里，能够使它们更快地适应。

许多物种喜欢富含有机质、排水良好的基质，它们一般来自林地生境或者生长在岩石地区富含腐殖质的岩穴中，如喉凸苣苔属和欧洲苣苔属植物。对于这些植物，应使用含壤土基质与砂砾各1份，再添加2份腐叶土、草炭替代物或草炭的混合物。在选择合适基质前，应了解每种植物的特殊需要，并且确保厌钙植物所用的基质成分中不含石灰。

表层覆盖

在花盆中完成种植后（见右），用一层砂砾或岩屑进行表层覆盖，以映衬植物的外表，保持植

物根颈处的良好排水，并抑制苔藓和地衣的生长。使用与植物pH值需求相匹配的表层覆盖材料，例如，对于喜钙物种可以使用石灰岩岩屑；对于厌钙物种，则可使用花岗岩岩屑。

某些小型垫状高山植物对于根颈周围的水非常敏感，因此，除了表层覆盖，还可用小块岩石在它们的垫状植株下面进行支撑，使它们不要接触表面。

换盆

当植株在花盆中显得拥挤时，将它小心地转移到稍大的花盆中，尽量不要扰动根坨。对于草本植物和灌丛型植物，应该在生长旺盛的春夏换盆。球根植物应该在休眠期换盆。种植深度应该和在上一个花盆中保持一致，填入新鲜基质，并铺设一层新的表层覆盖物。

换盆后为植物浇透水，将花盆放在2.5～5厘米深的水中，直到基质表面变得湿润。然后将花盆取出，以免发生根腐病。

在苗床中种植

苗床可以在地平面上，也可以升高到大约1米的位置。抬升苗床可以让植物的养护和观赏变得更加容易，这对于年老或残疾园

为虎耳草属植物换盆

1 从花盆底部的排水孔可以看到这株虎耳草属植物的根系，说明这株植物已经被花盆束缚，应该进行换盆了。

2 选择比现在使用的花盆稍大一些的花盆。在花盆底部放入碎瓦片和砂砾，以利于排水。

3 将碎瓦片小心地放在排水孔上，上面再铺设一层砂砾。

4 轻轻拍打原花盆的底部，松动根坨，将植株从中拿出。梳理根系，以促进新鲜根系穿透新的基质。

5 用少量基质覆盖在较大花盆中的砂砾上，放入植株，使其根颈处位于与原来花盆一样的高度，填入基质。

6 在基质表面铺设表层覆盖用的砂砾，小心地将它们塞在植株下方，保持排水畅通。

7 将花盆放入一碗水中，直到基质和砂砾表面变得潮湿。

8 将花盆取出并放在冷床中的一层沙子上，在那里排走多余的水分。这样做可以预防根腐病。

9 将换盆后的植株齐边埋入冷床的沙子或苗床中继续生长。

清理死亡叶片

应该定期用镊子从高山植物如这棵风铃草属植物（*Campanula dasyantha* subsp. *chamissonis*）上摘除所有棕色或枯萎的叶片。

艺师特别有用。台面必须排水良好并且建造稳固，能够承受苗床的重量（又见578页，"抬升苗床"）。

使用3份壤土（或者充分消毒的园土）、2份粗糙纤维状草炭替代物（或草炭）以及2份尖砂或砂砾混合起来的基质。在苗床中添加岩石，创造微缩岩石园景观。凝灰岩非常有用，因为它质量轻且保水性极好，而且植物可以直接种植在岩石上面。在苗床中种下植物，不要使用有入侵性和大量结实的物种，但要为齐边埋入的某些季节性盆栽植物留下空间。在抬升苗床下面可以种植蕨类和其他喜阴植物。

日常养护

高山植物有非常独特的生长需求，在整个生长季都需要相当程度的关注。经常换盆的植物很少需要额外施肥，但在使用肥料时要确保肥料是低氮的——高氮肥料会导致枝叶柔软茂盛，失去高山植物本来的特色并更容易感染病虫害。

通风

通风表面应该占据玻璃表面的至少25%，尽可能在所有时间提供最大限度的空气循环。在春天和夏天，通风孔和温室门可以保持打开，除非出现强风或大雨天气。用网遮挡通风孔和温室门，防止猫和鸟类进入。在大雨和强风天气中关闭迎风面的通风孔，防止水滴落在植物的叶片上，并减少可能会损伤叶子和花的强气流。在风极大的天气，最好将所有通风孔和门都关闭。

在冬天，完全打开通风口（除非刮风、下雨或下雪），在日落之前关闭，保留白天残余的热量。在非常寒冷的天气，要等高山植物温室的气温逐渐上升后再开始通风。在潮湿多雾的天气，特别是空气污染较严重的地区，将高山植物温室完全封闭，隔绝寒冷潮湿的空气，并使用空气扇保持空气流通。

温度

遮阴在从春末到秋天的阳光充足天气中是必要的，可以避免灼伤幼嫩的新枝叶，并有助于降低温度。但不要遮阴过多，否则会导致植株黄化或者向光源倾斜生长。在非常炎热的天气中，可在高山植物温室的地面上洒水，以降低气温并维持空气湿度。应该在晚上用凉水轻轻地喷洒在植株上面。

在严寒天气中，应该采取加热措施避免花盆冻结，不会产生多余烟尘或湿气的加热方法最合适（见574页，"加温"）。

卫生

定期摘除枯死的叶片和花朵，减少真菌感染的风险。检查病虫害迹象并迅速进行相应处理（见639～673页，"植物生长问题"）。保持温室地面干净整洁，最大限度地减少病害发生概率，并保证玻璃干净，使植株得到最大限度的光照。

浇水

在整个生长季经常浇水，特别是在阳光充足的春季和夏季白天，这时的水分损失速度很快。如果植株在浇水的间歇变干，生长会严重受阻。对于放置在工作台上的花盆，应从上方浇水，但不要泼溅在叶片上。齐边埋下的花盆会从周围的材料中吸收水分，但在温暖的时期需要额外浇水。某些植物对于叶片上的水分非常敏感，对于这样的植物，为花盆周围的介质浇水即可。随着秋天的临近，植物开始准备休眠，可减少浇水的频率。冬天，高山植物需要保持干燥，但不能过干（对于齐边埋入的花盆，埋入的介质应该保持湿润）。

冬季养护

在冬末晴朗干爽的天气中，可以将植物储存在冷床中并打扫清洁高山植物温室（见583页，"日常维护"）。清洁苗床并加满沙子或砂砾，更新标签。然后再将花盆从冷床中转移回来。

展览

用于展览的高山植物应该在展览日达到最好的状态。无论植株本身有多么完美，如果容器不够干净、表层覆盖太薄或开始生长藻类，都会失分。清理所有杂草、害虫和病害的痕迹。检查植物有无死亡、颜色异常或畸形叶片以及枯萎的花朵，并小心地用镊子将它们摘除。

运输植物

在运输脆弱的植物（这里是贝母属植物 *Fritilaria uva-vulpis*）时，使用竹竿制作的三脚架进行支撑，顶端用麻线固定，将植株的茎秆绑在三脚架上。

对于陶制花盆，可以用钢丝刷或洗刷器打磨将其清洁干净。或者可以用套盆：将植株本身的花盆放入稍大的新花盆，用表层覆盖物盖住内层花盆的边缘。用适合植物自然生境的材料更新所有表层覆盖，然后重新做标签。在运输途中用竹竿三脚架为高而脆弱的植物提供支撑。在展览前一天为植株浇透水，并在打包运输前将多余的水排干净。携带富余的表层覆盖物，为运输途中的损耗做补充。

植物展览的准备

1 使用钢丝刷配合细沙，清洁陶制花盆的外壁。这能够清除掉可能存在的所有藻类或水垢。

2 补充表面覆盖物。对于这株裂瓣垫报春（*Dionysia aretioides*），使用的材料是粗砂砾。基于植物种类差异，岩屑、砂砾以及松针等都可以使用。

3 添加新的、书写清晰的标签。使用旧报纸包裹花盆，然后再放入种植盘中，以保持稳定。携带富余的表面覆盖物，以便最后进行补充。

水景园艺

　　舒缓的水流、水面上如画的倒影以及闪烁的银光都能提升花园的魅力，而且许多植物都能在池塘、水池及其周围繁茂地生长。

　　无论是栽种着睡莲并点缀着金鱼的规则式水池、蕨类植物拥簇着的涓涓细流，还是倒映着一丛鸢尾倩影的简单池塘，总有适合每种背景的水景风格。水景园能够为许多种类的植物提供生境，同时还能吸引大量野生动物来做客，如蝾螈、青蛙、蟾蜍、蜻蜓，甚至还有水鸟。水可以是宁静的，也可以是令人兴奋的：静水以其深沉和宁静而备受珍视，而流水，无论是古典式喷泉还是奔流的瀑布，都会为花园增添悦耳的声响和充满动感的活力。

花园中的水景

和花园中的其他景致不同的是，水中的倒影、水的声响和流动性为花园带来了变化莫测的美丽景象。即使冻结成冰，冰面也能在色彩和质感上提供对比。池塘是最受欢迎的水景形式，但也有其他形式，例如瀑布、喷泉或水道。即使是小型花园，也能以仿水容器或花盆的形式纳入水景景观，在其中种植一些合适的植物。在花园中加入水景，既能吸引野生动物，又能为花园增添维度。

池塘的最爱　'费罗贝' 睡莲（*Nymphaea* 'Froebelii'）像毯子一样覆盖着池塘水面。

水的运用方式

花园水景可以让你种植许多在其他任何条件下无法种植的植物，如地中海水鳖（*Hydrocharis morsus-ranae*）、凤眼莲（*Eichhornia crassipes*）及沼泽园中的烛台报春花。

在决定营造何种水景景观时，要牢记花园的大小和风格。如果是大型自然式花园，曲折的水道可能会有很好的效果；而在封闭的城镇花园中，边缘抬升的规则式水池会比较合适；甚至可以将水以"泡泡喷泉"的形式加入儿童园中——水溅在岩石上并循环使用，不会形成有深度的水坑。

自然式池塘

在不规则花园中，自然式的下沉池塘看起来最美观。它通常呈现不规则的曲线形状，周围是草皮或岩石等自然材料，将其与花园连接在一起。不过水面只是总体水景的一部分而已，池塘边缘的喜湿植物能够柔化或者完全隐藏它的轮廓，有助于营造繁茂又令人耳目一新的效果。

当在水边花境或花坛中种植时，要考虑如何对植物进行组合，在色彩、质感和形式上创造互补又充满对比的联系。

规则式池塘

与不规则池塘的自然式效果不同的是，规则式水池能够创造更加醒目的景致。它可以是抬升的，也可以是下沉的，通常是规则的几何造型。一般来说，其用于种植的空间比自然式池塘少，尽管其中常常使用叶子和花漂浮在水面上的植物（如睡莲）。富有雕塑感的植物如某些蕨类可以种植在水池旁，提供美丽的倒影。与池塘风格互补的喷泉或水柱也能大大增加它的观赏性。

池塘的边缘不应被掩盖荫蔽起来，而可以成为重要的景致，它可能是由美丽的铺装制造的。如果水池抬升起来的话，足够宽的边缘还可以形成座位，这种类型的设计特别适合年老和残疾人群。

在许多情况下，规则式池塘的位置会在花园中形成醒目的视觉焦点，例如在道路的主轴线上，或者在能够从房屋窗户或台阶方便观赏的地方。

喷泉

喷泉的风格和大小应该和旁边的池塘以及花园的整体设计融为一体。喷泉经常在规则式花园作为视线焦点使用，能为设计增添高度，带来充满活力的声响、水流以及点点水光，因而备受重视。另外，如果在晚上加以照明，喷泉会显得更加美丽。

在碎石或泡泡喷泉中，水溅落在石头上，然后进入地下的储水池，它比标准式喷泉更加自然，更适合用于儿童花园中。

除了观赏性，喷泉还具有实用功能：水的溅落过程会增加氧气，对鱼类很有好处。不过大多数水生植物在被扰动的水中生长得不是很好，所以不应该将它们种植在喷泉旁边。

水柱

喷泉或瀑布在普通大小的花园中可能显得过大，而水柱则能为最小的花园甚至是温室提供流水的所有乐趣。水柱有许多风格，从经典的狮头或滴水嘴，到东方式的竹管。水柱通常安装在墙壁上，设置有与水道所用的相似水泵和水管，水泵将水从水池或储水容器运送到水柱后方并从出水口流出。

溪流、瀑布和水道

很少有花园拥有自然溪流或瀑布，但可以创造循环水流，让水流入水池或地下储水池中。营建水道或瀑布是一种发掘花园高度变化的美观方法，可以用它们来连接花园的不同部位，并在不同高度之间提供观赏点。

在自然式花园中，可以在水道边缘使用岩石、石块以及喜湿植物如蕨类和鸢尾，来使其看起来更加自然。对于使用衬垫或者预制模块建造的水道，叶片巨大的观赏植物如掌叶大黄（*Rheum palmatum*）特别适合，因为它们有助于掩饰边缘。

小型花园中的水

在小型花园、露台或其他不能实施大规模工程的地方，仍然有可能拥有水景。最合适的水景是用小型水泵不断循环的少量水，可以陈设在水注或其他容器中，或者是遮掩地下储水池的"泡泡"喷泉。这些微型水景在重视安全问题的家庭花园中特别合适。

无论是规则式的还是自然式的，壁挂喷泉都有很多风格，所用材料可以是砖石、陶瓷或金属。使用合适的观赏容器，如密封并加衬垫的木桶和陶罐，还可以引入微缩水池（见296页，"容器中的水景花园"）。在较大的容器中，还可以加入简单喷泉或日式水景。

水下照明池塘　水下照明能够突出水景，如这里被繁茂的八角金盘（*Fatsia japonica*）簇拥着的一处喷泉。

水资源保护与水景景观

由于气候变化，全球变暖的趋势愈加明显，在花园中使用管道水时应该考虑它对环境带来的负面影响。这一点在水景需要不断补充水的时候尤其重要。

在干燥炎热的天气，水的蒸发量很大，需要将水位提升，保持池塘的生态平衡。随着水位下降，池塘中水的氧气含量也会随之下降，水温升高，水质恶化。这对于水生植物、鱼类以及池塘中其他野生动物的健康会产生不良影响。可以通过增加池塘中产氧植物的数量，用水管喷洒水面等方式增加水中的氧气含量，缓解这样的情形，但这些都只是暂时性的措施。

用自来水补充池塘是一个简单的办法，但在严重干旱和水源短缺时，这会造成水资源浪费。最好提前规划并在集水桶里收集雨水用于此项目。不要尝试使用池塘里的"灰水"（见615页）。

植物通常会嵌入在小型水景之内，如果其中有任何流水，那么附近的植物必须能忍受水花造成的高湿度空气。

沼泽和野生动物区域

在不规则或自然主义风格的设计中，沼泽园是一道美观脱俗的景致。沼泽园通常最适合设置在池塘旁边，为水生植物和喜湿植物创造渐变而自然的过渡，同时为野生动物提供理想的生活条件。

沼泽园

在使用涝渍土地时，创造沼泽园的方式比逆反自然想要排干水的做法好得多。虽然人工水池旁边的土地不太可能足够潮湿，为种植沼泽植物提供合适的条件，但在土壤下使用衬垫有助于保持足够的水分。

夏末，当许多其他植物开始显现出干旱时，沼泽园仍然拥有新鲜的枝叶。但大多数沼泽植物会在霜冻过后自然枯萎，因此在冬季不具有观赏性。

连接不同高度 创造瀑布或一系列石阶是在花园中引入声响和水流的好方法，并且能通过提供潮湿荫蔽的生境吸引多种野生动物。

野生动物池塘

在花园中简单地增添水景就能增加野生动物的多样性，因为这些水景为水鸟、青蛙、蜻蜓以及大量昆虫提供了理想的栖息地。将植物种类限制在本地物种能够吸引更多野生动物，不过许多本地物种具有入侵性，加入某些外来植物能够使池塘成为观赏性更强的景致。底部为泥土、边缘缓缓下沉、遍布大而平的石头的自然式池塘能够为两栖动物提供理想的生存环境，因为它们可以轻松地从池塘进出。

为池塘选址

在为池塘选址时，可以让其倒映出某一引人注目的景致——可以是一株园景植物或一尊雕像等，这还有助于在预定地点提供白天和晚上都能看到的倒影（在主要的视角如房屋和露台观察效果）。开阔、阳光充足、远离上方乔木树冠的地点能够种植大多数喜水植物提供最好的条件。

如果计划在容易被淹的湿地上营建池塘，

应确保附近菜园或农地中的肥料或杀虫剂不会泄露到水中。这些物质会严重影响池塘生物的健康。将潜在的溢流引导至合适的排水系统。潜水位较高的土地可能会产生问题，因为在非常潮湿的时期，下方水压可能会将池塘的衬垫挤压变形。

不要将池塘设置在霜穴或者暴露多风的区域，因为这会限制可以种植的植物种类，并且在冬天必须提供保护措施。

水景园中的植物

在任何水景园中，植物都是至关重要的。茂盛的叶片和花朵能够提升水池的魅力，并将其与花园的其他部分联系起来；某些植物还有助于净化水质，产氧植物能为鱼类提供良好的生活条件。适合用于水景园的植物既有能在深水中茂盛生长的种类，也有只需要根尖附近土壤保持湿润的植物。通常可将它们分为6种类型：产氧植物、深水植物、浮水植物、水边植物、沼泽植物以及喜湿植物。

产氧植物

大软骨草（*Lagarosiphon major* 同 *Elodea crispa*）以及狐尾藻属（*Myriophyllum*）植物是典型的产氧植物，它们是生长迅速的沉水植物，有助于清洁水质并增加水中的氧气。在阳光充足的天气，沉水藻类可以在一或两周内将新池塘完全变成绿色。产氧植物会和藻类争夺水中溶解的矿物盐，让藻类因缺乏营养而无法大量繁殖，从而使水重新变得清澈。如果在水池中养鱼，产氧植物是必不可少的。

深水植物

这类植物生活在水深30~90厘米处，包括水薤属（*Aponogeton*）、奥昂蒂属（*Orontium*）以及睡莲属（*Nymphaea*）植物，后者是最大的一个类群（见286~287页）。除了具有观赏价值，它们漂浮在水上的叶子会通过遮挡进入水中的阳光来抑制藻类的生长。

浮水植物

漂浮在水面上的植物，如槐叶苹（*Trapa natans*）以及细叶满江红（*Azolla filiculoides*）等，具有与深水植物相似的功能，特别是在成形阶段。不要让它们覆盖太多水面，因为如果缺乏充足光照，产氧植物会生长不良。

水边植物

水边植物生长在7~15厘米深的浅水中。许多此类植物都非常美丽，如拥有带奶油色条纹扇形绿色叶片以及淡紫色花的'花叶'燕子花（*Iris laevigata* 'Variegata'），它们在自然式池塘中非常重要，可以柔化池塘的轮廓。在野生动物水池中，水边植物可以为野禽和其他小型动物提供遮蔽。某些物种，如水薄荷（*Mentha aquatica*）以及有柄水苦荬（*Veronica beccabunga*），还有助于增加水中的氧气。

沼泽植物

喜爱沼泽的植物如沼芋属（*Lysichiton*）以及部分驴蹄草属（*Caltha*）植物在涝渍土壤中能够繁茂生长，并能承受偶尔的水淹。在苗圃的目录里，沼泽植物的标题下可能包括生长在潮湿的土壤中但并不能忍受涝渍环境的植物。在订购时，要确保选择的任何植物都能忍受根系周围的高湿度。

喜湿植物

这类植物喜欢水分较多但不至于涝渍的土壤。喜湿植物包括许多草本宿根植物，如落新妇属、橐吾属植物和巨伞钟报春（*Primula*

卵石水池 这个通过水泵运作的泡泡喷泉在花园的铺装区域形成了极为简约又美观的景致，它在支持鸢尾和其他植物的同时又保证了安全（非常浅）。

florindae）等。在不规则的自然式池塘边及生长环境理想的地方，它们都能与水边植物和谐相处。

植物之间的联系

在水池周围将不同高度和株型的植物搭配在一起，创造多样而美丽的景观。种植时运用的原则与种植花园中其他部分时是一样的，都要创造多样化的形状和样式（见42～45页，"种植原则"）。例如，大根乃拉草（Gunnera manicata）巨大的唱片状叶片可以耸立在菖蒲（Acorus calamus）突出的剑形叶子上。

在池塘边缘种植的植物应该能够作为浮水植物或深水水边植物的背景——拥有纯白花朵的白睡莲（Nymphaea alba）在一片荚果蕨（Matteuccia struthiopteris）的映衬下会显得格外美丽。色彩和质感对比强烈的植物也能提供一些美观的组合。例如，红花半边莲（Lobelia cardinalis）的直立鲜红色花序会与大玉簪（Hosta sieboldiana）的心形蓝灰色叶片形成精致的对比。

在进行种植设计时，要考虑提供延续多个季节的观赏性。在水池边缘引入常绿观叶植物如岩白菜属物种和杂种，提供连续的样式和色彩，而其他类型的植物可以用来创造随季节变换的景观，从春天驴蹄草（Caltha palustris）的深黄色花朵到夏天花期漫长的勿忘草（Myosotis scorpioides）的精致蓝色小花。

鱼类

大部分观赏鱼类都能与水生植物和谐共处，它们能在除极小池塘外的其他池塘中快活地生活，不过，加入较大的鱼类时需要在池塘的设计上格外费心，必须确保水的深度足够它们在池塘中安全越冬。

比如，饲养锦鲤的水池应该很大，水至少有1米深，垂直的边缘高出水面，以防锦鲤跃出水池。金鱼和圆腹雅罗鱼较容易管理，后者是一种理想的观赏鱼类，它喜欢浅水环境并能够以任何水生昆虫的幼虫为食。

在野生动物花园中，饲养本地物种（如丁鲷）会比较合适，对池塘中的蝌蚪种群产生的破坏比较小。

水生植物的种植者指南

深水植物

长柄水薤Aponogeton distachyos
芡Euryale ferox 1
美国萍蓬草Nuphar advena, 黄花萍蓬草N. lutea
睡莲属Nymphaea, 部分种类 1（大部分物种）
金银莲花Nymphoides indica, 荇菜N. peltata
奥昂蒂Orontium aquaticum
王莲Victoria amazonica

深水水边植物

水深30厘米

菖蒲Acorus calamus,
'银纹'菖蒲A. calamus 'Variegatus'
膜果泽泻Alisma lanceolatum,
泽泻A. plantago-aquatica
花蔺Butomus umbellatus
纸莎草Cyperus papyrus 1
'花叶'大甜茅Glyceria maxima 'Variegata'
水堇Hottonia palustris
黄菖蒲Iris pseudacorus
黄莲Nelumbo lutea 1,
'大白'莲N. nucifera 'Alba Grandiflora' 1,
'白纹'莲N. nucifera 'Alba Striata' 1,
'重瓣粉'莲N. nucifera 'Rosea Plena' 1
芦苇Phragmites australis,
'斑叶'芦苇P. australis 'Variegatus'
梭鱼草Pontederia cordata,
披针叶梭鱼草P. cordata var. lancifolia
'大花'长叶毛茛Ranunculus lingua 'Grandiflorus'
美国三白草Saururus cernuus
'白瓣'水葱S. lacustris subsp. tabernaemontani
'Albescens', '花叶'水葱S. lacustris subsp.
tabernaemontani 'Zebrinus'
黑三棱Sparganium erectum
水竹芋Thalia dealbata 1,
节花水竹芋T. geniculata 1
狭叶香蒲Typha angustifolia, '斑点'宽叶香蒲
T. latifolia 'Variegata', 无苞香蒲T. laxmannii
'克罗伯勒'马蹄莲Zantedeschia aethiopica
'Crowborough'

浅水水边植物

水深15厘米

石菖蒲Acorus gramineus,
'花叶'石菖蒲A. gramineus 'Variegatus'
水芋Calla palustris
白花驴蹄草Caltha leptosepala, 驴蹄草C. palustris,
白瓣驴蹄草C. palustris var. alba, '重瓣'驴蹄草

C. palustris 'Flore Pleno'
'金叶'丛生苔草Carex elata 'Aurea',
垂穗苔草C. pendula, 河岸苔草C. riparia
芋Colocasia esculenta 1
臭芥叶山芫荽Cotula coronopifolia
风车草（伞莎草）Cyperus involucratus 1,
高莎草C. longus,
'矮生'纸莎草C. papyrus 'Nanus'
沼泽珍珠草Decodon verticillatus
东方羊胡子草Eriophorum angustifolium,
宽叶羊胡子草E. latifolium
蕺菜Houttuynia cordata, '花叶'蕺菜H. cordata
'Chameleon', '重瓣'蕺菜H. cordata 'Flore Pleno'
水金英Hydrocleys nymphoides
燕子花Iris laevigata, 变色鸢尾I. versicolor
灯芯草Juncus effusus, '螺旋'灯芯草J. effusus f.
spiralis, '斑纹'灯芯草J. effusus 'Vittatus', J. ensifolius
湿生山梗菜Lobelia paludosa
黄苞沼芋Lysichiton americanus,
沼芋L. camtschatcensis
水薄荷Mentha aquatica
红花沟酸浆Mimulus cardinalis, 智利猴面花
M. cupreus, 斑花沟酸浆M. guttatus, 阿勒格尼猴面花
M. ringens
勿忘草Myosotis scorpioides,
'美人鱼'勿忘草M. scorpioides 'Mermaid'
白箭海芋Peltandra sagittifolia
西栖蓼Persicaria amphibia
宽叶慈姑Sagittaria latifolia, 欧洲慈姑S. sagittifolia,
'重瓣'欧洲慈姑S. sagittifolia 'Flore Pleno'
小黑三棱Sparganium natans
小香蒲Typha minima
水生菰Zizania aquatica 1

沉水产氧植物

线叶水马齿Callitriche hermaphroditica
金鱼藻Ceratophyllum demersum
水蕨Ceratopteris thalictroides 1
黑乐草Crassula helmsii
水蕴草Egeria densa 1
水藓Fontinalis antipyretica
小花水金英Hydrocleys parviflora 1
大软骨草Lagarosiphon major
卡特普列薄荷Mentha cervina
粉绿狐尾藻Myriophyllum aquaticum 1

菹草Potamogeton crispus

浮水植物

细叶满江红Azolla filiculoides
艾克草Eichhornia azurea, 凤眼莲E. crassipes 1
地中海水鳖Hydrocharis morsus-ranae
品藻Lemna trisulca
海绵沼萍Limnobium spongia, 沼萍L. stoloniferum
睡莲属Nymphaea
香蕉草Nymphoides aquatica
大藻Pistia stratiotes 1
耳状槐叶苹Salvinia auriculata 1, 槐叶苹S. natans 1
水剑叶Stratiotes aloides
四角菱Trapa natans
小狸藻Utricularia minor, 狸藻U. vulgaris
芜萍Wolffia arrhiza 1

沼泽和喜湿植物

欧洲桤木Alnus glutinosa, 毛赤杨A. incana
草玉梅Anemone rivularis
'奈夫'假升麻Aruncus dioicus 'Kneiffii'
花叶芦竹Arundo donax var. versicolor
阿兰茨落新妇Astilbe x arendsii, 落新妇A. chinensis,
单叶落新妇A. simplicifolia
山荷叶Astilboides tabularis
草甸碎米荠Cardamine pratensis
'金叶'丛生苔草Carex elata 'Aurea',
垂穗苔草C. pendula
红瑞木Cornus alba
雨伞草Darmera peltata
紫花泽兰Eupatorium purpureum
沼生大戟Euphorbia palustris
红花蚊子草Filipendula rubra, 旋果蚊子草F. ulmaria
大根乃拉草Gunnera manicata, 智利根乃拉草属
G. tinctoria
萱草属Hemerocallis（大部分物种）
玉簪属Hosta（大部分物种）
玉蝉花Iris ensata, 西伯利亚鸢尾I. sibirica
夏雪片莲Leucojum aestivum
齿叶橐吾Ligularia dentata, 掌叶橐吾L. przewalskii
红花半边莲Lobelia cardinalis
斑点珍珠菜Lysimachia punctata
千屈菜Lythrum salicaria
红花沟酸浆Mimulus cardinalis, 黄花沟酸浆M. luteus
欧紫萁Osmunda regalis
梅花草Parnassia palustris
抱茎蓼Persicaria amplexicaulis,
拳参P. bistorta, 钟花蓼P. campanulata

芦苇Phragmites australis
杂色钟报春Primula alpicola, 球序报春
P. denticulata, 巨伞钟报春P. florindae, 日本报春
P. japonica, 灯台报春P. prolifera, 粉被灯台报春
P. pulverulenta, 玫红报春P. rosea, 偏花报春
P. secundiflora, 钟花报春P. sikkimensis
苞叶大黄Rheum alexandrae, 掌叶大黄
R. palmatum, '深紫'掌叶大黄R. palmatum
'Atrosanguineum'
七叶鬼灯擎Rodgersia aesculifolia, 羽叶鬼灯擎
R. pinnata, 鬼灯擎R. podophylla
白柳Salix alba, 垂柳S. babylonica,
龙爪柳S. babylonica var. pekinensis
'Tortuosa', 瑞香柳S. daphnoides
'黄斑'水玄参Scrophularia auriculata 'Variegata'
革叶千里光Senecio smithii
落羽杉Taxodium distichum
金莲花Trollius chinensis, 杂种金莲花T. x cultorum,
欧洲金莲花T. europaeus

注释

1 不耐寒

水芋

睡莲

无论位于乡村充满野趣的花园中，还是位于规则的城市庭院里，睡莲属（*Nymphaea*）植物漂浮在水面上的雅致杯状花朵以及繁茂的叶子都能够为水景园增添优雅的魅力。睡莲属植物花型繁多，从开放的星状至高脚杯状的芍药型；花色更是纷繁多样，从简单的纯白或奶油色到醒目的各种红色、黄色甚至是蓝色。某些种类的叶片呈现深紫绿色，而某些种类的叶片则拥有美丽的斑纹。某些物种的花朵芳香浓郁，最好将它们种植在抬升的水池中，以便香味能得到充分欣赏。

虽然大多数睡莲在白天开放，但某些热带品种如'密苏里'睡莲（'Missouri'）和'红焰'睡莲（'Red Flare'）却在黄昏时开放——可以用互补的灯光照明创造美丽醒目的夜景。这些睡莲来自热带和亚热带地区，在温带地区可以种植在保育温室的水池中，在高温的夏日也可以在室外种植。

睡莲每天都需要数个小时的充分日照，否则它们会长出大量叶片但开花极少，所以应该将它们种植在水池中开阔、阳光充足的部位。睡莲喜欢静水，如果水池中有喷泉或瀑布，则要让其远离它们，以免其被流水扰动。热带物种通常比那些耐寒种类长得更快，并需要强烈的光照、充足的营养以及最低温度为20℃的水温。

除了具有观赏性，睡莲还有助于保持水质清澈，因为它们宽大伸展的叶片遮住了阳光，从而可以控制藻类的生长。

养护和栽培

大多数睡莲都有粗厚的块茎，这些块茎近乎垂直生长，下方是纤维状的根系。香睡莲（*N. odorata*）和块茎睡莲（*N. tuberosa*）的品种拥有更长的肉质根状茎，水平生长在土壤表面附近。

种植

在春末和夏末之间种植，让植株在冬天到来之前完全成形，要在所有霜冻风险都已经过去的时候再种植热带睡莲。

在种植时，使用直径为30～35厘米、深度为15～19厘米的容器，具体尺寸取决于植株的大小和苗壮程度。也可以在水深为30～45厘米、直径为45～60厘米的水下苗床中种植。

准备植株，将长根剪短，并剪去老叶、受损的叶片和花蕾。较老的叶片会增加植株的浮力，让其难以在水下固定，而且它们为植物产生的养分很少。新叶会很快取代它们。当种植热带睡莲时，掺入一小袋缓释肥。

如果种植容器不是特别重的话，则在将它放入池塘前浇透水，以防土壤收缩后需要调整。像种植深水植物那样（见299页），用绳子将容器放到预定位置。

在新水池中，可以在装满水之前将容器放置在水池底部。开始用8～15厘米深的水覆盖它们，如果必要的话可以将容器放置在砌块上，让它们上方的水深正合适。随着植株生长，逐渐降低容器高度，直到它们抵达水池底部。热带睡莲可以直接种植在预定深度，因为和大多数耐寒品种相比，它们的生长速度更快，也更喜欢较浅的水。

施肥

睡莲通常比较喜欢额外施肥，在生长季，每六周在土壤或基质中掺入一小袋专利生产的缓释肥。这种肥料会逐渐释放出少量植物需要的营养，同时又不会使水变色或刺激藻类生长。

耐寒睡莲和热带睡莲

'诱惑'睡莲

'海尔芙拉'睡莲

'火冠'睡莲

'杂色'马尔勒睡莲

'美洲星'睡莲

'蓝丽'睡莲

'红宝石'睡莲

'弗吉尼亚'睡莲

'卡尔涅亚'马尔勒睡莲

种植块茎类睡莲

1 使用修枝剪或锋利的小刀，将任何受损或过长的根修剪至距块茎5厘米之内。

2 剪去所有死亡、受损以及叶柄破裂的叶片。保留年幼的新叶和花蕾。

3 在篮子中添加衬垫，并填充部分潮湿土壤。放入块茎，使植株顶端距篮子边缘的垂直距离不超过4厘米。

4 将土壤紧实地填充在块茎周围，保证植物顶端位于土壤表面上方4厘米处。

浮水花园

木质栈道桥的笔直线条映衬着睡莲如盘子一般的叶片和鲜艳的花朵。

1 将植株从容器中移出并清洗。使用锋利的小刀从根上割下强壮的生长芽，切口与块茎平齐。

2 在10厘米花盆中填充土壤或水生基质，紧实，然后将一个插条按入表面。表层覆盖砂砾。

3 将花盆浸入水中，并放入温室或冷床的半阴处。第二年春天移栽。

其他养护任务

睡莲的花期只持续三到四天，应该在它们沉入水中并腐烂前清理，叶子也是一样。睡莲的叶片会很快变成黄色或棕色，根据当时的条件，定期从水面下将叶柄切断，并将叶片丢弃。

在炎热的天气中，将水用力泼洒在叶片表面，冲走昆虫如叶蝉和蚜虫。在冬季霜冻地区，将热带睡莲转移到室内，并将块茎储存在5～7℃的潮湿沙子中，以保护它们免遭啮齿类动物侵害。

分株

为保持健康生长，当叶片在水面显得拥挤或者根系长出容器范围时，要对睡莲进行分株。从母株上切下数段，每一段都有年幼苗壮的枝条和大约15厘米长的附着块茎，将它们重新种植在新鲜的土壤中。母株可以丢弃。

繁殖

大多数块茎类睡莲都可以通过芽插的方式繁殖，根状茎类则可以通过分株来繁殖（见302页）。某些睡莲可以用种子或者分离小植株的方式繁殖。

芽插

某些块茎类睡莲会产生侧枝或称"眼"，可以用来繁殖新的植株。将这些眼从根系上切下，并涂以木炭或硫黄粉。将每个插条按压入准备好的基质中，进行表面覆盖并沉入水中，将花盆放入15～18℃的温室或冷床中。随着植株的生长，为它们换盆并逐渐增加水深，直到第二年春天种植到水池中。

种子

除了香睡莲和睡莲（*N. tetragona*），耐寒睡莲不会轻易结实，而不耐寒或热带睡莲能够大量结实。在采集种子之前，用布袋将正在成熟的果实密封，防止它们漂走。对于耐寒睡莲的种子，应该在它们干燥之前立刻种植。对于热带睡莲的种子，应该加以清洗并干燥，然后储藏在袋子中。热带睡莲的种子最好在春天播种。

在装满播种基质的种植盘中均匀地撒播种子（种子上附带其果冻状的囊袋）。在种子上撒一些基质，浇水，然后将种植盘放入容器中，并覆盖2.5～5厘米深的水。耐寒睡莲种子需要的最低萌发温度为13℃，热带种子则需要23～27℃的萌发温度。

当幼苗长到能够手持操作的时候，小心地将其挖出，清洗，并种在种植盘中，再放入5～7.5厘米深的水里。随后换盆直到直径为6厘米的花盆中，放入8～10厘米深的水中。

越冬后，可以将块茎产生的年幼植株分离并上盆。

小植株

某些白天开花的热带睡莲会产生小植株，这些小植株连接在母株叶片上时就会成形开花。可以将它们移栽到水中的浅盘里，让它们在15～18℃的环境中继续生长。逐渐增加水的深度，然后将它们转移到水生植物容器中。

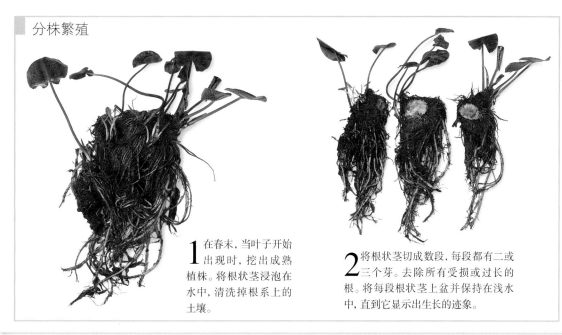

1 在春末，当叶子开始出现时，挖出成熟植株。将根状茎浸泡在水中，清洗掉根系上的土壤。

2 将根状茎切成数段，每段都有二或三个芽。去除所有受损或过长的根。将每段根状茎上盆并保持在浅水中，直到它显示出生长的迹象。

建造池塘

许多年来，人造池塘一般都是用岩石、混凝土或砖块等沉重的材料建造的。然而，随着塑料和玻璃纤维材料的发展，如今建造自己的池塘变得更加容易，需要的话，还能拥有更自然的样式。

池塘的最佳形状、大小和材料在很大程度上取决于花园的大小和风格、建造的方法以及成本。柔性衬垫在形状和尺寸上可以自由设计，在需要自然外观的地方是最理想的，因为它们的边缘可以很容易地隐藏起来，而且衬垫材料本身并不显眼，是大型池塘的最佳选择。坚硬的预制池塘更容易安装，但形状和大小有限，虽然对于小型池塘非常合适，但更大的模块较难操作，且非常大的尺寸难以获得。硬质材料如混凝土等能够建造出最坚固最持久的池塘，但这样的池塘在建造时也是最难和最慢的。

用任何方法建造的池塘都能容纳一个简易喷泉或者用水泵驱动的循环式水景（见292页）。水泵可以使用合适的安全外部电源供给能量，亦可使用太阳能水泵。

柔性衬垫

大多数新花园池塘是用合成橡胶或塑料制成的柔性衬垫建造的，这些衬垫能在土壤和水之间形成防水障碍。这些柔性衬垫大小不一，并且能够加以裁剪，适合各种形状的池塘。在购买衬垫之前，先确定池塘的位置和大小：用沙子或绳线和木钉来标记预定的轮廓，更容易检查效果。

丁基橡胶是最昂贵的池塘衬垫材料之一。它的强度比聚乙烯和PVC高得多，使用寿命大约为40~50年。丁基橡胶的柔韧性非常好，并且足够结实，可以耐受撕扯以及紫外线、细菌滋生和低端温度。较大的不规则池塘，特别是部分材料可能被阳光直射时，最好使用7毫米厚的优质丁基橡胶衬垫。

PVC衬垫强度适中，抗撕扯，有些使用寿命可达10年。它们既耐霜冻，又耐真菌侵袭，但经过几年阳光暴晒之后会硬化开裂。

聚乙烯是所有衬垫材料中最便宜的，很容易被撕裂，经常暴露在阳光下会裂开。如果能避免阳光照射和偶然损伤，那么它是一种可以使用的材料，比较经济。它特别适合用作沼泽园的衬垫，上面会覆盖一层泥土。低密度聚乙烯（LDPE）是一种改良型聚乙烯，更加柔韧，并且可以修补。这种材料的使用寿命与PVC相仿。

为衬垫进行测量

为计算需要的衬垫尺寸，首先确定池塘的最大长度、宽度和深度。衬垫的宽度应该是池塘最大宽度加上其两倍深度，长度应该是其最大长度加上其两倍深度。长宽再各加30厘米，以便在池塘边缘留出富余部分，防止渗漏。例如，长为2.5米、宽为2米、深60厘米的池塘需要长4米、宽3.5米的衬垫。

安装

首先在远离池塘的位置将衬垫伸展开，如有可能，可在阳光照射下进行，因为较高的温度会让它变得更加柔软，容易操作。用沙子或绳线标记出池塘的预定形状，然后用木钉紧挨着轮廓外部做出一系列基准点。使用直尺和水平仪确保池塘边缘水平。这一点非常重要，因为如果池塘不平的话，水会从边缘溢出去。挖至大约23厘米深，使池塘边缘从

用柔性衬垫建造池塘

1 使用沙子或绳线标记池塘的预定形状，然后用木钉以固定间距钉在其周围，第一个木钉与池塘边缘的理想高度一致。

2 使用直尺和水平仪使其余木钉与第一个木钉保持水平。然后挖出23厘米深的坑。边缘稍稍向外倾斜。

3 将坑底部的土壤耙平。如果需要边缘种植架，从底部边缘向内23~30厘米处用沙子标记出中心环状区域。

4 在标记的中心区域继续向下挖至50~60厘米深。清理所有根系和尖利的石头，然后耙平底部。

5 将一层2.5厘米厚的沙子或筛过的土按压在坑的底部和四周。如果使用衬底织物，则将其沿坑的轮廓覆盖并按下去。

6 小心地在沙子上展开柔性衬垫，或者将它平展着放入整个坑中，并在四周留出足够的富余部分。均匀地将折缝披进去。

7 在池塘中注水，使用砖块固定衬垫的位置。当衬垫沉降后将砖块移走。修剪边缘，留出15厘米宽的富余部分。

垂直线向外倾斜20°。这个斜坡能防止侧壁塌陷，更容易安装衬垫，并确保池塘冰冻时，冰可以向上扩张，不至于造成破坏。保留挖出的土壤，这样的表层土可以用在花园中别的地方。

如果计划种植边缘植物，标记出23～30厘米宽的种植架，以提供充足的种植位置，然后以轻微的角度继续挖掘至目标深度——一般是50～60厘米。如果要在边缘添加石头，在池塘边30厘米宽的范围内清除5厘米厚的土壤，以便让石头保持稳固。

挖好坑之后，清理所有能够刺穿衬垫的根系和尖利的石头，然后将土壤夯实。为保护衬垫并起到缓冲作用，在坑中铺设一层2.5厘米厚的潮湿沙子。如果土壤中砾石含量很少，可以只使用专利生产的池塘衬底织物（由聚酯纤维制成）。在多砾石的土壤中，在沙子上使用衬底织物，可为柔性衬垫提供额外的保护。

将衬垫覆盖在坑中，使衬垫中间接触坑底，四面留出富余部分。用砖块固定衬垫的位置，然后开始慢慢为池塘注水。在水的重力作用下，衬垫会下沉并逐渐贴合在坑的四壁和底部。为防止衬垫拉伸，逐渐移动固定衬垫的砖块，让衬垫自然沉降到坑中，并拖拽边缘，最大限度地减少褶皱。

当池塘注满水之后，移走砖块，并检查边缘是否水平。如有必要，添加或移走土壤直到达到水平。剪去多余衬垫，在边缘留出15厘米的富余。这部分富余的衬垫可以隐藏在土壤、岩石、草皮或者铺设在砂浆上的铺装石下面（又见291页，"池塘的边缘"）。注意，不要让任何砂浆流到水中，如果真的流入了水里，应该排空池塘，重新注水。

预制池塘

使用玻璃纤维或塑料预制成形的池塘是最容易安装的。它们有各种不同的形状，并且常常带有可供种植边缘植物的壁架。使用玻璃纤维制造的池塘比使用塑料制造的

预制模具

预制成形的玻璃纤维或塑料模具有很多尺寸和形状。大多数都包括为边缘植物设计的种植架。

更贵，不过它们非常结实并耐老化，使用寿命至少为10年。

安装

尽可能整平现场并清理走所有岩屑。如果模具的形状是对称的，则将其反转过来倒扣在地面上，并用木钉和绳线标记出它的轮廓。对于不对称的形状，使用砖块将模具口朝上支撑起来，防止它弯曲开裂，使用钉入土地中的长竹竿标记出模具的轮廓，并用绳索围绕它们的基部。

为挖出与模具外形相匹配的坑，首先将土壤挖至边缘种植架的深度。挖出的表层土可以保存起来，用于花园别处，底层土应该放置一旁，用于之后池塘周围的回填。将池塘放在准备好的坑中，向下紧紧压实，在泥土上留下底部的清晰印记。将模具拿出来，然后挖掘被池塘底部标记出

来的中央区域，深度比模具多出大约5厘米，为下垫的缓冲材料留出空间。

清理坑中的所有尖利石头、树根和其他残屑，夯实土壤，然后用池塘衬底织物或一层5厘米厚的湿沙覆盖在坑底和四壁。将模具放在坑中并确保其水平，否则在注水时水会流向一侧。

确保模具稳固地坐落在坑里，然后在其中注入大约10厘米深的水。使用沙子或筛过的土壤回填四周，回填深度与水深一致。夯实种植架下方的土壤，确保不存在空隙，且池塘保持完全水平。继续重复注水、回填、检查水平的程序，直到池塘注满水。最后，紧实池塘周围的泥土，并用草皮或使用砂浆铺砌的铺装石（又见291页，"池塘的边缘"）遮盖模具的边缘。

安装预制池塘

1 用砖块牢固地支撑玻璃纤维或塑料模具，使其口朝上保持水平，然后沿其边缘将一系列竹竿插入地面，标记出它的形状。用绳子围绕竹竿基部，标记出需要挖掘的精确轮廓。

2 挖坑，深度比模具多出大约5厘米，尽可能精确地按照底部和种植架的轮廓挖掘。

3 使用一条木板横跨池塘，再用卷尺确保坑的深度无误，再使用水平仪确保底部水平。

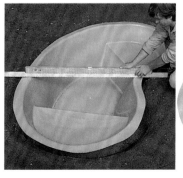

4 清理所有树根和尖利的石头，然后用一层5厘米厚的沙子覆盖在坑的底部和四壁。将模具放入坑中，用水平仪和木板确保模具放置水平。

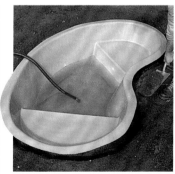

5 注水（这里是池塘水）至10厘米深。用筛过的土壤或沙子在周围回填至同样深度。夯实。继续加水，回填，夯实。

建造混凝土池塘

1 挖出预定大小的坑。沿着底部周围挖一条20厘米宽的沟。在沟中预先浸泡水，倒入混凝土，夯实，与坑底平齐。待其变干。

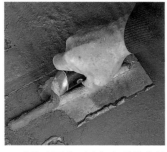

2 在坑底覆盖一层沙子，并将其紧实，使其与混凝土基础条平齐。在沙子上涂抹一层1厘米厚的纤维加固水泥，水泥超出混凝土边缘5厘米。

3 24小时之后，用混凝土砌块在混凝土基础条上建造侧壁，用黏稠的混凝土混合物填补空洞。干燥之后，用同样的混合物填充砌块和土壤之间的空隙。

4 用砂浆在砌块墙上铺设一或二层普通砖块，得到光滑水平的墙顶。小心地挖出多余的砂浆，得到光滑的饰面。

5 48小时后，先弄湿侧壁，然后在上面涂抹一层1厘米厚的纤维加固水泥。在四壁和池塘底部之间的夹角用水泥做一斜面。

6 用砂浆将墙帽石（这里使用的是工程砖）贴在墙壁上，使其向池塘内悬挑5厘米。

7 48小时后，刷去池塘侧壁上可能沾有的残屑，然后在整个内壁粉刷专利防水密封剂。

混凝土池塘

在建造规则式池塘或水池时，混凝土的坚硬是一个优点，能够形成笔直的边缘和垂直的侧壁，这在轻微砂质的土壤中尤其重要，可以防止挖掘的坑向内塌陷。混凝土的耐久性很好，适合用于几乎所有大小的池塘，特别是那些需要垂直侧壁的——例如养锦鲤的水池。不过，与衬垫或预制池塘的安装相比，建造混凝土池塘的过程需要更多技巧。

建造

建造混凝土池塘的最常见方法是在池壁使用混凝土砌块。这些砌块是用水泥混合尖砂以及一种纤维状加固材料制造而成的。这种专利材料与玻璃纤维相似，可以从建材商那里获得。这种纤维材料赋予水泥一定程度的柔韧性，能够防止轻微土壤运动造成的毛细裂缝，从而降低渗漏风险。

在为池塘挖坑时，四周各留出20厘米用于侧壁。尽量使坑壁保持垂直。在坑底周围挖一条宽20厘米、深10厘米的基础沟，在其中倒入混凝土并让其干燥。把平坑底土壤，覆盖一层紧实的沙子至与混凝土基础条平齐。用一层1厘米厚的纤维加固水泥抹在坑底。

等待24小时，让水泥干燥，然后在基础条上建造墙壁。用水泥填补砌块中间的空洞以及墙壁和周围土壤之间的空隙。混凝土砌块上方可以用砂浆铺设一或二层普通砖块。再等待48小时之后，将池塘侧壁弄湿，然后在上面涂抹一层1厘米厚的纤维加固水泥。用砂浆在池壁上铺设最后一层砖块，做出池塘

边缘，使砖块向池塘内悬挑5厘米。让水泥继续干燥48小时，然后在整个池塘内壁涂抹防水密封剂，防止混凝土和水泥中的石灰渗入水中，危害植物和鱼类。

当池塘的预定形状不规则或者难以获得混凝土砌块的时候，可以将湿混凝土倒入木板制造的模具中，制造混凝土预制模板使用。这种方法一度是建造混凝土池塘的标准方法，后来在很大程度上被纤维加固混凝土砌块取代了。模制混凝土在池塘中容易开裂退化，应该使用金属网加固（见对页，"用模板建造混凝土池塘"）。

等待数天，再往混凝土池塘中注水，并检测水质的酸碱度。如果接近中性（pH值为7），则可以安全引入植物并在两周后引入鱼类。如果呈碱性，可能是自来水水质偏硬或者密封剂失效导致的。无论什么原因，将睡莲和水边植物的种植推迟数周，待pH值逐渐变回中性。产氧植物和浮水植物一般能耐受碱性水，所以可以较快种植。

抬升池塘

抬升池塘的侧壁必须足够坚固才能承受水的压力，如有必要，寻求专业人士的帮助。与下沉池塘相比，它们更容易受到霜冻的破坏，最少也需要60厘米深才能养鱼。

建造

建造抬升池塘的最好方式是使用双层墙，就像房屋的空心墙一样。外墙可以使用砌墙石或砖块建造；内墙是隐藏起来的，可以用较便宜的砖或砌墙石建造。两面墙之

抬升池塘
这个现代风格的抬升池塘上使用了宽大的石板，在形成边缘的同时又作为座位使用。附近的露台使用的是相同的石板，以达到一种和谐的设计效果。

用模板建造混凝土池塘

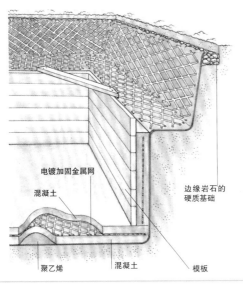

建造池塘
用塑料板板材衬在池塘区域。分阶段建造池塘，让混凝土在每个阶段充分凝固。先铺设底部，在两层混凝土之间使用加固金属网。在池壁和模板之间插入金属网，灌入混凝土。建造边缘种植架时重复这一步骤。

电镀加固金属网

混凝土

边缘岩石的硬质基础

聚乙烯　　混凝土　　模板

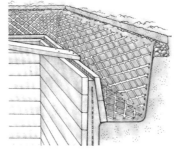

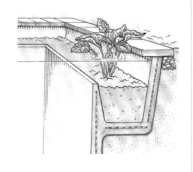

建造带壁边缘种植架
带壁边缘种植架可以直接进行种植。和之前的步骤一样，将模板高度升高，使其能保持至少23厘米厚的土壤（左）。凝固之后，为种植架底部和外壁铺设混凝土。混凝土凝固后，将镶边石铺设在池塘边，使其向水面内伸出大约5厘米。施加密封剂，并在边缘种植架中填充土壤。种植后为池塘注水（右）。

间的距离必须足够近，用专利生产的金属网壁锚连接起来。整个池塘最终必须加衬垫。

使用绳线和木钉标记出形状，然后为池壁建造混凝土基础条（见对页，"建造混凝土池塘"），10～15厘米深、38厘米宽。翻耕池底土壤，清理尖利砾石并用一层沙子或聚酯纤维垫覆盖。然后，建造双层墙，使用金属网壁锚将两面墙连接起来。

为抬升池塘放衬垫

抬升池塘可以像下沉池塘那样使用纤维加固水泥涂抹，或者使用柔性衬垫垫底，安装柔性衬垫后

内墙的水面上可以露出美丽的岩石或砖块表面。需要额外衬垫（长宽各为1米）。在铺设墙壁的最后一层砖或石材之前，在池底铺一层2.5厘米厚的湿沙，然后是衬底和衬垫，将它们放在内墙上，并塞入双层墙之间的空隙。接着，再用砂浆铺设墙壁的顶层，将衬垫固定住。富余的衬垫从顶层砌块后面伸出，并披回在墙顶下面。这可以防止渗漏，同时保证水边看不到衬垫。剪去多余的衬垫，并用砂浆将墙帽石铺设在墙壁顶端。

设置种植床

对于健壮的水生植物，将它们种植在永久性的苗床或容器（如

混凝土管或半垃圾箱）中比种在种植篮中更好。这些较大的种植床能让根系更充分地伸展，使较高的植物不容易被风吹倒。种植床最好设置在边缘架上，深水植物苗床可以设置在池底。

在向池塘中注水之前，可以在池塘衬垫上建造砖块或砌块挡土墙。基质的最小厚度和宽度应为23厘米。种植前在基床上施加池塘密封剂。对于混凝土池塘，应该在建造池塘的阶段一并建造种植床。

池塘的边缘

不规则池塘可以用自然风格

的土壤、草皮、岩石和卵石来装饰边缘，而铺装材料可以增强规则式池塘的清晰线条，或者在池塘一侧创造小型"观赏区域"。安全是首要考虑因素，如果你的土壤质地较软或者边缘悬挑在水面上的话，石板必须用砂浆牢固地固定在坚实的基础上。

材料的选择对于水边的安全也是非常重要的。传统的自然石材表面，尤其是老旧的回收砂岩铺装在潮湿的天气中会变得很滑。而许多预制混凝土铺装板拥有粗糙的表面，这让它们不易滋生藻类，也不会变滑。

池塘边缘的风格

规则式池塘需要清晰的轮廓，所以直线或曲线形的预制混凝土铺装是最理想的。对于圆形池塘，小型模块如防水砖以及花岗岩或砂岩方砌石都很合适，因为它们不需要切割。同样，也可以使用形状不规则的拼贴式铺装，沿池塘边缘铺设，得到曲线。木板可用于规则式和不规则式池塘，因为它可以轻松地切割造型。对于不规则的池塘，石制品如水洗鹅卵石和圆石能够作为池塘与周围种植区域之间的过渡，并且容易铺设。

简易的边缘
用尺寸逐渐减小的岩石和石头将柔性衬垫隐藏起来，创造沙滩一样的效果。

用砂浆固定的不规则边缘
使用形状不规则的石板，使其一侧顺着池塘边缘排列。为安全起见，用水泥固定结实。

几何式的规则感
人工制造的铺装块为池塘边缘赋予了规则和整洁感。它们必须用砂浆固定。

建造流水景观

在所有流水景观中，无论水沿着什么样的路径流动，它们都遵循这样一个原则：水从高处自然流向低处，而在低处设置有水泵，通过管道将水运回水景顶部。坡度可以非常缓——如规则式的水道就能达到预定的效果。较陡的坡度可以用来创造流速较快的溪流式景观，中间还可以设置水池和瀑布。

水泵和过滤

可用于花园的水泵有两种类型：地上泵和潜水泵。水泵需要的功率取决于水的体积以及水景的坡度。潜水泵对于大多数小型水景已经足够了。大型水景可能需要安装在独立通风室内的地上泵。

如果使用潜水泵，将它放置在储水池底部，下面垫上砖或砌块，防止残渣被吸入进水滤网。用连在水泵上的柔性管道连接底部储水池和水景的顶部水池。可将管道推到顶部水池的底部以隐藏起来。

在这样的情况下，应该使用单向阀。或者将管道末端保持在水面上方，并在水池边缘用悬挑的石头或石板将其隐藏起来。

在接入外部电源时，如有必要，咨询专业电工的意见。只使用安全认证的防水接头连接水泵和其他电力设备。用蛇皮套管保护室外电线，并使用漏电保护装置。

大多数水泵都有过滤网。也可以使用能够安装到水泵入水口上的过滤装置。通常没有必要安装独立的过滤系统。如果水池中有大量鱼类或者难以养护的沉水植物的话，可能需要独立的机械或生物过滤系统。

使用柔性衬垫

柔性衬垫（见288页）非常适合用于不规则和曲折式水道。它们可以用来营造自然的外观，这些材料能轻松地适应方向和宽度的变化。边缘也能轻松地伪装起来。

循环带瀑布的溪流

从储水池到顶部水池，每个水池应该逐级升高，让水自然流下，但一定要足够深，在水泵关上时里面也能保留部分水。

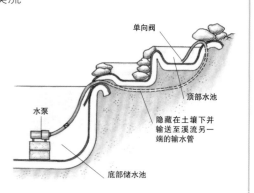

如果水流是水泵驱动的，那么水流的出水口通常是顶部的水池，其中必须容纳充足的水，在水泵开关时不会出现水平面的剧烈变化。可以用柔性衬垫创造地下式顶部水池，很好地遮掩出水口。用坚固的金属网遮盖水池，并在上面覆盖一层岩石和卵石。水会从岩石之间喷涌而出，流到水道上。除了柔性衬垫，还需要无孔隙岩石遮掩水道边缘并创造瀑布，而小鹅卵石或卵石可以用在水道底部，增加观赏性。

计算衬垫大小

水道路线、维度以及高度的变化是决定衬垫材料需求量的因素。

如果路线很直，可以使用一块衬垫。衬垫的宽度应该是水道最大宽度加两倍水道深度，长度为水道长度，并为顶部和底部之间的任何高度变化留出空间，还要加上至少30厘米，使其能进入底部水池

用柔性衬垫建造水道

1 修建一座预定高度的土堤，并标记出水道的位置以及所有高度变化的深度。从底部向上做出阶梯和顶部水池的形状。

2 完成后，用铁锹的背部拍实土壤。清理尖利砾石，用沙子或聚酯纤维垫作为水道衬底，将聚酯纤维垫剪成合适的大小和形状。

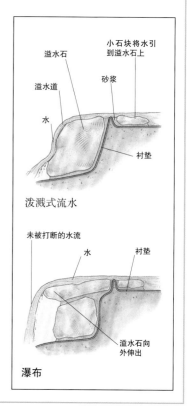

泼溅式流水

瀑布

3 将衬垫铺在上面，确保衬垫底部边缘能够伸入底部水池中。修剪衬垫，四周留出30厘米宽的富余。将衬垫贴合水道轮廓。

4 从底部开始，放置岩石，形成阶梯。将衬垫边缘披到岩石后面。向上逐渐铺设岩石，安排好岩石和卵石的位置，使水按照预定路线流下来（见右图）。

使用硬质模块建造水道

1 标记出水道的位置和形状。从底部向上，以稍稍向后的坡度挖一条浅沟。将第一个模块放在软沙上，出水口稍稍超出池塘边缘。

2 向上重复同一步骤，并安置好顶部水池。每个模块的出水口都应该稍稍伸出下方的模块。将输水管隐藏在水流旁的15厘米深沟中。

中。曲折的水道最好用一系列衬垫片段拼接在一起，互相之间重叠至少15厘米，以防渗漏并避免笨拙的折叠。在计算需要多少衬垫材料时要考虑这些重叠部分。

建造

如有必要，建造一个比水道尺寸稍微大一些的土堤，然后在土壤上标记出轮廓。从最低点开始，在土堤上切出阶梯，形成瀑布和跌水。平整的部分——阶梯的"踏步"应该轻微向后倾斜，这样当水泵关闭的时候上面还能保留部分

水。对于顶部水池，在最高点挖出一个至少60厘米见方、40厘米深的坑。把平底部并清理掉所有尖利砾石，然后用铁锹背夯实土壤。在水道上覆盖一层衬底的聚酯纤维垫或紧实的沙子，然后将柔性衬垫安装到水道里，两边留出30厘米的富余（随后用于形成水道的侧壁）。

如果用多块衬垫组成整个水道，不同衬垫之间应该重叠15厘米。将位置较高的衬垫叠在位置较低的衬垫上方，使水流向接缝之外流走。在水道旁边挖出一条通道，用于埋设将水从底部循环至顶部水

池的管道。

放置岩石，形成水道的阶梯和侧壁，将它们铺设成令人满意的效果。使用水管或水壶检查水流方向是否与预期一致。然后，将两侧的衬垫披到岩石后面，并培土到水线上方。为了确保稳定性，用防水水泥固定岩石的位置。

使用硬质模块

预制成形的模块可以用数种不同的方式安装使用，将不同高度的瀑布结合起来。这样的模块通常可以建造各种大小、材料（如玻璃纤维和PVC）和饰面（如岩纹或砂砾）的浅碟形池塘（见左上图）。植物、天然岩石和卵石可以将这些模块和周围环境融合起来。

用绳线标记预定区域，并挖出容纳模块的水道。在模块下方多留出5厘米的深度，用于铺设一层沙子。从底部向上铺设，位置最低的模块稍稍超出底部水池的边缘。安装此模块，通过回填或去除多余的沙子来确保其水平。当第一块模块水平之后，可以加少量水，增加其稳定性。

其余的模块以及最终的顶部水池都用同样的方法安装。当确定好每个模块的位置并确保水平后，在其中加入水并在周围回填沙子。

安装水泵，用岩石和植物隐藏并软化水道边缘。

水渠和规则式水沟

在规则式花园中，水渠和水沟可以用来连接抬升池塘或喷泉等水景，或者用来强调雕塑或缸瓮等景致。水渠的宽度应与花园大小保持一致，宁愿较窄也不要过宽。只有30厘米宽的水渠也能起到很好的效果。由于花园水渠需要清晰的轮廓并且较浅，因此最好使用混凝土来建造。沿着边缘使用的砖块或上釉瓦应与周围铺装颜色形成对比，起到强调的作用。在规划阶段，要记住管道和电线可能需要从周围的任何铺装下面穿过，并安装相应的导管。

在平地上标记出水渠的宽度和长度后，将标记区域挖至20厘米深，并铺设一层5厘米厚的沙子。确保两边水平，然后将聚乙烯膜覆盖在挖出的坑中，再浇灌混凝土。用平木板将混凝土夯实。经过48小时，当混凝土已经凝固变硬后，使用砖块修建侧壁。当砂浆变硬后，用抹灰工的抹子在水渠内壁涂抹一层1厘米厚的纤维加固水泥（见290页，"建造混凝土池塘"）。当水泥干燥后，在水渠内壁粉刷一层专利防水密封剂。

使用混凝土建造水渠或规则式水沟

1 将水渠区域挖至20厘米深。用5厘米厚的软沙覆盖底部和两边。检查现场是否水平，然后用耐用聚乙烯膜垫在水渠里。

2 将5厘米厚的混凝土灌入聚乙烯膜中，向下压紧，并用细而笔直的木板将其弄平。确保水渠两侧的高度一致。

3 48小时后，用砂浆将一层砖铺设在混凝土基础上，建造水渠的侧壁。将装饰性铺装块以直角铺在砖块顶端，向水渠内侧伸出5厘米。

4 48小时后，将水渠底部和侧壁弄湿，然后涂抹一层1厘米厚的纤维加固水泥。干燥后，再粉刷一层专利防水密封剂。

小型水景

为达到最好的观赏效果，水景应该在尺度上与它们周围的背景保持一致。对于小型花园，也有相应的小型水景，包括那些对水进行再循环的水景，可以将它们设置在各种角落处。可以把它们安装在溢满的花盆上、卵石上的泡泡喷泉中或墙上的壁挂喷泉中，提供永不停歇的涓涓细流。这些流水景观能够为小型空间带来活力，引入悦耳的声响和活泼的水流，增加惊喜的元素，并为附近的植物材料选择提供有趣的主题。

与开阔的池塘相比，对于幼童来说，小型水景要安全得多，因为暴露的水很少。小型水景建造的速度很快，难度也很低，也不需要处理大量土壤。这些景观中没有水生植物，因此可以设置在阴凉处，而种植了植物的池塘则不能。维护也简单得多，主要的任务是定期补充水分，以弥补蒸发损失的水。

壁挂喷泉

小型的封闭城镇花园、庭院、露台以及保育温室中常常没有足够的空间容纳独立式水景，但可以设置挂壁喷泉。它们的外形有古典的岩石（或者较便宜的石膏或玻璃纤维复制品），也有现代的金属设计。墙壁上的框格棚架可以用来隐藏储水池和喷泉出水口之间的输水管道。储水池必须有足够容量让潜水泵正常运转，即使是小型挂壁喷泉，最少也需要22~27升的容量。储水池可以是开放式的，并种植美丽的植物（见下图），也可以隐藏在地下。

鹅卵石喷泉

另外一种成功且流行的小型水景形式是鹅卵石喷泉，它拥有几种不同的造型——但所有的鹅卵石喷泉基本上都有被一面不锈钢金属网支撑着的鹅卵石或岩石，水穿过这些卵石被喷上来，然后又落回地下的储水池中。

鹅卵石喷泉能够以套装的形式购买，并且它提供了一种在花园中欣赏流水的便宜、简单的方法。它最大的迷人之处是水柱的顶端可以调节成剧烈喷涌式的，也可以缓缓向上吐泡泡。水柱的来源是水泵的一根硬管——管子越宽，喷泉的水柱就越柔和。随着水柱的高度增加，喷泉的声音也会随之变化。还可以通过调节水面来得到不同的效果：如果储水池是满的，溅水声会是主要的声音；如果储水池只有一半的水，声音中会有一部分回声，强调了水在卵石下流动的声音。

安装套装式鹅卵石喷泉

1 挖出一个比储水桶稍宽稍深的坑。将桶放进去，使用水平仪确保其水平。在边缘回填，并用棍子紧实土壤。

2 用聚乙烯膜覆盖在桶上，剪出一个直径比桶的宽度大5厘米的洞。将输水管连接在水泵的出水口，把水泵放在储水桶底部的一块砖上。

3 将不锈钢金属网放置在聚乙烯膜的洞上。在金属网中间剪一个小洞，并用输水管穿过其中。从上方为储水桶注水至15厘米深。

4 将一些鹅卵石摆放在水管周围，将水管剪到合适的长度，然后打开水泵。试验水泵的水流调节器，直到得到预想的喷泉效果。

5 按照需要增添更多鹅卵石。当水落下的区域成形后，将多余的聚乙烯膜剪去，留出10厘米宽的边缘，并埋在土壤下。或者，为了之后扩大尺寸，将多余的聚乙烯膜折叠或卷起来，然后埋好。

安装简易挂壁喷泉

1 用螺丝钉穿透框格棚架的嵌板至墙上的板条。将输水管从框格棚架的支柱后面引上来，并连接到喷泉外壳的出水口上。用螺丝钉将喷泉外壳固定好。

2 将输水管连接在水泵的出水口。将水泵立在储水池里的一块砖上。在储水池中注水，打开水泵并调整水流。

完成的景观
储水池里面和周围的植物隐藏了水泵，而攀援植物隐藏了框格棚架和垂直的输水管。

自然和野生动物池塘

大多数花园池塘都能吸引一些野生动物，池塘越不规则越自然，对于各种野生动物的吸引力就越大。如果足够幸运的话，你的花园里可能有一个天然池塘；如果没有的话，你可以自己建造一个拥有自然主义外观、强烈吸引野生动物的池塘。

野生动物池塘的位置应该能从房屋窗户观赏到，但不要离得太近，以免害羞的动物不敢造访。最好在池塘的远端进行一些种植。野生动物池塘应该在一侧边缘有浅沙滩，并在池塘底部铺有一层沙子。沙滩能让饮水的鸟类、两栖动物以及其他动物轻松地进入，而泥层在夏天是无数微生物的家园，在冬天则是一处冬眠地。

为天然池塘铺设衬垫

传统上，人们使用压缩黏土作为天然池塘衬垫，使它们不透水，但运输黏土的费用让这一方法变得特别昂贵，除非是在富含黏土的地区。

更经济的方法是使用钠基膨润土。这种粉末状的材料和水混合在一起后体积会膨胀10~15倍，形成一层防水胶状物。还可以将其放入结实的土工织物垫中间（见右图），对于大小超过50平方米的池塘，只能用重型设备移动。

还可以使用柔韧的低密度聚乙烯或PVC衬垫。因为这些衬垫会被一层很厚的土壤覆盖，因此它们不必耐紫外线照射。

沼泽园是池塘的理想伴生景观，应该使用单独的衬垫材料，在其底部穿孔，让其缓慢排水。

为池塘种植植物

为促进野生动物的多样化，自然池塘中应该有大量本地物种。由于其中许多种类长势凶猛，会很快淹没较小的物种，应该为不同物种创造不同大小和深度的种植穴。

土壤层会促进植物的扩展。可以进行密集的种植，以得到自然效果。在小型池塘中，避免种植长势非常迅猛的植物。这些种类中有许多物种拥有恶性生长的根系，能够穿透柔性衬垫。最终，即使是较深的区域也会被本地边缘植物占据，它们密密麻麻的粗壮海绵状根形成一片筏子，需要定期修剪。某些本地沉水物种如荇菜（*Nymphoides peltata*）也会不受控制地伸展，覆盖整个水面，隔绝水中的阳光。在种植达到平衡前，可能需要进行一些试验。

快速成形

本地植物会快速覆盖池塘表面，如果需要一片清澈的水面，则应该小心挑选植物的种类。同样，苗壮的边缘植物会快速将池塘围绕起来，要保留一小块出入的空间。

土工织物垫

在为池塘铺设衬垫时，为了方便，可以使用一种内含膨润土、叫作Bentomat的土工垫，以互相重叠的条状覆盖在为池塘挖出的坑中。垫子的厚度足以不受挖洞动物或大多数植物根系的破坏。上面应该覆盖大约30厘米厚的土壤，以防止其中的化学物质渗出。

防水处理

使用土工织物作为小池塘的衬垫，然后在其上覆盖土壤。

创造多种生境

在水景园中使用柔性衬垫的一大好处是能够提供各种种植机会和高度，增加景观对水生动物和其他花园生物的吸引力。不同的环境能更多地提供遮蔽、觅食和繁殖场所。

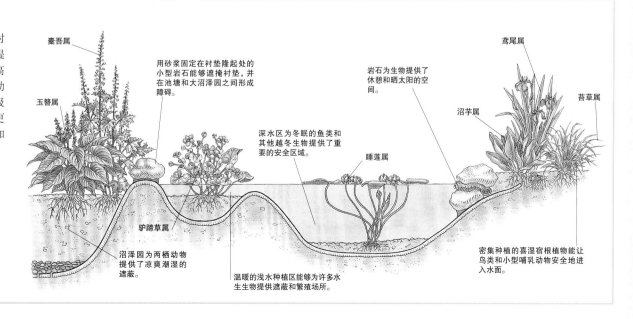

橐吾属

玉簪属

用砂浆固定在衬垫隆起处的小型岩石能够遮掩衬垫，并在池塘和大沼泽园之间形成障碍。

岩石为生物提供了休憩和晒太阳的空间。

鸢尾属

苔草属

沼芋属

深水区为冬眠的鱼类和其他越冬生物提供了重要的安全区域。

睡莲属

驴蹄草属

沼泽园为两栖动物提供了凉爽潮湿的遮蔽。

温暖的浅水种植区能够为许多水生生物提供遮蔽和繁殖场所。

密集种植的喜湿宿根植物能让鸟类和小型哺乳动物安全地进入水面。

容器中的水景花园

决定容器中的水景园是否成功有几个因素。必须精心选择植物并将其放置在合适的光照条件下，才能发挥出它们的潜力。花盆应该能融入周围环境，并提供足够的深度和水面，以容纳所选择的植物。如果园艺师不能进行合适的控制，健壮的植物会很快占据主导位置。水面也可以部分覆盖叶片，水质不能被大量繁殖的藻类弄浑浊。

选择植物

部分植物，特别是深水的莲属（Nelumbo）植物在单独使用时效果非常好。不过，更常见的办法是缩小传统池塘的种植规模，混合使用边缘植物、深水植物、沉水产氧植物以及浮水植物（见297页，"种植和养鱼"）。

容器中能够容纳的植物数量在很大程度上取决于容器容量以及水面的大小。在50升的标准木桶中，可以种植一种微型睡莲、三或四种浅水边缘植物、一或两种非入侵性产氧植物以及一种浮水植物。

为容器选址

在注水之前将容器放置在正确的位置，因为容器注水并种植后，会变得很重并难以搬运。它必须放在紧实、水平的表面上，并且必须靠近水源以便随时补充水分。

微型池塘

包括大藻（Pistia stratiotes）在内的浮水植物以及石菖蒲（Acorus gramineus）等紧凑的浅水边缘植物簇拥在这个由木桶改造的微型池塘的水面上。水边植物种植在特制的塑料网篮子中，并放置在砖块上，使植物正好能伸出水面。

理想的场所必须背风，但要远离乔木，处于阳光照射下，且在一天中最热的时间必须得到遮阴。

种植

用水洗过的5厘米砂砾覆盖容器的底部，然后注入三分之二的水。使用普通园土将水生植物单独种植在用麻布作为衬垫的塑料网篮子中，防止土壤被水冲出。

将植物深深地种植在篮子中，在根系周围填充土壤并轻轻地压实，使土壤表面位于篮子边缘以下2.5厘米。用水洗砂砾进行表面覆盖。将种植边缘植物的容器立在砖块上，使植物直达水面（见298页，"种植深度"）。在距离容器边缘5厘米处缓慢停止注水，以免扰动种植篮中的基质。如果在种植设计中包括浮水植物，在容器中注完水之后再添加这些植物。

（见297页，"种植和养鱼"）

盆栽水生植物

浅水边缘植物（水深15厘米）
'金叶'石菖蒲Acorus gramineus 'Ogon'，'花叶'石菖蒲A. gramineus 'Variegatus'
'螺旋'灯芯草Juncus effusus f. spiralis
勿忘草Myosotis scorpioides
小香蒲Typha minima

深水边缘植物（水深30厘米）
'矮生'纸莎草Cyperus papyrus 'Nanus' 1
'矮白'莲Nelumbo 'Pygmaea Alba' 1

深水植物
萍蓬草Nuphar pumila
'曙光'睡莲Nymphaea 'Aurora'，雪白睡莲N. candida，'爱丽丝'睡莲N. 'Ellisiana'，'莱德克尔淡紫红'睡莲N. 'Laydekeri Liliacea'，'莱德克尔紫'睡莲N. 'Laydekeri Purpurata'，'莱德克尔玫瑰'睡莲N. 'Laydekeri Rosea Prolifera'，小花香睡莲N. odorata var. minor，'海尔芙拉'睡莲N. 'Helvola'

沉水产氧植物
牛毛毡Eleocharis acicularis
水藓Fontinalis antipyretica
粉绿狐尾藻Myriophyllum aquaticum

浮水植物
细叶满江红Azolla filiculoides 1
凤眼莲Eichhornia crassipes 1
大藻Pistia stratiotes 1
芜萍Wolffia arrhiza 1

注释
1 不耐寒

布置容器中的水景园

1 预先浸泡木桶，使木材膨胀从而不透水，并将其放置在水平台面上。在桶底覆盖砂砾。注入三分之二的水。

2 用麻布作为塑料网篮子的衬底，装入园土并种植（这里是粉绿狐尾藻Myriophyllum aquaticum）。表面覆盖砂砾或粗砂。

3 将产氧植物、睡莲和其他深水植物小心地放入桶底，注意不要扰动种植篮中的土壤。

4 将砖块或半砖放入桶底，抬升种植水边植物的容器。

5 调整砖块的数量，直到植物稍微露出水面。如果需要，为木桶加水至边缘下端5厘米之内。

种植和养鱼

虽然大多数植物都是因其观赏性而被种植的，但有些种类也可以通过抑制藻类生长来改良水质和水体外观（见284页，"水景园中的植物"）。种植容器有许多种类型，能保证灵活种植，还能让日常养护变得简单。

选择水生植物

在选择植物时，选择那些干净、新鲜、健壮、生长在没有藻类和浮萍属（*Lemna*）植物的水箱里的植株。确保叶片背部没有蜗牛留下的白色印迹或峨螺的卵。真空包装的植物应该外观饱满翠绿，如果看起来瘦弱柔软，则不太可能生长良好。

好的苗圃或供应商应该能够就植株的购买数量提出建议，使你在沉水产氧植物（如金鱼藻 *Ceratophyllum demersum*）和浮水植物（如睡莲）之间达到微妙的平衡。后者应该覆盖三分之一至一半水面，遮挡水中的部分阳光。如果邮购植物，要选择专业供应商。出稍高一点的价钱是值得的，因为这样的植物一般没有疾病，并且是在苗圃中繁殖的。有声誉的供应商会小心地包装植物，并在挖出的同一天进行运输。

在为新池塘购买产氧植物时，每平方米水面应该配置5丛产氧植物。它们一般是作为小型加重穴盘苗单独出售的，可以直接扔到水中，或者以成束的未生根插条（大约23厘米长）出售。用来捆绑插条的铅扣会将植物拽到池塘底部，它们会在那里生根。

为水景园选择植物

水边植物

好样品

发育完好的植株

健康的叶片

坏样品

驴蹄草

纤弱的枝叶

杂草，显示植株可能被容器束缚

由于产氧植物对脱水非常敏感，因此应该使它们在塑料袋中保持湿润，或者沉入水中，直到准备好种植在池塘里。

容器和种植床

种植水生植物最方便的方式是在预制的种植篮或种植篓中种植。这让植物的挖出、分株和替换都变得非常简便，并使种植安排的改变变得相对简单。

专利生产的容器

水生植物容器的底部宽阔平整，能够确保植物在水中的稳定性，这对于狭窄种植架上的高水边植物很重要。容器拥有通透的格子壁，让水和气体能够穿透土壤自由循环。大多数容器都应该

种植篮

种植篮有各种尺寸，适合种植各种不同的植物。除了网眼细密的种植篮之外，其余的种植篮都应该加衬垫。

标准网眼　　　细密网眼

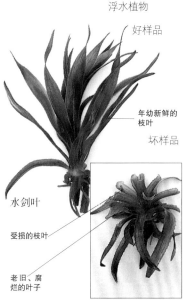

产氧植物

好样品

菹草

坏样品

健康、苗壮的枝叶

软弱无力的茎秆

浮水植物

好样品

年幼新鲜的枝叶

坏样品

水剑叶

受损的枝叶

老旧、腐烂的叶子

使用聚丙烯纤维织物或麻布作为衬垫，防止土壤露出，不过网格非常细的容器就没有这个必要了。

容器的尺寸不等，既有40厘米×40厘米、容量为30升的方形容器，适合种植中型睡莲；也有直径为4厘米、容量为50毫升的小型圆形容器，可以进行水族馆种植。较大的圆环状管子没有格子壁，适合种植长势健壮的睡莲。

直接在土壤苗床中种植

在野生动物池塘中，水生植物可以直接种植在池底的土壤中和边缘种植架上。不过，在大多数池塘中都不推荐这种方法，因为健壮物种的扩张速度非常快，会淹没它们附近长得比较慢的植物。此外，后续对植物进行清理或疏苗都比较困难。

永久性种植床

一个好的妥协方案是在水池建造过程中，在水池底部和边缘修建永久性种植床，然后在水池注水前轻松地种上植物（又见291页，"设置种植床"）。这既可以维持自然外观，同时又能控制植物的扩张。

种植

应该在种植前数天对池塘进

行注水，让水达到周围空气的温度。在这个阶段，水池会繁殖出众多分散在水中的微生物，并创造出对植物、鱼类以及其他池塘生物有益的环境。

与大多数陆生植物不同的是，水生植物应该在处于活跃生长的时期种植（最好在春末至仲夏）。如果在夏末和初秋种植，植物在凋萎之前只有很少的时间生长。睡莲在冬天之前需要时间储存营养，才能在第二年存活并良好生长。

种植基质

水生植物在良好的园土中生长得很好，尤其是黏重的壤土。如果可能的话，使用最近未施过化肥或粪肥的土壤。筛去所有疏松的有机物质，因为在沉入种植容器后，这些物质会腐烂或者漂浮起来。完全腐熟降解数个月的旧草皮能够成为理想的水生栽培基质。如果对园土有所疑问，可以从专业供应商那里购买水生栽培基质。

用于陆生植物的专利基质不应该用于水生植物，草炭或草炭替代物也不能使用，它们容易漂浮在水面上，而且其中添加的肥料会刺激藻类生长（见300页）。

园艺百科全书（典藏版）

种植深度

理想的种植深度取决于植物类型，甚至在同一类植物中都有差异。种植深度应该从种植篮中的泥土表面测量到水面（见右图）。

种植深度不要太深：如果没有光合作用所需的充足阳光，植物会死亡。在种植年幼植株时，刚开始可能需要将容器放在砖块或砌块上，使植株不致被完全淹没。随着植株的生长，逐渐降低容器的位置，直到达到适合的深度。

沼泽和喜湿植物

天然水池的周围区域非常适合种植沼泽植物和喜湿植物，不过通过建造特殊的苗床，也可以在人工池塘旁边提供合适的生长条件。

标记出种植床区域，然后挖出至少45厘米厚的土壤，清理所有宿根杂草如茅草的根系。在四壁形成缓坡。将柔性衬垫（厚塑料膜可用于此用途）铺在坑中，确保衬垫的顶端边缘正好位于现有土壤表面的下端。

虽然许多健壮的喜湿植物能够忍耐水分饱和的土壤，但如果将衬垫刺穿，允许水从苗床中渗出的话，大多数植物会生长得更好。水在土壤中的这种轻微流动还有助于防止水变得停滞污浊。用砂砾覆盖排水孔，防止它们被土壤堵塞。

在夏天将穿孔的硬质管道埋入苗床，进行灌溉。管道的远端应该封闭，并覆盖一层砂砾或砾石，防止出水孔被土壤堵塞。在管道的另一端连接上软管接头，软管接头应该露出土壤表面。

用土壤回填苗床，然后覆盖一层厚厚的粗糙有机植物，防止水分损失。不要在整个苗床添加大量添加剂，因为衬垫会保留足够的水分。

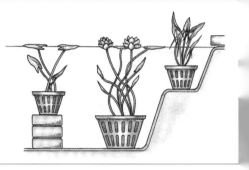

最好在春天进行种植，种植方法和在普通土壤中一样，不过种植后应该浇水彻底浸泡。植物的种植深度应该和容器中的种植深度一致。喜潮湿环境的植物生长非常茁壮，所以入侵性非常强的物种最好限制在沉入水中的容器里，防止它们侵犯别的植物。

水边植物

水边植物种植在水池边缘，根系生长在浅水中，主要观赏其美丽的花或叶。观赏水池通常包括一个用于容纳水边植物的种植架，这些水边植物可以种在种植篮或者直接修建在架子上的坑穴里（又见291页，"设置种植床"）。

大多数水边植物需要8~15厘米深的水，可能需要抬升种植篮的位置，保证植物在成形之前位于正确的深度。更茁壮的物种称为深水边缘植物，应该种植在30厘米或更深的水中，可以种在远离水边的较深种植架上或者水池底部。

在种植水边植物时，要考虑它们的高度、冠幅和活力。将生长迅猛的植物单独种植在容器中，防止它们淹没其他生长较慢的植物。如果种植在容器中，应确保有充足的空间让根系生长。对于大多数水边植物，需要直径最小为23厘米的容器。将植物种植在准备好的容器里或者表面覆盖豆砾的壤土种植基床上。如果使用容器，则将它们放在边缘种植架或池塘底部，使植物位于正确的深度。

大软骨草（*Lagarosiphon major*）是一种来自非洲的沉水产氧植物，应定期修剪并检查，去除死亡枝叶，防止它们在水中分解。

欧洲水毛茛（*Ranunculus aquatilis*）来自温带地区，但扩张的速度仍然很快。它的茎沉在水中，但漂浮在水面上的叶子和花会提供某些阴凉。

种植产氧植物

在新池塘中进行种植时，产氧植物是首选之一。它们能够清洁水质，增加水中的含氧量，这对于鱼类的健康非常重要。

购买植物之后让它们保持潮湿，直到准备好进行种植。即使在种植过程中，也应该尽可能不让它们过长时间暴露在空气中。

物种为水增添氧气的能力各有不同，并受到一年中不同时间以及水pH值的影响，所以应该选择4或5种植物，保证水中全年的含氧量充足。每个容器只种植一个物种，防止苗壮的植物影响其他较弱的物种。

准备种植篮并在土壤中做出种植穴，然后插入成束插条并紧实土壤。用1~2.5厘米厚的砂砾或豆砾覆盖土壤，浇透水，然后将种植篮放入45~60厘米深的池塘底部。

用潮湿的基质填充有衬垫的种植篮。种植成束插条（这里是大软骨草 *Lagarosiphon major*）。修剪多余衬垫，然后在土壤上进行表面覆盖。

深水植物

就像水边植物一样，这些植物通常也种植在水下容器或种植床中。它们中的大多数在刚开始最好种植得浅一些，使叶片能够漂浮在水面上，以便进行光合作用。

无论在苗床中还是独立式容器中种植，都要将植株牢固地安置在土壤中，因为浮力很大，很容易移动。在湿润的土壤中种植，并在将容器沉入水池之前用水彻底浸泡。用一层2.5厘米厚的砂砾或豆砾进行表面覆盖有助于防止土壤漂走，并阻止鱼类扰动植物的根系。

当将容器沉入深水时，在容器边缘穿上绳子，形成把手，这样更容易定位种植篮，让其逐渐降低到池塘底部。

养鱼

最好在较温暖的月份里往水池中添加鱼类。在较寒冷的温度下，鱼类会进入半休眠状态，转移的时候更容易感受到压力。种植植物至少两周之后再在水池中养鱼，让植物根系充分成形。

除非有相应的过滤系统，否则，养太多的鱼类会刺激藻类的生长，因为藻类会利用鱼类的排泄物充当营养。作为一般性的指导，每平方米水面能容纳的最大鱼体长度（成年鱼）为50厘米，或者是每1000平方厘米能容纳的最大鱼体长度为5厘米。最好分两个阶段养鱼，先加入一半鱼，8~10周后再加入另一半。这会让以鱼类排泄物为食的细菌繁殖到合适的水平。如果一次引入太多鱼类，水会遭到污染，而且鱼类会缺乏氧气。打开喷泉或瀑布过夜，扰动的水流可以暂时缓解缺氧。

鱼类通常装在大型透明塑料袋中出售，袋子里装着少量水并充有氧气。到货之后，不要直接将鱼放入池塘中。它们对于温度的突然变化非常敏感，而池塘中的水一般比塑料袋中的水更凉。将封口的塑料袋漂浮在水面上，直到塑料袋中的水温与水池水温趋于一致。在炎热且阳光充足的天气，用布为塑料袋遮阴。在将鱼放入水池之前可以在塑料袋中渐渐加入少量池塘的水。不要将塑料袋提起近距离地观察鱼类，因为这会对它们造成压力。

其他水生生物

除了鱼类，还有许多其他水生动物可以作为食腐动物加入水池。扁卷螺就是其中的一种。普通的池塘蜗牛常常会成为麻烦，因为它们会吃掉睡莲的叶子。

蚌类尤其是河蚌是优良的食腐动物，它们能够清理过分喂食观赏鱼残余的食物。蚌类需要深水环境，即使在盛夏也要保持凉爽。

深水植物和水边植物

1 选择能够容纳植物根系的种植篮，并用麻布和密织聚丙烯纤维作用衬垫。

2 在种植篮中填充至少5厘米厚的黏重、潮湿壤土。将植物（这里是长柄水蕹 *Aponogeton distachyos*）固定在种植篮中间。

3 填充更多基质至种植篮边缘下1厘米内，压紧、固定植物。

4 用1厘米厚的水洗砂砾或豆砾为容器进行表面覆盖。

5 用剪刀剪去多余的衬垫，用绳子在种植篮相对的边上系上"把手"。

6 通过绳子把手手持种植篮，并逐渐放低到砖块或种植架上。松开把手。

为池塘增添鱼类

让封口的塑料袋漂浮在水面上，直到塑料袋中的水温与水池温度保持一致。在塑料袋中逐渐加入一些池塘水，然后将鱼类轻轻放入水池中。

日常养护

如果池塘的建设和选址良好，水、植物和鱼类保持良好的平衡状态，应该能保证池塘相对安全，但可能偶尔需要进行一些结构性维修（如果池塘发生渗漏或受损的话）。必须检查藻类和杂草的状况，而且许多植物需要进行周期性分株。

结构性维修

水量突然或持续减少都可能是因为发生了渗漏。鱼类和植物都可以容纳在合适的容器中，比如戏水池。大多数池塘都可以通过电泵或者虹吸作用排水。首先检查池塘边缘是否水平，水可能会从最低点流出去。如果有水道的话，关闭水泵并检查底部水池的水平面。如果恒定不变的话，说明渗漏发生在水道。

柔性衬垫

如果衬垫水池中的水位发生了下降，或者水道中的水流变弱，确保衬垫没有部分滑到水位之下。渗漏还有可能是因为穿刺引起的。维修丁基橡胶衬垫最简单的办法是使用来自水景园供应商的双面胶带。可以用它将成片丁基橡胶粘贴在衬垫上。修补一小时后再为池塘重新注水。

预制水池和模块

如果水池或水道的模块下方没有得到足够的支撑，或者下方的土壤并不充实的话，它很可能会由于水的重力而开裂。使用汽车和船只使用的玻璃纤维维修套装来修补裂缝。将修补用的片材粘贴在模块的下面，这样在清水中不会看到它们。让复合物充分硬化，因为它们在液态的时候可能有毒。在重新注水之前，确保底部牢固地固定在下面的土壤上，四壁的土壤也要足够紧实以承受水压。

混凝土水池

发生渗漏最常见的原因是冰冻或沉降引起的裂缝。仔细检查水池，因为水甚至能从头发那么细的裂缝中漏出去。如果裂缝非常细的话，通常需要先将其稍微变宽，并用刷子清理裂缝中的杂质，然后再用砂浆密封。将砂浆晾干之后粉刷密封剂。

水质

动植物的良好平衡一旦建立，水就会保持清澈，不用进一步养护。如果鱼类或植物的数量发生了较大变化，或者突然添加了自来水，平衡会被打破，有可能爆发不美观的藻类生长。

藻类

藻类的生长繁殖依赖阳光、二氧化碳以及可溶性矿物盐。可以通过种植充足的植物（睡莲、深水植物以及浮水植物）减少它们接受的阳光，植物的漂浮叶片应该覆盖水面的百分之五十至七十。产氧植物会吸收矿物质和二氧化碳，有助于剥夺藻类的食物。另外，还要经常清理死亡和腐败的叶子和花朵。

在刚种植植物或者最近清理过的水池中，可能会由于藻类生长而产生绿水。这个问题通常会自己消失。如果没有消失，可以将细网包裹的大麦秸秆固定在水下，或者使用专利生产的大麦秸秆饼来控制藻类。应该每4~6个月更换这些材料。

如果水持续浑浊的话，可能需要使用简易池塘测验套装检查水质。如果水呈强酸性或强碱性，可以使用专利生产的简易pH调节剂，它们呈颗粒状，可根据生产商的指导使用。

水绵

有时可以在水池里发现一种叫作水绵属植物（*Spirogyra*）的丝状藻类。如果没有及时察觉，它们会堵塞植物并限制鱼类自由活动。定期清理，使用木棍将它们卷起，或者用园艺耙将它们从水中拉出来。在严重的情况下，可以使用灭藻剂。迅速清理死亡的植物材料，因为腐败物质会减

修补柔性池塘衬垫

1 晾干衬垫的受损区域，然后用甲基酒精和软布小心地将其清洁干净。

2 将特制双面胶带贴在破裂处，并等其变得发黏。

3 从富余的衬垫上剪下一块，并将其紧紧地按压在双面胶带上，确保边缘平整紧密。

修补混凝土池塘中的裂缝

1 如果裂缝很细的话，使用锤子和凿子将裂缝稍稍弄宽。

2 用刷子将周围区域的所有藻类和杂质清理干净。

3 用小泥铲在裂缝中填补砂浆或专利生产的密封复合材料。将其晾干。

4 涂抹一层水池密封复合材料，防止毒性物质渗透到水中。

清理水绵

将一根木棍插入水绵丛中并卷动木棍。水绵会包裹在木棍上，这样可以轻松清除掉水绵。

对生长过度的产氧植物进行疏苗

1 在春天或秋天，对生长过度的沉水植物进行疏苗，可以用耙子扫过水面进行疏苗，也可以将种植篮取出，用锋利的刀子将植物切短。

2 对产氧植物进行疏苗，防止它们变得过于拥挤。不过，不要一次清理太多枝叶，因为这会让池塘表面过于暴露在阳光下，从而刺激藻类生长。最好多次少量地对产氧植物进行疏苗。

少水中的氧气含量。

池塘清理

如果水中没有落叶并且经常修剪植物，只需要数年清理一次池塘底部的腐烂有机物即可（见649页，"杂草丛生的池塘"）。清理之后，必须再次建立水中的化学平衡。

植物养护和管控

水生植物不需要太多照料，不过定期分株和换盆有助于它们保持健康和美观。总体而言，它们的生命力很旺盛，需要限制而不是促进生长，不过某些睡莲品种会需要一定程度的施肥（见286页）。

疏苗和分株

在春末或初秋，为过于拥挤的植物进行疏苗或分株。将盆栽植物从池塘中取出并检查它们是否过于被容器束缚。如果是的话，将它们从容器中取出来，并用背对背的叉子或双手将其掰开。紧密粗厚的根系可能需要用铁锹或刀子才能分开。将分株后的植株单独种植。

第一个生长季过后，沉水产氧植物可能会生长过度并被杂草纠缠。在小型水池中，对产氧植物进行疏苗很容易，只需要用手拔掉几把即可。在较大的池塘中，使用园艺耙进行疏苗。或者从池塘中取出容器，然后将植物剪短三分之一至一半。不要在任何时

候大幅度地对所有植物进行疏苗，这会突然改变水的平衡状况，并刺激藻类的生长。

秋季养护

秋天最重要的任务是保证水中没有腐烂的植物。当水边的植物开始枯萎死亡的时候，定期清理死亡和正在枯死的叶片，并修剪沉水植物的多余枝叶。如果附近有落叶乔木和灌木，则用细塑料网遮盖水池表面以挡住叶子，直到树木叶片落光，再将网撤除。

在寒冷地区，将不耐寒植物从水池中取出，种植在无霜处的一桶水中越冬。剪去入侵性植物的成熟果实，防止它们结实播

漂浮的原木

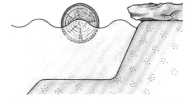

在冰冻天气，在水面上漂浮一段原木或者一个球，能够吸收冰产生的压力，并防止池塘的四壁产生裂缝。偶尔打破冰面，增加氧气（动作要轻，避免伤害鱼类）。

种。在鱼类冬眠之前，用浮在水面上的小麦胚粉球喂养鱼类，这样的饲料在秋天较凉的水中也能被轻松地分散。

如果安装了水泵，则将其从水池中取出并彻底清洁。替换所有被磨损的部件，并存放在干燥处直到来年春天。

冬季养护

冬季，水面会结冰，封住水底有机物质腐烂后产生的沼气，这可能会对鱼类产生致命的伤害。冰还会对混凝土水池的四壁产生压力，因为冰的体积会膨胀并可能导致混凝土开裂。确保水池中的一小部分水不结冰，以防止这种情况的出现，并让沼气从水下排出。要么在水面上漂浮一个球，要么使用漂浮在水面上的电加热器。加热器释放的热量正好能够维持一小块开阔水面。

病虫害

在养有鱼的水池中，虫害并不会造成很大的问题，因为鱼类会吃掉昆虫的幼虫。可以用手清理或者用软管喷水冲刷害虫；杀虫剂不适合用于水景园，并且会对鱼类产生毒害。在夏末，蚜虫（见654页）常常侵袭睡莲和其他水生植物露出水面上的部分，导致变色和腐烂。喷水将它们冲刷下来，或者用麻布包裹感染叶片，将其沉入水中24小时。

影响水生植物的病害相对较少，大多数都感染睡莲。真菌病害的迹象是叶片提前变黄或出现斑点。如果这样的症状持续不断，应该在单独的水箱中使用含铜的杀真菌剂处理感染植物。

为水边植物换盆

1 生长在容器中的植物，根系最终会被束缚，需要进行疏苗。从容器中伸出的根系表示应该对植物分株并换盆。这里展示的植物是黄菖蒲（*Iris pseudacorus*）。

2 将植物从容器中取出并将其分成更小的植株，用手梳理根系。对于非常紧密的根系，可以用手叉背对背撬开。

3 在填充潮湿土壤的花盆中单独种植分株苗。用剪刀剪去多余的麻布。浇透水并在花盆表面覆盖砂砾或豆砾，然后再将其放入水池中。

繁殖

大多数水生植物，特别是水边植物，都可以通过分株繁殖。基于不同的植物类型，也可以使用其他繁殖方法，例如，许多沉水产氧植物和某些匍匐水边植物可以用插条繁殖，而很多浮水植物会自然产生横走茎、小植株或膨胀芽，它们都能长成新植株。生长在水池边缘的喜湿植物以及部分水生植物可以采用播种或分株繁殖。

采取插条以及分株都最好在春天或初夏进行，这时的较高温度和长日照能够为新植株的生长提供理想的条件。

扦插繁殖的水生植物

假马齿苋 *Bacopa monnieri*
水盾草 *Cabomba caroliniana* 1
线叶水马齿 *Callitriche hermaphroditica*
金鱼藻 *Ceratophyllum demersum*
黑乐草 *Crassula helmsii*
沼泽珍珠菜 *Decodon verticillatus*
水蕴草 *Egeria densa* 1
黑藻 *Hydrilla verticillata*
小花水金英 *Hydrocleys parviflora* 1
多籽水蓑衣 *Hygrophila polysperma* 1
大软骨草 *Lagarosiphon major*
异叶石龙尾 *Limnophila heterophylla* 1
小红莓 *Ludwigia arcuata*
疣叶狐尾藻 *Myriophyllum papillosum* 1
菹草 *Potamogeton crispus*
四角菱 *Trapa natans*

分株繁殖的水生植物

块茎
长柄水蕹 *Aponogeton distachyos*
芋 *Colocasia esculenta* 1
莲 *Nelumbo nucifera* 1
马蹄莲属 *Zantedeschia*，部分种类 1

根茎
菖蒲 *Acorus calamus*
花蔺 *Butomus umbellatus*
水芋 *Calla palustris*
驴蹄草 *Caltha palustris*
三角椒草 *Cryptocoryne beckettii* var. *ciliata* 1
星果泽 *Damasonium alisma*
雨伞草 *Darmera peltata*
沼泽珍珠菜 *Decodon verticillatus*

注释
1 不耐寒

莲

分株

许多水边植物都可以很容易地用分株的方法繁殖。应该使用的具体分株技术取决于植物的根系及其生长模式。更多信息见198页，"宿根植物的分株"。

拥有纤维或匍匐状根的植物

对于拥有大量纤维或匍匐状根的植物如宽叶香蒲（*Typha latifolia*），可以通过将根茎分开的方式进行分株繁殖。可以简单地用手将根茎掰开；如果根系紧密地包裹在一起，可使用两个背对背的园艺叉将根茎撬开。

每个分株后的部分都应该包括一个生长点（水平的顶端枝条）。剪掉棕色的老旧根系并清理所有死亡叶片。修剪新根系，然后将分株苗重新种植在独立的容器里。土壤表面应该与茎的基部平齐。紧实土壤，然后用一层砂砾进行轻度的表层覆盖。用大约5~8厘米深的水覆盖种植容器。

花蔺（*Butomus umbellatus*）可以分株繁殖，也可以通过叶腋处的珠芽繁殖。将它们从母株上分离下来并单独种植（见239页，"用茎生珠芽繁殖"）。

根状茎植物

对于拥有强壮根状茎的植物，如鸢尾，使用小刀将根丛分成数块，每块都包含至少一个芽

和一些年幼的根系。剪去长的根，如果需要的话修剪枝叶。不要将枝叶修剪至水面以下，因为新形成的切面会开始腐烂。

将分株苗种植在合适的容器中，紧实根系周围的土壤，但让根状茎本身保持几乎暴露。使用

纤维状根茎的分株
将植株从容器中取出，或者用叉子将植株从土壤中挖出。使用两个叉子背对背插入根丛中并将植株撬开。进一步分株，然后修剪并重新种植分株苗。这里的植物是菖蒲（*Acorus calamus*）。

一层砂砾覆盖土壤，并将种植篮浸入水池，让根系被5~8厘米深的水覆盖。对于拥有匍匐地面茎的根状茎植物，如水芋（*Calla palustris*）等，可以挖出并分成数段，每段都包含一个芽。按照其他根状茎植物的繁殖方式将各段单独种植。

扦插繁殖

1 在春天和夏天，剪取健康的年幼枝条，将三至六根10~15厘米长的插条绑成一束。

2 在衬有麻布的种植篮中填充潮湿的土壤，用戳孔器戳出扦插孔。将成束插条插入其中，扦插深度大约为5厘米。

根状茎植物的分株

1 将植株（这里是菖蒲）挖出。用双手将根丛分成数段。每一段都应该包括良好的根系和几根健康枝条。

2 使用锋利的小刀将较长根系和枝叶剪短大约三分之一至二分之一。

3 用麻布作为容器的衬垫，并在其中填充部分潮湿土壤。种植分株苗，使根状茎被一薄层土壤覆盖。

插条

大部分沉水产氧植物都可以使用春天或夏天采取的软枝插条轻松地繁殖，采取插条也有助于控制植物的长势。对于生长迅速的产氧植物如伊乐藻（*Elodea canadensis*）和菹草（*Potamogeton crispus*），应该定期使用年幼扦插苗更换。

将健康幼嫩的枝条掐下或剪下作为插条，将它们插入装有壤土的花盆或种植盆中，然后沉入水中。插条应该单独扦插，或者六个一束捆成小捆。对于某些匍匐水边植物如水薄荷（*Mentha aquatica*）和勿忘草（*Myosotis scorpioides*）的插条，应该单独扦插而不能成束扦插。插条成形的速度很快，可以在两至三周后上盆并种植在预定位置。

某些块茎类睡莲也可以扦插繁殖，但使用的具体方法不同（见287页，"芽插"）。

走茎和小植株

许多在热带湖泊或河流中具有侵略性的浮水植物会通过长长的不定枝上长出的走茎或小植株繁殖。凤眼莲（*Eichhornia crassipes*）以及大藻（*Pistia stratiodes*）能够在温暖的水中用这种方式迅速占据大片水面。在浅水中，年幼的小植株会很快将根扎入水底的肥沃泥土中吸收新鲜的养分，并生长出更多的走茎。可以将小植株掐下来，重新放置在别处水面单独种植。

'矮生'纸莎草（*Cyperus papyrus* 'Nanus'，同*C. papyrus* 'Viviparus'）在花序上长出年幼的小植株。如果将花序弯曲并浸入装有土壤和水的容器中，小植株会生根发育，可以将它们分离下来并单独种植。

膨胀芽

某些水生植物如地中海水鳖（*Hydrocharis morsus-ranae*）会长出膨胀的多年生芽，可以从母株上将其分离下来并让其在水池底部越冬。在春天，这些多年生芽会再次浮到水面并发育成新的植株。

用走茎或小植株繁殖

1 某些浮水植物（这里是凤眼莲）会形成吸芽。在春天，将吸芽从茎上折断，从母株上分离下来。

2 将吸芽直接放在水面上，用手轻轻扶正，直到它朝上漂浮在水面上。

水堇（*Hottonia palustris*）的膨胀芽在春天从泥中直接生长出来，并漂浮在水面上。由于难以对这些膨胀芽进行采集，所以应该等到它们发育成年幼植株后再挖出并重新种植到新的位置。

也可以在秋天采集膨胀芽，然后将它们储藏在装有壤土的种植盘中，再沉入15厘米深的水中越冬保存。在春天，当长出的芽漂浮到水面上的时候，可以采集它们并上盆到预备好的装有基质的容器里。

种子

大多数喜湿植物以及某些水生植物，如长柄水蕹（*Aponogeton distachyos*）、芡（*Euryale ferox*）、奥昂蒂（*Orontium aquaticum*）、四角菱（*Trapa natans*）以及热带睡莲（见286页，"耐寒睡莲和热带睡莲"），可以用夏季或秋季采集的成熟种子繁殖。

在准备种植前，保持种子凉爽和湿润。如果使用干燥后的种子，萌发会延迟，或者种子可能失去活力。水生植物的种子应该沉在水中或半沉在水中种植，这与它们的自然生境相似。在播种时，首先在种植盘等容器中填充适的水生基质或筛过的7毫米园土。生长基质不应该包含任何肥料，因为它们会促进藻类的生长，与刚刚萌发的幼苗争夺阳光和氧气。

将种子播种在生长基质的表面，然后用一薄层砂砾覆盖在种子上，再将种植盘放到大型不透水容器中，如塑料盆或水族箱。在容器中注水，直到种植盘正好被水淹没，并将容器放置在半阴处的温室工作台或者阳光充足的窗台上，最低温度不低于18℃。种子应该会在第二年春天开始萌发。

当第一对真叶出现后，小心地将幼苗移栽到单独的花盆中，并在温室里将其继续浸在水中一年。当水在春天回暖的时候，将植株移植到水池里。

播种

1 在花盆中填充紧实的水生基质或筛过的园土，将种子从纸上均匀地弹到基质表面。

2 用浅浅的一层细砂砾覆盖种子，然后将花盆放入大塑料盆中。

3 逐渐在塑料盆中注水至正好淹没花盆。将在塑料盆放在大约18℃、光线充足的地方，直到种子萌发。

分株繁殖的水生植物（续）

根茎（续）
东方羊胡子草*Eriophorum angustifolium*
沼芋属*Lysichiton*
水薄荷*Mentha aquatica*
睡菜*Menyanthes trifoliata*
勿忘草*Myosotis scorpioides*
黄花萍蓬草*Nuphar lutea*
梭鱼草*Pontederia cordata*
长叶毛茛*Ranunculus lingua*
欧洲慈姑*Sagittaria sagittifolia*
美国三白草*Saururus cernuus*
水竹芋*Thalia dealbata* 1
宽叶香蒲*Typha latifolia*

吸芽
凤眼莲*Eichhornia crassipes* 1
地中海水鳖*Hydrocharis morsus-ranae*
沼萍*Limnobium stoloniferum*
田字草*Marsilea quadrifolia*
香蕉草*Nymphoides aquatica*
大藻*Pistia stratiotes* 1
中水兰*Sagittaria graminea*，
'重瓣'欧洲慈姑*S. sagittifolia* 'Flore Pleno'
耳状槐叶苹*Salvinia auriculata* 1，
槐叶苹*S. natans* 1
水剑叶*Stratiotes aloides*

小植株
海带草*Aponogeton undulatus* 1
细叶满江红*Azolla filiculoides* 1
假泽泻*Baldellia ranunculoides*
大叶水芹*Ceratopteris cornuta* 1
凤眼莲*Eichhornia crassipes* 1
水堇*Hottonia palustris*
美国萍蓬草*Nuphar advena*
睡莲属*Nymphaea*，部分种类 1
少花狸藻*Utricularia gibba* 1

注释
1 不耐寒

黄苞沼芋

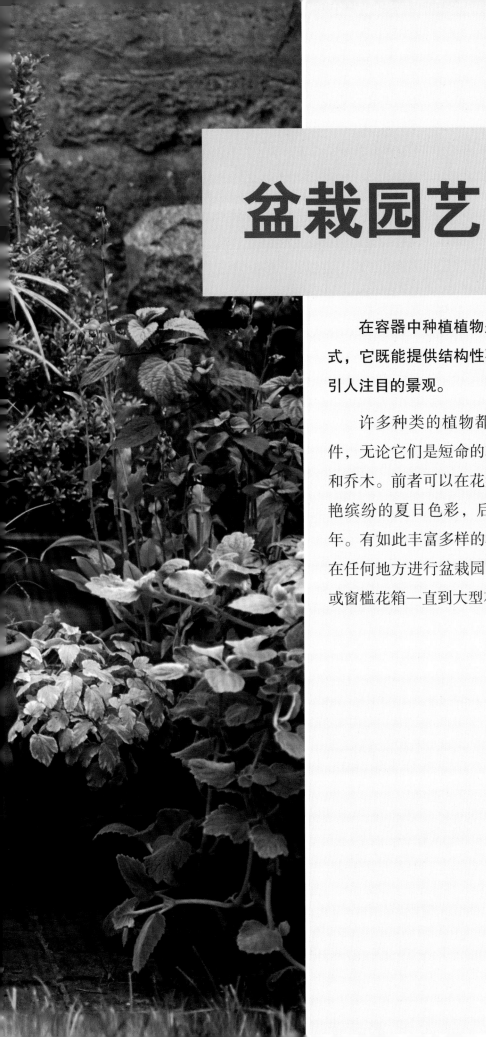

盆栽园艺

在容器中种植植物是一种用途极为广泛的园艺形式，它既能提供结构性要素，又能呈现随季节变换的引人注目的景观。

许多种类的植物都能很好地适应这些人工的条件，无论它们是短命的花坛植物还是相对较大的灌木和乔木。前者可以在花盆、吊篮或窗槛花箱中呈现鲜艳缤纷的夏日色彩，后者可以在大型容器中生长多年。有如此丰富多样的植物材料可供选择，几乎可以在任何地方进行盆栽园艺，从露台、屋顶花园、阳台或窗槛花箱一直到大型花园中的其他区域。

盆栽园艺

在容器中种植植物是最灵活的园艺方式之一。对于许多致力于在有限空间内创造愉悦环境的现代园艺师来说，盆栽园艺既实用又美观。千百年来，盆栽植物一直用于没有园土的地方。将植物盆栽还能让它们在种植中获得显要的位置——当种在不显眼的花盆中时，它们的独特品质更容易显现；也可以将它们种在与其相配的美观容器里。

墙头花卉 香草、花卉和水果在花盆中融合得很好。

使用容器

通过使用专门调配的生长基质（如适合厌钙植物如杜鹃使用的不含石灰的混合基质，或者适合高山植物或多肉植物等需要良好排水的植物使用的砂质基质），在容器中还可以栽培不能在特定园土中生长的植物种类。

在没有园土的地方，比如露台、房屋（见353~383页，"室内园艺"）、温室或保育温室（见356页，"温室园艺"），花盆非常有用。

焦点的变化

在传统花园中，植物种植在开阔的地面上，景观是相对静态的，因为景观元素不能随意移动。在这样的花园中，容器可以充当视线焦点，用于标本植物的种植或者填补花坛和花境的空隙。在盆栽园中，盆栽植物可以轻松地重新组合。随着它们的增减，种植方案可以快速更新，或者彻底改造。有些富于试验精神的园艺师想要创造在最初的景致逊色后能够加以改变的景观，对于他们来说，盆栽园艺是理想的方法。

规则式与自然式风格

在花园设计上，盆栽园艺和露地种植一样，也有规则式和自然式风格之分。规则式风格以几何的秩序感为基础，常常以均衡且对称的单位呈现，其中的元素以固定间隔重复出现。自然式风格没有明显的几何形式，其中的元素也不呈现明显的对称性。自然式风格盆栽园艺的灵感来自自然风景的不规律性，不过这种不规律性通常是经过深思熟虑的，其内在体现了体量、形式和空间上的平衡。

许多容器拥有规则的外形，非常适合用于规则式布置。然而，大多数植物会天然地按照不规则的方式生长，所以可以用来模糊容器的线条。在布置盆栽植物时，创造自然式风格也同样容易——使用灵活的"自由式"种植，而为了确保正式感，可以通过种植来强调并呼应容器形状的规则性。

另外一种得到自然式风格的办法是使用回收的容器，如烟囱帽、旧水槽或饮水石槽，这些容器原来的用途都不是种植植物。

选择容器

容器的选择是个人品位和审美趣味的问题。不过，无论容器是专门生产的还是临时准

引人注目的陈设 这株'托贝红'新西兰朱蕉（*Cordyline australis* 'Torbay Red'）在现代风格的灰色陶瓷容器中与紫轮菊（*Osteospermum jucundum*）和'石灰光泽'具柄蜡菊（*Helichrysum petiolare* 'Limelight'）形成鲜明的对比。

盆栽香草 花盆中混合种植的香草看起来非常美观，可以放置在厨房门口。

备的，都必须满足关键的实用需求，适合栽培植物。最重要的影响元素是容器中有充足的生长基质，可以支持植物的生长，并能够让多余的水流走。

容器的材质也会影响最终的选择。这些材质包括未上釉和上釉的陶瓷、天然或再造石、混凝土、金属、木材、玻璃纤维和塑料等。不上釉陶器的使用历史最长，它那泥土样的温暖色调和无光泽的表面为叶子和花提供了非常和谐的背景。在陶器上可以添加凹刻或浮雕的美丽花纹进行装饰，但不要太过花哨，以免喧宾夺主。陶制容器与其他大多数建筑景观也配合得很好，无论它们是石材的、木材的还是金属的。

还可以使用大理石容器得到更典雅的效果，或者用其他岩石获得更简朴的效果。混凝土容器的简洁或者反光镀锌容器的强烈线条感非常适合用于超现代风格的种植，而木质容器可以用来创造更古朴的氛围。用玻璃纤维和塑料制造的容器可能看起来并不显眼，不过两种材料都有实用价值，例如保水性，而且能成功地模仿更昂贵的材料。

植物和它们的容器应该互相补充而不能互相竞争，容器的材质、色彩和饰面跟材质本身同样重要。在很大程度上说，这是个人喜好的问题，不过应该牢记在心的是，色彩鲜明、饰面富有光泽或者装饰性明显的容器需要同样出彩的种植设计。

尺寸、形状和尺度

除了视觉上的吸引力，容器的尺寸和形状也受到实际因素的制约。容器必须足以容纳所种植的植物。容器的尺寸还应该与植物视觉上的体量匹配。例如，小型石槽最适合种植微型高山植物，阿里巴巴式罐子可以搭配健壮的蔓生植物，而凡尔赛式浴桶在风格和容量上都很适合种植造型树木。对于鲜艳的笔直和蔓生夏季植物，大比例的铜制容器（曾用于煮水或洗涤）可能比较适合。

作为一条普遍性原则，花盆越大越好，而且越大的花盆需要的浇水频率越低。不过，小型花盆的优点是，当植物达到最佳观赏期时，可以方便地将它们插入种植设计中，并在最佳观赏期过后移走。这种方法最适合用于保存区如冷床中，在这些区域植物被种植到近乎完美的状态，在展览过后重新将其移到里面。

花盆的可移动性　容器中的植物（如这株树干缠绕的月桂树）可以移动到花境中的空隙，或者简单地用来增加高度和观赏性。

回收罐头盒 随性准备的花盆在组合使用时效果最好，这里使用的植物是蓝羊茅、紫菀和一种禾草（上）。

视线焦点 位于醒目位置、种满植物的大型花盆非常引人注目。在这个陶制花盆中，紫色的'堪堪'矾根（*Heuchera* 'Can Can'）与鲜绿色的'皱波'蒜味香科（*Teucrium scorodonia* 'Crispum'）以及枝条为螺旋形的'螺旋'灯芯草（*Juncus effusus* f. *apiralis*）形成了鲜明的对比。

容器中的标本植物

在独立容器中种植单株植物是一种非常实用的方法。因为生长基质、浇水和施肥都可以按照植物的需求进行调整，并且不存在对水分和养分的竞争。这样的种植方式还能在设计中发挥重要作用，特别是在植物拥有非常特殊外形的情况下。尖锐的新西兰朱蕉（*Cordyline australis*）以及丝兰属植物都是很好的标本植物，更柔的垂枝型植物如某些鸡爪槭也很适合。叶片弯曲的禾草，例如黄绿相间的'金线'箱根草（*Hakonechloa macra* 'Aureola'），在容器中单独种植也很美观。规则式整枝的物种如洋常春藤或造型修剪的锦熟黄杨效果也很好。可以让铁线莲和其他活力一般的攀援植物从高的容器上垂下来，或者沿着简易木架向上整枝。株型松散的灌木如地被月季也可单独盆栽，它们的枝条沿着容器边缘垂下的景象非常漂亮。而许多其他小型植物（如石南、报春花和堇菜等）单独种植在花盆中，会散发其独有的魅力。

混合种植

在专属容器中种植的单株植物可以组合起来，创造混合种植的效果。不过更大的挑战是将许多互相搭配的植物组合在一起，并且维持

数周甚至数月的观赏性。混合种植成功的关键是选择栽培需求相同或相似的植物，并在配置植物时注意花与叶子在色彩上相容、在样式和质感上形成对比。拥有强烈结构感的混合种植最美观，例如在中央的竖直或半圆形植物周围种植较小的蔓生植物，后者的枝条沿着容器边缘垂下，形成不规则的饰边。

例如，春季观赏的混合种植可以包括直立的矮生鸢尾和番红花，搭配垫状的叶子细小的红花百里香（*Thymus serpyllum*）；鲜艳的九轮草群报春花生长在丛生的天蓝色小花勿忘草（*Myosotis sylvatica*）之中；或者雏菊（*Bellis perennis*）搭配作为垂直元素的郁金香。在夏天，选择几乎是无穷无尽的——通过选择花期长的花坛和观叶植物，可以提供持续数月的多彩搭配。

色彩主题

当把几种植物一起种植在容器中时，色彩之间的对比和冲撞比在花园露地种植时表现得更加明显。在容器中，色彩的和谐或对比对于植物配置也许更加重要。紧密联系的色彩能够形成安静、微妙的和谐，如基于奶油色、淡黄色和浅杏黄色构成的暖色调搭配；而更加强烈而饱和的色彩，如深紫色搭配紫罗兰色和蓝色

能够产生活泼、悦动的和谐。互补色能够产生对比，如红色配绿色、蓝色配橙色或者黄色配紫色。这些差别很大的颜色搭配起来会令人赏心悦目，效果很好。

还可以尝试更加醒目的组合，例如橙色搭配洋红色，这种色彩之间的冲撞可能会令人欢欣鼓舞，但在小型空间内，最好使用较浅的花色，如奶油色或近白色以缓和这种冲突，或者使用叶子当作背景。从这方面来说，叶子呈银灰色的植物如具柄蜡菊（*Helichrysum petiolare*）很有使用价值，同样有用的还有叶片带白色或奶油色斑纹的植物，如洋常春藤的小叶品种。

为容器选址

种有植物的容器可以简单地作为单独景致，不过一般其在用作花园整体设计的一部分时效果最好。例如，在规则式花园中，容器可以用来强调几何形式。相似地，松散的容器排列能够体现自然主义主题中更微妙的韵律。

除了美学上的考虑之外，容器的位置还要考虑实用性。盆栽植物在夏天需要经常浇水，因此靠近水源是至关重要的，特别是在阳光充足的地方，那里的植物在炎热干燥的天气中每天至少需要浇一次水。

还要牢记的一点是，除了房屋之外，花园也是窃贼的目标，昂贵的瓮或罐子放置在房屋内能看到的地方更安全，不要放在偏僻处，最好用螺栓安装在地面上。

定义重点

通过容器的摆放来创造重点是一种划分花园区域或标记边界的有效方法。在最简单的形式中，一排容器就可以标记边界，这样的标记可以与墙壁或栅栏连接使用。可以尝试将花盆沿着栅栏基部或墙壁顶部摆放，只要确保它们安全、不会倾倒即可。甚至可以将它们从墙壁上悬挂下来。这样可以毫不费力地得到美观的效果——可以使用粉刷鲜艳的回收罐头盒搭配花期长且鲜艳的天竺葵属植物。容器也可以用来定义花园中的区隔，例如当单独或成团放置在矩形铺装区域的四角上时。

容器还可以增添其他景致的魅力。例如，圆形水池旁的方形容器配置会与图形形成很好的对比；或者将花盆放在圆弧上，强调水池边缘的线条。在将矩形水池严整的几何形式融入更大的花园中去时，这一点尤其有用，因为围绕水池放置的容器能够呼应它的形状，然而如果其中的植物种得比较松散的话，它们会弱化这种效果。最好将容器远离水边放置，以免它们掉入水中，并减少枯枝败叶进入水中的机会。

作为视线焦点的容器

规则式小型现代花园的主要线条很少结束于自然风景或建筑地标，但即使是在小型尺度中，结束方式不自然的风景看起来也会让人感到有缺憾。传统上，用于终结风景的景致包括乔木和雕像，但在较小的尺度中，一个瓮或者大型花盆和桶都能很好地充当这一角色。这样的视线焦点能够立即呈现效果，并且与雕像相比它们一般要便宜得多。即使是空的容器也足够引人注目，只要大小合适；不过当种上直立植物或成簇植物，边缘搭配下垂蔓生植物后，整体效果会漂亮得多。

在尺寸的大小上并没有简易的规则，常常只能通过肉眼观察来判定。可以先进行预先的试验，将竹竿放在摆放容器的地方，然后从各个角度沿着风景检查它的位置。在某些情况下，可能必须将容器放置在底座上才能得到预想的效果。底座可以是预先制作好的，也可以是临时发现的，例如堆叠起来的砖块或木块，具体使用哪种取决于想要的风格。

在花园的区划中，有一个中央视线焦点通常是好主意。与雕塑、日晷或喷泉相比，种有植物的容器通常是更方便、更便宜的选择。例如，四等分的香草园可能包含中央的铺装或碎石区域——这是安置大型花盆的理想场所，其中可以种植作为主景的标本植物，如圆当归（Angelica archangelica）。或者，为了尽可能

地扩大种植区域，容器可以立在苗床中间的底座上，但是要保证浇水和养护的入口，或许可以设置踏石。

容器用作视线焦点时还可以引导目光穿过花园，例如在道路拐角处设置大型花盆，或者作为远景，将观察者的视线引导至另一处风景。在植被互相掩映的花园中，出乎意料的景致有着特殊的价值。精心安置的容器能够引入惊喜元素。形状特殊的空置容器，无论是竖直还是平躺，都能够产生与栽满植物的容器同样迷人的效果。

强调作用

容器，特别是成对安置的容器，是标记花园中空间转换的理想方式。这种转换可能只是简单的一级台阶，可以使用其中种有锦熟黄杨球的陶土花盆放置在台阶两边，强调高度的变化并提醒人们不要绊倒。对于更宽阔的阶梯，可以使用更华丽的方式，将成对容器放在顶部和基部，其他容器放置在不同台面上，创造引人注目的景象。不过，在阶梯上以这种方式使用容器时，要小心地放置，以免造成危险。

成对容器还能用来支撑本身视觉冲击力不足的景致，如花园中的长椅。将成对容器放在两边能够强化中间的景致，这样能增加视觉上的体量。对于严格规则式的长期设计，花盆中可以种植一株造型树木，或者为了呼应季节变

古老 将传统的种植瓮和蔓生天竺葵、矮牵牛和倒挂金钟等花坛植物搭配在一起，得到浪漫主义的效果。

现代 朱蕉属植物的深色条形叶片与藿香属植物（Agastache）的橙色花朵提供了醒目的样式和色彩，这与它们的容器及其背景的形状和颜色搭配得很协调。

传统 在大型陶制花盆中使用造型常春藤——它的生长速度比黄杨快得多，下层种植柔化了常春藤的球状外形，总体呈现古典式的外观。

点睛之笔的花盆 外形奇异的编织效果金属容器中种植了样式和色彩互补的不同植物，为一处花境增添了别致的风景。

成对花盆 在一个花盆或容器中使用一种植物（这里是一种浅粉间栗色的鸢尾）可以得到很美观的效果，而在颜色与铺装表面互相呼应的相同容器中种植同样的植物，有助于强调这座现代花园中的强烈建筑性元素。

化，春天种植郁金香后，紧接着种植能够持续数月开花的夏季花坛植物。

当成对容器排列成行形成"林荫道"时，能起到特别的强调作用。这种规则形式能够很好地融入相对较小的尺度——即使在有限的空间内，效果也可以是非比寻常的，例如将大型陶制花盆或种植瓮中的柑橘属植物沿着宽阔的步行道拐角内侧放置。在更小的尺度中，可以使用盆栽常绿植物或季节性花卉标记微型花园的主轴线。

花境中的容器

当盆栽植物被抬升至露地种植之上时，可以用来与花坛或花境中的色彩主题形成对比或强化，例如，蓝紫色的花如南美天芥菜（*Heliotropium arborescens*）或矮牵牛可以用来反衬以橙色、奶油色和黄色为主题的花境；也可以创造微妙的和谐，比如在粉色、黄色和奶油色的美女系列桂竹香（*Erysimum cheiri* Fair Lady Series）花坛旁边使用盆栽浅粉色重瓣'天使'郁金香（Tulip 'Angélique'）。

在相对空旷的花园中，盆栽植物特别重要。例如，冬季开花的三色堇类如普世系列大花三色堇（*Viola x wittrockiana* Universal Series）能够点亮冬天和早春的沉闷花园，并且可以逐渐使用一系列球根植物如洋水仙和郁金香补充。在秋景园中，盆栽灌丛植物如木茼蒿属、倒挂金钟属以及避日花属（*Phygelius*）植物都会在初霜来临之前表现得很好。

另一种方法是将盆栽植物边埋入地面，为花坛和花境增色。当夏花宿根植物如东方罂粟的各品种凋萎之后，这是一种特别实用的填补花境空隙的方法。当新种植的宿根植物和灌木尚未长到成年尺寸时，也可以用这种方法来补充观赏性。

铺装花园中的容器

越来越多的人正在认识到园艺的乐趣以及植物改善生活环境的作用。与此同时，花园逐渐被认为是用于放松、娱乐、饮食和烹调的户外"房间"。在夏天，户外"房间"可能比室内的起居室人气更高。

对于许多人，尤其是生活在城市地区的人来说，花园是一小块被墙壁或栅栏围起来的铺装区域：庭院、露台或台地。花园中也有其他硬质景观区域，如道路和前院，虽然这些表面的材质类型多种多样，包括各种各样的岩石、地砖、砂砾或混凝土，甚至是木板，但开阔的土地很稀少。在空间和土地如此有限的区域，引入植物的唯一方法是在容器中种植它们。

用于铺装区域的植物

许多植物都适合种植在铺装区域的容器中。在封闭花园中，特别是向阳墙面附近，通常都有非常适宜植物生长的温暖背风小气候（见609页）。不耐寒的植物如叶子有香气的柠檬马鞭草（*Aloysia citrodara*）或银香梅（*Myrtus communis*）常常能够在这里正常生长，而它们在更开阔的花园中则无法种植。在某些情况下，附近的建筑或墙壁使得铺装花园在白天中的全部或部分时间中只能接受极少阳光照射甚至没有阳光照射。虽然将墙壁涂成白色能够让这些荫蔽区域变得更亮，但能够在这样的条件下真正繁茂生长的植物都是喜阴植物，如玉簪和蕨类。这些植物在阴凉处生长得更加茂盛，并且观赏期更长，可以用它们的叶色和质感提供华丽的景色。

在每天阳光照射数小时的地方，能够繁茂生长的植物种类更多，特别是那些自然生长在半阴林地中的种类，如山茶属和杜鹃属植物。在光照水平低的地方，可以时不时地移动植物，让它们更多地暴露在阳光下，这有助于促进它们均衡生长并刺激它们大量开花。

铺装环境的其他两个因素也影响植物的选择：花盆的重量以及浇水的管理方式。实体墙常常会让风向偏转，产生空气湍流，而不稳定的花盆会被倒灌风吹翻；生长基质在多风区域也会干燥得更快。立在墙壁附近的容器可能会处于雨影区，自然降水很难落入该区域（见608页，"雨影区"）。即使大雨过后，植物也可能接受不到充足的雨水，所以必须额外提供足够的水。

选择容器

在为铺装区域选择容器时，并没有严格的美学规则。它们可以在质感和材料上与建筑和硬质表面紧密联系——例如，陶制花盆在砖块背景下非常理想。在铺装区域使用脱颖而出的容器效果也同样出色。上釉罐子、粉刷木桶以及镀锌金属柜及容器只是其中的部分选择，能够帮助定义与众不同的风格。

安置容器

所有容器的安置都必须将实用性考虑在内。例如，重要的是留出一些用于出入的通透空间，并为园艺家具的使用留下足够空间。但从秋季至春季，许多铺装区域的使用频率较低，这时可以对容器的位置重新安排，让它们可以从室内观赏。紧密地堆放在一起并种满球根植物、常绿植物或冬季开花的大花三色堇等植物的花盆放置在法式窗户对面，可以让人在温暖舒适的室内观赏这些景致。

在管理变化的植物景观时，最困难的方面是为植物寻找最佳观赏期之前和之后可以安置的地方——只有很有限的种类在最佳观赏期过后可以隐藏在其他盛花期的植物之中。在缺少保存区的地方，一个解决方案是大量依赖观赏期过后即丢弃的一二年生植物，让容器中能够呈现随季节变化连续发展的景致。另外一个选择是使用本身就富有装饰性的容器，如果精心挑选，它们即使在空置状态下也会很美观。如果球根植物、宿根植物和灌木的观赏期过去了，也可以将它们转移到花园空间更多的朋友那里暂存。

规则式布置

铺装区域最常见的规则式布置是用成对容器放置在门、长椅或其他靠墙家具的两侧。在空间充足的地方，可以扩展这种对称性，将多个容器紧密地堆放在一起，随着季节变化增减相应的容器。在一年中铺装区域使用频率较高的时节，容器的布置（规则式或其他）最好限制在边界，但这并不妨碍将它们作为视线焦点使用，或许还可以从室内的门窗向外观赏它们。

虽然空间可能有限，但并没有必要将容器限制为种有刚露出地面的花卉的小型花盆。这样的布置在尺度上会显得非常小气。数量更少但体量更大的植物会产生更强的视觉冲击力。如果没有足够空间容纳松散圆球形植物如八角金盘（*Fatsia japonica*）或大叶绣球（*Hydrangea macrophylla*）等品种，则可以考虑使用株型自然峭立的植物，例如生长缓慢的松柏类植物，如'哨兵'欧洲刺柏（*Juniperus communis* 'Sentinel'），或者欧洲红豆杉或锦熟黄杨等可以修剪成狭窄圆锥或圆柱

铺装花园 通过合理摆放种有一年生浓密植物如矮牵牛的容器，硬质景观的僵直边缘可以得到有效的柔化。

形的植物。

为了给种植方案增添色彩，可以使用开花植物如铁线莲和微型攀援月季等，也可以使用彩叶植物如常春藤的彩叶品种，并将它们整枝在狭窄直立的架子上。

许多城市花园在墙壁或栅栏与房屋之间都有一条铺装道路。如果没有植物的话，这些通道会显得非常暗淡，但地面上很少有足够的空间安置花盆或种植钵。一个解决方案是在墙脚下设置深而狭窄的槽沟，其中可以放置独立式容器，甚至可以种植能够覆盖墙面的攀援植物（只要提供合适的支持）。另一个选择是将容器牢靠地固定在墙顶。此外，还有许多背部平齐的半圆形容器，专门用来悬挂在墙壁或结实栅栏的垂直侧壁上。

摆放容器的花架

拥有高低不等台面的花架能够支撑整洁而美观的众多盆栽植物，并且能在相对较小的区域创造丰富多样的景致。最适合且耐久的是那些设计简单、台阶状台面的板条铝制花架。板条可以让多余的水自由排走，同时花架的缝隙意味着上方的植物不会对下方植物造成过分的荫蔽。大多数花架都可以靠墙安装，也可以安置在更开阔的位置，不过有些是专门设计用来填充角落的，它们能够很好地利用本来有些尴尬的位置。除了专门制造的花架，也可以自己动手，将堆叠起来的砖块、黏土、排水管道或翻转过来的花盆当作支柱，用木板当作支撑表面。这样临时拼凑出来的花架很容易拆卸和重新组装。

花架的位置常常是妥协的结果，特别是在户外区域频繁使用的夏天。俯瞰庭院或露台的门或窗户对面的靠墙处是从室内观赏的好位置。在露台使用频率较低的冬天，可以用花架将容器放置在更靠近中央的位置。无论花架放在何处，开花和观叶植物的和谐搭配都常常能收到最好的效果。

自然式团簇

在铺装花园中，除非精心布置，否则位置不集中的容器会显得杂乱并造成危险，不过自然式团簇可以是展示植物和花盆的好地方。不同高度和大小容器中的植物在某种程度上可以模拟开阔花园中的植物配置分层效果。可以将某些容器放置在砖块上，突出其中的植物并带来高度上的变化。

形状不规则的团簇是填充角落的好办法，而沿着露台或阶梯边缘自然式种植的植物及其容器有助于缓和铺装的严肃感。使用材质相同而形状各异的容器能够得到令人愉悦的统一效果，例如可以使用未上釉的陶制花盆，它们有许多形状和尺寸。

保持干净

将容器团簇式摆放在一起的主要缺点是，灰尘、落叶和其他杂质会不可避免地堆积在它们的基部周围，难以清扫。电动喷气管有助于保持地面干净，还可以考虑为花盆设置带轮子的底座，这样不但能更方便地清扫杂质，而且在植物观赏期即将结束、需要挪动重花盆时也能提供重要的帮助。

悬挂容器

有许多种专门制造或临时拼凑的容器可以悬吊起来或挂在墙壁上，创造地面之上的种植环境。它们在空间有限的地方特别有用，但即使在传统花园中，也有很多机会使用半空中种植的植物。它们可以柔化建筑环境，有助于将视线提升到其他植物上方，并且可以融入分为高低不等数层的大型种植设计中。

吊篮

传统的吊篮是一种简单的悬挂容器，它是金属丝编织的结构，其中的衬垫内装有充足的生长基质，可以在里面种植一种或几种植物。许多其他悬挂容器，无论是专门制造的还是临时准备的，都有同样的用途，并且种植和展示方式与吊篮相似。

吊篮和其他悬挂容器最好种植得使容器本身被垂下的茂盛枝条遮掩起来。可以使用健壮蔓生植物达到这样的效果，如吊竹梅（*Tradescantia zebrina*），这是一种流行的室内或保育温室植物，也可以在夏天将吊篮转移到室外观赏。

不过，总体而言，使用几种耐寒性更好的不同植物创造飘浮的花叶团簇效果更加容易。目标是使用不同株型的植物得到松散的圆球形，使枝叶能够掩盖容器。一种方法是使用直立或圆球形植株形成顶部，下方使用不规则的蔓生植物从容器边缘垂下。可以使用天竺葵或美女樱的直立品种搭配蔓生的倒挂金钟、半边莲和矮牵牛来得到这样的效果。另外一个选择是使用本身具有装饰性的容器，即使植物达到全盛期，也可以看到部分容器。

吊篮常常作为独立景致使用，可以利用现有的支撑结构。例如，支撑可能是一道拱门，也可能是藤架的横梁。另外一种方法是安装专门制造的吊篮支撑结构。这种支架可以非常简单而不显眼，也可以是富于装饰性的，并且风格与周围背景相衬。吊篮可以作为醒目的视线焦点，为空荡荡的墙壁增添生气，特别是如果它能够通过室内的门窗被看到的话。如果从建筑的角上悬挂下来，它们也会很引人注目，不过出于安全考虑，它们的高度必须远离过路人的头顶。

可以使用成对吊篮得到更醒目的效果，例如，将它们挂在门的一侧，或者配合其他容器使用。为得到漂亮的设计，可以在靠墙的地面上使用一个大型容器（如种植瓮），然后在其上方的两侧各用一个挂壁吊篮。吊篮中的植物必须与大型容器中的植物相配或者形成对比。为得到更华丽的效果，吊篮可以成排悬挂在一

系列拱门上，或者挂在沿墙壁设置的一系列支架上。用许多较小的吊篮悬挂在大型吊篮两侧，或者在吊篮的悬挂高度上引入一定程度的变化，都可以得到协调或充满对比的空中种植效果。利用藤架的横梁，在通道两侧悬挂的双排吊篮能够形成美丽的林荫道，不过要牢记的是这样的景观在浇水时很费时间。

窗槛花箱

这些容器的材质非常多样，包括木材、陶土、混凝土和塑料等。它们有时候被设计成本身富有装饰性的外观，带有粉刷或浮雕花纹。可以对木质窗槛花箱进行粉刷，以便使其与其他建筑细节相匹配，不过为了更突出效果，可

全方位的展示
夏季花坛植物——矮牵牛、半边莲、天竺葵和美女樱——混合种植在吊篮中，植物将吊篮完全掩盖住了（上）。

高处的醒目景致
种植在旧草编购物篮（左）中并从花园柱子上悬挂下来的一丛旱金莲（*Tropaeolum majus*）是夏季花园中一道亮丽的景致。

以考虑将建筑前方的窗槛花箱涂成醒目的颜色，使它们脱颖而出。窗槛花箱内的种植风格和内容在一定程度上取决于观赏位置。例如，对于宅在公寓中的人来说，他们的整个花园可能只有一或两个窗槛花箱而已，于是房间内部的观感比室外观感重要得多。选择精致美丽、带有香味的植物会带来最大的乐趣。如果窗槛花箱构成房屋前庭装饰的一部分，那么外部观感则是真正重要的。在这种情况下，最有价值的植物是那些表现稳定且持久的种类，还可以加入常绿植物如锦熟黄杨和长阶花属植物等。

如果窗槛花箱设置在多风暴露处，那么它们可能不太适合种植高的植物，否则植物会被风吹坏。它们还可能隔绝光线。不过，为了避免低矮植物产生过于一致的单调感觉，可以将株型紧凑但呈圆形的植物如天竺葵等设置在中间，两边种植较低矮的植物，再使用蔓生植物从前方垂下。这种主题能够产生许多变化，可以使用众多种类的植物，包括用作冬季或全年景观的常绿植物。

壁挂容器

可以挂在墙壁上的容器包括半圆形的金属筐、金属框架食槽以及塑料或陶制半圆形花盆。可以在墙壁上安装支架，支撑小型或中型标准花盆，更坚固的支架可以用来支撑石槽，但要确保它们安装得牢固。无论是单独使用还是结合其他种植设计，种有植物的壁挂容器都可以填补裸露墙壁的空白。在窗户朝外打开或者缺少窗台的地方，它们也很有用。窗槛花箱的最好替代品就是挂在窗户下支架上的石槽。在狭窄的空间、庭院或通道半阴的地方，壁挂容器也许是最有价值的。在升高的位置，植物能接受到更多的阳光，常常会比在地面上种植生长得更好。

总体而言，石墙或砖墙能够为种植提供美丽的背景，不过为充分发掘它们的优势，应该使用与背景色相协调或对比鲜明的容器。充分种植并大量使用蔓生植物通常是最好的选择，不过如果容器本身具有装饰性的话，也应该使其能够被明显地看到。壁挂容器安放的位置也很重要。太多随意安放的容器会产生杂乱无章的效果。与多个小型容器相比，较少的数个大型容器会产生更强的视觉冲击力，此外还比较容易养护，特别是在浇水时。然而，在精心的布置下，无论是对称还是不对称风格，都可以用种植花卉的单独花盆得到美丽的陈设。为在冬天和春天欣赏色彩，可以尝试重瓣报春花，如浓郁紫罗兰色的'俏靓蓝'欧洲报春（*Primula vulgaris* 'Miss Indigo'）或浅黄色的'重硫华'欧洲报春（*P. vulgaris* 'Double Sulpur'），或者雏菊，如绒球系列雏菊（*Bellis perennis* Pomponette Series）。至于夏天，有众多鲜艳的天竺葵属植物可供选择，它们可以开花数月，常常开到秋天。

用于盆栽园艺的植物

所有种类的植物——一年生、二年生、宿根植物、灌木以及乔木都可以用于盆栽。传统

的盆栽园艺主要使用株型紧凑、花期漫长的夏花一年生植物，它们毫无疑问能产生缤纷鲜艳的效果。不过，如果对使用的植物种类加以扩展的话，盆栽园艺会变得更加有趣和富有挑战。所有类型的植物都可以在不同尺度内进行配植，并且这样能充分利用各种株型。比如，与花相比，叶子常常被忽略，但其在盆栽园艺中有着特殊的重要性。常绿植物能提供全年观赏价值，即使是落叶植物的叶子也比大多数花朵持续得更久。它们能够产生丰富但令人镇静的质感，可以代替缤纷而令人兴奋的花朵。优良的观叶植物如蕨类和玉簪等，常常是阴暗角落中最好的选择。在为特定位置选择植物时，光照水平通常是决定性因素。其他生长条件如生长基质等可以根据植物的需要进行调整。

一二年生植物

夏季开花的一年生植物，包括许多作为一年生植物栽培的不耐寒宿根植物，都是经常用于盆栽园艺的植物。由于进行了育种，许多植物如今拥有更紧凑的株型、更多颜色或色调的单瓣、半重瓣和重瓣花朵，有时候甚至还有奇异的花型或瓣型。如今即使使用数量有限的植物，也能得到非常多样化的混合种植效果。另外一种重要的类群是将冬季和早春开花的一二年生植物混合种植在一起，尽管可选的植物范围要小得多。冬季开花的大花三色堇能够在球根花卉大量开花前创造鲜艳缤纷的效果并持续数周。其他有助于在春天提供连续性观赏的花卉包括雏菊、欧洲报春以及九轮草类报春花，还

有桂竹香等。

大多数一二年生植物都可以相对容易地使用种子繁殖。F1和F2代杂种虽然比较昂贵，但能生产出更健壮和整齐一致的植株。如果空间不允许播种繁殖植物，春末和初夏园艺中心通常有许多年幼的植株幼苗，可以从那里得到多种少量植物。在一年生植物即将开花之前，将其种在花盆里，可立即让盆栽园得到鲜艳的效果并保持数月。

宿根植物

传统上用于盆栽园艺的宿根植物是那些每年用种子繁殖的不耐寒种类，或者在保护设施中越冬的植物。天竺葵属植物是不耐寒的灌丛状宿根植物，也是优良的盆栽植物。其中，某些是每年用种子繁殖的F1和F2代杂种，而其他种类可以越冬，它们可以提供第二年用于扦插繁殖的材料。然后可以将母株丢弃。带纹型天竺葵和蔓生常春藤叶型天竺葵花量丰富，花期漫长，最常用于户外盆栽园艺——蔓生常春藤叶型天竺葵特别适合种在吊篮、窗槛花箱或者阳台上。

香叶型天竺葵是一类有趣但未被充分利用的类群。例如，'普利茅斯夫人'天竺葵（*Pelargonium* 'Lady Plymouth'）的叶子具有银边，很适合用于打断大片鲜艳花朵，它们的叶子在被触摸时还会释放香味。这类天竺葵的花朵通常较小，但有几种也开带标记的美丽大花，具有香料气味的'科普索内'天竺葵（*P.* 'Copthorne'）就是其中一种。

壁挂容器
可以使用种植鲜艳植物的容器装点空荡荡的墙壁，容器的高度应该方便进行浇水和清理。

花和叶
使用位置摆放得当的容器可以点亮栅栏。在这里，种植在白色木制窗槛花箱中的骨籽菊属（*Osteospermum*）植物、天竺葵、常春藤以及花叶紫露草属（*Tradescantia*）植物在砂砾小道的向阳处十分惬意地生长。

强烈的形状

模制方形花盆为黄杨球提供了完美的背景（上），和黄杨球搭配的是万寿菊属植物（*Tagetes*）。这些容器是用水泥板拼接在一起的，然后喷涂黄铜色涂料和防水密封剂。

春花

两个大花盆中种有粉红色的樱桃树和葡萄风信子，为前景中种满球根植物的小花盆提供了完美的背景（左）。

花境宿根植物在盆栽园艺中使用得并不广泛，不过进行尝试和试验也未尝不可。那些拥有常绿叶片的宿根植物有助于填补秋天和春天之间的空档。例如，许多秋海棠属植物拥有大型匙形叶片，在寒冷的天气中会变成古铜色，而在春天开放粉红色、洋红色或白色花朵且花期很长。矾根属（*Heuchera*）是另外一个有用的属，'华紫'柔毛矾根（*Heuchera villosa* 'Palace Purple'）拥有有光泽的巨大深古铜色锯齿状叶片，夏天在叶子上方开出白色的小花并结出粉色果实。

花期的长度让一些耐寒草本宿根植物也具有种植在容器中的潜力。虽然单朵花的寿命很短，但矮生萱草属植物却能在仲夏至夏末持续开花很长时间，比如浅橙色的'金娃娃'萱草（*Hemerocallis* 'Stella de Oro'），而且许多种类的萱草会长出成束的美观叶片。其他叶片美丽的草本宿根植物包括玉簪类，它们在大小、颜色和质感上都存在广泛的变异。优美大玉簪（*Hosta sieboldiana* var. *elegans*）的成簇波状蓝灰色叶片完全可以单独使用在容器中。

球根植物

在这里，"球根植物"也包括拥有球茎、块茎和根状茎的植物。这一类群在盆栽园艺中非常重要，它们的价值体现在非常可靠的花朵上，尽管绝大多数球根植物的叶片几乎没有多大观赏价值，并且单株植株的花期很少超过几周。不过，通过种植一系列春植球根，可以从冬末到来年秋天一直欣赏陆续开放的鲜艳花朵。

这段长长的花季从雪花莲、矮生鸢尾以及早花番红花开始，它们的花期与最早的洋水仙重叠，然后是花期较晚的洋水仙种类、风信子和郁金香。还有许多其他小型球根植物，如绵枣儿属、葡萄风信子属和蚁播花属植物，可以加入其中。夏天和秋天最有用的球根植物包括百合属和大丽花属植物，它们在花色、花型以及株高上都有丰富的变异。

球根植物和容器应该在大小上互相匹配，并将容器的位置考虑在内。例如，较高的郁金香种植在窗槛花箱容易被风吹坏。对于暴露多风的位置，可以使用矮生郁金香和其他低矮的球根植物。

如果容器位于轻度遮阴或半阴中，则球根植物的花期一般会持续更长。但某些种类的花，包括番红花类和郁金香只在阳光下完全开放。对于密集种植的容器，可以在不同深度种植两层甚至三层球根（见327页）。

对于球根植物，种植时间和花期之间不可避免会有空档。为克服这一点，可以将容器放入冷床中，直到球根植物开始开花再拿出来放到观赏位置，花期过后再移走。另外一个选择是将不同种类的球根植物种在同一个容器内，提供连续的观赏期，或者创造混合种植效果。许多低矮的球根植物能够和冬季开花的大花三色堇以及低矮常绿植物如百里香属植物或常春藤的小叶品种等混合种植。球根植物还可以用作春花灌木如茵芋属植物（*Skimmia*）的下层种植植物。

虽然只要每年都更新生长基质，某些盆栽球根植物可以数年开花良好，但大多数球根植物在第一年开花后表现就会恶化。为了得到高品质的观赏效果，最好每年种植新的球根。或者让球跟植物在它们的容器内枯死，然后挖出并储存，用于下一生长季的重新种植，或者重新直接种植在花园中，在接下来的几年中得到数量减少的花。

乔木

许多常绿和落叶乔木能够适应容器中的生活，而且如果加以精心照料，它们能够繁茂地生长多年，不过很少能达到在露地花园中的尺寸。花、叶和果实都有较大观赏价值的乔木包括小型花楸如克什米尔花楸（*Sorbus cashmiriana*），以及观花海棠如'红翡翠'海棠（*Malus* 'Red Jade'）。这两类植物既有春花，又有果期漫长的累累果实掩映在灿烂的秋色叶中。盆栽乔木如欧洲鹅耳枥（*Carpinus betulus*）或彩色树皮的桦树如牛皮桦（*Betula albosinensis* var. *septentrionalis*）等可以带来高度和建筑感，为景观设计增添强烈的结构性元素。它们也特别适合用于遮掩的屏障，并有助于创造私密空间和阴凉区域。

在为露台、庭院和屋顶花园选择乔木时，尺度是很重要的。株型紧凑的松柏类植物如圆锥形的'埃尔伍德'美国扁柏（*Chamaecyparis lawsoniana* 'Ellwoodii'）是最有用的植物种类。落叶小乔木包括枝条下垂并在春天缀满黄色柔黄花序的'吉尔马诺克'黄花柳（*Salix caprea* 'Kilmarnock'）。在空间有限的地方，可以选用对修剪反应良好的乔木。最适合用于盆栽园艺的常绿乔木之一是月桂（*Laurus nobilis*），它可以被修剪成各种形状。

灌木

在盆栽园艺中，灌木的使用频率比乔木要高得多，它们的种类也很广泛，从需要阔底重型容器的大型伸展灌木到'鲍顿'柏状长阶花（*Hebe cupressoides* 'Boughton Dome'）等适合用在窗槛花箱中的矮生灌木。在选择灌木时，要考虑它与背景在尺度上的协调性以及植株的形状及花、叶子和果实的品质。

枝叶漂亮、形状美观的紧凑常绿植物包括许多低矮的松柏类植物。某些耐修剪的阔叶常绿植物如锦熟黄杨或中裂桂花（*Osmanthus* x *burkwoodii*），可以被修剪成规则或更异想天开的形状。

在某些情况下，叶色会赋予植物独特的价值，如花叶的'丽翡翠'扶芳藤（*Euonymus fortunei* 'Emerald Gaiety'）。帚石南（*Calluna vulgaris*）的许多低矮品种能够提供彩色的冬叶和花。至于山茶，深绿色而带有光泽的叶片映衬着单瓣至完全重瓣的华美花朵。某些杜鹃属植物也同时拥有美观的叶子和精致的花朵，屋久杜鹃（*Rhododendron yakushimanum*）的杂种拥有稠密美观的株型，花朵开放后的新叶背面会长出浓密的毛。

为得到精致的夏季枝叶质感和明亮的秋色叶，鸡爪槭的各品种再合适不过了。其他主要观花的落叶灌木包括大叶绣球的各品种，它们的花序能够持续开放数月，并且会随着时间推移而变换美丽的颜色。倒挂金钟属植物能够连续不断地开放新花，贯穿整个夏天，直到初霜降临。蔓生种类可以从吊篮或高容器的边缘垂下，而某些直立类型如'拇指姑娘'倒挂金钟（*Fuchsia* 'Lady Thumb'）可以形成紧凑的灌丛，是任何容器的理想中央种植植物。

月季

最适合用于盆栽园艺的月季种类是微型月季、矮生丰花月季以及某些地被月季。矮生月季如'只为你'月季（POUR TOI 'Para Ti'）和'小波比'月季（LITTLE BO-PEEP 'Poullen'）是枝叶繁茂的小型灌木，高不超过30厘米，非常适合用于窗槛花箱，只需要20~25厘米深的土壤。矮生丰花月季稍大，枝头顶端簇生花序从夏季开到秋季。表现可靠的品种包括亮橙色的'满分'月季（TOP MARKS 'Fryministar'）、浅杏黄色的'美梦'月季（SWEET DREAM 'Fryminicot'）以及浅粉色的'俏波莉'月季（PRETTY POLLY 'Meitonje'）。它们在石槽或者未上釉的陶制花盆中效果尤其好。

地被月季的枝叶更加松散，最适合种于吊篮和高花盆中，蜿蜒的枝条可以从吊篮或花盆的边缘垂下。可以尝试开有亮粉色绒球状花朵的'粉钟'月季（PINK BELLS 'Poulbells'），或半重瓣洋红色的'魔毯'月季（MAGIC CARPET 'Jaclover'）。

攀援植物

攀援植物在容器中发挥的作用怎样描述也不会言过其实。它们可以整枝在容器中的支架上，也能以其他方式使用。某些种类可以简单地任其垂下来。一株小花型铁线莲如'弗朗西斯'铁线莲（*Clematis* 'Frances Rivis'）从高花盆或罐子中洒下来时看起来特别优雅。某些株型更紧凑的大花型铁线莲如开白花的'贝特曼小姐'铁线莲（*C.* 'Miss Bateman'）也可以用这种方式成功地种植。其他更不常见的蔓生植物包括不耐寒的宿根植物缠柄花（*Rhodochiton atrosanguineus*），它拥有红紫色的下垂管状花朵。

洋常春藤的品种作为蔓生植物和攀援植物同样出色。小叶型种类是最适合用于吊篮的蔓生常绿植物，还能柔化窗槛花箱或其他容器的坚硬边缘。这些柔韧的植物还能被进行复杂的整枝。可以尝试让它们生长在金属丝框上——这会得到和修剪树木造型相似的效果（见108页，"树木造型"）。

严格的修剪通常是控制苗壮攀援植物如紫藤或葡萄属植物（*Vitis*）的最好方法。在夏天和冬天进行大幅度修剪，可以将它们作为标准苗进行种植。不过最容易管理的是一年生攀援植物，如气味香甜的香豌豆或三色牵牛（*Ipomoea tricolor*）之类的植物，它们的处理方式和一年生植物一样。将它们种植在用竹竿搭建并用绳线束缚的拱顶、用枯枝搭建的古朴三脚架或者定制的框格棚架上。

容器中的支撑
紧凑的攀援植物如素方花（*Jasminum officinale*）（上）可以为种植增添高度，但在攀爬的位置需要支撑结构。

露台上的芳香
微型月季或矮生丰花月季能够数月持续开花，并且能很好地适应花盆中的条件，使人在有限的空间内也能从容欣赏它们的美丽和香味（左）。

园艺百科全书（典藏版）

阳台和屋顶花园

可以将阳台和平整的屋顶改造成为令人愉悦的空间，在其中可以使用盆栽植物得到超凡脱俗的效果，创造一座空中花园。大型屋顶花园可以融入许多地面花园的景致，包括用于放松和娱乐的座椅、烧烤架、观赏水池，以及乔木和支撑架上的攀援植物。即使是最小的阳台也能变成绿意盎然、鸟语花香的室外空间。

特殊挑战

几乎所有阳台或平整的屋顶都有进行园艺活动的潜力，但这样的空间有其特殊挑战，而安全是一个主要的考虑因素。植物、湿润的生长基质、容器以及其他景观构成了相当大的荷载，它们必须在房屋结构的承载范围之内。此外，地板必须是防水的并有充足的排水能力。在设计屋顶或阳台花园之前，建议先咨询建筑师或结构工程师，并检查当地法规是否允许建造此类结构。专家意见应该包括如何强化结构性支撑，或者如何使用现存墙壁或横梁的承载容量来安置较重的部件。精心选择材料，可以最大限度地减轻花园部件的总重量。例如，考虑使用木板代替瓷砖作为地板材料；选择塑料或玻璃纤维容器，而不使用那些材质很重的容器，如石材和混凝土；还可以使用不含壤土的基质进一步减轻荷载。

阳台和屋顶花园需要栅栏或围墙保护使用这些空间的人：参阅关于栏杆和墙壁最低标准和高度的相关建筑规章。与地面花园相比，阳台和屋顶花园更容易受到湍流和强风的影响，所以所有容器都必须牢固地安装好。阳台或屋顶花园上的东西不能掉下来，这一点也是非常重要的。为防止花盆被吹翻，质量较轻的容器可能需要重物压在底部，或者固定在原位上。要牢记的一点是：与矮胖底阔的容器相比，高且底部狭窄的容器稳定性要差得多。

阳台和屋顶花园经常出现大风，风可能会损坏鸡爪槭等植物的枝叶并将柔弱的叶子吹干。干燥的风和直射阳光导致了非常苛刻的生长环境。最能适应这种环境的是耐旱性强的种类。不过，只要经常给予充足的灌溉，许多种类的植物都能很好地生长。在大型屋顶花园中，为维持足够的湿度水平，使用自动化灌溉系统是最高效的方式，同时还要为多余的水设计合理的排水方式。必须设置排水沟，以免暴雨过后水在地板上积聚，形成水池。可以铺设木地板来遮掩需要设置的排水沟槽。

部分遮蔽
视线通透的屏风有助于在这座屋顶花园中创造私密的遮蔽氛围。麻兰属（*Phormium*）植物在多风条件下依然屹立不倒，这里它在一座巨大而轻质的种植瓮中用来创造引人注目的视线焦点。

夏日阴凉
屋顶或阳台花园上的这个轻质竹棚可用于遮蔽头顶烈日，提供宝贵的阴凉。

妥善安置的空间
在这个单层木质台地上，盆栽植物被精心地以团簇方式安置在一起，不会阻碍通向台阶的道路。

暴露于多风位置的植物

叶片灰绿的银叶菊（*Senecio cineraria*）以及扇形花朵的蔓生草海桐属植物（*Scaevola*）花叶繁茂，构成了耐风吹的混合种植方案。

极简主义的规则感

条形地板、方块形布局以及圆形的造型树木一起造就了这座包括种植容器和空置容器的屋顶花园的规则感。

在阳台上种植

在阳台上，植物可以种植在阳台地板上的花盆和石槽中、壁挂容器里，或者那些牢固地安装在栏杆上的容器里。当阳台构成花园向房间延伸时，容器和植物的表现最常从室内观赏。这时可使用容器来框住景色而不能遮掩，可以在中央的开阔区域两旁使用成团摆放的容器。另一方面，如果室外风景沉闷无趣，可使用盆栽植物将其遮挡在外面。利用相似的手法，挂在栏杆顶端的容器或石槽中垂下来的蔓生植物也可以遮掩外面的视线，确保私密性。

从建筑外观赏，阳台种植也可以像从室内观赏那样美观。像窗槛花箱一样，阳台的种植可以与建筑互补协调，或许还可以与地面的种植达到和谐一致的效果。良好的蔓生植物可以用于阳光充足的阳台，例如常春藤叶型天竺葵，它们非常耐旱，繁茂的花朵能从夏天一直开到秋天。许多浓密且直立的植物也能很好地适应全日照阳台的条件，例如神香草（*Hyssopus officinalis*）以及花期漫长的一年生植物伯氏蓝菊（*Felicia bergeriana*）。

虽然荫蔽阳台的植物选择更加有限，不过使用洋常春藤各品种以及能提供全年观赏性的常绿植物如锦熟黄杨等，也能创造出优雅的种植效果。可使用株型紧凑的耐阴一二年生植物增添色彩，如冬季和夏季开花的大花三色堇以及瓦氏凤仙（*Impatiens walleriana*），后者能够在夏天持续开放数月。

在屋顶花园中种植

大型阳台和屋顶花园常常用来作为观赏城市风光的观景平台。如果是这种情况的话，以风景为中心，使用种植设计将其框起来。无论设计是规则式的还是自然式的，均将容器摆放在一起，使得风景被逐渐揭开。或者，为一系列不同的风景打造多个景框，保证其中最宏大的景色不会失去新鲜感。

精心安放的容器

这些鲜艳的矮牵牛吊篮放置在柱子旁边，不致遮掩后面茂盛的花园景观，它们和繁茂的绿色叶片形成了鲜明的对比。周围的植物从平台的栏杆中伸进来，柔化了栏杆的线条，产生一种慵懒放松的效果。

也许比美丽风景更常见的是沉闷而被忽视的景色。在这种情况下，最好的选择是创造更加内向型的花园。攀援植物、屏障或框格棚架不但有助于阻挡不雅观的景致，还能建立私密的氛围并减少湍流。在限定的空间内，可以使用非常严格的规则式设计，使用修剪成简单几何形状的少量灌木；也可以将植物组合搭配，营造出传统村舍花园的一番韵味。为得到鲜艳缤纷又持久的效果，将花坛植物聚集在一起使用是一个好选择，不过也可以尝试蔬菜、香草或亚热带和热带植物。使用屏障甚至藤架创造分区之后，可以进一步增加多样性和私密性。

无论选择哪种风格，在安置容器时都不要让它们扰乱休憩或娱乐区域。为得到最抗风的效果，选择茂密紧凑的植物，它们不容易被强风损坏或吹散。大多数流行的花坛植物都有株型紧凑的品种，还有许多茂密的灌木可供选择，它们比那些高且头重脚轻的植物更加适合。

盆栽水果

许多不同种类的水果作物都可以被成功地种植在大型容器中，并摆放在拥有充足生长空间的铺装区域、露台或庭院中。除了提供季节性的美丽花朵和可食用的果实，某些乔木和灌木果树还可以用作特色植物，与草本或花坛植物的花境或苗床形成对比，或者用作视线焦点来结束风景。

选择盆栽水果作物

许多适合盆栽的乔木果树都生长在矮化的砧木上，这样的砧木能抑制它们的自然长势，但不影响其开花结实的能力。盆栽苹果树最好使用矮化砧木'M27'号或者更健壮一些的'M9'号，产生茂密的金字塔形状。相似地，嫁接在半矮化'Quince C'砧木上的梨树品种以及'Pixy'或'St Julien A'砧木上的李子树、桃树和油桃树都能成功地种植在容器中。如果你种植了数棵苹果树和梨树，要记住必须选择来自同一授粉群内的品种，确保授粉（见435~427页及444~445页）。无花果以及柑橘属的各种水果树也很适合作为盆栽植物。樱桃树有时候会以灌丛形式嫁接在半矮化砧木'Gisela 5'上，不过它们通常整枝成扇形，比盆栽生长得更好。

包括黑醋栗、红醋栗、醋栗、树莓和草莓在内的几种无核小水果可以在容器中成功地结实。蓝莓品种主要来自南高丛越橘（*Vaccinium corymbosum*）及相关物种，只要给它们提供酸性生长基质，它们也能作为盆栽植物很好地生长。

容器的准备和位置

选择直径至少为30~45厘米、底部能填充排水材料的稳定黏土容器或牢固的塑料花盆（又见331页，"盆栽蔬菜"）。使用比较肥沃的基质如John Innes No.3或相似的添加了缓释肥颗粒的多用途基质。年幼的苗壮植株可能需要在每年叶落之后换盆，防止它们的根系被容器束缚得太厉害，这样会限制它们的生长并减少开花量。

盆栽耐寒果树一般应该放置在阳光充足的地方，并避免强风侵袭。对于早花不耐寒果树，如桃树、油桃树和柑橘属果树，最好转移到保育温室或温室内开花，直到霜冻风险完全过去。将容器放在砖块或底座上，让多余的水从排水孔自由流走。

容器中可以种植的水果作物

苹果

蓝莓

树莓

樱桃

桃

梨

无花果

红醋栗

李子

浇水和施肥

与露地种植相比，在容器中种植果树时，通常在施肥和浇水上需要更多照料。容器中的水永远不能完全干掉，因为太干会阻碍年幼乔木和灌木的生长。盆栽水果的确容易缺水，它们需要大量的水才能很好地结实。它们也很消耗肥料，在整个生长季，每两至三周应施加一次高钾液态肥料促进开花结实，否则花果会很稀疏。

不耐寒的盆栽水果
柑橘属以及早花果树（如桃树、油桃树和杏树等）需要保育温室或温室提供的冬季保护。

水果吊篮
只要经常施肥和浇水，草莓一般都能在花盆中很好地结实。它们是吊篮的良好选择。

可供盆栽的品种

苹果
甜点：'发现''Discovery'，'艾格蒙特赤褐''Egremont Russet'，'基德尔的橙红''Kidd's Orange Red'，'落日''Sunset'
烹饪：'阿瑟特纳''Arthur Turner'，'布莱曼利幼苗''Bramley's Seedling'，'郝盖特奇迹''Howgate Wonder'
杏 '沼泽公园''Moor Park'
蓝莓 '蓝色果实''Bluecrop'，'日光蓝''Sunshine Blue'，'北空''Northsky'
樱桃
甜樱桃：'五月公爵''May Duke'，'商人''Merchant'，'斯特拉''Stella'
酸樱桃：'Morello'，'Nabella'
柑橘属水果 加拉蒙地亚橘，
金橘 '永见''Nagami'，
柠檬 '迈耶''Improved Meyer'，
无核小蜜橘 '尾张''Owari'，'兴津''Okitsu'，'宫川''Miyagawa'，克莱门氏小柑橘 '努莱斯''Nules'
无花果 '褐色火鸡''Brown Turkey'，'不伦瑞克''Brunswick'，'白色伊斯基亚''White Ischia'

油桃 '早熟里弗斯''Early Rivers'，'甜蜜''Nectarella'
桃 '约克公爵''Duke of York'，'安妮花园''Garden Anny'，'花园夫人''Garden Lady'，'游隼''Peregrine'
梨 '哈代''Beurre Hardy'，'会议''Conference'，'罗契斯特''Rochester'
李子 '蓝山雀''Blue Tit'，'沙皇''Czar'，'猫眼石''Opal'，'维多利亚''Victoria'
树莓 '秋日祝福''Autumn Bliss'，'格伦丰满''Glen Ample'，'格伦麦格纳''Glen Magna'，'格伦五月''Glen May'，'格伦普罗森''Glen Prosen'，'马兰上将''Malling Admiral'，'马兰珠宝''Malling Jewel'，'波尔卡''Polka'，'托乐米''Tulameen'
红醋栗 '洋奇家族''Jonkheer van Tets'，'拉克斯顿一号''Laxton's No.1'，'红湖''Red Lake'
草莓 '剑桥之娇''Cambridge Favourite'，'哈皮尔''Hapil'，'哈尼''Honeoye'，'珀加索斯''Pegasus'，'狂想曲''Rhapsody'，'交响乐''Symphony'

盆栽植物的种植者指南

乔木和灌木

较大乔木见59页，低矮松柏植物见62页

苘麻属*Abutilon* 1
羽扇槭*Acer japonicum,*
　鸡爪槭*A. palmatum*
南非葵*Anisodontea capensis* 1
木苘蒿*Argyranthemum* 1
　（亚灌木）
木曼陀罗属*Brugmansia* 1
西班牙黄杨*Buxus balearica* 1,
　小叶黄杨*B. microphylla,*
　锦熟黄杨*B. sempervirens*
帚石南*Calluna vulgaris*
山茶属*Camellia*
四季橘*x Citrofortunella microcarpa* 1
斑纹变叶木*Codiaeum variegatum var.
pictum* 1
萼距花属*Cuphea* 1
龙血树属*Dracaena,* 部分种类 1
石南属*Erica*
扶芳藤*Euonymus fortunei*
熊掌木*x Fatshedera lizei* 1
八角金盘*Fatsia japonica*
倒挂金钟属*Fuchsia,* 部分种类 1
栀子属*Gardenia* 1
长阶花属*Hebe,* 部分种类 1
朱槿*Hibiscus rosa-sinensis* 1
绣球*Hydrangea macrophylla*（及其品种），
　圆锥绣球*H. paniculata,*
　'雪花' 浅裂叶绣球*H. quercifolia*
　'Snowflake'
马缨丹属*Lantana* 1
薰衣草属*Lavandula,* 部分种类 1
夹竹桃*Nerium oleander* 1
桂樱*Prunus laurocerasus*
杜鹃花属*Rhododendron*
蔷薇属*Rosa*（地被月季、微型月季和
　和矮生丰花月季）
圣麻属*Santolina*
银叶菊*Senecio cineraria* 1（做一年生植
　物栽培）
日本茵芋*Skimmia japonica*
蓝花茄*Solanum rantonnetii* 1
丽蓝木属*Tibouchina* 1
川西荚蒾*Viburnum davidii,*
　月桂荚蒾*V. tinus*
丝兰属*Yucca,* 部分种类 1

棕榈类和苏铁类

袖珍椰子属*Chamaedorea* 1
矮棕属*Chamaerops* 1
椰子属*Cocos* 1
苏铁*Cycas revoluta* 1
荷威椰子属*Howea* 1
智利椰子属*Jubaea* 1
刺葵属*Phoenix* 1
棕竹属*Rhapis* 1
箬棕属*Sabal* 1
棕榈*Trachycarpus fortunei*
丝葵属*Washingtonia* 1

竹子、禾草和禾草类植物

苔草属*Carex,* 部分种类 1
发草*Deschampsia cespitosa*（各品种）
神农箭竹*Fargesia murielae,*

华西箭竹*F. nitida*
箱根草*Hakonechloa macra*（各品种）
喜马拉雅竹*Himalayacalamus falconeri* 1
'红叶' 白茅*Imperata cylindrica* 'Rubra' 1
箬竹*Indocalamus tessellatus*
狼尾草*Pennisetum alopecuroides* 1
彩叶虉草*Phalaris arundinacea var. picta*
人面竹*Phyllostachys aurea,*
　曲竿竹*P. flexuosa,*
　紫竹*P. nigra*
菲白竹*Pleioblastus variegatus,*
　花杆苦竹*P. viridistriatus*
倭竹*Shibataea kumasasa*

宿根植物

**见259页，岩生植物的种植者指南，在石槽中
种植**

长筒花属*Achimenes* 1
百子莲属*Agapanthus,* 部分种类 1
羽衣草属*Alchemilla*
落新妇属*Astilbe*
蟆叶组秋海棠*Begonia* Rex Group 1
岩白菜属*Bergenia*
全缘叶蒲包花*Calceolaria integrifolia* 1（各
品种）
风铃草属*Campanula*（低矮种类），部分种类 1
美人蕉属*Canna* 1
长春花*Catharanthus roseus* 1
菊属*Chrysanthemum,* 部分种类 1
北非旋花*Convolvulus sabatius* 1
石竹属*Dianthus*
双距花属*Diascia*
佛肚蕉*Ensete ventricosum* 1
网纹草属*Fittonia* 1
'白斑' 欧亚活血丹*Glechoma hederacea*
　'Variegata'
矾根属*Heuchera*
玉簪属*Hosta*
'花叶' 蕺菜*Houttuynia cordata*
　'Chameleon'
紫花野芝麻*Lamium maculatum*
'金色' 铜钱珍珠菜*Lysimachia nummularia*
　'Aurea'
芭蕉*Musa basjoo* 1
荆芥属*Nepeta*
骨籽菊属*Osteospermum* 1
天竺葵属*Pelargonium* 1
豆瓣绿属*Peperomia* 1
福禄考属*Phlox*（矮生种类）
麻兰属*Phormium,* 部分种类 1
延命草属*Plectranthus* 1
九轮草群报春花*Primula* Polyanthus Group
变色鼠尾草*Salvia discolor* 1,
　沼生鼠尾草*S. uliginosa*
黄水枝属*Tiarella*
千母草*Tolmiea menziesii*
白花紫露草*Tradescantia fluminensis* 1（各品
种），
　吊竹梅*T. zebrina* 1

攀援植物

一年生植物，或常做一年生植物栽培的植物

叶子花属*Bougainvillea* 1
铁线莲属*Clematis,* 许多种类
龙吐珠*Clerodendrum thomsoniae* 1
电灯花*Cobaea scandens* 1

智利悬果藤*Eccremocarpus scaber* 1
洋常春藤*Hedera helix*
素馨属*Jasminum* 1
香豌豆*Lathyrus odoratus*
西番莲属*Passiflora* 1
缠柄花属*Rhodochiton atrosanguineus* 1
黑鳗藤属*Stephanotis* 1
翼叶山牵牛*Thunbergia alata* 1
络石属*Trachelospermum* 1

仙人掌和多肉植物

见342页

蕨类

铁线蕨属*Adiantum,* 部分种类 1
舌状铁角蕨*Asplenium scolopendrium*
蹄盖蕨属*Athyrium*
乌毛蕨属*Blechnum,* 部分种类 1
骨碎补属*Davallia* 1
澳大利亚蚌壳蕨*Dicksonia antarctica* 1
肾蕨属*Nephrolepis* 1
鹿角蕨属*Platycerium* 1
水龙骨属*Polypodium,* 部分种类 1
耳蕨属*Polystichum*

球根植物

孤挺花*Amaryllis belladonna* 1
希腊银莲花*Anemone blanda,*
　罂粟秋牡丹*A. coronaria*（各品种）
　红花草玉梅*A. x fulgens*
秋海棠属*Begonia* 1（球根种类）
雪百合属*Chionodoxa*
君子兰属*Clivia* 1
番红花属*Crocus*
仙客来属*Cyclamen,* 部分种类 1
大丽花属*Dahlia* 1
小苍兰属*Freesia* 1
朱顶红属*Hippeastrum* 1
风信子属*Hyacinthus*（各品种）
鸢尾属*Iris*（球根种类）
小鸢尾属*Ixia* 1
纳金花属*Lachenalia* 1
百合属*Lilium,* 部分种类 1
葡萄风信子属*Muscari*
水仙属*Narcissus,* 部分种类 1
纳丽花属*Nerine,* 部分种类 1
绵枣儿属*Scilla*（部分物种）
郁金香属*Tulipa*

一二年生植物

常做一或二年生植物栽培的宿根植物或亚灌木

藿香蓟属*Ageratum* 1
金鱼草属*Antirrhinum* 1（低矮种类）
雏菊*Bellis perennis*（各品种）
鬼针草属*Bidens* 1
鹅河菊属*Brachyscome* 1
甘蓝*Brassica oleracea*（观赏品种）
金盏菊*Calendula officinalis*
青葙属*Celosia* 1
须苞石竹*Dianthus barbatus,*
　石竹*D. chinensis*（各品种）
糖芥属*Erysimum*
紫芳草*Exacum affine* 1
勋章菊属*Gazania* 1
具柄蜡菊*Helichrysum petiolare* 1
天芥菜属*Heliotropium* 1

凤仙属*Impatiens* 1
血苋属*Iresine* 1
南非半边莲*Lobelia erinus* 1（各品种）
线裂叶百脉根*Lotus berthelotii* 1,
　金斑百脉根*L. maculatus* 1
布朗普顿群紫罗兰*Matthiola* Brompton Series,
　东洛锡安群紫罗兰*M. East Lothian Series*
杂种沟酸浆*Mimulus hybrids* 1
烟草属*Nicotiana* 1
瓜叶菊属*Pericallis* 1
矮牵牛属*Petunia* 1
九轮草群春花报春花*Primula* Polyanthus Group
蓖麻*Ricinus communis* 1（各品种）
红花鼠尾草*Salvia coccinea* 1,
　蓝花鼠尾草*S. farinacea* 1,
　长蕊鼠尾草*S. patens* 1,
　一串红*S. splendens* 1,彩苞花*S. viridis*
草海桐属*Scaevola* 1
蛾蝶花*Schizanthus pinnatus* 1（及其品种）
珊瑚豆*Solanum capsicastrum* 1,
　珊瑚樱*S. pseudocapsicum* 1
五彩苏属*Solenostemon* 1
万寿菊属*Tagetes* 1
旱金莲*Tropaeolum majus* 1
　（各物种和杂种）
美女樱*Verbena x hybrida* 1
大花三色堇*Viola x wittrockiana* 1
百日草属*Zinnia* 1

水果

苹果（嫁接在低矮的砧木上）
蓝莓
柑橘属*Citrus* 1（大部分种类）
无花果
葡萄
桃（低矮种类）
草莓

香草

407~410页描述的大部分香草都可以盆栽

注释
1 不耐寒

'蓝帽' 绣球

选择容器

适合种植植物的容器必须满足许多条件。它必须能装下足够的基质，为植物根系的发育提供充足空间，并供应植物生长必需的水分和养料。容器必须能让多余的水排走，通常使用底部的一或多个排水孔排水。稳定性也很重要，如果容器很容易被撞翻或吹倒，它就会在安全上造成危险，而且容器本身和其中的植物也可能受损。

许多商业出售的容器都能满足这些需求，而且它们是大量生产的商品，因此相对廉价。其他更昂贵的容器是单个或小批量制造的，但这些容器以及那些临时自制的容器常常更有个性，能引人注目地昭示个人的品味。

材料和饰面

容器的材料和饰面有多种类型，每一种都有实用性和美学上的优点，应该在做出选择之前充分考虑。要牢记摆放容器的位置，它的重量可能是重要的选择因素。提前决定容器的风格是否要进一步补充花园风格，或者对于其中的植物是否要充当功能性但又是从属性的角色。还要考虑配件问题，如托盘或浅碟，使用它们可以方便地从下方排水并有助于保持花盆表面洁净、无污点。对于平底容器，分离式黏土花盆垫脚特别有用，它们可以把容器抬升起来，便于多余的水自由排走。

改变用途
镀锌铁桶可以作为引人注目的容器，用于混合种植郁金香和葡萄风信子。这个旧式浴桶有充足的空间填充基质，底部钻孔供排水后，它就变成了一个外形奇特的美观盆栽容器。

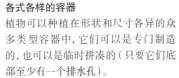

各式各样的容器
植物可以种植在形状和尺寸各异的众多类型容器中，它们可以是专门制造的，也可以是临时拼凑的（只要它们底部至少有一个排水孔）。

黏土

传统的不上釉煅烧黏土（陶器）花盆因其作为种植容器漂亮雅致而被使用了千百年——即使不进行种植，大型罐子和种植瓮也可以成为花园中非常漂亮的景观。黏土很容易模制成各种大小和形状，其表面可以是光滑的，也可以模印出花纹。小型至中型普通花盆一般很便宜，不过价格随着尺寸的增大而升高。最昂贵的是耐冰冻的花盆，它们暴露在冬季低温下也不会开裂。在冬季低温来临之前，应该使用隔绝性好的材料如泡沫塑料将不耐霜冻的黏土容器保护起来，或者将它们转移到保护设施中。所有的黏土花盆都应该小心拿放，任何类型的震动都可能导致它们破裂或出现裂口。

黏土是一种多孔渗水的材料，所以在填充种栽基质前，应该将花盆浸泡在洁净的水中。与没有孔隙的容器相比，从黏土花盆中蒸发出去的水分有助于在夏天保持植物根系凉爽，虽然需要更频繁地浇水，但涝渍的危险也大大降低了。这使得黏土花盆非常适合高山植物和其他需要良好排水的植物。黏土花盆的孔隙配合毛细管灌溉系统（见577页）的效果也很好。

在大多数情况下，装满湿润基质的黏土花盆的重量是一个优势，因为这会增加稳定性。不过一旦种植后，它们就很难移动，如果想放置在阳台和屋顶花园（见316～317页），重量会是一个严重的缺点。

黏土花盆呈现温暖的泥土颜色，为橙色或红棕色，初看可能显得相当不协调，不过一旦风化后长满藻类，便能毫不起眼地和周围的背景融合在一起，并能映衬许多种类的植物。如果需要的话，可以使用温肥皂水和钢丝刷将藻类从花盆上清理掉。

上釉瓷器

无论是有光泽的还是哑光的，上釉花盆各种颜色、形状和质感的饰面让它们成为花园中极具特色的装饰性景致。除了色彩明亮和具有活泼花纹的容器，那些模仿青瓷瓷器柔和绿色的容器也可以使用在更柔和的设计中。除非专门标注为抗冻类型的上釉容器，否则不应在冬天将上釉容器留置室外。由于它们的表面没有孔隙，所以和未上釉花盆比，它们水分散失更少，也更容易擦干净。

塑料

塑料是用途非常广泛的材料，可以模制成许多不同的形状，如今广泛用于生产廉价的容器。最耐久的塑料花盆是用聚乙烯和聚丙烯混合制造的，在低温下也不会变脆——这一点不像单独使用聚丙烯那样。

容器配件

浅碟能防止容器表面沾染污渍，但不能在其中储存多余水分。将平底花盆放置在花盆垫脚上面，让它们能自由排水。

塑料容器几乎可以是任何一种颜色，它们可以是光滑的，也可以是有织纹的或者拥有浮雕设计的；可以是有光泽的，也可以是哑光的。塑料常常用来模仿其他材料，也许这就是它有时被视作二流货色的原因，但它的确拥有很多优点。比如，它的重量很轻，因此在室内花架、阳台以及屋顶花园等不足以支撑更重材料的地方特别有用。塑料没有孔隙，因此水不会通过容器四壁散失，所以需要的浇水频率比黏土花盆低。塑料花盆配合毛细管灌溉系统（见577页）的使用效果比黏土花盆更好。

尺寸和比例

在设计精致的尺寸和比例时，要考虑所选择植物的株型。在这里，精心挑选的植物与容器的尺寸搭配得很好。

种植袋是用柔韧的塑料布专门制造的塑料容器，其中填充不含壤土的轻质基质。基质可以用于种植一拨主要作物如番茄，通常还能用于种植第二拨作物，然后可以将基质撒在花园中并将容器处理掉。种植袋是实用性容器，外观并不漂亮，但可以被茂盛生长的植物遮掩起来。

木材

在量身定做容器如窗槛花箱时，木材是特别有用的材料。它还是许多其他传统容器的第一选择，如凡尔赛式浴桶和半桶，这些容器是用金属带将木材箍在一起制造的。硬木的耐久性比软木好，但也更昂贵。使用防腐剂处理可以延长软木的使用寿命，但在使用前要确保防腐剂不会对植物产生毒害。

石材和混凝土

天然岩石有许多不同的质感和颜色，沉重的岩石是制作容器的名贵材料。大理石经常用于制造古典式的种植瓮，可以在其上进行复杂的雕刻，并将其打磨得非常光滑。而砂岩容器常常呈现粗糙饰面。各种类型的再生石也常常用于容器的制造。这些材料通常很重且昂贵，但一般比天然岩石便宜。混凝土容器可能会更便宜。

在填充盆栽基质之前，所有重型容器都应该摆放在花园或保育温室中的最终位置上。在这些材料上长出的藻类有助于柔化最初的粗糙外观。混凝土和粗糙的岩石很难清洁干净。

金属

铅是制造水箱、园艺装饰和容器的传统材料，它可以用来给花园引入旧时代风格。无论是古式的还是现代的，铅制容器都很昂贵且笨重，很容易产生凹痕或扭曲，因为这种金属很软。

铸铁在十九世纪非常受欢迎，那时流行的众多花瓶和种植瓮如今又重新出现了。不过铸铁的价格昂贵，并且还会生锈，除非覆盖粉末涂层或进行粉刷。

镀锌金属容器不但轻，而且还可以有许多美丽的形状和尺寸。它们如今常常用来引入某种现代

改造容器

植物可以种植在几乎任何容器中，只要它能填充基质并允许自由排水。在镀锌金属容器、旧水桶和罐子底部钻出排水孔以改造它们。已经穿孔的容器如厨房的滤器应该加上衬垫，以防基质洒出。可使用深色柔性塑料布或大小合适的塑料袋作为衬垫，将衬垫的底部刺穿，使多余的水能够自由排走。

滤器改造的吊篮

为将滤器改造成吊篮，安装铁链并用穿孔的塑料布作为衬垫。

钻出排水孔

在排水孔区域粘上胶带，可以更安全地钻孔。

感，特别是在城市花园中，且大多数都并不昂贵，在个人品味和时尚变化后丢弃掉也可以承受。

许多吊篮和支架都是铁丝制作的，表面常常覆盖一层塑料，这样可以为植物提供合适的背景色并延长容器的使用寿命。

玻璃纤维

玻璃纤维是一种轻质材料，它可以被轻松模制成许多不同的形状。它抗冻、强度高、耐久性好，虽然比较脆，但可以进行修补。由于相对便宜且用途广泛，它常常被用来模仿其他材料，包括石材、金属和木材等。

不寻常的容器材料

许多家用、农用、建筑和工业器具可以转变成高度个性化的盆栽容器（见上，"改造容器"）。废弃或回收器具（如烟囱帽或旧油漆罐）也可以成为打破常规的盆栽容器。

大多数这样的容器都可以用涂料、染色剂或其他材料装饰，这些材料可以用在许多不同类型的表面上。

适用于容器的基质

用于容器中的生长基质应该能够让植物充分发挥其观赏或生长潜力，通气性和保水性都必须良好，拥有能够承受强烈浇水的弹性结构。不应该使用普通的园土，它的结构、化学平衡以及营养水平差异很大，而且其中几乎都含有杂草种子、害虫和致病微生物。要得到最好的效果，应该使用商业生产的精确配制盆栽基质，也可以在家中自己制作或改造。

盆栽基质

盆栽基质主要有两种类型：含壤土基质，其中含有消过毒的优质土壤或壤土；无土基质，其中不含壤土，含草炭替代物或草炭。

含壤土基质

这些盆栽基质的排水性很好，并拥有很好的通气性和结构，这会促进根系的发育。它们能提供稳定的养分供应并支持植物的长期生长，与无土基质相比，不容易发生涝渍。它们干燥的速度也更慢，在容器中更容易管理。由于比无土基质更重，含壤土基质在平衡地上部分方面特别有用。在含壤土基质中栽培的植物移植到园土中时更容易快速恢复并发育良好。不过，含壤土基质的结构和养分含量在储藏过程中会逐渐退化和减少。因此，要从有声誉的供应商那里购买名牌产品，并尽快使用。

在这些基质中使用的壤土应该有较高的有机质含量。在商业上，将草皮堆放至少六个月来制造优质壤土，然后通过热处理或化学处理进行消毒，并杀死害虫、病菌和杂草种子。

约翰英纳斯园艺研究所（John Innes Horticultural Institute）制定的三个含壤土基质标准配方很常用。所有三个配方都包括7份消毒壤土、3份草炭替代物或草炭以及1份沙子（体积比）。然后，在这样的混合物中加入特定分量的石灰石粉以及约翰英纳斯生产的基肥，这种肥料由2份蹄骨粉、2份过磷酸石灰以及1份硫酸钾组成。

约翰英纳斯一号（The JH No.1）配方的肥料含量相对较少，因此主要适合种植实生幼苗和播种大型种子。它还可以用于不需要大量养分、生长缓慢的观赏植物，如高山植物等。为制造约翰英纳斯一号基质，将36升以上述比例配制的壤土、草炭替代物或草炭以及沙子混合在一起，然后加入110克约翰英纳斯基肥和20克石灰石粉。

约翰英纳斯二号（The JH No.2）的肥料和石灰石粉含量是约翰英纳斯一号的两倍，因此适合种植众多需要中度养分水平的植物。

约翰英纳斯三号（The JH No.3）的肥料和石灰石粉含量是约翰英纳斯一号的三倍，适用于种植苗壮的植物以及在容器中保留不止一个生长季的植物（如乔木和灌木）。

适合有特殊需要的植物使用的基质
杜鹃花以及其他杜鹃花属的植物不耐受碱性土壤。在容器中，它们最好生长在含壤土但不含石灰的杜鹃花属基质中。

盆栽基质常用成分

壤土
消毒的花园土壤，养分供应、排水性、透气性以及保水性都很好。

砂砾
在基质中添加各种颗粒大小的砂砾，增加排水性和透气性。

草炭
透气和保水性好，但养分含量低。干燥后难以重新湿润。

蛭石
膨胀的充气云母，与珍珠岩作用相似，但保水性更好，通气性稍差。

碎树皮
用作草炭替代物，特别是在喜欢植物的基质配方中。

珍珠岩
膨胀的火山岩颗粒，保水性好，排水性也很好。增加透气性。

椰壳纤维
这种草炭替代物的干燥速度没有草炭那么快，但需要更频繁地浇水。

沙子
粗砂和细沙能帮助结构疏松的基质成形。

腐叶土
作为草炭替代物和基质添加剂使用，特别是种植林地植物时。

杜鹃花属盆栽基质

虽然约翰英纳斯配方能满足众多植物种类的需要，但对于山茶、杜鹃花以及其他在中性至酸性土壤中才能繁茂生长的植物来说，这些配方都不合适。它们需要与约翰英纳斯配方相似的含壤土基质，但其中不能有石灰石粉。这样的低pH值基质常常被打上"杜鹃花属"的标签，"杜鹃花属"是一类不耐石灰的植物。

无土盆栽基质

无土栽培基质广泛用于盆栽园艺。它们常常含有3份草炭替代物或草炭以及1份沙子（体积比）。肥料的含量各有不同。某些基质还含有珍珠岩或蛭石，用来增加通气性和排水性。

所有的无土盆栽基质在使用时都相对干净，并且重量较轻，一般来说还比含壤土基质便宜。不过，在使用草炭而不是替代材料的时候，要考虑到从濒危沼泽和湿地生境中开采草炭对环境造成的不可逆的破坏。可用于盆栽基质的草炭替代物包括碎树皮、椰壳纤维和腐叶土。

对许多含草炭替代物的基质浇水时要注意，有时虽然基质表面可能是干的，但下层的基质常常还含有充足的水分。草炭的保水性和透气性都很好，但它变干的速度很快，而且一旦干燥，很难重新湿润起来。相反地，如果浇水过多，它很容易涝渍。在花盆中，含草炭或草炭替代物的无土基质应该在所有时间保持一致的湿度。

大多数无土基质，包括含草炭的无土基质，都会快速分解、收缩并失去其结构。一般来说，它们对根系的锚定作用没有含壤土基质好。此外，从这些基质中移栽到露

改良基质

大多数高山植物需要很少的养分和很好的排水性，所以将它们种植在一层碎瓦片上，使用等比例的约翰英纳斯一号基质和砂砾配制的混合基质。

地花园中的植物常常很难适应园土的环境。

无土基质适合短期使用，如种植实生幼苗和一年生植物，以及播种大型种子。虽然它们能够为容器、吊篮以及阳台和屋顶花园中的许多植物提供合适的生长基质，但无土基质的缺点是它们不适合用于长期种植，如种植乔木和灌木。

草炭替代物和草炭的养分含量很低，并且很容易被淋洗滤出。定期使用可溶性肥料可以克服这一点，但它们的肥效并不持久。要维持稳定的养分供应，更有效的方法是在盆栽基质中添加缓释有机肥。缓释有机肥是全配方肥料，有些会缓慢地降解到土壤中，有些则一直吸收水分直到胀开，将肥料扩散在土壤里。许多缓释肥能在几个月内

基质添加剂

保水颗粒

在湿润时，这些颗粒会膨胀，将水分储存起来供植物汲取。

良好的排水

为确保排水良好，在容器底部放置陶制花盆的碎片。较大的卵石和大块聚苯乙烯也是很有效的排水材料。

不停地释放养分。缓释肥虽然价格较高，但方便使用；相对于多次使用可溶性肥料，它更节省时间。然而，缓释肥的养分释放模式可能很难预测，因为它会受到基质的pH值、水分含量以及温度等因素的影响。

为在容器中保持一定程度的水分，同时又不造成涝渍，可以在生长基质中加入保水颗粒或晶体。在湿润时，颗粒会膨胀成为胶体。它们在非常长的时间段内可能并没有什么效果，但可以减少水分散失，这对于无土基质以及暴露容器如吊篮等特别有用。

专用基质

除了杜鹃花属基质之外，商业上还生产其他专用基质，满足特定植物类群的需要。例如，兰花专

缓释肥

这些肥料能长期释放养分，不必频繁地施加液体肥料。

环境友好型生长基质

对于喜欢按照有机方式种植盆栽植物的园艺师来说，选择适合花盆中植物类型的基质很重要。长期盆栽植物如灌木等需要含壤土或土壤、养分充足且保水性好的基质，使用1份壤土、1份普通腐叶土和1份园艺堆肥或腐熟粪肥（体积比），如果植物需要顺畅排水，还可进一步添加2毫米厚的砂砾。聚合草腐叶土含有丰富的养分，如果有的话，可以用来代替普通腐叶土。短期速生盆栽植物以及吊篮用基质排水性良好，并且常常含有确保透气性的木炭和碎树皮。仙人掌专用基质的排水性更好，含有高比例的砂砾，养分含量一般很低。水生植物专用基质比较重，这是为了更好地锚定植物，这种基质也有很多变化，因为其主要的组成成分——土壤并没有恒定的标准。球根植物专用的纤维状基质是用未降解的泥炭藓制造的，结构疏松，因此适合在没有排水孔的容器中种植球根植物。

基质的改良

商业生产和家庭自制的基质都可以很容易地加以改造，满足特定植物类群的需要。一般来说，使用珍珠岩和蛭石添加在自制基质中，可以同时改善排水性和透气性。加入各种粒径的砂砾和尖砂能够使基质更顺畅地排水。例如，砂砾常常以等比例加入约翰英纳斯一号基质中，得到适合高山植物的排水顺畅基质。腐叶土是自制基质中优良的草炭替代物，也可以将其添加到配制好的基质中，得到适合林地植物的保水性良好的基质。

护根

护根是用来覆盖土壤或基质的材料，它可以减缓水分散失，减弱温度波动，并抑制杂草生长。对于大多数盆栽植物，最有用和最整洁的护根是均匀铺设在基质表面、厚约1厘米的砂砾。石

灰岩屑护根适合喜碱性土壤的高山植物，而花岗岩屑可用于厌钙植物。乔木和灌木表层覆盖所用的粗砂砾可以用来增加容器的稳定性。有机护根一般包括颗粒化的树皮和椰子壳，其中有些容易被吹散（除非保持潮湿）。经过堆肥腐熟的松针可用于喜酸或杜鹃花属植物。

混合基质

对于业余园艺师，自己配制含壤土基质时面临的最大困难是对壤土进行消毒。进行大规模热处理的专用土壤消毒器具非常昂贵，不过从专业供应商那里可以买到小型的消毒器具。在处理少量土壤时，将土壤用5厘米的筛子筛过，除去石头和土块。然后，将筛过的土壤以8厘米的厚度铺在烘烤盘上，以200℃的高温在家用烤箱中烘烤30分钟。或者将土壤装入烤袋里，在微波炉中高火加热10分钟。

将基质所有成分放置在干净平整的台面上（关于精确分量，见322页，"含壤土基质"）。将消过毒的壤土和草炭替代物或草炭（如果干燥的话需要充分湿润）混合在一起。将石灰石粉以及约翰英纳斯基肥和一些沙子一起混合均匀，然后将它们掺到剩余的沙子、壤土和草炭替代物或草炭中。

种植大型长期植物

虽然许多园艺师关注种植一年生植物，在冬末和春夏创造鲜艳缤纷的盆栽景观，但是也有很多长寿的植物可以在花盆中表现得很好。它们能带来成熟感，并为盆栽花园提供重要的核心，当随着季节变化，其他植物达到高峰期的时候，它们还可以用来进行补充。不耐霜冻的大型盆栽植物如木曼陀罗等，可以在夏天放在室外，其他时候转移到保护设施中。

植物和材料

为让植物在容器中很好地生长数年，它们必须有长寿的潜力并得到最佳生长环境。

选择植物

无论是购买植物还是选择家中栽培植物，要想得到最佳效果，都应该使用年幼且发育良好、无病虫害的健壮盆栽植株，叶色应该良好，并且检查叶片背面和正面，确保没有病虫害感染的迹象。不要使用任何有病害或受损迹象的植株。将植株从容器中倾斜着倒出，检查根系是否发育良好。如果根系紧密地挤成一团，则说明植株可能在容器中待了太长时间，可能不会很快或完好地恢复成形。其他反映植株在容器中保留时间太长的迹象包括丢失或字迹模糊的标签、表面覆盖藻类的容器，以及覆盖地衣或苔藓的基质。如果购买裸根乔木，要确保根系发育良好，并有大量纤维状根。坨根乔木和灌木应该拥有紧实的土壤根坨，包裹在完好的塑料网或麻布中，并且不能有任何脱水的迹象。在购买之前，从各个角度进行检查，确保其枝叶是均衡生长的。

选择容器

只要排水足够好，许多不同材质的容器都适合种植大型长寿植物。对于树冠巨大的植物，容器必须有足够的重量和稳定性。最合适的类型包括底部宽阔的容器，如凡尔赛式浴桶和陶制种植瓮（见320页）。

选择和植物地上部分及根坨比例相称的容器。容器必须足够大以保证根系的良好发育，并能装载足够基质以供应足够的水分和养分。新容器应该比植物移栽之前的容器更宽和更深5厘米。乔木需要更大的空间，其容器深度至少应为根坨高度的1.5倍，直径应为树高的六分之一至四分之一。

合适的盆栽基质

对于在容器中生长数年的植物，它们的生长基质必须能够连续稳定地提供养分。最合适的盆栽基质是添加了缓释肥的含壤土基质。含草炭替代物或草炭的基质中的养分被淋洗滤出的速度相对较快，所以对种植在其中的植物应该频繁地定期施肥，且要终其一生。虽然在阳台和屋顶上种植植物是一个潜在的劣势，但与无土基质相比，含壤土基质的重量却能提供稳定的压载，并能更好地锚定植物的根系。大多数长期植物都能在标准约翰英纳斯三号基质（见322页）中繁茂地生长。对于厌钙植物，使用不含石灰的杜鹃花属植物基质。

选择灌木

好样品

许多灌木都是盆栽出售的。选择枝条框架匀称的植株，不要使用任何带有病虫害迹象的植物。

健康的叶子和匀称的枝条

状况良好的标签表示植株是新鲜的

干净的容器和不含杂草的基质

在容器中种植

在种植前，将容器、排水用的碎瓦片、基质以及任何放置花盆使用的支撑物、花盆垫脚、砖块或砌块收集在一起。对于回收利用的容器，需要将内壁和外壁擦洗干净，去除任何可能存在的致病微生物。

种植灌木

1 将一层干净的瓦片放置在带排水孔的容器底部。在容器中装入一半合适的盆栽基质，将成块的基质打散。

2 将灌木连容器一起放置在花盆中间，围绕容器填充并紧实基质。将容器拿出并保留完整的坑洞。在移栽前给植物浇水。

3 将灌木从原来的容器中移出并轻柔地梳理根系。把灌木放入洞中，沿着根坨周围回填基质，浇透水。用砂砾护根覆盖在基质表面。

完成后的种植效果

将新的陶制花盆浸泡在清水中。在种植前将容器放置在观赏位置，一旦填充基质后它就会变得非常沉重，难以移动。

将一层碎瓦片放置在排水孔上，防止生长基质被冲走。如果花盆直接放置在土壤上，则使用锌制网罩放在排水孔和瓦片之间，防止蚯蚓或其他生物进入花盆中。在瓦片上覆盖一层砂砾，提供额外的排水性，然后再填充5～10厘米厚的盆栽基质。如果需要支撑结构的话，将其安装就位。

轻轻拍打选中植物的容器以松动根坨，然后将植株取出。植物在新容器中的种植深度应该和以前保持一致。这个深度可以从土壤标记上看出来，即植株茎秆上的一处颜色变化。将植株放入填充了一半基质的容器中，如果需要的话，通过添加基质来调整它的高度。不断添加更多基质并轻轻紧实，直到完成后的基质表面位于容器边缘之下5厘米处，为浇水留出空间。在基质表面覆盖一层2.5～4厘米厚的有机或砂砾护根。浇透水，对于厌钙

植物可使用雨水灌溉。

立桩和其他支撑结构

许多大型盆栽植物需要某种形式的永久性支撑。最常见的支撑是单根立桩，在添加基质之前将其立在种植位置旁。这能让根系围绕立桩伸展，并避免对根系造成损伤（如果在种植后插入立桩，就会造成这种结果）。立桩高度应该达到标准苗型乔木或灌木树冠的下端。为牢固地固定茎秆，使用带垫片的可调节绑结，防止对树皮造成摩擦，并随着茎秆增粗定期调节绑结。

其他种类的支撑包括木制、金属和金属丝框架。金属框架有各种形状，包括适合垂枝型植物如紫藤的伞形支撑。金属丝框架对于常绿攀援植物特别有用，如洋常春藤的短节间品种，它们可以整枝成树木造型（又见108～109页，"树木造型"）。

盆栽攀援植物可以整枝在扇形框格板上（见下）。对于细长的攀援植物如缠柄花（Rhodochiton

立桩固定植物
对于较高的盆栽植物，应该在生长早期立桩，让它们发育出笔直的茎秆，保证四面生长均匀。

atrosanguineus），用竹竿绑成的古朴拱顶效果很好。传统上用于支撑石竹属植物的柳编线箍可以用在灌木型宿根植物上，如'红凤梨'凤梨鼠尾草（Salvia elegans 'Scarlet Pineapple'）。

在容器中种植攀援植物

框格板常常在底部带有"腿"，这是为容器盆栽特制的，有木质和塑料包裹铁丝制作的。在使用前，木质框格板需要用对植物无害的防腐剂处理。容器和框格板的大小都应该与所选攀援植物相匹配。混凝土、石材或陶制的沉重花盆能提供最稳定的基础。

在种植前将容器放在预定位置，应该是一面墙或栅栏旁边，以便将框格板安装在上面，得到更好的稳定性——有种植的框格板能为景观元素添加一大片表面区域。在花盆中填充含壤土基质如约翰英纳斯二号或三号基质。为避免损伤植物的根系，将支撑结构沿着花盆一侧埋入基质并固定好，然后再种植攀援植物。种植后固定框格板的顶端。

1 将碎瓦片放入花盆底部。把支撑结构放在花盆一侧，在周围填充基质。

2 将攀援植物以原来花盆中的种植深度种下，紧实基质，使基质表面位于花盆边缘5厘米之下。

3 将主枝绑在支撑结构上，为植株浇水以沉降根系。将框格板固定在墙壁或栅栏上，以得到更好的稳定性。

对土壤有特殊要求的植物

杜鹃花属基质
树萝卜属Agapetes 1
倒壶花属Andromeda
熊果属Arctostaphylos
智利苣苔Asteranthera ovata 1
大花清明花Beaumontia grandiflora 1
智利藤Berberidopsis corallina 1
藤海桐属Billardiera 1
帚石南Calluna vulgaris（及其品种）
山茶属Camellia
大宝石南属Daboecia
石南属Erica
栀子属Gardenia 1
白珠树属Gaultheria
哈克木属Hakea
珊瑚豌豆属Kennedia 1
智利钟花Lapageria rosea 1
百合属Lilium（部分物种）
木紫草属Lithodora
吊钟苣苔Mitraria coccinea 1
卷须菊属Mutisia
马醉木属Pieris
杜鹃花属Rhododendron
越橘属Vaccinium

湿润、腐殖质丰富的基质
槭树属Acer
山茶属Camellia
铁线莲属Clematis，部分种类 1
木槿属Hibiscus，部分种类 1
玉簪属Hosta
杜鹃花属Rhododendron
蔷薇属Rosa
堇菜属Viola

排水顺畅的基质
龙舌兰属Agave 1
海石竹属Armeria
蒿属Artemisia
叶子花属Bougainvillea 1
金盏菊属Calendula
旋花属Convolvulus
石竹属Dianthus
彩虹花属Dorotheanthus，大部分种类 1
糖芥属Erysimum
花菱草属Eschscholzia
半日花属Helianthemum
刺柏属Juniperus
薰衣草属Lavandula
迷迭香属Rosmarinus
鼠尾草属Salvia
圣麻属Santolina
长生草属Sempervivum
百里香属Thymus
丝兰属Yucca，部分种类 1

注释
1 不完全耐寒

'拉斯卡美人'山茶

修剪和整枝

如对露地花园中的乔木、灌木和攀援植物进行修剪一样，修剪盆栽植物的目的是维持良好的健康状况并最大限度地呈现观赏特性。在早期阶段，修剪的目的是让植株发育出匀称的枝条，得到均衡的结构。除此之外，许多落叶和常绿植物都不再需要更多的修剪。为保持植物的健康，将所有死亡、受损和染病的枝条剪掉；对于花叶植物，还要将叶片转变回绿色的枝条剪掉。这样的工作可以在一年中的几乎任何时间进行，不过要在春天对所有的植物进行彻底的检查并处理任何存在的问题。

不过，有几类植物的确需要每年进行修剪，如绣球花属植物、月季以及铁线莲等。更多信息见"观赏灌木"（86～121页）、"月季、蔷薇类"（146～169页）、"攀援植物"（122～145页）。有树木造型的植株需要严格的成形整枝和随后的定期修剪（见108～109页，"树木造型"）。

标准苗型植株

许多乔木、灌木和亚灌木都可以作为标准苗种植。标准苗的重心相对较高，所以要选择沉重、阔底

的容器。大多数盆栽乔木都最好整枝成标准苗型，简单的轮廓几乎不占据地面空间，可以让光线抵达种植在它们下面的植物。对这种处理反应良好的灌木和亚灌木包括倒挂金钟属（见119页）以及木茼蒿属植物。在严格的修剪下，即使生长苗壮的攀援植物如观赏或果用葡萄以及紫藤等也能生长成标准苗。

在成形整枝时，必须对树干立桩固定，直到它坚固到可以独自支撑树冠，不过许多标准苗需要永久性立桩支撑。绑结必须结实，应定期调整绑结，以免树干增粗后被箍得过紧。对于乔木，在最初阶段保留较低的分枝以促进枝条变密，然后在两至三年内逐渐将它们修剪干净。

对于灌木，将主干上的水平侧枝截短，其主干也应该用竹竿支撑固定。将侧枝保留一年以增加主干的强度，然后将它们完全剪掉。对于倒挂金钟属植物，应该将侧枝掐掉（见377页，"摘心整形"）。对于所有的灌木，让主干长到高出预定树冠高度至少20厘米的位置，然后将它截短至单芽或一对芽处，以促进侧枝生长，形成树冠。然后，剪去侧枝的尖端，促进其进一步分枝并形成枝叶浓密的树冠。

标准苗型灌木
当作为标准苗种植时，'帕利宾'蓝丁香（*Syringa meyeri* 'Palibin'）之类的灌木会长出花束一样的树冠，需要沉重的容器来达到稳定。

作为标准苗种植的植物

灌木和亚灌木
木茼蒿*Argyranthemum*
木曼陀罗属*Brugmansia*
锦熟黄杨*Buxus sempervirens*
山茶属*Camellia*
树锦鸡儿*Caragana arborescens*
四季橘x *Citrofortunella microcarpa* 1
无花果*Ficus carica*
倒挂金钟属*Fuchsia*, 许多种类 1
栀子*Gardenia jasminoides* 1
天芥菜属*Heliotropium* 1
朱槿*Hibiscus rosa-sinensis* 1
紫薇*Lagerstroemia indica* 1
月桂*Laurus nobilis*
帚状细子木*Leptospermum scoparium* 1
女贞属*Ligustrum*（部分物种）
夹竹桃*Nerium oleander* 1
天竺葵属*Pelargonium*, 许多种类1
蔷薇属*Rosa*（许多物种）
迷迭香*Rosmarinus officinalis*
'吉尔马诺克'黄花柳*Salix caprea* 'Kilmarnock'
五彩苏属*Solenostemon*, 部分种类 1
月桂荚莲*Viburnum tinus*

攀援植物
叶子花属*Bougainvillea* 1
忍冬属*Lonicera*（部分物种）
蔷薇属*Rosa*（部分物种）
葡萄属*Vitis*（部分物种）
紫藤属*Wisteria*

注释
1 不耐寒

叶子花

标准苗型木质茎秆攀援植物的整枝

发育阶段

在整枝的早期阶段（这里是一株藤本植物），目标是得到一根健壮的垂直主茎。让侧枝在生长季自由生长，为茎秆提供养分，然后在休眠期将侧枝剪掉。在合适的高度发展出匀称的侧枝，形成树冠，并通过每年修剪来维持开花短枝的数量。

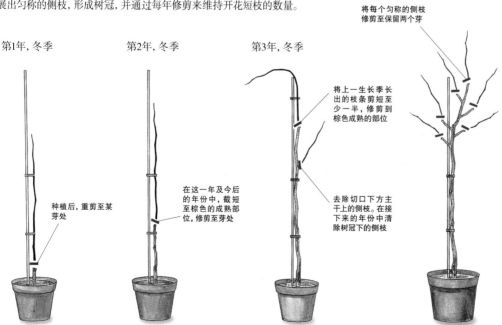

第1年，冬季

种植后，重剪至某芽处

第2年，冬季

在这一年及今后的年份中，截短至棕色的成熟部位，修剪至芽处

第3年，冬季

将上一生长季长出的枝条剪短至少一半，修剪到棕色成熟的部位

去除切口下方主干上的侧枝。在接下来的年份中清除树冠下的侧枝

第4年，冬季

将每个匀称的侧枝修剪至保留两个芽

第5年及以后

在夏天，当正在结果的枝条长到30～45厘米长时将它们截短

在冬天将开过花的枝条剪短至保留两个强壮的芽

当短枝体系建立起来并变得拥挤时对其进行疏剪

种植季节性植物

对许多园艺师来说，盆栽花园中必不可少的种类是在夏天开放且花期漫长、缤纷鲜艳的大量一年生植物。其他需要每年种植的植物包括冬季、春季和夏季观赏的二年生植物，以及春季、夏季和秋季观赏的球根植物。总体而言，与那些连续使用数年的球根相比，每年种植的新鲜球根效果更好。

一二年生植物

早在仲春就可以从园艺中心买到众多一二年生植物的幼苗了。许多种类还可以在温室或封闭的门廊中很容易地用种子繁殖。如果在保护设施中很早地上盆，则应在白天将容器转移到室外炼苗，但晚上要移到保护设施中，直到霜冻风险过去。

在上盆之前，要为选中的植株浇透水。然后，将所需的基本要素放在一起，如干净的容器、排水用的瓦片、含壤土基质或无土基质、缓释肥、保水颗粒，以及选中的植株。将瓦片凹面朝下放置在排水孔上，然后在容器中填充四分之三的盆栽基质，如果需要的话，基质中可以添加缓释肥和保水颗粒。

将植物带花盆进行摆放试验，使它们在蔓生、灌丛和直立株型之间达到平衡。一旦得到满意的设计效果，就可以开始以系统化的方式种植了，从容器中央向外或者

盆栽植物的季相变化

冬天
董菜、墨西哥橘（*Choisya*）、常春藤、白珠树（*Gaultheria*）以及野芝麻（*Lamium*）和谐地交织在一起，新鲜的绿色、黄色和红色色调交相辉映，呈现出迷人的冬末景致。

春天
陶制花盆中种满了喧闹的春花，包括水仙、九轮草报春以及鸢尾，为早春带来一抹鲜艳的亮色。

秋天
紫色的叶子、微微闪烁的禾草以及彩叶常春藤放在一起，呈现出迷人的晚秋景象。

从容器一边向另一边种植。

轻轻拍打植物原来的容器以松动根坨，然后将植物取出，放入新花盆中。增添或减少基质，使每株植物的种植深度与之前容器中的一致，基质中不能有气穴，基质表面应位于花盆边缘之下大约5厘米处。浇水让植物沉降。

冬季和早春开花的一二年生植物应该在秋季上盆。然而，园艺中心有时候会推迟出售冬季和早春开花的植物。它们也可以在冬天种

植，只要基质没有结冰即可。

球根植物

大多数春花球根植物最好在上市之后的秋初尽早种植。不过，郁金香的球根最好在秋末或冬初种植，这时候它们不容易感染郁金香疫病（见672页）。虽然球根植物可以令人满意地混合种植在单个容器中，但是一般最好将不同的球根植物分开种植在单独的容器中，因为花朵很难同步开放。

为延长同一类球根植物的开花时间，可以在容器中种植多层球根，只要容器足够深，可以容纳数层球根和每个球根上下方的基质。对于大多数球根来说，最小的种植深度应该等于球根本身厚度的6倍。为种植两层洋水仙或郁金香，先在容器底部放置排水材料，然后在上面覆盖一层不少于5厘米厚的基质。种植第一层球根，种植间距取决于球根类型，为2.5～10厘米。覆盖基质至刚好能看到球根顶端。在第一层球根的

混合种植夏花植物

1 为得到美观的设计，将选中的植物带花盆进行摆放，选取最佳的位置。将蔓生植物混合在灌丛型或直立型植物中。

2 先种下中央的主景植物，再向外种植。花盆中植物之间的距离可以比露地花园中的近，但必须有足够的生长空间。

3 将某些植物倾斜种植，使它们朝向花盆的边缘。某些根坨可以暴露在土壤表面——只要能保证湿润，植物仍然会茂盛生长。

4 一旦对总体设计满意，就向容器中添加更多基质至容器边缘下约2.5厘米处。浇透水使植物沉降。

种植窗槛花箱

1 如果需要的话，在容器底部钻出排水孔并先后覆盖瓦片和一层基质。添加肥料和保水颗粒。

2 将植物从花盆中取出，放置在基质表面。确保基质顶端位于容器边缘2.5厘米之下。

3 在植株周围回填更多基质。将窗槛花箱固定就位，然后浇透水。继续在整个夏天定期浇水，直到植物完全茂盛生长。

4 定期摘除枯花以延长花期，掐掉发黄的叶子以控制病害，并修剪掉多余的枝叶以保持整体效果的匀称。施加液体肥料对开花有好处，特别是在夏末。

间隙上方种植第二层球根。为容器添加基质，直到基质表面位于容器边缘之下5厘米处。

百合是最重要的夏季球根植物之一（见239页，"百合"）。它们可以单株种植，也可以三株或更多株一起种植在大型容器中。总体而言，单独种植的百合要比在同一个容器中和其他植物混合种植的效果更好。最好的种植时间是秋天，这时候的球根是新挖出来的。选择有丰满肉质鳞片、无病害的百合球根。

百合在排水顺畅的基质中生长得很好，可用4份含壤土基质（约翰英纳斯二号）混合1份砂砾和1份腐叶土以及适量缓释肥。将容器立在垫脚上，然后填入盆栽基质。种植深度应该使球根顶端位于基质表面以下10~15厘米（大约为球根高度的两至三倍），种植间距为球根直径的三倍。茎上生根的百合可以从球根本身和茎上同时生根，其种植深度应该更深，大约为球根高度的三至四倍。

球根植物搭配花坛植物

春花球根混合一年生或二年生植物能够给单个花盆创造迷人的效果。可以尝试将郁金香和勿忘草（*Myosotis*）或糖芥（*Erysimum*）种在一起，或者将小型球根植物如绵枣儿属植物和冬季开花的大花三色堇搭配起来。在秋天种下球根，然后添加一年生植物或二年生植物，并使得浇水之后基质表面位于容器边缘之下5厘米处。

水果、蔬菜和香草

虽然产量比露地种植的作物低，但只要经常浇水和施肥，叶用沙拉蔬菜和其他蔬菜如小胡瓜和豆类等都可以成功地在无土基质中栽培。草莓一般喜欢含壤土盆栽基质，但也能耐受无土基质，它们必须时刻保持湿润。使用特制的草莓种植容器，或者对木桶进行改造，在侧壁切割出宽5厘米、间距25厘米的种植孔。高山草莓如'男爵'草莓（*Fragaria* 'Baron Solemacher'）是半阴区域的好选择。

香草是最有用的一类盆栽烹调用植物。它们中的许多种类都可以很好地生长在添加砂砾（五分之一体积）的无土基质中。大多数种类都不需要额外施肥。

固定窗槛花箱

种满植物的窗槛花箱看起来可能很稳定，但当挂在墙壁或建筑的高处时，很容易受到湍流的影响。如果发生了位移，这样沉重的容器会对下面经过的行人造成威胁，并可能导致相当程度的损伤。因此，所有窗槛花箱都应该使用结实的金属支架或楔子牢固地安装，后者适合用于至少20厘米宽的倾斜窗台；还可以使用镜板和挂钩进一步将它们固定就位。

镜板
将这些板安装到窗槛花箱的背面，然后用挂钩固定在窗框上。

在倾斜窗台上插入楔子

1 将水平仪横放在窗台上，然后测量它和窗台之间的缝隙，以确定所需楔子的高度。切出一块长度比窗台宽度短30毫米的木块。

2 在木块的两个相对角之间作出对角线。然后，在另一个木块上标记出同样的楔子。将两个楔子切下并用防腐剂处理。用镶板钉将楔子固定在窗台上。

种植吊篮和食槽

吊篮和壁挂容器可以创造鲜艳缤纷且富于想象力的效果。几乎所有这些容器都是由通透的外壳和保持基质以及水分的衬垫组成的，衬垫还能让多余的水排走。悬挂容器必须安装在牢固的高处支撑结构上，或者结实地连接在远离行人道路的墙壁上。

深色塑料布相对不太显眼，特别是随着植物逐渐生长发育就更不显眼了。不过，如果需要的话，可以使用稻草或不占体积的麻布来轻松地遮掩它（见下，"在干草架中种植植物"）。除了塑料布，吊篮还可以使用椰壳纤维、海绵、再造纸或毛毡衬垫。

各种风格

标准式吊篮一般很轻，用金属丝编织而成，金属丝外面通常包裹着塑料，然后用铁链悬吊起来。半篮式吊篮的构造与此相似，是挂在墙壁上的。更结实的篮子和容器如干草架或食槽通常是由瓷器或包裹塑料的金属板制作的。除了这些网框结构，还可以使用侧壁结实的悬挂或挂壁花盆。许多这类花盆可以融入能保持基质湿润的储水池，进行自我灌溉。

衬垫的类型

可以买到许多不同的衬垫，有些衬垫正好能搭配特定的吊篮尺寸，而其他的类型是裁剪后使用的。衬垫大多数都带有花纹或颜色，可以在容器中被掩饰起来。所有的衬垫都可以穿孔以便在边缘种植植物，不过在某些材料中穿孔比其他材料更加容易（见330页，"种植吊篮"）。

塑料布是最常用的吊篮衬垫之一，可以将其轻松地裁剪成各种大小并戳出供排水和种植的孔洞。

基质和添加剂

对大多数季节性展示来说，最合适的基质是无土配方的，这样的基质重量轻，易于掌控。至于长期种植的植物，例如地被月季，最好使用含壤土基质（见322页，"适用于容器的基质"）。

在施肥方面可以施加缓释无机肥或液态肥料。加入保水颗粒有助于减少基质的湿度波动。

种植季节性植物

使用分层的蔓生植物的枝叶和花遮盖吊篮的侧壁。将松散的植株种在边缘、茂密或直立型植物种在中央，形成王冠状。如果吊篮可以保持不冰冻，可在仲春种植一个夏季观赏吊篮。逐渐炼苗，在白天将吊篮移到室外，在所有霜冻风险过去后再将吊篮转移到最终的观赏位置。

春天、秋天和冬天观赏的吊篮都使用相同的种植技术。耐寒植物不需要炼苗，但应该保存在背风处，直到完全成形。

适合吊篮的衬垫材料

椰壳纤维
外观自然，但其用于边缘种植时不好剪裁。

海绵
吸收能力好，很容易剪裁，但可能会很显眼。

再造纸
便宜，有可推式种植孔。

毛毡
很难剪裁，但能很好地对植物根系保温。

固定吊篮和食槽

填充基质和植物后，吊篮和其他壁挂容器会变得很重，因此应将它们牢固地安装在结实的壁挂支架或头顶的支撑结构上，如藤架的横梁。壁挂容器必须安放平直，一般用支架安装；如果要安装在砖石结构上，应先将壁板插入孔中，然后用螺丝钉将其固定。

干草架固定装置
为挂钩支架的位置做标记并钻孔。在安装时使用壁板和镀锌螺丝钉。

吊篮用支架
将支架平直放置，标记出背板孔的位置。插入壁板，然后用螺丝钉固定。

在干草架中种植植物

1 开放式食槽风格的篮子必须加上衬垫才能使用。为遮掩衬垫，在干草架前壁内侧塞入稻草，使其被压缩后形成2.5厘米厚的稻草层。

2 剪下一块塑料布，得到尺寸稍大的衬垫，然后将它垫在干草架里面。将多余的衬垫朝向稻草一侧折叠并披好，得到整齐的边缘。在衬垫上剪出切口，底部切口用于排水，如果需要的话，在前面切口做出种植孔。在干草架中填充基质至其深度的三分之一。

3 将植物从花盆中取出，梳理根坨后插入基质中。调整基质，直到植物的种植深度和在之前花盆中一样。增添并紧实基质，使其表面位于容器边缘之下2.5厘米处。将干草架安装就位。浇透水。

在吊篮中种植植物

1 将吊篮从铁链上取下并放在平整的台面上。调整衬垫（这里使用的是椰壳纤维）在篮子中的位置。将底部带孔的一层黑色聚乙烯铺在底部，让水缓慢地排走。

2 按照包装袋上的说明在盆栽基质中添加缓释肥颗粒。在吊篮中填入一半基质，然后添加保水凝胶晶体，并混合均匀。使用剪刀将超出吊篮边缘的衬垫剪掉。

3 将植物在一桶水中彻底浸泡之后，把主景植物（这里是一株大丽花）放置在中间，它拥有最大的花朵，会成为引人注目的中央景致。

4 小心地摆放较小的植物，在这里是木茼蒿、矮牵牛和鹅河菊，并将蔓生植物（蜡菊属植物）种植在吊篮的边缘。

5 在每株植物的根坨周围回填更多基质，确保没有气穴，直到基质表面位于篮子边缘之下2.5厘米处。

6 为吊篮浇透水。如果需要的话，用观赏砂砾护根覆盖在基质表面，最大限度地减少水分散失。

7 小心地重新将吊篮牢固地挂在铁链上，注意不要扰动植株或基质。

8 让植物在背风处恢复成形，然后再将吊篮挂到最终的位置。与此同时，让基质保持均衡的湿度，但不要浇太多水。在易于霜冻的地区，将吊篮放入保护设施中，直到所有霜冻风险都过去，然后选择吊篮的观赏面，确定后把它挂在室外。

盆栽蔬菜

株型紧凑的蔬菜品种产量高，栽培容易。随着大量品种的出现，可以成功地在花盆中种植的蔬菜种类越来越多。盆栽蔬菜适合种于窗槛花箱、阳台以及小型空间——包括排水不畅的花园，或者土壤中害虫和病菌猖獗的地方。将它们放置在道路或铺装区域旁边，也颇具装饰作用。

选择蔬菜

最适合容器种植的蔬菜是那些株型紧凑、快速成熟的品种，如莴苣、水萝卜、甜菜以及胡萝卜等，此外还有健壮且对生长条件要求不高的叶用蔬菜，如著莕菜。结果蔬菜，如茄子、黄瓜、辣椒和番茄，也能很好地在容器中生长，四季豆和红花菜豆的低矮品种也可以盆栽。为快速得到回报，播种在小型容器内的沙拉用叶菜（某些莴苣品种、亚洲蔬菜以及芝麻菜等植物的混合种子）可以在播种后六至八周采收。也可以在大型容器如半桶中尝试种植红花菜豆、豌豆以及深根性慢熟蔬菜，如甘蓝、欧洲防风草以及芹菜等。

选择容器

选择结实稳定的容器，容器要足够大和深，能够为想要种植的作物保持充足的土壤湿度。塑料、陶土、混凝土或镀锌金属花盆都适合使用，此外还有种植袋、木质浴盆、半桶、窗槛花箱、吊篮以及用于墙壁或栅栏的垂直种植容器（见51页）。一般来说，容器越大，其中的基质或土壤能保留的水分越多，作物就会生长得越好。沙拉用蔬菜和香草可以在15~20厘米深的花盆中很好地生长，而消耗大量肥料且生长茁壮的作物如番茄和马铃薯需要25~45厘米深和宽的花盆。

要精心确定容器的位置，避免多风和全日光直射区域，因为花盆会很快干燥，需要频繁地浇水。非常荫蔽的区域也最好避免，以免植物变得憔悴不堪。要记住，大型容器在种植后会变得很重，最好在种植前将它们放在选定的位置。

良好的排水是至关重要的。作物在涝渍的基质中不会生长良好。将容器放置在砖块或"花盆垫脚"上，让水能自由地从排水孔流走。如果容器底部没有孔，要钻出数个孔，每个直径至少1厘米。用瓦片覆盖排水孔，瓦片上再覆盖一薄层砂砾防止堵塞。对于底部只有一个中央排水孔的陶制花盆，使用瓦片、小石头或砂砾组成的更厚排水层，阻止堵塞。在大型容器如半桶中，可以将上下翻转的草皮放置在排水层上，这有助于保持排水孔干净。

在容器中填充重量轻、透气性良好的含壤土基质或无土基质至边缘之下2~3厘米。对于较大的容器，可以使用含20%粗砂以及部分完全腐熟堆肥的园土混合基质。种植完成后在基质表面覆盖岩屑或树皮，有助于减少水分散失。

随割随长型沙拉用蔬菜

红叶莴苣

日本沙拉菜

生菜叶

芝麻菜

陆生水芹

褐芥菜

浇水和施肥

确保盆栽蔬菜永远不会脱水。浇水时必须浇透，特别是在多风和炎热干燥的天气中。在许多地区，自然降雨量通常不足以满足户外盆栽植物的需要，所以要经常检查它们是否缺水。由于植物的根系被限制在容器之内，基质中有限的养分会很快用光，因此定期施加均衡固态肥料或液态肥料提供额外养分非常重要。

容器中的花盆
如果你决定将花盆隐藏起来，要确定花盆的排水孔不会被堵塞。

辣椒
某些辣椒品种如'暮光'（'Numex Twilight'）和'燎原之火'（'Prairie Fire'）是装点窗台的理想作物。

茄子
不耐寒的茄子在温室中栽培长大，可在初夏转移到室外避风处。

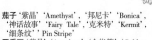
可供盆栽的蔬菜品种

茄子 '紫晶' 'Amethyst'，'邦尼卡' 'Bonica'，'神话故事' 'Fairy Tale'，'克米特' 'Kermit'，'细条纹' 'Pin Stripe'
四季豆 '紫晶' 'Amethyst'，'金帐篷' 'Golden Teepee'，'紫帐篷' 'Purple Teepee'，'游猎' 'Safari'
红花菜豆 '赫斯提' 'Hestia'
胡萝卜 '阿特拉斯' 'Atlas'，'海市蜃楼' 'Flyaway'，'南德' 'Nander'，'帕姆克斯' 'Parmex'，'抗虫' 'Resistafly'
唐莴苣 '彩虹' 'Rainbow Mixture'
小胡瓜 '白金汉宫' 'Buckingham'，'午夜' 'Midnight'
黄瓜 '库奇诺' 'Cucino'，'绿手指' 'Green Fingers'，'露台星' 'Patio Star'，'黄条纹' 'Sunstripe'
甜椒 '美食家' 'Gourmet'，'迷你贝尔' 'Minibelle'，'莫霍克' 'Mohawk'，'红皮肤' 'Redskin'
马铃薯 '重点' 'Accent'，'首要' 'Foremost'，'毕加索' 'Picasso'，'火箭' 'Rocket'，'索菲亚' 'Sofia'，'斯威夫特' 'Swift'
沙拉用叶菜 '洛洛罗萨' 'Lollo Rossa'，'沙拉碗' 'Salad Bowl'，'冬季杂菜' 'Winter Blend'
莴苣 '惊奇' 'Amaze'，'大拇指汤姆' 'Tom Thumb'
番茄 '樱桃瀑布' 'Cherry Cascade'，'花园珍珠' 'Garden Pearl'，'马斯喀特卡' 'Maskatka'，'薇尔玛' 'Vilma'

园艺百科全书（典藏版）

日常养护

贯穿整个生长季，盆栽植物都需要经常查看。基质必须保持湿润，所以频繁浇水是必需的；在生长季，施肥也同样重要，这样才能维持植物的健康生长并保证花量。摘除枯花有助于延长花期。还需要做好病虫害的防护工作；如果植物不耐寒的话，还要防冻。长期植物在进行换盆时需要特别的关照。

浇水

和露地栽培的植物相比，盆栽植物的水分储备非常有限，因此在更大程度上依赖园艺师提供水分。即使在下雨天后，也可能需要额外浇水，因为植物的叶片可能会将雨水遮挡到容器之外。此外，有些容器，特别是窗槛花箱和那些靠墙安装的容器，常常位于雨影区，这个区域接受的降雨量会大大减少（见608页，"雨影区"）。在炎热、干燥或多风天气中，植物可能需要每天浇水两次甚至三次。

判断是否应该给植物浇水的最简单方法是将手指插入基质中，检查表面下是否湿润。这种方法对于种植在含草炭替代物基质中的植物特别有用，这类基质常常表面已经显得干燥，但下面还有充足的湿度。如果基质湿润的话就不要浇水；植物也会因为涝渍而死亡，就像因为缺水而死一样。

浇水方法

最常用的浇水方法是手工浇水，使用浇水壶或软管。水要浇透，水流应直接对准基质表面而不是叶片。保持水流直到水从排水孔流出。流于表面的灌溉会导致基质中的盐分积累板结，这会阻碍排水并阻碍植物正常生长或导致腐烂。对于大多数植物，自来水就很合适；但如果水质过硬，则不适合厌钙植物（如杜鹃花属植物），集雨桶中收集的雨水可以用来给这类植物浇水（见614页，"收集雨水"）。

为吊篮浇水

自动滴灌系统（见561页，"灌溉系统"）可用于为盆栽植物浇水。这些系统为灌溉包括窗槛花箱和种植袋等在内的盆栽植物提供了省力的绝好方法。不过，它们需要定期维护，以确保管线和滴头顺畅地流水。

对于位于头顶上的容器（如吊篮和窗槛花箱等），难以用传统的水管和水壶对其进行浇水。可以在水管上安装硬质长柄附件来浇水，而且也很好用。或者使用带有硬质延长部分和喷嘴的压缩喷雾器。还可以将吊篮悬挂在定滑轮系统上。浇水时将它们放低，然后再升到观赏高度。

施肥

生长在添加了缓释肥的含壤土盆栽基质中的植物，可以在多个生长季内得到充足的养分，直到重新上盆或进行表层覆盖（见334页）。然而，无土基质中的养分水平下降得很快，部分原因是因为它们很容易被水淋洗滤出，因此需要对它们施加液态肥料。这些肥料见

为位置较高的容器浇水
带触发器的长柄使水管得到了延伸。也可以在水管上绑一根竹竿，达到浇水时必要的硬质程度和高度即可。

可调节的容器高度
定滑轮升降系统可以让吊篮升高、降低，并可以固定在锁定的位置。有了它，我们对吊篮中的植物进行浇水和整饬都变得简单起来。

效快，并且包含配比均衡的氮磷钾等植物生长所需的主要元素以及微量元素。从早春生长期开始到仲夏，将液态肥料分两或三次施加到湿润的基质中，施肥量和施肥频率参照生产商指南。

叶面施肥——将稀释的液态肥料直接喷洒在叶面上，可以作为其他施肥方法的有效补充，虽然效果

并不持久，但也是一种应对植物生长缓慢的快速处理方法。应在荫蔽条件下施加叶面肥料，千万不要在阳光照射在植物的叶片上时进行叶面施肥。

整饬

定期养护会大大改善盆栽花园的外观。平时密切关注植物，常

有机液态肥料和自制液态肥料

如今，园艺中心出售多种供盆栽植物使用的有机液态肥料。这些商业生产的肥料主要是用牛、家禽和其他动物的粪肥制造的。海藻提取物如今也很容易买到，它可以作为微量元素和其他营养物质的来源。所有这些都可以施加在植物周围，或者作为叶面肥料用于容器中的成熟植物，帮助延长花期。

此外，有机液态肥料也可以在家中使用聚合草（*Symphytum officinale*）和大荨麻（*Urtica*

dioica）的叶子自制（这两种植物都富含养分，并且很容易生长）。这种液态肥料的制作方法也很简单：将发育良好的新鲜叶片压入装满水的容器中，浸泡大约一个月，排掉产生强烈气味的液体，然后直接或加水稀释后使用（见625页）。

聚合草有机肥料富含碳酸钾，最好不稀释直接给消耗大量肥料的果期番茄施用；大荨麻有机肥加水稀释5～10倍后是良好的均衡液态肥料。

修剪枝条

对于长势健壮的植物，如这株具柄蜡菊，应该进行修剪或掐尖，抑制其过快地生长并促进茂密的枝叶生成。

常可以及时发现病虫害的早期感染，并在它们对植物造成严重损害之前进行处理。

春天，越冬之后的植物常常需要清理。将所有被冻伤的枝条剪去，并清除所有死亡和带有斑点的叶片。所有这类枝叶都是真菌病害的潜在侵染源头。将所有细弱或散乱的枝条截短，以蔓生常春藤作为例子，将其修剪至强壮的芽处，促进新枝发育。春天，将过长的枝条掐短也对大多数植物有益，因为这会促进新的枝叶茂密生长。

夏天，长势苗壮的植物可能需要进行约束，以防它们变得过于拥挤。将攀援植物绑在它们的支撑结构上，并确保绑结不会限制茎秆的生长和增粗。当在垂直的支撑结构上生长时，长势健壮的蔓生植物如具柄蜡菊（*Helichrysum petiolare*）也应该经常进行绑扎。茎尖和侧枝可能也需要掐短，以保证形成浓密的枝叶，将它们的支撑结构遮盖住。

摘除枯花

将死亡和枯萎的花朵摘除，可以避免植物将用于开更多花朵的能量用在形成果实和种子上。摘除枯花是许多园艺师喜欢的一项工作；对于许多夏季观赏的盆栽植物来说，它也是延长花期最有效的方法。在许多茎秆柔软的一年生植物上，可用手指直接掐掉枯花；而对于更结实的花梗（如月季），则可

摘除枯花

用拇指和食指掐掉枯死的花朵。这样摘除枯花能促进开花并清除灰霉病的潜在感染源。

以使用剪刀或修枝剪。

更新植物

季节性种植设计的常见模式是在一年内进行两次或三次主要的展示。但有时候，一部分植物会提前凋萎，留下显眼的空隙。这时候常常不用再次彻底种植，而是清除凋萎的植物并在缝隙中插入代替的植物。这样做并不一定能保证成功，特别是当病虫害是之前凋萎的原因时；另外，体型较小的新植株很难与已经完全成形的植株竞争。

为得到最好的结果，尽可能在不扰动植物根系的前提下取出最多旧基质。在挖出的洞中填入部分与容器中基质类型相同的新鲜湿润基质。然后，种下替代植物，添加更多基质并围绕根坨紧实基质。最

盆栽植物的更新

1 经常摘除枯花，保持盆栽的美观。当植物花期结束后，将它们取出。注意，不要损伤花盆中其余植物的根系。

2 添加新鲜湿润的基质，并用能继续开花的新植株或球根填补空隙。轻轻紧实基质并浇透水，帮助新植物恢复成形。

终，将基质添加到原来的水平并浇透水。

病虫害

侵害盆栽植物的病虫害种类和在露地花园中造成危害的种类基本一样（见639~673页，"植物生长问题"）。不过，由于盆栽植物的种植密度较大，因此受损植物会更加显眼。即使它们在得到照料后能够恢复健康，染病和受损的植株也会影响整体效果，并成为临近植物的感染源。在许多情况下，最好的策略是丢弃染病或严重受损的植物。如果整个容器要全部重新栽植，那么需要挖出并丢弃旧基质，彻底清洁容器，然后用新基质进行种植。

通过良好的卫生和栽培措施，许多问题都可以避免或得到控制。健康的植株抗病性更好，并且从侵害中恢复得更快。要使用消过毒的盆栽基质，在使用前清洁所有容器，并检查新植株，确保它们不携带病虫害。

常见病虫害

盆栽花园中有几种特别麻烦的害虫。蚜虫（见654页）以及其他吸食植物汁液的害虫会造成枝叶扭曲和生长缓慢，而难看的烟霉真菌会滋生在它们排泄的蜜露上。此外，它们还常常传播病毒病。

葡萄黑耳喙象成虫（见672页）会对叶子造成伤害，从春天至秋天在叶片边缘切割出不规则的孔

良好的卫生

经常检查植物有无病虫害感染的迹象，并迅速清除难看的黄色或正在腐坏的叶片，防止腐烂。

洞，而它们弯曲的奶油白色幼虫会产生更大的损伤（见672页）。它们以植物的根系为食，常常难以被觉察到，直到植株枯萎。在种植前检查所有新植株的根系，观察有无感染迹象。

蛞蝓和蜗牛（见670页）会吃掉幼嫩的枝叶，常常在它们银色的黏液痕迹被发现之前就造成致命的损害。它们可能藏在花盆或花盆边缘下面，所以要经常检查这些地方并迅速进行处理。

包括灰霉病（见661页）在内的各种真菌病害会侵染许多种类的植物，但目前为止盆栽花园中最严重的病害是病毒病。由吸食植物汁液的害虫所传播的病毒（见672页）会严重削弱植物长势，并造成发育不良，使枝叶扭曲并带有斑点。目前没有处理它们的有效方法，唯一的实用措施是毁掉受感染的植株。

是否要依赖化学手段进行病虫害防治，在很大程度上是个人选择问题。经常检查植物的健康状态，能够在病虫害造成严重影响之前迅速对其进行处理（见640页，"综合防治"）。最好先采用有机或生物防治手段，如果这些手段失败的话再采用化学方法。

盆栽灌木和乔木的养护

盆栽灌木和乔木比露地栽培的同类植物需要更多的关心和照

园艺百科全书（典藏版）

更换表层基质

1 在为盆栽植物（这里是一株杜鹃）更换表层基质时，先清除表面5~10厘米厚的旧基质。注意，不要损伤植物的根系。

2 替换上相同类型的新鲜基质，并增添到和之前相同的高度。浇透水。如果需要的话，覆盖碎树皮或砂砾护根。

料，因为它们能够接触到的水分和养分更少。每年重新上盆或更换表层基质能够确保植物正常生长并保持健康。

木本植物的换盆

如果一直在容器中生长，乔木、灌木以及许多长期种植的灌木状宿根植物根系会被容器限制并耗光盆栽基质中的养分。一株健壮的幼年乔木或灌木很可能在一或两年内超出其花盆所能容纳的大小。成年乔木和灌木根系的生长速度会自然减慢，经过更长的时间才会变得拥挤。一般来说，成年乔木和灌木每经过三或四年需要重新换盆。在检查根系状态时，将容器放倒并把植物取出。不过，植物本身常常会显示出需要换盆的迹象，如缺乏活力、叶片颜色表现不佳、枝叶不均匀或不匀称等。如果植物显得头重脚轻，通过换盆几乎一定会有所改善。

换盆最好在新生长季即将开始前的早春至仲春进行。成年植物可以沿用原来的花盆，但健壮的年幼植株一般需要转移到比原来花盆大一半的新花盆中。将来还可能需要移栽到更大的容器中，直到它们长到成年且生长速度变慢。

将乔木或灌木从容器中取出，移走表层基质以及任何杂草和苔藓，并将所有这些材料和任何松散基质丢弃。如果根系比较脆弱，如无必要不应处理，不过这是一个梳理纠结根系的好机会，可以将非纤维状根截短三分之二的长度。如果植物取出和重新上盆之间有任何延迟的话，则将根坨用塑料布或潮湿的麻布包裹，防止其在阳光或风的作用下变干。

使用添加了缓释肥的含壤土基质，并在重新上盆后保证根坨的种植深度和原来一致。

为长期种植植物更换表层基质

在不对灌木和乔木进行换盆的年份，应该在春天更新它们的基质。先移除所有护根，然后将表层5~10厘米厚的基质松动并丢弃。注意，不要损伤山茶和杜鹃等植物的较浅根系。更新所用基质，不但要新鲜，而且应该和容器中的基质是同一类型。其中还应该包含缓释肥。在为厌钙植物更换表层基质时，使用杜鹃花属基质，并用软水或雨水浇灌。

对于根系位于表层土壤的植物，可以用不同的方法更换基质，因为在移除表层基质时，它们的纤维状吸收根很容易受损。对于这类植物，将根坨底部的基

质丢弃，并用分量更少的强化基质代替之。这样一来，灌木的位置会比之前更低，从而为添加表层新基质提供空间。

假日养护

园艺师离家后盆栽植物最重要的需求是定期浇水。自动灌溉系统（见561页，"软管定时器）是一个理想但昂贵的解决方法。如果不能安装这一系统，最好的选择是请朋友或邻居帮忙浇水。为让这一任务变得更简单，可以将容器放在一起。将植物聚集在一起还能够减慢水分蒸发的速度；如果只离开数天的话，单是这一措施就足以解决不能浇水的问题了。在出门之前

将容器放在阴凉背风处并浇透水。

还可以将许多容器同时放入装满潮湿尖砂、基质或草炭替代物的板条箱、托盘或带有排水孔的相似容器中，进一步减少水分蒸发。短期离开时，可以将小型盆栽植物密封在膨胀的塑料袋里。如果将用塑料袋包裹的植物放置在凉爽的阴凉处，水分散失的速度几乎可忽略不计。不过，这只是权宜之计，真菌病害很容易在这样的条件下发生，园艺师回家后必须立刻将塑料袋撤掉。

毛细管垫可以用来为容器供应水分（见374页，"离家前对室内植物的养护"）。

为盆栽灌木换盆

1 小心地将灌木放倒，一只手支撑主干并将其从容器中取出。如果必要的话，在基质和花盆之间插入一把长刃刀子，以松动根坨。

2 如果根系已经变得拥挤，则要轻轻地进行梳理。清除表面基质和任何苔藓或杂草。将大约四分之一的非纤维状根剪短三分之二的长度。

3 将瓦片放在花盆的排水孔上，然后添加盆栽基质。把植株垂直放在花盆中间，将其根系均匀地散布在容器内。

4 在根系周围添加更多基质并轻轻地紧实，直到植株的种植深度和在之前花盆中一致。剪掉任何死亡或受损的枝条，然后浇透水。

聚集效果
将种植不同植物的数个容器聚集在一起,提供充满变化又美观的景致。

另一种利用毛细管作用的方式是使用装满水的桶作为储水池,使用数个毛细管垫作为"灯芯"。水桶的位置必须比容器高,而"灯芯"必须塞到基质中去。专利"灯芯"系统也可以在市面买到,它们是为假日养护特别设计的。

急救措施

如果度假归来后植物枯萎了,不要立刻就绝望。即使基质已经干燥缩水得脱离了容器的侧壁,有时候也能通过浸盆的方式挽救其中的植物。在桶中装部分水并放到阴凉位置,然后将植株带容器放入水桶里,使容器顶端正好位于水面之下。基质停止冒出气泡后,让植物继续浸泡30分钟。当基质完全湿透后,将容器从水桶中取出并让它将多余的水排净。如果是木本植物,在两或三小时内还没有复苏的迹象,就没有必要再保留了。不过,对于宿根植物,可以进行修剪,它们可能会从基部长出新的枝叶。

冬季保护

在霜冻流行的地区,需要防冻保护的盆栽植物包括不耐寒的、稍微耐寒的以及许多有一定耐寒能力的植物,如迷迭香(*Rosmarinus officinalis*)各品种和薰衣草(*Lavender*)各品种,如果基质冰冻的话,这些植物的根系都会受伤。

防止冻伤的最直接办法是在秋天将植物转移到保护设施内。取决于当地气候,即使是不加温温室、保育温室或玻璃封闭门廊都能为大多数植物提供足够的保护,特别是如果它们在最寒冷和最黑暗的月份保持几乎干燥状态的话。

在某些情况下,越冬植物可以用来提供春天扦插用的插条,然后就可以丢弃了。在空间有限的地方,将越冬植物作为插条储存可以大大节省空间。具柄蜡菊等植物的越冬生根插条生长速度很快,可以在第二年夏天用于观赏。可将留在室外的半耐寒植物的插条储存在保护设施中越冬,以防被冻伤。天竺葵属是盆栽园艺使用的一大类植物,它们需要特别的照料(见220页,"越冬")。

如果是脆弱的植物,而且太大难以转移到室内,保护它们的另外一个方法是用保暖材料将它们包裹起来。植株本身可以用园艺织物或泡泡塑料保护。同样重要的是,为容器保暖。在容器外面紧密地包裹一层稻草或麻布,能够为植物根系提供足够的隔绝,还有助于防止容器被冻坏。在冬天,将植物放置在背风的位置,避免霜穴。积雪的重量能压断植物的枝干,所以要避免降雪积累在植物上面。

与冬天相比,春天常常是更加困难的季节。可能会出现无霜期及反常的温暖天气,于是植物开始生长,但霜冻风险并未过去,它能对未加保护的柔软新枝叶造成灾难性的伤害。在寒冷干燥的春季里,大风也会导致同样的恶果。经过几个星期的炼苗阶段,在保护设施中越冬的植物可以逐渐适应室外条件。不过,还是要保持警惕,并在温度极有可能降到冰点之下的晚上加以保护。如果预料到夜晚很冷,则用准备好的园艺织物覆盖所有脆弱的植物。

安全

虽然这并不是一个普遍性问题,但花园有时候也会成为盗贼的目标,盆栽植物以及容器本身特别容易被偷。在不破坏花园的放松氛围和景致的情况下,很难采取措施阻止那些盗贼。不过,可以采取一些明智的预防措施。

摆放在暴露位置,靠近公共出入口的贵重容器很容易引起盗贼的兴趣,所以重新摆放这些容器,或者用铁链将它们固定在地面上,不过这样做会比较惹眼,而且容器被铁链固定住这个事实会强调它本身的贵重。在前院中,建议使用普通但好用的容器。非常珍贵的植物不太可能被人辨认出来,但要替换它们也很难,所以最好将它们种在远离公共视线的位置。

声控灯等能够提供一定程度的安全性,时常加固墙壁、门和栅栏也是很好的防护措施。虽然它们并不是坚不可摧的,但也提供了防止盗贼和破坏狂的坚固屏障。

作为插条越冬的植物

作为生根插条越冬
南非葵属 *Anisodontea* 1
金鱼草属 *Antirrhinum*,部分种类 1
木茼蒿属 *Argyranthemum* 1
北非旋花 *Convolvulus sabatius*,部分种类 1
萼距花属 *Cuphea* 1
双距花属 *Diascia*,部分种类 1
蓝菊 *Felicia amelloides* 1
倒挂金钟属 *Fuchsia* 1
洋常春藤 *Hedera helix*(各品种)
蜡菊属 *Helichrysum petiolare* 1
天芥菜属 *Heliotropium* 1
马缨丹属 *Lantana* 1
线裂叶百脉根 *Lotus berthelotii* 1,金斑百脉根 *L. maculatus* 1
骨籽菊属 *Osteospermum* 1
天竺葵属 *Pelargonium* 1
矮牵牛属 *Petunia* 1(部分物种)
小叶蜡菊 *Plecostachys serpyllifolia* 1
延命草属 *Plectranthus* 1
鼠尾草属 *Salvia*,部分种类 1
草海桐属 *Scaevola* 1
银叶菊 *Senecio cineraria* 1
旱金莲属 *Tropaeolum* 1(部分物种)
马鞭草属 *Verbena* 1(部分物种)

提供春季插条
倒挂金钟属 *Fuchsia* 1
凤仙花属 *Impatiens* 1(部分物种)
鼠尾草属 *Salvia* 1(部分物种)
五彩苏属 *Solenostemon* 1

注释
1 不耐寒

'芭蕾女孩'倒挂金钟

防冻保护

使用园艺织物松散但牢固地包裹植株的地上部分。在寒冬腊月里用双层麻布紧密地绑在花盆外面,可保护植物根系免遭冻伤。

仙人掌和其他多肉植物

仙人掌和其他多肉植物具有各种独特的尺寸和形状，呈现出繁多的色彩和质感，能够创造出非凡的景致。

它们的形状多种多样，既有拟石莲花属（*Echeveria*）植物的对称莲座，又有金琥属（*Echinocactus*）植物的矮胖圆球，还有某些沙漠仙人掌带凹槽的圆柱和烛台。许多种类花期短暂并能开出鲜艳的巨大花朵，而其他种类花期更长，花朵精致而丰富。在气候凉爽的地区，大多数仙人掌和多肉植物都种植在温室内或作为室内植物观赏，不过较耐寒的物种也能成为美丽的花园植物。在气候较温暖的地区，它们用来创造户外沙漠花园的景致。无论作为视线焦点，还是群体种植，它们都能提供形式和质感上的对比，因此是室内和室外盆栽的理想选择。

仙人掌和其他多肉植物

许多仙人掌都原产于美国南部、墨西哥以及南美洲的沙漠地区，那里的降水很少并且是间歇性的，气温极高。它们之所以能在沙漠地区成功存活，是因为它们有储存大量水分的能力。与之相反，某些花朵繁茂的仙人掌来自温暖湿润的中美和南美雨林，常常是附生植物，要么缠绕在宿主乔木上，要么寄生在它们的分枝上，靠吸收大气中的水分和养分为生。

醒目的花朵 圆齿昙花（*Epiphyllum crenatum*）

与仙人掌相比，其他多肉植物的生长环境更加丰富多样，而且由于它们分布在至少20个不同的植物科之中，因而呈现非常广泛的多样性。它们的自然生长环境包括中美洲、非洲和澳大利亚的半干旱地区，以及亚洲更加温和和凉爽的地区，还有欧洲和美洲北部。

多肉植物的特征

仙人掌和其他多肉植物具有一些适应性特征，如变小的叶片以及在非常干旱的天气中落叶等，通过减少蒸腾作用来保存水分。不过，所有此类植物都具备的特征是：在茎、叶或根中都存在肉质储水组织。正是这种组织让多肉植物能够耐受长期干旱。

自然多样 仙人掌和多肉植物在大小、形状、颜色和株型上表现出巨大的差异，经过进化，它们能够在各种充满挑战的自然条件下生存。

我们很容易将仙人掌与其他多肉植物区别开来，它们拥有高度进化的结构，叫作仙人掌纹孔——这是一种茎秆上的垫状结构，仙人掌的刺、毛、花朵和枝都从上面长出。

多肉植物可以大致分为三个类群，划分标准是植株的哪个部位包含储水组织。某些属如大戟属（*Euphorbia*）可能会出现在不止一个类群内。大多数多肉植物都是肉茎植物（stem succulents），萝藦科（*Asclepiadaceae*）和大戟科（*Euphorbiaceae*）的部分物种也属于这一类。包括芦荟属（*Aloe*）、拟石莲花属（*Echeveria*）、生石花属（*Lithops*）以及景天属（*Sedum*）等在内的种类属于肉叶植物（leafy succulents）。第三类植物被称为壶形多肉植物（caudiciform succulents），它们的储水组织位于膨大的茎基处，不过这种膨胀常常会延伸到茎，如天宝花（*Adenium obesum*）。这一类多肉植物多见于夹竹桃科（*Apocynaceae*）、葫芦科

（*Cucurbitaceae*）及旋花科（*Convolvulaceae*）。

形状和株型

仙人掌和其他多肉植物的丰富形状和株型可以用来创造各种效果。例如，吹雪柱（*Cleistocactus strausii*）高高的柱子可以形成强烈的垂直线条，与前景中较小的球形植物如金琥（*Echinocactus grusonii*）或者某些仙人掌属（*Opuntia*）植物的扁平片段形成对比。

某些物种拥有匍匐株型，能够为花园设计增添水平元素。莫邪菊（*Carpobrotus edulis*）、日中花属（*Lampranthus*）以及舟叶花属（*Ruschia*）植物的枝叶浓密如地毯，可以作为良好的地被植物使用。

蔓生多肉植物如吊金钱（*Ceropegia linearis* subsp. *woodii*）、仙人棒属（*Rhipsalis*）以及蟹爪兰属（*Schlumbergera*）植物会产生细长的垂

吊枝叶，在吊篮中观赏效果最好。还有几种多肉植物是爬行攀援植物：大轮柱属植物（*Selenicereus*）以及缘毛芦荟（*Aloe ciliaris*）能够为混合种植增添高度，只要提供框格棚架或树枝作为支撑即可。在温暖无霜的气候区，通过气生根攀爬的量天尺属（*Hylocereus*）在墙面上伸展时，其带关节的茎秆看起来非常美观。

开花的仙人掌和其他多肉植物

一旦长到成熟期，仙人掌和其他多肉植物常常能够开出精致的花朵并定期开花，但长到成熟期可能需要1~40年。大多数种类白天开花，且为单朵花，有时持续开放数天。某些附生仙人掌冬季开花，花朵能持续开放很长时间。

其他种类的花期非常短暂，有时候会在日落后不久开放，并随着夜幕降临迅速凋谢。许多大株型仙人掌的花蕾会在夜晚逐渐打开，然后在清晨的几个小时内凋谢。

它们的花朵常常具有精致的外表和丝绸般的质感，与植株的尺寸相比一般极大，色彩主要呈现暖色调，多为浓郁的黄色、热烈的鲜红色和活泼的深红色。日中花科（*Mesembryanthemaceae*）的某些属以及某些附生多肉植物会开出甜香的花朵。某些物种特别是龙舌兰科（*Agavaceae*）是一次结实植物，在开花结实后就会死亡。开花莲座丛周围常常形成众多小型不开花吸芽，成熟时，这些吸芽会在接下来的年份里开花。

户外陈设

通过精心选择和专业布置，即使在相对凉爽的条件下，也可以在室外种植仙人掌和其他多肉植物。但很少有多肉植物能够忍受多余的水分，即使耐寒物种也需要良好的排水系统——它们在排水顺畅的抬升苗床上生长得很好。最耐寒的种类包括匍地仙人掌（*Opuntia humifusa*）、景天属（*Sedum*）以及长生草属（*Sempervivum*）植物，此外还有部分青锁龙属（*Crassula*）和脐景天属（*Umbilicus*）植物。

只要有顺畅的排水系统并在夏天经过阳光充分炙烤，几种沙漠植物，特别是某些仙人掌属（*Opuntia*）以及鹿角柱属（*Echinocereus*）植物，能够承受令人惊讶的低温——不过低温不能和潮湿同时出现。

在霜冻很少的温和地区，可以种植的植物种类有所增加，包括龙舌兰（*Agave americana*）及其品种、丝状龙舌兰（*A. filifera*）以及丝兰龙舌草（*Beschorneria yuccoides*）等。半耐寒物种需要种在排水顺畅的位置，也需要温暖向阳墙壁的额外保护。在气温难以降到7℃以下的地方，如美国南部和西南部等地，户外种植几乎

没有什么限制。

混合种植

当把非多肉植物和多肉植物种植在一起时，重要的是选择那些在光照、土壤类型以及灌溉上要求相似的种类。在无霜花园中，与多肉植物相容的非多肉植物包括倒挂金钟属（*Fuchsia*）、夹竹桃属（*Nerium*）、勋章菊属（*Gazania*）以及地黄属（*Rehmannia*）植物，它们都能提供额外的色彩和多样性。球根植物如君子兰属（*Clivia*）、曲管花属（*Cyrtanthus*）以及燕水仙属（*Sprekelia*）植物也是混合种植的良好选择。

在较凉爽的地区，生长缓慢且株型紧凑的一年生植物以及作为一年生植物栽培的植物，如日中花属（*Lampranthus*）植物和大花马齿苋（*Portulaca grandiflora*）等，适合与宿根仙

开花仙人掌和其他多肉植物

细柱孔雀

鸾凤玉

福音玉

彩髯玉

锦绣玉

新玉

耐寒与半耐寒仙人掌和其他多肉植物

'金边'龙舌兰（半耐寒）

丝状龙舌兰（半耐寒）

丝兰龙舌草（半耐寒）

笛吹（半耐寒）

'红蕊'八宝景天（耐寒）

蛛网长生草（耐寒）

气候变化中的仙人掌和其他多肉植物

随着气候变化导致冬季变得更温和、夏季和秋季变得更热、年平均温度变得更高，许多曾经只能在温室种植或者作为室内植物观赏的仙人掌和其他多肉植物，如今可以在没有或只有少量冬季保护的情况下成功种植在室外。

显然，气候变化会有地区性差异。虽然在接下来的50年或更长的时间内降雪和霜冻会变得更加稀少，但根据预测，今后冬季降水在全年中的比例会比如今更高。这会限制那些需要干燥冬天的仙人掌和其他多肉植物生长，它们需要生长在排水非常通畅的地方。

龙舌兰属（*Agave*）、芦荟属（*Aloe*）、拟石莲花属（*Echeveria*）以及大戟属（*Euphorbia*）的部分物种以及其他属已经能在锡利群岛的温和气候中不加保护地茂盛生长，如今正在英国的其他地区试验室外种植。

人掌和其他多肉植物一起种植在户外。

沙漠花园

在气温很少下降到10℃以下的气候区中，所有种类的仙人掌和其他多肉植物都可以种植在沙漠花园中，打造精致的风景。在底层土非常黏重的地方，这些植物可以种植在抬升苗床中，以保证排水通畅。

将较小的物种种植在苗床前部，以防它们精致的美丽被较高植物遮掩。为丛生植物如拟石莲花属（Echeveria）、十二卷属（Haworthia）以及乳突球属（Mammillaria）留下充分生长发育的空间。那些有垫状株型的低矮物种从春至秋在不同的时间开花，在较温暖的时节里呈现出缤纷的色彩。

至于背景种植，直立的圆柱形仙人掌和其他多肉植物是理想的选择。可供使用的植物有高而单干的翁柱（Cephalocereus senilis）、有分枝的吹雪柱（Cleistocactus strausii）、高耸如树的灯台大戟（Euphorbia candelabrum）等。

户外盆栽

大多数仙人掌和其他多肉植物的根系较浅，能很好地在容器中生长。选择能够映衬植物形状和式样的容器——例如，宽而浅的种植钵是陈列低矮匍匐植物的天然之选，而形式感更强烈的植物如翠绿龙舌兰（Agave attenuata）最适合种植在大型花盆或种植瓮中。

在使用不同形状和株型的植物创造充满想象力的种植组合时，石槽特别有用，而吊篮适合展示蔓生和垂吊物种。

植物的选择和选址

在气温很少降到冰点之下的凉爽地区，只要排水通畅，许多物种都能在室外的石槽和花盆中茂盛地生长。温暖背风处（如铺装露台或阳台的角落）能够提供理想的环境，在那里植物可以更容易地躲避降雨。

景天的枝叶形状以及长生草属植物的整洁莲座可以用来和繁瓣花属（Lewisia）物种的茂盛枝叶和鲜艳花朵形成对比，或者和开绿色花朵的青花虾（Echinocereus viridiflorus）及初夏开鲜红色花的白虾（Echinopsis chamaecereus）搭配使用。其他物种，例如具有对称莲座和丰满灰绿色叶片的巴利龙舌兰（Agave parryi）或开鲜艳黄花的银毛扇（Opuntia polyacantha），单独种在大型种植钵中，可以成为引人注目的视线焦点。

在较温暖的气候区中，可在户外容器中种

临时陈设 在气温较凉爽的地区，仙人掌和其他多肉植物可以在夏天转移到室外阳光充足的位置，但必须在秋天移回室内。

植的仙人掌和其他多肉植物种类要多得多。在大型花盆中，将花期不同、叶片美观的植物丛植在一起：紫色叶片的紫叶莲花掌（Aeonium 'Zwartkop'）、开黄花的芦荟（Aloe vera）以及开红花的神刀（Crassula perfoliata var. minor）能够提供全年的观赏性，并且在较温暖的月份持续不断地开花。

在气温不会持续降低到13℃以下的地方，许多低矮仙人掌，如裸萼属（Gymnocalycium）、乳突球属（Mammillaria）以及宝山属（Rebutia）植物能够在花园的室外种植钵和石槽中展现迷

人的式样和质感。这些低矮的丛生物种也会在夏天开出持续数周的鲜艳花朵。

室内陈设

温室或保育温室内的受保护环境几乎可以完全对光照、温度、湿度和水进行控制，这为许多种类的多肉植物提供了理想的生长条件——大多数可在温暖气候区室外栽培的植物都能在较凉爽地区的保护设施中繁茂地生长。这些植物的适应性特征使它们能够在野外的严酷干旱环境中生存，这些特征也使得它们同样

适应中央供暖家庭室内的温暖干燥条件，而许多其他种类的植物则可能难以生存。

具有不同形状、株型、以及美丽的花朵，使得这些植物能够提供贯穿全年的观赏性，而且由于众多物种可适应不同的生长条件，因此可以将它们种在家中的不同位置。

提供正确的生长条件

大多数仙人掌和其他多肉植物需要强光、温暖和良好的通风条件才能茂盛生长，不过某些种类，特别是枝叶繁茂的多肉植物，在夏季可能需要防止阳光直射，以免灼伤叶片。

有一个重要的类群需要荫蔽条件，或者至少是过滤后的阳光，那就是附生植物，它们主要来自中美和南美湿润的荫蔽雨林。

附生植物是仙人掌和其他多肉植物中开花最多的类群之一，它们可以用来给家或花园中的荫蔽角落增添鲜艳显眼的色彩。这个类群中最著名的植物种类有绿蟹爪兰（*Schlumbergera x buckleyi*）、星孔雀（*Hatiora gaertneri*）以及落花之舞（*H. rosea*）等。某些最可爱的种类是昙花属（*Epiphyllum*）植物与仙人球属（*Echinopsis*）、姬孔雀属（*Heliocereus*）、量天尺属（*Hylocereus*）以及姬孔雀属（*Nopalxochia*）的物种和杂种杂交得到的。它们在春天和夏天开非常美丽且常常带有香味的花朵，颜色从纯白到奶油、黄色以及橙色、红色，直至最深的紫色。

适合温室和保育温室种植的植物

在温室或保育温室内，植物可以种植在花盆或开放苗床中，苗床可以位于地面，也可以位于抬升起来的工作台上。开放苗床中可以种植较大的物种，甚至可以在其中创造一个微型沙漠花园。

如果要充分生长并开花，许多来自温暖栖息地的物种在生长期需要明亮的光线、相当干燥的空气以及18℃的气温。这些条件在玻璃温室比家居环境中更容易达到，而且许多仙人掌在温室中的生长和开花情况最好。

某些种类，特别是仙人棒属（*Rhipsalis*）植物，需要相对较高的空气湿度（80%）才能繁茂生长，并且在保育温室内的空气湿度水平下生长得最好。其他非常适合保育温室和温室的种类是那些需要空间来良好开花的植物，其中包括攀援生长的大轮柱属（*Selenicereus*）植物（表现最突出的物种是大轮柱*S. grandiflorus*）以及量天尺属（*Hylocereus*）的几个物种，它们都喜欢生长在非直射的过滤光线下。

在为温室或保育温室制订种植计划时，将栽培要求相似的仙人掌和其他多肉植物类群种

植在一起，这样养护起来更容易。

室内盆栽

只要提供温暖、明亮和排水通畅的生长条件，许多仙人掌和其他多肉植物都能在室内容器中茂盛生长。使用小花盆来展示单株植物，或者用大型种植钵将不同的相容物种种植在一起。

在对多刺植物如龙舌兰属（*Agave*）、芦荟属（*Aloe*）以及仙人掌属（*Opuntia*）植物进行操作时，要佩戴厚的皮革手套，否则它们锐利的刺很容易扎到手指，不但很痛，而且很难拔出来。

盆钵花园

只要提供栽培需求相似的不同物种，盆钵花园就是一种在室内种植多肉植物特别有效的方法。一或两株株型直立的植物，如翁柱属（*Cephalocereus*）、管花柱属（*Cleistocactus*）或其他柱形属的年幼植株，可以作为种植钵中

的视线焦点。或者，使用枝叶繁茂的多肉植物如翡翠木（*Crassula ovata*）作为主景植物。使用较小的植物如拟石莲花属（*Echeveria*）和十二卷属（*Haworthia*）植物填补种植钵。开花仙人掌如乳突球属（*Mammillaria*）、锦绣玉属（*Parodia*）以及其他球形仙人掌也是室内盆钵种植的好选择。

吊篮

在吊篮中种植的仙人掌和其他多肉植物能够在家或保育温室内呈现鲜艳的景致，垂吊型仙人掌植物如细柱孔雀（*Aporocactus flagelliformis*），蔓生多肉植物如伽蓝菜属（*Kalanchoe*）、星孔雀（*Hatiora gaertneri*）、蟹爪兰属（*Schlumbergera*）植物是最合适的选择，因为它们会沿着吊篮边缘美丽地垂下。松鼠尾（*Sedum morganianum*）以及其他半蔓生物种在吊篮中的效果也很出色（又见342页，"仙人掌和其他多肉植物的种植者指南"）。

盆栽展示 一小群植物可以种植在同一个容器中，不过必须定期换盆，保证每株植物都有充足的空间。它们迟早需要分开并单独种植，特别是生长迅速或有蔓延性的物种。

仙人掌和其他多肉植物的种植者指南

潮湿

耐受潮湿条件的多肉植物
海茴香Crithmum maritimum
海蓬子Salicornia europaea
海滨碱蓬Suaeda maritima,
囊果碱蓬S. vera
间型荷叶弁庆Umbilicus horizontali
　var. intermedius,
葡萄脐U. rupestris

荫蔽

耐受轻度遮阴的多肉植物
圣塔杂种繁瓣花Lewisia cotyledon hybrids
塔花瓦松Orostachys chanetii 1,
　黄花瓦松O. spinosa 1
粗茎红景天Rhodiola wallichiana
姬星美人Sedum dasyphyllum,
　千佛手S. sediforme,
　八宝景天S. spectabile,
　姬花月叶S. ternatum,
　毛景天S. villosum
蛛网长生草Sempervivum arachnoideum

种植体和石槽

阳光充足
天宝花(沙漠玫瑰)Adenium obesum 1
莲花掌Aeonium arboreum 1,
　高贵莲花掌A. nobile 1
丝状龙舌兰Agave filifera 1,
　皇后龙舌兰A. victoriae-reginae 1
帝王锦Aloe humilis 1,
　长生锦A. longistyla 1,
　斑叶锯芦荟A. rauhii 1
鸾凤玉Astrophytum myriostigma 1,
　殷若A. ornatum 1
翁柱Cephalocereus senilis 1
仙人柱Cereus hildmannianus subsp.
　uruguayanus 1,
　刚柱C. validus 1
吹雪柱Cleistocactus strausii 1
银塔之光C. orbiculata var. orbiculata 1
翡翠木Crassula ovata 1,
　神刀C. perfoliata var. minor 1,
　钱串天景C. rupestris 1,
　莲座青锁龙C. socialis 1
莲座草Echeveria agavoides 1,
　德氏莲座草E. derenbergii 1,
　红辉寿E. pilosa 1
金琥Echinocactus grusonii 1
美花角E. pentalophus 1
白虾E. chamaecereus 1
霹雳E. haematantha 1
旺盛球E. oxygona 1
青玉E. pentlandii 1
黄大文字E. spachiana 1
老乐柱Espostoa lanata 1
孔雀丸Euphorbia flanaganii,
　麒麟花E. milii 1,
　晃玉E. obesa 1
虎颚Faucaria felina 1
白鸟球Ferocactus cylindraceus 1,
　日出球F. latispinus 1
厚舌草Gasteria batesiana 1,
　侏儒白星龙G. bicolor var. liliputana 1
佛手掌Glottiphyllum linguiforme 1
绯花玉Gymnocalycium baldianum 1,
　九纹龙G. gibbosum 1
玉章Haworthia cooperi 1,
　琉璃殿H. limifolia 1
鹰爪H. reinwardtii 1

佛肚树Jatropha podagrica
长寿花(矮生落地生根)Kalanchoe
blossfeldiana 1
丽红玉Lithops dorotheae 1,
　黄琥珀L. karasmontana subsp. bella 1
高砂Mammillaria bocasana 1,
　白龙球M. compressa 1,
　玉翁M. hahniana 1,
　旗舰M. mystax 1,
　朝日丸M. rhodantha 1,
　多刺丸M. spinosissima 1,
　银刺球M. vetula subsp. gracilis 1,
　月影球M. zeilmanniana 1
黄毛掌Opuntia microdasys 1
牛角Orbea variegata
吉氏瓶干树Pachypodium geayi 1,
　长叶瓶干树P. lamerei 1
金晃球Parodia leninghausii 1,
　宝玉P. microsperma 1
砂地球Rebutia arenacea
橙宝山R. heliosa 1
金簪球R. krugerae 1
银碟丸R. pulvinosa var. arbiflora 1
'短叶'虎尾兰Sansevieria trifasciata
　'Hahnii',
　'金边短叶'虎尾兰S. trifasciata
　'Laurentii'
大统领Thelocactus bicolor 1,
　鹤巢丸T. rinconensis 1

半阴
昙花Epiphyllum oxypetalum 1
　(及其杂种)
星孔雀Hatiora gaertneri 1,
　落花之舞H. rosea 1
澳大利亚球兰Hoya australis 1,
　球兰H. carnosa 1
绿蟹爪兰Schlumbergera x buckleyi 1,
　蟹爪兰S. truncata 1(及其杂种)

吊篮
天邪鬼Ceropegia haygarthii 1,
　吊金钱C. linearis subsp. woodii 1
姬孔雀属Disocactus 1
昙花Epiphyllum oxypetalum 1
　(及其杂种)
星孔雀Hatiora gaertneri 1,
　落花之舞H. rosea 1,猿恋苇H. salicornioides 1
姬孔雀属Heliocereus 1(大部分物种)
尖叶球兰Hoya lanceolata subsp. bella 1,
　线叶球兰H. linearis 1,
　多脉球兰H. polyneura 1
宫灯长寿花K. manginii 1
矮落地生根K. pumila 1
青柳Rhipsalis cereuscula 1,
　番杏柳R. mesembryanthemoides 1,
　星座之光R. pachyptera 1
绿蟹爪兰Schlumbergera x buckleyi 1,
　蟹爪兰S. truncata 1(及其杂种)
松鼠尾Sedum morganianum 1
大轮柱属Selenicereus 1

较低的温度
可耐受0℃低温的多肉植物
龙舌兰Agave americana 1,
　巴利龙舌兰A. parryi 1,
　大美龙A. univittata 1,
　犹他龙舌兰A. utahensis 1
青花虾Echinocereus viridiflorus 1
白虾Echinopsis chamaecereus 1
星孔雀Hatiora gaertneri 1,

梨果仙人掌Opuntia ficus-indica 1,
　银毛扇O. polyacantha 1
英国景天Sedum anglicum,
　青蓝景天S. cyaneum 1,
　姬星美人S. dasyphyllum,
　台湾景天S. formosanum,
　薄雪万年草S. hispanicum,
　披针叶景天S. lanceolatum,
　石生景天S. rupestre,
　八宝景天S. spectabile
长生草属Sempervivum(大部分物种)
脐景天属Umbilicus(只有物种)

可耐受7℃低温的多肉植物
翠绿龙舌兰Agave attenuata 1,
　小花龙舌兰A. parviflora 1
小木芦荟Aloe arborescens 1,
　绫锦A. aristata 1,
　短叶芦荟A. brevifolia 1,
　斑叶芦荟A. variegata 1,
　芦荟A. vera 1
将军柱Austrocylindropuntia subulata 1
鳞芹Bulbine frutescens 1,
　阔叶玉翡翠B. latifolia 1,
　玉翡翠B. mesembryanthemoides 1
赤缟龙角Caralluma europaea 1
莫邪菊C. edulis 1
绀色柱Cereus aethiops 1,
　万重山C. jamacaru 1
　(以及其他圆柱形物种)
肉茎神刀Crassula sarcocaulis 1,
　沙丽黄覆轮C. sarmentosa 1
露子花属Delosperma 1(大部分物种)
优雅莲座草E. elegans 1
霜鹤E. gibbiflora 1
美花角E. pentalophus
白虾Echinopsis chamaecereus 1
白星龙G. carinata var. verrucosa 1
青龙刀G. distichia 1
白魔Gibbaeum album 1
棒叶落地生根Kalanchoe delagoensis 1,
　花鳗鲡长寿K. marmorata 1
粉菊L. roseus 1
圣塔杂种繁瓣花Lewisia cotyledon hybrids
笛吹Maihuenia poeppigii 1
朝日Opuntia fragilis 1,
　银毛扇O. polyacantha 1,
　大王团扇O. robusta 1
塔花瓦松Orostachys chanetii 1,
　黄花瓦松O. spinosa 1
酸洋葵Pelargonium acetosum 1,
　棍型天竺葵P. tetragonum 1
大银月Senecio haworthii 1,
　大舌千里光S. macroglossus 1

开花仙人掌
白天开花
鸾凤玉Astrophytum myriostigma 1
碧彩柱Bergerocactus emoryi 1
吹雪柱Cleistocactus strausii 1
细柱孔雀Disocactus flagelliformis 1,
　比良雪D. phyllanthoides,
　'超级巴士'火凤凰D. speciosus var. superbus 1
篝火E. triglochidiatus 1
黄裳球Echinopsis aurea 1,
　鲜丸球E. mamillosa 1,旺盛球E. oxygona 1
角裂昙花Epiphyllum anguliger 1,
　圆齿昙花E. crenatum 1
罗星球Gymnocalycium bruchii 1
星孔雀Hatiora gaertneri 1,

落花之舞H. rosea 1,
　猿恋苇H. salicornioides 1
'超级巴士'火凤凰Heliocereus speciosus
var. superbus 1
风流球Mammillaria blossfeldiana 1,
　高砂M. bocasana 1,
　银刺球M. grahamii 1,
　玉翁M. hahniana 1,
　多刺丸M. spinosissima 1,
　月影球M. zeilmanniana 1
黄仙玉Matucana aureiflora 1
比良雪Nopalxochia phyllanthoides 1
梨果仙人掌Opuntia ficus-indica 1
白魔神Parodia alacriportana 1,
　雪光P. haselbergii 1,
　金晃球P. leninghausii 1,
　鬼云球P. mammulosa 1,
　宝玉P. microsperma 1
砂地球Rebutia arenacea 1,
　金簪球R. krugerae 1,
　花笠球R. neocumingii 1
绿蟹爪兰Schlumbergera x buckleyi 1,
　蟹爪兰S. truncata 1
大统领Thelocactus bicolor 1

夜晚开花
翁柱Cephalocereus senilis 1
黄大文字E. spachiana 1
北斗阁E. terscheckii 1
老乐柱Espostoa lanata 1,
　幻乐E. melanostele 1
金煌柱Haageocereus acranthus 1,
　东海柱H. pseudomelanostele 1,
　彩华阁H. versicolor 1
美形杙Harrisia gracilis 1,
　卧龙柱H. pomanensis 1
明金星Hylocereus ocamponis 1
武伦柱Pachycereus pringlei 1
鱼骨令箭Selenicereus anthonyanus 1,
　大轮柱S. grandiflorus 1,
　夜美人桂S. pteranthus 1
狭花柱属Stenocereus 1(大部分物种)

注释
1 不耐寒

长寿花(矮生落地生根)

土壤准备和种植

许多仙人掌和其他多肉植物只自然生长在沙漠或丛林环境中，不过它们在更凉爽气候区的户外也能营造美观的景致。无论是室内还是室外栽培，特别配制的排水良好土壤或基质都是必不可少的。对于大多数物种来说，还需要有充足的防冻保护和充足的阳光照射。

购买仙人掌和其他多肉植物

在购买仙人掌和其他多肉植物时，选择有新枝叶或花蕾形成的健康无瑕疵植株。不要购买受损或稍稍枯萎的植株，或者任何带有萎蔫、干枯或松软部位的植株。也不要购买生长超出花盆范围的植株。

在抬升苗床或沙漠花园中种植

仙人掌和其他多肉植物需要排

抬升苗床的建设

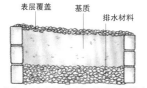

抬升苗床具有厚实的石子层和排水通畅的基质。

选择仙人掌和其他多肉植物

好样品

形成的新花蕾

坏样品

生长健康

宝山属

受损的枝叶

好样品

饱满的肉质叶片

健康的新枝叶

坏样品

翡翠木

萎蔫的叶片

水良好的条件，所以将它们种植在距离地面至少25厘米的苗床中很有好处。为保证良好的排水，将苗床稍稍倾斜并提供厚度至少为苗床总高度三分之一的石子或瓦片基层。

千万不要在混凝土或其他不透水的基础上修建苗床，因为这会阻碍排水。选择最低气温不低于5℃、阳光充足的地方。在较凉爽的地区，为不耐寒植物提供足够保护（见612～613页，"防冻和防风保护"）。

准备土壤和基质

仙人掌和其他多肉植物通常无法在普通园土中茂盛生长，因为它的排水性不够好。应该用精心配制的生长基质加以替换或补充。pH值为4～5.5的优质园土可以用作自制基质的基础成分。不过，必须首先进行消毒，杀死其中可能含有的害虫或杂草，并消灭病害。

在准备基质时，将2份消毒园艺壤土与1份草炭替代物或细泥炭藓或莎草草炭、1份尖砂或水洗砂砾以及少量缓释肥混合在一起。

如果园土呈碱性，则使用含壤土的专利基质混合尖砂或砂砾，比例为1份尖砂或砂砾混合3份基质。

操作仙人掌

大多数仙人掌都有锋利的刺。在移动或种植的时候，佩戴皮革手套或采取其他保护措施。

在操作多刺仙人掌如这株强刺球属（Ferocactus）植物时，在植株周围包裹一圈折叠起来的纸。

将植物放入苗床

将植株从花盆中取出。小心地梳理根系，检查有无病虫害感染（见345页），并在种植前处理所有感染植株。

挖出大小合适的洞，然后将植株放进去，使其底部深度和在原容器中保持一致。围绕根系填充更多基质并紧实，确保枝叶都位于土壤表面之上。在基质表面覆盖砂砾，保护植物免受多余水分的伤害，并减少土壤中水分的蒸发。等待植物沉降，然后浇水，刚开始浇少量水，然后逐渐增加水量，直到植物完全恢复并长出新枝叶。

在户外苗床中种植

在移栽之前将室内植物在阴凉处炼苗数天。在准备好的排水顺畅苗床中选择种植位置，为植株及其周围植物的发育留下充足空间。清理种植区域的表层覆盖物，然后挖出足以容纳根坨的种植穴。

1 将仙人掌从其花盆中取出，如有需要，则佩戴皮革手套。轻柔地梳理根系，然后将仙人掌放入种植穴中，种植深度和在原来容器中保持一致。

2 伸展根系，然后填充并紧实基质。更换表层覆盖物。3~4天植株沉降下来后再浇水。

容器中的多肉植物

许多种植在花盆、种植钵或石槽中的植物能够在露台或窗台上提供漂亮的视线焦点。

准备盆栽基质

所用基质应该排水良好并最好呈微酸性，pH值为5.5~6.5。使用1份沙子或砂砾混合3份含壤土基质或2份无土基质。

对于附生多肉植物如某些球兰属（*Hoya*）植物以及原产自森林地区的仙人掌——特别是仙人棒属（*Rhipsalis*）和蟹爪兰属（*Schlumbergera*）植物——来说，它们可能需要酸性稍强一些的基质。将1份腐殖质（如草炭替代物、泥炭藓或腐叶土）与2份标准盆栽基质混合；添加充足沙子或砂砾，保证良好的排水。

选择容器

陶制和塑料花盆都适合种植仙人掌和其他多肉植物。与陶制花盆相比，塑料花盆中的盆栽基质能将水分保留得更久，这意味着植物需要的浇水频率更低，但陶制花盆能为根系提供更好的透气性。选择底部有1个或更多排水孔的容器，确保多余的水能够快速流走。花盆或容器的尺寸应该总是和植物的尺寸相匹配，但深度不能小于10厘米。对于块根物种如鹿角柱属（*Echinocereus*）植物，最好使用至少15厘米深的花盆。

在容器中种植

在使用之前将所有的容器彻底清洗干净，消除可能的传染源。将一层排水材料（水洗砂砾或碎瓦片）铺设在底部，厚度大约为容器深度的三分之一；大型石槽以及钟形或瓮形的花盆需要至少8厘米厚的砂砾或碎瓦片才能保证排水通畅。在容器中填充基质至容器边缘之下1厘米内。

小心地将植株从其花盆中取出，丢弃所有表面覆盖物并松动根坨。将植株放入新容器中，并使其种植深度和在原来花盆中保持一致。紧实基质，并用粗石子或砂砾进行表层覆盖。

当在一个容器内种植几株仙人掌或其他多肉植物时，要留下足够它们生长发育的种植间距。为得到更加自然的效果，可以在组合种植中加入装饰性岩石或卵石。

在浇水之前让植株沉降数天。在植株完全恢复后，再开始定期浇水（见345页）。

吊篮

为创造美观且稍稍与众不同的景致，可在吊篮中种植蔓生多肉植物。确保吊篮是完全干净的。线框吊篮应该使用专利衬垫或泥炭藓衬底。不要使用塑料布充当衬垫，它会阻碍排水。如果使用带有固定排水托盘的塑料吊篮，则将一层小卵石或砾石铺在其基部代替泥炭藓。

在吊篮中填充合适的盆栽基质，不要扰动泥炭藓或卵石，然后

在种植钵中种植

翡翠木　仙人柱　黄绫丸　多粒丸　'黑宝石'芦荟

1 选择一组栽培需求相似的植物。将它们带花盆放入容器中确定位置，较高的植物放置在后面或中间。

2 准备容器，将薄薄的一层排水材料（砾石或瓦片）铺在底部，再用一层基质（1份尖砂、3份含壤土盆栽基质）覆盖。

3 将植株从它们的花盆中取出，放入容器，并填充基质。

4 在种植后的容器基质表面覆盖一层5毫米厚的3毫米砾石。

将植株放入吊篮中种植，方法和在其他容器中种植一样。不要让吊篮过于拥挤，因为大多数适合用于吊篮的物种都有自然蔓延或垂曼的习性，一株植物常常就能填满中等大小的吊篮。如果需要更好的排水系统，在基质表层覆盖砾石或砂砾。让植株沉降数天后再浇水。植株一旦恢复并开始新的生长，就可以定期浇水了（见345页）。

在吊篮中种植

1 用一层潮湿的泥炭藓为线框吊篮做衬垫。衬垫压缩后应该有3厘米厚。

2 用1份尖砂混合3份含壤土盆栽基质填充至吊篮边缘。在吊篮中间为植物准备种植穴。

3 将植物（这里是一株蟹爪兰）放入其中，伸展其根系。填充基质，确保根系周围没有气穴。

4 种植后等待2~3天，再进行浇水。

日常养护

仙人掌和其他多肉植物只需要很少的养护就能茂盛生长，但它们需要良好的光照、温度和通风条件。为特定物种小心施肥和浇水，并定期检查病虫害症状。当植株超出容器的容纳范围时立即换盆，防止植株被容器束缚。

适合的生长环境

将仙人掌和其他多肉植物放在适合栽培它们的位置。大多数物种需要全日照条件，不过某些种类更喜欢斑驳的阴影。春天和夏天白天的最高温度应该为27~30℃，夜晚最高温度为13~19℃。在休眠期，大多数植物都应该保持在7~10℃的温度下，不过来自热带和赤道地区的物种可能需要更温暖的环境，最低温度范围是13~19℃。

通风

虽然良好的通风是必不可少的，但仙人掌和其他多肉植物不能暴露在气流下。对于种植在温室中的植物，如果通风不足以将气温保持在27~30℃（见576页，"遮阴"），应该使用遮阴板或者在玻璃外侧粉刷遮阴涂料。如果天气非常热，在温室地板上洒水有助于降低气温。有时候，室外开阔处种植的植物在极端炎热的天气下也需要一定程度的遮阴。

浇水和施肥

只在植物处于活跃生长期的时候浇水（不要在休眠期浇水）。大多数仙人掌和其他多肉植物的生长期在夏天，但附生植物以及来自森林地区的多肉植物主要在晚秋至早春开花。在休眠期，除非温度很高，否则不要浇水，浇水量控制在防止完全脱水即可。

浇水

在生长期，用水完全浇透土壤或盆栽基质，再次浇水前让它几乎干透。只要植物生长在排水顺畅的基质中，多余的水分会很快排出。

在清晨或傍晚浇水，因为植株在明亮阳光下洒满水滴的话，很容易被灼伤。可以将盆栽植物放入装满水的浅盘中，使水渗入基质，但不会接触枝叶。当基质表面湿润后，立即将容器从水中取出；如果长时间泡在水中，植物会发生腐烂。

附生植物以及那些需要荫蔽条件的植物应该保持湿润，但不能过于潮湿，偶尔进行少量喷雾能够维持合理的湿度水平。

施肥

在生长期，为仙人掌和其他多肉植物施肥有助于使其健康苗壮地生长、开花。几种专利肥料都可以使用，不过含所有大量元素的标准均衡液态肥是最令人满意的。在生长期，每两至三周施加一次肥料。不要在植物处于休眠期或土壤干燥的时候施肥，因为这可能会损坏茎秆和枝叶。

卫生

仙人掌和其他多肉植物可能偶尔需要清洁，因为灰尘有时候会聚集在叶片上或刺之间。在生长期，对于室内植物，可以少量喷水；对于温室或花园中的多肉植物，可以用水管冲洗（只要它们没有位于阳光直射下）。

病虫害

定期检查仙人掌和其他多肉植物有无病虫害迹象。最常见的害虫是粉蚧类（见664页，"粉蚧类"）、蚜虫类（见669页，"蚜虫类"）、红蜘蛛（见668页，"红蜘蛛"）、根粉蚧（见664页，"粉蚧类"）以及蕈蚊（见660页，"蕈蚊"）。

仙人掌和多肉植物的病害很少，不过糟糕的栽培条件或者土壤中的多余氮肥可能会导致黑腐病的出现，主要影响附生仙人掌和豹皮花属（*Stapelia*）植物，会损坏植物的外形并导致其死亡。对此没有相应的治疗手段，所以当植株很可能将要因为感染死亡时，采取健康的枝条或片段作为插穗，将插穗种下以替换染病植株。

换盆

当植物的根系抵达花盆边缘时，应该立即进行换盆——生长较快的物种通常两至三年需要换一次盆。生长缓慢的物种三至四年需要换一次盆，即使它们没有超出容器的容纳范围。

小心地将植株从原来的容器中取出。检查根系，寻找病虫害的迹象并进行相应的处理。将所有脱水或死亡的根剪掉，用杀真菌剂粉末处理剩余的根。选择尺寸比原来容器至少大一号的新容器，使用新鲜基质重新上盆，确保种植深度和之前一样。

为多肉植物换盆

1 当多肉植物（这里是一株小木芦荟*Aloe arborescens*）超出其容器的容纳范围时，选择一个比目前容器至少大一号的新容器重新上盆。小心地将植物从其花盆中滑出。

2 轻柔地梳理所有缠绕起来或被压缩的根。

3 在新花盆中放入一些瓦片和少量基质。将植株放入新容器中，深度和在之前容器中一样。

4 小心地在根坨周围填充更多基质。随着基质的填入，逐渐紧实基质，以消除根系之间的所有气穴。等植物在新容器内沉降下来后再浇水。

繁殖

仙人掌和其他多肉植物可以通过播种、叶片扦插和枝条扦插、分株或嫁接繁殖。分株和扦插是最简单的方法。播种繁殖比较慢和困难，但其提供在物种内变异的机会，并能通过人工授粉得到新的杂种。对于稀有物种和杂种，以及生长缓慢难以通过其他途径繁殖的多肉植物，嫁接是一种很有用的繁殖方法。

播种繁殖

仙人掌和其他多肉植物的种子在形状和大小上有很大的差异，并且某些种子在繁殖时还有特殊要求。某些细小种子的萌发速度很慢，而某些较大的种子有厚种皮（如几种仙人掌属物种），除非进行层积，否则很难萌发——应该将它们放入冰箱48小时。

播种

冬末和春末之间，在有遮盖的保护设施中播种。将一层混合了木炭碎屑的粗砾石铺设在播种盘或花盆底部。在花盆中填充播种基质至花盆顶，然后轻轻压实。

将细小种子均匀撒在基质表面，使用消过毒的细沙或沙子和砂砾的混合物薄薄地覆盖在种子上，然后从上方浇少量水。较大的种子应该按入基质中，并在种子之间留下充足的空间，然后再覆盖粗砂或砂砾。将播种较大种

播种繁殖

1 用瓦片覆盖花盆底部，然后添加一层至少1厘米厚、掺有少量木炭的粗砾石。

2 在花盆中填充新鲜播种基质至花盆边缘，然后用合适形状的按压板将基质压平至花盆边缘下1厘米处。

3 用手指轻敲种子袋侧壁，将细小的种子均匀地撒在盆栽基质表面。

4 用消过毒的细沙覆盖种子——只需要很薄的一层。浇少量水。

5 标记并将花盆放入塑料袋中。保持在温度为21℃的半阴环境中。

播种大型种子

将每颗种子按入基质，播种深度应为种子本身厚度的2倍。播种间距大约为1厘米，让它们有充足的发育空间。

子的花盆或播种盘放入微温的水中，直到土壤表面湿润，然后将容器取出并让多余的水分排走。

将植株放入增殖箱中，维持21℃的温度。也可以将播了种的花盆用透明塑料袋密封起来，放置在半阴处，直到幼苗萌发。

实生苗的养护

当幼苗出现后，将花盆从塑料袋或增殖箱中取出并为其提供额外的通风条件。用杀真菌剂喷洒实生苗，防止猝倒病（见658页）。保持21℃的温度，随着幼苗的发育，提供更多光照和空气。

移栽

6～12个月后（取决于物种），当幼苗长到至少指甲盖大小时，将它们移栽到播种盘中；如果足够大的话（如下所示），可单独移栽到小花盆里。在花盆中铺一层瓦片，然后填充基质几乎至边缘，然后轻

将幼苗移栽到单独的花盆中

1 当幼苗长到指甲盖大小或更大时，从花盆中挖出一丛。注意，不要损伤根系。

2 将株丛分离成独立的小植株，在根系周围保留尽可能多的基质（见插图）。

3 将每个幼苗插入种植盘或花盆中，其中含有3份仙人掌基质搭配1份砂砾的混合基质。基质不要接触地上部位。

4 在基质表面覆盖一层5毫米厚的3毫米砂砾，并做好标记。等待3或4天后再浇水。

轻地紧实基质。将一丛幼苗挖出并小心地将它们分开。将幼苗单独种植，基质表面覆盖一层薄薄的砂砾，然后给每个花盆做好标记。将年幼的植株保持在最低温度15℃的环境中。数天之后，为它们浇水，最初浇水要少量，然后逐渐增加水量，直到三周后采取正常的浇水程序（见345页）。

叶片扦插

某些多肉植物如青锁龙属（*Crassula*）和拟石莲花属（*Echeveria*）的许多物种可以通过叶片扦插的方式繁殖。叶片插穗应该在春天或初夏新枝叶繁多时从母株上采取。

选择紧实的肉质叶片，并小心地将它们从母株上分离下来。用锋利的小刀将它们切下，或者轻柔地将它们向下搔，确保叶基带有一小块茎。将分离下的插穗放在一张干净的纸上，然后把它们放至最低温度为10℃的半阴处。等待一或两天，直到每个插穗都形成明显的愈

使用叶片扦插繁殖

1 小心地从母株上拔下一片健康的叶子。它应该在叶基断裂，并带有一小块茎。

2 等待24~48个小时，让伤口形成愈伤组织。在花盆中填充等比例混合的草炭替代物（或草炭）和沙子。插入插穗，使其基部刚好稳定在基质中。

3 在表面覆盖砾石或砂砾，然后做好标记。当长出新枝叶大约两周后（见插图），生根插穗就可以上盆到含壤土的盆栽基质中去了。

伤组织。

使用等比例的草炭替代物（或草炭）与尖砂或沙子的混合基质填充花盆至边缘。每个插穗都应该直立插入花盆，并使叶柄正好稳定在基质表面。用手指紧实插穗周围的基质。

用少量砾石或砂砾进行表层覆盖，帮助固定插穗的位置。为花盆做好标记，将其置于斑驳的阴凉处，确保温度保持在21℃左右。每天用微温的水浇水，保持年幼插穗处于湿润环境中。使用细喷雾器，最大限度地减少浇水对插穗造成的扰动。

生根并不需要很长时间，一般会在几天之内生根。大约两周后，将生根插穗上盆到大小合适的花盆中，在其中填充标准含壤土盆栽基质。

叶插繁殖的仙人掌和多肉植物

古伯天章 *Adromischus cooperi* 1
莲花掌 *Aeonium arboreum* 1
盾叶秋海棠 *Begonia peltata* 1，
　有脉秋海棠 *B. venosa* 1
莱城圣塔 *Cotyledon tomentosa* subsp. *ladismithensis* 1，
　银波锦 *C. orbiculata* var. *oblonga* 1
青锁龙属 *Crassula* 的许多种类，包括：
　花月 *C. arborescens* 1，翡翠木 *C. ovata* 1，
　莲座青锁龙 *C. socialis* 1
粉叶草属 *Dudleya*，大部分种类 1
拟石莲花属 *Echeveria* 的许多种类，包括：
　莲座草 *E. agavoides* 1，
　优雅莲座草 *E. elegans* 1
厚舌草 *Gasteria batesiana* 1
风车草属 *Graptopetalum* 1
伽蓝菜属 *Kalanchoe* 的许多种类，包括：
　天人舞 *K. beharensis* 1，
　大叶落地生根 *K. daigremontiana* 1，
　月兔耳 *K. tomentosa* 1
德州景天 *L. texanum* 1
塔松瓦松 *Orostachys chanetii* 1
厚叶草属 *Pachyphytum* 1
斧叶椒草 *Peperomia dolabriformis* 1
景天属 *Sedum* 的许多种类，包括：
　茸宝石 *S. hintonii* 1，
　长生景天 *S. sempervivoides* 1
圆叶旋果花 *Streptocarpus saxorum* 1

注释
1 不耐寒

星美人

生产杂种

当混合种植仙人掌和其他多肉植物时，可能会发生杂交授粉，即某一物种或品种的花为其他物种或品种的花授粉并产生杂交后代。有时候，这些杂种会在亲本类型上实现改良，值得进行繁殖。不过更常见的情况是，杂种并没有保存的价值。

为了确保繁殖的是带有目

为得到杂种种子（这里是一株蟹爪兰），使用细毛刷将父本植株花药上的花粉涂抹在母本植株的柱头上。

标性状的植物，有必要对授粉过程进行控制。受控制的授粉可以用来制造保留亲本性状的种内后代，或者是不同物种之间的杂交后代（结合不同亲本的性状）。

为得到新的杂种，首先选择亲本（通常是同一个属的不同物种），尽量将双亲的最优良性状（如叶形或花色等）结合起来。为

防止昆虫造成自由授粉，在柱头发黏或花药裂开散粉之前，将小纸袋松散地套在所要使用的花上。使用柔软的细毛刷将花粉从父本的花药转移到母本的柱头上，然后用纸袋重新将人工授粉后的花朵套上。

许多仙人掌和其他多肉植物都是自交不育的，因此必须杂交才能获得种子。然而，如果某物种是自交可育的，则应该如上所述用纸袋套住花朵，防止昆虫传粉杂交。轻轻弹一弹纸袋，就足以将花粉散落在花朵内的柱头上，完成自交授粉。

随着果实成熟，它们会变得柔软并呈肉质，还可能释放出种子。如果没有，将果实切开并在半阴但温暖处放置两或三天，让果肉干燥。然后，清洗种子以清除果肉，并在播种前将种子放在吸水纸上干燥。

园艺百科全书（典藏版）

枝条扦插或茎段扦插繁殖的仙人掌和多肉植物

天章属 *Adromischus* 1
莲花掌属 *Aeonium* 1
碧彩柱属 *Bergerocactus* 1
龙角属 *Caralluma* 1
翁柱属 *Cephalocereus* 1
仙人柱属 *Cereus* 1
吊灯花属 *Ceropegia* 1
管花柱属 *Cleistocactus* 1
圣塔属 *Cotyledon* 1
青锁龙属 *Crassula* 1
姬孔雀属 *Disocactus* 1
拟石莲花属 *Echeveria* 1
昙花属 *Epiphyllum* 1
大戟属 *Euphorbia*, 部分种类 1
山地玫瑰属 *Greenovia* 1
星钟花属 *Huernia* 1
伽蓝菜属 *Kalanchoe* 1
日中花属 *Lampranthus* 1
仙人掌属 *Opuntia*, 部分种类 1
刺翁柱属 *Oreocereus* 1
覆盆花属 *Oscularia* 1（部分物种）
摩天柱属 *Pachycereus* 1
厚叶属 *Pachyphytum* 1
红雀珊瑚属 *Pedilanthus* 1
天竺葵属 *Pelargonium* 1（部分物种）
分药花属 *Pereskia* 1
仙人棒属 *Rhipsalis* 1
舟叶花属 *Ruschia* 1
龙骨葵属 *Sarcocaulon* 1
蟹爪兰属 *Schlumbergera* 1
景天属 *Sedum*, 部分种类 1（部分物种）
大轮柱属 *Selenicereus* 1
千里光属 *Senecio*, 部分种类 1
豹皮花属 *Stapelia* 1

注释
1 不耐寒

'温迪'落地生根

枝条扦插和茎段扦插

枝条扦插可以用来繁殖许多多肉植物，包括大戟属（*Euphorbia*）、豹皮花属（*Stapelia*）植物以及大多数柱状仙人掌。

在早春至仲春采取枝条或茎段插穗。采取的插穗的数量以及类型取决于植物种类。某些仙人掌由一系列圆形的片段组成，可以使用锋利的小刀在连接处或基部将它们切下用于繁殖。对于有扁平叶状茎的植物如昙花属（*Epiphyllum*）物种，横切茎并得到15～22厘米长的茎段。为避免破坏植物的形象，将完整的"叶片"从它和主干的连接处切下，然后将其当作插穗处理或者切成数段（见下）。对于大部分柱形仙人掌以及某些大戟属物种，可以将其茎段切下充当插穗。

所有大戟属物种以及某些萝摩科植物会在切割时产生乳液，为阻止乳液流动，将插穗放入微温的水中数秒。用一块潮湿的布堵在母株的伤口上，将切口密封。不要将乳液沾在自己的皮肤上，否则会产生刺激和不适感。

将枝条插穗留在温暖干燥处两天至两个月，让愈伤组织形成，然后再将它们上盆到适合的基质中。

插穗的扦插

将单个枝条插穗插入准备好的花盆中央，或者将数个较小的插穗插在花盆边缘。插穗的扦插深度以正好能使其自身保持直立为宜，不要太深，否则插穗基部会在生根之前腐烂。对于带有真正叶片的多肉植物（如木麒麟属*Pereskia*植物）的枝条插穗，需要在扦插之前去除底部的叶片（使用与非肉质植物同样的方式去除）。不时喷洒微温的水，但不要过多浇水，否则可能导致插穗腐烂。一般会在两周后生根，不过某些属如大轮柱属（*Selenicereus*）植物的插穗可能需要一个月或更长的时间才能生根。

枝条插穗

2 在茎节下端（见插图）修剪枝条。如有必要，摘除最下端的叶片。

1 选择健康苗壮的枝条（这里是'温迪'落地生根*Kalanchoe* 'Wendy'）。在尽可能靠近枝条基部的地方做一个直切口。

3 将每根插穗插入等比例的草炭替代物（或草炭）与尖砂砾（或沙子）混合基质中。叶片不能接触基质表面。

垫片片段

1 在连接处做一个直切口，将垫片分离下来。将片段放在温暖干燥处大约48小时，使伤口干燥（见插图）。

2 将插穗插入含等比例草炭替代物（或草炭）与尖砂砾（或沙子）混合基质的花盆中。一旦生根，换盆到标准盆栽基质中。

茎段扦插繁殖

许多仙人掌和其他多肉植物可以用一小段茎繁殖，不用将枝条全部采下。茎段长度取决于物种，一般为15～22厘米长。对于柱形仙人掌，从合适的地方将一段茎切下（如下）；对于有扁平叶状茎的植株，将茎切成数段（如右）。然后，将每段作为一个插穗处理。

柱形茎段
从某些柱形仙人掌上采取的茎段可以用作插穗。

叶状茎段
茎（这里是'奥克伍德'昙花*Epiphyllum* 'Oakwood'）被切成数段，将距离母株茎秆最近的一段插入基质中。

吸芽的分株

许多簇生仙人掌和其他多肉植物，如肉锥花属（*Conophytum*）、乳突球属（*Mammillaria*）以及景天属（*Sedum*）植物，可以在生长季早期通过吸芽繁殖。

簇生吸芽

将母株周围的表层土刮走，露出吸芽的基部，然后使用锋利的小刀按照需求小心地将一只或多只吸芽从母株上分离下来。用杀真菌剂处理吸芽上的伤口，将它们晾两至三天以形成愈伤组织。未受损的吸芽可立即上盆。

没有生根的吸芽应该插入草炭替代物（或草炭）和粗砂等比例混合的基质中。如果吸芽已经发育出了根系，则使用标准盆栽基质。使用大小合适的花盆，底部铺设一层瓦片。将吸芽单独上盆并浇适量水。

将上盆后的吸芽放置在最低温度为15℃的半阴处大约两周，并在第一周过后浇一次水。一旦新的枝叶长出，就应该将这些植株换盆到标准盆栽基质中，并定期浇水（见345页）。

吸芽块茎

某些块茎上生根的多肉植物如吊灯花属（*Ceropegia*）植物，会在母株的大块茎周围长出小型吸芽块茎。对这些小块茎进行分株并种植，可长出新的植株。在休眠期，清理走部分基质，露出吸芽块茎，然后用干净锋利的小刀将它们从母株上分离下来。用杀真菌剂处理未生根吸芽的切口，并让切口形成愈伤组织。将每个吸芽块茎插入含有等比例草炭替代物（或草炭）和粗砂基质的干净花盆中。

如果吸芽已经长出根系，则将它们直接种在标准盆栽基质中。基质表层覆盖薄薄的一层水洗尖砂，然后做好标记。将花盆放在半阴处并将温度维持在18℃。

让块茎沉降3或4天，然后再用细喷雾器定期浇水。只要开始生长并出现一些年幼的枝条，就开始正常浇水（见345页）。当植株长出数个枝条并完全成形后，立即将它们上盆到标准盆栽基质中。

簇生吸芽的分株

1 轻轻地刮走吸芽周围的表层基质。在吸芽与母株的连接处横切，并让伤口形成愈伤组织（见插图）。

2 使用等比例粗砂和草炭替代物（或草炭）混合而成的基质，将吸芽插入基质表面下。

3 表面覆盖5毫米厚的砂砾，做好标记并放到半阴处。3～4天后再浇水。

4 当新枝叶出现后，将吸芽上盆到标准盆栽基质中，像之前一样进行表面覆盖。

吸芽块茎的分株

1 刮走大块茎周围的部分基质，并小心地将吸芽块茎取出，不要损伤可能存在的根系（见插图）。

2 用杀真菌剂处理伤口，让其产生愈伤组织。如果已经长出根，则将吸芽插入盆栽基质，或者使用等比例混合的草炭替代物（或草炭）与沙子基质。

3 表面覆盖一层5毫米厚的3毫米尖砂。为花盆做好标记，过几天后再浇水。

可吸芽繁殖的仙人掌和多肉植物

龙舌兰属*Agave*，部分种类 1
芦荟属*Aloe* 1
芦荟番杏属*Aloinopsis* 1
肉锥花属*Conophytum* 1
龙爪玉属*Copiapoa* 1
顶花球属*Coryphantha* 1
青锁龙属*Crassula*的许多种类，包括：
  莲座青锁龙*C. socialis* 1
手指玉属*Dactylopsis* 1
露子花属*Delosperma* 1
春桃玉属*Dinteranthus* 1
龙幻属*Dracophilus* 1
小花犀角属*Duvalia* 1
拟石莲花属*Echeveria*的许多种类，包括：
  莲座草*E. agavoides* 1,
  德氏莲座草*E. derenbergii* 1,
  优雅莲座草*E. elegans* 1,
  白毛莲座草*E. setosa* 1
苦瓜掌属*Echidnopsis* 1
鹿角柱属*Echinocereus* 1
仙人球属*Echinopsis* 1
月世界属*Epithelantha* 1
蝴蝶玉属*Erepsia* 1
松笠属*Escobaria* 1
虎颚属*Faucaria* 1
白星龙属*Gasteria* 1（大部分物种）
舌叶花属*Glottiphyllum* 1
山地玫瑰属*Greenovia* 1
裸萼属*Gymnocalycium* 1
十二卷属*Haworthia* 1（大部分物种）
星钟花属*Huernia* 1
心琴玉属*Juttadinteria* 1
生石花属*Lithops* 1
乳突球属*Mammillaria* 1
丝毛玉属*Meyerophytum* 1
仙人掌属*Opuntia* 1
瓦松属*Orostachys* 1
锦绣玉属*Parodia* 1
凤卵属*Pleiospilos* 1
翅子掌属*Pterocactus* 1
宝山属*Rebutia* 1
菱叶草属*Rhombophyllum* 1
景天属*Sedum*，部分种类 1
长生草属*Sempervivum* 1
豹皮花属*Stapelia* 1
茗舌叶属*Stomatium* 1
瘤玉属*Thelocactus* 1（少数物种）

注释
1 不耐寒

白宫球
Rebutia pygmaea

斑叶芦荟

根茎的分株

番杏科（Aizoaceae）的许多物种如露子花属（Delosperma）和晃玉属（Frithia）植物、某些簇生仙人掌以及芦荟属植物等可以很容易地通过分株繁殖。对于虎尾兰属（Sansevieria）的部分品种，分株是繁殖彩叶品种的最可靠方法，因为叶片扦插可能会得到逆转成绿色的植株。簇生仙人掌和其他多肉植物的分株应该在生长季的早期阶段进行。

将整株植物从花盆中挖出，然后小心地将根茎掰开或切成许多较小的块，每块都带有一个健康的芽或枝条以及发育完好的根系。用杀真菌剂处理所有伤口，并将每一部分单独上盆到标准盆栽基质中。标记，浇水，并放到半阴处，直到植株完全恢复。

也可以不挖出整株植物，而是将一块根茎切下来，同时用手叉将其从土壤中挖出。在切面涂抹杀真菌剂粉末，并像吸芽块茎一样上盆（见349页）。用标准基质填补母株周围留下的缝隙，并适量浇水。

嫁接

某些仙人掌和其他多肉植物，特别是萝藦科（Asclepiadaceae）的特定物种如巨龙角属（Edithcolea）和凝蹄玉属（Pseudolithos）植物，

根茎的分株

1 将植株（这里是虎尾兰Sansevieria trifasciata）挖出。直切根茎，将其分成数块。

2 丢弃老旧的木质材料以及任何柔软或受损根系，然后将每段根茎重新种植。

在自己的根系上生长时，成熟开花的速度很慢，将其嫁接到成熟速度较快的近缘物种上，可以促使其更快地开花。在接穗植物的生长期，将接穗嫁接到更苗壮的砧木物种上。可使用的嫁接方法有三种：劈接、平接和侧接。

劈接

1 准备砧木，用干净锋利的小刀将顶端削平，横切茎秆。

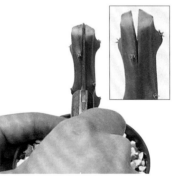

2 在砧木上做出细长的V字形裂缝，深约2厘米。

3 选择接穗材料，并将其从母株（这里是一株蟹爪兰）上分离，用锋利的小刀在茎节处横切。

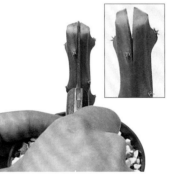

4 将接穗的底端修剪成狭窄的楔形，和砧木上的V字形裂缝相匹配。

5 将接穗插入砧木上的裂缝中（见插图），确保它们紧密接触。

6 在嫁接区域插入一根仙人掌刺，将接穗与带缝砧木固定在一起。

另一种办法
使用酒椰纤维或小衣夹将嫁接部位固定结实，但不要过紧。

劈接

附生仙人掌常常通过劈接的方式繁殖，得到垂直的"标准苗型"或乔木状植株。使用茎秆强健而细长的麒麟掌属（Pereskiopsis）或大轮柱属（Selenicereus）作为砧木。

为得到砧木，从选定植物上采取枝条插穗（见348页）。当插穗生根并开始新的生长时，就可以用于嫁接了。将砧木顶端削平，并向下做两次斜切，形成一个狭窄、垂直、大约2厘米长的V字形裂缝。

从接穗植物上选择健康枝条，并将下端修剪成楔形，与砧木上的裂缝相匹配。将准备好的接穗"楔子"插入砧木的裂缝中，使切面紧密地贴合在一起。用仙人掌的刺水平插入嫁接区域，或者用酒椰纤维或小衣夹将砧木和接穗结实地固定在一起。

将嫁接后的植株放入21℃的半阴环境中。砧木和接穗应该在数天之内愈合；一旦愈合，立即将刺

或酒椰纤维撤除，用杀真菌剂粉末处理刺造成的孔洞。当新枝叶长出后，像对待成形植物那样进行浇水和施肥（见345页）。

平接

这种方法常常用来繁殖茎叶扭曲不规则的多肉植物、带有簇生毛发的其他多肉植物，以及绯牡丹（Gymnocalycium mihanovichii）和白虾（Echinopsis chamaecereus），因为它们的幼苗会缺少叶绿素。可用作砧木的属包括仙人球属（Echinopsis）、卧龙柱属（Harrisia）和量天尺属（Hylocereus）。

在需要的高度对砧木的茎进行水平横切，然后用锋利的小刀在横切面边缘斜切肋状棱，去除切口附近的所有刺。

对接穗进行类似的处理，然后将其基部放置在砧木植物的切面上。将橡胶带绑在接穗上端和花盆底端进行固定，确保橡胶带不会太紧。

将嫁接后的植物放在明亮的地方，但不要放在全阳光直射下。保持基质刚好湿润，直到接穗和砧木愈合（通常需要一至两周），这时可撤去橡胶带。然后，像对待成形植物那样进行浇水和施肥。

在嫁接萝藦科植物时，吊灯花属（Ceropegia）的肉质块茎或豹皮花属（Stapelia）的健壮茎秆可以用作砧木。尤其是前者，特别适合用于嫁接某些原产马达加斯加或阿拉伯地区的萝藦科植物，这些物种使用其他砧木都很难繁殖成功。

侧接

这种方法适用于接穗太细、难以直接嫁接在砧木顶端的情况。它和木本植物的切接法很相似。在砧木顶端切一个斜角，然后修剪接穗基部，使其尽可能紧密地贴合砧木。用仙人掌刺或酒椰纤维将它们固定在一起，并按照与平接同样的方式进行处理。

嫁接繁殖的仙人掌和多肉植物

平接
卧野龙属 Alluaudiopsis 1
星冠玉属 Astrophytum 1
狼爪玉属 Austrocactus 1
皱棱球属 Aztekium 1
松露玉属 Blossfeldia 1
银装龙属 Coleocephalocereus 1
姬孔雀属 Discocactus 1
小花犀角属 Duvalia 1
仙人球属 Echinopsis
巨龙角属 Edithcolea 1
月世界属 Epithelantha 1
初姬球属 Frailea 1
丽杯花属 Hoodia 1
鸟羽玉属 Lophophora 1
狼牙棒属 Maihuenia 1
乳突球属 Mammillaria 1
小槌球属 Mila 1
圆锥棱属 Neolloydia 1
牛角属 Orbea 1
锦绣玉属 Parodia 1
月华玉属 Pediocactus 1
斧突球属 Pelecyphora 1
凝蹄玉属 Pseudolithos 1
巧柱属 Pygmaeocereus 1
宝山属 Rebutia 1
丽钟角属 Tavaresia 1
尤伯球属 Uebelmannia 1

侧接
姬孔雀属 Disocactus 1,
  细柱孔雀 D. flagelliformis 1
鹿角柱属 Echinocereus 1
金煌柱属 Haageocereus 1
苇仙人棒属 Hatiora 1
鳞苇属 Lepismium 1
仙人棒属 Rhipsalis 1
大轮柱属 Selenicereus 1
短轮孔雀属 Weberocereus 1

劈接
姬孔雀属 Disocactus 1
苇仙人棒属 Hatiora 1
蟹爪兰属 Schlumbergera 1
大轮柱属 Selenicereus 1

注释
1 不耐寒

平接

1 用锋利的小刀将砧木顶端削去，得到平整的切面。

2 修剪切面，使其边缘稍稍倾斜；扶稳茎部，不要接触伤口区域。

3 从基部将接穗材料切下。对接穗切口边缘进行斜切（见插图），使其能紧密地贴合在砧木上。

4 将接穗放置在砧木上，并用橡胶带固定结实，但不要太紧。将接穗植物的名称记录下来。

5 将花盆放到最低温度为16℃的良好光照环境中。新枝叶出现后将橡胶带去除。

侧接

如果接穗植物过于细长，可以将其嫁接在砧木的一侧。在砧木和接穗上各做一个斜切口，将切面系在一起，然后用仙人掌的刺和酒椰纤维固定。放在16℃的良好光照环境下，直到新枝叶长出。

'绯牡丹'

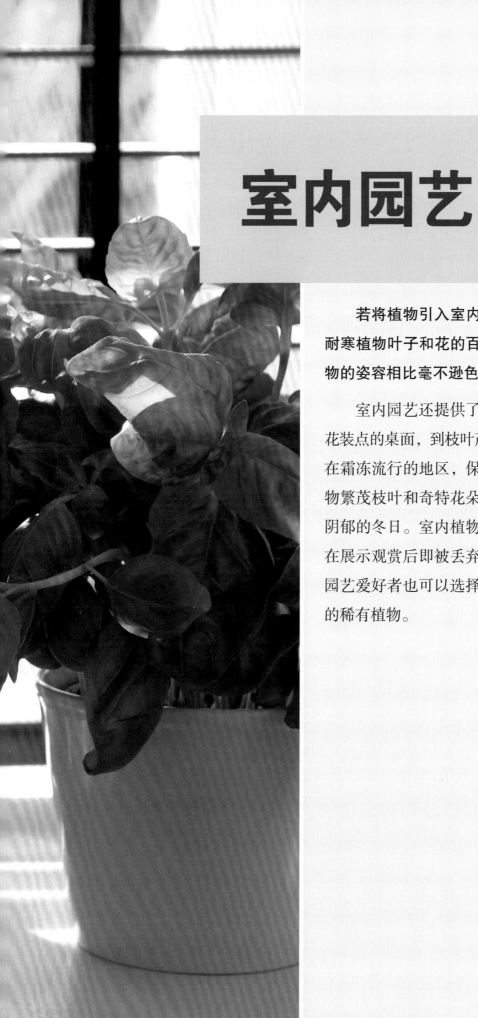

室内园艺

若将植物引入室内，便可无论寒暑，安然欣赏不耐寒植物叶子和花的百般色彩和形状，它们与室外植物的姿容相比毫不逊色。

室内园艺还提供了创造不同效果的可能性（从盆花装点的桌面，到枝叶茂盛的玻璃容器或瓶子花园）。在霜冻流行的地区，保育温室可以改造成遍布热带植物繁茂枝叶和奇特花朵的小型丛林，保证能够点亮最阴郁的冬日。室内植物的用途很广泛，而且某些植物在展示观赏后即被丢弃，几乎不需要养护。当然室内园艺爱好者也可以选择种植需要更多定期养护和照料的稀有植物。

在室内展示植物

可以在家中或温室中生长的植物种类能够提供丰富的形式、色彩和质感。选择某种植物可能是因为它们漂亮的叶片或美丽的花朵，既有叶子花那样生机勃勃的鲜艳色调，又有马蹄莲（*Zantedeschia aethiopica*）那样凉爽冷静的优雅。其他植物如珊瑚樱（*Solanum pseudocapsicum*），则因它们明亮多彩的果实而备受珍视。香气也可以成为选择家居观赏植物的因素，例如，香叶型天竺葵能够和其他植物很好地融为一体，同时为植物增添美妙的香味。

形式和结构　使用匹配的容器将植物聚集在一起。

选择室内植物

植物材料的选择取决于它们是永久性的还是暂时性的。如果是前者，那么外形和枝叶有趣的植物是全年观赏的最佳选择；如果是后者，像仙客来（*Cyclamen persicum*）这样的季节性观赏植物可以用来增添一抹色彩。

植物可以强化室内陈设的风格，或者与之形成对比，无论它是古朴的村舍厨房还是精致正式的城市起居室。植物可以主导场景，并赋予房间基本个性，创造兴趣点，或仅仅是增添细节。无论所需效果是什么样的，都要选择那些既能在预定位置茂盛生长，又能和所处环境相得益彰的植物。

叶片和形式

拥有美丽叶片的植物对于长期室内观赏非常有价值。它们可能拥有巨大的叶片，如八角金盘（*Fatsia japonica*），或者像金钱麻（*Soleirolia soleirolii*，同*Helxine soleirolii*）那样拥有茂密而纤秀的叶子。叶片可能有微妙或醒目的花纹或色彩，如肖竹芋属（*Calathea*）的物种，或者拥有有趣的形状，如龟背竹（*Monstera deliciosa*）。

叶片还可以有不同的质感，从印度橡胶树（*Ficus elastica*）叶片的高度光泽到毛叶冷水花（*Pilea involucrata*）叶片布满皱纹的表面，以及爪哇三七草（*Gynura aurantiaca*）叶片的柔软丝绒触感。某些植物被选择是因为它们强烈鲜明的形式，如尖锐的凤梨科植物、优雅的棕榈植物和蕨类，以及卵石一般的生石花属（*Lithops*）植物。

群植植物

在进行种植设计时，应谨慎选择那些花色鲜艳或叶片图案强烈的植物，避免它们之间产生不协调。在商店、苗圃或园艺中心将植物放在一起进行对比，然后再做出购买选择。

室内植物　在保育温室或者明亮的室内区域能够种植多种多样的植物，如白花丹属（*Plumbago*）、苘麻属（*Abutilon*）以及天竺葵属（*Pelargonium*）植物，它们会和谐共处，并为周围的背景大大增色。

主景植物如棕榈等是非常好的标本植物，也可以作为群植中醒目的视线焦点。较小的植物一起放置在多层架子上时会产生较强的视觉冲击，不过也可以作为细巧的笔触单独使用。相同的植物紧密种植在一起，如一盆白色的风信子，会形成强烈而简单的视觉效果。

室内环境

在确定植物在室内的位置时，它们对温度和光照的特定需求是最重要的决定因素（见361页，"室内植物的种植者指南"）。如果环境条件与植物的需求相冲突，那么它们会很快变得不健康。刚刚从受控环境中购买的植物特别容易受到伤害。

温度

尽管大多数现代房屋在冬季白天都能保持温暖，但气温常常在夜间急剧下降——这对于许多原产于热带的室内植物来说是一个问题。将这些植物放置在远离气流并且温度不会剧烈波动的地方。不要在夜晚将不耐寒植物留在窗台上，特别是如果拉上的窗帘隔绝了室内温度的话；也不要将植物直接放到正在工作的暖气片或加热器上面。室内植物需要温暖才能开花，但如果温度过高，花朵会很快枯萎死亡。

光照

大多数植物在明亮的过滤阳光下或者远离阳光直射的明亮位置都能茂盛生长。和普通绿叶植物相比，彩叶植物需要更多光照，但过于强烈的阳光会灼伤叶片。开花植物如朱顶红属（Hippeastrum）植物需要良好的光照才能很好地开花，但多余的光照会缩短花期。很少有室内植物能够忍受阳光直射。

光照不足会导致植物长出颜色浅且发育不良的新叶，枝条也会变得长而细弱；某些彩叶植物可能会开始产生绿色的普通叶片；成熟的叶子会变黄并凋落。因光照不足变得柔弱的植物特别容易受到病虫害的侵害。

房间内的自然光线强度取决于窗户的数量、大小、高度和朝向。光照强度随着离窗户距离的增加而快速降低。在冬天，自然光照比夏天少得多，某些植物可能需要转移到种植架上，适应光照的季节性变化。

如果植物开始朝向光源倾斜生长，在浇水时将它们轻轻旋转过来。如果光照水平太低难

窗台的危险

过于强烈的阳光、暖气片的多余热量以及从窗户吹来的气流都能对放在窗台上的室内植物造成伤害或令其死亡。

以维持健康生长（大多数植物需要每天12～14小时的光照），可以使用补光灯进行补光（见577页，"补光灯"）。补光灯在种植非洲紫罗兰时特别有用，因为非洲紫罗兰需要很长的日照时间才能持续开花。

植物的选址

只要提前考虑和计划，就有可能为室内几乎所有位置找到能茂盛生长的植物，无论是明亮的房间还是昏暗的走廊。

室内背景

要考虑清楚植物在房间内会产生什么样的影响。它们与房屋的比例恰当么？微小的盆栽植物在大空间里会有迷失之感。背景合适么？无装饰的浅色墙会衬托开花植物。花朵或叶子的颜色能够与装修融为一体么？

高处的吊篮和种植架适合蔓生植物，而与视线平齐的位置最好种植花朵或叶片精致秀美的植物。将攀援植物如攀援喜林芋（Philodendron hederaceum）、澳大利亚白粉藤（Cissus antarctica）以及常春藤等整枝到框格棚架或其他支撑结构上，形成一面屏障。

使用植物为空荡荡的角落或空间（如未使用的壁炉）增添活力，后者会为植物景观提供现成的框架。大型植物或群植植物可以分隔室内空间，或者作为房屋和花园之间的联系纽带。

植物和光照水平

阳光充足的明亮条件适合多肉植物以及多毛、蜡质或灰色叶片的植物。球兰（Hoya carnosa）、天竺葵属植物以及'花叶'凤梨

室内的光照水平

植物距离窗户越远，它接受的自然光照就越少。如果植物距离窗户2米远，它接受的光照可能只有窗边的20%。放置在窗户附近但在窗户侧边的植物也不会接受更多光照，特别是如果窗台很深的话。

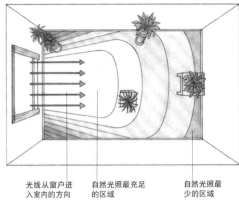

光线从窗户进入室内的方向　自然光照最充足的区域　自然光照最少的区域

（Ananas comosus 'Variegatus'）也喜欢阳光直射。在没有阳光直射或光线经过过滤的地方，可种植观叶秋海棠如蟆叶秋海棠（Begonia rex）、附生兰如蝴蝶兰（Phalaenopsis）以及长着醒目白色佛焰苞的白鹤芋（Spathiphyllum）。

对于远离窗户的角落，选择蕨类和叶片坚韧的植物，如袖珍椰子属（Chamaedorea）植物、八角金盘（Fatsia japonica）以及常春藤。不时将植物放置在更明亮的地方数天。

厨房和浴室

厨房和浴室（特别是面积较小的）的温度和湿度会产生很大的波动，所以要选择那些能耐受极端条件的植物。光滑、坚硬的浴室表面能够与蕨类和观赏禾草以及某些莎草属（Cyperus）物种的柔软羽毛状叶片形成效果很好的对比。浴室的光照水平常常很低，适合喜荫花属（Episcia）、肾蕨属（Nephrolepis）或冷水花属（Pilea）植物。在浴室的高处种植蔓生植物，如攀援喜林芋。不要将蔓生植物放在厨房橱柜的顶端，因为它们会阻碍橱柜门的开合；而且，高处的光照水平很低，植物会变得瘦弱细长。在明亮处，使用吊篮种植一系列香草或袖珍番茄品种。香草还可以种植在阳光充足的厨房窗台上。

耐性强的植物

能够耐受各种生长条件并拥有美观叶片的植物包括蜘蛛抱蛋属（Aspidistra）、吊兰属（Chlorophytum）、澳大利亚白粉藤（Cissus antarctica）以及虎尾兰属（Sansevieria）植物。开花植物的要求更严苛，但菊花（见186~187页）或催花后的球根植物（见231页）会短暂地开花。

温室园艺

保育温室经常单独作为额外的室内起居室使用，里面常有舒适的装饰并常常用盆栽植物点缀。不过，植物爱好者们可能会想到将他们的保育温室变成密封起来的花园的延伸——一处能够满足奇异植物需求的受保护环境。毫无疑问，附属于房屋的保育温室常常比独立的普通玻璃温室更受欢迎，而当修建一座新保育温室的主要目的是作为植物茂盛生长之地时，那就值得在设计阶段花些时间。

植物的安乐所

保育温室能够栽培那些在更冷凉的室外条件中无法茂盛生长的植物。在这里，预示着硕硕果实的桃花可以在室内观赏。

位置和朝向

对于独立式玻璃温室，其朝向和位置应该满足最大限度的光照和最好的生长条件，但对于保育温室，优先考虑的往往是它在哪里连接房屋最美观，同时还能方便地与厨房、走廊以及其他生活区域相连。

全天处于全日照条件下的保育温室需要充分的通风——大型屋顶换气扇、在夏天能开启的窗户以及可以向后折叠的门，再加上有效的屋顶遮阴。对于其朝向只接受清晨或傍晚阳光，在一天最炎热的时候处于阴凉中的保育温室，其中适合种植能够耐受多种条件的植物。如果最好的位置相对缺少阳光，也不要自认为是一个缺点。阴凉会促进叶子的生长，并且保育温室会因此有相对稳定的温度，非常适合喜阴植物的生长。

热带或亚热带植物需要保育温室有温暖湿润的环境，这会让软家具、书籍和杂志快速腐烂——而许多园艺师会选择能够更精确地控制环境条件的独立式玻璃温室（见566~583页，"温室和冷床"）。

基础材料

大多数保育温室都有用砖块或木材修建的墙基，上面支撑着装有玻璃的木质或金属框架以及坡面屋顶。可能需要架子或工作台将小型植物抬升到光照充足的高度。宽阔的内部窗台可以用来摆放盆栽植物。和大多数普通玻璃温室不同的是，保育温室一般是双层玻璃的，目的是保留房屋内部的热量。由于结构更加坚固，透入保育温室的光

线永远都不会像玻璃温室那样多，在选择植物时应该牢记这一点，特别是如果保育温室接受的阳光很少的话——例如番茄在玻璃温室中的结果状况会更好，而夹竹桃更可能在朝南的平台上开花。

最实用的地面材料是板条浸油硬木、瓷砖或石材，后者容易保持清洁，并能耐受植物以及浇水降暑产生的高湿度。

通风

充足的屋顶通风对于保育温室至关重要。并没有精确的公式用来计算所需要的通风量，因为这取决于建筑的朝向和设计。屋顶排风扇能够让向上升到屋顶的

确保通透

如果建筑处于全日照下，能够打开并在背后钩住固定的双扇门会大大利于通风。打开尽量多的窗户。

暖空气排出保育温室，当至少三分之一的玻璃安装区域可以打开时，通风系统才能达到最好的工作效果。用铰链安装在屋脊上的玻璃温室排风扇经过改造后能够

承受双层玻璃的重量，并在关闭时不透水，即使很大效果也很好。应该使用电动或机械螺旋千斤顶（screw-jack openers）来操作排风扇，除非屋顶异乎寻常得低，这样的话应该使用蜡动温室开窗机（wax-operated greenhouse opener）。又见575页，"通风"。

遮阴

除非保育温室不接受阳光直射，否则都需要遮阴，以保护植物免遭灼伤。卷帘是最常见的解决方案，从屋顶进行安装并用拉近的金属丝支撑，防止松垂。如果种植攀援植物的话，室内屋顶卷帘可能会很麻烦；室外卷帘比较实用，但它们看上去的效果可能不太好。安装在门窗上的侧面卷帘更多地用于保护隐私而不是遮阴（又见576页，"遮阴"）。

加热

由于保育温室毗邻房屋，因此它相对容易保持温暖并常常可

以和中央供暖系统连接。理想的情况下，它应该有独立的管道和控制系统，维持植物夜间所需的最低温度，此温度可能比房屋内所需的夜温更高。如果不能连接到房屋内，可以使用恒温换流加热器。所有类型的加热器以及恒温器都最好放置在室内较冷的角落里。

还可以使用地板下供暖，它有两种类型。第一种类型是在地板下使用弯曲的蛇形电缆或细热水管加热。这些电缆或管道会加热地板，提供均匀持续的热量，最适合用于朝北、阳光直射很少的保育温室。第二种方法是暖气管沟加热，它由中央加热管道组成，管道通常加翅以增加输出，埋设在30厘米宽的沟槽中，设置在保育温室内部的边缘，上面覆盖着铸铁铁栅。暖气管沟加热系统的安装比电缆加热系统贵，但更容易进行调整和校正，还能够很方便地增加空气湿度（只需将水泼洒在铁栅上产生蒸汽即可）。

湿度

保育温室里非常干燥，许多植物都不适应这种条件，并且还容易滋生病虫害。将植物聚集在一起会有所帮助，因为从它们的叶片中蒸腾出来的水分会产生湿润的微气候。装满水的砂砾托盘或浅碟会增加空气湿度。在炎热的天气里，将水泼在地板上是必需的，特别是在门窗都打开通风的情况下。另一个可靠的湿度来源是壁挂喷泉，如果有足够空间的话，还可以安装一个室内水池（又见576页，"湿度"）。

浇水

灌溉系统虽然在保育温室中很有效，但常常很难隐藏起来。大多数园艺师依靠手工浇水。灌溉用水的温度应该与植物及其基质保持一致。传统的保育温室内部常常在地板上安装有储水箱。来自水管、户外集雨桶或水箱中的水应该在水壶或水桶中放置数小时再使用。

在水质较硬的地区，浇水会使土壤板结并逐渐增加土壤的碱性，这会导致许多保育温室内的植物（如柑橘、山茶和栀子花）产生萎黄病，并且生长不良。可以安装硬水软化器或使用保育温室排水系统在集雨桶内收集雨水（又见614页）来解决这一问题。理想的情况下，应该在集雨桶的底部安装一根管道，通向保育温室内部的水龙头，而集雨桶的高度要足够高，让重力将水输送到水龙头，或者使用电动水泵。

展示植物

某些植物最好种植在土壤苗床上而不是花盆里。地面苗床实用性不好，因为它们会和潮湿的管道互相干扰，难以保持清洁（特别是如果害虫能进入室内的话），并且是永久性的，难以改变布局。最好使用砖砌抬升苗床，这样年老或残疾园艺师操作起来也比较方便。应该将苗床抬升得足够高以便让根系充分发育，并且要有防水衬垫，底层设置砂砾排水层（又见269页，"抬升苗床"）。

攀援植物可以种植在挂壁框格棚架或者安装在墙壁和屋顶的金属丝上。盆栽植物可以整枝在独立式支撑结构（如金属丝框架）上（见325页）。在木质屋顶上安装长柄螺丝，使整枝用的金属丝距离玻璃至少15厘米。至于金属或塑料屋顶，一般可以使用自攻螺钉和特制支架。确保攀援植物不会接触照明灯具。

屋顶和侧壁卷帘
传统的木条卷帘用薄松木条编织而成，可以提供70%~75%的遮阴效果。令人满意的替代品包括硬化棉布、背面镀膜反射阳光的塑料布以及玻璃纤维网。

植物的健康

保育温室的植物病虫害问题和玻璃温室（见375页）中的一样，但由于毗邻房屋，而且保育温室主要是供人使用的，因此控制病虫害的方法差异很大。如果在正确的时期使用，生物防治能有效地控制许多害虫（见643页，"生物防治"）。在大多数情况下都绝不可能进行定期烟熏或经常喷洒杀虫剂。如果需要使用这些手段，最好在温和的天气将植物转移到室外，在处理前将植株清洁干净。待杀虫剂喷雾干燥后再将植物转移到室内。

特制苗床
这个抬升种植苗床坐落在不透水、有边缘的砂砾基层上，其中可以添水，为喜湿的凤梨（这里是彩叶凤梨 *Neoregelia*）等植物增加空气湿度。

增加新鲜空气

种植室内植物主要是因为它们的美学价值，但也有额外的好处。叶片的毛孔会在蒸腾作用下释放水蒸气，这意味着室内植物可以增加空气湿度。这在中央供暖的家庭和办公室环境中很有好处，否则人在这种干燥条件下会受到"室内空气综合征"的困扰。

某些植物可以清除空气中有害的污染物——如氨、乙醇、丙酮以及各种生物废液。能够吸收这些污染物的室内植物包括散尾葵（*Dypsis lutescens*）、美丽针葵（*Phoenix roebelenii*）、棕竹（*Rhapis excelsa*）和竹茎椰子（*Chamaedorea seifrizii*）、垂叶榕（*Ficus benjamina*）和'健壮'印度橡皮树（*F. elastica* 'Robusta'）、孔雀竹芋（*Calathea makoyana*）、'波士顿'高大肾蕨（*Nephrolepis exaltata* 'Bostoniensis'）、辐叶鹅掌柴（*Schefflera actinophylla*）、'淡黄斑'暗绿黛粉叶（*Dieffenbachia seguine* 'Exotica'）、竹蕉群香龙血树（*Dracaena fragrans Deremensis Gruop*），红柄喜林芋（*Philodendron erubescens*）以及白鹤芋属（*Spathiphyllum*）的杂种，菊花、洋常春藤（*Hedera helix*）以及映山红（*Rhododendron simsii*）各品种。

容器

选择容器时要注意，其材料、颜色和形状应该和装修融为一体，并且能够衬托出孤植或群植植物的最好一面。在风格和材料上的选择都很多，能够得到从古朴到超现代的各种效果。最让人意想不到的家居物件——煤斗、鸟笼、厨具、水壶、瓮缸等都可以成为非比寻常的醒目种植容器。

吊篮

吊篮是门廊、阳台、露台和地台上的常见景致，也是室内种植的美观方法，可将它们悬吊在楼梯井中、椽子上、窗户边或独立式支撑结构上，对空间进行经济又多彩的运用（见312页，"吊篮"）。

拱形的蕨类叶片植物、有莲座丛的附生植物以及许多垂蔓株型的观叶植物特别适合在吊篮中种植。在一年中使用不同的植物，可以带来季相变化。绿蟹爪兰（*Schlumbergera buckleyi*）在冬天可以提供繁茂、鲜艳的花朵，就像夏天的倒挂金钟属植物一样。可以在吊篮中种植盆栽植物，得到临时性景致，但需要每年重新种植。长期种植的吊篮更容易管理，特别是只种植一株大型植物。

选择悬吊容器

吊篮有各种各样的设计，也有各种各样的材料。在选择吊篮和确定位置时，要记住大多数植物需要频繁地浇水。金属丝制成的吊篮只能在有防水地板的房间使用；某些硬质塑料吊篮有内置集水浅碟，解决了漏水问题。还可以使用美观但沉重的陶制悬吊花盆，以及锻铁、木质或柳编吊篮。

种植后的吊篮很重，特别是当刚刚浇完水后，所以必须用结实的绳索或铁链将它悬挂在钩子或支架上，钩子或支架牢固地安装在平顶搁栅或实体墙上。

玻璃容器和瓶子花园

玻璃容器是一种封闭容器，常常本身就极具装饰性，可以用于在家中陈设小型植物。作为一种为蕨类植物提供合适微环境的方法，它们在19世纪曾经特别流行，任何需要潮湿环境、生长缓慢的观赏植物都能在这样的玻璃容器中茂盛生长。叶片的质感和颜色充满对比的植物观赏效果最好——最好不要种植开花植物，因为花朵在潮湿的条件下容易腐烂。玻璃容器可以永久性地结合在窗户里，用于种植一片较大的植物。

还可以用观叶植物在玻璃瓶子内创造微型景观。只要瓶颈足够宽，能够放入植物并进行日常养护，任何形状或颜色的瓶子都可以使用，但需要记住的是，带颜色的玻璃会阻挡部分光线。

室内光照

泛光灯和聚光灯可以为植物陈设增色不少，向上或向下照射的灯会形成强烈的光影效果。不要将植物摆放得离光源太近，以免热量对植物造成损伤。普通白炽灯不会显著促进生长和养分合成（光合作用）。

办公室植物

在办公室内引入植物不但能点亮室内环境，还能降低噪声，净化空气，创造压力较小的氛围。在现代开敞式布局的全玻璃封闭带空调办公室中，温度是恒定的，空气污染很少，光线充足——这是理想的种植环境。在窗户较小且环境调控不足的旧式建筑中种植会有更大挑战。

使用自饮式花盆，特别是如果它们靠近电动设备的话，可以将几株盆栽植物齐边埋入大型容器。

合适的植物

叶片有光泽的常绿植物在办公室和家中一样坚韧、有耐性。流行的榕属（*Ficus*）植物包括各种形状和大小的种类，从叶片巨大、有光泽的琴叶榕（*F. lyrata*）（在大空间中单独种植）到叶片细小、有皮革质感的圆叶榕（*F. deltoidea*）。

互补的群体种植
聚集在一起的植物（如这些兰花和铁线蕨），会在叶片周围形成湿润的小气候。每天给植株喷雾，以维持空气的湿润，或者将植物放在装满潮湿砂砾或膨胀黏土颗粒的托盘上。

凉爽保育温室

许多植物都能在凉爽但无霜的单坡保育温室中茂盛地生长，创造精致的景观，这里展示的观叶和观花植物只是其中的一小部分。

1 蓝雪花 Plumbago auriculata (同 P. capensis)
2 吊兰 Chlorophytum comosum (同 C. capense of gardens)
3 同叶风铃草 Campanula isophylla
4 '三色' 虎耳草 Saxifraga stolonifera 'Tricolor' (同 S. stolonifera 'Magic Carpet')
5 '小瀑布' 天竺葵 Pelargonium 'Mini Cascade'
6 山茶花 Camellia japonica
7 松鼠尾 Sedum morganianum
8 '海蒂' 旋果花 Streptocarpus 'Heidi'
9 吊金钱 Ceropegia linearis subsp. woodii
10 '华美' 红千层 Callistemon citrinus 'Splendens'
11 光叶澳吊钟 Correa pulchella
12 '阳光' 蒲包花 Calceolaria 'Sunshine'
13 '紫袍' 蓝高花 Nierembergia scoparia 'Purple Robe'
14 圆叶木薄荷 Prostanthera rotundifolia
15 玫瑰远志 Polygala x dalmaisiana (同 P. myrtifolia 'Grandiflora')
16 高地黄 Rehmannia elata
17 四季橘 x Citrofortunella microcarpa (同 Citrus mitis)

喜林芋属（Philodendron）是另一个体型较大、引人注目的属，包括攀援植物和蔓生植物，这些植物的叶片很漂亮。坚韧的龟背竹攀爬速度很慢，但最终能达到数米的株高和冠幅。

日光室和保育温室

花园可以被引入室内，无论是日光室还是保育温室，前者是可以装点盆栽植物的居住空间，后者常常是供植物使用的。在温带气候区，两者都可以用来为夏季室外观赏的盆栽植物提供冬季的庇护所；保育温室还能够提供热带和亚热带植物所需的温暖潮湿环境（又见356~357页）。

保育温室中的高光照水平能促进彩叶植物呈现出浓重的色调，还能促进其开花。在受限空间里，芳香植物如多花素馨（Jasminum polyanthum）很受欢迎，其香味会在空气中弥漫不散。

应该选择适应保育温室朝向和温度的植物。要记住，玻璃结构的冬季供暖成本会很高，而在夏天又会很热。

充分利用空间，创造丰沛茂盛的种植效果。在抬升和地面土壤苗床中，地板、窗台、架子上的花盆里，以及吊篮中种植不同高度的植物。大型热带或亚热带植物以及独立式攀援植物可以整枝在框格棚架或安装在墙壁和屋顶的金属丝上。使用与露地花园植物互补的植物种类，会在视觉上将二者连接起来，并产生某种空间感。

在温室中种植植物

在温室中，能对光照、温度和湿度进行控制，这使得温室中能够种植的植物种类比经受风霜的室外花园广泛得多。使用温室还能将观赏期和收获期延长——从早春到秋末，如果需要的话，甚至可以达到整年。

温室的用途

温室在冷凉气候区很有用，那里有冰霜、强风或过多的雨水。温室可以用于繁殖；种植不耐寒的植物或花朵用于切花；也可以种植作物，如沙拉菜、早熟蔬菜，甚至水果。和种植在室外相比，许多植物在保护设施下生长得更快，结实或开花更多。半耐寒植物可以在室外容器中生长，并在需要的时候转移到温室中。

有些园艺师使用温室种植特定植物如耳状报春花或倒挂金钟属植物（见119页）。其他人可能在温室中收集肉食性植物、高山植物（见277~279页）、兰花（见368~371页）、仙人掌（见338~351页）或蕨类（见202~203页）。

温室布局

传统的独立式温室内部由一条中央过道以及两侧和远端的齐腰工作台组成，更宽的温室可能在中间也有工作台。工作台（又见579页）是至关重要的，即使在夏天为了种植花境作物将工作台移走，它也会在一年中的其他时间用来培育幼苗、繁殖插穗和展示盆栽植物。板条或网状工作台最适合放置盆栽植物，可以避免花盆立在水中并确保空气自由流通，特别是在冬天。

为得到额外的展示空间，使用分层工作台、台座苗床或土壤花境。如果玻璃从地面开始升起，可以在工作台下种植或放置蕨类和其他喜阴植物。抬升苗床可用于展示小型植物，如高山植物和仙人掌，这些植物可以直接种植在苗床中或带花盆齐边埋入砂砾或沙子中。

温室观赏

虽然和保育温室相比，独立温室常更多地用于实用用途，但它的一部分或全部也可用于观赏展示。群体种植常常比分布零散的植物更加美观。可以专注于一个属的植物如旋果花属（Streptocarpus），也可以随机地将植物混合

园艺百科全书（典藏版）

室内花园
在空间允许的地方，在温室内部也可以创造自然主义的风景。在这里，观叶植物提供了茂盛的框架，映衬着观花植物的鲜艳花朵。

在一起，或者营造一个微缩景观。用叶子的形状、尺寸和质感形成对比，并运用花朵和叶片的颜色形成和谐的景观。

依靠房屋墙壁而修建的单坡温室还同时是保育温室。为利用背面墙壁，可使用攀援植物，它们需要宽仅30厘米的苗床或花盆。将墙壁涂白以反射阳光，并为植物提供背景。

温室环境

要成功进行种植，足够的通风和加热以及夏季遮阴都是至关重要的；水管和电力也十分有用。温室的温度取决于它的用途，有4种基本类型：寒冷温室，或称不加温温室；凉爽温室，或称无霜温室；普通温室；温暖温室（更多信息见573～577页，"创造合适的环境"；又见361页，"室内植物的种植者指南"）。

寒冷温室

寒冷温室能够抵御极端风雨天气，并且比室外暖和得多，能延长植物的生长期。

大多数耐寒一年生植物、二年生植物以及灌木可以在寒冷温室中越冬，而半耐寒一年生植物、球根植物和灌木留在温室内继续生长，直到夏天园土回暖且霜冻风险过去后移栽到室外。寒冷温室常常用于繁殖种子，并且能够得到早熟水果或蔬菜。作为高山植物温室，它可以提供盆栽高山植物和岩生植物所需的特殊条件（见277～279页，"高山植物温室和冷床"）。

寒冷温室在寒冷天气中可能会出现数小时的霜冻，所以不适合不耐寒植物越冬。阳光甚至是明亮的人造光线能提高白天温度，但夜间温度可能降低到几乎与露地花园相同的水平。在温带地区，大多数依靠向阳墙壁修建的寒冷温室都能提供与凉爽温室相似的条件（见下），但这也不能阻止数天的严霜将不耐寒植物冻死。

凉爽温室

凉爽温室的无霜条件增加了可以种植的植物种类。凉爽温室比较容易管理，因为没有必要使用保护措施。5～10℃的日温和2℃的最低夜温可以实现植物的全年观赏。

在凉爽温室中，耐寒球根植物，特别是那些花朵精致到在露地花园中难以看到的种类，开花会提前，在冬末和早春能提供一抹亮色。不耐寒的露台植物也可以在这里培育和越冬；室内植物可以在较温暖的月份复壮和繁殖；冬季开花的植物，如芳香的木薄荷属（*Prostanthera*）植物，可以种植在基座苗床或花盆里。在保护设施中种植的菊花和四季康乃馨能够提供切花，而夏末播种的耐寒一年生植物会很早开花。

凉爽温室应该充分供暖以排除冰霜，并在所有天气中维持最低限度的温度（见574页，"加温"）。即使不为整个温室加温，使用一个电动加热增殖箱或工作台也能在春天提早进行培育新植株的工作。

普通温室

普通温室将日温提升至10～13℃，最低夜温保持在7℃，能够进一步增加植物种类。如果保存在普通温室中，来自加利福尼亚、地中海地区、南非、澳大利亚和南美部分地区等基本无霜气候区的植物能在它们通常不能承受的较严酷气候区生存，这些种类包括鸳鸯茉莉属（*Brunfelsia*）、蓝花楹属（*Jacaranda*）以及鹤望兰属（*Strelitzia*）植物，还有兰属（*Cymbidium*）物种和杂种。如果保持9℃的温度，带纹型天竺葵能长年开花。

温暖温室

温暖温室的最低温度为13～18℃，可以用来栽培亚热带和热带植物，还可用于全年繁殖和花朵展示。不耐寒植物，如许多凤梨科植物（见362～363页）以及众多兰花（见368～371页），可以在温暖温室中种植并在最佳观赏期移入室内欣赏。

温暖温室整年都需要可控制的供暖系统，即使是在冷凉气候区的夏天。在温带地区，这意味着高昂的供暖成本。恒温控制器、双层玻璃、风扇以及自动通风系统、自动灌溉和洒水降温系统，还有遮阴等设备，有助于控制生长条件，并方便进行日常养护。凉爽温室中较温暖的部分是比较便宜的选择，温暖的保育温室或种植房也可以考虑。

温室保护
在冬天，温室能为许多植物提供庇护，仙人掌和多肉植物就是其中的一类，它们还可以在夏天的温室中得到遮阴，躲避烈日下的高温。

室内植物的种植者指南

温暖温室
（最低温度13~18℃）

观花植物
口红花属*Aeschynanthus* 1 a
花烛属*Anthurium* 1
单药爵床属*Aphelandra* 1 a
鸳鸯茉莉属*Brunfelsia* 1 a
金鱼花属*Columnea* 1 a
绯苞*Euphorbia fulgens* 1,
　一品红*E. pulcherrima* 1
朱槿*Hibiscus rosa-sinensis* 1
爵床属*Justicia* 1
红雾花属*Kohleria* 1 a
酸脚杆属*Medinilla* 1 a
红珊瑚属*Pachystachys* 1
芦莉草属*Ruellia* 1 a
非洲堇属*Saintpaulia* 1 a
大岩桐属*Sinningia* 1 a
绒桐草属*Smithiantha* 1 a
白鹤芋属*Spathiphyllum* 1 a

观叶植物
尖萼凤梨属*Aechmea* 1 a
亮丝草属*Aglaonema* 1 a
蟆叶秋海棠*Begonia rex* 1 a（及其他物种）
肖竹芋属*Calathea* 1 a
袖珍椰子属*Chamaedorea* 1 a（及大多数棕榈类）
变叶木属*Codiaeum* 1 a
花叶万年青属*Dieffenbachia* 1 a
龙血树属*Dracaena* 1 a
榕属*Ficus*, 部分种类 1
网纹草属*Fittonia* 1 a
竹芋属*Maranta* 1 a
豆瓣绿属*Peperomia* 1 a
喜林芋属*Philodendron* 1 a
紫露草属*Tradescantia*, 部分种类 1 a

普通温室
（日温 10~13℃；最低夜温 7℃）

观花植物
长筒花属*Achimenes* 1
秋海棠属*Begonia* 1 a
长春花属*Catharanthus* 1
仙客来属*Cyclamen*, 部分种类 1 a
藻百年属*Exacum* 1 a
雪球花属*Haemanthus* 1
风仙属*Impatiens*, 部分种类 1 a
蟹爪兰属*Schlumbergera* 1 a
鹤望兰属*Strelitzia* 1
旋果花属*Streptocarpus* 1 a

观叶植物
天门冬属*Asparagus*, 部分种类 1
蓝花楹属*Jacaranda* 1
五彩苏属*Solenostemon* 1 a

凉爽温室
（日温5~10℃；最低夜温2℃）

观花植物
苘麻属*Abutilon*, 部分种类 1
叶子花属*Bougainvillea* 1
歪头花属*Browallia* 1
木曼陀罗属*Brugmansia*, 部分种类 1
蒲包花属*Calceolaria*, 部分种类 1 a
红千层属*Callistemon*, 部分种类 1

夜香树属*Cestrum*, 部分种类 1
菊属*Chrysanthemum*, 部分种类 1 a
四季橘属x *Citrofortunella* 1
萼距花属*Cuphea* 1
小苍兰属*Freesia* 1
倒挂金钟属*Fuchsia*, 部分种类 1
扶郎花属*Gerbera* 1
朱顶红属*Hippeastrum* 1 a
球兰属*Hoya* 1
素馨属*Jasminum*, 部分种类 1
纳金花属*Lachenalia* 1
马缨丹属*Lantana* 1
智利钟花属*Lapageria* 1
夹竹桃属*Nerium* 1
西番莲属*Passiflora* 1
天竺葵属*Pelargonium* 1
白花丹属*Plumbago*, 部分种类 1
报春花属*Primula*, 部分种类 1
蛾蝶花属*Schizanthus* 1
千里光属*Senecio*, 部分种类 1
燕水仙属*Sprekelia* 1
扭管花属*Streptosolen* 1
丽蓝木属*Tibouchina* 1 a
仙火花属*Veltheimia* 1
马蹄莲属*Zantedeschia*, 部分种类 1
葱莲属*Zephyranthes*, 部分种类 1

观叶植物
蜘蛛抱蛋属*Aspidistra* 1
吊兰属*Chlorophytum* 1
菱叶白粉藤属*Cissus rhombifolia* 1
菱叶藤属*Rhoicissus* 1
蓖麻*Ricinus* 1

寒冷温室

观花植物
百子莲属*Agapanthus*（耐寒物种）
银莲花属*Anemone*
金鱼草属*Antirrhinum*（耐寒物种）
山茶属*Camellia*（耐寒物种）
番红花属*Crocus*
仙客来属*Cyclamen*（耐寒微型物种）
荷包牡丹属*Dicentra*
石南属*Erica*
糖芥属*Erysimum*（耐寒物种）
风信子属*Hyacinthus*
素馨属*Jasminum*（耐寒物种）
水仙属*Narcissus*
杜鹃花属*Rhododendron*（耐寒杜鹃花，阴凉温室中）

观叶植物
铁线蕨属*Adiantum* a（耐寒物种）
卫矛属*Euonymus*
八角金盘属*Fatsia* a
常春藤属*Hedera* a（耐寒物种）
月桂*Laurus nobilis*
麻兰属*Phormium*
千母草属*Tolmiea*

室内直射阳光

需要温暖房间的植物（18℃及以上）
凤梨属*Ananas* 1 a
叶子花属*Bougainvillea* 1
一品红*Euphorbia pulcherrima* 1
朱槿*Hibiscus rosa-sinensis* 1

朱顶红属*Hippeastrum*, 部分种类 1
爵床属*Justicia* 1
仙人掌属*Opuntia*, 部分种类 1
千里光属*Senecio*, 部分种类 1
珊瑚豆*Solanum capsicastrum* 1 a

需要凉爽房间的植物（5~18℃）
水塔花属*Billbergia* 1
歪头花属*Browallia* 1
同叶风铃草*Campanula isophylla* 1 a
辣椒属*Capsicum* 1
吊兰属*Chlorophytum* 1
君子兰属*Clivia* 1
青锁龙属*Crassula*, 部分种类 1
仙客来属*Cyclamen*, 部分种类 1 a
曲管花属*Cyrtanthus* 1
拟石莲花属*Echeveria* 1
扶郎花属*Gerbera* 1
风信子属*Hyacinthus* 1
素馨属*Jasminum*, 部分种类 1
伽蓝菜属*Kalanchoe* 1
纳丽花属*Nerine*, 部分种类 1
天竺葵属*Pelargonium* 1
五彩苏属*Solenostemon* 1 a
旋果花属*Streptocarpus* 1 a
仙火花属*Veltheimia* 1

室内非直射阳光

需要温暖房间的植物——中水平光照
（18℃及以上）
铁线蕨属*Adiantum*, 部分种类 1 a
尖萼凤梨属*Aechmea* 1 a
花叶芋属*Caladium* 1
变叶木属*Codiaeum* 1 a
姬凤梨属*Cryptanthus* 1 a
花叶万年青属*Dieffenbachia* 1 a
藻百年属*Exacum* 1 a
荷威椰子属*Howea* 1
枪刀药属*Hypoestes* 1
红雾花属*Kohleria* 1 a
飘香藤属*Mandevilla* 1
竹芋属*Maranta* 1 a
彩叶凤梨属*Neoregelia* 1 a
豆瓣绿属*Peperomia* 1 a
冷水花属*Pilea* 1 a
非洲堇属*Saintpaulia* 1 a
　（冬天需要直射阳光）
虎尾兰属*Sansevieria* 1
鹅掌柴属*Schefflera* 1 a
大岩桐属*Sinningia* 1 a
白鹤芋属*Spathiphyllum* 1 a
黑鳗藤属*Stephanotis* 1 a
旋果花属*Streptocarpus* 1 a
合果芋属*Syngonium* 1 a
山牵牛属*Thunbergia* 1 a
紫露草属*Tradescantia*, 部分种类 1 a

需要温暖房间的植物——低水平光照
（18℃及以上）
铁角蕨属*Asplenium*, 部分种类 1
肖竹芋属*Calathea* 1 a
袖珍椰子属*Chamaedorea* 1 a
白粉藤属*Cissus* 1
龙血树属*Dracaena* 1 a
喜荫花属*Episcia* 1 a
网纹草属*Fittonia* 1 a

喜林芋属*Philodendron* 1

需要凉爽房间的植物——中水平光照
（5~18℃）
昙花属*Epiphyllum* 1 a
麒麟叶属*Epipremnum* 1
八角金盘属*Fatsia* a
银桦属*Grevillea* 1
龟背竹属*Monstera* 1
鹿角蕨属*Platycerium* 1 a
报春花*Primula malacoides* 1,
　鄂报春*P. obconica* 1
鹅掌柴属*Schefflera* 1 a
垂蕾树属*Sparrmannia* 1 a

需要凉爽房间的植物——低水平光照
（5~18℃）
蜘蛛抱蛋属*Aspidistra* 1
熊掌木属x *Fatshedera* a
常春藤属*Hedera*, 部分种类 1, a
凤尾蕨属*Pteris* 1 a
菱叶藤属*Rhoicissus* 1

水培法种植的植物
花烛属*Anthurium* 1
袖珍椰子属*Chamaedorea* 1 a
白粉藤属*Cissus* 1
变叶木属*Codiaeum* 1 a
花叶万年青属*Dieffenbachia* 1 a
龙血树属*Dracaena* 1
麒麟花*Euphorbia milii* 1
垂叶榕*Ficus benjamina* 1
常春藤属*Hedera*, 部分种类 1 a
龟背竹属*Monstera* 1
肾蕨属*Nephrolepis* 1 a
非洲堇属*Saintpaulia* 1 a
鹅掌柴属*Schefflera* 1
白鹤芋属*Spathiphyllum* 1 a
旋果花属*Streptocarpus* 1 a

注释
1 不耐寒
a 需要高湿度

蛾蝶花

凤梨科植物

  凤梨科（*Bromeliaceae*）是最丰富多样和最富于异域特色的植物科之一，拥有大约2000个物种，这类植物能够在家居环境、温暖温室或保育温室中呈现稀奇又美丽的面貌。大多数种类是热带附生植物，自然生长在树枝和岩壁上，用有锚定能力的根进行攀爬。这些植物能够通过它们的叶片直接从空气中吸收水分和营养，常常是从雾气和低矮、充满湿气的云中吸收。其他种类是地生凤梨，生长在陆地上。

  几乎所有凤梨科植物都会形成莲座丛，叶色常常很醒目或带有彩斑，而且许多种类会开出艳丽的花朵。它们的形状多样，从松萝铁兰（*Tillandsia usneoides*）修长优雅的银线，到仪表堂堂的亚高山火星草（*Puya alpestris*），后者在莲座形的拱形尖刺状叶片上开出圆筒金属蓝色小花，形成浓密圆锥花序。

使用苔藓包裹

将潮湿的泥炭藓围绕植株（这里是宽叶铁兰*Tillandsia latifolia*）包裹起来，然后用金属丝、麻绳或酒椰纤维将根坨绑在支撑物上。苔藓应该时刻保持湿润。

缺少根系，主要从空气中吸收营养。它们自然生长在各种森林、高山和沙漠环境（在北美洲、中美洲和南美洲）中，寄居在树枝和岩层上。在栽培时，铁兰属种可以单独或成群攀爬在浮木块或软木树皮、岩石甚至是天然水晶上。将植物塞入裂缝或将其按压在支撑物上并用麻绳固定（不能用胶水固定）。

展示附生凤梨

  大多数附生凤梨附着在乔木树干片段或树枝上。模仿它们在自然界的生长方式时，其展示效果最好。这种方法还能避免用基质栽培植物时可能发生的根腐病和基腐病。将旧的带分枝树干片段切割成合适的大小。还可以使用美观的浮木片段。

  在将植物附加在树干或树枝上时，通常从根坨底部开始最容易。向上移动，逐渐将苔藓紧实在根系周围，并用铁丝、绳线或酒椰纤维固定。

凤梨树

  如果使用直立的树枝，则使用水泥将它固定在深容器中；如果容器较小，可使用强力黏合剂。也可以使用金属框架建造人工树并覆盖上树皮。适合用这种方式展示的植物种类很多，包括尖萼凤梨属（*Aechmea*）、姬凤梨属（*Cryptanthus*）、果子蔓属（*Guzmania*）、彩叶凤梨属（*Neoregelia*）、鸟巢凤梨属（*Nidularium*）、铁兰属（*Tillandsia*）和丽穗凤梨属（*Vriesea*）的许多物种。如果可能的话，使用年幼植株，因为它们更容易攀爬，恢复成形的速度也比较快。

  在准备植物时，将根系周围的所有松散基质清除掉，然后将根系包裹在潮湿的泥炭藓中，并将它们绑在支撑结构上。不久之后，植物的根就会锚定在支撑结构上，然后就可松绑。某些小型植物可以牢固地插入裂缝中，不需要捆绑，如下文中铁兰属植物的展示方式一样。

展示铁兰属植物

  铁兰属植物常常被称为"空气凤梨"，因为几乎所有物种都

作为盆栽植物的附生凤梨

  许多在自然界附生的凤梨，特别是那些拥有彩色叶片的种类，以及尖萼凤梨属、水塔花属（*Billbergia*）、彩叶凤梨属、鸟巢凤梨属和丽穗凤梨属等通常是附生的物种和品种，只要使用合适的基质，常常可以作为盆栽植物种植。所用基质必须非常疏松、多孔，富含腐殖质且几乎不含石灰。配置这样的基质，可使用一半粗砂或珍珠岩加一半草炭替代物（或草炭）。为确保多余的水分迅速流走，在盆栽基质中添加成块、部分降解的树皮。

种植地生凤梨

  地生凤梨有数百种，分属于凤梨属（*Ananas*）、德氏凤梨属（*Deuterocohnia*）、雀舌兰属（*Dyckia*）、剑山属（*Hechtia*）、帝王花属（*Portea*）以及火星草属（*Puya*），不过其中最为人熟知的是菠萝（*Ananas comosus*）。在

适合室内种植的凤梨科植物

'三色'红凤梨

刚直铁兰

蛇仙铁兰

蜻蜓凤梨

绒叶小凤梨

三色彩叶凤梨

巢凤梨

红心凤梨

小果子蔓

虎纹凤梨

气温从不降低到7~10℃之下的地区，众多种类的地生凤梨都可以露地生长。束花凤梨（*Fascicularia bicolor*）甚至可以在0℃之下不加保护地生长。

地生凤梨常常有坚硬的尖刺状叶片和蔓延习性。虽然它们可以作为室内植物盆栽，但如果在温室或保育温室环境中给予更多空间，或者条件允许的话在室外种植，它们表现得会更好。使用其吸引眼球的叶子和强烈的轮廓，它们能够为花园增添截然不同的景致，特别是和仙人掌及其他多肉植物或者亚热带植物一起用在种植设计中时。

附生凤梨夏季喜欢明亮的过滤阳光，而冬季和春季数小时的阳光直射能够让叶片颜色保持浓郁并促进开花。地生凤梨终年喜明亮光照。低水平光照强度和短日照条件常常会诱导休眠。

日常养护

由于大部分凤梨科植物都来自热带雨林，因此它们需要温暖潮湿的条件才能茂盛生长，大多数需要10℃的最低温度。在合适的生长条件下，它们只需要极少的养护，但在室内需要花费精力维持足够的湿度。

浇水

由于附生凤梨从空气中吸收水分，因此应该每天给它们喷雾，而不是传统的浇水。尽可能使用软水或雨水，特别是那些不能耐受石灰的种类，如尖萼凤梨属、彩叶凤梨属、鸟巢凤梨属、铁兰属和丽穗凤梨属植物。在春天和夏天，每4~5周在喷雾中增添稀释的液态兰花肥料，使植株保持健康和健壮（见370页，"施肥"）。只要提供足够的湿度，种植在凉爽气候中的凤梨植物可在冬天进行休眠（此时要降低浇水频率）。

当植物的根系周围缠绕着泥炭藓时，这些苔藓必须时刻保持湿润，应该定期用微温的水洒在上面，并不时对叶面喷雾。

对于那些莲座丛在中央形成天然凹室的凤梨科植物，其中应该

根状茎的分株

轻柔地梳理根状茎，并将吸芽从母株（这里是俯垂水塔花*Billbergia nutans*）上切下，不要损伤根系。

装满水，特别是在炎热干燥的条件下。当中央花序显示出明显的发育迹象后，立即停止为凹室浇水，这会防止凹室内产生残渣，污染正在形成的花序。

繁殖

凤梨科植物可以进行营养繁殖或播种繁殖。大多数附生植物会产生吸芽，可以将其从母株上分离并单独种植，而具匍匐茎的地生凤梨可以在生长期开始的时候进行分株。

附生凤梨的吸芽

许多附生凤梨是一次结实植物，这意味着莲座丛只开一次花，然后就会死亡。不过，在开花前，它们会在成熟莲座丛基部周围长出

吸芽。吸芽应该原地保留，直到长至母株大小的大约三分之一（如果提前从母株上分离，吸芽需要更长的时间独自生长成形）。在许多情况下，可以徒手将吸芽掰下来，但某些吸芽必须使用锋利的小刀尽可能贴近母株割下。如果吸芽已经长出了根系，应该小心地保留它们。将母株重新种回去，它还可以产生更多吸芽。

一旦分离下来，就应该立即将吸芽转移到准备好的花盆中，花盆中填充排水顺畅的基质，由等比例的草炭或草炭替代物、腐熟腐叶土以及尖砂组成，让吸芽的基部正好紧实地埋在基质中（见对页，"作为盆栽植物的附生凤梨"）。将年幼植株放置在21℃的轻度遮阴环境中，每天用微温的水少量喷雾。

非一次结实物种的吸芽可以从母株上分离下来，并按照与成年植株相同的方式附着在支撑物上。吸芽可能还没有长出根系，但只要经常为植株喷雾并在植株基部添加一些泥炭藓来保持湿度，根系会很快发育出来。

地生凤梨的吸芽

某些地生凤梨如凤梨属和剑山属部分种类拥有匍匐根状茎，其上也会产生吸芽。在生长期开始的时候，将母株从土地中挖出或从容器中取出，以便在切下吸芽时不损伤母株。吸芽常常会长出一些根系，应该尽可能地加以保留。将母株重新种下，并将年幼吸芽上盆在1份

切碎的草炭替代物（或草炭）、1份腐叶土以及3份粗砂配制而成的混合基质中。

用种子繁殖凤梨科植物

大多数凤梨科植物种子的播种方式与其他植物的种子类似，不过要在它们新鲜的时候播种，这一点很重要，因为除了少数例外，它们保持活力的时间并不长。

铁兰属植物种子的播种方法比较特殊，这些种子常常带翅，以便更好地扩散——就像蒲公英的"时钟"那样。将这些种子播种在成束的崖柏属（*Thuja*）植物等松柏类植物的嫩枝上，这些嫩枝是用泥炭藓包裹起来并捆扎成束的。将成束嫩枝悬挂在轻度遮阴的位置，定期喷雾，并确保空气自由流通但没有明显气流。如果保持大约27℃的温度，种子会在3~4周内萌发。然后，可以将年幼的植株转移到树枝或其他类型的支撑物上继续生长。

用种子繁殖铁兰属植物

1 使用麻绳、酒椰纤维或金属丝将崖柏属植物的嫩枝夹杂着潮湿泥炭藓捆扎成束。将种子均匀地撒在准备好的成束嫩枝上，种子会很轻松地黏附在苔藓上。

2 用细喷雾为种子浇水，然后将嫩枝束悬挂起来（见插图）。继续定期喷雾。

通过吸芽繁殖

1 当吸芽长到母株（这里是一株尖萼凤梨属植物）大小的三分之一时，用小刀将它们割下。保留它们可能已经长出的根系。

2 将每个吸芽上盆到等比例切碎草炭或草炭替代物、已降解腐叶土以及尖砂配制而成的混合基质中，基部正好位于基质表面。

土壤准备和种植

适合室内环境的强壮健康植物是成功种植的关键。由于盆栽植物生长在体积有限的土壤中，因此使用合适的基质并用正确的浇水方式维持基质中的营养水平很重要。

选择植物

许多室内植物都是生长在容器中的。如果可能的话，在销售点检查它们的送达日期，并选择那些最近到货的植物，每种植物都应该标记着全名和详细栽培信息。

寻找有强壮茎秆、健康叶片、苗壮生长点的强健植物，不要选择任何有细弱枝条、枯梢或者叶片发黄、萎蔫或焦边的植物。选择比较年幼的植物，和较老的植株相比，它们能够更容易地适应新的生长条件。不要购买根系被容器束缚的植物或者基质干燥、多杂草或覆盖着苔藓的植物——它们缺乏养分，很难完全恢复。确保生长点和叶片没有感染病虫害。

开花植物应该有许多即将显色的花蕾。攀援植物应该正确地进行了修剪和整枝。不要在冬天购买热带植物，因为骤然的温度变化会伤害它们。如果在寒冷的天气中运输植物，则将它们包裹在塑料中保暖。

为植物选址

将植物放置在能够提供其所需温度、湿度和光照的房间。原产亚热带或热带地区的开花室内植物如果放置于太凉爽或光线太弱的环境中，会开花不良或根本不开花，而许多观叶植物能耐受凉爽荫蔽的条件。仙人掌和其他需要干燥空气的植物需要明亮、通风和干燥的环境，而蟆叶秋海棠（*Begonia rex*）之类的植物需要更高的湿度。如果你家中的条件不适合生长某种特定的植物，同一个属的不同品种也许会更合适。

盆栽基质

为室内植物准备好优质盆栽基质。含壤土基质一般最合适，因为与含草炭替代物或草炭的基质相比，它们含有并能保持更多养分，

干燥的速度较慢，并且更容易重新湿润。它们的质量更重，可以为大型盆栽植物提供稳定性。

含草炭替代物或草炭的基质常常用于短命植物，如报春花（*Primula malacoides*）。与含壤土基质相比，它们本身的肥力很弱，在这些基质中生长的植物需要定期施肥。这些基质容易随着时间流逝而失去它们的结构，降低通气性并

造成浇水困难。厌钙植物（如山茶花）需要特别的不含石灰或杜鹃花科基质。其他类群的植物如兰花（见368~371页）需要专用基质（更多信息见322~323页，"适用于容器的基质"）。

聚集植物

为便于管理，可以将浇水、湿度、温度和光照需求相似的植

选择室内植物

好样品

- 苗壮的健康地上枝叶
- 强壮的茎秆
- 良好的叶色
- 潮湿、无杂草的基质
- 五彩苏属（*Solenostemon*）
- 标签

坏样品

- 细长、不均衡的枝条
- 无生气的叶片
- 干燥或长满杂草的基质

植物支撑结构

室内植物可以使用各种支撑结构。选择适合植物生长习性的支撑物，将其生长速度和最终大小考虑在内。

拥有气生根的植物在苔藓柱上生长得很好，将枝条绑扎在上面直到根系扎进去，通过喷雾保持柱子的湿润。有数根茎的攀援或蔓生植物可以整枝在金属线圈上。使用单环或数环线圈，取决于植株的苗壮程度。8个金属线圈组成的气球形结构很美观，能够为多茎攀援植物提供良好的空气循环和充足光照。

许多攀援植物通过缠绕茎、叶柄或卷须支撑自己，并能够轻松地爬上竹竿三脚架。它们在开始时可能需要绑扎。单干型植物只需要一根竹竿提供支撑，在种植前插入竹竿，防止损伤根系（关于支撑的更多细节见564页，"绑结和支撑"）。

攀援喜林芋　　素方花　　'白斑'垂叶榕　　络石

- 潮湿的苔藓
- 钉在苔藓柱上的枝条
- 自然生长方向
- 顶端绑在一起的金属线圈
- 塑料纽结
- 竹竿
- 用麻线将3根竹竿绑成三脚架

苔藓柱
将带有气生根的茎缠绕在柱子上，进行绑扎，使它们紧密接触苔藓。

金属线圈
将蔓生植物整枝在插入盆栽基质中的金属线圈上。随着它们的生长进行定期绑扎，必要的话增加额外的线圈。

立桩
在种植前将竹竿插入基质，把年幼植株的茎绑在上面。

竹竿三脚架
通过绑扎，促使攀援植物的茎或卷须缠绕在竹竿上。

物聚集在一起。如果在同一个容器中种植，应确保盆栽条件适合所有植物。在永久性的植物设计中，使用生长速度相似的植物，否则健壮的种类会淹没比它们柔弱的毗邻植物。

为在干燥的中央供暖建筑中增加湿度，将盆栽单株植物聚集在一起，摆放在浅钵或托盘中的潮湿砂砾上。或者将花盆倒扣在托盘里的水中，再将植物放在花盆上，根系位于水面之上。

齐边埋入盆栽植物

大型容器中的植物可以带各自的花盆齐边埋入保水性材料（如陶粒）中，以减少水分流失并增加小气候的湿度。陶粒在水中能够吸收本身重量40%的水分，所以要使用不透水的外层容器。任何超过最佳观赏期或太大的植物都可以轻松地移走。也可以分株（见378页，"分株繁殖"）后重新种植。

椰壳纤维、树皮以及草炭或草炭替代物也可作为齐边埋入的材料，但植物可能会将根系插入其中，让它们难以移走。浇太多水的草炭或草炭替代物可能导致涝渍，

会让植物的根系腐烂。湿度计可以用来检测植物何时需要水分。

种植吊篮或盒子

带5厘米网眼的传统铁丝篮能够在阳台、保育温室或温室内作为用途广泛的悬挂容器（见312页，"吊篮"）。还可以使用种植兰花时使用的传统板条木盒；可以购买，也可以很容易地制作（见右）。在滴水可能造成损害的地方，使用不透风或带塑料布衬垫的吊篮或盒子，附带一个滴水托盘或没有排水孔的外层容器。浇水时要当心，避免涝渍。

在悬挂容器中种植植物时，将它放在桶或大花盆上，使其保持稳定并远离地面。使用绿色花泥或塑料布作为侧壁通透的容器衬垫，以减少水分损失。或者使用泥炭藓，苔藓和基质之间放置浅碟，形成小型储水池。含壤土、草炭替代物或草炭的多用途基质都可以使用，不过含壤土基质干燥后更容易重新湿润。

从容器的底部分阶段进行种植。必要的话，在塑料布上剪出口，将植物插入吊篮或盒子的侧壁。

聚集植物

竹蕉群香龙血树 '柠檬与酸橙'

斑叶竹芋

白竹芋

花纹竹芋

这些互相映衬的观叶植物很容易管理，因为它们对光照、温度和水分的需求相似。聚集在一起的植物能够创造竹芋属植物喜欢的稍高湿度。

如何制作板条木盒

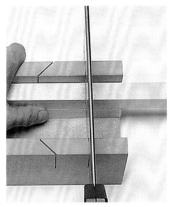

1 将横截面为20毫米×20毫米的木条切成14根侧板，每根长25厘米。为保证切口笔直，使用镶板锯和锯盒来切割木条。将侧板垫在木材边料上并在锯盒中固定好后进行切割。

2 在侧板的一面钻孔，钻孔位置为距离两端1.5厘米的中央处。使用3毫米的木工钻头钻孔。在侧板对侧的相同位置钻孔，钻孔时要在下面垫上边料。

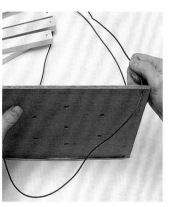

3 切割下一块25厘米见方的胶合木，使用3毫米钻头在方木板四角、距边缘1.5厘米处钻孔。使用8毫米木工钻头在木板上钻出7~9个均匀分布的排水孔。

4 使用老虎钳剪下两根至少30厘米长、包有塑料的结实电线。从同一侧将两根电线穿进胶合木木板对角线两端的孔中，然后拉平。

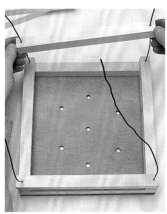

'斑纹' 薜荔

乌毛蕨

5 确保木板上露出的四段电线长度相等，然后制作木盒的侧壁。穿入最后一根侧板后，将每根电线的末端拧在铅笔上形成牢固的线圈。剪去多余的电线。用无毒涂料粉刷。

推荐在玻璃容器中种植的植物

金线石菖蒲 *Acorus gramineus* var. *pusillus*
楔叶铁线蕨 *Adiantum raddianum* 1
'斯氏'密花天冬 *Asparagus densiflorus* 'Sprengeri' 1
巢蕨 *Asplenium nidus* 1
'虎掌'秋海棠 *Begonia* 'Tiger Paws' 1
锦竹草属 *Callisia* 1
可爱竹芋 *Ctenanthe amabilis* 1
袖珍椰子 *Chamaedorea elegans* 1
青紫葛 *Cissus discolor* 1
变叶木属 *Codiaeum* 1
姬凤梨 *Cryptanthus acaulis* 1，
　绒叶小凤梨 *C. bivittatus* 1，
　隐花凤梨 *C. bromelioides* 1，
　环带姬凤梨 *C. zonatus* 1
银纹龙血树 *Dracaena sanderiana* 1
吐烟花 *Elatostema repens* 1
喜荫花属 *Episcia* 1
薜荔 *Ficus pumila* 1
红网纹草 *Fittonia albivenis* Verschaffeltii Group 1
常春藤属 *Hedera*（微型种类）1
叶穗枪刀药 *Hypoestes phyllostachya* 1
红果薄柱草 *Nertera granadensis* 1
纽扣蕨 *Pellaea rotundifolia* 1

皱叶椒草 *Peperomia caperata* 1
花叶冷水花 *Pilea cadierei* 1
银脉延命草 *Plectranthus oertendahlii* 1
欧洲凤尾蕨 *Pteris cretica* 1
非洲堇属 *Saintpaulia*（微型种类）1
'短叶'虎尾兰 *Sansevieria trifasciata* 'Hahnii' 1
孔雀木 *Schefflera elegantissima*（实生苗）1
卷柏属 *Selaginella* 1
金钱麻 *Soleirolia soleirolii*
红背耳叶马蓝 *Strobilanthes dyeriana* 1
霍夫曼合果芋 *Syngonium hoffmannii* 1
绿锦藤 *Tradescantia cerinthoides* 1，
　白花紫露草 *T. fluminensis* 1，
　蚌花 *T. spathacea* 1

红网纹草

种植后的吊篮和木盒很重，所以要保证铁链的支撑和安装必须结实。通用的铁钩安装能够让容器旋转，均匀地接受光线。

在玻璃容器中种植

在种植之前，彻底清洁玻璃容器，避免藻类和真菌病害的污染，它们会在封闭潮湿的环境中滋生。选择高而直立的植物以及较小的匍匐植物，并在开始种植前确定如何安排它们的位置。

由于玻璃容器是自足式的，因此必须有一层排水材料如陶粒、砂砾或卵石以及部分园艺木炭等，后者能够吸收任何气体副产品，并帮助基质保持新鲜。质量较轻、排水顺畅但又能保湿的盆栽基质是最合适的。可以添加额外的草炭替

代物或草炭，以保持土壤的良好透气性。

使用根系足够小、可以在浅基质中快速恢复的年幼植株。在种植前为它们浇透水，并清除死亡叶片。将植株插入基质并为它们的扩展留出空间。如果玻璃容器小得难以容纳一只手，则可以在小锄子上连接一段劈开的竹竿来辅助种植，并在另一根竹竿上连接软木塞或棉线卷来紧实基质。用苔藓或卵石覆盖裸露区域，防止基质脱水，并在盖上盖子之前浇少量水。

一旦成形，玻璃容器只需要少量甚至不需要浇水（见374页，"玻璃容器和瓶子花园"）。如果玻璃上出现过多冷凝水珠，则为玻璃容器通风直到玻璃只在早晨出现少量雾滴。

在玻璃容器中种植

1 在安排植物的位置时，将较高的植物放在后面（如这里所示）或中间，这取决于玻璃容器是从前面观赏还是从各个侧面观赏。这里所用的植物如下：

密花天冬
可爱竹芋

'斑纹'薜荔
珊瑚卷柏
金钱麻
'金叶'小翠云

2 在玻璃容器底部覆盖一层2.5~5厘米厚的卵石和少量园艺木炭。增添2.5厘米厚的潮湿盆栽基质。

3 将每株植物从花盆中取出并摇晃掉所有松散基质，轻柔地梳理根系，减小根坨的大小，以帮助植物恢复成形。

4 使用小锄子或其他小型工具为植物挖出种植穴，小心地将它们插入，并在植物之间留出未来生长发育的空间。

5 在植株周围填充更多潮湿基质并紧实表面。安装在劈开竹竿末端的软木塞能够成为合适大小的捣棒。

6 使用镊子将一层苔藓（或卵石）放置在植物之间的任何裸露基质上。这会防止基质干燥脱水。

7 用细雾为植物和苔藓喷少量水，重新盖上盖子。之后，玻璃容器就可用于展示了。

在土壤工作台中种植植物

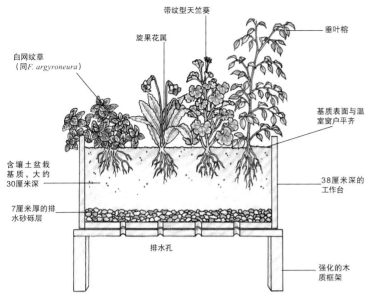

带纹型天竺葵

旋果花属

垂叶榕

白网纹草
（同 *F. argyroneura*）

含壤土盆栽
基质，大约
30厘米深

基质表面与温
室窗户平齐

7厘米厚的排
水砂砾层

38厘米深的
工作台

排水孔

强化的木
质框架

在准备土壤工作台时，先在底部铺一层排水材料，然后在工作台中填充含壤土的盆栽基质。在其中种植一系列观赏植物，在温室中营造美丽的景致。

保护设施中的土壤准备和种植

保育温室和温室能够对环境进行控制，并增加在温带或冷凉气候区可以种植的植物种类。

土壤苗床和工作台苗床

虽然保育温室和温室内的观赏植物可以种植在花盆里，但也有许多种类（特别是攀援植物和木质灌木）可以种植在土壤花境中。在修建新的保育温室时，在设计阶段就要考虑需不需要设置土壤花境。抬升且排水顺畅的土壤苗床会提供良好的展示方式。充分准备土壤苗床，因为观赏植物会在其中生长一些年份。在种植前4周准备苗床，让土壤充分沉降，苗床至少应该有30～45厘米深，底部设置7～15厘米深的排水材料。

工作台苗床可用于繁殖和培养不同的植物以及特别收集的专门植物。工作台苗床是浅的抬升苗床，通常齐腰高，位于支撑框架或柱子上。它们很适合种植小型植物，可使用土壤加温电缆（见580页）、喷雾单元（见580页）以及自动灌溉系统（见577页）。在选择工作台位置时，最大限度地利用现有的光源。

工作台苗床通常是用铝或木材修建的，使用金属网或穿孔塑料布作为衬垫。它们应该至少有15～22毫米深，为便于操作，宽度不应超过1米。7厘米厚的排水材料足够使用。

保护设施中的基质

对于土壤苗床，使用添加有机质的排水顺畅含壤土基质，有机质的添加量为每平方米10升。不要使用未经消毒的园土，因为其中会含有害虫、病菌和杂草。对于业余爱好者，并没有容易使用的安全化学土壤消毒方法，而且尽管热消毒装备很有效，但也很昂贵。

在保护设施中一般使用含壤土基质。它们本身就包含养分和微量元素，而且不会像不那么肥沃的含草炭替代物或草炭的基质那样容易被淋洗滤出。含壤土基质在干燥后也更容易重新湿润。

为特定用途以及有特别需要的植物类群选择合适的基质很重要。大多数盆栽植物需要排水顺畅、pH值大约为中性的优质含壤土基质。热带植物喜欢含更多腐殖质的土壤，所以要在填充容器或土壤苗床之前增添额外的腐叶土。大多数蕨类、石南植物以及许多百合都需要杜鹃花科基质，绣球花也需

要这样的基质才能开出蓝色花而不是粉色花。

种植在花境中的观赏植物每年需要在表层土中按每平方米50～85克的量施加均衡肥料，并在春天用腐熟堆肥覆盖护根。如果数年后需要更新，则先经过繁殖后，将植物移走并处理。在种植前，掘入一些腐熟基质或粪肥，再混入缓释肥。

在观赏植物苗床中，病虫害的积累程度很少会达到需要更换或消毒土壤的程度。当农作物生长在花境中时，病虫害可能会快速增加，土壤通常需要每年更换或消毒。农作物最好栽培在种植袋或容

种植瓶子花园

瓶子花园提供了一种在密闭小气候中种植株型很小、生长缓慢植物的美观方法。许多可种植在玻璃容器中的小型植物都可使用（见366页，"推荐在玻璃容器中种植的植物"）。

可使用任何干净无色或稍带颜色的玻璃瓶——只要瓶颈足够宽，能轻松地插入植物即可。如果瓶颈太窄难以容纳一只手，可以使用劈开的竹竿、金属线圈以及普通的家庭用具如甜点叉和茶匙制作专门的工具，来辅助种植和日常养护。

在宽漏斗或硬纸管的帮助下，将陶粒倒在瓶子中，提供3厘米深的排水材料层，并添加一把园艺木炭以保持基质的芳香。再覆盖一层5～7厘米厚的、湿润的、含草

炭替代物的盆栽基质。如果要从前方观赏瓶子，则使用小锄子将后部的基质垫高。如果要从各个方向观赏瓶子，则将基质弄平。

从瓶子四周开始向中间种植。将植物从它们的花盆中取出并摇晃掉多余基质。使用镊子、钳子或扭曲成套索的一段金属丝小心地将每棵植物放入种植穴中。每棵植株之间的间距至少为3厘米，留下进一步生长的空间。用基质覆盖根系，然后使用软木塞制作的捣棒将基质压实。

将一杯水沿着玻璃瓶的内壁慢慢倒进去以湿润基质，然后用泥炭藓覆盖裸露区域以保湿。用固定在一段竹竿或坚硬金属丝上的海绵清洁玻璃内壁。如果种植后玻璃瓶不加密封，应该不时浇水。

'紫叶'叶
穗枪刀药

巢蕨

银纹龙血树

非洲堇属品种

'夏娃'
洋常春藤

小翠云

'斑纹'叶
穗枪刀药

泥炭藓

器中，如果出现问题，则可以对基质进行处理。要确保带排水孔的容器基部不和花境土壤发生接触。这能避免病虫害的交叉污染。

种植

选择能够在提供的温度范围内生长良好的植物（见361页，"室内植物的种植者指南"）。确保观赏植物或农作物的种植间距能够允许空气自由流通，从而抑制病虫害的扩散。确定植物的位置时要考虑最符合它们生长需求的光照和通风条件。充分利用设备良好的温室提供的温度、光照、湿度和空气循环控制系统。

兰花

兰科植物共包括大约750个属、将近25 000个物种以及超过100 000个杂种。奇异的花朵和有趣的株型使兰花成为非常受欢迎的观赏植物，主要用于室内观赏，不过也有些地生物种比较耐寒。

地生兰

顾名思义，这些兰花生长在地面上。生活在温带至寒带地区的大部分种类会在开花后枯死，并在冬天以块茎或类似储存器官的形式度过休眠期。这些耐寒或近耐寒地生兰的单朵花虽小，但会形成密集的花序。许多种类可用于岩石园或高山植物温室（见277～279页）。

某些地生兰如兜兰属（Paphiopedilum）植物来自较温暖的地区，并生活在被庇护的地方如森林的地面上。这些植物全年保持常绿，但由于比较脆弱，需要种植在温室中。

附生兰

在兰花爱好者所种植的兰花中，附生兰占了非常大的比例，它们在结构和生长习性上都非常不同。顾名思义，它们寄居在树木的分枝之间。

它们并不是寄生植物（因为它们不吸收树木的营养），而是"寄宿"植物。它们从雨水溶解的物质以及围绕它们根系积聚的残渣中吸收养分。一些被称为岩生兰的植物以相似的方式生活在岩石上。在温带地区，附生兰需要在玻璃覆盖的保护设施中生长。

合轴和单轴

附生兰有两种生长方式：合轴和单轴。合轴生长的兰花，如卡特兰属（Cattleya）和齿舌兰属（Odontoglossum）的物种和杂种，拥有匍匐生长的根状茎。每个季节，新枝从根状茎的生长点上长出来，这些新枝会长成膨大的茎结构，在植物学上称之为假鳞茎。不同合轴物种的花差异很大，并且可能从假鳞茎的顶端、基部或侧边长出。

单轴兰花以不确定的方式生长。茎无限地延长，随着顶端长出新的叶片而变高。单轴兰花包括许多最壮观的属，如石斛属（Dendrobium）和万代兰属（Vanda）。这些种类的兰花生长在世界较温暖的地区，枝叶穿过浓密的丛林朝着阳光的方向攀爬。大多数单轴兰花沿着它们的茎在叶腋处伸展出优雅下垂的花朵，它们的茎上还常常长出气生根。

在哪里种植兰花

某些兰花需要相当严格的生长条件，不过人们已经培育出了许多容易栽培的杂种，并可以成功种植在家中。在从众多类型中做出选择之前，要考虑你所能够提供的条件和养护。许多室内兰花需要稍稍湿润、没有气流的环境。

耐寒地生兰（尤其是杓兰属Cypripedium）在岩石园或高山植物温室中表现良好，其他种类的兰花（通常被称为半耐寒兰花）也可以在气候温和地区的不加热条件下生长，包括喜凉爽的独蒜兰属（Pleione）和白芨属（Bletilla）植物，只需要足够的热量保证无霜条件即可。

冬季最低夜温为10℃的凉爽温室适合种植众多不同种类的兰花，包括蜘蛛兰属（Brassia）、贝母兰属（Coelogyne）、兰属（Cymbidium）、石斛属（Dendrobium）、蕾丽兰属（Laelia）、齿舌兰属（Odontoglossum）、文心兰属（Oncidium）以及兜兰属（Paphiopedilum）的部分物种和杂种。

冬季最低夜温为13～15℃的中间型温室能够大大增加种植的种类，包括卡特兰属及其近缘属的物种和杂种，还有齿舌兰属和兜兰属的更多物种和杂种。

冬季夜温至少为18℃的温暖温室能够为蝴蝶兰属（Phalaenopsis）和万代兰属物种和杂种提供必需的生长条件，此外还有石斛属的喜热物种和杂种，以及来自热带和亚热带地区炎热潮湿低地的许多兰花。

选择植物

最好从专类兰花苗圃获得植物，那里还能根据你家中的生长条件推荐合适的兰花物种。杂种兰花一般是最容易栽培的，培育它们的部分目的就是得到健壮的活力和轻松的养护。兰花物种在和自然生长环境相似的环境中生长得最好，这些自然生长环境通常很难再现。

由于商业大规模生产技术的发展，兰花的价格不再高昂得令人却步。可以以中等价格在你造访的专类苗圃买到正在开放的美丽但尚未获奖的兰花。所有兰花中最便宜的是未开花的幼苗，它们可能需要数年才能开花；开花效果也并不确定，不过其中一株幼苗将来可能成为获奖兰花。

栽培

附生兰不寻常的结构和生长习性使它们以纤弱和难以种植而著称。不过，只需要一点知识，大部分困难都是可以轻松克服的。

推荐的兰花种类

石斛

'斯卡奈德'兰

罗氏万代兰

硬皮兜兰

博氏卡特兰

白唇密尔顿兰

适合附生兰使用的基质

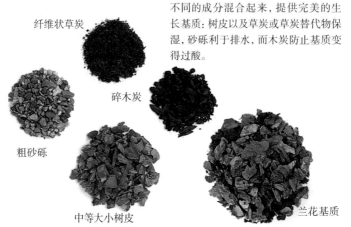

不同的成分混合起来，提供完美的生长基质：树皮以及草炭或草炭替代物保湿，砂砾利于排水，而木炭防止基质变得过酸。

纤维状草炭

碎木炭

粗砂砾

中等大小树皮

兰花基质

基质

虽然大多数附生兰都可以种植在花盆中，但它们的根系更适应树木或岩石（岩生兰）上的开阔条件，因此它们不能忍受适用于大多数植物的致密基质。浇水后，兰花基质必须能够非常顺畅地排水，如果它们保持潮湿太长时间，根系很可能会腐烂。松树或冷杉树皮能成为很好的盆栽基质，其中需要一些添加物来保持结构疏松并防止基质变酸。合适的盆栽基质配方如下：3份中等颗粒树皮（无尘）、1份粗砂或珍珠岩、1份碎木炭块以及1份碎干叶或纤维状草炭替代物或草炭。常用的树皮替代物是石棉，它是用融化的矿物质岩石纤维制造的，其多孔结构能为兰花的健康生长提供精准的水气比例。专用基质常常可以从兰花苗圃中获得。

地生兰也需要比其他植物的基质排水更顺畅的盆栽基质。合适的基质可以用3份纤维状草炭替代物或草炭、3份粗砂，再添加1份珍珠岩和1份木炭配制而成。

上盆

当一株兰花已经充盈其容器时，应该将它转移到比原来容器大一或两号的新花盆中，以提供进一步生长的空间。选择能容纳植株根系并允许一两年生长（不要更多）的花盆。如果花盆中植物的根系太大，很容易导致基质中水气的污浊停滞。为利于排水，许多种植者会用碎瓦片、聚苯乙烯块或大块砾石填充花盆基部的四分之一，这还能为塑料花盆增加额外的重量，让它们不容易翻倒。

用一只手抓住植株，使根颈正好处于花盆边缘的下方，然后围绕根系填充基质，拍打花盆让基质沉降。使用相对比较干的基质，换盆后为基质浇透水。应该尽量减少对植物特别是根系的扰动。

在允许更多空气抵达根系的容器如金属丝框或木板条吊篮中，某些附生植物生长得很好。这样的容器对于奇唇兰属（Stanhopea）物种必不可少，因为它们的花梗会向下穿透基质，在容器的底部开花。

在为合轴类兰花上盆时，可以移走失去叶片的两或三季老假鳞茎并用于繁殖（见371页）。将植物的后部抵在容器一侧，在对侧留出新枝的生长空间。

支撑

许多花序本身足够强健，不需要支撑。不过其他种类的花序需要精心立桩支撑才能呈现最好的观赏效果，特别是那些开花枝很长且花朵较重的兰花。使用直立竹竿或结实的金属条，尽量不露痕迹地将开花枝绑在上面。在开花枝正在生长、花蕾还未开放时进行绑扎。避免改变植株的位置，否则观赏效果会被破坏，因为花朵会朝向不同的方向。

在树皮上生长

某些不能在容器中生长的兰花，如果攀爬在成块树皮或树状蕨上并且根部包裹苔藓，会生长得很茂盛，不过它们还需要恒定湿润的空气。将它们牢固地绑在平板上，可以使用尼龙绳来绑。新的根系会逐渐出现，它们会吸附在平板上，从而将植株固定起来。

日常养护

为确保栽培成功，对兰花进行特殊养护是至关重要的。

浇水和湿度

它们也许是兰花栽培中最重要的因素。浇水的频率以避免基质干燥为宜，但不要过于频繁，使基质涝渍——在一年中的大多数时间，通常每周一或两次就足够了。在夏天，植株可能需要每天浇一次水，而在较短暂的冬季，每两或三周可能只需要浇一次水。

通常推荐使用雨水，不过可饮用的自来水也很安全。应在清晨浇水。不要让水在叶面上停留太长时间，否则，如果植株暴露在烈日

展示附生兰

大多数附生兰都可以种植在花盆中，不过它们也可以成功地栽培在吊篮中或树皮上。将植株保持在恒定湿润的空气中直其成形。

盆栽
选择允许植株继续生长不超过2年的花盆，在花盆底部放置瓦片或砾石，填入标准兰花基质。将兰花（这里是马氏轭瓣兰Zygopetalum mackaii）种下并紧实基质。

吊篮
在带有泥炭藓衬垫的吊篮中填充标准兰花基质，将兰花种在其中。某些兰花（这里是虎斑奇唇兰Stanhopea tigrina）的开花枝会穿过基质，在吊篮底部开放。

在树皮上生长
将潮湿的苔藓绑在一块树皮上，然后用尼龙绳将兰花（这里是'幸福'石斛 Dendrobium Happiness）的根系固定在上面。

下，会造成叶片灼伤。必须避免过度浇水，但要浇透，使基质均匀湿润。在下一次浇水之前，让基质几乎变干——但不能干透。

在生长期，兰花需要较高的空气湿度，这可以通过将水泼洒在通道、泥土以及植物之间的工作台上来实现。应在早上进行这项工作。随着白天时间的过去，水会变成蒸汽蒸发掉。当天气变得寒冷潮湿时，应该中断每天的泼水工作。不过要非常小心，因为在非常冷的天气中，供暖系统会让空气变得非常干燥，温室可能需要进行更频繁的泼水加湿。

如果作为窗台植物种植在家中，必须选择那些不需要非常高湿度的兰花。即使是这些种类，将它们放在托盘或浅碟中的一层潮湿砂砾或膨胀黏土颗粒上增加小气候的湿度也会很有好处。

施肥

由于现代兰花栽培基质几乎不含养分，因此兰花在生长期需要施肥。液态肥料是最方便的，并且可以在浇水时施加。任何为盆栽植物设计的专利生产通用肥料都可以使用。兰花不会大量吸收养分，因此必须将肥料稀释到其他植物推荐浓度的一半再使用。从春天至秋天，每三周为兰花施肥一次，冬季如果施肥的话，应该每六周施一次。

通风

大多数兰花，尤其是流行的凉爽温室种类，需要良好的通风条件。不过，它们不喜欢寒冷气流，这会造成花蕾掉落和生长缓慢。换气扇在春天的部分时间才能打开，因为春天的晴天可能伴随着冷风，并且应该在下午气温开始下降之前关闭。不过要记住，水蒸气会通过打开的排风扇迅速流失，从而将湿度降低，所以还需要额外泼水加湿。小型电扇能够保持空气流动，而且既不会造成湿气流失，又不会引入冷风。

遮阴

虽然从喜阴的兜兰属兰花到喜阳的蕾丽兰属物种和杂种，不同的兰花有不同的光照需求，但它们都需要一定程度的遮阴，以保护新枝叶免遭阳光灼伤，并防止温室变得过热。最便宜的方法是使用温室遮阴涂料。白色涂料比绿色的更能反射阳光，而且在雨水中会变成几乎透明，从而在阴沉的天气透进更多光线。更有效但也更贵的是使用木条或塑料网制成的手动或自动卷帘。

休眠

休眠期是兰花生活史中的重要时期，生长在这时停止。有些兰花仅仅休眠几周，而另外一些会休眠数月，在这段时期，它们需要极少的水或不需要水就能存活。

虽然植物的需求不同，但一般原则是不应为那些休眠期叶片脱落的兰花浇水，直到新的生长期开始。刚开始先浇少量水，然后再正常浇水（注意不要过度灌

用不定小植株繁殖

1 当带气生根的小植株在叶节处形成时，用锋利的小刀小心地将其从母株上切下。

2 选中的插穗应该有健康的叶片和发育均匀的根系。

3 手持小植株的茎调整至种植高度，将年幼植株上盆在直径为7厘米的花盆中，使根系刚好位于基质表面之下。

溉）。休眠期叶片不脱落的兰花只需要浇一点水防止脱水即可。

繁殖

对于业余爱好者，营养繁殖方法是最容易学习的，而且优点是使用这些方法得到的子代与母株完全相同，所以繁殖结果是可预期的。

用茎插穗繁殖

1 从叶节上端或植株（这里是一株石斛）底部切下至少25厘米长的茎段。

2 在两个叶节中间做切口，切成大约7厘米长的段。每个插穗都应至少有一个节。

3 在种植盘中填入一层潮湿泥炭藓，将插穗平放在泥炭藓上，然后存放在没有阳光直射的潮湿处。

4 数周后，休眠芽会发育成小植株，然后将小植株上盆。

不定小植株

最简单的插穗是从单轴类兰花如石斛属的部分种类和芦苇型树兰属（*Epidendrum*）物种的茎节处长出的不定小植株，蝴蝶兰属植物偶尔也会长出。一旦这些小植株长出健壮的根，就应该立即使用锋利的小刀将它们从母株上分离下来，然后上盆到标准兰花栽培基质中。刚开始少量浇水，但要记住用细雾喷洒叶片直到根系恢复成形，这样植物才能适应它们的新环境。

茎插穗

许多石斛属兰花的插穗也可以用茎制作。用锋利的小刀切下长达30厘米的茎段。将它们分割成7~10厘米长的插穗，每个插穗至少应该有一个休眠芽。将插穗平放在潮湿泥炭藓或类似的潮湿材料上，并将它们存放在潮湿阴凉处。当休眠芽产生小植株后，将小植株分离下来并单独上盆。

分株

分株是合轴类兰花如卡特兰属、兰属和齿舌兰属植物的常用繁殖方法。只需从假鳞茎之间将根状茎切开，然后将切割好的片段单独上盆即可。每一段都应该有至少3个健康的假鳞茎以及1个产生新枝叶的健康休眠芽。

叶片脱落的两或三年假鳞茎提供了繁殖兰属植物等合轴类兰花的另一种方法。将年老假鳞茎取下（最好带根，可将其拽下或切割与之相连的根状茎将其切下）。将年老假鳞茎插入花盆一侧，在花盆中填满砂砾、尖砂或标准兰花栽培基质。将假鳞茎的切口放置在距离花盆边缘最近的地方，因为假鳞茎会从另一侧长出枝叶。把花盆放在凉爽荫蔽的地方，并保持湿润。枝条会在两或三个月内长出。当假鳞茎发育出根系后，为它们换盆。

商业繁殖技术

用种子种植兰花很困难，需要专门的知识和技巧。商业上用种子繁殖得到的兰花是在受控的实验室条件下、在烧瓶的营养胶体中萌发的。它们有时候也能用分生组织培养的方式繁殖：将植物组织的显微切片在实验室条件下种植生长，对原始植株进行大量复制。于是，我们才能以合理的价格买到优质品种。不过，这两种技术都是高度专业化的技术，很少有业余园艺师使用。

分株繁殖

1 当兰花相对于容器已经长得太大并拥有数个无叶片假鳞茎的时候，可以对其进行分株。这里展示的是一株兰属兰花。

2 将兰花从其花盆中取出，然后将其分成两部分，每部分应该拥有至少3个健康的假鳞茎。

3 在为兰花进行分株时，任何无叶片假鳞茎都应该拔掉。将已经皱缩的无叶假鳞茎丢弃，保留紧实的无叶假鳞茎用于单独盆栽。

4 修剪分株苗，清理多余基质，并用修枝剪剪去所有死亡的根。

用无叶假鳞茎繁殖

1 将选中的无叶假鳞茎单独种植在直径为7厘米的花盆中。插入假鳞茎时，将切面一侧放置在距离花盆边缘最近处。

2 两或三个月内，假鳞茎会长出新枝条。

5 在重新种植分株苗时，将最老的假鳞茎放置在花盆后部并将植株放到合适的种植高度，然后在它周围填充基质。新的枝叶会从植株前面长出。

在瓶子中繁殖

分生组织培养必须在无菌条件下进行。植物组织的显微切片被放置在瓶子中的特殊营养基质上，如琼脂糖凝胶。它们会发育成为年幼的兰花植株。

日常养护

与室外生长的植物不同，室内植物不会承受季节轮回的极端天气情况，所以需要的养护相对较少：只需要浇水和施肥，以及每年换盆，以呈现最好的观赏状态。

浇水和湿度

过度灌溉是室内植物养护中的常见问题。一般在基质接近干燥时浇水。对于椰壳纤维基质要特别注意，因为其表面干燥时其余部分仍然可能保持湿润。

在植物的活跃生长期需要频繁浇水，冬天休眠期所需的灌溉较少——一个月两次或更少就已经足够了。浇水时让基质湿透，但不要将花盆留在水中浸泡。某些植物如仙客来很容易得根腐病；在为它们浇水时，可将花盆放在少量水中，直到基质颜色变深并潮湿。如果自来水水质较硬，那么在给厌钙植物浇水时使用蒸馏水或雨水。

建筑的通风常常很差，空气也比较干燥，不适合许多室内植物的生长，可将盆栽植物聚集在一起，放在托盘或容器中的潮湿砂砾上，以维持空气湿度（见364～365页，"聚集植物"）。也可以将植物放在毛细管垫上（见374页，"离家前对室内植物的养护"）。

电加湿器和陶瓷加湿器都很容易买到。装满水的盆钵放在室内也能增加水蒸气。对于需要高空气湿度的植物，用软水给它们喷雾很有好处。对于有多毛叶片的植物，应少量喷水并避免阳光直射，因为

叶片上的水珠会导致灼伤。

清洁

迅速清理死亡叶片和花朵，因为它们会藏匿病菌和害虫。不要让灰尘或尘垢堵塞叶片上的气孔。用柔软的毛刷清扫叶子上的灰尘。偶尔用水彻底喷洒植物，使它们保持清洁，但不要对仙人掌和有多毛叶片的植物喷水，除非天气足够暖和，残留水分会快速蒸发，否则它们的叶片会腐烂。对于叶片有光泽的植物，只能使用叶片光泽剂，并确保它适用于相应植物物种。

施肥

盆栽植物在相对较少的基质中生长，很快就会消耗掉有限的养分。频繁的浇水还会将养分淋洗滤出，如果在生长期不定期施肥，植物会发生营养不良。

均衡肥料有各种形式：水溶或液态（对于室内植物最方便）、颗粒状以及块状。要小心地按照生产商的说明进行施肥，并且永远不要将肥料施加在干燥基质上，因为它不会均匀地浸透，还可能损伤根系。

摘心

对于许多盆栽植物，特别是蔓生植物，可以将年幼植株的茎尖掐掉，促进更多侧枝生长，从而改善植物的外观。这样也会保持枝叶繁茂并增加花蕾的数量。只在活跃生长期对植物进行摘心。

维持盆栽植物周围的空气湿度

为盆栽植物提供专属小气候，创造合适的湿润条件。在浅种植盘中装满陶粒或砂砾，然后注水。将数棵盆栽植物一起放在上面。不时添水，使砂砾或陶粒保持潮湿。

花叶冷水花

非洲紫罗兰

秋海棠

旋果花

保持植物的卫生

清洁叶片光滑的植物
用干净、湿润、柔软且不会飞散出棉线的布轻轻地擦拭每片叶子（这里是彩叶印度橡胶树）。

清理死亡叶片
将植株（这里是高大肾蕨 *Nephrolepis exaltata*）基部的死亡叶片或枝条掐掉或剪掉。

被荒弃的植物

除了兰花和棕榈植物，大多数枝条柔弱细长或受损的植物如果重剪到健康芽或枝条连接处，都会长出新的茁壮枝叶。最好在早春进行修剪。将被荒弃的蕨类植物修剪至根颈处；保持根坨湿润和中度光照，以促进新枝生长。

室内植物的有机养护

室内植物常常在容器中生长数年，所以将它们种植在肥沃的基质（如以等量壤土、粪肥和腐叶土配制的富含养分和腐殖质的混合基质）中很重要。

在同一个花盆中生长超过一年的植物需要施肥。含海藻提取物的液态肥料很理想，家庭自制的聚合草或荨麻肥料也可以使用（见332页）。用蚯蚓堆肥或花园堆肥更换表层基质是另一种提供养分的方法（见627～628页）。

定期打扫卫生对于植物健康生长至关重要。清理死亡或受损枝叶，并在病虫害发生之前使用生物手段防控。如果可能的话，使用未被清洁剂、肥皂或油脂污染的家用废水。使用海绵擦拭或喷洒过滤后的水除去叶片有光泽的植物（如印度橡胶树）上的灰尘和水渍。避免使用违反有机原则的叶片光泽剂。

容易生根的植物最好用扦插的方式更新，而某些植物可以通过空中压条（见383页）的方式复壮。对于耗尽养分的植物，可以重新上盆或在遮阴温室中休眠来使其恢复活力。为挽救过度灌溉的植物，可将浸透水的基质从根坨上清理下来，剪去腐烂的枝叶和根，然后重新上盆到新鲜基质中。对于灌

更新表层基质

朱顶红

1 使用小锄子挖走表面2.5～5厘米深的旧基质，注意不要损伤植物的根系。

2 用新鲜湿润并含少量肥料的基质代替旧基质。压紧根颈周围，浇水。

溉不足的植物，可将花盆浸入水中，直到不再产生气泡，然后取出花盆，让多余的水排走。

换盆和更换表层基质

　　室内植物也需要周期性地换盆，以适应它们的生长并补充基质。被花盆束缚的植株会生长缓慢，无法茂盛生长，而且水会从花盆中全部流出。在这个阶段之前换盆，避免植物的生长受到阻碍。少数植物如朱顶红喜欢受限的根系，所以为它们更换表层基质而不换盆。

　　最好的换盆时间是在生长期开始时，不过生长快速的植物可能需要在一个生长季换一次盆。这可能会推迟开花，因为刚换盆后植物会将能量用在新的根系生长上。千万不要为休眠中的植物换盆。

换盆

　　确保根坨完全湿润，使其能轻松地从花盆中取出而不致损伤根系。将花盆翻转过来，把植株倒在自己手中。如果花盆太大难以拿起来，可用刀子围绕花盆内壁切割一周，然后将花盆斜放在地面上，用一只手支撑植物并旋转花盆，用木块轻轻地拍打侧壁以彻底松动基质，再将植株取出。

　　将新鲜盆栽基质放入新花盆中，将植株放置在之前的种植深度，并留下浇水的空间。检查根系是否伸展，植株是否位于中央，然后填入更多基质并轻轻压实。浇水，等待四至六周再施肥，让根系扎入基质中寻找养分。在数天内避免阳光直射，直到植株恢复。

再上盆

　　如果植株已经处于最大的容器中，完全生长到其最大尺寸或者生长得非常缓慢，可将它重新上盆到相同大小的花盆，以更新基质。将植株从其花盆中取出，清理掉尽可能多的旧基质。剪掉受损或染病的根，然后将植株重新上盆到新鲜基质中。

更换表层基质

　　有些植物对根系扰动的反应很强烈，或者喜欢根系受限，所以不要为它们换盆，而要在每年生长季开始时使用添加均衡肥料的相同类型新鲜基质替换掉旧的表层基质。

为室内植物换盆

1 在为植物（这里是'沃尼克'香龙血树*Dracaena fragrans* 'Warneckei'）换盆之前，提前一小时为其浇透水，确保根坨湿润。选择比旧花盆大一或两号的花盆。确保花盆干净（清洗、消毒或用新花盆），避免病害传播。新的盆栽基质应该与老花盆中的基质为同一类型。

2 将花盆翻转，并在硬质表面上轻轻敲击花盆边缘以松动根坨，将植株取出。当植物从花盆中倒出时用手支撑。

3 轻轻用手叉或手指梳理根坨。将一些潮湿的盆栽基质放在新花盆底部。

4 将植物插入花盆，使其土壤标记与花盆边缘基部平齐。填充基质，使基质表面距离花盆边缘1.5厘米，压紧基质，浇水，并放置在合适的位置(右)。

年复一年地保存植物

　　当所有霜冻风险过去后，用于冬季观花的植物可以带花盆齐边埋入室外苗床，在一年中较温暖的月份"休养"。选择凉爽、非直射光照的地方，并用软水（不含石灰）保持灌溉。在夏末，为它们换盆或更换表层基质，然后将它们转移到室内，一旦花蕾出现就开始定期施肥。在保存开花后的仙客来属植物时，在新的生长开始之前不要浇水，清理掉旧根，并将植株重新上盆在含壤土的盆栽基质中，使球茎与土壤表面平齐。将它们放在凉爽明亮处，并定期浇水。

冬花盆栽植物
在春末，将植株（这里是杜鹃属植物）转移到半阴的户外苗床中。将每个花盆埋入无杂草的土壤或其他合适的基质中，为植物留出生长空间。在霜冻威胁之前埋下植物并保持凉爽，直到花蕾打开。

仙客来
开花后让叶片自然枯死。将植株带花盆侧放在温室工作台下或冷床中。

重新种植玻璃容器植物

'斯氏'密花天冬
'斑纹'薜荔
'斑纹'叶穗枪刀药
龙血树属植物
'金叶'小翠云
红网纹草
珊瑚卷柏

1 当玻璃容器变得过于拥挤时，小心地移走任何长得过大的植株。将它们分株或选择新的小植株。尽量不要扰动周围的基质。

2 如果需要的话，使用剪刀修剪剩余的植物。在苔藓长得过密的地方，用镊子移走部分苔藓，用软木塞和竹竿捣棒保持临近植物的紧实。

3 对超出既定位置的低矮植物进行分株。使用小锄子重新种植分株苗和新植株（见插图）。加入少量新鲜基质，利用捣棒压实。

4 沿着玻璃内壁将水滴入，直到基质刚好湿润。重新盖上盖子。

吊篮

　　吊篮需要经常照料。千万不要让吊篮里的基质干透。浇水时要浇透；在非常温暖的天气里，需要早晨和晚上各浇一次水。如果植物发生萎蔫，可将吊篮放入装满水的盆中浸泡。

　　使用均衡液态肥料为吊篮中的植物定期施肥，并控制可能出现的虫害。为观花植物摘除枯花，修剪过长的下垂枝叶，并疏剪不整洁或杂乱的枝条。移走并替换死亡植物。

玻璃容器和瓶子花园

　　密封容器很少需要浇水。不过如果需要的话，使用长颈水壶让水流沿着玻璃内壁流下，以免扰动基质。使用足以清洁玻璃和弄湿基质表面的水即可。如果玻璃总是被凝结的雾滴弄花视线，则说明基质太过潮湿——将盖子打开，直到玻璃变透明。可使用绑在竹竿上的海绵清除玻璃内壁的水珠或藻类。避免阳光直射并不时移动容器，特别是如果它在冬季位于阴凉处的话。清理死亡叶片并防控病虫害。

　　不时修剪植物，使每棵植株都有充足的光照和空间。对于瓶颈较窄的瓶子花园，使用连接在竹竿末端的剃须刀片修剪植物。如果任何植物侵占了其他植物的生长空间，那么用较小的植物替换它们，或者重新种植整个容器（见上）。

温室植物

　　这些植物需要经常照料，有时候每天都要养护，即使温室中安装了自动化系统。就像冬季供暖一样，浇水、通风、喷雾以及施肥在夏季尤其重要，而在所有时间，保持卫生都必不可少。盆栽植物的日常养护包括施肥和换盆（见372～373页），与室内植物相似。

浇水

　　在封闭的温室环境中，正确浇水至关重要。植物所需水量随着季节和天气的变化而变化。在夏天，晴天的浇水量应该比阴天更多。在大型温室中使用软管浇水，水压要低，以免将基质从根系周围冲走。在小型温室或有不同灌溉需求的混合温室中最好使用水壶浇水。某些盆栽植物在炎热的天气中可能需要一天浇一次水。浇水前将水壶放置在温室中，直到水温与植物的温度

离家前对室内植物的养护

　　在离家出门时，可以保证室内植物不会脱水。为了将水分损失减少到最低程度，将植物转移到阴凉处并使用如下方法供水。在使用毛细管垫时，将数盆植物一起放置在翻转过来的种植盘上。让垫子伸展到另一个装满水的种植盘中来提供水分。塑料花盆的排水孔会让水分进入花盆，而陶制花盆如果提前浸透的话也一样好用。对于大型或单个花盆，可以使用棉芯供水器，它会使用棉芯将储水池中的水吸到基质中。也可以为植物浇透水，让它将多余的水排掉，然后将它放在密封的塑料袋中防止水分流失。在出门之前检查并防控任何病虫害迹象。

小果子蔓
'白蝶'合果芋
铁线蕨
'斑纹'薜荔
亮丝草属

毛细管垫
将盆栽植物放在一块湿垫子的一端，将垫子的另一端浸泡在储水池中。植物必须位于水面上方，才能将所需要的水吸上来。

塑料袋
用劈开的竹竿顶起塑料袋，避免其贴在叶片上。用塑料纽结密封袋子，或者将袋口折叠在花盆底下。

一致。不要过度浇水，尤其是在冬天，因为潮湿的土壤容易导致植物腐烂。关于浇水的全面指导（如毛细管灌溉系统、滴灌系统等），见577页。还可以使用自灌溉花盆：外层花盆中装有水，这些水在毛细作用下可通过棉芯进入内层花盆中的基质。

湿度

植物需要湿润但不滞闷的空气。在炎热的晴天，每天早上和晚上在地板（特别是硬质表面）上泼水，在极热的天气里增加泼水次数。这会保持温室湿润并临时降低气温。土壤地面会保存大部分水分，而贴砖或混凝土地面会很快变干。如果空气过于潮湿，水蒸气无法从叶片上蒸发以保持凉爽，会导致叶片过热并萎蔫，所以要为温室通风，以便使空气干燥。在非常炎热的气候区或对于有特殊需求的植物，自动洒水降温系统和特殊的加湿器可能是必需的（见576页，"湿度"）。

寒冷阴湿的空气会促进真菌病害侵袭植物。在冬季，当天气允许的时候进行通风或者安装风扇、除湿器，以保持空气干燥。

温度调控

在温室中用通风来控制温度可以避免可能伤害植物的剧烈温度波动。通风太多会减慢生长速度，而通风太少会导致过高的温度。多风天气，在下风方向为温室排风，以避免有害的气流。更多信息见"通风"（575页）和"遮阴"（576页）。

卫生

不要在温室中积累可能藏匿害虫的碎片残骸，并在枯死叶片和花朵腐烂之前将它们清理掉。清洗或更新工作台中的石子，以免小蜗牛在其中繁殖或堵塞土壤。每年秋天，将植物转移到外面并清洁温室。选择无风温暖的天气进行这项工作，此时的环境变化最不容易影响植物。最好进行彻底的擦洗，或者好好清扫并用软管冲洗植物（见583页，"日常维护"）。

防冻保护

在不加热温室中，保持根系几乎干燥，以防止它们在寒冷天气

水培

水培花盆横切面　　　　　　　　　桌面水培植物展示

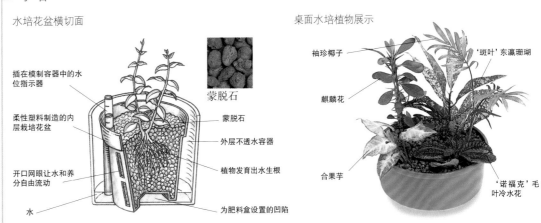

这套系统是从溶液培养法发展而来的，后者是一种在增添了养分的水中种植植物的方法。在水培中，与土壤中根系不同的是，"水生根"是由惰性基质支撑的，其中按照植物的需求增添了水和养分。植物根系需要氧气才能生长，而与盆栽基质相比，这套方法能让更多空气接触根系。

水培法具有如下优点：容易提供精确数量的水和养分；生长基质干净，排水顺畅，不会太酸，无气味，不会堵塞，不易滋生病虫害和杂草；生长速度通常比在土壤中更快。球根植物、仙人掌、盆景、兰花以及许多常见办公室植物用水培法都能繁茂地生长。

用作生长基质的多孔陶粒能够在营养溶液中吸收比自身更重的水分，植物可按照自身需求吸收水分，这就意味着浇水频率可以更低。陶粒不会收缩或压实，使用起来清洁、方便，而且还美观。水位指示器会在根坨干燥的时候变色，而养分会在每次浇水时得到补充，所以植物会得到很好的滋养。针对观叶和观花植物，都有现成的不同液体肥料配方。水培需要一个分成两部分的容器——一个装颗粒基质的容器和一个不透水的容器，但陶粒适用于任何花盆。

建立系统

选择比目前花盆大两号的不透水容器。测量其中能装多少水，将来浇水时只需浇四分之一，以免发生涝渍。在花盆中装入其容积三分之一的颗粒基质。如果植物之前在基质中生长，轻轻地将土壤或残渣从根系上洗掉。将根坨放在颗粒基质上并填入更多基质。将水位指示器的尖端插入根坨中央，使视窗露出。将测量好、包含液体肥料的水（花盆容积的四分之一）倾倒在颗粒基质上。视窗会从红色（干燥）变成蓝色（湿润）。将植物放在光照充足的位置。

日常养护

等待视窗再次变红，加入与之前等量的水和液态肥料，并每年更换水位指示器。

室内植物需要全年浇水和施肥。与休养（半休眠）植物相比，活跃生长中的植物会消耗更多水分，所以红色视窗会出现得更加频繁。

在多肉植物、仙人掌和兰花的活跃生长期，以其他植物一半的浓度施肥。在冬季休眠期，将仙人掌和多肉植物保存在明亮处，不要为多肉植物施肥，但要以平时一半的水量浇水。仙人掌应该更干燥一些——少量浇水，水中不要添加肥料。如果兰花的枝叶或花序在半休

眠期出现，每四至六周以四分之一的浓度施一次肥。如果需要，将植株换盆到更大的容器中。可以将陶粒清洗干燥后重新使用。

扦插繁殖

由于有良好的透气性，插穗会很快在潮湿颗粒基质中生根。像普通扦插一样进行准备（见380页），然后将插穗的三分之一长度插入装满颗粒基质的不透水花盆中。像对待有根植物一样处理，但施肥浓度降低一半。在温室中使用排水顺畅的花盆，但要用塑料瓶或塑料袋覆盖来增加湿度并防止水分流失。将插穗保存在明亮的非直射光线条件下，直到生根。新枝叶出现后，移除遮盖物，为扦插苗换盆并开始正常的浇水和施肥。

种子会在不透水或自由排水花盆的陶粒中萌发新芽并继续生长。播种后，增添测量容积四分之一的水和一半浓度的肥料，然后用塑料膜或塑料袋覆盖。放在阴凉处直到萌发新芽；移除遮盖物，然后将花盆转移到非直射光照下。如果花盆不透水，开始正常的浇水和施肥，但在两次浇水和施肥中间要让自由排水花盆中的陶粒变干。

冰冻。用塑料布、绒线织物或报纸覆盖植物，并用欧洲蕨或秸秆覆盖苗床。用保温材料塞在灌木和攀援植物基部，并用网或麻绳固定。将小花盆齐边埋入沙子。

病虫害

定期检查芽、生长点和叶片背部，并采取早期补救措施。毁

掉严重感染的植物，并将受影响较轻的植物隔离起来，直到症状消失。将新购买的植物隔离两周以防治病虫害，然后再与其他植物放在一起。葡萄黑耳喙象幼虫（672页）和红蜘蛛（668页）特别容易成为问题，尤其是在冬季干燥、中央供暖的空气中。

在温暖潮湿的温室条件下，

灰霉病（661页）和白粉病（667页）、蚜虫（654页）以及粉虱（673页）等病虫害会快速传播。在每年一次的清扫中（见583页，"日常维护"），将容易被化学物质伤害的植物移走；为温室烟熏消毒并控制任何病虫害，然后重新将植物放回去。又见"植物生长问题"（639～673页）。

水培花盆横切面图注：
插在模制容器中的水位指示器
柔性塑料制造的内层栽培花盆
开口网眼让水和养分自由流动
水
蒙脱石
外层不透水容器
植物发育出水生根
为肥料盒设置的凹陷

桌面水培植物展示图注：
袖珍椰子
麒麟花
合果芋
'斑叶'东瀛珊瑚
'诺福克'毛叶冷水花

保护设施内植物的整枝和修剪

保护设施里整枝和修剪的基本方法和室外大体一样，不过可能需要对这些方法加以调整，以适应延长的花期和有限的空间。耐寒性太弱、不足以生长在室外的攀援植物可以很容易地在保护设施里栽培。如果进行合适的整枝和修剪，它们能够有效地利用有限的空间，并为其他植物提供阴凉。

植物的支撑

在保护设施中，种植时需要支撑的植物包括观赏攀援植物、某些灌木、一年生植物、果用蔬菜和葡萄属植物。真正的攀援植物会自己沿着支撑结构向上攀爬（见124页，"攀援方法和支撑"），而作为攀援植物靠墙整枝的灌木需要进行绑扎。

某些攀援植物需要牢固地固定在木质温室框架、合金框架或温室玻璃格条的永久性硬质支撑结构上。沿着温室内壁水平拉伸的金属丝可用于整枝所有攀援植物。在单

坡面温室中，将金属丝穿过连接在后墙上的带环螺丝钉，以免遮挡光线。也可以将金属丝连接到钻过孔并用螺栓固定的垂直壁板上。在每根金属丝的末端使用应变螺栓将金属丝拉紧。将金属丝以固定间距设置：葡萄藤需要25厘米的间距，果树需要38～45厘米的间距。用柔软的细绳将攀援植物的茎秆绑在水平或垂直的支撑金属丝上。

可以将网连接在温室框架上，用来支撑植物。塑料网会降解腐烂，在一或两个生长季后需要更换，所以它不适合用于多年生宿根植物。作为代替，可以使用塑料包裹的金属网。

还有一些专门制作的铁丝网框架以及各种形式的木质格棚架可以使用。将它们牢固地安装在温室墙壁上面固定的板条上。随着植物的生长，轻柔地将它们沿着金属网整枝，并用柔软的绳线进行绑扎。

一年生观赏攀援植物或果用蔬菜（如番茄等），可以用柔软绳线绑扎在间距为15～30厘米的垂直竹竿上。也可以将结实的绳线从屋顶的牢靠结构上垂至植物基部，将绳线松散地系在植物第一片真叶下方，然后将它缠绕在植物的茎上，再拉回到屋顶框架上。千万不要用绳线将植物勒得太紧。关于特定植物的处理细节，参见各相关章节的修剪和整枝部分。

修剪室内生长的植物

就像室外种植的植物一样，许多室内植物需要经常修剪才能维持它们的生活力并促进开花。有些植物只是因为空间有限所以显得太大，或者需要修剪来维持美观匀称的框架。通过修剪和摘心，大多数植物都可以整枝塑形。只有在除去老弱部分或对荒芜植物进行复壮时才需要进行程度很重的修剪。

摘心

为改善株型并增加年幼攀援或整枝灌木的开花枝数量，在生长期将新枝条的茎尖掐去。对此反应良好的灌木包括苘麻属（*Abutilon*）、鸳鸯茉莉属（*Brunfelsia*）、距药花属

建立支撑框架

将金属丝紧紧地拉伸在带环螺丝钉之间（见插图）。绑扎较强壮的枝条，并将它们修剪至向下生长的芽处，以促进水平生长。

（*Centradenia*）、木槿属（*Hibiscus*）、石海椒属（*Reinwardtia*）和丽蓝木属（*Tibouchina*）植物。不断地进行"摘心整形"（见对页）还可以将特定的植物塑造成新奇的形状。

何时修剪，修剪何处

最好的修剪时间取决于植物的花期以及开花枝年龄。某些植物只在当季新枝条上开花，所以应该在春天将它们的老枝安全地剪短，避免损伤下一季花朵的产生。其他植物在老枝上开花，所以只能在开花后修剪。见灌木（100～107页）、攀援植物（134～137页）的修剪指导，以及如何通过修剪促进葡萄（461～467页）和果树（435～460页）结实。

通过修剪限制生长

在覆盖玻璃的保护设施中，灌木和攀援植物的生长空间常常很有限。虽然可以根据温室大小选择最合适的植物来避免出现大问题，但也可能必须要限制某些植物生长，以免其遮挡光线。在地面上生长的攀援植物可以更自

花后修剪

将开过花的枝条修剪至保留2或3个芽。这会促进下一季开花枝的产生，到时候这些开花枝应该水平绑扎在金属丝上。

由地伸展根系，所以当它们充满了自己的既定空间后应该加以严格控制，否则会淹没其他植物。

玻璃温室中种植的灌木和观赏攀援植物很少会在老枝开花（但一定要事先确定），所以一般建议在开花后进行程度较重的修剪。在秋天将过长的茎剪短，随时将不想保留的枝条清除。

在玻璃温室中，某些植物会在一年中的大部分时间开花，但仍需要对其修剪来加以控制。在早春，将成年苘麻属杂种的上一季枝条剪去，并修剪小冠花属（*Coronilla*）和木槿属（*Hibiscus*）植物。球兰属植物的花产生在新枝和旧枝上的木质短枝上，尽可能多地保留这些短枝。每个短枝都能持续开花数年。树萝卜属（*Agapetes*）植物也在老枝上开花，但可能需要截短来促进枝叶繁茂。

某些植物的茎秆——特别是榕属植物如印度橡胶树（*Ficus elastica*）以及大戟属植物如一品红（*Euphorbia pulcherrima*）——会在切割时流出大量树液，可以通过用水湿润伤口来止住树液流出。

秋季修剪以限制生长

在秋天，剪去较弱的枝条并疏剪浓密的枝叶，这样可以使大量光线穿透叶子，促进强壮枝条的发育，形成坚固的框架。

艳花飘香藤

摘心整形

摘心整形是通过不断摘心对植物塑形的方法，可从大量不耐寒的亚灌木状植物如五彩苏属（*Solenostemon*）、倒挂金钟属、蜡菊属（*Helichrysum*）和天竺葵属植物中产生具有装饰性的形状。简单的形状如扇形和圆锥形很容易被新手园艺师掌握，有经验的园艺师可以创造各种各样的形状——最受欢迎的有球形、柱形以及摘心标准苗形。虽然摘心本身是一项很简单的技术，但它必须在生长期以频繁、固定的时间间隔重复进行（一般不需要工具辅助）。

完成的扇形五彩苏

为植物塑形

植物必须对这种技术有健康的反应。将在温室中生长的植物放置在光照充足、通风良好的位置。要在植株年幼时开始摘心，促使它们在开始成形之前形成茂盛的小丘状。

用手指和大拇指将茎尖掐至一枚展开的叶片处。只除去一点茎尖，促进最大数量的芽产生侧枝。

然后，侧芽会萌动并发育成枝条。当这些枝条长出2～4片叶（或2对叶）后，重复这一过程。

随着年幼植株的成熟，定期为它们换盆。对于某些形状（如扇形），需要将两棵或更多植株种在同一个花盆中。在上盆后一周内不要进行摘心，让根系充分恢复。上盆一周过后，再对年幼植物进行定期摘心，促进枝叶浓密生长并形成紧凑的株型。

整枝框架和支撑结构

一旦植物进入最终的花盆中，就可以在它们周围立起支撑框架，以便将它们整枝成预定形状。竹竿、金属丝和铁丝网（大小规格均可）可以用来创造一系列有趣的形式，如圆锥形、柱形和扇形。如果需要大型框架，要确保花盆足够大，以便给被整枝的植物以稳定性。摘心整形的标准苗树冠不需要框架支撑，而是全部由茂盛的枝叶形成，通过摘心来创造并维持匀称的形状（见119页，"如何对标准苗倒挂金钟进行整枝"）。不过，没有任何一种亚灌木可以在一个生长季中长出足以承受树冠的结实茎秆，所以开始时需要竹竿立桩支撑。

日常养护

一旦看到颜色异常的叶片，就应立即摘掉。用高氮肥料为年幼植物施肥，以促进其生长；当停止摘心时，换成高钾肥料，以促进花朵发育。对于五彩苏属植物来说，这样会促使叶片完全呈色。

对于开花植物如倒挂金钟，一旦得到让你满意的形状，就应该在开花之前大约两个月停止摘心，给顶端花芽足够的发育生长时间。花蕾应该同时开放，营造最好的效果。对于不想要其开花的观叶植物（如五彩苏属和蜡菊属植物），继续摘心会阻止花芽形成。

在气候冷凉的地区，可以在所有霜冻风险过去后将植物转移到室外（无论是到露台上还是作为夏季花坛移栽），然后再转移到温室内越冬。在春天，随着新的生长开始，恢复修剪和摘心。

不要为正在越冬的开花植物施肥。

五彩苏的扇形摘心整形

支撑框架
当植株长到50厘米高时，需要框架支撑，支撑框架由绑扎成扇形的竹竿制成。

1 随着植株生长，为所有枝条摘心，直到植株长到25厘米高。然后，只在两个相对的侧面摘心，使植物呈现平整的外形。

2 小心地将构成扇形肋条的竹竿沿着植株的扁平面插入花盆中，并用横杆绑扎连接。

3 用八字结和软麻线将茎绑在竹竿上，轻轻地将某些枝条向下拉至水平。

4 让所有朝着扇形边缘伸展的枝条继续生长，以固定间距将它们绑扎到竹竿框架上。继续为扇形平面上的所有枝条摘心。

扇形侧面观
一旦支撑框架被覆盖，就可以对所有枝条摘心来维持形状了。这会促进新鲜明亮嫩叶的产生。

繁殖

繁殖室内植物是增加植株数量和用年轻苗壮植物代替年老植物的经济方法。成功进行繁殖需要清洁的条件、温暖的室内环境、足够的光照以及足够的湿度。

最简单的繁殖方法是分株，这种方法一次只能得到少量植物。不过，大部分室内或温室中生长的新植物是用种子或插穗培育而来的，因为这些方法能产生大量新植株。某些植物还可以通过嫁接繁殖。

分株繁殖

分株是繁殖植物的一种快速简单的方法。许多植物会产生小植株、走茎、吸芽或珠芽，它们本身都会生根，可以从母株上将它们分离下来并上盆。

根状茎的分株

在给盆栽植物分株之前，为根坨浇透水并让它将多余的水排走。对于草本和簇生植物，可以将其轻轻地掰开或切成数块，每块都有自己的根系，然后重新上盆。使用锋利的刀子分离根状茎植物的肉质根，保留有年幼枝叶和纤维状吸收根的健壮部分。剪去任何长而粗的根以及任何受损的根。用杀真菌剂粉末处理伤口。使用与母株所用基质相似的基质将每个分株苗上盆到干净的花盆中。为植株浇水并将它们放置存于良好的光照条件下但避免阳光直射，直到它们恢复成形（又见373页，"换盆和更换表层基质"）。

小植株的分株

小植株是缩小版的母株，生长在母株的叶片、匍匐枝、茎或花序上。一旦它们长到足以手持

操作，就将它们连带3厘米长的叶柄或匍匐枝从母株上分离下来。将小植株的茎秆插入装有含草炭替代物或草炭的盆栽基质中，将小植株安置在基质表面。为花盆浇水并用塑料袋覆盖保湿。根系应该会在3周内出现。小植株最多需要5周的时间恢复生长，然后就可以准备换盆了。

生根走茎的分株

某些植物如虎耳草（*Saxifraga stolonifera*，同*S. sarmentosa*）和喜荫花属（*Episcia*）植物会依靠走茎伸展。如果这些走茎在装满基质的花盆中单独生根，就可以将它们从母株上分离而成为新的植株。

吸芽和珠芽

吸芽是植物基部周围长出的小型植株。选择带有一些根系、发育完好的植株，将其从主茎上

分株繁殖盆栽植物

1 在分株前一小时为植物（这里是肖竹芋属植物）浇透水。用手支撑植物，然后将花盆翻转并将边缘在硬质平面上敲击，把植物倒出来。

2 轻轻摇晃植株或用手指将部分基质清理掉，使根系露出。

3 用手或手叉将根坨掰成数块，每块都包含部分根系。注意不要损伤茎或纤维状根。

4 使用干净锋利的小刀截短所有粗根，使分株苗能够被它们的花盆容下，但注意保持脆弱纤维状根的完整性。

5 选择带有健康年幼枝条的部分（见插图）用于重新栽培。将每个分株苗插入装有含壤土的湿润盆栽基质的花盆中。轻轻地压实基质并浇透水，促进根系恢复成形。为花盆做好标记。

用生根走茎繁殖

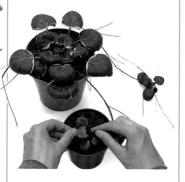

1 将走茎（这里是虎耳草）压入装满潮湿标准扦插基质、直径为7厘米的独立花盆中。浇足水。

2 数周后，将每个生根的小植株从母株上分离，在年幼植株附近切下。为花盆做好标记。

整齐地切下或掰下，然后将其插入装满潮湿盆栽基质的花盆中。用塑料袋覆盖花盆，直到新枝叶长出。

某些植物会在叶片上或叶腋处长出珠芽。将这些珠芽取下，将它们种植在潮湿的含壤土盆栽基质中使其生根（更多信息见239页，"用小鳞茎繁殖"）。

用种子培育室内植物

物种的种子可以真实遗传，但许多室内杂种植物则不会。不过，通过选择可以从二年生植物、一年生植物以及少量宿根植物如仙客来和天竺葵的第一代杂种（F1代）中得到整齐一致的结果。

播种基质和容器

使用专门为种子配制的基质（见565页，"标准播种基质"）。它应该是一种排水顺畅、结构疏松的基质，既能保水，又不会变得浸透水分或在表面形成硬壳。可以使用各种容器，如半花盆、种植盘以及一半或四分之一播种盘。容器的大小应该适合所需植物的数量。也可以使用能够让每株幼苗在单独苗穴中生长的穴盘。

何时播种

大多数种子都应在春天播种，但早春开花物种的种子应该在秋天播种。一年生植物可以在春天至夏初分数批播种，以得到连续开花的植株。许多热带物种的种子在春季播种，但如果在成熟后立即播种，则种子常常可以大量萌发。然而，幼苗在冬天存活很困难。

准备种子

某些种子需要特殊的处理，以帮助它们萌发。种皮坚硬的种子常常需要在播种前预先处理，如在温水中浸泡；所需的时间从新西兰朱蕉（Cordyline australis）的10分钟到香蕉种子的72小时。其他种皮坚硬的植物如金凤花（Caesalpinia pulcherrima）的种子，如果不用小刀或锉刀将种皮划伤就不会萌发。如果种子太小难以手持，可以将它在两张细砂纸之间摩擦。按照供应商印在种子袋上的指南进行操作以确保播种成功。

播种

在容器中装满标准播种基质并在工作台上轻轻叩击。刮走多余的基质，使基质表面与容器边缘平齐。将基质压实到容器边缘之下1厘米之内。

在播种之前为基质浇水，并让容器将水排干净。在播种后用浇水壶浇水可能会将种子冲到一起，导致随后过度拥挤或出现猝倒病。

将所有种子稀疏均匀地撒在基质中。若是细小的种子，先将其和园艺砂混合，这样比较容易播种。对于大型植物的种子，要保持足够的间距，让后来的幼苗生长时不需要进行间苗。或者将种子单独上盆到小花盆或穴盘中。

作为一般性原则，用基质覆盖种子，厚度应该为它们的最小直径。不过，非常细小的种子或者需要光照才能萌发的种子应该留在基质表面不加覆盖。然后，用玻璃板、塑料袋或增殖箱的盖子覆盖容器以保持湿度，并防止基质干燥。将容器放到正确的温度下，光照条件要好但不能处于阳光直射下，让种子萌发。

萌发温度

种子的萌发温度一般比同种植物所需的最低温度高5℃。作为一般性原则，15～18℃的温度比较合适。不同种子的萌发温度也不同，所以要遵循种子包装袋上的指导。在保护设施中播种并用于室外种植的植物在10℃或更低的温度发芽。许多热带或亚热带植物需要24～26℃的温度才能萌发。如果难以在室内维持这样的条件，则可以考虑使用带加热的增殖箱。虽然增殖箱有许多不同的类型和大小，但大多数都有可以维持一定温度的恒温器。

播种的后期养护

将遮盖物上的所有冷凝水珠擦干净，以防止真菌病害。7到10天后，每天检查容器中种子有无萌发迹象，并在幼苗出现后立即移除遮盖物。不过，萌发所需时间的差异很大，某些较大的种子可能需要数月才能萌发。保持基质潮湿，可使用浇水壶，对于较纤弱的幼苗则使用喷雾器。

如果种子播种在含少量养分的基质中，应该不需要施肥；不过对于保留在容器中一段时间的幼苗，随着它们的生长，最好施加一些液态肥料。如果幼苗开始向光弯曲生长，则每天旋转它们；如果有被阳光灼伤的危险，使用硬纸板和遮阴网进行遮阴。

移栽幼苗

当幼苗长到1厘米高时，可以将它们移栽到较大的花盆中。先在花盆中浇水，让它自由排水一个小时，然后叩击容器边缘使基质松动。使用小型扁平工具将幼苗挖出容器。如果幼苗簇生在一起，使用戳孔器或铅笔将它们梳理开。小心地手持幼苗的叶片，因为茎很容易受损。

使用戳孔器在容器的新鲜基质中戳孔。将每株幼苗放到孔中，使其与原来的种植深度一致。将更多基质填充在根系周围，并轻轻地将每株幼苗压入基质中。小型幼苗

用种子培育室内植物

1 将非常细小的种子（这里是风铃草）与干燥的细沙在袋子中混合，这样可以更均匀地播种。

2 使用折叠起来的纸片靠近基质表面，将混合物薄薄地撒在花盆中的潮湿基质上。做好标签，并放入增殖箱中。

3 当幼苗长大到足以手持叶片的时候，用戳孔器将它们移栽到装满潮湿盆栽基质的容器中。

4 幼苗一旦成形，就将它们上盆到单独的花盆或穴盘中继续生长。

播种繁殖的室内开花植物

假面花属 Alonsoa 1
秋海棠属 Begonia（须根和球根类型）1 a
歪头草属 Browallia 1
金凤花 Caesalpinia pulcherrima 1
风铃草属 Campanula 1 a
蝶豆属 Clitoria 1
电灯花属 Cobaea 1
萼距花属 Cuphea 1
仙客来属 Cyclamen，部分种类 1 a
紫芳草 Exacum affine 1 a
风仙属 Impatiens 1 a
蓝花楹 Jacaranda mimosifolia 1
天竺葵属 Pelargonium（现代多花杂种）1
瓜叶菊 Pericallis x hybrida 1
邱园报春 Primula kewensis 1 a，
　邱园报春 P. malacoides 1 a，
　鄂报春 P. obconica 1 a，
　藏报春 P. sinensis 1 a
猴面花属 Salpiglossis 1
蛾蝶花属 Schizanthus 1
大岩桐属 Sinningia 1 a
山牵牛属 Thunbergia 1
蝴蝶草属 Torenia 1

注释
1 不耐寒
a 需要高湿度

风铃草属

嫩枝插条繁殖的室内植物

苘麻属 *Abutilon*, 部分种类 1
铁苋菜属 *Acalypha* 1 a
口红花属 *Aeschynanthus* 1 a
金红花属 *Alloplectus* 1 a
叶子花属 *Bougainvillea* 1
疏花鸳鸯茉莉 *Brunfelsia pauciflora* 1 a
锦竹草属 *Callisia* 1
长春花属 *Catharanthus* 1
白粉藤属 *Cissus* 1
变叶木属 *Codiaeum* 1 a
金鱼花属 *Columnea* 1 a
青锁龙属 *Crassula*, 部分种类 1 a
十字爵床属 *Crossandra* 1 a
楼梯草属 *Elatostema* 1
昙花属 *Epiphyllum* 1 a
麒麟叶属 *Epipremnum* 1
一品红 *Euphorbia pulcherrima* 1
垂叶榕 *Ficus benjamina* 1
网纹草属 *Fittonia* 1 a
栀子花属 *Gardenia* 1 a
土三七属 *Gynura* 1 a
星孔雀 *Hatiora gaertneri* 1,
    落花之舞 *H. rosea* 1
木槿属 *Hibiscus*, 部分种类 1
球兰属 *Hoya* 1
匍匐凤仙 *Impatiens repens* 1 a
血苋属 *Iresine* 1 a
红龙船花 *Ixora coccinea* 1
云南素馨 *Jasminum mesnyi* 1
爵床属 *Justicia* 1
伽蓝菜属 *Kalanchoe* 1
艳花飘香藤 *Mandevilla splendens* 1 a
红珊瑚属 *Pachystachys* 1
西番莲属 *Passiflora* 1
天竺葵属 *Pelargonium* 1
五星花 *Pentas lanceolata* 1
豆瓣绿属 *Peperomia* 1
冷水花属 *Pilea* 1 a
蓝雪花 *Plumbago auriculata* 1
福禄桐属 *Polyscias* 1 a
仙人棒属 *Rhipsalis* 1 a
好望角菱叶藤 *Rhoicissus tomentosa* 1
芦莉草属 *Ruellia* 1 a
蟹爪兰属 *Schlumbergera* 1
五彩苏属 *Solenostemon* 1 a
蜂斗草属 *Sonerila* 1 a
垂蕾树属 *Sparrmannia* 1 a
黑鳗藤属 *Stephanotis* 1 a
扭管花属 *Streptosolen* 1 a
合果芋属 *Syngonium* 1 a
丽蓝木属 *Tibouchina* 1 a
紫露草属 *Tradescantia*, 部分种类 1 a

注释
1 不耐寒
a 需要高湿度

翠蓝木

的间距应该保持在2.5厘米左右，较大种苗的间距应为大约5厘米。使用细喷嘴水壶为幼苗浇水。对于单独播种在穴盘中的幼苗，将幼苗带穴盘基质取出并上盆。

换盆

一旦植株的根系充满容器，就需要换盆（见373页）。新花盆应足够大，可在根坨周围留出2.5厘米的空隙。将植株放入花盆中，使其茎秆基部与基质表面平齐。将花盆在工作台上叩击，轻轻压实，然后使用细花洒浇水。

一旦上盆在普通基质中，就可按照处理成熟植物的方法进行处理。维持正确的生长条件。不同室内植物对环境的需求差异很大。

扦插繁殖

大多数不耐寒室内植物都可以使用嫩枝（茎尖）插条（在基质或水中生根）、叶芽插条或叶片插条轻松地进行繁殖。半硬枝插条或木质插条可以从室内灌木上采取。决定扦插成功的主要因素是时间、卫生、温度和湿度。

半硬枝插条

夏天，从当季枝条中采取经过春天快速生长后形成的半成熟木质插条（但不能完全成熟）。合适的植物材料应该结实而又柔韧，并在弯曲的时候有一定的张力。在保护设施中生长的植物可能会在仲夏之前成熟，所以要从夏初开始仔细留意所有新枝（关于此项技术的详细信息，见111页，"半硬枝插条"）。

叶芽插条

榕属和球兰属等植物可以用叶芽插条进行繁殖，这是一种半硬枝插条。将茎剪成2.5～5厘米长的段，每段都带有一个叶片和一个叶腋处的芽。将它们插入装满扦插基质的花盆中，并将花盆放在15～18℃的增殖箱中（更多信息见112页，"叶芽插条"）。

嫩枝插条

这些插条是在早春采取的。选择节间短的新生侧枝，并用干净锋利的小刀将它们切下。在准备插条时做出干净精准的切口，茎上不留残枝。用每根枝条的基部蘸取激素生根粉，然后使用戳孔器或铅笔将数根插条插入装满标准扦插基质的花盆中。插条可以在花盆中近距离扦插在一起，也可以沿着花盆边缘扦插，只要它们的叶子不互相接触即可。

将花盆放入增殖箱或用塑料袋覆盖，以减少水分损失——不过要确保塑料袋不接触插穗。将花盆放到温暖明亮处，但要避免阳光直射。每一两天检查一次插穗，如果出现冷凝水珠，将增殖箱或塑料袋打开一会儿使其散去。

新根系形成需要大约四至六周。在这个阶段，当可以看到新的生长迹象时，将插穗转移到装有草炭替代物或壤土基质的单个花盆中继续生长。将年幼植株放置在温暖的轻度阴凉处，直到它们完全恢复成形。

用嫩枝插条繁殖

1 在直径为13厘米的花盆中填充潮湿的扦插基质并向下压平。

2 使用修枝剪或干净锋利的小刀在分枝点上端切下一些10～15厘米长的新生短节间侧枝。这里展示的植物是爪哇三七草（*Gynura urantiaca*）。

3 将每根插条修剪至某茎节下端，除去位置较低的叶片，得到一段光滑的基部（见插图）。不要留下残枝，它们可能腐烂。

4 用插条基部蘸取激素生根粉。将它们插入花盆中，使叶片正好位于基质上方。

5 为插条浇水并做好标记。将花盆放入温暖明亮处的增殖箱中并将土壤温度维持在18～21℃，直到插条生根并准备换盆。

嫩枝插条的水中生根

使嫩枝插条生根的最简单方法是将它们插在明亮温暖处的玻璃容器的水里。按照普通嫩枝插条的方式准备每根插条，一定要将位置较低的叶片干净地除去。用放置在玻璃容器瓶口上的网来支撑插条，使茎悬浮在水中。当插条的根系长出并有新枝叶生长的迹象时，将插条上盆。用排水材料和2.5厘米厚的基质填充花盆。将每根插条放入花盆中并伸展根系，然后填充基质直到根系被覆盖。紧实基质并为插条浇透水。

用叶片繁殖

某些植物可以用全叶或叶片片段轻松地繁殖。对于某些植物，可以直接将叶片插入基质（或水）中；而对于其他植物，则要将叶片刻伤或切成碎片，然后再插入或平放固定在基质上。每个叶片在叶脉被切割的地方都会长出许多小植株。

全叶

某些植物——常常是以莲座丛形式生长并有肉质叶片的植物，如非洲紫罗兰和大岩桐（*Sinningia speciosa*）以及蟆叶秋海棠和根茎秋海棠，还有某些多肉植物（见347页），可以用叶片扦插的方式繁殖。

对于插穗，应该选择健康未受损、充分生长的叶片，并从靠近叶柄处将它们剪下。将每根叶柄修剪至叶片下3厘米处；将插穗单独扦插到准备好的装有扦插基

在水中用嫩枝插条繁殖

1 使用锋利干净的小刀从健康苗壮的植物（这里是一株五彩苏属植物）上切下10~15厘米长的健康短节间插条。从茎节上端小心地将每个枝条切下。

2 将每根插条修剪至茎节下端并去除底部叶片，在基部得到一段干净的茎（见插图）。

3 将插条插入放置在玻璃瓶口的金属网中，玻璃瓶内装水。确保茎进入水中。

4 经常添水，使每根插条的基部一直处于水面之下。根系不久就会长出来。

5 当插条长出足够的根时，小心地将每根插条种在装满砂质盆栽基质、直径为7厘米的花盆中。

质（1份沙子和1份草炭替代物或草炭）的花盆中，做好标记并浇水。将花盆放入增殖箱或用透明塑料袋、临时制备的钟形罩（见下）覆盖。插穗一旦长出小植株，立即撤去覆盖物，让插穗继续生长，直到小植株大到足以单独上盆。有长叶柄的叶片（特别是非洲紫罗兰）可以在水中生根，不过生根需要的时间一般比在基质中更长。

刻伤或切碎的叶片

对于叶脉明显的植物，如蟆叶秋海棠和牻牛儿苗科（*Gesneriaceae*）

半叶插穗

1 将叶片中脉切除，并露出叶脉（这里是旋果花属植物）。

2 将半叶切面朝下插入浅槽中。轻轻紧实基质。

用叶片插穗繁殖室内植物

1 从母株上切下健康叶片（这里是非洲紫罗兰）。将每根叶柄插入一小盆扦插基质中，使叶片正好不接触到基质。

2 浇水，做标签，并覆盖花盆。可以用由塑料饮料瓶底部制作的小型钟形罩来覆盖。将它们放在温暖明亮处，避免阳光直射。

3 每个叶片都会长出数个小植株。当这些小植株长出后，移除覆盖物并让它们继续生长，直到它们长大到可以单独上盆。

植物如旋果花属（*Streptocarpus*）植物，它们的叶片如果被刻伤或切成碎片，并且被切伤的叶脉接触到湿润基质的话，就会产生小植株。可以将叶片切成两半或小块，或者在叶脉处刻伤。

无论使用哪种方法，都要将容器存放在明亮处的增殖箱或透明塑料袋中，但要避免阳光直射。在塑料袋中充满空气，使其不会接触叶片片段，然后将其密封保存在18～24℃的温度下。

当成簇小植株从叶脉处长出时，小心地将它们挖出并分离，每个小植株的根系周围保留少量基质，然后将它们单独上盆到装有扦插基质、直径为7厘米的花盆中。

某些多肉植物，包括虎尾兰属（*Sansevieria*）和那些有扁平叶状茎的植物如昙花属（*Epiphyllum*）植物，也可以用"叶"段繁殖，不过它们的处理方式稍有不同（更多细节见348页，"茎段扦插繁殖"）。

使用切伤叶片繁殖

1 选择年幼的健康叶片（这里是蟆叶秋海棠属植物），并用锋利的小刀在叶背面做1厘米长的切口，将最健壮的叶脉切断。

2 将叶片切伤面朝下放置在装满扦插基质的种植盘中。将叶脉钉在基质中。做标签，然后将种植盘放入增殖箱或塑料袋中。

3 将种植盘留在没有阳光直射的温暖处。当小植株形成后，小心地将它们从叶子上分离（见插图）并单独上盆。

叶子小方块

1 从健康叶片上切下4或5枚邮票大小的方块。每一个方块上都应该有健壮的叶脉。

2 将叶子小方块叶脉朝下放在潮湿基质上，用线圈钉入基质中，然后按照其他叶片插穗的方式进行处理。

球根秋海棠的繁殖

当球根秋海棠的枝叶在秋天自然枯死后，将球根保存在它们的花盆里，放至5～10℃的干燥处越冬。也可以将球根挖出并弄干净，用杀真菌剂粉末处理它们的顶部，然后将它们储存在装满干燥沙子、草炭替代物或草炭的盒子里。

在生长期开始时，将球根放到装有湿润砂质基质（1份尖砂、1份含草炭替代物或草炭的基质）的种植盘中。将它们存放在最低温度为13～16℃的地方。当可以看到新芽的时候，将球根切成数块，保证每一块都至少有一个芽和部分根系。用杀真菌剂粉末处理切成块的球根，并将它们留在温暖处晾干数小时。当切面形成愈伤组织后，将球根块上盆在含壤土基质中。不要太重地压实基质或者为其浇水，因为这会导致真菌病害的发生。

也可以让新枝在球根上长出，并使用这些枝条作为基部插条。采取插条时，让每个插条都保留一个"眼"。将每根插条的基部蘸取激素生根粉，并以2厘米的深度围绕装有含壤土盆栽基质的花盆或盘子边缘扦插。

1 秋天，将休眠的球根挖出并弄干净。用杀真菌剂粉末处理球根顶部并将它们放置在干燥处越冬。

2 春天，将球根凹面朝上、以5厘米的间距和2.5厘米的深度放置在装有湿润砂质基质的种植盘中。

3 当嫩枝出现后，将球根切成数块，每一块都有一个芽和部分根系。用杀真菌剂粉末处理切口并晾干。

4 将切成块的球根单独上盆到直径为13厘米的花盆中，顶端与基质表面平齐。为每个容器做标签。

5 将花盆放入温暖无霜处的增殖箱中，直到切成块的球根长成形，然后再将它们单独上盆。

基部插条

从球根上取下5厘米长的枝条，每根枝条基部都带球根的"眼"。将它们上盆并按照切成块的球根一样进行处理。

压条繁殖

压条繁殖需要将植物的枝条弄伤，诱导其生根，然后将生根枝条分离下来。这种方法的成功率很高，因为压条在发育的时候仍然吸收来自母株的营养。

某些室内植物可以使用压条繁殖方式——可以在空中或土壤中。空中压条能从较老植物上产生相当大的新植株，但可能需要相当长的时间。在土壤中进行简易压条能很快长出新植株。

空中压条

这是一种更换年老或受损室内植物（如印度橡胶树及其相关物种）的良好方法。植物的顶端或树枝的尖端可以被促生出根系，然后从母株上分离。

选择一段大约10厘米长、至少铅笔粗细的笔直新枝条。将干净塑料袋的底部剪去，套在枝条上（如果叶片太大无法套进去，

则可使用透明塑料布围绕枝条包裹），然后用胶带封上。

使用锋利的小刀在枝条的一侧做出向上倾斜的浅伤口，然后用潮湿的泥炭藓塞入伤口中，使其撑开。对于木本植物，也可以在枝条选择区域某健康叶节下端刻出两道间隔1~2厘米的环状伤口，刻痕的深度应该正好能够穿透树皮而不会损伤其木质部。剥去两个环之间的树皮，不要损伤形成层。

无论使用哪种方法，都要使用生根粉处理伤口。在筒状塑料布中装入潮湿苔藓，然后密封，避免生根区域脱水。如果枝条很重，则用竹竿进行支撑。

根系长出可能需要许多个月。如果苔藓开始脱水，则打开筒状塑料布，加入少量水，然后重新密封。当根系出现后，将被压枝条从母株上分离，然后将其上盆到含壤土的盆栽基质中。为年幼植株少量浇水，直至其恢复成形。

简易压条

攀援或蔓生枝条可以在仍与母株相连时压入土壤中。

选择长而健壮的枝条，将其钉入装满潮湿扦插基质的小花盆中。三至四周后，根系应该开始扎入基质中，新的枝条开始形成；然后，可以将生根插条从母株上分离。如果需要的话，可以同时压数根枝条，每根压条都需要独立的花盆。

在分离新植株时，注意不要破坏母株的形状（更多信息见145页）。

简易压条

选择长而健壮的枝条，将其钉入装满潮湿基质的小花盆中。待其生根后，将生根插条从母株上分离。

母株

长而健壮的枝条

叶节

金属丝钉

潮湿的扦插基质

攀援喜林芋

通过空中压条繁殖

1 将叶片（这里是印度橡胶树）从一段笔直的枝条上切下（见插图）。将一段筒状塑料布套在枝条上，并用黏性胶带密封其下端。

2 向下翻开塑料布。手持枝条，然后在上面切出一条"舌"，向上斜切出5毫米深、2.5厘米长的伤口。

3 在伤口处撒上激素生根粉，然后使用刀背将潮湿泥炭藓塞入伤口中。

4 将筒状塑料布翻回原位，在其中填充潮湿泥炭藓。

5 当筒状塑料布中填满苔藓后，使用黏性胶带将其上端固定在枝条上。

6 当新根系能够透过塑料布被观察到时，用修枝剪从根坨下端将枝条剪下。移去塑料布。

7 轻轻地松动苔藓托，并梳理出根系。将生根压条上盆到花盆中，花盆应能使根坨周围留出5厘米的空间。在其中填充含壤土的盆栽基质，轻轻地压实，确保不会损伤新根系。浇水，做标签，然后将花盆放至阴凉处，直到新植株恢复成形。

草坪

从规则式花园中的条纹绿色草地，到运动场常常被切割的草皮或一小群树木之下的草地，草坪可以适应所有情形。

无论是作为本身展示，还是作为鲜艳的背景、儿童的游戏空间或仅仅是令人放松的避难所，草坪既可以具有功能性，也可以作为设计景致。草坪常常被人视为仅仅是脚下的平面，但它可以在花园中发挥重要作用，可柔化硬质表面，映衬醒目的景致，并将花园统一为整体。千百年来，禾草被用于创造草坪，因为它在视觉上美观，耐践踏，并且可以被切割得很低而不受伤害，不过果香菊和其他矮生香草也可以很好地用于制作观赏草坪。

创造草坪

要把草坪维护成一处美观的景致，让它作为人们散步、玩耍和放松的通透区域。草还可以用来覆盖其他区域的地面，如运动和游戏草坪、花园、宽阔通道以及缓坡堤岸等。某些枝叶浓密的矮生植物如果香菊（*Chamaemelum nobile*）也可以用在草坪中，不过它们的耐践踏性要差得多。在决定草坪类型和形状以及为草坪选址时，要考虑它如何与花园中的其余景致相联系，在设计中发挥协调统一的作用。

较大的花园 以两种高度修剪的草坪为花园设计增添了趣味。

禾草

禾草是草坪最常选用的植物，因为它很耐践踏，并能全年保持美观。它可以被不断剪低而不会被伤害，因为其生长点位于植株基部。

修剪后的草坪

需要修剪的草坪包括高质量草坪、实用草坪和运动草坪。在需要完美均匀外观的地方，用于观赏的高质量草坪最合适，它能承受一定程度的践踏，但需要相当多的养护才能保持原来的良好状态。如果草地可能会承受较重的践踏（例如用作玩耍区域），则应该选择实用草坪，它也应该美观，但可以有小瑕疵，需要的日常养护不是很多。

运动区域如网球或保龄球草坪需要可以剪得特别低而且很耐践踏的表面。为阻止不必要的额外荷载，最好将它们单独设置在主草坪之外并进行相应的管理维护。

长草和草地

作为野生花园或果园的一部分，不加修剪的禾草或花朵丰富的草地都很美观，但由于禾草相对较长，因此不适用于实用草坪。不过，它需要的维护极少，因此可能适合难以剪草的区域，如缓坡或溪流的堤岸。繁花草地常常能在贫瘠的土地上繁茂生长，所以它是一种利用花园中价值较低土地的好方法。

混合长草和短草

在花园的不同部位使用不同种类的草，或者改变修剪高度，有助于定义独立的空间并增加质感的对比。沿着长条繁花草地伸展出的精心修剪的草坪通道能够在高度、色彩和质感上提供引人注目的流动线条，并促使人们只在设计好的通道上行走。

在大型花园中，考虑在房屋附近设置一处低剪草坪，便于欣赏其外貌，然后可以用通道或台阶将其引导至远处的实用草坪。而长草和野花区域可设置在花园的远端。用这种方式混合不同高度的草能够提供充满对比但又互相映衬的景观，割草次数也会随之降低，因为某些区域不需要频繁地割草。

位置和形式

草坪可能是花园中最大的单体区域，所以要将它的位置和形状小心地规划在整体设计之中。既要考虑实用性，又要考虑美观，使草坪便于使用、方便维护，并成为花园设计中的内在部分。

为草坪选址

草坪最好设置在开阔向阳处，因为禾草需要良好的光照，其在富含腐殖质、排水顺畅的土壤以及稳定的湿度下才能茂盛生长。可以使用半阴处，只是在那里要种植耐阴草皮或适合用于荫凉处的混合草种（见389页，"选择合适的混合草"）。或者可以创建能够承受一定程度践踏的由其他耐阴植物组成的非禾草草坪（见389页，"非禾草草坪"）。在没有空间存放割草机的花园中，果香菊或其他香草草坪也许会很合适，这些植物不需要割草就能保持整洁。

如果想让草坪包围一棵乔木，那么其树冠下方的区域最好不要植草，因为禾草无法与乔木争夺养分和水分。或者在问题区域种植耐阴禾草（见389页，"问题区域"）或地被植物。

形状

草坪的形状可以与花园风格相吻合，或者用来影响花园。在高度风格化的规则式花园中，使用给道路镶边的对称几何形草坪会很合适。在小型花园中，简单的形状如圆形可以引人注目，并且可以通过引入圆形水池或露台以及装满观赏植物的容器来形成呼应。

弯曲的不规则设计会赋予花园流动性，且可以用均匀一致的大片色彩将不同元素联系起来。宽阔的流动曲线可以用来映衬花境中的植物，并将视线引导至美观的焦点上。但是不要使用杂乱的圆齿状边缘或怪异的角，因为它们会破坏植物的视觉效果，并让割草变得困难。

空间允许的话，设置两个草坪更加有效果。可以使用两个或更多相似或互补的形状，之间用道路或拱门连接起来。较远的草坪可以部分遮挡起来，掩映较近的草坪。

设计功能

除了本身的美观之外，草坪还可以用来为植物和硬质景观提供不同的设计标准。规则区域的草地能够为本来分散的元素创造自然的纽带，将视线从花园中的一部分引导至另一部分。坐落在草坪上的一座雕像或一棵园景树具有最大的视觉冲击力，因为周围的大片单色调可以将它与周围元素区别开。在大型草坪中，一或两个花坛或乔木可以很有视觉效果，只要它们的位置可以打破伸展的绿色，但不要布满整个草坪，这不但会使维护变得更加耗时，而且整体的效果也会变得杂乱散漫。

禾草的一致质感和色彩能够形成中性的背景，其可以很好地衬托其他种植。除了混合花境或草本花境中的各种形状、色彩和质感，草坪平整的表面还能为更富有雕塑感的植物（如轮廓鲜明的柱形乔木、贴地爬行的匍匐灌木）充当背景。

道路和出入

狭窄区域的禾草一般会承受较重的践踏并很难修剪，由于这些原因，宽度小于1米的草坪道路就很不实用了。对于人们经常出入要穿过草坪的道路，选择硬质道路和踏石有助于防止不均匀的践踏程度。

如果可能的话，将草坪的至少一边开放用于出入，如果只有一或两个狭窄的开口，那里的草会很容易受损并需要经常更换。

边缘

用铺装石或砖块为草坪镶边有助于限定它的形状和边缘，这样还会有其他的好处，有这些边缘之后，就可以更容易地将草坪修剪至边缘而不会损伤其他植物。可以允许蔓性植物漫出边缘，打破边缘的僵硬效果，而不会剥夺其下方禾草的光线。此外，可以将

规则式草坪 在这里，精心修剪的高质量规则式草坪为优雅的座椅和周围的种植提供了质感细腻的背景。

观赏容器放置在硬质边缘上作为视线焦点，或提供有趣的高度变化。或者在草坪边缘留下窄窄的一条裸土区域，如果草坪毗邻墙壁或栅栏的话这特别有用。

气候上的考虑

根据对温度的忍耐程度，草坪的草常常可以分成两大类。主要在温带地区种植的冷季型草喜欢15～24℃的温度；在亚热带或热带气候中生长得最好的暖季型草在26～35℃的温度中能繁茂生长。

在覆盖众多气候区的大国中，可以在相应的地方找到最适合生长的草。在温带地区，草坪一般不使用暖季型草，因为它们在冬季休眠期会变成褐色，尽管某些种类可以令人满意地生长。

冷季型草

冷季型草广泛用于英国、北欧、北美以及其他气候相似地区（见606页，"气候区"）的草坪。冷季型草坪最常使用的草有剪股颖属（*Agrostis*）、羊茅属（*Festuca*）、早熟禾属（*Poa*）植物以及多年生黑麦草（*Lolium perene*）等。

剪股颖属植物非常低矮，并且是最耐密集修剪的。羊茅属植物叶片纤细，且可以低矮修剪，它们很耐践踏，而且某些物种能忍耐贫瘠的土壤。早熟禾属植物更耐践踏，但不耐低剪，有些种类的叶片还很粗糙。多年生黑麦草极耐践踏并能忍耐大多数土壤，包括黏重的黏土，但其质感粗糙，不能密集修剪。一年生早熟禾（*Poa annua*）也会用在许多草坪中，但其常常被认为是一种杂草，因为它会很快结出种子并自播生长成粗糙的草块。冷季型草常常

富于装饰性的边缘 砖块镶边在硬质表面和草坪之间创造了美丽的分隔。这样的边界高度应该设置在割草机刀片的高度之下。

园艺百科全书（典藏版）

草坪和生物多样性

传统的"草地保龄球场"只能支持极少的生物多样性，因为它基本上是单一栽培区域，只有两三个物种的草混合种植在一起，以得到一片茂密的草地并抑制其他植物物种的生长。可以遵循有机原则创造一片精美的草坪，但这需要投入大量精力和时间，要避免不想要的物种在风或野生动物的携带下涌入。

如果外观的完美并不是最重要的，可以采取不那么严格的管理，也可以促进草坪生物的多样性。例如减少割草次数并提高割草高度，得到8~10厘米高的草地，允许一些低矮植物如苜蓿、雏菊以及夏枯草（*Prunella*）生长成型，这些植物有助于吸引昆虫和其他野生动物。如果阔叶物种繁殖得太快，则可以稍稍增加割草频率并降低割草高度将花朵切掉从而减少自播。有时候可以将割草产生的草屑留在草坪上，不过一般最好用它们来产生堆肥。

高质量或实用性草坪

它们在外观、生长速度以及耐践踏性上都有差异：高质量草坪（右）有细密的质感；实用草坪（最右）最好用于家庭草坪。

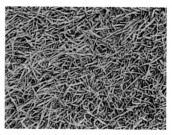

高质量草坪　　　　　实用性草坪

混合播种而不以单一物种播种，不过在北美温带的某些地区，草地早熟禾（*Poa pratensis*）可以单独种植。但是，在播种单一物种草坪时，也常常将数个品种混合在一起，这会增加草坪的抗病性并改善整体色彩（又见对页，"选择合适的混合草"）。

暖季型草

这些种类的草自然生长在南美、非洲和亚洲（特别是华南）的热带和亚热带地区，因此它们能成功地种植在众多温暖气候区中。

种植在草坪并用于其他广泛用途的主要暖季型草包括狗牙根属（*Cynodon*）、钝叶草（*Stenotaphrum secundatum*）以及结缕草属（*Zoysia*）植物。狗牙根属植物包括狗牙根（*Cynodon dactylon*）、非洲狗牙根（*C. transvaalensis*）、*C. incompletus var. hirsutus*和*C. x magennisii*。

结缕草属的3个物种适合于草坪：日本结缕草（*Zoysia japonica*）、沟叶结缕草（*Z. matrella*）以及细叶结缕草（*Z. tenuifolia*）。结缕草属植物在夏季很热而冬季凉爽的地区生长得特别好。

暖季型草一般以单一物种草皮进行种植，因为它们有强壮的匍匐株型，并且不会很好地混合在一起。如果加入了其他物种的草，它们会形成不同颜色和质感的补丁状草皮块。在低于10℃时，暖季型草坪草会开始休眠并开始褪色，这在只有夏天才满足它们生长条件的地方会产生问题。在这些地区，可以在秋季再次播种冷季型草如黑麦草和羊茅属植物等，改善草坪的冬季色彩。

选择合适的草

在选择草种或草皮前，要综合考虑草坪外观、耐践踏性以及维护等各方面的问题。在众多不同的混合草中，有些特别适合用在频繁使用的区域，而其他的可能会呈现美观的颜色和质感。草种还应该能适应生长条件，如土壤类型、排水性以及荫蔽程度等。

高质量草坪

在主要考虑外观因素并且预期不会被频繁践踏的地方，可使用规则的高质量草坪，选择能够创造均一美观质感和色彩的禾草物种。

冷季型　为得到最高质量的草坪，应该将叶子纤细的剪股颖属和羊茅属禾草混合种植。在细弱剪股颖（*Agrostis tenius*）和旱地剪股颖（*A. castellana*）中混入细羊茅（*Festuca rubra var. commutata*）和匍匐紫羊茅（*Festuca rubra var. rubra*）。

暖季型　狗牙根属的品种很适合于高质量草坪，它还有一些经过改良后的品种，可耐热、干旱和重度践踏。结缕草属禾草也能形成生长缓慢的高质量草坪。

实用草坪

这类草坪主要服务于功能性，也许是为儿童提供嬉戏区域或提供户外娱乐空间，这种草坪需要相当耐践踏，但它们必须仍然能够提供美观均一的表面。用于这种草坪的草一般不会产生高质量草坪那样的完美质感和色彩，因为观感的重要性只排在第二位。

冷季型　对于很耐践踏的草坪，常用的草是多年生黑麦草，它一般和匍匐紫羊茅、草地早熟禾以及细弱剪股颖或旱地剪股颖混合种植。仅由草地早熟禾一个物种形成的草坪在北美温带地区比较常见。

暖季型　对于常见的草坪，狗牙根属禾草（见左，"高质量草坪"）都足够坚韧，但需要经常修剪。钝叶草的质感没有那么细腻，但也可以使用，特别是在阴凉处。对于低维护水平的草坪，选择百喜草（*Paspalum notatum*）、地毯草属（*Axonopus*）或假俭草（*Eremochloa ophiuroides*）。它们需要的修剪频率较低，但叶片质感粗糙，不能提供细密的饰面。

比赛和运动区域

用于球类比赛和运动区域的草需要特别耐践踏的物种和品种。此外，某些运动草坪还需要能承受非常低的修剪，以最大限度地减少草对球类滚动产生的影响。

冷季型　用于高质量草坪（见左）的剪股颖属和羊茅属混合草适合用在槌球场、草地保龄球场以及高尔夫球场，不过，如果球场使用较多会很快损伤草坪。如果需要更耐荷载的表面如草坪网球，最好选择包含多年生黑麦草的混合草（见左，"实用草坪"）。

暖季型　狗牙根属禾草（见左，"高质量草坪"）应该可以提供较耐践踏的美观表面。某些品种更耐践踏，所以要精心挑选适合比赛区域的种类。

繁花草地

对于花朵繁茂的区域，尽量使用本地禾草物种。它们除了更容易茂盛生长之外，看起来也不会不协调或有人造感（又见401页，野花草地）。富花混合草种一般由生长缓慢的禾草和各种本地阔叶开花物种组成。除了气候之外，土壤类型、土壤湿度以及朝向都会影响所播草种的选择。某些草种喜欢非常干燥、排水良好的生长条件，而有些草种则能够在沼泽地上生长得很好。

冷季型 常常使用剪股颖属和羊茅属禾草，可以在其中添加一种短命草如多花黑麦草（*Lolium multiflorum*）来迅速营造最开始的地被。在割草之后，多花黑麦草会在两年之内枯死，留下质感细致的草和阔叶开花植物。某些物种在发芽之前需要一段寒冷时期，因此在播种的第一年可能不会长出来。

暖季型 在种植暖季型草的区域，很少能够种植繁花草地；因为暖季型草生长得很苗壮，它们容易将开花植物淹没窒息。

问题区域

对于位置不佳如荫蔽、潮湿或干燥区域的草坪，可以选择专门为这些条件设计的混合草种。在极端条件下，最好种植地被灌木或宿根植物来代替草坪（见101和180页）。

冷季型 在潮湿荫凉的区域，草坪草不会很容易地长成茂密苗壮的草地，而且定期割草会压实土壤并降低禾草的生长速度。不过，某些物种的耐性较强：林地早熟禾（*Poa nemoralis*）常常可以与粗茎早熟禾（*P. trivialis*）混合播种，但它们都不能承受密集的修剪或严重的践踏。还可以加入羊茅属草，它们能够在这样的条件下生长得相当不错，并且可以承受的割草高度也比较低。梯牧草（*Phleum pratense* subsp. *bertolonii*）可以代替多年生黑麦草用在潮湿但不太荫凉处。

在非常干旱的地区，使用这些区域的本地禾草，如在北美大草原上自然生长的史密斯披碱草（*Elymus smithii*），或原产于俄罗斯和西伯利亚干旱寒冷平原上的冰草（*Agropyron cristatum*）。披碱草一般会形成中低质量的草坪，在允许长到2.5厘米高的草坪中，匍匐披碱草（*Elymus repens*）可能会成为杂草。

暖季型 对于荫蔽区域，钝叶草是一个很好的选择。它还是一种耐盐植物，因此可以用于滨海花园。不过，它的质感比狗牙根属或结缕草属的各种物种和品种都更粗糙，因此其一般只用在更细密的物种无法正常生长的地方。

选择合适的混合草

现在许多现代混合草都能专门生产，它们可为草坪提供非常重要的各种品质，如均一的色彩、抗病性、耐践踏和耐阴性以及紧凑的枝叶。例如，耐阴的混合草可能包括羊茅属和剪

野花草地 这片自然区域的禾草中点缀着鲜艳的野花和栽培花卉，它为野生动物提供了完美的栖息地。

股颖属植物，如细羊茅、硬羊茅和细弱剪股颖。在为种植场所选择最适合的草种或草皮时，确保混合草中不但包括合适的物种（如细羊茅*Festuca rubra* var. *commutata*），还要有现代品种。关于草坪混合草种和单一物种草的更多信息见394页，"播种密度"；关于草皮类型见392页，"草皮法"。

混合草中不应该包括农用牧草品种，这些品种是用来生产健壮直立枝叶植物以喂养牲畜的，需要经常割草。它们的伸展性也更差，因此使用它们不会产生茂密均一的地被。

非禾草草坪

虽然草坪一般是用禾草种植的，但有时也可以使用其他常绿物种。这些植物包括果香菊、山芫荽属（*Cotula*）、马蹄金（*Dichondra micrantha*），甚至还有苗壮的苔藓物种。与禾草不同，这些地被植物不能承受较重的持续践踏，所以对于主草坪它们通常不是最好的选择，不过它们可以用在主要供观赏的区域。将它们种在露台或庭院花园中，提供一小片迎宾绿地；设置在喷泉、抬升池塘或雕像基部；或

者紧挨露台或道路并爬上它们的边缘，减弱硬质表面的坚硬感。

被踩后，果香菊的叶片会散发出一种类似苹果的甜香气味，但它们不能承受重度践踏。不开花无性系品种'特纳盖'（'Treneague'）生长低矮，特别适合用于草坪。山芫荽属植物有像蕨类的叶片，它们更耐践踏，因为其匍匐茎会在地上铺成厚厚的毯状，它还能在潮湿的条件下繁茂生长。马蹄金属在温暖背风处生长得最好，并且不能在低于-4℃的温度下存活。

另外一种选择是将大量低矮垫状植物种植在一起，得到有拼缀效果的"织锦草坪"。最好使用生长速度一致的植物，如各种匍匐生长的百里香，如簇生百里香（*Thymus caespititius*）、匍匐百里香群（*T. Coccineus* Group）、'杜妮谷'百里香（*T.* 'Doone Valley'）以及*T. polytrichus* subsp. *britannicus*，否则其中1个物种会逐渐占据优势并打破原始设计的平衡。和其他非禾草草坪一样，混合织锦草坪不能被频繁使用。

土壤和现场准备

充分的现场准备是成功地建立新草坪的关键。虽然这可能很消耗时间且昂贵，但从长久来看，在开始时正确地准备现场比后来再试图解决问题更容易，成本也更低。进行准备的一般原则适用于所有场地，但关于排水、土壤改良和灌溉的决定应该取决于各个场地和气候状况。

清理现场

彻底清理现场很重要，清除所有大石块和卵石以及所有植物，包括树桩和树根。如果现场已经部分种植草皮，但生长状况太差难以复壮，则将全部草皮清除（又见399页，"荒弃草坪的复壮"）。

清除杂草

要特别注意的是，彻底清除任何有地下根状茎或深主根的宿根杂草，如匍匐披碱草（*Elymus repens*）、蒲公英（*Taraxacum officinale*）、Rumex（*Rumex*）以及大荨麻（*Urtica dioica*），因为它们能利用一小段根或根状茎进行快速繁殖（见646~647页，"多年生杂草"）。一旦草坪草长成，就可以使用选择性除草剂控制阔叶杂草生长，但杂草此时会变得更难以清除干净，所以最明智的方法是在一开始就使用除草剂彻底清理现场。

一年生杂草如藜（*Chenopodium album*）和荠菜（*Capsella bursa-pastoris*）可以在草种萌发后割杂草进行控制。不过最好在播种前将现场的一年生杂草清理干净。

准备土壤

用于草坪的理想表层土是排水良好的砂质壤土，至少20厘米厚，最好深达30厘米，覆盖在一层结构良好、排水顺畅的底层土上。在这样的条件下，草坪草才能形成深根系并从土壤中获得充足的水和养分。如果土壤深度不一，在干燥天气下，棕色的补丁状草皮会很快在土壤浅的地方出现。

其他土壤也可能合适，但如果土壤排水不畅，而草坪很可能被频繁使用，特别是在潮湿的条件下，那么应该改善其排水性能。如果表层土很薄或很贫瘠，可能必须增添新的表层土；这些新土可以从花园中的其他地方转移过来或者去购买，不过对于大型区域，购买表层土的成本会很高。

如果土壤中的沙子含量很高并因而排水太过顺畅的话，可在其中混入一些腐熟有机质，帮助保肥保水（见620页，"土壤结构和水分含量"）。不过要小心，别混入太多，因为有机质的降解速度很快，这可能导致土壤沉降，使草坪表面不均匀。

清理现场后，犁地或深翻整个区域，清除任何被带到表面的大石块，然后用耙子耙出细密的地面。以这种方式将土壤弄散有助于后续更容易地平整土地，并减少压实，改善土壤结构。然而，在黏性土壤中，旋耕或犁地可能会在土壤表面之下形成阻碍排水的压实层。如果必要的话，使用深耕机或双层掘地法将其弄散（更多信息，见618~621页）。

排水

排水顺畅的土壤上以及降雨量低地区的草坪，一般不需要改善排水。在黏重的土壤中，可以使用双层掘地法在每份土壤中混入2份沙子来改善排水，但这很贵且费工。在任何排水不畅的土壤中，最好在准备阶段安装排水系统，以免在草坪建成后不断试图解决冒出的问题。

最适合草坪的排水沟由铺设在沟中的一排管道构成，沟里还要回填石子。排水沟的理想深度以及间距取决于土壤类型和降雨量。对于大多数接受中等降雨量的壤质土，需要每5~8米设置一条排水沟。黏重或降雨量很高的土壤需要以更短的间距设置排水沟（又见623页，"改善排水"）。

调整土壤pH值

对于新建草坪，pH值一般不需要调整，除非之前的使用让现场的土壤条件变得非常糟糕。大多数草坪草能在pH值为5.5~7的土壤中令人满意地生长。叶片纤细的羊茅属和剪股颖属草在pH值为5.5~6.5时生长得最好，而多年生黑麦草、早熟禾属以及许多暖季型草在pH值为6~7时生长得更好。土壤pH测试工具盒在大多数园艺中心有售。

如果土壤的酸性很强（pH值低于5），可将石灰掘入或耕入土壤中，具体的量取决于土壤的酸性程度（见625页，"施加石灰"）。然后等待大约一个月后施肥。石灰也可以在草坪刚刚建成后添加，但由于大量石灰撒在草上会刺激某些病害发生，因此只能使用少量石灰并在下一年重复使用（如果需要的话）。如果不能确定该做什么，可从当地农业或园艺学院或者园艺顾问处寻求建议。

平整土地

在只有小起伏并有深厚表层土的花园中，可以将土壤从高点耙到凹处并将土壤压实，粗略地平整现场。虽然地面并不需要达到精确的水平，但难看的凸块和凹穴会在割草时产生问题。在某些情况下——例如对于放马的小

如何平整土地

1 使用耙子背面或通过脚踩的方式将现场土壤压实，特别是边缘处。在一些木钉上做标记，标记与其顶端的距离相同。在现场边缘插入一排木钉。如果紧邻铺装，标记应该与铺装表面平齐。

2 插入与第一排平行的第二排木钉，间距为1米。在它们上面放置一把水平仪，确保与之前一排平齐。如有必要可对木钉进行调整。

3 重复这一步骤，得到相同高度的木钉网格。将土壤耙到木钉标记顶端，增加新的表层土来填补空缺。一旦地面平齐就可将木钉撤去。

精确平整

为平整土地，首先用预先标记好的木钉创建一个网格，并将它们以相同深度敲入地面。增添或移走土壤，使其与木钉上的标记平齐。

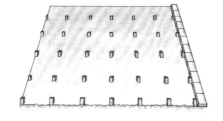

围场或种植粗糙禾草的区域，用肉眼进行平整就足够了。但如果需要得到完美的水平表面如规则式草坪，应该使用更精确的方法。

获得精准的水平面

在粗略平整地面后，可以将许多木钉以相同深度敲入地面形成网格，从而得到一个精准的水平面。

从笔直的边缘如道路或露台开始，或用拉紧的绳线得到一条直线。然后取出许多完全一样的木钉，在每个木钉上距顶端相同距离处做记号。从笔直边缘开始，以固定间距将木钉敲入地面，使标记与草坪的目标高度平齐，如果铺设草皮的话，则降低大约2厘米。增添第二排以及后面的木钉，使现场布满木钉网格。

使用水平仪，如果需要的话

深入平整

如果现场需要更深入的平整或者表层土非常浅的话，必须先平整底层土。将表层土移走，旋耕或深翻底层土，然后粗略地耙地，平整并压紧，然后均匀地将至少20~30厘米厚的表层土重新铺在上面。为防止铺设区域日后下沉，不时将它们压实，如有必要则增添更多表层土，并计现场充分沉降后再准备种植表面。

创建坡度

让草坪从房屋或露台向外稍稍倾斜有助于排水，并能确保水不会流进地基中。创建坡度使用

放置在直木板上以横跨在不同排的木钉上，确保木钉处于相同的高度。然后调整土壤高度，使其与每个木钉上的标记平齐。

创建坡度

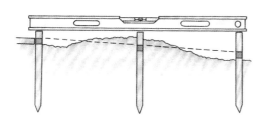

决定要使用多少排木钉，并为每排木钉做不同高度的标记以得到想要的倾斜度（见上）。像平整土地一样使用水平仪得到木钉网格，然后将土壤耙到木钉上的标记高度。

安装排水

对于设置在缓坡草坪底部的排水沟，其角度必须向远离房屋墙壁。在最低点挖出一道沟，底部铺设排水管，然后用碎砖覆盖。添加表层土，最后盖上草皮或播种。

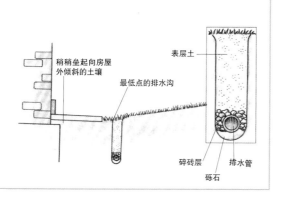

稍稍垒起向房屋外倾斜的土壤

最低点的排水沟

表层土

碎砖层　排水管

砾石

的方法与平整土地相似，但每排木钉被标记的高度逐渐增高或降低，以产生有坡度的网格。例如，为得到倾斜度为1:100的缓坡，将每排木钉的标记高度逐排降低2厘米，排间距保持为2米。对于向房屋下倾的草坪，必须设置向反方向即远离房屋方向下倾的排水沟或渗水坑，防止水渗入建筑。

最终阶段的现场准备

土壤一旦设置好排水措施并加以平整后，就可以准备最终的表面种植了，以营建草坪。

紧实土壤和耙地

均匀地踩在地面上以紧实土壤，并确保没有日后可能会下沉的松软处，否则此处的草皮在日后修剪时可能会被掀开。现场可能需要踩三次才能让土壤充分紧实，但不要太过压缩土壤，也不要紧实潮湿土壤，否则它会被压得过紧。即使经过紧实，土壤也会在一或两年后发生沉降，留下小坑穴。可以施加筛过的砂质表层覆盖物来填补它们（见398页）。

在紧实后，用耙子彻底耙过土壤表面以得到细耕土壤和水平表面。如果播种，在耙地时清除任何粒径超过1厘米的石块；如果铺设草皮，只需要将粒径大于2.5厘米的石头移走即可。

将准备好的现场保留原样等待三至四周，让可能存在的所有杂草种子萌发；然后可以用锄头小心地锄掉所有发芽的杂草，或者用接触型除草剂处理并在两至三天死亡后再将其轻轻锄掉，注意不要将平整后的土壤弄乱。

施肥

在营建草坪数天之前且种植表面刚刚准备好之后，为现场施加肥料。其中应该包含三种主要营养元素以确保良好的生长：氮、磷和钾。已经许多年没有施肥的场所可能缺乏所有三种元素。磷在早期生长中尤其重要。使用均衡的有机肥料，如颗粒状鸡粪肥，或者包含所有三种营养元素的复合颗粒肥，按照生产商的指导，按每平方米150~200克的量进行施肥。

准备土壤表面

1 均匀地在地面上踩踏以紧实土壤表面，或者用耙子背面将它拍实。如果必要，重复踩踏，直到整个现场充分紧实。

2 用耙子将土壤耙细，留置所有杂草萌发。当它们出现后，施加接触型除草剂，大约2~3天后，将杂草锄掉。

3 施加复合颗粒有机肥料，并轻轻将肥料耙入表面。等待几天再铺设草皮或播种。

营建草坪

营建草坪的方法有多种。对于温带地区的冷季型草，园艺师可以在播种法和草皮法之间选择；对于亚热带或热带地区的暖季型草，可以使用营养繁殖的方法来营建草坪。

播种一般是最便宜的方法，但草坪需要经过一年时间才能承受较重的践踏。用营养繁殖的方法营建草坪所需时间更长，而且比播种更贵。草皮法虽然最昂贵，但能立刻得到视觉效果，而且草坪在两至三个月内就可以使用。如果你的宠物会在草坪草幼苗长成之前破坏它们，建议使用草皮。

草皮法

草皮有很多种类型，包括专用和定制草皮、草地草皮和处理后草地草皮、海滨沼泽草皮。所选择的种类在很大程度上取决于对现场和开支的考虑。从靠得住的园艺中心或草皮农场购买草皮。

如果可能，在购买草皮之前进行检查，确保其处于良好的生长状态，有良好的品质（见388页，"选择合适的草"），并且土壤是排水顺畅的壤土而不是黏重的黏土。检查并确保没有杂草、害虫或病害，也没有过多的枯草层（积聚在土壤表面的有机物质，由腐败的草叶、匍匐枝和根状茎组成），而应该有充足的有机质将草皮保持在一起。

专用草皮

专用草皮来源广泛，根据其包含的不同的草用于不同的用途。它是用最新的禾草品种种植出来的，并且经过了处理，不携带杂草和病害。顶级生产商还提供不含一年生早熟禾的草皮，但价格相对较高。

如果你需要非常多的专用草皮，就要准备好等待18个月，因为它需要种植和收割，也可以定制生产，但其价格通常高得令人却步。

如何使用草皮营建草坪

1 将第一排草皮沿着笔直边缘如露台或道路铺设。每块或每卷草皮都要和临近草皮保持严格的平齐。

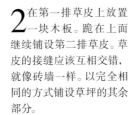

2 在第一排草皮上放置一块木板。跪在上面继续铺设第二排草皮。草皮的接缝应该互相交错，就像砖墙一样。以完全相同的方式铺设草坪的其余部分。

3 用耙子背向下压实每块草皮，确保没有气穴存在。或者用轻滚筒碾压草坪。

4 使用少量筛过的砂质壤土进行表面覆盖，然后将其刷入草坪，填补草皮之间可能存在的缝隙。

5 如果近期无雨，为草皮浇透水。注意让草皮保持湿润直到它们的根系扎入表层土，否则草皮会收缩，露出间隙。

草地草皮

这种草皮一般用于农业，因此质感没有那么细密，它可能刚播种不久或生长在建立已久的田野中。它一般是最便宜的草皮，因为其中可能包含粗糙健壮的农业用草和阔叶杂草如雏菊等。不过这种草皮的品质差异很大，所以要从有声誉的供应商那里购买，以确保质量可靠。如果使用选择性除草剂清除了杂草，那么这种经过改良的草皮称为处理后草地草皮。用草地草皮营建的草坪会有比较粗糙的外观并需要更频繁的修剪，但其足以用作实用草坪或在家庭使用。

海滨沼泽草皮

其曾被认为是最细密的草皮，海滨沼泽草坪如今已经非常稀有了。草皮草育种专家们已经培育出了能够与海滨沼泽草皮相媲美的草籽品种。其商品目录提供了用于特定用途的最好的种类。包含羊茅属和剪股颖属新品种的专用草皮常常更受青睐，因为它一般种植在更好的土壤中，并且来源广泛。

草皮尺寸

草皮可以有不同的尺寸和形状。高质量草皮通常以40厘米宽、长达2.2米的草皮卷出售，而质量较低草皮的长度较短。大生产商还提供1米见方的各种质量的草皮。

存放草皮

最好在同一天内将草皮挖出并重新铺设在新的位置。如果不可避免地要耽搁较长时间，则将草皮平放在铺装或塑料布上，最好是在轻度遮阴处，然后保持浇水；在炎热天气中，它可能很快就会脱水，

存放草皮

尽快铺设草皮。如果必须存放它们，则将它们平展开，草朝上，让它们能接受足够光线，并保持浇水。

所以要经常检查。如果草皮被卷起来存放，它就不能接受足够的阳光，草会变黄并最终死亡。

铺设草皮

除持续不断的极端气温之外，草皮可以在一年中的几乎任何时间铺设。如果可能，选择一或两天内有雨的时间铺设草皮。草皮应该铺设在湿润但不潮湿的土壤上，以促进根系快速生长。只要现场准备充分，草皮就能相对容易地铺设。不过，专业承包商可以为你做这份工作。

从现场的边缘开始，以直线铺设第一排草皮。站在放置在草皮上的木板上，用耙子耙下一排草皮将要铺设上去的土壤。在铺设下一排草皮时，使每块或每卷草皮的末端与邻近草皮块或草皮卷相交错。

不要在结束一排草皮时将一块草皮的一小部分使用在边缘，因为它会很容易受损并脱水。如果必要，在边缘铺设一块完整的草皮，然后用剪下的小块草皮填补它后面的空隙。继续成排铺设草皮，直到现场被全部覆盖。

当所有草皮都铺设完成后，切割边缘以成形。对于曲线边缘，将软管或绳子沿着所需要的曲线放置在草皮上，然后沿着它的内侧切割。对于笔直边缘，用拉紧的绳线标记出预定草坪边缘。沿着这条指示线平齐放置一长条木板，然后使用半月铲或电动轧边机沿着它切割。沿着指示线移动木板并重复这一过程，直到切割出全部边缘。

后期养护

用耙子背向下压实草皮或者用轻滚筒碾压，确保没有气穴存在。在潮湿条件下不要碾压，直到草皮已经生长根系并交织在一起。将少量表面覆盖物插入草皮之间，促进根系伸展。

不要在草根扎入表层土之前让草皮干燥。为草皮浇水时应该浇透，使水分抵达下面的土壤，否则草皮会在干旱或炎热的天气中收缩。

移动草皮

有时候可能必须将某区域的草皮挖起并重新铺设。应该以同样大小的块切割和挖起草皮，以便在

修剪草坪边缘

弯曲边缘
将软管或绳子摆在所需要的形状上并用线圈固定。站在一块木板上，紧贴着软管内侧切割。

笔直边缘
沿着所需边缘扯一条拉紧的绳线，并沿着绳线放置一条长木板。然后站在木板上切割出边缘。

挖出重新铺设用的草皮

1 将需要挖出的草皮切割成条状；将两根短竹竿分开插在距离边缘30厘米处，用一块长木板贴着它们放在草皮上。站在木板上并沿着它的边缘进行切割。

2 将草皮条切割成45厘米长的块，然后从底部将草皮切成至少2.5厘米厚。堆放它们时，草对草，土对土，放在道路或塑料布上。

重新铺设时轻松地拼在一起。

切割

首先，沿着一块木板的边缘，使用半月形切边铲将要挖出的草皮切成宽30厘米的长条。切割完一条后，将木板平行移动30厘米进行新的切割。然后将每条草皮垂直切成长45厘米的块。或者可以使用机械草皮挖掘机，它能将草皮切割成想要的大小和深度并将其挖出。

挖出

切割后，使用平铁锹将草皮挖起来，小心地将它们与下层土壤和根系分开。将铁锹插入草皮

之下，不要损伤边缘。在至少2.5厘米的深度对草皮进行低切。在堆放挖出的草皮时应该草对草，土对土，放置在硬质表面如铺装或混凝土上。

修整

将所有草皮挖出后，使用与草皮块大小相等的特制浅盒将它们修整成同样的厚度。保持较短的一边开放，可使用光滑的金属条覆盖草皮的其余边缘。将每块草皮翻转过来放置在盒子里，然后使用锋利的刀刃沿着盒子顶部将多余的土壤铲去。

营建非禾草草坪

在使用阔叶物如果香菊创造新草坪时，按照普通草坪的方式准备现场，包括施加基肥。将盆栽植物、生根插穗、分株苗或实生幼苗以15～30厘米的间距进行种植。种植的疏密程度取决于你的选择——越密的种植能够越快地形成草坪，当然成本也越高。在干旱时期保持现场的良好灌溉。植物一旦盖满现场，就可使用旋转式割草机、尼龙线割草机或手持大剪刀修剪草坪。如果种植果香菊，最好使用不开花的天然低矮品种'特纳盖'。开花品种可以播种种植，但它们需要更频繁的修剪，而且枯萎的花朵也很不雅观。

1 准备土地，增添砂砾或尖砂，并清除所有杂草。将果香菊植株掰成块，保证每块都有大量根系。

2 果香菊匍匐生长且生长迅速，所以要给植株充足的生长空间。将它们以8～15厘米的间距进行种植并紧实。

3 为植株浇足水，并在整个夏天定期浇水以防它们变干。在三个月内避免踩踏。

园艺百科全书（典藏版）

播种法

草种最好在温暖湿润的条件下播种，以使它们能快速发芽生长，初秋通常最好。春季播种也可以，但土壤没有秋天时温暖，而且来自杂草的竞争更激烈。如果能保证灌溉，草种也可在夏天播种，但在炎热的条件下，草的幼苗会承受热胁迫，可能枯萎甚至死亡。

播种密度

草种的播种密度不一，取决于混合草种的物种（见下表）。虽然播种密度和生长密度会因为某些因素如鸟类啄食而有所偏差，但播种时不要与推荐密度相差太大。播种太少会给杂草幼苗更多竞争空间，而且草坪会需要更长的时间才能成型。播种太多会在幼苗之间创造潮湿的环境，从而导致更多问题。这会促进猝倒病（见658页）的发生，它能在极短的时间里毁掉新建草坪，特别是在温暖潮湿的天气中。

播种

可以手工播种，也可以使用机械更快更均匀地播种。首先用播种区域的面积（按平方米计算）乘以推荐播种密度（每平方米的种子量）得出所需要的种子总量。在播种之前，摇晃容器以充分混合种子，避免较小的种子沉在底部造成草坪草的种类分布不均匀。

机器播种

这是大面积播种草种的最佳方法。计算出草坪所需的种子总量，然后将其平均分成两份。为得到均匀的覆盖，将一半种子以同一方向播种，另一半种子以垂直方向再次播种。要想得到清晰的草坪边缘，可以在边缘铺设塑料布或麻布，然后让播种机从上面走过；这能避免播种机停止在边缘时可能造成的不均匀播种。

手工播种

如果手工播种，首先使用绳线和竹竿（或木钉）将播种区域划分成相同大小的小块，这样能更容易地均匀播种。然后计算出一块地所需的种子量，将这批种子平均分成两半。将其中一半转移到量具如小杯子中，以更方便快捷地量取每次所需的种子量。每次播种一块地时，将一半种子从一个方向播种，然后将另一半种子以与此垂直的方向播种，再转移到下一小块播种区域继续播种。

后期养护

播种之后，轻轻耙过地面。除非近期有雨，否则使用洒水器浇水。草种会在一至两周内发芽，发芽时间取决于草的种类、土壤和空气温度以及水分条件。使用网或草丛覆盖现场，保护种子免遭鸟类啄食，直到幼苗成型。

在干燥天气中经常为现场浇水，因为草坪草幼苗对干旱十分敏感。幼苗一旦出现，就可以使用轻量滚筒（100公斤）将地面压实，不过这并不是必不可少的步骤。

割草

当草长到大约5厘米高时，将它们修剪至2.5厘米高。对于头两或三次割草，使用旋转式割草机，因为滚筒式割草机可能会撕裂幼嫩的叶片。然后小心地将所有草屑耙起并移走。如果草坪是在夏末或初秋播种的，则继续在必要的时候割草直到秋末以维持大约2.5厘米的草坪高度。在第二年春天，逐渐降低割草高度直到得到最终的预定高度，这个高度取决于所使用的草的类型（又见对页，"割草频率和高度"）。草的幼苗特别容易被践踏损伤，所以在草坪的第一个生长季尽量不要使用它。

用播种法营建草坪

1 如果使用机器，从一个方向播种一半种子，然后将另一半以垂直方向播种。为得到清晰的边界，播种每排种子时在草坪边界放置一块塑料布，播种时将播种机推过上面。

或者
如果手工播种，将现场划分成同样大小的区块。为每一区域称量出足够的种子，然后均匀播撒，一半种子以同一方向播种，另一半以垂直方向播种。

2 播种后，轻轻耙过地面。在干旱条件下，定期为现场浇水以促进种子萌发。

3 草的幼苗会在7~14天内出现。草一旦长到2.5厘米高，就使用旋转式割草机将其剪至2.5厘米高。

营养繁殖

使用暖季型草或冷季型匍匐剪股颖（*Agrostis stolonifera*）种植的草坪会产生健壮的匍匐枝，这些草可以用营养繁殖的方法营建，如使用铺枝法（stolonizing）、插枝法（sprigging）或穴盘苗法（plugging）来种植。使用这些方法来营建草坪的最佳时间是晚春或初夏，现场进行和播种草坪一样的准备。繁殖材料需要大约两个月才能生根并伸展覆盖土壤。对于草的幼苗，定期灌溉是必不可少的。

在使用铺枝法营建草坪时，按照供应商推荐的密度将匍匐枝均匀地铺在地面上，然后在上面覆盖少量砂质土壤，碾压，浇水。或者使用插枝法，将匍匐枝和根状茎种植在深2.5~5厘米、间距8~15厘米的种植穴或沟中，然后紧实并浇水。至于穴盘苗法，则是将小块草皮以25~45厘米的间距进行种植。

播种密度

混合草种	克/米²	盎司/平方码
羊茅属和剪股颖属	25~30	¾~⅞
多年生黑麦草和其他物种	35~40	1~1⅛
富花混合草种（取决于各混合草种类型）	2.5~5	1/16~⅛
单一物种		
剪股颖属（*Agrostis*）	8~10	¼~5/16
地毯草属（*Axonopus*）	8~12	¼~⅜
狗牙根（*Cynodon dactylon*）	5~8	⅛~¼
假俭草（*Eremochloaophiuroides*）	1.5~2.5	1/24~1/16
匍匐紫羊茅（*Festucarubravar.rubra*）	15~25	½~¾
多年生黑麦草（*Loliumperenne*）	20~40	⅝~1⅛
百喜草（*Paspalumnotatum*）	30~40	⅞~1⅛
草地早熟禾（*Poapratensis*）	10~15	5/16~½

日常养护

草坪一旦营建成型，就需要进行定期养护以维持其健康和美观的外形。除了草坪的位置和气候影响之外，所需的照料还决于草坪的大小和类型。一般而言，最繁重的任务是割草和浇水，一年一度的维护还可能包括施肥、表层覆盖、通气以及在必需的时候控制苔藓、杂草、害虫和病害。对于大型草坪，使用机械或电动工具（可租用）常常可以更快、更方便地完成维护工作（见558~559页，"草坪养护工具"）。

割草

除了在草坪上踩踏更感舒适外，经常割草还有助于得到饰面均一美观的茂密健康草地。在初夏和夏末的温暖潮湿天气下最需要进行频繁的割草；然而在干旱的条件下，最好不割草，或者提高割草高度。在非常潮湿或霜冻天气推迟割草。潮湿的草会阻碍割草机或者会让割草机打滑；而在霜冻天气割草会对草造成伤害。如果修剪质感细密的草坪，在割草前使用长扫帚将草扫起来，以得到更好的割草效果。在清晨清扫草坪还有助于除去露珠并使草表面变干，从而更容易进行割草。

割草机

对于大多数草坪，滚筒式或旋转式（包括伞形的）割草机都很适合。带滚筒的割草机能为草坪提供最精细的饰面并制造条纹，不过

草坪条纹
为给草坪增添条纹效果，使用带滚筒的割草机按照系统的路线进行割草。

没有滚筒的割草机也能制造出实用草坪完全可以接受的表面。遮覆式割草机会将草屑留在草坪上滋养草坪草——有机管理花园中的理想措施。割草机种类的选择应该取决于草坪的大小和所需要的饰面（又见557页，"割草机"）。

割草频率和高度

割草的频率和高度取决于许多因素，包括种植的草坪草类型、草坪的使用方式以及一年中的时间，但一般原则是程度轻而次数多。任何一次割草都不要割掉超过草叶三分之一的长度。如果对草坪草进行零散而剧烈的割草，它在每次割草后会很难恢复，导致草坪质量明显下降。草坪草在夏季生长得很快，频繁的割草是必需的；在春天和秋天，应该降低割草频率；而到了冬天只需要偶尔割掉草的尖端。

高质量草坪的割草高度可以低至0.5厘米，但它们需要频繁的割草，夏天每两三天一次，才能维持外观。实用草坪应该生长得更高一些，因为其中的草不能承受如此低的修剪；这还有助于草坪表面承受更重的践踏和撕扯。

没有必要将所有区域都修剪到相同高度。尝试在不同区域用两三种割草高度进行修剪，为花园增添质感和趣味。出于实用性，将用于步行或游戏的主要区域修剪至大约1~2.5厘米。将草坪草保持在这个长度能够帮助草坪表面更好地承受践踏。乔木下方区域的割草频率应该较低——夏天每一两周一次，

割草高度为5~10厘米。繁花草地的高度应该保持在10厘米或以上，它们每年需要的割草次数不超过三次，并且一直到仲夏时开花物种已经自播之后才能割草（见401页，"野花草地"）。由于它们的割草频率很低，这些区域会产生更多枝叶和残渣，应该在割草后用耙子清理并移走。

割出条纹

使用安装了滚筒的割草机为草坪营造经典的条纹状饰面。如果草坪是方形或长方形，则首先在草坪两端各割出一宽条。然后以笔直的条纹上下割草并与之前的纹路稍稍重叠以确保割到所有的草。

如果草坪是不规则的形状，则首先沿着它的边缘割一圈草。然后，从一端的中央开始，用割草机

割出条纹

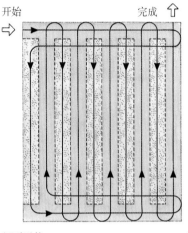

开始　　　　　完成

规则形状
首先在草坪两端各修剪出一宽条以提供转弯空间，然后以稍稍重叠的割草道上下割草。

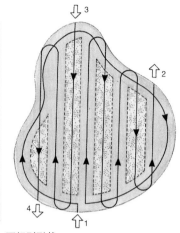

不规则形状
沿着草坪边缘修剪一圈，然后在中间割出一条笔直条纹。上下修剪草坪的一半，然后以同样方式修剪另一半。

推出一条直线。以笔直的条纹上下割，割完草坪的一半，然后用类似的方式修剪另一半。

修剪运动草坪

在用于球类游戏如槌球、保龄球或高尔夫球的草坪上，每次割草都要改变方向，以防止"颗粒"产生。颗粒是单一方向割草产生的，其会影响球类的滚动。

草屑

在需要高品质饰面的精细草坪上，使用能在割草时收集草屑的割草机，或者在割草后将它们耙起来并层积在堆肥堆中。然而不要将使用除草剂之后数次的割草草屑进行堆肥。将草屑清理掉能抑制蚯蚓并减轻一年生早熟禾以及杂草如婆婆纳的蔓延。它还有助于防止枯草

割草频率和高度

冬季

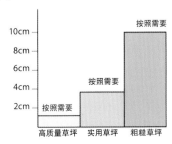

春季/秋季

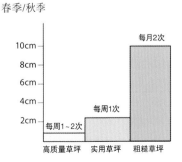

夏季

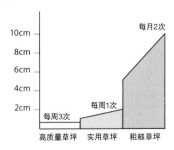

层的形成，并为草坪保持更精细的饰面。对于含有蚯蚓的实用草坪，将少量草屑留在草坪上会有一定好处，因为它们会被蚯蚓回收利用，将植物的养分返回土壤。不过大部分草屑还是应该耙起来，因为过多的草屑在降解时会对它们下方的草皮造成伤害。一般而言，最好将草屑移走并施肥来补充损失的养分。

清理落叶

在秋天或冬天，用耙子或扫帚将草坪上的落叶聚拢在一起并移走；留在草坪上的落叶会减少水分蒸发，导致湿度增加，从而诱发草皮病害。

修整边缘

在割草后，可以使用长柄修边大剪刀、机械化修边机或带可调节头部的尼龙线割草机（见558～559页，"草坪养护工具"）来修剪草坪边缘，得到整洁的饰面。如果草坪边缘变得不规则，使用半月形修边铲每年重新切割一或两次，沿着长木板进行切割

以得到直线。对于大型草坪，使用机动修剪机来完成这项工作会更快捷省力。

施肥

如同所有植物一样，草坪草需要养分才能生长，定期施肥有助于确保草坪的茁壮健康。植物生长所必需的大多数养分在土壤中的含量都很丰富，但四种元素——氮、磷、钾和铁常常需要添加和补充。氮是最常添加的养分，特别是将草屑移走的时候。它对于割草后产生新枝叶必不可少。缺乏氮素的草坪草一般呈现黄绿色且缺乏活力。

施肥是为草坪补充养分的最简单方法。有机肥料和人工化肥都可以使用（又见624～625页，"土壤养分和肥料"）。所需肥料的精确数量取决于水从土壤中排走的速度、草坪接受的降水或灌溉、草屑是否移走以及所种植草坪草的类型。在富含养分的黏重黏土上以及降雨量或灌溉次数很少的地方，只需进行少量施肥即可。然而，灌溉充沛的轻质砂质土需要更多肥料，

清理落叶

因为它们会在淋洗作用下快速失去养分。

肥料的类型和成分

对于大多数草坪，每年施两次肥就足够了（见对页表格）。在夏天开始的时候施加春夏肥，然后在早秋完成日常养护后施加秋冬肥。这两种肥料都包含氮、磷、钾，但比例不同，因为如果氮在一年中施加得太晚的话，会刺激生长出柔软、茂盛的草，并刺激镰刀菌立枯病（670页）的产生。选择包含缓

耙扫
使用细齿耙迅速地耙过草坪，将落叶扫走。对于大型草坪，使用扫叶机或吹叶机来加快工作速度。

释氮和速效氮混合成分的肥料；这有助于草坪在两至三天内"返青"并在数周内保持绿色。

可溶性草坪液态肥富含速效氮，可将其通过水壶或软管浇水的方式施加在草坪上。这样的夏季肥料见效快但肥效很短。

铁一般不单独使用，它是用于控制苔藓的草坪养护沙的成分之一。某些完全肥料中也含有铁。"除草和施肥"复合物能够控制苔藓和阔叶杂草，又能同时为草坪施肥。铁会让草的颜色变深，在不刺激生长的情况下使草

切割草坪边缘

机器切割
每隔一段时间重新切割草坪边缘以保持草坪的形状并构建清晰的饰面。对于大型草坪，使用机动修边机；将切割刀片沿着所需的新边缘进行切割。

修剪边缘
割草后，使用长柄修边大剪刀将超出草坪边缘的草叶剪掉；或者使用经过调节的尼龙线割草机垂直工作。

手工切边
如果手工重新切割边缘，使用锋利的半月形切边铲沿着木板的边缘切割得到直线。

草坪和浇水

由于气候变化导致近些年的夏天和秋天变得较热，如今缺水和持续干旱在英国很常见。虽然园艺师们很重视他们花园中高质量草坪的美学效果，在干旱时期最好不用或只用少量水来维持绿色草坪。

在长期干旱天气中，草坪草会变成棕色，好像死亡了一样。不过大多数草坪草在这样的条件下只是进入了休眠，而且近些年的经验表明，一旦雨水在秋末到来，它们会很快恢复并重新变成绿色。

对草坪的早期准备工作在干旱期间会得到回报，因为其在此期间会长成强壮、根系发达的草皮。然而每年的维护同样重要，与未加照料的草坪相比，经过养护的草坪草更能忍耐缺水条件。

不过，在干旱期间必须为

新建草坪浇水以保持生长和色泽——只要能够有效使用软管浇水即可。当你发现踩过草坪后草却没有弹回原位时就要立即浇水。

为减少蒸发，最好的浇水时间是清晨或晚上。给草坪充足的水是至关重要的，土壤应该湿润至10～15厘米深。过浅的浇水会让植物根系保持在土壤表面附近，使草坪更容易受到干旱的伤害。挖一个小洞以确定土壤已经湿润到所需深度，并记下需要多长时间才能灌溉足够的水。或者使用电动湿度计记录土壤湿度水平。

在排水受限的黏重土壤上不要浇太多水，因为这会阻碍根系吸收氧气和矿物质。如果大雨或浇水过后草坪上的积水会停留一段时间，则说明草坪需要额外的排水措施（见623页，"改善排水"）。

如何施肥

称量出施肥区域所需的肥料并将其分成两半。将第一半以同一方向施肥，沿着草坪上下施加，施肥道相接但不重叠。其余的肥料按与其垂直的方向施加。在每个施肥道末端转弯的时候将机器关闭。

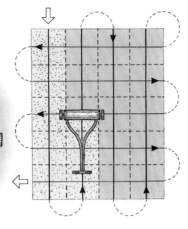

坪显得更绿。它在秋季尤其有用，这时的草已经失去了部分色泽，但又不能过多地生长。

如何施肥

施肥时必须保证均匀，避免出现生长差异或者产生伤害甚至杀死草坪草的情况。施肥密度的任何差异都会在一周内变得非常明显，而过多的肥料会留下难看的秃斑。虽然肥料可以手工播撒，但用机器施肥不但更容易也更精确。

也许最简单的施肥方法是使用连续式传送带或坠落式撒播机。使用它在草坪上下推过去，就像割草时一样，但每一道应该与前一道互相连接而不重叠。为确保施肥均匀，最好将肥料分成两半，其中一半以同一方向施加；其余部分以与之垂直的方向施加。

或者可以使用转盘式撒播机或广播式撒播机将肥料施加在更大区域，不过这样的施肥效果可能会不均匀。为降低肥料分布不均的风险，将机器的施肥量设置

不均匀的施肥

注意保证施肥均匀，因为不均匀的肥料分布会让草坪呈现秃斑；还可能会损伤甚至杀死一定区域内的草。

为最终施肥比例的一半，再将相邻施肥道之间的距离设定为机器撒播宽度的一半。例如，如果撒播宽度是2米，那么相邻施肥道之间的距离则是1米。无论使用哪种类型的机器，都要在使用后彻底清洗，因为肥料具有腐蚀性，可能会损害金属部件。

在施肥之前，校正施肥机以得到正确的施肥比例。在校正施肥机时，首先寻找一块干净平整的混凝土或沥青表面，然后用粉笔画出测量好面积的一块区域，例如4平方米。将施肥机设置为中速并装入四分之一的肥料。使用机器将肥料尽可能均匀地撒在标记区域，就像在草坪上一样，然

后将区域内的所有肥料清扫在一起并称重。将这个重量除以标记区域的面积，在这里是4平方米，就得到了以克/每平方米计算的施肥量。对施肥机做出相应的调整，在同一标记区域重新检查施肥密度。继续这一过程，直到得到正确的施肥密度。

年度养护

除了日常工作如割草和浇水外，还需要定期养护才能使草坪保持健康，并减少严重病虫害的发生（见下表）。年度养护程序应该包括通气（包括清理枯草层或翻松）、施肥以及控制杂草、苔藓、害虫以及病害（见400页，"草坪杂草"；以及400页，"病虫害"）。

为使草坪持续保持健康，为草坪草进行表层覆盖，还有定期用耙子或扫帚清扫落叶和其他残屑都很重要（见对页，"清理落叶"）。每年至少应该进行一次的工作包括重新切割任何变得不平整的边缘以及通过重新铺草皮或重新播种的方式修补任何受损或磨秃的草皮块（见399页，"修补草坪损伤"）。

冬天，草坪不再需要这样的定期照料，此时可以仔细地检查所有装备。磨尖所有切割刀刃，为有需要的工具上油，将割草机送去保养以保证在新的生长季处于良好状态。

为草皮通气

通气至关重要，因为它能让根系深度生长，从而帮助草皮成型并减少土壤的压缩。减少多余的枯草层也很重要，枯草层是聚集在土壤表面，由腐败的草叶、根状茎和匍匐枝构成的有机质。一定程度（厚至1厘米）的枯草层是有益的，因为它能减少蒸发并帮助草坪对抗践踏。但太厚的话，它会阻止水分抵达下面的土壤，而且自身会变得饱和，影响排水。清理枯草层还能促进草坪草的新生长，从而形成健康苗壮的草地。

有几种方法可以为土壤通气并清理枯草层，包括翻松、切缝、取芯以及扎孔。然而最好不要在干燥条件下进行这些工作，因为这样会让草坪在短期内更容易受到干旱的伤害。秋季通常是最好的时间，因为温暖湿润的条件能让草坪草迅速从这些修理措施中恢复。无论使用哪种通气方法，首先都要将草坪修剪到一般

年度养护程序

养护措施	早春至仲春	仲春至春末	初夏至仲夏	仲夏至夏末	初秋至仲秋	仲秋至秋末	冬季
割草	如果草皮被霜冻抬升，碾压后割草	每周割草。将割草机调整至夏季割草高度	按照需求每周割草1~3次	每周割1~3次草（在干旱时期调高割草机）	随着生长速度减慢升高割草高度	将割草机设置为冬季割草高度	如果草有新的生长进行轻度修割
浇水		在干旱地区可能需要	在需要时浇水	在干旱时期浇透水	如果干旱偶尔浇水		
施肥		施春肥	施夏肥		施秋肥		
通气和翻松		轻度翻松		在承受较重荷载的区域插孔或切缝	翻松并为草坪通气，或取芯以清理枯草层	通气，如果初秋没有进行的话	
防控杂草和苔藓	如果有苔藓的话，施加草坪养护砂代替春肥		使用除草剂	如果初夏没有使用除草剂，此时使用	使用除草剂；用草坪养护砂处理苔藓		
防治病虫害		需要时使用杀虫剂			需要时使用杀虫剂/杀真菌剂		
其他措施	需要的话重新切割边缘。进行所有修补工作	扫走草坪上的所有虫子			秋季修理后进行表层覆盖	清理落叶	清理落叶。保养工具

通气

切缝
必须使用特制机器进行切缝，让空气进入土壤；将机器在草坪上来回推动。

取芯
使用特制工具在草坪上有规律地取出直径0.5~2厘米的带草土芯。

扎孔
对于小型草坪，使用园艺叉扎孔就足够了，笔直插入叉子，然后向后稍稍倾斜，放入更多空气。

夏季高度。养护工作完成后施加低氮肥料，并在一至两周内避免使用草坪以促进其恢复。

翻松

这种方法有助于清理枯草层并能让空气进入草坪表面。这一过

翻松

手工
用细齿耙从草坪上用力拉过以清除枯草层和死亡的苔藓。确保耙子的齿扎入土壤表面。

程很重要，因为自然降解枯草层的土壤微生物需要空气才能生存。小块区域的翻松可以手工进行，用细齿耙深耙草坪。不过这项工作很费力，所以最好租用机械或电动翻松机。为了最大限度地清理草层，从互相垂直的两个方向翻松草坪。在翻松之前应该将所有存在的苔藓杀死，以免它们蔓延到草坪的其他区域（见400页，"苔藓"）。

切缝

使用一种特制的机器为草坪切缝，其用扁平的刀刃将土壤穿透至8~10厘米深。刀刃能切出贯穿枯草层的缝，使空气进入土壤，从而得到茂密健康的草地。

取芯

这样的措施能同时清理枯草层，为土壤通气并减轻土壤压缩。机械或手工取芯器能够取出一长条

草、枯草层和土壤，在草坪上留下一系列间距10厘米孔洞。将土芯移走，然后在洞里填充砂质表层覆盖物（见下）以免它们闭合并让空气和水进入草坪。取芯比扎孔和切缝所花的时间更长，因为需要将土壤移走而不是简单地挤压到一旁。

扎孔

这会让空气进入土壤，从而促进根系生长；它还能减轻土壤的压缩。使用机械或手动扎孔器，小型区域可使用园艺叉。稍稍向后倾斜叉子以轻轻地抬升草皮而不致将其破坏。这样能在土壤中制造裂缝，促进根系向深处生长。

表层覆盖

在进行任何秋季养护工作之后，立即进行表层覆盖，如果可能在干燥天气中进行。这样能保持草坪开放和通气从而减少枯草

层，填充取芯孔，并有助于平整表面。对于大多数草坪，6份中细沙、3份筛过的土以及1份草炭替代物、草炭或腐叶土混合配制的混合物就很适合。翻松后，将该混合物以每平方米1千克的密度施加在草坪上，如果草坪同时进行了翻松和取芯，施加密度应提高至每平方米3千克。

将表层覆盖物刷入草坪表面和取芯孔中，以免它们造成草坪草窒息。这样还有利于平整草坪表面的不规则之处。

碾压

碾压并不是必不可少的，但如果在春天进行，会有助于重新沉降经过上一年秋天养护工作后的草坪表面，并平整霜冻可能造成的地面起伏。可以使用滚筒或滚筒式割草机；如果使用后者，将刀刃抬起以防损伤草坪。传统

表层覆盖

中细沙
筛过的土
草炭替代物

1 将中细沙和表层土以及草炭替代物、草炭或腐叶土混合在一起。用5毫米金属网筛将混合物筛一遍。

2 为草坪区域称量出合适重量的表层覆盖物并在干燥天气施加。对于大型草坪最好使用机器。

或者
对于小型区域，可以手工添加表层覆盖物；使用铁铲或铁锹将其均匀地撒在草坪上。

3 使用耙子的背部将表层覆盖物弄进草坪。保持稳定的压力以使其均匀散布，然后为草坪浇透水。

的频繁碾压草坪的措施并不必要，而且可能产生压缩的问题，特别是在黏重的土壤中。

荒弃草坪的复壮

在某些情况下，被荒弃的补丁状草坪可以复壮更新；然而如果其中满是杂草和苔藓，则最好将旧草皮铲走并重新铺上新草皮。进行复壮的最好时间是春天，因为草会在春夏生长得很好，因此在生长季末期草会充分恢复。

复壮程序包括一系列重建草坪的措施。首先，在早春，使用旋转式割草机将草割至大约5厘米高，然后清理所有草屑。一周后，再次割草，最好使用设置在最大高度值的滚筒式割草机。在接下来的几周内逐渐降低割草高度直到合适的高度为止。在这个阶段，使用液态或颗粒状肥料为草坪施肥，并在两周后使用除草剂。如果还有任何裸露或不均匀的斑块，则可以在一两周后对其重新播种。在秋天开始时，为草坪通气，进行表层覆盖并施秋肥。然后采用常规养护程序，使草坪保持良好状态（见397页，"年度养护程序"）。

修补草坪损伤

如果草坪的某块区域因为浇水不均匀等原因受损或呈现斑块，通常可将受影响的部分移除，然后再铺草皮或播种来进行修补。要使用与草坪其余部分相同的草皮或种子，使其能很好地融入；如果不能确定草坪草种类，可以使用草坪不显眼部分的草皮来更换受损区域。如果草坪受损问题总不断出现，可能有必要考虑是否引入完全不同且能耐践踏的表面，如砂砾或铺装（见584～605页，"结构和表面"）。

修补受损边缘

可以非常简单地修补有一两处小破损的边缘。使用半月形修边铲和笔直边缘如一块短木板，切割出一小块包含受损区域的草皮。用铁锹底切这块草皮并将其推离草坪边缘，直到受损区域位于草坪之外。然后切除受损区域，使这块草皮与草坪平齐。这会在草坪中留下一条缝隙，应该用叉子轻轻翻动其中的土壤并施加颗粒或液态肥料。然后重新铺设草皮或添加少量土壤后播种合适的草种。确保用于修补的草皮和草坪其余部位平齐。或者将草皮挖出然后旋转过来重新铺设，使受损区域位于草坪之内。用填草皮或播种的方式修补受损处，注意确保所有新草皮都和草坪的其余部分平齐。

修补受损斑块

如果草坪内部有受损斑块，首先小心地切割并挖出一块含有受损区的草皮。用叉子翻动下面的土壤然后施肥，轻轻压实土壤。将一块新草皮铺设在暴露位置，如果需要，降低或抬升土壤高度，使新草皮与草坪其余部分保持平齐。然后用把子的背或双手将其按压到位。为修补后的草坪表面进行表层覆盖并浇透水。

平整隆起或凹陷

草坪内的小起伏可以很轻松地平整掉。首先在受影响区域的草皮上切割出一个十字，然后将切割后的草皮向后剥离地面。在平整凹陷时，用叉子翻动下层土壤并补充表层土，然后轻轻压实地面。对于

如何修补受损边缘

1 使用竹竿和绳线标记出一小块包含受损部位的草皮；使用半月形修边铲切割出标记区域。

2 小心地用铁锹底切草皮，然后使其向前滑动，直至受损部位超出草坪边缘。

3 将一块木板平齐地放在草坪边缘上，然后沿着木板切割切掉受损部位，使草皮与草坪的其余边缘平齐。

4 割下一块与造成的空隙相匹配的新草皮，并将其塞入空隙中；如果它太大则剪小，使其正好能塞进去。

5 如果必要，通过增添或移走土壤来调整新草皮下方的土壤高度，直到新草皮块与草坪的其余部分平齐。

另一种方法

1 切下一块含有受损部位的草皮。将它翻转过来，使受损部位面向草坪，然后压入草坪中。

6 得到正确的高度后，使用把子背或中等重量卷筒将草皮结实地压到位。

7 将一些砂质表层覆盖物撒在修补后的区域，特别是在接缝处，然后浇透水。

2 添加少量砂质壤土，使受损部位与草坪其余部分保持平齐，然后将草种播在受损区域，浇足水。

如何修补受损斑块

1 使用半月形修边铲和木板边缘在受损区域周围切割，然后用铁锹底切草皮，将其挖起。

2 用叉子轻轻翻动下面的暴露土壤使其变得松散，需要的话施加液态或颗粒状肥料。

3 在重新铺草皮前小心地踩踏土壤并紧实表面。

4 将一块新草皮放入空隙中，使用半月形修边铲进行修剪得到合适大小。

5 检查新草皮是否与草坪其余部分平齐；如果必要，调整草皮下的土壤高度。然后将草皮压入草坪并浇足水。

另一种方法

为草坪的秃斑块重新播种，叉翻土壤，将草种耙入地面并浇足水。

隆起，则逐渐移除多余的土壤直到地面平齐，然后压实。将切割开的草皮重新折回去，用耙子背夯实后进行表层覆盖并浇水。

对于较大的不平区域，可能必须将整块草皮完全移除，平整下面的土壤（见390～391页，"清理现场"），然后小心地将草皮重新铺设在重新平整后的地面上。

草坪杂草

虽然某些杂草如丝状婆婆纳（*Veronica filiformis*）和雏菊可能在实用草坪中看起来很美观，但在高质量的紧密修剪草坪中，它们一般是不应保留的，因为看起来很扎眼。

许多阔叶杂草可以在草坪中生长，但其数量过多对草坪草不利，

所以即使在实用草坪中也需要控制杂草。除非将草屑收集起来，否则割草甚至也能传播那些可以通过茎段繁殖的杂草。

在小型草坪中，车前（*Plantago*）和雏菊可以手工逐棵拔除，但对于大型草坪，最简单的方法是使用"除草和施肥"混合物。可以按照包装袋上的说明信息用施肥机或手工播种。

苔藓

不受欢迎的苔藓可能因为各种原因出现在草坪上，包括土壤压缩、排水不畅、肥力低、光照不足、割草过低以及极端土壤pH值等。如果草坪偶尔出现苔藓，使用草坪养护砂或含有抗苔藓成分的肥料对其进行处理，然后用翻松法将其除去（见398页）。如果问题持续发生，试着找出原因并纠正之。这些措施可能包括改善土壤通气、排水、肥力以及在轻质土壤上进行表层覆盖以保持水分。采用年度养护程序也有助于控制这一问题（更多细节见648～649页，"草坪杂草"）。

病虫害

包括黄褐斑块（见659页，"干旱"）、币斑病（见659页）、仙环病（见671页）、镰刀菌立枯病（见670页）以及红线病（见668页）的数种草皮病害会侵袭草坪，特别是在炎热潮湿的地区。镰刀菌立枯病导致的斑块在寒冷地区也会成为问题，甚至会在下雪时发生。预防性喷洒药剂是必需的，但在较凉爽的气温和海洋性气候下，通常只在严重时才喷药。对于病虫害的处理，见654～673页，"病虫害及生长失调现象一览"。

可以留下蚯蚓粪，因为这些生物在花园环境中发挥着很好的作用。不过蚯蚓粪为杂草的萌发提供了理想的地点，所以应该定期在干燥的天气用长扫帚或刷子驱散，特别是在为草坪割草之前。

平整凹陷或隆起

1 使用半月形修边铲在凹陷或隆起的草皮处切割出一个十字；十字应该刚刚超出受影响的区域。

2 将被切割的草皮向后折叠，注意不要拉得过急，以免发生断裂。

3 对于凹陷处，在草皮下的地面上填充良好的砂质表层土；对于隆起处，移走部分土壤，直到整个表面达到水平。

4 重新铺设向后折叠的草皮，并轻轻压实以确保水平。如果需要调整下面的土壤高度并紧实，进行表层覆盖，浇足水。

野花草地

野花草地是一种美观且鲜艳缤纷的景致，其将一抹乡村气息带入城市或郊区。对于花园中难以轻松栽培的部位——可能是因为太干燥、坡度太陡或土壤贫瘠，野花草地是一种理想的利用方式，而且还能保护因自然生境被毁而受威胁的物种。草地还能将以种子为食的鸟类、哺乳动物和昆虫引入花园——许多蝴蝶和有益的昆虫都将长草作为它们幼虫阶段的食物。

草地类型

草地植物的生长环境广泛，从谷物田地和干旱的丘陵地到湿地和林地边缘。在种植草地时，要考虑土壤类型、湿度水平以及阳光和阴凉程度——生长条件决定了哪些植物能够既茂盛生长又显得自然。阳光充足、土壤排水良好的开阔处适合种植法兰西菊（*Leucanthemum vulgare*）、欧洲山萝卜（*Knautia arvensis*）和蓬子菜（*Galiumverum*）。它们还适合长有虞美人（*Papaver rhoeas*）和矢车菊（*Centaurea cyanus*）的谷物田地，这里的土壤必须每年春天保持耕作。在潮湿的土地中，旋果蚊子草（*Filipendula ulmaria*）、剪秋罗（*Lychnisflos-cuculi*）和掌根兰属植物（*Dactylorhiza fuchsii*）能够茂盛生长。乔木下的阴凉区域最适合种植犬齿猪牙花（*Erythronium dens-canis*）和雪花莲（*Galanthus nivalis*）。观察一下当地野生植物能够知道可以种植哪些物种，但千万不要从野外采集植物或种子。许多苗圃以穴盘苗或幼年植株的方式提供种类繁多的野花。

延长观赏期

草地一般在夏季达到高潮，但可以设法延长其观赏期。尝试引入春花球根物种，如番红花属植物，特别是托马西尼番紫花（*Crocus tommasinianus*）、春番红花（*C. vernus*）和菊黄番红花（*C. chrysanthus*）的品种；野水仙，如喇叭水仙（*Narcissus pseudonarci-ssus*）和红口水仙（*N. poeticus*）；雀斑贝母（*Fritillaria meleagris*）以及郁金香。初夏开花的球根植物包括蓝克美莲（*Camassia quamash*）和克美莲（*C. leichtlinii*），而秋天，可以选择秋水仙（*Colchicum autu-mnale*）或美丽番红花（*Crocus speciosus*）的品种（见228页，"自然式种植的球根植物"）。

营建草地

草地野花能够适应肥力很低的土壤，并且在细草皮（如不会淹没它们的剪股颖草和羊茅属植物）中生长得最茂盛。许多包含多年生黑麦草（*Lolium perenne*）的混合草会和野花打架，所以应该选择不包含它的混合草。不同的混播草花适合不同的场所和土壤。避免施肥以降低土壤肥力，定期割草并清理草屑。将现存草皮揭掉也有助于降低肥力，但不要移走表层土，除非它很深且肥沃，因为这会破坏土壤结构。

播种和种植

在早秋为草地播种，寒冷地区或潮湿土壤可在春天播种。使用除草剂或黑色塑料布护根并清除所有宿根杂草。细耕土壤并浇水。让一年生杂草萌发并将它们锄掉，然后通过踩踏或碾压的方式压实土壤。以推荐密度播种并将它们耙入土壤。

如果在现存的草地中营建野花草地，通过每周割草并清理草屑的方式在一或两年内降低土壤肥力。在春天或夏天引入盆栽或穴盘种植的野花。

养护

使用除草剂对宿根杂草进行定点清理或将它们挖出。使用长柄大镰刀或尼龙线割草机将草地剪短至8厘米。对于春花草地，不要在早春和仲夏之间割草，从仲夏之后割草。在将割下的草耙起并移走之前，让它们散播种子。对于后来开放的夏花，从初秋开始修剪草地，并在草开始在春天生长时再次割草。应该迅速将春季割下的草收集起来。

昆虫天堂
许多野生物种在花园中会比野外开得更茂盛，它们为蜜蜂、蝴蝶和昆虫幼虫提供了丰富的食物来源。

适合野花草地的植物

羽衣草Alchemilla vulgaris
耧斗菜Aquilegia vulgaris
聚花风铃草Campanula glomerata,
圆叶风铃草C rotundifolia
草甸碎米芥Cardamine pratensis
矢车菊Centaurea cyanus (cornflower),
黑矢车菊C. nigra
菊苣Cichorium intybus
犬齿猪牙花Erythronium dens-canis
欧洲蚊子草Filipendula vulgaris
雀斑贝母Fritillaria meleagris
草原老鹳草Geranium pratense
欧洲山萝卜Knautia arvensis
法兰西菊Leucanthemum vulgare
剪秋罗Lychnis flos-cuculi
麝香锦葵Malva moschata
牛至Origanum vulgare
虞美人Papaver rhoeas
拳参Persicaria bistorta
橙果水兰Pilosella aurantiaca
黄花九轮草Primula veris
球根毛茛Ranunculus bulbosus
小佛甲草Rhinanthus minor
灰蓝盆花Scabiosa columbaria
欧洲金莲花Trollius europaeus

野花草地
盛夏时节，野花草地上盛开着各种花朵，如春黄菊、矢车菊、麦仙翁和虞美人。

美式牧场草地
成片野花、禾草和宿根开花植物为牧场草地带来了明亮的色彩，并为昆虫和野生动物提供了食物和庇护所。

种植香草

　　无论是作为装饰性的景致单独种植，和其他植物混合种植在花境中，还是在秩序井然的菜畦里，香草都能为任何花园增添独特的魅力。

　　它们总是因为在烹调、美妆或医疗上的功能而备受重视，但它们也能成为美观的花园植物。虽然很少有香草能开出绚烂的花朵，但很多种类拥有优雅的美观叶片，并且几乎所有香草都值得仅仅因其香味而种植——从香蜂草的强烈柑橘香气到茴香的茴芹气味，还有果香菊的甜香苹果香味。它们的芳香难以抵抗，而充满蜜露的花朵会引诱蜜蜂和蝴蝶，从而将昆虫的嘤嘤嗡嗡之声引入花园的宁静之中。

使用香草进行设计

种植香草既能收获观赏花园的愉悦，又可以享受菜畦的产出。香草种植的效果极富装饰性，其气味芬芳，风味独特，而且还能够以低成本得到产出。根据定义，香草是指那些具有烹调或医疗功能的所有植物，它们的种类极为广泛——包括一年生植物、二年生植物、灌木和乔木等。历史上，香草曾用来调味和保存食物，还能制作成各种药材和化妆品。它们美丽的外表也一直被人们所关注，而在今天，它们的观赏性和实用性具有同等的价值。

混合种植 香草能够很好地与许多其他植物融合在一起。

家庭香草

虽然新鲜和干燥的香草在商店和超市有售，但它们的香味和味道很少会像你从自家花园中亲自采下的那些香草一样好。在室内享受它们的香味，并将它们融入花园种植以在室外闻其芳香，或者干制后制作混合干花或填充枕头。在全世界范围内，香草都被用来增添和调和其他食物的味道，将最简单的饭菜升级为精致美馔。香草的疗效和美妆功能也很著名：数千年来，它们曾被用于无数种类的草药和化妆品中。

烹调用途

有些新鲜香草在许多经典菜肴中是必不可少的，如番茄配罗勒沙拉、土豆蛋黄酱配香葱以及琉璃苣配餐后甜酒。在某些情况下，花朵可以用作可食用的装饰：琉璃苣、香葱、西洋接骨木和金盏菊都很容易种植并开出美丽的花朵。茎秆，如用于糖渍的当归、用于烧烤的迷迭香或月桂枝叶，也很容易生长，但其除了花园种植外很难获得。芳香的种子或称香料更容易获得，不过它们很便宜，也很容易生产。

某些香草如香蜂草、果香菊以及胡椒薄荷等可以煮在热水中制作香草茶，它们比普通的茶和咖啡更益于健康，因为其中不含单宁或咖啡因。大多数香草茶是使用干制叶片、花或种子制作的，它们也可以使用新鲜叶片制作。

医用香草

草药在世界上的许多地方都在使用，而香草花园能够为家庭提供治疗各种小病患的良方。例如，薄荷是一种温和的麻醉剂、非常有效的防腐剂，并且它还能缓解许多消化问题。芳香疗法专家还使用许多香草基础油为人体的不同部位按摩。一般而言，不建议在不具备专业知识的情况下将香草用于医疗用途。

化妆和芳香用途

许多香草对皮肤和头发的状况有改善作用，可使用在化妆品中，如迷迭香、香果菊和薄荷使用在香波和护发素中，百里香可用作漱口水中的抗菌成分，如同金盏菊和接骨木的花用在爽肤水中。

如果将芳香香草制备到家用器具如香盒和亚麻香包中，就可以全年欣赏它们的香味。

花园中的香草

现在所种植的大部分香草仍然是野生物种，但如今也有了许多品种，它们在株型或者叶片或花朵颜色上有所不同。这种多样性使它们更适合用作观赏性花园植物，而它们的香味和其他性质仍然与其物种一样或相似。

香草的吸引力在很大程度上缘于它们的香味，而与其他植物不同的是，它们的香味一般来自叶片而不是花朵。当加热或压碎叶片时，它们会释放出基础油，在晴朗的天气中，香草园中的空气中会充斥着刺激的甜香气味。

某些香草有鲜艳的花朵，这可以为花园种植增色不少。例如，在‘紫叶’茴香（*Foeniculum vulgare* ‘Purpureum’）衬托下的金盏菊（*Calendula officinalis*），或与灰绿色的雅艾（*Artemisia absinthium*）搭配在一起的亮蓝色琉璃苣（*Borago officinalis*）等。

某些香草以对其他植物有益而著称，如某些辛辣植物如雅艾在压碎或浸渍后能够驱赶昆虫，在花园中种植果香菊能够促进附近其他植物的健康和活力。

在哪里种植香草

和其他植物一样，香草应该生长在和其自然生长相似的环境中才能健康和苗壮。许多香草来源于地中海地区，它们通常比较喜欢大量阳光和排水良好的土壤。

忍耐潮湿阴凉的香草

圆当归（*Angelica archangelica*）
雪维菜（*Anthriscus cerefolium*）
香葱（*Allium schoenoprasum*）
接骨木（西洋*Sambucus nigra*，
　‘黄叶’西洋接骨木*S. nigra* ‘Aurea’，
　‘金边’西洋接骨木*S. nigra* ‘Marginata’）
短舌菊蒿（短舌菊蒿*Tanacetum parthenium*，
　‘金叶’短舌菊蒿*T. parthenium* ‘Aureum’）
香蜂草（香蜂草*Melissa officinalis*，
　‘黄金甲’香蜂草*M. officinalis* ‘All Gold’，
　‘金叶’香蜂草*M. officinalis* ‘Aurea’）
欧当归（*Levisticum officinale*）
薄荷（*Mentha*）
荷兰芹（*Petroselinum crispum*）
酸模（*Rumex acetosa*）
香没药（*Myrrhis odorata*）
菊蒿（*Tanacetum vulgare*）
香猪殃殃（*Galium odoratum*）

不过，某些香草能够忍耐潮湿半阴的场所，只要它们不处于涝渍或浓荫或永久性的荫凉中。大多数彩叶和金叶品种能够在轻度荫凉环境中繁茂生长。例如，'花叶'香薄荷（*Mentha suaveolens* 'Variegata'）、香蜂草和豆舌菊蒿的金叶品种，当它们在清晨或傍晚接受阳光，而在正午时处于荫凉中时，能够最好也保持它们的色彩。

香草可以生长在众多不同的环境中，具体的选择在很大程度上取决于个人偏好和方便性。融于美观设计中的独立香草花园能够提供及引人的景致，而且不需要占用太多空间，但最好在距离厨房较近处保留一块种植烹调香草的地块，或者将香草盆栽。某些香草的美观程度足以和其他植物一起种植在花坛或花境中，而某些种类的香草最好种植在菜园里。用于烹调或医疗的香草应该远离害虫或路边污染。

香草花园

如果空间足够大，则值得创造单独的香草花园并将大量不同的香草种植在一起，以得到更强烈的效果，在一个地方欣赏它们混合在一起的香味。以这种方式种植香草可以得到互补或对比强烈的色块，从而可创造众多有趣图案或设计。

这样种植除了能够更具观赏性外，采收它们也更容易。传统上，香草花园会用修剪低矮的锦熟黄杨树篱镶边，但可以使用神香草（*Hyssopus officinalis*）或薰衣草得到不那么规则但同样美观的边缘。

花坛和花境

香草可以和其他观花植物一起种植。在没有足够空间种植香草花园的地方或者香草本身就是花境植物（如美国薄荷（*Monarda didyma*）和芸香（*Ruta graveolens*））的情况下，这很有用。叶片灰绿的物种在灰色花境中效果尤其好，或者用来衬托蓝色、紫色或粉色的植物，如'紫芽'药用鼠尾草（*Salvia officinalis* 'Purpurascens'）。

株型庄严耸立的植物可以单独作为视线焦点，或用在花境的后部。使用鲜艳的一年生香草如罂粟属植物、琉璃苣和紫叶罗勒（*Ocimum basilicum* var. *purpurascens*）填补花境中的空隙，

也可在门窗、道路和座椅旁种植芳香香草，这样能更轻松地欣赏它们的香味。低矮蔓延的香草如红花百里香（*Thymus serpyllum*）、'特纳盖'果香菊（*Chamaemelum nobile* 'Treneague'）和匍匐风轮草（*Satureja spicigera*）适合用于岩石园，或者同一种植物大量使用形成芳香的地毯。这些种类以及株型更直立的香草如香葱（*Allium schoenoprasum*）能够用来为花境或道路创造漂亮的边缘。

精致的香草区 将香草种植在一起有助于更容易地养护和采收它们，并且如果是鲜艳品种的话，它们还能够成为花园中的美丽景致。牛至的淡紫色花朵与墨角兰的黄绿叶片和薰衣草的绿色叶片形成了绝妙的对比。

蔬菜花园中的香草

对于大量使用的烹调用香草如荷兰芹（*Petroselinum crispum*），菜畦可能是最好的种植场所。这也是种植速生香草最方便的地方，如雪维菜（*Anthriscus cerefolium*）和莳萝（*Anethum graveolens*），它们可以连续播种但不能成功地移植。

在容器中种植香草

许多香草能在容器中茂盛生长。从吊篮到烟囱帽，几乎任何容器都适合种植香草，只要它有排水孔并且在种植前添加一层多孔材料即可。

在小型花园或阳台上，整个香草花园都可能由容器组成，它们可被充满想象力地摆放在墙壁、台阶、架子、窗台和地面上。如果空间短缺，可以使用草莓种植容器（侧壁带有小型种植袋的花盆）将不同的植物种植在一起。即便有单独的香草区，将某些常用香草种在门边也很方便。

某些最好的盆栽香草包括雪维菜、欧芹、香葱、'紧致'牛至（*Origanumvulgare* 'Compactum'）、芒尖神香草（*Hyssopus officinalis* subsp. *aristatus*）以及百里香。大型植物如迷迭香（*Rosmarinus officinalis*）和月桂（*Laurus nobilis*）在作为标本植物种植在花盆或浴盆中时非常漂亮。将不太耐寒的香草如银香梅（*Myrtus communis*）、柠檬马鞭草（*Aloysia citrodora*）以及'格拉维奥棱斯'天竺葵（*Pelargonium* 'Graveolens'）种植在容器中也很方便，因为它们在冬天可以被转移到室内保护；它们还能成为很好的保育温室植物。

铺装和露台

对于那些喜欢排水顺畅条件的香草如百里

露台上的容器 喜排水顺畅土壤的香草能够在容器中生长得很好，但在夏天应该经常浇水以促进新枝叶生长，方便采摘。

在岩缝中种植 许多匍匐生长的香草比较茁壮，足以承受偶尔的踩踏并在这时释放它们的香味。将它们种植在铺装石之间。

香和匍匐风轮草，将它们种在铺装石的岩缝中可以得到美观的效果；让植物伸展到铺装石上，不经意的脚步可以将叶片压碎，释放出芳香的基础油。

露台常常是展示众多喜欢温暖和得到庇护的不耐寒香草和地中海香草的理想区域，而在观赏性容器中种植的热带植物如柠檬（*Citrus limon*）、小豆蔻（*Elettaria cardamomum*）或姜（*Zingiber officinale*）能够带来一丝异国风情。

抬升苗床

在抬升苗床中种植香草可以更方便地近距离欣赏它们的香味，这对于残疾和老年人更适用，因为这样更加容易种植、养护和采收。抬升苗床必须有坚固的挡土墙，宽度不应超过75厘米，高度应该适合进行工作（见599页，"抬升苗床"）。

在靠墙的铺装区域（但不要在房屋墙壁的防潮层之上）或土壤排水不良处种植香草时，抬升苗床也是一个很好的选择。选择小而紧凑的香草，并通过修剪和分株控制它们的蔓延。

香草花园的设计

无论是自然式的还是规则式的，香草花园的设计应该和花园其余部分以及房屋的风格相协调。在设计时将维护资源考虑在内：一般而言，与规则式香草花园相比，自然式香草花园在一开始所需要的构筑工作更少，而且日常养护也不是很费时。还可以将规则式和自然式的设计元素结合在一起使用；例如，清晰的对称道路图案可以为不同高度、株型、色彩和大小的自由式香草种植提供框架。

自然式设计

自然式设计的成功取决于不同香草的互补株型和色彩。彩斑和彩叶品种如'黄叶'牛至（*Origanum vulgare* 'Aureum'）和'紫芽'药用鼠尾草在这样的种植方案中非常有视觉效果。尝试将绿叶与金叶植物，或者紫叶与银叶植物种植在一起。

与规则式种植相比，这种设计有更大自由去使用不同高度和株型的植物。可以使用高的植物创造醒目的效果同时不会打破设计的平衡，而且丰富的色彩可以让你大胆尝试更多组合。

规则式设计

这种设计通常以几何图案的方式呈现，并且以低矮树篱或道路作为框架。在每个由这些框架围成的小苗床里种植一种香草，可以得到鲜明的色块和质感。在最简单的情况下，设计可以采取车轮的形状，在每个分区种植不同的香草。这些设计在俯瞰时特别令人印象深刻，所以考虑将香草花园设计在可以从窗户或坡上俯瞰的地方。在选择植物时，不要加入高的、具有入侵性的或蔓生香草，它们充分生长起来之后会破坏其他的设计。

带道路的规则式花园在开始营建时非常费工，但其很快就会显得成熟起来，并且需要很少的结构性维护。加入需要经常修剪的低矮树篱则会增加养护上的要求。树篱可以成为设计的轮廓，或者形成更复杂的结节花园（见18页，"规则式花园的风格"）。适合用作低矮树篱的植物包括种植间距为22~30厘米的黄杨、神香草、薰衣草、*Teucrium* x *lucidrys*以及冬风轮草（*Satureja montana*）。

绘制平面图

在绘制平面图时，首先精确地测量现场和周围的景致，将任何高度变化计算在内。还要记录阴影在不同季节以及一天内的不同时间所覆盖的范围。

无论花园要设计成规则式的还是自然式的，要记住香草应该总在手臂可触及范围之内以方便进行采收；对于开阔地中的花坛或花境，修建道路或使用踏石提供出入途径，避免踩踏造成土壤压缩。

按照比例将测量结果转移到方格纸上；为了更容易地比较许多不同的设计，将每个方案画到盖在平面图上的描图纸上。

最后，决定种植哪些植物，要考虑它们的栽培需求、株型、色彩、株高和冠幅等，然后将它们标记在平面图上。在美观的容器中种植香草以提供视线焦点。

常见香草名录

香葱（*Allium schoenoprasum*）

耐寒草本簇生宿根植物，需要阳光或半阴条件，以及湿润但排水顺畅的土壤。可作为花境的低矮镶边。可以催花供冬季使用（见411页）。其叶有温和的洋葱味，可在沙拉、沙司、软奶酪和汤羹中用作装饰和调味；花可食用，可以装饰沙拉。

收获和储藏 将新鲜的叶和花切下使用。在冷冻和干燥时，应在开花之前将叶切下进行加工。

繁殖 春季播种（见196页）；或者秋季或春季分株（见198页）。

相关物种及变种存在株高、花色和风味上的不同变异；同属的韭菜（*A. tuberosum*）具有温和的洋葱味道和白色的花。

柠檬马鞭草（*Aloysia citrodara*）

半耐寒的直立落叶灌木，需要阳光充足、排水顺畅的土壤。植株的地上部分可能会被冻死，但一般会再次生长出来。叶子有强烈的柠檬香气，可用于制作香草茶、甜点，亦可干燥后制作混合干花和茶。

收获和储藏 在生长季将叶子采下，趁新鲜或干燥后使用。

繁殖 使用嫩枝插条或绿枝插条扦插繁殖（见110页）。

莳萝（*Anethum graveolens*）

耐寒直立一年生植物，叶蓝绿色，羽毛状。生长在阳光充足、排水良好的肥沃土壤中，但不能靠近茴香种植，否则杂交授粉会导致其独特风味的丧失。结籽迅速。叶子或味道更强烈的芳香种子可以使用在汤羹、沙司、土豆沙拉、泡菜和鱼类菜肴中。

收获和储藏 在春夏开花之前采摘叶片。夏季果实成熟后将它们剪下。

繁殖 春天和初夏播种（见214页）；可能无法很好地适应移栽。

圆当归（*Angelica archangelica*）

耐寒二年生植物，叶片大而深裂，花序大。将这种醒目的、株型耸立的植物种植在阳光充足或荫凉的湿润肥沃土壤中。除非需要种子，否则在果实成熟之前将它们除去，以免产生不必要的幼苗。嫩茎可以用糖腌渍；叶片可以用于烹调，在水果甜点和鱼类菜肴中使用得尤其多。

收获和储藏 在春天和夏天采收新鲜叶片。在春天或初夏将幼嫩茎秆采下用于糖渍。夏天果实成熟后采下。

繁殖 秋天或春天播种繁殖（见214页）。

雪维菜（*Anthriscus cerefolium*）

耐寒一年生植物，需要半阴和湿润的肥沃土壤。在炎热干旱的条件下迅速结籽。叶片有细腻微妙的欧芹和茴芹余味。在蛋类菜肴、沙拉、汤羹和沙司中常使用其叶片调味。

收获和储藏 开花前采下叶片。将它们冰冻或稍稍干燥，保存其精致的风味。

繁殖 从春天至初夏每月播种一次（见214页）；不要移栽。亦可在早秋播种在玻璃温室中的种植盘中供冬季使用。

山葵（*Armoracia rusticana*）

耐寒宿根植物，有持久、矮胖的白色肉质根，味道辛辣，可搓碎后用来凉拌卷心菜、沙拉和沙司，在辣根酱中使用得尤其多。嫩叶可用于调制沙拉或三明治。需要阳光充足、湿润、排水良好的肥沃土壤。

收获和储藏 在春天采集嫩叶。秋天采收根，此时的味道最好，或按需求采收。

繁殖 在冬天使用15厘米长的根插条繁殖（见201页），或者在春天播种繁殖（196页）。

雅艾（*Artemisia abrotanum*）

耐寒半常绿亚灌木，叶片灰绿色，细裂。可以用来形成低矮绿篱或使用在混合花境中。种植在阳光充足、排水良好的肥沃中性至碱性土壤中。叶片可以使用在混合干花中，亦可驱虫。

收获和储藏 在夏天采收叶片，新鲜或干制使用。

繁殖 夏末使用带茬半硬枝插条繁殖（见112页）。

洋艾（*Artemisia absinthium*）

耐寒落叶亚灌木，叶片灰绿色，深裂。是优良的花境植物或自然式绿篱。需要阳光充足和排水良好的中性至碱性肥沃土壤。在春天将植株剪至距离地面15厘米之内。具芳香气味的叶片味道极苦；它们曾用于为酒类饮料调味，但如今被认为是有毒的。叶片在香草装饰中很美观。

收获和储藏 在夏天采集叶片，趁新鲜使用或干制后用于装饰。

繁殖 夏末使用带茬半硬枝插条繁殖（见112页）。

变种 '银毛'（'Lambrook Silver'）是一个有银灰色深裂叶片的品种。

法国龙蒿（*Artemisia dracunculus*）

半耐寒亚灌木宿根植物，茎干直立，叶片窄而有光泽。在寒冷地区可能需要冬季保护，但也可以催生栽培用于冬季。叶片常用于调制贝尔尼司酱、塔塔酱、香辛料、蛋类和鸡肉菜肴，并为醋调味。

收获和储藏 在整个生长季采下生长叶片的小枝，留下三分之二长度的茎继续生长。叶片最好冰冻，但也可以干燥。

繁殖 秋天或春天使用根状茎进行分株（见199页）。

相关物种 俄罗斯龙蒿（*Artemisia dracunculus* subsp. *dracunculoides*）更耐寒，但味道较差。

琉璃苣（*Borago officinalis*）

耐寒直立一年生植物，需要阳光充足且排水良好的土壤。可将黄瓜味的叶片和花添加到冷饮（如Pimm's餐后甜酒）和沙拉中调味。花朵可以糖渍后用来装饰蛋糕。

收获和储藏 采摘幼嫩的叶片并趁鲜使用。在夏天采集新鲜的花朵（不要附带花萼）使用，冻在冰块中或糖渍。

繁殖 春天播种（见214页）。在轻质土壤中自播。

变种 还有一种白花品种'白花'琉璃苣（*B. officinalis* 'Alba'）。

金盏菊（*Calendula officinalis*）

浓密的耐寒一年生植物，花朵呈鲜橙色。生长在阳光充足、排水顺畅甚至是贫瘠的土壤中。摘除枯花以延长花期。使用花瓣为米、软奶酪和汤羹增添风味和色彩，并装饰沙拉。将嫩叶切到沙拉中。干花瓣可以用来为混合干花增添色彩。

收获和储藏 在夏天采收开放的花朵并摘除花瓣用于干燥。在年幼时收集叶片。

繁殖 在秋天或春天播种（见214页）。大量自播。

变种 有许多奶油色、黄色、橙色和青铜色重瓣品种。

葛缕子（*Carum carvi*）

耐寒二年生植物，需要阳光充足、排水良好的肥沃土壤。芳香种子可以使用在烘焙、奶酪、糕点糖果和肉类炖菜如匈牙利红烩牛肉中调味。其叶子可添加到汤羹和沙拉中调味。

收获和储藏 在幼嫩时采集叶片。在夏天采集成熟的果实。

繁殖 在春天、夏末或初秋播种（见214页）。

果香菊（*Chamaemelum nobile*）

耐寒的茂密匍匐常绿宿根植物，需要阳光充足、疏松、排水良好的砂质土壤。在道路和花境的边缘或者铺装石之间使用效果都很好。可作为观赏草坪种植（见393页）。在混合干花中使用其带有苹果香味的叶片；芳香花朵可以使用在混合干花和香草茶中。

收获和储藏 在需要时随采集叶片。夏季花朵完全开放并干燥后采收。

繁殖 春天或秋天进行播种（见196页）或者在春天分株（198页）。

变种 '特纳盖'（'Treneague'）是一个低矮的不开花品种，特别适合用在草坪和铺装缝中。'重瓣'果香菊（*C. nobile* 'Flore Pleno'）有美丽的重瓣花朵。

芫荽（*Coriandrum sativum*）

耐寒一年生植物，叶片深裂，花小，白或淡紫色。生长在阳光充足或半阴但排水良好的肥沃土壤中。植株具有令人不悦的气味，不应在室内种植。位置较低的浅裂叶片可用于

为咖喱、酸辣酱、沙司和沙拉调味。种子有甜辣味道，可用来为咖喱粉、烘焙、酸辣酱和香肠调味。

收获和储藏 采摘年幼叶片趁鲜使用或冰冻。果实成熟后采摘，整个或碾碎后使用。

繁殖 春天播种（见214页）。

孜然（*Cuminum cyminum*）

不耐寒一年生植物，白色或浅粉色花。需要阳光充足、排水良好的肥沃土壤以及种子成熟需要的热量。芳香种子使用在咖喱、泡菜、酸奶和中东菜中。

收获和储藏 果实成熟后采收。

繁殖 早春温暖天气或保护设施中播种（见215页）。

茴香（*Foeniculum vulgare*）

耐寒宿根植物，叶片呈细丝状，黄色花朵成簇开放。生长在阳光充足且排水良好的肥沃土壤中。叶片和叶鞘具茴芹味，可以使用在沙拉以及肉类和鱼类菜肴中。种子可用在烘焙、鱼类菜肴和香草茶中。

收获和储藏 趁幼嫩时采下叶片和叶鞘。成熟后采收果实。

繁殖 秋天或春天播种（见196页）或在春天分株（198页）。

变种 '紫叶'（'Purpureum'）是一种美丽的古铜色品种；意大利茴香（*F. vulgare* var. *dulce*）可做一年生蔬菜栽培（见540页）。

香猪殃殃（*Galium odoratum*）

耐寒匍匐宿根植物，星状白花开放在轮生细叶顶端。潮湿阴凉处的绝佳地被植物。干制叶片可使用在混合干花和香草茶中。

收获和储藏 春天开花之前采集叶片用于干制。

繁殖 秋天或春天分株繁殖（见198页）或在初秋播种（196页）。

神香草（*Hyssopus officinalis*）

耐寒半常绿亚灌木，有蓝紫色小花组成的花序。需要阳光充足、排水顺

畅的中性至碱性土壤。芳香叶片可用于为汤羹、豆类菜肴、炖菜、野味和馅饼调味。

收获和储藏 在任何时候采集新鲜叶片使用；在初夏采集叶片干燥。

繁殖 秋天或春天播种（见113～114页），或在夏天用嫩枝插条扦插（110页）。

'白花'德国鸢尾（*Iris germanica* 'Florentina'）

耐寒宿根植物，有白色的花和剑形叶片，需要阳光充足、排水良好的土壤。种植时应使根状茎半露。肥厚的根状茎在干燥并长期储存后会散发出紫罗兰香味。可将其碾碎后作为香料固定剂加入混合干花和亚麻香包中。

收获和储藏 在秋天，将生长至少三年的根状茎挖出。削皮，切片并干燥，两年后再碾碎。

繁殖 夏末分吸芽繁殖（见199页）。

月桂（*Laurus nobilis*）

耐寒常绿乔木或灌木，需要阳光充足或半阴以及湿润但排水良好的土壤。在寒冷地区，它可能需要防冻和防风保护。可以修剪成树木造型，或进行重剪以限制其尺寸。叶子可以使用在混合调味香料中，并可为汤料、腌泡汁、沙司、奶制甜点以及肉类和鱼类菜肴增添风味。

收获和储藏 随时采收新鲜叶片使用。在夏天干燥成熟叶片。

繁殖 秋天播种（见113～114页）或使用半硬枝插条繁殖（见77页）。

变种 '金叶'（'Aurea'）有发红的黄色叶片。

薰衣草（*Lavandula angustifolia*）

耐寒常绿茂盛灌木，有直立淡紫色花序。良好的低矮绿篱材料。花可以使用在混合干花、亚麻香包、香草枕头和茶中。它们也可以糖渍或者用来给油或醋调味。

收获和储藏 在夏天采集花枝，然后晾干。

繁殖 春季播种（见113～114页）或在夏天使用半硬枝插条繁殖（111页）。

相关物种 几个其他物种和许多品种在株型、叶子、花期和花色上都有不同。它们包括低矮品种如'海德柯特'（'Hidcote'）和白花品种如'内娜'（'Nana Alba'）；西班牙薰衣草（*L. stoechas*）具有一定耐寒性，花深紫色，具醒目的紫色苞片。

圆叶当归（*Levisticum officinale*）

耐寒宿根植物，需要阳光充足或半阴且深厚湿润但排水良好的土壤。叶片有强烈的味道，类似芹菜混合酵母的味道，可使用在汤羹、汤料和炖菜中。可将新鲜幼嫩的叶片添加到沙拉中。芳香种子可在烘焙和蔬菜菜肴中使用，幼茎可以糖渍。在春天将植株保存在花盆下使其变白作为蔬菜栽培。

收获和储藏 在春天采集嫩叶，然后冷冻或干燥。在春天采集嫩茎用于糖渍。春天遮光种植两至三周后将茎切下，留下中央枝继续生长。

繁殖 夏末或秋天种子成熟后立即播种（见196页）或春天分株（见198页）。

香蜂草（*Melissa officinalis*）

耐寒簇生宿根植物，需要阳光充足、湿润但排水良好的贫瘠土壤。可将柠檬气味的叶片加入冷饮、酸甜菜肴中调味，或使用它们煮茶。

收获和储藏 在开花前采收叶片趁鲜使用或干制。

繁殖 春天播种（见196页），或者春天或秋天分株（见198页）。自播。

变种 有金叶品种，如'金叶'香蜂草（*M. officinalis* 'Aurea'）；将它们种植在半阴处以免叶片灼伤。

绿薄荷（*Mentha spicata*）

耐寒草本宿根植物，可能具有入侵性。生长在阳光充足且贫瘠的湿润土壤中。可使用叶片制作薄荷沙司，还可用在沙拉、饮料中，并配合马铃薯或豌豆食用。

收获和储藏 开花前采下叶片，然后干燥或冷冻，或者切碎后浸泡在醋里。

繁殖 春天或夏天使用茎尖插条繁殖（见200页），春天或秋天分株（见198页）或在春天播种（见196页）。

相关物种 其有大量物种和品种，叶片和气味稍有不同。某些种类如'花叶'香薄荷（*M. suaveolens* 'Variegata'）的叶片带有彩斑。辣薄荷（*M. x piperita*）的紫绿色叶片可以

使用在辣薄荷茶以及果汁和甜点中，而橙香辣薄荷（*M. x piperita* f. *citrata*）有精致的香味。*M. x villosa* var. *alopecuroides* 有带薄荷香气的圆形叶片和粉紫色花。

美国薄荷（*Monarda didyma*）

耐寒草本宿根植物，由红色爪形小花构成的花序在夏天开放。阳光充足湿润肥沃土壤中的绝佳花境植物。将带有香气的叶片煮在茶中，并将它们添加到夏日饮料、沙拉、猪肉菜肴或混合干花中。使用美观的小花为沙拉和混合干花增添色彩。

收获和储藏 在春天或夏天开花之前采收叶片，趁鲜使用或干制。在夏天采集花朵干制。

繁殖 秋天或春天播种（见196页），春天使用茎尖插条繁殖（见200页），或春天分株繁殖（见198页）。

相关物种和变种 有开红色、粉色、白色或紫色花的杂种。毛唇美国薄荷（*M. fistulosa*）有淡紫色花，并能容忍较干燥的土壤。

香没药（*Myrrhis odorata*）

耐寒草本宿根植物，需要半阴和湿润肥沃的土壤。叶片似蕨类，味道似茴芹，可用于调制水果菜肴或添加到沙拉中。粗厚的主根可以生吃或作为蔬菜烹调。较大的种子可以添加到水果菜肴中。

收获和储藏 在春天或初夏采收叶片用于干制。在夏天采收未成熟的种子晾干或腌制。秋天将根挖出趁鲜使用。

繁殖 秋季室外播种（见197页），或者春天或秋天分株（见198页）。容易自播。

罗勒（*Ocimum basilicum*）

耐寒一年生植物，叶片有锯齿，带尖椭圆形。在寒冷地区，罗勒必须种植在保护设施中，或者是阳光充足避风处的疏松、排水良好的肥沃土壤中。在阳光充足的窗台上生长良好。香味强烈的叶片可使用在沙拉、醋、意大利松子酱和番茄意大利面中。

收获和储藏 夏季叶片幼嫩时采摘并冷冻、干燥，或者为香草油或醋调味；或者堆在油中浸泡。

繁殖 春天播种（见215页）。

相关物种和变种 紫叶罗勒（*O. basilicum* var. *purpurascens*）是一种美丽的紫叶变种，开粉花。希腊罗勒（*O. minimum*）更耐寒，但味道较

淡。'绿花边'罗勒（*O. basilicum* 'Green Ruffles'）有带皱纹和锯齿的浅绿色叶片。

牛至（*Origanum vulgare*）

耐寒草本宿根植物，夏天开白色、粉色或淡紫色小花。需要全日照和排水良好的碱性土壤。具芳香气味的叶片广泛用于烹调，特别是比萨和意大利面沙司。

收获和储藏 在生长季采摘叶片；干制或冷冻，在开花之前采摘。

繁殖 春天或秋天播种（见196页），春天或秋天分株（198页），或者在春天使用茎尖插条繁殖（200页）。

不同物种和杂种 在耐寒性、风味以及花色和叶色上有区别，如'黄叶'牛至（*O. vulgare* 'Aureum'）。低矮的'紧致'牛至（*O. vulgare* 'Compactum'）适合盆栽和镶边。

荷兰芹（*Petroselinum crispum*）

耐寒二年生植物，叶片鲜绿皱缩。生长在阳光充足或半阴且排水良好的肥沃土壤中。适合盆栽。使用全叶或切碎后作为配菜，可用于bonquet garni、沙司以及蛋类和鱼类菜肴中。

收获和储藏 在第一年采集叶片趁鲜使用或冷冻。

繁殖 从早春至秋天间隔播种（见215页）。

变种 意大利欧芹（*P. crispum* var. *neapolitanum*）叶片平整，味道更强烈。

茴芹（*Pimpinella anisum*）

半耐寒一年生植物，叶片深裂，夏末开白色小花。在寒冷地区，它必须生长在阳光充足避风处的排水良好砂质土壤中，才能使种子成熟。可将叶片加入水果沙拉中调味。芳香种子可用于烘焙、糕点糖果以及甜酸菜肴中。

收获和储藏 在春天采集位置较低的叶片立即使用。秋天果实成熟后采收。

繁殖 春天播种在最终生长位置，因为它很难成功地移植（见215页）。

迷迭香（*Rosmarinus officinalis*）

耐寒至耐霜冻，常绿灌木，叶浓密并呈针状，春夏开浅蓝色花，在气候温和地区可全年开花。生长在阳光充足、排水良好的贫瘠

至中度肥力土壤中。可作为自然式绿篱种植。叶片拥有强烈的树脂气味，可使用在肉类菜肴特别是羔羊肉中，还可制作混合干花和护发素。花可以添加到沙拉中。

收获和储藏 按需求采摘叶片和花趁鲜使用。在生长季收集小枝干燥。

繁殖 春天播种（见113~114页），或在夏天使用半硬枝插条繁殖（111页）。

变种 有各种蓝色、粉色和白色花的品种。健壮的直立品种'谢索普小姐'（'Miss Jessopp's Upright'）适合用于建造绿篱；'塞汶海'（'Severn Sea'）有亮蓝色的花朵和低矮的拱状株型，适合盆栽。

酸模（*Rumex acetosa*）

耐寒直立宿根植物，需要阳光充足或半阴的湿润土壤。将花序摘除以延长产叶时间。用钟形玻璃罩保护用于冬季供应。嫩叶有酸味，可用在沙拉、汤羹和沙司中。

收获和储藏 开花前采摘嫩叶，趁鲜使用或冷冻。可以冰冻。

繁殖 春天或秋天分株繁殖（见198页），或者在春天播种（196页）。

相关物种 低矮的法国酸模（*R. scutatus*）叶片细小，风味细腻。

芸香（*Ruta graveolens*）

耐寒常绿亚灌木，叶片灰绿，夏天开黄绿色花朵。能在炎热干燥处茂盛生长，是用于制作花境或低矮绿篱的绝佳植物。在晴天接触芸香可能会引起皮疹。可将辛辣的叶片使用在沙拉、沙司中，并可以为奶油奶酪调味。

收获和储藏 按照需要采摘后立即使用，在晴天戴橡胶手套进行保护。

繁殖 春天播种（见113~114页），或者在夏天使用半硬枝插条繁殖（111页）。

变种 某些品种有奶油色彩斑和蓝色叶片，如'斑叶'芸香（'Variegata'）和株型紧凑的'蓝粉'芸香（'Jackman's Blue'）。

药用鼠尾草（*Salvia officinalis*）

耐寒常绿亚灌木，叶片灰绿。生长在阳光充足、排水良好的肥沃土壤中，是制作灌木花境和月季园中的绝佳植物。芳香叶片可用作调料，为肉类菜肴调味，为奶酪调味并用来制作香草茶。

收获和储藏 按需要采收叶片并趁鲜使用。在开花前采摘干燥使用的叶片。

繁殖 春天播种（见113~114页），春天和夏天使用嫩枝插条（110页）或者在初秋使用半硬枝插条繁殖（111页）。

变种 '紫芽'药用鼠尾草（*S. officinalis* 'Purpurascens'）有味道强烈的紫色叶片，而较不耐寒的'三色'药用鼠尾草（*S. officinalis* 'Tricolor'）有带白色边缘的泛粉色叶片。

圣麻（*Santolina chamaecyparissus*）

耐寒常绿亚灌木，叶片呈银灰色，夏天开出大量黄色纽扣状花序。生长在阳光充足和排水良好的贫瘠至中度肥力土壤中。作为低矮绿篱，它还可以在结节花园（见18页，"规则式花园的风格"）中提供充满对比的颜色。可将芳香叶片加入混合干花中，并将花朵干燥后用于装饰。

收获和储藏 在春天和夏天采摘叶片用于干燥。在夏天采集开放的花朵用于干制。

繁殖 夏末使用半硬质插条繁殖（见111页）。

冬风轮草（*Satureja montana*）

耐寒常绿亚灌木，夏天开白色至粉色小花。生长在阳光充足、排水顺畅的土壤中。可将芳香叶片使用在豆类和奶酪菜肴中。

收获和储藏 随时采摘新鲜使用的叶片。在花蕾形成时采集叶片干燥或冷冻。

繁殖 春天播种（见113-114页），春天或秋天分株（117页），夏天使用嫩枝插条（110页）或者在春天压条繁殖。

相关物种 匍匐风轮草（*S. spicigera*）是一个低矮的物种，可用作容器、镶边和岩石园植物。夏风轮草（*S. hortensis*）有淡紫色花和精致的味道。

艾菊（*Tanacetum balsamita*）

耐寒宿根植物，需要半阴和排水良好的土壤。叶片的香气介于柑橘和薄荷之间；在烹调中可少量使用，可以添加到混合干花中。

收获和储藏 在春天和夏天采集新鲜叶片趁鲜使用或干制。

繁殖 在春天分株（见198页）、播种（196页）或使用基部插条繁殖（200~201页）。

变种 *T. balsamita* subsp, *balsametoides*有和樟脑相似的气味。

短舌菊蒿（*Tanacetum parthenium*）

耐寒半常绿宿根植物，花期长，似雏菊，夏秋开放。可生长在花境和容器中，需要阳光充足且排水良好的土壤。辛辣气味的叶片可使用在香囊中驱赶衣蛾。芳香花朵可添加到混合干花中。

收获和储藏 夏天采摘叶片和花朵用于干制。

繁殖 春天或秋天播种（见196页），春天或秋天分株（见198页），或者在春天或初夏使用基生插条或茎尖插条繁殖（200~201页）。大量自播。

变种 有在株高和叶子上表现不同、单瓣或重瓣的品种。重点推荐叶片金黄的'金叶'短舌菊蒿（*T. parthenium* 'Aureum'）。

百里香（*Thymus vulgaris*）

耐寒常绿低矮亚灌木，叶细小，夏天开淡紫色花。生长在阳光充足、排水良好的土壤中。可以作为花境镶边植物，种植在铺装石之间以及容器中。可将芳香叶片加入混合调味香料、填料、沙司、汤羹、汤料和肉类材料中。

收获和储藏 可在任何时间采集叶片趁鲜使用。采集顶部开花枝进行干制，在非常干的时候将叶片和花从茎上捋下。新鲜小枝可以浸泡在油或醋中。

繁殖 春天播种（见113~114页）或分株（117页），春天或秋天压条（115页），或者在夏天使用嫩枝插条或半硬枝插条繁殖（110-111页）。

相关物种和变种 有许多物种和变种，在株高、叶片和花色上表现不同。红花百里香（*T. serpyllum*）是一种低矮垫状植物，开淡紫色花；'飘雪'红花百里香（*T. serpyllum* 'Snowdrift'）和匍匐百里香群（*T. Coccineus* Group）各开白色和洋红色花；而'杜妮谷'百里香（*T.* 'Doone Valley'）的芳香叶片上有金色斑纹。'美味柠檬'百里香（*T.* 'Culinary lemon'）有柠檬气味的叶片和淡紫色花；'银光'百里香（*T. vulgaris* 'Silver Posie'）可以长出带银边的叶子。

姜（*Zingiber officinale*）

不耐寒落叶宿根植物，需要阳光充足或半阴处的排水良好土壤。粗厚的根状茎香味浓郁，可用于烘焙、腌制、糖果糕点、酸辣酱、沙司和许多东方菜肴中。

收获和储藏 将幼嫩的根状茎挖出并切片趁鲜使用或腌渍在糖浆中。干制品应该在叶子变成黄色以后将根状茎挖出。

繁殖 当根状茎开始发芽时进行分株（见199页）。

土壤准备和种植

香草花园的理想场所是阳光充足的开阔背风处，土壤为中性至碱性，排水良好。这些条件能满足大部分常见香草的需要，如薰衣草（*Lavandula augustifolia*）、冬风轮草（*Satureja montana*）、药用鼠尾草（*Salvia officinalis*）、牛至（*Origanum vulgare*）、迷迭香（*Rosmarinus officinalis*）以及百里香（*Thymus vulgaris*）等，它们大多数都原产于地中海地区。

准备现场

如果可能，提前准备好土地，最好是在秋天。首先，清理所有杂草，特别注意将所有顽固的宿根杂草如匍匐披碱草清理干净（见646页，"多年生杂草"）。然后深翻土壤，将其留在粗糙的状态，让冰霜将其分解。

在早春，清除任何后续出现的杂草，用叉子混入腐熟有机质（如园艺堆肥或蘑菇培养基质），然后用耙子对土壤进行细耕。目标是提供排水良好且肥力较强的土壤。不推荐使用粪肥或人造化肥，特别是对于来自地中海地区的香草，否则它们会生长出香味很淡的柔软枝叶，或者变得不耐寒。

在黏重土壤中，可能需要改善排水（见623页，"改善排水"）；或者将香草种植在抬升苗床或容器中。大多数香草能忍耐微酸性土壤；然而如果土壤pH值低于6.5，则需要在准备土壤时施加少量石灰

种植入侵性香草

如果在开阔土地中种植入侵性香草如薄荷属植物（*Mint*）、菊蒿（*Tanacetum vulgare*）或香猪殃殃（*Galium odoratum*，同*Asperula odorata*），将它们种在沉没式容器中以限制它们的生长。旧水桶、大花盆或者甚至是结实的塑料袋都很合适，不过必须在容器底部做排水孔。为得到最好的效果，每年春天将植株挖出并分株，使用新鲜基质将年幼苗壮的分株苗重新种植在容器中。如果不补充基质，养分会很快消耗光，香草的长势就会恶化，变得容易染病如锈病（见668页）。

1 挖一个足以容纳大花盆或旧水桶的洞。在容器底部做排水孔，然后将其放在洞中，最后填入含壤土基质。

2 种植香草（这里是一株薄荷），紧实；添加足够基质隐藏花盆边缘，然后浇透水。每年春天更换花盆中的基质并再次种植。

（见625页，"施加石灰"）。

香草在冬季

虽然香草主要在春夏采收，不过许多种类的采收时间可以延长至几乎全年。

在夏末或初秋播种的许多香草，如雪维菜（*Anthriscus cerefolium*）、芫荽（*Coriandrum sativum*）和荷兰芹（*Petroselinum crispum*）等，如果使用冷床或钟形玻璃罩加以保护，它们可以继续生长至持续整个冬天。它们在阳光充足窗台上的花盆里也能生长得很好。

对于在冬天凋萎的草本宿根香草，如香葱（*Allium schoenoprasum*）、法国龙蒿（*Artemisia dracunculus*）

和薄荷，可以进行促生栽培以供冬季使用。在初秋将成熟植株挖出，分株，然后重新种植在装有含壤土盆栽基质的容器中。如果保存在远离霜冻和气流的明亮处，它们会在整个冬天长出新鲜的枝叶，可以定期采收。在春天将这些植株丢弃或移栽室外；如果移栽，在一个生长季内不要采摘它们的叶片，使其恢复活力。

常绿香草如冬风轮草、百里香和迷迭香可以终年采摘，但要限制冬季采摘，因为这时没有新枝叶长出。

种植盆栽香草

盆栽香草可以全年露地种植，但最好的时间是春天，它们可以快速

恢复成型。如果冬天它们被保存在加热温室中，可将它们逐渐在冷床中炼苗（见218页），然后再露地移栽。

在种植前浇透水，因为干燥根坨种植到地下后很难重新湿润。为避免在移栽时践踏并压缩苗床中的土壤，最好站在一块木板上进行种植。按照你的种植平面图将香草带盆摆放在现场，结合它们的生长速度和冠幅，确定每株植物都有充足的生长空间。

无论天气如何，种植后都要浇透水，让根系周围的土壤沉降下来并为新根系的生长提供均匀的湿度。种植后，为簇生香草摘心并修剪灌木状香草，促进新侧枝生长并形成灌丛状株型。

如何种植香草供冬季新鲜使用

1 选择初秋的干燥天气，使用手叉将成簇香草（这里是香葱）从花园中挖出。

2 用手或手叉将成簇香草掰成小块。将根系上的土壤尽可能多地摇晃掉。

3 将分株后的小簇香草种植在装有盆栽基质的花盆或种植盘中；浇透水并剪短地上部分。

4 将植株放在明亮的无霜处。它们一旦长到10厘米高，就可以定期收割新鲜叶片以维持稳定供应。

按照设计种植香草花园

无论是错综复杂的规则式设计还是简单的自然式设计，图纸上和现场的精心计划都是取得成功的必要保障。提前做好计划：在冬天开始为春季播种做准备，如果你要自己培育植物，则需要在前一年的夏天开始工作。

对于所有种植，都要充分准备土地，清理所有杂草，并用耙子进行细耕（见411页，"准备现场"）。

一旦在纸上确定了设计和种植方案，就可以在现场标记出香草花园的轮廓，包括任何道路。在这个阶段对布局做出调整。使用盆栽香草最方便，因为它们可以很容易地根据种植平面图在种植前摆放，然后可检查其摆放效果。

1 首先准备用于种植的土壤。然后使用绳线或竹竿，或者砂砾，在现场标记出香草花园的设计方案，包括任何道路或铺装区域。

2 将植株带花盆摆放以检查整体效果和间距。如果使用砂砾或石子道路，在边缘设置木板条，将铺路材料限制在原位。

3 一旦确定好设计方案，种植香草并浇水；你可能喜欢密集地种在一起，以快速得到需要的效果。

4 铺设道路，在木板条之间均匀地增添砂砾或石子；平整表面。

5 正常给香草花园浇水和除草。掐掉茎尖以促进分枝生长，并在需要时修剪。

香草花园的设计

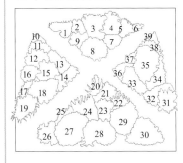

1 香葱（*Allium schoenoprasum*）
2 '紧致'牛至（*Origanum vulgare* 'Compactum'）
3 美国薄荷（*Monarda didyma*）
4 洋艾（*Artemisia absinthium*）
5 神香草（*Hyssopus officinalis*）
6 红花百里香（*Thymus serpyllum*）
7 '银光'百里香（*Thymus vulgaris* 'Silver Posie'）
8 牛至（*Origanum vulgare*）
9 '花叶'香薄荷（*Mentha suaveolens* 'Variegata'）
10 果香菊（*Chamaemelum nobile*）
11 法国酸模（*Rumex scutatus*）
12 法国龙蒿（*Artemisia dracunculus*）
13 '黄斑'药用鼠尾草（*Salvia officinalis* 'Icterina'）
14 荷兰芹（*Petroselinum crispum*）
15 香没药（*Myrrhis odorata*）

16 圣麻（*Santolina chamaecyparissus*）
17 匍匐风轮草（*Satureja spicigera*）
18 '金叶'香蜂草（*Melissa officinalis* 'Aurea'）
19 韭菜（*Allium tuberosum*）
20 '白花'德国鸢尾（*Iris germanica* 'Florentina'）
21 琉璃苣（*Borago officinalis*）
22 玫瑰神香草（*Hyssopus officinalis* f. *roseus*）
23 '紫芽'药用鼠尾草（*Salvia officinalis* 'Purpurascens'）
24 '洛登粉'薰衣草（*Lavandula angustifolia* 'Loddon Pink'）
25 百里香（*Thymus vulgaris*）
26 紫叶罗勒（*Ocimum basilicum* var. purpurascens）
27 迷迭香（*Rosmarinus officinalis*）
28 夏风轮草（*Satureja hortensis*）
29 雅艾（*Artemisia abrotanum*）
30 甘牛至（*Origanum majorana*）
31 艾菊（*Tanacetum balsamita*）
32 '金叶'短舌菊蒿（*Tanacetum parthenium* 'Aureum'）
33 雪维菜（*Anthriscus cerefolium*）
34 金盏菊（*Calendula officinalis*）
35 '紫叶'茴香（*Foeniculum vulgare* 'Purpureum'）
36 香猪殃殃（*Galium odoratum*）
37 '柠檬女王'圣麻（*Santolina chamaecyparissus* 'Lemon Queen'）
38 酸模（*Rumex acetosa*）
39 '美味柠檬'百里香（*Thymus.* 'Culinary Lemon'）

这个小花园包括众多芳香和烹调用香草；它们群体种植在限定颜色的苗床中，对称的道路将它们分隔开，形成传统的规则效果，又被苗床内的自然式种植所柔化。

日常养护

大多数香草在成型后只需要很少的照料就能繁茂生长。养护工作主要包括在春夏剪短植物促进枝叶健康生长，并在冬天清洁整理休眠植物。在容器中栽培的香草一般需要在生长季定期浇水和施肥，而周期性换盆和更换表层基质也是必需的。种植在正确的条件下能够最大限度地减少任何病虫害问题；在必要时再采取措施（见639~673页，"植物生长问题"），但使用化学措施后必须等待一或两周才能使用香草。

剪短

因其新鲜幼嫩叶片而种植的香草可以剪短以稳定地供应叶片。酸模（*Rumex acetosa*）的开花枝出现后立即将其除去；香葱（*Allium schoenoprasum*）和牛至（*Origanum vulgare*）可以留到开花后剪短，因

修剪薰衣草

1 在夏末或初秋，使用修枝剪剪去干枯的花茎，并轻度修剪植株以维持整洁的外表。

2 第二年早春，将上一生长季的枝条剪短2.5厘米或更长，保留一些绿色部分。

为它们的花可用于调味；对于牛至、薄荷属植物（*Mint*）以及香蜂草（*Melissa officinalis*）的彩斑品种，在开花前将植株剪短，它们会长出鲜艳的新叶片。

应该定期检查入侵性香草的生长。即使种植在下沉式容器中，它们也会产生地表横走茎，必须在其伸展得太远之前移除它。对于彩叶香草上所有逆转的绿色枝条，一经发现即除去。

摘除枯花和修剪

除非想要保存种子，否则大多数香草的枯花都要除去，以将能量转移到枝叶生长上。为一年生植物如琉璃苣（*Borago officinalis*）摘除枯花可以延长花期。某些香草如圆当归（*Angelica archangelica*）会大量自播；如果放任它们结实，最终其会成为恼人的问题。

对于灌木状香草如薰衣草和百里香，它们的枯花摘除和修剪应该在开花后，使用大剪刀进行轻度修剪。春季重剪能促进侧枝和基部新枝生长，不过百里香最好进行轻度少量修剪，常常在生长期进行。

护根

只为湿润土壤中繁茂生长的成型香草覆盖护根，如薄荷和美国薄荷（*Monarda didyma*）。在夏天，雨后覆盖护根以保持水分和改良土壤。生长在黏重土壤中的地中海或灰叶香草应该使用非有机护根如砂砾，以防止腐烂。

秋季清理

香草在秋天的修剪取决于个人偏好。在寒冷地区，将草本宿根植物的死亡枝叶留至春天有助于防风防冻。将落在百里香和其他低矮香草上的所有叶片清理干净，它们可能会引发真菌病害。

冬季保护

在寒冷天气中，应将不耐寒香草转移到室内或用其他方式保护（见612~613页，"防冻和防风保

种植香草花盆

1 选择侧壁有孔的大花盆。将碎瓦片铺在底部孔上并在花盆中填入含土壤或多用途基质和部分砂砾，刚好至侧壁孔下端。

2 在侧壁孔内使用株型紧凑的香草；在将植株插入侧壁孔时像图中展示的那样对枝叶进行保护。

3 添加基质以覆盖根系并紧实好。平整表面，并在上面摆放带盆香草，尝试不同布局。在种植前需要考虑香草最终的株高和冠幅。

4 带盆浇水，然后将香草种在最终位置。在根坨周围填充基质，不要埋至茎和叶片，然后紧实。为花盆浇透水。

护"）。到春天将它们剪短并再次露地移栽，或者使用插条繁殖新的植株。香草的耐寒性取决于品种，如药用鼠尾草（*Salvia officinalis*）和薰衣草，在购买时弄清楚。

容器中的香草

大多数香草都能轻松地生长在容器中，只需要很少的照料（又见328页）。在炎热的天气，每天检查土壤湿度并在干燥的时候浇透水。在生长期，每两周用稀释液态肥料为香草施一次肥。

在寒冷时期，将盆栽香草转

移到光照良好的保护设施中。防冻花盆可以留在室外，但要用麻袋布包裹，保护香草的根系。

换盆

定期检查香草是否被容器束缚根系。同时寻找诸如基质迅速变干、叶片颜色变淡以及新枝叶纤弱等迹象。在生长期换盆，能促进新根的生长。

如果不能换盆，则更换表面2.5~5厘米深的基质，加入腐熟有机质或缓释肥。此后的一个月内不必为香草施肥。

繁殖

香草的繁殖方法有很多种，具体的选择取决于植物类型和所需新植株的数量。播种是一种简单廉价的方法，使用这种方法可以得到大量植株，并且它是一二年生植物繁殖必须采用的手段，也可以使用这种方法繁殖其他植物类群。扦插可以用于各种宿根植物以及灌木和乔木的繁殖，而分株适合许多宿根植物，压条是繁殖某些灌木类香草的好办法。关于繁殖各物种和品种的进一步信息，见407～410页，"常见香草名录"。

用种子培育新植株

大多数香草的种子都容易收集并且可以播种长成新植株（见629页，"种子"）；它们可以播种在容器中，需要大量新植株的时候可以在开阔地条播。也可以直接将种子播种在铺装石之间的缝隙中。春天一般是最好的播种时间，不过某些一年生香草也可以在初秋播种。

一年生和二年生植物

耐寒一年生植物如琉璃苣（*Borago officinalis*）和金盏菊（*Calendula officinalis*）可以在春天播种，如果要其在第二年春天开花则应该在秋天播种。至于二年生香草如葛缕子（*Carum carvi*）和圆当归（*Angelica archangelica*），应该在夏末或初秋露地播种，第二年夏天开花。对幼苗进行两次疏苗：第一次是在萌发后，每个位置留两或三株幼苗，数周后再次疏苗，只保留最强壮的一株。

常常大量使用的短命耐寒香草如荷兰芹（*Petroselinum crispum*）、芫荽（*Coriandrum sativum*）和雪维菜（*Anthriscus cerefolium*）可以从早春至秋初以三至四周为间隔分批播种。这样能全年提供连续不断的叶片供采摘，不过在某些地区可能必须使用钟形玻璃罩提供防冻保护。伞形科的一年生香草如雪维菜和莳萝（*Anethum graveolens*）难以成功移植，因此

最好直接播种在最终位置。

在寒冷地区，罗勒（*Ocimum basilicum*）是最难用种子播种繁殖的香草之一。在晚春将罗勒种子浅播，并保存在最低13℃的温度下。幼苗长大到足以操作时进行移栽并将它们保存在阳光充足、通风良好的地方。在寒冷潮湿的条件下，罗勒的幼苗容易发生猝倒病（658页）和灰霉病（661页）。一旦所有霜冻风险过去，将幼苗移栽室外，或者在天气不佳的夏季将它们种植在具有保护设施的花盆里。在温暖气候中，罗勒可以直接播种在室外的播种苗床中（见215页，"露地播种"）。

宿根植物

如果用种子培育宿根香草，应该在春天温暖时播种并让幼苗在花盆中继续生长，直到它们长大到可以炼苗和移栽为止。像对待其他盆栽香草一样对其进行种植和养护（见411页）。宿根香草的大部分品种不能靠种子真实遗传，必须使用扦插或压条的方式繁殖，'斑叶'芸香（*Ruta graveolens* 'Variegata'）是一个例外。不开花类型如'特纳盖'果香菊（*Chamaemelum nobile* 'Treneague'）不能用种子繁殖，可通过扦插或分株的方式得到新植株。

直立压条

这种方法特别适合繁殖基部容易木质化或者中央没有或极少有新枝叶的灌木如药用鼠尾草（*Salvia officinalis*）、迷迭香（*Rosmarinus officinalis*）、薰衣草属（*Lavandula*）和百里香属（*Thymus*）植物。在春天将排水良好的土壤堆积在植株基部，植株顶部暴露在外。这会刺激新枝长出根系，就像培土压条法一样（见116页）。将土壤留在原地，如果浇水将土壤冲走则重新添土，直到新的根系在夏末或秋天长出。然后将枝条从母株上切下，按照生根插条的方式进行处理。

在容器中播种荷兰芹

1 将种子在温水中浸泡数小时然后晾干。将种子从折起来的纸片上弹落到紧实过的播种基质表面。使用筛过的基质将种子恰好盖住。

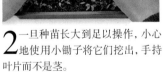

2 一旦种苗长大到足以操作，小心地使用小锄子将它们挖出，手持叶片而不是茎。

3 将幼苗单独移栽到准备好的穴盘或种植盘中。当它们长到大约5-6厘米高时，将它们移栽到准备好的土地中。

灌木类香草的直立压条

1 为促进生根，将7～12厘米厚的砂质壤土堆积在植物（这里是一株百里香）的根颈处，只露出枝条的顶部。

2 一旦被压枝条长出新的根系，使用小刀或修枝剪将它们切下。将生根压枝条单独上盆或移栽室外。

使用直立压条法繁殖的香草

圣麻属植物（圣麻*Santolina chamaecyparissus*，羽裂圣麻*S. pinnata*，迷迭香叶圣麻*S. rosmarinifolia*）
神香草（*Hyssopus officinalis*）
薰衣草属植物（薰衣草*Lavandula angustifolia*，西班牙薰衣草*L. stoechas*）
'卧地'迷迭香（*Rosmarinus officinalis* 'Prostratus'）
鼠尾草属植物（西班牙鼠尾草*Salvia lavandulifolia*，药用鼠尾草*S. officinalis*）
雅艾（*Artemisia abrotanum*）
百里香属植物（西里西亚百里香*Thymus cilicicus*，柠檬百里香*T. x citriodorus*及其品种，百里香*T. vulgaris*及其木质化品种）
冬风轮草（*Satureja montana*）
洋艾（*Artemisia absinthium*）

百里香

收获和储存

香草的味道会由于生长条件、季节和一天中的不同时间而发生变化。由于基础油的含量水平会随着光照和温度波动，因此应该在正确的时间进行采摘，确保芳香油含量处于顶峰。香草有许多不同的储存方法，从而全年都可以享用它们的香味。关于具体种类香草的建议，见407~410页，"常见香草名录"。

收获

应该在晴朗的天气采收香草，等到露水变干但植物暴露在炎热阳光之前采摘，否则高温会使基础油蒸发。在采摘香草时尽量维持植株的形状和活力：选择散乱或具入侵性的枝条，而对于簇生香草如香草（*Allium schoenoprasum*）和荷兰芹（*Petroselinum crispum*），

晾干法储存香草

1 在晴天清晨，白天的高温尚未使香草释放基础油之前采摘健康无瑕的枝叶。

2 将枝条绑成束，然后将它们倒挂在温暖处；一旦干燥，将叶片从茎上采下并储存在深色玻璃罐中。

采摘外层叶片以促进中央生长。只使用没有损伤和虫害的叶。

叶片和枝条可以在生长期的任何时间采摘，但在植株开花之前状态最好。常绿灌木在冬天应该轻度采摘。操作芳香叶片时要轻柔，因为挫伤叶片会释放基础油。采收香草后立即使用或储存。

采集花朵、种子和根

在采收花朵时，选择温暖干燥的天气并在它们完全开放时采摘。在夏天或初秋，当果实变成棕色但尚未完全成熟开裂时将其完全切下以采集种子。可以在一年中的任何时间将根挖出，但味道在秋天最好。

储存

储存香草的方法主要是干燥和冷冻。此外，许多种类适合为醋、油或胶冻物调味，而还有一些可以糖渍后用于装饰蛋糕和甜点。将干制后的香草保存在深色玻璃或瓷器容器中，因为暴露在光下会加速它们香味的流失。

风干

不要清洗香草，否则会刺激霉菌生长。将香草倒挂在温暖干燥处如通风橱中进行干燥。或者将叶片、花朵或花瓣铺成一层，放置在搁物架上，覆盖棉布、网或厨房纸巾。将它们留在温暖、黑暗的良好通风处，直到变脆。

微波干燥

清洗香草并将其甩干，然后将它们铺成一层放置在厨房纸巾上。用微波炉加热两至三分钟，每隔30秒进行一次检查，并在必要的情况下重新摆放，以确保均匀干燥。冷却，然后像对晾干香草一样压碎并储存。

干燥果实

夏天或初秋果实变成棕色时将它们切下，然后将它们放入纸袋，或者倒挂起来并用棉布遮盖以便在种子落下时将它们接住。将它们保存在温暖干燥处成熟；干燥后将种子取出并将它们储藏起来。用于播种的种子应该保存在凉爽、干

将香草冰冻在冰块中

将琉璃苣花和薄荷叶单独放在制冰盒的格子中，用于加入饮料中。将荷兰芹或香葱等香草的新鲜叶片切碎后放入制冰盒，每汤匙香草加入大约1汤匙水。

燥的无霜处。

干燥根

大多数根最好新鲜使用，但有些可以干制并碾碎。首先彻底清洗它们，然后削皮、切碎或切片，然后将它们铺在吸水纸上。将它们放入冷却中的烤炉或50~60℃的温暖通风橱中干燥直到变脆，然后在储存之前将它们压碎或碾碎。

冷冻干燥

大多数叶片柔软的香草如荷兰芹和罗勒在冷冻后比在干燥后更能保持它们的色彩和味道。简单地将整个小枝装入有标记的塑料袋中，然后冷冻；它们一旦冰冻就会很容易变碎。进行长期储

干燥果实

用棉布或纸袋遮盖果实，使用绳线或橡胶带固定，然后将它们倒挂在温暖处直到干燥。

存时，首先漂白再冷冻，先将它们蘸在沸水中，然后再浸入冰水。甩干并冷冻。

冻在冰块中

香草可以冰冻在水中形成冰块，这是一种保存用于装饰饮料的琉璃苣花和薄荷叶的好方法，而且冰会在储存过程中保护香草免遭损害。用于烹调的香草应该在冷冻之前切碎，因为解冻后很难做到这一点。将冰块放在筛子上，并在使用前将水排走。

制作香草醋

对于许多香草如百里香、法国龙蒿、牛至和薰衣草，可以浸泡在醋中保存它们的味道。

为制作香草醋，可轻轻压碎一些新鲜的香草叶，然后在干净玻璃罐中松散地装入压碎的叶片。不要使用有金属盖的容器，因为酸性的醋会腐蚀盖子并污染容器的内容物。温热红酒或苹果醋，将其倒在香草上，然后封上罐子。将罐子保存在阳光充足处两周，每天摇晃或搅拌。过滤并装瓶，加入一小段新鲜香草小枝以便辨认。为得到更强烈的味道，再次放入香草并将香草醋继续存放两周。

罗勒的叶子可以堆积在装满油的罐子中保存；然后叶子本身可以使用在意大利面酱汁和其他烹调好的菜肴中。千万不要尝试自己制作香草味油，因为可能有肉毒中毒的风险。

种植水果

种植、收获并品尝亲自种植的水果，这种满足感是园艺活动中最大的乐趣之一。

水果花园兼顾经济和美观双重作用。某些植物有美丽芳香的花朵或精致的叶子，而且在很多情况下，水果本身除了可食用之外也有观赏性。在大多数地区，都可以种植许多种类的水果，而在冷凉气候区，在保护设施中能够栽培更多种类的水果。在大型花园中，可能有空间用于种植水果——无论是整齐规则地种植成排乔木、灌木和茎生果树并以整枝后的扇形或壁篱果树做边，还是制造自然式果园。如果空间有限，则可以将水果融入花园中的其他部分，比如使用野草莓为花坛镶边，或者将葡萄藤种在藤架上。即使是在小型露台花园中，也应该有空间种植一或两株盆栽柑橘属植物，或者贴墙整枝苹果树或梨树。

规划水果花园

　　历史上，果树就在花园中有着重要的地位。而时至今日，随着大量品种和众多适合较小花园的低矮果树的出现，种植水果变得越来越流行。总有一些果树能够生长在既定气候和条件下，不过大多数果树喜欢优质土壤和阳光充足的位置。在温暖气候区，可以在室外栽培种类多样的果树，不过某些在开花前需要寒冷休眠期的果树通常难以成功种植。

无花果　这些乔木在干燥且阳光充足处生长得很好。

选择果树

　　在只需要少数几株果树的情况下，园艺师可能更想将它们种在观赏花园里，而不是在专门的水果花园种植。许多果树适合作为园景树种植在草坪上。如果空间非常有限，大多数果树还可以栽培在容器中，无论是独立式的还是依靠支撑物如花园栅栏整枝的，或者还可以将不同品种嫁接在同一株树上，形成"什锦"树（见420页）。

　　然而，如果计划使用大量植物，最好在花园里开辟一个单独的果树区；这样可以将栽培需求相似的水果种在一起，并保护它们免遭鸟类和霜冻危害。这即使在小型花园中也能实现，只要选择合适的砧木并对树木进行精心整枝即可。如果整枝成墙树、扇形或壁篱并围绕花园边界种植，那么果树就既能兼顾观赏性，又可以提供新鲜的水果。

　　另一个考虑可能是你希望果树会开出什么类型的花：某些苹果品种如'阿瑟特纳'（'Arthur Turner'）、'阿什米德之核'（'Ashmead's Kernel'）以及'布莱曼利幼苗'（'Bramley's Seedling'）等能够开出色彩或大小令人印象深刻的美丽花朵。

　　谨慎的规划加上精心挑选的品种以及各种整枝方法，使得新鲜水果供应可以维持数月，而且如果有一些储藏和冷冻空间的话，就可以全年享用水果花园的产出。

　　在冷凉地区，如果提供室内保护，则可以种植的水果种类还会更多。将植株种植在温室中，就可以稳定地收获诸如桃、油桃、无花果、葡萄或更多热带水果，不过即使只是一棵树也需要宽敞的空间。如果这些果树种植在室外，它们中的许多种类都需要保护和遮蔽。

水果的种类

　　可以根据水果植物的高度、生长和结果习性以及耐寒性将它们分成不同的类群。

　　乔木水果包括苹果、桃子和无花果等。这个概念既包括梨果（果实核心坚韧致密并包含种子，如苹果、梨和欧海棠）也包括核果（包含坚硬果核，如樱桃、桃和李子）。还有一些其他水果，包括桑葚和柿子等。藤本果树是指木质结果攀援植物，如猕猴桃和西番莲，最常见的藤本水果是葡萄（*Vitis vinifera*）。

　　所谓的柔软水果包括灌木水果、茎生水果以及草莓，后者几乎是草本植物。灌木果树呈紧凑的灌丛状，不过它们也可以整枝成其他形状。黑醋栗、红醋栗、白醋栗、鹅莓和蓝莓是最常栽培的灌木水果。被称为茎生水果的植物会长出长长的挂果枝条；树莓、黑莓和杂交浆果如罗甘莓都属于这一类。大多数茎生水果会在一个生长季中长出挂果枝条，然后在下一季结果，而当季长出的新挂果枝又会在第二年结果。

　　某些挂果植物不能承受霜冻，并且需要温暖的亚热带温度才能充分生长和成熟；这一类水果可以称为热带水果。热带水果包括石榴、

苹果树墙
苹果很适合做树墙，而这一株，'拉姆伯尼勋爵'苹果（*Malus* 'Lord Lambourne'），被整枝在结实的水平铁丝上。

乔木样式

在选择乔木样式时，要考虑三个主要因素：生长习性、空间和养护。例如，墙式乔木适合贴墙生长，特别是在短枝上自然生长的苹果。数棵壁篱式乔木占据的空间和一株扇形乔木相同，所以用在小型花园中更好。可以使用不止一个品种嫁接得到多重壁篱式乔木，使用其中一条"臂膀"为主要品种授粉。自由生长的样式如灌木式或纺锤式只需要每年修剪一次，更复杂的形状如壁篱式和树墙式需要更频繁的整枝和修剪。

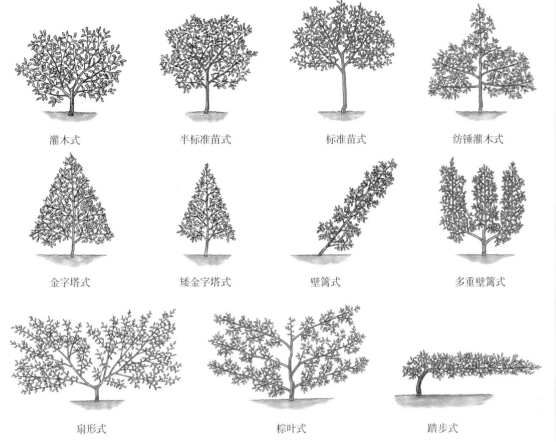

灌木式　　半标准苗式　　标准苗式　　纺锤灌木式

金字塔式　　矮金字塔式　　壁篱式　　多重壁篱式

树墙式　　扇形式　　棕叶式　　踏步式

菠萝、树番茄、仙人掌果以及各种柑橘。其中某些也是乔木水果，但在这里被归为热带水果，是因为它们需要持续的温暖空气。

坚果包括所有果实拥有坚硬外壳和可食用果仁的植物，如欧洲榛、巴旦木和山核桃。

自然样式和整枝样式

许多果树，特别是乔木果树以及某些藤本和柔软果树，可以整枝成各种形状。在决定选择哪种形状时，要考虑可供成年乔木或灌木使用的空间、收获的容易程度以及得到收获植株所需的修剪和整枝程度。砧木的选择也决定了它们的最终大小（见423页，"砧木和果树尺寸"）。

使用正确的技术，乔木和灌木果树几乎可以随心所欲地进行整枝。总的原则是，趁幼嫩枝条仍然柔韧时将它们整枝成需要的形状，然后树枝会随着定期修剪保持形状。

自然树木样式

这些样式的生长方式和自然树木相差无几，修剪很有限。它们包括灌木式乔木、标准苗式、半标准苗式以及纺锤灌木式。灌木式和纺锤灌木式比标准苗式和半标准苗式更紧凑，

适合小型花园。

灌木式乔木的树干可达90厘米高，树枝从位于顶部的树干三分之一向外辐射。它的中心展开，从而给予树枝最多光照和空间。灌木式乔木的尺寸为小型至中型，总高度为1.5～4米。

半标准苗式与灌木式相似，但树干高达1～1.5米，总高度为4～5米。标准苗式拥有相同的样式，但树干高达1.5～2.2米，总高度达5米。

纺锤灌木式是高达2.2米的小型乔木，树枝从中央领导干以很宽的角度向外辐射。与其他修剪较轻的样式相比，它拥有的树枝较少，但每根树枝都要被进行修剪以尽可能保证产量。最低分枝通常距离地面大约45厘米。

整枝样式

某些乔木和灌木果树适合以整枝样式生长。这些样式包括壁篱式、扇形式和墙式。它们在开始需要精心整枝，然后通过夏季定期修剪限制生长以维持形状，冬季以最低程度对其进行修剪。大多数需要铁丝提供支撑，这些铁丝要么固定在独立式柱子上，要么贴墙或栅栏安装。在温带地区，贴墙整枝样式常常适于桃等水果，因为果树可以接受最大限度的阳光照射，墙壁反射的热量也对其很有好处。所有整

枝乔木样式都适合小型花园，因为可以使用它们在有限空间里栽培多种水果。一般可以使用一年生树苗嫁接在低矮的砧木上，得到整枝样式。

壁篱式主要被限制在1.5～2米长的单根主干上，上面生长出结果短枝，从而在有限的面积里得到很高的产量。它常常贴墙生长，或者长在柱子和铁丝上，并且倾斜大约45°种植。它也可以垂直或水平种植。这种样式最常用于苹果和梨树，红醋栗、白醋栗和鹅莓有时也使用这种样式。双重（有时又被称为"U形式"）、三重或多重壁篱式可以通过

整枝樱桃
尽管长势苗壮，樱桃树可以进行成功的整枝。在种植前将支撑和铁丝安装就位。

"什锦"树

在小型花园中，什锦树是种植不同种类水果的便捷方法，其中两个或更多品种嫁接在同一砧木上，于是果树会在不同树枝上结出不同的果实。

集合果树

将果树种植在一起有助于授粉和养护。使用正确的修剪技术将它们限制在界限内并保持良好的分枝结构。

修剪一年生植物得到，使其形成两个或更多平行树干。有不止一个树干的壁篱式乔木通常是垂直整枝的，而主干水平整枝的踏步式壁篱正在变得越来越流行。它们一般是独立式的，用结实的铁丝支撑，并且可以为花坛增添美观的低矮边缘。

在扇形式乔木的整枝中，数根主枝从24厘米高的低矮树干上以扇形向外辐射，这种样式适合贴墙或栅栏生长的果树。

树墙式乔木是在中央主干上以固定间距伸展出成对水平分枝。每个分枝上都长满了挂果短枝。成对分枝的数量取决于空间大小和乔木的长势。这种方法特别适合贴墙生长的苹果和梨。不适合用于核果。棕叶式是树墙式不太严格的变形，在其中长满挂果短枝的主分枝角度稍稍朝上，而不是水平生长。

和其他整枝样式不同的是，金字塔式是独立生长的。它的分枝从中央主干向外辐射，整体呈金字塔形，需要夏季定期修剪以维持形状，得到小型至中型乔木。低矮金字塔式生长在更低矮的砧木上。

苹果树和梨树可以整枝成复杂的形状如弓形和高脚杯形。这些形状以及包括树墙式在内的其他样式都来自法国。为得到弓形树木，将领导枝在不同年份左右交替整枝，让树枝呈弓形向下弯曲。对于高脚杯形树木，从其树干既定高度对分枝进行水平整枝。在这些分枝上长出的树枝又会被向上整枝，形成高脚杯的形状。对于所有这

样的形状，都会使用铁丝和竹竿将枝条整枝成你要的样式。一旦需要的枝条就位，所有多余枝条都应该在夏天清除掉（见438页）。

"什锦"树

"什锦"树即在同一棵树上生长同一水果的数个品种——通常是三个。这样的果树能够连续提供水果，它还是一种节省空间的好办法。它们最先被希腊人和罗马人使用，在二十世纪50年代被重新引入，时至今日仍然是一种种植苹果和梨的流行方法。

年幼的时候，在果树上嫁接其他两种长势相似、适合交叉传粉的品种。好的苹果组合包括：'艾格蒙特赤褐'（'Egremont Russet'）搭配'詹姆斯·格里夫'（'JamesGrieve'）和'落日'（'Sunset'）；'布莱曼利幼苗'（'Bramley's Seedling'）搭配'红苹果（圣日）'（'Red Pippin(Fiesta)'）和'福斯塔夫'（'Falstaff'）；以及'查尔斯·罗斯'（'CharlesRoss'）搭配'发现'（'Discovery'）和'詹姆斯·格里夫'（'James Grieve'）。对于梨，尝试'贝丝'（'Beth'）搭配'协和'（'Concorde'）和'联盟'（'Conference'）；以及'威廉姆斯本克雷蒂安'（'Williams' Bon Chrétien'）搭配'联盟'（'Conference'）和'元老杜考密斯'（'Doyenné du Comice'）。

所有这些树都可以在各种砧木上生长，重要的是选择一个适合的土壤并且能长到所需尺

寸的砧木（见435页和444页）。'MM106'用于中型苹果树，而'Quince A'用于嫁接梨。苹果'M9'和梨'Quince C'适用于小型"什锦"树。所有砧木中最小的是'M27'，其最适合盆栽苹果"什锦"树。砧木'Quince C'常常用来嫁接某些长势最茁壮的品种如'元老杜考密斯'（'Doyenné du Comice'）。

生长在'M9'、'M27'和'Quince A'上的果树必须用永久性立桩支撑，因为它们的根系小而脆弱。

将果树融入花园设计

果树可以种植在独立区域，或者与其他观赏植物融合在一起，具体的选择取决于空间、个人喜好以及水果的种类。无论是哪种情况，都要考虑充分生长的果树会对附近或周围植物产生的影响。计划和选址特别重要，因为大多数果树都是长期植物，需要持续的良好条件才能在许多年里繁茂生长并大量结果。此外，除了少数例外如草莓，果树种植后基本不可能或不值得将它们移植到别处。

经过规划的水果花园

在需要一系列不同水果的地方，很值得在单独区域将果树种在一起。在种植水果花园时，要考虑到每种植物类型喜欢的生长条件以及种植间距，例如，为高果树选择位置时，要

确保它们对附近较小灌木造成的阴影最少。还要确保每株植物得到的空间足以让它们生长到成年尺寸。栽培需求相似的植物可以种植在一起，方便进行施肥等操作。例如，与其他水果相比，红醋栗和鹅莓需要更多钾。将植物种在一起也更容易保护它们免遭鸟类（用水果笼）和大风（用风障）的损伤。

为得到引人注目的边缘，使用一排整枝果树为水果花园做边，壁篱式（特别是踏步壁篱式）或矮金字塔式特别合适，因为它们需要的支撑最少，占据的空间也相对很少。

在为果树（特别是苹果树、梨树、甜樱桃树和某些李子树）选择位置时，要记住应该将自交不育品种安置在能够与其杂交授粉的品种附近（见424页，"授粉需求"），否则它只会结很少的果甚至不结果。

对于许多水果，都有众多成熟时间不同的品种可选，这样的话就能连续不断地经常收获。某些水果例如晚熟的苹果和梨可以储存很长时间，所以如果需要稳定供应，应该将更多空间用于这些而不是更早成熟的品种。

小型花园中的果树

有各种不同的方法可以在有限空间内种植水果并取得高产，同时成为美观的景致。在可能的情况下，选择嫁接到低矮砧木（见423页）上的果树，并使用空间利用率最高的整枝方法。例如种植"什锦"树（见对页）或者芭蕾舞女形品种（见435页）。将乔木果树和红醋栗以及鹅莓等柔软水果紧贴房屋或花园墙整枝成壁篱式而不是灌木式，因为要得到可观的产量，壁篱式所需的空间比扇形式和树墙式都少。将葡萄藤架在结实的藤架或观赏拱门上，作为花园设计的一部分。茎生水果也可以根据可用空间进行各种样式的整枝。草莓可以种植在垂直安装在立桩、栅栏或其他相似结构上的种植袋里。

如果空间只允许种植一棵树，那么一定要选择自交可育品种（见423页，"授粉亲和性"）。结果期比较长的植物也很有价值，但需要有充足的储存和冷藏空间。

混合种植

在主要供观赏或没有充足空间种植单独开

浆果

蓝莓是小型花园中的优良作物，因为它们不需要太多空间。它们在富含腐殖质的酸性土壤中生长得最好，会在上一年长出的侧枝上大量结果。

辟水果园的花园中，果树可以种植在其他植物之中。一株或更多果树可以成为草坪中美丽的园景树，或者种在阳光充足的地上或露台上的容器中。壁篱式或低矮金字塔式果树用作观赏

大型水果园的设计

11米×17米的大型地块能为一系列果树提供空间。在这里，选中的苹果和梨品种会在很长的一段时间内结实，而柔软水果被聚集在一起以便更容易地进行养护。较不耐寒的桃和葡萄在靠墙的单坡面温室中茂盛生长。

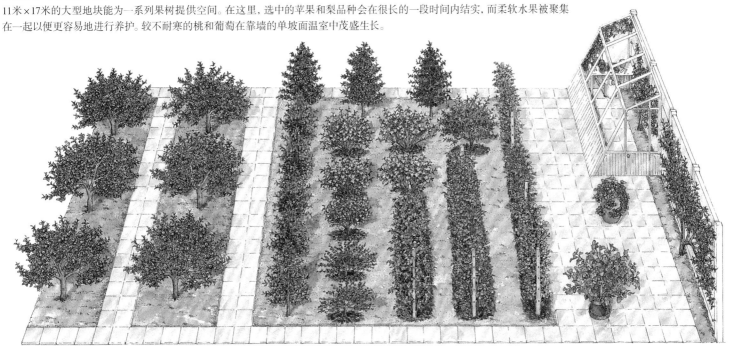

1　'发现'苹果'Discovery'（砧木为'M26'/'MM106'）
2　'美食家'苹果'Epicure'（砧木为'M26'/'MM106'）
3　'圣埃蒙德'苹果'St Edmund's Pippin'（砧木为'M26'/'MM106'）
4　'落日'苹果'Sunset'（砧木为'M26'/'MM106'）
5　'考克斯的橙色苹果'苹果'Cox's Orange Pippin'（砧木为'M26'/'MM106'）
6　'阿什米德之核'苹果'Ashmead's Kernel'（砧木为'M26'/'MM106'）
7　'沙皇'李'Czar'（砧木为'Pixy'）
8　'维多利亚'李'Victoria'（砧木为'Pixy'）

9　'深紫'布拉斯李子'Prune'（砧木为'Pixy'）
10　'向前'梨'Onward'（砧木为'Quince A'）
11　'协和'梨'Concorde'（砧木为'Quince A'）
12　'元老杜考密斯'梨'Doyenné du Comice'（砧木为'Quince C'）
13　'约瑟芬德马林丝'梨'Joséphine de Malines'（砧木为'Quince A'）
14　'博斯库普大果'黑醋栗'Boskoop Giant'
15　'本·罗蒙德'黑醋栗'Ben Lomond'
16　'本·沙瑞克'黑醋栗'Ben Sarek'
17　'红湖'红醋栗'Red Lake'
18　'无忧无虑'鹅莓'Careless'

19　'平等派'鹅莓'Leveller'
20　'秋日祝福'树莓'Autumn Bliss'
21　欧洲酸樱桃'Morello'
22　'茂林钻石'树莓'Malling Jewel'
23　罗甘莓（无刺型）
24　泰莓
25　'卡拉卡'黑莓'Karaka Black'
26　'黑汉堡'葡萄'Black Hamburgh'
27　'游隼'桃'Peregrine'（砧木为'St Julien A'）
28　'艾尔桑塔'草莓'Elsanta'
29　'斯特拉'甜樱桃'Stella'（砧木为'Colt'）
30　'褐色火鸡'无花果'Brown Turkey'

以有机方式种植水果

有机水果和非有机水果的栽培技术差别不大。为得到最好的结果：

- 选择通过有机认证的无病害苗木，标签上有一个"有机"标识。
- 确保用于土地准备的所有大块粪肥都是低耗能或有机来源的。
- 确保土壤在种植前没有宿根杂草，因为水果乔木和灌木一旦成型，这些杂草就很难清理干净。
- 从有机来源处获得干草或秸秆护根。
- 避免使用化学农药；使用生物或有机方法控制病虫害。

小型水果园

这一小片栅栏包围的区域栽培的水果不少于17个品种，从初夏至秋天提供丰富的果实。这一区域大小为4米×9米，周围设置高2米的栅栏。对品种和砧木进行精心选择再加以正确的树木整枝技术，使得大量不同种类的水果可以种植在这里。

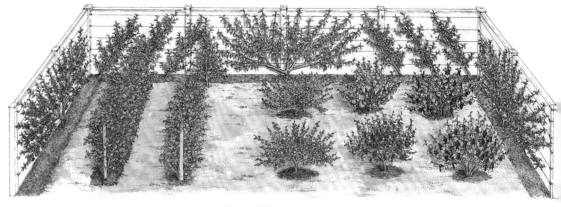

1 '斯特拉'甜樱桃 'Stella'（砧木为 'Gisela 5'）
2 '贝丝'梨 'Beth'（砧木为 'Quince C'）
3 '协和'梨 'Concorde'（砧木为 'Quince C'）
4 '元老杜考密斯'梨 'Doyenné du Comice'（砧木为 'Quince C'）
5 '塔拉明'树莓 'Tulameen'（夏季结果）
6 '维多利亚'李 'Victoria'（砧木为 'Pixy'）
7 '秋日祝福'树莓 'Autumn Bliss'（秋季结果）
8 '罗切斯特'桃 'Rochester'（砧木为 'St Julien A'）
9 '因维卡'鹅莓 'Invicta'
10 '平等派'鹅莓 'Leveller'
11 '白葡萄'白醋栗 'White Grape'
12 '红湖'红醋栗 'Red Lake'
13 '美食家'苹果 'Epicure'（砧木为 'M9'）
14 '拉姆伯尼勋爵'苹果 'Lord Lambourne'（砧木为 'M9'）
15 '落日'苹果 'Sunset'（砧木为 'M9'）
16 '本·沙瑞克'黑醋栗 'Ben Sarek'
17 欧洲酸樱桃 'Morello'（砧木为 'Colt'）

性分隔物的时候视觉效果很好，其能够提供非比寻常且硕果累累的屏障，春天美丽的繁花盛开，从夏末到秋天又有逐渐成熟的果实挂在枝头。灌木或乔木整枝样式的果树可以种植在几乎任何类型的花园结构上，如藤架、栅栏或棚屋上，只要朝向合适即可。

如果果树与其他观赏植物一起种植，且需要用网保护果树免遭鸟类破坏的话，这可能会阻碍周围植物的生长，并且看起来很不协调。还需要特别注意的是，为果树喷洒农药时不能

夏末馈赠
黑莓对于大多数位置和土壤条件都有极强的耐性，但在全日照和肥沃的土壤中生长得最茂盛。

对附近其他观赏植物造成伤害。

选址

阳光充足的背风处最为理想，果树在那里能生产出优质美味的果实。有轻度遮阴的场所也可以接受，但其为果实成熟提供的时间较少，因此最好种柔软水果，或者苹果、梨和李子的早熟品种。在朝南斜坡上种植的水果比别处成熟得更早，但是因为它们开花也更早，因此它们也更容易遭受霜冻的损害。

依靠支撑结构种植

墙壁、栅栏、藤架以及拱门都能为整枝成形的果树提供理想的种植场所，特别是它们暴露在充足阳光下的话。这些结构充分利用了花园中的空间，并能让水果充分生长成熟。与种在花园开阔处的果树相比，整枝在支撑结构上的果树也更容易得到保护，免遭鸟类伤害。

墙壁或栅栏必须足够高才能容纳选中的果树：1.2米的高度对于柔软水果或者整枝成壁篱式或树墙式的苹果或梨已经足够了，但对于扇形整枝的苹果、梨、樱桃、李子和桃，则需要2米或以上的高度和宽度。藤架和拱门可以提供足够的高度，但要确保有充足的空间供植物在成熟时伸展。这些结构必须足够结实才能支撑繁重的果实，即使是在强风天气中。

风霜

避免在容易霜冻的位置种植，因为花朵、未打开的花蕾以及小果实都容易受到冰霜损害。最寒冷的空气会在位置最低的地面上聚集，于是会在谷底或缓坡花园的底部，以及墙、栅栏或建筑的背后形成霜穴。

暴露在风中的话，授粉昆虫会被吹走，因而大大减少结果的规律性。强风还会对果实造成相当大的伤害。气流多的地方例如两栋建筑之间不推荐进行种植，但可以通过合理设置风障使风偏向以改善这里的条件。乔木或大型灌木比实体风障更好，因为它们可以过滤风，否则风会打转翻过风障，对另一侧的植物造成损伤（又见609页，"风障的工作原理"）。

在保护设施中种植水果

在较冷凉的气候区中，原产温暖气候区的水果作物如桃、油桃和葡萄最好进行温室栽培，但需要相当的技术和无微不至的关注才能维持它们的良好生长，得到令人满意的果实。在温室或冷床的保护下也可以很有效地种植温带水果如草莓，通过精心选择早熟品种，收获期可以从初夏开始延长数周。在生长期短暂且早秋有霜冻的地区，这还能改善常熟或晚熟品种的结果。

如果将果树与其他植物种在同一个温室中，要确保它们对温度、湿度和通风的要求是相同的。温室必须有最大数量的底部和顶部通风口以提供自由流动的空气。至于开阔露地种植，土壤必须肥沃并排水良好才能让植物茂盛生长。

许多热带植物如树番茄和石榴甚至橄榄都可以在保护设施中成功栽培；在温带地区，它们常常只作为观赏植物种植，因为即使在保护设施中，它们也很少能大量结实。

整枝果树

适合整枝的相容乔木和柔软水果也可以种植在温室中。确保有充分空间供选中品种发育并生长到成年尺寸，并在种植前将选中整枝样式所需的结构安装就位。

花盆中的果树

与露地栽培相比，温室或钟形玻璃罩下独立花盆中种植的草莓会更早结出成熟的果实，从而延长结果期。热带水果乔木如柑橘等可以种植在花盆里，夏天放置在室外并在冬天转移回保护设施中。

决定种植哪些植物

无论是计划种植整个水果园还是只选择两或三棵果树，选择既能够在既定土壤和气候条件下茂盛生长又不会长得过大的植物是至关重要的。

选择味美而在商店中少见的不那么商业化的品种也有其好处。大多数不常见的水果如红醋栗或白醋栗也值得考虑，因为它们的售价很高。如果需要冷藏柔软水果如草莓或树莓，则选择适合冷藏的品种。

在决定种植哪些植物时，检查不同品种之间的授粉亲和性（见424页，"授粉需求"）。最终的选择取决于所需作物的大小以及收获时间。

砧木和果树尺寸

果树的尺寸在很大程度上取决于嫁接所用的砧木。选择长势和生活力适合可以使用的种植区域或整枝空间的砧木。例如，生长在低矮砧木如'M27'或'M9'上的苹果树适合大多数花园，它们相对较小的尺寸使得采摘、修剪

背风处的梨树
与苹果树相比，梨树需要更多温暖和阳光才能生长结果。它们的花期也更早，因此更容易遭受冰霜损害。将梨树种植在温暖背风、远离冰霜处。

和喷药都比较容易。如果需要一棵大乔木，则需要选择更苗壮的砧木。更多详细信息见424和435页。

授粉亲和性

苹果、梨、甜樱桃的大部分品种以及部分李子品种的自交育性很差，因此需要将相同水果的一个或更多合适品种毗邻种植，要保持它们的花期一致，使昆虫能够为所有果树杂交授粉。例如，'考克斯的橙色苹果'（'Cox's Orange Pippin'）、'布莱曼利幼苗'（'Bramley's Seedling'）和'拉姆伯尼勋爵'（'Lord Lambourne'）三个苹果品种必须种植在一起才能成功地杂交授粉（每种水果下见更多细节）。在规划水果园时，要考虑授粉所需的最少果树数量以及相亲和品种的相对位置，以确保结果效果。

产量和时机

在有限的空间之内，所需水果的数量决定了植株的数量，要记住产量水平每年都有所不同。可用的储存或冷藏空间在很大程度上决定了可以接受的产量大小。平衡每种水果早熟、中熟和晚熟品种的数量，以便在很长一段时间内持续产出水果，而不是一次过多地收获。

早熟苹果和梨的保存期限不会超过一或两天，所以种植的数量应该在可以快速消耗的范围之内，每棵树产出2～5公斤的一或两株壁篱式果树应该足够。如果你有大量储存空间，种植高比例的晚熟品种，它们的果实可以储存数月之久。李子树容易在短期内成熟大量果实，必须快速将它们消耗掉，除非将它们冷藏或使用其他手段保存。

在决定是否种植早熟或晚熟品种时，记得将气候因素考虑在内。例如，晚熟的苹果或梨对于夏季短暂的地区并不是一个好选择，因为这些地区没有充足的时间或阳光让果实充分成熟。

葡萄天篷
当葡萄种在保护设施中时，注意不要让成熟中的果实被阳光灼伤。

现场、土壤的准备以及种植

所有果树都需要结构良好、排水充分的肥沃土壤才能茂盛生长。因此，在种植水果前，选择并准备合适的种植现场以便提供必要的生长条件。

准备现场

在种植前至少两周准备现场。在进行任何土壤准备之前清理所有杂草，特别是宿根杂草（见645～649页，"杂草和草坪杂草"）。

土壤类型

壤土是理想土壤类型就能产出大量优质水果。如果排水良好的话，黏土也能出产很好的果实，但它们在春天回暖的速度很慢；因此生长和结实可能比较迟。在砂质土壤中，植物开始生长的时间比较早，因为土壤在春天会很快回暖。然而，热量的流失速度一样地快，这使得植物遭受冰霜的危险也更大。与其他类型的土壤相比，砂质土壤一般比较贫瘠，因此对于在上面种植的水果，其果实的品质和味道都不如在其他更肥沃土壤上种植的种类。

在白垩土中，缺锰和缺铁（见663页）引起的萎黄病可能很严重，这会导致植株变成黄色，严重影响果实的品质和产量。在极端情况下，某些果树不能在这种土壤中很好地种植；梨树和树莓树特别容易受到伤害。使用螯合铁能缓解问题，但必须定期处理，这样做很昂贵。通过提供某些植物所需的微量元素，每年使用农家粪肥和堆肥覆盖护根也有些用。

改良土壤

对于柔软水果，可掘入大量腐熟粪肥或园艺堆肥和化肥，以改善土壤的保水性和肥力。在种植果树的整地阶段，除非土壤非常贫瘠，否则不应该使用肥料，那样植物会长出多余的柔软枝条而不是挂果枝。

排水问题

虽然排水不畅更容易发生在黏重的土壤中，但在其他多种类型的土壤中也会出现这个问题。尽可能改善土壤结构（见620页，"土壤结构和水分含量"），并在必要的情况下安装排水系统（见623页，"安装排水系统"）。在无法安装排水设施的地方，将果树种植在抬升苗床中（见599页，"抬升苗床"）。

调整pH值

pH值为6～6.5的土壤适合所有果树，蓝莓除外，后者需要pH值为4～5.5的酸性土壤。pH值低于5.8的土壤需要添加石灰（见625页）。如果在pH值大于7的土壤中种植，应该定期在表层土壤中施加硫酸铵并用酸性基质护根以在短期内降低pH值。

为整枝乔木或灌木果树准备支撑结构

如果乔木或灌木果树要依靠结实的支撑结构如墙壁或栅栏整枝种植的话，使用带环螺丝钉将水平金属线安装在支撑结构上，并随着果树生长用紧线器保持金属线的紧张。带环螺丝钉会让金属线远离支撑结构10～15厘米，让空气能够围绕植物枝叶自由流动。金属线的间距各不相同，具体取决于所种植的水果类型。如果使用独立式桩线支撑结构，将金属线牢固地安装在立桩上。在种植前，以合适的角度将竹竿连接在金属线上，并将年幼的植株绑扎在上面开始整枝过程。

购买植物

选择能够在你的花园环境中茂盛生长的果树。确保植物或果树的最终尺寸适合可用空间，并且有足够空间将它整枝成想要的样式。在决定购买品种时必须考虑传粉需求。

专业水果苗圃常常是最好而且是最可靠的来源。他们提供一系列古老和新的品种，并且会就合适的砧木提出建议。尽可能购买通过无病害认证的果树。

最好购买年幼植株，因为它们的恢复速度更快，并可以根据你自己的需求进行整枝和成型。植株既有裸根出售的，也有盆栽出售的。盆栽植物全年都可以购买，而裸根植物只能在晚秋和冬

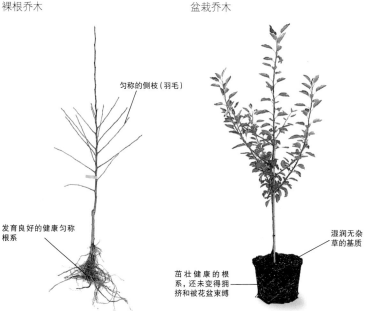

购买果树

裸根乔木

匀称的侧枝（羽毛）

发育良好的健康匀称根系

盆栽乔木

湿润无杂草的基质

苗壮健康的根系，还未变得拥挤和被花盆束缚

天休眠的时候才能安全地挖出并出售。拒绝使用根系被花盆严重束缚的植物，因为它们很少能够发育良好。在购买裸根植物时确保根系没有脱水，并选择主根和纤维状根比例均衡的植物。

选择健康且枝叶健壮的果树，如果苗龄达到两或三年，还需要有匀称的侧枝。仔细检查植株，不要购买任何受损或带病虫害迹象，或缺少活力的苗木。

授粉需求

大多数柔软果树和一些乔木果树是自交可育的，因此它们不需要附近的传粉品种就能结果，因此可以单株种植。然而，苹果、梨、多种甜樱桃以及部分李子都不能可靠地自交结果。为成功结果，需要使用同种水果的不同品种与自交不育品种杂交传粉。一般来说，一个

砧木

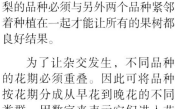

砧木和接穗之间的嫁接结合处大约位于茎干的土壤标记之上10～30厘米处，有一个明显的结纽，特别是最近才繁殖的年幼果树。在种植时，确保嫁接结合处位于地表上。

授粉品种就已足够，但某些苹果和梨的品种必须与另外两个品种紧邻着种植在一起才能让所有的果树都良好结果。

为了让杂交发生，不同品种的花期必须重叠。因此可将品种按花期分成从早花到晚花的不同类群，用数字表示它们进入花期的顺序。用于交叉传粉的品种应该位于同一个、前一个或后一个类群中。例如，类群3的品种可以与类群2、3和4的品种相配合。

不过，某些特定品种虽然同时开花，但并不会杂交。对于甜樱桃和梨，它们被归类为不相配类群并在苗木表中被指示出来。如果存疑的话，可找专家咨询。少数甜樱桃品种能为所有其他同时开花的品种传粉；它们被称为通用授粉者。

选择砧木

许多出售的乔木果树品种是已经嫁接在相配砧木上的，因为品种不能依靠种子真实遗传，而且不能连续依靠扦插繁殖。砧木能够控制生长速度和成年果树的尺寸，而接穗决定了结出的果实。某些砧木具有矮化效应（适用于小型花园）并能促进提前结果。少数砧木对某些病虫害有抗性。

选择果树

年幼果树可以在数个生长阶

段时购买——选择对果树所要采取样式最适合的阶段。与其他形式的苗木相比，一年龄鞭状苗（无侧枝）需要多花至少一年时间才能整枝和结果。一年龄羽毛状苗很受有经验种植者的欢迎，因为它们的侧枝可以进行最初的整枝。二年龄幼苗结果更快，而且好的苗木很容易整枝。三年龄已整枝苗木更贵，而且更难重新恢复成型。

露地种植

盆栽植物可以在一年中的任何时候种植，除非地面冰冻或涝渍，或处于持续干旱中。裸根植物应该在秋末至早春处于休眠期时种植；在种植前将根系浸透水。在霜冻时期，将它们暂时性假植在湿润无霜土壤中，直到生长条件适合再种植。

种植乔木果树

如果要种植许多乔木果树，需首先测量种植现场，并用竹竿标记种植位置。为每棵树挖一个比其根系至少宽三分之一的种植穴，压实种植穴的基部并稍稍使其隆起。

将木桩插入距离种植穴中心大约7厘米处，为果树的生长增粗留出空间。木桩的高度取决于果树的整枝样式（详细信息见各水果下）。嫁接在低矮砧木上的果树需要永久性立桩支撑；嫁接在其他砧木上的果树，三年之后将立桩撤除。

将果树放入种植穴中，确保茎上的土壤标记与地面平齐并将

根系伸展。不要覆盖砧木和接穗的结合处，因为这会促进接穗生根，失去砧木的作用。

分阶段回填土壤，另一个人垂直扶住果树并不时轻轻摇晃，使土壤沉降在根系之间。紧实土壤，当种植穴快满时，打破其边缘的土壤，在更大的面积内紧实土壤达到相同的土壤紧实度。紧实并平整种植区域，然后使用柔韧的塑料绑结将果树绑在立桩上，并在它们之间使用衬垫防止摩擦。在周围使用金属网保护果树免遭兔子和其他动物的伤害。

贴墙或栅栏整枝的果树需要与支撑结构保持15～22厘米远，树枝轻轻向内倾斜。这能保证根系位于良好的土壤中，并为树干继续增粗留下空间。

种植柔软水果和藤本果树

灌木和茎生果树的种植方法和乔木果树一样，但不需要立桩支撑。种植深度只能达到土壤标记，太深会阻碍植物的生长。对于藤本果树，先挖出足以让根系充分伸展的种植穴或种植沟，然后将它们依靠支撑结构整枝。

在容器中种植

在种植前为年幼植株浇透水。使用湿润的含壤土盆栽基质，在基质表面和花盆边缘之间留出2.5厘米的距离用于浇水。种植后再次浇水并保持基质湿润直到生长开始，然后定期浇水。

种植壁篱式果树

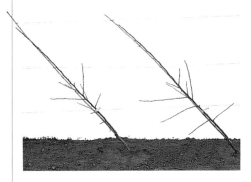

在开阔地
将果树间距设置为75厘米（上）。将竹竿以45°绑在水平铁丝上（下左），铁丝连接在坚固的柱子上。将每棵树牢固地绑在一根竹竿上（下右）。

贴栅栏
将铁丝距离栅栏10～15厘米安装好，以便果树生长并允许空气流通。果树的种植位置应与栅栏保持15～22厘米远。

种植灌木果树

1 挖出足以容纳灌木伸展根系的种植穴。将一根竹竿横放在种植穴上以确保周围土壤表面与主干上的土壤标记平齐。

2 用土壤回填种植穴；轻轻踩踏土壤表面，确保根系之间没有气穴存在。轻轻耙过土壤以平整地面。

种植乔木果树

1 挖一个比果树根系宽三分之一的种植穴。以45厘米的深度将木桩钉入距离种植穴中心大约7厘米处。

2 稍稍堆起种植穴底部的土壤，然后将果树放入中央。使用竹竿确保果树干上的土壤标记与土壤表面平齐。

3 伸展果树的根系，然后使用土壤逐渐回填种植穴。紧实地面，以确保果树固定于土壤中，并且根系之间不存在气穴。

4 使用扣和垫片将木桩顶端和果树连接在一起，使衬垫位于树干和木桩之间（见插图）。在需要时调整。

园艺百科全书（典藏版）

日常养护

大多数水果植物都需要经常养护才能保证健康并结出高品质的果实。日常养护措施各不相同，具体取决于水果类型、生长条件和季节。

疏果

疏果对于许多乔木果树都有必要，特别是苹果树、梨树和李子树，只有这样才能生产出大小合适的高品质水果。这样做还能防止树枝断裂，保证果实分布均匀。另外，疏果还有助于防止大小年（某些水果品种很容易发生），即第一年大量结果，第二年结果很少或不结果。

手工或使用剪刀疏果，给水果留出空间，使它们能充足生长并接受足够阳光和空气以成熟。疏果方法和时间详见每种水果下。

施肥、护根和浇水

在需要时施加粪肥和肥料，观察结果情况，并检查有无叶片变黄等指示养分缺乏的迹象。在炎热干燥的夏天，浇水一般是必需的；渗透软管（见561页）能够最有效地利用水，而土样钻取器可以用来评价土地深处的土壤湿度水平。

乔木果树的养护

在早春，使用粪肥或堆肥为新种植的以及所有生长不茂盛的果树覆盖护根。与此同时，检查有无病

为果树施肥

使用绳线和木钉在果树周围标记出圆形区域，稍稍超过树枝的伸展范围。肥料应该在这个区域内施加——覆盖果树的整个根系。

如何疏果

1 需要对某些水果进行疏果，以得到尺寸和品质优良的果实；如果不进行疏果，果实通常会很小，味道也不好。

2 首先清理不健康或丑陋的果实，然后将剩下的果实减少到每隔5~8厘米一个，具体间距取决于水果种类。

虫害造成的生长问题；若有，按照639~673页中植物生长问题中的建议进行处理。一旦果树长到开花大小，在早春以每平方米105~140克的量施加均衡肥料。不要过量施肥，特别是氮肥，否则容易导致果树长出柔软易生病的枝叶。

如果需要某种特定的元素，使用特定肥料：钾缺素症使用硫酸钾；使用硝酸铵补充氮元素；使用过磷酸盐提供磷。在春天以每平方

用于果树的有机肥料

健康状况良好、大量结果的果树很少需要额外的肥料。如果长势很弱，则在春天使用腐熟有机质或花园堆肥进行表层施肥。如果不能得到这些表层肥料，还可以在春天或初夏施加许多种类的有机肥料。

- 血、鱼和骨粉是通用的有机肥，其可以促进生长。
- 蹄角粉可提供缓释氮。
- 海草粉，在种植时作为基肥施加；以及作为叶面肥料的稀释海草提

取物都是很好的氮素来源。
- 颗粒状鸡粪肥富含氮磷钾，是贫瘠土壤中很有用的基肥。
- 有机花园木屑能为果树提供钾（碳酸钾），这对于结果很重要。

其他对果树有用的肥料包括：
- 在种植前作为基肥施加的骨粉或磷酸岩。
- 如果需要的话，可以使用石灰石粉或含镁石灰石提高土壤pH值。

米35克的标准施加这些肥料，过磷酸盐除外，它一般以同样标准三四年施加一次。对于镁缺乏症（见663页），可以在开花后使用硫酸镁溶液喷洒叶面加以矫正。问题严重时，三周后再喷洒一次。也可能出现其他缺素症，特别是锰和铁（663页）。如果怀疑出现了更少见的锌、铜或其他元素的缺素症，寻求专业意见。

将肥料均匀地施加在稍稍超出树枝覆盖的范围之外。如果果树种植在草地中，应该定期割草并将草屑留在原地；它们会腐烂并将养分返回土壤，其有助于缓解钾缺素症。

柔软水果的养护

在春天使用腐熟粪肥为柔软水果定期护根。肥料的使用方法和乔木果树一样，氮和钾是最基本的养分。将肥料施加在整个种植区域；对于树莓，表面施肥至少要到每排果树两侧至少60厘米处。对于草莓，在种植前将粪肥掘入土壤中。

容器中的果树

虽然含土壤盆栽基质中包含养分，但在植物的生长季应该施肥以补充被消耗的养分。与露地栽培相比，盆栽果树需要更频繁地浇水。定期检查基质，在炎热干燥的夏天至少一天检查一次，并保持湿润。每年冬天，盆栽乔

木和灌木果树应该更换表层基质或换盆。在更换表层基质时，用新鲜基质替换表面2.5厘米厚的老基质。每隔一年的冬天，尽可能为植株换盆。将植物从花盆中取出，使用手叉或木棍轻轻地将部分旧基质从根系上梳理下来。剪掉任何粗根，注意不要伤害任何纤维状根，然后上盆到更大的干净容器中（又见425页，"在容器中种植"）。

立桩和绑结

应该定期查看独立式和整枝果树的立桩和绑结。当衬垫或绑结变得脆弱并磨损的时候，果树会和立桩发生摩擦，从而导致丛赤壳属真菌（*Nectria*）溃疡病（664页），细菌性溃疡病（654页）可在核果果树上发生。检查立桩的基部。它可能会腐烂，从而在大风天与果树一起摇晃，特别是在即将取得重大收获之前。对于整枝果树，确保树枝与竹竿或铁丝的绑结不会太紧，以免限制生长。在必要时松动任何绑结。

支撑树枝

对于自由生长的果树，当树上挂满果实的时候，可能需要对树枝进行支撑，即使已经进行了正确的疏果。如果只有一或两根树枝受影响，需将它们支撑在分叉立桩上或用绳子绑在更强壮的分枝上。如果数根树枝都负载过

大，可用一根木桩结实地固定在主干或主桩上，然后用绳子绑扎每根树枝和木桩顶端，这个技术又被称为"五月节花柱法"。

保护果树

可能需要使用风障或织物保护乔木和灌木果树免遭恶劣天气或冰霜的伤害。也可能还需要抵御鸟类和动物的保护。

防风保护

正确地设置风障（见609页），使它们能够发挥作用。乔、灌木等自然屏障如果变得稀疏的话，对它们进行修剪以促进茂盛生长。检查并确保柱子支撑的风障网或栅栏足够坚固，并在需要时修补。

防冻保护

大多数冻害都是春寒引起的，它能在一夜之间冻死或冻伤花蕾、花朵或小果实。严重的冬霜会导致树皮开裂和枯梢，不过在低温比较常见的地区，可以选择耐低温条件的品种。在亚热带地区，防冻问题应该很少；如果必要，使用聚酯或聚丙烯织物覆盖小型乔木和灌木。

非常轻度的霜冻不会引起严重伤害，−2℃通常是临界点。霜冻的持续时间通常比单一温度指标更重要，15分钟的−3℃温度不会引起什么伤害，但持续三个小时的话则会引起重大损伤。

如果预计有霜冻，使用织物、麻布或旧报纸对草莓、灌木乃至小型乔木加以保护，将植株完全覆盖并包裹住温暖的空气。一旦气温上升到冰点之上，可将遮盖物撤除，并在下次冰霜来临之前再次覆盖（关于更多信息，见612~613页，"防冻和防风保护"）。

防鸟保护

在冬天，红腹灰雀和山雀会毁坏果树的芽，将其中富含营养的中间部分吃掉，然后将外层的芽鳞丢掉。这种伤害比对成熟水果的伤害还严重，因为它能让整根树枝完全裸露，必须截掉才能

得到新的年幼枝条，后者需要两三个生长季才能结果。最好的防鸟措施是用网罩在乔木或灌木上。如果预计有雪，为网提供支撑或暂时将其移除，因为网上积雪的重量可能会压坏下面的树枝。

成熟中的水果也应该得到防鸟保护；小型区域可以用网临时覆盖，而对于大型区域最好竖起水果笼。对大型果树进行保护不太现实，但对于那些依靠支撑结

构整枝的果树，可以将网罩在支撑结构上提供保护。所用任何网的网眼必须足够小，能隔绝小型鸟类。使用低矮的临时性笼子保护种在地里的一小片草莓。

害虫、病害和杂草的控制

建议每周检查一次植株有无病虫害迹象，以便在造成大规模

伤害之前提早得到处理（见639~673页，"植物生长问题"）。如果怀疑得了病毒病（672页），寻求专业建议以确诊，草莓、树莓、罗甘莓、黑莓和黑醋栗苗特别容易感染。唯一实用的解决方法是将被感染植株带根系挖出并焚烧，否则病毒会传染给附近的植株。

控制杂草对于得到最好的水果产量也很重要。清理杂草的幼苗并覆盖护根以阻碍杂草种子的萌发。宿根杂草应该彻底挖出，或一经发现就进行定点清理（更多详细信息，见645~649页，"杂草和草坪杂草"）。

保护设施中的果树

在冷凉气候区，某些果树可能需要种植在保护设施中。其中包括所有热带水果以及许多其他水果，后者要么花朵易受春霜伤害，要么需要很长的成熟期，如桃和许多晚熟葡萄。

在亚热带地区，果树很少种植在保护设施中，因为唯一可能遇到的气候问题是特别凉爽的时期和大雨，这大多数果树都能承受。

需要全年室内保护的果树最好种植在温室中，塑料大棚的用处有限，因为难以保持温度水平和充足的通风（又见568~571页，"温室和冷床"，"选择温室"）。

需要特别注意维持温室中种植的果树周围空气的自由流通，避免积聚的热量和湿度导致病害。用于支撑整枝果树的铁丝应该和温室的玻璃或塑料侧壁保持至少30厘米远。按照各水果条目下的建议控制病虫害和施肥（关于温室种植果树的详细修剪信息，见430页，"保护设施中果树的修剪"）。

在容器中种植热带水果（如柑橘、番石榴、番木瓜、石榴和橄榄等），就可以在必要时将它们转移到保护设施中。在冷凉地区，在春天将热带水果种植在室外阳光充足处的花盆中，然后到秋天再将它们转移回保护设施中。将这些果树保存在温度至少为10~15℃的温室中越冬。

抵御鸟类和动物的保护措施

啄食芽
鸟类会在冬天将树枝上的芽吃光，造成永久性的伤害，产生光秃秃的枝条。

用网保护草莓
竖起1.2米的框架，然后将孔径2厘米的网罩在上面并整理好。固定网的基部，以防止鸟类和松鼠从下方进入。

水果笼
灌木或小乔木果树可以使用金属支架覆盖塑料网的笼子来保护。

保护整枝果树
对于依靠支撑铁丝整枝的果树，可以使用结实地固定在支撑结构顶端的2厘米孔径网来提供保护。

修剪和整枝

乔木和灌木果树需要正确的定期修剪才能获得良好的收获，在许多情况下还需要整枝。修剪和整枝的程度以及方法取决于想要的形状、结果时间以及株型，还有某种水果的种类。例如，开心形灌木果树所需的修剪就相对有限，而扇形式或树墙式果树则需要大量的规则修剪和整枝才能得到均衡的对称框架。

修剪和整枝的目标

在最开始的时候，年幼的乔木和灌木应该接受成型修剪和整枝以得到预想的形状（如灌丛形），然后发展成强壮匀称的分枝框架。对于成型的果树，接下来的修剪目的是维持植株的健康和形状，同时保证果实的产量。

修剪

剪掉不想要的枝条和分枝，它们要么破坏了树形框架，要么生产力低下。正确的修剪可以维持开阔不拥挤的结构，允许最多阳光接触成熟的果实，并方便喷洒农药和采摘。还要去除死亡、带病、受损或老迈不结果的枝条。

对于年幼植株，可以整枝结合修剪塑造特定形状，彻底剪掉不想保留的树枝，而那些被保留的树枝可以截短以促进侧枝生长。对已经成型并结果的乔木、灌木或其他类型植株进行修剪，最大限度地促进生长和结果。

整枝

选择并绑扎枝条以创造特定形状，这一过程称为整枝。与自然形状相近的样式如灌丛式所需要的整枝措施较少，而某些样式如扇形式需要依靠支撑框架进行整枝，这些样式需要精确地选择并绑扎各个枝条，工作量很大。

过度修剪和修剪不足

注意不要过度修剪或修剪不足，这会限制果实的丰收甚至导致病害。繁重的修剪会导致苗壮的营养生长增加，结果很少或不结果，因为很少有果芽能生长发育。这对于已经很苗壮的植物伤害尤其大。修剪不足会导致树枝过度拥挤，使它们接受的阳光减少，而阳光对果实的成熟至关重要；树枝还可能互相摩擦，使果树容易感染丛赤壳属真菌（*Nectria*）溃疡病（664页）等疾病。对年幼果树修剪过轻，可能会导致过早大量结果，从而阻碍果树的生长发育甚至导致树枝断裂。

何时修剪

修剪时间取决于特定处理方式和水果种类。在此处对各种水果修剪措施的描述中，"第一年"指的是种植后紧接着的12个月，"第二年"指的是接下来的12个月，以此类推。

对于所有不整枝的苹果、梨、榅桲和欧海棠树，藤本果树，以及黑醋栗、红醋栗、白醋栗、鹅莓和蓝莓树，冬季修剪是标准养护措施。不整枝核果果树（李子、樱桃、桃、油桃和杏树）的修剪必须延迟，年幼果树应在春天进行，而成型果树应在夏天进行，以最大限度地减少银叶病（669页）感染的风险。对于有整枝样式的乔木果树、葡萄、醋栗和鹅莓树等，夏季修剪至关重要。这会降低它们的生长势，并将它们限制在有限的空间；这样还能将植物的能量集中在水果生产上。许多热带果树需要在果期结束后立即修剪。

如何修剪

在决定苹果树和梨树的修剪程度时，要同时考虑单个树枝和全株的生长势。对苗壮生长的果树应该进行轻度修剪，这通常需要将一定比例的树枝完全疏剪掉，剩余树枝不加修剪。对生长较弱的果树应该修剪得更重，但首先检查并确定不是病害（如溃疡病）导致的生长孱弱。

在何处修剪

总是修剪到健康芽的上端，并做一干净的切口；在两个芽之间做切口或留下残枝会导致枯梢

在何处做修剪切口

修剪至芽处
以45°的斜角剪至某芽上端，切口倾斜角度远离芽。不要离芽太近，会损伤到芽子；也不要太远，否则枝条会枯梢。

修剪至替代枝
和修剪至芽时一样，做一倾斜角度远离替代枝的斜切口。

截短至主分枝
做一干净切口，保持树枝领圈的完整（上插图）。这样的话果树不容易染病，伤口也愈合得更快（下插图）。

并使枝条容易染病。如果要将枝条或分枝完全清除，将其截短至根部，但保留皮脊和树枝领圈的完整而不能与茎干平齐。

为防止修剪完成前树枝或树皮被撕裂，先从下端切出伤口，然后再从上端完成修剪。修剪到树枝根部或者位置良好的健康替代枝处。不要留下残枝，否则修剪末端会死亡而不会愈合。用锋利的小刀修掉粗糙边缘（见71页，"截除树枝"）。

结果习性

植物的修剪方式取决于结果习性。例如，甜樱桃树主要在二年生短枝以及更老的枝条上结果，所以必须保留许多老枝。而酸樱桃树主要在一年生枝条上结果；在修剪时，保留大部分年幼枝条但要移除某些生产力低下的年老枝条。

为形状和结果进行整枝

你所购买的年幼苗木通常是带侧枝的一年龄羽毛状树苗。最初的修剪包括选择要保留的枝条并除掉不想要的树枝。如果购买的是一年生鞭状苗（无侧枝），应该在种植后将其截短至某个芽子处，修剪高度取决于树木将来的整枝样式。这会促进侧枝的生长。当这些侧枝长出后，这时的两年龄树苗就相当于羽毛状树苗。在接下来的两三年中继续进行成型修剪，直到得到预想的形状。

将一年生鞭状苗修剪成羽毛状苗木

第一年冬天
为了在一年生鞭状苗上产生苗壮的"羽毛"（侧枝），在合适高度的某芽上端做斜切口将其截断。

第二年冬天
到第二年冬天，许多新侧枝应该已经在修剪切口下方产生。

可以通过提高或降低选中枝的高度，来调整树枝的生活力和果实产量。水平枝条的结果量比垂直枝条更高，所以将侧枝绑扎成接近水平能让它结出更多果实。如果一条侧枝的生长势比另一条侧枝弱，而且需要更多小侧枝的话，将它提升可以促进营养生长。对于已经成型的结果乔木或灌木，修剪比整枝更加重要；即使是在未整枝的果树上，结果较少或不平衡的树枝也可以在夏天向下绑扎，以提高它们的产量。

抑制过度生长

非常苗壮的果树会以结果为代价快速进行营养生长，可以修剪根系以矫正。环剥树皮（见437页）可以作为最后的手段抑制过度生长，但只能用于苹果树和梨树；不能用于核果树，否则这样做会杀死它们。这两种方法都能促进结果芽的产生，所以一或两年后开花和结果都会增多。

根系修剪

果树可以在任何年龄进行根系修剪，但只能在休眠期进行。在修剪年幼果树的根系时，首先围绕果树将其挖出，然后小心地将土壤从纤维状根上移去，注意不要损伤它们。在修剪过程中将一些粗根截短。然后重新将果树种下并立桩支撑。

大型果树需要现场进行根系修剪，在一个冬天修剪根系一侧，一两年后完成另一侧的修剪。为了有效地进行根部修剪，挖一条45厘米至1.2米宽（宽度取决于果树尺寸）的沟，将主要的根系露出。应该将它们切断并将断根移除。然后回填沟渠，紧实并护根；在某些情况下可能需要立桩支撑直到果树完全稳定。

修剪根系以促进结果

1 使用绳线和木钉在果树周围标记出挖沟位置。它应该位于树枝最外围的投影之下，各点与主干的距离保持一致。

2 在沟底部，使用叉子将厚根周围的土壤移走，不要损伤纤维状根。

3 在沟两侧，使用修剪锯将每段木质根切断，并将其丢弃。不要修剪纤维状根。

在竹竿上整枝

1 可以通过调整整枝角度来调整果树侧枝的生长势。这个方法可以纠正同一棵树上不匀称的生长。

2 在夏初或夏天将年幼苗壮侧枝带竹竿放低，以降低其生长势；将侧枝抬升可以促进它更快生长。重新将竹竿绑扎在铁丝上。

3 到夏末，可以将树枝返回到原来的位置，这样它们在长度上应该会更均匀。

保护设施中果树的修剪

对种在温室中植物的分枝和枝条进行修剪，以免它们被阳光灼伤，使生长受限或受损。定期修剪还可以让更多阳光接触成熟中的果实，有助于它们的成熟。

复壮

如果果树太老产量不高，并且树干或分枝已经腐烂或严重染病，应该将它挖出并烧毁。不过，如果果树干和主枝的情况还很良好，而且果树只是过于拥挤，则可以通过合理的复壮修剪和后续的正确日常养护使它重新焕发活力。

对于核果果树，复壮工作应该在春天或夏天进行；而对于苹果和梨等梨果果树，应在冬天进行。剪去所有死亡、受损或染病的分枝以及那些位置较低以至于挂果后容易垂到地上的树枝。还要清理拥挤或交叉枝，因为它们会使发育中的果实处于阴影中，而且如果它们互相摩擦的话，还可能容易感染溃疡病。在苗壮的果树上，建议在不止一年内逐步完成这样的修剪；一次修剪过重可能不是个好方法。

当初步疏枝完成后，可以进行更精确的修剪（如每种水果条目下常规修剪所描述的那样），如疏剪短枝。化学抑制剂可以抑制切口周围徒长枝的生长，但不推荐使用伤口涂料，因为它们可能会将感染病菌密封起来。

荒弃果树的复壮

1 清除过度拥挤、互相摩擦或交叉的分枝，将它们剪至根部或生长方向合适的健壮次级分枝，引入更多阳光和空气。

2 任何感染溃疡病（如上所示）等病害的分枝都应该完全清除，或者截至某健康枝条处。

在两年内复壮被荒弃的苹果树

树枝已经交叉并互相摩擦

1 在第一年，清除死亡、染病和受损枝条。清除或剪短拥挤或交叉分枝。在第二年改善结果潜力；将过长且生产力低下的枝条剪短至某替代枝，然后疏剪以前的切口上重新长出的枝条。对于苹果和梨树，疏剪拥挤的短枝系统（见105页）。

树干以及框架的较低部分无枝叶生长

2 两年之后，果树会有由匀称强壮分枝构成的树冠，这些分枝上有充足空间供结果枝生长发育。这时开始日常修剪；剪短长而年幼的枝条以促使新鲜短枝系统的形成。为保持新枝叶的均衡，重剪细弱枝条并轻剪粗壮枝条。

在三年内复壮被过度修剪的果树（梨树）

彻底清除主干以及主分枝较低位置上生长的树枝

1 重剪已经促生了过度苗壮的枝条，在对光线的竞争中，这些不分枝枝条垂直向上地生长。在第一年，将大约一半枝条清除掉，剩余枝条均匀分布。对剩余枝条中最长的进行顶端修剪以促进分枝。

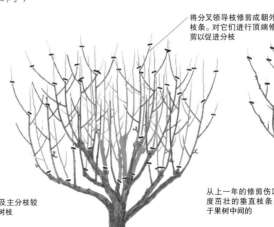

2 再次清除一半竖立枝条，就像第一年一样，留下位置良好的匀称年幼分枝。对它们进行修剪，以进一步促进朝外生长。如果看起来还是很拥挤，将中间的枝条剪去更大的部分，注意不要损伤树枝领圈。

将分叉领导枝修剪成朝外枝条。对它们进行顶端修剪以促进分枝

从上一年的修剪伤口处清除过度苗壮的垂直枝条，特别是位于果树中间的

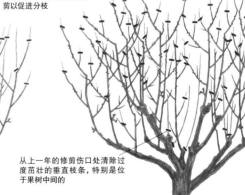

3 在第三年，继续进行合理的修剪并平衡新长出的枝叶。这时应该会形成某些花芽；从这个阶段以后，在合适的季节开始常规修剪以适应具体的水果种类要求。这株梨树经过了冬季修剪后已开始形成新鲜短枝。

收获和储藏

如果正确地采收和储藏，许多家庭自产的水果都可以在它们的正常结果期过去很久后还能品尝到。虽然大多数在刚刚采摘后味道最好，不过有些水果即使在长期储存后也能很好地保持它们的风味。关于特定水果的收获和储藏信息，见各水果条目。

收获

大多数水果最好在完全熟透时采摘并趁新鲜时食用。而要储藏的水果需要稍微提前采摘，它们在这时已经成熟但还未熟透，果实仍然很结实。由于一棵果树上的果实不会同时成熟，通常需要在一段时期内完成采摘和收获，这样能够连续进行新鲜供应。

对于苹果和梨等乔木水果，在检测成熟度时应用手掌握住果实，然后轻轻向上提并扭动。如果熟透的话，果实会轻松地带柄完全脱落，否则应该再等待一或两天。

在采摘时，丢弃所有受损、染病或擦伤的果实，因为它们会很快感染腐烂，然后在储藏时迅速传播给临近的果实。

柔软水果必须在完全干燥的条件下采摘下来，否则会腐烂，除非立即使用它们。对于草莓、树莓、黑莓和杂交莓，建议至少每隔一天定期采摘。

在采摘时不要损伤果树——例如不要猛地将果实拽下来。某些类型的水果（如樱桃、葡萄和芒果）应该从果树上剪下，以免造成意外损伤。

储藏

保存水果的方法有很多，包括冷藏、冷冻和腌渍等，具体采用的方法取决于水果的类型。某些水果，特别是酸度和甜度很高的苹果、杏和无花果等可以在49~60℃下干燥处理，但很难在家进行这一过程。

在进行储藏准备时，小心操作以免擦伤果实。将不同品种的水果储存在单独容器中，不要沾染水果的残渣和香味。

冷藏

苹果和梨可以保存数周甚至几个月，只要提供合适的条件——持续凉爽、黑暗以及轻度潮湿。其他各种水果如柠檬也可以用这种方式储藏，不过它们的储藏期通常没有这么久，而大部分坚果可以储存数月之久。柔软水果不能以这种方式储藏。不同水果所需要的温度和湿度不同，但大多数水果都应该储藏在板条托盘和箱子中，以允许空气自由流通。不过，某些苹果和梨的品种容易萎缩，因此最好储藏在透明塑料袋里。定期检查没有包装的水果，清除任何呈现病害或腐烂迹象的果实。

冰冻

这种方法适合除了草莓之外的大部分柔软水果，以及许多乔木水果。小型水果如树莓一般整个冰冻，而大型水果如苹果最好提前切碎或削片，保证冻透均匀。去掉任何果梗，然后冰冻铺在托盘上的全果。它们一旦冻起来——二至四小时后，将水果转移到塑料盒子或塑料袋中，尽可能多地排出空气，然后继续保持冰冻直到需要时。草莓以及某些果肉柔软的乔木水果如李子在冰冻前常常先制成泥。

腌制和瓶装

所有柔软水果以及众多乔木水果如杏和布拉斯李子可以制成蜜饯或果酱。在大多数情况下使用整个果实，而某些水果如葡萄和黑莓最好压碎过滤后，只将果汁用来制作蜜饯果冻。

柑橘类水果、凤梨以及大多数核果如樱桃可以瓶装在含酒精（如朗姆酒或白兰地）的糖浆中。柑橘类的果皮还可以糖渍或干燥后用于烘焙。

冰冻柔软水果

将柔软水果如树莓摊开在托盘上，不让它们互相接触，然后冰冻。一旦冻上，就可以包装到合适的容器中并保存在冰箱里，直到需要使用时取出。

储藏苹果

1 将每个果实包裹在防油纸中以防止腐烂并保持其良好状态。

2 小心地将防油纸围绕果实折叠起来，轻轻手持避免擦伤。

3 折叠一端朝下，将每个包裹起来的果实放在木质板条箱或其他通风良好的容器中，并存放在凉爽处。

另一种方法

将容易迅速萎缩的水果品种储存在塑料袋中。先在袋子上做几个孔，然后将不多于3公斤的水果放进去。疏松地封口。

可以良好冰冻的水果

苹果 P
杏 P
黑莓和所有杂交莓 SK
黑醋栗 SK
蓝莓 SK
酸樱桃 SK
甜樱桃 SK
布拉斯李子 SK（有或无核）
青李 SK
油桃 P
桃 P
李子 SK
树莓 SK
红醋栗 SK
白醋栗 SK

注释：

P　去除果核，如果需要的话切成片并削皮

SK　去除果梗（在可操作的情况下去除果核）

繁殖

乔木果树（除了无花果）一般都嫁接繁殖，无花果、藤本果树以及许多柔软水果一般扦插繁殖，不过如果有根瘤蚜（见461页）问题的话，对葡萄应该嫁接。某些果树会产生横走茎、压条或萌蘖条，它们都可以用来产生新的植株。几种热带水果和某些坚果可以用种子繁殖，但耐寒

水果很少能真实遗传。

芽接

嵌芽接和T字形芽接都可以用来繁殖乔木果树。它们是很经济的繁殖方法，一个芽就能得到一株新的果树。嫁接应该在仲夏进行，使用茎至少1厘米粗的成型植

株作为砧木。从接穗植物当季成熟枝条（芽枝）上切下芽，然后嫁接到砧木的切口上。

使用嵌芽接法繁殖

选择健康芽条并小心地切下一个芽（芽条），注意不要损伤形成层。从砧木上剥掉一小块树

皮，然后将芽放在砧木暴露的木质部上，使二者的形成层紧密接触。将芽条结实地捆绑在砧木上以固定位置。当芽和砧木结合后，芽会开始膨胀，此时可将捆绑撤除。第二年冬天，将砧木截短至嫁接后的芽上端，促进芽在春天长成健壮的枝条。

嵌芽接

1 选择当季成熟健壮枝条作为芽枝。枝条应该大约铅笔粗细，并有发育良好的芽。

2 手持芽条，使用干净锋利的小刀将柔软的茎尖切除并去除所有叶片，得到一段光滑的茎干。

3 在切芽条时，首先在芽下端大约2厘米处切入芽条。以45°倾斜向下切至约5毫米深。

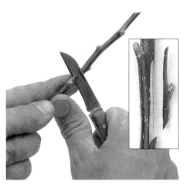

4 在第一个切口上方大约4厘米处做第二个切口，从芽后面向下方的第一个切口切割，注意不要损伤芽子。

5 手持芽子移下芽条，保持形成层的洁净。将芽条放入干净塑料袋中以防止其脱水。

6 在准备砧木时，跨立在植株上，使用锋利的小刀去除茎干基部30厘米之内所有侧枝和叶片。

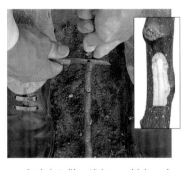

7 在砧木上做一浅切口。削去一小块树皮以露出形成层（见插图），在切口基部留下一个"唇"片。不要触碰暴露在外的木质部。

砧木上就位的芽条

8 将芽条放在准备好的树皮唇片上，使芽条和砧木的形成层互相匹配且接触。

9 使用塑料带将芽条绑在砧木上。数周后，当压条与砧木愈合后，小心地将塑料带拆除。

10 接下来的冬末，剪去砧木的顶端部分。使用修枝剪在嫁接芽的上端做一干净直切口。

11 在夏天，嫁接芽会长成枝条。这样的果树处于一年生鞭状苗阶段（见424~425页，"选择果树"）。

使用T字形芽接法繁殖

使用这种方法时，砧木和接穗芽的准备方式与嵌芽接法相似，只是在砧木上做出两个切口形成一个T字除外。这会让砧木的树皮轻轻翘起，使接穗芽可以塞入树皮后面。切下接穗芽时带叶柄可以使操作更容易，在将芽绑到砧木上之前将叶柄切除。砧木应该在下一个冬天截短。

要想成功地使用这种方法，必须轻轻地撬起砧木的树皮。在干旱气候中，需要给砧木浇水两周才能进行T字形芽接。

舌接

这是一种乔木果树的常用嫁接方法。它可以作为芽接的替代方法，但一般用于梨果果树比用于核果果树更成功。使用完全成型的砧木，砧木应该是嫁接前的上一年冬天或最好是头两个冬天种植的。

接穗材料应该有至少三个芽并且在仲冬从上一季的健康枝条上采取。在嫁接前进行假植。在冬末或早春，将砧木顶端剪掉并去除所有侧枝。用斜切口从剩余茎干的顶端削去一小块树皮，在暴露的形成层中继续切一浅切口，形成舌片。

将接穗修剪成有三或四个芽的茎段，然后用斜切口削去一个芽附近的对侧树皮。继续做一浅切口以匹配砧木上的切口，然后小心地将得到的舌片搭在砧木的舌片上。确保砧木和接穗的形成层紧密接触，然后将嫁接处绑好。当嫁接结合处周围形成愈伤组织以后，小心地将绑带撤除。

▌T字形芽接

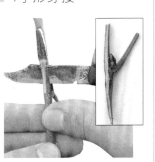

1 选择上一季长出的成熟枝条作为插穗，并去除上面的叶子。从下面切割将芽削下。

2 在距地面大约22厘米处的砧木茎干上做T字形切口，然后将树皮撬开。

3 将芽放置在两片树皮后面，在砧木上平切，截去上端部分。像嵌芽接法一样绑扎。

▌舌接

1 在仲冬，从接穗果树上剪下健康的苗壮硬木枝条。在芽上端斜切，将其切成大约22厘米长的茎段。

2 五或六枝接穗成为一束。选择排水良好的背风处并将它们假植以保持休眠期的湿润，在土壤表面露出5~8厘米。

3 在冬末或早春芽即将萌动之前准备砧木。从地面向上大约20~25厘米处将每棵砧木的顶端剪去。

4 用锋利的小刀切掉砧木的所有侧枝，然后在砧木一侧向上斜切出3.5厘米长的切口以接受接穗。

5 在暴露的形成层向下大约三分之一处做1厘米深的切口，形成一个可以插入接穗的舌片（见插图）。

6 挖出接穗，切除茎尖的柔软部分，然后修剪至剩下3或4个芽。对于每根接穗，切掉距离基部5厘米处芽子背后的一块树皮。

7 不要用手接触切面，对形成层进行切割（见插图）以匹配砧木的舌片。

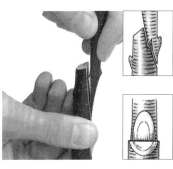

8 将接穗放入砧木上的舌片（上插图）。使用拱形形成层作为标记（下插图）来确保暴露的表面互相紧贴。

9 用透明塑料带将砧木和接穗绑在一起。当切面开始愈合时，小心地从下面切开，将塑料带撤除。

到春天，接穗上的芽会开始生长。选择长出的最好枝条（其他掐掉）形成一年生鞭状苗（见424～425页，"选择果树"）。

扦插

硬枝插条、嫩枝插条和叶芽插条可以用来繁殖特定的水果。应该从定期结果的母株上采取扦插材料。

硬枝插条

无花果、葡萄、醋栗（白醋栗、红醋栗和黑醋栗）以及鹅莓树可以用硬枝插条繁殖，一般在秋天采取插条。

选择当季成熟枝条，然后切去叶片和柔软尖端。去除部分或大部分芽（取决于要繁殖的水果种类），然后剪去尖端和基部。插条的确切准备措施和长度相差很小，相关细节写在各水果条目下。

如果土壤得到了良好的耕作

并且不太黏重的话，可以将插条露地扦插在窄沟里。如果土壤黏重，则将插条扦插在装满湿润砂质基质的花盆中。在一两年后，应该可以移栽插条。

嫩枝插条

番石榴、石榴、熟番茄以及蓝莓树都使用嫩枝插条繁殖（在气候温暖到足以让枝条充分成熟的地方，蓝莓也可以用硬枝插条繁殖）。在仲夏采取插条并将它们扦插在装满扦插基质的花盆中（见478页）。为年幼植株炼苗，然后将它们移植到永久性种植处。

叶芽插条

可以使用叶芽插条快速繁殖黑莓和杂交莓（见472页）。在夏末采取插条，剪下短茎段，每段带有一个芽和一片叶，将它们扦插在基质中，芽子正好露在表面。一旦生根，就可以将插条换盆或露地移栽。

走茎、压条和萌蘖条

某些果树会长出走茎、压条或萌蘖条，当它们连接在母株上时，就开始在茎节处自然生根。可以利用这一过程来繁殖果苗。

走茎

草莓苗（但不是所有野草莓）会产生匍匐水平枝条，又称为横走茎，它们会在接触地面时生根，可用其来进行繁殖。当走茎产生后，将它们均匀伸展开。等待它们生根，然后挖起并分离它们（见470页）。

压条

黑莓和杂种莓苗可以使用压条繁殖，不过某些杂种的生根速度很慢。小心地将枝条尖端钉入土壤或装满湿润基质的花盆中，可以诱导其生根（见471页，"茎尖插条"）。一年之后，当茎尖已经生根并开始新的生长时，可将其从母株上分离，并移栽到永久性种植处。

萌蘖条

成型的茎生果树（如树莓）产生萌蘖条，它们一般会被锄掉。如果被保留的话，可以在秋天植物处于休眠期但土壤仍然温暖时将生根萌蘖条挖出并分离。将生根萌蘖条直接移栽到永久种植位置上（见474页，"用萌蘖条繁殖"）。无花果、欧洲榛和大榛还会长出萌蘖条，如果它们有良好的根系，可使用铁锹将它们分离下来并以同样的方式重新种植。

种子

播种是许多热带水果的常用繁殖方式，如鳄梨（见486页）、番石榴和番木瓜。

野草莓是少数可以用种子繁殖的耐寒水果之一（见470页）。欧洲榛、大榛和核桃以及甜栗也可以用种子繁殖且能取得不错的成功率，不过某些专为果实品质而培育的品种需要用营养繁殖（关于详细信息，见78页，"用种子繁殖乔木"）。

硬枝插条

1 挖一条15厘米深的窄沟。如果土壤中黏土含量很高，则在沟底部撒一些沙子以改善排水。

2 选择一根上一季长出的成熟枝条（这里是无花果树）。剪下至少30厘米长的枝条，剪至与主枝平齐。

3 剪下每根插条上的所有叶片和尖端的柔软部分，然后将它们剪至23厘米长在顶芽上端做一斜切口，基部做直切口。

4 将插条插入准备好的沟中，间距保持为10～15厘米，并将茎的三分之二长度埋入土中。紧实土壤然后做标签。

5 插条生根会需要数月的时间。在生长季末期，它们应该已经长出了苗壮的新枝叶。

6 秋天叶落后，小心地将生根插条挖出，将根系包裹在塑料布中以防止它们脱水。将插条移栽到它们的固定种植地点让其继续生长。

乔木水果

这一类群的水果是水果园中最大的一类。主要可以分成两种类型：果核坚韧致密并包含种子的"梨果"，如苹果和梨；有坚硬如石头般果核的"核果"，如樱桃和杏。这个类群还有一些水果并不属于以上两个类中的任何一类，如无花果、桑葚和柿子。

栽培乔木果树是一项长期工程，需要仔细规划。果树的大小、形状或样式都是重要的考虑因素。如果任其自然生长，许多果树会长得非常大，无法生长在一般大小的花园中。不过目前已经发展出了生长在低矮砧木上的较小整枝样式，乔木果树还可以整枝并修剪成扇形式、树墙式或壁篱式并平整地贴着墙或栅栏生长，这让它们可以种植在最小的空间内。

另一个要考虑的因素是需要

梨

苹果

苹果

楹梓

的果树数量。许多乔木果树是自交不育的，因此要结果的话需要同种水果的至少一个不同品种来传粉。如果存在别的授粉者，即使是自交可育的乔木果树，其产量也会大幅提高。

某些乔木果树如无花果喜爱漫长而炎热的生长期，很难栽培。在较冷凉的气候区，可将它们种植在保护设施中，这可以改善结果的大小和风味。

一旦选择并种下果树，重要的就是使用正确的修剪方法。良好的修剪不但可以构建强壮的分枝框架，还能促进并保持多年高产。

苹果

苹果树是栽培最广泛的耐寒果树，甜点和烹调用品种都提供了丰富多样的味道和口感。果树的大小也有差异——使用低矮砧木和"什锦"树（见420页）可以在小型花园内的一棵树上嫁接许多不同的品种。苹果树可以轻松地整枝成几乎所有形状。壁篱式、树墙式和扇形式都很适合贴墙和栅栏生长。芭蕾舞女树（Ballerina trees）是低矮的单干式苹果树，其株型紧凑，有许多结果短枝。如今有几种品种都可以整枝成这种形式。

在众多可选品种中，果实的成熟期能从仲夏一直延续到冬末。在合适的条件下，果实可以储藏到第二年仲春。苹果树有能够适应大部分气候的品种和砧木，包括一些能忍耐冬季极端低温的。苹果树必须经历7℃之下低温至少900小时后才能开花，即所谓的需冷量。苹果树无法在亚热带和热带地区种植。

选址和种植

在种植时，确保每棵树都有充足的生长发育空间。为你的花园选择大小（很大程度上是由砧木决定的）最合适的果树。在大多数情况下，需要不止一棵苹果树来互相传粉。

位置

阳光充足的背风处对于持续高产非常重要。用于整枝果树的墙壁最好在全日照下。对于荫蔽区域以及夏季短暂且气温较低的地区，选择早熟品种。在春霜易发地区，选择晚花品种以免花被冻伤。

如果土地准备充分（见424页），苹果可以在大多数排水良好的土壤中生长。不过，砧木越矮，土壤应该越肥沃。

砧木

砧木的选择取决于所需果树大小以及土壤类型。苹果树的砧木以"M"或"MM"作为前缀，分别代表"Malling"和"Malling Merton"，这是两个培育砧木的研究站。砧木的种类极其广泛，从非常低矮的'M27'到极其健壮的'M25'。供一般水果园之用，'M9'推荐用

于低矮果树，'M26'用于稍大果树，而'MM106'用于中型果树（见436页，种植间距）。生长在'M27'砧木上的果树可以在嫁接后三年内结果，但需要良好的生长条件才能维持高产量。在土壤贫瘠的地方，使用更苗壮的品种加以弥补，例如对低矮果树，使用'MM106'代替'M9'或'M26'。所选品种的生活力也决定了成年果树的大小。三倍体品种比二倍体品种长得更大（见下文）。对于三倍体品种要使用更低矮的砧木才能得到与二倍体品种大小相似的果树。

授粉

苹果树不能稳定持续地自交结实。二倍体品种必须种植在与第二种相配合的品种附近；三倍体苹果树无法为其他品种传粉，其附近需要有两个相配合品种才能授粉结

果。根据花期可将品种分成不同的开花类群。来自同一类群的品种可以互相交叉传粉，如果花期重叠，前后连续类群的品种也可以（又见436页，"推荐种植的甜点用苹果"，以及437页，"推荐种植的烹调用苹果"）。某些品种之间是不配合的，在436页和437页上列出的品种中，'考克斯的橙色苹果'（'Cox's Orange Pippin'）无法为'基德尔的橙红'（'Kidd's Orange Red'）或'淡棕'（'Suntan'）传粉，反之亦然。如果对授粉配合性有疑问的话，向果树苗圃寻求建议。

种植

裸根果树最好在休眠期种植，且最好在秋天土壤仍然温暖时种植，也可以在冬末之前种植（除非土壤冰冻），但在春天要保持湿润，使它们能很好地恢复成型。盆栽果树可以在任何时间种植，除非地面冰冻或非常潮湿。在种植前浇水使根系湿润。使用土壤标记作为指导，将每棵树按照原来的种植深度种下（又见425页，"种植乔木果树"）。

如果果树需要整枝，则在种植前安装支撑结构和铁丝（见各

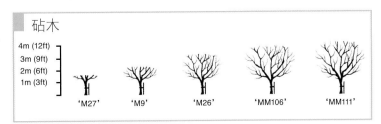

4m (12ft)
3m (9ft)
2m (6ft)
1m (3ft)

'M27'   'M9'   'M26'   'MM106'   'MM111'

园艺百科全书（典藏版）

推荐种植的甜点用苹果

早熟品种
'发现' 'Discovery' Fg3, Rs, Tb
'美食家' 'Epicure' Fg3, Sb
'乔治凯夫' 'George Cave' Fg2, Sb
'凯蒂' 'Katy' Fg3, Sb
'美味' 'Scrumptious' Fg3, Tb
'泰德曼的早伍斯特' 'Tydeman's Early
Worcester' Fg3, Tb

中熟品种
'阿尔克墨涅' 'Alkmene' Fg2, Sb
'查尔斯·罗斯' 'Charles Ross' Fg3, Sb
'考克斯的橙色苹果' 'Cox's Orange
Pippin' Cs, Fg3, Sb, Ss
'德尔巴埃斯蒂瓦莱' 'Delbarestivale' B,
Fg2, Sb, Ss
'艾格蒙特赤褐' 'Egremont Russet' Bp,
Fg2, Sb
'埃里森橙色' 'Ellison's Orange' Cs,
Fg4, Rs, Sb
'运气' 'Fortune' B, Cs, Fg3, Rs, Sb
'绿袖子' 'Greensleeves' Fg3, Sb
'詹姆斯·格里夫' 'James Grieve' Cs,
Fg3, Sb, Ss
'杰斯特' 'Jester' Fg4, Sb
'餐后甜点之王' 'King of the Pippins'
Fg5, Sb
'石灰光' 'Limelight' Fg3, Sb
'拉姆伯尼劬丽' 'Lord Lambourne' Fg2, Tb
'母亲' 'Mother' Fg5, Sb
'里布斯敦点心' 'Ribston Pippin' Fg2,
Sb, Ss, T
'圣埃蒙德甜点' 'St Edmund's Pippin'
Fg2, Tb
'斯巴达人' 'Spartan' Cs, Fg3, Sb
'落日' 'Sunset' Fg3, Sb
'伍斯特红苹果' 'Worcester Pearmain'
Fg3, Ss, Tb

晚熟品种
'阿什米德之核' 'Ashmead's Kernel'
Bp, Fg4, Tb
'康沃尔紫罗兰' 'Cornish Gillyflower'
Fg4, Tb
'达西香料' 'D'Arcy Spice' Fg4, Sb
'福斯塔夫' 'Falstaff' Fg3, Sb
'嘉年华' 'Fiesta' Fg3, Sb
'乔纳金' 'Jonagold' Fg4, Sb, T, Vg
'朱庇特' 'Jupiter' Fg3, Sb, T, Vg
'基德尔的橙红' 'Kidd's Orange Red'
Fg3, Sb
'奥尔良香蕉苹果' 'Orleans Reinette'
Fg4, Sb, Ss
'小妖精' 'Pixie' Fg4, Sb
'迷迭香粗皮苹果' 'Rosemary Russet'
Fg3, Sb
'斯特姆甜点' 'Sturmer Pippin' Fg3, Sb
'淡棕' 'Suntan' Bp, Fg5, Sb, T, Vg
'黄玉' 'Topaz' Fg3, Tb
'温斯顿' 'Winston' Fg4, Sb
'冬宝石' 'Winter Gem' Fg4, Sb, Vg

注释
B 大小年
Bp 易感染苦痘病
Cs 易感染溃疡病
Fg 开花类群（数字代表花期）
Rs 对疮痂病有一定耐性
Sb 短枝挂果品种
Ss 易感染疮痂病
T 三倍体（不适合作为传粉品种）
Tb 枝条顶端或部分枝条顶端结实
Vg 生长势健壮

类型整枝样式下）。对于未整枝果树，在种植时立桩支撑很重要，而且低矮砧木果树的立桩应该是永久性的。

种植间距取决于果树的整枝方式以及所选砧木和品种的生长势。

日常养护

建立日常养护计划，确保果树保持健康并良好结果。按照需要进行周期性的施肥和护根。为得到令人满意的结果状况，需要每年进行修剪和疏果。定期检查果树有无病虫害迹象以及有无立桩和绑结造成的摩擦损伤。

疏花和大小年现象

某些苹果品种如'拉克斯顿'（'Laxton's Superb'）容易在交替年份出现高产量和花朵极少或没有的现象。这种现象称为大小年。

疏花可以在很大程度上纠正这一现象。需要将十簇花中的九簇摘除，完整保留每簇花周围的莲座状新叶。然后果树就会得到中等而不是很高的产量，从而将部分能量用于第二年花蕾的产生，否则第二年的产量就会很低。在大型果树上很难为整棵树疏花，可以通过为部分树枝疏花来纠正大小年现象。

如果本来正常结果的果树突然开始大小年现象，这可能是因为冻害造成花朵损失，从而影响了结果，这又会导致果树在第二年过量结果。于是果树在第三年没有充足资源发育出足够果芽，大小年模式就这样启动了。病虫害感染在某一年份造成的产量降低也会产生相似的效果。

疏果

当果树已经大量结果后，为改善果实的大小、品质和风味，进行疏果是非常重要的，并且这能防止树枝断裂。在幼年果树上，过重的结果会分走果树的资源，滞缓新芽的生长。在果实幼小时进行一定疏果是有用的，不过应该在初夏进行主要的工作，这时品质不好的果实已经自然脱落了。

使用剪刀去掉每个果簇中央

种植间距

果树样式	砧木	株距	行距
灌木式	'M27'	1.2~2米	2米
	'M9'	2.5~3米	3米
	'M26'	3~4.25米	5米
	'MM106'	3.5~5.5米	5.5米
半标准苗式	'MM111'	7.5~9米	7.5~9米
标准苗式	'MM111'，'M25'（或海棠幼苗）	7.5~10.5米	7.5~10.5米
纺锤灌木式	'M9'或'M26'（三倍体品种使用'M27'）	2~2.2米	2.5~3米
	'MM106'	2~2.2米	4米
壁篱式	与灌木式相同	75厘米	2米
扇形式/树墙式	'M9'	3米	
	'MM106'	4.25米	
	'MM111'	5.5米	
	'M27'	1.2米	2米
	'M9'或'M26'	1.5米	2~2.2米
	'MM106'	2米	2.2米

的果实（它有时会畸形），然后剪掉任何受损的果实。在大约仲夏时，再次疏减果簇，使每簇只保留一个果实。甜点用品种的果实应该保持10~15厘米的间距，而烹调用品种的果实间距应为15~22厘米，确切的间距取决于具体品种以及需要的果实大小。

施肥、浇水和护根

在持续炎热干燥天气中为果树浇水，每年施肥，并在必要时覆盖护根（见426页，"乔木果树的养护"）。如果生长不良，在春天以35克每平方米的密度施加硫酸铵。

立桩和绑结

定期检查立桩和绑结，确保它们不与树皮发生摩擦并且绑结有效，必要时进行调整。在低矮砧木如'M9'和'M26'上生长的果树很少长出主根，因此需要永久性立桩提供支撑。

病虫害

可能造成麻烦的常见虫害包括鸟类（655页）、黄蜂（673页）、苹果小卷蛾（658页）和蚜虫类（654页）。能对苹果树造成影响的常见病害包括疮痂病（669页）、白粉病（667页）、褐腐病（656页）、苦痘病（见656页，"缺钙症"）以及丛赤壳属真菌（*Nectria*）溃疡病（664页）。

疏果

1 如果果树结果太多，疏果是必不可少的。在果树自然掉落品质不佳的果实后，如果挂果量仍然太大，还需要进一步疏减剩余的果实。

2 尽量去除小果实（特别是畸形的和非常小的），使每簇果实只保留一个，并且间距为10~15厘米。

修剪和整枝技术

苹果树主要在两年及更老枝条以及老枝长出的短枝上开花结果。二年龄枝条既有较大的花果芽，又有较小带尖的生长芽。花果芽会产生成簇花朵然后结果，而生长芽会在第二年形成花果芽，或者发育成侧枝或开花短枝。一年龄枝条也长有花果芽，但它们的开花时间比老枝上的晚。枝条顶端结果品种产生的短枝少得多（见下）。

一旦分枝框架成型，整枝苹果树需要修剪（主要是在夏季）才能维持预定形状、抑制营养生长并刺激花果芽的产生。未整枝果树需要在冬天进行适量修剪，刺激第二年果实的生长并维持开展而匀称的分枝结构，保证产量和果实的优良品质。

树枝顶端挂果和短枝挂果品种

品种的挂果方式有所不同。

花果芽和生长芽

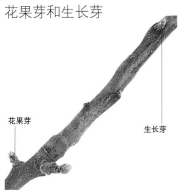

较大的花果芽生长在二年龄及更老枝上。较小的芽是生长芽，主要生长在一年龄枝条上。

芽下和芽上切皮

芽下切皮
为减缓芽的生长，在芽下端的树皮上切伤至形成层。

芽上切皮
为促进芽的生长，用小刀穿透芽上方的树皮至形成层。

树枝顶端挂果品种主要在枝条顶端或顶端附近结果，而短枝挂果品种则在沿枝条分布的一系列短枝上结果。

顶端挂果品种无法轻松地整枝成壁篱式、树墙式、扇形式或金字塔式，因为每根枝条都有裸露无生产力的部分，制约果树的产量。它们最好种植成标准苗式、半标准苗式或灌木式，它们一旦成型，就只需要进行更新修剪了（见438页）。

芽下和芽上切皮

有时必须对整枝果树分枝框架的平衡进行纠正，这可以通过芽下和芽上切皮来实现，前者能减缓某特定芽的生长，而后者会促进其生长。芽上切皮还可以用来促进光滑茎段上产生侧枝。芽下和芽上切皮在春天树液开始流动时最有效。用锋利的小刀在芽子下端切出凹痕抑制其生长；在芽子上端刻痕，以增加其生长势并促进新的生长。

环剥树皮

对于长势过于茂盛而结果状况不令人满意的苹果树和梨树（不能用在核果果树上），可以将环剥树皮作为抑制营养生长的最后手段，并促进坐果。在晚春，将树干1米高处的树皮环剥掉狭窄的一条，剥至形成层。这会减少向根系流动的营养和激素，使它们集中在果树的上半部分。

环剥树皮必须小心进行，否则果树会死亡。首先量出树皮条的宽度，小树只能有3毫米宽，非常大的果树可以有1厘米，然后用小刀切割树皮。切透树皮和形成层，然后将环状树皮剥下。立即使用数层防水黏性胶带密封伤口，必须覆盖伤口但不能接触形成层。伤口会在秋天前愈合，到时即可去除胶带。第二年，果树

环剥树皮

1 将胶带粘在树干上作为标记进行两次平行切割。树皮环应为3毫米至1厘米宽，具体取决于果树的年龄和大小。

2 平行切口应该穿透树皮和形成层。用小刀刀背小心地除去环状树皮。

3 使用防水胶带密封伤口，使其覆盖伤口但不要接触形成层。伤口愈合后将胶带除去。

会产生更多花，因而产量会大幅提高。

冬季修剪

冬季修剪主要有三种方法，这三种方法都可以刺激新的生长。短枝修剪和疏减只能在产生大量短枝的品种上进行，不能用于树枝顶端结果品种。更新修剪适合纺锤灌木式果树以及所有树枝顶端结果品种，还适合长势苗壮的品种，如果对这些品种进行重剪会过度刺激它们生长。管控修剪适合自然生长势非常苗壮的品种，特别是三倍体品种如'布莱曼利幼苗'（'Bramley's Seedling'）、'布伦海姆之橙'（'Blenheim Orange'）和'乔纳金'（'Jonagold'）。

每年的修剪程度和方式都有可能不同，取决于生长程度、果实数量以及果树的年龄。

短枝修剪需要将分枝领导枝和年幼侧枝剪短，促进次级侧枝和结果短枝的生长。修剪程度取决于果树的生长势——长势越强修剪越轻，因为修剪会刺激生长。

对于苗壮果树的领导枝，剪去数个芽子，对于生长较弱的果树剪短三分之一的长度，促进新的次级侧枝形成。在生长良好的果树上，将年幼侧枝截短至3或6个芽，但在较弱的果树上应该剪至3或4个芽，使短枝形成。在更健壮的果树上，长达15厘米的枝条可以留下不修剪。

随着果树变老，为防止果实变得过于拥挤，进行短枝疏减非常重要。如果不加疏减，短枝会互相纠缠并结出品质不良的果实。当短枝系统变得拥挤时，去除年老枝条以保留年幼枝条。最终可能必须锯掉整个短枝系统。

更新修剪需要每年将一部分年老结果枝条修剪至基部，以刺激新枝生长。通过剪掉所有交叉或遮挡其他分枝的苗壮枝条，保持灌木式果树中央展开且所有分枝分布均匀。剪去分枝领导枝的尖端，不剪生长苗壮的果树。

管控修剪包括剪去枝条，以及将拥挤或交叉大型分枝剪短（特别是在果树中央），以保持分枝框架的展开。去除老枝，为年幼枝条留出空间。不要修剪分枝领导枝的尖端。

夏季修剪

夏季修剪是用来将整枝果树限制在既定空间之内的。它需要在每年夏天将很大比例的新枝条除去以减缓营养生长。

在夏季凉爽、气候不稳定的温带地区，改良洛雷特系统（The Modified Lorette System）是夏季修剪的标准方法。应当在年幼枝条基部木质化之后立即进行修剪。对于从主干或主要分枝上直接长出的长度大于22厘米的新侧枝，应该剪短至侧枝基部上方的三片叶。将从短枝上长出的细侧枝以及现存侧枝剪至基部上的一片叶。随着枝条成熟，继续用这种方式修剪。为防止二级侧枝生长，保留少量较长枝条不修剪；将这些枝条牢固地绑在其

冬季修剪

短枝修剪

1 将年幼侧枝剪至当季生长的三至六个芽，具体数目取决于枝条的生长势。

2 将分枝领导枝的当季生长部分剪短四分之一至三分之一。

短枝疏减

在年老果树上，短枝系统会变得过于茂密。对它们进行疏减，去除细弱短枝以及位于分枝底侧的短枝。

更新修剪

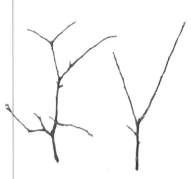

将已经结过果的老枝剪去一大部分（左）。这会促进新枝发育（右）。

管控修剪

这棵果树的枝条非常拥挤；通过去除所有交叉或摩擦的分枝来纠正这一点，然后疏减所有过于拥挤的次级侧枝和侧枝。

夏季修剪（改良洛雷特系统）

当所有新枝的基部三分之一变得木质化时修剪果树。

将主干上的侧枝修剪至基部上方的三片叶。

侧枝基部

修剪前

将所有细侧枝修剪至1片叶。

修剪后

他分枝上，使它们基本保持水平并将树液吸引下来。不要剪短它们中的任何一条直到结果。然后在仲秋将所有二级枝条剪短至一个芽。

全洛雷特系统（The Full Lorette System）应该在较温暖的气候区使用。将新侧枝修剪至大约5厘米长，在整个夏天定期重复这一过程。侧枝基部木质化后，立即将它们剪短至2厘米。在夏末以相同方式修剪所有二级枝条。

灌木式

开心形或高脚杯形状的灌木式苹果树相对容易维护，适合用于拥有大量空间的较大花园。

整形修剪

从长有充足侧枝的幼年苗木开始修剪这些侧枝会形成最初的分枝。在种植后，趁果树休眠时将领导枝修剪至距地面60～75厘米的强壮侧枝处，在它下面保留两或三根匀称侧枝。这些侧枝构成分支系统的基本框架。将它们剪短三分之二，修剪至某朝上生长的芽。去除所有其他侧枝。

如果使用的是一年生鞭状苗或没有合适侧枝的羽毛状一年生苗，应该在冬天将领导枝剪短至基部以上60～75厘米的某健壮芽子处，然后在最上面的两个芽子下方刻痕；这会抑制它们的生长并促使位置低矮的芽以更宽的角度长出枝条。将所有不需要的侧枝彻底去除。

到第二年夏末，果树应该会长出三四根强壮的健康侧枝，从而得到与修剪后的羽毛状幼苗相同的植株。

强壮的枝条应该会在下一个夏天长出。如果一条侧枝的生长速度比其他侧枝都快，将它向下绑扎到接近水平以减缓其生长。去除细弱、向内和向下生长的枝条。

在第二年冬天，选择从原来的侧枝上长出的数根匀称枝条建立分枝框架，然后将它们截短一半，修剪至向外生长的芽子处。如果有任何分枝框架不需要的枝条，将它们截短至四五个芽，然后将所有在果树中央交叉的枝条去除。随着第二个夏天的继续生长，去除任何破

坏树形平衡的健壮直立枝条。到第三个冬天，最终的分枝形状应该已经建立，拥有八至十根主分枝以及一些次级分枝。

日常修剪

灌木式苹果树一旦形成框架，就只需要进行冬季修剪（见对页）。所需要的修剪取决于果树的生长量，以及它是树枝顶端结果品种还是短枝结果品种。顶端结果品种需要更新修剪，而短枝结果品种需要短枝修剪和疏减。

标准苗式和半标准苗式

很少有花园大得足以容纳标准苗式或半标准苗式苹果树，但在有充足空间的地方，它们能成为很棒的园景树。

需要两三年的整枝和修剪才能得到半标准苗式苹果树1.2～1.3米高的裸露树干，或者标准苗式苹果树2～2.1米高的树干。种植羽毛状一年生苗或一年生鞭状苗后，将领

导枝绑在一根竹竿上，并在冬天将所有侧枝剪短至2.5厘米。在春天和夏天，定期将任何侧枝掐短或剪短至几片叶；这有助于主干的增粗。在第二年重复这一过程。

在接下来的冬天，去除大部分侧枝并将领导枝剪短至想要的高度，无论是半标准苗式还是标准苗式。如果果树还没有长到预定高度，让它再生长到第三年。切口下

应该会长出数根侧枝。选择并保留三四根匀称的侧枝以形成基本分枝框架。然后像对待开心形灌木式果树一样进行整枝（上）。

随后的修剪和灌木式苹果树一样，但生长会苗壮得多，因为果树嫁接在粗壮或极粗壮的砧木上。在成型果树上进行管控修剪，只有在果树生长不良的情况下才有必要进行重剪。

灌木式苹果树
第1年，冬季修剪

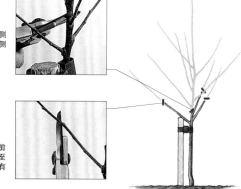

将领导枝剪短至选中侧枝，下面留二三根强壮侧枝。

将这些侧枝的每一根剪短三分之二的长度，剪至朝上的芽子处。除去所有其他侧枝。

第2年，冬季修剪

二级分枝结构不需要的次级侧枝应该剪短至四五个芽。

将分枝领导枝和分布匀称的次级侧枝剪短一半，剪至面朝外的芽。

成型灌木式果树，冬季短枝修剪

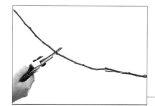

修剪细弱的分枝领导枝，保留上一生长季枝条的一半长度。强壮的分枝领导枝应该剪短四分之一或更少。非常苗壮的领导枝应该不修剪。

将永久性分枝上长出的年幼侧枝剪短至五六个芽以形成短枝。

成型灌木式果树，冬季更新修剪

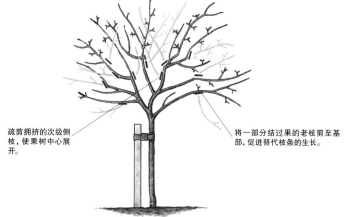

疏剪拥挤的次级侧枝，使果树中心展开。

将一部分结过果的老枝剪至基部，促进替代枝条的生长。

纺锤灌木式

纺锤灌木式苹果树被整枝成金字塔或圆锥形，高度为2.2米。一旦成型，只需要不断修剪以保持所需要的形状即可。

纺锤灌木式已经发展出了许多变型，但基本目标都是通过去除果树中央的枝条，来保证三四根最低分枝的优势的。任何在果树上长得更高的枝条都允许其结果，然后进行重剪，用新枝代替。

整形修剪

种植短枝结果品种（见436页，"推荐种植的甜点用苹果"）的健壮羽毛状一年生苗，用2米长的木桩支撑。在冬天将领导枝剪至大约1米长，或者剪至最上面的侧枝处。选择三四根距离基部60～90厘米、分布均匀的苗壮侧枝。将每根侧枝剪短一半，剪至向下伸展的健康芽处，并将所有其他侧枝除去。

如果长势强盛的话，在第一个夏末将任何直立侧枝向下绑扎，抑制其生长并促进结果。如果长势较弱，应该等到下一个夏天再向下绑扎。

使用结实的绳线向下绑扎侧枝，绳线另一头连接在地面上安装的木质或金属钩钉上。如果使用木钉，将大U字钉钉在每个木钉上，使绳线可以连接在上面。松散地绑扎每根绳线，将每根分枝向下拉至大约30°的斜角。长分枝可能需要两处拉伸。

去除任何从主干或主侧枝上向上生长的过于苗壮的枝条。不要试图向下绑扎它们，因为容易折断。将主干绑在立桩上进行垂直整枝。

在种植后的第二个冬天，将中央领导枝新长出来的部分剪短三分之一，剪至去年冬天修剪切口对面的某芽子处。这有助于保持茎干直立。确保绳线不会阻碍向下绑扎枝条的生长；一旦枝条变硬并能保持一定的水平状态，将绳线撤除。接下来的夏天，将某些垂直枝条向下绑扎，并彻底去除任何极为苗壮或距主干太近的枝条，以及破坏分枝框架平衡的枝条。

到第三个冬天，果树的较高侧枝应该已经发育并向下绑扎以形成进一步分枝。它们应该是接近水平的，这样能促进提早结果，并且在可能的情况下不应该遮挡较低分枝框架。

在第三个夏天，果树应该会第一次结果，在夏末将选中的新侧枝向下绑扎，并去除任何过于强壮的枝条。

日常修剪

从第四或第五年开始，冬季必须进行更新修剪（见438页）：将部分结过果的老枝剪短。某些枝条特别是那些较高的应该重剪至树干附近，以促进替代枝条的生长。

如果中央领导枝过于苗壮，可以将它剪短一些至较弱侧枝处，这根侧枝会成为新的中央领导枝。这样做会集中较低分枝的生活力，有助于保持金字塔形，并让更多阳光接触果实。在夏天，继续彻底切除任何过于苗壮的和强烈向上生长的枝条。

壁篱式

短枝结果的羽毛状一年生苗可以在木桩连接的或者墙壁或栅栏上安装的铁丝上整枝成斜壁篱式。树枝顶端结果品种不适合整枝成壁篱式（见437页，"树枝顶端挂果和短枝挂果品种"）。将三根水平铁丝以60厘米的间距安装；最低位置的铁丝应距离地面75厘米。铁丝应该远离支撑墙或栅栏大约10～15厘米，以允许空气自由流通，防止病虫害积累。以45°的角度将竹竿绑在铁丝上，然后沿着竹竿种植一棵羽毛状一年生苗，并用八字结将主干绑在竹竿上。

整形修剪

在种植后的冬天，将所有超过10厘米长的枝条剪短至三四个芽。对于顶端结果品种，将领导枝剪短大约三分之一，不要试图

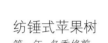

纺锤式苹果树

第一年，冬季修剪

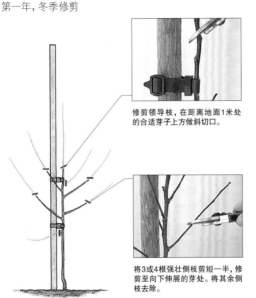

修剪领导枝，在距离地面1米处的合适芽子上方做斜切口。

将3或4根强壮侧枝剪短一半，修剪至向下伸展的芽处。将其余侧枝去除。

第一年，夏季修剪

将3或4根主要侧枝的每一根向下绑扎到地面的钉上，使分枝呈30°的斜角。

将任何朝上生长的侧枝或次级侧枝剪至基部。

第二年，夏季修剪

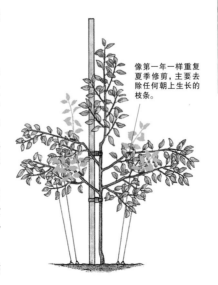

像第一年一样重复夏季修剪，主要去除任何朝上生长的枝条。

成型纺锤式果树，冬季修剪

使用长柄修枝剪或修枝剪将任何大的、年老的较高枝条剪短至1个芽。

将所有细弱没有生产力的短枝完全剪掉。

将底部4条永久性分枝上的所有次级侧枝剪去，如果它们缺乏生产力，交叉或向内生长的话。

进一步修剪壁篱式果树。

从第一个夏天开始，一旦新枝基部变得木质化就在仲夏至夏末修剪它们。所有枝条并不会同时成熟，所以修剪可能会持续几个星期。使用改良或全洛雷特系统（见438～439页，"夏季修剪"）。

日常修剪

冬季修剪对于预防枝条拥挤非常重要：疏减过度生长的短枝系统并彻底去除那些过于拥挤的短枝。如果壁篱式果树不能产生足够的匀称枝条，将领导枝剪短四分之一以促进其健壮生长。

当壁篱式果树超出顶端铁丝后，降低其生长角度以便为领导枝提供伸展空间。当它长到顶端铁丝时，在晚春将新生枝叶修剪至一片叶。或者，如果领导枝非常健壮的话，在晚春将其剪短至顶端铁丝附近的一条侧枝处。

继续以改良或全洛雷特系统进行修剪，在成型的壁篱式果树上，这主要需要将侧枝修剪至一片叶。

双重壁篱式

双重壁篱式果树通常是直立生长的。羽毛状一年生苗和一年生鞭状苗可以整成双重壁篱式。每种情况的整枝过程相似，但必须先修剪一年生鞭状苗以刺激侧枝生长，之后才能开始整枝（见右，用一年生鞭状苗整枝双重壁篱式）。或者将羽毛状一年生苗修剪至两个合适的相对侧枝处。将它们以大约30°的角度绑扎在支撑竹竿上，并剪短一半。在夏天，一旦两条年幼领导枝之间的距离达到45厘米，就将它们反转并绑扎到直立位置。

扇形式

墙或栅栏是整枝扇形苹果树的良好支撑结构。在低矮砧木上选择短枝结果品种，使它能舒适地容纳在可用空间内。顶端结果品种不适合整枝成扇形（见437页，"树枝顶端挂果和短枝挂果品种"）。从土壤表面之上38厘米处开始，以15厘米的间距安装水平铁丝。分枝框架的最初发展方法和桃树一样（见453页）。一旦成型，就可以使用洛雷

壁篱式苹果树

第一年，冬季修剪   第一年，夏季修剪

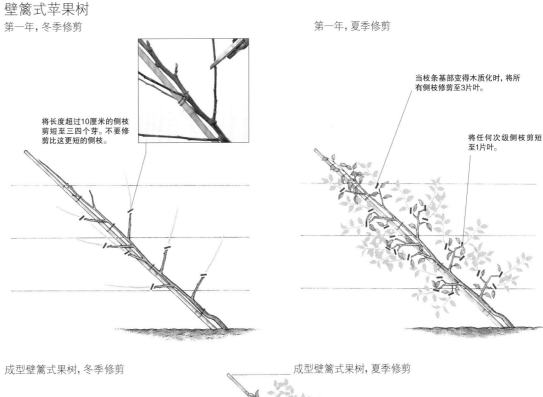

将长度超过10厘米的侧枝剪短至三四个芽。不要修剪比这更短的侧枝。

当枝条基部变得木质化时，将所有侧枝修剪至3片叶。

将任何次级侧枝剪短至1片叶。

成型壁篱式果树，冬季修剪   成型壁篱式果树，夏季修剪

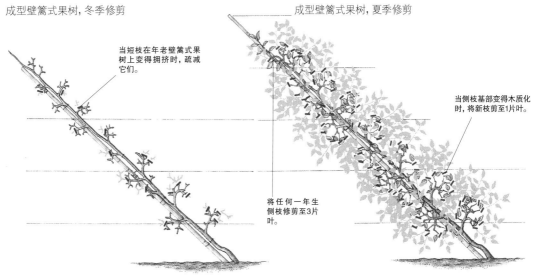

当短枝在年老壁篱式果树上变得拥挤时，疏减它们。

将任何一年生侧枝修剪至3片叶。

当侧枝基部变得木质化时，将新枝剪至1片叶。

用一年生鞭状苗整枝双重壁篱式

为将一年生鞭状苗整枝成双重壁篱式，在第一个冬天将新种植的果树修剪至距地面24厘米处，在切口下的两侧各留一个强壮的芽。在接下来的夏天，当新枝产生后，将两个最上面的枝条绑扎到45°倾斜的竹竿上，在夏末将竹竿降低至30°。当两根分枝尖端相距45厘米时，将它们绑在直立竹竿上垂直整枝。

当双重壁篱式的基本U字框架形成后，应该对两根垂直分枝进行修剪，修剪方式和单独壁篱式一样。

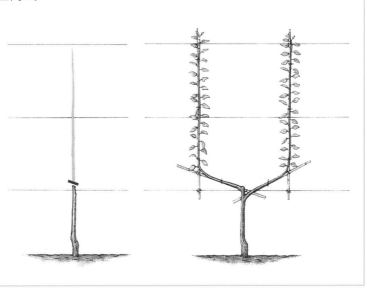

特系统进行修剪（见438～439页），每根分枝像单独壁篱一样处理。

树墙式

对于这种树形，需要将一或更多对分枝以和主干垂直的角度整枝在间隔38厘米的铁丝上。树墙式果树通常有两三层枝条，不过旺盛的果树可以有更多层。如果使用一年生鞭状苗，可以更容易地将第一层枝条整枝在需要的高度。只有短枝结果品种适合整枝成树墙式果树（见437页，"树枝顶端挂果和短枝挂果品种"）。

整形修剪

种植一棵一年生鞭状苗，将领导枝修剪至最低位置铁丝上端的某个芽处。接下来的夏天，将最上端的枝条垂直整枝，形成新的领导枝；随着它下面两个最强壮侧枝的发育，将每根侧枝绑扎到45°倾斜的竹竿上形成第一层分枝。将所有其他更低枝条剪短或掐短至2或3片叶。在第一个生长季结束时将第一层侧枝向下绑扎至水平位置。如果两根主侧枝生长不均匀，将较苗壮的侧枝向下拉伸以减缓其生长，或者升高较弱枝条以促进其生长。一旦二者恢复平衡，就将它们绑扎回水平位置（又见429页，"在竹竿上整枝"）。

接下来的冬天，将任何不是从主分枝上长出的所有侧枝彻底剪去。为得到第二层分枝，首先在第一层分枝之上38厘米处寻找两个强壮的芽，然后将中央领导枝剪短至这两个芽上面的那个芽。将第一层的每根分枝剪短三分之一，剪至朝下伸展的芽。在长势非常苗壮的地方不要修剪分枝。

每根分枝被修剪后的末端芽会产生枝条，它们应该在种植后的第二个夏天被水平整枝。按照改良洛雷特系统（见438～439页）修剪其他次级侧枝。第二对分枝会形成，它们应该以与第一对分枝相同的方式整枝。必要的话，重复这一过程以得到需要的分层数量。

树墙式苹果树

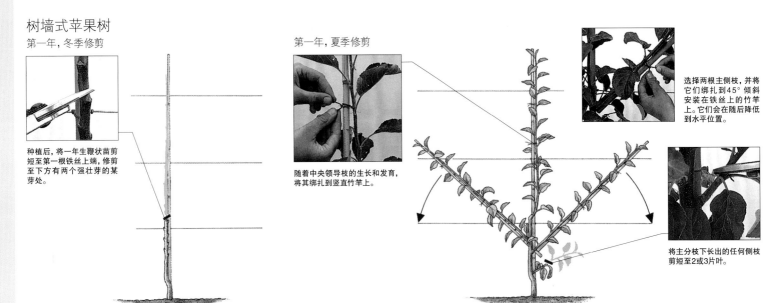

第一年, 冬季修剪

种植后，将一年生鞭状苗剪短至第一根铁丝上端，修剪至下方有两个强壮芽的某芽处。

第一年, 夏季修剪

随着中央领导枝的生长和发育，将其绑扎到竖直竹竿上。

选择两根主侧枝，并将它们绑扎到45°倾斜安装在铁丝上的竹竿上。它们会在随后降低到水平位置。

将主分枝下长出的任何侧枝剪短至2或3片叶。

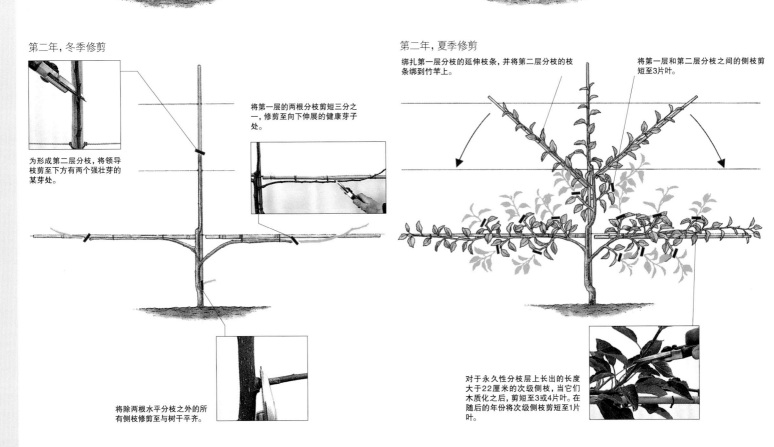

第二年, 冬季修剪

为形成第二层分枝，将领导枝剪至下方有两个强壮芽的某芽处。

将第一层的两根分枝剪短三分之一，修剪至向下伸展的健康芽子处。

将除两根水平分枝之外的所有侧枝修剪至与树干平齐。

第二年, 夏季修剪

绑扎第一层分枝的延伸枝条，并将第二层分枝的枝条绑到竹竿上。

将第一层和第二层分枝之间的侧枝剪短至3片叶。

对于永久性分枝层上长出的长度大于22厘米的次级侧枝，当它们木质化之后，剪至3或4片叶。在随后的年份将次级侧枝剪短至1片叶。

采摘

用手掌握住苹果并轻轻旋转它。如果苹果能够轻松地从枝条上脱离，就说明可以采摘了。

日常修剪

一旦最上层分枝成型，在冬天将中央领导枝剪短至这一层上端。此后，可以在夏天用全洛雷特或改良洛雷特系统对树墙式果树进行修剪（见438～439页）。

低矮金字塔式

低矮金字塔式是一种紧凑的样式，适合小型花园或容器。这种形状适合用于短枝结果品种（见437页，"树枝顶端挂果和短枝挂果品种"）。如果生长在'M27'或'M9'砧木上，它需要永久性的立桩支撑；在其他砧木上生长的品种需要四五年的立桩支撑（关于修剪，见445页，"低矮金字塔式"）。

二级枝条常常会在夏季修剪后长出。这些不必要的枝条会抑制花果芽的形成，如果造成问题的话，应该比平常延迟两至三周修剪，以帮助它们延迟生长。如果二级枝条继续出现，保留一两根枝条不修剪来吸引树液（见438页，"夏季修剪"）。

收获和储藏

早熟苹果应该在即将完全成熟前采摘，否则它们的果肉会很快变成粉状。然而晚熟品种不能太早采摘，否则果实会在储藏过程中萎缩。

将果实单个包裹在防油纸中，然后将它们保存在凉爽处的板条箱中（见431页）。从年幼或过于苗壮果树上采摘下来的果实较不耐储藏，所以应该首先使用它们。关于

收货和储藏的更多信息，见431页。

繁殖

苹果树可以在夏天用嵌芽接或T字形芽接的方法繁殖（见432页和433页），或者在早春用舌接法繁殖（见433页）。如果可能的话，使用经过认证的接穗和砧木。

嫁接移植

可以将某苹果树品种的接穗嫁接到成型苹果树或梨树上，代替原来的品种或得到一棵"什锦"树（见420页）。这样做通常是为了给附近的果树引入新的传粉者，或尝试种植新的品种；由于根系和主分枝系统已经建立，新品种应该会很快结果。

顶端嫁接

开始时，在春天将大多数主分枝截短至距离分叉处60～75厘米。保留一两根较小分枝不修剪以吸引树液，减少修剪伤口周围可能形成的新枝数量。修整分枝被锯下时产生的切口。每个分枝使用两或三个接穗，但只有最强壮的接穗才能被保留并继续生长。起初其余接穗的存在会阻止溃疡病的产生。还可以使用皮下嫁接或劈接的方法（后者很少有业余爱好者使用）。

在进行皮下嫁接时，从目标品种的上一季枝条上采取休眠接穗，然后斜切接穗顶端和基部，基部切口应该细长。将下端切口另一面上的一小块树皮削去，以防接穗插入树皮时造成伤害。当在直径大约2.5厘米的分枝上嫁接时，将两个接穗相对放置。更大的分枝可以承受三个均匀分布的接穗。在准备好的分枝上为每根插穗做一垂直切口。小心地剥开树皮并将接穗插入

切开的树皮下。将接穗绑好并用嫁接蜡密封切口。接穗的生长很迅速，必须松动绑结。

保留最健壮的接穗并去除其他接穗。选中接穗常常会长出不止一根枝条；让最好的枝条不受阻碍地生长，成为新分枝的基础。如果其他枝条比保留枝条更弱的话，将它们剪短；但如果它们的活力相同，则将其他枝条彻底去除。三四年后，新品种应该会开始有规律地结果。根据每棵树的形状继续修剪新的分枝。

框架嫁接

在这种方法中，大部分分枝框架会得到保留，许多接穗会嫁接到果树的不同部位。框架嫁接颇受商业种植者的青睐，因为它比顶端嫁接的结果速度更快。

如何进行皮下嫁接

1 在早春，将大多数主要分枝剪短至距树干60～75厘米处。保留1或2根分枝用来吸收树液。

2 在修剪后的主分枝树皮上做2.5厘米长的垂直切口。如果分枝直径为2.5厘米，做两个相对切口，如果更粗，做均匀分布的三个切口。

3 使用小刀的钝面将树皮从形成层上撬开。

4 准备带三个芽的接穗，每个接穗顶端做一斜切口，低端做一渐尖的2.5厘米细长切口。将切口一面朝内插入树皮中。

5 当2或3根接穗都插入后，使用结实的绳线或嫁接胶带将接穗绑扎结实。

6 在暴露区域使用嫁接蜡。当接穗已经与分枝愈合后，保留最健壮的接穗，将其他的去除。

梨

与苹果树相比，梨树需要更持续的温暖条件才能稳定地结果。晚熟品种在整个夏末和初秋都需要干燥温暖的环境。它们的冬季需冷量为7℃之下600～900小时。

梨树的整枝方式与苹果树相似：灌木式、低矮金字塔式、壁篱式和树墙式是最适合小型花园的。它们一般生长在榅桲树而不是梨树砧木上。一些新的砧木正在试验当中（又见420页，"什锦"树）。

推荐种植的甜点用梨品种

早熟品种

'贝丝' 'Beth' Fg4, Sb
'克拉波珍品' 'Clapp's Favourite' Fg4, Sb
'代尔巴蒂斯' Delbardice 'Delété' Fg3, Sb
'朱尔斯·盖约特博士' 'Dr Jules Guyot' Fg3, Sb
'元老杜尔考密斯' 'Doyenné d'Eté' Fg2, Sb
'早熟种黄梨' 'Jargonelle' Fg3, Rs, T, Tb
'威廉姆斯本克雷蒂安' 'Williams' Bon Chrétien' Fg3, Ig1, Sb, Ss

中熟品种

'盖朗德丽人' 'Belle Guérandaise' Fg2, Sb
'朱莉丽人' 'Belle Julie' Fg3, Sb
'伯雷耐寒' 'Beurré Hardy' Fg3, Sb
'伯雷精品' 'Beurré Superfin' Fg3, Sb
'布里斯托尔十字' 'Bristol Cross' Fg4, Sb
'博斯克葫芦' 'Calabasse Bosc' Fg4, Sb
'拉米伯爵' 'Comte de Lamy' Fg4, Sb
'协和' 'Concorde' Fg4, Sb
'联盟' 'Conference' Fg3, Sb
'科西加' 'Cosica' Fg3, Tb
戴尔巴德·古尔芒德 '美味' Delbard Gourmande 'Delsavor' Fg3, Sb
'元老杜尔考密斯' 'Doyenné du Comice' Fg4, Ig2, Sb
'丰饶' 'Fertility' Fg3, Sb
'融化的秋天' 'Fondante d'Automne' Fg3, Ig1, Sb
'泽西的路易丝女佣' 'Louise Bonne of Jersey' Fg2, Ig1, Sb
'玛丽·路易丝' 'Marie Louise' Fg4, Sb
'莫顿的骄傲' 'Merton Pride' Fg3, Sb, T
'向前' 'Onward' Fg4, Ig2, Sb

注释

B 大小年
Fg 开花类群（数字代表花期）
Ig 不配合类群（每个类群之内的梨品种无法互相授粉）
Rs 对疮痂病有一定耐性
Sb 短枝挂果品种
Ss 易感染疮痂病
T 三倍体 (不适合作为传粉品种)
Tb 枝条顶端或部分枝条顶端结实

选址和种植

梨树的花期比苹果树早，在仲春至春末开花，可能受到霜冻伤害。梨树不能完全自交结果，需要杂交授粉才能得到好的产量。

位置

梨树需要温暖、背风且阳光充足的生长环境。土壤应该能够保持水分——特别是对于那些生长在榅桲砧木上的果树，但同时应该排水良好。梨树比苹果树更能忍耐较潮湿的条件。贫瘠或砂质土壤中的果树结出的梨味道较差，而对于那些在白垩土层上的浅土壤中种植的梨树，它们可能会感染萎黄病，一种缺乏锰和铁导致的营养问题（见663页）。对于这样的场所，可以通过定期施加大量有机质护根并不时施加螯合铁和螯合锰来改善种植条件。

砧木

除了产生相对较小的果树之外，将梨嫁接在榅桲砧木上还能促进提早结果。'Quince A'相对较低矮（和苹果的'M26'砧木相似）；'Quince C'更加低矮（与苹果的'M9'砧木相似）。不过，一些品种不能与榅桲砧木很好地结合，可能需要双重嫁接（见446页）。

授粉

将两个相配合的品种种在一起以便杂交授粉。某些品种是三倍体，还有数量很少的品种是雄性不育的：对于这些品种需要在附近种植两个传粉品种。不配合的品种可以在左侧名单"推荐种植的甜点用梨树品种"和对页名单"推荐种植的烹调用梨树品种"中查询。

种植间距

果树样式	砧木	株距	行距
灌木式	'Quince C'	3.5米	5.5米
	'Quince A'	4.75米	5.5米
壁篱式	'Quince A'或'C'	75厘米	2米
树墙式	'Quince C'	3.5米	
	'Quince A'	4.75米	
扇形式	与树墙式相同	与树墙式相同	
低矮金字塔式	'Quince C'	1.2米	2米
	'Quince A'	1.5米	2米

砧木

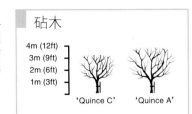

4m (12ft)
3m (9ft)
2m (6ft)
1m (3ft)

'Quince C'   'Quince A'

种植

在秋天土壤依然温暖时种植梨树，或者最晚在仲冬种植。这可以让果树在进入生长期之前成型，在温和的春天生长会开始得很早。种植间距（见下表）取决于砧木的选择以及果树的生长样式（见右，"修剪和整枝"）。

日常养护

定期维护性工作包括疏果、施肥和浇水，以及检查病虫害问题，与苹果树相似（见436页）。更多信息见426～427页。

疏果

在仲夏自然落果后，当挂果量大时将果实疏减至每个果簇一个，如果挂果量较少则疏减至每个果簇两个果实。

施肥、浇水和护根

按照需要为果树浇水和施肥（见426页）。特别重要的是为梨树提供足够的氮：在春天，以每平方米35克的标准在表层土壤施加硫酸铵以维持生长期的氮素水平。春天在新种植的果树周围覆盖护根。

病虫害

梨树可能受到鸟类（655页）、兔子（667页）、黄蜂（673页）、蚜虫（654页）、冬尺蠖蛾幼虫（673页）、火疫病（659页）、梨瘿蚊（666页）、疮痂病（649页）和褐腐病（656页）伤害。梨叶锈壁虱会在叶子上产生小包，而瘿螨（661页）会产生棕黑色的叶片斑点和发育不良的叶片。某些梨树品种特别是'联盟'（'Conference'）可能会结出单性果实。这些果实为圆柱形，会在部分受精时产生；果实会生长，但是畸形的。通过提供适合的传粉品种处理这种情况，并设置遮风保护以吸引更多传粉昆虫。

修剪和整枝

修剪需求和技术与苹果树相似，但梨树一旦开始结果就能忍耐更重的修剪。果实主要产生在二年龄及更老枝条上。在梨树上，短枝通常比苹果树上更多，在成型果树上应该对短枝进行定期疏减。极少有梨树品种是树枝顶端结果的。

像对苹果树一样进行整枝和修剪以得到壁篱式或树墙式果树。在温带地区，这两种样式都可以按照改良洛雷特系统修剪，而在更温暖的区域则使用全洛雷特系统（见438～439页，"夏季修剪"）修剪。扇形式的整枝方式和桃（见453页）一样，但一旦成型则按照扇形式苹果树的方式进行修剪（见441页）。梨树的修剪时间应该比苹果树早两或三周，枝条基部一旦成熟就开始修剪。

当过于旺盛的营养生长限制了结果时，在可能的情况下进行根系修剪（见429页），还可以将环剥树皮（见437页）作为最后的手段。

灌木式

最初的整枝和修剪和苹果树一样（见439页）。数个梨树品种（例如'元老杜考密斯'，'Doyenné du Comice'）具有直立生长习性，在修剪这些品种的分枝领导枝时，剪至朝外伸展的芽子处。作为最初整枝过程的一部分，应该在直立枝条的基部完全成熟之前将它们向下绑扎，以促进枝条以更宽角度生长。第二年之后，健壮果树的修剪程度应该轻得多。在缺乏生活力的情况下，将新侧枝剪短至5或6个芽，或者更短。

数量极少的树枝顶端挂果梨树品种（例如'早熟种黄梨'，'Jargonelle'和'约瑟芬德马丝'，'Joséphine de Malines'）需要像顶端挂果苹果树品种一样进行更新修剪（见437页）。成型的短枝挂果梨树需要在冬天进行相当程度的短枝修剪和疏减，有时还需要疏减分枝。

低矮金字塔式

将羽毛状一年生鞭状苗种下后，将其领导枝剪短至距地面50~75厘米处，然后将任何侧枝剪短至15厘米，并去除细弱或低矮侧枝。在第一个夏天，将侧枝的延伸部分以及任何新侧枝修剪至5或6片叶。这会促进它水平生长并引导提前结实。将次级侧枝剪至3片叶。接下来的冬天，将领导枝的新生部分修剪至25厘米长，剪至上一年修剪切口对面的芽子处。在以后的每一年，将领导枝修剪至交替侧面的芽子处。当领导枝长到需要的高度时，在春末修剪它，保留新长出的

低矮金字塔式梨树

第一年，冬季修剪

用斜切口将领导枝剪短至地面之上50~75厘米的芽子处。

将每根侧枝修剪至距离主干大约15厘米，向下伸展的芽子处。

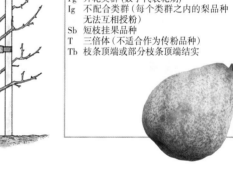

将主干上的所有低侧枝完全去除。

第一年，夏季修剪

将主要侧枝尖端的新生部分剪短至5或6片叶。

将直接从主干上长出的新侧枝修剪至5或6片叶。

将主侧枝上长出的任何次级侧枝剪短至3片叶。它们会在下一个夏天形成短枝。

第二年，冬季修剪

将领导枝上一年生长的部分剪短至大约25厘米。

第二年及日常夏季修剪

将现有侧枝上的次级侧枝或短枝修剪至基部之外的1片叶处。

将永久性分枝末端的新生部分修剪至5或6片叶。

将主分枝上长出的侧枝剪短至3片叶。

成型低矮金字塔式果树，冬季修剪

当领导枝长到需要的高度时，将其修剪至上一季生长部分的1个芽。

修剪前
这根枝条基部深色部分上的侧枝很拥挤，需要疏减。

修剪后
去除任何生产力低下或重叠的短枝。剪去多余的花果芽，每个短枝保留两或三个匀称的花果芽。

1个芽。一旦最初的框架形成，几乎所有修剪都在仲夏至夏末进行，这取决于季节和位置。重要的是在修剪之前保证它们的基部变得木质化，因此修剪工作可能持续三四周，某些枝条可能到初秋才能开始修剪。不要剪短15厘米及更短的枝条。将分枝领导枝剪短至新生长部分的6片叶处，并将任何次级侧枝剪至基部之上的一片叶。从主分枝上直接长出的任何枝条应该剪短至3片叶处。如果长出二级分枝，应该像对苹果树一样留下少量枝条（见438页，"夏季修剪"）来吸引树液。

冬季修剪的主要任务是截短中央领导枝，在后来的年份中对部分短枝进行疏减和剪短。如果短枝系统变得非常拥挤，则果树会失去活力并结出小而拥挤的果实。

收获和储藏

采摘的时间最重要，特别是对于夏末和初秋成熟的品种。如果在果树上保留太长时间，梨会变糠并在中央开始变成褐色。当果皮底色刚刚从深绿变成稍浅一些的绿色时，立即开始采摘。如果不能确定，轻轻抬起并扭动果实：如果它很容易地从树枝上

分离，则说明它几乎熟透，几天之内就会达到最好的味道。如果果柄折断，则再等待一些时日。需要进行数次采摘，因为所有果实不会同时成熟。对于晚熟品种以及那些生长在冷凉气候区的梨树，它们的果实必须留在果树上，直到它们完全成熟以达到最好的味道。

将梨储藏在凉爽条件下，把它们铺在板条箱中，不要包裹它们，否则果肉会变色。晚熟品种的果实应该在食用前处理一下：将它们在室温中保持一两天，当果柄附近的果肉在拇指轻轻按压下凹陷时食用。这时的味道应该已经发挥到了极致。

繁殖

对于大多数梨树品种，在'Quince A'或'Quince C'砧木上进行舌接、嵌芽接或T字形芽接都可以成功繁殖。可以使用嫁接移植的方法更换果树品种（见443页）。

双重嫁接梨品种

无法与榅桲砧木相容的少数梨树品种需要使用双重嫁接法繁殖：将既能配合榅桲砧木又能配合选中接穗品种的梨品种用作二者之间的"中间砧木"。'耐寒伯雷'（'Beurré Hardy'）是最常用的中间砧木品种；'威克菲尔德的代牧'（'Vicar of Winkfield'）、'皮特马斯顿公爵夫人'（'Pitmaston Duchess'）以及'阿芒利伯雷'（'Beurré d'Amanlis'）也可以用于所有需要双重嫁接的梨树品种。这些品种包括'朱尔斯·盖约特博士'（'Dr Jules Guyot'）、会议纪念（'Souvenirde Congrès'）、'玛格丽特·马里亚特'（'Marguerite Marillat'）、'威廉姆斯本克雷蒂安'（'Williams' Bon Chrétien'）、'玛丽·路易丝'（'MarieLouise'）、'帕卡姆大捷'（'Packham's Triumph'）以及'汤普逊'（'Thompson's'）。有

双重嵌芽接
将芽接穗插入第一次嫁接愈合处上方5厘米处的另一侧，使芽发育后产生的枝条长得更直。当接穗枝条长出后，切除新芽上方的中间砧木。去除中间砧木上长出的任何枝条。

两种双重嫁接的方法可供使用：双重嵌芽接和双重舌接。
双重嵌芽接需要连续两年进行嵌芽接：在第一年，将中间砧木的接穗芽接到榅桲砧木上；第二年，将选中品种的接穗芽接到中间砧木的另一侧。芽接方法和嵌芽接方法相同（见432页）。
双重舌接的原则相同。在早春使用舌接法（见433页）将中间砧木嫁接到榅桲

双重舌接
这和双重嵌芽接的方法基本相同：嫁接中间砧木一年后，将中间砧木截短，一旦树液开始流动就在上面嫁接需要的接穗；两个嫁接切口之间留出5厘米的空间；将接穗嫁接在第一个切口的另一侧。

砧木上。在冬末或早春，剪短嫁接后的中间砧木，然后将与榅桲砧木不相配的品种接穗嫁接在中间砧木上。或者，也可以在春天嫁接中间砧木之后，在夏天将接穗芽接到中间砧木上。去除中间砧木上长出的枝条，保留接穗上长出的树枝。

榅桲

榅桲树是一种主要种植在温带地区的果树。灌木式榅桲可以长到3.4~5米高，它们也可以整枝成扇形。苹果或梨形的果实处包裹着灰白色软毛。最常种植的品种是'密其'（'Meech's Prolific'）和'弗拉佳'（'Vranja'），还有一些有希望引进的新品种。榅桲树需要7℃之下100~450小时的需冷量才能开花。

选址和种植

榅桲树需要阳光相当充足的背风处。在寒冷地区，墙壁提供的保护很有好处。保水性好的微酸性土壤最好，较强的碱性通常会导致萎黄病。

'Quince A'通常用作砧木。当果树生长在本身根系上的时候，萌蘖很难控制。榅桲树一

般是自交可育的，但提供传粉品种可以改善结果水平。裸根榅桲树应该在秋天或冬天种植，如果是盆栽榅桲树的话可以全年种植，间距为4~4.5米。

日常养护

栽培需求在426页"乔木果树的养护"条目下有述。一旦成型，榅桲树就不需要多少照料。以标准密度偶尔施肥可能是必要的，特别是在贫瘠的土壤中，还需要浇水和护根。榅桲树相对容易种植，但真菌性叶斑病（660页）可能会造成麻烦。

修剪和整枝

榅桲树在短枝以及上一个夏天长出的枝条顶端上结果。可以让灌木式果树长成多干式，或者

像对灌木式苹果树一样在早期阶段进行修剪（见439页），得到开阔的匀称分枝框架。

收获和储藏

当果皮在深秋从绿色变成金色的时候采摘。将它们储藏在通风良好的黑暗凉爽处。不要包裹果实：储存在塑料袋中的榅桲会

从内部变色。由于榅桲有强烈的香味，因而应该单独储藏以防污染其他水果。它们常常用来制作蜜饯。

繁殖

夏天可以在'Quince A'砧木上进行嵌芽接（见432页），或者在秋天采取硬枝插条繁殖。

榅桲树
在年幼榅桲树周围留出一大片不长草的区域，使果树能够吸收所有营养。

欧海棠

欧海棠树是观赏性好、树形展开的乔木，其拥有金黄的秋色叶，在仲春至晚春开放粉色或粉白色大花。它们最常生长成灌木式或者半标准苗式。推荐品种有'荷兰人'（'Dutch'）、'俄罗斯大块头'（'Large Russian'）和'诺丁汉'（'Nottingham'）。欧海棠树自交可育，需冷量为7℃之下100~450小时。果实形状似苹果，果萼扁平而大。果实用于制作蜜饯。

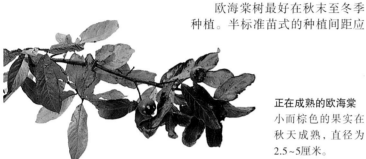

正在成熟的欧海棠
小而棕色的果实在秋天成熟，直径为2.5~5厘米。

选址和种植

阳光充足的背风处最好，不过欧海棠树也能忍耐半阴。它们可以生长在类型广泛的土壤中，除了那些白垩状或排水非常不畅的土壤。充足的水分对于获得强壮枝叶以及高产量至关重要。

想得到优质果实，果树通常嫁接在'Quince A'砧木上，不过有时候半标准苗式果树也可以使用梨的幼苗作为砧木。

欧海棠树最好在秋末至冬季种植。半标准苗式的种植间距应

为8米，灌木式为4.25米。

日常养护

栽培需求与苹果树（见436页）大致相同。欧海棠树有时会受到啃食叶片的毛虫（657页）和真菌性叶斑病（660页）的影响。

修剪和整枝

像对苹果树一样整枝成灌木式果树（见439页）。对于半标准苗式果树，初步的修剪和苹果树一样。一旦主框架形成，在冬天偶尔疏减细分枝以维持开阔的框架，去除过于拥挤、染病或死亡枝条。

收获和储藏

尽可能晚地将果实留在树上，使它们达到最佳的味道。在秋末当果柄能轻松地从树上分离时采摘，最好是在干燥的天气中。这些

欧海棠

果实在刚刚采摘下来时味道不堪食用，必须储藏后才能食用。将果柄在浓盐溶液中蘸取以防止腐烂，然后果萼朝下将果实储藏在板条托盘中，不要让果实互相接触。果肉变成棕色且柔软时食用。

繁殖

使用嵌芽接或T字形芽接（见432和433页），或者舌接法（见433页）繁殖。

李子、青李、布拉斯李子和西洋李子

各种类型的李子树都可以结出精致的果实。它们包括：欧洲李（*Prunus x domestica*的品系）；布拉斯李、米拉别里李和西洋李（*P. insititia*）；樱桃李（*P. cerasifera*）；以及中国李（*P. salicina*）。

气候冷凉的地区适合种植欧洲李、布拉斯李以及西洋李树；在春天来临较早的温暖地区，更常见的是中国李和米拉别里李树。所有种类的李子树都喜欢充足的阳光和相对较低的降雨量。樱桃李树很少为得到果实而种植，其常常用作许多其他果用李子和观赏李子树的健壮砧木。

有许多种类的品种适合种植在不同气候中，而且由于现在有了更多低矮砧木，李子树甚至可以用于小型花园。布拉斯李树常常比其他李子树更小。株型紧凑的金字塔式和低矮灌木式特别适合小型花园。为在冷凉气候中种植出最精良的李子树，在阳光充足的温暖墙壁上种植扇形整枝的果树。欧洲李和布拉斯李树的需冷量为7℃之下700~1000小时，中国李树需要500~900小时。

选址和种植

李子树需要温暖背风处才能确保花朵成功授粉。它们对授粉的要求很复杂——某些品种是自交可育的，而其他品种需要在附近种植合适的传粉者。确保种植地有充足空间可以容纳所需要的成年果树数量。

位置

所有李子树都是春花植物，中国李树的开花时间很早，樱桃李树开花更早，所以春季霜冻总是一个威胁。因此最好将它们种植在相对无霜的地点。李子树需要背风以防止果树受损并吸引授粉昆虫。

大多数土壤都适合种植，但要避免那些白垩质土和排水不畅的土壤。种在贫瘠砂质土壤上的李子树需要额外的施肥和浇水才能维持良好的生长和产量，并能改善果实的味道（见448页，"浇水、施肥和护根"）。

砧木

'小鬼'（'Pixy'，半低矮型）和'圣朱利安A'（'St Julien A'，生活力中等）最适合2.2~4米

砧木

4m (12ft)				
3m (9ft)				
2m (6ft)				
1m (3ft)	'小鬼'	'圣朱利安A'	'布朗普顿'	'檀仁B'

高的小型至中型李子树。对于高达4.25米的李子树，选择'檀仁B'（'Myrobalan B'，与某些品种不配合）或'布朗普顿'（'Brompton'，普遍通用）。'玛丽安娜'（'Marianna'）非常适合中国李树，但与某些欧洲李树不相配合。李子树容易长出萌蘖条，但现代砧木上的情况较好。

授粉

欧洲李树、布拉斯李树可能是自交可育、半自交可育和自交不育

的。幸运的是，某些非常流行的品种如'维多利亚'（'Victoria'）是自交可育的，不过在附近种植合适的传粉品种可以保证更持续的结果。自交不育品种必须和附近的传粉品种种在一起。樱桃李树是自交可育的。某些中国李树也是自交可育的，但如果种植在合适的传粉品种附近的话，会得到更好的产量。不能互相传粉的品种在448页和449页的推荐种植品种名单上有列出，并给出了具体的开花时间。在购买果树时寻求关于授粉的建议。

种植间距

果树样式	砧木	株距	行距
灌木式	'圣朱利安A'	4~5米	5.5米
半标准苗式	'布朗普顿'或'檀仁B'	5.5~7米	7米
扇形式	'圣朱利安A'	5~5.5米	
金字塔式	'圣朱利安A'或'小鬼'	2.5~4米	4~6米

推荐种植的甜点用李子和青李

早熟品种

'蓝色岩石' 'Blue Rock' Fg1, I, Psf
'早熟拉克斯顿' 'Early Laxton' Fg3, Psf
'埃达' 'Edda' Cu, Fg3, Ss
'猫眼石' 'Opal' Fg3, Sf
'圣哉胡贝图斯' 'Sanctus Hubertus' Fg3, Sf

中熟品种

'阿瓦隆' 'Avalon' Fg2, Ss
'蓝冠山雀' 'Blue Tit' Fg5, Sf
'剑桥青李' 'Cambridge Gage' Fg4, I, Psf
'阿尔萨伯爵青李' 'Count Althann's Gage' Fg3, Ss
'透亮青李' 'Early Transparent Gage' Fg4, Sf
'亚瑟王神剑' 'Excalibur' Fg3, Ss
'金翅雀' 'Goldfinch' Fg3, Psf
'帝国青李' 'Imperial Gage' Fg2, Ss
'杰斐逊' 'Jefferson' Fg1, I, Ss
'柯克' 'Kirke's' Fg4, Ss
'拉克斯顿青李' 'Laxton's Gage' Fg3, Sf
'默顿宝石' 'Merton Gem' Fg3, Psf
'安大略' 'Ontario' Fg4, Sf
'乌兰青李' 'Oullins Gage' Fg4, Sf
'真诚的赖内·克劳德' 'Reine Claude Vraie' Fg5, I, Ss
'罗亚尔·菲尔福尔德' 'Royale de Vilvoorde' Fg5, Ss
'万事通' 'Utility' Fg1, Psf
'维多利亚' 'Victoria' Cu, Fg3, Sf, Sls

晚熟品种

'安吉莉娜·伯德特' 'Angelina Burdett' Fg1, Psf
'安娜·施佩特' 'Anna Späth' Fg3, Psf
'阿里尔' 'Ariel' Fg2, Psf
'布赖恩斯顿青李' 'Bryanston Gage' Fg3, Ss
'科的金色水滴' 'Coe's Golden Drop' Fg2, Ss
'金透亮' 'Golden Transparent' Fg3, I, Sf
'晚熟穆斯卡特莱' 'Late Muscatelle' Fg3, Ss
'晚熟透亮' 'Late Transparent' Fg5, Ss
'拉克斯顿愉悦' 'Laxton's Delight' Fg3, Psf
'勇敢的赖内·克劳德' 'Reine Claude de Bavay' Fg2, Sf
'紫色赖内·克劳德' 'Reine Claude Violette', 同 'Purple Gage' Fg3, Psf
'赛文十字' 'Severn Cross' Fg3, Sf
'华盛顿' 'Washington' Fg3, Ss

注释

Cu 也可用于烹调
Fg 开花类群 (数字代表花期)
I 此类群之内的品种授粉不配合
J 中国李树
Psf 半自交可育
Sf 自交可育
Sls 易感染银叶病
Ss 自交不育

种植

种植应该在秋末或初冬尽早完成，因为其生长在春天开始得很早。所有果树最好立桩支撑两年。嫁接在'小鬼'（'Pixy'）砧木上的需要永久立桩。种植间距（见447页）取决于树形和砧木的活力。

日常养护

定期为果树施肥和浇水，并检查病虫害迹象。必要时疏果。如果春天容易发生霜冻，则使用覆盖物保护正在开花的贴墙整枝果树（见612～613页，"防风和防冻保护"）。

疏果

疏果可以得到更好的味道和更好的果实，并减少树枝因为挂果太多而断裂的危险。如果结果量很大，小果实可以在很早的时候疏减。当果核形成并且已经自然落果时，疏减剩余果实。果实较小品种的间距为5～8厘米，果实较大的品种（如'维多利亚'）间距应为8～10厘米。普通的剪刀最适合这项工作，因为它们用起来比修枝剪更方便。

施肥、浇水和护根

李子树需要大量的氮，按照426页"乔木果树的养护"下的推荐密度进行春季施肥。每年使用腐熟粪肥或堆肥护根，按照需要浇水，特别是在漫长的炎热天气中。与开阔地种植的李子树相比，贴墙或栅栏种植的李子树需要更频繁地浇水。

病虫害

李子树可能遭到兔子（667页）、黄蜂（673页）、蚜虫（654页）以及冬尺蠖蛾幼虫（673页）的侵袭。可能感染的病害包括银叶病（669页）、细菌性溃疡病（654页）以及褐腐病（656页）。任何严重感染银叶病、细菌性溃疡病或（不常见）病毒病（672页）的果树都应该挖出来并烧毁。李痘病毒是一种很严重的病毒，会导致减产，果实和叶片上会出现斑点。

所有核果果树都会出现称为"结胶"的生长失调现象。这样的果树会从树干和分枝上渗出半透明的琥珀色胶状物，而李子树还会在果实中的果核周围结胶。果树的胶是由于疾病、恶劣的土壤条件，或者强风或大量结果等造成的物理损伤所产生的压力而造成的。如果注意到结胶现象，试着找出背后的原因，并缓解相应问题。

鸟类也可能造成麻烦，如果它们啄食花果芽，必须在冬天使用细眼网罩在树上以防止它们损伤（又见655页）。

修剪和整枝

李子树在一年龄枝条的基部、二年龄枝条以及短枝上结果。一旦进行了初步整枝，它们在不受限的树形上所需的修剪比苹果树或梨树少。在冷凉气候中，必须在夏季修剪以最大限度地减少感染银叶病（669页）的可能。整枝后的果树需要日常夏季修剪才能维持它们的形状。立即除去任何受损或染病的分枝，剪至健康部分。

灌木式

在早春当芽子萌动时，开始整枝新种植的羽毛状一年生苗。

选择三四个强壮匀称的侧枝，最高的侧枝距地面大约90厘米，然后将它们剪短大约三分之

灌木式李子树

第一年，早春修剪

将三四根侧枝剪短大约三分之二至一半，剪至向外伸展的芽处。

将这些枝条下面的所有侧枝剪至与主干平齐。

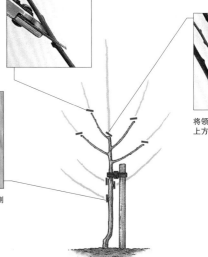

将领导枝剪至最上端侧枝上方，留下斜切口。

第二年，早春修剪

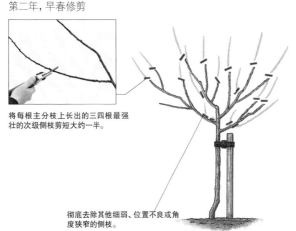

将每根主分枝上长出的三四根最强壮的次级侧枝剪短大约一半。

彻底去除其他细弱、位置不良或角度狭窄的侧枝。

结果习性

除了一年龄枝条基部之外，李子树还沿着二年龄枝条和短枝结果。

二或一半，剪至健康的向外伸展的芽子处。这些侧枝会形成基本分枝框架。然后剪掉领导枝，在最高侧枝上端做斜切口。将选中侧枝下方的多余侧枝剪至主干。

第二年早春，从去年修剪过的侧枝上寻找三四个最强壮的次级侧枝，然后将它们剪短一半。为得到平衡的框架，剪去细弱或位置不良的侧枝，并掐掉任何从主干上生长出来的枝条。

接下来，对于年幼果树，只需要在夏天剪去过于苗壮或位置尴尬的枝条。对于较老果树，在夏天疏减部分分枝以避免过于拥

挤，然后用沥青涂料密封伤口。

如果使用一年生鞭状苗，则将其剪至大约90厘米高。第二年春天，侧枝应该会长出，可以像对羽毛状一年生苗一样对其进行整枝。

半标准苗式

在羽毛状一年生苗上选择三四根匀称侧枝，将中央领导枝剪至1.3米高处最高侧枝的上端，然后将每根选中侧枝剪短三分之一至一半。去除任何较低的侧枝。接下来对次级侧枝进行修剪和整枝，形成和灌木式相同的开阔树冠。与金字塔式或灌木式李子树相比，半标准苗式李子树成年后

没有那么容易管理，因为它们的尺寸更大。

纺锤灌木式

纺锤灌木式李子树的形状与金字塔式李子树（见450页）相似，它需要稍多空间，但不需要每年进行同样的夏季修剪。其修剪和整枝措施和纺锤灌木式苹果树（见440页）相同，但要在早春芽子萌动时修剪。

将直立枝条向下绑扎，然后去除较苗壮枝条并保留不太苗壮的枝条用来结果。使用这种方法保持圆锥形状。

推荐种植的烹调用李子品种

早熟品种
'沙皇' 'Czar' Fg3, Sf, Sls
'早熟丰产里弗斯' 'Rivers's Early Prolific' Fg3, I, Psf
'珀肖尔' 'Pershore' Fg3, Sf
'圣哉胡贝图斯' 'Sanctus Hubertus' Fg3, Psf

中熟品种
'鲁汶佳人' 'Belle de Louvain' Fg5, Sf
'考克斯之王' 'Cox's Emperor' Fg3, Psf
'紫珀肖尔' 'Purple Pershore' Fg3, Sf

晚熟品种
'大深紫' 'Giant Prune' Fg4, Sf
'马乔里的幼苗' 'Marjorie's Seedling' Fg5, Sf
'沃里克郡垂枝' 'Warwickshire Drooper' Fg2, Sf

推荐种植的布拉斯李子

早熟品种
'梅里韦瑟' 'Merryweather' Fg3, Sf

中熟品种
'布兰得利之王' 'Bradley's King' Fg4, Sf
'法利' 'Farleigh' Fg4, Psf

晚熟品种
'佛哥莫里·达姆森' 'Fogmore Damson' Fg5, Psf
'深紫' 'Prune' Fg5, Sf

注释
Fg 开花类群 (数字代表花期)
I 此类群之内的品种授粉不配合
Psf 半自交可育
Sf 自交可育
Sls 易感染银叶病

成型扇形式李子树
春季修剪

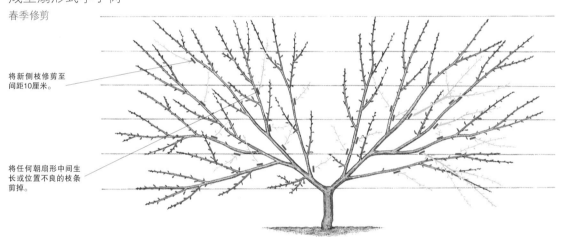

将新侧枝修剪至间距10厘米。

将任何朝扇形中间生长或位置不良的枝条剪掉。

夏季修剪

将所有需要的肋枝绑扎起来以延伸框架或代替老枝。

将永久性扇形结构不需要的侧枝剪短至5或6片叶。

将生长方向尴尬的枝条剪短至方向适合的芽处，或与肋枝平齐。

修剪后

在秋天，采摘果实后，将所有夏天剪短至5或6片叶的侧枝再次剪短至3片叶。

扇形式

按照对待扇形式桃树（见453页）的方式对扇形式李子树进行初步整枝，得到可以紧贴水平支撑铁丝整枝的主分枝或肋枝。在整枝年幼扇形树时，保留部分侧枝以填补空隙，然后将其他侧枝剪至一个芽。将任何极为茁壮或那些生长角度不佳的侧枝去除。

对于已经成型的扇形式果树，在春天或者侧枝出现后，立即除去朝墙壁或栅栏或者朝扇形中央生长的侧枝。疏减剩余侧枝，使它们相距10厘米，然后在夏天将它们截短至6片叶，如果需要它们补充扇形框架里的空隙则可不剪。果实采摘完成后，将这些枝条剪短至3片叶。

金字塔式

种植羽毛状一年生苗并用强壮的立桩提供支撑，然后在早春将中央领导枝修剪至大约1.5米高的某健康芽子处。去除任何距离地面不足45厘米的侧枝。将剩余侧枝中超过22厘米的剪短一半。当幼嫩枝条的基部在夏天变得木质化时，将主分枝的延伸部分以及新（一年生）侧枝剪短至大约20厘米；与此同时，将次级侧枝剪短至大约15厘米。为开始形成金字塔形，将主分枝和次级侧枝剪短至向下伸展的芽处，使枝条保持水平。将任何过于茁壮或向上伸展的侧枝去除。将中央领导枝绑扎在立桩上，但应该等到第二年春天再修剪它，到时将新长

出的部分剪短三分之二。一旦果树在'小鬼'砧木上长到2米高或者在'圣朱利安A'上长到2.5米高，将领导枝剪短。然而这一步骤应该推迟到春末进行，因为这样会减少随后的生长；将其剪短至距离老干2.5厘米的芽子处。像之前描述的那样继续进行夏季修剪，将分枝领导枝修剪至向下伸展的芽处，并去除任何过于茁壮的直立枝条，特别是那些位于果树上端部分的枝条，以维持金字塔的形状。

在成年金字塔式果树上，会发生过于拥挤的情况。在夏天，剪去任何位置不佳的老枝。通过抑制任何粗壮的上端分枝来维持金字塔的形状。

收获和储藏

为了得到最好的味道，要让果实充分成熟；若冷冻或制作蜜饯和果酱，应该在它们成熟但依然紧实时采摘。在潮湿天气中，在褐腐病或黄蜂毁掉果实之前采摘。在湿润的条件下某些品种的果皮会分离。将新鲜的果实保存在凉爽黑暗处，并在数天之内使用。

繁殖

最常使用的方法是嵌芽接或T字形芽接（见422页和433页）。与苹果和梨树相比，舌接（见433）对于李子的繁殖没有那么可靠。

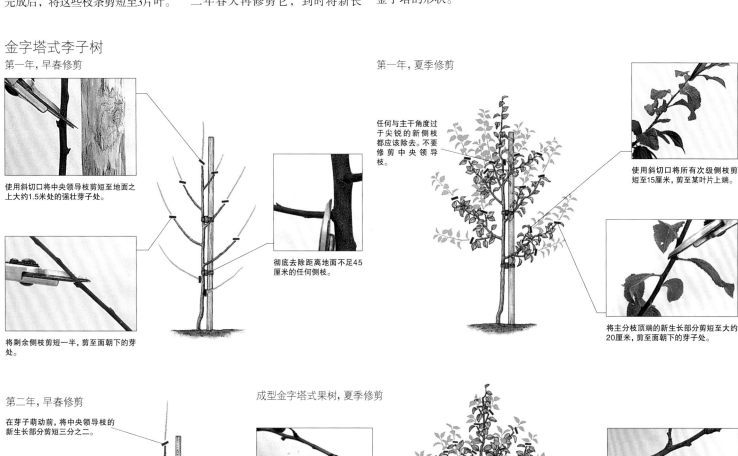

金字塔式李子树

第一年，早春修剪

使用斜切口将中央领导枝剪短至地面之上大约1.5米处的强壮芽子处。

将剩余侧枝剪短一半，剪至面朝下的芽处。

彻底去除距离地面不足45厘米的任何侧枝。

第一年，夏季修剪

任何与主干角度过于尖锐的新侧枝都应该除去。不要修剪中央领导枝。

使用斜切口将所有次级侧枝剪短至15厘米，剪至某叶片上端。

将主分枝顶端的新生长部分剪短至大约20厘米，剪至面朝下的芽子处。

第二年，早春修剪

在芽子萌动前，将中央领导枝的新生长部分剪短三分之二。

成型金字塔式果树，夏季修剪

将所有交叉或过于拥挤的次级侧枝去除。

重复主分枝和次级侧枝的日常夏季修剪过程。

将所有死亡或生产力低下的树枝剪短至健康枝条或它们的基部。

桃和油桃

桃树和油桃树广泛种植在许多温带地区。它们的需冷量为7℃之下600～900小时。为得到好的产量,阳光充足且干燥的夏天至关重要;在较冷凉的气候区,桃树可以在保护设施中种植。一系列品种适合种植在不同气候区中(见右,"推荐种植的桃品种",以及452页,"推荐种植的油桃品种")。它们的果肉为黄色、粉色或白色。粘核桃品种,其果肉会附着在坚硬的果核上,其他桃称为离核桃。油桃是一类果皮光滑的桃,其需要类似的栽培措施,不过它喜欢稍为温暖的生长条件。

桃树和油桃树通常以灌木样式生长,不过在温带地区扇形式很流行,因为这样可以让果树接受最大限度的阳光,帮助果实成熟。某些株型自然紧凑(遗传性低矮)的品种适合盆栽。

选址和种植

桃树的开花时间很早,因此应该做防冻保护,朝南墙壁是理想的位置。

位置

最大限度的阳光是必不可少的,而且应该种植在不受春霜影响的背风处。在较冷凉的气候区,需要一面阳光充足的墙壁或一座温室。降雨量较高地区的桃树可能会严重感染桃缩叶病(见665页),除非给予某些保护措施。

深厚、肥沃的微酸性(pH6.5～7)土壤最适合种植桃树。如果生长在砂质土壤中,需要额外的浇水和施肥,浅的白垩质土壤常常会导致萎黄病。

砧木

李子树砧木'圣朱利安A'可

手工授粉

桃花一旦盛开就能进行手工授粉。在温暖干燥的天气中,使用小而柔软的毛刷将一朵花花药上的花粉转移到另一朵花的柱头上。

以用来生长中等强壮的果树,如果需要更大活力的话则可以使用'布朗普顿'。在某些地区,最好使用对根结线虫有很高抗性的桃树幼苗砧木。

授粉

所有推荐品种都是自交可育的,因此一棵树也能结果。在气候湿润或不确定的地区,授粉情况可能会不稳定,但可以使用软毛刷手工授粉加以改善。

种植

尽可能在仲冬前种植桃树,因为桃树生长开始得非常早。灌木式果树在头两年需要立桩支撑。种植间距取决于果树样式和所选择的砧木(见下表)。

日常养护

关于栽培细节,见426页,"乔木果树的养护"。石灰导致的

保护扇形式桃树

秋天叶落后,使用两端通风的聚乙烯膜盖在果树上。这能保持叶芽干燥,防止桃缩叶病菌的孢子萌发。

萎黄病可能会诱发锰/铁缺乏症(663页),必须尽快处理。在冬天和早春使用单面聚乙烯膜保护扇形整枝的桃树的叶片免遭桃缩叶病的感染,这在一定程度上还能防寒。

疏果

为得到大的果实,疏果是必需的。当小果子长到榛子大时,将它们疏减至每簇一个。后来,当它们长到核桃大并且某些小果子已经自然脱落后,将它们疏减至每15～22厘米一个。在温暖气候区果实的间距可以更小。

施肥、浇水和护根

在干旱地区,需要浇水以支持生长和结果。在春天,土壤一旦回暖就覆盖护根,这有助于土壤保持水分。

推荐种植的桃品种

早熟品种
'阿姆斯登六月''Amsden June' Wh
'阿瓦隆之光''Avalon Pride' Y, Plcr
'约克公爵''Duke of York' Wh
'黑尔斯早熟''Hales Early' Y
'萨杜恩''Saturn' P

中熟品种
'繁荣''Bonanza' Gd, Y
'花园小姐''Garden Lady' Gd, Y
'游隼''Peregrine' Wh
'红港''Redhaven' Y
'罗切斯特''Rochester' Y
'台地琥珀''Terrace Amber' Gd, Y

晚熟品种
'Bellegarde' Y
'Dymond' Y
'Royal George' Y

注释
Gd 遗传性低矮(适合盆栽)
P 粉色果肉
Plcr 抗桃缩叶病
Wh 白色果肉
Y黄色果肉

砧木

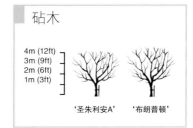

4m (12ft)	
3m (9ft)	
2m (6ft)	
1m (3ft)	
'圣朱利安A'	'布朗普顿'

种植间距

果树样式	砧木	株距	行距
灌木式	'圣朱利安A'	5～5.5米	5.5米
	'布朗普顿'或桃树幼苗	5.5～7.5米	7.5米
扇形式	'圣朱利安A'	3.5～5米	

疏果

1 桃树结果后,将果实疏减至每簇一个,首先去除所有面朝墙壁或栅栏的果实。

2 这些剩下的果实需要日后再次疏果,为每个果实留下15～22厘米的空间。

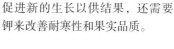

推荐种植的油桃品种

早熟品种
'早熟里弗斯''Early Rivers'
'约翰里弗斯''John Rivers'

中熟品种n
'艾尔鲁格''Elruge'
'洪堡''Humboldt'
'纳皮尔勋爵''Lord Napier'

晚熟品种
'甜蜜''Nectarella' C
'菠萝''Pineapple'

注释
C 枝叶紧凑

充足的氮至关重要，其可以促进新的生长以供结果，还需要钾来改善耐寒性和果实品质。

病虫害

桃树可能受到蚜虫（654页）、鸟类（655页）、红蜘蛛（668页）、蠼螋（659页）和根结线虫（668页）的影响。常见病害包括桃缩叶病（665页）、细菌性溃疡病（665页）、灰霉病（661页）以及结胶（见448页，"病虫害"）。

在保护设施中种植

保护设施中的桃树最好整枝成扇形，使果实能接受大面积的阳光照射。温室必须能够容纳最小2.75米的冠幅。肥沃且保水性良好的土壤至关重要。进行整枝的果树应该依靠合适的支撑铁丝生长，铁丝的间距为15厘米，最低位置的铁丝距地面38厘米。安装铁丝时使它们与玻璃相距大约22厘米远。在冬天，必须提供完全通风以得到足够的需冷量。

在早春（但如果没有加热系统的话不要太早），减少通风以便果树开始生长。将温度保持在8~10℃两周，然后升温至20℃。

保护设施中的果树生长得很迅速，应为它们充分施肥和浇水。少数而大量的浇水比频繁而少量的浇水更好。使用微温的水雾冲洗叶片，并在晴天用水泼在温室地板上降温。

当果树开花后（见451页，"手工授粉"）进行手工授粉。在花期不要清洗叶片或泼水降温，因为这会阻碍授粉，但花期结束后应该立即恢复，这样做有助于控制红蜘蛛和灰霉病。当果实开始成熟后停止清洗叶片和泼水降温。

疏果非常重要，可以确保果实长到最大尺寸（见451页）。

修剪和整枝

桃树和油桃树只在上一年长出的枝条上结果。第一批果实通常在种植后的第三年长出。修剪是为了促进新枝和代替枝生长，以保持匀称开阔的分枝框架。果树共有三种不同的芽：饱满的花果芽；小而带尖的生长芽；以及中间饱满的花果芽和两侧各一个生长芽组成的三芽合生芽。对于

灌木式桃树
第一年，早春修剪

选择三四根强壮侧枝。将每根侧枝剪短三分之二，剪至面朝外的芽子处。

将所有不需要的侧枝剪至主干。

将领导枝剪短至最上端的侧枝处。

第一年，夏季修剪

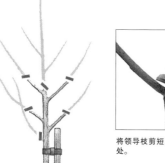

将主要侧枝下方的所有分枝修剪至与主干平齐。

去掉朝内或向下生长的任何枝条

第二年，早春修剪

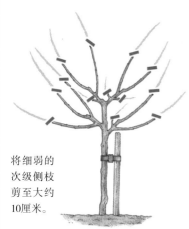

将细弱的次级侧枝剪至大约10厘米。

在芽展叶前，将最强壮的侧枝和次级侧枝剪短一半以形成主框架。

成型灌木式果树，初夏修剪

将四分之一结过果的枝条剪短至健康的芽或枝条处。

将生产力低下的老枝以及任何拥挤和交叉的分枝除去。

需要延伸生长的分枝，将其剪短至生长芽处，如果不能则剪至三芽合生芽处。

灌木式

在秋末至冬末种植羽毛状一年生苗。在早春选择三四根匀称侧枝，最顶端的侧枝距离地面大约75~90厘米，将领导枝剪短至顶端侧枝上方。将每根选中侧枝剪短三分之二，并移除所有其他不需要的侧枝。在夏天，去除长出的所有位置不佳或低矮的枝条。

第二年早春，在芽展叶之前，选择强壮的侧枝和次级侧枝以形成基本框架。将它们剪短大约一半，剪至某芽子处，将所有其他次级侧枝剪短至10厘米。

果树一旦完全成型，在每年夏天去除一些结过果的老枝以保持树冠中央展开，有时候生产力低下的分枝可能需要去除。

扇形式

有时候可以买到经过部分整枝的扇形式果树，如果购买这样的果树，确保它们经过了正确的整枝（如下所示）。扇形应该从地面之上大约30厘米处以40°伸展的两条侧枝上形成。应该去除它们上方的中央领导枝，将生活力平均地输送到果树的两侧。如果保留长长的中央领导枝和上面长出的倾斜侧枝，这样的扇形式果树会在顶端长出过多枝叶，使基部变得裸露。

整形修剪

像对扇形式苹果树一样安装支撑铁丝（见441页）。种植羽毛状一年生苗后，选择两根距地面大约30厘米的侧枝并将它们上端的领导枝去除。将选中侧枝剪短至大约38厘米以形成最初的两条"臂枝"，然后以40°的角度将它们绑扎在竹竿上。将所有其他侧枝剪至1个芽作为储备，直到选中侧枝发育成型。

在夏天，随着领导枝和臂枝的生长，将它们绑扎，开始形成"肋枝"框架。在每根臂枝上方选择匀称的两根枝条，下方选择一根枝条，然后进行整枝。将茎干上的所有其他枝条剪短至一片叶，并去除肋枝上任何位置不良的枝条。第二年春天芽子展叶之前，将肋枝的延伸部分剪短三分之一至强壮健康的芽处，以促进生长和扇形的发展。

在初夏，继续绑扎选中的正在发育的肋枝。剪短柔弱枝条，并去除所有极为健壮或朝错误方向伸展的枝条。

下一年早春，将肋枝上一年的生长部分剪短四分之一。在第三个夏天，进一步选择枝条以完成扇形的主要肋枝框架。果树中间的任何空隙都会很快被侧枝填满。初夏时，将肋枝上长出的侧枝疏减至间距10~15厘米，保留那些沿着扇形面自然生长的枝条，去除任何位置尴尬以及朝墙壁或栅栏外或内生长的枝条。绑扎保留的枝条，它们应该会在接下来的一年结果。将任何重叠的枝条掐短至4或6片叶。

日常修剪

春天修剪的目标是确保每年连续不断地提供幼嫩枝条。对于在即将到来的夏天结果的开过花的枝条，其基部通常会有两个芽或两根幼嫩枝条，将其中之一除去以防止枝叶变得拥挤。剩下的那个会在接下来的一年结果。还可以保留枝条中央的第二个芽作为储备，以防第一个芽受损。采摘后，剪下结过果的枝条，并将位于剪下枝条基部的代替枝绑扎起来。

每年继续这一过程。如果框架中有充足空间的话，保留两个代替枝。如果没有经过严格的修剪，桃树会很快长满不能结果的老枝。

扇形式桃树
第一年，早春修剪

选择距离地面30厘米的两根对侧侧枝形成主臂枝。将最高侧枝上方的领导枝剪掉。

将每根臂枝剪短至大约38厘米处，剪至某个强壮的芽处，以促进"肋枝"形成。

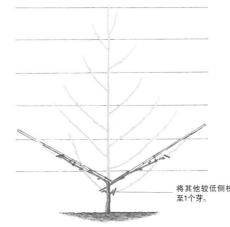
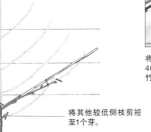
将其他较低侧枝剪短至1个芽。

将每根主臂枝绑扎至以40°角度安装在铁丝上的竹竿上。

第一年，夏季修剪

在每根臂枝上方选择两根肋枝，下方选择一根，并将它们绑扎至连接在铁丝上的竹竿上。将其他枝条剪至1片叶。

第二年，早春修剪

在早春，将肋枝的延伸部分剪短三分之一，剪至朝向所需方向的强壮健康芽处。

第二年，初夏修剪
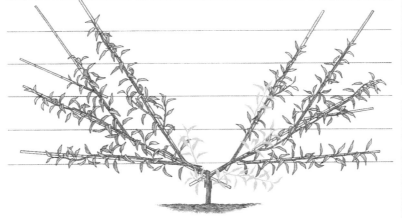

整枝生长中的肋枝，将它们绑扎在竹竿上以延伸永久性分枝框架。

将任何生长方向不佳的侧枝剪至基部，并去除从主臂枝下方长出的枝条。

第三年，早春修剪

将每根主肋枝剪短四分之一以促进进一步生长并延伸框架。

第三年，夏季修剪

将任何与主肋枝重叠的枝条掐短至4~6片叶。

随着剩余枝条的生长，将它们绑扎到竹竿上以填入框架。这些枝条会在下一年结果。

第三年，初夏修剪

剪去不想要的枝条，将年幼侧枝疏减至间距10~15厘米。掐掉任何朝墙壁或栅栏生长或生长方向不对的枝条。

成型灌木式桃树，结果后修剪

将每根结过果的枝条修剪至其基部附近的合适代替枝处。

将代替枝绑扎起来以填补空隙。这些枝条应该均匀分布在整个扇形上。

收获和储藏

当果实完全成熟时进行采摘。将它们平放在手掌上，用手指轻轻按压果柄附近的部分。如果果肉轻轻向下凹陷，则说明果实已经可以采摘。为得到最好的味道，桃和油桃最好在采摘后立即食用。如果必要，可以在容器中衬垫一些柔软材料，将果实放入其中并存放在凉爽处，这样可将它们储藏一些时日。

繁殖

桃树和油桃树通常在夏天使用嵌芽接或T字形芽接的方法繁殖（见432页和433页）。桃树的幼苗品质不一，但它们通常很健壮，可以得到很好的产量。

杏

杏树的种植比许多其他水果树更难。不是所有品种都能在特定地区生长，所以在选择果树时要寻求建议。杏树的需冷量是7℃之下350~900小时，大多数品种生长于较低的区间。它们的花期极早。

尽管充足的产量需要干燥而阳光充足的夏天，但干旱条件也会引起严重的果芽掉落。在冷凉气候区中，杏树可以种植在保护设施中，或者贴着温暖的墙壁进行扇形整枝。在温暖地区，灌木样式很流行。

选址和种植

杏树应该种植在阳光充足、背风和无霜处才能得到良好的产量。在冷凉地区，将它们紧靠阳光充足的墙壁或者种在温室中，以保护花朵免遭冬末和早春霜冻和低温的伤害。

深厚的弱碱性土壤是最合适的土壤。杏树最不容易在砂质和白垩质土壤中良好生长。还要避免将它们种植在黏重土壤中，特别是在冬季冷凉潮湿的地区，否则容易产生枯梢病。

至于砧木，可以广泛使用杏树和桃树的幼苗。与杏树幼苗相比，桃树幼苗能忍耐更湿润的条件并产生较小的果树，李子树砧

木'圣朱利安A'也常使用，且一种新的李子树砧木'托里奈尔'（'Torinel'）正在流行，两种砧木都具有中等活力。杏树自交可育，然而在冷凉地区应该为花人工授粉。

在芽萌动之前的秋末或极早的冬天（见455页，"种植间距"）种植。在头两年为灌木式果树提供牢固的立桩支撑。

种植间距

果树样式	砧木	株距	行距
灌木式	'圣朱利安A'/'托里奈尔'	4.5~5.5米	5.5米
	桃或杏的幼苗	5.5~7米	7米
扇形式	'圣朱利安A'/'托里奈尔'	4.5~5.5米	

日常养护

杏树的养护和栽培需求总体上与其他乔木水果相同（见426页，"乔木果树的养护"）。

在结果量大的温带地区，可能需要疏花以克服大小年现象（见436页）。移去位置不佳的小果实，在自然落果发生且果核开始形成后进行主要的疏果工作。疏果后使每簇中只保留一个，果实之间的间距大约为7厘米。

在冷凉地区，树枝常常发生枯梢，尽快将受影响的分枝剪短至健康部分。鸟类（657页）、蠼螋（659页）、细菌性溃疡病（654页）、褐腐病（656页）以及结胶（见448页，"病虫害"）都可能造成麻烦。

修剪和整枝

杏树在一年龄枝条和较老的短枝上结果。修剪的目的是维持果树的形状，并去除年老且生产力低下的树枝。如果年幼果树过于苗壮，可以对它们进行根系修剪（见429页）。灌木式杏树的修剪和整枝和李子树一样（见448页）。

扇形式杏树的最初整枝措施和桃树一样（见453页）。对于成型的扇形式果树，将春天长出的年幼枝条疏减至间距10~15厘米，并去除任何朝下、朝扇形中心或朝墙壁伸展的枝条。保留用来填补框架的枝条。将不需要用来填补空隙的次级侧枝掐至6片叶，并在当季晚些时候将所有旁侧枝掐至1片叶。采摘果实后，将次级侧枝剪至3片叶。

收获

当果实完全成熟且容易从果柄上脱落的时候进行采摘。立即食用，因为新鲜的杏不能很好地储存，也可以将它们冷冻或用于制作蜜饯或干制（见431页）。

繁殖

杏树可以通过嵌芽接或T字形芽接（见432页和433页）的方法繁殖，使用桃树幼苗或'圣朱利安A'作为砧木。

推荐种植的杏品种

早熟品种
'早熟莫帕克''Early Moorpark'
'汉姆斯科克''Hemskerk'
'新大早熟''New Large Early'
'汤姆考特''Tomcot'

中熟品种
'阿尔弗雷德''Alfred'
'布雷达''Breda'
'法名戴尔''Farmingdale'
'弗拉佛考特''Flavercot'
'高得考特''Goldcot'

晚熟品种
'莫帕克''Moorpark'
'辛普来''Shipley's'

成型扇形式杏树，初夏修剪

为填补框架中的空隙，一旦年幼侧枝基部变硬，就将它们绑扎起来。

将所有朝下或者朝墙壁或栅栏伸展的枝条剪去或掐去。

将不需要用来填补空隙的次级侧枝掐至5或6片叶。

疏果

将年幼枝条疏减至间距10~15厘米。随着它们的生长将其绑扎到铁丝上。

结果后

使用修枝剪将夏季被剪至6片叶的枝条再次剪短至3片叶。

甜樱桃

甜樱桃树的株高和冠幅可以生长到7.5米，而且由于许多品种是自交不育的，常常需要两棵果树才能结果。在只需要一棵树或空间有限的地方，选择自交可育的品种。新的低矮砧木（见456页）使得甜樱桃树能够以灌木样式种植在一般大小的花园中。将甜樱桃树贴墙壁或栅栏上整枝也能限制它们的生长，而且能更容易地保护果树免遭鸟类和采摘前降雨的伤害，后者会导致果实开裂。甜樱桃树的需冷量为7℃之下800~1200小时。

公爵樱桃树被认为是甜樱桃树和酸樱桃树的杂交种。它们种植得不是很广泛，但需要的栽培措施和间距与甜樱桃树相似。某些公爵樱桃树品种是自交可育的，而且酸樱桃树和公爵樱桃树可以配合授粉。

选址和种植

甜樱桃树需要在温暖背风处才能得到良好的产量。仔细挑选品种，保证它们能互相授粉，应该在购买果树之前检查（见424页，"授粉需求"）。

砧木

5m (15ft)
4m (12ft)
3m (9ft)
2m (6ft)
1m (3ft)

'吉塞拉5'　'马林F12/1'

推荐种植的甜樱桃品种

早熟品种
'早熟里弗斯' 'Early Rivers' Fg1, Ig1, Ss

中熟品种
'赫特福德郡' 'Hertford' Fg4, Ss
'莫顿荣光' 'Merton Glory' Fg2, Ss, Up
'丽光' 'Sunburst' Fg4, Sf
'夏日骄阳' 'Summer Sun' Fg3, Ss

晚熟品种
'考迪亚' 'Kordia' Fg6, Ig6
'拉宾斯' 'Lapins' Fg4, Sf
'拿破仑甜樱桃' 'Napoleon Bigarreau' Fg4, Ig3
'小银币' 'Penny' Fg4, Ss
'里贾纳' 'Regina' Fg4, Ss
'斯特拉' 'Stella' Fg4, Sf
'甜心' 'Sweetheart' Fg5, Sf

注释
Fg 开花类群 (数字代表花期)
Ig 授粉不配合类群 (每个类群之内的品种无法互相授粉)
Sf 自交可育
Ss 自交不育

位置

选择开阔、阳光充足且背风的位置。如果樱桃树要种植成扇形式，对于'柯尔特'（'Colt'）砧木，支撑结构必须至少有2.5米高和5米宽，对于'吉塞拉5'（'Gisela 5'）则至少应有1.8米高和4米宽，并且处于朝阳的位置，靠着寒冷墙壁生长的果树会结出品质和味道很差的果实。排水良好的深厚土壤是至关重要的，生长在浅薄贫瘠土壤中的果树结出的果实很小，并且很难活很长时间。

砧木

'吉塞拉5'是可用于扇形式和灌木式的低矮砧木，并且在果树种下后能较快地得到不错的产量。'柯尔特'是半低矮砧木，适合小型花园中的灌木式或扇形式整枝果树。在空间充足的地方可以使用非常健壮的'马林F12/1'（'Malling F12/1'）砧木。

授粉

甜樱桃树的授粉需求非常复杂。大部分自交不育，在一些明确的类群内，其中的所有品种都是授粉不配合的。除非获得自交可育品种，否则必须使用来自不同类群且开花时间相同的品种授粉。少数甜樱桃树品种是通用授粉者，即它们能为所有同时开花的樱桃树品种授粉。

种植

裸根甜樱桃树应该在秋末或冬季种植，如果是容器栽培的，可以在一年中的任何时间种植。在种植扇形式整枝果树之前构建必要的支撑结构和铁丝。即将要整枝成扇形式或半标准苗式的果树保持5～5.5米的间距。

日常养护

没有必要疏果。基本不需要施肥，只需要按照第426页"乔木果树的养护"条目下描述的覆盖护根。如果生长状况较差，以每平方米35克的标准施加硫酸铵。甜樱桃树在干旱的条件下需要浇透水，但在干燥的土壤中突然浇水会导致果实开裂。

随着果实开始变色，用网帘覆盖在扇形整枝的果树上以防御鸟类。不过灌木式和半标准苗式果树很难用网保护，所以应该在果实成熟后立即采摘。

最有可能对甜樱桃树造成伤害的病虫害包括鸟类（655页）、蚋（见654页，"蚜虫"）、冬尺蠖蛾幼虫（673页）、褐腐病（656页）、银叶病（669页）和细菌性溃疡病（654页），一旦发现任何有银叶病或细菌性溃疡病的分枝，立即将其清除。

修剪和整枝

甜樱桃树在二年龄和更老枝条上的短枝上结果。成年果树应该在夏季修剪以限制营养生长并促进花果芽的形成。像对李子树一样整枝和修剪半标准苗式和灌

木式果树（见448页）。

扇形式

扇形式甜樱桃树的整枝和修剪方法和桃树一样（见453页）。然而，如果在羽毛状一年生苗上有位置合适的足够侧枝，则可以选择4根臂枝而不是2枝，加快扇形的发育。将这些臂枝绑扎到竹竿（竹竿连接在铁丝上），与主干呈35～45°的角度。种植后接下来的春天，将臂枝剪短至45～60厘米，并去除长出的所有其他侧枝。

在夏天，从每根臂枝上选择2或3根位置合适的细侧枝或称"肋枝"，将它们绑扎起来以填补空隙，去除其他的细侧枝。年幼果树上的所有肋枝都可以在芽展叶时（但千万不要更早）剪去茎尖，以减少感染银叶病和细菌性溃疡病的危险。

在较老的扇形式果树上，应该在春天将短枝疏减或剪短（见438页，"冬季修剪"），并将肋枝剪短至较短的代替枝以降低高度。在夏天，将扇形框架不需要的所有枝条掐短至6片叶，然后在结果后剪短至3片叶。直立或非常苗壮的树枝应该去除或水平绑扎，防止扇形变得不平衡。

收获和储藏

果实完全成熟时带果柄采摘，并立即食用或烹调。如果要冷冻果实，应该在果实紧绷时采摘。

繁殖

嵌芽接和T字形芽接是常用的繁殖方法（见432和433页）。'柯尔特'砧木与所有品种相容，更健壮的'马林F12/1'也一样。

成型扇形式甜樱桃树，夏季修剪

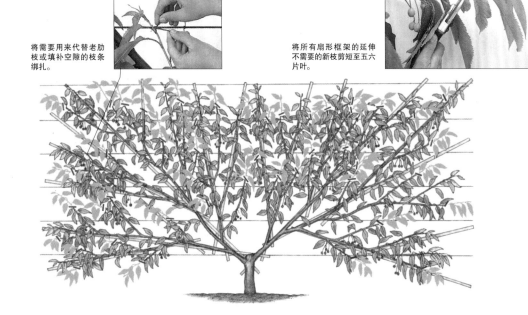

将需要用来代替老肋枝或填补空隙的枝条绑扎。

将所有扇形框架的延伸不需要的新枝剪短至五六片叶。

结果后

果实采摘后，将所有在初夏剪短至6片叶的枝条再次修剪至3片叶。

酸樱桃

酸樱桃树比甜樱桃树小得多，并且大多数品种是自交可育的，所以它们更适合较小的花园。它们主要在上一个夏天长出的一年龄枝条上结果。果实通常不生食，但可用于制作蜜饯果酱和其他烹调用途。酸樱桃树的需冷量为7℃之下800~1200小时。

选址和种植

位置和土壤要求和甜樱桃树（见455页）基本相似，不过酸樱桃树也可以紧靠朝北或朝东的墙壁或栅栏上成功地生长。

推荐使用的砧木与甜樱桃树和公爵樱桃树一样，是'柯尔特'和'吉塞拉5'。最好从专业果树供应商那里获得'莫雷洛'（'Morello'，最流行的品种），以避免较劣质的品系。准备整枝成灌木式或扇形式的果树应该保持4~5米的间距，而

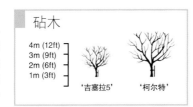

砧木

4m (12ft)	
3m (9ft)	
2m (6ft)	
1m (3ft)	
'吉塞拉5'	'柯尔特'

且应该为扇形式果树提供高度最低为2.1米的支撑。

日常养护

酸樱桃树的栽培需求和甜樱桃树相同（见455页）。为促进年幼替代枝的生长，额外施肥特别是氮肥可能是必要的，但不要过度施肥。在干旱地区灌溉很重要。网罩可以保护果实免遭鸟类侵害（见427页）。由于酸樱桃树可以整枝成较小的果树样式，如灌木式或低矮金字塔式，因此它们可以生长在水果笼中。影响酸樱桃树的病虫害和甜樱桃树的一样（见456页，"日常养护"）。

修剪和整枝

对酸樱桃树进行更新修剪，以连续不断地提供结果的一年生枝条。每年去除一定比例的老枝。在春天和夏天修剪，这样可以减低感染银叶病的风险（669页）。

扇形式

整枝方法和扇形式桃树（见453页）一样。一旦开始结果就进行更新修剪以促进年幼枝条生长，这一点对于受限的空间很重要。在春天，对于成型的扇形式果树，将位置不良或过于拥挤的新枝掐去，然后将剩下的新枝减少至10厘米的间距。随着这些枝条的生长，将它们绑扎到支撑铁丝上。保留每根结果枝下方的一两根正在生长的枝条。将其中的一根绑扎起来，以代替采摘后剪去的每根结果枝。第二根枝条可以作为储备，以防第一根受损或者填补扇形框架中的缝隙。为复壮较老的扇形式果树，在春天和秋天将年老树枝修剪至幼嫩枝条。

推荐种植的酸樱桃品种

晚熟品种
'蒙特默伦西' 'Montmorency' Fg5, Sf
'莫雷洛' 'Morello' Fg6, Sf
'那贝拉' 'Nabella' Fg4, Sf

注释
Fg 开花类群（数字代表花期）
Sf 自交可育

成型扇形式酸樱桃

春季修剪

去除任何生长方向不良的年幼枝条，将它们剪至与茎干平齐。

如果必要，将正在生长的年幼枝条疏减至间距10厘米。

夏季修剪，收获后

将每根结过果的枝条剪短至其基部附近的合适代替枝。

绑扎代替枝以维持均匀分布。它们应该会在第二年结果。

将任何生长方向不良而且在春天未被去除的枝条剪去，将它们剪至与茎干平齐。

成型的灌木式酸樱桃，结果后修剪

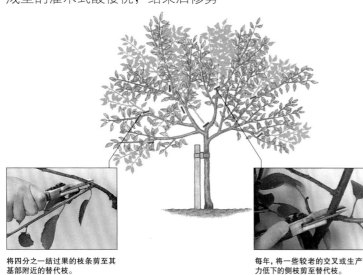

将四分之一结过果的枝条剪至其基部附近的替代枝。

每年，将一些较老的交叉或生产力低下的侧枝剪至替代枝。

灌木式

灌木式酸樱桃的营建方式和桃树（见453页）一样。在第三或第四年灌木式成型后，更新修剪是必不可少的。在初秋果实采摘后，将四分之一结过果的枝条剪去，最好剪至替代枝以维持匀称的间距，并为即将在下一年结果的年幼枝条留下生长空间。与此同时剪去老旧或生产力低下的枝条。如果忽视了修剪，结果量会降低并限制在果树的外周。

采摘

使用剪刀剪断果柄，因为手工采摘可能会损伤枝条并诱发感染。采摘后立即烹调、冰冻或制作果酱（见431页，"收获和储藏"）。

繁殖

常用的繁殖方法是嵌芽接和T字形芽接（见432页和433页）。'柯尔特'砧木与所有品种都相容，'吉塞拉5'的相容性也很广泛。

采摘酸樱桃

在接近侧枝处将果柄剪断，不要用手拉拽，否则会损伤树皮，从而增加感染细菌性溃疡病的危险。

柿子

柿子树是生长缓慢的落叶乔木，最终高度可达10~15米，冠幅大约为10米。果实通常为球状，完全成熟时可能为黄色、橙色或红色，某些品种的果实是无籽的。

可以在最低气温为10℃的亚热带地区室外栽培，不过在秋天气温最好保持在16~22℃。大多数品种的需冷量为7℃之下100~200小时。此外，在活跃的生长期，它们需要至少1400小时的光照才能成功结果。

选址和种植

背风且阳光充足的场所最好，如果必要，可使用风障提供保护。pH值为6~7、排水良好且肥沃的土壤至关重要，成年果树相对耐干旱，但如果生长期中降雨不足则需要灌溉。健壮的柿子树幼苗适合作为砧木，但最常用作砧木的是君迁子（*D. virginiana*）。

柿子树

虽然某些柿子树品种会在一棵树上同时开雄花和雌花，但许多其他品种在一棵树上只开同一种性别的话。种植最广泛的品种只开雌花，它们可以不经授粉而结果，但果实小而涩。必须在附近种植开雄花授粉的传粉品种。每8或10株雌花果树搭配1株传粉果树。

在充分施加粪肥的土地中挖出种植穴，施加有机质和通用肥料。果树的种植间距应为5米。

日常养护

每三到四个月，使用氮肥水平中等的通用混合肥料在果树周围施肥。使用有机质护根以保持水分，并在干燥季节中经常浇水。清除果树周围地面的杂草。

影响露地栽培柿子树的主要虫害包括蓟马（671页）、粉蚧（664页）、蚜虫（669页）以及果蝇。可能会造成问题的常见病害包括冠瘿病（658页）、炭疽病（654页）以及其他真菌性叶斑病（660页）。

如果在保护设施中种植柿子树，则红蜘蛛（668页）和粉虱类（673页）也可能造成麻烦。

在保护设施中种植

如果你在温室中种植柿子树，将它们种在准备好的苗床或直径至少为35厘米的大容器中，使用非常肥沃的基质，其中混入氮素水平中等的通用肥料。将气温维持在至少16℃，湿度保持在60%~70%。在生长季经常浇水，每三四周施一次通用肥料。

为取得良好产量，有必要进行手工授粉（见451页，"手工授粉"）。在夏天，将盆栽柿子树转移到室外，一直等到秋天达到需冷量的要求。

修剪和整枝

品种的活力相差很大。低矮和半低矮品种一般以和纺锤灌木式苹果树（见440页）相似的方式整枝。在种植后头三年的休眠期进行修剪，以形成分枝框架。接下来的修剪相对较轻：只需要去除拥挤、交叉或生产力低下的分枝，并且每年将分枝领导枝的新生部分剪短大约三分之一。

收获和储藏

果实完全成熟时采摘。将果实从树上剪下，附着果萼和一小段果柄。将果实密封在透明塑料袋中储存在0℃中，它们可以保持良好状态长达两个月。

繁殖

柿子树可以使用种子、嫁接、

推荐种植的柿子品种

'冬' 'Fuyu'
'盖利' （传粉品种）
'Gailey' (pollinator)
'八弥' 'Hachiya'
'冬之华' 'Hanafuyu'
'早久米' 'Hayakume'
'次郎' 'Jiro'
'田森' 'Tamopan'
'禅寺丸' （传粉品种）
'Zenjimaru'
(pollinator)

插条或生根萌蘖条繁殖。

将从成熟果实中获得的种子立即播种在容器中，温度保持在28℃，通常会在两三周内萌发。在12个月内，实生苗就能长成适合嫁接的砧木。在移栽幼苗时要小心操作。

柿子树品种可以通过嵌芽接或T字形芽接（见432页和433页）或舌接（见433页）的方法繁殖。在夏天采取嫩枝插条（见77页）并用激素生根粉处理，然后在带有底部加热的喷雾单元中扦插生根。

生根萌蘖条可以从母株（如果它未被芽接或嫁接的话）基部分离。先将它们种在容器中，成型后移栽到固定位置。

无花果

无花果树是栽培历史最悠久的水果树之一，属于桑科（*Moraceae*）。它们的需冷量较低，为7℃下100~300小时，在生长期漫长炎热的地区生长茂盛。

选址和种植

无花果树需要阳光充足，在气候冷凉的地区需要墙壁或栅栏提供更多温暖并抵御冰霜，墙壁或栅栏应该至少有3~3.5米宽，2.2米高。

无花果树喜欢保水性良好的深厚肥沃弱碱性土壤。较凉爽和潮湿的条件会导致枝叶生长过于茂盛，产量降低。当pH值低于6时，为土壤施加石灰（见625页）。

在空间有限的地方，可以在土壤表面下埋入混凝土或砖砌深坑来限制根系生长，得到较小的果树。深坑应该60厘米见方，基部填充碎砖块或石块至25~30厘米深，这可以促进排水，并限制根系向下生长。

在冷凉气候区中，无花果树也可以盆栽并放置在阳光充足的背风处，并在冬天转移到寒冷但不结冰的条件下。使用直径为30~38厘米的容器，容器底部应该有几个大排水孔，然后填充含壤土盆栽基质。

尚未引入砧木，果树都生长在自己的根系上。现代品种是单性结果的，结出无籽果实。

选择二年龄盆栽果树，并在冬天种植它们，在种植前梳理从土坨中轻轻弄散的根系。不受限制的果树需要保持6~8米的间距，那些种植在深坑中的果树只需要一半间距。

日常养护

为保护携带胚胎的无花果树分枝免遭冰霜，将一层厚厚的欧洲蕨或秸秆覆盖在它们周围（又见612页，"麻布和秸秆覆盖"）。与此

水果的位置

成熟中的果实

胚胎果实

同时，去除所有上一个夏天未成熟的无花果。可能还需要为成熟中的果实提供保护抵御鸟类和黄蜂的侵袭。

施肥、浇水和护根

通常只需要在春天使用腐熟粪肥护根，但根系受限的果树需要额外的养分。可以以每平方米70克的标准施加均衡肥料，并在夏季偶尔施加液态肥。不要为无花果树过度施肥。

浇水在炎热干旱的天气中至关重要，特别是那些根系受限的果树。盆栽无花果树在整个生长季都需要定期浇水。每两年换一次盆并修剪根系。

病虫害

露地栽培的无花果树一般不会遇到什么问题，但黄蜂（673页）和鸟类（655页）会破坏果实。在保护设施中，红蜘蛛（668页）、粉蚧类（664页）、粉虱类（673页）、黄蜂（673页）、老鼠（啮齿类，668页）以及细菌性溃疡病（664页）可能会造成麻烦。

在保护设施中种植

在冷凉地区，扇形整枝的无花果树可以生长在温室中，这样比露地栽培时结果更规律。根系可以盆栽以限制枝叶生长。一旦生长开始，定期浇水，但随着果实成熟减少浇水以防果皮开裂。像对露地栽培无花果树一样修剪，但要留下更开阔的树冠，让树叶和果实接受尽可能多的光线。

修剪和整枝

在温暖气候区，无花果树只需要轻度修剪，并常常以灌木样式生长。每个生长季一般结果两次，第一次来自上一生长季形成的胚胎无花果（大约为小豌豆大小），然后是在同一个夏天形成并成熟的一批主要的果实。与此同时，更多胚胎果实会形成以重复这一过程。

在冷凉气候区，无花果树被整枝成灌木式或扇形式。只有来源于胚胎无花果的第一批果实有充分时间成熟。将那些不能成熟的果实去除，将果树的能量集中在产生新

成型灌木式无花果树

春季修剪

将冻伤枝条剪短至健康部分，然后疏减伸展方向不良和过于拥挤的枝条。

剪去一定比例的剩余枝条，或者在年老的果树上将分枝剪至1个芽以促进新枝生长。

夏季修剪

当每条新枝长出5或6片叶时将其茎尖掐去。

的胚胎无花果上。

灌木式

购买带有三四根分枝且分枝距离地面60厘米的果树。在第一个冬天将这些分枝剪短一半以促进分枝进一步形成，构成基本框架。盆栽果树应该在距基部38厘米处分枝，使它们保持紧凑且不至于头重脚轻。

成型果树的修剪方式取决于气候。温暖气候区中，在春天将伸展的分枝剪短至更垂直的枝条，并在果树中央留下一些枝叶以保护树皮免遭日光灼伤。在较冷凉的气候区，去除拥挤、交叉或冻伤的分枝，保持树冠中央开展，去除所有直立枝条，并修剪至侧枝下端的芽处。

长的裸露枝条应该剪至一个芽以促进新的生长。在夏天，将新枝或细侧枝掐至五六片叶，以促进果实形成。

扇形式

种植一棵带有两三根强壮分枝的果树。像对扇形式桃树一样（见453页）将其中两个位置最好的分枝向下绑扎并进行轻度茎尖修剪。

将没有合适侧枝的果树剪短至大约40厘米以促进分枝生长。然后按照桃树的方式发展扇形式果树，但分枝之间的空间应该更大，以容纳无花果的较大叶片。

在早春对于修剪成型灌木式果树，去除结过果的老枝以及任何被冻伤或位置不良的枝条，保留较年幼的枝条。还要将一定比例的年

幼枝条剪短至1个芽，诱导主分枝附近的新枝生长。在可能的情况下，将未经修剪的枝条绑扎起来以填补任何空隙，并去除所有其他枝条。在仲夏掐去新枝顶端至5片叶。修剪后的新枝会长出越冬的胚胎无花果。

收获和储藏

果实完全成熟时采摘。成熟果实会低垂下来，触摸起来很柔软，果皮可能会轻微开裂。无花果最好新鲜食用，但也可以干制。

繁殖

对于种子繁殖的果树，果实的品质相差很大。应该使用选中品种的一年龄硬枝插条进行繁殖。采取30厘米长的插条（见434页）并将它们扦插在准备好的排水顺畅土地中。使用钟形玻璃罩保护它们免遭霜冻。无花果还可以使用生根萌蘖条繁殖，将它们从母株上分离并移栽。

成型扇形式无花果树
春季修剪

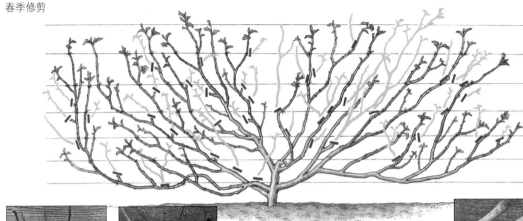

所有霜冻风险一旦过去，将所有冻伤枝条剪短至它们的基部。

将一定比例的年幼枝条剪短至1个芽，以促进产生胚胎果实的代替枝条生长。

绑扎枝条，使它们均匀分布在扇形上。

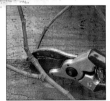
将伸展方向不良的枝条剪至基部或剪至位置良好的次级侧枝。

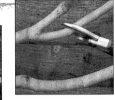
将一部分年老的裸露枝条剪至一个芽或茎节处，以促进新枝生长。

夏季修剪

将新枝剪至5片叶，以促进胚胎果实在叶腋处形成。

桑葚

桑树属于桑科植物。桑树的高度达6~10米，主要作为果树种植。桑树（M. alba）通常不是作为果树种植的。它们可以长到6米高。需冷量很大，生长期开始的时间较晚。

选址和种植

喜湿润的微酸性土壤。桑树通常生长在自己的根系上，并且是自交可育的。在秋末至冬天种植，间距为8~10米，在寒冷地区应该在春天种植。

日常养护

桑树的栽培需求和苹果树相似（见436页）。在干旱天气按需要进行护根和浇水。桑树一般不会受到病虫害的影响。

修剪和整枝

桑树一般种植成半标准苗式或标准苗式。对它们进行修剪，建立由4或5个分枝形成的强壮框架，此后只去除位置不良或拥挤的分枝。桑树应该在冬季完全休眠时修剪，因为其树枝和根系如果在早春至秋天被切割或受损的话会大量流出树液。

收获和储藏

夏末果实完全成熟后采摘，或者让果实掉落到合适的表面上（如一块塑料布）以保持洁净。趁新鲜食用桑葚，或者冰冻它们（见431页）。

繁殖

可以使用简易压条或空中压条（见115~116页）的方法繁殖桑树。或者采下18厘米长的带茬硬枝插条（见112~113页）。

黑桑

藤本水果

藤本果树需要在温暖背风位置才能成功授粉，果实才能成熟。葡萄树、猕猴桃树以及西番莲树都属于这一类群。在冷凉地区，它们应该处于背风环境，或者种植在温室中。葡萄树在长而柔韧的一年龄枝条上结果，并且需要每年采摘果实后修剪，以促进新枝的产生，这些枝条生长得很快，需要将它们仔细地绑扎在支撑结构上，以接受最大限度的阳光和使空气流通。

甜点用黑葡萄

甜点用白葡萄

猕猴桃

葡萄

长久以来，葡萄一直是最精美的食用和酿酒水果。欧洲葡萄树（*Vitis vinifera*）及其品种一般被认为是品质最优良的。美洲葡萄（*V. labrusca*）的耐寒性更好，因此被用来与欧洲葡萄树杂交，以扩大较冷凉地区甜点和酿酒用葡萄品种的种植范围。许多品种既可直接食用，也可用于酿酒。

葡萄树的果实需要炎热干旱的夏天才能成熟。温带地区适合一系列广泛的品种，许多品种也可以成功地种植在较冷凉的气候中，但要生长在受保护的位置或温室中。富于装饰性的藤架、拱门或其他合适结构都可以支撑葡萄树。修剪方式有差异：甜点用葡萄树的修剪是为了生产较少的高品质果实；酿酒用葡萄树的修剪是为了获得最高产量。

甜点用葡萄

在温暖地区生产高品质的甜点用葡萄相对容易。在较冷凉的地区，它们可以贴着阳光充足的温暖墙壁生长，或者最好种植在温室中。甜点用葡萄常常分为甜葡萄（sweetwater）、麝香葡萄（muscat）和酒香葡萄（vinous）三种类型。甜葡萄味道很甜，成熟最早；麝香葡萄的味道最精美，第二批成熟；酒香葡萄的味道较淡，但生长健壮，结果较晚。葡萄常常是自交可育的并且是风媒传粉的，但将它们种植在温室中时建议进行手工授粉（见右）。

位置

温暖背风、阳光充足，在花期时远离冰霜的位置最理想。葡萄树需要相对肥沃的排水良好土壤，pH值应为6～7.5。不要将它们种在非常肥沃的土壤中，因为这样会促使枝叶过度生长，并以减少结果为代价。顺畅的排水至关重要，因为葡萄树不能忍耐潮湿的土壤，必要的话改良土壤或安装排水系统（关于细节，见623页，"改善排水"）。

在冷凉气候区中，在温暖而阳光充足的墙壁上生长的葡萄树会得到比较好的果实，但其无法与温室中种植的葡萄树品质相比。早熟品种应该贴墙种植，在夏末可得到甜点用果实。使用水平铁丝支撑葡萄树枝，铁丝用带环螺丝钉安装，与墙壁保持2.5～5厘米远。

葡萄一般生长在自己的根系上，但葡萄根瘤蚜肆虐的地区除外（见右，"病虫害"），在这种情况下寻求使用何种当地砧木的建议。使用砧木还有其他好处，例如可以忍耐较高的pH值或潮湿的土壤条件，并能控制过于茁壮的生长。

种植

在种植前充分耕作土壤。对于贫瘠或砂质土壤，在种植沟底部铺设翻转过来的草皮，加入大量腐熟粪肥或堆肥，然后紧实种植区域并浇透水。在冬天种植裸根葡萄树，而盆栽化的果树可以在任何季节种植。单干壁篱式果树的种植间距至少为1.2米，双重或U字形壁篱式果树的间距应该翻倍，多重壁篱式果树的臂枝之间应相隔60厘米。

日常养护

在生长期中，无论何时一旦土壤变干就立即浇透水，随着果实成熟减少浇水。生长在墙上的葡萄树需要特别照料，因为它们可能位于雨影区。覆盖护根以保持水分。一旦健壮的年幼枝条长出，每两或三周施一次含钾量高的肥料；如果生长状况不佳，则使用高氮肥料。当果实开始成熟时停止施肥。

如果使用壁篱式系统，要得到最高品质的葡萄，应该将垂直枝条上的果实保留到每30厘米不超过一簇，在结果早期将其他果簇去除。疏果的目的是得到形状良好的果簇和大而均匀的单粒葡萄（并抑制霉病）。不要触碰果实，否则有碍它们茂盛生长。某些品种需要二次疏果，因为它们会继续结果。

病虫害

影响葡萄树的问题包括蚧虫类（669页）、葡萄黑耳喙象（672页）、黄蜂（673页）、霜霉病（659页）和灰霉病（661页）。在保护设施中，红蜘蛛（668页）、粉虱类（667页）也可能造成麻烦。

葡萄根瘤蚜是较温暖气候区的一种严重虫害，这种类似蚜虫的昆虫会侵袭欧洲葡萄树的根系，叶子上可能会形成虫瘿。它会导致植株严重萎缩，常常是致命的。可以采取的措施很少，不过使用美洲葡萄树的抗性砧木和品种能大大降低该病的发生概率。使用网罩保护葡萄免遭鸟类破坏（见427页，"防鸟保护"）。

在保护设施中种植

在冷凉气候区，将葡萄树种植在温室中，温室最好加温。其他对温度和湿度要求相似的作物也可以一起种植在温室中。在单坡面温室中，背面墙提供的温暖特别有用，特别是如果温室中没有直接加热的话。顶部和侧面都有通风的温室效果最好。

土壤必须相当肥沃，无杂草并且排水良好，pH值为6～7.5。任何排水设施都必须深达75厘米，因为葡萄树是深根性植物。种植方法和露地栽培一样。

要么将葡萄树直接整枝到背面墙上，要么将它们种植在玻璃侧壁的脚下，将它们整枝在距离玻璃22厘米或更远的支撑铁丝上。在独立式房屋中，将葡萄树种在一端，然后将它们向上并沿着屋顶整枝。关于栽培的详细信息，见左，"日常养护"。可以使用土壤钻取器测量土壤含水量。生长期的第一次灌溉使用微温的水。

为葡萄疏果

1 一旦果簇已经被疏减至间距30厘米，随着果实的膨大，果实也需要疏减以增加单粒葡萄的大小并使空气在它们之间自由流通。

2 使用分叉竹竿和葡萄剪将不想要的葡萄剪去。疏果后的果簇应该顶部宽阔并向下渐尖。

推荐种植的甜点用葡萄品种

早熟品种

'黑富浪蒂' 'Black Frontignan' (黑) Mu

'黑汉堡' 'Black Hamburgh' (黑) Sw

'红衣主教' 'Cardinal' (黑) Sw

'卡斯拉玫瑰' 'Chasselas Rose' (白) Sw

'卡斯拉维贝尔' 'Chasselas Vibert' (白) Sw

'西约塔' 'Ciotat' (白) Sw

'福斯特幼苗' 'Foster's Seedling' (白) Sw

'加加林蓝' 'Gagarin Blue' (黑) Vi

'加哈提夫' 'Gamay Hatif' (黑) Sw

'希姆罗德无籽' 'Himrod Seedless' (金黄) Sw

'国王红宝石' 'King's Ruby' (黑) Sw

'黑斯廷斯夫人' 'Lady Hastings' (黑) Mu

'皇家马德琳' 'Madeline Royale' (白) Sw

'马德尔斯菲尔德庭院' 'Madresfield Court' (黑) Mu

'查巴的珍珠' 'Perle de Czaba' (白) Mu

'普利马维斯富浪蒂' 'Primavis Frontignan' (白) Mu

'宝斯库普' 'Roem van Boskoop' (白) Sw

'皇家麝香葡萄' 'Royal Muscadine' (白) Mu

'圣劳伦' 'St Laurent' (白) Mu

'汤普逊无籽' 'Thompson's Seedless' (白) Sw

中熟品种

'无核黑' 'Black Monukka' (黑) Mu

'佳能大厅麝香葡萄' 'Canon Hall Muscat' (白) Mu

'布勒麝香葡萄' 'Muscat Bleu' (黑) Mu

'汉堡麝香葡萄' 'Muscat Hamburgh' (黑) Mu

'纽约麝香葡萄' 'New York Muscat' (白) Mu

'奥利弗伊尔塞' 'Oliver Irsay' (白) Mu

'赖内奥尔加' 'Reine Olga' (黑) Sw

晚熟品种

晚熟品种只能在夏季温暖的地区户外成熟

'阿里坎特' 'Alicante' (黑) Vi

'阿普利塔台' 'Appley Towers' (black) Vi

'潘斯夫人的黑麝香葡萄' 'Mrs Pince's Black Muscat' (黑) Mu

亚历山大麝香葡萄 'Muscat of Alexandria' (白) Mu

'特雷比亚洛' 'Trebbiano' (白) Vi

注释

Mu 麝香葡萄

Sw 甜葡萄

Vi 酒香葡萄

小心地控制通风。在冬天保持最大限度的通风，确保葡萄得到充足的冬季低温。

在冬末将通风降低到最小以促进生长。根据天气改变通风量，以维持气温的均匀。花期时需要轻度通风和足够的温度以帮助授粉。玻璃温室中的授粉需要额外关注。对于许多品种，在中午摇晃主干或者使用木棍轻轻拍打足以保证授粉。麝香葡萄需要更积极的措施。需要将手掌弯成杯状并在花序上上下移动，使花粉均匀分布。结果后，需要良好的空气流通以控制灰霉病和霉病。

洒水降温和喷雾有助于控制红蜘蛛。不要在阴天或开花或果实成熟期洒水。在冬末用叉子小心地翻动苗床，避免接触根系区域，去除表面1厘米厚的土壤，并使用含壤土基质代替。第一次浇水后，使用腐熟粪肥或基质在葡萄树基部护根。

一旦果实成熟，它们需要一个"结束阶段"，继续在葡萄树上保留一段时间，使颜色和味道发挥到极致：早熟品种需要两三周，晚熟品种的时间更长。提供良好的通风，在通风口安装网罩以隔绝鸟类。

修剪和整枝

甜点用葡萄树常常以单干或双重（U字形）壁篱式生长，主干或臂枝上会形成永久性挂果短枝。它们能生产出高品质的果实。

葡萄树在当年枝条上结果。因此在春天和夏天进行修剪，目的是限制侧枝的新生长，使每个短枝结一个果序。这样还能限制葡萄的叶片生长，将发育中的果实暴露在阳光下，特别是在冷凉的气候区。在炎热气候中，特别注意防止阳光灼伤葡萄树。在仲冬之前进行冬季修剪以限制树液流出。

单干壁篱式

种植后，在葡萄树处于休眠期时，将主干剪短至距离地面不远的某强壮芽处。在夏天将领导枝整枝到垂直竹竿上，并将任何

葡萄树，单干壁篱式

第一年，冬季修剪

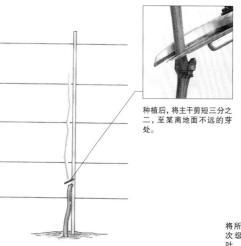

种植后，将主干剪短三分之二，至某离地面不远的芽处。

将所有侧枝上长出的次级侧枝掐短至1片叶

第一年，夏季修剪

随着主领导枝的生长，将它绑扎在垂直竹竿上。

将每根主侧枝剪短至五六片叶。

第二年，冬季修剪

将主领导枝的新生部分剪短大约三分之二。

将已经形成的侧枝剪至留1个强壮的芽。

第二年，夏季修剪

将所有侧枝上长出的次级侧枝掐短至1片叶。

掐去侧枝上形成的任何花序。

当每根侧枝长出五六片叶时将其剪短。

侧枝掐短或剪短至五六片叶。将所有次级侧枝（从侧枝上长出的枝条）剪短至1片叶。去除所有从基部长出的枝条。

第二个冬天，将领导枝的新生部分剪短三分之二至充分成熟的位置，然后将侧枝剪短至1个芽。在第二个夏天，随着领导枝的生长将其绑扎起来。掐短或剪短侧枝和次级侧枝，前者至五六片叶，后者至1片叶，和第一个夏天一样。去除任何花序，不要让葡萄在第三年之前结果。

在第三个冬天，将领导枝的新生部分剪短三分之二并将所有侧枝剪短至1个强壮的芽以得到将来长出结果枝条的短枝。

日常修剪

从第三年起进行日常修剪。

在春天，将每根短枝上长出的枝条保留两根让其继续生长，其余掐去。保留两根枝条中最强壮的枝条用于结果，将较弱的一枝剪短至两片叶作为储备，以防结果枝断裂。在夏天，随着花序形成，保留其中最好的，将其余花序疏减至每条侧枝一个。将侧枝剪短至选中花序之外的两片叶。将不带花序的侧枝掐短至大约5片叶，所有次级侧枝掐短至1片叶。

每年冬天，继续将领导枝新生部分剪短三分之二，但当它长到最顶端的支撑铁丝时，每年将新生部分剪至2个芽。将侧枝剪短至1个强壮的芽。如果短枝系统在后来的年份变得拥挤，可以使用修剪锯清除部分系统，或者如果主干上有太多短枝的话，将部分短枝完全清除。短枝之间应保持22～30厘米的间距。应该将主干从铁丝上松绑至一半长度，然后向下弯曲直到接近水平并在冬天保持数周，以促进来年春天枝条的均衡发育，然后重新将主干垂直绑扎。

双重壁篱式

在第一个夏天水平整枝两根枝条。接下来的冬天将每根枝条剪短至60厘米。下一年，将枝条的延伸部分垂直整枝。这样它们会形成两根臂枝，将每根臂枝按照单干壁篱式的方法进行修剪。

多重壁篱式

在第一个夏天整枝两根枝条，然后在冬天将每根枝条剪短至60厘米。将枝条的延伸生长部分水平整枝，并每隔60厘米选择一根强壮枝条垂直整枝以得到所需要的臂枝数目。一旦

采摘甜点用葡萄

不要触摸果实以免对其造成损坏。果序两头需保留5厘米长的木质枝条。

第三年，冬季修剪

将侧枝剪短至1个强壮芽。

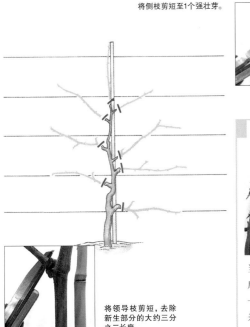
将领导枝剪短，去除新生部分的大约三分之二长度。

春季修剪

当枝条在每根短枝上形成后，疏减至2根枝条，一条形成主侧枝，另一条作为储备。

成型单干壁篱式果树，夏季修剪

如果有任何未结果的侧枝，将其尖端剪去，保留五六片叶。

将所有结果侧枝剪短至花序之外的两片叶。

将侧枝上长出的所有次级侧枝掐短至1片叶。

掐去任何较弱花序，每条侧枝只留下一个。

成型单干壁篱式果树，冬季修剪

当领导枝长到顶端支撑铁丝时，将新生部分剪短至两个芽。

将所有侧枝剪短至第一个强壮的芽。

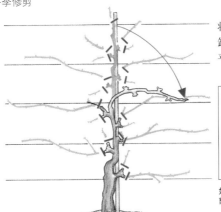

将主干的上半部分卸下并绑扎在近水平位置。

如果短枝变得拥挤，使用修剪锯将多余的树枝去除。

多重壁篱式

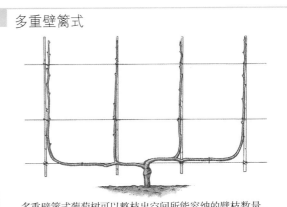

多重壁篱式葡萄树可以整枝出空间所能容纳的臂枝数量。一旦成型，按照单干壁篱式的方法对每根臂枝进行修剪。

推荐种植的酿酒用葡萄品种

早熟品种

'紫大夫''Dunkelfelder'（黑）

'赫雪丽''Huxelrebe'（白）

'马德琳安吉文7972''Madeleine Angevine 7972'（白）Du

'马德琳希瓦那''Madeleine Sylvaner'（白）Du

'奥尔特加''Ortega'（白）Du

'早熟马兰格尔''Précoce de Malingre'（白）

'赖兴施泰因''Reichensteiner'（白）

'斯格瑞博''Siegerrebe'（金黄）Du

中熟品种

'巴克斯''Bacchus'（白）

'丹菲特''Dornfelder'（黑）Du

'科恩宁''Kernling'（白）

'里昂米洛特''Léon Millot'（黑）Du

'苗勒图尔高''Müller Thurgau'（白）Du

'俄里翁''Orion'（白）

'凤凰''Phönix'（白）Du

'黑比诺''Pinot Noir'（黑）

'雷根特''Regent'（黑）

'龙多''Rondo'（黑）

'舍恩伯格''Schönburger'（白）

'赛必尔13053''Seibel 13053'（黑）

'白谢瓦尔''Seyval Blanc'（白）

'阿尔萨斯凯旋''Triomphe D'Alsace'（黑）Du

晚熟品种

晚熟品种只能在夏季温暖的地区户外成熟。

'夏敦埃''Chardonnay'（白）

'白诗南''Chenin Blanc'（白）

'格乌兹莱妮''Gewürztraminer'（白）

'灰比诺''Pinot Gris'（白）

'雷司令''Riesling'（白）

'白索维农''Sauvignon Blanc'（白）

'施埃博''Scheurebe'（白）

'斯凯勒''Schuyler'（黑）Du

注释

Du 也适合用作甜点

成型，将每根臂枝按照单干壁篱式的方法进行修剪。

其他修剪方法

某些品种无法从短枝修剪留下的基部芽中生长出足够的结果枝条。在这样的情况下，冬季修剪时需要保留较长的成熟枝条，或称木质杆，它们上面的芽会长成结果枝。将其他木质杆剪短至三四个芽，产生强壮新枝以便在接下来的冬天代替旧的结果木质杆。每年重复这一过程。许多其他更新系统也可以用来整枝甜点用葡萄树（关于双重居由式系统的细节，见对页，"居由式系统"）。

收获和储藏

绑扎或去除部分叶片，让更多阳光照射到正在成熟的果实上。将成熟果序带一小段木质枝条（"把手"）剪下，然后放置在有柔软衬垫的容器中，以防果实受损造成浪费。

剪下较长的把手并将其放入装满水的细颈容器中，果实悬垂在容器外，这样可以在室温条件下储存果序一两周。

繁殖

葡萄树可以使用硬枝插条或嫁接的方法来繁殖（细节参见466页，"繁殖"，以及432页，"芽接"）。

酿酒用葡萄树

酿酒用葡萄树可以种植在夏季漫长干旱且阳光充足的地区，并且土壤要有充足水分。在较凉爽的气候区，可以在温暖的墙壁或温室中种植早熟和中熟品种。

选址和种植

大多数pH值为6~7.5的排水良好土壤都很合适。在种植前清除杂草。砧木与甜点用葡萄树所用的一样（见461页，"位置"）。花一般是自交可育的，靠风媒传粉的。在种植前，竖立一排支撑柱子。在距地面38厘米处安装单根铁丝，在75厘米和1.2米高处安装双股铁丝。双股铁

葡萄树，双重居由式

第一年，冬季修剪

冬季种植后，将葡萄藤剪至地面之上大约15厘米处，留下至少2个强壮芽。

第一年，夏季修剪

随着领导枝的生长，用松散的八字结将它绑扎到垂直立桩上。

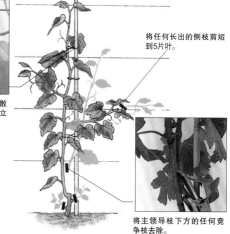

将任何长出的侧枝剪短到5片叶。

将主领导枝下方的任何竞争枝去除。

第二年，冬季修剪

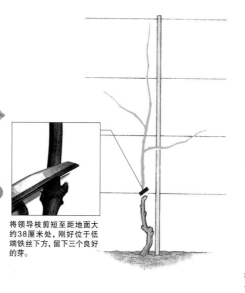

将领导枝剪短至距地面大约38厘米处，刚好位于低端铁丝下方，留下三个良好的芽。

第二年，夏季修剪

将任何其他枝条剪至与主干平齐。

让三根主要枝条继续生长，使用线圈将它们和支撑桩松散地绑扎在一起。

丝的每一根都在柱子上形成牢固的八字结。在冬天种植一二年龄葡萄树，株距为1.5~2米，行距为2米。

日常养护

清除所有杂草，并在干旱时为年幼葡萄树浇水以帮助其成型。只在干旱时为正在结果的葡萄树浇水，因为太多水会降低葡萄的品质。每年早春施加少量均衡肥料，并在交替年份施加硫酸钾。叶面喷施硫酸镁溶液以纠正镁缺乏症（见663页）。每隔一年使用大量腐熟有机质护根，如果土壤品质不佳则每年护根。果实大小对于酒的品质并不重要，所以疏果只在寒冷地区有必要，目的是提高糖分含量。

修剪和整枝

某些品种需要修剪短枝（见462页，"修剪和整枝"），然而许多其他品种需要每年替换掉老的木质杆才能规律地结果。

居由式系统

广泛用于酿酒用葡萄树，因为它能在有限空间内得到很高产量。需要每年整枝水平侧枝，侧枝上长出垂直整枝的结果枝条。在双重居由式系统中，每棵葡萄树有两根侧枝以这种方式整枝，而在单干居由式果树中则只有一根。

在按照双重居由式系统为葡萄树整枝时，在第一个冬天将其剪短至

第三年，冬季修剪

将这些枝条剪短至8~12个芽，留下60厘米长的强壮枝条

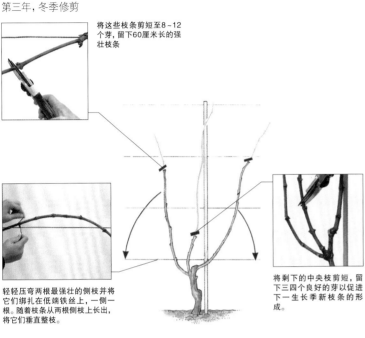

轻轻压弯两根最强壮的侧枝并将它们绑扎在低端铁丝上，一侧一根。随着枝条从两根侧枝上长出，将它们垂直整枝。

将剩下的中央枝剪短，留下三四个良好的芽以促进下一生长季新枝条的形成。

第三年，夏季修剪
将三根垂直替代枝上长出的任何细侧枝剪短至1片叶。

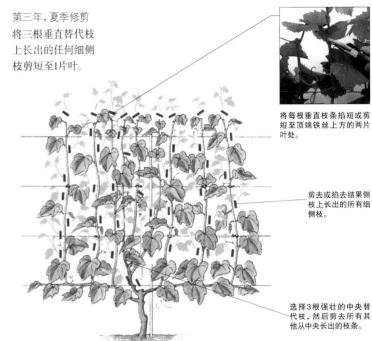

将每根垂直枝条掐短或剪短至顶端铁丝上方的两片叶处。

剪去或掐去结果侧枝上长出的所有细侧枝。

选择3根强壮的中央替代枝，然后剪去所有其他从中央长出的枝条。

成型居由式果树，冬季修剪

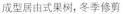

将中央枝条剪短至3个芽。从这些芽长出来的新枝条可以在接下来的冬天整枝。

去除所有结过果的老枝，将基部的水平侧枝剪至与主干平齐，留下3根代替枝。

小心地压弯剩余的两根枝条至左右两边并将它们绑扎到第一或第二根铁丝上。修剪茎尖至保留8~12个芽。

成型居由式果树，夏季修剪
掐去垂直结果枝的顶端，在顶端铁丝上方保留两片叶。

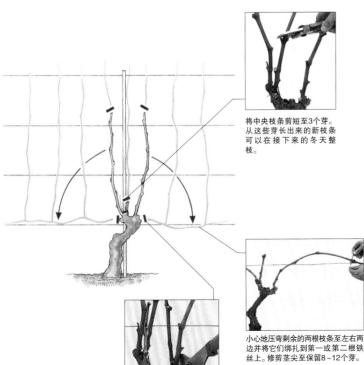

将三根垂直替代枝上长出的所有侧枝掐短或剪短至1片叶。

彻底掐掉结果枝条上的侧枝。

剪去过于拥挤且可能遮挡发育中的果实或者多余的枝条。

地面上的两个健壮芽。在第一个夏天，让一根枝条生长，并将其绑扎到垂直竹竿或铁丝上。去除其他较低的枝条并将所有侧枝剪短至5片叶。在第二个冬天，将葡萄树剪短至最低铁丝的下方，保留至少三个强壮芽。

去除叶片

当葡萄长出后，将任何遮住正在成熟果实的阳光的叶片直接去除。不要去除太多，否则会导致过多阳光造成灼伤。

采摘酿酒用葡萄

用修枝剪剪断果柄，采收酿酒用葡萄树的果序。

接下来的夏天，让三个强壮的芽生长成枝条并将它们垂直绑扎。去除位置低的枝条。

在第三个冬天，选择三个最好的中央枝条并将它们松散地绑扎在中央立柱或竹竿上，剪去其他较弱的中央枝。将三根替代枝上长出的任何细侧枝掐短至一片叶。将两根臂枝上长出的枝条垂直整枝在平行的水平铁丝上。如果生长健壮的话，可以让数个果序在它们上面生长。掐或剪去枝条的尖端，保留顶部铁丝之上的两片叶，去除结果枝上的所有细侧枝。

日常修剪

对于冬季修剪，将所有结过果的老枝剪去，只留下三根替代枝。将其中的两根向下绑扎，一侧一根，然后像第三个冬天一样修剪茎尖。将第三根枝条剪短至3个健壮芽。夏季的日常修剪和整枝和第三个夏天一样。剪去任何过度拥挤、遮挡果实的枝条。在果实成熟六周前将任何遮挡阳光的叶片去除。

收获

用修枝剪将果序从葡萄藤上剪下，果实应该充分成熟并干燥。

繁殖

使用冬季修剪时采取的硬枝插条繁殖，使用一年龄枝条已经变硬的基部作为插条。为了在露地种

植，采取约20厘米长的茎段，在芽的上端和下端将其剪下，然后以15厘米的深度将插条插入砂质土壤。

在保护设施中可以使用较短的只有一或两个芽的插条。将它们单独种植在9厘米花盆中，或将5个插条扦插在21厘米花盆里。将花盆放入冷床。在第二年夏天盆栽每根年幼的生根扦插苗。

硬枝插条

将枝条修剪成大约20厘米长的茎段，在芽上端做斜切口，下端做直切口。将插条三分之二的长度插入砂质土壤的扦插沟中。

双芽插条

1 在落叶修剪时，从当年生树枝上剪下一长段成熟枝条。然后去除上面保留的所有叶片或卷须。

2 将枝条剪成带两个芽的插条，顶端芽上方做斜切口，下端芽下方的节间中央做直切口。在顶端切口上方剥去1厘米长的树皮。

3 在花盆中装满2份草炭或草炭替代物、1份壤土和1份沙子配制的扦插基质，然后将插条插入基质中，使下端芽刚好位于基质表面下。做标签，浇水，放入温室。

4 当插条生根后，应该将它们单独盆栽到10厘米花盆中使其继续生长。

猕猴桃

猕猴桃树是一种攀援蔓生藤本植物，最初被称之为中国鹅莓。猕猴桃藤可生长至9米长。浆果果皮棕色带毛，果肉为绿色，种子小而黑。

生长期喜温暖湿润的条件，最佳温度范围为5～25℃。而休眠中的植株非常耐霜冻，为保证良好开花，需冷量为7℃之下至少400小时。

选址和种植

露地栽培的猕猴桃树只能种植在阳光充足的背风处，因为生

长期的植株对恶劣的天气条件非常敏感。土壤应该深厚且通气性良好，富含有机质，pH值为6～7。以每棵植株50～110克的密度在种植区域施加通用肥料。

猕猴桃树是雌雄异株的，单棵果树只开雄花或雌花。每8或9株雌树需要1株雄树以保证充分授粉。

安装立柱和铁丝支撑结构，每根铁丝相隔30厘米。种植生根插条或嫁接植株，株距为4～5米，行距为4～6米，为果树立桩支撑，直到它们的高度足以抵达支撑铁丝。

日常养护

为果树护根并施加富含磷酸盐和钾的通用肥料。定期浇水，特别是在漫长的干旱时期。清除杂草。一般不需要疏果。

露地种植的植株容易感染根腐病（见666页，"疫霉根腐病"）。在保护设施中它们容易感染蓟马（671页）、蚧虫类（669页）以及根结线虫。如果花瓣受到感染，会发生果实腐烂。感染扩散到果实上，使它们很早就掉落。高湿度会加快病害的扩散。在落瓣时使用福美双或类

推荐种植的猕猴桃树品种

'阿博特' 'Abbot' F
'阿里森' 'Allison' F
'布鲁诺' 'Bruno' F
'海沃德' 'Hayward' F
'詹妮' 'Jenny' Sf
'蒙哥马利' 'Montgomery' F
'陶木里' 'Tomuri' M

注释
F 雌性
M 雄性
Sf 自交可育

如何支撑猕猴桃树

常用方法是在水平铁丝上将果树整枝成树墙式，每棵果树的主干上长出两根主侧枝，并以50厘米的间距分布结果侧枝（见插图）。

似杀菌剂喷洒花朵进行控制。

在保护设施中种植

这样做的操作性很差，因为果树的枝条很长且容易蔓延，不过在露地条件下，可以使用轻质塑料屏障材料帮助果树抵御过多的风和冰雹。

如果能够提供合适的环境条件，猕猴桃树可以种植在聚乙烯通道温室中。土壤准备和栽培细节与露地栽培的果树相同。

修剪和整枝

商用果树常常生长在T字形杆子或藤架结构上。另外一种常用方法是以树墙形式将果树整枝在水平铁丝上：每棵果树都有两根从主干上长出的主侧枝以及间距为50厘米的结果分枝。更多细节见442页，"树墙式"。

猕猴桃树只在一年龄枝条上结果，所以所有结过果的侧枝都应该在休眠期剪短至两或四个芽。

收获和储藏

猕猴桃树在种植三四年后开始结果。当它们变软后采摘。附带果萼，将果实从分枝上折下或剪下：保持凉爽。如果包裹在塑料膜中，果实可以在0℃中储藏数月。

繁殖

嫩枝插条和硬枝插条都可以成功生根。嫩枝插条应该在春季采取，修剪至10~15厘米，然后插入扦插基质（见434页）。硬枝插条在夏末采取，它们应该有20~30厘米长，扦插到砂质基质中（见434页）。

也可以将选中品种嫁接到生长健壮的实生苗砧木上，最常用的嫁接方法是T字形芽接和舌接（见433页）。

西番莲

西番莲树是攀援植物，枝条可以生长得很长。球形果实在成熟时呈紫色或黄色，直径可达7厘米。最常种植的两个果用物种是果实为黄色的黄果西番莲树（*Passiflora edulis* f. *flavicarpa*）和果实为紫色的紫果西番莲树（*P. edulis*）。

紫果西番莲树的最佳生长温度大约为20~28℃。黄果西番莲树喜欢超过24℃的气温，不耐霜冻；紫果类型可以忍耐短暂霜冻。需要中至高水平湿度才能维持满意的生长。

选址和种植

选择阳光充足处，必要的话使用风障保护。可生长在不同类型的土壤中，但必须排水良好，pH值大约为6。

昆虫（通常是蜜蜂）可以杂交传粉，但在潮湿条件下必须进行人工授粉，人工授粉可以提高露地栽培果树的产量。

西番莲树需要铁丝框格棚架提供的支撑。在种植前，以4米间距竖立起3米长的立柱。使用一或两股铁丝将它们连接成排。

充分准备种植穴，加入有机质和中至高氮素水平的通用肥料。果树的种植株距和行距都为3~4米，如果只种植少量果树，间距可以更短。黄果类型的种植间距通常是3米。

日常养护

以每株果树每年0.5~1千克的标准施加中至高氮含量水平的通用肥料，最好是每三四个月等量施加在表层土壤。在春天施加有机质护根，除草，并在干旱时期定期浇水。

露地和保护设施中的果树的害虫包括果蝇、蚜虫（654页）、红蜘蛛（668页）以及各种蚧虫（669页）。在某些亚热带地区，根结线虫（668页）和镰刀菌萎蔫病（660页）也可能造成严重的问题。

"木质化"是由黄瓜花叶病毒（见672页，"病毒病"）引起的，传播媒介是蚜虫。由于西番莲树容易感染线虫和各种萎蔫病，应该每5~6年使用健康实生苗或生根插条或嫁接植株更换老果树。

在保护设施中种植

在温带地区可以实现，但除非提供最佳温度和条件，否则不会结果，通常必须进行手工授粉。像对室外植物一样提供铁丝支撑。将植株种植在准备好的苗床或直径至少为35厘米的大容器中。使用富含有机质的排水良好的肥沃基质，在种植前将通用肥料混入基质中。维持20℃的最低温度和60%~70%的湿度。每月施加一次液态肥或通用肥料，定期浇水。

修剪和整枝

将两根主要生长枝沿着铁丝整枝，形成永久性框架。如果它们在大约60~90厘米时还未长出侧枝，就将尖端掐掉。当结果侧枝在每年春天生长出来时，让它们悬挂下来。修剪这些侧枝，使其与地面的距离不少于15厘米。植株一旦成型，每年冬天将当季结过果的枝条剪去，因为它们不会再次结果。

收获和储藏

当果实开始从绿色变成紫色或黄色时采摘。果实应该在坐果8~12周后成熟，具体时间取决于品种。如果保存在至少6~7℃的恒定温度和85%~90%的稳定湿度中，果实可以储藏21天。

繁殖

通常播种或扦插繁殖，也可以芽接繁殖。

种子可以从完全成熟的果实中提取，并且应该发酵三四天，然后清洗并干燥。在保护设施中将种子播种在装有播种基质的托盘或花盆里，并保持至少20℃的温度。当萌发后的幼苗长到20~35厘米高时，炼苗后将它们移栽到开阔地，或者让它们在保护设施中继续生长。

应该准备15~20厘米长的插条并将其插入到装满扦插基质的托盘或花盆中。使用底部加热和喷雾的方法来促进生根。

芽接的详细方法见432页。当健康的芽接植株长到大约15厘米高时，应该将其移栽到固定种植位置。

如果线虫或萎蔫病是严重的问题，应该将紫果品种嫁接到具抗性的砧木上。黄果类型的健壮实生苗常常用于此。

西番莲

柔软水果

所有常见柔软水果都是灌木或茎生水果，草莓除外，它是宿根草本植物。灌木水果包括蓝莓、鹅莓、黑醋栗、红醋栗和白醋栗、杂交莓以及树莓。它们的肉质果实既可生食，又可制作蜜饯果酱，可装瓶或冰冻。大多数柔软水果在凉爽气候区生长得最好。它们喜欢排水和保水性都良好的肥沃土壤。阳光充足的位置最好并能结出品质优良的果实，不过它们在大多数情况下可以忍耐少量荫蔽。几乎所有品种都自交可育。修剪方式取决于果实的生长位置，是在一年龄枝条上，还是在更老的枝条和短枝上，或二者兼有。

黑莓

草莓

黄色树莓

博伊增莓

红醋栗

树莓

蓝莓

防护措施

在水果园中鸟类是一件让人头疼的事：它们不但会被正在成熟的果实吸引，在食物贫乏的冬天，山雀和红腹灰雀等鸟类还会将树枝上营养丰富的芽扯下来吃掉，对植株造成永久性的伤害，极大影响产量。

如果可能的话，最好的防护措施是使用网罩等物理屏障，基部安装牢靠以防鸟类从地面进入（见427页）。

临时准备的惊鸟器也值得一试，比如可以反光的CD，或者是风车。围绕花园移动它们的位置，变换对鸟类造成的"威胁"效果。

草莓

草莓是低矮的草本植物，可以生长在大多数花园中，露地或盆栽皆可。草莓有三种截然不同的类型：夏季草莓、多季草莓和野草莓。

夏果草莓在仲夏的两至三周内几乎结出所有果实。某些品种在秋天也会少量结果。

多季草莓在夏季短暂结果，然后停止大约两个月，然后在秋天连续不断地结果。它们在秋天温和无霜的地区生长得最好。

野草莓用种子繁殖，果实小而味道精美。

白昼长度的差异（见494~495页）会影响某些品种的成花。因此必须选择适合特定花园维度的品种，比如，在热带地区附近，对于生长结果至关重要的凉爽温度可能只有在高海拔才能实现。

选址和种植

在种植草莓时最好将新植株定期种在新鲜土地中，因为对于相同土地上连续种植三年的草莓，其产量、果实大小以及植株健康都会恶化。如果有充足空间的话，连续种植一年、二年和三年龄的植株，每年丢弃最老的植株并在新鲜土地中种植新的草莓走茎。

选址

阳光充足的温暖场所能结出味道精美的果实。砂质土壤可以结出最早的果实，壤土和排水良好的黏土能得到最高的产量，味道也最好；白垩质土的结果效果较差。pH值为6~6.5的微酸性条件最理想。良好的排水至关重要，其可以避免土生病害。在马铃薯后种植草莓有较大风险，因为其土壤中可能富含黄萎病菌（672页）。

为延长果期，可将种植分开——选择温暖背风处种植最早的一批，阳光充足的开阔地种植中间一批，阳光较少的位置种植晚熟草莓。

授粉

大多数品种自交可育。不过'潘多拉'（'Pandora'）是一个自交不育的品种，为保证它的结果，需要在附近种植几棵花期相同的不同品种植株。

种植

草莓的种植时间取决于地理位置。如果有疑问的话寻求专业意见。在气候冷凉地区，最好在夏末至初秋种植，以确保来年夏天有最大产量。如果种植得更晚，应该在第二年春天将花除去，让植株充分成型后再开始结果。

如果可能的话，使用经过认证的植株，并将它们种植在至少三年没有种过草莓的新鲜土地中。每

在塑料护根下种植草莓

1 在湿润土壤中，用绳线标记出90厘米宽的苗床。为苗床中的土壤覆盖护根，然后用一条1.2米宽的黑色塑料布盖在苗床上。

2 在苗床两侧各挖一条窄沟，将塑料布的边缘埋在窄沟里以防被风吹走。

3 以45厘米为间距在塑料布上做十字形切口。将草莓通过切口种下，并紧实它们根颈周围的土壤。

4 将被切开的塑料布拨在植株根颈周围。种植完成的成排草莓应该稍稍隆起地面，使雨水从植株上流走。

两或三年更换植株，挖出并焚烧附近的任何年老植株以防止病毒传播。清除所有杂草，在种植区域施加大量腐熟农家肥，除非土壤中还保留着上一季作物留下的大量相同肥料。在较贫瘠的砂质或白垩质土壤中，还要用耙子在表层土中混入均衡肥料，密度为105克每平方米，种植前施加。成排种植的草莓应稍稍隆起，株距为45厘米，行距为75厘米，使雨水能够流走。种植时中央根颈的基部应与土壤表面平齐，紧实后浇透水。在潮湿场所，将植株种在抬升苗床中（见599页，"抬升苗床"）。

草莓还可以穿过黑色塑料布种植，塑料布可以抑制杂草，保持土壤湿度，并通过温暖土壤促进提早结果。在种植前将塑料布安装牢靠，然后按照需要的间距切割塑料

如何保持草莓的洁净

当草莓正在开花或果实正在形成时，在植株下面铺一层厚秸秆，防止正在成熟的果实接触土壤。

另一种方法

可以将专用草莓垫小心地放置在根颈周围，以保护发育中的果实。

去除走茎

随着它们的生长，去除多余的走茎。将它们从靠近母株处掐掉，注意不要伤害其他叶片。

布，做出种植孔。

日常养护

草莓需要经常浇水。应该使用网罩保护成熟中的果实来抵御害虫并远离土壤以保持干净。清除多余的走茎、杂草并定期检查病虫害。春花可能需要防冻保护，园艺织物或双层报纸都很有效。

在果实完全发育前，将洁净干燥的秸秆或专用垫子放置在它们下方，以防它们被土壤弄脏，透过塑料布种植的草莓则不需要。在果实变红之前，使用水果笼抵御鸟类（见427页）。

走茎出现后将它们掐掉，除非需要它们形成垫状种植（见右，"在保护设施中种植"）。

浇水和除草

新种植后要浇水，然后在生长期定期浇水，特别是在开花后浇水以促进果实发育。只在非常干燥的天气为塑料布下种植的植株浇水，透过种植孔浇水。保持苗床无杂草。

病虫害

草莓会被鸟类（655）、灰松鼠（661页）以及蛞蝓（670页）吃掉，还容易感染蚜虫（654页）、葡萄黑耳喙象（672页）、灰霉病（661页）、真菌性叶斑病（660页）和红蜘蛛（668页）。将受感染或发育不良的植株挖出并焚毁。红心根腐病和草莓板步甲并不常见，但发生时非常严重。红心根腐

采摘果实

将果柄掐断以免擦伤果实。用于制作果酱的草莓可以不带果柄采摘。

病是一种土传病害，在黏重土壤中更为流行，其会导致叶片衰败并死亡。唯一的措施是更换种植地。草莓板步甲会将种子从果实表面取下，诱发腐烂。它们以杂草的种子为食，所以要将苗床的杂草清除干净。

在保护设施中种植

和室外栽培相比，加温温室中种植的草莓可以提前一个月结果，但味道较淡。尽早在装满播种基质的6厘米花盆中种植走茎（见470页）。在根系充满花盆之前，将其移栽到装满盆栽基质的15厘米花盆中，将植株留在室外直到仲冬，防护大雨，然后再放到温室光照条件最好的位置。当新叶形成后，维持7℃的夜间最低温度和10℃的白天最低温度。

调整通风以维持这些温度指标。经常浇水并在地板上洒水，保持空气湿润并减少感染红蜘蛛的风险。当花朵开始发育后，将温度增加大约3℃，在花期，再次升高同样的温度，并停止洒水。用柔软的毛刷为花朵手工授粉，在晴天中午前后进行。去除较晚开放的花，以增大正在成熟果实的大小。为增强果实的味道，随着它们开始成熟降低温度。

对于露地栽培的植株，冬末放置在植株上的钟形玻璃罩可以将果实成熟期提前大约三周（见582页），聚乙烯通道棚可以提前一至两周。二者都可以在温暖天气充分通风。在钟形玻璃罩和塑料棚中，草莓的间距可以减半形成垫状种植，以得

到最大的产量。可以保留走茎以增加种植密度。第一年后恢复到正常间距，间隔去除一半植株，否则果实品质会退化，日常养护也会变得困难。

收获和储藏

果实完全成熟时采收甜点用草莓，附带果柄，立即使用味道最好。果酱用草莓应该在成熟但仍然紧实时采摘。每隔一天采一次果，去除并烧毁染病或受损果实。草莓也可以瓶装或制作蜜饯。如果冷冻的

园艺百科全书（典藏版）

话，除了'图腾'（'Totem'）之外，其他品种的果实都会失去紧致感。

采摘后，清理掉多余的走茎、杂草和秸秆。将旧叶片从植株上切下，注意不要损伤幼嫩的新叶。施加均衡肥料，如果土壤干燥的话浇水。在植株透过塑料护根种植的地方进行新的种植，除非它们的长势仍然很健壮。

繁殖

每年在成型苗床之外种植一或两株认证过的无病毒幼苗。随着它们的生长，控制蚜虫并摘除花朵。植株会连续两年长出可供移栽的健康走茎，然后使用新的认证植株重新开始种植。某些多季草莓品种几乎不产生走茎。

收获后清理叶片

果实采摘后，立即将老叶去除，在新叶和根颈上方留下10厘米长的叶柄。清理并烧掉秸秆、叶片和植株周围的其他杂物，最大限度地降低病虫害风险。

如何使用走茎繁殖

1 种植经过认证的无病毒植株以生产走茎。随着走茎形成，将它们均匀地分布在母株周围。

2 一旦走茎生根并长出苗壮的新叶，使用手叉小心地将其挖出，不要损伤根系。

3 将生根走茎从母株上分离。将其移栽到准备好的土壤中，或单独上盆以便以后来移植。

野草莓

野草莓（*Fragaria vesca* 'Semperflorens'）的果实小而芳香，味道甜，可以作为花境或菜畦的镶边。与其他大多数草莓相比，它们能忍耐更凉爽的条件，在温暖地区的夏季喜欢半阴。它们的果期从仲夏延续至秋末。

植株在种植两年后开始退化，所以应该定期使用走茎或种子繁殖。为将种子从果实中分离，将草莓晾干，然后用手指捏碎。将果实播种在装满标准播种基质的花盆中并使温度维持在18~24℃。当幼苗长出两片真叶后移栽。在初夏移植年幼草莓幼苗。

野草莓

如何使用种子繁殖

1 用手指捏碎干燥的果实，使种子掉落下来。下面放置干净的容器以收集种子。

2 在6厘米花盆中装满播种基质。将种子稀疏地撒在基质表面，然后用薄薄的一层基质和一层细沙覆盖在种子上。

黑莓和杂种莓

黑莓树以及罗甘莓和博伊增莓等杂种莓树的果实在夏末着生于茎干上。杂种莓树是悬钩子属（*Rubus*）的不同物种或品种杂交培育的。

位置

种植前应充分准备土地并施肥，就像种植树莓一样（见472页）。从专业苗圃那里购买黑莓树和杂种莓树植株，如果可能的话，选择经过认证的健康无病毒植株。无刺品种的长势通常不如有刺品种。黑莓树和杂种莓树都是自交可育的，因此可以单株种植。黑莓树和杂交莓树需要阳光充足或半阴环境。不要将它们种植在暴露区域。

为茎提供支撑：安装有间距为30厘米水平铁丝的墙壁和栅栏是理想的支撑。

还可以使用3米长并插入地面60厘米的柱子用于基本支撑，但对于苗壮的品种，应该树立立柱和铁丝构成的栅栏。立柱之间的间距为4~5米，之间连接4根水平铁丝，最低铁丝距地面90厘米，最高铁丝距地面2米。在疏松的砂质土壤中，应该使用斜木杆在末端柱子处提供额外支撑。这有助于防止铁丝在茎干的重量作用下松动。

种植

在冬天种植，如果天气恶劣，推迟到冬末或早春。某些品种在很冷的地区可能会被冻死，所以应该根据当地情况种植。浅植，伸展根系并紧实植株基部的土壤。较苗壮的品种种植间距应为4~5米，长势较弱的品种种植间距应为2.5~3米。种植后，将茎剪短至22厘米。

购买健康的黑莓植株

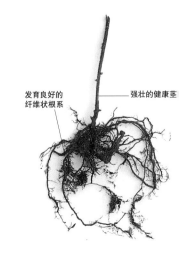

发育良好的纤维状根系

强壮的健康茎

整枝方法

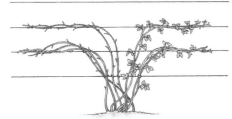

隔仓法
将新枝整枝到植株的一侧，而较老的枝条在另一侧结果。

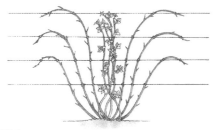

扇形式
将结果枝条呈扇形单根整枝在左右两侧，并垂直整枝中央新枝条。

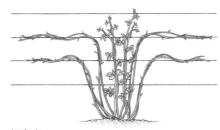

绳索式
数根为一组将结果枝条沿着铁丝绑扎，留下新枝在中央生长。

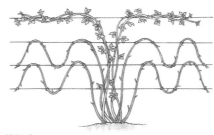

编织法
将结果枝编织在下面的两根铁丝上。将新枝垂直并沿着顶端铁丝整枝。

推荐种植的黑莓品种

早熟品种
'海伦' 'Helen'
'黑卡拉卡' 'Karaka Black'
'西尔万' 'Sylvan'

晚熟品种
'契斯特' 'Chester'
'马里湖' 'Loch Maree'
'尼斯湖' 'Loch Ness'
'俄勒冈无刺' 'Oregon Thornless'
'无刺' 'Thornfree'
'三重冠' 'Triple Crown'
'沃尔多' 'Waldo'

推荐种植的杂种莓
博伊增莓Boysenberry
罗甘莓Loganberry
泰莓Tayberry
无刺罗甘莓Thornless Loganberry

成型黑莓树和杂种莓树
采摘后修剪

将所有结过果的枝条剪至地面。

按照所使用的整枝系统将新枝牢固地绑扎在铁丝上。

冻伤枝条的顶端修剪

在早春检查枝条有无冻伤迹象，如果有的话，将枝条剪至健康部分。

日常养护

养护需求和树莓一样（见473页）。

病虫害

树莓甲虫（667页）、鸟类（655页）、灰霉病（661页）以及病毒（672页）都会造成问题，不过不同杂种的抗性不同。

修剪和整枝

植株在一年生枝条上结果，所以整枝需要将正在结果的枝条和新长出的枝条分开。对于小型花园，最好使用绳索式和扇形式方法（见上）。隔仓和编织系统占用的空间更多，但编织法也是最适合用于生长苗壮植物的方法。

采摘后，从地面剪掉结过果的枝条。保留并绑扎当季长出的枝条，但去除其中细弱或受损的枝条。在早春，如果枝条尖端出现冻伤导致的枯梢，将每根枝条的尖端剪去。

收获和储藏

定期采摘果实，和悬钩子不同的是，中央的果柄保留在果实上。它们可以装瓶、腌渍或冷冻储藏。

繁殖

为提供一些新植株，使用茎尖压条法（见下）繁殖。在夏天将枝

茎尖插条

1 将健康苗壮枝条的顶端压弯并放入10厘米深的洞中。在洞中填入土壤并紧实好。

2 一旦茎尖在秋末或冬天生根，将其从母株上切下。需要的话上盆，或在春天移栽。

园艺百科全书（典藏版）

条压弯至地面，然后将茎尖放入土壤中挖出的洞中。用泥土覆盖并紧实。茎尖一旦在秋末或冬天生根，就将其从母株上分离下来。在春天将年幼植株转移到最终种植位置。

为得到大量新植株，在夏末剪下30厘米长的当季枝条，从上面采取叶芽插条，每根插条带一片叶和一段茎。将数根插条插入到一个口径为14厘米花盆中，然后放入潮湿空气或冷床中，它们应该会在六至八周内生根。炼苗后在秋末移栽，如果冬季太严寒的话，推迟到早春移栽。一年之后将幼苗移植到最终位置。

如何使用叶芽插条繁殖

1 选择强壮健康的当季枝条，采下至少30厘米长、带有大量发育良好叶芽的茎段。

2 在某芽上方1厘米处做切口，向下切割以去除芽子和大约2.5厘米长的一部分茎，附带一片叶。

3 将3根插条插入到口径为14厘米花盆中，茎段倾斜且生长芽正好位于土壤表面上。浇水，做标签并将花盆放入冷床中。

树莓

通过将欧洲野红树莓（*Rubus idaeus*）与美国树莓（*R. idaeus* var. *strigosus*）以及北美黑树莓（*R. occidentalis*）杂交，已经获得了许多树莓品种。

树莓是冷季型作物，在湿度大的条件下生长得最好。果实颜色不一，从深红色到黄色。树莓主要有两种类型：夏果型树莓和秋果型树莓，前者在盛夏短暂大量结果，后者的果期很长，从夏末开始一直延续到第一场冬霜。

选址和种植

种植前需要对土地进行充分的准备，因为树莓无法在贫瘠的土壤中良好结果，特别是与杂草竞争时。树莓自交可育。

位置

树莓应该种植在阳光充足的背风处。它们能忍耐半阴，在较炎热的地区，一定程度的荫凉会带来好处。

土壤应该富含腐殖质且保水性好，但排水也应该顺畅，因为树莓不能忍受排水不畅的条件。砂质、白垩质以及贫瘠的多石土壤需要每年使用大量富含腐殖质的材料混入表面，并定期浇水。另外，如果树莓生长在富含石灰的土壤中，它们会患上萎黄病。

准备

在种植前清除所有宿根杂草，否则它们在后来会很难对付。准备至少宽90厘米的种植区域，掘入大量腐熟粪肥。

建立永久性支撑结构。对于立柱和铁丝支撑，以3米为间距设立单排柱子。在柱子之间拉伸三条铁丝或尼龙绳，距地面高度分别为75厘米、1.1米和1.5米。保持铁丝或尼龙绳的拉紧状态，并用麻线将枝条绑扎在铁丝上，防止枝条被风吹移动。

平行铁丝法需要两排柱子，每排柱子的间距与上述相同，行距为75厘米。沿着柱子拉伸两对平行铁丝，距地面高度分别为75厘米和1.5米。然后用铁丝或结实的绳线十字形交叉绑扎在它们之间。枝条由交叉的铁丝支撑，不需要绑扎。

对于斯堪的纳维亚式系统，如上所述立起两排柱子，但行距为90厘米，然后以90厘米的高度在每排柱子上拉伸一根铁丝。将结果枝沿着铁丝缠绕，使新枝可以在中间的开阔空间生长。

获得经过认证的无病毒枝条，否则使用采取自健康和结果状况良好成型植株的萌蘖条。

种植

将休眠枝条种植在充分上肥的土地中，株距为38~45厘米，行距

支撑和整枝方法

在空间有限的地方立柱和铁丝法很有用。平行铁丝法会给枝条更多生长空间，但在多风条件下不适用。斯堪的纳维亚式系统需要将年幼枝条缠绕在铁丝上，不对枝条进行绑扎或茎尖修剪。这种方法需要的空间比其他方法都多。

斯堪的纳维亚式系统

立柱和铁丝

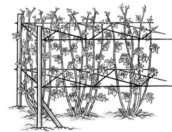
平行铁丝

如何种植树莓

1 在充分施加粪肥的土地中准备一条深5~8厘米的沟。以38~45厘米的间距种植枝条。小心地伸展根系并用土壤回填种植沟。

2 紧实枝条基部的土壤，确保它们保持垂直。将枝条剪短至距离地面约25厘米的芽处。用叉子轻轻翻动土壤。

为2米。在秋天或初冬种植，这样能促进植株快速成型。在5~8厘米的深度均匀伸展根系，然后轻轻紧实它们。将枝条修剪至距地面25厘米。

日常养护

在春天使用腐熟粪肥护根。在每排果树两侧覆盖，注意不要将枝条埋住。如果没有粪肥，定期施加均衡肥料（见426页，"柔软水果的养护"），并用堆肥或腐叶土覆盖护根以保持水分。

树莓花期较晚，所以用不着防冻保护。定期彻底清除杂草并为植株浇水。清除任何距离中央超过22厘米的萌蘖条。

病虫害

树莓甲虫（667页）以及鸟类（655页）是主要病害。灰霉病（661页）、茎疫病（670页）以及病毒（672页）也会成为问题。

修剪和整枝

新枝条一旦在仲夏左右生长成型，就将所有在种植时剪短的枝条剪去。

在采摘夏果树莓后，应该将所有结过果的枝条从地面处剪去。绑扎新枝（见472页，"支撑和整枝方法"），保持8~10厘米的均匀间距。剪去受损和细弱枝条，使剩余枝条

接受尽可能多的阳光和空气。将高枝条的尖端向下弯曲成半圈并绑扎在铁丝上，以防风造成损坏。接下来的春天，将枝条剪短至最上端铁丝之上15厘米，剪去被冻伤的所有茎尖。去除死亡、染病或拥挤枝条，或任何距离中央超过22厘米的枝条。

应该在冬末将秋果树莓（见474页）的所有枝条剪至地面。新的枝条会长出，然后在秋天结果。

收获和储藏

在果实紧实至成熟时采摘用于制作蜜饯和冰冻，生食需要果实完全成熟时采摘，每隔一天采摘一次。

如何去除不需要的萌蘖条

如果萌蘖条变得过于拥挤或者距离成排植株太远，如这里所示，将它们挖出并从母株上分离。

第一个生长季即将结束时的修剪

1 在仲夏左右，将种植时剪短的较老枝条再次剪短至地面。

2 在当季的最强壮枝条长到大约90厘米时，将它们绑扎到支撑铁丝上（见插图）。

成型树莓

1 当采下所有水果后，将所有结过果的枝条剪至地面。

2 在当季最强壮的枝条长到大约90厘米高时，将它们绑扎到铁丝上，保持10厘米的间距，这里使用连续绑扎法。

3 在生长季即将结束时，将高枝条的尖端向下弯曲成半圈并绑扎在铁丝上。

春季修剪

在生长季开始之前，将所有枝条剪短至某健康芽处。可能的话，切口应该位于顶端支撑铁丝之上大约15厘米处。

将果实与中央果柄分离，不过用于展示的果实需要保留完整的果柄。迅速摘除并烧毁染病或受损果实，以防传染给健康果实。

繁殖

在秋末，选择远离成排果树生长的强壮萌蘖条，将它们挖出并在休眠期重新种植。确保它们来自健康和大量结果的植株，如果存疑，使用来自专业苗圃并且经过认证的无病毒枝条。

用萌蘖条繁殖

在秋天小心地将萌蘖条挖出并将它们从母株上分离。去除上面的任何叶片，确保萌蘖条的健康，并在需要新的植株时将其重新种下，浇透水。

秋果树莓

它们应该种植在阳光充足的背风处，在那里植株能够快速成型，果实也会尽可能快地成熟。当季枝条的上半部分会大量结果。种植和栽培需求和夏果树莓一样。

秋果树莓应该在生长开始之前的冬末进行修剪，将所有结过果的枝条剪至地面，以促生新枝生长，新枝会在秋天结果。

冬末修剪

在新的生长开始前，将所有枝条剪至地面。秋天，新生长季的枝条上会结果。

黑醋栗

黑醋栗树只能在冷凉气候区良好生长。这种灌木开花很早，所以在暴露区域容易被冻伤。它们在仲夏结果。在美国某些地区禁止栽培黑醋栗树，因为它们是美国五针松某种锈病的宿主。杂交醋栗树是黑醋栗树和鹅莓树的杂种，栽培方式相同。

选址和种植

在种植前应充分准备土地，为新结果枝的连续不断产生提供最好的条件。在种植前清理种植区域的所有杂草，然后掘入大量粪肥。

位置

选择阳光充足的背风处，其可以忍耐一定程度的荫凉。如果必要的话提供抵御春霜的防冻保护（见612~613页，"防冻和防风保护"）。黑醋栗树能在一系列类型的土壤中生长，但保水性好的深厚土壤最合适，避免潮湿且排水不畅的土地。喜pH值为6.5~7的土壤，为酸性很强的土壤施加石灰（见625页）。黑醋栗自交可育。

种植

使用认证过的苗木，种植无病害的灌木。认证体系下出售的灌木常常有两年的苗龄，不过无病害一年龄苗木也很适合。最好在秋末种植，不过黑醋栗树在整个冬天都可以种植。小心操作植株以免损坏基部芽。灌木的株距为1.2~1.5米，行距也一样。种植后，将所有枝条剪至1个芽，以促进强壮新枝的生长。

日常养护

在冬天，以每平方米35克的量施加硫酸钾，并在春天以同样密度施加氮肥。春天，使用腐熟粪肥、堆肥或腐叶土在灌木周围大量护根，以保存土壤水分。

在干旱天气中浇水，但不要在果实正在成熟时浇水，否则会导致果皮开裂。用网罩帮助成熟中的果实抵御鸟类。

病虫害

蚜虫（654页）、鸟类（655页）、冬尺蠖蛾幼虫（673页）、白粉病（667页）以及真菌性叶斑病（660页）都可能会影响黑醋栗树的健康。大芽螨（655页）会毁坏芽子并携带隔代遗传的病毒。需要将受感染的植株清除。

黑醋栗灌木
第一年，冬季修剪

种植后立即将所有茎干剪短至地面之上的1个芽处。

修剪和整枝

种植黑醋栗树时，要使植株从地面长出尽可能多的枝条。大部分果实着生在上一季长出的枝条上，定期修剪对于保持高产量非常重要。修剪结合充分的施肥会促进强壮新枝的生长。

种植后立即将所有枝条剪至地面上的1个芽处。第二年，去除任何非常细弱的、朝下伸展的或水平的枝条。然后，对于成型灌木，应该在晚冬之前芽子开始萌动时修剪，将四分之一至三分之一的二年龄枝条剪至基部，并剪掉任何更老的弱枝。不需要修剪茎尖。新枝条呈淡茶色，二年龄枝条是灰色的，更老的枝条呈黑色。

如果灌木需要复壮的话，将比例更多的旧枝剪掉，只保留那些已经长出强壮嫩枝的分枝。如果只长出少量枝条而灌木还是健康的，则

第二年，冬季修剪

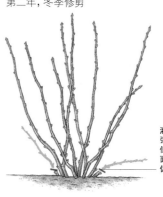

灌木应该会长出7或8根强壮新枝。将任何细弱或低矮生长的枝条剪短至地面上大约2.5厘米处，以促进新枝从地面长出。

新枝和结过果的枝条

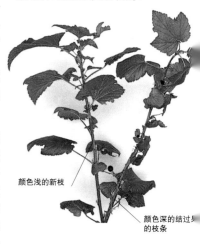

颜色浅的新枝

颜色深的结过果的枝条

在冬天将整棵植株剪至地面。如果施加肥料并护根，大多数灌木都会成功复壮，但需要以一年的结果为代价。长出的新枝可能需要疏减，保留其中最强壮的。大约十年之后，最好更换新的灌木而不是试图进行复壮。

成型灌木，采摘后修剪

将老枝以及四分之一至三分之一的二年龄枝条剪去，以促进新的生长。

去除任何孱弱、受损或生长低矮的枝条，修剪至主干。

收获和储藏

黑醋栗树的果实成串生长在"果梗"上。当果实干燥成熟但仍然紧实时采摘。将成串果实采下而不是单个果，否则可能对果实造成伤害。早熟品种的果实会很快脱落，但晚熟品种的果实能在果树上保留更长时间。此水果可以生食，也可以瓶装、制作蜜饯果酱或冰冻储藏。

繁殖

黑醋栗树使用秋季从健康灌木上采取的硬枝插条繁殖。保留插条上的所有芽，促进底部枝条的生长。硬枝插条是得到更多砧木的好方法，因为它们可以很快而容易地采下，并且繁殖成功率很高。而且插条不需要任何保护或加温。

硬枝插条

将20~25厘米长的插条插入沟中，露出两个芽。

红醋栗和白醋栗

红醋栗树和白醋栗树需要冷凉气候。白醋栗树只是红醋栗树的一个白果变种，两种果树都在仲夏结果，并且需要相同的生长条件。

选址和种植

红醋栗树和白醋栗树需要阳光充足的环境，但也能忍耐一定程度的萌凉，在炎热气候中需要一定遮阴。为果树提供防风保护，防止枝条断裂，并防止高温灼伤。

像黑醋栗树一样在种植前充分准备土壤。最理想的是较重的、保水性好且排水顺畅的土壤。砂质土壤可能会导致发生钾缺乏症。所有品种都自交可育。

在购买幼灌木时，确保幼苗来自结果状况良好的健康植株。不过它们并没有认证体系。在秋天或冬天种植，灌木式的种植间距为1.2~1.5米，壁篱式间距为30厘米，扇形式果树的间距为1.8米。

日常养护

关于养护细节，见黑醋栗（474页）。如果必要的话施加硫

酸钾以维持高钾水平（氯化钾会灼伤叶片）。

病虫害

在冬天用网覆盖植物以防止鸟类破坏芽子。如果芽子被破坏了，将冬季修剪推迟至芽子萌动之前，然后修剪至健康的芽。蚜虫（654页）、叶蜂幼虫（669页）、灰霉病（661页）以及珊瑚斑病（658页）都会对果树造成影响。

修剪和整枝

红醋栗树和白醋栗树一般生长成中心开阔的灌木式，但也可以在支撑铁丝上整枝成壁篱式、双重壁篱式或扇形式。在修剪侧枝形成的短枝上结果。

灌木式

一年龄灌木应该有两三根年幼树枝，在冬天将这些枝条剪短一半。去除距离地面不到10厘米的枝条，形成短的主干。

第二年冬天，将新生长的部分剪短一半以形成主分枝，修剪至某朝外伸展的芽处。将朝内或

红醋栗灌木
第一年，冬季修剪

去除任何距离地面不到10厘米的侧枝，剪至与主干平齐。这会在基部形成短主干。

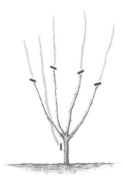

将每根侧枝剪短大约一半，修剪至某朝外伸展的芽（或直立枝条）处。

第二年，冬季修剪

将在中央拥挤或朝下生长的枝条剪短至1个芽处。

成型灌木，冬季修剪

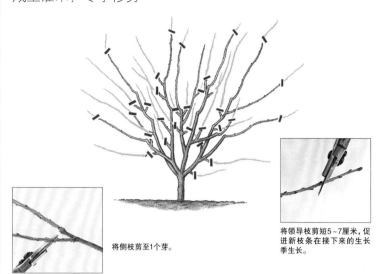

将侧枝剪至1个芽。

将领导枝剪短5~7厘米，促进新枝条在接下来的生长季生长。

朝下生长的侧枝修剪至1个芽。对于成型灌木，将侧枝剪短至1个芽并剪去主分枝的尖端。

壁篱式

单干壁篱式常常是垂直整枝的。首先安装距地面60厘米和1.2米的铁丝。在一年生果树上选择一根主枝，将其整枝在一根竹竿上，将该枝条剪短一半，然后将

其余枝条剪至1个芽。

在夏天，将新生侧枝修剪至5片叶。在冬天将这些侧枝剪短至1或2个芽，然后将领导枝的新生部分剪短四分之一。当领导枝长到支撑铁丝的最高处后，将其修剪至某个芽。双重壁篱式果树需要将两根分枝与地面成30°的角度整枝，方法与苹果树一样（见441页，"用一年生鞭状苗整枝双重

壁篱式"），每根分枝都按照单干壁篱式的方法进行修剪。

扇形式

扇形式红醋栗树和白醋栗树的整枝方式与扇形式桃树一样（见453页）。然后每根分枝都按照壁篱式方法进行修剪。

收获和储藏

红醋栗和白醋栗的采摘方法与黑醋栗一样。与大多数黑醋栗相比，它们能在树枝上保留更长时间。它们可以瓶装、制成蜜饯果酱或冰冻储藏。

繁殖

在初秋采取硬枝插条。使用30~38厘米长的枝条，除顶部三或四个芽子外，将其他所有芽子除去，得到拥有短茎干的植株。

将插条插入湿润肥沃土壤，将它们埋入一半长度，然后紧实好。一旦生根，就将它们移栽到固定位置。

推荐种植的红醋栗和白醋栗品种

早熟品种
'洋奇家族' 'Jonkheer van Tets'（红）
'拉克斯顿一号' 'Laxton's No.1'（红）

中熟品种
'红湖' 'Red Lake'（红）
'斯坦萨' 'Stanza'（红）
'白荷兰人' 'White Dutch'（白）
'白葡萄' 'White Grape'（白）

晚熟品种
'布兰卡' 'Blanka'（白）
'金翅雀' 'Redpoll'（红）
'红尾鸟' 'Redstart'（红）
'朗登' 'Rondom'（红）

硬枝插条可能需要几个月才能生根，最好趁土壤温暖时在初秋扦插。

壁篱式红醋栗

第一年，冬季修剪

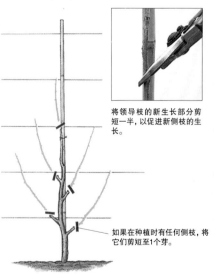

将领导枝的新生长部分剪短一半，以促进新侧枝的生长。

如果在种植时有任何侧枝，将它们剪短至1个芽。

第一年，夏季修剪

将当季侧枝剪短至5片叶。

成型壁篱式果树，冬季修剪

如果领导枝已经长到顶端铁丝，将其修剪至1个芽，或者将夏季生长出的部分剪短四分之一。

将任何基部距地面不足5厘米的枝条剪至根部。

将所有侧枝剪短至1或2个芽，以促进主干附近生长出新的短枝。

枸杞

枸杞属（*Lycium*）是枝条呈拱形的落叶灌木，该属的几个中国物种已经在许多国家得到了驯化。如今的栽培主要是为了得到丰富的鲜红色或橙色肉质果实，果实常常呈卵形，营养丰富。它们从春天到秋天开放喇叭形的紫色和白色花

朵，一般在种植后2~3年就能良好结果。

选址和种植

枸杞非常耐寒，喜阳光充足处的肥沃排水良好土壤。种植时应该将腐熟有机质混入土壤中，在第一年需

要充分浇水，之后它们会很耐旱。

日常养护

定期护根对枸杞有好处，可以使用腐叶土或腐熟粪肥。为得到更好的产量，推荐进行轻度修剪。在春天使用特别配制的果树灌木肥

料施肥有助于增加产量。

病虫害

灌木如果健康的话一般不会受到昆虫的侵扰。在某些地区，可能需要提供防鸟措施，并保护叶片免遭兔子和鹿的啃食。

鹅莓

鹅莓树的成熟果实为黄色、红色、白色或绿色,具体取决于品种。伍斯特莓(*Ribes divaricatum*)的外形像过于茁壮且非常多刺的灌木鹅莓,紫红色果实小,适合做果酱,栽培需求与鹅莓相似。

选址和种植

鹅莓树的种植比较容易。就像醋栗树一样,它们需要冷凉的条件,如果夏季温度较高的话,还要提供足够的遮阴。种植条件和间距与红醋栗(见475页)相同。所有品种都自交可育。

鹅莓灌木

第一年,冬季修剪

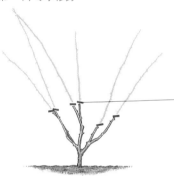

将所有枝条剪短一半至四分之三,剪至朝外伸展的芽处。

成型灌木,管控修剪,冬季

将较老的分枝剪去以防止过于拥挤,并维持树冠中心的开阔。

灌木中应该主要是年幼的枝条,且均匀分布,朝上或朝外伸展。

成型灌木,短枝修剪,冬季

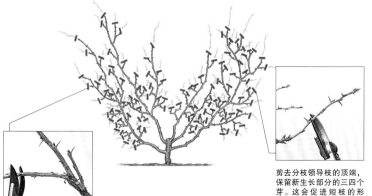

将所有侧枝剪短至距其基部大约8厘米的芽子处。

剪去分枝领导枝的顶端,保留新生长部分的三四个芽。这会促进短枝的形成。

日常养护

基本养护措施与黑醋栗树大体相同(见474页)。鹅莓树需要高钾含量肥,并定期使用腐熟粪肥护根。年幼植株上的新枝容易断裂,需要防止大风伤害。如果结果量很大的话,在春末疏果。

病虫害

鸟类(655页)会造成芽子严重损失,所以要用网罩覆盖植株。如果芽受到了鸟类伤害,将冬季修剪推迟到芽子萌动时,并修剪至存活的芽。

修剪和整枝

年幼果树可以像红醋栗树一样整枝成灌木式、壁篱式或扇形式。不过许多鹅莓品种如'平等派'('Leveller')拥有自然下垂的株型,为防止枝条垂到地面上,修剪至朝上伸展的芽,特别是在整枝年幼灌木时。

灌木式

初始修剪见红醋栗(475页),目的是在10~15厘米长的茎干上方得到开阔的灌木树冠。成型的灌木只需要在冬天进行管控修剪或短枝修剪,以得到较大的果实。

管控修剪是比较简单的方法:去除低矮、拥挤和交叉的枝条,在灌木中央维持枝条的匀称;还要去除任何年老且生产力低下的分枝,并选择年幼新枝来代替它们。

短枝修剪比较费工:将所有侧枝剪短至距主分枝8厘米处的合适芽。还需要将分枝领导枝的尖端剪去。

标准苗式

整枝成标准苗式的品种需要嫁接在香茶藨子(*Ribes odoratum*)和极叉分茶藨子(*R. divaricatum*)砧木上。选择砧木的一根枝条并将其垂直整枝,其他侧枝需要截短。它需要花三年时间才能长到合适高度。当茎干变粗且长到1.1~1.2米时,将侧枝剪去并使用舌接法嫁接上选中的品种(见433页)。使用结实的木桩支撑茎干。接穗会在接下来的夏天自然生长并分枝。下一个冬天,按照灌木式方法营建分枝框架,之后按照同样的方法修剪和整枝。

壁篱式和扇形式

它们的整枝方式和红醋栗一样(见476页)。一旦成型,在夏季修剪,将新侧枝剪短至5片叶。在冬天将枝条剪短至8厘米并剪去领导枝的尖端。

收获和储藏

果实会在仲夏时成熟。用于烹调的鹅莓可以在仍然是绿色时采摘,但用于甜点的品种应该留在灌木上待其完全成熟以得到最好的风味,确保它们不受鸟类的破坏。对于果实为黄色、白色和红色的鹅莓,应该等到它们完全显色后再采

摘。鹅莓可以很好地冰冻。

繁殖

在初秋采取硬枝插条。鹅莓树的硬枝插条可能难以生根,保留所有芽常常能提高扦插成活率。挖出生根插条时除去所有低矮的芽和侧枝。如果不这样做的话,植株会长出烦人的萌蘖条。

鹅莓果树可能会受到白粉病(667页)、叶蜂幼虫(669页)以及细菌和真菌叶斑病(655和660页)的影响。

硬枝插条

1 在初秋,将年幼枝条修剪至30~38厘米长,在某芽上端做斜切口,基部做直切口。蘸取生根激素,并将其一半长度插入沟中。

2 下一个秋天,小心地挖出生根插条。除去距地面不足10厘米的基部芽或枝条(见插图),然后再移栽年幼植株。

推荐种植的鹅莓品种

早熟品种
'金色水滴''Golden Drop'(黄色)
'五月公爵''May Duke'(红色)
'罗库拉''Rokula'(红色)Rm

中熟品种
'无忧无虑''Careless'(白色)
'绿雀''Greenfinch'(绿色)Rm
'因维卡''Invicta'(绿色)Rm
'纪念品''Keepsake'(绿色)
'兰开夏郡小伙''Lancashire Lad'(红色)
'兰利青李''Langley Gage'(白色)
'平等派''Leveller'(黄色)
'和平女神''Pax'(红色)Th, Rm
'惠纳姆的产业''Whinham's Industry'(红色)
'怀特斯米丝''Whitesmith'(白色)

晚熟品种
'吸引''Captivator'(红色)Th
'西诺玛奇''Hinonmäki Röd'(红色)Rm
'蓝瑟''Lancer'(绿色)
'伦敦''London'(红色)
'白狮''White Lion'(白色)

注释
Rm 对霉病有一定抗性
Th 接近无刺

蓝莓

高挺灌木蓝莓来源于美国野蓝莓树。它们会结出蓝紫色的成簇果实，有灰色光泽；果实的味道会在烹调或腌渍下变得更加浓郁。它们需要冷凉的湿润气候，需冷量为7℃之下700~1200小时，需要生长在酸性强（pH值为4~4.5）的土壤中。高挺灌木蓝莓可达1.3~2米，是落叶植物，在春天白花，秋色叶呈醒目的黄色和鲜红色。

兔眼蓝莓树（Vaccinium ashei）的种植方式和高挺灌木类群相同，但其能忍耐酸性较弱的土壤和较干旱的条件，它们主要在澳大利亚和美国栽培。与高挺灌木蓝莓相比，它们的果实更小也更坚韧。

在仲夏至夏末结果，结实量开始比较少，但经过5或6年后，每棵灌木可以得到2.25千克果实，更老的果树产量会高得多。蓝莓自交可育，不过两个或更多品种种植在一起时结果状况会更好。

选址和种植

蓝莓树需要种植在阳光充足的位置，不过其也能忍耐一定程度的荫凉。土壤必须排水良好。在种植前将现场的所有宿根杂草清理干净，如果土壤呈碱性，将一层15厘米厚的堆肥铺在至少深60厘米的土壤中。或者以50~120克每平方米的密度施加硫肥。

也可以使用杜鹃花科基质将蓝莓树种植在直径30~38厘米的大花盆或木桶中。

在秋末至冬末种植，灌木间距

高挺蓝莓灌木

保持1.5米。使用2.5~5厘米厚的土壤覆盖根系，然后用酸性基质或腐叶土护根。种植不同品种可以保证良好授粉和更高产量。

日常养护

为促进生长结果并保持土壤的酸性，每年春天以每平方米35克的量施加硫酸铵，并以同样密度施加硫酸钾。

用酸性基质为植株护根，并按照需要使用雨水灌溉。在除草时避免扰动根系。

病虫害

果实可能被鸟类吃掉，所以用网覆盖灌木以提供保护（见427页，防鸟保护）。其他病虫害很少引起问题。

将较老的不结果分枝剪至地面，以促进基部新枝生长。

修剪和整枝

蓝莓树在二三年龄枝条上结果。新种植的灌木在两到三年内基本不需要修剪，只需将细弱枝条剪去，以得到强壮的基本分枝框架。

在此之后进行的修剪是为了确保基部定期长出新枝，就像黑醋栗树一样（见474~475页），每年将一部分最老的枝条剪去。

收获和储藏

果实会在数周之内成熟。小心

成型蓝莓灌木，冬季修剪

将屑弱或生产力低下的枝条剪短至强壮新枝可取而代之的位置。

将任何低矮或向下伸展的分枝剪至基部，或者剪至某朝正确方向生长的分枝。

地在灌木上采摘，只采下成熟果实，它们应该能够很容易地从果簇上分离。通过制成蜜饯、装瓶或冷冻，可将蓝莓储藏起来供日后食用。

繁殖

在仲夏采取10~15厘米长的嫩枝插条，蘸取激素生根粉，然后插入草炭替代物和沙子混合而成的酸性基质中。将插穗放入增殖箱直到生根，然后移栽到更大的花盆。使用温室、冷床或钟形玻璃罩充分炼苗，然后再将它们移栽室外。

推荐种植的高灌木蓝莓品种

早熟品种
'蓝色果实' 'Bluecrop'
蓝塔 'Bluetta'

中熟品种
'伯克利' 'Berkeley'
'钱德勒' 'Chandler'
'赫伯特' 'Herbert'
'艾凡赫' 'Ivanhoe'

晚熟品种
'科维尔' 'Coville'
'格罗弗' 'Grover'
'泽西' 'Jersey'

蓝莓树嫩枝插条

1 选择合适的嫩枝材料并采下至少长10厘米的插条。在某叶节上端做切口。

2 使用锋利的小刀修剪每根插条的基部，切至某叶节下端，并去除基部三分之一的叶片。将插条末端蘸取激素生根粉。

3 在花盆中装入酸性扦插基质。使用戳孔器戳孔并插入每根插条，使底端叶片正好位于基质表面之上。浇水，做标签，将花盆放入增殖箱。

热带水果

大多数热带水果起源于热带和亚热带地区，在那里它们生活在温暖干燥的条件下。除了橄榄之外，许多种类都可直接从树上采摘食用，或者在合适的条件下储存一小段时间后再食用。某些柑橘属果树的果实太酸，不能直接食用，如柠檬和酸橙等，它们主要用于榨汁或制作蜜饯和果酱。

由于热带植物常常种植在土壤可能缺乏营养的热带地区，因此在种植时充分地准备土地是很重要的：用叉子将110~180克缓释肥混入种植穴基部可以帮助植株快速恢复成型。

在较凉爽的气候区，仍然可以在容器或园艺设施中种植某些热带水果，只要提供正确的温度和湿度即可。虽然许多种类的果实在园艺设施中不能完全成熟，但其还可以成为美丽的观赏植物。

菠萝
酸橙
芒果
甜橙
鳄梨
柠檬

菠萝（凤梨）

菠萝树是热带宿根植物，在顶端结出果序，每个果序由多达200个无籽小果组成。为得到最好的生长效果，它们需要充足日照以及18~30℃的气温，70%~80%的空气湿度。包括卡因品种群（Cayenne Group）、皇后品种群（Queen Group）和西班牙品种群（Spanish Group）3个品种群，其中西班牙品种群最甜。

选址和种植

选择遮挡强风、阳光充足的地方。菠萝树能忍耐众多类型的土壤，但更喜欢pH值为4.5~5.5的砂质壤土。将"接枝"或萌蘖以大约30厘米的间距种植，行距为60厘米，或者株距与行距都为50厘米。

日常养护

使用钾含量中等、氮含量高的通用肥料施肥，每两三个月施一次肥，施肥量为每棵植株50克。如果出现铁和锌缺乏症，喷洒2%硫酸铁或硫酸锌溶液。在干旱的天气要经常为菠萝树浇水，并施加有机护根处理以保持土壤水分。

病虫害

影响菠萝树的害虫包括粉介壳虫（664页）、根癌线虫（668页）、介壳虫（669页）、红蜘蛛（668页）以及蓟马（671页）。

露地栽培菠萝树最严重的病害是心腐病，其是由疫霉属真菌（Phytophthora cinnamoni 和 P. parasitica）引起的，这些真菌常常感染在潮湿条件下生长的菠萝树。由于这种病难以处理，建议尽可能使用抗性较强的品种来抵御感染，所有用于繁殖的萌蘖都应该在杀真菌溶液中浸润一下，以免真菌从伤口进入植株体内。

在保护设施中种植

将生根菠萝树"接枝"或插条种植在排水良好的苗床中，或者使用直径至少30厘米的花盆。使用富含有机质的花盆，并每两三周施加一次液态肥料。将温度维持在至少20℃，空气湿度大约为70%。经常浇水并且要浇透，特别是年幼植株在成型的时候。

采收和储藏

当果实变黄的时候采收，在每个果实下方2.5~5厘米处将茎切断。在8℃的温度和90%的湿度中，菠萝可储存三周的时间。

繁殖

果实顶端的中央枝条可以作为

用萌蘖繁殖菠萝

分离基部萌蘖，晾干后插入砂质扦插基质中（见插图）

插条使用：将其切下并附带1厘米的果实。还可以使用果实下方长出的萌蘖或称"接枝"，或者叶腋处长出的萌蘖来繁殖，用锋利的刀子将它们割下。将萌蘖的切口在杀真菌溶液中蘸一下，然后晾干数天。除去较低位置的叶片，将插条插入装有砂质基质的花盆中。

菠萝

用顶枝繁殖菠萝

1 用锋利的刀子挖下成熟菠萝树的顶枝，不要切断枝条的基部。将伤口浸入杀真菌剂中，然后晾干数天。

2 将准备好的插条插入装满扦插基质的花盆，并维持至少18℃的温度。插条应该会在数周之内生根并稳健地生长。

推荐种植的菠萝品种

卡因品种群
'罗斯柴尔德男爵夫人' 菠萝 'Baronne de Rothschild'
'卡因·丽萨' 菠萝 'Cayenne Lissa'
'无刺卡因' 菠萝 'Smooth Cayenne'

皇后品种群
'纳塔尔皇后' 菠萝 'Natal Queen'
'里普利皇后' 菠萝 'Ripley Queen'

西班牙品种群
'红色西班牙' 菠萝 'Red Spanish'
'新加坡西班牙' 菠萝 'Singapore Spanish'

番木瓜

番木瓜树是树形细长、通常为单干的热带乔木，高可达4~5米，冠幅为1~2米。成熟果实可达20厘米长。通常需要22~28℃的气温和60%~70%的空气湿度，某些品种可忍耐15℃的低温，不过开花和结果情况可能会不良。

选址和种植

选择远离强风的温暖向阳处。番木瓜树需要排水良好的肥沃土壤，pH值为6~7；良好的排水至关重要，因为果树对于涝渍很敏感。

许多番木瓜树品种是雌雄异株的，在不同植株上开雄性和雌性花，但有时也可以买到雌雄同株品种。一棵雄树可以为5或6棵雌树授粉。通常为虫媒或风媒传粉。种植间距为2.5~3米。

推荐种植的番木瓜品种

'格雷姆' 'Graeme' D
'基尼金' 'Guinea Gold' H
'希金斯' 'Higgins' H
'蜜金' 'Honey Gold' D
'霍图斯金' 'Hortus Gold' D
'改良彼得森' 'Improved Petersen' D
'梭罗河' 'Solo' H
'森尼班克' 'Sunnybank' D
'日出' 'Sunrise' H

注释
D 雌雄异株
H 雌雄同株

日常养护

以每年每株1~1.5千克的标准施加通用均衡肥料，在生长期以两三次分别施加于土壤表层。在干旱条件中定期浇水，并使用有机护根保持水分（见626页，"有机护根"）。三四年后，番木瓜树可能受到病毒和线虫的影响，如果发生了这种情况，应该使用相同品种的年幼苗木或实生苗替换。

病虫害

露地栽培的常见虫害为根结线虫（668页）；病害包括炭疽病（654页）、白粉病（667页）和幼苗猝倒病（658页）。在保护设施中种植的番木瓜可能还会受到蚜虫（654页）、蓟马（671页）、粉虱（673页）以及粉蚧类（664页）的侵扰。

在保护设施中种植

在温带地区，如果提供充足的光线和温度水平，番木瓜树可以在保护设施中成功种植。像下方"繁殖"条目中描述的那样培育实生苗或扦插苗。当它们长到20~25厘米时，将它们移栽到准备好的苗床中，或者直径至少为35厘米的花盆里。使用添加了缓释肥的肥沃基质。将温度保持在最低22℃，空气湿度保持在60%~70%。每三四周施加一次含氮量中至高的液态肥或表面肥料。应该定期为植物浇水。

修剪和整枝

去除任何侧枝，因为它们不能结果。结果后，将果树剪至距地面30厘米。在长出来的新枝条中，选择最强壮的枝条作为新的领导枝，将其余枝条剪去。

收获和储藏

当果实呈橙色至红色时采摘。在10~13℃以及70%的湿度中，它们可以储藏长达14天。

繁殖

播种是常用的繁殖方法。将种

番木瓜树

子播种在保护设施中的托盘里，或者最好播种在直径为6~9厘米的无底花盆中。小心操作实生幼苗，因为番木瓜树对根系扰动很敏感。炼苗，然后在它们长到30~45厘米高时移栽出去。

在使用雌雄异株品种时，为得到大量雌树，将幼苗以三四株一簇种植，开花后将它们疏减至1株雌树。雌雄同株幼苗应该单株种植。

将成年果树剪至距地面30~40厘米，然后将萌发的新枝用作插条。将插条基部蘸取激素生根粉，然后种植在保护设施中。

柑橘类

柑橘属（Citrus）植物包括柑橘、柠檬以及许多其他可食用物种（见481页）。柑橘属植物会形成分枝广泛的小乔木，树干周长可达50~60厘米。果树高度可达3~10米，冠幅为5~8米。酸橙树是株型最紧凑的，葡萄柚树是最大最健壮的。柠檬树的树形比其他物种都更加直立。还有金橘树，它之前被归为柑橘属，但现在被划分到了金橘属（Fortunella）中。它的栽培需求和柑橘属植物类似。

柑橘属都是亚热带植物。所有物种和杂种都是常绿树并拥有芳香叶片。它们的最佳生长温度是15~30℃，不过大多数物种都能忍耐短暂的0℃低温。它们能够在海拔100米及以上，湿度为60%~70%的条件下茂盛生长。开花不呈季节性，而是发生在经常降雨的温暖时期，花果可能同时出现。许多柑橘属物种非常适合在温带地区的保护设施中盆栽。

选址和种植

柑橘树喜向阳朝向，在暴露区域应该使用风障保护。它们可以忍耐众多类型的土壤，但在排水良好的微酸性肥沃土壤中生长得最好。年幼柑橘属果树对高土壤肥力的反应良好。

砧木

可以使用甜橙树砧木，因为它与柑橘属的众多物种和品种都能相容。粗柠檬树砧木能够长出结实早、对柑橘树根枯病毒有抗性的健壮果树，但它们的果实可能会有较厚的果皮，酸度和含糖量较低。苦橙树也是一种使用广泛的砧木，但容易感染橘树根枯病毒。

枳是一种低矮砧木，适用于较冷凉的地区。它对线虫有一定抗性，但与柠檬树的一些品种不相容。印度酸橘树和特洛亚枳橙树也可以用作砧木。还可以培育实生苗砧木（详细信息见481页，"繁殖"）。

授粉

包括甜橙树在内的大部分柑橘属果树都是自交可育的，因此一般不需要提供传粉品种，许多品种，如'华盛顿'（'Washington'）甜橙树还会结出无籽果实。

种植

种植间距为5米至10米，株距和行距相同，具体取决于选中物种或品种的苗壮程度。柑橘类果树对涝渍敏感，所以在土壤排水不够顺畅的地方，应该将果树种在稍稍抬升5~7厘米高的小土丘上。对于盆

甜橙树

推荐种植的柠檬、酸橙和葡萄柚品种

柠檬
'加里的尤里卡' 'Garey's Eureka'
'热那亚' 'Genoa'
'里斯本' 'Lisbon'
'迈耶柠檬' 'Meyer's Lemon'
'维拉费兰卡' 'Villa Franca'

酸橙
'波斯人' 'Persian'（甜）
'西印度' 'West Indian'（酸）

葡萄柚
'福斯特' 'Foster'（粉色果肉）
'马什无籽' 'Marsh Seedless'（白色果肉）
'红晕' 'Red Blush'（粉色果肉）
'星光红宝石' 'Star Ruby'（红色果肉）

栽柑橘类植物，见324页，"种植大型长期植物"。

日常养护

在种植后的头几年，使用含氮量高和含钾量中等的均衡肥料施肥，每棵树每年施肥1千克。肥料应该按照固定间隔以两或三次在果树的活跃生长期施加于每棵树的基部周围。五年后将肥料使用量加倍。护根有助于保持水分。

清理果树基部周围的所有杂草，并在干旱天气浇透水，特别是在花和果实发育时。由于结果不呈季节性，因此没有必要疏果。去除所有萌蘖条。

病虫害

各种粉蚧（664页）、蚧虫（669页）、蓟马（671页）、红蜘蛛（668页）、蚜虫（654页）、根腐病和冠腐病（见666页，"疫霉根腐病"）、炭疽病（654页）以及疮痂病（669页）都会影响露地和室内栽培的柑橘类果树。根结线虫在某些土壤中会成为严重的虫害，在热带和亚热带地区，果蝇可能成为问题。

许多柑橘属物种和品种都会感染由蚜虫传播的橘树根枯病毒，其会导致葡萄柚树、酸橙树和香橼树出现茎陷点病。被感染的果树会失去活力并结出很小的果实。该病毒最容易侵染嫁接在苦橙树上的品种。喷洒针对蚜虫的农药，或者使用别的砧木解决此问题。

在保护设施中种植

在温带地区，甜橙树、橘子树、柠檬树和酸橙树的几个品种以及苦橙树和金橘树都可以室内种植，不过难以指望它们良好结果。充分准备苗床或使用直径至少60厘米的大型容器，在其中填充富含营养的基质。将气温维持在最低20℃，空气湿度最低为75%，定期为植株浇水。一旦年幼植株完全成型，每月施一次液态肥。

修剪和整枝

在第一年，将新种植果树的主分枝剪短三分之一。这会促进侧枝生长，得到整体呈圆形的树形。果实采摘后，对柑橘类果树的修剪只限于去除死亡、染病或交叉分枝，或者接触地面的枝条。柑橘属果树还可以整枝成标准苗式或半标准苗式（见439页），特别是如果它们供观赏之用的话。

收获和储藏

柑橘类果实从坐果到成熟可能需要六至八个月甚至更长时间，这取决于气候（温度越低所花时间越长）。在光照水平较弱的地区，成熟的柑橘可能仍然是绿色的。

在果实成熟时采摘，用修枝剪或锋利的小刀割断果柄，或者用手将果柄轻轻扭断。完好的果实可以在4~6℃储藏数周。

繁殖

某些柑橘类植物可以播种繁殖。大多数柑橘类的种子都是多胚性的，因此子代的性状与母株相同。非多胚性品种的果实品质不一。对于有命名的品种，常用的繁殖方式是芽接。

在使用种子繁殖柑橘类果树时，将新鲜种子播种在装满播种基质的托盘或花盆中，播种深度为3~5厘米。经常为种子浇水，并将温度维持在25~32℃。当幼苗长到可以手持时，将它们移栽到直径为10~12厘米花盆中。当它们长到20~30厘米高时，移栽到直径为21~30厘米花盆或炼苗后移栽到室外。或者当它们长到直径为25~38厘米时使用直径为25~38厘米花盆换盆，然后等到它们长到60~90厘米时再移栽室外。

T字形芽接（见433页）是繁殖柑橘类果树的常见营养繁殖方法。使用直径为1厘米的柑橘实生苗作为砧木。三四周后，撤去芽接胶带，并将砧木剪短至芽接区域上方一般高度。当芽子长出2.5厘米长的枝条后，将芽接区域上方的砧木全部截去。

柑橘类物种

酸橙（*Citrus aurantiifolia*）

酸橙主要有两类。一种味道较酸，另一种味道相当甜并常常用作砧木。种植最广泛的味酸品种之一是'西印度'（'West Indian'）。它的果实圆而小，皮薄，籽少；果皮和果肉是绿色的。

大多数酸橙树是作为实生苗种植的，但也可以嫁接到粗柠檬砧木上繁殖。

苦橙（*Citrus aurantium*）

苦橙树是树形直立的乔木，相对耐寒。其果实常用于制作橘子酱，直径大约为7厘米，圆形，果皮厚。它们相当酸，不过某些品种的酸度较低。

柠檬（*Citrus limon*）

大多数柠檬树品种会结出在完全成熟时仍然是绿色而不变黄的带籽果实。露地成功种植需要300~500米的海拔，需要温度差异小，最低温度为20℃。和其他柑橘类水果一样，果实可能需要9~11个月才能成熟，而且果实经常与花同时在树上出现。

香橼（*Citrus medica*）

香橼树的果实呈卵形，黄色，果皮厚且表面粗糙，可长达15厘米；果肉含水量低。

香橼品种主要有两类：一类是酸品种如'迪亚曼特'（'Diamante'）和'枸橼果'（'Ethrog'）；另一类是非酸性品种如'科西嘉'（'Corsican'）。香橼树的种植主要是为了果皮，可以将其糖渍后制成蜜饯。不过它们也是很漂亮的观赏植物，在温带地区可以种植在室内（见左）。

葡萄柚（*Citrus x paradisi*）

葡萄柚树的果实大而圆，直径可达10~15厘米，黄色。大多数品种都可以种植在海平面或稍稍高一些的海拔，只要温度超过25℃。栽培葡萄柚树主要有两个类群，一个类群的果肉为白色，另一个为粉色；两个类群内都有带籽和无籽品种。

橘子（*Citrus reticulata*）

橘子树通常需要超过18℃的温度，但非常高的温度会导致果实品

推荐种植的柑橘品种

苦橙
'弗勒尔的花束' 'Bouquet de Fleurs'
'奇多' 'Chinotto'

橘子
'克莱门氏小柑橘' 'Clementine'
'返场' 'Encore'
'国王' 'King'
'宫五和' 'Miyagowa'

橘柚
'明尼奥拉' 'Minneola'
'丑橘' 'Ugli'

甜橙
'佳发' 'Jaffa'（普通甜橙）
'马耳他血橙' 'Malta Blood'（血橙）
'莫罗血橙' 'Moro Blood'（血橙）
'红宝石' 'Ruby'（血橙）
'桑贵纳力' 'Sanguinelli'（血橙）
'沙莫蒂' 'Shamouti'（普通甜橙）
'特洛维他' 'Trovita'（普通甜橙）
'巴伦西亚' 'Valencia'（普通甜橙）
'华盛顿' 'Washington'（脐橙）

质下降，不同果树之间常常发生杂交授粉，这会导致多籽果实的增加。

萨摩蜜橘（Satsuma Group）是最常栽培的类群之一，这个类群内品种的果实大部分稍稍扁平并无籽，呈饱满的橙色，味甜。某些品种有"脐"，其是果实末端发育出的微型果实。另外三个类群是印度酸橘（Cleopatra Group）——这一类群常常用作砧木但其本身果实不堪食用；国王橘子类群（King Group）以及普通橘子类群（Common Mandarin Group，包括品种'克莱门氏小柑橘'，'Clementine'）。

橘柚（*Citrus x tangelo*）

它是葡萄柚树和橘子树的杂交种，遗传了每个亲本的一些特性，其橙色的果实比橘子更大，但果皮相对较薄，容易剥下。它们在温带地区可以室内种植，偶尔会结果。

甜橙（*Citrus sinensis*）

甜橙树品种通常可以分为3个类群：巴伦西亚橙树（Valencia）、脐橙树（navel）以及血橙树（blood）。大多数甜橙树，包括广泛种植的'佳发'（'Jaffa'）在内，都属于巴伦西亚类群（普通甜橙类群）。果实中型至大型，球形至卵形，籽少或无。这个类群的果实味道微酸，不过整体口味优良。

金橘类（*Fortunella japonica, F. margarita*）

金橘树起源于中国，比上述所有柑橘类果树都更耐寒：它们可以忍耐-5℃的短暂低温。果实小，呈黄色，可不剥皮生食。圆金柑树（*Fortunella japonica*）的果实形状是圆的，而长实金柑树（*F. margarita*）的果实是卵形的。

四季橘树（x *Citrofortunella*

成熟的甜橙

microcarpa）是橘子树与金橘树的杂交种，其在温带地区作为观赏植物种植。

树番茄

树番茄树是亚热带乔木，高可达3~5米，冠幅为1.5~2.5米。它们在20~28℃以及70%的空气湿度中结果情况最好。果实为红色、橙色或黄色，卵圆形，可达7.5厘米长。

成熟的树番茄

选址和种植

树番茄树需要阳光充足的环境，在暴露区域需要防风保护，因为其树干相当脆。肥沃的壤土最好。株距与行距保持3米。

日常养护

应该每两三个月施加一次含氮量中至高的通用肥料，施肥量为每棵果树110克。在持续干旱天气中浇透水，并在植株基部周围覆盖有机护根材料，防止水分从土壤散失。

病虫害

露地栽培的树番茄树可能会受蚜虫（654页）影响。它们容易感染黄瓜花叶病毒和马铃薯"Y"型病毒（见672页，"病毒病"）。棕榈疫霉（*Phytophthora palmivora*）致病疫霉（*P. infestans*）（见671页，"番茄/马铃薯疫病"）也可能导致问题。在室内环境中，植株有时会被蓟马（671页）、粉虱（673页）、红蜘蛛（668页）和白粉病（667页）侵扰。

在保护设施中种植

树番茄树可以种植在直径至少35厘米的花盆或准备充分的苗床里。使用混合了通用肥料的基质。保持正确的温度和空气湿度，定期浇水，每三四周施一次液态肥。

整枝和修剪

当植株长到1米高后，去除生长点以促进分枝。除了剪去拥挤和交叉分枝以及染病或死亡枝条外，很少需要修剪。

收获和储藏

树番茄树通常在种植后一至两年结果。当果实开始变色后，使用锋利的小刀将它们从果树上切下。果实在4~6℃的环境中可以储藏两周。

树番茄

繁殖

播种前将经过清洗和干燥的果实放入冰箱24小时，这样有助于种子萌发。种子应当在室内播种，当幼苗长到3~5厘米高时，将它们单独上盆到10厘米花盆中。当它们长到15~25厘米时，小心地进行炼苗然后露地移栽。

使用无病毒嫩枝插条繁殖也很容易：选择10~15厘米长的枝条并使用砂质（但不能是酸性的）基质。按照蓝莓树的繁殖方法进行处理（见478页）。

枇杷

枇杷树属蔷薇科，常绿灌木，高可达7米以上，冠幅约5米。枇杷树最适应亚热带气候，需要15℃的最低温度才能正常开花结果。广泛栽培于地中海地区。在较冷凉的气候区，枇杷树可以在保护设施中良好生长，因为它们可以短暂忍耐相对较低的温度。某些品种还有较低的需冷量。

枇杷树开成簇奶油色芳香花朵，然后结出成串黄色圆果，果实长3~8厘米，果皮粗糙。果肉柔软，甜。

适用于枇杷树的砧木有榅桲树（*Cydonia oblonga*）和欧海棠树（*Mespilus* spp.），以及长势粗壮的枇杷树实生苗。大多数枇杷树品种都是自交授粉的，不过也会发生虫媒杂交授粉。

选址和种植

选择温暖的阳光充足位置。应该设立风障以减小风造成的损伤和水分蒸发。枇杷树能够忍耐众多类型的土壤，但喜排水良好的微酸性肥沃壤土。果树的行距和株距都应保持在4~5米。

日常养护

以每棵树每三四个月大约450

克的密度施加通用肥料。在干旱时期必须对枇杷树定期浇水，保证根系的湿润。定期施加有机护根有助于减少水分流失。保持果树周围区域无杂草。

为确保得到较大果实，在果实发育早期疏减果簇。去除所有羸弱或受损果实，留下分布匀称的健康小果。

病虫害

露地栽培的果树很少出现问题。而在室内栽培的枇杷树可能会感染蓟马（671页）、粉蚧（664页）、红蜘蛛（668页）、粉虱（673页）以及白粉病（667页）。

在保护设施中种植

当年幼实生苗长到大约45厘米高时，可以将其种植在容器中或移栽到准备充分的苗床里。使用添加了缓释肥的含壤土基质，并在夏天维持18℃的最低温度。定期浇水，每个月都施加液态肥。

修剪和整枝

只需要对过于苗壮的枝条进行顶端修剪，并去除生长方向不良的枝条；任何交叉、受损、死亡或染病的分枝都应该除去。

收获和储藏

果实变软并开始变成深黄色或橙色时采摘。在5～10℃下可以进行短期储藏。

繁殖

枇杷树可以播种繁殖，将种

成熟的枇杷

枇杷树

子播种在装满砂质播种基质的花盆中，种植深度为2～3厘米，并保持不低于18℃的温度。当幼苗长到7～10厘米高时，将它们移栽到最终位置。其他可用于繁殖枇杷树的技术包括字形芽接（见433页）、空中压条（见383页），以及切接（见80页，"使用切接法繁殖乔木"）。

芒果

芒果树是热带常绿乔木，使用苗壮的实生苗种植时常常可高达30米。如果使用低矮砧木和株型紧凑的无性系，可将果树高度限制在7～10米之内。低矮类型的冠幅大约为8米。

芒果长度为5～30厘米，重量为100克至2千克不等。果皮革质，根据品种可能呈橙色、黄色、绿色或红色。单粒种子约占果实总体积的25%。有能够适应亚热带地区21～25℃的温度、60%以上空气湿度生长条件的品种；对于大多数品种，更高温度是最佳生长条件。芒果树需要强光照和一段干旱期才能成功开花结果。

芒果树

选址和种植

选择温暖向阳处。如果必要，提供防风保护，因为剧烈的水分损失会严重影响果树的生长，极低的空气湿度会进一步使情况恶化，并导致叶片枯萎、种子败育和花朵掉落。

与大多数其他乔木水果作物相比，土壤对芒果树没有那么重要，砂质壤土和中度黏土都适合，只要它们排水性良好。芒果树需要5.5～7.5的pH值。

低矮砧木正日益涌现，它们比没有经过选择的当地品种更适用，特别是用于小型花园。如果没有低矮砧木，可以使用来自高产优质母株的多胚性种子培育实生苗。

授粉在相对干燥的天气中才会成功，因为高湿度和强降雨会限制其受精（开花常常是在一段凉爽或干旱天气后）。喷洒硝酸钾溶液可以促进开花。主要靠昆虫授粉，不过某些芒果树品种是自交可育的。

紧凑和低矮品种的种植株距和行距是8米，更苗壮的品种需要

10～12米的间距。

日常养护

以1～1.5千克每棵树每年的密度施加含钾量中等且富含氮素的通用肥料。这些肥料应该在生长期分三四次施加；第四个生长季过后加倍肥量。

在干旱时期为芒果树浇足水，特别是在头三年的生长期，因为根系发育需要大量水分。有机护根材料可以保持水分并抑制杂草（见626页，"有机护根"）。很少需要疏果。

病虫害

在热带地区，芒果树容易遭受果蝇和粉蚧（664页）的危害；各种类型的蚧虫（669页）也可能成为问题。可能影响露地栽培果树的病害包括炭疽病（654页）和白粉病（667页）。

在保护设施中种植的芒果树还可能遭受蚜虫（654页）、粉虱类（673页）、蓟马（671页）、红蜘蛛（668页）以及某些种类的白粉病和霜霉病（667页）的侵害。

芒果

在保护设施中种植

用种子培育的芒果树容易长得太过苗壮，很难生长在室内，除非将它们嫁接在低矮砧木上，这样才能形成美观的观赏树木。它们可以种在大型容器或准备良好的苗床中。在温带地区，一般只在生长季即将结束时才会开花，而且还要提供最佳生长条件。然而不能保证结果，并且依赖成功的授粉。

当幼苗长到1米高时进行移栽。需要添加了含钾量中等、含氮量高的缓释肥的基质。提供21～25℃的最低温度以及大约75%的空气湿度。在保护设施中种植的芒果树应该定期浇水并每月施加一次液态肥。如果叶片由于缺氮

而变黄的话，应该喷施氮肥以补充。

修剪和整枝

当领导枝长到大约1米时，将其尖端剪去以促进分枝。在刚开始的几年将过于拥挤或非常苗壮的枝条去除，确保得到匀称的圆形树冠。果树一旦成型，修剪工作就只需要去除染病、死亡或交叉分枝，或者那些过于拥挤的枝条。

收获和储藏

芒果树在种植后三四年结果。应该在果实开始变色时采摘。小心操作果实以避免擦伤。

稍稍不太成熟的芒果可以在10℃中储藏二至四周，维持90%～95%的空气湿度，它们会在这段时间成熟。

繁殖

多胚性品种可以使用种子繁殖，或者也可以使用各种嫁接方法。在使用种子繁殖时，要将成熟果实的果肉去除。为加速萌发，将种子在水中浸泡48小时并小心地除去种皮。将种子的凸面向上，使用准备充分的基质，立即播种在苗床或容器中，使用基质轻度覆盖，然后浇水。

得到的实生苗可能是多胚性的，并与母株相似，但它们也可能非常苗壮并需要5～8年才能结果，并且果实品质不一。一粒芒果种子通常会至少长出一株这样的苗壮实生苗，它是由自交或杂交授粉产生的，任何这样的实生苗都应该丢弃。剩余的实生苗在6～8周内就可以移栽到直径至少15厘米的容器中，并且可以用作砧木。或者可以

作为果树继续生长。

芒果树也可以进行营养繁殖，不过茎插条常常难以成功生根。推荐使用"靠接"技术。使用大约一年龄的盆栽砧木。将花盆放置在仍连在母株生长的接穗分枝旁。使用锋利的小刀在砧木和接穗侧方各做一个5～6厘米长的竖直浅切口，将形成层暴露在外。使两个切面紧贴并紧紧绑扎起来。两或三个月后，砧木和接穗应该就会愈合，将嫁接结合处上方的砧木剪去，并将接穗从母株上分离。

其他可成功繁殖芒果的方法包括T字形芽接（见433页）和空中压条（见383页）。

油橄榄

油橄榄树是常绿乔木，高可达9～12米，冠幅为7～9米。果实可以在仍是绿色时采摘，也可在完全成熟并变成黑色后采摘。果实的长度可达4厘米。

油橄榄树在亚热带地区生长良好，最佳生长温度是5～25℃。果实需要经历漫长而炎热的夏季才能完全成熟，冬季温度又要能够满足特定品种的需冷量，所以对于你所在的地区最适合的品种，应该寻求专业建议。太低的冬季温度会导致冻伤。在花期中，炎热干燥的风以及凉爽湿润的天气都会减少坐果量。在温带地区，油橄榄树偶做观赏树木栽培（但很少能够开花结实）或盆栽。只要提供合适的生长条件，油橄榄树可以很长寿。

选址和种植

众多类型的土壤都比较适合种植油橄榄树，不过油橄榄树喜低至中肥力，因为非常肥沃的土壤可能导致其生长过度。种植位置必须排水良好。油橄榄树在碱性土壤中生长得很好，包括那些盐分含量很高的土壤，只要pH值不超过8.5。在暴露区域，靠墙种植或使用风障提供保护。

常用的种植间距为5～7米，株距与行距相同，具体取决于品种的株型。所有油橄榄树都应该立桩支撑以免被风吹坏。对于密集种植的油橄榄树，当树冠开始重叠时，对果树间隔疏苗。

日常养护

以每棵树每年大约0.5～1千克施加含氮量中至高水平的通用肥料，在果树的活跃生长期分两至三次施加。在某些土壤中必须施加钾肥并补充硼元素。在干旱时期为油橄榄树定期浇水，特别是种植后的头两到三年。使用有机材料进行护根也有益处。保持种植区域无杂草。

如果出现大小年现象，可能必须进行疏果（见436页，"疏花和大小年现象"）。疏果通常是

油橄榄树

手工完成的，不过专业人员会在开花后喷洒含α-萘乙酸的溶液进行疏果。

病虫害

露地栽培的油橄榄树会受各种类型蚧虫（669页）和根结线虫（668页）的影响。油橄榄树的病害包括黄萎病（672页）。在保护设施中种植的果树可能会受到粉虱类（673页）、蓟马（671页）以及红蜘蛛（668页）的影响。

在保护设施中种植

应将生根插条或芽接植株种植在准备好的苗床或者直径不小于30～35厘米的容器中，使用添加了含中等水平钾元素和氮元素缓释肥的肥沃基质。每三四周施一次液态肥，并经常为果树浇水。

油橄览

在夏季维持高温——至少21℃，在冬季尽可能降低温度。在容器中生长的油橄榄树应该在夏天转移到室外。

修剪和整枝

对新种植的油橄榄树，当其长到1.5米高时，去除其领导枝，选择3或4个强壮侧枝，建立果树的基本分枝框架。后续的修剪包括去除较老分枝以促进新枝生长，因为果实着生于主要分布在树冠边缘的一年生枝条上。

收获和储藏

露地栽培的油橄榄树一般在种植后三至四年开花结果，产量通常会逐年增长，直到果树达到15年苗龄，之后会保持稳定。油橄榄可以在卤水（5%～6%氯化钠

溶液）中浸泡处理以去除苦味。使用这种方式处理的果实应该在完全成熟但还是绿色时采摘。食用油橄榄可以在黑色并紧实时采摘，然后埋入干燥的盐中。充分脱水后，将油橄榄储藏在油里。用于榨油的果实应该留在果树上直到完全成熟。在收获时，应该摇晃果树，使果实掉落在树冠下放置的布或细网上。

繁殖

油橄榄树通常使用茎插条繁殖，但某些品系也可以使用芽接繁殖。插条可以是硬枝插条（从一或两年龄枝条上采取）、从当季枝条上采取的半硬枝插条或嫩枝插条。

硬枝插条在夏季采取，应该有大约30厘米长。将每根插条下半部分的叶片去除，并将基部在生根激素溶液中浸泡24小时。将插条的一半长度浸泡在扦插基质中，保持13～21℃的温度并等待30天。将生根插条单独移栽到花盆中，在温室条件下培育。

或者，采取10～15厘米长的半硬枝插条或嫩枝插条（见79页）。有命名的油橄榄品种可以使用T字形芽接法繁殖（见433页），它们常嫁接在茁壮的油橄榄树实生苗砧木上。

梨果仙人掌

这种仙人掌科植物主要生长在亚热带地区。虽然它有许多低矮和株型扩展的类型，但某些种类的株高最终可达2米。

大多数梨果仙人掌能够忍耐半干旱条件，最佳生长温度为18～25℃，它们可以忍耐最低10℃的较低温度。充分日照对于良好生长至关重要。

梨果仙人掌的茎由30～50厘米长的扁平椭圆茎段组成，许多栽培类型几乎无刺，而野生和驯化类型则多刺。

梨果仙人掌

梨果仙人掌在茎的上半部分结果，果实成熟时是紫色或红色的，大约为5～10厘米长。果实中包含柔软多汁的果肉和许多种子。梨果仙人掌由昆虫授粉。

选址和种植

梨果仙人掌在亚热带地区生长得很茂盛，它们能够适应长期干旱条件。不过，它们对于糟糕的排水和盐渍条件非常敏感，喜砂质、通气性良好、pH值为5.5～7的土壤。

生根茎段的种植间距应为2～2.4米，行距为2～3米。

日常养护

通常不需要施肥，除非土壤非常贫瘠。保持种植区域无杂草。很少发生严重虫害。不过某些腐霉属病菌（Pythium. spp）可能会在潮湿条件下感染梨果仙人掌。

在保护设施中种植

使用添加了缓释肥的砂质基质。将温度保持在18～25℃，空

使用茎段繁殖梨果仙人掌

1 使用锋利的小刀将整个茎段从母株上割下。建议戴手套，因为刺对皮肤有刺激性。

2 将茎段晾干数天后，将其放入砂质基质中并紧实好。茎段应该会在2～3个月内生根。

气湿度保持在60%及以下。植株一旦成型后就很少需要浇水。

收获和储藏

梨果仙人掌在种植后三至四年结果。使用锋利的小刀小心地将它们从茎上切下。最好在采摘后数天内食用，但如果必要的话也可以在冷凉条件下储藏短暂的时间。

繁殖

将整个茎段从母株上切下，如果茎段很大的话，将它们水平切成两至三块。将它们放在阳光充足的避风处数天以形成愈伤组织，然后插入砂质基质中。茎段应该会在两三个月后生根，然后可以上盆到15～20厘米的花盆中，或者移栽到固定种植位置。定期为新植株浇水，直到它们生长成型。

鳄梨

鳄梨树是亚热带常绿乔木，株高与冠幅可达10～15米。果实呈梨形，中央有一较大的圆形种子。果实大小和果皮质感因品种各异，颜色为绿色至黄褐色。鳄梨树有三种主要类型，分别是危地马拉鳄梨树（Guatemalan）、墨西哥鳄梨树（Mexican）和西印度鳄梨树（West Indian）。

植株生长和果实发育的最佳温度为20～28℃，湿度应超过60%；某些墨西哥鳄梨树和危地马拉鳄梨树

品种和杂种可以忍耐10～15℃的低温，但在这样的低温下通常不开花。

选址和种植

鳄梨树可以在亚热带地区露地栽培，只要温度在上述范围之内。它们的分枝较脆，所以在暴露区域应该提供风障保护，防止被风严重损伤。

选择能接受最多阳光的地方。鳄梨树需要排水良好的土壤，因为它们的根系对涝渍极为敏感。喜pH值为5.5～6.5的中性壤土，不过如果排水良好或者已经过改良的话（又见424页，"准备现场"），砂质或黏土质壤土也可以使用。

如果要使用嫁接植株的话，最好使用那些嫁接在既苗壮又对樟疫霉菌（Phytophthora cinnamoni）导致的鳄梨树根腐病有抗性砧木上的植株。

推荐种植的鳄梨品种

'埃廷格' 'Ettinger' (Mexican x Guat.)
'富埃尔特' 'Fuerte' (Mexican x Guat.)
'哈斯' 'Hass' (Guatemalan)
'卢拉' 'Lula' (Guatemalan)
'纳巴尔' 'Nabal' (Guat.)
'波洛克' 'Pollock' (West Indian)
'祖塔诺' 'Zutano' (Mexican x Guat.)

园艺百科全书（典藏版）

鳄梨树

鳄梨树可以自交授粉，但如果将至少两个品种靠近种植会得到最好的产量。选择花期相同或重叠的品种。种植的株距和行距都保持为6米。

日常养护

在果树的活跃生长期施加含钾和含氮量中等的通用肥料。推荐施肥量为每棵树每年1.5~2千克，最好分两或三次施加。在每棵果树基部周围覆盖有机护根，护根距离树干大约25厘米。

在干旱期为鳄梨树浇水，特别是种植后的头三年。保持果树基部周围无任何杂草。通常不需要为鳄梨疏果。

病虫害

鳄梨树可能会受鳄梨根腐病（见666页，"疫霉根腐病"）、炭疽病（654页）以及尾孢属（Cercospora）

叶斑病（见660页，"真菌性叶斑病"）的影响；还可能感染粉虱（673页）、蓟马（671页）、红蜘蛛（668页）和粉蚧（664页）等虫害。

在保护设施中种植

将年幼植株种植在准备充分的苗床或直径至少为21厘米的容器中。保持21~28℃的温度以及70%的空气湿度。对于盆栽植株，换盆到直径至少30厘米的花盆中，注意不要扰动植株的根系。

定期为盆栽鳄梨树浇水，并每隔两或三周施加一次含钾和含氮量中等的通用肥料或液态肥料。在温带地区，由于无法达到果树对日长和光照强度的需求，保护设施中种植的鳄梨树很少开花结果。

修剪和整枝

除了在生长早期阶段塑造树形以确保发育出分布匀称的圆形树

冠，鳄梨树不需要什么修剪。一旦果树成型，在果实采摘后去除任何染病、受损或交叉的分枝。

收获和储藏

种子培育的果树会在五年至七年苗龄时开始结果，芽接或嫁接植株在种植后三至五年开始结果。果实可能挂在树上长达18个月而不成熟，但它们在采摘后通常会很快成熟。

使用修枝剪将果实从树上剪下。小心操作以免擦伤。将它们储藏在10℃以上的温度和60%的空气湿度中。将任何受损的果实丢弃。

繁殖

鳄梨树可以轻松地使用种子繁殖，并且能够真实遗传亲本的性状。选择健康完好的种子，并在40~52℃的热水中浸泡30分钟以抑制鳄梨根腐病的感染。从带尖末端切

鳄梨

下一小片，然后将伤口蘸取杀真菌剂。将种子播种在砂质基质中，被切的末端稍稍露出土壤表面，种子萌发通常需要4周。实生苗可以在容器中继续生长到大约30~40厘米高。然后就可以移植到最终位置。

为将命名品种繁殖在抗病砧木上，可使用嵌接（见636页）或鞍接（见110~118页）技术。嫁接繁殖有助于保证果实的品质和产量。

使用种子种植鳄梨

1 将种子浸泡在热水中，然后使用锋利的小刀将带尖末端切掉大约1厘米。伤口蘸取杀真菌剂。

2 将种子放在装满湿润播种基质的15厘米花盆中，使切面刚刚露出土壤表面。

3 数周后，种子会萌发并长出枝条和根系。

番石榴

番石榴树株高可达8米，冠幅可达7米。它们广泛种植在热带和亚热带地区，最适宜的生长温度范围是22~28℃。喜70%及更低的空气湿度；更高的空气湿度会影响果实品质。

番石榴直径为2.5~10厘米，果肉为粉色或白色。花朵一般由昆虫特别是蜜蜂授粉。

选址和种植

喜背风处，必要的话使用风障系统提供保护。番石榴树可以忍耐众多类型的土壤，但排水良好的壤土最理想。土壤的pH值可以在5~7，不过最适宜的土壤pH值应当是6左右。

种植的株距和行距都保持为5米。在多强风地区，应使用立桩支撑幼年植株。

日常养护

使用含钾和含氮量中等的通用肥料施肥。施肥量为每棵树每年1~2千克，在生长期分两或三次施加。

清除果树基部周围的杂草，保持良好灌溉，并施加有机质护根以保持水分。

番石榴

番石榴树

病虫害

害虫很少对其造成严重问题，但在露地栽培中，蚜虫（654页）、果蝇以及根结线虫（668页）可能需要控制。炭疽病（654页）会在很多地方发生。保护设施中栽培的果树还可能受到粉虱（673页）和蓟马（671页）的影响。番石榴树幼苗容易感染猝倒病（658页）。

在保护设施中种植

可以将番石榴树种植在准备充分的苗床里，或种植在直径至少为30~35厘米的容器中并使用混合缓释肥的肥沃盆栽基质。保持22℃的最低温度和70%的空气湿度。定期浇水，每三四周施一次液态肥。为提高坐果率，可能需要进行手工授粉。花期需要维持相对干燥的条件。

修剪和整枝

当幼年果树长到大约1米高时，将领导枝剪短三分之二以促进分枝。后续的修剪只限于去除任何死亡、交叉或染病分枝，以及任何低垂并接触土壤的分枝。

收获和储藏

取决于品种和环境条件，露地栽培的番石榴树通常在种植后一至三年结果。果实在受精后大约5个月成熟，可以在开始变黄时采摘。小心地操作，以免擦伤。

果实可以在7~10℃、75%的空气湿度中储藏三四周。

繁殖

番石榴树通常用种子繁殖，繁殖特定品种可以使用空中压条、扦插或嫁接技术。

在托盘或7厘米容器中的肥沃无菌基质上播种，种子一般会在两三周内萌发。实生苗的质量可能会有差异：当最强壮的幼苗长到20厘米高时，将它们换盆到直径为15厘米花盆中。当幼苗长到30厘米高时，炼苗后移栽。

选中番石榴树品种可以嵌接（见636页）在苗壮的番石榴树实生苗砧木上，砧木茎干的直径至少应为5毫米。没有特定的砧木种类可以推荐，最好选择是自交授粉的强壮健康植株，作为砧木实生苗的母株。

还可以使用12~16厘米长的嫩枝插条（见632页）繁殖番石榴树。当使用嫁接或扦插技术得到

推荐种植的番石榴品种

'苹果' 'Apple'（白色果肉）
'博蒙特' 'Beaumont'（粉色果肉）
'马勒布' 'Malherbe'（粉色果肉）
'迈阿密白' 'Miami White'（白色果肉）
'帕克白' 'Parker's White'（白色果肉）
'帕蒂略' 'Patillo'（粉色果肉）
'帕特纳格拉' 'Patnagola'（白色果肉）
'粉酸' 'Pink Acid'（粉色果肉）
'红印第安' 'Red Indian'（粉色果肉）
'红宝石' 'Ruby'（粉色果肉）
'至高' 'Supreme'（白色果肉）

的植株长到大约30厘米高时，可以将它们移栽室外。在露地条件下，可以使用简易压条（见81页）或空中压条（见383页）的方法繁殖番石榴树。对于后者，在环剥处施加激素生根粉有助于提高成功率。

石榴

石榴树可以形成小型观赏乔木或灌木，高可达2~3米，冠幅达1~1.5米。它们在亚热带地区是常绿植物，在较冷凉的地区则是落叶植物。果实球形，直径可达10厘米，果皮革质，黄或红色。最佳生长温度为18~25℃，但可忍耐短暂的0℃之下低温。结果时需要干燥的天气和高温，35℃最佳。因此，在温带地区，石榴树的种植常常是为了观赏橙红色的夏花和秋色叶。石榴树的一个低矮变种矮石榴树（*P. granatum var. nana*）可以在温带地区的保护设施中大量结果。

选址和种植

选择向阳处，在暴露区域使用风障提供保护。pH值大约为7的重壤土一般比较适合，如果它们排水良好的话。将实生苗、生根插条或萌蘖条以4~6米的株距和行距种植。

日常养护

植株一旦成型，以每棵树每年110克的标准施加通用肥料，每两三个月施加一次。为种植区域覆盖护根并保持无杂草；在干旱天气为果树定期浇水。剪去所有萌蘖条。

病虫害

露地栽培的石榴通常不会产生问题，在保护设施中，它们会受到粉虱（673页）、蚜虫（654页）、红蜘蛛（668页）以及蓟马（671页）的影响。

在保护设施中种植

将石榴树种植在准备充分的苗床中，或种植在直径至少为35厘米的容器里并使用添加了缓释肥的盆栽基质。保持18~25℃的温度和60%~70%的空气湿度。每

三四周施一次液态肥，并定期为植株浇水。盆栽果树可以在夏天转移到室外。

修剪和整枝

选择三四根主枝形成分枝框架，并去除任何拥挤、交叉或染病分枝。将不需要用于繁殖的萌蘖条剪掉。

收获和储藏

种植后大约两到三年开始结果。当果实变成黄色或红色时采摘，果实可以在4~6℃条件下储藏数周。

石榴树

繁殖

石榴树通常可以使用插条或生根萌蘖条繁殖。将硬枝插条（见434页）插入砂质基质中，并提供底部加热直到它们生根。嫩枝插条（见478页，"蓝莓嫩枝插条"）需要底部加热和喷雾（使用pH值为中性的基质）。当这两种插条生根后，将它们上盆到10~15厘米花盆中。可以将生根萌蘖条小心地从母株上分离并重新栽植。或者将种子晾干后种在装满播种基质的花盆或托盘中，保持22℃的温度。

推荐种植的石榴品种

'薄壳' 'Papershell'
'红宝石' 'Ruby'
'西班牙' 'Spanish'
'美妙' 'Wonderful'

石榴树的花和果

坚果

有几种结坚果的乔木和灌木适合种植在花园里，它们喜阳光充足的开阔环境。某些种类如欧洲栗树、核桃树、美洲山核桃树可以长成大型乔木，成为很好的园景树。在小型花园中，巴旦木树能形成良好的景致，不过它在温暖气候区才能结果。欧榛树和大榛树可以在水果园中修剪成株型紧凑的灌木，或者在野趣园中自然式群组种植。大多数坚果树（但不包括巴旦木树）都是雌雄同株的，在同一株植株上开雄花和雌花。

美洲山核桃 · 核桃 · 欧榛 · 欧洲栗 · 巴旦木

美洲山核桃

美洲山核桃树是落叶乔木，高可达30米，冠幅可达15~20米，所以它们适合大型花园。它们在温暖气候区生长得最好：超过38℃的气温会导致树皮受损，果实品质下降；如果气温降至1℃之下，花朵可能受损。美洲山核桃树需要7℃之下150~250小时的需冷量才能开花。

美洲山核桃树是雌雄同株的，但同一棵树上的雄花常常在雌花之前开放，所以应将两个或更多品种种在一起以确保授粉。由于美洲山核桃树是风媒花的，所以花期时的降雨可能会影响授粉，使产量严重降低。果实呈卵圆形，2~2.5厘米长，壳薄。

选址和种植

选择已经嫁接到美洲山核桃树实生苗砧木上的品系，因为用种子培育得到的果树可能无法结出优质果实。美洲山核桃树会很快长出长直主根，所以应该种植年幼果树，根系拥挤的较老盆栽果树很少能成功存活。美洲山核桃树需要种植在远离强风的位置，在pH值为6~6.5的深厚肥沃土壤中生长得最好。

在休眠期种植果树（见425页，"种植乔木果树"），种植间距大约为8米。

日常养护

以每平方米每年70~140克的标准在表层土壤施加均衡肥料。保持种植区域无杂草，并在干旱时期为果树浇水，直到它们成型。美洲山核桃树对干旱有一定耐性，但在夏天需要大量的水。果树很少受病虫害影响，但疫霉根腐病（666页）和蚜虫（654页）有时候会成为问题。

修剪和整枝

先整枝具中央领导枝的美洲山核桃树（见72页，"中央主干标准苗"）。果树一旦成型，修剪只限于去除交叉和拥挤分枝以及任何死亡枝条。

收获和储藏

种植后5年可以得到第一批果实，15~20年后达到最大结果量。通常手工采摘坚果。它们可以在凉爽干燥的通风条件下储藏数月。

繁殖

最常用的繁殖方法是将选中品种舌接在苗壮的美洲山核桃树实生苗砧木上（见433页）。用作砧木的实生苗应该在深花盆或塑料套管中培育，因为它们的长直根系在移栽过程中容易损伤。

山核桃

推荐种植的美洲山核桃品种

'理想' 'Desirable'
'伊丽莎白' 'Elisabeth'
'埃利奥特' 'Elliott'
'莫霍克' 'Mohawk'
'莫尔' 'Moore'
'莫尔兰' 'Moreland'

核桃

核桃树是落叶乔木，株高与冠幅可达18米，它们只适合用于大型花园。命名品种的实生苗可能会产生品质不佳的果实。核桃树雌雄同株且风媒传粉。大多数自交可育，但某些品种会在雌花可受精之前形成雄性柔荑花序以及花粉。为克服这一问题，在附近种植可靠的传粉品种，如古老的法国品种'福兰克蒂'（'Franquette'）。核桃树的需冷量为7℃之下500~1000小时。壳带坑，果仁扭曲。

位置、种植和日常养护

排水通畅且保水性好的土壤最合适。核桃树喜6.5~7的pH值，但能忍耐一定程度的碱性。由于花和嫩枝易受冻伤，避免寒冷的位置。核桃树有长直主根，所以选择年幼植株而不是根系拥挤的较老盆栽植株。在秋末或冬季种植（见425页，"种植乔木果树"），种植间距为12~18米。

核桃树的成型速度可能很慢，但两三年后根系一旦充分发育，其就会进行更强壮的生长。细菌性叶斑病和叶枯病可能会成为问题（见655页，"细菌性叶斑病"）。

修剪和整枝

核桃树应该整枝成中央领导枝标准苗式（见72页）。在仲冬修剪，因为果树在休眠期不会流出树液。去除任何与主干形成狭窄锐角的枝条，得到分枝匀称的框架。在此之后，修剪就只限于在冬天去除过于拥挤或交叉的分枝，并按照需要减掉死亡的部分。

收获和储藏

核桃树可能持续多年不结果。用于腌渍的核桃应该在夏天果实外皮和核桃壳变硬之前采摘。在初秋，果实外皮会开裂，释放出坚果。在果壳尚未变色之前采摘。洗干净后晾干。将它们储藏在凉爽、通风、稍微湿润的条件下。

繁殖

常用的繁殖方法是将品种舌接（见433页）或嵌芽接（见432页）在黑胡桃树（*Juglans nigra*）的实生苗上。在冷凉气候区，将嫁接后的果树放置在温室中，直到嫁接完成，然后将花盆转移到室外背风处。在秋天或冬天将年幼果树种植在最终位置。

核桃

推荐种植的核桃品种

这里列出的所有品种都是自交可育的

'布罗德维尤' 'Broadview'
'冒险家' 'Buccaneer'
'福兰克蒂' 'Franquette'
'拉拉' 'Lara'
'马耶特' 'Mayette'
'巴黎女子' 'Parisienne'

欧榛和大榛

欧榛树和大榛树的冬季柔荑花序可赏，坚果可食用。不修剪的话，它们的株高和冠幅可达4~5米。它们是落叶植物，雌雄同株，在凉爽湿润的夏天结果状况最好。需冷量为7℃之下800~1200小时。低于10℃的冬季低温可能会损伤雄花（柔荑花序），不过雌花通常没有那么脆弱。欧榛的果萼不会完全将坚果包裹住。大榛的果萼通常比坚果长，并常常完全将其裹住。大榛的一个亚群拥有带褶的果萼，被称为卷曲大榛。欧榛树和大榛树都是风媒的，许多品种自交可育。对于欧榛树，推荐种植的自交可育品种包

括'科斯福德'（'Cosford'）和'诺丁汉'（'Nottingham'）；推荐种植的大榛品种有'肯特州榛'（'Kentish Cob'）、'巴特勒'（'Butler'）、'恩尼斯'（'Ennis'）和'甘斯勒伯特'（'Gunslebert'）。

选址和种植

喜半阴背风处。土壤pH值最好为6，非常肥沃的土壤可能会导致柔软枝叶过度生长，影响结果。充足的水分且排水顺畅非常重要。在秋天或初冬种植，种植间距为5米（见425页，"种植乔木果树"）。

欧榛

大榛

日常养护

定期清除杂草并护根，在持续干旱时浇水。在贫瘠的土壤上，以每平方米100克的标准在春天施加均衡肥料。果实可能会遭受榛子实甲的侵扰，业余园艺师无法进行化学防控。松鼠（661页）可能会将树上的坚果吃光。

修剪和整枝

欧榛树和大榛树可以种植成茎干粗45厘米并拥有8~12根主分枝的开心形灌木。在冬天将年幼植株的领导枝剪短至55厘米，然后其应该会长出良好侧枝。去除主干上位置很低的枝条，但保留分枝框架所需的位置良好的最强壮树枝。在冬天将这些分枝剪短三分之一。接下来的冬天，去除非常健壮的直立枝条，并剪去侧枝的尖端以形成良好框架。如果在夏末使用折枝法，较老灌木能结更多果实。在一半长度处将较长侧枝折断，并让它们自然下垂。这样能让灌木树形开展，促进雌花形成。在冬

欧榛的折枝

在夏末，将大约30厘米长的当季强壮枝条折断并使其自然下垂。这有助于形成花芽。

天将粗剪枝条截短至三四个芽。

收获和储藏

种植后三四年结果。当果萼变成黄色时采摘。干燥后储藏。

繁殖

使用萌蘖条繁殖。在冬天将带根坨的萌蘖条从母株上分离下来，重新种植让其继续生长。或者在秋天进行压条繁殖（见115页）。

巴旦木

不经修剪的巴旦木树可以长到5~6米高，冠幅等大。它们在夏季温暖干燥、冬季无霜的地区才能有规律地结果。需冷量为7℃之下300~500小时。在冷凉气候区，它们常

常作为观赏植物种植。巴旦木树需要昆虫授粉。大部分品种是半自交可育的，不过如果在附近种植传粉品种，结果量会更高。坚果扁平带尖，壳上有坑。

位置、种植和日常养护

巴旦木树需要背风无霜位置以及排水良好的土壤，pH值最好是6.5。种植间距为6~7米（见425页，"种植乔木果树"）。巴旦木树的栽培方法和桃树一样（见451页）。桃缩叶病（665页）和细菌性溃疡（654页）可能影响巴旦木树。

巴旦木

修剪和整枝

巴旦木树常常和桃树一样修剪并整枝成灌木式（见452页）。果实着生在一年龄枝条上。对于较老的果树，在夏天将四分之一已经结过果的老枝剪去，以促进新枝生长发育。

收获和储藏

种植后三四年结果。果实外皮开始开裂时采摘。清洁并干燥后储藏。

繁殖

巴旦木树通常使用嵌芽接法繁殖（见432页）。砧木种类取决于土壤类型：干旱地区常常使用巴旦木树实生苗，而桃树实生苗更适用于较黏重的土壤。

推荐种植的巴旦木品种

'鲍洛托尼'（'Balatoni'）
'弗拉格纳斯'（'Ferragnes'）
'英格丽德'（'Ingrid'）
'大果'（'Macrocarpa'）
'曼德琳'（'Mandaline'）

欧洲栗

欧洲栗树是夏季开花的落叶乔木，高可达30米，冠幅可达15米。雌雄同株，风媒传粉。某些品种可能需要其他品种传粉。

这种有光泽的深棕色坚果在冬季寒冷、夏季温暖的地区生长得最好。通常有两或三枚果仁，不过某些品种如'里昂栗'（'Marron de Lyon'）和'典范'（'Paragon'）只有一枚果仁。

位置、种植和日常养护

最好种植在pH值为6、保水性

良好的肥沃土壤中，种植间距为10~12米（见425页，"种植乔木果树"）。为年幼果树浇水，并保持种植区域无杂草。在准备充分的种植场所，没有必要施肥。果树可能会受到蜜环菌（661页）的影响。

修剪和整枝

整枝成中央领导枝标准苗（见72页）。去除老树上的拥挤、交叉或死亡分枝。

收获和储藏

种植大约四年后结果。秋季采收。除去外壳，将它们浸泡48小时，丢弃任何颜色变深的果实，晾干后将它们储藏在凉爽通风处。

繁殖

将选中品种芽接或舌接到欧洲栗树的实生苗砧木上（见432页和433页）。

欧洲栗

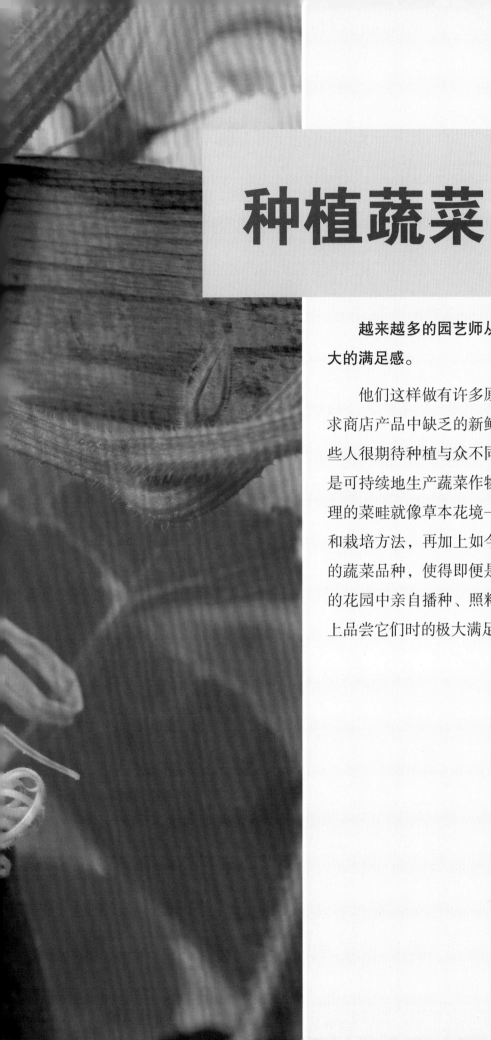

种植蔬菜

越来越多的园艺师从种植自己的蔬菜中得到了极大的满足感。

他们这样做有许多原因：对于大多数人来说，追求商店产品中缺乏的新鲜和风味是最大的乐趣，而某些人很期待种植与众不同的品种。有机园艺师的目标是可持续地生产蔬菜作物。在一些人的眼中，精心打理的菜畦就像草本花境一样美丽。借助现代科学手段和栽培方法，再加上如今的许多长势苗壮且抗病性强的蔬菜品种，使得即便是种植蔬菜的新手也能在自己的花园中亲自播种、照料和采收蔬菜，并享受在餐桌上品尝它们时的极大满足感。

设计蔬菜园

在花园中总是能打造一块生机蓬勃的蔬菜生产区域，无论是阳光充足的大块土地还是露台上的几个花盆。蔬菜可以种植在单独开辟的菜畦中，或者融入花坛中。如果要得到高品质的蔬菜，良好的生长条件至关重要。不过，几乎任何地方都适合种植蔬菜，在暴露区域可以竖起风障，或者采取必要措施改善土壤肥力和排水性能。这些不可能在一夜之间完成，但在一或两年内可以获得很令人满意的结果。

作物保护 温室对于不耐寒蔬菜很有好处。

选择位置

大多数蔬菜的寿命都很短暂，但它们对生长条件的要求很高，蔬菜园的理想条件应该能够提供合适的温度、阳光、防风保护、排水良好的肥沃壤土及充足的水分供应。选中的种植场所应该是开阔的，通风良好但不能过于暴露，而且最好不要过于荫蔽：附近的乔木会遮

在苗床中种植 苗床系统会让栽培蔬菜作物更容易，其不会被踩踏并更容易压紧土壤。苗床可以是临时性或永久性的结构。

挡阳光并将雨水滴在蔬菜上，它们还会将大量养分和水分从土壤中吸走，而建筑物可能会在菜畦上产生大块的荫凉以及能够造成损伤的漏斗风。

庇护和风障

提供防风庇护是蔬菜种植中最重要的保护手段。尽可能避免在多风处种植，即便是微风也能使蔬菜产量降低20～30%，而强风往往是灾难性的。在海滨花园中种植的蔬菜可能会被海风带来的咸水沫损坏或杀死。在暴露于风中

的花园里，应该设立风障，它们应该有50%的渗透性，使风能够滤过，而不是像实心结构一样使风偏转后在另一面产生湍流（又见612～613页，"防风和防冻保护"，以及608页，"风"）。

有效的风障可以是绿色屏障，如一面树篱，或者是一面板条栅栏或风障网等结构。树篱比较美观，但需要较长时间成型，它们需要维护，占据空间，并且和蔬菜竞争土壤、水分和营养；因此它们只适合用于大型花园（关于更多信息，见82～85页，"树篱和屏障"。在非常大的花

园边界，可以使用乔木作为风障）。在较小的种植场所，更实用的是栅栏、围栏或用板条固定在立柱或立桩上的风障网。

一面风障可以在等于其高度五倍的地方提供最大限度的庇护。对于非常暴露的花园，可能需要至少高2米的风障。在这样的情况下，风障网和立柱都必须足够结实，因为它们在强风下会承受很大的张力。或者在成排的植株或苗床之间竖立较低的临时性风障，连接在竹竿上的高度不超过45厘米且间距为3～4米的风障网非常适合这个用途。

如果建筑或乔木之间的空隙在花园中产生了漏斗风，需在空隙两端竖立1米宽的障碍物。在空隙中种植落叶灌木或树篱，使用人工风障提供保护直到它们成型。

为菜畦选址

倾斜地块比平整土地更难打理，而且在倾斜陡坡中强降雨带来的土壤侵蚀会很严重，在斜坡上设立苗床可能对此有所帮助。在冷凉气候区，选择朝南斜坡的位置有一定好处，它在春天会很快升温。在炎热气候区，将苗床设置在朝北斜坡上，稍微躲避强烈的阳光。

对于露地栽培的蔬菜作物，蔬菜苗床的朝向影响不大，但对于温室和冷床，它们的斜坡屋顶应该朝向阳光以最大限度地增加效果。小心地选择高蔬菜作物如攀援豆类的位置：在温带气候区，将它们种植在不会遮挡较低矮植物阳光的地方，但对于更炎热的气候区则要使用它们来提供这种阴凉。

在温带和北方气候区，南墙脚下的温暖背风处可用于种植早春和晚秋作物，在夏天则可以种植不耐寒的喜阳作物如马铃薯和辣椒。为苗床浇水以免土壤干燥。朝北墙壁可以为莴苣和豌豆等不耐高温的植物提供一定程度的遮阴。

维持土壤肥力

能够在手中轻松捏碎的松散壤土最适合种植蔬菜：它富含植物所需要的营养，并能支持蚯蚓以及其他能够分解有机质的微生物生存。它拥有良好的结构，即使在不利条件下也可以耕作：它在潮湿天气中不会变黏，在干旱时期也不会变成粉状，而总是保持着松散质地，所以该土壤的通气性很好；这对于土壤中的微生物以及蔬菜的根系都很重要。既能促进大部分蔬菜茂盛生长又不怎么需要额外施肥的理想土壤应该是排水通畅且保水性好，pH值最好为6.8。

保护性措施 抬升苗床的排水顺畅，非常适合种植根茎类作物，而且在春天的回暖速度更快，让你可以更早地播种和种植。两侧的木板提供了整洁的边缘和牢固的结构，可以在需要时在上面安装保护性网罩或浮面覆盖物。

土壤类型

蔬菜可以成功地种植在众多不同类型的土壤中。其中一个极端是多孔的砂质土壤，它在春天能很快回暖，适合种植早收作物。在这样的土壤上很容易进行周年栽培，但其会在淋洗作用下迅速流失养分，所以蔬菜的施肥和灌溉是非常重要的。另一个极端是重黏土，这类土壤的保肥性很好，但回暖的速度较慢，质地黏重，易于发生涝渍；最好在秋天和冬天耕作。

在实际中，许多土壤是众多类型的混合。栽培成功的关键是把握时机，并且最重要的是混入腐熟有机质以改善营养条件和保水性。足够的石灰含量对于土壤肥力很重要，种植场所应该经常测试pH值。（见616～617页，"土壤及其结构"。）

蔬菜作物会不断从土壤以及自然降解的有机质中吸收养分。在几乎所有类型的土壤中，都必须定期添加有机质以维持土壤肥力。园艺师可以使用的有机质包括动物粪肥（最好富含秸秆但不含锯末或木屑）、海藻或花园堆肥。每年在土地上使用一层8～10厘米厚的有机质能够保持土壤的结构和肥力。可以将其铺在土地表面，或者掘入土壤中。如果在秋天将有机质铺在土壤表面，蚯蚓会将它混入土壤中。这对于松散的轻质土壤特别有好处，否则大雨会造成养分流失。任何在春天留在土地表面的有机质都应该用叉子混入土壤。在秋天将有机质掘入黏重土壤，使其尽可能深地均匀分布在土壤中。从仲冬开始为轻质土壤掘土，以避免杂草生长和土壤压实。腐熟有机质是一种很有用的护根，可以在整个生长季使用（又见502页，"护根"）。

使用绿肥

可以种植专门用来掘入土壤改善肥力的作物。在蔬菜园中，可以种植绿肥作物并将其掘入土壤，或者任其过冬以增加土壤肥力并避免裸露土壤（见625页，"绿肥"）。避免使用十字花科植物，因为它们容易感染根肿病。

排水

良好的排水至关重要，在排水问题严重的地方，可能必须设置土地排水系统（见623页，"改善排水"）。在大多数情况下，在土壤中混入大量有机质可以显著改善排水性能，因为这样能促进蚯蚓活动，它们通过创造庞大的排水通道网络大大改善土壤结构。

保护土壤结构

物理损伤很容易摧毁良好的土壤结构，这些物理损伤可能来自在非常潮湿或非常干燥时的踩踏或耕作，或者大雨击打在土地表面。将花园布置成狭窄的苗床（见496页，"苗床系统"），最大限度地减少对土壤的踩踏，在土壤表面覆盖护根（见502页，"护根"）也有助于维持土壤结构。

规划蔬菜园

菜畦的布局取决于花园的大小、形状以及属性，还有家庭的需求。蔬菜作物的轮作规划很重要（见498页），使四种主要蔬菜类群（豆类、十字花科植物、根茎类以及葱蒜类）可以在不同区域连续种植，减少病虫害积累。拥有充足空间营造厨房花园的园艺师通常选择传统式的分类的菜畦，或者选择每年种植不同作物的永久性苗床（见496~497页，"苗床系统"），不过对于有限空间也有别的方法。

宿根蔬菜区域

大部分蔬菜都是每年在不同地块上做一年生栽培的。少量宿根蔬菜，如洋蓟、大黄以及芦笋都应该一起种植在某块永久性苗床上，与一年生蔬菜分开。定期为宿根蔬菜作物护根以保持水分，防止土壤压紧并控制杂草。

盆栽蔬菜

只能在露台、屋顶或阳台上种植蔬菜的园艺师常常将蔬菜盆栽，这样做既多产又能非常美观（见331页）。虽然与花卉相比，蔬菜更难在容器中良好生长，但值得为此投入一些精力。合适的容器很多，包括传统的花盆和浴桶，也有专利生产并预装基质的种植袋。在容器中种植低矮且颇具观赏性的品种，并使用穴盘苗进行周年生产。

空间的最大化

为最大限度地提高有限区域的产量，可以在单个苗床中种植不同作物。速生蔬菜如萝卜的种子可以和生长较慢的蔬菜如欧洲防风草的种子间隔播种在同一排。大蒜、青葱、洋葱以及分葱都适合间植。类似地，快速成熟的"填闲作物"如莴苣等可以种植在成熟缓慢的十字花科蔬菜之间。棋盘式苗床能够使效率最大化，不过错行苗床也很适用。

或者也可以将填闲作物播种在成排种植的慢熟作物中间，例如将菠菜种在马铃薯或冬季十字花科蔬菜之间。速生蔬菜可以迅速利用有限的空间，并在缓慢生长的作物需要空间之前成熟。确保短期作物不会被生长缓慢的作物挡住阳光。精心控制时间至关重要，而且在干旱的夏天，缺水会成为问题。

花坛中的蔬菜

由于许多花园太小，难以开辟专门的蔬菜种植区，近些年越来越流行将蔬菜融入花坛中，或者成群种植在苗床中得到美观的图案。尽可能选择观赏性好的品种，并进行群体种植以得到最佳效果。这种方法在欧洲被称为"蔬菜园艺（potager gardening）"，在美国被称为"可食用造园（edible landscaping）"。在花坛中种植蔬菜的唯一重要需求是将土壤肥力维持在选中蔬菜必需的水平上。

气候因素

大多数蔬菜只在春秋之间白昼平均温度大于6℃时才会生长。春秋之间的"生长天数"以及合适的白昼温度取决于维度、海拔以及暴露程度等因素，并在很大程度上决定了播种日期以及可以在当地室外栽培的作物类型。

温度需求

蔬菜有时会被划分成暖季型或冷季型作物，这取决于它们的生理学需求，特别是那些与温度相关的需求。大多数十字花科蔬菜以及根茎类蔬菜不能忍受高温，而较不耐寒的蔬菜如番茄会被低温冻伤或杀死。某些蔬菜已经培育出了抗低温的品种，而且可以通过转移室内的方式延长许多蔬菜的生长期（见505页）。（关于各种蔬菜温度需求的详细信息，见507~548页。）

白昼长度

每天的日照时长或称白昼长度取决于维度和季节，而蔬菜品种在不同生长阶段对白昼长度有不同的反应。短日植物只有在白昼长度小于

以有机方式种植蔬菜

只需要按照有机园艺的几项基本原则，你就能自己种植有机蔬菜：

- 维持排水良好且富含腐殖质的肥沃土壤。这也许是确保作物健康生长的最重要单一因素。
- 只使用有机土壤改良剂和护根，检查包装以确认。
- 尽可能选择可靠的抗病虫害品种。
- 保持良好卫生：定期清理腐败叶片和植株残渣，保持植株周围良好的空气流通，并减少病害传播的可能。

- 使用不伤害有益捕食者的有机认证农药——而且只能在需要处理非常严重的病虫害时才使用。

作物轮作——在连续年份中在花园的不同区域种植类型相关的蔬菜，这对于避免病虫害在土壤中积累非常重要。例如，如果易感染甘蓝根花蝇和根肿病的十字花科蔬菜在同一地方连续种植多年，则植株会变得非常矮小并在这些以及其他病虫害的侵染下出现畸形，产量会很低。避免在同一个地方种植相同类型的作物至少3~4年，从而最大限度地减少这些问题。

盆栽作物 大型容器非常适合种植蔬菜，包括攀援作物如红花菜豆。保持良好肥力并定期浇水，夏季需要每天浇水。

较小的地块 将蔬菜种植在观赏植物中可以最大限度地利用有限空间, 还能吸引有助于控制蔬菜害虫如菊红斑卡蚜的益虫。

12小时时才会结种子; 而长日植物只有在更长的白昼长度中才能结实。这会影响播种时间, 特别是那些食用种子的蔬菜如豆类, 其他类型的蔬菜必须在开花之前收获。比如, 洋葱是长日植物, 当白昼长度达到16小时或更长时, 洋葱会停止叶片生长并形成鳞茎。此刻已经形成的叶片越多, 长成的鳞茎就越大; 因此应该在较早的时间播种洋葱的种子, 使植株在白昼长度增长至临界点前长出尽可能多的叶片。

目前已经有专门培育的以适应长日或短日条件的品种, 又称日中性品种。整个章节都有这样的例子, 最安全的办法是检查种子包装袋上的播种和收获指南。

降水

地区年平均降水量对于蔬菜作物有重要影响。在降水低的地区, 在蔬菜的重要生长发育阶段很容易发生干旱, 如豌豆和豆类开花与果实膨大期, 或者是莴苣的叶片生长期。在这些地区, 定期浇水并在土壤表面覆盖护根以保持土壤水分可能都是必不可少的。

在降水量高的地区, 必须保持或创造土壤的良好排水性, 避免出现涝渍, 而且需要花费更多精力处理蛞蝓、蜗牛和真菌病害, 它们都在潮湿的条件下繁殖。在高降水量下, 土壤中的养分容易淋失, 特别是在拥有松散砂质土壤的花园中, 补充施肥可能是必要的。

朝向

虽然无法改变既定地区的气候因素, 但可以通过土壤管理和采取措施改善小气候(花园内部的环境条件)来缓和它们的不良影响。因此, 利用菜畦的物理朝向很重要。使用栅栏、屏障或绿篱提供风障可以减少蔬菜和土壤的水分流失, 并能促进土壤温度升高, 从而利于生长。向阳墙壁或栅栏可以形成温暖的生态区, 这对番茄、辣椒和甜玉米等在高温下表现最好的作物很有好处。向阳缓坡在春天回暖最快, 因此很适合种植早熟作物。相反, 高墙有时也会遮蔽阳光和雨水, 对此要特别当心, 并避免在霜穴中种植。

苗床系统

水果和蔬菜最好种植在开阔地上的平整或抬升苗床中。在这样的情况下土壤可以充分利用降水和风化作用，植物也可以充分伸展根系。在传统花园中，通常会为水果和蔬菜开辟专门种植区域。这样的区域可以是宽阔的地块，不过更现代的解决方案是使用通道将蔬菜园分隔成一系列狭窄的苗床。

密集种植

这个抬升苗床中的高土壤肥力使得蔬菜能够以交错行密集等距种植。在使用标准宽度的园艺织物保护作物时，操作这样的狭窄苗床也特别方便。

菜地

在传统厨房花园中，蔬菜在菜畦中是一排排种植的。这是一种很好的作物栽培方式，这样可以使大面积的土地得到耕作，使用也很灵活。

然而，种植蔬菜作物需要不断出入以进行播种、疏苗、移栽、浇水、表层施肥、防控病虫害、除草、采摘以及清理。每项工作都需要踩踏土地，这会压紧土壤。这样会减少土壤中的空气，阻碍排水并导致生长不良。注意不要踩踏潮湿土壤或者踩在木板上以分散重量，减少对土壤的压紧，然而采用狭窄苗床能够完全避免踩踏耕作区域。

使用苗床

在苗床系统中，耕作区域分为半永久性苗床和固定苗床。苗床的宽度应该足够窄，可以伸手够到中央区域，这样就可以在起分隔作用的通道上完成栽培措施，不用踩踏土壤。这样可以有效避免压紧土壤，并且可以在下雨后很快完成收获或其他工作，同时不会破坏土壤结构。苗床一旦成型且肥沃，所需要的锄地工作较少，而且必要的栽培工作也会大大减少，因为耕作区域更小。由于大块有机粪肥施加在较小的区域，因此更容易积累高水平的肥力、改善土壤通气性和排水性，反过来又能促进根系更强壮地生长。

耕作区域被集中在相对局限的空间里，这使得苗床系统成为小型花园中种植蔬菜的良好解决方案。土壤肥力得到了提高，就不需要进入成排种植的植物之间进行打理，这使得蔬菜可以更密集地种植。例如，卷心莴苣能够以20厘米的间距种植成互相交错的排，而在更传统的布局中，种植间距则是30厘米。每棵植株在很小的位置上都能得到最大的根系空间，这可以充分利用有限的土壤并提高产量。

植株的密集种植还有进一步的间接好处。渗透软管（见561页）等低水平灌溉系统会变得更容易管理，因为使用的区域更小，且使用更传统的灌溉技术也不会那么浪费。密集的间距还能有效抑制一年生杂草的生长，因此除草工作也会变少。

使用苗床系统会让轮作变得更容易，因为每种作物类群都可以分配到一个苗床中，并在下一年根据轮作规划需要转移到别的苗床里。

建造抬升苗床

1 测量并标记苗床位置。在苗床边缘使用15厘米×2.5厘米的木板嵌入5厘米深的条形沟中，并每隔1~1.2米使用钉入地面的木钉支撑。

2 在苗床中填入已经混入有机质如腐熟粪肥或园艺堆肥的优质表层土。注意不要在边缘或角落产生气穴。

3 使用耙子将土壤分布均匀。打散所有土块，以得到均匀紧实的质地。使完成后的土壤表面与木板顶端基本平齐，必要时添土。

4 使用耙子背平整土壤，留下光滑的地面。在接下来的几周，填充好的苗床会发生沉降，土壤表面随之下降，这时需要添土。

在苗床中种植

苗床不应超过1.5米宽，使两边都能轻松地用胳膊够到中央。然后所有工作都可以从周围的道路上进行，不用踩踏苗床的土壤，从而避免破坏土壤结构。

规划苗床的布局

苗床可以是长方形、正方形，甚至是曲线形的。首要考虑因素是必须能够在通道上对整个苗床进行栽培活动。

理想的宽度是1.2米，如果能更有效地利用有限空间的话，可以增加至1.5米，对于被玻璃或塑料钟形罩保护的区域，宽度可以减小至1米。窄条状苗床特别适合种植草莓，因为护根和采摘都很方便。

苗床的长度可以进行调整以适应现场，尽管它们的方向并不是十分重要，但南北走向的苗床能够得到均匀分布的阳光。

苗床之间通道的宽度至少应为45厘米，以便人员和独轮手推车出入。

苗床类型

描述苗床的术语有很多：平齐（flat）苗床或半平齐（semi-flat）苗床、深厚（deep）苗床以及抬升（raised）苗床。平齐苗床以及半平齐苗床是直接从花园土地中简单地标记出来并进行栽培的苗床。随着每年添加大块有机质，苗床表面会逐渐高于通道，土壤深度也得到增加。

深厚苗床

有机蔬菜种植者常常想要最大限度地减少土壤耕作，以保存其自然结构和肥力，并减少杂草生长。深厚苗床是达到这一目的的理想方法。在深厚苗床中，通过一次彻底的耕作将大量有机质混入土地中（见620页，"双层掘地"），将土壤改良至所需要的深度。在此之后，避免进一步掘地，使有机质和微生物活动促进土壤自然结构的发育。更多有机质只能作为护根和表层覆盖添加。对土壤表面的唯一扰动只在种植时发生，所以位于萌发深度之下的杂草种子会一直休眠，只有被风吹过来的杂草种子长成

的幼苗需要清理。

抬升苗床

抬升苗床的建设需要标记出苗床位置，然后使用木材、砖块或水泥砌块将边缘修建至30厘米高。也可以不修剪侧壁，但如果修的话，为确保稳定性，苗床的基部需要比完成后的顶部宽大约30厘米。

抬升苗床拥有平齐苗床的所有优点，而且排水更顺畅，在春天回暖更快。如果让抬升苗床的一侧稍稍高出另一侧，使斜面朝向太阳，苗床会更有效率地回暖，从而促进植物提前生长。

使用抬升苗床可以在最不具希望的地面上成功进行园艺栽培，例如自然排水性非常糟糕的地方或者甚至是用混凝土修筑过的土地。

较高的苗床也有助于让行动不便的人员享受园艺的乐趣。侧壁可以修建至60～90厘米，并在底部填充碎石（为了良好排水）。然后在上面铺设30～45厘米厚的肥沃土壤。

制作通道

苗床之间的通道可以保持成土壤区域，并定期清除其中的杂草。有护根覆盖的通道在开始时需要多花一些精力，但从长远来看能够减少养护工作，特别是如果护根铺

在抑制杂草的园艺织物上的话。如果在表层覆盖树皮或砂砾，这样就能创造结实的耐践踏表面。

当使用硬质塑料或混凝土砌块等材料在苗床周围安装耐久镶边时，草坪通道是一个很好的解决方案，草地表面必须远离边缘以便割草。

"非掘地"系统

颇为矛盾的是，对土壤的耕作会创造让野草茂盛生长的条件，它会让杂草种子暴露在萌发所需要的光照中。它还可能导致土壤自然结构退化，因为掘地混入的空气会迅速降解有机质。"非掘地"系统是有机园艺师使用的一种耕作方法，其可以保护土壤结构并减少养分流失。这样对土壤产生的扰动最少，而且定期在表面施加有机质（在种植前施加使蚯蚓充分将其混入土壤）有助于抑制杂草、保存水分，并维持土壤结构和肥力。该方法的成功实施需要在刚开始时彻底清除杂草，特别是宿根杂草，可以使用织物覆盖（非有机园艺师可以使用化学除草剂）。非掘地方法很适合苗床系统，并且它可以有效减少马铃薯的挖沟和垄作工作。

非掘地马铃薯

种植马铃薯时，将块茎放在土壤表面，然后覆盖一层15～20厘米厚的护根，做成土丘状。使用黑色塑料布覆盖土丘状护根，安装结实。在黑色塑料布上做出切口以便马铃薯枝条长出。

制作苗床之间的通道

1 标记，平整并压实通道。沿着每条边缘切出2.5厘米深的沟。将园艺织物切成比道路宽20厘米的长条。

2 将园艺织物的边缘填入沟中一侧。使用10厘米×2.5厘米的木板镶边固定，用锤子夯平。将织物拉紧并在另一侧重复相同步骤。

3 以2米为间隔，在紧靠木板的织物上做成对十字形切口。在每个切口上钉入木钉，至木板边缘之下2.5厘米。

4 覆盖护根（这里是碎树皮）。用耙子夯实，使护根与木板顶端平齐，将支撑用的木钉隐藏起来。

轮作

在轮作时，在连续年份中将蔬菜种植在菜畦中的不同区域。

轮作的优点

轮作的主要原因是防止针对某一蔬菜类群的土生病虫害积累。如果每年都在相同土壤中种植同一种"宿主"蔬菜，病虫害会迅速增加并成为严重的问题，而缺少宿主时，病虫害会逐渐消退。各种类型的马铃薯和番茄线虫、侵染大多数十字花科蔬菜的根肿病以及洋葱白腐病等常见病虫害都可以通过轮作减轻。

轮作蔬菜还能带来其他好处。某些作物如马铃薯能够完全覆盖土壤，这样能将大部分杂草闷死，所以可以在种植这些作物之后紧接着种植难以除草的蔬菜如洋葱。此外，大部分根茎类蔬菜特别是马铃薯有助于打碎土壤，保持土壤结构松散并通气良好。

豆科的大部分蔬菜如豌豆和其他豆类可以将氮元素固定在土壤中，供下一茬作物生长使用。因此需氮量大的十字花科蔬菜和马铃薯应该紧接豆科蔬菜种植。相反地，需氮量较低的根茎蔬菜可以在十字花科蔬菜之后种植。

包括宿根蔬菜和几种沙拉用蔬菜在内的几种蔬菜不能进入主轮作系统。沙拉用蔬菜的生长时间很短，因此可用于填补作物之间的时间和空间缝隙。宿根蔬菜最好种植在专门的固定苗床中，不用轮作。

轮作的缺点

轮作理论的一个缺陷是，要想使轮作完全有效，轮作周期应该比常用的三或四年长得多：根肿病和白腐病菌可以在土壤中潜伏长达20年。这种规模的轮作在大多数花园中都是不现实的。另一个问题是，苗床之间的距离很短，这意味着土生病虫害仍然能轻松传播。由于不同作物需要生长在不同大小的苗床中，并且采收时间也往往不一致，这些情况会让轮作变得更加复杂。

某些较小的种植区域园艺师更喜欢在相同区域重复种植，在病虫害发生时再选择性地避免连作。然而，最好将连作视为抑制病虫害的辅助手段，而不是全能的预防和解决措施。总体而言，最好的建议是在蔬菜园中移动作物的种植位置，努力在上面列出的连作作物类群之间找到间隙。

蔬菜作物的轮作

豆科和荚果作物
蚕豆、扁豆、四季豆、棉豆、秋葵、豌豆、红花菜豆

葱类
洋葱、葱、大蒜、韭葱、东方叶葱、腌制用洋葱、青葱、小葱

十字花科蔬菜
西蓝花、球芽橄榄、卷心菜、花茎甘蓝、花椰菜、芥蓝菜、羽衣甘蓝、苤蓝、小松菜、日本芜菁、芥菜、小白菜、紫西蓝花、萝卜、瑞典甘蓝、芜菁

茄果类和根茎类蔬菜
茄子、甜菜、胡萝卜、块根芹、芹菜、芋头、欧洲防风草、马铃薯、婆罗门参、黑婆罗门参、甜椒、甘薯、番茄、龙葵

连作的计划

尽管有一些缺点，但连作仍然是明智之举，园艺师们应该尽量采用。最关键的是在某指定区域至少有一个（最好是两个）完全耕作期，且不重复种植同一蔬菜类群中的植物。

列出你想要种植的主要蔬菜种类以及大概数量。不要种植当地气候不适宜的种类，特别是在小花园中，并将精力集中在价格较贵的蔬菜上。

列出蔬菜园中的各个苗床。将选中蔬菜按照轮作类群（例如所有豆类和荚果类蔬菜，或所有十字花科蔬菜）分类，还有不在主要类群中的杂项蔬菜（见上，蔬菜作物的轮作）。可以根据空间的使用情况和所需蔬菜的数量，将杂项类群中的蔬菜种类分配放在某些主要类群中。

逐月计划

做一张表格并在表中列出一年中的所有月份，然后将名单中所有蔬菜在土地中栽培的时间列在表中。要记住，通过在容器中培育后来用于移栽的幼苗（见501页，"室内播种"）可以缩短这段时间，在生长季早期和末期使用某种形式的覆盖则可以延长之（见505页，"在保护设施中种植"）。某些作物一年播种一次（如欧洲防风草和大白菜），但对于其他作物，如莴苣和萝卜，可以在一年内重复播种以得到全年连续供应。

规划布局

为每个（或数个）苗床分配不同的蔬菜轮作类群，并将每个苗床将要种植的最重要的作物写下来。参考你的逐月表格，并为其指定适合紧接或前续的蔬菜种类。例如，如果仲冬采收并清理了球芽甘蓝，则接下来可以种植胡萝卜、莴苣或豌豆。大多数地块一年只能种植两茬作物。在后续年份中使用这个基本计划，并将作物转移到别的苗床中。

最好只是将整体计划作为大概指导。许多因素（不只是天气和季节的不可确定性）都会影响作物栽培的成败。成功更多依赖于计划的灵活性，而不能生搬硬套，不知变通。

做记录

记录自己在蔬菜园中的活动很有必要，特别是种植日记有助于设计轮作计划。记录天气条件，特别是第一场和最后一场霜冻的时间，这对于增加未来的产量是非常重要的信息。所种植品种的播种和种植日期、收获产量的记录对于未来的参考也很有用。它们还有助于辨认产出过多或不足，以便在将来避免。记录生长中出现的问题（病虫害或生长失调）以及处理措施也很有用。

空间的规划 确定各种作物的期望产量，然后分配相应的空间。某些速生作物可以在一个生长季收获多次。

播种和种植

播种是培育蔬菜最常用的方法。室外或室内的播种方法有好几种，使用最适合选用品种以及有限空间的方法。植物生长早期的照料能够保证得到更健康、更多产的作物。在幼苗变得过于拥挤之前进行疏苗，或者将它们移栽到苗床、温室或容器中的固定种植位置。

选择种子

在过去，只能买到普通的"裸"种，但如今已经有了众多预先处理过的种子，这使播种和发芽都变得更容易了。还可以买到预先发芽的种子。

购买种子

总是购买优质种子，最好是真空包装的以保持其活性，如有信誉的邮购公司所提供的。许多最好的品种是F1代杂种，其由两个选定亲本杂交育种得到。虽然比较贵，但它们非常健壮而多产。种子的活性差异很大：为安全起见，使用不超过三年的种子，或者在播种前进行萌发试验。将种子储藏在凉爽干燥条件下：莴苣的种子最好存放在冰箱里。

预制种子

包衣种子的外层包裹黏土形成小球，其比裸露种子更容易播种。这对于细小种子如胡萝卜的种子特别有用。应该小心地将包衣种子逐个放入播种沟中，这可以省去后来移栽的麻烦。以正常方式播种，但要保证黏土外层保持湿润直到萌发。

还可以将种子均匀地镶嵌在纸条或种子带上，后者会在土壤中自然降解。将种子带放入播种沟，然后覆盖土壤。种子的衬垫会在萌发早期提供保护并减少后期的疏苗工作。

预先发芽种子

带芽种子或称预先发芽种子是在它们刚萌发后出售并播种的。带芽种子包装在小型塑料容器中，然后将每粒种子小心地播种到花盆或播种盘中。有些种子的萌发需要一定温度，如果缺少电动增殖箱很难达到这样的温度要求，还有些种子的萌发很不稳定，它们都适合使用这种方法。

为了让普通种子提前生长，可以在家中让它们预先发芽。这对于在寒冷土壤中萌发缓慢且可能在萌发前腐烂的种子很有用。将种子铺在潮湿纸巾上，然后将它们放入温暖处。保持湿润直到萌发，然后将它们小心地播种在容器中或室外。也可以使用这种方法在播种前测试老种子的活性。

室外播种

对于蔬菜，可以现场播种并长到成熟，或者先播种在育苗床中，再转移到固定位置。现场播种多用于年幼时采摘的作物如小葱和萝卜，或者不能很好移栽的蔬菜如胡萝卜和欧洲防风草。十字花科蔬菜可以与其他众多类型的作物一起播种在育苗床或者穴盘中。

室外播种的成功条件需要温暖和准备充分的土壤。对于大多数蔬菜种子，温度一旦超过7℃就会开始萌发，所以不要在寒冷土壤中播种。某些蔬菜种子如莴苣种子等在高温下的萌发情况很差。各种蔬菜的条目下给出了特定的种子萌发温度需求。可以使用土壤温度计测量土壤的温度，不过大部分园艺师都凭借自己的经验评价土壤是否温暖到足以支持种子萌发。

准备土地

种植前掘地，然后用耙子弄出细耕表面，去除石块和大土块。要在土壤既不过于潮湿黏重又不太干时耙土。如果土壤黏附在你的鞋子上，应该推迟进行这项工作，待其稍微干燥再进行，但不能太过干燥以致产生灰尘。

如果在潮湿土壤中播种，站立在木板上可以防止损坏临近土壤的结构。这对于苗床系统（见496页）则没有必要，因为可以从周围的通道上播种。

（见496页）

条播

1 使用木钉和绳线标记播种沟的位置。使用锄头的角或小泥铲挖出播种沟，确保深度符合种子的需要。

2 站在与播种沟平行的木板上以防压紧土壤。沿着播种沟均匀而稀疏地撒下种子，然后小心覆盖并紧实。

其他方法

潮湿条件
如果土壤的排水速度很慢或者非常黏重的话，在播种沟底部撒一层沙子，然后再播种盖土。

干燥条件
当土壤非常干燥时，在播种沟底部浇水，然后播种并将它们轻轻按入湿土，再用干土覆盖。

播种的方针

种子的播种深度取决于它们的大小。除非另作说明，洋葱等细小种子的播种深度为大约1厘米，十字花科蔬菜为2厘米，豌豆和甜玉米大约为2.5厘米，其他豆类可达5厘米。最重要的要求是播种稀疏，使幼苗在早期不会过于拥挤。下文描述了各种播种方法。无论使用哪种方法，最重要的是保存土壤表面的水分。在寒冷天气中，播种后应该用园艺织物覆盖土壤。幼苗出现后去除任何覆盖物。

条播

这是蔬菜播种最常用的方法。使用拉直的绳子标记出一条直线，然后按照所需深度在土壤中挖出一条均匀的播种沟。有几种播种方法：用拇指和手指捏住种子并撒在种植沟中，或者轻轻将种子从手掌或包装袋中弹出。有特制的小型手持工具，其可以逐渐释放不同大小的种子；或者三粒种子为一组，按照最终的种植间距播种，后来再疏苗至每组一株。如果将种子直接种在播种沟中，播种间距应该是成年植株间距的一半，例如以2.5厘米的间距播种，后来疏苗至间距为5厘米。播种后，用土壤覆盖种子，轻轻用耙子推平并压实，然后用带细花洒的水壶浇水以免将种子冲走。

如果不可避免地要在潮湿条件下播种，应该在播种前使用干燥的尖砂或蛭石铺在播种沟底部。如果条件干燥，先给播种沟浇水，然后将每粒种子轻轻按入土壤；然后

在宽播种沟中播种

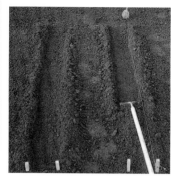

1 使用薅锄做出15～23厘米宽、底部平整的平行播种沟。

2 在播种沟中按照所需间距播种。

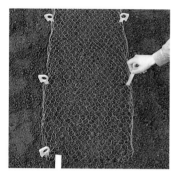

3 使用薅锄覆土，注意不要移动种子的位置。

4 将金属网钉在播种沟上，抵御鸟类和其他动物。

再用干土覆盖。这会减慢蒸发速度，并保持种子的湿润直到萌发。

宽播种沟

对于密集生长的蔬菜如豌豆、早熟胡萝卜等以及在幼苗阶段采收的蔬菜（见右，"连续作物"），应该使用宽而平整的播种沟。按照所需深度将播种沟挖至23厘米宽。将种子均匀播种在沟里，然后小心覆土。

大型种子

豆类种子可以单粒播种。将种子放入戳孔器或手指做出的洞中，确保每粒种子都位于洞底且接触土壤。使用玻璃罐或剪去一半的塑料瓶盖在不耐寒植物如南瓜和西葫芦的种子上方，幼苗出现后即撤去。

撒播

使用这种方法时，首先用耙子细耕土壤得到精细的表面，然后用手或者从种子袋里尽可能均匀地将种子撒在土壤表面。然后再次用耙子轻轻耙过土壤，将种子盖住。

连续作物

对于生长迅速但最佳状态很快就过去或者很快就开始结实的蔬菜如莴苣等，应该少量多次播种。为避免产出过多或断档，等到一批种子萌发后再播种下一批种子。许多叶用或沙拉蔬菜可以在幼苗阶段收获，并且在割下后常常能再次生长出连续不断的枝叶，它们又被称作随切随长型蔬菜。这是一种非常有效率的利用小块区域的方法，并且

撒播

1 用耙子小心地按照一个方向准备播种区域。将种子稀疏且均匀地撒在土壤表面。

2 按照与原来角度垂直的方向轻轻耙过土壤，盖住种子，然后用安装细花洒的水壶浇透水。

这样的作物非常适合播种在其他生长缓慢蔬菜的下方或中间。为得到作物幼苗，将种子播种在宽播种沟中然后用织物覆盖。幼苗不需要疏苗，在数周之内就可以进行第一次采切。

使用织物保护

披进土地或用砖块固定的织物有助于在播种前温暖土壤。播种后，它能促进幼苗提早成型，隔绝鸟类、兔子、猫以及某些昆虫类害虫。在幼苗生长受限之前将其撤去。

疏苗

必须对幼苗进行疏减以防止过度拥挤。逐步疏减到最终间距，为病虫害损失留出空间，每次疏苗的目标是使幼苗不接触相邻幼苗即可。如果种子是现场播种的，继续疏苗直到间距达到成熟植株的需求。将疏下来的苗清理走，因为它们的气味会吸引害虫。当条件比较湿润时，将莴苣、卷心菜以及洋葱等蔬菜的幼苗挖出移栽，然后将剩余幼苗周围的土壤重新紧实好，如果太温暖的话，莴苣可能会笔直生长。

种植

在蔬菜尽可能年幼时将它们种植或移植到最终生长位置，让它们能够不受阻碍地继续生长。容器或穴盘中培育的蔬菜（见501页）除外。当根类蔬菜的主根开始形成后，就不要进行移栽，否则会导致主根变形。

在将植物从育苗床中移出之前，先在它们的根系周围浇水，如

疏苗

疏苗时，在地面将幼苗掐下，以免扰动剩余幼苗的根系。

果将要种植它们的土地很干的话，需为种植沟浇水。手持植株时捏住叶片而不是茎干或根系，后两者很容易受损。做出一个比根系稍大的洞，并将植物放入洞中，回填土壤并使底部叶片正好位于土壤表面之上。在茎干周围紧实土壤以锚定植株。在炎热天气中，为幼苗浇水，然后使用园艺织物遮阴直到幼苗成型。种植后的数天保持土壤湿润（见502页，"关键浇水时期"）。

移栽幼苗

使用种植标签或戳孔器将幼苗轻轻挖出，尽可能多地保留根系周围的土壤。尽快移栽以避免水分流失。

种植深度

种植蔬菜幼苗时使最底部的叶片正好位于土壤表面之上。种植得过高会将茎干保留在外，这样可能无法支撑成熟蔬菜的重量。

间距

不同蔬菜对种植间距有不同的需求，有时候种植间距能够决定它们的最终大小。传统上，蔬菜是按照推荐株距和行距成排种植的。或者也可以等距离种植——种植间距为推荐株距和行距的平均值，所以株距15厘米行距30厘米的种植可以改成间距23厘米的种植。这种方法的效果很好：植株可以享受均匀的阳光、空气、水分和养分，而且它们在成熟后地上部分可以盖住地面，因而能有效抑制杂草（见496～497页，"苗床系统"）。蔬菜也可以在间距很宽的行中密集种植。

室内播种

蔬菜的种子可以在室内播种，如凉爽温室中或窗台上。这对于那些在气候冷凉且夏季短暂的地区栽培的不耐寒蔬菜，以及那些需要漫长生长期的蔬菜很有帮助。这还有助于生产出健康幼苗并克服萌发问题，因为这样可以更容易地控制温度。萌发后，将大部分幼苗保持在较低温度，放入宽敞明亮且受保护的环境中，直到准备移栽。在无法实现这个条件的地方，可能需要购买更多成熟植株。

在容器中播种

穴盘拥有独立种植穴，可以在其中播种并培育幼苗，然后直接用来移栽。这样会生产出能够继续良好生长的优质植株：幼苗没有竞争，并且会发育出最终移栽时也不容易扰动的健康根坨。然而，与种植在托盘中的植株相比，它们在早期的确需要更多空间和基质。

穴盘有许多种类，最便宜的是塑料或聚苯乙烯穴盘。小型容器包括黏土或塑料花盆、可降解花盆以及压缩基质块，基质可以用网包裹，使根系能够穿透。

在24孔或40孔穴盘中播种。每个单位播种二三粒种子，幼苗长出后疏苗，只保留最强壮的。对于某些蔬菜如韭葱、洋葱、芜菁以及甜菜，需要将数粒种子种在一起，幼苗长出后按照比平常更宽的间距一起移栽，继续生长至成熟。

1 在穴盘中填充播种基质，并在每个单元中做一个洞。每个洞播种一或两粒种子。覆盖基质，然后浇水。

2 将每棵植株从穴盘中取出。挖出能够容纳其根坨的洞。将植株放入洞中，最底部的叶片正好位于土壤表面上，紧实并浇水。

或者使用标准播种基质将种子播种在小盘或播种盘中（见216页，"在花盆或播种盘中播种"）。当幼苗长出两或三枚真叶时，将它们移栽到装有盆栽基质的播种盘中，间距为2.5～5厘米，或者移栽到穴盘中。幼苗通常需要保持稍微温暖的温度。将它们放到明亮无气流的地方，以便其均匀地生长。在露地移栽前将植株转移到独立花盆中。

炼苗

室内培育的植株在露地移栽前需要逐渐适应较低的温度和风。将它们在双层织物下、钟形罩或冷床中炼苗10～14天。先在白天然后在夜间逐渐增加通风，直到幼苗可以完全留在室外。移栽后用织物进行部分覆盖。

营养繁殖

一些蔬菜通常使用吸芽、块茎、球茎、鳞茎或插条进行营养繁殖。这可能是因为它们很少结实，或者如果用种子繁殖的话，得到的后代性状不稳定，或者是因为营养繁殖的速度更快。各个蔬菜种类下有相关细节（507~548页）。

在容器中种植蔬菜

容器适用于在空间有限的地方种植蔬菜，或者将蔬菜园延伸到铺装区域。它们也可以用于温室中，特别是如果土壤感染了病害并且难以消毒或更换的时候。与花卉相比，蔬菜需要更肥沃的生长基质以及更持续和透彻的灌溉，所以必须精心维护（见331页，"盆栽蔬菜"）。

嫁接蔬菜

作为一种繁殖木本植物如月季和杜鹃花的技术，嫁接有着悠久的历史，但这种方法直到最近这些年才用于蔬菜的商业生产。所用砧木通常是同一物种的变型，选择它们是因为它们的活力以及对病害的抗性，还有能够传递给接穗品种的优良性状。商业嫁接蔬菜包括茄子、南瓜、黄瓜、甜瓜、番茄，以及甜椒和辣椒。

数家园艺公司还为家庭园艺师提供某些嫁接蔬菜。虽然比种子培育的品种更昂贵，但它们通常更健壮，结实也更早。种植在至少30厘米深的花盆中，确保嫁接结合处位于土壤表面之上大约5厘米，以抑制接穗生根。坐果后每周施加一或两次高钾肥料。无论是盆栽还是露地种植，大多数嫁接蔬菜都需要使用强壮的竹竿立桩支撑（见528页，"嫁接番茄"）。蔓生蔬菜如南瓜也能从强壮的支撑中得到好处。

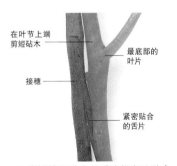

在叶节上端剪短砧木

接穗

最底部的叶片

紧密贴合的舌片

1 在接穗播种4～5天前播种砧木。当砧木长到15厘米高时，将其从花盆中取出。在距离茎基部8厘米处做一厘米的向下切口。在接穗上做一相同长度的向上切口（见插图）。

2 将接穗和砧木的舌片紧密地贴合在一起。用嫁接胶带或透明黏性胶带将嫁接结合处牢固地绑在一起，使切口被完全遮盖。将砧木剪短，在最低叶片上方做一斜切口。

接穗

砧木

嫁接结合处

切除接穗的根系

3 将嫁接后的植株上盆到装满无土基质的10厘米花盆中。让其在15～18℃的高湿度中继续生长。两至三周后，嫁接结合处会愈合。小心地撤去胶带。

4 将植株从花盆中取出。将接穗基部切断，在嫁接结合处下端做一斜切口。将分离后的根系拽掉，将嫁接植株移栽到最终种植位置。

日常栽培

当植株的生长条件保持最佳状态时才能生产出最优质的蔬菜。按照需要清除杂草并充分浇水。可以使用护根来保持水分并抑制杂草。随着作物的生长，必须维持土壤的养分水平。

浇水

大部分作物都需要相当湿润的土壤，但它们在需水量以及何时最需要水等方面并不相同（见下，"关键浇水时期"）。过度灌溉可能导致番茄和胡萝卜的味道变淡，对于根类蔬菜则会导致叶片过度发育，影响根的生长。

如何浇水

多量少次浇水比频繁少量浇水更有效率；不过，非常年幼的植株应该频繁少量浇水，随时保持湿润。量少的浇水，水分会在抵达植物根系之前快速蒸发，并促进根系在表层土生长而不往土壤深处扎根，而深根系能够帮助植物抵御干旱。将水直接灌溉到每株植物的基部。在蒸发量小的傍晚浇水，并留出时间让植物在夜晚之前干燥。

灌溉设备

使用安装细花洒的水壶为年幼植株浇水。对于小型花园中的总体灌溉，一把水壶可能就足够了；在较大花园中，使用手持软管，并用连接在末端的固定装置调节水流。

在蔬菜园中可以使用渗透软管或铺设在植物之间的带孔软管（又见561页，"渗透软管"）浇水。水会从孔洞中渗出，通常可以灌溉大约30厘米宽的条形区域。水管可以轻松地在作物之间移动，某些类型的带孔软管还可以浅埋在土壤中。

关键浇水时期

在蔬菜的成长过程中，在某些时期浇水特别有好处，这些时期取决于具体的蔬菜种类。在持续干旱天气中，只在这些时期浇水。

萌发中的种子、幼苗以及刚移植

的植株不能干掉，所以要频繁少量浇水，并确保水分抵达植物的根系。

叶用和沙拉用蔬菜如菠菜、食用甜菜、大多数十字花科蔬菜以及莴苣需要每周浇一次透水，可以得到高产。最关键的时期是成熟之前的十天至三周，在这段时期，如果出现非常干燥的条件，以22升每平方米的密度浇一次水。在这段时期之外，在干旱天气中以一半密度每周浇一次水。

对于果用蔬菜如番茄、辣椒、小胡瓜、豆类、黄瓜以及豌豆等，最关键的时期是花形成以及果实或荚果发育时。如果这个时期比较干燥，则需要每周以叶菜的浇水密度（上）进行灌溉。不要在关键时期之前大量浇水，这会造成枝叶徒长，影响结实。

根用蔬菜如胡萝卜、萝卜以及根用甜菜在生长期需要适度浇水。在生长早期阶段，如果土壤干燥的话，以每平方米5升的密度浇水。当根开始膨胀时，将该密度增加四倍，如果干旱条件持续的话，则每两周浇一次水。

减少浇水需求

为保存土壤水分，特别是在干旱地区，深挖土壤并混入大量有机质以改善土壤结构和保水性，有利于根系深度生长。不要在干旱的天气锄地，否则会促进水分从土壤中蒸发。竖立风障抵御干燥的风（见492~493页，"庇护和风障"）。在容易发生干旱的地区稍稍拉大种植间距，使根系能从更大的区域吸收水分。

控制杂草

蔬菜园中应该无杂草。它们会争夺水分、养分和光线，压制蔬菜作物生长，还可能携带病虫害（见645~649页，"杂草和草坪杂草"）。

减少杂草生长

在生长期，可以通过覆盖护根或者透过控制杂草的薄膜种植来抑制杂草，还可以将蔬菜作物等距

使用渗透软管为蔬菜灌溉

在成排蔬菜之间铺设的渗透软管可以确保水分抵达植物根系并深达土壤底部。

离种植（见501页，"间距"）。一旦蔬菜长到一定大小，它们的地上部分就会形成抑制杂草的遮盖。

陈旧育苗床

春季播种和种植是最容易产生一年生杂草的。如果土壤最近没有耕作并可能充满杂草种子的话，需要提前准备；等第一批杂草萌发后将它们锄掉，然后再播种或种植（又见620页，"陈旧育苗床技术"）。

护根

护根是铺在植物周围土壤上的一层有机或非有机材料。在土壤表面覆盖护根的地方，耕作需求会

保持土壤水分

对于红花菜豆等蔬菜，如果根系周围的土壤变干燥，它们的花朵就会凋谢。为作物浇足水，然后用叉子将其混入土壤表面。护根可以防止土壤水分蒸发，还能够隔离土壤、抑制杂草，保护土壤表面抵御大雨和侵蚀，减少踩踏时对土壤产生的损伤。

在种植作物前将宿根杂草从蔬菜园中清理走。挖出深根性和蔓延性宿根杂草，注意不要留下小块根系以免日后又萌发生长。如果情况很严重的话，使用不透光的护根如厚的黑色塑料布将杂草闷死。覆盖6~12个月后，除了最顽固的种类，其他所有杂草都会死亡。在作物生长时，注意防止或控制宿根杂草。

一年生杂草会非常迅速地萌发生长，如果在菜畦中大量自播的话它们会成为很大的麻烦。蔬菜作物萌发后的头三周要特别注意除草，此时的蔬菜最容易受杂草竞争的影响。用手将杂草拔出或者浅浅地锄草，以免将较深的杂草种子带到地表面。将它们移走以免再次扎根。

大大减少乃至消除。

有机护根

大块有机护根能够为土壤增添营养并改善土壤结构。它们可以是腐熟的动物粪肥、园艺堆肥、使用过的蘑菇栽培基质、干燥的草坪修剪草屑、海藻或经过堆肥的秸秆。不要使用任何来自木材的材料，如锯末和碎树皮，除非它们至少堆放了两年，否则它们会在降解过程中将土壤中的养分消耗光。最好在春天以及初夏土壤湿润时为生长中的蔬菜作物添加有机护根。一旦施

加，护根可以有效保持土壤的温度和湿度水平，所以如果可能的话，在春天土壤回暖后但还未干燥前施加有机护根。千万不要在寒冷、潮湿或非常干燥的土壤上覆盖护根。不过，在降雨量大的地方和黏重的土壤上，最好在秋天将有机护根撒在地面上以防止土壤损伤。

在实践中，最常施加护根的时间是种植时，如果必要的话先给植物浇水。或者为已经种植且生长健壮、株高至少为5厘米的幼苗护根。护根为2.5~7厘米或者更厚；如果想要抑制杂草的话应该使用厚的护根。

塑料膜护根

用于护根的塑料膜有黑色、白色或透明的。具体使用哪种取决于用途，它们可以升高土壤温度以促进蔬菜提早生长，抑制杂草，将热量反射到正在成熟中的果实上，保持果用蔬菜的干净并远离土壤沾染。反光塑料膜护根还有助于抑制飞行害虫。

黑塑料膜主要用于抑制杂草，不过它们也能升高土壤温度。早熟马铃薯可以透过黑色塑料布种植，来代替培土种植（见547页，"马铃薯"）。

白塑料膜主要用于将阳光和温暖反射到正在成熟的果实如番茄和甜瓜上。某些塑料布的下面制成黑色以抑制杂草，上面制成白色以反射光线。这种塑料膜的升温效果比黑塑料膜高7℃。透明塑料膜主要用于在春天回暖土壤并防止土壤溅起。

在播种或种植作物前铺设塑料膜比较容易。如果需要，先将渗透或多孔软管铺设就位，然后将塑料膜盖在将要覆盖的地面或苗床上。在苗床周围的土壤做出7~10厘米深的缝，然后使用铁锹将塑料布的边缘掖入土壤中（见626页，"固定塑料布"）。这在稍微隆起的苗床上比较容易操作。种植前使用刀子在塑料膜上做出十字形切口，在其下方的土壤做一种植穴，然后小心地将植株放入种植穴中，紧实土壤。在播种甜玉米等大粒种子时，在塑料膜上戳孔，然后将种子按入

透过黑白塑料膜护根种植

1 在种植区域周围挖一条沟，将护根的白面朝上进行铺设，边缘紧实地固定在土壤中。

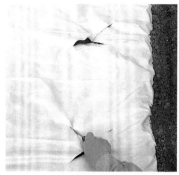

2 按照需要的间距在塑料膜上做出十字形切口，并在土壤中挖出足以容纳植物根坨的种植穴。

3 将植株（这里是番茄）从其花盆中取出并放入种植穴中。紧实根坨周围的土壤并浇水。如果需要的话立桩支撑。

其中。当幼苗出现后，将它们从孔中引导出来生长以免被困住。

必要时小心地透过种植孔浇水。塑料膜可能会吸引蛞蝓：将塑料膜边缘抬起并小心地移走它们，或者使用专利生产的蛞蝓杀虫剂解决该问题。

除了塑料膜护根之外，还有Permealay织物（可渗黑色材料）或可生物降解的纸张护根。

施肥

在定期施加大量有机质的肥沃园土中，大部分蔬菜作物都会令人满意地生长，不需要额外施肥。不过由于土壤肥力的积累需要一些年份，在贫瘠的土壤中，或者为了纠正缺素症，在某些情况下为了得到更高产量，补充肥料可能是必不可少的。

土壤养分

植物需要众多营养元素：对蔬菜最重要并且最经常短缺的三种是氮（N）、磷（P）和钾（K）（关于更多信息，见624~625页，"土壤养分和肥料"）。

每年以每平方米2~5千克的量施加园艺堆肥，或者以每平方米5.5千克的量施加粪肥，这样可以维持足够的磷和钾含量水平。或者按照生产商推荐密度使用人造化肥如过磷酸盐或三过磷酸钙（补充磷）以及硫酸钾（补充钾），或者施加含氮磷钾的复合肥料。

钾只会缓慢地从土壤中淋失，

其可以在土壤中保存到下一生长季。磷不会通过淋洗流失，但可能会以不溶性物质的形式被"锁"起来，不能被植物利用。如果土壤分析表明它们的含量低的话，就需要进行补充。氮经常会淋失，所以要通过添加有机质（在降解时释放氮元素）或人造化肥持续补充。

蔬菜对氮元素的需求有差异（关于进一步信息，见504页，"氮素需求"）。这张表列出了不同蔬菜类群对含氮量21%肥料的大概需求。因此施肥密度与所使用的肥料有关，氮肥包括硫酸铵、硝酸铵和硝酸钾等。

施加肥料

肥料以干型（粉末、颗粒和丸状）和浓缩液型出售（见624页，"肥料的类型"）。在播种或种植前作为基肥施加，或者在生长期进行表面施肥促进生长（见625页，"施加肥料"）。

尽可能在播种前后施加氮肥以免淋失，额外施肥可以在生长季的后来进行。千万不要在秋天施加氮肥，否则它会在大部分蔬菜种植之前被淋洗出土壤，而且秋季种植的作物会过于柔软，难以撑过冬天。磷肥和钾肥可以在任何时间施加，通常是在秋季，与氮一起以复合肥的形式施加时应该在春季施加。

有机系统中的施肥

如果需要额外施肥，使用肥效较慢的有机肥料。这些肥料包括鱼

粉、血粉和骨粉、作为基肥和表层肥料的通用肥料以及干血（肥效相对较快）和蹄角粉（肥效较慢），两者都能提供氮元素。市面上有各种专利和通用液态肥，某些含动物粪肥，还有些含海藻提取物。后者富含微量元素和植物激素，对于生长很有益处，尽管它们的养分水平并不是很高。它们可以在灌溉时施加或者作为叶面肥料施加。

盆栽蔬菜

容器中的基质在炎热天气中会很快干燥。为保存水分，在基质表面使用5厘米厚的有机材料、石头或塑料膜护根。准备好每天为容器浇两次透水，并且在非常炎热的天气中一天为种植袋浇两次水。

可能必须每周定期施肥，按照稀释后的生产商推荐密度使用有机肥料或人造化肥。在春天更新容器中的表层基质，每两到三年当蔬菜变得拥挤并且产量下降时更换全部基质——小型容器会过于束缚根系，只能种植一季作物。

病虫害

健康植株可以抵御大多数病虫害的侵袭。因此对植物的良好养护会将病虫害问题降到最低。学会辨认花园中的常见病虫害，并尽可能采取合适的预防性措施。尽量避免在蔬菜园中使用化学农药。除了它们本身的危险以及残留在土壤和植物上的风险之外，它们还可能杀死许多

病虫害在自然界的天敌。如果不可避免地需要使用化学防控，至少尽量使用经过有机认证的产品。在某些情况下，可以使用生物防控——引入某种害虫的天敌（关于特定病虫害的总体信息和细节，见639~673页，"植物生长问题"）。

常见虫害

可能侵袭蔬菜的动物和鸟类包括鹿、兔子、老鼠、鼹鼠和鸽子。如果出现持续破坏，在花园周围或蔬菜作物上方竖立铁丝网，使用非伤害性动物陷阱，使用嗡嗡作响的铁丝吓走大型鸟类，用黑色棉线对付小型鸟类。在潮湿气候中，蛞蝓和蜗牛可能是最严重的害虫。它们主要在夜间觅食，天黑后使用手电筒捕捉并杀死它们。使用化学防控时要小心操作。

土生害虫如蛴螬和地老虎通常侵袭年幼植物，有时候它们会将植株地面附近的茎咬断。它们在刚耕作的土地中更加猖獗。通过锄地将它们暴露给鸟类。许多土生害虫都是夜间觅食的，可以使用手电筒轻松捕捉它们。

土壤微生物害虫如线虫会侵袭包括马铃薯在内的特定植物类群。

健康的措施

为减少病虫害，保持土壤肥沃和良好排水，混入有机质并进行轮作（见498页）。种植适应当地气候的作物，如果可能选择抗病虫害品种。在穴盘中将植株培育到一定大小，以减少室外移栽时蜗牛和蛞蝓造成的损失；对室内培育的植株炼苗。对于保护设施中生长的植物，使用干净的播种盘和花盆以及消过毒的盆栽基质。为避免霉病等问题，为植物提供充足空间以确保良好的空气流通。

轮作以防止害虫积累，并尽可能种植抗性品种。

刺吸式昆虫包括各种蚜虫、胡萝卜茎蝇、甘蓝根花蝇以及蓟马或缨翅目昆虫，它们会吮吸多种植物的汁液，并可能在此过程中传播病毒病。对害虫习性的了解有助于防止侵袭——例如通过提前或推迟播种。使用黄色粘虫板捕捉蚜虫，用颈圈（见507页，"为幼苗套颈圈"）抑制甘蓝根花蝇，用薄膜覆盖抑制胡萝卜茎蝇（见544页）。化学或有机农药可以控制虫害爆发。

各种毛虫会侵袭多种植物。用手将它们摘下或者喷洒经过认证的杀虫剂。将防虫网放置在蔬菜上方，防止蝴蝶或蛾子成虫在植株上产卵。小型甲虫如跳甲会啃食十字花科蔬菜的叶片。使用网眼非常细的防虫网或织物保护这些蔬菜。大型甲虫如马铃薯叶甲会在某些国家造成严重的问题。

害虫在温室高温中会成倍增长。最严重的是温室中的粉虱和红蜘蛛，二者都侵染种类广泛的植物，并且如今它们对大多数标准农药都产生了耐药性。尽量增加通风并通过洒水降温增加湿度来抑制它们。

创造健康的生长条件

保持蔬菜苗床（这里种植的是观赏卷心菜和胡萝卜）和通道无杂草和残渣，清埋并烧毁染病植物材料。小心浇水和施肥——过度能够造成与缺乏相同的伤害。在早期疏苗以避免过度拥挤，并将疏下来的苗移走。如果室外条件恶劣的话，可以在室内播种，以促进家庭种植作物快速萌发。

一旦看到就使用生物防控的手段来限制它们（见643页，"生物防治"）。

常见病害

病害是由真菌、细菌和病毒导致的。受感染的植株会表现出一系列症状，在某些情况下植株的外形会遭到损坏，有时会将植株杀死。例如猝倒病会感染并杀死幼苗；将受影响的植株挖出并烧毁。

病害在有利于它们发展的条件下传播得很快，一旦成型就很难控制。预防性措施和良好的花园卫生对于防止病害扩散和成型至关重要。在病害可能发生之前可以使用一些药剂喷洒。

土生病害根肿病严重影响十字花科植物。通过施加石灰提高土壤pH值（见625页，"施加石灰"）并将作物种植在穴盘中的消毒土壤中，保持蔬菜的健壮可帮助控制这种病害。可以在土壤表层施加石灰氮来减少感染。

生长失调

蔬菜的某些问题是由于不正确的栽培条件引起的。最常见的问题是过早抽薹（开花结实），这可能是突然的低温或高温、干燥或播种时机不良导致的。结实失败可能是由于缺乏授粉、灌溉不稳定、干旱、高夜间温度以及多风寒冷条件导致的。如果土壤中缺乏矿物质，花椰菜的花球会停止生长（关于更多细节以及如何创造健康生长条件的建议，见507~548页的各种蔬菜作物条目）。

氮素需求（使用含氮量21%的肥料）				
非常低（12克/每平方米）	**低**（25~35克/每平方米）	**中等**（45~55克/每平方米）	**高**（70~100克/每平方米）	**非常高**（110克/每平方米）
胡萝卜、大蒜、萝卜（蚕豆和豌豆不需要任何氮肥补充）	芦笋豆类（所有种类），块根芹菊苣（所有种类），小胡瓜、黄瓜、苦苣、意大利茴香、小黄瓜、洋蓟、苤蓝、西葫芦、新西兰菠菜、秋葵、葱类（所有种类）、欧洲防风草、花生、婆罗门参、黑婆罗门参、瑞典甘蓝、番茄、芜菁（以及叶用芜菁）	苋、茄子、油菜、卷心菜（用于储藏）、花茎甘蓝、花椰菜、芋头、四季豆、辣椒、菊芋、羽衣甘蓝、莴苣、马铃薯（早熟品种）、南瓜、大黄（年幼时）、菠菜、青花椰菜、甜玉米、甜椒、辣椒、甘薯、西瓜、龙葵	甜菜、球芽甘蓝、芹菜、落葵、韭葱、马铃薯（主要作物）、红花菜豆、薯蓣菜、甜瓜、瑞士甜菜	卷心菜（春、夏、冬）、芥蓝菜、大白菜、小松菜、芥菜、日本芜菁、小白菜、大黄（收割年份）

在保护设施中种植

在生长期短暂的气候区中，通过将植物种植在覆盖下的受保护环境中，可以大大提高蔬菜园的产量。生长期越短，覆盖保护的作用就越明显。

在遮盖物之下，空气和土壤温度都会得到提高，作物不会受到冷风影响。这可以将生长期延长两个月之多。许多作物的品质和产量都会因为较高的温度和防风保护而得到提高。

可以使用覆盖物让作物在春天回暖时提前移栽生长。无法在生长期成熟的露地栽培半耐寒夏季蔬菜在遮盖保护下可以成熟，例如，在冷凉气候中，秋葵和茄子在遮盖保护下才能完全成熟。许多蔬菜的生长期还可以延伸至冬季，例如，露地栽培的莴苣、东方十字花科蔬菜、豌豆以及菠菜在冬季会停止生长，但在覆盖下能够继续生长。

使用覆盖物时要确保下面的土地肥沃且无杂草。遮盖下的植物需要额外浇水——在可能的地方使用护根以减少灌溉需求。如果突然暴露在自然环境中，在覆盖下培育的植物会生长受挫。可在合适的时机逐渐炼苗。

温室和冷床

保护设施覆盖有多种形式，从温室到冷床再到拱形塑料膜。（更多全面信息，见566~583页，"温室和冷床"。）

温室

永久性玻璃温室可以提供良好的生长条件。它可以实现良好通风，并且夜间保持温度的能力比塑料膜好。如果连续数年种植番茄等作物，病害可能会在土壤中积累，所以必须更换或消毒土壤，或者将作物种植在容器中。对于柔软攀援的蔬菜需要提供支撑。

通道塑料大棚

它是由耐用透明塑料布覆盖在金属支撑框架上搭建而成的。与温室相比，它们比较便宜且容易修建，还可以移动到不同位置。然而难以控制通风，如果温度迅速上升很容易滋生病虫害。可以在夏天在塑料布上做出切口，冬天再补好。每三至五年需要更换一次塑料布。

拱形塑料膜

这种膜便宜且使用灵活方便，轻质塑料膜可以卷起来便于通风和浇水。某些类型是便携式的。在此覆盖下可以轻松地进行通风，还可以用土壤加温电缆进行加热。其对于幼苗的培育和炼苗都很有用。较低的高度限制了可以种植的作物种类，不过可以去除盖子让半耐寒作物成熟。其可以为花园冷床遮光，以促进比利时菊苣和苦苣等作物的生长。

钟形罩

虽然单个钟形罩只能覆盖一小块土地，但它们首尾相连的话

塑料瓶钟形罩
使用塑料瓶制作的简易钟形罩可以保护单株年幼植物。在暴露条件下，传统的钟形玻璃罩可以提供更好的防冻和防风保护。

可以覆盖一整排蔬菜。为最大限度地利用钟形罩，在一个生长季将它们从一种作物转移到另一种作物上，例如保护越冬沙拉蔬菜幼苗，在春天保护不耐寒早熟马铃薯和低矮豆类的生长，然后在仲夏催熟甜瓜。

漂浮护根

有各种类型的薄膜，包括细网薄膜和无纺布薄膜。有时可以使用穿孔塑料薄膜，但其在炎热天气下会过热，防冻保护也是最差的。所有薄膜都可以在播种或种植后铺在低矮拱形圈上或者直接覆盖在作物上，并浅浅地锚定在土壤中或用重物固定。随着作物的生长，护根会被植物抬起。

通过升高温度和提供防风保护，漂浮护根在某些情况下还能抵御害虫，并能促进作物早熟并提高产量。漂浮护根所有类型的通风条件都比不透风的塑料薄膜好。

在铺设漂浮护根之前精心为苗床除草，因为日后很难再移除护根进行除草。

细网薄膜

细网薄膜很结实，可以支撑数个生长季。它们的通透性很好，所以一般覆盖在作物上直到

植株成熟。它们对温度的影响很小，但可以提供防风保护，因此在它的遮盖下容易生产出更大、有时也会更高的植物。只要边缘锚定牢固，它们也能抵御许多昆虫类害虫。

起绒或纤维薄膜

这些轻而柔软的无纺薄膜通常只能使用一个生长季，它们的透光性和透气性都比塑料好。取决于薄膜的重量，其可以提供防冻和抵御飞行昆虫类害虫的保护，不过对于葫芦则要小心处理，因为它们需要不加遮盖以便蜜蜂授粉。许多蔬菜可以在无纺布薄膜下生长直到成熟，特别是如果使用质地较薄的薄膜的话。

使用漂浮护根

将漂浮护根铺在育苗床上，边缘固定在土壤中，保持松散以便植株生长。细网薄膜能保护植物抵御昆虫类害虫和风造成的损伤，而无纺布薄膜可以有效防冻并防御昆虫类害虫。

细网薄膜

无纺布薄膜

拱形塑料膜

使用扎入土壤、间隔90厘米的铁丝圈支撑塑料薄膜，将薄膜的两端各系在立桩上。将绳线绑在塑料膜并固定在每个线圈上。

收获和储藏

蔬菜的收获方式和时间以及它们是新鲜食用还是储藏后食用或二者皆可，这些都取决于蔬菜的种类和气候。生长期越短冬季越寒冷，储藏蔬菜的动力就越大，无论是自然储藏还是冷冻储藏（详细信息见各蔬菜条目（507~548页）以及下文，对冷冻反应良好的蔬菜）。

收获

按照每种蔬菜条目下的指导进行收获。大多数蔬菜在成熟时收获，但某些种类特别是叶用蔬菜和十字花科蔬菜可以在不同阶段收割，并且常常会重新长出第二茬和第三茬作物。

对冷冻反应良好的蔬菜

芦笋 1
茄子 1 2
甜菜 1 3
蚕豆 1
油菜 1
球芽甘蓝 1
卷心菜 1 2
花茎甘蓝 1
胡萝卜 1 3
花椰菜 1 2
芹菜 2
大白菜 1 2
小胡瓜 1
紫花扁豆 1
四季豆 1
辣椒 1 2
羽衣甘蓝 1
苤蓝 1 2
棉豆 1
西葫芦 1 2
新西兰菠菜 1
秋葵 1
欧洲防风草 1 3
豌豆 1
马铃薯（只有小且新的马铃薯）1
南瓜 2
大黄 2
红花菜豆 1
菠菜 1
莙荙菜 1
小葱 2
青花椰菜 1
瑞典甘蓝 1 2
甜玉米 1
甜椒
唐莴苣 1
番茄 1
芜菁 1 2 3
龙葵 1

注释
1 蒸汽或开水处理
2 切片或捣碎
3 只在幼嫩时冷冻

随割随长式收割

这种收割方法适合首次切割后可以再次生长的蔬菜，它们能够在相当长的时期内新鲜食用。此种作物可以在幼苗阶段收割，也可以在半成熟或成熟时收割。

当作物幼苗长到5 ~ 10厘米高时，切割至地面之上大约2厘米。某些种类如芝麻菜、欧洲油菜和水芹可以连续收割并重新生长数次（又见500页，“连续作物”）。

某些半熟或成熟作物如果切割至地面之上2.5 ~ 5厘米的话，会再次生长并在数周之后长出更多叶片，某些种类还会长出可食用的花枝（见513页，“东方十字花科蔬菜”）。

这种方法适合用于特定类型的莴苣、苦苣、糖块菊苣、东方绿叶菜以及瑞士甜菜等。该方法在冷凉气候区的秋天和初冬很有用，因为经过这种方法处理的植物可以忍耐更低的温度并且产量很高，尤其是在保护设施中。

储藏

蔬菜的储藏时间取决于储藏条件以及蔬菜种类或品种。具体信息见各蔬菜条目。收获后衰败的主要原因是水分流失，所以尽量将水分损失降到最低。不要储存受损或染病的植株，它们可能会腐烂。

蔬菜常常可以很好地冷冻，几乎所有种类都需要用蒸汽或开水处理后迅速冷却，然后再冰冻。唯一的例外是甜椒，其可以不经任何处理直接冷冻。

叶菜和十字花科蔬菜

叶菜和各种类型的十字花科蔬菜如花茎甘蓝和花椰菜水分含量很高，这使得它们不能良好储藏。冬储卷心菜是一个例外，它在悬挂起来的网中、在秸秆床中、无霜棚屋或冷床中储藏。几种十字花科蔬菜可以良好地冷冻储藏：某些品种是专门为此育种的。只冷冻那些最优质的产品。

储藏成串洋葱

将干洋葱叶编织在一起形成成串鳞茎。可以在温暖天气将它们悬挂在室外进一步干燥，然后移入室内无霜处储藏。

果用蔬菜

茄子、番茄以及黄瓜等蔬菜通常都有最佳收获时间，不过也可以在果实不成熟时采摘。如果想要储藏用于冬季食用，最好将它们进行腌制或放入冷库。

如果将甜椒全株拔出并悬挂在干燥无霜处，果实可以在数月之内保持良好状况。某些西葫芦和倭瓜可以储存数月。让果实在植株上成熟，采摘下来后放在阳光下，使果皮变硬形成一道防止水分流失的屏障，然后将其储藏在干燥无霜环境中（又见525页，“南瓜和冬倭瓜”）。

鳞茎

洋葱、青葱和大蒜的特定品种可以储藏数月。成熟或接近成熟时将作物挖出，然后在阳光下晒干（潮湿气候中在室内晾干），直到鳞茎外表皮呈纸状。小心操作鳞茎以免擦伤。将它们编成辫状或放入网中悬挂起来，或者平放在通风良好且无霜条件下的托盘中（又见535页，“在箱子中储藏洋葱”）。

根类蔬菜

某些根类蔬菜如胡萝卜和马铃薯等可以在年幼未成熟时采收食用，也可以在生长季末期待其成熟后挖出储藏。少数种类如欧洲防风草的耐寒性极强，除了极为严寒的冬天之外，它们都可以留在土中直到需要收获。

仔细准备用于储藏的蔬菜，将所有叶片去除，因为它们可能会腐烂。只储藏健康无擦伤的植株。马铃薯容易被冻伤，将它们装入不透光的麻布袋中，放到无霜处储藏。

甜菜和胡萝卜等根用蔬菜很容易损失水分，所以要将它们分层储藏在装有潮湿沙子和草炭替代物的盒子中，再放到凉爽的棚屋（见544页，“储藏胡萝卜”）。也可以户外堆放：将它们堆在秸秆上并用更多秸秆覆盖，在寒冷地区需要再覆盖一层土壤提供防冻保护（见543页，“堆放储藏瑞典甘蓝”）。

储藏红叶卷心菜

在凉爽且通风良好的无霜处的木板条上覆盖秸秆，然后将卷心菜放置在上面。在它们之间留下空隙，使空气能够自由流通，抑制它们腐烂。

西方十字花科蔬菜

西方十字花科蔬菜包括羽衣甘蓝、花椰菜、卷心菜、球芽甘蓝、西蓝花、青花椰菜、花茎甘蓝、芜菁嫩叶、茎蓝、瑞典甘蓝和芜菁。关于茎蓝、瑞典甘蓝和芜菁的信息，分别见第540、542和543页。

西方十字花科蔬菜是二年生植物，但使用叶子和根时做一年生栽培，使用花序或枝条时做二年生栽培。每种类型都有相当程度的变异，而且常常有可在不同季节生长的一系列品种。它们常常在烹调后使用，不过有些可以生吃。西方十字花科蔬菜是冷季作物，它们对寒冷的耐受能力不同，大多数种类在高温下表现很差，所以在温暖气候区应在

为幼苗套颈圈

在甘蓝根花蝇成为问题的地方，围绕每株幼苗的基部放置颈圈。将它在地面上放平，防止成虫产卵在茎的基部。

冬季种植。在温带气候区，它们可以在一年中的大部分时间提供产出。

为西方十字花科蔬菜选址

需要开阔的种植位置以及排水通畅且保水性好的肥沃土壤。对十字花科蔬菜进行轮作（见498页）以免根肿病积累。如果有根肿病的问题，为土壤施加石灰（见625页），将pH值提升至6.5~7抑制病害。大多数西方十字花科蔬菜需要高水平的氮元素（见504页），但不应该将它们种植在刚刚施加过粪肥的土地中，这会导致过度旺盛的叶子生长，且易于发生虫害。种植前可以在种植区域施加基肥（见503页，"施加肥料"）。

播种和种植

西方十字花科蔬菜喜欢紧实的土壤，它们可以在上一茬作物采收后直接种植，不用翻动土地。球芽甘蓝和紫色的青花椰菜最好播种在育苗床中让其长出直根，这样移栽时能得到更好的固定。花茎甘蓝这样的作物应该现场播种，因为它们不能很好地移栽。如果在室内播种，则播种在浅盘中并移栽到穴盘里，如果土壤有根肿病问题则移植到9厘米花盆中，然后再露地移栽，使植株在开始时能够健康生长，这样其不易受感染，直到成

熟。高大且顶部较重的十字花科蔬菜如球芽甘蓝或青花椰菜应该种植到10厘米深。随着茎干生长，将一小堆土培在其基部至大约10厘米厚，在多风场所，使用1米高的立桩支撑茎干。紧实地种植十字花科蔬菜，使最底部叶片正好位于土壤表面之上。在某些情况下，可以根据蔬菜的大小调整种植间距。如果植株相距较宽，则可以在它们之间种植沙拉蔬菜的幼苗或小萝卜。

栽培

使用细防虫网保护播种得到

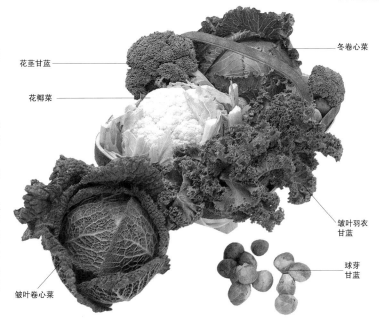

冬卷心菜
花茎甘蓝
花椰菜
皱叶羽衣甘蓝
球芽甘蓝
皱叶卷心菜

的幼苗，即使是生长在温室或冷床中的也一样。种植后覆盖护根以抑制杂草。在干旱天气中，像对叶菜一样浇水（见502页，"关键浇水时期"）。生长期施加氮肥。

病虫害

跳甲（660页）、蛞蝓和蜗牛（670页）、猝倒病（658页）、甘蓝根花蝇（656页）、白锈病（673页）、尾鞭病（673页）以及地老虎（658页）都会影响年幼植株。毛虫（658页）、卷心菜粉虱（673页）、粉蚜（见654页，"蚜虫类"）、根肿病（657页）和鸟类（655页）侵袭所有阶段的植株。

羽衣甘蓝

取决于类型做一年生或二年生栽培，低矮羽衣甘蓝高30~40厘米，冠幅为30厘米；较高的类型可生长至90厘米高，冠幅达60厘米。大多数羽衣甘蓝都从中央的茎上长出叶子，叶子可能是平展的也可能是皱缩的（见下），还有卷缩宽叶杂种。优良品种包括'蓬松卷发'

皱叶羽衣甘蓝

（'Afro'）、'黑托斯卡纳'（'Black Tuscany'）、'里德伯'（'Redbor'）、'红色俄罗斯人'（'Red Russian'）以及'反射'（'Reflex'）等。所有羽衣甘蓝的叶片以及宽叶类型的春季花枝和幼嫩叶片都可烹调或生食。羽衣甘蓝是最耐寒的十字花科蔬菜，某些种类可忍耐-15℃的低温；许多种类还耐高温。所有种类都喜欢不涝渍的排水通畅肥沃土壤，并需要中等氮素水平（见504页）。

播种、种植和日常栽培

夏季采收的作物在早春播种，秋季和冬季收获的作物在春末播种。可以现场播种，也可以播种在育苗床或播种盘中供日后移栽。低矮类型的种植间距为30~45厘米，较高类型的间距为75厘米。在春天为越冬类型施加富含氮元素的表

层肥料以促进其生长。在严寒的冬天，将低矮类型种植在钟形罩或低矮拱形塑料膜中。羽衣甘蓝一般不受病虫害影响。

在保护设施中种植

对于种植很早、不太耐寒的羽衣甘蓝，在早春以行距15厘米成排播种，或者播种在宽播种沟里。可以在长成较大幼苗时收获，也可以疏苗至株距7厘米，当它们长成15厘米高的植株时再收获，留下残桩进行第二茬生长。

收获和储藏

某些品种播种后7周即可成熟，但植株可在土地中保留很长时间。在秋天或冬天按需求将叶子掐断，以促进新叶生长。当花枝在春天长到大约10厘米长且尚未开花时采摘。羽衣甘蓝可以良好冷冻。

观赏羽衣甘蓝

观赏羽衣甘蓝主要种植在花园中用于冬季装饰或用来装点沙拉。叶片呈绿色、红色、白色或紫色。

花椰菜

花椰菜做一年生或二年生栽培，会形成直径大约20厘米的花球；植株高度为45~60厘米，冠幅达90厘米。按照主要收获季节进行分类，通常分成冬花椰菜（霜冻地区和无霜冻地区有所差异）、夏花椰菜和秋花椰菜，不过这些类群也有所重叠（见右下表，花椰菜类型）。大多数花椰菜的花球是奶油色或白色的，不过也有一些外观美丽、味道独特的类型拥有绿色或紫色花球。花球（有时候连带周围的幼嫩绿色叶片）烹调后食用或用于沙拉生食。较小的花球或称迷你花椰菜直径大约5厘米，可以专门使用初夏品种生产。

花椰菜是冷季作物，在高温地区一般无法良好生长。有几个耐霜冻的品种，但花椰菜只能在冬季无霜的地区周年生产（关于土壤和位置的详细信息，见507页，"为西方十字花科蔬菜选址"）。越冬花椰菜在室外需要背风条件，在保护设施下通常不能长到成熟。所有花椰菜都需要保水性好、氮素含量水平中等

推荐种植的花椰菜品种

冬花椰菜
'大帆船' 'Galleon'
'长船' 'Longships'
'兰迪' 'Lundy'
'爱国者' 'Patriot'
'维尔纳' 'Vilna'
'瓦尔赫伦之冬3号舰队' 'Walcheren Winter 3-Armado'

夏花椰菜
'丽人' 'Beauty' F1
'克莱普顿' 'Clapton' F1, Cr
'直率的魅力' 'Candid Charm' F1
'鹦鹉螺' 'Nautilus'

秋花椰菜
'通报舰' 'Aviso'
'毕罗特' 'Belot' F1
'克斯特尔' 'Kestel'

绿色品种
'阿尔维达' 'Alverda'
'宣礼塔' 'Minaret'
'维拉妮卡罗马花椰菜' 'Romanesco Veronica'

紫色品种
'涂鸦' 'Graffiti'
'紫斗篷' 'Purple Cape'
'紫罗兰女王' 'Violet Queen'

注释
Cr 抗根肿病

（见504页）且pH值为6.5~7.5的土壤。

播种和种植

成功种植花椰菜需要在合适的时间播种正确的品种，并在植株发育的过程中尽量减少对生长造成的阻碍（例如移栽或干燥的土壤）。在夏季可能发生干旱的地区，种植春天结球的类型或快速成熟的迷你花椰菜。

主要播种时间和间距列在下表中。花椰菜通常播种在播种盘、穴盘或育苗床中供日后移栽，但也可以现场播种并疏苗到合适间距。一般来说，种植得越晚，花椰菜就长得越大，所需间距也就越宽。种子在大约21℃时萌发情况最好。

要想在非常早的夏初供应，应该秋季播种在穴盘或播种盘中，然后将幼苗上盆。将花盆放入通风良好的冷床或钟形罩中越冬。或者在冷床或钟形罩中现场播种，疏苗至间距5厘米。春季露地移栽之前先炼苗。对于收获较晚的作物，在早春室内轻度加温条件下播种，然后移栽到小花盆或穴盘中。对于夏秋之交和冬季采收的类群，将第一批种子室内播种在播种盘或穴盘中，或者现场播种在冷床中或钟形罩

迷你花椰菜

保护花椰菜的花球

1 在冬季和早春，保护越冬类型花椰菜的花球免遭冻害。

2 将叶片围绕中央花球包裹起来，用软绳固定。

下。接续的下一批播种可以在室外育苗床上或穴盘中进行，用于日后移栽。

为收获迷你花椰菜，选择春天或初夏播种的初夏品种。每个播种点播数粒种子，播种点之间相隔15厘米，种子萌发后将幼苗疏减至每个播种点一株。或者在穴盘中培育植株，并以15厘米的间距移栽。为得到连续供应，应该连续播种。

日常栽培

花椰菜在生长期需要定期浇水。在干旱条件下，以每平方米22升的量每两周浇一次水。越冬类型在种植时需要较低的氮素水平，否则它们会生长得过于柔软，不能忍受较冷的环境，所以不要施加太多基肥。不过在春天，收获之前的6~8周，必须使用氮肥或有机液态肥料，否则会得到尺寸很小的花椰菜。

为避免白色花球在阳光下变色，将叶片聚拢并绑在花球上方。这也可以在冬天进行，以保护越冬类型的花球抵御环境影响，不过大多数现代品种的叶片都会自然遮盖花球。

病虫害

关于花椰菜的病虫害，见507页，"西方十字花科蔬菜"。花椰菜还会受到油菜花露尾甲（667页）的侵袭。

收获和储藏

播种至成熟的时间为，夏秋花椰菜将近16周，冬花椰菜大约40周。在花球仍然紧实时切下，特别是当其在霜冻天气中成熟时。迷你花椰菜在播种后大约15周成熟，应该立即采摘，因为它们会很快变质。所有类型的花椰菜特别是迷你花椰菜都能良好地冷冻。

紫球花椰菜

花椰菜类型

类群	播种时间	种植时间	行距	收获时间
冬花椰菜（无霜地区）	春末	夏季	70厘米	冬季/极早的早春
冬花椰菜	春末	夏季	70厘米	早春
夏花椰菜	秋季/早春（温室中播种）	春季	60厘米	初夏至仲夏
秋花椰菜	仲春至春末	初夏	60厘米	夏末至秋末

卷心菜

大多数卷心菜做一年生栽培。植株一般高20~25厘米，冠幅达70厘米。叶球直径大约为15厘米。

可根据成熟时的季节对它们进行分类，不过类群之间有一些重叠。叶片一般为深绿或浅绿、蓝绿、白或红色，且光滑或皱缩。卷心菜的叶球为尖形或圆形，且密度不同。春季供应的绿叶卷心菜是叶片松散的品种或叶球形成之前收获的标准春季卷心菜。卷心菜的叶可以烹调后食用，或者切片后拌沙拉生食。还可以将它们腌制。如果足够柔软的话，茎和叶柄也可以切成细丝烹调后食用。某些类型的冬卷心菜可以储藏。

卷心菜在15~20℃下生长得最好。不要在超过25℃的条件下种植，否则它们很容易开花结实。最耐寒的品种可以在−10℃的低温中短暂存活。卷心菜通常不在保护设施中种植。

要想使其生长良好，需要保水性好、富含腐殖质、pH值大于6的肥沃土壤。春卷心菜、夏卷心菜以及新鲜食用的冬卷心菜需要很高的氮

成熟的春卷心菜

素水平，冬储卷心菜需要中等氮素水平（见504页）。不要在种植春卷心菜时施加富含氮的基肥，因为氮素在越冬过程中很可能在土壤中被淋洗掉，或者使卷心菜产生容易被冻伤的柔软枝叶。应该在春天进行表层施肥。

播种和种植

在正确时间播种选中品种（见下表）。将种子播种在育苗床或穴盘中，大约5周后移栽到固定位置。

具体间距取决于类型（见下表），而且可以通过调整种植间距来控制叶球大小，较近的间距会得到较小叶球，较宽间距会得到较大叶球。移栽时可在每株幼苗基部放置颈圈以抑制甘蓝根花蝇（见507页，为幼苗套颈圈）。确保幼苗得到充分成型所需的足够水分。

为得到春季绿叶卷心菜，要么种植不结球的绿叶品种，植株间距大约为25厘米；或者使用结球的春卷心菜品种，种植间距为10~15厘米。

秋卷心菜

红叶夏卷心菜

皱叶卷心菜

卷心菜类型

类群（成熟时间）	描述	主要播种时期	平均间距
春季	小，带尖或圆	夏末	30厘米
	叶子松散的绿叶类	夏末	25厘米
初夏	大，叶球主要为圆形	很早的春天（保护设施中播种）	38厘米
夏季	大，圆形叶球	早春	45厘米
秋季	大，圆形叶球	春末	45厘米
冬季（用于储藏）	光滑，叶片为白色	春天	45厘米
冬季（新鲜使用）	蓝色、绿色以及皱叶类型	春末	45厘米

采收春季绿叶卷心菜

以15厘米的间距种植春卷心菜。当它们已经生长但还未形成密集的叶球时，每隔一棵植株进行采摘，从基部将它们切下。可将这些菜用于春季绿叶菜。

如何获得第二茬作物

1 为生产出第二茬作物，采收卷心菜的叶球后在茎的顶端做十字形切口。

2 数周之后就应该会长出几个小型叶球，可以进行第二次收割。

在年幼时收获松散的绿叶，如果是结球品种，可以在每两株或三株植物中保留一株结球。

日常栽培

为增加冬卷心菜的稳定性，随着它们的生长而培土。在钟形罩或漂浮护根下保护春卷心菜，并在春天施加液态肥料或在土壤表层施加氮肥；其他卷心菜应该在生长期施肥。在整个生长期保持卷心菜的湿润（见502页，"关键浇水时期"）。

病虫害

关于可能影响卷心菜的病虫害，见507页，"西方十字花科蔬菜"。还可能会发生立枯病（669页）。

收获和储藏

春卷心菜和夏卷心菜品种在叶球成熟后原地保持良好状况的能力不一，与传统品种相比，现代品种常常能够在地上保留更长时间。一般地，切割下叶子和叶球后将植株拔出，但如果将春季和初夏品种留下10厘米长的茎，还能长出第二茬作物。使用锋利的小刀在茎顶端做出浅十字形切口以促进新的生长。只要土壤肥沃湿润，茎上就会长出三四个叶球。

储藏用卷心菜（冬季白叶品种以及合适的红叶卷心菜）应该在严霜来临之前挖出。将它们挖出并小心地去除所有松散的外层叶片。将它们放在板条支撑结构或者棚屋地板上的秸秆上，或者悬挂在网中。将叶球储存在温度刚刚超出冰点、

准备用于储藏的卷心菜

在储存卷心菜之前，小心地去除松散或变色的外层叶片，不要损伤叶球（见插图）。储藏后定期检查卷心菜，并去除发生腐烂的个体。

空气湿度相对较高的环境。它们也可以储藏在冷床中，只要在温暖天气提供足够通风以防止腐烂（又见506页，"储藏红叶卷心菜"）就可以了。卷心菜可以储存四五个月。

球芽甘蓝

球芽甘蓝是做一年生栽培的二年生植物，低矮类型株高为35厘米，较高类型可达75厘米，二者的冠幅都可达50厘米。可根据成熟时间将球芽甘蓝粗略地分成早熟、中熟和晚熟类群。成熟较早的类型也比较低矮并较不耐寒。现代F1代品种是较古老的开放授粉品种的改良，它们在肥沃的土壤上表现更好，不容易倾斜（因为它们拥有更强壮的根系），球芽更紧凑整齐。茎上着生的紧密球芽可以烹调食用，也可以切碎后拌入沙拉生食。植株顶端的成熟叶片也可以食用。有一个味道很好但产量很低的红色品种'红玉'（'Rubine'）。

球芽甘蓝是典型的冷季型十字花科蔬菜，最耐寒的品种可忍耐-10℃的低温。如果连续播种，球芽甘蓝可以从初秋至春末实现不间断供应。种植前不久可能需要施加通用基肥，需要高氮素水平（见504页）。不要使用刚刚施加粪肥的土地，否则会产生松散而不紧实的球芽（关于土壤和位置需求，见507页，"为西方十字花科蔬菜选址"）。

球芽甘蓝

为球芽甘蓝培土

移栽大约一个月后，将土壤堆在茎基部，为球芽甘蓝培土以增加其稳定性，如果之前使用颈圈，这样做常常有难度。如果它们位于暴露位置，在这个阶段还可能需要有立桩支撑。

播种和种植

以早熟品种开始，从早春至仲春连续播种。为尽早得到产出，应在早春保护设施中的轻度加温下播种。以5厘米的间距在播种盘或育苗床中播种，生产出用于移栽的健壮植株。紧实地种植在优良土壤中。在第一个月使用颈圈抵御甘蓝根花蝇或者用防虫网覆盖。

在初夏疏苗或移栽，疏减至所需要的间距，通常在播种后4~5周进行。较高品种的种植间距大约为60厘米。使用较小间距生产出大小更整齐一致的较小珠芽，使用较大间距得到连续成熟、采摘期更长的大珠芽。宽种植间距还能促进良好的空气流通，使植株保持健康无病害。高品种应该较深地种植，并随着它们的生长为茎培土以提供额外的稳定性。保持年幼植株湿润直到其良好成型。

球芽甘蓝的生长速度较慢，在

去除叶片

将所有发黄和染病的叶片去除，因为它们可能携带能扩散至全株的真菌病害。这样做还有利于空气流通。

头几个月可以和快速成熟的蔬菜种类一起间作。

日常栽培

保持苗床无杂草。由于植物的间距较宽，因此只需要在非常干燥的条件下再额外浇水，灌溉密度与叶用蔬菜一样（见502页，"关键浇水时期"）。如果植株生长不茁壮的话，可以在夏末用氮肥施加在土壤表层或者使用有机液态肥料。

如果想将球芽冷冻储藏的话，应该种植在秋天成熟的早熟品种，并在夏末最底部球芽直径大约1厘米时将茎尖掐去。然后所有的球芽都可以同时成熟以供采摘，而不是连续成熟。

病虫害

粉蚜会侵染整个珠芽，使用经过认证的杀虫剂处理。选择对真菌性叶斑病有抗性的品种。霜霉病也是一个问题（659页）（关于其他可能危害球芽甘蓝的病害，见507页，"西方十字花科蔬菜"）。

收获和储藏

球芽甘蓝在播种20周后就可采收。经过霜冻之后它们的味道会变

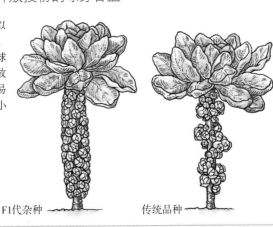

F1代以及开放授粉的球芽甘蓝

现代F1杂种可以产生紧凑均匀、大小一致的球芽。传统的开放授粉品种更容易产生松散且大小不一的球芽。

F1代杂种　　　　传统品种

得更好。先采摘位置最低的球芽，从基部将它们掐断，上部的球芽会继续生长发育。如果想将球芽冷冻储藏的话，应该在外层叶片被冬季低温冻坏之前采摘它们，只冷冻品质最优良的球芽。球芽的顶端可以在生长期结束时用刀切下收割。

收获后，将植株挖出并用锤子将茎干敲碎。这会抑制十字花科蔬菜病害的积累和蔓延，并且让茎干在堆肥时更快地降解。

当冬季非常严寒时，在土地冰冻之前将整棵植株连根拔起并悬挂在凉爽无霜处，这样球芽可以保持新鲜数周。

推荐种植的球芽甘蓝品种

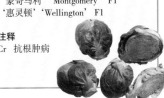

早熟品种
'克鲁斯' 'Crous' F1, Cr
'马克西穆斯' 'Maximus' F1
'奥利弗' 'Oliver' F1

中熟品种
'博斯沃思' 'Bosworth' F1
'克伦威尔' 'Cromwell' F1
'水手' 'Nautic' F1

晚熟品种
'小瀑布' 'Cascade' F1
'蒙哥马利' 'Montgomery' F1
'惠灵顿' 'Wellington' F1

注释
Cr 抗根肿病

青花椰菜

这些大型二年生植物株高可达60~90厘米，冠幅达60厘米。有紫色和白色类型，紫色类型产量更高也更耐寒。春季长出的花枝可烹调后食用。青花椰菜主要在英伦群岛种植，是那里最耐寒的蔬菜之一，可

紫青花椰菜

忍耐-12℃的低温。由于它是一种生长缓慢、能够占据土地长达一年的蔬菜，因此青花椰菜需要肥沃土壤以及中等水平氮素（见504页）。避免浅薄砂质土壤以及暴露在冬季强风中的位置。

播种、种植和日常栽培

从春天至仲夏播种至育苗床或穴盘中。从初夏至仲夏移栽，种植间距至少为60厘米，较深地种植可增加稳定性。

植株在秋天可能需要立桩支撑。如果林鸽（655页）啄食叶片的话，在冬天用网罩覆盖植株（关于更多栽培需求，见507页，"西方十字花科蔬菜"）。

病虫害

青花椰菜容易感染常见的十字花科蔬菜虫害（见507页，"西方十字花科蔬菜"），在温和的年份它会成为粉虱的宿主。其可能会在冬天吸引鸽子。

推荐种植的青花椰菜品种

'紫红' 'Claret' F1
'红箭' 'Red Arrow'
'鲁道夫' 'Rudolph'
'白芽' 'White Sprouting'

收获和储藏

从早春至夏末采摘花枝，具体时间取决于品种，当花枝长到大约15厘米长且花仍然是蓓蕾时采摘。定期采摘，可刺激更多花枝生长。植株的收获期可以长达两个月。青花椰菜对冷冻的反应良好。

花茎甘蓝

花茎甘蓝做一年生或二年生栽培，株型紧凑，株高约45厘米，冠幅很少超过38厘米。可分为早熟类、中熟类和晚熟类品种，最早成熟的品种成熟速度最快。F1代杂种的产量比传统品种更高。紧凑的年幼花球以及幼嫩的侧枝可以轻度烹调后食用。

花茎甘蓝是冷季型作物，不应该种植在平均气温超过15℃的地区。年幼植株可忍耐一定程度的霜冻，但胚胎期的幼嫩花球一旦长出后可能会被冻伤。花茎甘蓝需要开阔的种植场所以及保水性好、氮素水平中等的肥沃土壤（见504页）。

播种和种植

从春天至初夏连续种植，在夏天和秋天收获。花茎甘蓝的幼苗不能很好地移栽，所以需要现场播种并在每个播种点播两三粒种子，或者播种在穴盘中然后将幼苗移栽到湿润土地中，尽可能不要扰动根系。要想得到早熟作物，在室内播种第一批种子，不过这批幼苗在移栽时特别容易抽薹。

花茎甘蓝能够以各种间距健康生长。要想得到最高的总产量，可将株距和行距都设置为22厘米，

收割花茎甘蓝

1 花蕾即将开放前，将茎切断以采收第一个中央花球。

2 这会促进侧枝发育，将它们采收后还会长出更多侧枝。

或者以30厘米为株距、45厘米为行距种植。较近的间距会产生较小的顶端花枝，它们会一起成熟，这适合冷冻储藏。

日常栽培

保持苗床无杂草。需要为花茎甘蓝提供大量水分才能得到良好的产量——每两周以每平方米11升的量浇一次水。在非常干旱的条件下，

像对叶用蔬菜一样浇水（见502页，"关键浇水时期"）。切下顶端花球后，可用氮肥施加在土壤表层或者施加有机液态肥料促进侧枝花球长出。

病虫害

关于可能影响花茎甘蓝的病虫害，见507页，"西方十字花科蔬菜"。油菜花露尾甲（667页）和霜霉病

（659页）也可能引起问题。

收获和储藏

花茎甘蓝是一种快速成熟的十字花科蔬菜，播种后11~14周即可收获。主花球应该在直径为7~10厘米、仍然紧实并且花蕾尚未打开时收割。随后会长出侧枝花球，当它们长到大约10厘米长时采收。花茎甘蓝可以很好地冷冻。

芜菁嫩叶和油菜

千百年来，许多十字花科蔬菜都被用来在未成熟阶段收割，用作快速成熟的绿叶菜。如今两种常用作这个用途的是芜菁嫩叶（Brassica rapa Rapifera Group）和油菜（Brassica rapa Utilis Group）。

它们做一年生或二年生栽培，通常有一根主干，高度最高达30厘米。叶片、嫩茎和甜味的花序可烹调后作为春季绿叶菜食用，或拌入沙拉生食。

芜菁嫩叶和油菜都是冷季十字花科蔬菜。在炎热气候区中应该在春季和秋季种植，在夏季凉爽的地区可全年种植。所有芜菁品种都适合种植，油菜没有命名品种。两者都在保水性好的肥沃土壤中生长得最好，并需要低至中等氮素水平（见504页）。

播种、种植和日常栽培

稀疏地撒播，或者以10厘米行距条播。为得到较大植株，疏苗至株距15厘米。为在寒冷地区得到早熟作物，早春在室内播种第一批种子。随后植株只需要很少的照料。

收获和储藏

播种后7~8周内采收。当它们长出许多叶片且高达10厘米时进

芜菁嫩叶

行第一次收割，或者等到未成熟的花枝出现并且植株长到20~25厘米时收割。只要茎干柔软就可以切割。趁鲜使用芜菁嫩叶和油菜，它们的储藏效果很差。

油菜

东方十字花科蔬菜

如今西方已经引进了数种东方十字花科蔬菜。它们与西方十字花科蔬菜有许多相同之处，但生长速度更快并且用途更广。如果提供合适的条件，它们能达到很高的产量。做一年生或二年生栽培。

栽培东方十字花科蔬菜主要是为得到叶片和多叶的茎，但有的种类也会生产幼嫩的甜味花枝。它们的叶形和颜色不一，有从某些小白菜品种的有光泽白脉叶片以及日本芜菁的革质绿色叶片，到芥菜的紫绿色叶片。东方十字花科蔬菜营养丰富，多汁且脆，味道从温和至辛辣浓淡不一。烹调时最好炒或蒸，或者在沙拉中使用生的幼嫩叶片和枝条。

东方十字花科蔬菜最适合夏季凉爽冬季温和的气候，不过也有许多能够适应较热气候的品种。大多数种类能够忍耐轻度霜冻，特别是在半成熟时作为随割随长型作物（见506页）收割的话。它们中的一些种类如小松菜和某些芥菜非常耐寒。

在温带地区，东方十字花科蔬菜在夏末和秋天生长得最好。在冬季气温降低到冰点之下数摄氏度的地方，它们可以作为冬季作物生长在不加温保护设施中。如果在夏末种植的话，可以从秋天至春天收获，不过它们在低温下会停止生长。

东方十字花科蔬菜需要与西方十字花科蔬菜相似的栽培条件（见507页，"为西方十字花科蔬菜选址"），但由于它们生长速度较快，因此消耗肥料很多，土壤必须富含有机质，保水性好且肥沃。它们在贫瘠干旱的土壤中无法良好生长。大多数种类的氮素需求水平都非常高（见504页）。

播种和种植东方十字花科蔬菜

所有标准播种方法都可使用，在有可能过早结实（抽薹）的地方，在穴盘中播种或现场播种。白昼变长后，许多种类都有抽薹的趋向，特别是当春季气温又比较低时。在这样的情况下，在北方应该推迟播种直到仲夏，除非在开始时加温种植或者使用抗抽薹的品种。如果抽薹总是成为问题的话，将东方十字花科蔬菜作为幼苗作物种植，并在植株开始抽薹前采收叶片。

东方十字花科蔬菜的生长速度很快，因此很适合与慢熟蔬菜间作，特别是它们作为随割随长型幼苗作物种植时，味道也很好。

栽培东方十字花科蔬菜

东方十字花科蔬菜的根系一般较浅，因此需要经常浇水。在非常

散叶型大白菜

密球型大白菜

小白菜

小油菜

干旱的条件下，按照叶用蔬菜的灌溉密度浇水（见502页，"关键浇水时期"）。还应该为它们覆盖护根。

东方十字花科蔬菜容易感染的病虫害与西方十字花科蔬菜一样（见507页，"西方十字花科蔬菜"）。叶片柔软的种类非常容易受到蛞蝓和蜗牛（670页）、毛虫（657页）和跳甲（660页）的危害。可以在细网下种植以提供一定程度的保护。

收获和储藏东方十字花科蔬菜

大多数东方十字花科蔬菜会在播种后两至三个月成熟。它们可以在从幼苗到成熟植株的四个不同

阶段采收。

在幼苗阶段，它们可以随割随长式收割（见506页，"随割随长式收割"），或者在生长数周后作为半成熟植株收割。当植株完全成熟后，可以将它们全部采收，或者隔一株收割，切割至距地面约2.5厘米处，让它们生长出第二茬作物。成熟植株长出的花枝可以在花朵开放前收获。

在西方，东方十字花科蔬菜主要在新鲜时食用，不过它们可以在冷库中储藏一段时间。在东方，人们常常将叶片腌制或干制，而大白菜可以储藏到淡季供应。

芥菜

芥菜是一类不同的一年生和二年生植物，植株大且叶子多粗糙。叶子的质感可能是光滑的、起泡的或深深卷曲的（如'艺术绿''Art Green'）。某些品种拥有紫色叶片。芥菜的生活力天然苗壮，比大多数东方十字花科蔬菜都更不容易感染病虫害。包括紫绿色的'红巨人'（'Giant Red'）以及'大阪紫'（'Osaka Purple'）在内的许多品种都可以忍耐-10℃的低温。某些特定品种有特殊的辛辣味，随着它们的结实辛辣味会变得更强烈。叶片可烹调后食用，不过在其幼嫩时或切丝后也可拌入沙拉生食。

在温带地区从仲夏至夏末播种，温暖气候区可播种至早春，在秋季至春季收获。种子细小，现场播种在浅土，或者播种在穴盘中。疏苗或将幼苗移植为间距15厘米

收获年幼植株，间距设置为35厘米收获较大植株。如果在秋天将它们种植在保护设施中的话，植株会更柔软，但在第二年春天会更早结实。

芥菜在播种后6~13周内成熟，具体时间取决于品种。按照需求切下单片叶子。

紫叶芥菜

芥蓝菜

芥蓝及其与花茎甘蓝的杂种会形成叶片粗厚且呈蓝绿色的矮胖植株，株高达45厘米。粗厚的肉质花茎直径可达2厘米，其味道鲜美，常烹调后食用。

与许多其他十字花科蔬菜相比，芥蓝可以忍耐更高的夏季温度，并且能忍受轻度霜冻。在温暖和温带地区，从春末至夏末播种。要想得到很早熟的作物，应该在秋季将其种植在保护设施中。在冷凉气候区，将播种推迟到仲夏，因为在这之前播种可能会过早抽薹。

现场播种或播种在穴盘中。对于花枝出现后立即整株收割的小型植物，株距应为12厘米，行距为10厘米。对于在较长一段时期内收获的大型植株，株距和行距都设置为

芥蓝菜

30厘米。像对花茎甘蓝一样先切下中央的主花枝（见512页），更多侧花枝随后会继续长出供日后收获。大型植株需要9~10周才成熟。

小白菜

小白菜是一种常用作一年生栽培的二年生植物，其叶球松散，叶片较硬，叶中脉宽且明显，并在基部重叠。小白菜有许多品种，最常见的是白脉型或绿脉型，有F1代品种'Joi Choi'（白）和'广东矮白菜'（绿）。它们的大小差异很大，株高从10厘米至45厘米不等。小白菜味美多汁，可以烹调后食用或生食。

小白菜在15~20℃中的凉爽气温下生长得最好。大多数品种可以忍耐露地条件下一定程度的霜冻，在温度更低时可作为冬季随割随长型作物生长在保护设施中。有些品种能适应更热的气候。

在温带气候区，在整个生长期播种。春季播种苗有过早抽薹的风险，所以其只能作为随割随长型作物。现场播种或播种在穴盘里。种植间距取决于品种以及所需植株的大小，从小型品种的10厘米到最大型品种的45厘米不等。在夏末，将小白菜移栽到保护设施中供秋季收获。

小白菜可以在幼苗期至成熟植株长出幼嫩花枝时的任何阶段

小白菜

收获幼苗

小白菜可以在幼苗阶段收割。如果切割至距地面大约2.5厘米，它们还会萌发出新的叶片。

收获。幼苗叶片可在播种后三周采收。可以将其切割至距地面2.5厘米，其会再次萌发生长。成年植株可以切割得更高，它也会长出第二茬作物。

日本芜菁

取决于气候条件，日本芜菁可作一年生或二年生栽培，它们拥有深绿色有光泽的深锯齿状叶片以及柔软白色多汁的茎，形成直径达45厘米、大约23厘米高的植株。它们极富观赏性，特别是作为镶边或成块种植时。日本芜菁可烹调后食用，或者在叶片幼嫩时收割生食。

它们的适应性很强，既能忍耐

夏季高温（只要种植在保水性良好的土壤中），又可忍耐-10℃的冬季低温。

它们可以在整个生长季播种。抗抽薹性优良，因此种子可以播种在播种盘或穴盘，或者是育苗床中供移栽，也可以现场播种。为得到额外的柔软冬季作物，在夏末播种并日后移栽到保护设施中。年幼时收割的小型植株种植间距应为10厘米，大型植株的种植间距可达45厘米。幼苗期收割的日本芜菁适合与其他蔬菜间作。

日本芜菁在播种后8~10周成熟，可以在所有阶段收割，幼苗叶片在播种后两或三周就可收割（见513页，"收获和储藏东方十字花科蔬菜"）。若植株健壮，初次收割后可以再萌发数次。

日本芜菁

大白菜

大白菜是通常作一年生栽培的一年生或二年生植物。大白菜拥有浓密直立的叶球。叶片有显眼的白色宽阔主脉，与小白菜一样在基部重叠。桶形白菜形成大约25厘米高的矮胖叶球，圆柱形白菜会形成更长的较松散的叶球，株高达45厘米。叶片颜色为深绿色至几乎奶油白色，尤其是菜心附近的叶片。还有一些非常漂亮的散叶类型。味道温和且脆，非常适合用于沙拉和轻度烹调。

大白菜喜欢的气候条件见"小白菜"（左）。大多数结球类型如果在春季播种的话容易提前抽薹，除非在生长的前三周维持20~25℃的温度。将播种推迟到初夏较为保险。某些散叶类型可在春季播种。如果它们开始抽薹，将其作为随割随长型作物处理，不过某些品种的叶片在年幼时可能质地粗糙且多毛。播种在穴盘中或现场播种，疏苗或将幼苗移栽至间距30厘米。在整个生长期，需要大量水分。大白菜的柔软叶片容易招惹虫害（见513页，"栽培东方十字花科蔬菜"）。

大白菜在播种后8~10周成熟，可以在任何阶段收割，它们在形成主叶球后和作为半成熟植株时的生长期都对随割随长式处理反应良好。

收获大白菜

1 收割大白菜时将植株切割至距地面大约2.5厘米高。

2 数周后新叶就会长出并可以切割。残桩可以重新萌发生产出数茬作物。

小松菜

小松菜的种类很多样，其会形成大而高产的健壮植株，有光泽的叶片长达30厘米，宽达18厘米。叶片的味道像卷心菜，还有一股菠菜的风味，既可烹调后食用，也可切成细丝后拌入沙拉生食。

小松菜的植株能忍耐较宽的温度范围，并可在-12℃的低温中存活。某些品种适合种植在热带气候区。

与大多数东方十字花科蔬菜相比，小松菜早春播种苗不容易抽薹，并且更耐旱。播种和间距信息见"日本芜菁"（左）。小松菜可在

小松菜

保护设施中作为冬季蔬菜种植。叶片可在任何阶段采收（见513页，"收获和储藏东方十字花科蔬菜"）。通常在播种后8周可收获成熟植株。

叶菜和沙拉用蔬菜

栽培这类蔬菜是因为它们能生产出大量叶片，这些叶片可以拌于沙拉中生食或烹调后食用。这些新鲜采摘的叶片味道鲜美且极具营养。各种叶色也赋予了它们观赏价值。认真选择栽培品种和提供正确的生长环境能够确保全年供给。如果连续播种，则可以避免大量作物同时成熟。由于叶片内含有大量的水分，许多蔬菜只能储藏两到三天；不过一些种类可以冷藏。

软叶莴苣
散叶莴苣
菠菜
直立莴苣
比利时菊苣

苋属蔬菜

这些生长迅速的一年生植物能够达到大约60厘米的株高和30~38厘米的冠幅。红苋（*Amaranthus cruentus*）是最常见的食用蔬菜作物，其具有椭圆形、淡绿色的叶片，苋属品种大多来自当地——包括'福特特'（'Fotete'）、'绿菠菜'（'Green Spinach'）以及'粗短'（'Stubby'）。雁来红（*A. tricolor*）具有红、黄或绿色叶片和绿白色花序；品种包括'胭脂红'（'Lal Sag Rouge'）、'花叶苋'（'Tampala'）、'班纳吉巨人'（'Banerjee's Giant'）和'水晶'（'Crystal'）。尾穗苋（*A. caudatus*）具有浅绿色的叶片，因其鲜红色的穗状花序故常作为观赏植物种植。苋属蔬菜又被称为非洲菠菜或印第安菠菜。它们的叶片和未萌发的花蕾可以和菠菜一样烹调食用。

苋属蔬菜属热带或亚热带植物，在22~30℃的温度和大于70%的湿度情况下才能生长良好。在温带地区，它们也可以种植在温室内或者在室外阳光充足的背风处种植。需要适宜的种植深度，良好的

红苋

排水，肥沃的土壤以及5.5~7的pH值和中至高水平的含氮量（见504页）。

播种和种植

室外播种适宜在春天进行，当达到一定温度时即可播种，播种行间距在20~30厘米左右。当植株长到5~7厘米高时疏苗至株距10~15厘米。用塑料薄膜覆盖直到移植的植株成活。

在寒冷地区或种植早熟作物时，要在温室内进行穴盘播种。将幼苗挑选出来并栽种在6或9厘米的花盆中，当长大到一定程度并高达7~9厘米时，将它们移植到室外，株距为10~15厘米。

日常栽培

保持苋属蔬菜的苗床无杂草并定期浇水。每两到三周施用均衡肥料或液态有机肥。每三周在贫瘠的土壤中额外施用氮肥和钾肥。在植物的基部覆盖有机护根以保持水分和保温。当这些植物达到20厘米高时，掐去茎尖以促使侧枝生长，从而得到更高的产量。

病虫害

霜霉病（659页）、白粉病（667页）、毛虫（657页）和蚜虫（654页）会影响露地栽培的苋属蔬菜，而蓟马（671页）和猝倒病（658页）则影响室内种植的蔬菜。

在保护设施中种植

当幼苗长到7~9厘米（3~3.5英寸）高时，将它们移植到21厘米（8英寸）的花盆、种植袋或苗床中，行间距保持为38~50厘米。最低温度保持在22℃。浇水，并在炎热天气通过洒水降温维持70%的空气湿度。

收获和储藏

苋属蔬菜在播种8~10周后就可采收。当植株高度大约为25厘米时，用锋利的刀将茎切割至10厘米高。经过几个月后它们会生出更多枝条。根据需求持续采摘。苋属蔬菜最好新鲜食用，或者在0℃和95%的空气湿度下保存一周。

雁来红

落葵

落葵是寿命短暂的缠绕宿根植物，如果有支持可以长到4米高。白落葵（*Basella alba* var. *alba*）有深绿色叶片，红落葵（*Basella alba* var. *rubra*）有红色的叶片和茎。卵圆形或者圆形叶片可烹调后食用，紫色浆果一般不用于食用。

落葵是热带和亚热带植物，需要生长在25~30℃的温度下。更低的温度会降低其生长速度，导致其生长出小叶片。在轻微的遮阴下其能够生长出较大叶片。适宜的深度、良好的排水、肥沃的土壤和6~7.5的pH值以及中至高的氮素水平（见504页）可以使植物生长良好。

播种和种植

将种子播种在穴盘中或者6~9厘米花盆中，保持所需的温度范围。当幼苗生长到10~15厘米高时，将它们移植到已经准备好的苗床中，行距和株距都为40~50厘米。

日常栽培

立桩支撑，或将茎绑扎在垂直或水平的框格棚架上支撑植株。保持植株无杂草且水分充足。使用有机护根覆盖。在生长期，每两到三周施用均衡肥料或液态有机肥。当幼苗长到约45厘米高时，除去茎尖

支撑落葵

可以使用距离地面30厘米并与地面平行的框格棚架支撑落葵。将茎干均匀分布在框格棚架中以免过度拥挤。

生长点以促进分枝。去除开花枝以促进叶片生长。

采取10~15厘米长的枝条繁殖植物，将这些插条插入小花盆中直到生根，然后像移栽实生幼苗一样露地移栽。

病虫害

落葵一般不感染病虫害。不过根结线虫（668页）可能会影响植株，在保护设施中可能引起麻烦的还有蚜虫（654页）、粉虱（673页）以及红蜘蛛（668页）。

在保护设施中种植

将幼苗移栽到种植袋或20~25厘米花盆中。当幼苗长到大约30厘米高时掐去茎尖生长点，以促进分枝，并定期洒水降温以保持较高的空气湿度。绑扎长出的枝条。

收获和储藏

移栽后10~12周收获，割下15~20厘米长的幼嫩顶端枝条。这会促进枝条在接下来的数月中进一步生长。在采摘后两日之内食用，或可冷藏数天。

瑞士甜菜和莙荙菜

这些长得像菠菜的二年生植物属于甜菜属蔬菜。瑞士甜菜会形成叶片有光泽的大型植株。单片叶可达45厘米长，宽可达15厘米。叶脉汇入宽可达5厘米的叶柄，叶柄呈白色、红色、奶油黄色或粉色。叶色取决于品种，从深绿（'福特胡克巨人'，'Fordhook Giant'）至黄绿（'卢卡拉斯'，'Lucullus'）再至发红的绿色（'大黄甜菜'，'Rhubarb Chard'）。'灿烂灯光'（'Bright Lights'）是一个非常鲜艳的品种。瑞士甜菜的叶片和中脉通常烹调后

食用，后者需要较长的烹调时间，通常单独处理。莙荙菜的叶片较小，叶柄窄并呈绿色。它可以轻度烹调后食用或生食。

虽然瑞士甜菜和莙荙菜基本上是冷季型作物，在16~18℃的气温下生长得很好，不过与菠菜（519页）相比，它们能够忍耐更高的夏季温度而不会抽薹，还能在-14℃的冬季低温中存活。除了酸性土壤，它们可以生长在众多类型的土壤中，只要土壤保水性好且肥沃，含有大量有机质即可。植株可能在土地中生长长达12个月，所以需要高氮素条件（见504页）。

播种和种植

要得到连续供应，春季播种（植株可收获至第二年晚春），然后在仲夏至夏末再次播种（植株可收获至第二年夏天）。莙荙菜在现场播种时应该保持38厘米的行距，而瑞士甜菜的播种行距应为45厘

红柄瑞士甜菜

米，及早将幼苗疏苗至株距30厘米。在行距更宽时植株可以更密集地种植，但要避免过于拥挤。

可以播种在播种盘或穴盘中以供日后移栽。萌发速度通常很快。莙荙菜还可以作为随割随长型作物密集种植（见500页，"连续作物"）。

日常栽培

瑞士甜菜和莙荙菜通常可以保持自然健康和苗壮，一般很少需要照料。覆盖有机护根以抑制杂草并保持

水分。如果植株在生长期发育不良的话，则施加氮肥或有机液态肥料。

病虫害

鸟类（655页）会袭击幼苗。真菌性叶斑病（660页）和霜霉病（659页）也可能成为问题。

在保护设施中种植

在凉爽气候区，瑞士甜菜和莙荙菜是保护设施中的优良冬季作物。夏末播种在穴盘中，然后在初秋移栽到保护设施中，或者撒播莙荙菜作为随割随长型幼苗作物。它们通常可以在整个冬天和早春播种。

收获和储藏

播种后8~12周采收叶片。首先切割外层叶片，然后按照需要继续采摘，或者采收全株，将叶切割至距地面大约2.5厘米。植株基部在接下来的数月内还会进一步长出叶片。瑞士甜菜和莙荙菜都可以冷冻储藏。

白柄瑞士甜菜

苦苣

推荐种植的苦苣品种

卷叶类型（早播和夏播）
'狂乱'　'Frenzy'
'绿卷叶'　'Green Curled'
'潘卡列里'　'Pancalieri'

宽叶类型（所有播种）
'波尔多短号'
'En Cornet de Bordeaux'

苦苣是一年生或二年生植物，会形成平卧或半直立的莲座型植株，直径可为20~38厘米。苦苣的两个最明显的品种是锯齿叶或卷叶苦苣以及宽叶苦苣，不过也有中间过渡品种。外层叶片呈深绿至浅绿色并且更柔软，内层叶片呈奶油黄色。苦苣味稍苦，可遮光生长使其变白且使味道变甜一点。苦苣主要用于沙拉中，切碎可减少甜味，也可烹煮食用。

苦苣是冷季型作物，在10~20℃的温度下生长得最好，较耐寒的品种可忍耐-9℃的低温。高温会导致苦味增加。某些卷叶类型相当耐高温，而宽叶类型的耐寒性较好。如果气温降低至5℃之下一段时间，春季播种苗有提前抽薹的风险。与

莴苣相比，苦苣在北方冬天的低光照条件下表现得好得多，是一种有用的冬季温室作物。

关于土壤和位置需求，见518页，"莴苣"。夏季作物可以种植在轻度遮阴位置中；秋季作物必须种植在排水良好的土壤中以免腐烂。苦苣的氮素需求水平较低（见504页）。

播种和种植

为每个季节选择合适的品种。在春末播种供夏季采收，或者在夏季播种供秋季采收。可现场播种或播种在穴盘或播种盘中。将幼苗疏苗或以间距25~38厘米移栽，为慢性品种提供较宽间距。卷叶类型可作为随割随长型作物播种（见500页，"连续作物"）。在春末和夏末

收获。

日常栽培

在为叶片遮光时，选择叶片干燥、将近成熟的植株，每次遮光处理一部分，因为它们在遮光后品质会很快下降。

现场完全遮光时，用桶将每棵植株罩住。半遮光时，使用大盘子或一块板盖在植株中央。对于宽叶类型，将叶子聚拢并绑在一起。保护植物抵御蛞蝓，直到准备收割，一般是在十天之后。在秋天，对于遮光处理的植株应该在严冬破坏它们之前从土壤中挖出，将它们移栽到黑暗苗床或温室中的黑暗区域，然后像对比利时菊苣一样遮光处理（见对页）。

为苦苣遮光

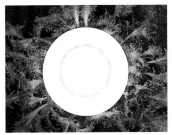 

1 确保苦苣植株干燥，然后用一个盘子盖在植株中央，进行部分遮光。

2 大约十天后中央叶片会变成白色并且可以采收。

病虫害

蛞蝓（670页）和蚜虫（654页）是最常见的问题（影响苦苣的其他病虫害，见518页，"莴苣"）。

在保护设施中种植

在保护设施中种植可以保证全年供应。为了在冬季和早春收获，应该在初秋将幼苗从穴盘或播种盘中移栽到保护设施中。春季在保护设施中播种并让其作为随割随长型幼苗作物，得到较早的产出，在初秋播种得到较晚的产出。

收获和储藏

取决于品种和季节，在播种后7~13周内采收。按照需要采摘单片叶，或者切断整棵植株，让残余部分继续萌发生长。成熟植株对随割随长式处理反应良好（见506页，"随割随长式收割"）。苦苣叶片不耐储藏，因此应该趁鲜食用。

菊苣

菊苣有许多种类型，全都带有独特的淡淡苦味。几乎所有种类都耐寒并可在冬天食用。它们的色彩很丰富，用在沙拉中很美观，某些种类还可以烹调食用。所有类型的氮素需求水平都较低（见504页）。

比利时菊苣

外表与蒲公英相似，这些二年生植物有约20厘米长的尖锐叶片，冠幅约15厘米。它们的芽球（将根挖出促成栽培并遮光后生长出的白化紧凑带叶短缩茎）可生食或烹调后食用。也可食用其绿色的叶，但味道较苦。

比利时菊苣在15~19℃下生长得最好。它一般促成栽培供冬季食用。将植株种植在开阔处相当肥沃（但不要刚施加粪肥）的土壤中。

这种植物需要相当长的生长期。在春天或初夏室外现场播种，行距为30厘米。将幼苗疏苗至株距20厘米。保持种植区域无杂草。需要时浇水，以免土壤干燥。

在冬季温和的地区，可以对轻质土壤中的比利时菊苣进行现场促成栽培。在初冬，将绿色叶片切断至距地面大约2.5厘米。用土壤将剩余的植株埋住，做出一条15厘米高的小丘。芽球就会生长出来。

如果园土很黏重或者冬季非常寒冷，或者需要更早的产出，在室内进行促成栽培。在秋末或初冬将植株挖出。将叶片剪短至2.5厘米，根切短至大约20厘米，丢弃非常细的根。可以立即对根进行促成栽培，或者储藏起来分批进行以保证冬季和早春的连续供应。在储藏根系时，将它们分层平放在箱子中，每一层之间有潮湿的沙子，然后将其保存在无霜的棚屋或地窖中直到需要使用时取出。

在室内促成栽培时，将数个准备好的根放入装满基质或园土的大花盆或盒子中，然后用相同大小的花盆或盒子倒扣在上面。将所有排水孔堵住以遮蔽光线。保持土壤湿润并维持10~18℃的温度。

植株的根还可以种植在温室的操作台下或冷床中。将黑塑料布覆盖在金属线圈或安装在木质框架上作为遮光区域。在春天如果温度急剧升高的话，不要使用黑色塑料布，因为可能会发生蚜虫病害和腐烂。比利时菊苣一般不会感染病虫害。

8~12周后采收室外促成栽培的芽球，这时芽球高度大约为10厘米，将土壤拨开并从距根颈2.5厘米处将芽球切下。室内促成栽培的植株在三至四周后就可以收获。收割后的植株会再次萌发长出第二茬较小的芽球。收割后将芽球包裹起来或放入冷库，因为它们暴露在光下会变绿并变苦。

推荐种植的菊苣品种

比利时菊苣
'放大' 'Zoom' F1

红菊苣
'靛蓝' 'Indigo' F1
'帕拉·罗萨' 'Palla Rossa'
'罗萨·特雷维索' 'Rossa di Treviso'
'罗萨·维罗纳' 'Rossa di Verona'

糖面包菊苣
'邦迪斯莫·的里雅斯特'
'Biondissimo di Trieste'
'面包房' 'Pain de Sucre'

菊苣的促成栽培和遮光

1 在秋末或初冬，小心地将成年植株挖出。中央的叶片可能足够软嫩，可堪食用。

2 使用锋利的小刀将叶片切至距根颈处2.5厘米，削去主根的基部和所有侧根，留下20厘米的长度。

3 将一层湿润的盆栽基质或园土放入直径为24厘米的花盆中。将三个修剪后的主根放入基质中并紧实，使它们保持直立，然后回填花盆至基质表面距花盆边缘2.5厘米然后紧实，根颈暴露在外。

4 在另一个花盆中垫上炊箔或黑塑料布以遮盖排水孔，然后盖在植株上隔绝光线。保持10~18℃的温度。3~4周后收割，正好割至基质表面之上。

红菊苣

这是一类常做一年生栽培的宿根植物。典型的红菊苣是一种株型低矮的植物，外层叶片味苦，呈发红的绿色，中央有紧凑的叶球。可拌入沙拉生食，切碎可减少苦味，或者烹调后食用。

红菊苣可以忍耐宽泛的温度范围和土壤条件，但主要生长于冷凉月份。品种的耐寒性不一。'特雷维索'（'Treviso'）的耐寒性特别强，它可以和比利时菊苣一样促成栽培（见517页）。新的F1代杂种能生产出比传统品种更紧实的叶球。在初夏或仲夏现场播种，或者播种

在托盘中供日后移栽。种植间距取决于品种，一般为24～35厘米。在秋天将夏季播种的作物移栽到保护设施中。

播种后8～10周，收割每个叶片或整个叶球。菊苣成熟后还可以在土地中保留很长时间。在寒冷地区，使用低矮的拱形塑料膜提供保护，可使植株长出更多紧实的叶片。

糖面包菊苣

糖面包菊苣的叶片为绿色，可形成圆锥形的叶球，其在形状与大小上与直立莴苣有几分相似。它的内层叶片被遮光而黄化，稍甜。关

于糖面包菊苣的用途，以及对气候、土壤和栽培的需求，见"红菊苣"（左）。

糖面包菊苣可以在春天作为随割随长型幼苗作物播种（见500页），在温度升高导致叶片变粗之前收割。要想得到成熟植株，将幼苗疏苗至间距25厘米，并在夏末或秋季收获。植株可忍耐轻度霜冻，如果种植在保护设施中可提供冬季产出。

按需求采收叶片，或者在叶球成熟时将其采下。叶球在凉爽干燥的无霜条件下可储存数周。还可以将它们头朝内堆放起来，盖上秸秆储藏（见543页，堆放储藏瑞典甘蓝）。

糖面包菊苣

莴苣

莴苣是低矮的一年生植物，它们一般拥有绿色叶片，不过某些品种的叶片为红色或发红的绿色。

莴苣有几个截然不同的品种。直立莴苣拥有的叶片长而大，味道好，叶球相当松散；半直立莴苣更短，叶片很甜且脆。软叶莴苣的叶片柔软光滑，可形成紧密的叶球；皱叶莴苣的叶片脆，结球。

散叶莴苣的形状像沙拉碗，不结球，所以抽薹很慢，可以在很长的一段时期收割，它们的叶常常呈锯齿状并极具装饰性。它们是所有莴苣中营养最丰富的一类，可作为随割随长型幼苗作物种植（见500页）。

莴苣的冠幅从10厘米至30厘米不等。直立类型高约25厘米，其他类型高约15厘米。莴苣主要用作沙拉蔬菜，不过外层较老叶片也可以烹调后食用。

莴苣是冷季型作物，在10～20℃气温下生长得最好。冷凉的夜晚对于其良好的生长至关重要。某些品种耐高温或霜冻。温度超过25℃时种子萌发率会很差，在这样的温度条件下植株容易快速抽薹并变苦，不过散叶莴苣的抽薹速度比其他类型慢。

种植在开阔处，在非常炎热的

散叶莴苣

地区应提供轻度遮阴。莴苣需要肥沃保水的土壤，并且不能在同一块土地上连种两年，以免真菌病害积累。氮素需求水平为中等（见504页）。

播种和种植

必须播种适合当季的品种。在冷凉气候区周年生产时，应该从早春至夏末每隔两三周播种一次。在夏末或初秋，播种室外越冬的耐寒品种或者在保护设施中播种，来年春季收获。在温暖地区，夏季只能播种耐高温品种。

在冷凉地区可以现场播种，也可以播种在育苗床或者穴盘或播种盘中供日后移栽。夏季最好现场播种，因为幼苗会在移栽时枯萎，

除非是在穴盘中培育的。种子在高温下可能休眠，这最可能在播种后数小时发生。要克服这一点，可以在播种后浇水冷却；将种盘或穴盘放入凉爽处萌发；或者在下午播种，使关键的萌发时期在晚上气温较低时发生。

收获散叶莴苣

收割散叶莴苣时，将叶片切割至距地面2.5厘米高。留下残株使其再次萌发生长。

当莴苣拥有5或6片叶子时，在潮湿的条件下进行移栽，使叶片基部正好位于土壤表面之上。在炎热的天气为年幼植株提供遮阴直到它们生长成型。小型品种的种植间距为15厘米，较大品种的间距应为30厘米。

用于室外越冬的耐寒品种可现场播种，或播种于钟形罩下或冷床中。在秋天疏苗至间距7厘米，然后在春天再次疏苗至最终间距。在春季覆盖在植物上的漂浮护根或钟形罩能够提高它们的品质，并帮助它们更早地成熟。

大多数类型的莴苣都可以作为随割随长型幼苗作物种植，特别是散叶莴苣，包括传统的欧洲"切割"品种以及某些直立种类（见500页，"连续作物"）。

日常栽培

保持莴苣苗床无杂草。如果生长缓慢，可施加氮肥或有机液态肥料。在干燥条件下，以每周每平方米22升的量浇水。最关键的浇水时期是成熟前大约7~10天（又见502页）。在秋末或冬初，使用钟形罩保护莴苣以改善作物品质。

病虫害

病虫害问题包括蚜虫和根蚜（见654页，"蚜虫类"）、地老虎（658页）、大蚊幼虫（663页）、蛞蝓（670页）、花叶病毒（见672页，"病毒"）、霜霉病（659页）、缺硼症（655页）以及灰霉病（661页）；鸟类可能损坏幼苗（655页）。某些品种对蚜虫有抗性，还有些品种抗花叶

保护幼苗

使用无纺布保护幼苗能够帮助它们快速成熟。

病毒和霜霉病。

在保护设施中种植

在冷凉气候区，在早春播种或种植在不加热温室中、钟形罩中、穿孔无纺布下或冷床中，以收获早熟莴苣。某些品种也可以冬季种植在保护设施中以供春季使用。如果需要仲冬收获的话，应该加温。

收获和储藏

散叶莴苣在播种后大约7周即可收获，软叶莴苣需要10或11周，直立莴苣和皱叶莴苣需要11或12周。在成熟后迅速收割直立、软叶和皱叶类型，以防止它们抽薹。它们可以在冰箱中储存数天。按照需要每次采收散叶莴苣的部分叶片，因为它们不耐储藏，或者将整棵植株切至距地面2.5厘米，留下残桩，其在数周之内会再次萌发。

菠菜

菠菜是一种生长迅速的一年生植物，株高可达15~20厘米，冠幅约15厘米。叶片富含营养，光滑或皱缩，圆或尖，具体取决于品种。菠菜可轻度烹调后食用，或者在幼嫩时拌入沙拉生食。

作为冷季型作物，菠菜在16~18℃生长得最好，不过在更低的温度下也能良好生长。小型植株和幼苗可忍耐-9℃的低温。种植适合本地区的推荐菠菜品种，例如，许多品种在长日照下容易抽薹（见494~495页，"白昼长度"），特别是经过一段寒冷时期或是在炎热干燥的条件中。推荐蔬菜品种包括'布卢姆斯代尔'（'Bloomsdale'）、'埃米莉亚'（'Emilia'）、'美达尼亚'

（'Medania'）和'雷迪'（'Reddy'）。菠菜植株在夏季可忍耐轻度遮阴，并需要中等氮素水平的土壤（见504页，"氮素需求"）。关于其他土壤需求，见516页，"瑞士甜菜和莙荙菜"。

播种和种植

在凉爽的季节播种，因为菠菜的种子在温度超过30℃时不会萌发。现场播种，将每粒种子以2.5厘米的间距成排播种，行距为30厘米。为得到不间断的产出，应该在上一批种子的幼苗萌发后连续播种。像对瑞士甜菜（见516页）一样及早疏苗，为年幼植株疏苗至株距约7厘米，或者为大型植株疏苗至株距约15厘米。

菠菜也可以作为随割随长型幼苗作物种植并使用在沙拉中（见500页）。为此，可以于早春和初秋在保护设施中播种，也可于夏末露地播种用于越冬收获（关于日常栽培、病虫害以及保护设施中的种植，见516页，"瑞士甜菜和莙荙菜"）。

收获和储藏

播种后5~10周收割叶片。切割单片叶，或者将植株切短至距地面大约2.5厘米，让剩余部分再次萌发生长；或者将整株植物拔出。在温暖地区，在菠菜开始抽薹结实前收获幼嫩植株。采摘后趁鲜使用或冷冻储藏。

菠菜

新西兰菠菜

新西兰菠菜是半耐寒匍匐宿根植物，也可做一年生栽培。植株拥有长约5厘米的三角形肥厚叶片，冠幅为90~120厘米。叶片的使用方法和菠菜一样（见上）。

新西兰菠菜可忍耐高温甚至是热带气温以及干旱，但不耐霜冻。它在开阔位置的肥沃保水土壤中生长得最好，需要较低的氮素水平（见504页）。它一般没有菠菜那样容易抽薹。

种子的萌发速度可能很慢，所以为促进萌发，应该在播种前将种

子浸泡在水中24小时。在冷凉气候区室内播种，然后在所有霜冻风险过去后将幼苗以45厘米的株距和行距移栽。或者在最后一场霜冻过去后，将种子现场播种在室外，然后逐步疏苗至最终间距。保持幼苗无杂草（成熟植株可以覆盖土壤从而抑制杂草）。很少产生病虫害问题。

播种后6~8周开始摘掉嫩叶和茎尖。经常采摘，促进嫩叶的进一步生长。新西兰菠菜应该在采摘后立即使用，或者冷冻储藏。

采摘新西兰菠菜

在果实开始形成前采摘新西兰菠菜的嫩叶和茎尖。植株会继续生长出新的枝叶，可采摘至第一场霜冻到来。

小型沙拉蔬菜

有许多不太为人熟知的蔬菜也值得栽培，它们可以单独或与其他蔬菜一起拌入沙拉生食。它们适合种植在小型花园和容器中。叶片拥有独特的味道且营养丰富，特别是嫩叶。除了马齿苋和冰叶日中花，所有种类都能忍耐一定程度的冰霜，在得到防风保护的排水良好土壤中还能承受更低的温度。在冷凉气候区，大多数种类都可以在冬季种植在保护设施中以提高产量。大多数沙拉蔬菜都是速生植物，并且它们在富含氮的土壤中生长得更加旺盛。许多种类最好作为随割随长型作物播种（见500页）。它们通常没有病虫害问题。

高地水芹

这种低矮二年生植物的冠幅可为15～20厘米。叶片深绿有光泽，味道强烈并与水芹相似，可生食或烹调后食用，常用来代替水田芥。高地水芹非常耐寒，在冬天仍保持绿色。它在阴凉中生长得最好，在高温下它会快速抽薹结实，变得粗糙且味道很辣。它可以间作在较高的蔬菜之中，或者用来为花坛镶边。

将高地水芹种植在肥沃保水的土壤中。春季播种初夏采收，或者夏末播种秋季或越冬后采收。在冬天还可以种植在不加温温室中。现场播种，日后疏苗至间距15厘米，或者播种在播种盘中以供日后移栽。播种7周后，当叶片长到7～10厘米时采摘它们。

高地水芹

如果将部分植株保留下来，它们会在春天大量结实自播，幼苗可以在需要时移栽。跳甲（660页）可能影响年幼植株。

白芥

白芥的生活习性与水芹相似，常常与水芹伴生。幼苗的叶有强烈味道，可拌入沙拉生食。它是冷季型作物，在炎热的天气中会很快抽薹结实；如果生长在降雨量大的地方，它的叶片容易变粗糙。

在温带气候区，户外播种，在春天和秋天进行现场播种最容易，使用任何播种随割随长型幼苗作物的方法播种（见500页）。

白芥像水芹一样，可以在保护设施中从秋季种植到春季。可以播种在浅碟中叠放的湿报纸上，然后将浅碟放到窗台上，或者播种在发芽装置中；或者播种在装满盆栽基质或土壤的播种盘中。这些方法可以终年使用。白芥的萌发速度比水芹快，所以如果同时需要两种蔬菜

白芥

的话，应该在播种水芹两三天后播种白芥。每7～8天播种一次可保证连续收获。

当幼苗长到大约3.5～5厘米高时进行收割。它的结实速度比水芹快得多，一般只能收获两到三次。

欧洲油菜

这种一年生植物拥有淡绿色叶片，味道温和，在白芥和水芹包装中常用作白芥的替代物。它的生长速度较快，但抽薹结实比白芥或水芹慢。叶片在幼嫩时可生食，而较大叶片可以烹调后食用。

欧洲油菜可在-10℃的低温下存活，并能忍耐中等程度的高温。植株可在众多类型的土壤中生长。在温带气候区，于早春和秋末在保护设施中播种；室外可连续播种至初秋。在室内其可以像白芥（左下）一样在窗台上种植生长。在室外撒播或条播，或者播种在宽播种沟中。十天后进行第一次收割，当植株长到90厘米高后，可在数月内收获小叶片。

收获欧洲油菜

从幼苗阶段起，将欧洲油菜的叶片剪下至7厘米长。在良好的条件下可以进行三次收割。

芝麻菜

这种耐寒地中海植物的叶片辛辣，可用于沙拉；较老的植株可烹调食用。芝麻菜在冷凉天气下的保水土壤中生长得最好，在冷凉气候中，它很适合在冬季的保护设施中种植，还可作为随割随长型作物栽培。可撒播或条播并作为幼苗采收，或者长得稍大后疏苗至间距15厘米。幼苗可在播种三周后采收。跳甲（644页）可能会侵袭沙拉菜。

芝麻菜

水芹

对这种速生植物，主要使用其可生食的幼苗叶片。有细叶和宽叶类型。它是一种比较耐寒的冷季型作物，在炎热天气下会快速抽薹结实，除非播种在轻度荫凉下。在冷凉气候区，水芹可以在冬季良好地生长在保护设施中。它在非常低的温度下可能会停止生长，但温度升高后又会开始继续生长。它可用于间植和下层种植。

除了非常冷凉的地区之外，水芹最好在春季和夏末或者初秋播种，避免在炎热天气中播种。可以播种在浅碟中叠放的湿报纸上，然后将浅碟放到窗台上，或者播种在发芽装置中；这样可以进行一次收割。为得到数次连续收获，播种在

宽叶水芹

装满轻质土壤的播种盘或室外土壤中，撒播、条播或播种在宽播种沟中。播种后10天当幼苗长到5厘米高时收割。如果露地播种，可以连续收获四次。

冰叶日中花

冰叶日中花在温暖气候区作为宿根植物栽培，在其他地区作为不耐寒一年生植物栽培，其拥有匍匐的株型、肉质茎和粗厚的肉质叶，茎叶上覆盖着有光泽的囊泡。叶片和嫩茎味道清爽并稍咸。它们可以像菠菜一样用于沙拉生食，或烹调后食用。

冰叶日中花需要阳光充足的环境，轻质排水良好的土壤。在温暖气候区，室外现场播种；在冷凉气候区，春季室内播种，待所有霜冻风险过去后以间距30厘米移栽。蛞蝓（670页）可能会侵扰幼苗。可通过扦插方法繁殖（见200页，"茎尖插穗"）。种植后4周可采收第一批

冰叶日中花

幼叶和嫩茎。定期采收以促进其进一步的生长，并去除所有出现的花。茎叶可保持新鲜数天。

水马齿苋

耐寒一年生植物，叶片为心形，花枝秀丽。茎叶和花枝味道温和，稍呈肉质，用于拌入沙拉生食。在冷凉天气中生长得很好。它喜欢排水良好的条件，即使在贫瘠的轻质土壤中也同样能生长良好。一旦成型，它会大量结实自播。幼苗具入侵性，根系浅，可轻松拔出。

夏末在室外播种，秋天至初冬采收。春季播种夏季采收。可作为随割随长型幼苗作物撒播，或者条播，或播种在10厘米宽种沟中；可现场播种或播种在播种盘中。移栽或疏苗至间距15~23厘米。播种

水马齿苋

12周后开始收割，留下植株让其再次萌发。

马齿苋

这种半耐寒低矮植物拥有稍呈肉质的叶片和茎，可生食或烹调后食用。有绿叶和黄叶类型，绿叶类型的叶片较薄，植株较健壮，味道也较好；但黄叶或金叶类型在沙拉中很美观。植株需要生长在温暖背风的位置和排水良好的轻质土壤中。

可将马齿苋作为随割随长型幼苗作物或单株作物种植。在冷凉气候区，春末播种在播种盘中，待所有霜冻风险过去后，将幼苗以间距15厘米移栽。

初夏和夏末在保护设施中作为随割随长型幼苗作物播种。在温暖气候区，可于整个夏天在室外现场播种。

金叶马齿苋

播种大约4~8周后，收割幼苗或单棵植株的嫩茎。定期收割，每次留下两片基部叶，去除任何长出的花朵。蛞蝓（670页）可能会侵袭植株。

水田芥

作为一种耐寒水生宿根植物，水田芥（又为*Nasturtium aquaticum*）长有营养丰富、味道强烈的叶片，可用于沙拉或汤羹中。它的自然生境是水质新鲜的小溪，水质微碱，大约10℃。

将茎插入水中，使插条生根；它们会很快生根，可在春天将其种植在小溪边，种植间距为15厘米。水田芥可种植在潮湿园土中，不过也能够轻松地种植在15~21厘米花盆中。在每个花盆中铺一层砂砾或苔藓，填入肥沃的土壤，然后将花盆立入装有凉爽干净的水的浅盘

花盆中的水田芥

中。每个花盆中种植三四根生根插条，放到良好光照条件下的背风处。在炎热气候中每天至少更换一次水。按照需要收割叶片。

蒲公英

作为一种耐寒宿根杂草，蒲公英的冠幅可达30厘米。野生和栽培类型的年幼叶片可生食。栽培类型的植株较大，抽薹结实的速度较慢。蒲公英的叶片稍苦，但可以让其遮光生长使其变甜。花和根亦可食用。蒲公英可忍耐众多类型的土壤，只要排水良好。

春季播种，播种在播种盘中供日后移栽，或者以35厘米为间距现场播种。从夏末起连续分批遮光，使用避光的大桶盖住干燥植株。当叶片伸长并呈奶油黄色时采收。蒲公英的地上部分在冬天会枯死，但其会在春天再次萌发，植株可继续生长数年。

为蒲公英遮光

当植株拥有数片叶片时，使用30厘米高的桶将其盖住。数周后采收奶油黄色的伸长叶片。

莴苣缬草

这些耐寒一年生植物会形成小型植株，其味道温和，可在秋冬使用于沙拉中。莴苣缬草有两种类型：一种是松软的大叶类型；一种是较小的直立类型，其叶片颜色更深，也更耐寒。它们可以忍耐众多类型的土壤。在寒冷气候区的冬季将它们种植在保护设施中，可以得到更茂盛和更幼嫩的植株。莴苣缬草可与其他蔬菜间作或下层种植，如冬季十字花科蔬菜。

莴苣缬草可作为随割随长型幼苗作物或者单株植株种植。从仲夏开始现场播种，撒播、条播或宽播种沟中播种均可。保持种子湿润直到萌发。将幼苗疏苗至间距10厘

大叶莴苣缬草

米。莴苣缬草生长缓慢，可能需要12周才能成熟。采收单片叶或者收割整棵植株，保留残株让其再次萌发以供收割。

果用蔬菜

　　某些最奇特且呈肉质的蔬菜种类都是果用蔬菜。许多种类（例如番茄、辣椒、茄子和甜瓜）都起源于热带和亚热带地区，在较冷凉的地区，它们可能需要种植在保护设施中或温暖处。在温带气候区，像西葫芦、甜玉米和南瓜等其他作物需要在室内萌发，但随后可以移栽

到室外生长至成熟。在花园空间有限的地方，许多此类植物还可以成功地种植在露台或铺装区域的花盆或其他容器中。使用株型紧凑的速成品种可得到最好的效果（又见331页）。所有种类都需要温暖背风环境，以便成功授粉和催熟果实。

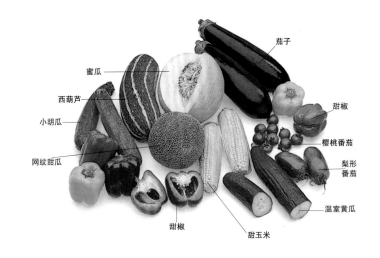

茄子
蜜瓜
西葫芦
小胡瓜
网纹甜瓜
甜椒
樱桃番茄
梨形番茄
温室黄瓜
甜椒
甜玉米

甜椒

　　又称为柿子椒或灯笼椒，这些一年生植物呈灌木状株型，株高可达75厘米，冠幅为45～60厘米。果实通常为长方形，长度为3～15厘米，直径为3～7厘米，呈绿色、奶油色、黄色、橙色、红色或深紫色。可将果实整个或切碎后烹调食用或生食。

　　甜椒是热带和亚热带植物，最低生长温度为21℃，空气湿度为70%～75%。超过30℃的气温会减少坐果量并导致果蕾和花朵凋落。在温带气候区，植株可以在保护设施中种植，或者室外种植在阳光充足的背风处。需要深厚、排水良好、氮素含量水平中等（见504页）的肥沃土壤。

播种和种植

　　春天在温室里装满pH值为5.5～7的基质的播种盘中播种。将萌发后的幼苗移栽入直径为6～9厘米花盆中。播种10～12周后移栽到准备充分的苗床中，株距和行距都为45～50厘米。在温带地区，为幼苗

甜椒

换盆并等到所有霜冻风险过去后再露地移栽。

日常栽培

　　将成型植株的茎尖生长点掐掉以促进灌木式株型的形成，并为超过60厘米高的品种提供立桩支撑。定期浇水以防止叶片和花蕾掉落，用有机物质覆盖护根。在生长期每两周施加一次均衡肥料或液态肥料，然后停止施肥以促进果实成熟。如果必要的话使用塑料覆盖物为室外栽培植株提供保护。

病虫害

　　植株可能遭受蚜虫（654页）侵扰。在保护设施中，它们还可能受温室红蜘蛛（668页）、粉虱（673页）、蓟马（671页）以及脐腐病（见656页，"缺钙症"）的影响。

在保护设施中种植

　　按照上述方法在保护设施中播种。当幼苗长到8～10厘米高时，将它们换盆到直径为21厘米花盆中，或者移植到种植袋或准备好的温室苗床中。种植间距为50厘米，

甜椒的成熟

随着它们的成熟，果实会从绿色逐渐变成红色、黄色或深紫色，味道也会变得更甜。

为较高品种立桩支撑。通过定期洒水降温维持推荐的温度和70%～75%的空气湿度。

收获和储藏

　　移栽12～14周后采摘甜椒，如果栽培在室外的话，应该在第一场霜冻前采摘。某些品种最好在果实呈绿色时食用，不过其他品种可以在植株上保留两至三周直到它们变成红色或奶油黄色。切下单个果实，它们可以在凉爽潮湿、12～15℃的条件下储藏长达14天。还可以储藏整棵植株（见506页，"果用蔬菜"）。

采收甜椒

某些甜椒最好在绿色时采摘，其他品种可以任其变成红色或黄色。从距离果实2.5厘米处将果柄剪断。

辣椒

　　这种类型的辣椒带尖，长达9厘米。常见的辣椒品种包括'阿帕切'（'Apache'）、'嘉年华'（'Fiesta'）、'墨西哥辣椒'（'Jalapeno'）以及'泰龙'（'Thai Dragon'）。现在逐渐流行将它们作为观赏植物种植。

　　按照与甜椒相同的方式栽培，它稍耐高温。当果实从绿色变成红色时，可在任何阶段采摘。如果在室外栽培的话，应在第一场霜冻来临之前采摘。随着辣椒的成熟，辣味会逐渐增加，辣味来自白色的髓和种子。如果太辣的话，将髓和种子去除掉即可。

成熟中的辣椒

红辣椒

推荐种植的甜椒品种

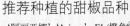

'阿丽亚娜' 'Ariane' F1（橙色）
'贝尔男孩' 'Bell Boy' F1（红色）
'本迪戈' 'Bendigo' F1（红色）
'加利福尼亚奇迹'
'California Wonder'（红色）
'吉人赛' 'Gypsy' F1（红色）
'长红马可尼' 'Long Red Marconi'
（红色）
'黄辣椒' 'Luteus' F1（黄色）
'玛沃瑞斯' 'Mavras' F1（黑色）
'新埃斯' 'New Ace' F1（红色）

低矮品种
'美食家' 'Gourmet'（橙色）
'莫霍克' 'Mohawk' F1（红色）
'红皮肤' 'Redskin' F1（红色）
'俏妞' 'Topgirl'（红色）

小米椒

这些植株是分枝性较强的宿根植物，株高达1.5米，果实小而窄，呈橙色、黄色或红色，取决于品种，果实悬挂在分枝上或直立。它们非常辣，常用于沙司和一般的调味。

小米椒是热带和亚热带植物，因此不耐霜冻。植株的株距与行距皆为60厘米，栽培方式与甜椒一样（见对页），它们一般需要更多的水。一般不需要立桩支撑。

小米椒需要很长的生长期，通常在种植15~18周后结出第一批果实。应该在充分成熟后采收。将它们冷冻或干燥后可以储藏数月。

小米椒

西瓜

西瓜苗是热带或亚热带一年生植物，匍匐茎长度可达3~4米。果实为圆形或椭圆形，呈绿色或奶油色，有条纹或斑点，长度可达60厘米；生食。植株需要25~30℃的生长温度，只有在阳光充足的背风处才能露地种植，但也可以在保护设施中栽培。需要pH值为5.5~7、排水良好、氮素含量水平中等（见504页）的砂质壤土。种植前在土壤中混入腐熟粪肥和通用肥料。

西瓜

物抵御风霜。

播种和种植

早春在保护设施中播种在播种盘或直径为6~9厘米花盆中。当幼苗长到10~15厘米高时炼苗。待所有霜冻风险过去之后，将它们以1米的间距移栽。使用塑料布保护植

日常栽培

覆盖护根以保持水分，然后每两周施加一次均衡肥料或液态肥直到果实开始发育。当主枝长到两米长时将茎尖生长点掐去，并将侧枝整枝在成排的其他蔬菜之间。为

帮助果实形成，为花朵手工授粉（见526页，"西葫芦和小胡瓜"）。当果实开始发育后，将侧枝上长出的次级侧枝剪短至两或三片叶，然后在每个果实下方垫上一块干草或木板，抵御土生病虫害。

病虫害

超过75%的空气湿度会促进叶片病害，特别是白粉病（667页）和花叶病毒（见672页，"病毒病"）。其他常见病害包括蚜虫（654页）、根结线虫（668页）和果蝇等。

在保护设施中种植

西瓜苗的长势非常健壮，一般不生长在温室中。它们可以种植在塑料遮盖物下，间距保持为1米。在开花期撤去遮盖以降低湿度并促

进昆虫授粉。

收获和储藏

播种11~14周后收获，成熟果实在拍打时会发出空洞的声音。它们可以在10~12℃的条件下储藏14~20天。

甜瓜

这些攀援一年生植物通常整枝成壁篱式栽培，高度达2米，侧枝可伸展至60厘米。有三种主要类型：罗马甜瓜（cantaloupe）、冬甜瓜或称卡萨巴甜瓜（casaba），以及包

甜瓜

括蜜瓜在内的网纹甜瓜（musk）。罗马甜瓜有厚而粗糙的灰绿色外皮和深凹槽，单果重达750克。冬甜瓜有光滑的黄色或者黄色带绿色条纹的果皮，单果重达1千克。网纹甜瓜大小不一，但一般比罗马甜瓜和冬甜瓜更小，光滑果皮上有网状纹络。冬甜瓜以及部分罗马甜瓜品种适合种植在温室中。

甜瓜苗是热带植物，种子萌发所需最低温度为18℃，生长期所需的最低温度为25℃。在阳光非常充足的背风处可露地栽培，但在温带

地区常种植在冷床或温室中。它们需要pH值为6.5~7、排水良好、富含腐殖土、氮素水平高（见504页）的肥沃土壤。可施加通用肥料和腐熟堆肥或粪肥。

播种和种植

早春在保护设施中播种，播在播种盘或直径为6~9厘米花盆中，去除生长较弱的幼苗。大约6周后，当霜冻风险过去后，炼苗并移栽幼苗，株距为1米，行距为1~1.5米。将每棵幼苗种在小丘上并使用拱形塑料膜提供保护，直到植株长成。

为甜瓜摘心

让每根侧枝结一个果，然后掐去或剪去每根侧枝的尖端，在发育中的果实之外留2~3片叶。

日常栽培

当长出5片叶子后，将每个生长点掐掉，促进枝条进一步生长。当它们充分发育后，将它们疏减至大约4根最茁壮的枝条。将两根枝条整枝在两侧，同一排相邻植物之间。当植株开始开花后，将所有保护性遮盖撤除，促进昆虫授粉。如果需要的话进行手工授粉（见526页，"西葫芦和小胡瓜"）。

当果实直径长到2.5厘米时，疏果至每根枝条一个果，并剪去所有次级侧枝，剪短至果实另一端的2~3片叶。当主枝长到1~1.2米长时掐去茎尖，并除去所有后来形成的次级侧枝。在每个发育中的果实下方放置一块干草、瓦片或木板，保护其抵御土生病害。

定期浇水并在果实开始发育后每10~14天施加一次液态肥料。随着果实的成熟减少浇水和施肥次数。

病虫害

蚜虫（654页）和白粉病（667页）可能会很麻烦。在保护设施中，植株可能会受到温室红蜘蛛（668页）、真菌性白粉病（667页）、粉虱（673页）以及黄萎病（672页）的影响。

在保护设施中种植

在冷床中栽培甜瓜时，应将幼苗单株种在冷床中央。将四根侧枝向四个角落的方向整枝生长。随着植株发育，逐渐增加通风以降低湿度。一旦开始形成果实，撤去天窗，只在寒冷天气的夜晚重新关闭天窗。在炎热天气中轻度遮阴。

如果温室高度超过2米的话，甜瓜可以种在温室中。将幼苗种植在小土丘上（见下，"黄瓜和小黄瓜"），做单壁篱或双重壁篱式生长，整枝在绑扎到水平铁丝的竹竿上。单壁篱式植株的种植间距为38厘米，双重壁篱式植株的间距为60厘米。也可以将它们种在种植袋或温室操作台上的直径为24~25厘米的花盆中。

对于单壁篱式植株，当主枝长到两米长时掐掉茎尖生长点以促进侧枝生长。将花朵之外的侧枝剪短至5片叶，次级侧枝剪短至2片叶。对于双重壁篱式植株，掐去主枝尖端，并让两根枝条垂直生长。用安装在屋顶上的5厘米网支撑发育中的果实。在花期不要洒水降温，以利于授粉。维持24℃的夜温和30℃的日温。

收获和储藏

播种12~20周后采摘。罗马甜瓜和网纹甜瓜在成熟时气味香甜，而且果柄会破裂。轻轻地将果实从果柄上分离下来。在10~15℃下可储存14~50天，具体时间取决于品种。

黄瓜和小黄瓜

大多数是一年生蔓生藤本植物，可生长至1~3米；有部分株型紧凑的灌木型品种。未成熟的果实可生食、腌制或烹调在汤中。

露地黄瓜的果皮较粗，多刺，长10~15厘米。现代品种多源自日本，果皮比较光滑，长达30厘米，耐寒和抗病性更好。它们主要种植在室外或冷床中，由昆虫授粉。小黄瓜的果实短粗，长达7厘米，幼嫩时采收，主要用于腌制。苹果和柠檬黄瓜的果实圆，果皮黄色，直径可达6厘米。欧洲黄瓜或称温室黄瓜的果皮光滑，长度超过30厘米。它们不需要授粉就能结果实，如果授粉会生产出味苦的果实。使用现代全雌品种避免意外授粉。

黄瓜是暖季型蔬菜，在18~30℃的平均温度中生长得最好。它们不耐寒，大多数种类在低于10℃时就会被冻伤。在北方地区，露地栽培类型可能会很早开花并只开雄花；雌花和果实会较晚出现。将黄瓜种植在背风处的富含腐殖质、排水良好但也保水的肥沃土壤中；千万不能让根系脱水。为酸性很强的土壤施加石灰。年幼植株需要低氮素条件（见504页），但种植后可能需要更高的氮素条件。轮作室内栽培的黄瓜。

温室栽培类型必须在夜温最低20℃以及高湿度条件下种植。为玻璃温室提供遮阴或种植在聚碳酸酯温室下，以免被灼伤。不要将露地栽培类型种在同一温室中，以免为全雌品种授粉。

播种和种植

黄瓜不耐移栽，因此户外类型的种子应该在所有霜冻风险过去后现场播种，或者播种在小花盆或穴盘中。如果露地播种的话，挖出一个宽度和深度各30厘米的坑，回填大量腐熟有机堆肥。覆盖大约15厘米厚的粪肥土并堆成小丘以利于排水。将种子侧放，以2厘米的深度种植，每个花盆或每个小土丘播种2~3粒种子。

种子萌发所需的最低土壤温度为20℃。萌发后疏苗至一株。播种在花盆中的种子需要16℃的最低夜温，直到播种4周后移栽幼苗。攀援类型的种植间距应为45厘米，灌木类型以及在地面上蔓生的攀援类型，种植间距应为约75厘米。在冷凉气候区，种植后使用钟形罩或无纺布保护植株。

小黄瓜

日常栽培

将蔓生类型支撑在栅栏、网罩或竹竿上生长，或者让它们沿着绳索缠绕。当出现五六片叶后，掐去生长点，然后将得到的较强壮枝叶整枝在支撑结构上，如果必要的话进行绑扎。当这些枝条长到支撑结构的顶端时，将它们掐短至花朵之外的两片叶，这样会长出能结更多果实的侧枝。随着果实形成，每两周为植株施加一次钾肥或同等肥力的有机液态肥。定期浇水在生长期是必不可少的，特别是移栽后以及

播种和露地移栽

1 在直径为5厘米的花盆中填充播种基质至花盆边缘下2.5厘米。将两三粒种子侧放在基质上，然后覆盖基质至2厘米的深度。浇透水，做标签。

2 准备一个宽度和深度各为30厘米的坑，填入腐熟堆肥。在顶端做出高15厘米的小土丘。将黄瓜幼苗放在土丘顶端。紧实并浇水。

灌木黄瓜

花期和果期（见502页，"关键浇水时期"）。

病虫害

可能影响黄瓜的病虫害包括蜗牛（670页）、蚜虫（654页）、白粉病（667页）、地老虎（658页）、温室红蜘蛛（668页）、粉虱（673页）、黄瓜花叶病毒（见672页，"病毒病"）以及根腐病（660页）等。

在保护设施中种植

使用合适的品种种植在室外，推荐使用全雌品系。在作为壁篱式生长时，去除支撑结构顶端的所有侧枝以避免负担过重。将主枝绑扎在顶端铁丝上并允许侧枝发育，掐短至两片叶，并让后续的枝条悬挂下来结果实。为温室洒水降温以控制虫害。

收获和储藏

播种12周后当果实长约15~20厘米时定期采摘黄瓜。当小黄瓜长到2.5~7厘米或者达到腌制尺寸时采摘。

蔓生黄瓜

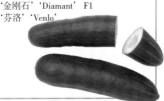

南瓜和冬倭瓜

这是一类丰富多样的一年生植物，又称为冬倭瓜，果实重量为450克至超过30千克。果皮可能光滑、带瘤或有脊，呈绿色、奶油色、蓝绿色、黄色、橙色、红色或带有条纹——颜色常常会随果实成熟而变化。它们的形状相差很大，可能是圆形、长形、矮胖形、洋葱形或两层"头巾"形。大多数种类会形成叶片巨大的大型蔓生植物，某些种类株型紧凑并呈灌木状。年幼和成熟果实都可以烹调后食用，可采摘后趁新鲜或储藏后使用。枝条和幼叶可烹调后食用，花朵可生食或烹调后食用。某些品种的种子可食用。关于气候、位置和土壤准备方面的需求，见对页，"黄瓜和小黄瓜"。南瓜需要中等至高等氮素水平（见504页）。

播种和种植

可以在播种前将种子浸泡过夜以加快萌发。按照黄瓜播种的方法播种（见对页）。取决于品种，种植间距保持在2~3米。对于较大品种，准备45厘米深、60厘米宽的洞。种植时插入标记竹竿，使浇水时可以找到植株。种植后保护植株并覆盖护根。

日常栽培

种植后可以迅速在表层土壤施加通用肥料。使用弯曲的铁丝将枝条整枝成环形，或者整枝在坚固的支撑结构如三脚架上。只需要少量大果实时，在幼嫩时保留三两个果实，去除所有其他果实。

如果有必要像对待西葫芦那样（见526页）进行手工授粉。南瓜是深根性植物，所以只需要在非常干燥的天气下浇水。

病虫害

最严重的病虫害是黄瓜花叶病毒（见672页，"病毒病"）和生长早期时的蛞蝓（670页）。

藤架上的南瓜

收获和储藏

将任何遮蔽果实的叶片剪去，促使果实成熟。种植12~20周后采收南瓜。用于储藏的果实应在植株上保留尽量长的时间：当果实成熟时，果柄开始断裂，果皮变硬。在第一场霜冻前采摘，每个果实带一个长果柄。

采摘后，必须将大部分储藏类型暴露在阳光下10天，使果皮变硬形成一道防止水分流失的屏障。如果有霜冻风险的话，在夜间覆盖果实，或者在室内27~32℃的环境中硬化果皮。将南瓜储藏在通风良好处，温度大约为10℃，湿度保持在95%。它们可以保存4~6个月甚至更长，具体取决于储藏条件和所种植的品种。将白色品种如'恶灵骑士'（'Ghost Rider' F1）储存在黑暗中，以保持它们的白色。

硬化南瓜果皮

成熟后使用修枝剪或长柄修枝剪将南瓜从植株上剪下，保留尽可能长的果柄，注意不要拉拽，以免造成损伤导致腐烂。在阳光下晒10小时使果皮变硬。'橡实'（'Acorn'）品种可以不经硬化直接储藏。

西葫芦和小胡瓜

又称为夏倭瓜，西葫芦是可蔓延数米的一年生蔓生植物或冠幅达90厘米的紧凑植株。它们的果实常为圆柱形，长约30厘米，直径13厘米。小胡瓜是幼嫩时采收的西葫芦，只有果皮柔嫩的品种才适合。西葫芦一般是蔓生的，而小胡瓜是灌木式的。西葫芦的果皮可能是绿色、黄色、白色或带条纹的。弯头西葫芦的果实稍平而带凹槽；弯颈倭瓜的果实膨大，有弯曲的颈。还有圆果品种。意大利面西葫芦的形状与西葫芦相似，但果皮较硬，它们的果肉烹调后像意大利面条。所有果实都应该烹调后食用。幼叶和嫩茎也可以烹调食用，花朵可生食或烹调食用。

西葫芦和小胡瓜是暖季型作物，需要18~27℃的生长温度。其耐寒性、土壤以及土壤的准备与黄瓜（见524页）一样。它们需要较低的氮素水平（见504页）。

播种和种植

当土壤至少为15℃时像播种黄瓜一样播种。播种深度为2.5厘米，在轻质土壤中应该稍深。当所有霜冻风险过去后露地播种，或者在室内花盆中播种萌发。灌木类型的种植间距为90厘米，蔓生类型的种植间距为1.2~2米。在冷凉地区，用钟形罩或漂浮护根保护年幼植株。在炎热地区，漂浮护根可保护植株抵御昆虫。种植后覆盖护根。

日常栽培

蔓生类型可以生长在强壮的支撑结构上。还可以使用钉在土壤中的环形金属丝将枝条整枝成圆形。在生长季末期掐去枝条的尖端。像养护黄瓜一样进行施肥和浇水（见524~525页）。

病虫害

蛞蝓（670页）会在生长早期侵扰植株，黄瓜花叶病毒（见672页，"病毒病"）也可能造成问题。

在保护设施中种植

只有在冷凉地区需要很早产出时才适合在保护设施中种植。使用灌木式品种。

手工授粉

西葫芦和小胡瓜一般是昆虫授粉的，但在寒冷地区如果不能良好坐果的话，需要手工授粉。雌花的花瓣后部有一小肿块（胚胎期果实），雄花则没有（见下），这一点有助于区分它们。

在手工授粉时，采下一朵雄花，去除所有花瓣并将其按压在雌花上。或者使用细毛刷将雄花的花粉转移到雌花的柱头上。

雄花

雌花

胚胎期果实

收获和储藏

种植7~8周后采摘西葫芦。如果在通风良好、温度为10℃、湿度为95%的环境中，某些类型可储藏数周。小胡瓜长到约10厘米时采摘，最好在花还连接在果实上时采摘。采集枝条顶端15厘米长的嫩枝，其很快会长出新的枝叶。如果采摘花朵的话，当雌花坐果后采摘雄花。

采摘小胡瓜

当小胡瓜长到10厘米长时将它们切下，带短果柄。小心拿放果实以免擦伤。定期采摘可以促进更多果实长出。

灌木西葫芦

洋蓟

这些宿根植物有灰蓝色的叶片和蓟形花朵。洋蓟的株高可达1.2~1.5米，冠幅达90厘米。采收绿色和紫色的花蕾，花蕾外层鳞片基部和花梗顶端有可食用的肉质部分，可烹调食用或腌制。'拉昂绿'（'Vert de Laon'）是一个可靠的品种。

洋蓟在13~18℃的冷凉气候下生长得最好。它们需要开阔但不能过于暴露的种植地，并在排水良好的肥沃土壤中掘入大量堆肥和腐熟粪肥，需要的氮素水平较低（见504页）。

播种和种植

洋蓟一般是分株繁殖。在春天使用一把锋利的刀子、两只手叉或者一把铁锹将健康的成型植株分株，每个分株苗应该至少有两根枝条、一簇叶片和发育良好的根系。将这些分株苗以60~75厘米的间距种植，并将叶片尖端剪短至13厘米。洋蓟还可以在春天室内或露地播种繁殖，但幼苗的状况不稳定。按照正确的间距疏苗或移栽幼苗。

洋蓟的分株

在春天，将成型植株挖出，使用两只手叉、一把铁锹或一把小刀将其割开。每个分株苗都应该拥有至少两根枝条和强壮的根系。

在将来的年份，对产量最高的植株进行分株，以建立良好的株系。命名品种只能用分下来的吸芽繁殖。每三年应该更换一次植株，以维持生长活力和产量水平。

日常栽培

保持种植区域无杂草，并充分覆盖护根以保存土壤水分。在夏季不要让洋蓟的根系脱水，也不要在冬季涝渍。如果可能发生严重霜冻的话，在每棵植株基部培土，覆盖一层厚稻草，在春天移去覆盖物。

病虫害

根蚜（见654页，"蚜虫类"）可能会造成问题。

收获和储藏

在适宜的生长条件下，第一个生长季的夏末就能收割部分花蕾。第二个生长季会长出更多开花枝。当花蕾饱满、鳞片打开之前采摘。去除多毛的鳞片和花梗，然后再冷冻储藏，食用部分可腌制。

球状洋蓟

番茄

番茄在温带地区是一年生植物，在热带地区是短命宿根植物。非灌木类型的蔓生主茎在温暖气候下可生长至超过2.5米，侧枝苗壮。较矮的半灌木类型和灌木类型停止生长的时间比较早，茎的顶端着生果序。紧凑低矮类型的株高和冠幅都仅有23厘米。

成熟的番茄果实呈红色、黄色、粉色或白色，形状有圆形、扁平形、李子形或梨形。微型的醋栗番茄（Solanum pimpinellifolium）果实直径只有1厘米，樱桃番茄为2.5厘米，大型的牛排番茄直径达10厘米。所有种类都可生食或烹调后食用。

番茄在21~24℃的温度下生长得最好，在16℃之下或27℃之上会生长不良，并且不耐霜冻。它们需要高光照强度。在冷凉气候区，将它们种植在室外背风处或保护设施中，它们还常常种植在容器中。番茄可忍耐众多类型的排水良好肥沃土壤，只要pH值在5.5~7。为酸性强的土壤施加石灰（见625页，"施加石灰"）。需要轮作（见498页）。

在土地中混入大量腐熟粪肥或堆肥至少30厘米深，因为番茄是深根性作物并且会消耗大量肥料。在种植前施加基肥，番茄需要高水平的磷素（见503页，"土壤养分"），但氮素需求水平较低（见504页）。

播种和种植

在温暖气候区，春季在室外播种，然后疏苗至合适的间距。在冷凉气候区，应该在最后一场霜冻来

灌木番茄

临之前6~8周15℃时，以2厘米的深度播种在播种盘或穴盘中。幼苗长出两三片叶时将其移栽到5~6厘米花盆中，为幼苗提供充分的通风、空间和光照。它们可以忍耐短暂低温，只要日温升高补偿的话。当夜温超过7℃或土壤温度至少为10℃，且所有霜冻风险都已经过去时炼苗然后露地移栽。当位置较低的花朵形成后种植。

壁篱式　将非灌木类型和灌木类型整枝成壁篱式植株，株距为38~45厘米，单排行距为45厘米，成对双排之间的间距为90厘米。

灌木和低矮类型　灌木类型在地上匍匐生长，根据品种保持30~90厘米的株距。低矮类型的密度可能会更大。在生长早期阶段使用钟形罩或漂浮护根覆盖。灌木类型在使用塑料膜护根时生得很好（见502页，"护根"）。

日常栽培

土壤一旦回暖，所有番茄种类都需要大量浇水和护根。在干旱条件下，以每株植物11升的水量每周浇一次水。容器中栽培的植株需要更频繁地浇水，并且需要使用番茄肥料额外施肥。注意不要过度浇水和过量施肥，否则

会减弱果实的味道。

壁篱式　随着壁篱式植株的生长，将它们绑扎在支撑竹竿或铁丝上，并在它们长到2.5米的时候去除所有侧枝。在夏末，将顶端枝条剪短至某花序上的两片叶，使剩余的果实在第一场霜冻来临之前充分发育成熟。在冷凉气候区，在生长季末尾撤除所有支撑结构，将植株现场压弯在秸秆上，用钟形罩盖住植株以促进果实成熟（见528页）。

整枝壁篱式番茄

1　在壁篱式番茄上，定期掐去侧枝，将植物的能量集中到正在膨大的果实上。

2　当壁篱式植株在夏末长到需要的高度时，将主枝尖端掐短至顶端花序之上的两片叶。

推荐种植的番茄品种

篮子/盆栽
'巴尔科尼红' 'Balconi Red'
'巴尔科尼黄' 'Balconi Yellow'
'不倒翁' 'Tumbler'

壁篱式，标准
'阿里坎特' 'Alicante'
'哥萨克' 'Cossack' F1
'金色日出' 'Golden Sunrise' （黄色）
'雪莉' 'Shirley' F1
'蒂格瑞拉' 'Tigerella'
'瓦内萨' 'Vanessa' F1

樱桃番茄，壁篱式
'园丁之喜' 'Gardener's Delight'
'圣诞老人' 'Santa' F1
'太阳宝贝' 'Sun Baby' F1 （黄色）
'金色阳光' 'Sungold' F1

牛排番茄，壁篱式
'凡灵' 'Ferline' F1 （抗疫病）
'马芒德' 'Marmande'

梨形番茄，壁篱式
'艾尔迪' 'Ildi' （黄色）
'奥莉薇德' 'Olivade' F1
'罗马' 'Roma' VF

病虫害

露地栽培的番茄可能会受幼苗猝倒病（658页）、叶蝉（663页）、马铃薯囊肿线虫（667页）和番茄疫病（671页）的影响。保护设施中的番茄会受粉虱（673页）、马铃薯花叶病毒（见672页，"病毒病"）、番茄叶霉病（671页）、灰霉病（661页）、缺镁症（663页）、缺硼症（655页）、幼苗疫病（669页）、根腐病（660页）和脐腐病（见656页，"缺钙症"）的影响。可能的话使用抗病品种。间植孔雀草有助于抵御粉虱。

在保护设施中种植

在冷凉气候区，将番茄种植在温室或塑料大棚中。塑料大棚可更换位置，比温室好，后者容易积累土生病害，除非每三年更换一次土壤。或者也可以将番茄盆栽，或者种在装有基质的无底花盆中然后放在砂砾上生长。很多品种还可以嫁接在抗病砧木上。当第一个花序坐果后，每周施加一次高钾肥料或有机液态肥。

收获和储藏

随着果实的成熟。最早的灌木类型可在种植后7～8周采摘，在第一场霜冻之前，可以将它们全株拔出并在室内倒挂催熟。壁篱式植株应该在种植后10～12周采摘。番茄耐冷冻储藏。

嫁接番茄

番茄的嫁接已经在商业上实施了许多年，挑选抗土生病害但果实品质不佳的实生植株作为砧木，在上面嫁接果实品质优良且产量大的品种。嫁接在抗病砧木上的番茄幼苗通常比那些生长在自己根系上的植株更苗壮，结实更早也更大。这使得园艺师们可以成功地种植某些较古老的如今抗病性很低的著名品种。如今更容易买到已经嫁接好的植株，虽然它们比直接用种子种植更昂贵，不过它们不但抗病害，而且比生长在自己根系上的相同品种更强壮。可使用下列方法种植嫁接植株。

靠接是最简单的方法。如今可以买到的番茄嫁接砧木种子有'阿诺德'（'Arnold'）和'宙斯盾'（'Aegis'）等，在插穗品种播种前4～5天播种砧木。当砧木长到大约15厘米高后，在距离基部7厘米的茎上做出一2.5厘米长的向下斜切口。然后在砧木上做出相同长度的向上切口。将二者的切口舌片贴合在一起，并用嫁接带或透明黏性胶带绑扎。然后将砧木切短至最低叶

番茄可种植在室外或温室中的种植袋中。种植袋可帮助植株抵御土生病害。

片的叶节上端。上盆、立桩，保持二者的根系完好生长。一旦嫁接结合处愈合，从嫁接结合处下方将接穗根系切下，然后按照需要上盆或露地移栽。

龙葵

一年生植物，株高75厘米至1米，冠幅60厘米。龙葵有数个栽培类型，所有类型都有浅绿色卵圆形叶片和直径达1厘米的紫色圆形浆果。叶片和嫩茎可像菠菜一样食用。未成熟的果实含有毒的生物碱，所以只能采摘熟浆果并烹煮熟透后食用。

龙葵是热带和亚热带植物，需要18～25℃的生长温度，空气湿度至少应为70%。它们可以生长在阳光充足且背风的开阔处，但在温带地区推荐温室栽培。喜pH值为5.5～7的排水良好肥沃土壤，氮素需求水平中等（见504页）。

播种和种植

春季播种在温室中的播种盘中。当幼苗长大到足以手持时移栽到6～9厘米花盆中。当它们长到8～10厘米高时，炼苗并露地移栽，种植间距为40～50厘米，行距为60厘米。

日常栽培

龙葵需要高水平的土壤湿度，需要护根并定期浇水。在生长期每10～14天施加一次通用肥料或有机液态肥。当植株长到30厘米高时掐去茎尖生长点以促进分枝，并为超过60厘米高的植株提供立桩支撑。保持植株周围的土地无杂草。

病虫害

蚜虫（654页）是主要虫害。在保护设施中，温室红蜘蛛（668页）和蓟马（671页）也会侵扰植株。

在保护设施中种植

当幼苗长到10～15厘米高时，移栽到21厘米花盆或种植袋中，植株之间至少保持50厘米的间距；或者移栽到准备充分的温室苗床中，株距和行距各为50～60厘米。在花期降低空气湿度以促进授粉。

收获和储藏

移栽9～11周后采摘嫩茎，继续摘除10～15厘米长的茎段以促进侧枝生长。为生产浆果，不要摘除枝条，让植株茂盛生长并开花。播种14～17周后采收果实，使用锋利的小刀将果序割下。成熟的浆果可在10～15℃下储存10～14天。

龙葵

茄子

茄子苗是短命宿根植物，常做一年生栽培，常形成株高约60～70厘米、冠幅约60厘米的小型灌木。品种在果实形状、大小和颜色上有差异，果实呈卵圆形、梨形或圆形，颜色为深紫色、发黄的绿色或白色，单果重200～500克。果实常切碎后烹调食用。

茄子苗是热带和亚热带植物，需要25～30℃的生长温度，空气湿度最低应为75%。温度低于20℃时生长会被抑制，不过许多品种可以在温带地区栽培于温室中，或者露地种植在阳光充足的背风处。

茄子苗需要深厚且排水良好的深厚土壤和中等氮素水平（见504页）。

播种和种植

春季，在保护设施中播种在装有轻质微酸性基质（pH值为6～6.5）的播种盘中；先将种子浸泡在温水中24小时以帮助萌发。将幼苗移栽到直径为6～9厘米的花盆中。在温暖气候区，当幼苗长到8～10厘米高时，将它们移栽到准备充分的苗床中，株距与行距都设置为60～75厘米。掐去它们的顶端茎尖生长点，促进茂盛生长。在温带地区，单株上盆到直径为15厘米花盆中，当所

推荐种植的茄子品种

'黑美人' 'Black Beauty' F1
'博尼卡' 'Bonica' F1
'莫尼梅克' 'Moneymaker' F1
'奥菲莉娅' 'Ophelia'（小，紫）
'奥兰多' 'Orlando' F1（低矮）
'雪白' 'Snowy'（小，白）

茄子

有霜冻风险过去后移栽。保护植株抵御大雨、强风和低温。

日常栽培

为超过60厘米高的品种立桩支撑。为植株充分浇水，否则叶片和花蕾容易凋落，并覆盖护根以保持水分。在生长期每两周施加一次均衡肥料或液态肥。修剪成熟植株以刺激生长。为得到较大的果实，将每棵植株上的果实限制在5或6个。

病虫害

茄子会受蚜虫（654页）的侵扰。在保护设施中，红蜘蛛（668页）、粉蚧（664页）、毛虫（657页）、蓟马（671页）以及白粉病（667页）和霜霉病（659页）都可能造成麻烦。

在保护设施中种植

早春在20~30℃的条件下播种。当幼苗长到8~10厘米高时，将它们移栽到20厘米花盆或种植袋中，并掐去茎尖。将温度保持在生长期所需最低温度之上。为温室洒水降温有助于抑制红蜘蛛。

收获和储藏

播种16~24周后，当果实完全显色且尚未皱缩时采摘。在靠近茎干处将果柄剪下。茄子在12~15℃的湿润条件下可储藏两周。

采摘茄子

当茄子的果皮仍然呈紫色并有光泽时采摘，一旦失去光泽，果肉会变苦。从距离果实至少2.5厘米处将果柄剪断。

甜玉米

一年生植物，株高75厘米至1.7米，平均冠幅为45厘米。雄花和雌花着生在同一棵植株上。玉米穗呈黄色、白色或黄白相见，可烹调食用或在年幼时生食。如今有新的"超甜"品种。

甜玉米在种植后需要70~110天的无霜生长期。它需要16~35℃的生长温度，但在炎热干旱的条件下授粉情况不良，在温暖气候区种植在开阔处。在冷凉气候区，将早熟品种种植在无霜背风处。甜玉米是浅根性植物，可以生长在众多类型的排水良好肥沃土壤中，氮素需求水平中等（见504页）。

播种和种植

种子在土壤温度低于10℃时不会萌发。在温暖气候区，春季现场播种，播种深度为2.5厘米，间距7厘米，种子萌发后疏苗至正确的间距。可以透过塑料护根播种。在冷凉气候区，室内播种于穴盘中，并在土壤温度达到13℃时移栽幼苗，或者在所有霜冻风险过去后现场播种；使用无纺布覆盖以保持温暖，并保护植株抵御鸟类和果蝇的侵扰。在潮湿土壤中，使用经过处理的不会腐烂的种子。

为保证良好的授粉和果穗充分结籽，将甜玉米分块种植，每块至少种四棵植株。平均间距为30厘米；较矮品种可以种得更近，高品种稍宽。在冷凉气候区，播种或种

分块种植的甜玉米

雄花和雌花开在同一棵植株上。雄花序（上插图）释放花粉，生长在植株顶端，长达40厘米。雌花序（下插图）是成缕的丝状长线，下方会结出玉米穗。玉米是风媒花，所以应该分块种植而不是单排种植，以确保授粉良好。

植后使用漂浮护根或钟形罩覆盖，当植株长出5片叶时撤去它们。细网漂浮护根可以保护植株抵御果蝇。超甜类型需要更高温度才能萌发和生长，不要将它们与其他类型种植在一起，因为杂交授粉会导致甜味丧失。将早熟品种以15厘米的间距种植，并在玉米穗长到大约7厘米长时采摘，得到迷你玉米。

日常栽培

除草时要浅锄以免伤害玉米的根系。在暴露多风地区，为植株培土至13厘米高以增加稳定性。除非在非常干旱的条件下，不要浇水直到花期开始，种子膨胀后也不要浇水。浇水的密度为每平方米22升。

病虫害

老鼠（668页，"啮齿类"）、蛞蝓（670页）以及鸟类是最严重的虫害。果蝇的幼虫会侵扰幼苗基部，导致茎尖枯萎死亡。在花盆中或细网下培育幼苗，直到植株长出5或6片叶。

收获和储藏

植株一般会产生一或两个玉米穗。在需要前立即采摘，因为甜味会很快消退，超甜品种可保持甜味大约一周。甜玉米耐冷冻储藏。

推荐种植的甜玉米品种

'迷你玉米' 'Minipop'（玉米穗微小）
'圣丹斯' 'Sundance' F1

超甜品种
'早起小鸟' 'Earlibird' F1
'北超甜' 'Northern Extra Sweet'
'喝彩' 'Ovation' F1

超嫩甜玉米
'田凫' 'Lapwing' F1
'云雀' 'Lark' F1
'雨燕' 'Swift' F1

测试甜玉米的成熟程度

一旦雌花序的丝状物变成棕色，将果穗的外皮揭开，并将指甲按入谷粒。如果出现乳白色的液体，则说明果穗已经成熟；如果呈水样，说明还未成熟；如果谷粒坚硬的话，则说明果穗熟过头了。

荚果蔬菜

这一类蔬菜会长出荚果。某些种类的荚果可以整个烹调后食用，而另外一些是为了采收种子，将种子从荚果中取出烹调食用或生食。某些种类的种子可以干燥储藏，大部分可以冷冻。某些蔬菜既有实用性，又具装饰性，可用作绿色屏障或整枝在拱门上。荚果蔬菜常常需要特定温度下的背风条件才能良好授粉。种植前，通常需要在肥沃土壤中混入大量有机质。

四季豆 / 红花菜豆 / 干制四季豆 / 豌豆 / 扁豆 / 嫩豌豆 / 蚕豆 / 花生 / 四季豆 / 花生仁 / 甜豆

秋葵

一年生不耐寒植物。快速成熟的品种株高可达1米，冠幅达30~40厘米；成熟较慢的品种（主要在热带地区种植）株高可达2米。荚果10~25厘米长，呈白色、绿色或红色。推荐品种包括'克莱姆森无刺'（'ClemsonSpineless'）、'好运气'（'Pure Luck'）以及'彭塔绿'（'Penta Green'）。未成熟的荚果可作为蔬菜烹调后食用。成熟荚果可干制磨粉后用于调味。

在暖温带和亚热带地区，植株只能在阳光充足的适宜条件下种植在室外。土壤温度至少为16℃时种子才会萌发；萌发后20~30℃的稳定温度最适合其生长。大多数现代品种都是日中性的（见494~495页，"白昼长度"）。在排水顺畅的土壤种植，添加大量有机质。秋葵氮素需求水平为低至中等（见504页）。

播种和种植

播种前将种子浸泡24小时以帮助萌发。当土壤温度达到16~18℃时，现场条播，行距为60~70厘米，株距为20~30厘米。在温暖气候区，春季在保护设施中20℃及以上的条件下播种于育苗盘或直径为6~9厘米的花盆中。当幼苗长到10~15厘米高时，炼苗后移栽到准备充分的苗床中，间距如上所述。

日常栽培

给高植株立桩支撑，必要的话用塑料覆盖物或屏障抵御强风。清除所有杂草，定期浇水，并覆盖有机护根以保持水分。当幼苗长到大约60厘米高时，掐去茎尖以促进分枝。每两周施加一次通用肥料或液态肥，以促进其快速生长。不要施加过量氮肥，否则会推迟开花。

病虫害

植株容易受到蚜虫（654页）、毛虫（657页）以及白粉病（667页）的侵扰；在保护设施中，粉虱（673页）、温室红蜘蛛（668页）、蓟马（671页）和真菌性叶斑病（660页）也可能造成麻烦。

在保护设施中种植

幼苗可以移栽到温室中准备充分的苗床或种植袋中，种植间距至少为40厘米。维持超过20℃的温度和超过70%的空气湿度。必要时为植株喷洒农药控制病虫害，并施加有机液态肥或通用肥料。

收获和储藏

每棵植株生产4~6个荚果。它们可以在播种大约8~11周后收获，具体时间取决于品种。趁荚果为鲜绿色时使用锋利的小刀将其从植株上割下，熟过头的荚果会变得纤维化。荚果可储藏在穿孔袋子中，在7~10℃的条件下可储藏10天。

秋葵

花生

这些不耐寒的一年生植物原产于北美。较为直立的西班牙-巴伦西亚类型株高达90厘米，冠幅30厘米，而较不常见的俯卧状维吉尼亚类型冠幅可达1米。西班牙-巴伦西亚类型常常分为西班牙型和巴伦西亚型两种，前者每个荚果有两粒种子，种皮呈浅棕色；后者每个荚果多达4粒种子，种皮深红色。巴伦西亚型植株的茎通常比西班牙型的粗。维吉尼亚类型的荚果有两粒种子，种皮为深棕色。

授粉花朵会形成穿透土壤的针状结构，并在土中发育出成熟的果实。从荚果中取出的果仁可生食或烧烤，亦可用于烹饪。

花生苗是热带植物，需要20~30℃的平均生长温度，空气相对湿度为80%，不过某些类型在比较温暖的亚热带地区也生长得很好。无霜冻的种植地至关重要。花期的降雨会对授粉造成不良影响。

花生品种一般是日中性的（见494~495页，"白昼长度"）。喜含钙、钾和磷、pH值为5.5~6.5的排水良好肥沃壤土。氮素需求水平较低（见504页）。

播种和种植

现场播种，将种子从壳中剥出，于春季或土壤温度超过16℃时播种。在温带气候区，于保护设施中播种在托盘或9厘米花盆中，将温度保持在20℃之上。当幼苗长到10~15厘米高时，炼苗后移栽到准备充分的苗床中。无论是直接播种还是移栽，植株株距应保持15~30厘米，行距为60~70厘米。必要的话使用钟形罩或拱形塑料膜提供保护。

日常栽培

当植株长到15厘米高时围绕其根系培土，并定期锄地，以促进受精花朵穿透土壤。清除所有杂草，并在干旱时期充分浇水。然而不要在花期为植株浇水，否则会导致授粉状况不佳。

病虫害

植株可能会受蚜虫（654页）、

西班牙-巴伦西亚类型花生植株

蓟马（671页）以及毛虫（657页）的影响；在保护设施中，温室红蜘蛛（668页）和粉虱（673页）可能会成为问题。真菌性叶斑病（660页）、

根腐病（见669页，"立枯病"）以及丛簇病毒（见672页，"病毒病"）也可能造成麻烦。

在保护设施中种植

按照上述方法播种。当幼苗长到10~15厘米高时，将它们移栽到种植袋或准备充分的温室苗床中。将温度维持在20℃之上，在花期降低湿度以利于授粉。

收获和储藏

直立类型应在播种16~20周后收获，俯卧类型需要再等待3~4周。每个荚果两粒种子的维吉尼亚类型从播种至收获可能需要25周。将一或两个荚果挖出判断是否成熟，成熟的荚果可以储存数个月。将荚果在阳光下晒干，然后将果仁取出储藏在凉爽干燥的环境中。

花生仁

花生

紫花扁豆

低矮或攀援的短命不耐寒宿根植物。有长荚果和短荚果品种。攀援类型可长到4~6米高，而低矮类型株高仅为1米，冠幅约60厘米。荚果呈绿色至紫色。幼嫩荚果和成熟种子可烹调后食用，后者应该煮透。黑暗中培育的幼苗可用作豆芽菜。

在亚热带和温带地区，紫花扁豆可生长在阳光充足、小气候良好的位置。植株需要18~30℃的生长温度，最低空气湿度为70%，冷凉的天气会抑制昆虫活动从而影响授粉。有日中性品种（见494~495页，"白昼长度"）。

大多数土壤适合紫花扁豆生长，特别是那些富含有机质的土壤，良好的排水至关重要。某些品种对施加过磷酸盐反应良好。紫花扁豆的氮素需求水平较低（见504页）。

播种和种植

在春季或一年当中土壤温度足

紫花扁豆

够高的其他时间现场播种。在温带地区，于保护设施中播种在育苗盘或6~9厘米花盆中，播种深度为2.5厘米。当幼苗长到10~15厘米时，炼苗后移栽到准备充分的苗床中。攀援品种的株距保持在30~45厘米，行距为75~100厘米；低矮品种株距为30~40厘米，行距为45~60厘米。

日常栽培

攀援品种可由至少2米高的立桩支撑。定期浇水并覆盖护根以保持水分。必要时使用塑料屏障或覆盖提供保护，并清除所有杂草。每10~14天施加一次通用肥料或液态肥，直到开花。掐去低矮品种的茎尖生长点以促进它们发育成茂盛的灌木株型；攀援品种的枝条应该整枝或绑扎在支撑结构上。

病虫害

蚜虫（654页）、蓟马（671页）、毛虫（657页）、根结线虫（668页）、白粉病（667页）、真菌性叶斑病（660页）以及某些病毒可能会造成麻烦；在保护设施中，粉虱（673页）和温室红蜘蛛（668页）也可能会影响植株。

在保护设施中种植

将幼苗移栽到温室中的种植袋或准备充分的苗床中，保持至少50~60厘米的间距。或者将幼苗继续留在21~25厘米（较大花盆可种植两棵植株）花盆中生长。维持至少20℃的温度，在花期通过充足的通风降低空气湿度以帮助授粉。紫花扁豆还可以使用生长季早期采取的嫩枝插条繁殖（见632页，"茎插条"），插条在高湿度条件下很容易生根。

收获和储藏

播种6~9周后收获幼嫩荚果，这时的荚果已经长大，但种子尚未发育。包含种子的成熟荚果应该在播种10~14周并且尚未纤维化之前收获。如果植株在第一批产出后仍然保持健康，将主枝剪短大约一半，促进第二批果实的形成。紫花扁豆耐冷冻储藏。

红花菜豆

红花菜豆

这些宿根攀援植物在温带和冷凉气候区做一年生栽培。植株可高达3米以上，冠幅约30厘米。某些天然低矮品种会形成约38厘米高的灌丛。花呈粉色、红色、白色或双色。

扁平的荚果长度超过25厘米，宽达2厘米，烹调后食用。未成熟的种子和成熟的干燥种子也可以烹煮食用。某些品种可能需要除去荚果两侧的"丝线"。

红花菜豆是不耐寒的温带作物。植株需要100天的无霜生长期，并且在14~29℃的条件下生长得最好。在较高的温度下，特别是结合

高湿度的情况下，荚果可能不结实，除非植株位于轻度遮阴下。在冷凉气候区，选择背风处以吸引授粉昆虫前来。其属于深根性植物，需要保水性好的肥沃土壤。整地时挖一条一铁锹深、宽60厘米的沟，混入腐熟秸秆或堆肥。红花菜豆应该轮作（见498页），其氮素需求水平低（见504页）。

播种和种植

在种植攀援类型前，用超过2.5米长的竹竿竖立起支撑结构，将其绑扎在一根水平杆上，或者互相搭成"拱顶"。可买到商业生产的专用支撑架。还可以让植株沿

推荐种植的红花菜豆品种

标准型
'祝贺' 'Celebration'
'艾诺吗' 'Enorma'
'自由' 'Liberty'
'白埃莫哥' 'White Emergo'
'威斯利奇迹' 'Wisley Magic'

低矮型
'赫斯提' 'Hestia'
'匹克威克' 'Pickwick'

无丝线型
'月光' 'Moonlight'
'北极星' 'Polestar'
'红朗姆' 'Red Rum'
'白夫人' 'White Lady'

着尼龙网或尼龙绳向上攀爬。有不需要支撑的低矮品种。当所有霜冻风险过去后（种子萌发所需的最低土壤温度为12℃）现场播种，深度为5厘米。在凉爽气候区，室内播种在育苗盘中，将幼苗炼苗后露地移栽。攀援品种以间距60厘米双排种植，或者生长在环形"拱顶"上，株距为15厘米。灌木类型可按照同样的间距丛状生长。种子萌发或幼苗

豆类的支撑结构

取决于可用空间，支撑攀援豆类的方法有许多种。成熟植株会将下方的支撑结构遮盖起来。

交叉成排竹竿

两排2.5米长的竹竿相互交叉，固定在一根水平杆子上

拱顶

顶端绑扎固定的2.5米长竹竿

支撑网

安装在框架上的10厘米方孔网

移栽后应充分护根以保持水分。

日常栽培

使用钟形罩或漂浮护根保护幼苗。为将攀援类型转变成灌木类

拱顶上的红花菜豆

型，当植株长到23厘米高时掐去茎尖生长点。这样可使植株结实早，但产量较低。

浇水在花蕾出现以及荚果坐果时特别重要（见502页，"关键浇水时期"）。在这些时期，每周以每平方米5~11升的量浇两次水。

病虫害

蛞蝓（670页）、油菜花露尾甲（667页）、灰地种蝇（655页）、炭疽病（654页）、根腐病（660页）、光轮疫病（见655页，"细菌性叶斑病"）、豆类锈病（668页）和病毒（672页）都会造成麻烦。

收获和储藏

13~17周后收获。当荚果至少17厘米长且柔软时采摘，以频繁间隔持续采摘，延长收获期。红花菜豆耐冷冻储藏。

棉豆

棉豆

棉豆是不耐寒一年生植物和短命宿根植物。有攀援类型和低矮分枝类型。攀援品种可高达3~4米，低矮品种株高90厘米，冠幅40~50厘米。幼嫩荚果和成熟种子可烹调后食用，种子还可干燥，或在黑暗处萌发作为豆芽菜食用。

棉豆是热带植物，萌发所需最低温度为18℃。超过30℃的气温不利于花粉形成。在亚热带和暖温带地区，只有在阳光充足的条件下才能露地栽培，并在植株完全成型前使用塑料屏障或覆盖物提供保护。

小粒种子品种在大约12小时的短日照下才能开花，但大粒种子品

种一般是日中性植物（见494~495页，"白昼长度"）。大多数品种可在类型广泛的土壤中茂盛生长，但最喜pH值为6~7、排水良好的砂质壤土。棉豆的氮素需求水平为低等至中等（见504页）。播种、种植、日常栽培以及保护设施中种植的方法与紫花扁豆一样（531页）。

病虫害

蚜虫（654页）、蓟马（671页）、毛虫（657页）、粉虱（673页）以及温室红蜘蛛（668页）可能引起麻烦。病害包括白粉病（667页）、真菌性叶斑病（660页）以及某些病毒病（672页）。

推荐种植的棉豆品种

攀援品种
'圣诞树' 'Christmas Pole'
'花园杆之王'
'King of Garden Pole'

低矮品种
'福德布克242'
'Fordhook 242'
'亨德森'
'Henderson'
（灌木式）

收获和储藏

播种后大约12~16周，收获整个幼嫩荚果和成熟种子。二者可在4℃以上的温度和90%的湿度中储藏两周。棉豆可以冷冻储藏。

四季豆

这些不耐寒一年生植物有攀援、低矮和中间过渡类型。株高和冠幅与红花菜豆一样（见531页）。荚果长7~20厘米。它们的形状可能为圆形、扁平或曲线形；直径从铅笔粗细（菲力类型）至大约2厘米；可呈绿色、黄色、紫色、红

色或者绿色带有紫色斑点。黄荚类型有柔软的口感和很棒的味道。不同类型的丝线明显程度不同，有无丝线品种。千万不要生吃荚果，因为种子含有毒素，必须烹煮后才能使毒性消失。未成熟的荚果、半熟的带壳种子或干燥的成熟豆粒都可

食用。

四季豆的生长条件与红花菜豆相似（见531页），但种子在12℃以上才能萌发。最佳生长温度是16~30℃，幼苗不能忍耐10℃之下的低温。植株自花授粉，在肥沃的轻

质土壤中生长得最好。良好的排水对于预防根腐病至关重要。在种植前将大量腐熟堆肥或粪肥混入土壤，必须轮作（见498页）。种子对寒冷、潮湿的土壤非常敏感，过早播种非常冒险；初夏至仲夏的土壤条件比较适宜。四季豆所需的氮素

水平通常较低（见504页）。

播种和种植

种子可提前萌发或播种在穴盘或育苗盘中，根系扎入生长基质后立即移栽。在整个夏天连续播种。如果必要，提前使用钟形罩或透明塑料布为土壤加温。攀援类型的种植间距与红花菜豆一样。低矮类型以22厘米的同等间距错行种植，可得到最大的产量。在寒冷气候区，种植后使用钟形罩或漂浮护根保护幼苗。

培土

以15厘米的间距移栽幼苗，它们一旦长出数片叶子就进行培土以提供支撑。

四季豆的预萌发

1 将潮湿的纸巾铺在无排水孔的托盘上，在上面铺撒种子。保持潮湿和12℃的最低温度。

2 嫩枝开始出现并且尚未变绿时，小心地将种子上盆或直接播种在户外的最终种植位置。

日常栽培

攀援类型的支撑方法和红花菜豆一样，使用小树枝支撑中间类型。也可以为茎干培土以保持植株直立。覆盖护根，不要让植株完全脱水，在花期的干旱条件下，需要以每平方米22升的量额外浇水。

病虫害

蛞蝓（670页）、灰地种蝇（655页）、根蚜和黑色豆蚜（见654页，"蚜虫类"）、炭疽病（654页）、根腐病（660页）、光轮疫病（见655页，"细菌性叶斑病"）以及豆类锈病（668页）都可能影响四季豆。

在保护设施中种植

在寒冷气候区，低矮四季豆可以在温室或塑料大棚中或者在钟形罩下生长至成熟。种植间距与露地栽培一样。

收获和储藏

7~13周后收获。定期采摘年幼荚果新鲜食用或冷冻储藏。对于去壳豆粒（见下图），储藏在密封罐子中。

四季豆的干燥

在潮湿气候中，将植株拔出并倒挂在干燥无霜处。干燥后将豆粒从豆荚中剥出。

推荐种植的四季豆品种

低矮品种
'歌唱' 'Cantare'
'印第安帐篷' 'Cropper Teepee'（绿色圆荚果）
'德利内尔' 'Delinel'（菲力型）
'紫女王' 'Purple Queen'（紫色荚果）
'紫帐篷' 'Purple Teepee'（紫色荚果）
'游猎' 'Safari'
'索内斯特' ' 'Sonesta' F1（蜡质荚果）
'精灵' 'Sprite'
'嫩绿' 'Tendergreen'（无丝线）

用于干燥的品种
'巴勒塔' 'Barletta Lingua-di-Fuoco'
'布朗公爵' 'Brown Dutch'
'加拿大奇迹' 'Canadian Wonder'

攀援品种
'眼镜蛇' 'Cobra'（圆形）
'科斯·维奥莱塔' 'Cosse Violetta'
'伊娃' 'Eva'（圆形）
'猎人' 'Hunter'（扁平）
'苏丹娜' 'Sultana'

豌豆

一年生植物，株高45厘米至超过2米，平均冠幅23厘米。植株使用卷须攀援在支撑结构上，现代半无叶类型几乎可以自我支撑。豌豆根据成熟所需时间进行分类。早熟类群比晚熟类群所需时间短，产量较低。荚果一般为绿色，不过亦有紫色品种。

去壳豌豆类型食用的是荚果中的新鲜豌豆，某些种类可以干燥储存。小豌豆（petit pois）的个头较小，滋味细腻。种皮皱缩的品种常常更甜，但耐寒性不如种皮光滑的品种。荚果食用类型（嫩豌豆和糖豌豆）在种子成熟前食用。嫩豌豆荚果扁平，幼嫩时食用，而荚果为圆形的糖豌豆应该在半成熟时食用。种子和荚果一般烹调后食用，不过也可以生食。

半无叶豌豆

豌豆是冷季型作物，在13~18℃的条件下生长得最好。花和荚果不耐霜冻。将豌豆种植在开阔处的排水良好且能保水的肥沃土壤中，它们不能忍耐寒冷、潮湿的土壤以及干旱。种植前在土壤中混入大量腐熟堆肥或粪肥。豌豆应该轮作（见498页）。植株的根系上有固氮根瘤，生长期不需要额外施加氮肥。

播种和种植

土壤温度达到大约10℃时立即进行第一批室外播种。较低温度下的萌发速度会非常慢。第一批播种可以使用低矮品种，在钟形罩或漂浮护根下进行。为得到连续的产出，可每隔14天播种一次，或者同时播种不同类群的品种并使它们连续成熟。在温暖地区避免在仲夏播种，因为高温也会影响种子萌发。如果想较晚地播种早熟类型，应该在第一场霜冻之前留出大约10周的生长时间使荚果成熟。在冬季温和的地方，在秋末播种耐寒早熟品种过冬。老鼠可能会造成很大损失，但幸存的植株会很早结果。

将种子以3厘米的深度播种在菜畦中，使幼苗可以互相支撑，单粒种子的间距为5~7厘米。或者做出一条宽23厘米的平底播种沟，以5厘米的株距和行距播种（见500页，"宽播种沟"）。播种沟之间应该相距60~90厘米，高品种使用更宽的间距。还可以相距23厘米双排播种，种子间距为1厘米。

日常栽培

使用水平护栏网保护幼苗免遭鸟类危害。一旦长出卷须，撤去护栏网并竖起支撑结构，在播种沟的一侧设立铁丝网、豌豆网或草丛。半无叶和低矮类型需要的支撑较少。当豌豆长出数片叶后，为它们覆盖护根以保持根系凉爽。

植物一旦开花并形成荚果，每周以每平方米22升的量浇水（除非降雨量很高）。

病虫害

松鸦（655页）、林鸽（655页）、豌豆蛀荚蛾（665页）是最常见的虫害；老鼠（668页）也可能造成麻烦，因为它们会吃掉种子。偶发猝倒病（658页）、根腐病（660页）、立枯病（669页）以及镰刀菌萎蔫病（660页）。

在保护设施中种植

可于早春和秋末在保护设施中播种，在钟形罩下种植低矮的豌豆用于提早收获或越冬。

收获和储藏

播种11~12周后收获早熟类

支撑豌豆

当幼苗长出卷须后，将豌豆支架尽量垂直地插入土壤中（上）。随着豌豆的生长，卷须会缠绕在豌豆支架上，使豌豆生长在它们上面（右）。

型，13~14周后收获主要作物类型。当未成熟的豌豆刚开始在荚果内形成时采摘荚果食用类型，荚果已经膨胀时采摘去壳豌豆和糖豌豆。荚果食用类型可以留至成熟并正常去壳。所有类型都可冷冻储藏（关于在植株上储藏荚果，见533页，"四季豆的干燥"）。

蚕豆

一年生植物，株高为低矮品种的45厘米至最高大约1.5米，冠幅平均45厘米。蚕豆是根据它们成熟的时间进行分类的。荚果宽达2.5厘米，长7~15厘米，种子呈绿色、白色或粉红色，长2~2.5厘米。未成熟的种子以及幼嫩的荚果和多叶的茎尖可以烹调食用。去壳的蚕豆耐冷冻储藏。

蚕豆苗是冷季型作物，只能在15℃之下才能良好生长。某些品种非常耐寒，未成熟的植株可以在-10℃下的排水良好土壤中生存。最近培育出了一些可以忍耐较高温度的品种。于春季和初夏露地播种种植，或者于秋季在背风处播种越冬，播种在相当肥沃、混有粪肥的土壤中。蚕豆苗需要轮作（见498页）。植株的氮素需求水平较低（见504页），因为它们的根瘤可以固定大气中的氮。

播种和种植

土地一旦可以耕作，在春季和初夏现场播种。种子会在比较低的温度下萌发。对于早春收获的作物，应该在上一年的秋末至初冬播

低矮的蚕豆苗

种——植株在冬天前只需要长到2.5厘米。在非常寒冷的地区，冬天可以在室内播种，并在所有风险过去后于春季移栽。

播种深度为4厘米，株距与行距为大约23厘米。可以双排种植，双排之间的距离为90厘米，或者在苗床中均匀种植。较高品种可以用安装在竹竿上的绳线固定。如果必要，可以使用小树枝支撑低矮品种，使荚果远离地面。对于那些越冬作物以及在早春播种的作物，使用钟形罩或漂浮护根在生长早期提供保护。

日常栽培

只在持续干旱时期浇水，但在花期时，应该每十天充分浇一次水。花期一旦开始，将茎尖生长点掐去以促进荚果形成并抑制豆蚜。为越冬植株培土以提供保护。

病虫害

老鼠（668页）、松鸦（655页）、林鸽（655页）、豆蚜（见654页，"蚜虫类"）、巧克力斑病（657页）以及

摘心

当蚕豆苗处于盛花期时，将每棵植株的茎尖生长点掐掉。这样可以除去任何可能存在的豆蚜，并将植株的能量集中在结实上。

根腐病（660页）可能会影响蚕豆。

收获和储藏

春季播种的蚕豆应该在播种12~16周后收获，秋季播种的蚕豆应该在28~35周后收获。当荚果饱满带有膨胀的豆粒且尚未革质化之前采摘。豆粒可以冷冻储藏，或者像四季豆一样在生长期结束时干燥供冬季使用（见532~533页）。

鳞茎和茎秆类蔬菜

使用鳞茎和茎秆的蔬菜包括葱类以及众多其他不同的蔬菜，除了意大利茴香之外，它们大部分耐寒且成熟缓慢。块根芹、茎蓝以及意大利茴香都会形成地面之上膨大的茎，而不是真正的鳞茎。葱类应该作为一个类群进行轮作，关于其他蔬菜的轮作类群，见498页。芦笋和大黄都是宿根蔬菜，应该种植在为它们专门准备的永久苗床上。

韭葱　　大蒜　　小葱

芹菜　　洋葱

红洋葱　　意大利茴香

芦笋　　腌制用洋葱

洋葱

做一年生栽培。鳞茎可能呈球形、稍扁，或者呈长鱼雷形。它们通常有棕色或黄色的外皮和白色的肉质鳞片，不过某些种类的外皮呈红色，鳞片粉白；叶片长达15~45厘米。未成熟和成熟的鳞茎都可生食或烹煮后食用。某些品种耐储藏。疏苗下来的绿叶洋葱可当作小葱使用（见536页）。

洋葱是冷季型耐霜冻作物，在13~24℃下生长得最好。生长早期需要较冷凉的温度。不同品种鳞茎膨胀所需的白昼时长不同，北方应该选择长日类型，南方应该选择短日类型（又见494~495页，"白昼长度"）。

将它们种植在开阔处排水良好的肥沃、中度至轻质土壤中。种植前在土壤中掘入大量腐熟粪肥，最好在秋天进行。不要在刚刚施加粪肥的土地中种植。种植前可以在苗床中混入通用肥料。氮素需求水平低（见504页）。

播种和种植

洋葱可以用种子或小鳞茎繁殖。种子较便宜，但生长发育较慢；小鳞茎方便种植，但通常只有某些特定品种才有。洋葱需要很长的生长期，特别是如果需要大鳞茎或者要将它们储藏起来的话。

春季可在耕作土壤时播种，播种在紧实的苗床上，非常稀疏地以1厘米深度播种，行距为23~30厘米。逐步疏苗。为得到最高产量和中等大小的鳞茎，株距设为4厘米；要想得到更大鳞茎，疏苗至株距5~10厘米。

为延长北方地区的生长期，从冬末至早春，在保护设施中10~15℃的环境中使用育苗盘或穴盘开始种植。长出两片真叶时炼苗并以合适的间距移栽。还可以在穴盘的每个孔中播种5粒种子，然后作为一组整体移栽，每组之间的间距为25厘米（又见537页，"移植韭葱"）。

某些品种可以在夏季或秋季播种，越冬后供第二年提早收获。这在冬季非常严寒或者非常潮湿的地方不适用，因为种子可能会在萌发前腐烂。传统的夏季播种品种比较耐寒，可以在夏末现场播种，在秋天疏苗至间距2.5厘米，然后逐步疏苗直到在春季达到最终的间距。日本越冬洋葱也适合在这个时间播种，它们比其他洋葱更耐寒，但不适合储藏。对于这些种类，精确的种植时间至关重要。在当地的夏季推荐日期播种，按照上述方法设置间距和疏苗。

大多数小鳞茎在早春种植。如果使用的是经过热处理的小鳞茎，向供应商咨询种植时间。按照上述间距种植在浅沟中，使尖端正好露出土壤。也许能够买到最近引进的秋季种植小鳞茎。

日常栽培

保持种植区域无杂草，特别是在洋葱年幼且对杂草竞争敏感的时期。洋葱的根系较浅，成型后需要的水很少，除非是在非常干旱的条件下。如果必要，可以在春天为越冬洋葱施加氮肥或有机液态肥。

病虫害

葱地种蝇（665页）、灰地种蝇（655页）、洋葱白腐病（665页）、霜霉病（659页）以及储藏时的洋葱颈腐病（665页）都是影响洋葱的常见病害。

收获和储藏

春季播种的洋葱需要12~18周成熟；夏季播种的洋葱生长期长达42周。按照需要将它们拔出或挖出供新鲜使用。

如果用于储藏，要等到所有叶片自然枯萎，然后小心地将全部鳞茎挖出。在阳光充足的条件下，将它们在太阳下晒大约10天，可悬挂在网中，或者放在翻转过来的育苗盘上，保证最大限度的通风。在潮湿条件下，将它们悬挂在温室中。在储藏鳞茎之前，确保鳞茎外皮和叶片彻底干燥。

小心地拿放鳞茎，以免擦伤从而在储藏时造成腐烂。不要储藏根颈粗大的洋葱，这些洋葱应该首先使用。将洋葱放入网中或编织成辫状悬挂起来储藏（见506页，储藏成串洋葱），或者仔细地分层储藏在箱子中。必须在0~7℃的温度和较低的空气湿度（低于40%）下储藏。平均储藏寿命为3~6个月，具体时间取决于品种。

推荐种植的洋葱品种

秋季收获的洋葱品种
'金熊' 'Golden Bear'
'海兰德' 'Hylander'
'罗布斯塔' 'Rijnsburger Robusta'

红洋葱
'红佛罗伦萨' 'Long Red Florence'
'红猛犸' 'Mammoth Red'
'红男爵' 'Red Baron'

腌制用洋葱
'棕色腌洋葱' 'Brown Pickling' SY300

传统的日本越冬洋葱
'保重' 'Keepwell'
'音速' 'Sonic'

秋植小鳞茎
'电红' 'Electric Red'
'半球黄' 'Senshyu Semi-Globe Yellow'
'莎士比亚' 'Shakespeare'

春植小鳞茎
'百夫长' 'Centurion' F1
'桑坦洛' 'Santero'
'鲟鱼' 'Sturon'

展览用品种
'凯尔塞'

在箱子中储藏洋葱

小心地准备用于储藏的洋葱。根颈粗壮的洋葱（如最右图所示）应该弃之不用。小心不要损坏任何用于储藏的洋葱，否则会导致储藏中发生腐烂。将它们分层放入箱子中，然后储藏在通风良好无霜处。

小葱

小葱是适合幼嫩时使用的洋葱品种，使用时叶子高15厘米，有白色的茎秆和微小的鳞茎。'白色里斯本'（'White Lisbon'）特别适合越冬。关于气候、土壤需求以及病虫害，见535页，"洋葱"。为酸性土壤施加石灰（见625页）。

在春天以10厘米的行距现场成排播种，或者以7厘米宽、间距15厘米的条带种植。为得到连续的产出，在夏季每三周播一批种子。越冬品种可在夏末播种，早春收获，如'推弹杆'（'Ramrod'）和'耐寒白色里斯本'（'White Lisbon Winter Hardy'）。在冬天使用钟形罩保护。在干旱条件下为小葱浇水。

为小葱疏苗

如果当初密集播种的话，采收小葱幼苗，使剩余小葱间距保持在2.5厘米。剩余的小葱会继续生长，可以在需要时收获。

腌制用洋葱

这些洋葱品种在北方会产生小而白的鳞茎（又称为迷你洋葱），在南方会产生较大的鳞茎。它们可以在长到指甲盖大小时使用，可趁鲜使用或腌制。品种包括'巴勒塔'（'Barletta'）和'巴黎银皮'（'Paris Silver Skin'）。它们喜欢肥沃土壤，但也能忍耐相当贫瘠的土壤。关于气候、栽培和病虫害，见535页，"洋葱"。

春天现场播种，可以撒播，或者以10厘米行距条播，播种间距1厘米。只有在需要较大的葱头时才疏苗。播种八周叶子枯死后收获；可以新鲜使用或者晾干后像洋葱那样储藏起来（见535页）以备腌制。

腌制用洋葱

青葱

这些味道特殊的球根植物会形成大约十来个成簇鳞茎。有黄皮和红皮类型，所有种类可以生食或烹调后食用。合适的品种包括'金色美食家'（'Golden Gourmet'）、'杰莫'（'Jermor'）、'辛辣'（'Pikant'）和'桑特'（'Sante'）。

气候和土壤需求以及病虫害与洋葱（见535页）一样。购买无病毒小鳞茎，直径最好为2厘米。早春种植，气候温和地区可冬天种植。按照洋葱小鳞茎的方法种植（见535页），株距和行距都设置为18厘米。每个小鳞茎都会发育成一丛，在初夏成熟。要想较早收获绿色叶片，可在秋天种植小鳞茎，以2.5厘米的间距露地种植或者种植在育苗盘中。

按照需要收获绿色叶片。要想得到较大的鳞茎，不要采摘叶片，叶片枯萎死亡后挖出鳞茎。在储藏它们时，按照洋葱的方法进行干燥（见535页），质量好的鳞茎可储藏长达一年。

种植青葱

做出一条1厘米深的沟。以18厘米的间距将小鳞茎插入沟中，使尖端刚好露出土壤。

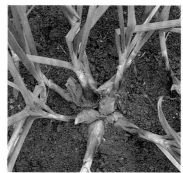

青葱

葱

非常耐寒的宿根植物。叶片中空，高达45厘米，直径为1厘米，成簇生长，每丛的平均直径为23厘米。基部和地面之下的叶粗厚。叶全年保持绿色，即使在-10℃的低温下亦是，所以它是一种有用的冬季蔬菜。叶和微小的鳞茎可生食或烹调食用。

气候和土壤需求、栽培以及病虫害与洋葱一样（见535页）。春季或夏季以大约30厘米的行距现场播种。逐步疏苗至间距约为23厘米，或者通过分株的方法将成簇葱中外层幼嫩的分株苗按照上述间距移栽。播种24周后可收获叶，按照

需要收割单独叶片，或者将部分或全部株丛挖出。成型株丛会变得非常茂密，应该每两或三年分株一次。葱不耐储藏。

东方叶葱

它们是由葱培育而来的，是常做一年生或二年生栽培的宿根植物，可在从幼苗至成年植株的任何阶段收获。成熟植株拥有直径为2.5厘米、高15厘米的白色粗厚茎秆。所有部位都可食用。有可周年种植收获的品种，其能够适应众多气候条件。

关于土壤需求，见535页，"洋葱"。春季和夏季以30厘米的行距现场播种。按照所需植株大小逐步疏苗至间距为15厘米。还可以播种在育苗盘中并移栽。最耐寒的品种如'白长青'（'White Evergreen'）或'石仓'（'Ishikura'）可在秋季播种，越冬后供早春收获使用。某些品种如'石仓'可以在生长期进行数次培土，以得到长而白的茎秆。播种四周后可收获幼嫩的叶。

东方叶葱

韭葱

做一年生栽培的二年生植物，株高达45厘米，冠幅15厘米。可食用的部分是蓝绿色长叶片下方的白色粗厚茎秆，味甜。可以培土或深植为其遮光，使其变白。有茎秆短粗的类型。所有种类都烹调食用，可用于蔬菜或汤羹中。

韭葱是冷季型作物，在24℃之下生长得最好，但保持湿润的话也能忍耐更高的温度。早熟品种耐寒性一般，晚熟品种非常耐寒。种植在开阔处的保水良好肥沃土壤中，如果土壤含氮量较低的话（氮素需求水平高；见504页），混入大量粪肥或堆肥以及含氮肥料。不要在压紧的土壤中种植。韭葱必须轮作（见498页）。

播种和种植

韭葱需要较长的生长期，应尽早开始种植生长，连续播种。以1厘米的深度播种在室外育苗床中，长到20厘米高时移栽。或者以30厘米的行距现场成排播种。当幼苗长出三片叶时，疏苗或移栽至株距15厘

韭葱

在穴盘中播种

在穴盘中填入播种基质至顶端之下1厘米。在每个孔的基质表面播4粒种子。覆盖一层薄基质，浇水。

米。如果喜欢较小的韭葱，使用更近的间距。为得到遮光生长的白色茎秆，用戳孔器做出15~20厘米深的孔，在每个洞中放入一株幼苗，确保根系接触洞的底部。轻轻浇水，土壤会随着韭葱的生长落入植株周围。也可以将韭葱种在平地上，随着它们的生长为茎秆培土，每次培高5厘米。

为延长生长季，可在保护设施中按照洋葱（见535页）的方法播种。韭葱可以播种在穴盘中，每个孔播种4粒种子。将成簇幼苗以23厘米的平均间距露地移栽。

日常栽培

充分浇水直到韭葱植株成型，之后只需要在非常干旱的条件下浇水。保持苗床无杂草。如果必要的话覆盖护根以保持水分。

病虫害

鳞球茎茎线虫（见659页，"线虫"）、葱地种蝇（665页）、锈病（668页）以及洋葱白腐病（665页）可能造成麻烦。

移植韭葱

单株幼苗

露地播种的韭葱可以移栽到15~20厘米深、间距10~15厘米的洞中。

穴盘中每个孔都应该整体移栽；每丛间距23厘米。

收获和储藏

韭葱可以在播种16~20周后收获，但其可以在土地中保持很长时间。从夏季开始按照需求将它们挖出，耐寒品种可在冬天至春天收

假植韭葱

在室外储藏时，可将韭葱挖出并斜靠在V字形沟的一侧。用土壤覆盖根系和白色的茎秆，轻轻压实。需要时挖出使用。

获，除非天气非常恶劣。韭葱离开土地后不耐储藏。如果它们占据的土地需要另做他用，可将它们挖出并假植在别处。

推荐种植的韭葱品种

'土匪' 'Bandit'　l
'卡尔顿' 'Carlton'　F1 e
'长弓' 'Longbow'　m, l
'白猛犸' 'Mammoth Blanch'　e, m
'划桨手' 'Oarsman'　F1 l
'潘乔' 'Pancho'　m
'波万特' 'Porvite'　e
'托莱多' 'Toledo'　m
'龙卷风' 'Tornado'　l
'威尔士幼苗' 'Welsh Seedling'
（用于展览）

注释
e 早熟品种
m 中熟品种
l 晚熟品种

大蒜

二年生植物做一年生栽培，大蒜植株可长到60厘米高，冠幅15厘米。每棵植株都会长出直径5厘米的地下鳞茎。有粉色和白色外皮的类型，目前培育出了许多能适应不同气候区的品系。大蒜品种包括'戈米多'（'Germidour'）、'紫怀特'（'Purple Wight'）、'索伦特怀特'（'Solent Wight'）、'怀特克里斯多'（'Wight Cristo'）和'大象'

（'Elephant'，不是真正的大蒜）。味道强烈的蒜瓣用于调味、烹煮或生食，可收获后立即使用或储藏起来供周年使用。

大蒜植株可忍耐众多类型的气候，但在冬天需要一至两个月大约0~10℃的时期。使用各地区推荐种植的品种。大蒜植株在阳光充足开阔处的轻质土壤中生长得最好，但土壤不必非常肥沃，所以不要将

它种植在刚刚施加粪肥的土地中。良好的排水非常重要。大蒜植株的氮素需求水平很低（见504页）。

播种和种植

在种植时，将直径至少1厘米的单个蒜瓣从成熟鳞茎上剥下来。使用健康无病害的材料。为得到大的鳞茎，需要很长的生长期，所以尽可能在秋季种植蒜瓣。在非常寒

冷的地区以及黏重的土壤中，将种植推迟到早春进行，或者冬季将蒜瓣种在穴盘中，每个孔种一个。然后将穴盘放入室外背风处，提供必要的冷处理。当它们在春天开始萌发后将其露地移栽。

种植时蒜瓣直立，扁平的基盘朝下，种植深度为它们自身高度的两倍。株距和行距都为18厘米，或者株距10厘米行距30厘米。随着它

种植蒜瓣

蒜瓣可以在秋天至春天之间尖端朝上直接种植在土地中。

们的生长，鳞茎会将自身向上推动。

日常栽培

除了在生长期保持苗床无杂草外，几乎不需要什么照料。关于可能影响大蒜的病虫害，见535页，"洋葱"。

收获和储藏

大蒜生长至成熟的时间为16~36周，具体取决于品种以及种植时间。叶片开始凋萎后立即将植株挖出，以免鳞茎再次萌发；如果它们再次萌发的话，储藏时容易腐烂。

挖出后按照对洋葱的方法（见535页）彻底干燥。小心拿放鳞茎以免擦伤。用干叶片将鳞茎编成串挂起来储藏，或者它们松散地放置在托盘上并保存在5~10℃的干燥条件下。大蒜的储藏寿命长达10个月，具体取决于品种和储藏条件。

储藏大蒜

收获大蒜后，将它们的叶片松散地编织成辫状，然后将每串大蒜都悬挂在凉爽干燥处。

芹菜

二年生植物，株高30~60厘米，冠幅30厘米。传统芹菜有大的白色、粉色或黄色茎秆，在收获前遮光生长。自黄化类型有奶黄色的茎秆。还有绿秆类型和过渡类型。芹菜茎秆可生食或烹调食用，叶可调味或用作装饰。

作为温带气候作物，芹菜在15~21℃下生长得最好。取决于品种和生长条件，它可忍耐轻度或中度霜冻，红色茎秆的传统品种最耐寒。某些品种可预防过早抽薹。将芹菜种植在开阔场所的排水良好又能保水的肥沃土壤中，为酸性土壤施加石灰（见625页）。芹菜需要轮作（见498页），但不要紧挨欧洲防风草种植，因为二者都易感染芹菜潜叶蝇。种植前在土壤中混入大量腐熟有机质。对于传统品种，在秋天种植前挖出一条38厘米宽、30厘米深的沟，混入粪肥或堆肥，然后回填土壤至地面。芹菜的氮素需求水平高（见504页）。

成块种植的芹菜幼苗

播种和种植

春天所有霜冻风险过去后现场播种，或者在距离最后一场霜冻不超过十周时于室内15℃的气温下播种在育苗盘或穴盘中。使用杀真菌剂处理过的种子，以免感染芹菜叶斑病。将种子撒在基质上或者很浅地覆盖，因为种子的萌发需要光。不要太早播种，如果温度低于10℃，植株可能会提前抽薹。

幼苗长出4~6片真叶时疏苗，当所有霜冻风险过去时将室内播种的幼苗露地移栽。丢弃叶片感染疮病的任何植株。将自黄化类型以23厘米的间距成块种植以增加自然遮光。可为年幼植株覆盖钟形罩或漂浮薄膜提供保护，一个月后撤去。以38厘米的株距将传统芹菜的幼苗单排种植。它们可以种植在沟中或平地上。

日常栽培

芹菜需要稳定的生长，不要因为缺水和温度突然下降阻碍其生长过程。种植后大约每月施加一次氮肥或有机液态肥料。植株一旦成型，每周以每平方米22升的量浇一次水。

为了让自黄化类型变得更甜，当它们长到20厘米高时，在植株周围围一层厚厚的松散秸秆。在为种植在沟中的芹菜遮光时，用柔软的绳线将茎秆松散地绑在一起，然后逐渐回填种植沟，随着它们的生长逐渐为茎秆培土。如果种植在平地上，当植株长到30厘米高时，使用特制的领圈或23厘米宽的长条遮光纸围绕在植株周围。为扩大遮光部位，三周后加上第二个领圈。在冬天用秸秆覆盖传统芹菜御寒。

病虫害

蛞蝓（670页）、芹菜潜叶蝇（见662页，"潜叶类害虫"）、胡萝卜茎蝇（657页）、缺硼症（655页）、真菌性叶斑病（660页）以及缺钙症（656页）是最常见的病虫害。

推荐种植的芹菜品种

自黄化品种
'格拉纳达' 'Granada' F1
'洛雷塔' 'Loretta'
'奥克塔维厄斯' 'Octavius' F1

传统品种
'粉巨人' 'Giant Pink'
'典范' 'Ideal'

绿秆品种
'霍普金·芬兰德' 'Hopkins Fenlander'
'维多利亚' 'Victoria' F1

挖出芹菜

在第一场霜冻来临之前将自黄化芹菜挖出。清理茎干周围的秸秆，用叉子将整棵植株撬出。

收获和储藏

种植11~16周后收获自黄化芹菜和绿秆芹菜，传统芹菜应在秋末收获。在茎秆变老之前收割。在霜冻威胁来临之前，将剩余植株挖出并储藏在凉爽无霜的高湿度条件下。它们可以保存数周之久。

为芹菜遮光

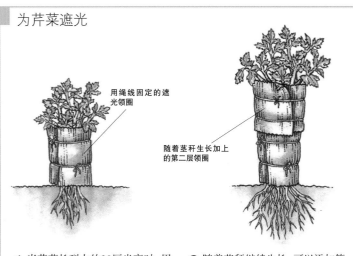

用绳线固定的遮光领圈

随着茎秆生长加上的第二层领圈

1 当芹菜长到大约30厘米高时，用遮光纸松散地包括茎秆，使叶片仍暴露在光下。

2 随着茎秆继续生长，可以添加第二层领圈，遮挡新的部分。

块根芹

二年生植物，株高可达30厘米，冠幅38厘米。茎基部膨大的"块根"可烹调食用或搓碎后拌入沙拉生食。叶片用于调味和装饰。

块根芹是冷季型作物，如果地上部分有秸秆覆盖保护，植株可忍耐-10℃的低温。如果土壤湿润，植株可忍耐轻度遮阴。关于土壤需求，见对页，"芹菜"。块根芹的氮素需求水平较低（见504页）。

从穴盘中移栽块根芹

当块根芹长到8～10厘米高，拥有6或7片叶时，将其从穴盘中移栽出来。以30～38厘米的间距种植年幼植株，注意不要埋住根颈。

播种和种植

块根芹需要6个月的生长期才能让块根充分发育。种子的萌发情况可能很不稳定。早春室内播种，最好播种在穴盘中。如果使用育苗盘，将幼苗以5～7厘米的间距移栽，或者将它们单独上盆到小花盆或穴盘中。年幼植株长到7厘米高时炼苗，然后移栽。移栽间距为30～38厘米，根颈与土壤表面平齐，不要埋起来。

日常栽培

种植后覆盖护根并充分浇水，特别是在干旱条件下。可在生长期施肥（见对页，"芹菜"）。在夏季结束时去掉某些粗糙的外层叶片，将根颈露出，这可以促进球根发育。为保护植株免遭霜冻，围绕根颈铺一层10～15厘米厚的松散秸秆。

病虫害

块根芹可能感染的病虫害与芹菜（见538页）一样，但一般都比较健康。

栽培和保护块根芹

1 在夏末，随着茎基的膨大，去除一部分外层叶片使根颈露出。

2 在第一场霜冻来临之前，使用一层15厘米厚的秸秆覆盖在植株基部保护根颈。

收获和储藏

块根芹可从夏末采收至第二年春季。块根直径达到7～13厘米时即可使用。

如果将根系留在土中越冬，味道会更好，而且块根会保存得更久。在冬季非常寒冷的地方，可在初冬将植株挖出，不要损伤块根，除去外层叶，留下中央簇生嫩叶，然后将植株放入装满潮湿土壤的箱子里，在凉爽无霜处储藏。

推荐种植的块根芹品种

'阿拉巴斯特' 'Alabaster'
'布里连特' 'Brilliant'
'伊比斯' ' 'Ibis'
'君主' 'Monarch'
'普林茨' 'Prinz'

芦笋

芦笋是宿根植物，收获期可长达20年。叶片似蕨类，高达90厘米，冠幅达45厘米。美味的嫩枝会在春天从土地中钻出来。有雄株和雌株，雌株会结浆果。雄株产量较高，选择全雄的F1代杂种品种，可得到较高的产量和品质。芦笋一般烹调食用。

芦笋是冷季型作物，在16～24℃

下生长得最好，生长地区应有冷凉的冬季，能够提供必要的休眠期。选择开阔处，避免暴露在多风处和霜穴。芦笋可以忍耐众多类型的中等肥沃土壤，不过对酸性土应该施加石灰（见625页）。良好的排水至关重要。不要在曾经种植芦笋的地方做新的芦笋苗床，因为土生病害可能会持续下来。

种植芦笋根颈

挖一条宽30厘米、深20厘米的沟，底部中央隆起10厘米高。以38厘米的间距将芦笋的根颈放在隆起的底部上。均匀地铺展根系，并覆盖大约5厘米厚的土壤至与根颈平齐。

清除所有宿根杂草，然后翻地并混入粪肥和堆肥。也可以将芦笋种植在抬升苗床上以改善排水。氮素需求水平低（见504页）。

播种和种植

过去在种植芦笋时，一般是在春天种下购买的一年龄植株或"根颈"。根颈呈肉质，种植前千万不能脱水。

将它们以38厘米的株距单排或双排种植，行距30厘米。根颈的种植深度为10厘米，先挖一条小沟，底部中央隆起。将根系均匀地铺在隆起的底部，然后用土壤覆盖至根颈平齐。随着茎的生长，逐渐回填种植沟，使8～10厘米长的茎段暴露在外。

用种子培育芦笋更加便宜，但结果不稳定。春天以2.5厘米的深度现场播种，然后疏苗至间距

约7厘米。第二年春天将最大的植株移栽，或者于早春13～16℃时在室内播种到穴盘中。幼苗的生长速

推荐种植的芦笋品种

传统品种
'柯诺巨人' 'Connover' s Colossal' F1

全雄品种
'阿丽亚娜' 'Ariane' F1
'百克立姆' 'Backlim' F1
'杰立姆' 'Gijnlim' F1
'格罗立姆' 'Grolim' F1
'威尔夫千年'
'Guelph Millennium' F1
'泽西骑士'
'Jersey Knight' 改良F1
'蒙迪欧' 'Mondeo' F1
'太平洋' 'Pacific' F1
'谢立姆' 'Thielim' F1

园艺百科全书（典藏版）

剪短芦笋的茎

在秋天使用修枝剪将茎干剪短至距地面2.5厘米。

度很快，可以在初夏种植在永久苗床中。

日常栽培

除了保持苗床无杂草外，芦笋基本不需要其他照料。浅浅地锄草以免损伤根系。当叶片在秋天变黄时，将茎剪短至距地面大约2.5厘米。

病虫害

生长早期阶段的蛞蝓（670页）以及更加成熟的植株上的天门冬甲（654页）是最严重的虫害。土生真菌病害紫纹羽病（672页）能够摧毁长久苗床中的植物。

收获和储藏

在仲春收获之前，芦笋必须长成强壮的植株。优质的现代品种可以在第二个生长季轻度收割。第二年，将收割限制在六周内，接下来，如果植株生长良好的话，收割期可持续至超过八周。当嫩枝长到大约15厘米高且相当粗时收割。斜着将每根嫩枝切下，注意不要损伤临近的枝条。剩余的嫩枝会继续生长。芦笋耐冷冻储藏。

收获芦笋

当嫩枝长到12~15厘米高时，将每根茎秆切割至距地面2.5~5厘米。

苤蓝

十字花科一年生植物，在地面上形成像芜菁的白色肉质膨大茎或"球根"。苤蓝株高30厘米，平均冠幅30厘米。外皮呈绿色（有时称为"白色"）或紫色。球根营养丰富且味美，烹调食用或生食。

苤蓝是冷季型作物，在18~25℃下生长得最好。年幼植株在气温低于10℃时容易过早抽薹。关于土壤需求，见507页，"为西方十字花科蔬菜选址"。苤蓝在轻质土壤中生长得很好，并且比大多数十字花科蔬菜更耐旱。氮素需求水平低（见504页）。

播种和种植

在气候温和的地区，从春季至夏末连续露地播种，较晚的播种使用更耐寒的紫色类型。在气候炎热的地区，春季和秋季播种。以30厘米的行距现场播种，疏苗至株距18厘米，或者以25厘米的行距和株距播种并疏苗。

在保护设施下，在轻度加温下可以更早地播种在育苗盘或穴盘中。当幼苗不超过5厘米高时将它们露地移栽。使用钟形罩或漂浮护根保护较早露地种植的幼苗。

绿苤蓝

日常栽培

苤蓝的成熟速度很快，除了保持苗床无杂草外，不需要其他特别照料。

病虫害

跳甲（660页）、甘蓝根花蝇（656页）以及根肿病（657页）都会影响苤蓝。又见507页，"西方十字花科蔬菜"。

收获和储藏

取决于品种和季节，苤蓝可在播种后第5~6周收获。传统品种应

推荐种植的苤蓝品种

'阿祖尔之星' 'Azur Star'
'绿色维也纳' 'Green Vienna'
'考里布里' 'Kolibri' F1（紫色）
'科夫' 'Korfu' F1
'考瑞斯特'
'Korist' F1（绿色）
'兰洛'
'Lanro' F1（绿色）

该在不超过网球大小时食用，否则会变得木质化；经过改良的现代品种在直径大约10厘米时仍然很嫩。

将较晚的作物留在土中，直到严霜即将来临，因为一旦挖出味道就会退化。在寒冷地区，秋季挖出球根。在每个球根顶端留下中央的一簇叶片，这有助于它们保鲜，可在装满湿润沙子的箱子中储藏两个月。

意大利茴香

做一年生栽培的意大利茴香和宿根香草茴香有很大区别。植株可生长至大约60厘米高，冠幅约45厘米。叶柄基部的重叠鳞片形成扁平"球茎"，味道像茴芹，烹调食用或生食。叶片似蕨类，可用于调味或装饰。

意大利茴香可忍耐从温带至亚热带的众多气候类型。它在温暖均匀的气候中生长得很好，不过成熟植株也能忍受轻度的霜冻。种植在位于开阔处的非常肥沃、保水良好但排水通畅的土壤中，并在土壤中混入大量腐殖质。意大利茴香在轻质土壤中生长得很好，但不能脱水。氮素需求水平低（见504页）。

播种和种植

在冷凉的北方地区，从初夏至仲夏播种，如果在春季播种传统品种，它们容易过早抽薹，所以较早的播种应该使用现代抗抽薹品种。在较温暖的气候区，春季播种用于夏季收获，然后在夏末播种用于秋季收获。意大利茴香不耐移植，如果生长受阻的话容易提前抽薹，所以要么现场播种，要么播种在穴盘中，当幼苗长出不超过4片叶时进行移栽。为幼苗设置30厘米的株距和行距。可以覆盖钟形罩或漂浮护根保护早熟和晚熟作物。

日常栽培

需要很少的照料，保持苗床无杂草即可。意大利茴香需要保持湿润，所以充分浇水并覆盖护根。当球茎开始膨大时，培土至它们的一半高度，使它们变得更白且更甜。

意大利茴香

收获意大利茴香

1 将意大利茴香切割至距地面大约2.5厘米。将基部留在原地。

2 一般会在数周之内从基部再次萌发出羽状叶片。

病虫害

意大利茴香很少感染任何病虫害。大多数问题源自缺水、温度波动或移栽，这些情况都可能导致过早抽薹。

收获和储藏

播种大约15周后或者培土两三周后，待块茎圆润时收获。将它们整棵拔出，或者将块茎切割至距地面大约2.5厘米高。残株一般会再次萌发长出小簇羽状叶片，这些叶片可用于调味或装饰。意大利茴香不耐储藏，尽可能新鲜食用。

推荐种植的意大利茴香

'阿米戈' 'Amigo'
'罗马花椰菜' 'Romanesco' Br
'鲁迪' 'Rudy' F1
'塞尔玛' 'Selma'
'西里奥' 'Sirio'
'维多利亚' 'Victoria' F1 Br
'菲诺' 'Zefa Fino' Br

注释
Br 抗抽薹

大黄

这种宿根植物在良好的条件下可生长超过20年。大黄可生长至60厘米或更高，冠幅达2米。叶片宽达45厘米。淡绿或粉红色的叶柄长达60厘米，幼嫩时收获，烹调食用。

大黄是温带气候作物，在高温下不能良好生长，根系可在-15℃的低温下存活。推荐品种包括'早维多利亚'（'Early Victoria'）、'德国葡萄酒'（'GermanWine'）、'爷爷乐'（'Grandad's Favourite'）、'斯坦因香槟'（'Stein's Champagne'）、'草莓惊喜'（'Strawberry Surprise'）、'廷珀利早熟'（'Timperley Early'）和'维多利亚'（'Victoria'）。其能生长在众多类型的土壤中，只要土壤肥沃且排水良好即可。种植前在土壤中混入大量粪肥和堆肥。幼年时氮素需求水平中等，成熟后需求水平高（见504页）。

播种和种植

繁殖大黄一般使用"秧苗"，每个秧苗都包含至少有一个芽的肉质根茎。秧苗直径大约10厘米。在从秋季到春季的休眠期种植，最好在秋季种植。购买无病毒秧苗，或者选择一株健康的两三年龄植株，待叶片凋萎后将其挖出，劈开株丛分离下秧苗，然后重新栽植母株。在轻质土壤中，种植后以2.5厘米厚的土壤覆盖在芽上，在黏重或潮湿土壤中，使芽刚好露出地面。种植间距为90厘米。

还可以用种子培育大黄，但结果可能不稳定。春季播种在室外苗床中，播种深度为2.5厘米，行距为30厘米。疏苗至株距15厘米，并在秋季或第二年春季将最强壮的植株移栽至最终生长位置。

日常栽培

为植株充分覆盖护根，并在干旱的天气浇水。每年秋季或春季在土壤表层施加大量粪肥或堆肥，并

大黄的促成栽培

为得到较早的柔嫩的茎秆，冬天在促成栽培陶罐或其他隔绝光线的大容器中使用秸秆或树叶覆盖根冠，植株在数周后会产生柔嫩的粉色茎秆（见插图）。

大黄的分株

1 挖出或暴露根冠。使用铁锹小心地将其切开，确保每部分都有一个主要的芽。在土壤中混入粪肥。

2 以75～90厘米的间距重新栽植分株苗。使芽正好露出土壤表面。紧实土壤并在芽周围耙土。

在春天施加氮肥或有机液态肥料。去除任何开花枝条。

大黄可在黑暗中促成栽培，以获得非常柔软的叶柄。在冬末使用一层10厘米厚的秸秆或树叶覆盖休眠的根冠，然后再用至少45厘米高的促成栽培陶罐或大桶覆盖，覆盖四周直到叶柄长到足够大。

病虫害

蜜环菌（661页）、冠腐病（658页）以及病毒（672页）都会侵扰成型植株。蚜虫也会造成问题。

收获和储藏

春季和初夏收获。从种植后的那一年开始，从秧苗培育的植株上可拔下少量茎秆；种子培育的植株需要再等一年进行。在后续年份，继续拔下茎秆直到品质开始下降。经过促成栽培的茎秆可比未促成栽培的茎秆早收获大约三周。

收获大黄

当大黄的茎秆可以收获时，抓住每根茎秆的基部，将其扭断。

根类和块茎类蔬菜

根茎类蔬菜是厨房花园中的主角。顾名思义，种植它们主要是为了收获它们膨大的根或块茎。一些种类如芜菁、根用甜菜和芋头的幼嫩枝叶也可以食用，某些萝卜品种还会长出可食用的荚果。许多根茎类蔬菜可以连续种植和收获，得到稳定的产出。许多种类容易储藏，有时候可以保留在土地中供整个冬季使用。婆罗门参和黑婆罗门参都可以越冬而生产第二年春天的开花枝。

根用甜菜

根用甜菜是做一年生栽培的二年生植物。它能长到15厘米高，冠幅达12厘米。在地面形成膨大的根，呈圆形、扁圆形或圆柱形。平均直径5厘米，长大约10厘米。肉质部分一般呈红色，但也可能呈黄色或白色，或者甚至有粉色和白色的同心环。外皮呈相似的红色、黄色或白色。根味道甜，烹调后食用，可趁鲜或储藏后使用，可腌制。幼嫩的新鲜叶片可用作绿叶蔬菜。

根用甜菜在冷凉均匀的气温中生长得最好并能达到最深的颜色，16℃最理想。将其种植在开阔处的肥沃轻质土壤中，氮素需求水平高（见504页）。播种前施加一半氮肥。为酸性很强的土壤施加石灰。

疏苗

当根用甜菜的幼苗长出3或4片叶子时，将密集成簇的幼苗疏苗至需要的间距，将不需要的幼苗的顶端绿色叶片掐断至与地面平齐，不要扰动其他幼苗。

播种和种植

甜菜的一枚"种子"中包括两或三粒种子，必须及早疏苗。已经培育出某些品种如'切尔滕纳姆单胚'（'Cheltenham Mono'）和'独苗'（'Solo'），它们的种子只含有一个胚，基本不需要疏苗。

播种前将种子在温水中浸泡30分钟，以克服缓慢的萌发速度。如果过早或在不良条件下播种，某些品种会过早抽薹，所以较早的播种应选择抗抽薹品种。

在春天，当土壤可耕作并回暖至少7℃时露地播种。播种深度1~2厘米，间距取决于根用甜菜的类型以及所需植株的大小。将主作物以30厘米的行距种植，疏苗至株距7~10厘米。想收获直径大约2.5厘米的腌制根用甜菜，可将行距设为7厘米，疏苗至株距6厘米。

要得到较早的作物，于早春在钟形罩下、冷床中或室内育苗盘或穴盘中播种，当幼苗长到5厘米高时露地移栽。在每个穴孔中播种3粒单胚或普通种子（见501页，"在容器中播种"），按照需要疏苗。早熟根用甜菜需要大量空间，所以以室内播种的幼苗以23厘米的行距移栽，然后疏苗至株距9厘米。要得到连续产出的幼嫩根用甜菜，应该在

采收根用甜菜

抓住叶子和茎秆，然后将甜菜根从土壤中拔出；由于它是浅根性的，应该很容易拔出来。避免损伤根系，如果它们被切伤的话会流出汁液。

整个夏天每隔两三周播种一批种子。用于储藏的品种应在距离第一场严霜之前至少十周的夏末播种。

日常栽培

浇水程度是只要能防止土壤脱水即可，浇水密度为每两周每平方米11升。在活跃生长期施加剩余的氮肥。

病虫害

根用甜菜可能受麻雀（见655页，"鸟类"）、地老虎（658页）、蚜虫（654页）、猝倒病（658页）、真菌性叶斑病（660页）以及缺硼症（655页）的影响。

收获和储藏

从直径2.5厘米的未成熟小根至完全成熟，根用甜菜可以在任一阶段收获。在播种后7~13周收获，具体取决于品种、季节以及所需要的大小。在气候温和的地区，根用甜菜在冬天可留在排水良好的土壤中，用一层15厘米厚的秸秆覆盖保护，但它们最终会变得相当木质化。或者在严霜来临之前将它们挖出。将叶片拧断（切割会导致"流血"）并将根放在潮湿的沙子中，储藏于无霜处。根用甜菜一般能储藏至仲春。

瑞典甘蓝

十字花科二年生植物，做一年生栽培，株高达25厘米，冠幅38厘米。肉质根通常呈黄色，有时呈白色，外皮一般为紫色、浅黄色，或二者兼而有之。形状常常不规则的大型地下根直径和长度都可达10厘米，味甜，烹调食用。这种耐寒冷季型作物在氮素含量低（见504页）的轻质肥沃土壤中生长得最好。关于气候和土壤需求，见507页，"为西方十字花科蔬菜选址"。

播种和种植

瑞典甘蓝需要长达26周的生长期才能完全成熟。从早春至春末现场播种，播种深度为2厘米，行距为38厘米，及早开始疏苗并逐步疏苗至株距23厘米。

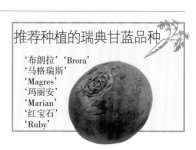

日常栽培

保持苗床无杂草，如果条件很干旱，以每平方米11升的量浇水。

病虫害

霜霉病（659页）、白粉病（667页）、缺硼症（655页）以及甘蓝根花蝇（656页）会影响瑞典甘蓝。某些品种对霉病有抗性。关于其他病虫害，见507页，"西方十字花科蔬菜"。

收获和储藏

瑞典甘蓝一般在秋季成熟，而且可以留在土壤中直到年底，到时再小心地挖出以防变得木质化。除了在非常寒冷的气候中，使用一层厚秸秆就能提供挖出之前的足够保护。将瑞典甘蓝堆放在室外储藏或储藏在室内的木箱中（见544页，"储藏胡萝卜"），可储藏长达4个月。

堆放储藏瑞典甘蓝
选择排水良好的背风处，将膨大的根在20厘米厚的秸秆上堆放成金字塔形，根颈朝外。覆盖一层较长的秸秆。在非常寒冷的气候中，再使用一层10厘米厚的土壤提供额外的保护。

芜菁

十字花科二年生植物，做一年生栽培。株高约23厘米，冠幅约25厘米。地下根膨大至直径2.5~7厘米，呈圆球、扁圆或长形。肉质根白色或黄色，外皮呈白色、粉色、红色或黄色。幼嫩叶片可做绿叶蔬菜食用（见512页，"芜菁嫩叶和油菜"）。芜菁根可新鲜使用或储藏后使用，一般烹调食用。

芜菁是温带气候作物，在大约20℃时生长得最好。它们相当耐寒，可忍耐轻度霜冻。关于整体气候和土壤需求，见507页，"为西方十字花科蔬菜选址"。种植在湿润土壤中，因为它们在干旱条件下容易提前抽薹。早熟类型（许多种类小而白）生长迅速，非常适合早春和夏季收获。较耐寒的类型在夏季新鲜使用，或者储藏供冬季使用。氮素需求水平低至中等（见504页）。

播种和种植

春天土地可耕作时立即播种早熟芜菁品种，或者在室内播种。间隔三周连续播种至初夏。主要作物类型从仲夏至夏末现场播种，播种

采收芜菁

抓住叶片将芜菁从土壤中拔出来。不要让它们在土地中生长太久，不然肉质会老化。

深度为2厘米。早熟品种行距为23厘米，疏苗至株距10厘米；主要作物品种行距为30厘米，疏苗至株距15厘米。

日常栽培

保持苗床无杂草。在干旱条件下，以每平方米11升的量浇水。

病虫害

跳甲（660页）会影响幼苗；其他问题包括甘蓝根花蝇（656页）和缺硼症（655页）。芜菁瘿象甲会在根上形成中空肿块，可能会被误认为根肿病，但其很少引起严重的问题，丢弃所有被感染的植株。关于其他病虫害，见507页，"西方十字花科蔬菜"。

收获和储藏

早熟芜菁播种5周后收获，主要作物类型播种6~10周后收获。在它们变得木质化之前拔出。在第一场霜冻来临之前将储藏用的芜菁挖出，然后在室外堆放并用秸秆覆盖，可储藏三四个月。

推荐种植的芜菁品种

'阿拉米斯' 'Aramis'
'大西洋' 'Atlantic'
'金球' 'Golden Ball'
'绿顶石' 'Green Top Stone'
'市场快车' 'Market Express' F1
'绿洲' 'Oasis'
'紫顶米兰' 'Purple Top Milan'
'东京十字' 'Tokyo Cross' F1

芋头

这些不耐霜冻的草本宿根植物可生长至大约1米高，冠幅达60~70厘米。叶片大，具长叶柄，呈绿或紫绿色。芋头的膨大块茎可烹煮食用。嫩叶和嫩茎也可作为绿叶蔬菜烹调食用。

芋头作物

芋头是热带和亚热带植物，需要21~27℃的生长温度，空气湿度需要超过75%。在温带地区，需要生长在阳光充足的背风位置，或者在保护设施中种植。芋头适应大约12小时的短日照（见494~495页，"白昼长度"）。它们很少开花。某些类型耐轻度遮阴。保水性好的土壤至关重要，因为许多类型的芋头对干旱条件非常敏感。

推荐有机质含量高且呈微酸性（pH值为5.5~6.5）的土壤。氮素需求水平中等至高等（见504页）。

播种和种植

很难得到种子，因此繁殖通常

使用现有的块茎。将带有休眠芽的整个或部分成熟块茎种植在准备好的苗床中。株距为45厘米，行距为90厘米。芋头还可以扦插繁殖。水平将块茎顶端切下，每个插穗应该有数枚10~12厘米长的叶、一个中央生长点以及一小部分块茎。按照上述间距将插穗种植在最终位置上，如果温度低于最适宜的21℃，则将它们种植在保护设施中装满标准基质的21~25厘米花盆中，直到温度升高到可露地移栽。

日常栽培

芋头需要稳定供水才能得到最高的产量，所以应该经常浇水。

覆盖有机护根以保持水分，并且每隔两三周施加一次通用肥料。保持苗床无杂草。植株一旦成型，应该围绕其基部培土，这有助于块茎的发育。

病虫害

露地栽培的芋头很少感染严重病虫害，但蚜虫（654页）、蓟马（671页）、红蜘蛛（668页）以及真菌性叶斑病（660页）会降低块茎的产量。在保护设施中，芋头容易感染的病虫害与露地条件下相同；粉虱（673页）也可能造成麻烦。

在保护设施中种植

用块茎繁殖（见543页）。当块茎生根后，将它们移栽到准备充分的温室苗床、21~30厘米花盆或种植袋中，尽量减少对根系的扰动。

定期浇水并施肥，通过洒水降温维持21~27℃的温度和75%以上的空气湿度。保护设施中栽培的块茎比露地栽培的小。

收获和储藏

芋头的生长和成熟速度较慢。种植16~24周后，当叶片开始变黄并且植株枯死的时候收获块茎。用叉子小心地将露地栽培的块茎挖出；保护设施中的植株可以轻轻地从花盆或种植袋中取出。尽量不要损伤块茎，否则容易导致腐烂。

健康的块茎在11~13℃以及85%~90%的空气湿度下可以储藏大约8~12周。

芋头

胡萝卜

做一年生栽培的二年生植物。它们膨大的橙色主根在根颈处直径可达5厘米，长度达20厘米。绿色羽状叶片可长至23厘米高，冠幅达15厘米。胡萝卜一般长而尖，不过也有较圆的种类。有许多类型：早熟类型通常小而柔软，幼嫩时使用；主要作物类型较大，可趁新鲜或储藏后使用。所有类型都可烹调食用或生食。

胡萝卜是冷季型作物，其能够和根用甜菜一样忍耐同样的温度（见542页）。种植在开阔处的轻质肥沃土壤中。深根类型需要相当深厚的无石块土壤。在土壤中混入大量有机质，最好在种植前的秋季进行。抬升苗床中的肥沃疏松土壤最适合种植胡萝卜。在播种前细耕土壤。胡萝卜应该轮作（见498页）。氮素需求水平很低（见504页）。

播种和种植

春季土壤变得可耕作并且回暖至7℃之后立即现场播种早熟类型。更早的播种可以在钟形罩下、冷床中或漂浮护根下进行，数周后撤去这些保护设施。主要作物类型从晚春播种至初夏。可在夏末第二次播种早熟类型，并用钟形罩保护。

以1~2厘米的深度稀疏地播种，撒播或以15厘米的行距条播。将早熟胡萝卜疏苗至株距7厘米。对于主要作物胡萝卜，要想得到中等大小的胡萝卜应疏苗至间距4厘米，想得到更大的胡萝卜则疏苗至更宽的间距。胡萝卜不耐移植，除非播种在穴盘中：深根品种的种子需要单粒播种，圆根品种的种子数粒播种在一起。播种在穴盘中的圆根胡萝卜不需要疏苗，应该作为整体一起移栽，间距比主要作物类型更宽。

日常栽培

待胡萝卜的种子萌发后定期清除杂草，直到叶片长到足以阻碍杂草的进一步生长为止。每两三周以每平方米16~22升的量浇水。

病虫害

胡萝卜茎蝇（657页）可能会成为严重的问题，可使用防虫网覆盖植株。产卵的成虫会被胡萝卜叶片的气味吸引；在夜晚疏苗，在与地面平齐处将幼苗掐断，并将地上部分从现场移走。根蚜和叶蚜（见654页，"蚜虫类"）、胡萝卜杂色矮化病毒（见672页，"病毒病"）、紫纹羽病（672页）以及菌核病（669页）都会造成麻烦。

抵御胡萝卜茎蝇

将年幼胡萝卜种植在防虫网下，保护它们免遭胡萝卜茎蝇和其他害虫的侵扰。在基部固定以免任何闯入者进入。最好将网的边缘埋在5厘米厚的土壤下。不要将网拉得过紧，否则会使网缝变宽，让害虫进入。

收获和储藏

早熟品种在播种7~9周后收获，主要作物品种在10~11周后收获。用手拔出或用叉子挖出。在冬季温和地区的排水良好土壤中，胡萝卜可以在冬天留在土壤中（见546页，"保护欧洲防风草"）。否则在严霜来临前将它们挖出，剪去或扭断叶片，然后将健康的根储藏在箱子中，在凉爽干燥处可储藏长达5个月。

（见543页）

推荐种植的胡萝卜品种

早熟品种
'阿德莱德' 'Adelaide' F1
'阿姆斯特丹甜心2号' 'Amsterdam Forcing 2 – Sweetheart'
'内罗比' 'Nairobi' F1
'南多' 'Nandor' F1
'火箭' 'Rocket' F1

主要作物品种
'秋日之王——维塔·隆加' 'Autumn King – Vita Longa'
'秋日之王2' 'Autumn King 2'
'贝利克姆——伯佐' 'Berlicum – Berjo'
'坎伯利' 'Camberley'
'尚特奈红心2' 'Chantenay Red Cored 2'
'海市蜃楼' 'Flyaway' F1
'金斯顿' 'Kingston' F1
'马埃斯特罗' 'Maestro'
'新红间型' 'New Red Intermediate'
（展览品种）
'帕拉贝尔' 'Parabell'
'帕默克斯' 'Parmex'（圆根）
'紫雾' 'Purple Haze' F1
'糖纳克斯'
'Sugarsnax'
'黄石'
'Yellow Stone'

稀疏播种

以大约2.5厘米的间距播种胡萝卜的种子，减少后续的疏苗工作。播种深度应为1~2厘米。

收获幼嫩胡萝卜

早熟品种应该在非常幼嫩时收获。当它们长到8~10厘米时，成束拔出。

储藏胡萝卜

将叶片从胡萝卜上拧下来，然后将它们放到箱子中的一层沙子上。覆盖更多沙子并继续分层堆放。

菊芋

宿根植物。块茎味道独特，长5~10厘米，直径约4厘米，大部分品种的块茎都呈瘤状。不过品种'纺锤'（'Fuseau'）长出的块茎光滑。株高可达3米。块茎一般烹调食用，不过也可生食。菊芋在温带地区生长得最好，并且非常耐寒。它们可以忍耐众多类型的土壤，氮素需求水平中等（见504页）。可作为风障种植。

播种和种植

土地在春天变得可耕作时立即

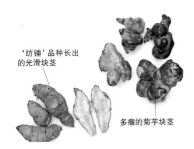

'纺锤'品种长出的光滑块茎

多瘤的菊芋块茎

种植块茎。鸡蛋大小的块茎可以整个种植，将较大的块茎切成块，每块带有数个芽。挖种植沟，种植深度为12.5厘米，间距为30厘米。覆土。

日常栽培

当植株长到大约30厘米高时，为茎干培土至一半高度以增加稳定性。在夏末将茎干剪短至1.5米，同时去除任何存在的花序。在非常暴露多风处，为茎干提供立桩或支撑。在非常干燥的条件下浇水。当叶子开始变黄时，将茎干截短至刚露出地面。

收获和储藏

种植16~20周后收获块茎。只在需要时挖出，因为它们在土地中保存得很好，并小心不要损伤根系。保留一些块茎用于再次种植，

种植

挖一条10~15厘米深的种植沟。以30厘米的间距将块茎放入沟中，主芽朝上。小心覆土，以免移动块茎的位置。

剪短

在夏末将茎干剪短至大约1.5米，以免植株被风刮伤。块茎的发育不会受到阻碍。

或者将它们留在土壤中到第二年再生长。或者将所有的块茎（即使是很小的）挖出，因为它们会很快具有入侵性。在气候严寒的地区或黏重土壤中，应该在初冬将块茎挖出并储藏在地窖或堆放在室外储藏（见543页，"堆放储藏瑞典甘蓝"），可储存长达5个月。

甘薯

不耐寒宿根植物，做一年生栽培。拥有蔓生茎，如果不加修剪可生长至3米长。品种在叶形、块茎大小、形状和颜色上有相当大的差异。块茎烹调后食用，叶片可像菠菜一样使用（见519页）。

甘薯是热带和亚热带作物，需要24~26℃的生长温度。在温暖气候区，它们需要向阳朝向；在温带地区，它们可以在保护设施中种植，但块茎产量会下降。大多数品种是短日植物（见494~495页，"白昼长度"）。

需要pH值为5.5~6.5、排水良好的肥沃砂质壤土，氮素需求水平中至高等（见504页）。

播种和种植

在热带和亚热带地区，雨季开始时种植甘薯。在暖温带和温带气候区，春季种植。做间距75厘米的条形隆起土丘，然后将块茎以5~7厘米的深度种植在垄上，间距为25~30厘米。或者从成熟植株上采取20~25厘米长的茎插条，并将它们的一半长度插入垄顶端的下方。

种子培育的品种产量很高。室内温度达到至少24℃时播种在育苗盘或21~25厘米花盆中。当幼苗长

到10~15厘米高时，炼苗并露地移栽。

日常栽培

定期浇水和除草，并护根以保持水分。整枝，使枝条在植株周围伸展。每隔两三周施加通用肥料，直到块茎形成。做好防风保护。

病虫害

蚜虫（654页）、毛虫（657页）、根结线虫（668页）、真菌性叶斑病（660页）、镰刀菌萎蔫病（660页）、立枯病（669页）以及各种病毒（672页）都会侵扰露地栽培的甘薯。在保护设施中，粉虱（673页）、蓟马（671页）以及温室红蜘蛛（668页）会引起麻烦。

在保护设施中种植

按照左下方描述的方法播种，将幼苗移栽到种植袋或准备好的苗床中。或者采取插条并将三四根插条一起插入直径为15厘米的花盆。通过定期洒水保持25℃的最低温度和超过70%的空气湿度。生根后，将植株转移到温室苗床或种植袋中。定期浇水并掐去长度超过60厘米的枝条的茎尖，以促进侧枝生长。保持温度低于28℃，种植区域良好通风。

收获和储藏

种植12~16周后当叶子变黄时收获。种子培育的作物需要再等3

甘薯植株

或4周。用叉子将块茎挖出，不要造成损伤，为得到更好的味道，可将它们在太阳下晒至表面变硬。在储藏甘薯之前，它们必须在28~30℃和85%~90%的空气湿度中处理4~7天使表面变硬（见525页，"南瓜和冬倭瓜"）。它们在10~15℃下，可以在浅托盘中储藏数月。

用于室内种植的茎插条

1 选择健康苗壮的枝条，并将它们从母株上剪下。

2 去除底部叶片，并将枝条剪短至20~25厘米，剪至某叶节下端。插入花盆并在室内继续生长。

推荐种植的甘薯品种

'博勒加德' 'Beauregard' h（橙瓤）
'乔治亚飞机' 'Georgia Jet' h（橙瓤）
'欧亨利' 'O' Henry'（奶油色瓤）
'T65'（白瓤）

注释
h 抗根结线虫

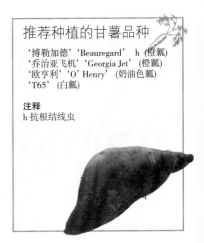

欧洲防风草

欧洲防风草是做一年生栽培的二年生植物。主根在根茎处直径可达5厘米，短根类型的根长10厘米，长根类型长达23厘米。叶片长约38厘米，宽约30厘米。根烹调食用。

欧洲防风草是耐寒的冷季型作物，喜深耕无石块的轻质土壤。在浅薄的土壤中种植较短的类型。为酸性很强的土壤施加石灰，轮作（见498页）。氮素需求水平低（见504页）。

推荐种植的欧洲
防风草品种

'伯爵夫人' 'Countess' F1
'匕首' 'Dagger' F1
'角斗士' 'Gladiator' F1（长根）
'标枪' 'Javelin'（长根）
'真情实意' 'Tender and True'（长根）

播种和种植

要播种新鲜的种子。欧洲防风草需要很长的生长期，所以应该在春天土壤变得可耕作时立即播种，但不要在寒冷或潮湿的土壤中播种。现场播种的深度为2厘米，行距为30厘米。疏苗至株距10厘米得到较大的根，7厘米得到较小的根。可以间播萌发快速的作物如萝卜，为了能够间播，将数粒欧洲防风草的种子以10厘米的间距定点播种，然后疏苗至每个播种点一株幼苗。为提前开始生长，播种在稍微加温的室内穴盘中，并在主根发育前移栽幼苗。

日常栽培

保持苗床无杂草。在非常干旱的条件下，按照对待胡萝卜的方式浇水（见544页）。

病虫害

欧洲防风草会受芹菜潜叶蝇（见662页，"潜叶类害虫"）、根蚜（见654页，"蚜虫类"）以及胡萝卜茎蝇

（657页）的影响。尽可能使用抗欧洲防风草溃疡（665页）的品种，在推荐品种中，除了'真情实意'（'Tender and True'）外都有抗性。偶发缺硼症（655页）和紫纹羽病（672页）。

收获和储藏

欧洲防风草在大约16周内成熟。霜冻可使味道变得更好，除非气候非常严寒，可以在冬天留在土中，需要时挖出。叶片会在冬季枯死，所以要用竹竿标记种植垄的两端，便于收获。在冬季非常寒冷的地方，用15厘米厚的秸秆覆盖种植垄，防止土地冰冻并便于挖掘。幼嫩的欧洲防风草可挖出冷冻储藏。

间播

在准备好的播种沟中，每隔10厘米播种三粒欧洲防风草的种子，然后以2.5厘米的间距将萝卜种子播种在它们之间。

保护欧洲防风草

在严寒的气候中，使用一层厚达15厘米的秸秆覆盖植株。用金属线圈固定位。

萝卜

萝卜有数种类型，某些是二年生植物，另外一些是一年生植物，所有类型都有膨大的根。小而圆的类型直径为2.5厘米，小而长的类型长达7厘米。两种类型的叶片都可以长到13厘米高。较大的类型包括东方萝卜（Longipinnatus Group）或称白萝卜，以及越冬的冬萝卜。大而圆的品种的根直径可超过23厘米；大且长品种的根长可达60厘米，植株高可达60厘米，冠幅达45厘米。

萝卜的外皮呈红色、粉色、白色、紫色、黑色、黄色或绿色；肉质一般为白色。较小的根新鲜时可生食，较大的根可生食或烹调，趁鲜使用或储藏后使用。'慕尼黑啤酒'（'Münchner Bier'）等品种的未成熟豆荚以及大多数品种的幼嫩叶片都可以生食。

萝卜主要是冷季型作物，但也有适合众多生长条件的品种。部分白萝卜以及全部越冬萝卜都耐霜冻。将萝卜种植在开阔处，不过仲夏收获的作物可忍耐轻度遮阴。萝卜喜欢排水良好的轻质肥沃土壤，氮素需求水平极低（见504页）。萝卜应该轮作（见498页）。

播种和种植

土壤一旦变得可耕作，就可在整个生长季露地播种标准小根类型。间隔15天播种以得到连续产出。非常早和非常晚的播种可以在保护设施中进行，使用专为保护设施栽培培育的小叶品种。大部分东方白萝卜的播种时间需要推迟到仲夏，以防止过早抽薹。某些抗抽薹品种可以较早播种。越冬萝卜应在夏季播种。

萝卜一般现场播种。某些类型的生长速度很快，可和其他作物间作（见上，"欧洲防风草"）。非常稀疏地撒播，或者以1厘米的深度播种在行距15厘米的播种沟里。将幼苗疏苗至株距至少2.5厘米，不要让它们变得过于拥挤。或者以2.5厘米的间距播种，省去疏苗的工作。大根类型的播种深度约为2厘米，行距约为23厘米，取决于品种疏苗至间距15~23厘米。小根类型可用作随割随长型幼苗作物（见500页，"连续作物"）。

日常栽培

决不能让萝卜脱水。在持续干旱天气中，每周以每平方米11升的量浇一次水。不过过度浇水会刺激

收获

萝卜在播种3~4周后可以收获。如果萝卜与其他作物间作，收获时小心地将它们拔出，避免扰动其他作物的根系。

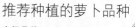

推荐种植的萝卜品种

小根品种

'樱桃美女' 'Cherry Belle'
'火红萨拜娜' 'Flamboyant Sabina'
'法式早餐' 'French Breakfast 3'
'罗格特' 'Rougette'
'鲁迪' 'Rudi'
'红球' 'Scarlet Globe'
'烟火' 'Sparkler'

保护设施或露地播种品种

'米拉博' 'Mirabeau'
'鲁迪' 'Rudi'
'红岩' 'Saxa'
'短叶' 'Short Top Forcing'

白萝卜

'四月十字' 'April Cross' F1（抽薹慢）
'夏日十字' 'Minowase Summer Cross' F1

越冬萝卜

'黑西班牙圆萝卜' 'Black Spanish Round'
'满堂红' 'Mantang Hong' F1

叶片而不是根的生长。

病虫害

萝卜可能会受跳甲（660页）、甘蓝根花蝇（656页）以及蛞蝓（670页）的影响。

收获和储藏

小根萝卜播种3～4周后即可成熟，大部分大根萝卜需要8～10周的生长期。对于小根类型，应该在成熟后很快将其拔出，因为如果在土地中保留时间过久，大部分种类会变老。不过大根类型可以在土地中保留数周而品质不会下降。越冬萝卜可留在土壤中，需要时再挖出，除非冬季非常寒冷或者种植在黏重土壤中。在这些情况下，将根挖出并在无霜处的装有潮湿沙子的箱子中储藏，或者堆放在室外储藏，可储藏三四个月（见543页，堆放储藏瑞典甘蓝）。若需要萝卜种子用于繁殖，保留少量植株结实。在荚果幼嫩绿色时采收，晾干后采集种子。

黑婆罗门参

耐寒宿根植物，常做一年生栽培。株高90厘米，黄色花序。根外皮黑色，肉质白色，长20厘米或更长，根颈处直径4厘米。其味道独特，烹调食用。越冬植物的幼嫩叶片和枝条可食用，幼嫩的花蕾和花枝烹调后也很美味。关于土壤、气候和成熟需求，见544页，"胡萝卜"。深厚肥沃的轻质土壤对根的良好发育至关重要。氮素需求水平低（见504页）。

黑婆罗门参植株

播种和种植

春季现场播种新鲜种子，播种深度为1厘米，行距约20厘米，疏苗至株距10厘米。在持续干旱时期，以每平方米16～22升的量浇水。关于日常栽培，见544页，"胡萝卜"。很少感染病虫害。

收获和储藏

根需要至少4个月的发育时间。它们可以保留在土壤中度过整个冬季（见546页，"保护欧洲防风草"），或者挖出并储藏在凉爽条件下的箱子中。在秋季开始挖出根使用，持续至春季。如果它们只有铅笔粗细，将剩余植株的根系留在土壤中继续生长，至第二年秋天再挖出使用。

为收获枝叶，应该在早春使用13厘米厚的秸秆覆盖植株。幼嫩的黄化叶片从这层秸秆中钻出。当它们长到10厘米高时收割。要收获花蕾，应该将部分根系留在土壤中，并且不要遮盖；这些植株会在第二年春季或初夏开花。采摘未开苞的花蕾，带大约8厘米长的茎段。

黑婆罗门参的根

婆罗门参（Tragopogon porrifolius）

耐寒二年生植物，开紫色花，味道像牡蛎。在外形和使用方式上与黑婆罗门参相似，在气候、土壤、栽培、收获以及储藏方面的需求也相同。婆罗门参的根需要在第一年冬天食用。

婆罗门参的根

如果让根系越冬的话，可在第二年春天收获花蕾食用。采摘花梗短的花蕾，最好在早晨未开时采摘。

马铃薯

马铃薯是不耐寒的宿根植物，平均株高与冠幅达60厘米。马铃薯有许多品种，它们的地下块茎有很大差异。

典型的成熟块茎长约7厘米，宽约4厘米，外皮呈白色或粉红色，肉质呈白色，不过也有黄色和蓝色肉质的品种，常用于沙拉中。马铃薯可烹调食用，可趁鲜或储藏后使用。

马铃薯是冷季型作物，在16～18℃下生长得最好。植株和块茎都不耐霜冻。取决于品种，它们需要90～140天的无霜生长期。根据成熟所需天数，可分为早熟、次早熟和主要作物类群。早熟作物生长速度很快，但一般产量较低。马铃薯在生长期需要500毫米的降水量或灌溉。

将马铃薯种植在开阔无霜处，需要至少60厘米深、富含有机质的排水良好肥沃土壤。马铃薯虽然可以忍耐众多类型的土壤，但喜酸性土。

马铃薯会感染数种土生病虫害，所以必须进行轮作（见498页）。充分整地，掺入大量有机质。种植前可在土壤中混入通用肥料。早熟马铃薯的氮素需求水平中等，主要作物类型的氮素需求水平高（见504页）。

种植

种植各地区推荐的品种。种植专门培育并通过无病毒认证的小块茎（称为"马铃薯籽球"）。在生长期短的北方地区，马铃薯（特别是早熟类型）在室内发芽，使它们在种植前大约6周开始生长。将块茎芽子朝上种在浅托盘中，放置在凉爽无霜室内的均匀光照下。当萌发的枝条长到大约2厘米长时进行种植最容易，但它们可以在萌发枝条长到任何长度时种植。要得到个头较大的早熟马铃薯，每个植株只保留三个萌发枝条，将其余的除去。或者每个块茎保留尽可能多的萌发枝条以得到最高的产量。

马铃薯籽球的预萌发

将马铃薯籽球单层放入箱子或托盘中，带芽数量最多的一面朝上。储藏在明亮、无霜但通风良好处，直到萌发出的短枝长到2厘米长。

当没有严重霜冻风险且土壤回暖至7℃时露地移栽。挖7~15厘米深的种植沟，或者挖单独种植穴，将块茎的芽或萌发短枝朝上放入其中，覆盖一层至少2.5厘米厚的土壤。早熟马铃薯的行距为43厘米，株距为35厘米，次早熟和主要作物类型株距为38厘米，行距分别为68厘米和75厘米。

在气候冷凉地区，使用钟形罩、透明塑料布或漂浮薄膜护根（见505页）覆盖早熟马铃薯。当枝条出现后，在薄膜上剪出孔，使枝叶钻出。大约一个月后将漂浮护根撤去，先剪去一半，使马铃薯能够适应外界较冷的温度数天。早熟马

铃薯还可以种植在黑色塑料布下，其能够隔绝光线，免去培土的需要；不推荐将其用于主要作物类型，因为会给浇水造成困难。将塑料布铺在地面上，边缘固定在土壤中，然后透过塑料布上的十字形切口种植马铃薯。或者先种植马铃薯，再覆盖塑料布，做出切口，当植株开始向上生长时将枝条拉出塑料布。

马铃薯有时可以用幼苗、小植株或芽眼种植。这些材料可种植在育苗盘，并在所有霜冻风险过去后炼苗，然后露地移栽。

日常栽培

如果在叶片出现后有霜冻威胁，在夜间使用一层秸秆或报纸覆盖保护。植株一般会从轻度冻伤中恢复。除非种植在黑色塑料布中，否则需要为马铃薯培土，防止地表附近的块茎变绿难以食用，有时还会有毒。当植株长到大约23厘米高时，为茎基部培土至少13厘米厚。可逐步进行。

在干旱条件下，每12天为早熟马铃薯浇一次水，浇水量为每平方米16升。对于主要作物马铃薯，应该在块茎长到弹珠大小时再开始浇水（将一棵植株下方的土壤刮去检查块茎大小），每次浇水量至少为每平方米22升。在生长期可以给马铃薯施加一次有机液态肥或在土壤表面施加氮肥。

病虫害

地老虎（658页）、蛴螬（670页）、马铃薯囊肿线虫（667页）、多足类（664页）、马铃薯黑腿病（655页）以及紫纹羽病（672页）都会造成麻烦。关于马铃薯疫病（包括抗性品种）以及其他影响马铃薯的病虫害，见639~672页，"植物生长问题"。

收获和储藏

早熟马铃薯应该在开花时或即将开花前收获。黑色塑料布下种植的马铃薯收获时需要揭开塑料布——它们的块茎应该生长在土壤表面。尽可能久地将健康的主要作物马铃薯留在土壤中；在秋天，将

种植马铃薯

1 使用耧锄挖一条7~15厘米深的沟。如果种植的是主要作物马铃薯，可将它们萌发的短枝朝上，以38厘米的间距放置在种植沟中。种下后小心地覆土。

2 当枝叶长到23厘米高时将土培到茎基部周围。培土可以预防土壤表面形成的块茎变绿而不堪食用。

另一种方法

1 在袋子中种植马铃薯时，首先保证袋子有足够的排水孔。填入20厘米厚的基质，然后放入一或两个带芽的马铃薯籽球。覆盖一层10厘米厚的基质，充分浇水。

2 随着马铃薯的生长为它们培土，确保没有块茎暴露在光照下。保证给予植株良好的灌溉。叶片一旦开始凋萎，检查块茎是否可以收获，然后将它们挖出并储存。

每棵植株的茎剪短至地面之上大约5厘米，将马铃薯继续留在土壤中，挖出前让外皮变硬。在夏季温暖潮湿、流行马铃薯疫病的地方，夏末修剪茎干并将枝叶焚烧，在土壤中保留马铃薯两周。

在干燥晴朗的天气挖出储藏用的马铃薯，在太阳下晒两个小时，然后将它们隔光放入纸袋，储藏在凉爽无霜处。如果有霜冻威胁的话，提供额外保护。马铃薯也可堆放在室外（见543页）或在地窖中储藏。幼嫩或新马铃薯可以冷冻储藏。要想获得冬季食用的新马铃薯，应在仲秋种植一些块茎，在秋天使用钟形罩覆盖。

收获马铃薯

在秋天，用小刀将茎切断至刚刚露出地面。马铃薯可留在土地中两周后再挖出。

婆罗门参 见547页，黑婆罗门参

第二部分

养护花园

关于工具和装备、温室、建筑材料和技术的实用建议；认识土壤类型和气候；植物如何生长繁殖以及处理植物生长问题的最佳办法。

工具和装备

让花园在全年保持最佳状态需要一定程度的维护，这些维护工作包括日常养护任务，如修剪草坪以及偶尔为之的深耕土壤等。虽然并没有必要在所有的花园装备上投资，而且这样做也很昂贵，但拥有合适的工具会让养护更容易，达到更专业的效果。除了常用的基本工具如铁锹、叉子及修枝剪，还有些东西也不可或缺——如运送花园垃圾的独轮手推车或者用于灌溉的洒水系统。事先估计你在花园中从事的工作可以更容易地确定你需要哪种工具。精心选择工具，确保使用舒适，并且耐久和实用。

购买和使用工具

大多数现代园艺工具都是基于传统设计制造的，虽然某些产品可能在旧的理念上做了一些改良或改动。不过一些全新的工具也得以成功引入。例如，在1980年代之前，人们很少听说粉碎机和尼龙线割草机；而如今它们已经得到了广泛应用，因为它们能满足传统工具不能满足的需求。

在购买工具之前，最重要的一点是确认它的功能——它必须能够正确地行使功能。要考虑好你需要某件特定工具做什么以及你使用它的频率。例如，如果只是每年、修剪一些灌木月季，一把普通的便宜的修枝剪就足够了；但是如果使用频率很高的话，最好购买一把高质量的修枝剪。在购买新工具之前，尽可能确定下列事项：

- 完成任务最适合的工具类型；
- 满足你需求的合适尺寸和形状；
- 使用舒适。

在大型花园中或者对于费工或费时的工作，考虑使用机械动力工具；然而，因为它们比较昂贵，而且需要小心操作，要特别注意使用安全，还要进行日常养护，所以你必须确定真的需要它们。

为了让工具达到良好的使用状态并保证使用寿命，必须进行正确的保养。使用后立即清理残存的土壤、草屑或其他植物材料，并用油布擦拭金属部件，所有修剪工具都应该定期磨刀。冬季不使用的工具应该清洁上油后储藏在干燥处。

另外，必须将价格以及储藏空间等因素考虑在内：如果某件工具的使用频率较低的话，租用也许是比购买更明智的选择，特别是相对昂贵、笨重的工具。

租用工具

如果你决定租用工具，提前预订是明智之举，特别是有季节性需求的装备如动力草坪耙和耕耘机，并确定租借公司是否负责运货和组装。

租用工具的状况差异很大。某些工具，特别是动力工具甚至在操作时可能造成危险。出于这个原因，你应该总是：

检查有无缺失或松动部件。这些可能不明显，但如果存疑的话不要接受这样的工具。

在机动耕耘机等承受一定震动的工具上寻找有无松动的螺栓和连接件。

在电动工具上确定电压正确，如果要使用变压器的话，确定对方提供合适的变压器。检查有无磨损、切断或暴露的电线。不要仅仅因为工具可以工作就断定线路完好。

在四冲程发动机上，检查发动机和传动装置的润滑油。

如果你之前从未使用过该工具，可要求对方演示或指导。这对于机动工具（如电锯）尤其重要，在没有经验的情况下使用这些工具会很危险。

购买或租用任何推荐护具（例如护目镜、手套和护耳罩）。

在送货单上签名之前，如果你发现了任何错误，在合同或送货单上做出相应说明。

工具的安全使用

如果你不确定如何使用某种工具的话，在购买或租用时寻求建议，或者联系生产商。正确的使用方法能达到良好的效果，并有助于预防事故。确保工具的重量和长度适合：太重的工具会难以操作，太短的工具会导致背痛。所有机动工具都需要良好的维护并按照安全规程操作。为最大限度地降低危险，确保大型电动工具安装有漏电保护断路器，如果发生漏电，该装置可以在百万分之一秒内断开电源（又见556页，"用电安全"）。

正确地掘地
在掘地、锄草或耙地时，保持后背挺直不要弯曲，这样能防止背痛。

使用机动工具
在使用机动工具时要特别注意，并时刻佩戴合适的护具。

栽培工具

所需栽培工具的类型取决于你的花园的性质。如果你主要种植蔬菜或者正在栽培一个新花园，挖掘工具就是首选。然而如果花园已经成型，拥有草坪和宿根花境的话，锄子等表面栽培工具就会更重要。

铁锹

铁锹是基本的工具，适用于一般栽培、挖土和挖掘种植穴。有两种主要类型：标准的挖掘铁锹，以及更小更轻的花境锹（又称为女士锹）。某些生产商还制造适合一般挖掘但比标准铁锹更轻的中型铁锹。

某些铁锹具有踏面，脚放在踏面上可以更容易地将铁锹插入土中并且不容易损伤鞋子，不过这样的铁锹较重也较贵。对于工作量较大的挖掘，可以使用较大的铁锹（又称为"重铁锹"，铲刀大小为30厘米×20厘米），从而达到更高的效率。

如果你觉得较大的地块难以挖掘，可以考虑购买一台自动铁锹，以减少工作负担。

叉

园艺叉用作普通栽培、挖出根类作物（使用铁锹的话更容易损伤），以及移动大块材料如粪肥和园艺堆肥。它可以减轻土壤的压缩，还可以用叉子在表层土壤中混入有机质。使用两只背靠背的叉子可以轻松地分株紧密生长的宿根植物。

大多数园艺叉有四根方形金属齿，通常有两种尺寸：标准叉和花境叉（女士叉）。不太常见的有中型叉，其是标准叉和花境叉的中间类型。有时也会见到其他类型。例如，马铃薯叉有宽而平的齿，并且头部一般比标准叉大；在挖掘黏重土地的时候，使用铁锹可能会更方便。

叉子的头和颈应该一体化铸造，手柄杆插入颈部的长空腔中固定。

标准挖掘铁锹
它对于移动大量土壤很有用，但比较重，因此不适合某些园艺师使用或用起来不舒适。铲刀呈长方形，大小约28厘米×19厘米。

D字形手柄方便抓握

即使在寒冷天气中塑料手柄也很舒适

踏面更方便掘土

上涂料的铲刀比较方便清洁

不锈钢铲刀
这样的铲刀可以使掘土变得更轻松，而且不会生锈。

自动铁锹

带有弹簧杠杆系统，这种铁锹可以向前抛扔土壤，不需要弯腰。这样的铁锹对残疾人、有背部疾病的人或者耕作区域很大的园艺师很有用。

花境锹
铲刀大小只有23厘米×13厘米，用于在有限空间内挖掘，例如在花境中挖种植穴，但也可用于一般的轻度挖掘工作。

标准叉
这种叉子可用于耕作黏重土壤、挖出蔬菜以及移动沉重的材料，但某些人可能会觉得它比较沉重。头部大小约为30厘米×20厘米。

插入颈部长槽的木质杆

一体化铸造的金属颈部和头部

头部

马铃薯叉
主要用于挖掘马铃薯，这种平齿叉也可以用于掘土以及移动基质或园艺垃圾。

花境叉
最适合在花境等面积有限的地块进行轻度工作。头部大小为23厘米×14厘米，适合任何需要小而轻叉子的人。

哪种金属？

大多数园艺工具都由碳素钢制成。如果在使用后清洁并上油，它应该不会生锈，而且可以磨得更锋利。虽然不锈钢更贵而且不能磨锋利，但它能让挖掘变得更轻松，因为土壤可以更容易地从锹面上脱落下来。带有"不粘"涂料的工具可以让耕作和清洁更容易，但涂料会随着长期使用而脱落。

把手和手柄

铁锹或叉杆的长度应该与使用者的身高相配合，这样可最大限度地减轻背痛。标准杆的长度是70～73厘米，对于身高超过1.7米的人，更长的杆（可达93厘米）使用起来一定会更舒适。

杆是用木材或金属制造的，后者有时会包上一层塑料或尼龙。二者一般都很结实，但在太大的压力下即使是金属杆都有可能断裂，而且与木质杆不同的是，它们无法更换。金属杆即使包上塑料，在冬天也比木质杆更冷。按照使用时的样子拿起工具，考虑哪种类型使用起来最好。

D字形手柄
最常见的类型，但手大的人可能使用起来不舒适，特别是戴手套的时候。

Y字形手柄
与D字形手柄相似，但它可能会比较脆弱，因为杆是劈开的。

T字形手柄
在杆的末端连接有横木。某些园艺师觉得它们使用起来很舒适，但它们一般很难买到，可能必须订购。

锄子

锄子用于除草和疏松土壤，某些类型可以用来挖出播种沟。荷兰锄也许是用途最广泛的锄子，最适合用来在成排种植的植物之间锄草和挖出播种沟。除了耨锄、掘地锄和洋葱锄，还有专门为各种用途生产的锄子。

使用荷兰锄
拿着锄子，使铲刀与地面平行。

荷兰锄
这种传统的锄子非常适合在植物周围除草。它可以铲除表面杂草，而不会损伤植物的根系。

组合锄
适合除草、挖沟和培土。使用尖齿打碎土壤和挖播种沟。

三角锄
使用尖端挖出V字形沟，平的一侧用于在植物之间的狭窄空间除草。

掘地锄
有一两个凿子样的铲刀。用于松动小块区域的坚硬土地。

模制把手确保抓握牢固

在有限空间内使用的短柄锄

洋葱锄
这种小锄又称为手锄或岩石园锄，用于洋葱和其他密集种植植物之间空隙的除草，普通的锄子在这样狭窄的地方除草可能会对植物造成损伤。它像是一个短柄版的耨锄，需要蹲下或跪着使用。

耨锄
这种锄子（右）适合除草、培土、挖平底播种沟，使用铲刀的角还可以挖V字形沟。

弯曲的颈部使得锄子更容易在植物之间使用，而不会损伤它们

耙子

耙子非常适合在种植前平整土地并打碎土壤表面，还可以用来收集花园垃圾废料。主要有两种类型：普通花园耙和草坪耙（见559页，"耙子和通气机"）。

一体化耙子头比铆钉加固连接的耙子头更结实，头部越宽，工作的效率越高；一般12个齿就足够了，较大区域需要16个或更多的齿。在大型花园中1米宽的木质耙子很有用。

头和杆

大多数耙子和锄子的头部是使用实心碳素钢制造的，不锈钢更贵并且工作效果不一定好，不过它们比较容易清洁而且不会生锈。某些耙子涂有"不粘"涂料。

杆可以由木材、铝或覆盖塑料的金属制成。杆的长度很重要：在使用锄子或耙子时你应该能够直立，以减少背痛的发生。大多数人都能接受1.5米长的杆，不过有些人会喜欢更长的。

花园耙
它拥有短而宽的圆形齿，适用于平整土壤、清理场地和花园的一般清洁工作。

使用花园耙
使用耙子细耕土壤，用作播种。

小泥铲和手叉

小泥铲适合挖掘小型植物和球根的种植穴，还能胜任容器和抬升苗床中的工作。手叉或在除草叉，可用于除草、挖出小型植物以及种植。

大多数小泥铲的铲刀和手叉的齿都是不锈钢、涂层钢（如镀铬钢）或普通的碳素钢制造的。和碳素钢不同的是，不锈钢不会生锈而且容易保持清洁，但比较贵。涂层钢的涂层会随着时间逐渐剥落。某些小泥铲的手柄很长——长达30厘米，这样是为了更好地利用杠杆原理省力。

手柄长达1.2米的手叉省去了为花境除草时弯腰的需要。木质或塑料手柄抓握起来一般都比较舒适，金属手柄会很凉。

手叉
常用于挖出小型植株或在除草时松动土壤。和小泥铲不同的是，它不会将土壤压紧，所以其在黏重土壤种植中更受青睐。

宽刀小泥铲
用于种植球根和花坛植物或其他小型植物，特别是在空间受限的地方，如容器和窗槛花箱。

窄刀小泥铲
有时称为岩石园小泥铲或移栽小泥铲，非常适合在空间狭小的地方活动，如岩石园。

单手除草工具

在清除铺装石、砖块或岩缝之间生长的杂草时，适合使用窄而带钩刀刃的露台除草器。掘根器拥有分叉的刀刃，适合挖出草坪杂草。

专用除草工具

露台或铺装石除草器（右）可以在狭窄的缝隙中使用。掘根器（中）可以用来挖出草坪杂草而不会损坏草皮。单手除草器（最右）适合挖出短根杂草。

手动耕耘机

手动耕耘机用于打碎土地表面的紧实土壤或松动杂草。它有一个连接在长杆上的三齿或五齿金属头，一般站姿使用，将齿插入土壤中拉动。某些可调节型号拥有可拆卸的中央金属齿。

某些常规工作可以使用专门设计的手动耕耘机。例如，星轮耕耘机在土壤中前后推拉会形成细耕地面，很适合用来准备育苗床。

可调节型号

带有可拆卸中央齿的耕耘机适合在一排幼苗的两侧同时耕作。某些型号拥有可拆卸手柄，可以安装其他类型工具的头部，如把子或锄子。

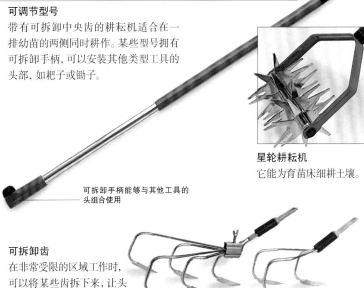

星轮耕耘机
它能为育苗床细耕土壤。

可拆卸手柄能够与其他工具的头组合使用

可拆卸齿

在非常受限的区域工作时，可以将某些齿拆下来，让头部变得更小。

机动耕耘机

机动耕耘机用于处理工作量繁重的任务，例如在荒弃地块翻土。它能将压实的土壤打碎，使其足以满足种植需求。不过它在密集种植的地方无法使用，而且需要手动掘地的配合。汽油动力耕耘机功率强大，一般有各种连接件，但需要的养护比电动耕耘机更多。电动耕耘机非常适合任务较小的工作。它们比较容易操作，噪声较小，并且更便宜，但拖在后面的电线可能会成为问题。

在大多数耕耘机上，把手的高度都是可调节的。某些型号的把手还可以朝两边旋转并锁定，让你可以沿着机器一侧前进，不会踩踏刚刚耕耘的土壤。耕耘机主要分为三种类型：前置发动机型、中置发动机型和后置发动机型。

前置发动机型耕耘机的桨片位于驱动轮之后。它们容易转弯，但由于重量的分布方式，最好用于浅耕。

中置发动机型耕耘机是由桨片而不是轮子推动的。这让操控变得比较困难，但由于发动机的重量施加在桨片上，用它进行深耕比前置发动机型更容易。

后置发动机型耕耘机最适合在难以耕作的地块和挖掘深洞时使用。桨片位于前方的吊杆上，随着耕耘机向前推进，桨片从一边向另一边扫动。这种机器操作起来比较麻烦。

通用旋耕机
作为较小花园使用的一款基础型发动机前置旋耕机，这台机器通过快速旋转的齿彻底打碎土壤，手柄可以调节以方便操控。

五齿耕耘机连接件
它用于在成排植物间除草和一般栽培。齿可调节深度和宽度。

机动耕耘机
这台前置发动机型汽油耕耘机操控起来稳定且轻松。它比较昂贵，不过很适合在一大片区域直行耕作。

安全手柄（如果松动的话切断电源）

刀片接触

加速器

离合器

水平把手调节器

垂直手部高度调节器

阻气门

调节耕作深度的杠杆

可折叠撑脚，在机器不使用时确保稳定性

运输轮有助于拐弯

桨片应该远离操作者的脚

后部桨片为育苗床产生细耕土壤

修剪和切割工具

在修剪时必须使用合适的工具，并且保证工具的锋利，以便干净、轻松、安全地修剪。钝的刀锋会让伤口参差不齐，容易感染或引起枯梢。使用机动工具时要特别当心，例如绿篱机或灌木铲除机（见556页，"用电安全"）。

修枝剪

修枝剪可用于修剪粗达1厘米的木质枝条以及任何粗细的柔软枝条；还可以剪下繁殖用的插条。它可以单手使用，并且比刀子更容易操控也更安全，特别是对没有经验的园艺师来说。

修枝剪主要有三种类型：弯口修枝剪、鹦鹉嘴修枝剪和铁砧修枝剪。弯口修枝剪和鹦鹉嘴修枝剪的作用和剪刀一样，铁砧修枝剪拥有锋利且笔直的上刀锋，下方是方形的铁砧。在某些设计中，刀锋在剪下枝条时依然与铁砧保持平行，将枝条切断而不是压断。

在修剪枝条柔软的植物时，比较便宜的修枝剪就足够了。在修剪木质枝条、粗达1厘米的果树和灌木时，购置一把耐用修枝剪，因为它的机械装置不容易损坏。

如果可能的话，试一试修枝剪使用起来是否舒适方便，把手的材料和形状、它的张开宽度、让它保持张开的弹簧强度等都有相当大的差异。金属把手握起来会很凉，不过如今大多数手柄都

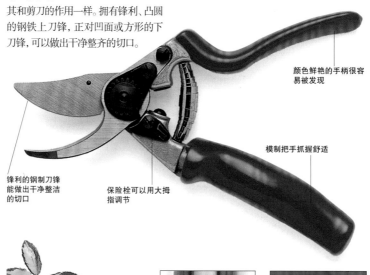

弯口修枝剪
其和剪刀的作用一样。拥有锋利、凸圆的钢铁上刀锋，正对凹面或方形的下刀锋，可以做出干净整齐的切口。

颜色鲜艳的手柄很容易被发现

模制把手抓握舒适

锋利的钢制刀锋能做出干净整洁的切口

保险栓可以用大拇指调节

采枝剪
它们被设计用来剪下并抓握花枝。

保险栓
保险栓将把手套在一起。

棘齿系统
这可以使剪穿枝条变得更容易。

铁砧修枝剪
它们必须保持锋利，否则会将铁砧上的枝条压断而不是切断。

鹦鹉嘴修枝剪
它能得到整洁的切口，但如果用来剪断超过1厘米粗的枝条，可能会被损坏。

是塑料的或用塑料包裹金属的。所有修枝剪都有保险栓，可以将刀锋保持关闭。确保单手操作轻松并且不会意外滑开。

修枝剪的刀锋一般是用不锈钢、碳素钢或涂层钢制造的。涂层钢很容易擦干净，但没有高质量不锈钢或碳素钢的使用寿命长，用后两者制造的刀锋能够保持锋利，轻松地做出干净整齐的切口。在购买高品质修枝剪时，

确保可以不用特殊工具就能拆卸，以便于磨锐，并且确保可以买到新的刀锋。某些型号拥有棘齿系统，可以逐步剪穿枝条。这样比较省力，适合那些觉得传统工具比较费力的人。

采枝剪可以在剪下枝条后拿住花枝。如果经常摘取切花，则该工具比较实用，否则用普通修枝剪或剪刀即可。

保养

每次用完后，使用油布或钢丝绒清洁，去除已经变干的植物汁液，然后给它少量上油。定期拧紧园艺剪刀的刀锋，这会让修剪更有效率，并得到更整齐的切口。

大多数修剪工具都很容易磨锐。将严重钝化或受损的刀片取下，然后磨锐或替换。

长柄修枝剪

长柄修枝剪主要用于修剪直径为1~2.5厘米的树枝，或者用来修剪普通修枝剪够不到的较细枝条。

长柄的杠杆作用更大，可以更轻松地剪短粗枝条。长柄一般是木质的或塑料覆盖的钢管或铝管。刀锋和修枝剪一样，是用不锈钢、碳素钢或涂层钢制造的。

长柄修枝剪的重量和平衡很重要，因为你可能必须全力抓住它

或者要将它举过头顶。确保你使用它时不觉得有太大负担。

大多数长柄修枝剪拥有弯口刀锋，其他类型则是铁砧刀锋。二者的效果同样令人满意，使用哪种是个人喜好的问题。有时候可以买到带棘齿系统的型号，这种特别适合剪断粗硬的树枝，比较省力。

所有的长柄修枝剪都需要经常保养，以维持最佳工作状态。

长柄弯口修枝剪
使用长柄修枝剪可以剪断位置很高或者对于普通修枝剪太硬或太粗的枝条。

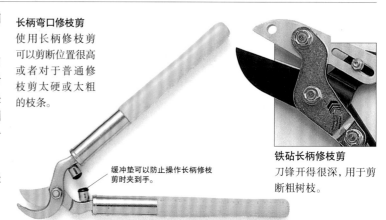

缓冲垫可以防止操作长柄修枝剪时夹到手。

铁砧长柄修枝剪
刀锋开得很深，用于剪断粗树枝。

乔木修枝剪

乔木修枝剪适合修剪位置很高、直径达2.5厘米粗的树枝。切割装置位于2～3米长的杆末端，不过有些杆或可长达5米。碳素钢刀锋由杠杆系统或绳索操作，二者都很有效，不过杠杆系统更流行。某些使用绳索的型号拥有套叠式杆，可以调节长度，储藏起来也更方便。乔木修枝剪上可以安装锯子或果实采摘接头。

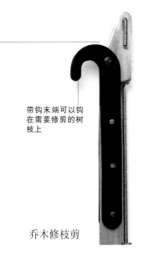

带钩末端可以钩在需要修剪的树枝上

乔木修枝剪

修剪锯

使用修剪锯切断直径大于2.5厘米的树枝。由于需要在有其他树枝的有限空间内动锯，并且常常角度很尴尬，于是发明出了各种类型的修剪锯。最常见的有：通用修剪锯、希腊式锯、双刃锯、折叠锯和弓锯。如果花园中要经常使用锯子的话，可能需要不只一把锯子，用于不同类型的工作。希腊式锯子是对业余园艺师最有用的修剪锯之一。

所有修剪锯都应该有坚硬且经过热处理的锯齿，这样的锯齿比普通锯齿更坚硬，长久使用后也更容易保持锋利。它们必须进行专业磨锐。锯子把手是塑料或木质的，选择感觉舒适并且可以牢固抓握的。在要锯掉的树枝上做出一道槽，然后将锯子的刀锋插入其中，以免在使用过程中滑出。

通用修剪锯
适用于大多数修剪工作，这把锯子的刀锋较小，一般不超过45厘米，所以能够在有限的空间中和尴尬的角度下轻松使用。

希腊式锯
非常适合在有限空间内使用，刀锋弯曲，只在拉动时切割。在有限空间内，拉比推更容易使上劲。

折叠锯
像折叠刀一样能将锯面收入手柄。只适合修剪小树枝，它可以装进口袋里，强度不是很大。

双刃锯
这是一种非常灵活的锯子，既有粗齿又有细齿，但在有限空间内可能难以操作，因为上方的锯齿很容易损伤附近的树枝。

弓锯
用于快速锯断粗树枝，但在有限空间内使用时可能会太大。

园艺刀

园艺刀可以代替修枝剪进行轻度修剪工作，并且用途更加广泛。用它来采取插条、收获某些蔬菜、准备用于嫁接的材料以及切割绳线等都很方便。

园艺刀的种类有很多，包括通用刀、嫁接刀、芽接刀以及修剪刀等。大部分刀都有碳素钢制造的刀刃，刀刃固定或者折入手柄中。如果选择折叠刀，确保它容易打开，将刀刃固定就位的弹簧应该松紧合适。使用后必须将刀刃干燥，并用油布擦拭。定期按照新买时的角度磨尖刀子。

刀刃可更换的斯坦利刀可以用来代替园艺刀，工艺刀或解剖刀也可用来采取插条。

通用园艺刀
可用于除重度修剪之外的所有切割工作。

多用途刀
有各种不同型号。这把刀有一个用于一般用途和修剪的大刀刃，还有一个用于嫁接的小刀刃，以及一个用于芽接的附件。

嫁接刀
这把直刃刀适合一般性任务以及在嫁接时做出精确的切口。

芽接刀
刀锋的凸出是为了在芽接时撬开砧木的切口。

修剪刀
向下弯曲的刀锋可以在修剪时做出控制程度更高的切口。

园艺大剪刀

大剪刀主要用于修建绿篱，不过也适用于修剪小块长得很长的观赏草（又见558～559页，"草坪养护工具"）、修剪造型树木以及剪短草本植物。

对于枝条柔软的绿篱，轻质大剪刀就足够了，但对于枝条坚硬的木质大型绿篱，则需要结实耐用的重型大剪刀。

重量和平衡都很重要，在购买前，确保剪刀是中央平衡的，并且刀刃不会太重，否则用起来会比较累。

大多数大剪刀都拥有直刀刃，不过有些大剪刀的刀刃边缘是弯曲的，这样可以轻松地剪穿成熟的木质部，并有助于固定枝条，不会因为剪刀的挤压将其推开。它们比较难以磨锐（又见554页，"保养"）。

标准大剪刀
大剪刀一般有一个带凹口的刀锋，可以在剪切时将粗树枝固定住。

单手大剪刀
它们拥有和修枝剪类似的弹簧装置，可以单手操作。某些型号的刀锋可以旋转——这对于倾斜或垂直的修剪很有用（比如为草坪修边）。它们只适合修剪草和非常柔软的枝条。

绿篱机

需要修剪大型绿篱的园艺师可使用机动绿篱机，它用起来比手工操作的大剪刀更快也省力。

刀锋越长，绿篱的修剪速度就越快，也更容易够着高绿篱或者打理宽绿篱的顶部。不过，刀锋很长的绿篱机很重而且平衡性不好。40厘米长的刀锋足够一般园艺活动使用，不过如果修剪大片绿篱，60厘米长的刀锋可以节省不少时间。刀锋可以是单刃或双刃的，后者可以加快修剪速度，但不如单刃刀锋好控制，所以用它进行树篱造型会更有难度。

操控的难易程度还受刀锋活动方式的影响。拥有往复式刀锋（两片刀锋相对运行）的型号受到绝大多数园艺师的欢迎。单动式型号则只有一个运动的刀锋在静止不动的刀锋上运行，它会产生震动，因此在操控时会比较累。

修剪后的表面效果通常是由刀锋上齿的间距控制的。较窄的齿间

护具

在操作机动工具时，佩戴护目镜、耳罩和厚园艺手套等护具（又见563页）。

机动绿篱机

用起来比园艺大剪刀更快更轻松。电动型号操作轻便，汽油型号功率大并且不受电线的牵绊。

距能够在定期修剪的绿篱上产生光滑均匀的饰面，而分布较宽的齿通常适合处理较粗的小枝，不过留下的饰面比较粗糙。

用汽油还是用电

绿篱机可以用汽油或电力发动，电力可以通过主电路或蓄电池提供。汽油绿篱机可以在任何地方使用，并且一般功率强大，震动较小。不过，它们的噪声更大、重量更

重，并且比电动绿篱机更贵，而且一般需要更多养护。电动绿篱机对于业余园艺师来说非常用，而且更适合工作量较小的任务。由于较轻，它们使用起来比汽油绿篱机更轻松，而更干净，也比较便宜。

主电路绿篱机最适合修剪距离电源30米内的绿篱。和其他电动工具一样，电源导线可能会造成不便甚至造成危险，而且机器一定不能在潮湿条件下使用。在操作有潜

在危险的工具时，安全措施是非常重要的：例如使用它们时一定要设置漏电保护断路器（又见下，"用电安全"）。

蓄电池电动绿篱机非常适合修剪大型花园中偏远部分的绿篱，或者在没有方便电源的地方使用。它们通常是用闲置汽车蓄电池发动的。充满电后，它们的动力很强大，但保持蓄电池的电力并将其在花园中移动可能会耗时耗力。它们比接在主电路上的绿篱机型号更贵。

可充电绿篱机

用可充电电池提供动力的绿篱机不用电线，容易操作，而且相对便宜。它非常适合需要经常修剪的小型树篱，但动力不足，不能令人满意地修剪较粗枝条和长绿篱。由于不使用电线，可充电型号比其他电动绿篱机更安全。它可以用特制的供电整流器充电。

灌木铲除机

灌木铲除机非常适合猛砍顽固杂草、下层灌丛和非常长的禾草。旋转的头部有一个金属切削片或细齿刀锋。这让它更适合用于尼龙线割草机（见558～559页，"草坪养护工具"）所不能处理的更繁重的工作，但用起来也更累人。某些型号拥有塑料刀锋，其没有金属刀锋那样坚固或

持久。除了切割刀锋，某些型号上还可以安装尼龙线用于割草。

由于它们需要强劲的发动机才能工作，大部分灌木铲除机是汽油驱动的。电动型号一般比较轻、声音小，需要的养护较少，但不太适合较繁重的工作。

电锯

电锯适合锯下原木或大树枝，以及进行大型乔木外科手术和伐木。由于它们使用高速运转的带齿锯条进行切割，因此会非常危险；必须经过培训才能使用，并且使用它工作时千万不要独自一人。和所有电动工具一样，你必须佩戴合适的护具，并严格按照用电安全（见右）使用规范进行操作。

电动电锯适合小工作量，并且比使用汽油的型号便宜，后者的动力、噪声和重量都更大，常常很难启动，并且会产生烟雾。

电动电锯

电动电锯适合大多数锯割任务，和汽油驱动的型号相比，它比较轻，也容易操作，所需要的维护通常也比较少。

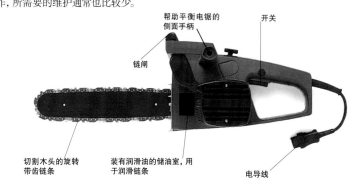

帮助平衡电锯的侧面手柄　　　开关

链闸

切割木头的旋转带齿链条　　装有润滑油的储油室，用于润滑链条　　电导线

用电安全

只将导线保持在必要的长度。拖尾的导线非常不方便并且是潜在的危险，因为它们可能被移动中的刀锋切断。

让有资格认证的电工将户外插座安装在花园中的合适地点，确保导线既短又安全。

如果需要延伸导线，确保它们的电线数量与工具一致：如果工具有接地保护，必须也有延伸的导线。

如果线路没有得到保护，在工具上连接安装了漏电保护装置的插头，或者购买一个漏电保护适配器插在插头和插座之间。

不要在雨中或刚刚下过雨后使用电动工具，否则会造成短路。

在调整、检查和清洁工具前一定要断开电源。

在将断掉或受损的电线从主电路上分开前，千万不能接触它。

割草机

在选择割草机时，需要考虑的因素有草坪的大小以及修剪类型。如果只有小块区域需要割草，手工割草机可能就足够了，但对于较大的草坪，还是应该购买一台机动割草机。有滚筒式、旋转式和悬浮式割草机：滚筒式割草机通常可以提供最细腻的饰面，而旋转式割草机最好用于很长的茂盛的草，悬浮式割草机最适合不规则的草坪。

夏季的割草高度应该比冬季低，所以要确定修剪高度可以轻松调节（又见395页，"割草频率和高度"）。护根割草机会将割下的草切碎，然后将草屑覆盖在土壤表面，这样有助于草快速分解滋养土壤。如果你需要不丢弃草屑的细腻饰面，选择带有草屑收集器的割草机。这样的割草机一般是滚筒式的而不是悬浮式的（又见395页，"草屑"）。

手动割草机

手动割草机相对便宜、安静，没有恼人的电线，并且需要的养护很少。有两种类型：一种是两侧轮子驱动的，另一种是由后部有重滚筒的链条驱动的。侧轮式割草机容易推动，但在草坪边缘比较尴尬。

机动割草机

机动割草机主要有两种基本类型：滚筒式和旋转式或悬浮式（旋转式割草机的工作原理和悬浮式相同）。大多数机动割草机都依靠汽油、主电路或可充电电池驱动。机动割草机在斜坡上使用时具有潜在的危险，因为它们是设计用来在平地上工作的。骑乘式或牵引式型号对于大片草坪的修剪很方便。

滚筒式割草机是自我驱动的或者拥有机动刀锋，后者操控起来可能会沉重而费力。大多数类型的割草机后面会设置一个滚筒，可以帮助你得到带条纹图案的草坪，滚筒越重，条纹就越明显。

汽油滚筒式割草机的割草宽度比电动的宽。这样可以缩短割草时间，不过也会让割草机变得更难操控。

旋转式和悬浮式割草机拥有可更换的金属或塑料刀锋，水平旋转时像剪刀一样将草割断。旋转式割草机有轮子，而悬浮式割草机则悬浮在一层气垫上前进。某些旋转式割草机装有滚筒，最适合细密的草坪。对于地面稍有不平或者草长得很高的地方，这两种类型的割草机都比滚筒式割草机的效果好，但大多数型号不能将草割得很低。旋转式割草机使用一段时间后可能会变得不平衡，建议经常检查维护。

使用哪种动力

电池和电源驱动的割草机使用起来比汽油驱动的更加方便清洁，但不适合动力强劲的发动机。无绳割草机需要有方便的电源插座进行充电——不可能总将电池从割草机中取出来。对于接电源的割草机，合适的电源通常至关重要，但拖尾的电线可能造成危险。电动割草机不能在潮湿的草地上使用。

汽油割草机不受电线的阻碍，但购买和养护的成本都更高。除非装有电动打火装置，否则它们不会轻松地启动。

安全

刀锋必须进行完好的保护，以免它们接触操作者的脚，特别是在斜坡上使用的时候。操作者应该穿坚硬的鞋子。

应该在刀锋开关关上之后五秒钟内刀锋停止旋转。

割草机应该有一个锁定开关，需要两个操作才能打开发动机。这样可以减少儿童无意中将其启动的风险。

割草机上应该安装安全手柄。当挤压安全手柄时，发动机运行；松开后，发动机停止。

养护

一些简单的预防措施可以让割草机更有效率地工作。

使用后，断开电源，然后清洁发动机和刀锋。

检查刀锋是否锋利，并更换钝的刀锋。

定期上润滑油。

每年检修一次割草机。

定期检查火花塞是否干净和容易调整。

经常清洁割草机的过滤网和进气口。

定期检查四冲程发动机的油位。

在存放汽油割草机之前，将油箱排空。

选择割草机

机动滚筒式割草机
这种类型的割草机可以创造细腻紧致的修剪饰面，是高品质草坪的最好选择。它可能拥有可互换的草坪耙刀锋。刀锋圆筒由后部滚筒驱动。某些类型可以留下条纹图案。

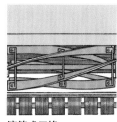

滚筒式刀锋
刀锋设置在一个向前滚动的圆筒上，与一个固定刀锋相对切割。

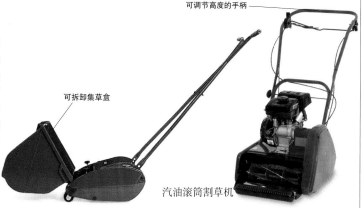

可调节高度的手柄

可拆卸集草盒

手动后滚筒割草机

汽油滚筒割草机

电动悬浮式割草机
悬浮式割草机非常适合在小型草坪、位置尴尬的地方如低矮悬垂植物的下方以及铺装旁边割草。它在平地和缓坡上都很容易操作。

安全手柄（松动时切断电源）

汽油旋转式割草机
骑乘式割草机适用于大片草坪，包括长而顽固的草，因为它有一个动力强劲的发动机。由可更换的金属刀锋进行水平切割。

四轮方向盘

轮子高度可以调节

旋转式刀锋
这些刀锋的运动速度很快，就像大镰刀一样围绕垂直轴旋转。

汽油旋转式割草机

骑乘式汽油旋转割草机

塑料刀锋
塑料刀锋更换便宜，刀锋水平旋转割草。应该定期更换刀锋。

草坪养护工具

除了割草机，维护健康美观的草坪还需要许多其他工具。对于大多数草坪，手动工具通常就足够了，但对于大块草坪，机动工具的工作速度更快也更省力。

修边工具

整洁清晰的边缘能够为经过修剪的草坪提供完美的装饰感，并强调草坪的形状和轮廓（又见396页，"切割草坪边缘"）。有两种主要的草坪修边工具：半月形修边铲和长柄大剪刀，不过也可以使用机动修边机或某些尼龙线割草机。

长柄大剪刀的杆是木质的、钢铁的或用塑料包裹的钢铁的。所有材料都很结实，选择哪种是个人喜好问题。

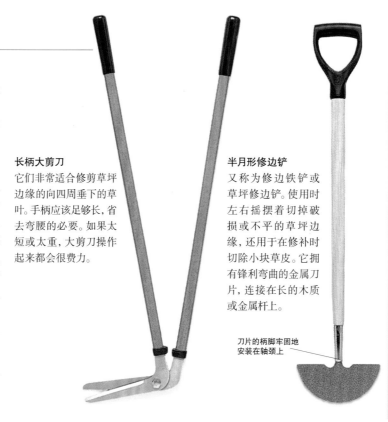

长柄大剪刀
它们非常适合修剪草坪边缘的向四周垂下的草叶。手柄应该足够长，省去弯腰的必要。如果太短或太重，大剪刀操作起来都会很费力。

半月形修边铲
又称为修边铁铲或草坪修边铲。使用时左右摇摆着切掉破损或不平的草坪边缘，还用于在修补时切除小块草皮。它拥有锋利弯曲的金属刀片，连接在长的木质或金属杆上。

刀片的柄脚牢固地安装在轴颈上

草坪修边材料

为防止草坪因为被半月形修边铲等工具去除草皮而逐渐变小，可以使用砖块、铺装石板、赤陶镶边瓦或某些金属或塑料镶边条来为草坪轮廓镶边。这有助于草坪得到均匀的边缘，并能防止草向道路和花境蔓延。砖块或铺装石边缘还可以让悬浮式或侧轮式割草机正好沿着草坪边缘工作。与金属镶边条相比，塑料镶边条（一般是绿色）不容易损坏割草机的刀锋，而且更便宜。

尼龙线割草机

尼龙线割草机适合在普通割草机难以施展的地方割草。它还可以用来大片切削地被植物或质感柔软的杂草，尽管动力更强大的灌木铲除机更适合对付下层生长的繁茂植物（见556页）。由于尼龙切割绳灵活性很大，并且很容易更换，因此在使用时可以直接转换到墙壁或铺装上，不会损坏工具。如果出现意外，它也比固定刀锋更安全。一定要佩戴护目镜，因为飞溅出的石子会很危险。

尼龙线割草机可以由主电路、可充电电池或汽油提供动力，各自都有安全、方便和重量上的问题。主电路供电的割草机比较轻，操作方便，但它们的使用区域受到电线长度的限制。至于安全性，它们必须设置安全手柄，并且连接在漏电保护器上。不用电线的可充电尼龙线割草机适合用在小型和中型区域以及没有户外电源的地方。它们的重量也比较轻、安静，并且容易使用。千万不要在潮湿的草地上使用电动尼龙线割草机（又见556页，"用电安全"）。

汽油驱动的割草机适合较大的花园，但质量更重，价格更高，并且所需要的养护也比其他类型多。至于安全性，它们应该有快速关闭发动机的方法。

园艺滚筒

园艺滚筒可以用金属制造，或者是将中空塑料注满水后使用，它用于播种草种或铺设草皮前的整地阶段平整土地。它还可以沉降草幼苗周围的土壤。不过已经建成的草坪不需要经常用滚筒碾压，尤其是在黏重的土壤上，因为它会压缩草皮，阻碍排水，这会产生苔藓、引起青草生长不良等问题。

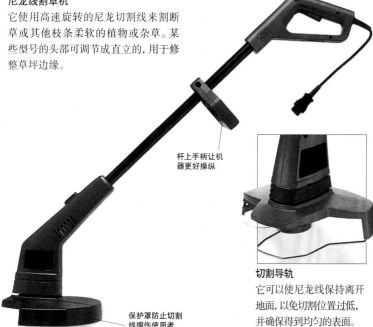

尼龙线割草机
它使用高速旋转的尼龙切割线来割断草或其他枝条柔软的植物或杂草。某些型号的头部可调节成直立的，用于修整草坪边缘。

杆上手柄让机器更好操纵

切割导轨
它可以使尼龙线保持离开地面，以免切割位置过低，并确保得到均匀的表面。

保护罩防止切割线擦伤使用者

长柄草坪大剪刀

长柄草坪大剪刀适合在位置尴尬的地方剪草，比如悬凸的植物下方或树木、铺装或墙壁周围，并且能够清洁割草过程中遗漏的所有草茎。在工作时，与手柄垂直的刀锋与地面平行，而不是像修边大剪刀那样与地面垂直。

虽然草坪大剪刀适用于非常狭小的区域，但它们如今仍然被机动尼龙线割草机所取代，后者的速度更快，用途也更广。不过，尼龙线割草机操作起来更重，并且没有手动工具节省能源。

长柄草坪大剪刀
在割草机难以施展的狭小地块，它们可能会很有用。

耙子和通气机

这些工具可以清理落叶和花园杂物,减少枯草层(一层腐败有机质)和土壤压缩,帮助草坪维持良好状态。

草坪耙主要用于收集落叶。某些型号的耙子有助于清理枯草层和死去的苔藓。园艺耙主要有三种类型:弹簧齿、平齿和翻松耙,或称通气耙(又见552页,"耙子")。还有适合大型草坪的机动草坪耙。

通气机有助于减少枯草层并让空气进入土壤,从而促进根系的良好生长。在小块区域,通气工作可以用园艺叉完成,但对于大多数草坪来说,空心齿通气机或切缝机这样的专用工具会更好。

弹簧齿草坪耙
用于清理死亡的草和苔藓,清除小石块和杂物,并为草坪稍微通气。它的头部很轻,拥有长而柔韧的灵活圆形金属齿。

平齿草坪耙
非常适合收集树叶和松散的材料,它拥有长而柔韧的塑料或金属齿,头部质量轻,能最大限度地减少对草的新生枝叶造成的损害。

翻松耙
它会深深地插入枯草层甚至进入草皮。它坚硬的金属齿通常是扁平带尖钩的。由于它可能很重,用起来比较费力,因而耙子头部两侧带轮子的型号可能更受欢迎。

机动草坪耙
比普通的耙子更容易使用,它的塑料或金属齿可以有效翻松草皮,而它的收集箱可以清理杂屑。

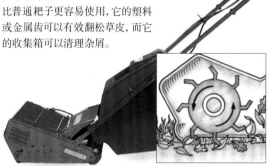

草坪通气机
这个滚筒式通气机拥有可以轻松穿透土壤的长钉。它可以让空气、水和养分抵达草的根部,还有一个金属保护罩。

空心齿通气机

这个机动空心齿通气机可以深深穿透草皮进入土壤。齿会带走土芯,打开紧实的草皮。

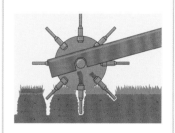

扫叶机和吹叶机

最简单的扫叶机可能只是一把普通的用于清扫杂物的长柄扫帚,这种基础扫叶工具对于清理步道和花园中的小块区域很理想。

不过,对于大型草坪,使用专门设计的扫叶机既省力又节省时间。旋转的刷子将叶片从地面上扫起来,然后抛进一个大收集袋中,其可以轻松地倒空并方便堆肥。

电力或汽油驱动的真空扫叶机和吹叶机在非常大的花园中很有用,但它们的价格很昂贵而且操作起来噪声很大。

某些机动扫叶机和吹叶机型号拥有柔性连接附件,可以在花坛和花园中其他工具难以企及的区域使用。

扫叶机
它使用旋转的刷子将花园中的落叶收集在一个大袋子中。其比较轻,容易推动,而且操作时安静。

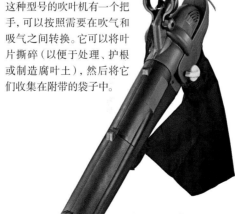
园艺真空吹叶机
这种型号的吹叶机有一个把手,可以按照需要在吹气和吸气之间转换。它可以将叶片撕碎(以便于处理、护根或制造腐叶土),然后将它们收集在附带的袋子中。

撒肥机

撒肥机适用于精确播撒肥料、草种和颗粒状除草剂。它由一个装在轮子上的料斗和一个长手柄组成。检查确定播撒速度,并且在草坪边缘转弯时可以关闭出料口。设定好播撒速度后,先在一小片测试区域施肥以检查是否工作正常(见625页,"施加肥料")。为草坪施加带水肥料时,软管连接件很有用(见560页,"喷雾器")。

撒肥机
撒肥机可以均匀地向土壤施加肥料,避免灼伤草坪。

灌溉工具

在人工灌溉的帮助下才能种植那些需水量比自然降水更多的植物，以及那些室内和温室植物。软管和洒水器等工具可以让浇水更轻松更快捷。

洒水壶

洒水壶在室内、温室或户外的小型区域很实用。选择装满水时不会太重的轻质水壶。洒水壶的开口应该足够宽，方便注水，洒水壶本身应该让人感觉舒适并且平衡。在喷口有过滤装置的洒水壶能够防止花洒被水中的杂质堵塞。

集雨桶

集雨桶收集从屋顶或温室屋顶流下的雨水，这些雨水在干旱的季节以及对喜酸植物都十分宝贵。集雨桶应该有一个水龙头，一个防止杂物进入的盖子，杂物可能会污染水质并阻塞水龙头。如果必要的话，将集雨桶放置在砖块上，让洒水壶可以在水龙头下接水。某些集雨桶满了之后会将水转移到排水系统中（见614~615页）。

园艺洒水壶
它们应该拥有较大的容量，可以减少重新注水的次数。对于普通使用，能装8千克水的9升水壶就足够了。

塑料还是金属
大多数洒水壶如今都是塑料制造的，但较重较昂贵的传统镀锌金属水壶仍然可以买到；二者都很结实耐用。

温室洒水壶
它的喷口很长，可以够到工作台后部的植物，并且拥有可反转的细口和粗口双面花洒，可以为幼苗和成熟植物浇水。

室内洒水壶
它应该拥有长喷嘴，可以伸入植物的花盆和窗槛花箱，并有助于控制水流。

当心除草剂

在为花园浇水和施加液态除草剂时，不要使用相同的洒水壶。施加化学药剂应该使用专门的洒水壶并标记清楚。

（见614~615页）

哪种花洒？

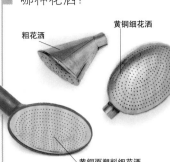

粗花洒　黄铜细花洒　黄铜面塑料细花洒

细花洒最适合种子和幼苗，因为它产生的水流不会损坏它们，或者将基质或土壤冲走。对于更加成熟的植物，浇水速度更快的粗花洒更合适。

花洒的材料也有所不同：黄铜、黄铜面塑料以及全塑料。塑料的耐久性较差，比黄铜便宜，但其功能已经足够了。总体而言，金属花洒的水流较细。

在施加除草剂时，在洒水壶上连接滴流管，它比花洒更精确，还能减少花洒容易产生的喷水偏差。

软管

软管对于灌溉花园较远部分以及需要大量浇水的区域非常重要。大多数软管是用PVC制造的，它们的饰面和加固方式有所不同，这会影响它们的耐久性、柔韧性和抗扭结的能力。任何扭结都会削弱水流并最终让软管壁变弱。双层加固软管可以有效防止扭结，但相对较贵。某些软管可以用可伸缩卷的形式挂在墙上，这样可以很干净地储藏起来，而其他软管可以缠绕在轮子上或者收进带把手的塑料盒中。这样软管在局部破损时仍然可以让水流过，所以软管可以总是保持清洁并随时准备使用。

所有类型的软管都有不同的既定长度，有作为附件预装的连接头和喷嘴。某些软管可以加长一次或数次。在将户外凉水水源连接到花园软管的时候，建议在水龙头或出水口上安装一个单向阀，防止可能受污染的水回流至供水系统的其他部分。和当地水务部门确认你所处地区是否有法定要求。

软管卷
有把手或轮子的软管卷可以轻松地在花园中挪动。某些卷可以在软管部分破损的情况下依然让水从管子中流过。

喷雾器

使用喷雾器可以施加杀虫剂、除草剂和肥料，并为植物浇水和喷雾。压缩式喷雾器需要在使用前打满气，其适合一般用途；小扳机泵喷雾器适合为家居植物喷雾，或者为少数植物喷洒杀虫剂。在法规允许的国家，可以将软管连接到储水容器中，用来施加肥料和除草剂。

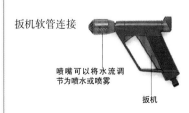

扳机软管连接

喷嘴可以将水流调节为喷水或喷雾

扳机

肥料脉冲软管接头

装肥料的中央小室

压缩式喷雾器
这种喷雾器需要用手柄加气，适合用于大片区域。

软管末端连接件
大多数连接件只能简单地允许调节水流的速度和喷洒范围。某些拥有用扳机控制的喷嘴。

渗透软管

渗透软管适用于草坪或成排种植的植物。它们是塑料或橡胶管，上面带有细微的穿孔。让小孔朝上，它能够在一长条矩形区域内制造细喷雾。让小孔朝下或埋入土壤中，它能够直接将水导向植物基部——非常适合蔬菜和其他成排种植的植物。

多孔渗水软管与此相似，特别适合刚种植的花坛、花境和蔬菜园。它可以让水缓慢渗入土壤，并且可以连接到软管定时器上。它可以埋到土壤表面30厘米以下作为永久性灌溉系统，不过浅埋通常就足够了。多孔渗水软管也可以铺在土壤

滴灌系统

它们适合用于需要单独灌溉的植物，比如比周围植物需要更多水的植株。水滴均匀而轻柔地喷洒在植物旁边——有各种不同的喷嘴可以使用。滴灌系统在灌木花境、绿篱或成排种植的蔬菜中都很适用；它还很适合灌溉在容器、种植袋和窗槛花箱中种植的植物。除非装上定时器，否则滴灌系统可能会浪费水，而且它需要经常清洁，防止管道和滴灌头被藻类和杂质堵塞。

喷灌器的类型

静态喷灌器
主要用于草坪。大多数拥有一个可以插入地面的长钉。它们通常呈圆形喷灌，不过也有一些类型以半圆形、扇形或矩形喷灌。容易形成水洼，所以应该不时移动，得到均匀的灌溉效果。

旋转式喷灌器
适用于花坛、花境和草坪。覆盖较大的圆形并且浇水均匀。带喷嘴的臂连接在旋转枢轴上，枢轴在水的压力下运动。长杆类型最适合用于花坛或花境。

脉冲喷射式喷灌器
对于大面积的草坪、花坛或花境非常有用。中央枢轴上的单个喷头以一系列脉冲动作旋转，喷出一股股水流。除了在草坪上，喷灌头可以架在高杆上，增加覆盖面积。

振荡式喷灌器
最适合在地面高度浇水。它不适合用于周围植物叶片会阻挡喷水射程的区域。在振荡臂上的一系列黄铜喷嘴会喷出水柱。这种喷灌器可以在相当大的矩形区域均匀喷水，喷水区域的大小可以调整。

表面，但需要用护根覆盖。水直接释放到植物的根系区域，没有溢流，蒸发损失也很小。较低的空气湿度可以减少真菌病害，同时避免了许多病虫害通过溅水诱发传播。干燥的土壤表面还能抑制杂草种子的萌发。

多孔渗水软管可以轻松地切成柔韧的段，并以任何形状或图案摆设，只要软管不扭结。它们在斜坡上也很有效，应该横着坡面摆设而不是顺着坡面。软管可以整年留在室外，即使是铺设在土壤表面上的，不过供水情况可以改变，而且灌溉系统可以按照需要移动位置。

园艺喷灌器

园艺喷灌器可以为特定区域喷洒细水流。它在工作时可以不用照看，从而可以节省时间和精力。然而在炎热晴朗的天气中，通过蒸发会损失许多水，因此喷灌器没有渗透

软管或多孔渗水软管节水。

喷灌器一般连接在花园软管或固定输水管上。根据不同需要，喷灌器有各种类型：某些最适合草坪，而其他最适合灌溉花坛或蔬菜菜畦。最简单的型号是静态喷灌器。其他类型如旋转式、脉冲喷射式和振荡式喷灌器都运用水压来让喷灌器的头部旋转，得到更好的覆盖效果。

自走式喷灌器对于大片区域的灌溉很有用；它使用起来很方便，但比较贵。它会在水的作用力下沿着一条轨道（通常是一条软管）向前推进，在一长条矩形区域内进行灌溉。

地下喷灌器

它们是永久性灌溉系统，非常适合草坪和岩石园。它们不会造成妨碍，容易操作，最好在灌溉区域刚开始建设时安装。将PVC管和接头

铺设在网格中，以便它们可以提供不同的灌溉头，在上面可以连接软管或喷灌器。每个灌溉头上连接的喷灌器可以为一个圆形区域提供均匀的灌溉。继续浇水直到地面完全湿透，使重叠区域的水分渗透均匀。这种类型的灌溉设施需要单向阀来满足当地政府的标准，或许还需要一个水表。

软管定时器

软管定时器可以用在普通花园喷灌器或更复杂的灌溉系统上。它们安装在水龙头和软管或灌溉管道之间。大多数这样的定时器会在既定时间过去后关闭水流。更复杂的定时器可以在一天之内自动开关数次，并且可以提前编好程序，或者连接在湿度探测器上，如果地面足够潮湿的话可以自动关闭水流。

智能定时器
它可以让你提前输入浇水开始时间和持续时长，在你很忙或度假时自动浇水。

浇水定时器
可以设定浇水持续一段时间后关闭，从5分钟至2小时不等。

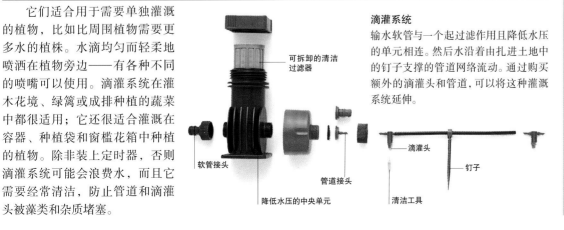

滴灌系统
输水软管与一个起过滤作用且降低水压的单元相连。然后水沿着由扎进土地中的钉子支撑的管道网络流动。通过购买额外的滴灌头和管道，可以将这种灌溉系统延伸。

可拆卸的清洁过滤器

软管接头

管道接头

降低水压的中央单元

滴灌头

钉子

清洁工具

常用园艺装备

除栽培和维护花园的工具之外，根据你自己的需要，许多其他零散工具如运输装备和种植辅助器具也可能很有用。

手推车

手推车可用于运输植物、土壤以及基质和花园杂屑等材料。它们可以是金属或塑料制造的，前者更加耐用。如果涂料剥落，涂料下面的金属会很快生锈；即使是镀锌金属箱最后也会生锈。塑料箱虽然较轻，但会开裂。

球轮手推车比标准手推车的稳定性更好，它更容易在刚刚挖掘过的土地上使用。最适合繁重工作的是建筑用独轮手推车，它具有缓冲性更好的可充气轮胎。有婴儿手推车一样手柄的双轮手推车（有时称为园艺手推车）比较稳，容易装货和卸载，但在不平的地面上不如标准的独轮手推车那样容易操纵。

席子和袋子

便携席子和袋子用于运输质量轻但体积大的花园垃圾，如修剪绿篱得到的残枝。当不使用时，它们占据的空间非常小。它们的质量轻，拥

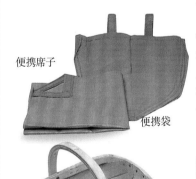

便携席子

便携袋

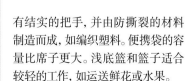

浅底篮

有结实的把手，并由防撕裂的材料制造而成，如编织塑料。便携袋的容量比席子更大。浅底篮和篮子适合较轻的工作，如运送鲜花或水果。

独轮手推车的类型

传统的独轮手推车
大多数独轮手推车具有一个实心轮子和一个浅箱，不过某些型号可能会安装延伸的部分，以增加其容量。

双轮手推车
具有两个轮子的手推车可以用于运输很重的东西，或者在不平的路面上使用，两个轮子可以提供额外的稳定性。

塑料袋

透明塑料袋适合多种用途：例如防止采下的扦插材料脱水，以及覆盖花盆中的插条以提高它们周围的空气湿度。大多数食品袋和冰箱冷藏袋都可以使用，只要它们是用聚乙烯制造的并且不会太薄——其他材料的保湿性能没有聚乙烯好。

跪垫和护膝

覆盖着防水材料的跪垫是在进行除草等工作时为了舒适将膝盖跪在上面使用的，而护膝是绑在膝盖上的，并且常常只有一个型号，所以在购买前应该检查它们的大小是否合适。跪凳用在稍微升起的平台上，并且有在跪着或站着时提供支撑的扶手。在抬升苗床或温室工作台旁使用时，它们还可以头朝下翻转过来，作为小凳子使用。

跪垫
跪凳（上）可以翻过来作为小凳子使用，而且携带轻便。跪垫（下）可以让膝盖远离潮湿坚硬的地面。

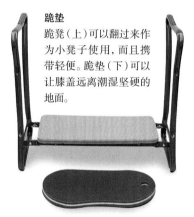

堆肥箱

堆肥箱应该有一个保持温度的盖子，用板条材质容易存取其中的堆肥，以及至少1立方米的容积以产生足够热量来加速腐败过程。不要使用金属网箱或那些板条间隔很宽的箱子，因为产生的热量很容易逃逸。

传统的木质堆肥箱很容易自己组装。塑料堆肥箱通常比金属或木质的更有效，因为它能够保湿，不需要浇水。还有可以旋转将堆肥倒出的塑料堆肥箱，但这并不会让堆肥速度比设计良好的传统堆肥箱更快（又见627页，"制造堆肥箱"）。

焚化炉

与篝火相比，焚化炉可以更迅速更干净地焚烧垃圾，不过如今许多园艺师将园艺垃圾粉碎或堆肥后循环利用。开网型焚化炉适合焚烧干燥材料（如小树枝和树叶），某些型号使用后可以折叠起来保存；镀锌钢箱型焚烧炉适合缓慢地焚烧潮湿的木质材料。两者都必须有良好的通风。

粉碎机

堆肥粉碎机可以将木质或坚硬的园艺垃圾切碎，如球芽甘蓝的老旧茎干，直到它碎到足以在堆肥堆中快速降解。粉碎机通常是电动的，闲置时不能留在室外。大多数机器由快速旋转的刀锋操作，但某些类型主要利用碾压和切割来切碎，它们使用起来更加安静和方便。

小型粉碎机只能接受细的木质枝条，并且需要不断填料，耗时较长。偶尔租用一台可以处理较粗树枝的大型机器也许会更好。

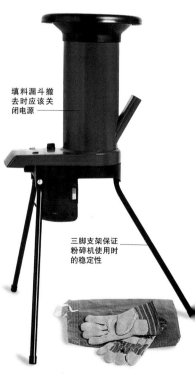

填料漏斗撤去时应该关闭电源

三脚支架保证粉碎机使用时的稳定性

使用粉碎机
进料漏斗不能直接接触刀锋。佩戴护目镜和手套避免飞溅的残渣和多刺的茎干损伤身体。

种植和播种辅助工具

普通园艺工具或家居用具常常用来种植和播种，例如木棍和铅笔可以代替戳孔器做种植穴。不过专用工具的确可以让一些累人的工作变得更简单和快捷。

播种工具

这些工具可以加快播种速度并保证播种均匀。主要有四种类型：振动器、注入器、轮式播种器和盘式播种板。

振动器是手持设备，用于在准备好的播种沟中播种。需要一定技巧来保证种子分布均匀。

注入器将每粒种子单独塞入既定深度。

轮式播种器很适合均匀分布种子。其具有长手柄，可以站姿使用。

盘式播种板是薄的塑料板或木板，其中一侧有模制的突出点。当将其按压在播种基质上后，它们会压实基质表面并形成间隔均匀的播种穴。

球根种植器

球根种植器适用于逐个种植大量球根；如果种植成群小球根，小泥铲或手叉会更好。通常用脚将球根种植器踩进土壤。它会带走一块土或草皮，在种植后重新将土壤或草皮盖到球根顶部；某些型号可以通过挤压把手将土块推出。

园艺手套

园艺手套有各种用途：有些是为了在接触土壤或基质时保持双手干净，还有些是为了防止刺扎伤双手。

皮革和织物手套可以抵御刺扎，适合修剪月季等工作。在购买皮革手套时，确保皮革延伸得足够长，可以保护整个手掌。全皮革或山羊皮手套能够提供非常好的保护，但在温暖天气下佩戴会比较闷热。长手套可以覆盖手腕和小臂前端。

许多手套是用织物和乙烯基材质制造的。某些手套全部包裹着乙烯基材质，而另外一些只在手掌部分覆盖了乙烯基。它们适用于大多数工作，并且比单纯的织物手套更能保持双手的清洁。覆盖乙烯基材质的手套适合干一些脏活累活，比如搅拌混凝土，但对于需要敏感触觉的工作来说太厚。

带乙烯基材质的织物手套　　　山羊皮长手套

山羊皮和织物手套　　　棉织物手套

戳孔器和小锄子

戳孔器是铅笔形状的工具，用来做出种植穴。使用小型戳孔器可以移栽幼苗或扦插插穗，使用大型戳孔器可以移栽韭葱等需要较大植穴的蔬菜，它还可以穿过塑料膜种植。小锄子的形状像小型抹刀，适合挖出幼苗和生根扦插苗，并最大限度地减少工具对根系的扰动。

园艺线

园艺线主要用在菜畦中形成笔直的垄，其也可以用在其他工作中，比如在规划或设计时划定各区域，或者在种植树篱、修建墙或露台时形成直边。

园艺线

大多数园艺线的一头有可以插入地面的尖桩。凹槽可以让你在木桩之间拉出水平的线。

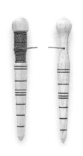

筛子

园艺筛的网眼通常为3~12毫米，用于将粗材料从土壤或盆栽基质中分离出来。在播种或种植前，使用大网眼的筛子将土壤中的石块和小树枝筛除；播种后使用细网眼筛子为种子覆土。金属网筛子比塑料网筛子更好用也更耐久。

金属网筛子

细塑料网筛子

温度计

最适合花园和温室使用的温度计是高低温度计，它能够记录环境的最低和最高温度。配有空气湿度计的温室电子温度计适合监控玻璃温室的环境条件。用于室外的土壤温度计可以帮助判断何时播种。

高低温度计

电子温室温度计

雨量计

雨量计用于测量降雨量或灌溉量，其有助于确定花园中被雨影区影响的区域。它应该具有清晰的刻度和光滑便于清洁的内表面。许多雨量计有可以插入地面的短钉。

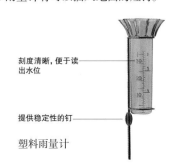

刻度清晰，便于读出水位

提供稳定性的钉

塑料雨量计

种植和播种工具

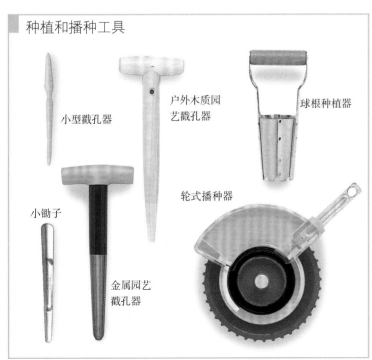

小型戳孔器

户外木质园艺戳孔器

球根种植器

小锄子

轮式播种器

金属园艺戳孔器

绑结和支撑

绑结的作用有许多，但主要用于固定攀援、蔓生或柔弱植物，有时候某些植物需要支撑抵御风雨。绑结必须牢固，同时不能限制茎的生长，而且每年必须检查一次；枝条柔软的植物应该使用麻线或酒椰纤维等较轻的材料。

通用绑结

将园艺绳线或麻线缠绕三圈，适用于大多数绑扎任务。酒椰纤维适合在嫁接后绑扎接口，是一种较轻的绑结，而黄麻线等柔软的绳线会在一年左右降解。透明的塑料带很适合用于嫁接，还可以买到专用的橡胶带。浸透柏油的绳线或聚丙烯线都是可靠的耐风化绑绳。

用塑料覆盖的绑绳很结实，可以使用数年之久。从安装标签到整理金属丝或框格棚架以及连接竹竿，它都很实用。它还可以卷在内置刀具的容器内。

种植环

它们是劈开的金属线环，也有塑料覆盖的线环。种植环可以围绕植物的茎及其支撑轻松地打开和合拢。它们适合负载较轻的工作，例

标签和标记

花园使用的标签应该持久、耐风化并且足够大，可以包含所有你想标记的信息。塑料标签很便宜，并且可以重新使用；如果用铅笔写的话，字迹可以保留一个生长季。大部分塑料会老化后逐渐变色变脆，但它们非常适合为育苗或扦插托盘标记。带环标签可以固定在植株茎干上。

想要防水、持久，使用那些覆盖黑色涂料的标签；写字时划去黑色覆盖材料露出下面的白色塑料板，但只能写一次。铝标签更贵，几乎能永远使用下去，但书写内容每隔几年就可能必须更新。

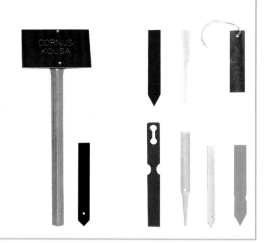

如将室内植物连接在竹竿上。

树木固定结

橡胶材质的树木固定结结实、耐久，非常适合用来将年幼乔木固定在立桩上。它们应该容易调节，以免限制树干的增粗。选择带缓冲垫的固定结，以免擦伤树干，或者用衬垫结打成8字结形状（又见65页，"树木固定结"）。将绑结钉在立桩上。

墙面固定

特制的尖刺可以将攀援植物的主干固定在墙壁或其他支撑结构上。铅头钉子更结实，它们带有柔软的距刺，可以弯曲起来将茎干和小树枝固定在墙壁上。拉扯金属线的带环螺丝钉可以用来固定贴墙生长的植物。在砖石墙上，可以使用扁平带环钉。对于木质或带眼墙，将带环螺丝钉旋入墙面。

竹竿和立桩

竹竿非常适合支撑单干植物，但随着时间流逝其会裂开并腐烂。耐久性更好而且更昂贵的是PVC材质的立桩和其上覆盖塑料的钢条。簇生的花境植物需要用金属连接桩或环形桩支撑（见193页，"立桩"）。乔木和标准苗型月季需要用结实的木桩支撑。

网

有各种材料的网，网眼也有各种大小。网的用途也很广泛，例如支撑植物、保护水果抵御鸟类以及为温室植物遮阴（见576页，"遮阴"）。在支撑植物时，应该选择网眼大小至少为5厘米宽的网；更小的网眼难以厘清植物。对于香豌豆等植物，稀疏而柔软的塑料网就足够了；较重植物需要用半硬质塑料网。

在保护水果时，应该使用专门设计的塑料网，网眼大小为1~2厘米。使用网眼为2.5厘米的网保护幼苗和冬季蔬菜抵御鸟类，如果你担心鸟类安全的话，可以使用纤维素

线编织的网，它可以阻挡鸟类但不会困住它们，而且可生物降解。植物周围可以设置金属网罩，以免兔子等动物侵犯。在修建池塘或石槽时，金属网还可以用于加固混凝土。对于一般防虫和天气保护，可以再利用的细网覆盖。

使用风障网保护暴露地点的脆弱植物（见609页，"风障"）。编织塑料网可能会在四年内降解，而模制塑料网至少能支撑两倍时间。风障带更加持久，但太显眼。

网

塑料网

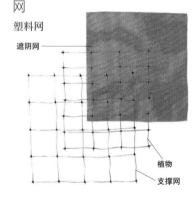

遮阴网

植物

支撑网

金属网

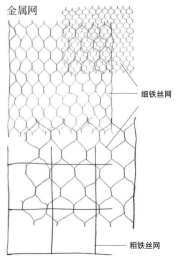

细铁丝网

粗铁丝网

植物的支撑和绑结

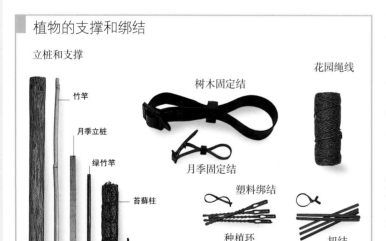

立桩和支撑

竹竿

月季立桩

绿竹竿

苔藓柱

劈开的竹竿

树木固定结

花园绳线

月季固定结

塑料绑结

种植环

扭结

环形桩

连接桩

树木立桩

墙面固定

扁平带环钉

带环螺丝钉

带距刺的铅头钉

花盆、托盘和生长基质

花盆有许多尺寸，不过只有两种基本形状：圆形和方形。虽然圆形花盆比较传统，但相同直径下方形花盆能装更多基质；为节省空间，可使用方形花盆，它们可以紧凑地挨在一起。圆花盆根据花盆边缘的内径分类，方花盆根据一侧边缘的长度分类。大多数花盆具有稍稍倾斜的侧壁，在移栽植物时可以轻松地将根坨完整地取出。

花盆一般是用黏土（赤陶）或塑料制造的。黏土是传统材料，而塑料如今更常见。大多数塑料花盆是用聚丙烯制造的，其会在寒冷天气下变质。由聚丙烯和聚乙烯混合制造的花盆在寒冷天气下不会变脆。

标准花盆的深度和宽度一样，它们是最常见的花盆类型。浅盘或播种盘的深度是相同直径标准花盆深度的三分之一。它们适合萌发种子。半花盆的深度是相同直径标准花盆深度的一半至三分之二。它们一般用于根坨较小植物的商业生产，如常绿杜鹃类。对于根系非常深的幼苗，可以使用香豌豆管（sweet pea tubes）或长汤姆（long Toms）花盆——如果植物需要在花盆中待一段时间的话。无底花盆用于在温室中栽培番茄（见528页）。其他特殊设计的花盆包括具有网

花盆和浅盘

花盆和浅盘用于室内和户外栽培植物。较小的花盆、浅盘和半花盆适合繁殖和种植年幼植株。

观赏赤陶花盆
标准花盆
标准大花盆
半花盆
播种盘
浅盘
播种、育苗和扦插花盆

状侧壁的格子花盆，可以用来种植水生植物。

可降解花盆和小筒

它们很适合不喜根系扰动的植物，因为植物可以直接种植在苗床中。植物的根可以穿透花盆的侧壁和底部进入地面。它们一般是用压缩草炭或草炭替代物以及各种其他纤维（常常是泥炭藓纤维或木纤维，有时候会浸透植物养料）制造的。

生物降解小筒适合种植幼苗和生根插条，在使用前必须用水泡开。许多园艺师使用双层报纸制造自己的可降解花盆。

播种托盘和穴盘
用于播种、扦插和种植幼苗。使用坚硬的外层托盘装纳含有塑料穴孔的轻薄一次性穴盘。穴孔很适合移栽幼苗和单独播种。

播种盘

传统的木质播种盘已经被塑料播种盘代替，后者容易清洁，但更脆弱。非常薄的塑料托盘很便宜且柔软，但很难撑过一个生长季。结实的塑料更坚硬且昂贵，它们也会随着老化而变脆或开裂，但其如果在不使用时避光储存，则可以使用数年。

穴盘

穴盘特别适合播种豌豆或蚕豆这样不耐移植的幼苗。每个穴孔的侧壁都向内倾斜，这样移栽幼苗时对它们脆弱的根系造成的影响很小，从而幼苗能快速适应周围的新环境。穴盘的材质有塑料、聚苯乙烯和生物降解纸等，穴孔大小和数量也有一系列差异，从四个到数百个不等。

生长基质

在播种和插条时，使用繁殖基质可以得到更高的成功率。

标准播种基质

细小种子需要和萌发基质良好接触，所以应该播种在特制的播种基质上，这种基质应该质地细腻，保湿性好，养分含量低，因为盐分可能损伤幼苗。

标准播种基质（基于约翰英纳斯配方）是用2份（体积比）消毒壤土、1份草炭替代物（或草炭）以及1份沙子配制而成的。每立方米添加1.2千克过磷酸石灰和600克磨细石灰石。

标准扦插基质

用于插条生根的基质需要排水顺畅，并在高湿度环境下能很好地使用。可能含有树皮、珍珠岩或二者的混合物，粗砂比例很高。扦插基质的养分含量较低，所以插条一旦生根就需要施肥。

标准扦插基质包含等比例的沙子和草炭替代物（或草炭）。每立方米增添4.4千克白云石石灰，1.5千克蹄角粉或血粉、过磷酸石灰以及碳酸钙，以及150克硝酸钾和硫酸钾，还应该添加专门的微量元素肥料。

惰性生长基质

消毒惰性生长基质不会产生含壤土或无土盆栽基质常见的病虫害问题。某些最常用的惰性生长基质类型包括岩棉、珍珠岩、蛭石以及黏土颗粒（又见375页，"水培"）。

长汤姆花盆
这种花盆适合在标准花盆中生长受限的深根性植物。

无底花盆
这种无底花盆用于番茄温室栽培，在石子上装载盆栽基质。

香豌豆管
它们适合种植能快速长出长根系的幼苗。

球根篮
这样的篮子可以帮助球根抵御动物，并且开花后容易提起。

生物降解花盆
用于繁殖不耐移栽的植物。

格子花盆
这种花盆适合沉入水中的植物，但应该用麻布衬垫以保存土壤。

温室和冷床

　　许多人抗拒安装温室，因为他们错误地认为温室很昂贵，并且认为需要有丰富的园艺知识才能合理地使用和维护温室。然而事实并不是这样的。在保护设施中进行园艺活动，不但会补偿最初的花费和努力，并且能为园艺之趣开拓一个全新的世界。作为一个全年都可进行园艺活动的全天候空间，温室是一项很划算的投资，其能够让你以很小的成本为花园繁殖植物。即使你只有一小块地，也可以找到与其适应的紧凑的温室型号；或者你可以考虑安装一个冷床——尺寸较小但对于园艺实践好处多多。

保护设施中的园艺

　　温室、冷床和钟形罩对于任何花园都是有用的附加结构，并且有各种尺寸，可以用在任何能够使用的空间中。每种类型的结构都有独特的功能，不过它们常常彼此搭配使用。生产力最好的花园同时使用这三种结构。

不加温结构

　　不加温温室主要用于提前或延长耐寒和半耐寒植物的生长期。冷床的作用与之相似，不过它们常常用于温室繁殖植物的炼苗以及储藏"休眠植物"。钟形罩用于就地保护在花园中种植的植物。

加温结构

　　加温温室的用途比不加温温室或冷床的用途广泛得多，能够在其中种植的植物种类也丰富得多，包括许多在温带或寒带气候区无法露天生长的不耐寒物种。此外，加温温室还能提供适合植物繁殖的环境。

为温室选址

　　温室的位置最好能与整体花园设计互相融合。它应该位于背风处，但需要足够光照让植物茂盛生长。太多荫凉会限制可以轻松种植的植物种类，而暴露的地点会让温室的加温成本陡升，植物在寒冷的夜晚可能得不到足够的保护。

提前规划

　　在购买温室前，在选址上花些时间是值得的。如果可能的话，详细记录冬天或春天花园中房屋以及所有临近车库、乔木或附近其他大型结构产生的阴影，以免将温室设置在一天的很多时间内处于阴影中的位置。温室的长轴应该是南北方向，以便其在夏天能最好地利用阳光。如果在春天培育植物，或者为了不耐寒的植物越冬，东西方向的温室能够在一天当中的大多数时间提供良好的光照条件。

　　如果你将来有可能的延伸温室，或者建造第二座较小温室，则在现场留出足够空间。

独立式温室

　　设置独立式温室的最佳位置是在远离建筑和乔木的背风明亮区域。如果位置较高或暴露多风，选择有绿篱遮挡作为风障的区域，或者建立一道栅栏或其他屏障。风障本身不应该投射太多阴影在温室上；不过，它们不需

温室风格

这栋传统式温室是花园的内在组成部分。绿篱和乔木提供了屏障，但距离没有近到显著减少光照。所需的养护很少：定期用防腐剂处理木材。

优雅的设计
拥有塑料覆盖框架的温室会非常美观并且实用。这个温室本身就是充满装饰性的花园景致。

要很高——2.5米高的绿篱能够为12米或者更远的距离提供保护。

不要将独立式温室设置在建筑附近或建筑之间,因为这会产生风漏斗效应,有可能损坏温室和其中的植物。斜坡底部以及斜坡旁边的墙壁、绿篱或栅栏附近

不应该用来建造温室,因为冷空气会聚在这些地方(见607页,"霜穴和冻害")。

单坡面温室

在一面能够接受阳光和荫凉的墙壁处放置单坡面温室。不要

选择地点
开阔而背风的地点对温室是最好的——不应该在风漏斗的路径上。如果没有自然风障,人工建造一道屏障。

温室的朝向
如果温室主要在夏季使用,它的长轴应该是南北方向的。如果需要在春季有良好的光照——这时候太阳在太空中较低,则应该让温室呈东西走向,以最大限度地利用阳光。

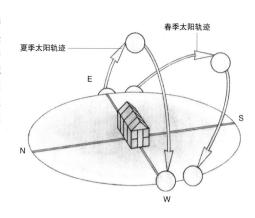

将它设置在一天当中大部分时间被阳光照射的地方,否则温室在夏天会过热,即使有遮阴和良好的通风系统。

出入

要牢记出入方便的需要。离房屋较近的位置比较远的位置好。还要保证温室门前有开阔空间,便于装载和卸载。任何通向温室的通道都应该是水平的。通道最好有坚硬且有弹性的表面,

还要足够宽以通行手推车。

水电管道

选择方便水电管道连接的地方,如果需要这些设施的话。虽然电力对于加温并不是必不可少的,但电力对于照明、温度调节和时间控制装置很有用。水管连接会让灌溉植物变得更方便,特别是如果使用自动灌溉系统的话,省去了在花园里拖拽软管的需要。

温室、排水槽和储藏水

节约用水在温室和冷床中和在露天花园中一样重要,而且还需要将水储存起来,在非常干燥的时期用于养护温室植物和繁殖材料。毛细系统、渗透软管和滴灌系统可以将水运输给有需要的植物,不过如果安装排水槽、落水管和储水箱的话,温室本身就能提供宝贵的雨水。不是所有温室都有排水槽,所以在购买前应该了解清楚。

通过温室工作台下设置的下沉式镀锌金属箱或塑料箱,可以储藏更多的水。将屋顶的雨水通过温室内部的落水管引到容器上方进行收集。

定期检查水龙头、连接处和容器,以免渗漏造成损失。

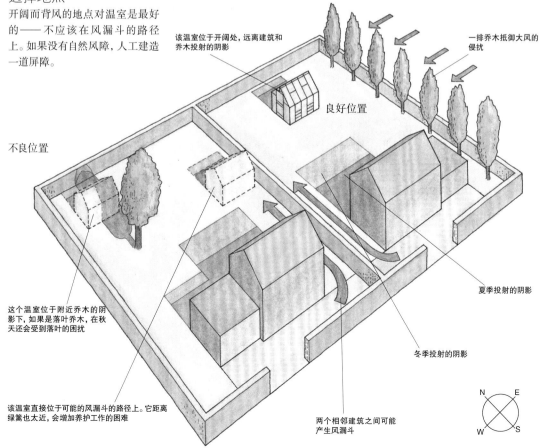

该温室位于开阔处,远离建筑和乔木投射的阴影

一排乔木抵御大风的侵扰

良好位置

不良位置

这个温室位于附近乔木的阴影下,如果是落叶乔木,在秋天还会受到落叶的困扰

该温室直接位于可能的风漏斗的路径上。它距离绿篱也太近,会增加养护工作的困难

夏季投射的阴影

冬季投射的阴影

两个相邻建筑之间可能产生风漏斗

选择温室

在购买温室之前，仔细考虑它的使用方式，以便选择最合适的风格、尺寸和材料——比如，用于花园房的温室与纯粹功能性的温室就存在很大差异。如果种植热带和亚热带植物，形状美观、中央空间可以摆设台子的温室可以增加植物展示的效果。

温室有许多不同的风格。某些温室能最大限度地利用空间，或者提供最佳的通风效果；而有些温室保温性很好或者可以让更多光线透入。在决定了优先考虑的因素后，风格的最终选择取决于个人喜好。

传统温室

较传统的类型适合种类众多的植物，包括传统跨度温室（traditional span）、荷兰光温室（Dutch light）、四分之三跨度温室（three-quarter span）、单坡面温室（lean-to）以及曲面温室（Mansard或curvilinear）。它们都有铝或木质框架，以及全玻璃

传统跨度温室

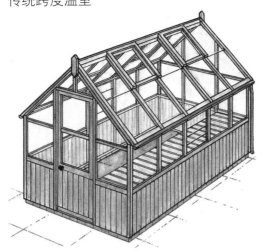

荷兰光温室

或部分玻璃的侧壁（荷兰光温室除外）。传统温室还有种类广泛的配件，包括工作台和架子等。

传统跨度温室

传统跨度温室的垂直侧壁和两侧均匀的坡面屋顶提供了充足的生长空间和净空高度。在培育幼苗和

种植苗床植物时，传统跨度温室能以最小成本最大限度地利用空间。

荷兰光温室

荷兰光温室侧壁的倾斜设计是为了让最多的光线射入温室，所以这类温室最适合种植苗床作物，特别是生长低矮的植物如莴苣。大块

玻璃板更换起来会很昂贵，因为它们的尺寸很大——传统的大小为145厘米×77厘米。玻璃板滑入框架，然后由镀锌铁钉固定的楔子安装。

屋顶上的玻璃板稍稍重叠，以隔绝雨水并增加刚性。不过，如果玻璃板重叠得太松散的话，会导致热量损失。

四分之三跨度温室

单坡面温室

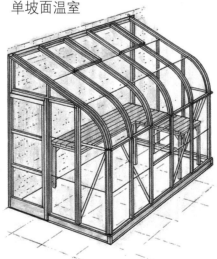

曲面温室

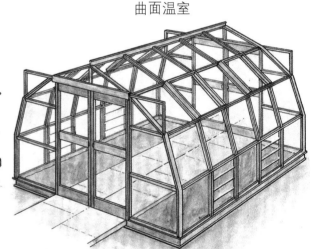

四分之三跨度温室

四分之三跨度温室的一面侧壁紧靠墙壁。它与独立式温室相比，光线受到一定程度的限制，所以这种类型的温室最好设置在阳光充足的墙壁旁，不过这可能意味着在夏天需要额外遮阴。墙壁可以为温室提供额外的温暖和隔离，特别是房屋的墙壁（又见右侧，"单坡面温室"）。

单坡面温室

在没有充足空间的地方，单坡面温室是一个很好的选择，而且特别适合作为用于观赏的展示性温室使用。

许多单坡面温室在外观上与保育温室相似，其可以用作花园房。在和房屋墙壁相邻的单坡面温室中安装水电管道更便宜，并

且比在离房屋较远的温室中铺设管道更省工。此外，它的房屋墙壁可以降低加温需求；砖墙可以储藏阳光（尤其是南向墙）和房屋供暖系统的热量，然后将热量释放到温室中。

砖墙的隔热性较好，所以单坡面温室的热量散失比其他类型的温室都低。

曲面温室

曲面温室拥有倾斜的侧壁和屋顶玻璃板，这可以最大限度地让光线射入。只有在开阔处并且没有附近建筑和乔木遮阴时，它才能发挥最大的优势。曲面温室适合在冬季需要最多光照的植物，此时白昼时间较短且光照水平较低。

穹顶形温室

多边形温室

高山植物温室

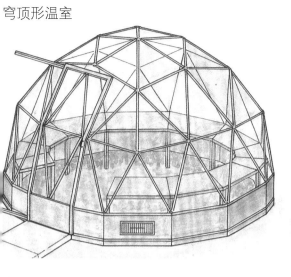

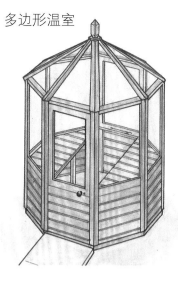

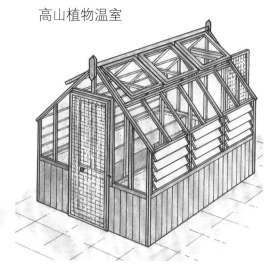

专用温室

专用温室有许多类型，包括穹顶形温室（dome-shpaed）、多边形温室（polygonal）、高山植物温室（apline house）、保育温室（conservation）、迷你温室（mi-ni）和塑料大棚温室（polytunnel），它们在外观上和传统温室有很大的差异。某些类型本身就是花园中漂亮的景致，而其他类型特别物有所值或者用于种植特定类型的植物。

穹顶形温室

这是一种外形优雅的设计，在暴露多风地区很有用，因为它比传统温室更稳定，风阻更小。多角度的玻璃板和铝质框架可以最大限度地让光线投入。穹顶形温室边缘的净空高度有限，植物很难伸展。通常它不能延伸，配件也只能使用生产商提供的专用配件。

多边形温室

在重视外观的地方，人们常常选择八边形和其他多边形温室，它们可以在花园中提供视线焦点。与尺寸相似的传统温室相比，它们一般更昂贵，并且由于它们很不常见，配件的选择也很有限。不规则的形状还可能限制种植空间。这种温室替换玻璃板比传统温室困难。

高山植物温室

这种类型的温室传统上是木结构的，在两侧有百叶窗式通风口，利于通风。高山植物温室一般是不加温的，并且只在最寒冷的冬季天气中关闭，所以不需要隔离保暖。这种温室不适合柔弱的不耐寒植物，适合种植那些能在光线充足、通风良好状况下茂盛生长，但害怕潮湿和雨水的植物。形状和传统跨度温室相似。

保育温室

迷你温室

塑料大棚

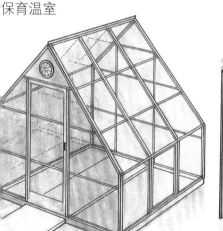

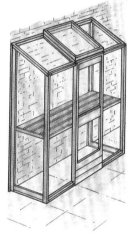

保育温室

这种类型的温室有许多特点都是用来尽可能地节省能量的。因此，它常常比尺寸相似的其他类型温室更贵。屋顶玻璃板的设置角度可以让最多的光线射入，如镜子一样的玻璃还可以将温室内部的光线反射回去。双层玻璃和特制隔离材料都是保育温室的标准配置。

迷你温室

这种有用的低成本温室非常适合狭小的空间，因为它们可以有各种高度、宽度和深度。有独立式和车轮式类型。如果只种植少量植物的话，迷你温室是最好的选择。它最好朝向西南或东南，以让最多的光线射入。工作台有各种深度，并且高度可以调节。出入可能是个问题——所有工作都必须从外面进行。温度常常快速变化，所以如果可能的话安装通风口。不想灼伤植物的话，夏季进行遮阴也是必要的。

塑料大棚温室

在外观不是很重要，而且需要提供低成本保护的地方——比如菜畦，塑料大棚温室具有许多优势。它由巨大的管道形框架组成，上面覆盖着结实的透明塑料布，其广泛用于种植需要一定保护但不需要传统温室温暖条件的植物。塑料大棚将冬季的严霜阻挡在外，并常年为植物挡风。由于它们较轻并且相对容易移动，常常在轮作的菜地中使用。

对于非常大的种植区域，商用塑料大棚是一项划算的投资，但对于小花园，更传统的形状也许是更好的选择。某些塑料大棚内包括一些工作台，不过大部分塑料大棚主要用于种植地面上生长的作物，直接种植在土壤、花盆或种植袋中。

通风可能是一个问题：门提供了一个很有效的通风方法——特别是在两端开口的大型塑料大棚中，有些类型的侧壁还可以卷起。塑料布每两年需要更换一次——它会逐渐变得模糊，阻碍光线进入。

选择尺寸

当温室摆满植物后，都会看起来很小，所以如果可能的话，购买一个可以延长的温室。虽然大温室的加温成本比小温室高，不过在冬天可以将一部分单独划出来，其余部分不加温（见574页，"热屏障"）。

空间上的考虑

主要用于观赏植物的温室应该有大量内部空间用于摆设工作台，工作台可以分层，设置在温室中央或后方。为提供植物繁殖和继续生长的空间，可能在温室中单独划出一块区域，或者使用冷床来繁殖。

长度、宽度和高度

2.5米的长度和2米的宽度是一般用途传统温室的最小实用尺寸。比这更小的温室会限制可以种植的植物种类，并让环境的控制变得困难——夏季的气流和快速热积累在小温室中更容易成为问题，并可能导致温度突然波动。在超过2米宽的温室中，可能难以够到工作台后面的花盆和通风装置。两侧60厘米宽的工作台可以在中间留下同样宽度的通道。

如果要在温室苗床中种植，选择2.5米宽的温室，两边的苗床宽度为1米。如果需要较宽的通道方便手推车出入的话，2.5米的宽度也合适。

许多小型温室的屋檐和屋顶较矮，使得在苗床或工作台上工作时间较久的话会比较劳累。为得到更高的高度，可以将温室建设在矮砖墙上或者在温室里挖下沉通道。

材料

温室的建造材料有很多。在选择框架和透光材料时，最重要的考虑因素是实用性、成本以及所需的维护量。材料的外观也可能会比较重要，金属很结实，但人们常常更喜欢传统的木材。

购买温室

在购买温室之前，按照下列各点一一核实，以免日后后悔。

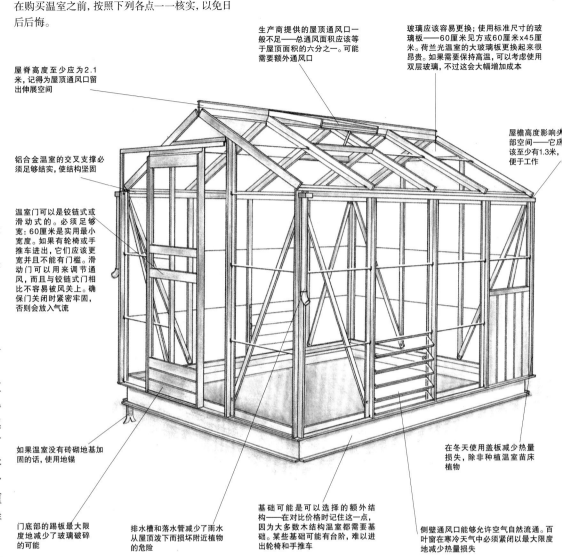

生产商提供的屋顶通风口不足——总通风面积应该等于屋顶面积的六分之一。可能需要额外通风口

玻璃应该容易更换；使用标准尺寸的玻璃板——60厘米见方或60厘米x45厘米。荷兰光温室的大玻璃板更换起来很昂贵。如果需要保持高温，可以考虑使用双层玻璃，不过这会大幅增加成本

屋脊高度至少应为2.1米，记得为屋顶通风口留出伸展空间

屋檐高度影响头部空间——它应该至少有1.3米，便于工作

铝合金温室的交叉支撑必须足够结实，使结构坚固

温室门可以是铰链式或滑动式的。必须足够宽：60厘米是实用最小宽度。如果有轮椅或手推车进出，它们应该更宽并且不能有门槛。滑动门可以用来调节通风，而且与铰链式门相比不容易被风关上。确保门关闭时紧密牢固，否则会放入气流

如果温室没有砖砌地基加固的话，使用地锚

门底部的踢板最大限度地减少了玻璃破碎的可能

排水槽和落水管减少了雨水从屋顶泼下而损坏附近植物的危险

基础可能是可以选择的额外结构——在对比价格时记住这一点，因为大多数木结构温室都需要基础。某些基础可能有台阶，难以进出轮椅和手推车

在冬天使用盖冷板减少热量损失，除非种植温室苗床植物

侧壁通风口能够允许空气自然流通。百叶窗在寒冷天气中必须紧闭以最大限度地减少热量损失

框架

传统的选择是木框架，并且一般认为它们是最美观的。不过它们会比较贵，建造起来也比较费力。尽可能选择耐久性好的木材。应该寻找有可持续来源的硬木框架。优质温室应该耐腐蚀，不会弯曲，如果每一或两年进行专门处理的话还能不褪色。

使用红木类（redwood）木材建造的温室比用雪松木建造的便宜。在组装之前，木材应该使用防腐剂进行高压处理，还需要经常粉刷以防止腐烂（见583页）。

使用铝合金框架的温室几乎

建筑材料

木材
木框架是花园温室的传统选择。硬木所需的维护成本很低。

铝
铝合金框架质量很轻但极为坚固，所需的维护极少。

钢
塑料包裹的钢框架非常结实，但需要定期处理以防止生锈。

不需要养护。它们的保温性不如木框架，但差别很小。

镀锌钢也常用于建造温室框架。钢框架轻且容易建造，还非常结实。它们比木框架和铝框架都便宜，但必须经常粉刷（见583页）。

铝框架和钢框架比木框架窄，因此可以使用更大的玻璃板，透光性更好。

玻璃板

园艺玻璃是最令人满意的温室镶嵌材料：它的透光性极好，而且比普通玻璃更薄更便宜。容易清洁，不会变色，并且比塑料材料能保持更多热量。不过玻璃没有塑料坚固，所以破损会成为问题，因为玻璃板必须马上更换。

塑料板

塑料一般比玻璃更贵，而且耐久性较差，它们更容易变色，随着时间的推移还会产生划痕。不仅难看，而且更重要的是，如果变色严重的话，会减少透光量。

聚丙烯薄板用于镶嵌许多温室的弯曲屋檐，因为聚丙烯可以轻松地塑形，从而呈现优美的轮廓。

和传统玻璃板相比，它的表面更容易产生冷凝水珠。硬质聚碳酸酯薄板也常用于镶嵌温室。它们容易制作，质量轻，几乎不会破裂，隔热性也很好。不过，它们相对容易刮花而且易变色。

双层聚碳酸酯板的隔热性非常好，但其透光性比较低，这在温室中会是一个大问题。

尺寸

大多数当地玻璃商都可以将玻璃切割至你需要的尺寸，费用很低。重要的是确保你给出的任何数

镶嵌材料

硬质塑料板材轻便且容易安装。这是双层聚碳酸酯板，隔热性很好。

字都是精确的；仔细计算，确保玻璃有足够的余地结合到日后要使用的支架系统。如果使用塑料镶嵌材料，其通常是板子状的，一般在家使用工艺刀和直尺就可以切割成型。

建造温室

如果温室在一开始建造得法，那么它所需要的维护就会少得多而且使用寿命也会长得多。下面列出的信息适用于许多不同的温室类型设计：一定要按照生产商的建议建造。如果在任何问题上存疑，要和供应商或温室制造商沟通细节。

如果需要的话，某些通过邮购提供温室的制造商还可以提供建造服务，但其一般会要求提前平整地面并准备好砖砌基础。

准备现场

将温室建造在紧实平整的土地上，否则框架会歪斜扭曲，从而导致玻璃碎裂。选定地点必须彻底清除杂草，因为温室建立起来后杂草很难清理干净。如果选中建造温室的地点刚刚被挖掘过，让土壤沉降数周，然后使用重滚筒碾压地面。

地基

小于2米宽、2.5米长的铝框架温室一般不需要厚重的混凝土地基。只需在四角各挖一个大约深25～45厘米的坑，然后用碎石埋入地锚（见572页），再倒入混凝土进行固定。如果需要更坚实的地基，挖一条大约25厘米深的沟，在其中填入15厘米厚的碎砖垫层。将锚定螺栓固定就位，然后倒入混凝土或使用铺装石板，确保与地面平齐。

砖砌基础

砖砌基础必须严格按照温室生产商提供的精确测量数字建造在大约13厘米深的混凝土地基上（见596页，如何修建混凝土基础）。混凝土地基的表面必须平齐或低于地面。

木结构温室

木结构温室的组件通常是完整供应的，只需要用螺栓组装在一起再安装到基础上即可。

基础

互相咬合的混凝土砌块可用于建造基础，或者建造坚实的混凝土地基或砖砌基础（见左，"地基"，以及上，"砖砌基础"）。

侧壁、山墙端和屋顶

在温室运来之前，确定需要哪种类型的螺栓或固定件，以及它们是否会一块送过来。首先用螺栓将侧壁和山墙端固定在一起，形成主框架。按照生产商的建议安装方式将主框架固定在基础或地基上。框架脚应该有一体锚定点，可以用螺栓向下牢固地固定。将所有内部组件安装在框架上，然后增加屋顶的组件并用螺栓固定就位。

某些木框架温室只供应没有镶嵌的框架，玻璃或塑料板单独配送。其他类型有预先镶嵌好的框架，但移动起来很沉重——两个或更多人才能支撑。

如果木材未经处理并且不防腐的话，应该在温室镶嵌板材之前在木结构上涂抹防腐剂。

镶嵌

如果镶嵌时使用油灰，它通常会和温室一起运送过来。将其涂抹在玻璃格条上，然后小心地将玻璃放入。玻璃板通常用镀锌钢或黄铜钉子固定；如果温室生产商没有提供钉子，可以在任何一家五金商店买到。

如果不使用油灰，只需按照供应商的指导步骤镶嵌玻璃。

无论使用哪种方法，都要先给侧壁和山墙端镶嵌玻璃，玻璃板之间重叠1厘米。使用柔软的金属重叠夹子将玻璃板牢固地固定在一起。

建造砖砌基础

如果为温室使用砖砌基础，应该提前修建，并且首先铺设合适的地基。在修建基础前与温室生产商沟通，确保尺寸正确。

混凝土地基

要想得到坚实的温室地基，挖一条与温室大小匹配的沟，在其中填入碎砖和一层混凝土。

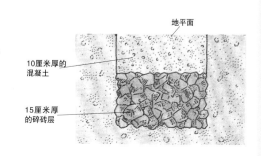

地平面

10厘米厚的混凝土

15厘米厚的碎砖层

金属框架温室的玻璃格条和夹子

玻璃格条
它们形成了温室的框架。

W形金属夹
用这种类型的夹子将玻璃和塑料板牢固地固定就位。

弹性带夹
另外一种夹子，它们可以安装到框架上。

通风口和门

通风口是预装的，所以送来的温室通风口都已经装好了。将铰链式门用螺钉固定，滑动式门只需插在滑槽中即可。

金属框架温室

金属框架温室是以家庭组装工具箱的形式配送的，而且框架分成几部分——基部、侧壁、山墙端以及屋顶。各部分有独立的组件，需要用螺栓固定在一起。

基部

首先组装基部，保证它绝对水平，并且为方形，以免框架日后扭曲歪斜；测量两个对角线——长度必须相同。基部必须牢固地锚定在地面上，这在多风或暴露地区特别重要。

如果将地锚安装在混凝土地基中，使用生产商提供的螺栓，否

地锚

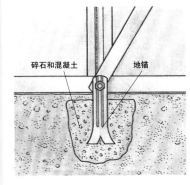

碎石和混凝土　　地锚

小型温室可以使用地锚固定。先使用碎石将它们埋到既定位置，然后灌入混凝土。

则只需将地锚设置在基部四角的碎石或混凝土中。

侧壁、山墙端和屋顶

按照说明书中推荐的次序组装侧壁、山墙端和屋顶。通常先组装侧壁。

首先确定工具箱目录中的所有东西都在，然后在组装前，将每部分的所有零件按照正确的相对位置摆放在地面上。将每部分（侧壁和山墙端）的零件用螺栓固定在一起。决定通风口的位置，并为它们留出合适的空隙。在所有部分组装完成并松散地配在一起之前，不要将螺母完全拧紧。

将各个部分用螺栓连接在一起，再连接到基部，然后用螺栓固定屋顶和屋脊的横杆。

通风口

通风口框架是单独组装的，然后在镶嵌板材之前用螺栓固定在屋顶和侧壁上。这样，在选择通风口的数量和位置时，比木框架温室更灵活。屋顶通风口的铰链通常滑入模制的沟槽中。

镶嵌

镶嵌条对于金属框架温室很有用。将镶嵌条切成相应的长度，然后将它们压入玻璃格条的沟槽中，玻璃格条是成型金属件，用于形成固定玻璃的框架。

首先镶嵌温室的侧壁，将玻璃

板放入玻璃格条之间，两侧各留出3毫米宽的空隙用于安装夹子。上方的玻璃板应该与下方玻璃板重叠大约1厘米。用重叠玻璃夹固定它们，这是一种S形的金属件，可以将上下端玻璃板牢固地钩在一起。

当每块玻璃板就位后，将玻璃夹按压在玻璃板和玻璃格条之间以固定玻璃。可能需要一些力气来克服金属的自然弹力。

使用同样的方法镶嵌温室两端和屋顶的玻璃。

安装门

金属框架温室一般有滑动式

为金属框架温室安装板材

将重叠玻璃夹子安装在基部格条上。佩戴手套，将板材放置就位，轻轻按压顶部边缘到固定位置上，然后将底部边缘勾在位置较低的板材上。用玻璃夹（见插图）固定板材，轻轻按压它们直到插入就位。

安装水电气

安装户外电源不是业余园艺师的工作。在温室中安装电路应该由有资质的电工进行，不过如果你自己挖出埋电缆的沟，并在电缆铺设完成后埋填，可以节省相当多的费用。如果你的温室距离房屋很近的话，还可以将电缆架设在头顶，并且不会很难看；你的电工可以判断这是否是一个实用的选择。为了安全，应该使用铠装电缆和防水装置。

电在温室中拥有实用的用途：它能够为加温系统、增殖箱、照明、定时器、土壤加温电缆以及各种类型的电动园艺工具提供能量。

天然气管道对于温室的加温很有用，虽然管道天然气加热器没有瓶装天然气加热器常用。咨询经过认证的装配工，讨论铺设天然气管道的可行性和成本。你仍然可以自己承包动锹的工作部分，省下一部分钱。

如果你已经拥有户外水龙头，可以充分利用它，将其铺设到温室中。管道应该埋到冻土层之下——至少30厘米深，而且地上部分应该充分包裹。在英国，必须使用防虹吸装置，以满足法律要求。

门。它们应该用螺栓组装，滑入框架末端提供的滑槽中，然后在末端螺栓阻止门从滑槽中脱落。门应该在安装就位后再镶嵌玻璃。

安装工作台

制造商提供的工作台可以用螺栓或螺钉固定在框架上。最好在温室竖立起来以后安装工作台，尤其是八边形温室和穹顶形温室，它们的工作台都是特制的。如果使用实心工作台，应该在温室内壁和工作台之间留出几厘米的宽度，以便空气自由流通。

创造合适的环境

在温室中创造适合植物生长的环境是成功的温室园艺的基础。

对于不耐寒的植物，温室保持的温度至关重要。在加温温室中，确保选择高效、可靠和经济的加热器。在任何温室中，保持热量并隔绝气流的良好密封性必须与充分通风的需求达成平衡。在夏季，遮阴对大多数温室很重要，有助于防止植物过热；见636页，"为温室遮阴（温带地区）"。

空气湿度应该维持在适合温室中植物生长的水平。自动灌溉设置会增加湿度，因此对于大多数植物，专用加湿器并没有必要。特制光源常常用来增加植物的生长潜力。

温室温度

温室中植物种类的选择在很大程度上取决于温室保持的温度（见359页，"温室布局"）。温室有四种类型：寒冷温室、凉爽温室、普通温室和温暖温室。每种类型的温室环境都要经过不同的控制。

寒冷温室

寒冷温室完全不加温。需要密封（见574页）以隔绝冬季严霜，在夏天需要一定程度的荫凉（见576页）。良好的通风（见575页）在全年都很重要。

寒冷温室可以用来种植夏季作物、越冬稍不耐寒的植物或者繁殖插条（不过增殖箱可以提高扦插成功率，见580页）。寒冷温室还可以让许多耐寒植物和春季球根植物提前开花。

寒冷温室适合种植高山植物——某些温室专门设计用来为这类植物提供最大限度的通风（见569页，"高山植物温室"），不过任何侧壁有百叶窗式通风口的温室都足以达到通风要求了。

凉爽/无霜温室

凉爽温室是加温程度正好能保证没有霜冻的温室。这意味着温室的白天最低温度在5~10℃，夜晚最低温度一般不低于2℃。

为保证达到这样的温度，能够大幅提升温度的加热器在冬天是必备的，以应对户外温度降低到冰点之下的情况。带恒温器（见574页）的电加热器最有效。与寒冷温室中一样，良好的密封性、通风条件以及遮阴控制都是必不可少的。

无霜温室可以种植寒冷温室中能够种植的所有植物。此外，不耐寒植物可以越冬，还可以种植夏季作物或开花盆栽植物。萌发种子会用到增殖箱。补光灯（见577页）提供的额外光线对于幼苗很有益处。

普通温室

稍温暖的温室，白天最低温度为10~13℃，夜间最低温度为7℃，适合种植许多耐寒、半耐寒和不耐寒的盆栽植物，以及种植蔬菜。

春天繁殖需要额外加温，可以用增殖箱提供，或者提高加温幅度。补光灯进行补光很有用。需要遮阴和良好的通风，特别是在夏天。

温暖温室

温暖温室的白天最低温度为13~18℃，夜间最低温度为13℃。这样高的温度可以让业余园艺师种植种类广泛的植物，包括热带和亚热带观赏植物、果树和蔬菜等。温暖温室还可以在没有繁殖工具帮助的情况下繁殖植物和培育幼苗，不过补光灯也会很有用。

在炎热天气中，非常好的通风状况、最好自动化的高效遮阴方式以及高湿度（见576页）是必不可少的。

温室的工作原理

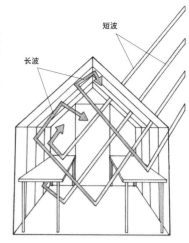

光作为短波辐射穿透玻璃，加热了地板、工作台、土壤和植物等所有东西。热量又以长波的方式从这些东西上辐射出去，而长波不能穿透玻璃，导致温室内部的热量积累。

如何平衡温室的环境

	加温（见574页）	密封（见574页）	通风（见575页）	遮阴（见576页）	湿度（见576页）	灌溉（见577页）	照明（见577页）
寒冷温室无最低温度	无	在冬天隔离寒冷的气流和潮湿多雾的天气	在冬季，良好的通风可以防止出现潮湿滞闷的情况	在夏天用遮阴涂层、卷帘、遮阴网或织物、硬质板材为贵重植物遮阴	在夏天不会成为问题。在冬天通过通风保持空气的"干燥"	冬季手工浇水。夏天使用毛细管系统、渗透软管或滴灌系统	因为种植的植物种类，不太可能需要补光灯
凉爽温室最低温度为2℃	最好用有恒温器控制的电加热器，不过也可以使用天然气或石蜡加热器。如果种植不耐霜冻植物的话，安装霜冻警报很有用	在冬天和寒冷温室相同。在春天，如果种植不耐霜冻植物的话，良好的密封性极其重要	大量通风，特别是如果使用天然气或石蜡加热器的话，可以分散水汽和有毒的烟雾	在夏季用遮阴控制温度。遮阴涂层或卷帘最有效。如果可能的话，安装自动卷帘	在夏天通过洒水来提高湿度	和寒冷温室一样，夏季还可以使用悬吊喷灌系统	补光灯可能会有用，特别是在春季光照水平较差时，对处于发育早期的植物有用
普通温室最低温度为7℃	需要带恒温器的加热器（最好是用电的）。霜冻警报也很重要	和寒冷温室以及凉爽温室一样。春季繁殖时热屏障很有用	和凉爽温室一样。自动通风口在夏季特别有用	和凉爽温室相同	在春天和夏天维持高空气湿度，特别是在插条和幼苗周围	自动灌溉系统在全年都很有用	补光灯在冬季和春季很有用，可以延长白昼时间
温暖温室最低温度为13℃	和普通温室一样	良好的密封性在全年都很重要，可以降低加温成本	自动通风口可以大大简化温度控制	在夏季需要自动卷帘	全年都需要高空气湿度	和普通温室一样	和普通温室一样

加温

在温室中维持所选择种植植物的最佳生长温度范围很重要。选择功率足以维持所需最低温度的加热器。在选择温室加热器时需要考虑的其他因素包括方便程度、安装成本以及运行费用。

电加热器

电加热器是最可靠、高效和方便使用的温室加热器，不过它们需要电力供应才能工作（见572页，"安装水电气"）。它们一般是用恒温器控制的，这意味着不会浪费热量，而且也不需要经常填充燃料或维护。此外，电加热器也不会产生水汽或烟雾。

电加热器有许多类型，包括扇形加热器和防水管形加热器，二者都能有效地为温室加温。有时还使用对流加热器，但它们不能高效地散发热量。管形加热器需要安装在温室的侧壁，刚好位于地板之上。其他加热器可以按照需要四处变换位置。

扇形电加热器特别有用，因为它们能促进空气良好循环，这有助于维持气温均匀并最大限度地减少病害扩散。如果关闭加温，在炎热天气中它们还能让温室凉爽下来。

天然气加热器

天然气加热系统可以使用管道天然气（见572页，"安装水电气"）或瓶装天然气。它们使用起来没有电加热器方便：尽管它们可以安装恒温器，但这些恒温器一般不用温度度数进行校准，所以你需要试验以确定合适的设置。

如果使用瓶装天然气，天然气瓶需要经常更换。总是使用两个用自动阀门连接的瓶子，以防其中一个的天然气用完。丙烷气体在燃烧时会释放烟雾和水汽，所以通风很重要。将天然气瓶放在安全的地方，并让有资质的经销商定期检查。

石蜡加热器

它们的燃料使用效率不如电加热器或天然气加热器，因为它们不受恒温器的控制。因此，如果要维持较高温度的话，使用石蜡加热器的成本会很高，因为会浪费部分热量，不过它们的购买价格比较便宜，而且没有安装成本。

使用石蜡加热器需要良好的通风，因为燃烧会产生有毒的烟雾和水汽——如果通风不良的话，潮湿、滞闷的空气会导致病害。其他缺点包括需要运输并储藏燃料，还要检查燃料位置，确保清洁燃烧。

循环热水

固体燃料热水系统如今在温室中很少用。使用油或气做燃料的循环热水系统仍然存在，不过很少在业余园艺师的小型温室中见到。

尽管通过热水管道可以很好地散发热量，但释放出的热量只有50%得到使用——剩余的都通过玻璃墙损失了。由于需要经常烧火和清理，使用固体燃料很不方便。

温度计和霜冻警报

如果温室中的加热器没有恒温器控制，则使用高低温度计来维持合适的过夜温度。

在经受极端低温的地区，如果温室中有不耐寒植物的话，霜冻警报是很好的安全预防工具。如果空气温度突然降低至接近冰点，比如因为停电或加热器损坏，警报（一般是在房屋中的某处）会在遥远的地方响起，让你可以及时保护植物。

霜冻警报

如果种植了会被低温冻伤或冻死的不耐寒植物，应安装霜冻警报。

密封材料
泡沫塑料可用于密封温室，它能够大大减少热量损失。将它切割成相应形状并安装在框架上。

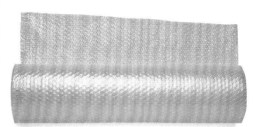

密封

温室的良好密封性可以大幅降低加温成本，例如，如果需要7℃的最低温度，密封的成本在几个生长季就能通过降低加温费用收回——在特别冷的地区只需要一个冬天。需要维持的温度越高，地区越冷，密封良好就越能节约成本。不过选择正确的材料很重要，因为某些密封材料可能会减少照射在植物上的光。

双层板材

密封整个温室的最高效方法是安装双层板材。如果可能的话，这最好在建造温室时进行。当然，双层板材比较贵，但好处是巨大的。

柔性塑料密封

由两三层透明塑料膜组成，并且有空气小室的泡沫塑料是非常有效的密封手段。在减少热量损失方面，单层塑料布没有泡沫塑料的效率高，但比较便宜，而且不会阻挡那么多光线。在冬天可以将塑料布以双层铺设的方式使用。在安装密封材料时，使用与温室框架相匹配的吸盘紧固件或夹子。

热屏障

它们由数层透明塑料布或半透明材料如交层织物组成，连接在屋檐之间的金属丝上，并在晚上沿着温室较窄的方向水平伸展。在夜晚它们可以保持温室热量，因为它们限制了热量上升至屋檐上方，将其保留在下方的植物周围。

热屏障还可以将温室两端的一部分隔离出来加温，剩余部分不加温。需要越冬的植物和提前萌发的幼苗可以种植在加温部分。

有制造热屏障的专用套装，或者分别购买塑料布和必要的安装零件。

基础覆盖

对于玻璃直接接地的温室，地板上的基础覆盖可以显著减少热量损失。在冬季，将聚苯乙烯板材沿着玻璃板底部铺设以提供额外的保温，夏季种植苗床植物前移走。

热屏障

屋檐之间的水平热屏障

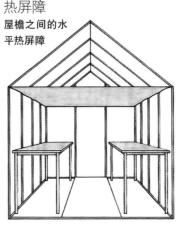

作为隔离的垂直热屏障

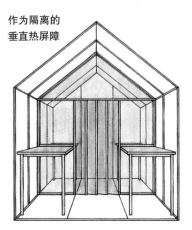

热屏障可以水平拉伸在屋檐之间。它们也可以垂直拉伸，将需要加热至较高温度的部分单独从温室中隔离出来。

通风

良好的通风在温室中至关重要，即使是在冬天，它可以避免空气变得潮湿滞闷，并且可以控制温度。通风口覆盖的区域应该至少为地板面积的六分之一。

额外通风装置

很少有温室在供应时就有足够的通风装置，所以在购买温室时应该订购额外的通风口、铰链式和百叶窗式通风窗或者排风扇。这一点对于木框架温室非常重要，因为日后很难再安装这些通风装置。

如果使用石蜡或瓶装天然气加热系统的话，额外的通风装置特别重要，以防止水汽和烟雾积累形成对植物不利的环境。

自然通风系统

当外部空气流动时，温室内部会发生空气交换，用新鲜空气替换内部温暖潮湿的空气。如果通风口设置在温室的侧壁和屋顶，并且是交错的，这样可以保证空气在整个区域循环流动——如果通风口是直接相对的，则空气只会从温室中直接穿过去。

在夏天可以将门打开以增加通风；不过最好在门上安装一面网，防止鸟类和害虫进入。

烟囱效应通风系统

在烟囱效应通风系统中，暖湿空气从屋顶通风口排出，于是新鲜空气得以从位置较低的通风口进入，进气口通常位于温室的侧壁，在工作台上方或下方。

风扇通风系统

在风扇通风系统中，通过机械驱动的方式在温室头部或稍高的高度将温室的气体排出，然后通过位置较低的通风口（通常位于对侧）吸入新鲜空气。

铰链式通风口

它们可以安装在温室的侧壁或屋顶上，并且应该以大约45°的

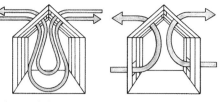

温室通风的原理

自然风效应
新鲜空气吹入温室，循环流动，然后从对侧通风口流出。

烟囱效应
温暖空气上升并从屋顶通风口流出，将新鲜凉爽空气从下方吸入。

风扇通风
温室顶部的风扇将空气抽出，并从位置较低的通风口抽进新鲜空气。

角度张开。这会允许最大限度的空气流动，同时阻止风直接灌入温室，从而对植物甚至温室本身造成损害。

百叶窗式通风口

通常设置在工作台的高度，百叶窗式通风口特别适合在冬季控制整个温室的空气流动，因为这时候屋顶排风口会导致太多热量损失。不过百叶窗式通风口的关闭必须紧密，以便隔绝所有气流。

百叶窗式通风口
它们安装在温室侧壁的地面之上，用于改善温室内部的空气流动。开关系统有一个杠杆，容易操作（见插图）。

铰链式通风

自动通风口

自动通风口可以大大简化温室中的温度控制，因为只要温室中的温度超出既定温度，它们就会自动打开。如果温室中的加热器没有安装恒温器，这样的装置是必不可少的。

在任何类型的温室中，至少应该有部分铰链式通风口或百叶窗式通风口安装成自动式的，严格按照生产商提供的说明书安装即可。

用铰链装置打开的通风口一般安装在温室的屋顶。确保它们可以打开得很宽，并且在打开时固定牢固。

它们可以设定在一定温度范围内开启，但要确保你选择的自动系统与温室中种植的植物所需温度范围相匹配。最好设置为比植物最佳生长温度稍低一点的温度。这样的话，通气口可以及时开启，使温室得到良好的通风，以防内部温度升高至对植物不利的。

自动通风口有许多类型。某些型号通过金属或塑料筒内蜡条的膨胀和收缩来实现开合，蜡的移动会让活塞控制通风口的打开和关闭。其他型号则使用随着温度变化而变形的金属杆来启动通风装置。

排风扇

设计用于厨房和浴室的风扇用在温室也很适合。使用这些排风扇的额外好处是，它们中的大多数都有恒温器控制，这是温室基本的需求。

风扇的功率应该能够满足温室尺寸的需要——排风速度通常以每小时排出空气的立方米数计算。作为一般原则，2米×2.5米的温室需要每小时排出300立方米空气的风扇，不过如果还使用了其他类型的通气设备，小一些的风扇也足够使用。

设置在排风扇对侧并且位置较低的百叶窗，可以提供新鲜空气来代替风扇排出的滞闷空气。

为延长风扇的使用寿命，发动机不应设置到最大功率，最好选择功率稍稍超出温室需求的型号。

自动通风口

随着温室温度的升高和降低，圆筒内蜡会随之膨胀和收缩，以控制通风口的开合。

遮阴

如果通风系统的效率不足，遮阴有助于控制温室的温度。遮阴还能保护脆弱的植物免遭阳光直射的伤害，降低叶片灼伤的风险，并避免花朵在强烈阳光下变色。主要用于控制热量的遮阴应该在温室外部设置，设置在温室内的遮阴不太可能大幅降低温度。

温室所需的遮阴量取决于季节以及所种植的植物。在阳光最强烈的月份，能够减少40%~50%阳光的遮阴适合典型的混合温室。蕨类通常喜欢过滤掉大概75%的阳光，而大多数仙人掌和其他多肉植物只需要很少或根本不需要遮阴。

遮阴涂料

粉刷涂料常常是减少阳光热量的最有效也是最便宜的方法，同时又能允许足够的光穿透温室，让植物良好生长。炎热季节开始时，将涂料粉刷或喷涂在玻璃外壁，并在夏末将它们擦去或冲刷掉，如果有必要的话可以使用清洁溶液。

遮阴涂料并不贵，但使用和去除都比较麻烦，而且它们的外观有时会很难看。某些涂料在潮湿时会变得更透明，所以在雨天和天气阴沉的时候，它们能够透入更多光线。

卷帘

卷帘主要用于温室外侧，并能有效控制温度。由于它们可以根据

为温室遮阴

将遮阴涂料粉刷到温室外侧，防止温度过高，同时不会大幅减少光线。涂料可以保留整个生长季。

所需的光照强度卷起和放下，因而比遮阴涂料使用得更广泛。它们可以用在温室中只有一部分需要遮阴的情况下。不过手工操作的卷帘需要经常关注。自动卷帘会在温度达到一定水平后自动操作，使用起来更加方便，但比较昂贵。

遮阴网和织物

柔软的遮阴网材料在外部和内部都适合使用。它们的灵活性不如卷帘，因为它们一般在整个生长季都固定在同一个位置，而且它们控制植物生长的能力也不如遮阴涂料。

纺织和编织织物也适合用于温室内外遮阴。减少的光照水平相差很大，这取决于安装的织物类型，不过穿透的光线一般正好能够满足植物的生长，而且温度不会明显降低。交层织物和某些塑料网最

柔性网

可以将塑料网切割成合适的大小，并在温室的内部或外部使用，为植物遮阴。

卷帘

卷帘是一种灵活的温室遮阴方法。应该保证它们耐用，因为会长期挂起来使用。

好只用于内部遮阴。

染色泡沫塑料也可以用来遮阴。它几乎能隔绝50%的光线，但只能稍稍降低一点温度。

硬质板材

硬质聚碳酸酯板（常常是染色的）有时候可以在温室中用于遮阴。这种板材可以按照生产商的推荐安装在温室内部或外部。它们可以有效阻隔光线，但除非它们是白色的，否则穿透的光质可能无法满足植物良好生长的需求。

湿度

湿度衡量的是空气中的水蒸气含量。空气湿度影响植物蒸腾作用的速度。在蒸腾作用中，水分（以及养分）从根系被拉升到叶片，然后从叶子上的气孔蒸发到空气中。随着水分的蒸发，植物可以降温。

在温室中建立所种植物喜欢的空气湿度水平，然后控制空气中的水分含量来满足植物的生长。可以使用各种方法（见右，"加湿器"）来增加空气湿度，降低空气湿度的方法是通风。

植物需求

非常潮湿的空气会将植物的蒸

腾速度降低到对植物有害的水平，植物可能会因过热而损伤，除非通过通风引入较凉爽且干燥的空气。不过，许多来自潮湿气候区的热带植物需要高水平的湿度才能健康生长，并且在干燥空气中无法存活。

如果空气干燥，湿度水平低，植物会更快地进行蒸腾作用。这常常会使植物损失大量水分，于是无法适应低湿度水平的植物会发生萎蔫，除非在根系补充额外的水分。干燥气候区的植物常常拥有特殊的解剖学特征，可以在干旱条件下减少蒸腾速度（见614~615页，"节约用水和循环用水"）。

测量湿度

温室中的空气湿度在一定程度上取决于空气温度——温暖空气在饱和之前可以容纳更多水分。相对湿度是衡量空气中水汽含量的一种方法，用同样气温下饱和水汽的百分比表示。"潮湿"空气定义为相对湿度为75%的空气；"干燥"空气的相对湿度大约为35%。

配置有湿度查算表的干湿温度计可以用来测量空气的相对湿度。还有可以同时给出湿度和温度读数的电子湿度计。作为一般原则，低于75%但高于40%的空气湿度可以保证大多数温室植物在生长期的良好生长——高于80%的空气湿度常常导致灰霉病等病害的发生。

在冬季，空气湿度应该维持在较低的水平，不过确切的湿度水平取决于植物的类型以及温室的温度。

加湿器

在夏天，可以用洒水壶或软管将水洒在地板或任何台面上，起到降温并增加空气湿度的作用。自动洒水系统可以简化湿度的控制，特别是对于那些需要很高空气湿度的植物。在小型温室中，手工喷雾或者用装满水的托盘进行缓慢蒸发通常就足够了。

灌溉

在小型花园中，传统的洒水壶是为众多不同植物浇水的最佳选择，虽然会有些费时。你可以轻松控制水流，它能确保所有植物能根据各自的需求得到灌溉。

不过在夏天，自动灌溉系统在温室中是很有用的设备，如果温室在较长一段时间无人照料的话，自动系统就非常重要，因为在炎热的天气某些盆栽植物需要一天浇几次水。

毛细管灌溉系统

依靠毛细管作用将水提升上来的灌溉系统常常在温室中使用。

花盆可以放置在温室工作台上的一层2~5厘米厚的干净沙子上，并总是保持沙子的潮湿。不过潮湿的沙子会给工作台增加不少负重，所以要确保工作台足够坚固，可以承受额外的重量。此外，木质工作台还要使用结实的塑料布作为衬垫，否则木材会腐烂。也可以将沙子铺在铝制或塑料托盘中。

在工作台边缘增加一段塑料水槽并在其中装满水，这可以手工完成。或者使用连接水管的悬吊水槽，这样的话灌溉系统需要使用浮球旋塞控制。

成卷供应的毛细管垫可以切割成适合的尺寸，它轻便得多，更容易保持清洁，并且和沙子一样有效。为保持毛细管垫的持续湿润，将其边缘放入水槽或其他储水容器中。如上所述，水槽中的水可以手工添加，也可以从水管中补充。

为了让毛细管灌溉系统发挥作用，花盆基质和水分来源必须充分接触，使水不断供应到植物的根系。塑料花盆通常能够让基质与潮湿的沙子或垫子良好接触。而陶制花盆则需要一根绒条引导。将富余的毛细管垫切割成条状并放置在排水孔，连接基质和垫子之间的空隙。

冬季不要在温室中使用毛细管系统，因为大多数植物处于休眠期或生长缓慢，需要的水量会降低。总是保持潮湿的垫子和沙子会将温室中的湿度增加到对植物不利的水平。

高架喷洒系统

带喷嘴的悬挂输水管道可以将水喷洒在下方的植物上，这是商业生产温室常用的灌溉系统。它是一种灌溉大量处于相似生长阶段植物的理想方法。不过，它不适合小型的包含多种不同植物的业余温室。高架喷洒系统的安装成本也很高，而且在冬季使用的话会让空气湿度变得太大。

渗透软管

它们广泛用于花园中，也可用于温室内部，灌溉温室边缘苗床或者保持毛细管垫的湿润。不过，在非常炎热的天气，渗透软管可能无法为植物提供充足的水流（又见561页）。

滴灌系统

这种类型的灌溉系统由一系列带小孔的输水管组成，每个管子上都安装有可调节的喷嘴。管子放置在单独的花盆或种植袋中，或者放在温室边缘苗床中的植物旁。

输水速度必须得到很好的控制，并且根据植物的需要进行调节，这取决于一年中的时节以及天气的变化（又见561页）。

照明

如果温室中已经安装了电源（见572页，"安装水电气"），照明工具可以在任意时间添加，成本并不高，运行费用也较低。此外，灯具还能为植物提供一些热量。普通荧光灯能够为工作提供足够照明。

补光灯

在春季和冬季光照水平较低时，为达到某些特殊目的，可以使用补光灯的特定光质来增加光照强度，延长白昼时间（见494~495页，"白昼长度"）。

灌溉系统

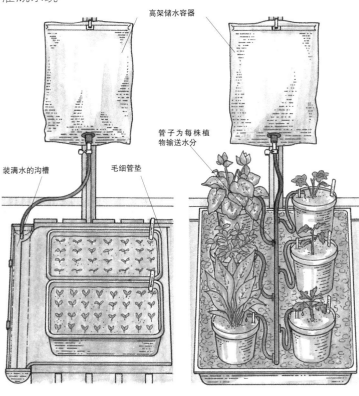

高架储水容器

装满水的沟槽　毛细管垫

管子为每株植物输送水分

毛细管灌溉
悬挂起来的储水容器为在工作台上安装的水槽注水。垫子吸收水分，然后被托盘中的基质吸收。

滴灌
滴灌系统用小管子直接为每个花盆供水，水分由悬挂起来的储水容器提供。

能够促进植物生长的荧光灯管可以从专业水族箱供应商或园艺中心那里购买。它们不会产生太多热量，所以可以放置得离植物很近。这些灯装有反射罩，可以将光线投向下方，从而充分利用光源。为得到最好的效果，灯管应该位于植物叶片上方25~30厘米。汞荧光灯和汞蒸气灯也能提供促进植物生长的合适光质。

金属卤灯是最好的补光灯，能够放射与自然光光谱接近的光线，但也是最贵的。它的照明区域很大，但投射范围是圆形的，这在小型温室中很不方便，因为角落的光照可能不足。

大部分适用于温室的补光灯需要专门安装，因为温室中的环境很潮湿。如果存疑，咨询有资质的电工。

照度计

在照明是非常重要的因素的地方，温室中的植物生长照度计会很

有用，它们可以比肉眼更精确地测量光照水平。

照度计通常会附带关于多种常见栽培植物最佳光照水平的信息，按照相应的光照水平为特定植物控制光照。

补光灯

它能提供促进植物生长的额外光照。尽可能将它直接安装在植物上方。

使用空间

为了最大限度地利用温室内的有限空间，仔细规划温室的布局。放置在抬升苗床、边缘苗床、种植袋中，或者放置在地面、工作台或架子上的容器中进行栽培都是合适的方法，组合使用这些方法通常能得到最好的效果。

抬升苗床

主要用于需要排水通畅的高山植物温室。使用新砖块建造抬升苗床会比较贵，可以使用旧砖块建造。在抬升苗床和温室侧壁之间留出较大空隙，保证空气可以循环流动并且基质中的水分不会穿透墙壁。更多详细信息，见599页，"抬升苗床"。

抬升到普通工作台高度的苗床只适用于单坡面温室或者那些具有较高砖砌基质的温室。不需要深厚土壤的小型植物可以使用放置在砖砌支柱上的石槽。或者在砖砌支柱上建造一个抬升容器：先在砖砌支柱顶端安装硬质金属板或铺装石板，在边缘砌几层砖来充当侧壁，然后使用一张丁基橡胶作为衬垫。丁基橡胶上应该穿刺几个孔用于排水。

种植较高植物的抬升苗床不需要那么高，因此不需要立在砖砌支柱上。它们一般是从地平面开始修建的，并且设置有渗水孔，只需简单地填充基质即可使用。

边缘苗床和种植袋

如果在温室边缘直接种植植物，那么需要玻璃直接接地的温室，以确保植物接受足够光照。对于宽2.5米的温室，边缘苗床的宽度应为1米，不过如果边缘苗床上方有工作台的话，应该将苗床设置得更宽，使工作台不会阻碍你轻松地够到苗床远端。如果需要的话，盆栽植物也可以放置在苗床上而不是工作台上。

如果连续多年种植同一种植物，温室边缘苗床中的土壤可能会感染病害。如果发生了这种情况或者温室地板全都进行了混凝土硬化，可以使用种植袋。种植袋是一种方便的栽培方式，它们能够很好地保持水分，并省去了在种植前掘土和施肥的需要。种植袋中基质的所有养分会在一个生长季内全部消耗掉，所以每年应该使用新的种植袋。

温室内部

良好地组织温室内部的元素，充分利用有限的空间。这里是单坡面温室的布局示意图。

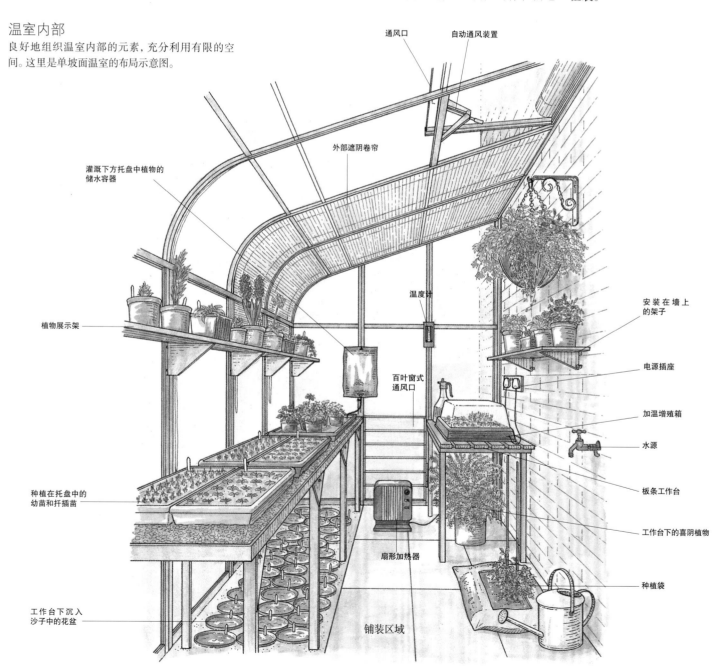

通风口

自动通风装置

外部遮阴卷帘

灌溉下方托盘中植物的储水容器

温度计

安装在墙上的架子

植物展示架

电源插座

加温增殖箱

百叶窗式通风口

水源

种植在托盘中的幼苗和扦插苗

板条工作台

工作台下的喜阴植物

扇形加热器

种植袋

工作台下沉入沙子中的花盆

铺装区域

展示植物

使用架子和工作台,可以分层展示不同高度的植物。如果温室有加温的话,全年可以种植众多种类的植物,周年陈设美丽的花叶。将休眠植物放置在工作台下方,为其他应季植物留出展示空间。

工作台

工作台对于任何观赏或混合温室都很重要——将植物提升到腰部高度,浇水和养护都会变得更轻松。即使为了夏季作物而撤除,工作台对繁殖植物和培育幼苗还是必不可少的。

工作台的位置

对于小型或混合温室,最令人满意的安排方式是在中央设置一条通道,两侧设置工作台,而在温室的其中一端,可以撤去一半工作台便于种植边缘苗床植物,保留剩下的固定工作台陈列观赏植物。固定工作台的位置应该保证它投射在苗床作物上的阴影最少。

中央工作台

主要用于展览的较大观赏温室可以将工作台设置在中央,周围围绕通道。可以背靠背设置两个工作台,台面最好垂直分层,以增加展示效果。

合适的尺寸和高度

大多数工作台宽约45～60厘米。更宽的工作台可以用在大型温室中,但它们可能难以从一侧伸到另一侧。所有工作台都需要建造得坚固以支撑植物、容器和基质的相当大的重量。在任何工作台的背部和温室侧壁之间都要留出比较大的缝隙,让空气自由循环。

大多数业余温室中需要保存许多盆栽植物。方便作为工作台的合适高度大概为75～90厘米,如果需要坐着工作的话,它应该更低一些。

独立式工作台

有时候温室中需要可以拆卸并储藏起来的工作台,在需要时放入温室中使用,比如在春天培育幼苗时。与嵌入式工作台相比,独立式工作台也许与温室整体风格不是很匹配,看起来也没有那么美观,但它使用起来灵活得多。独立式工作台必须容易组装并且坚固,因为要多年使用。如果一年中的大部分时间需要种植边缘苗床作物,可以

独立式工作台

可移动的工作台有很大的灵活性,因为它们可以根据植物的需求四处移动,或者全部撤除。

固定工作台

大多数温室制造商提供与温室建造材料相同的永久性特制工作台。最好在建造温室的同时将它们安装好。

向后折叠到温室侧壁上的开网式工作台使用起来会很方便。

可以分层建造独立式模块工作台,从而提供一种美观的植物展示方式。还有板条式、网式或实心模块系统。

固定工作台

内嵌式工作台和架子会增加温室框架的负荷,特别是轻质的铝合金框架。如果使用砂砾或沙子的话,它们会给工作台增加额外重量,尤其是潮湿时。尽可能购买专门建造的工作台;如果存疑,在安装任何固定工作台前先与温室制造商沟通确认。

板条和网面工作台

如果你在花盆中种植高山植物或仙人掌和多肉植物,最好使用板条和网面工作台,与无缝台面工作台相比,它们可以允许空气更自由地流动。然而板条和网面工作台不适合使用毛细管灌溉系统。

木框架温室使用木板条工作台,铝合金或镀锌钢框架温室使用金属或塑料网面工作台会更合适。

无缝台面工作台

与板条工作台相比,无缝台面工作台可以容纳更多花盆(板条之间较难保持花盆直立),但需要更多的通风。

如果使用毛细管灌溉系统,选择表面水平无缝的铝工作台,以便铺设垫子或沙子。某些类型的工作台表面可以翻转,一面是可以铺垫子的平整表面,翻转过来有可以装沙子或砂砾的盘形部分。

架子

温室中的架子可以用于储藏和展览。固定架子会将阴影投射在下方的植物上,所以最好安装可以折叠的架子,在春天空间短缺的时候使用,在一年中的其他时间收起。

在没有足够高度容纳吊篮的小型温室中,架子可以用来展示蔓生植物。

板条工作台

木质板条工作台是一个为了美观的选择。与无缝台面相比,板条可以让空气在植物周围更好地流通,但板条上无法使用毛细管灌溉系统,除非在工作台上放置托盘。

繁殖设施

许多植物繁殖需要较高的温度，而温室维持这么高的温度并不现实。因此，为节省燃料费用，常常使用繁殖辅助设施来提供植物所需的额外热量。它们还可以提高播种和扦插的成功率。为温室选择尺寸足以容纳三个标准播种盘的增殖箱。

如果要在温室中使用加温增殖箱、喷雾单元或土壤加温电缆，电源是必不可少的。喷雾单元除了需要供电还需要供水。

不加温增殖箱在温室中的用途有限，但其在夏季可以为茎尖插条、嫩枝插条或半硬质插条的生根提供足够的湿度。在较小的范围内，用透明塑料布密封插有插条的花盆可以创造相似的效果。

加温增殖箱

加温增殖箱应该有加温装置，其可以在冬季和早春室外温度降至冰点之下时为基质提供15℃的最低温度。

如果要繁殖热带植物，增殖箱的加温能力必须更强，可以保持24℃的温度。增殖箱最好安装可调节的恒温器，以便灵活地控制温度。

使用硬质塑料盖，因为它们的保温性比薄塑料盖更好。可调节的通风口很有用，因为它们可以让多余的湿气散出，防止增殖箱内部的空气变得太潮湿。

家用增殖箱

某些小型加温增殖箱可以在窗台上使用。它们一般只能容纳两个播种盘，在温室中没有多少实用价值，并且常常没有恒温器。它们在寒冷或凉爽温室中不能产生足够的

热量，因为加温装置是设计在室内使用的。

加温底座

加温底座是和不加温增殖箱或普通播种盘一起使用的，两种都可以放置在加温底座上。播种盘上必须覆盖塑料盖子或塑料布来保持温度和湿度。加温底座的加热效率不如加温增殖托盘（见下）。

加温增殖托盘

加温增殖托盘的基部自带加温装置，配合可调节恒温器使用最佳。

喷雾单元

和其他更传统的方法相比，喷雾单元内的插条可以更快生根，其可以容纳的插条数量也更多。喷雾单元主要是供专业园艺师使用的，它可以自动维持插条周围的高空气湿度，对于较难繁殖的植物很有用。

使用起来最容易且最方便的喷雾单元是独立密封式的，其中包含一个加温装置、一个恒温器、一个传感器、一个透明盖子以及一个喷雾头。喷雾头创造的潮湿空气能够为插条的快速生根创造适宜的条件，可以使繁殖材料上保持一层水膜，因此蒸发导致的热量损失也会减少。插条感染真菌病害的风险也会降低，因为当喷雾头工作时，大部分真菌孢子都会在能够感染植物组织之前被从空气中和叶片上洗掉。

在繁殖大量植物时，喷雾单元更加有用。某些类型的单元没有盖子，在开放的温室繁殖工作台上使

用，它们需要与土壤加温电缆配合使用，还需要专门建造的温室工作台。不过，在种植多种植物的混合温室中，开放式喷雾单元创造的高湿度环境对某些植物可能不利。在这样的情况下最好安装密封喷雾单元。

土壤加温设施

装满保湿垫子或沙子的电加温园艺毯或加温托盘也能创造成功繁殖所需的基部热量和高湿度。更昂贵的是土壤加温电缆，主要用于加热传统增殖箱中的基质，或者用在温室中的喷雾单元工作台上。这样的土壤加温电缆还可以用来加热密闭空间中的空气，比如冷床或自制

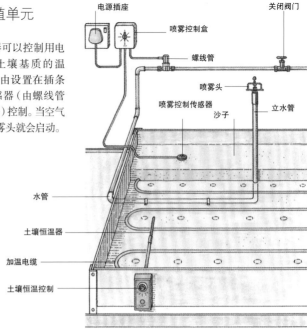

喷雾增殖单元

土壤恒温器可以控制用电缆加温的土壤基质的温度。喷雾头由设置在插条旁边的传感器（由螺线管连接喷雾头）控制。当空气太干时，喷雾头就会启动。

电源插座
喷雾控制盒
关闭阀门
螺线管
喷雾头
喷雾控制传感器
立水管
沙子
水管
土壤恒温器
加温电缆
土壤恒温控制

增殖箱。最安全的系统是带固定恒温器的电缆，其连接在装有保险丝的插座上。购买有保护套的电缆，降低因不小心割破造成的危险。

土壤加温电缆是按长度出售的，其可以为一定区域加温。例如，75瓦的电缆长6米，它能够在有一定加温的温室中为0.7平方米的工作台区域提供充足的热量。当然，在不加温温室或温室外的冷床中，为面积相似的区域加温需要功率更大的电缆。

电缆应该铺设在潮湿的沙床中，深度为5～8厘米，呈一系列S形（确保线圈不会彼此接触）。

使用土壤加温电缆

在这个繁殖盒中，电缆用于为沙床和空气加温。每一套电缆都有一个恒温器，确保温度不会降低到既定水平之下。

控制空气温度的恒温器
加热空气的电缆
控制盒
控制土壤温度的恒温器
土壤加温电缆
沙床
排水孔
沙床

窗台增殖箱

便携式增殖箱应在室内使用，它们可以维持种子萌发和插条生根所需的高湿度。

冷床和钟形罩

冷床和钟形罩可以减少温室空间的压力，它们本身也非常有用。它们最常常在春天用于使温室中培育的植物炼苗，也可以在全年用来种植多种作物。在较寒冷的月份，它们可以用于保护冬季花卉、使秋季播种的耐寒一年生植物越冬，还可以为高山植物抵御恶劣的潮湿天气。

冷床

最流行的冷床类型具有玻璃（或透明塑料）侧壁以及玻璃天窗（包含玻璃板的冷床顶），有时候建造冷床会使用木材和砖块。玻璃接地类型冷床通常具有金属框架。

冷床天窗

选择有可移动或滑动天窗的冷床，便于取放；某些冷床还有滑动前板，可用于额外通风。铰链式天窗可以抵御大雨的侵袭，而滑动式天窗则常常在白天完全撤去，这样植物很容易受到大雨的伤害。打

开的轻质铝框架天窗容易被大风刮坏，所以要选择窗框可调节并固定的天窗。

木质冷床

传统的木质冷床如今很难获得并且较贵，但可以在家使用二手木材自己制造。木质侧壁可以很好地保持热量。在冷床内部可以安装土壤加温电缆（见580页）以提供额外的热量。粉刷或透染木材以防腐。

铝合金冷床

铝合金冷床比较常见并且相对便宜。它们设计上的差异相当大，不过为了便于运输，都是扁平打包出售然后在现场组装的。铝合金冷床的透光性比木质或砖砌冷床好，但它们的密封性不如后两者，而且也没有那么结实。轻质冷床可能需要使用地锚固定。

如何使用冷床

在冷床中种植
如果需要的话，植物可以直接种植在冷床中。先用一层厚厚的排水材料如碎砖块或粗砾准备冷床的底部，然后增添一层15厘米厚的园土或基质。

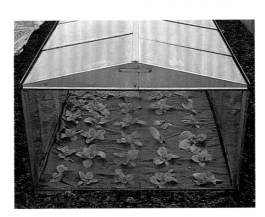

保护作物
在这里，冷床直接放置到菜畦的土壤上。蔬菜种植在土壤表面塑料护根（见503页，"塑料膜护根"）的切口中。

冷床的通风方法

铰链式天窗
铰链式天窗可以在温暖的天气打开，防止植物过热。

滑动式天窗
滑动式天窗不容易被大风刮坏，但植物无法抵御大雨。

砖砌冷床

如今已经很少使用，不过如果可以得到便宜的旧砖块并且能够制作天窗的话，可以自己在家建造。砖砌冷床一般比较温暖并能防止气流进入。

合适的大小

冷床的最小实用尺寸是1.2米×60厘米。不过冷床常常必须能够纳入可用的有限空间之内（尽可能靠近温室），所以应该选择与可用空间匹配的最大尺寸的冷床。

如果冷床中要种植盆栽植物或较高的蔬菜作物，它的高度就很重要。为了暂时增加冷床的高度，可以用松散的砖块将其抬高。

密封

如果温室得到良好的密封，在其中可以越冬的植物种类会大大增加。冷床应该能防止气流进入，玻璃和框架周围不能有缝隙，冷床顶部和滑动前板必须安装好。

玻璃接地或塑料侧壁冷床在寒冷的天气可能需要膨胀聚苯乙烯或泡沫塑料提供密封（见574页，"柔性塑料密封"）。将这些材料切割成合适的尺寸，紧贴温室的内壁放置。

在寒冷的夜晚，特别是可能发生严重霜冻时，冷床需要额外的外层保护：使用麻布或旧毯子覆盖顶部，向下结实地绑扎，或者用质量

重的木板压实。这种保护性覆盖可以在白天除去，否则植物会缺少光照。或者使用数层厚实透明的塑料布或泡沫塑料提供额外保护——它们在白天可以保留，因为其不会大幅减少光线。

通风

良好的通风在温暖天气至关重要。大多数冷床具有可以打开、让新鲜空气进入的天窗，天窗还可以向一侧滑动，以便进行更彻底的通风，或者在炼苗时完全撤去。

光照

铝框架冷床（砖砌或木质冷床不行）可以在花园中四处移动，利用一年不同时间的最好光照。如果冷床的位置是固定的，它应该设置在冬季和春季能接受最多阳光的地方，只要该位置不过于暴露。

冷床在夏季需要遮阴，为了周年生产的需要，能尽可能多地透入光线的冷床是最好的。

透光材料

园艺玻璃是最好的冷床透光材料，它的透光性很好，可以让冷床迅速升温，保温性比大多数塑料材料好。破碎或裂开的玻璃板应该迅速更换，所以应该选择能够更换单独玻璃板的冷床。某些冷床使用玻璃夹子镶嵌玻璃板，或者将玻璃板滑入框架中，这样很方便更换玻璃。在玻璃可能对儿童或动物造成危险或者冷床成本是限制因素的

地方，使用塑料透光材料。

钟形罩

钟形罩的外形和材料多种多样——选择适合需要种植的植物类型的钟形罩。钟形罩主要用于蔬菜园中，但它们同样可以用于保护在冬季和生长早期需要一些额外温度的观赏植物和幼苗（又见613页，"防冻保护"）。

材料

如果需要频繁使用钟形罩并在不同作物之间转移使用的话，玻璃材质的是最好的选择。它有良好的透光性，并能让内部环境在阳光下迅速升温。为安全起见，选择加固的4毫米浮法玻璃，它在破碎时会形成小块而不是尖利的大块玻璃。还可以使用透明塑料材料（厚度不一）。塑料钟形罩通常比玻璃的便宜，但透光性不如后者，它们的保温性也不如玻璃。

薄塑料的保温性最差，但很便宜，如果高温不是必须的要求则可以使用它。如果用紫外线抑制剂处理过并且在不用的时候避光保存，塑料钟形罩的使用寿命会更长。

钟形罩的最小适用厚度为150量规，不过300、600和800量规的厚度可以提供更好的保护。PVC较厚而且更硬，性质与聚丙烯相似。如果使用紫外线抑制剂处理过，模制PVC和PVC板可以使用五年或更长时间。

使用双层聚碳酸酯制造的钟形罩可以提供良好的密封性，并且可使用10年或更久。某些注射模制

用作钟形罩的循环利用塑料瓶

的钟形罩和波状板中使用了聚丙烯，它们的保温性比塑料的好，但不如玻璃和双层聚碳酸酯材质的。如果使用紫外线抑制剂处理过，可以使用五年或更久。

尾端件

它们是大部分钟形罩的重要组成部分——没有它们的话，钟形罩可能会变成通风隧道，从而损害其中种植的植物。尾端件应该安装牢固以隔绝气流，同时它们也应该可以轻松地被移除，以便在需要时提供通风。

帐篷式钟形罩

帐篷式钟形罩很便宜，建造也很简单：用金属或塑料夹子将两块玻璃板固定在一起形成帐篷的形状。它适合萌发种子、在春季保护幼苗，以及种植低矮的植物。

隧道式钟形罩

隧道式钟形罩可以使用硬质或柔性塑料制造。一般来说，柔性塑料搭建的钟形罩用于栽培草莓和胡萝卜等作物。塑料必须由金属线圈（放置在成排蔬菜上方）支

谷仓式钟形罩

撑，并被金属线拉紧。使用经过紫外线抑制剂处理过的耐用塑料。

与柔性塑料搭建的钟形罩相比，硬质塑料钟形罩更美观，但也更贵。它们也更容易移动，因为不需要先拆卸。某些隧道式钟形罩有自灌溉设施。

谷仓式钟形罩

它有着几乎垂直的侧壁，支撑着帐篷形状的顶部。这样的形状使得能够在其中种植相对较高的植物，但额外的材料和复杂的组装使其比隧道式钟形罩更贵。

某些玻璃或硬质塑料钟形罩具有可抬升或可撤去的盖子，便于在温暖天气提供通风，同时还能防风。这让除草、浇水和采收都变得更容易。

柔性PVC有时也用于制造谷仓式钟形罩，但这样的类型一般比较矮，所以以用途没有用其他材料制造的钟形罩广泛。

漂浮钟形罩

漂浮钟形罩（又称为漂浮护根）由穿孔塑料膜或聚丙烯纤维织物组成，放置在已经播种的地面上。

漂浮钟形罩是可渗的，可以让雨水穿透下方的土壤。这是一个很大的优点，因为它能减少浇水的需要。穿孔塑料和纤维织物漂浮钟形罩都可以让空气自由出入，还有令人满意的保温性，纤维织物还能帮助植物抵御轻度霜冻。更多详细信息，见505页。

塑料膜或织物应该在苗床边

缘使用土壤、石头或木钉固定。如果需要的话，可以在整个苗床上覆盖漂浮钟形罩，或者对其剪切后覆盖较小区域甚至是单株植物。

单株钟形罩

它们一般用于在生长早期保护单株植物，不过也可以在严重霜冻、大雪、大雨和强风时放置在任何易受伤害的小型植物上。

自制单株钟形罩如蜡纸保护器和剪下的塑料瓶很容易，而且比专门特制的类型便宜得多，但可能没有特制的硬质塑料或玻璃材质的钟形或半球形钟形罩美观。它们拥有弯曲的侧壁，冷凝水珠会沿着侧壁流到土壤中而不是滴在植物上，因此可以避免病害或灼伤。

单株钟形罩

帐篷式钟形罩

隧道式钟形罩

塑料钟形罩

日常维护

日常维护对于温室的保护以及冷床和钟形罩的清洁很重要。秋季一般是方便进行维护的时间，在这段时间清洁并消毒温室和工具设施可以最大限度地减少越冬病虫害。

在非常冷的天气开始之前，选择一个温暖的日子进行这项工作。不耐寒的植物可以先放置到外面。

外部维护

选择干燥无风的天气保养温室的外部。在开始工作之前，将清洁、修理和重新粉刷必须使用的全部材料收集好。

清洁透光板材

玻璃可以只用水清洁，使用软管或长柄刷，但如果非常脏的话，使用酸性清洁剂再配合刷子的效果会更好。佩戴手套和护目镜以保护皮肤和眼睛，然后用流水冲洗清洁剂。

可以使用专门的窗户清洁剂，但它无法去除顽固尘垢。遮阴涂料最好用布擦干净。

修补玻璃

轻微破损的玻璃和塑料板可以使用透明胶带进行暂时性的修补。破碎和严重裂开的板材则需要迅速更换，以免对植物造成损害。

在铝合金框架温室更换板材时，先拆除弹簧玻璃夹子和相邻的板材，然后用旧夹子重新安装板材（见572页）。

如果玻璃是用蓖麻籽油灰镶嵌的，移去大头钉和玻璃板。用凿子凿去油灰，留下光滑的表面。在重新安装玻璃之前，用砂质清洁玻璃格条。

将底漆粉刷在玻璃格条上未经粉刷或处理的木材上。处理木材上可能会进入湿气的节疤。当油漆干燥后，将玻璃板放置在油灰或玻璃胶黏剂上，用玻璃大头钉固定。

排水槽和落水管

好好维修排水槽和落水管。疏通软管内的堵塞。使用胶黏剂或其他密封剂修补排水槽上的小裂缝，但严重开裂的排水槽则需要彻底更换。

结构框架

铝框架温室的结构只需要极

玻璃板之间的清洁

在清理温室重叠玻璃板之间的尘垢或藻类时，使用硬质塑料薄片将缝隙中的污垢刮走，然后再喷水或用水管冲洗干净。

少的照料。虽然它们会失去明亮的光泽，但表面形成的灰色锈迹可以保护内部的金属免遭风化。

检查钢制框架和连接件有无生锈，必要的话使用除锈剂处理。每隔几年重新粉刷一次。

更换腐烂的木材，施加木蛀虫杀虫剂，更换生锈的铰链。软木框架温室需要定期粉刷：从木材上剥掉任何翘起的油漆，冲洗干净，然后刷底漆和外层漆。硬木框架温室防腐性更好，只需要每一两年刷一层木材防腐剂即可，其还有助于保持木材的颜色。

通风口

检查窗户和排风扇是否工作良好，为活动件上油并清洁玻璃或塑料。

内部维护

在对温室内部清洁和消毒之前，关闭电源，用塑料覆盖插座，搬走植物。

清洁和消毒

玻璃和塑料板材应该按照上述方法清洁。可以使用消过毒的钢丝绒擦洗玻璃格条（但不要在经阳极化处理的彩色铝上使用）。

用园艺消毒剂擦洗砖墙和通道并用干净的水冲洗。可以根据生产商的说明将消毒剂稀释，用于消毒工作台面。用油漆刷施加，或者用喷雾器喷洒，佩戴防护手套、面罩和护目镜。

尽管杀虫和杀菌烟雾不再用于温室，但还可以使用含硫的蜡烛为空温室消毒，然后再放入植物。休眠落叶植物如桃不受含硫烟雾的影响。

维护温室

每年秋天进行一次维护，足以保持温室的良好状态。

检查铰链是否生锈，并用除锈剂处理或更换之

在内侧和外侧彻底清洁板材

将剥落的油漆撕下来，重新粉刷或用防腐剂处理

更换破裂的板材

去除腐烂的木材并更换

清洁并消毒所有内部工作台面

清除温室内部的杂草

检查重叠玻璃板之间有无污垢并进行必要的清洁

在温室内部进行清洁之前用塑料覆盖电源

清理排水槽中的落叶

修理损坏的通风装置

检查所有通风口，确保它们不透水

维持无害虫环境

许多常见害虫如蚜虫、红蜘蛛、粉蚧、介壳虫、粉虱和葡萄黑耳喙象都会感染温室中种植的植物，因为它们喜欢温室潮湿温暖的环境。害虫种群会很快建立起来，虽然可以进行化学控制，但最好在害虫造成严重伤害之前用它们的天敌来迅速减少害虫。

为成功进行生物防治，应该等到害虫数量开始增长时引入它们的天敌——这样可以让天敌在初期找到食物并建立自己的种群。透光板材干净、无越冬病虫害的维护良好的温室不只对植物有好处，还有助于控制生物制剂的用量。

结构和表面

构筑物和硬质表面是花园的框架，植物围绕着它们生长并成熟。藤架、栅栏或框格棚架既能增加高度，又能提供私密性和遮蔽，而通道则引导游览者欣赏花园的美丽景致。取决于朝向，与房屋相邻的台地可以作为吃早餐或欣赏夕阳的绝佳场所。除了实用性，构筑物和表面还可以用来设计美观的景致，提供周年的观赏性。它们还可以用作种植背景：圆形露台能够与扩展的植物形成强烈对比，而古朴的大型拱门则与蔓生月季相得益彰。

结构和表面的设计

硬质景观元素可以形成花园设计的框架，并且能够兼顾实用性和观赏性。在新建设的花园中，台地或藤架这样的景观可以在植物开始生长并逐渐成熟的过程中提供观赏性。在更成熟的花园中，精心设计的结构元素可以衬托软质景观（如草坪或花境中的种植物），并且在一整年中赋予花园实体感。

在规划和设计构筑物时，考虑它们与环境及彼此之间的关系。材料、风格以及形状都应该与房屋以及花园的整体设计相匹配。如果使用和房屋相同的材料建造，毗邻房屋的台地或墙壁看起来最美观，还能在房屋和花园之间形成内在的联系。最好使用当地出产的材料，因为它们能很好地搭配周围环境。规则程度是另一个重要的考虑因素，例如，在规则式花园中，圆润的砖墙边界会很理想，而在不规则的村舍花园中，木栅栏或板条篱笆会更合适。

构筑物可以用来连接、限定或隔离花园中的不同元素或部分。稍稍弯曲的通道可以引导花园中的视线，提供起联系统一作用的线条，而宽阔笔直的通道则会将两侧的景致区分开。台阶可以带来有趣的高度变化，并且可以划分独立区域，同时在视觉上将它们联系在一起，并在两部分之间提供沟通渠道。如

硬质景观的设计
在这里，硬质材料用于创造有趣的花园景观，并为柔软的植物外形提供背景。曲线形的设计和水的使用增添了运动感，而多种材料的创意使用提供了令人满意的质感对比。

果台阶毗邻台地，则它们使用同一种材料并以相似风格建造效果最好，例如，曲线形台阶连接在圆形露台上会很美观。

修建工作的顺序在很大程度上取决于你个人的偏好以及现场的需求。比如，有可能必须先建造一面挡土墙，因为需要它来容纳抬升苗床中的土壤；在另一座花园中，铺设一条道路可能是最优先的，因为随着工程开展，需要通道来让手推车进入花园后面辅助施工。

本章涵盖了业余园艺师可以修建的大部分构筑物，从硬质表面如露台和台地，到边界和分界如墙壁和篱笆，以及其他结构如抬升苗床和藤架。某些硬质景观元素在其他章节有详细介绍：关于修建池塘和水道的详细信息，见280~303页，"水景园艺"；关于岩石园和高山植物石槽，见252~279页。

露台和台地

露台是既兼顾实用性又兼顾观赏性的景致，其可以提供用餐和放松娱乐的区域，上面的苗床或容器中可以种植植物，或者摆放一个抬高的水池。带护墙或矮墙的开阔铺装区域又被恰如其分地称为台地。露台和台地通常是石材或砖块铺装的，不过木板铺装（见591~592页）也是一个很受欢迎的选择。

选址

露台和台地一般挨着房屋，常常有落地窗方便直接出入。这样的位置能为照明和其他设备提供方便的电源，但如果此地点不够温暖且暴露在风中的话，最好寻找别的位置。露台的设计可以和房屋呈45°角，或许可以在其角落，这样可以保证它在一天当中的大部分时间接受阳光照射。露台也可以修建在远离房屋、可以欣赏花园美景的地方。

两个或更多小露台可能比一个大露台更有用。一个可以设置在开阔且阳光充足的地点，另外一个设置在较凉爽的地点以便在夏天提供荫凉。

遮蔽和隐私

与承受强风的露台相比，温暖的背风露台在一年当中的使用时间更长。如果位置比较暴露，使用屏障或生长着攀援植物的框格棚架提供遮蔽。顶部有框格的藤架（见603~604页）可以从上方遮蔽露台并提供荫凉。避免将露台设置在大型树木周围：它们会投射太多阴影并且在雨停后很久还会滴水，它们的根会让铺装移位，昆虫会造成麻烦，落叶和鸟粪也会让人烦心。

合适的大小

与作为"户外房间"的露台相比，尺寸对于连接房屋和花园的台比，尺寸对于连接房屋和花园的台地没有那么重要。它应该与花园成比例：太小会让它显得零碎，如果太大，它就显得过于突出。作为一般原则，人均使用面积应控制在3.3平方米左右。对于四口之家，大约13平方米的露台是一个实用的尺寸。

选择表面

简约是良好设计的关键。如果露台上有家具、攀援植物和容器，铺装应该不引人注目。要记住彩色铺装看起来可能会很杂乱，并且常常褪色成难看的色调。最好用混合质感来实现多样性：铺装石板中使用小块面积的砖或砂砾，砖块或黏土铺装块之间穿插砧木，或者将卵石混合在石板中。

还要考虑你是否需要耐磨表面以及潮湿条件下的防滑表面：可供选择的材料有混凝土（见586页）、铺装石（见587页）、天然石材（见588页）、瓦（见588页）、砖和铺装块（见589页），以及花岗岩铺路石和圆石（见591页）等。

地基

露台、通道和车行道（见593页）都需要坚固的地基，保证铺装表面在使用时保持稳定。负荷需求也必须考虑：露台一般很少承担很重的荷载，但车道需要更充实的地基，因为它们会承受汽车行驶在上面的重量。气候是另一个因素，例如，在干旱时期较长的地区，不够深厚的混凝土地基可能会开裂，如果有必要，寻求专业建议。

在进行任何挖掘工作之前，与当地部门或供应商确认所有管道和电缆的位置，以免损坏它们。

排水

为便于排水，露台表面应该稍微倾斜，每2米长度2.5厘米的高度差通常就足够了。计算底基层和表

排水坡

从其顶端开始，在许多标高桩上标记出相同的距离，然后以2米的行距将它们钉入土壤中——第一排位于排水坡的顶端。在第二排标高桩上放置一个2.5厘米厚的小木块，使两排标高桩实现水平，移去小木块，按照同样的步骤依次进行。

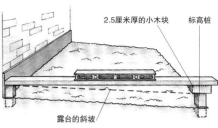
2.5厘米厚的小木块　标高桩
露台的斜坡

面材料的总厚度，然后在一系列标高桩上画线，将此厚度标记出来。在斜坡最顶端插入一排标高桩，使标记位于土壤表面，指示铺装完成后的高度。在距离第一排2米远处插入第二排标高桩。在这排标高桩的顶部放置一块2.5厘米厚的小木块，然后在这两排标高桩之间放置一条木板，并在木板上放置水平仪。调整位置较低的标高桩的高度，直到顶端标高桩与下端小木块的顶端平齐。移去小木块并以同样的步骤向下标记高度。然后用耙子平整土壤，使土壤表面与每根标高桩上的标记平齐。完工后的基础层和表面应该平行。

基本程序

清理现场的所有植物材料，包括树根，然后挖出松散的表层土直到抵达底层土。使用平板夯实机将底层土压实。对于所有露台和通道（但不包括荷载较重的道路，见586页），结实的底层土或10厘米厚的碎砖层上再覆盖5厘米厚的沙子，就足以充当地基了。使用更多碎砖将底基层升高至所需高度。

为露台和通道准备底基层

1 用木钉和绳线划出工作区域，将绳线高度设定为与通道或露台最终高度平齐。使用三角尺确保角落是直角。

2 向下挖掘至紧实的底层土，用平板夯实机向下夯实，使其可以容纳10厘米厚的碎砖层、5厘米厚的沙子（如果需要的话）以及铺装表面的厚度。

3 每隔两米敲入标高桩。露台使用缓坡以便排水。用水平仪和木板确保木钉与绳线平行。

4 在整个工作区域铺一层10厘米厚的碎砖层，然后压平。如果需要的话，添加沙子，然后再次夯实。

引导径流

在永不停歇的保水之战中，要知道从露台表面流下的雨水不可以白白浪费掉。如果你在露台边缘安装了混凝土集水槽，可以将水引导至花坛、草坪，或者是池塘或水景中。如果有富余空间的话，你甚至可以将水流引导至储水箱中，日后用于园艺活动。这可以让你在水短缺时对花园进行有选择性的灌溉。

如何铺设混凝土

1 标记出工作现场后，将其挖掘至20厘米深。沿着拉紧的绳线将标高桩以1米的间距钉入土地中。用木板和水平仪保证标高桩的水平。

2 去除拉紧的绳线，将宽木板钉在标桩的内壁，角落的两块木板要对齐。形成保持凝固混凝土的框架。

3 使用框架将大块区域划分成不超过4米长的小块区域。铺一层10厘米厚的碎砖层，用滚筒将其压实。

4 从第一部分开始，灌入混凝土并铺展开，使刚好露出框架顶端。在边缘整好混凝土。

5 使用横跨框架的木梁向下敲打以紧实混凝土。然后将木梁在框架两侧滑动，平整表面。

6 平整后，使用新混凝土填补出现的空洞，再次平整。

7 在混凝土上铺一层保护性的防水覆盖物，直到混凝土干燥。当混凝土硬化后将框架除去。

在不稳定的土壤如泥炭或黏重黏土（在干旱天气下可能收缩并损害铺装）上，铺设15厘米厚的压缩碎砖层作为底基层。在碎砖层上增添沙子或道渣，得到平整的表面。

承重表面

承受较重荷载的表面需要铺设一层至少10厘米厚的碎砖或粗石作为底基层，上面再铺设10厘米厚的混凝土。这层混凝土可以作为顶端表面，或者作为基础再铺设一层沥青或砂浆铺砌的铺装块。在黏土或不稳定的土壤上，或者表面会被重型车辆驶过的地方，需要在碎砖层上铺设15厘米厚的混凝土。如何为地基搅拌混凝土，见下。在铺设较大区域时，必须留下伸缩缝（见594页，"伸缩缝"）。

混凝土

铺设混凝土方便快捷，用其铺设的表面经久耐磨。通过增加带纹理的饰面，可以使它变得更加美观。

如果你想要铺设大面积的混凝土，而且大型车辆可以出入施工现场的话，将已经搅拌好的混凝土运送到现场会让工作变得更轻松也更快。为供应商提供现场的测量长宽以及表面的用途，确保对方送来的混凝土量和配方合适，或者使用可以在现场搅拌混凝土的供应商。这样能节省时间和精力，但需要做准备，而且还需要一些帮手，因为你必须直接工作。

混凝土和砂浆配方

下列混凝土和砂浆配方适合大多数工程。关于名词解释，见591页。

墙基脚、车行道地基以及预制铺装的基础：
　　1份水泥
　　2.5份尖砂
　　3.5份20毫米集料
或者5份混合集料配1份水泥，省去沙子。

现场浇灌混凝土铺装：
　　1份水泥
　　1.5份尖砂
　　2.5份20毫米集料
或3.5份混合集料配1份水泥，省去沙子。

垫层砂浆（用于垫层铺装以及连接铺装砖块）：
　　1份水泥
　　5份尖砂
砖艺砂浆：
　　1份砖艺水泥
　　3份软砂

这些比例都是体积比而不是重量比。不同工作所需的配方不同。在混合混凝土或砂浆时，首先在一份混凝土中增添半份水。这样会得到非常黏稠的混合物，逐渐添水，直到它们达到合适的稠度。

在炎热的天气下，有时候可能必须在混凝土和砂浆混合物中添加阻凝剂，而在寒冷天气下应该添加防冻剂：寻求当地人的建议。在理想情况下，当温度接近冰点或超过32℃时避免铺设混凝土和砂浆。

铺设混凝土

使用绳线和木钉划出工作区域，向下挖掘至大约20厘米深，露出坚实的底层土。以1米的间距在土地边缘钉入标高木桩，使用绳线作为指导。在标高桩的内侧钉上木板，形成至少深20厘米的框架，用于限定混凝土的范围。

使用更多木板将面积较大的区域分隔成不超过4米长的小块区域。在底层土上铺设一层10厘米厚的碎砖层。使用刚刚搅拌的新鲜混凝土浇灌，每次浇灌一块小区域，厚度为10厘米。使用横跨框架的木梁压紧基质，然后用木梁在框架顶端前后拉动，平整混凝土的表面。

检查盖

用于检查管道的检查盖不能被堵塞：不要用铺装物盖住它们。有一种专利生产的金属盘，上面可以承载铺装石、黏土铺装块或其他材料。这样能最大限度地减少检查盖在铺装区域造成的不美观外形，并且仍然可以按照需要抬起来。金属盘中还可以填充草皮或种植。

铺装石

混凝土铺装板常用于露台、道路和车行道。它们有许多尺寸、质感和颜色，一旦准备好底基层，很容易铺设。许多园艺中心和建材商都有许多预制混凝土板。某些设计可能只在一个地区才有。大供应商常常提供产品目录，并能直接送货。

尺寸和形状

大多数石板是45厘米×45厘米或45厘米×60厘米的，还有些更小尺寸的石板用于配合它们。不是所有石板都有能够对接的边缘形状，半石板可能比全石板的一半更小，以便为接缝中的砂浆留出空间。

圆形石板适合用作踏石以及小型区域的铺装，其中填补松散材料（如砂砾）。如果你喜欢没有平行线条的图案，则六边形铺装板很合适，半块适用于笔直边缘。某些铺装板的一角是缺失的，这样四块铺装板拼在一起会形成一种种植孔。

数量

如果要使用不同尺寸和颜色的铺装石铺设图案的话，在坐标纸上画出草图，计算每种铺装板的所需数量，并留出5%的破损率（特别是如果要切割很多的话，见588页）。

铺设铺装石

如果铺设露台，建立一条可以作为笔直边缘的线，并保证露台表面有便于排水的缓坡，露台的倾斜角度应该是远离建筑的。可以利用房屋的墙壁作为基准线开始工作，不过你可能会想在墙壁和铺装石之间留出空隙用于种植。铺装石顶端和墙壁防潮层的最短距离为15厘米。铺装石尺寸的设置应该让切割次数越少越好。如果石板不是直接对接的，需要留出0.5厘米×1厘米的砂浆接缝；公制石板的接缝通常比英制石板的接缝窄。如果存疑，咨询供应商。

准备现场

清理现场并准备用碎砖铺设的底基层（见585页）。需要厚大约1厘米的木垫片放置在铺装石板之间，为砂浆留出空间。

放置铺装石板

从一个角开始，向两个方向各放置一排铺装石板，并用木垫片间隔，确保尺寸正确。这个阶段很容易进行调整。使用泥瓦刀沿着每条边缘在即将放置铺装石板的地方抹一条垫层砂浆，形成比石板面积稍小的区域。如果石板45厘米见方或者更大，则用砂浆抹出可容纳四块石板的田字形。这种方法有效率，又便于控制。将石板铺设就位，然后使用石匠锤的手柄或木槌向下夯实。用水平仪检查它是否坚实平整。按照同样的步骤继续铺装相邻的石板，并放置垫片。每铺装三四块石板，检查两个方向上的水平性。当你可以不用走过去就能直接够到垫片，并且砂浆还未凝固之前将垫片取出。

铺装石的风格

质感
表面质感有光滑、点刻、刻痕或砾石等。

六边形铺装块
它们是矩形或方形铺装块之外的别样选择。半块用于得到笔直边缘。

风化铺装块
如果想要更自然的表面，可以使用一系列风化铺装石。

刻痕铺装石
某些铺装石上有刻痕，可以呈现特定图案或效果。缺角的铺装石拼起来后可以形成种植孔。

铺装图案
使用不同形状和大小的铺装石，可以创造美观的图案。

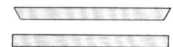

预制板和压缩板
预制板（边缘倾斜）用于轻度和中度荷载。压缩板（边缘笔直）较轻，但是更结实。

如何铺设铺装石

1 标记工作区域并准备底基层（见585页）。铺设条状砂浆形成一个比铺装石稍小的方框。大型石板使用田字形砂浆床。

2 放置铺装板并向下夯实。使用水平仪保证水平。以相同步骤重复，在铺装石板之间使用1厘米厚的垫片间隔。

3 在砂浆凝固之前去除垫片。两天后，用黏稠砂浆填补缝隙。刮缝，使砂浆大约有2毫米凹陷。用刷子清洁石板。

使用填缝器
这个设备的中央有一条缝。将这条缝和铺装石的接缝相对，这样可以在其中填充砂浆而不用溅落到石板上。

如果你不得不在砂浆干燥之前走在铺装石上，可站在木板上行走，以分散你的重量。

收尾

两三天后，用非常黏稠的砂浆填补铺装石之间的缝隙。用木钉或圆棍状木头刮缝，使砂浆位于铺装

如何切割铺装石

1 将铺装石放在结实平整的表面上。使用冷凿的角和直边木头在铺装石表面标记出切割线。

2 使用冷凿和石匠锤，小心地沿着标记出来的切割线加深铺装石上的沟槽。

3 将石板垫在一长条木材上。沟槽与木材边缘对齐，用锤子的手柄清脆地叩击石板，使其断裂。

表面之下大约2毫米。或者将用1份水泥、3份沙子混合而成的干砂浆扫入接缝中。将铺装表面多余的砂浆扫走。用喷雾器或装有细花洒的洒水壶在接缝洒水，迅速用海绵将表面多余的砂浆擦干净。

切割铺装石

如果需要切割很多铺装石，最好租用一台切块机或角磨机。如果只切割一些，使用一把冷凿和一把石匠锤即可。在切割铺装块时一定要佩戴护目镜。用冷凿的角在石板上想要切割的地方刻一条线，然后沿着这条线凿出一条深约3毫米的沟槽。你可能必须在石板上来回工作几次，用冷凿不断加深这条沟槽。如果石板要嵌入较紧的空间，将其切割至比实际所需小6毫米，以便为石板裂开时可能产生的粗糙边缘留出空间。

将石板放置在坚实的表面上，然后将较小的一部分垫在一条木板下。用石匠锤的柄清脆地叩击，直到石板沿着刻出的沟槽裂开。用冷凿仔细处理任何粗糙的边缘。

不规则铺装

不规则铺装拥有自然式的外形。它可以铺装在沙子上，让植物在缝隙之间生长；铺装在砂浆上，地面会更结实。如果是后者，在接缝中填补垫层砂浆。

确定边缘

用拉紧的绳线标记出需要铺装的区域，并为铺装准备好底基层（见585页）。如果有必要，设置缓坡以便排水（见585页，"排水"）。先铺设数米长的边缘铺装材料以确定边缘。它可以是至少有一个直边的较大自然式石板，形成露台或道路的边缘；也可以是木材、砖块或混凝土。如果使用铺装石板，则这些边缘铺装块需要用砂浆铺设，即使其余铺装块铺在沙子上。

不规则铺装区域的铺设

松散地铺设大约1平方米的区域，不要用砂浆，像拼图一样将铺装块拼在一起。缝隙要小。某些铺装块可能需要修整才能让尺寸匹配。偶尔引入大铺装块，在其中填充小铺装块。

将铺装块铺在沙床或砂浆床上，在笔直木板上使用水平仪保证它们的平整。用木槌或木块和锤子将铺装块夯实。必要时将铺装块挖出，添加或移除沙子或砂浆，直到平整为止。

填缝

如果在沙子上铺设不规则铺装，最后将干沙扫入接缝来收尾。如果使用砂浆，可搅拌出非常黏稠、几乎干燥的砂浆，然后使用勾缝刀填补缝隙。

如果使用的是深色岩石如板岩，可用混凝土染色剂（一种粉末，与水泥和沙子一起搅拌使用）使接缝的颜色与石材相似。砂浆干燥时颜色会改变，所以在小块区域试验染色剂的效果，任其干燥，然后确定要添加的剂量。

天然石材

天然石材很美观，但比较昂贵，铺设也比较难。某些类型（如砂岩）可以切割成均匀的大小并且拥有整齐边缘。毛边石材的效果更自然，它拥有规则形状和美观的凹凸饰面。

粗距或毛边石材的铺设方法和铺设石板一样，增添或移去砂浆以得到平整的表面。乱形石的轮廓和厚度不规则，并且没有直边。这种石材适合作为不规则铺装，并且效果比破碎的混凝土铺装石更美观。

瓦

缸砖是黏土煅烧至极高温度制造的，可用于连接室内和室外区域——例如铺设保育温室的内部和外部。釉面瓷砖更具观赏性，但大多不耐冻。在选择瓦片时，要确认它们是否适用于户外。瓦片很难切割，特别是在它们不是方形的情况下，所以在设计时尽可能利用完整瓦片的形状。

如何进行不规则铺装

1 使用拉紧的绳线和木钉标记出边缘高度，准备底基层（见585页）。首先铺设边缘的铺装块，直边摆在最外。

2 在中央填补大铺装石，它们之间填补小铺装石。确保内部铺装板与边缘铺装板平齐，然后将它们铺设在沙床或砂浆床上。

3 在接缝中填充几乎干燥的砂浆，或者刷入沙子。对于砂浆缝，使用泥铲勾出斜砂浆缝，让表面的水从铺装石板上流走。

瓦的铺装

由于瓦片较薄而且有时候比较脆，它们需要铺设在混凝土底基层（见586页，"承重表面"）。缸砖可以铺设在垫层砂浆床上（见591页）。在使用瓦片前将它们浸泡两三个小时，以免它们从砂浆中吸收太多水分。

最好用户外砖瓦黏合剂把釉面瓷砖（从建材商那里购买）粘在平整的混凝土基础上。按照生产商的指南将这种黏合剂涂在瓷砖背面，然后按压在准备好的混凝土基础上。

使用薄泥浆（建材商有售）为瓷砖铺装区域填缝，薄泥浆可以带有与瓷砖相配或形成对比的颜色。

砖和铺装块

砖块以及黏土或混凝土铺装块在铺设小型区域时是最有效的；大片区域最好用其他材料如砂砾或铁轨枕木，否则整体效果会太有压迫感。

对于毗邻砖砌房屋的露台，使用砖块或铺装块可以在视觉上将房屋和花园联系起来。与较大的石板或混凝土板相比，砖块和铺装块还

如何用砖块铺装

1 首先准备底基层（见585页），为边缘砖留下空间。使用拉紧的绳线和木钉为边缘砖定下高度。

2 用砂浆固定边缘砖，然后按照需要的图案铺设其他砖块，夯平。不时检查各个方向的水平性。

3 在砖块表面施加一层干砂浆，然后用刷子将它们扫到接缝中。浇水以凝固砂浆，然后清洁表面。

能在设计上提供更大的灵活性，因为它们可以铺设成各种图案（见右，"砖砌图案"）。

选择砖

砖的种类非常丰富，总能够找到一款适合以任何风格设计和建造的露台或台地。

如果要使用非常多的砖，可与制砖公司联系确认他们是否可以送货。建材商可以供应任意数量的砖。一定要选择适合户外铺装、耐潮湿和冰冻的砖。

选择铺装块

黏土铺装块和砖一样美观，并且通常被制造成红色。它们比混凝土铺装块或砖块更薄。混凝土铺装块可能缺少砖块的暖色调，但它们能制造出耐用的表面。它们一般是灰色、蓝灰色或浅黄色的，并且有各种形状。

铺设砖块

首先做出合适的底基层（见585页）。砖块最好铺设在砂浆上。先用混凝土垫层铺设边缘铺装条

（或边缘砖块），然后用砂浆填缝。准备砂浆垫层（见586页），厚度为2.5厘米。将砖块铺在上面，均匀地留出砂浆缝；使用硬纸板或木条作为砖块之间的垫片。铺设完一片区域后，将干砂浆刷在砖块上。用窄木条将干砂浆压入砖缝以排除气穴。在潮湿天气下，土地和空气中的湿气会让砂浆凝固；在干燥天气下，喷水加速凝固过程。

砖砌图案

砖可以用几种不同的方式铺设以创造美观的图案，下面列出了最常用的三种图案。

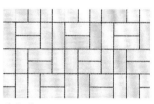

编篮形

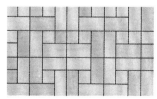

联锁箱形

人字形

砖块类型

砖块有各种风格、质感和颜色，是一种美观又实用的建筑材料。注意选择最合适的类型，使它们适合特定用途，并与房屋、露台或其他硬质景观的风格相匹配。

半釉砖
半釉砖非常耐磨。如果用于铺装的话，确保它们可以良好地适应潮湿天气。半釉砖比普通砖贵。

带孔砖
带孔砖有孔，它们可用于较薄铺装材料的镶边，但对于大片区域来说并不经济。

面砖或普通砖
它们用于为建筑"贴面"，提供美观的表面效果。它们有众多颜色，质感也有粗糙的和细腻的。它们可能不适合用于铺装，因为不能经受严酷的天气考验。

压面砖
压面砖的一侧带有压痕。如果作为镶边或者压痕一面朝上的话，压面砖可用于铺装。

切割砖和铺装块

砖和铺装块的切割比较困难。如果必须切割，最容易的方法是使用液压切割机。工具租用店中一般有这种工具，它通过杠杆操作。使用这种工具可以快速整洁地切割砖和铺装块。

还可以使用冷凿和石匠锤（见588页，"切割铺装石"）来切割砖和铺装块。

铺设铺装块

使用平板夯实机将铺装块铺设在沙床上，它们会以很窄的缝紧贴在一起。由于铺装块可以挖出并重新铺设，这种铺装方式又称为"柔性铺装"。60~65毫米厚的铺装块足以应用在园艺施工上。

准备现场并控制边缘

首先在坚实的土壤上准备一层8厘米厚的碎砖层充当底基层（见585页）。在没有现存可靠边缘（例如墙壁）的地方，铺设永久性镶边条。最简单的方法是使用特制的镶边件，铺装生产商可以提供。它们必须用混凝土现场浇灌。或者使用100毫米×35毫米的经榴油处理过的木材，并用至少50毫米见方的木钉固定就位。

大片区域应该使用临时性的木板分隔成可以控制的大小，如1平方米。均匀地铺一层5厘米厚的尖砂。当使用60毫米厚的铺装块时，沙子表面应该位于完工后铺装表面之下

铺装块、瓦、铺路石以及圆石

铺装块在尺寸、颜色和厚度上有很大差别。也可以用许多不同的方式给它们制造饰面，所以它们的质感和最终形状，无论是规则几何感的，还是更加不规则和自然的，都能极大增强花园的风格。使用赤陶砖、花岗岩铺路石、"比利时"小方石或圆石还能得到更特殊的效果。

联锁铺装块
这些黏土或混凝土铺装块可以用来创造特异的图案。压制铺装块（最右）有多种色彩。

赤陶瓦
和砖一样，陶瓦也是黏土制造的，但它是在太阳下晒干的。它们有许多孔隙，如果在易于遭受霜冻的地区使用，可能会开裂。

花岗岩铺路石
这种铺装材料是从硬花岗岩上切割下来的。和圆石一样，铺路石的粗糙表面可以提供自然效果。

仿花岗岩铺路石
这些再生石铺路材料比花岗岩更轻也更便宜。比利时小方石拥有更陈旧自然的外观。

黏土铺装块
这些红色铺装块在铺装时可以"顺铺"，也可以"横铺"（顶端朝上）。

线切黏土铺装块
线切黏土铺装块的各个侧面都比较粗糙，可以在完工后的铺装中提供额外的牢靠性。

比利时小方石

圆石
圆石（下）是在海洋或冰川作用下形成的大圆石头。为保护环境，购买商业开采的冰川运动形成的圆石，不要购买从海滩捡来的圆石。圆石可以单独镶嵌在地面，或者用垫层砂浆镶边，形成有趣的饰面效果。

如何进行柔性铺装

1 准备好底基层后（见585页），围绕现场边缘设置混凝土或木质镶边条。用水平仪和石匠锤保证边缘的水平。

2 用木板将较大区域分隔成1米宽的凹槽。添加5厘米厚的沙子，用一根长木条将沙子平整至木板顶端。移去木板，在空出的地方填充沙子。

3 从角落开始，按照需要的图案铺设铺装块。在这个阶段只铺设全块，最后留出需要切割块的缝隙。

4 用夯实机将铺装块夯入沙子中，或者使用石匠锤和一段木板向下夯实。将干沙扫在表面上，然后用平板夯实机夯两三遍。

4.5厘米；当使用65毫米厚的铺装块时，沙子表面应该位于铺装表面之下5厘米。

铺装块的放置和着床

放置铺装块时不要踩在沙子上，并保持沙子的干燥。从现场的某个角落开始铺设铺装块。铺设了一些铺装块后，在铺装块上放置一块跪垫以继续工作。尽可能多地铺设完整的铺装块，然后在障碍物如检查盖（见586页）周围铺设切割铺装块。

当铺设了大约5平方米后，将铺装块嵌入沙床中。最简单的方法是使用平板夯实机，但不要距离未完成的边界太近。如果只铺设了一小块区域，可以使用一把重石匠锤和一块可以压在好几块铺装块上的木板将铺装块夯实。按照相同的步骤，继续铺设铺装块然后将它们夯实在沙床中。

当全部区域都完成铺设后，将干沙扫入接缝中，然后再次用平板夯实机将沙子沉降到位。在草坪边缘难以割草的地方使用砖块、铺装块或混凝土板进行边缘铺装。将这些材料铺设在垫层砂浆上，顶端位于割草高度以下，以免损伤割草机。

不同铺装效果的组合
包括方石板、不规则石板以及镶边砖块的不同铺装材料混合在一起，与自然式种植很好地融合在一起。

铺路石和圆石

将花岗岩铺路石或仿花岗岩铺路石铺设在5厘米厚的垫层砂浆（见586页）上，然后将坚硬的砂浆扫入接缝（见588页，"收尾"）。在表面喷水进行清洁，并帮助砂浆凝固。圆石也可以铺设在砂浆中。走在圆石上面不是很舒适，所以用于小块区域或配合其他铺装材料使用。在铺设时使用砖块或长条混凝土来镶边。在8厘米的压缩碎砖层上铺设3.5厘米厚的垫层砂浆。

木板

在温暖干燥的气候区，木板铺装是一种很受欢迎的硬质铺装。不过只要对木材进行压力和防腐处理，它可以在任何地方使用。

最好将木板铺设在平整的土地或缓坡上。如果想要在陡坡或水面上修建木板平台，建议寻求专业人员的帮助，因为这需要良好的设计和施工。

在某些国家，建筑法规中规定所有户外木板平台必须能够支撑规定最小重量，还有可能必须获得建筑许可才能施工。如果存疑，与当地城建部门确认。铺设在砂砾和沙子上的简单镶木铺装（见592页）应该不需要许可。

木质铺装
俯瞰花园的木质露台是特别突出的景致，尤其是加有夏日遮阴藤架的话。不过木板铺装对施工的要求很高，最好交给专业人士完成。扶手、台阶和支撑结构都需要经常维护（见592页）。

用于铺装的木材

红雪松木是很好的选择，因为它天然耐腐蚀，经常用防腐剂处理能够保证更长的使用寿命。其他木材也可以使用，但必须用防腐剂处理。木材商会就最合适的木材和粗细程度提出建议。短木板可以制作成拥有各种美观图案的铺装板。

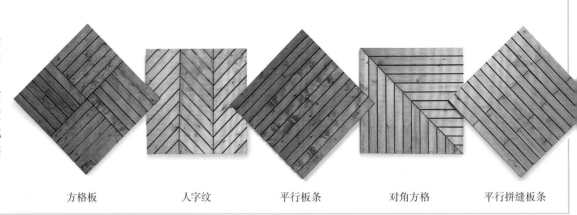

| 方格板 | 人字纹 | 平行板条 | 对角方格 | 平行拼缝板条 |

木板铺装

这种类型的木质铺装适合平整或缓坡地面。它的建造比较简单。

对于房屋旁边的区域，首先建造向房屋以外稍稍倾斜以便排水的混凝土地基（见586页，"如何铺设混凝土"）。在混凝土基础上用砂浆铺设一排砖块，方向与将要铺设的木板方向垂直，砖块之间相隔一块砖的距离。以40厘米的行距继续成排铺设砖块。不时检查并确认所有的砖块都是平齐的，因为它们要支撑托梁。

在砖块上放置75毫米×50毫米的托梁，砖和托梁之间插入一层塑料布或其他防水材料。如果要连接两条木托梁，确保它们的接缝下面有一块砖支撑，然后用平脤板固定接缝。用水平仪和笔直的木板保证托梁之间水平。以垂直角度将250毫米×25毫米的木板铺设在托梁上。木板之间留出10毫米的缝隙以便顺畅排水并为木板的活动留出空间。确保木板之间的接缝在排与排之间是交错的，并且接缝下面有托梁支撑。用黄铜或其他防锈螺钉固定木板，将螺钉头埋在木板表面之下。在螺钉洞中填补与木板颜色相配的木填料。

镶木铺装

可以买到较小的镶木地板类型的方形木板，它主要用于铺设道路，也可以用于木质铺装。也可以轻松地自己制造这种木板。大约1米见方的尺寸比较实用。购买截面尺寸100毫米×50毫米经过处理的木材，将其切割成1米长的木板，并将末端打磨光滑。用两根木板设置在木方块的对侧作为支撑，其他木板则横置作为板条。使用垫片确保板条铺设得均匀，并在板条两端各用两个钉子进行固定。在坚实的土地或底层土上准备基础，在8厘米厚的压紧砂砾上添加8厘米厚的沙子。平整并夯实基础，然后以交错的方向铺设木方块。如果有必要，用钉子将木方块固定在一起以防止移动，以倾斜的角度钉入钉子。

使用染色剂

红雪松木材在潮湿时会变成鲜艳的深红色，不过可以将其染成任何颜色以适应周围的环境。最好使用微孔染色剂，其可以让木材中的任何水分逃逸；如果水分困在不透水的涂层下，最终会导致表面的色彩层脱离。所有用于染色的木质表面都应该干燥并且没有灰尘。按照说明书对染色剂进行搅拌和稀释，然后用质量好的油漆刷按照木纹方向粉刷木材。油漆刷上不要带有过多染色剂，否则会造成覆盖不均匀。要让染色剂很好地进入木材，可能需要数次粉刷，但应该等到每一层染色剂干透后再粉刷下一层。又见602页，"木材防腐剂"。

维护

所有木质表面都需要经常维护。每年一次，检查所有表面区域有无开裂和裂缝。受损木材需要更换。还要检查螺栓、螺钉、支架或钉子有无生锈。如果镀锌零件被磨损的话，它们的保护性外层会受损，并可能出现锈迹。木质铺装中最好使用不会生锈的黄铜零件。如果染色剂在经常被踩踏的地方变薄，清洁表面并重新粉刷染色剂（见上）。在某些阶段可能会生长出藻类。可以使用杀菌剂，但最好用硬扫帚或刷子施加温和的漂白剂。

木板踏石

木板铺装可以在池塘中创造"踏石"效果。以一定位置和角度设置的方木台能够在池塘水面上的自然式种植和柔软的光影增添立体风格。在这里，平行板条以交替方向铺设，为整体设计增添了几分运动感。

木质铺装的支撑

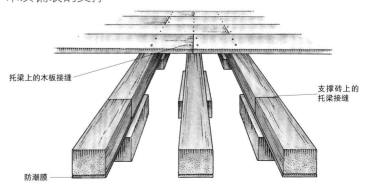

托梁上的木板接缝

支撑砖上的托梁接缝

防潮膜

在连接两块木条作为托梁时，确保接缝位于一块支撑砖上。将木板以垂直角度铺设在托梁上，所有对接缝都要直接位于托梁上方。

道路和台阶

道路和台阶在良好的花园设计中是很重要的部分。它们有助于形成花园的框架，连接各种元素，并能将视线引导至某一视线焦点。可以以一定角度偏离中心设置道路，或者沿着间接迂回的路线设置。台阶可以提供有趣的高度变化并创造各种不同的效果，这取决于它们是笔直的还是弯曲的，是宽阔的还是狭窄的，是浅的还是陡峭的。

实用因素

通往花园棚屋或温室中去的道路必须足够宽，可以容纳手推车，并且有干燥坚实的表面。通向花园前门或者供在花园中徜徉的道路，其宽度应该允许两人并肩同行：1~1.2米。

材料和设计

材料和铺装图案的选择可以用来奠定或强化花园的风格。将不同材料组合在一起常常能得到效果很好的道路设计，例如铺装石板搭配圆石，砖块搭配砾石，或者混凝土铺装板搭配砖块或黏土铺装板。

"踏石"道路可以在花园中的许多部位铺设。在许多情况下，比如你不想破坏草坪的线条时，它们会是很好的选择，但在潮湿的天气下它们可能会变得比较泥泞。先将铺装石材放置在表面以确定间距，应该以自然步伐的间距设置。在草坪上，将它们沉入草中，使其表面安全地位于割草高度之下。

在冬季相对干燥的地方，道路

可以用木材铺设，可以是以踏石形式呈现的圆木桩，也可以是对页"镶木铺装"中描述的方形板条块。

在斜坡上，台阶是道路不可或缺的一部分。即使在相对平整的地方，它们也可以作为设计景观。台阶应该与周围背景和谐一致，例如，在林地花园中，台阶适合使用浅原木立面和砂砾踏面；而在现代风格的花园中，砖块立面和混凝土板踏面会更合适。

车行道

车行道对设计的影响很大，特别是在小型花园中。在确定车行道的位置时通常没有选择的余地，除非同时修建一个新车库；不过，通过选择合适的表面并在附近种植漂亮的植物，还是可以让车行道变得美观的。

沥青

沥青最好用于车行道以及对美观没有要求的道路——例如通向棚屋的道路。它还可以用来覆盖受损的混凝土道路。除了黑色，混凝土还有红色和绿色的。可以将石屑碾压进沥青表面以增加质感。沥青最好在温暖天气下铺设。除非得到良好的铺设，否则沥青会在数年之后破裂。在使用频繁的区域如主车行道，最好让有资质的承包商施工。

准备

沥青可以铺设在任何坚实的表

砖砌通道

砖砌路本身就能成为一道景致，为花园入口增添质感和色彩。在这里，砖块柔和的粉色与周围的植物非常和谐，并将视线引导至月季拱门和远处的自然式草地。

面如混凝土或砂砾上。千万不要直接在裸土或碎砖层上铺设沥青，因为这样很难得到持久的坚实平整表面。如果必要的话，在坚实土地或压紧的碎砖层上铺设厚5~8厘米的砂砾和沙子混合物，以得到坚固的基础。如果老旧的道路或车行道是基础，首先用沥青乳液粉刷任何孔洞或裂缝，等待大约20分钟，然后在其中填入碎石。为确保良好的排水，将车行道铺设在缓坡上。

沥青道路的边缘比较脆弱，常常会崩塌，所以要使用混凝土镶边，或用砖块或经过处理的木板提供坚实的边缘。

铺设

使用一层沥青乳液胶结表面。先搅拌，然后将其从容器中倒出，用硬刷子铺平（完工后使用热肥皂水清洗刷子）。当乳液变成黑色时，施加碎石，并将其耙到大约2厘米的厚度。

用耙子背将表面夯实并移去较大的气穴，然后用重园艺滚筒在表面来回碾压几遍。保持滚筒表面的湿润，以免碎石粘在滚筒上。如果有肉眼可见的凹陷，可向其中填料并再次碾压。如果使用石屑，可将它们均匀地撒在表面，然后再次碾压将它们嵌入沥青中。

砖和铺装块

砖块和黏土铺装块的柔和色彩使它们非常适合用于铺装花园道路。

由于一个单元的尺寸很小，所以它们相对容易应对高度的变化，甚至可以用来铺设弯曲的道路。根据所使用的铺装图案（见589页，"砖砌图案"），可以创造各种不同的效果。

施工

用木钉和拉紧的绳线标记出道路的边缘，计算出在哪些地方需要使用切割砖或铺装块来创造曲线。如果道路要承受较重荷载的话，需要准备混凝土基础（见586页，"承重表面"）。承受强度较小的道路使用平整的8厘米厚压实道渣碎砖层就足够了。

首先沿着道路的一侧铺设合适的镶边材料（见594页），然后分段铺设道路本身，每次铺设1米长。铺装块应该铺在5厘米厚的干燥砂床上（见590页，"铺设铺装块"），而砖块需要2.5厘米厚的垫层砂浆（见589页，"铺设砖块"）。每完成一段道路的铺设，都要使用直木板和水平仪检查它们是否水平。然后在另一侧铺设镶边材料，完成此段道路的铺设。重复该步骤，直到完成整条道路的铺设。

在为用铺装块铺砌的道路进行收尾时，将干沙扫入接缝中。对于砖块道路，将干燥的砂浆混合物扫入砖缝（见588页，"收尾"），确保没有较大的气穴。如果必要的话，使用比砖缝稍窄的木条将砂浆压实。最后，用装有细花洒的洒水壶或压缩式喷雾器将砂浆弄湿，如果需要的话清洁砖块。

石材的微妙效果
在这里，镶嵌石材的斑驳质感映衬着柔软羽衣草（*Alchemilla mollis*）和在缝隙中生长的苔藓。

圆木桩
锯成段的圆木可以在林地形成一系列充满和谐的踏面，完美地融入周围的环境。

混凝土

现场浇筑的混凝土是一种经济且耐磨的路面材料，特别适合用于宽阔的道路和车行道。可以通过增添质感改善它的外观（见下）。通过添加特殊染色剂，还可以为混凝土上色。由于混凝土干燥后颜色通常会发生变化，所以要谨慎地使用染色剂。用一小块混凝土试验，待其变干后观察颜色，不要通过潮湿的混凝土判断效果。

较宽的混凝土道路可以使用成排的砖块或宽木板将其分隔成段。这样可以在施工时省去设置伸缩缝的需要。

准备基础

准备合适的基础（见585页，"基本程序"），然后设置保持混凝土的位置直到其凝固的框架。使用厚2.5厘米、高度至少与混凝土深度相同的木板。用5厘米×5厘米的木钉，以不超过1米的间距将框架固定就位。

增添质感

通过增添质感，可以让现浇混凝土道路变得更美观。只在一些部位使用这些技术，或者交替使用不同的图案，创造有趣的整体效果。

暴露的砂砾可以呈现美观的防滑饰面。在混凝土凝固前，将砂砾或石屑均匀地铺在其表面，然后轻轻地将它们夯入混凝土中。当混凝土几乎凝固时，用刷子清扫表面以露出更多砂砾，再用水冲洗掉细颗粒。

拉绒饰面非常容易获得。轻柔地夯实混凝土后，用软扫帚的毛在表面扫动，得到相当光滑的饰面；要得到棱纹效果，当混凝土开始凝固后使用硬扫帚处理。还可以刷出一系列漩涡或者直线或波浪线。

使用特殊工具可以得到印花混凝土，也可以运用想象力，充分利用家中和花园中的普通物件，例如糕点切刀和贝壳等。这项技术最好局限在很小的区域使用。为得到美观的叶面印记，可以使用大型树叶如美国悬铃木或七叶树的叶片。用泥瓦刀将叶片按入混凝土中，当混凝土凝固后将它们刷出来。

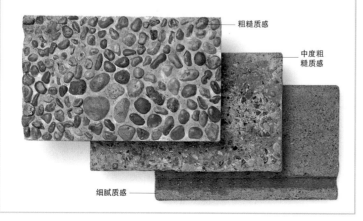

粗糙质感

中度粗糙质感

细腻质感

木板的连接处可以钉上钉子。

制造曲线

为得到柔和的曲线，首先标记出你想要创造的形状，然后将紧密排列的木钉用锤子打入土地中。在水中浸泡软木木板，使它们变得柔韧，然后将它们弯曲并钉在木钉上。尖锐的曲线可以用相似的方法得到，并且需要在曲线内侧做一系列锯痕。锯痕应该穿透木板厚度的大约一半，以增加其柔韧性。或者使用容易做弯曲造型的几层薄硬纸板。

伸缩缝

混凝土在铺设时必须有分隔，为膨胀和一定程度的位移留出空间，否则会发生开裂。使用木垫板作为临时的界线，将混凝土铺装区域分隔成不超过4米长的段。如果使用的是已经搅拌好、必须一次用完的混凝土，则可以使用切成片的硬纸板，将它们留在伸缩缝中直到混凝土完全凝固。

如何铺设砾石道路

1 将道路基础挖掘至18厘米深，并使用经过高压处理的木板控制边缘。压实基础，并使用间隔1米的木钉将控制边缘的木板固定就位。

2 如果道路位于草坪边缘，再额外挖掘2.5厘米，使道路位于草皮下方（见插图）以便割草。连续铺设碎砖层、沙子和粗砾，以及豆砾，耙平。

铺设混凝土

制造并搅拌混凝土（见586页），然后将其倒入框架中。如果是小批量搅拌混凝土，用木板隔出分区，在分区中倒入混凝土，混凝土凝固后，将木板撤去，剩下分区再次倒入混凝土。使用长条木板，从中间到伸缩缝，将混凝土表面夯平。如果道路或车行道较宽的话，和帮手一起使用夯板会让这项工作更容易。夯的动作会留下带纹棱的表面。如果你需要光滑的饰面，使用木抹子以轻柔的扫动动作将混凝土表面抹平。钢抹子抹出的表面会更光滑。

混凝土铺装板

铺装板有各种形状、大小、颜色和饰面。它们的铺设比现浇混凝土简单，但与砖块和铺装块相比更难铺设成曲线。它们可以很容易地与其他材料结合，如在边缘设置圆石，或者在每块铺装板之间穿插小砂砾条。使用混合材料可以方便地制造曲线。关于铺设铺装板的详细信息，见587页。

草

青草道路可以用于连接一系列草坪，或者作为苗床之间的宽阔步行道。它们必须尽可能宽以分散压力，否则会在频繁踩踏下变秃。青草道路的草皮铺设方法和草坪一样——关于全部详细信息，见393页，"铺设草皮"。

砾石

砾石容易铺设，其在创造曲线时不存在任何问题，并且也不贵。但是，除非有良好的基床并且控制边缘，否则松散的砾石会跑到附近的表面上，而且走在其上面会不太舒适并且有噪声，独轮车或手推椅在上面也不方便行动。又见256页，"砂砾床和铺装"。

挖掘土地得到坚实的基础，然后在其中填充大约10厘米厚的紧密碎砖层、5厘米厚的沙子和粗砾混合物，以及2.5厘米厚的砾石。为得到细腻表面，选择豆砾。砾石也可以铺设在土工织物上（见256页）。

分数次添加砾石，用耙子和滚筒创造中央稍稍隆起的表面以便更好地排水，然后浇透水让表面紧实。

在有大量笔直边缘的规则式背景中，可以使用混凝土镶边条；在其他背景中，砖块或经过处理的木板更加适合。如果使用木板的话，用间距大约1米的木钉固定它们。

道路的边缘控制

塑料边缘容易切割成合适的尺寸，并且可以非常隐蔽地将砖块或铺装块道路固定就位。还可以使用经过处理的木板，用木钉将它们固定住。还可以在建造道路时先用木板控制边缘，然后将它们移去并在空隙中填充混凝土。在使用砖块镶边时，将砖块侧放或者以45°角斜放，用少量砂浆固定。

修建台阶

在计算需要修建的台阶数量时，用斜坡高度除以一个台阶的立面高度（包括铺装石和砂浆的厚度）。可能必须要调节台阶的高度以适应斜坡。用木钉标记台阶立面的位置，然后挖掘土壤形成一系列泥土台阶。

为底部台阶设置混凝土基础（见596页），待其凝固。然后使用砖或砌块修建台阶立面，用砖艺砂浆（见586页）填缝垒砌。用直尺和水平仪确保它们的水平，然后在立面后方回填碎砖或沙子和砾石。

在里面顶端铺设一层砂浆，然后铺砌第一个踏面；它应该稍稍向前倾斜以利于排水，并且超出立面前端2.5～5厘米。标记出下一个立面在踏面上的位置，然后用砂浆继续垒砌。

踏面与立面的比率

为便于使用，踏面宽度与立面高度的比例应该控制恰当。作为一般原则，踏面宽度以及立面高度的两倍相加应该大约为65厘米。首先，选择立面的高度，然后用65厘米减去立面高度乘以2的结果，得到踏面高度。还需要增加2.5～5厘米以突出立面。

为保证台阶能安全使用，踏面从前到后的宽度至少应为30厘米。立面高度通常为10～18厘米。

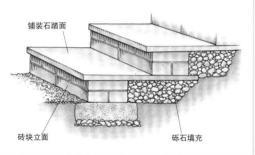

铺装石踏面
砖块立面
砾石填充

木材和砾石台阶
在这里，回收利用的铁轨枕木中填充砾石，创造了一个缓缓上升的曲线阶梯，两侧种植的植物柔化了台阶的边缘。

如何在土堤上修建台阶

1 测量土堤的高度以便计算需要多少台阶（见左）。在斜坡顶端钉入一根木钉，底部钉入一根木桩。在两者之间拉一条水平的绳线，然后测量地面到绳线的距离。

2 使用绳线和木钉标记边缘，然后水平拉伸绳线以标记踏面前端。挖掘出泥土台阶，并在每个踏面的位置紧实土壤。

3 为立面修建15厘米深的基础，宽度为砖块的两倍。在基础底部填充7厘米厚的碎砖层，在上面添加一层混凝土至与地面平齐。

4 当混凝土充分凝固后，将第一个台阶立面垒砌在基础上。使用木钉之间拉伸的水平绳线确保砖块笔直水平。

5 在立面后回填碎砖层至砖块的高度并向下夯实。将铺装石板铺设在厚1厘米的一层砂浆上，石板之间留一条小缝。

6 石板应该突出立面2.5～5厘米，并稍稍向下倾斜以利于排水。标记出第二层台阶立面在石板上的位置，继续用砂浆垒砌砖块。按照同样的步骤回填、铺设踏面。剩余的台阶都按照同样的步骤修建。作为收尾，用砂浆填补石板之间的缝隙。

墙壁

从很早开始，界墙就是花园中的一道景致。在19世纪，带围墙的花园在大宗地产中还是常见的景象，其能保护安全、隐私和提供观赏趣味。然而，如今大型界墙已经不常见，取而代之的是更便宜的栅栏或绿篱。

园墙往往兼有实用性和观赏性。矮墙非常适合为花园分区。因为它们不需要多深厚的基础，也不需要墙墩支撑，矮墙修剪起来也很容易，并且成本不高（见对页）。如果为种植留下空腔的话，矮墙的视觉效果会特别美观。

材料

界墙可以使用包括砖块在内的各种材料修建，而修建矮墙可以使用专为户外用途生产的混凝土砌墙块。在购买砖块时，与供应商确认它们可以用于修建园墙：它们应该防冻并且能够经受从各个方向侵袭而来的湿气。

墙壁也可以使用不同材料搭配修建，例如砖块搭配当地石材如燧石制造的面板。对于大而平的墙壁，可以在花园内侧粉刷砖艺涂料（浅色或明亮的颜色）。它能反射光线，并与靠墙生长的灌木和其他前景植物形成鲜明的对比。

修建高度

当地政府或道路部门可能对墙的高度有限制。低矮的装饰性墙可以自己动手施工，但高于1米的砖墙和混凝土砌块墙则需要寻求建筑工人或结构工程师的建议。任何高于1米的墙都应该使用间隔2.5米的墙墩加固。

墙壁的混凝土基础

无论墙壁是用砖块、混凝土块

组合材料

这里同时使用砖和燧石创造了一面引人注目的界墙。直线和曲线的融合强化了两种风格的搭配。用这种方式组合在一起，不同的材料可以有效地互相映衬。

还是用石材建造的，所有墙壁的基础宽度都应该是墙体本身宽度的二至三倍。低于1米的墙不必修建深厚的基础。

对于半砖墙（厚度与一块砖相当），挖一条长度与墙壁相等、深38厘米的沟，在沟的底部铺设13厘米厚的碎砖层，向下夯实，然后倒入10厘米厚的混凝土。等待数天，让混凝土完全硬化，然后再铺设砖或混凝土块。对于两块砖厚度的全砖墙或者有种植空间的双层墙，沟的深

筑墙材料

砖是最常用的筑墙材料，不过也可以使用模仿天然黏土砖的混凝土块。

如果你想修建一面与现有建筑相匹配的墙壁，专业供应商那里有许多不同色彩和风格的回收砖可供选择。

质地光滑的砖
它们是最适合朝向墙壁前方的砖。有一系列色彩。

色彩斑驳的半釉砖
它们有被粗削般的外观，也是所有砖中最坚硬的。

预制混凝土块
其中含有中度粒径的砾石。

岩面混凝土块
砖红色模仿的是黏土砖的样子。它们还可以做成砂岩的颜色。

光滑砌块
适用于现代设计的混凝土块。

如何修建混凝土基础

1 首先在工作区域清除所有植物材料、大石块和其他障碍物。用木钉之间拉紧的绳线标记出混凝土基础的范围。

2 按照需要的深度挖一条沟。确保底部水平，侧壁垂直。将两根木钉钉至混凝土的预定高度。用水平仪和横跨两根木钉的笔直木板确认是否水平。

3 在沟中灌水并让其自然排干，然后增添13厘米厚的碎砖层并向下夯实。倒入混凝土，用铁锹在其中切动，使其进入碎砖层并移除气泡。

4 用一段木板向下夯实混凝土，并将表面平整至木钉顶端。混凝土表面可以稍微粗糙，便于铺设第一层砖块的砂浆黏合。

如何修建简易矮墙

1 混凝土基础一旦完全干燥——需要至少两天,用两根准绳标记出墙体的位置,准绳之间的距离为墙体宽度再加10毫米。将砖块直接放在混凝土上确定位置,砖与砖之间相隔10毫米。

2 用粉笔将砖块的位置画在混凝土基础上。沿着第一层砖的位置铺设一层10毫米厚的砂浆。随着你将每块砖铺在上面,用水平仪确认它在各个方向上都是水平的。

3 铺设前,在每块砖的末端抹一层10毫米厚的砂浆。最后填补中央的砖缝。

4 在第一层顺砌砖块上铺一层砂浆,然后以与之垂直的角度横砌第二层砖。不时检查水平与否并做出必要的调整。

5 向上垒砌到第四层砖的开端,交替顺砌和横砌。铺设每块砖时刮掉多余的砂浆。用勾缝工具处理砖缝。然后完成每一层砖的垒砌。

6 在垒砌第四层砖时,在第一块横砌砖后插入一块半砖以保持砖缝的交错。继续垒砌,像之前一样检查每块砖是否水平。

7 将砖块侧立垒砌,完成最后一道砖的铺设。为帮助雨水从墙面流下,用勾缝工具先为垂直砖缝勾缝,再为水平砖缝勾缝。

度和混凝土的厚度还要各再增加5厘米。对于砖墙和混凝土砌块墙,混凝土基础的顶端只需位于地面下15厘米。对于屏障砌块墙体,如果使用加固杆的话,混凝土基础的顶端只需刚好位于地面之下即可。在黏土中或寒冷地区砌墙,要增加基础深度,使其位于冰冻线之下。若修建更高的墙,应该寻求专业意见。

组合砖

看起来好像数块独立砖的"组合块",近看可能会比较粗糙,但在花园环境中,特别是在风化以后,它们就没有那么显眼了,而且用它们修建简易园墙更快捷更简单。某些类型是常规形状的,其他类型则像拼图一样相互联锁,这样可以提供更大的强度和更高的稳定性。

组合墙顶块

砖的垒砌

为确保第一层砖是笔直的,沿着混凝土基础拉伸两条平行绳线,它们的间距等于墙体宽度再加10毫米。沿着混凝土基础铺设一层10毫米厚的砖艺砂浆(586页)。一层砖中的第一块是不抹砂浆直接放置的,然后在第二块砖的一端抹上砂浆,靠在第一块上。在垒砌时,不时用水平仪检查砖块是否平齐且水平。如果太高,用小泥铲的手柄轻轻向下叩击。对于太低的砖,在下面补充更多砂浆。还要检查确定所有的砂浆缝都有10毫米厚。

在垒砌后续砖层时重复同样的步骤,并重新设置绳线的位置作为准绳。对于带种植凹槽的墙,在第一层砖中留出"泄湿孔"(砖块之间无砂浆的空洞)以便排水,泄湿孔要全部位于地面上。

在砂浆干燥前,使用勾缝刀在砂浆中做出外观整洁的斜缝。垂直砖缝应该向同一个方向倾斜,水平砖缝应该稍稍向下倾斜以利于排水。

砌砖样式

可以使用的砌砖图案有很多(见右)。如果你是砌砖新手,最好选择容易垒砌而且不需要切割砖块的简单样式。最简单的是顺砌砖墙,所有砖都沿着长边垒砌;它需要的切割砖块很少。

屏障砌块墙

在花园中的某些部分,用砖墙作为屏障会显得太过生硬,而用特制穿孔混凝土块修建的屏障墙更合适。这样的墙是由中空的壁柱块支撑的,将混凝土基础中固定的钢杆加固并填充砂浆或混凝土。这些墙的强度很小。

流行砌砖样式

顺砌式常用于垒砌只有一块砖厚的砖墙,荷兰式和英式砌法结合了顺面砖和横面砖,适用于全砖墙。

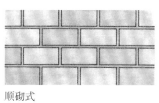

顺砌式

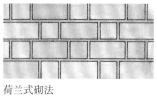

荷兰式砌法

英式砌法

园艺百科全书（典藏版）

墙顶的类型

装饰性饰面
用砂浆将直立石块固定在一面干垒石、灰岩石墙的顶端。

全砖砖墙
这面荷兰式砌法修建的砖墙使用了一层横砌砖作为墙顶。

岩石墙顶
大块石板为这面用砂浆堆砌的燧石墙壁提供了坚实的墙顶。

柔化墙壁
墙壁边缘的坚硬线条被鲜艳的垂曼植物柔化，看上去有帘幕般的效果。石块之间的岩缝为浅根岩石园植物提供了理想的生长空间。

墙顶

墙顶构成了墙壁的顶层，通过倾泻雨水并避免其渗入砖缝，它可以起到防止墙壁被冻坏的作用。它还能赋予墙壁"成型"的外观。

有专门制造的曲线形墙顶砖，但它们的宽度与墙体宽度一样，严格地说是墙帽而不是墙顶，因为它们不能将水滴从墙面上抛开。更宽的混凝土板可以用作墙帽或混凝土砌块墙的墙顶。如果需要普通砖面，可以在最后一层砖之前铺设双层平屋顶瓦以提供"滴水层"。墙顶对于屏障砌块墙尤其重要，因为它有助于将砌块固定在一起。

干垒石墙

干垒石墙可以修建在混凝土基础（见596页）或碎石基础上。它们的石缝之间可以种植高山植物，如果墙顶留出种植蔓生植物的凹槽，会显得极其美观。

挖一条沟并用碎砖或碎石制造坚实的基础。墙基部的一或两层石块应该位于地面之下。使用拉紧的绳线保证水平建造。墙体基部应该比顶部宽。为得到连续一致的坡度，制作一块定斜板，它是一个形状与墙体横截面一样的木质框架。每60厘米向内倾斜2.5厘米的坡度通常够用。使用水平仪确保定斜板垂直。最后使用大而平的石块或者一排直立的石块（如果必要可用砂浆填缝）作为具有装饰性的墙顶。

挡土墙

挡土墙可用于在花园中营造台地或者保持抬升苗床（见对页）中的土壤。可以使用干垒石、混凝土砌墙块或砖块修建。如果想修建任何高度超过75厘米的挡土墙或者在陡坡上修建，必须寻求专业意见，因为必须对它进行加固以承担土壤和水造成的压力。与修建一面大挡土墙相比，以一系列浅台阶在花园中营造台地可能会更容易实现。在某些国家，修建高挡土墙需要规划许可，而且建筑法规可能会要求承包商使用现浇混凝土来修建它。

沿着挡土墙背后插入一条水平走向的排水管道（见623页，"安装排水系统"），然后使用砾石或碎石回填墙体后部。如果使用砖块或混凝土块，将墙修建在土壤表面下的混凝土基础（见596页）上，并在墙体较低砖层中每隔两块或三块砖留出一个供排水的泄湿孔。

干垒石墙很适合用作低矮的挡土墙，因为高山植物可以生长在它暴露的表面上。将大石块放置在坚实的混凝土或碎砖层基础上，然后以每30厘米高度向内倾斜2.5~5厘米的角度继续铺设后续石材。墙体的挡土一侧应该保持垂直（见268页，"如何建造干垒式挡土石墙"）。如果不种植岩缝植物，可以使用砂浆填缝让墙体更加坚固（见597页，"砖的垒砌"）；或者可以将园土堆积在石块之间以增加稳定性。

建造挡土墙

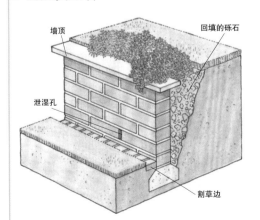

任何用于在斜坡上挡土的墙壁都必须非常坚固。要牢记一点，墙壁越高，它的强度就需要越大。还要记住潮湿的泥土比干燥的泥土更重，必须让水分从墙基部设置的泄湿孔中排出。如果使用的建筑单元较大，如混凝土块，则挡土墙的强度会比使用较小单元建造的挡土墙的强度更大。

建造
左侧是一段挡土墙，底部有一个垂直的未填补砂浆的砖缝，它起到泄湿孔的作用。右侧是用空心混凝土砖（见下）建造的挡土墙。空腔中可以灌入湿混凝土，也可以装入用于种植的土壤。

加固杆
如果将带钩杆埋设在混凝土基础中，可以使用空心混凝土块建造的墙壁强度大大提高。穿过混凝土块还可以继续添加加固杆。

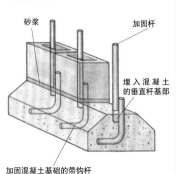

抬升苗床

抬升苗床可以在花园中提供强烈的设计元素，其可以围绕下沉式花园设置，或者提供高度上的变化。在铺装区域可以放置一小群抬升苗床或者一系列相连的苗床，而单独醒目的抬升苗床中可以种植美丽的标本植物。

如果花园中的土壤很贫瘠或者不适合种植某种类型的植物，则抬升苗床会非常有用，例如它们可以在拥有碱性土的花园中创造酸性种植环境。另外，与种植在浴盆或其他容器中的植物相比，抬升苗床中的植物有更多生长空间，并且需要的照料更少，因为其土壤干燥速度更慢。

抬升苗床的另一个优点是不用弯腰就能够到其中的植物。一系列规划良好的抬升苗床可以让年老、残障或虚弱的园丁得以参与园艺活动。苗床的高度可以根据个人需要进行调整，而且宽窄足以让人轻松地够到整个苗床。苗床之间应该用宽阔的园艺道路连为一体。

材料

建造抬升苗床可以使用众多不同的材料：抹砂浆的砖（见589页，"砖块类型"）、混凝土砌墙块（见596页，"筑墙材料"）、不抹砂浆的岩石（见598页，"干垒石墙"）、铁轨枕木或粗锯原木。如果使用砖或混凝土，你可能会想用宽到可以坐下的材料当作苗床的墙顶（见598页）。

砖砌苗床

一个大的砖砌矩形苗床很容易建造，但会显得相当缺乏想象力。众多较小的互相连接的不同高度的苗床会在视觉上创造更吸引人的景致，圆形抬升苗床也能起到同样的效果。选择防冻砖。一般来说半砖墙就足够坚固了。

矩形苗床

准备一道混凝土基础（见596页，"如何修建混凝土基础"），可以让第一层砖铺设在地面之下。当混凝土基础凝固后，使用砖艺砂浆（见586页）铺设砖层（见597页，"砖的垒砌"）。以垂直角度铺砖形成四角。

圆形苗床

在建造圆形苗床时，最理想的状况是对砖块进行切割以得到光滑的曲线，不过使用完整的砖块也可以。先松散地铺设砖块，圆周的大小必须足够大，以边缘没有宽缝为宜。准备混凝土基础并等待其凝固，然后铺设砖块，使它们在砖墙内侧几乎紧挨。用砂浆填补外侧墙面的缝隙。使用传统砌砖样式，让砖层的砖缝彼此错开，顶层使用半砖得到更圆润的曲线。

杜鹃花科植物

如果在苗床中种植需要酸性土壤的植物，可在墙体完工后使用丁基橡胶衬垫或几层防水沥青漆在墙体内侧衬底。这可以阻止砂浆中的石灰渗入土壤导致pH值升高。

混凝土块苗床

如果匹配的材料都用在了其他结构和表面的话，则混凝土砌墙块也是建造抬升苗床的良好选择。混凝土块对于圆形苗床可能太大，但很适合方形苗床。苗床的建造方式和砖砌苗床相似。

天然岩石

抬升苗床也可以使用干垒天然岩石建造。使用干垒石墙式挡土墙的建造技术（见598页，"干垒石墙"和"挡土墙"），不过要使苗床保持矮小。

高度超过60厘米的苗床最好用砂浆将岩石固定就位。即使是低矮苗床，也有必要在四角用砂浆固定。

枕木

铁轨枕木能够毫不显眼地与大多数植物和花园表面融合，非常适合建造面积较大的低矮抬升苗床，但它们比较重，难以操作：墙体高度不要超过三根枕木。使用电锯切割枕木，但在建造墙壁时只使用完整或一般长度的枕木。这样能减少锯枕木的次数。

不必提供混凝土基础，因为枕木的长度和重量会让它们非常稳定。用夯实的砂砾创造铺设它们的平整表面，然后像垒砌砖块一样堆放枕木；如果超过两层高，使用钉入地面的金属杆将它们固定就位：在枕木中钻孔以插入金属杆，或者将金属杆设置在苗床外部作为支架。

枕木可能已经浸泡了对植物有毒害的沥青或木材防腐剂，这样的话苗床内侧必须使用土工布、PVC或丁基橡胶作为衬垫。

粗锯原木

原木可以为林地风格苗床以及自然式背景中的低矮不规则苗床提供漂亮的镶边。对于较高的抬升苗床，应该使用尺寸和厚度一致的原木。不过这样的材料并不好找，而且四角的连接也不好处理。如果要建造这种类型的抬升苗床，最好购买容易组装的套装。

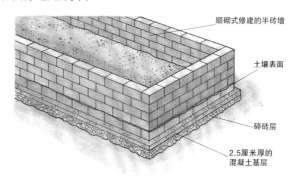

抬升苗床的建造材料

顺砌式修建的半砖墙
土壤表面
碎砖层
2.5厘米厚的混凝土基层

砖砌苗床
砖砌苗床应该使用防冻砖建造。准备好混凝土基础（见596页）后，铺设位于土壤表面下的第一层砖。交错铺设砖层以增加墙体强度。

像砖块一样顺砌的砧木
夯实的砂砾基础

砧木
砧木特别适合建造低矮的抬升苗床，但如果砧木曾经使用有毒的防腐剂处理过，必须对苗床使用衬垫。因为苗床本身已经足够稳定，所以不需要混凝土基础。接缝需要交错。

抬升苗床和灌溉需求

与普通花园花境中的土壤相比，抬升苗床中的生长基质的排水速度更快，因此需要更频繁地为植物浇水。与挡土墙直接接触的土壤尤其容易干燥并收缩。在极端情况下，它甚至会将苗床边缘植物的纤维状吸收根暴露在外，让它们非常容易受到严霜、高温或干旱的伤害。取决于所种植的植物，也许有必要在土壤中添加更多有机质以帮助保持水分（见621页）。

栅栏

栅栏常常用来标记边界，不过它们也可以作为风障或者花园中富有装饰性的景致。它们的建造比墙壁更快也更便宜，可以几乎立即提供私密性。为了将篱笆转变成富有装饰性的元素，可以用木板覆盖它，或者用框格棚架镶板安装在顶端或侧壁上。

竖立栅栏的第一个步骤是用绳线标记出栅栏的位置。如果栅栏是两个地产之间的边界，所有的栅栏柱和栅栏板都必须位于你这一侧的边界上。其他和栅栏有关的法律规定，见602页，"关于栅栏的法规"。

嵌板栅栏

嵌板栅栏是最简单的栅栏形式，可以使用混凝土或木质支柱支撑安装。如果使用混凝土柱子，只需将嵌板滑入柱子两侧的沟槽中即可；混凝土柱子的另一个优点是它们不会生锈。更多详细信息，见对页，"如何安装嵌板栅栏。"

如果你更喜欢木支柱，必须使用螺钉或钉子将嵌板固定在木支柱上。使用金属柱架或混凝土支墩（见对页）保护木栅栏柱的基础。后者是一根镶嵌在混凝土基础中的短柱。它们上面有预制的孔，可以用螺栓将木柱固定在支墩上，让木柱刚刚超过土壤表面即可。

在使用木柱建造栅栏时，先给第一根柱子挖出一个洞，然后沿着栅栏的方向拉一条绳线以确保栅栏的笔直。对于2米高的嵌板栅栏，可能会需要2.75米长的木材作为木柱，所以挖出的洞至少应有75厘米深。在洞底填入15厘米厚的碎砖层，然后将柱子立在洞中，用更多

打孔机

如果安装栅栏桩需要很多孔洞来埋设木桩，可以购买或租用一台"螺丝"打孔机。这台设备相当容易操作——只需转动手柄施加一点压力，就能做出整齐并且很深的洞。不过，取决于现场和土壤的类型，使用手动打孔机可能会比较费力。

机动打孔机可以节省时间和精力，但它们很重并且初次使用比较困难。在购买或租用液压或汽油驱动装备之前，可以咨询专家。

栅栏类型

编篮栅栏（Basket-weave），通常作为预先编造的栅栏嵌板出售，一般有各种高度。轻质软木框架中安装有互相交织的松木或落叶松木板条。它能提供很好的私密性，但强度不是很高。

密板栅栏（Closeboard），由互相重叠的垂直薄边木板组成，木板通常是软木的，用钉子钉在一对水平三角栏杆上。木板的厚边固定在旁边木板的薄边上。它可以在现场建造，也有各种预先建造的面板（如这里所展示的那样）。密板型栅栏是最结实的栅栏类型之一，其能提供良好的安全性和隐秘性。

缺边栅栏（Waney-edged），由重叠的水平木板组成，是最常用的嵌板栅栏类型之一（又见605页）。它能提供很好的安全性。

木瓦栅栏（Shingle），由重叠的雪松木瓦组成，将它们用钉子钉在木框架上得到强壮结实的栅栏。取决于它们的高度，这种类型的栅栏能提供良好的安全性和私密性。

编条篱笆（Wattle hurdles），由互相交织的木条板组成，其有一种古朴感。这里给出了两种类型。它们可以现场编造，也可以购买已经编造成型的板面。需要使用矮胖的木桩固定它，其在花园中营建新的绿篱时特别有用，除了能提供临时的隐秘性之外，还可以抵御小型和较大的动物。不过，在相对较短的时间内，它们就会看起来参差不齐并且很不美观，而且维护和修补起来很麻烦。

格架栅栏（Lattice），是用粗锯木材或外形古朴的木条板制造的。它们的外形像大型号的菱形框格棚架。它们可以用作自然式边界，但缺乏私密性。

尖桩栅栏（Picket），拥有间距5厘米的垂直木质尖桩，安装在水平围栏上，观赏性比实用性更好。还有塑料尖桩栅栏，与传统木质尖桩栅栏相比，它们所需的维护要少得多。两种材质都不能提供太多安全性或隐秘性。

农场风格栅栏（Ranch-style），用薄的水平木板连接在矮胖的柱子上。木材经过油漆或简单地使用防腐剂处理。这种风格的栅栏也有塑料材质的，其需要的维护更少，但二者的安全性都不够。

简易铁丝木栅栏（Cleftchestnutpaling），由间距约8厘米的垂直劈开木桩组成，用镀锌铁丝连接。只适合用作临时性栅栏。

立柱围栏栅栏（Post and rail），拥有两根或更多水平木杆或粗距木栏杆。它们可以形成便宜的边界标记。

横档栅栏（Interference），水平木板安装在木支柱两侧，一面的木板遮挡另一面的缝隙。与实心栅栏相比，它能充当更好的风障，它的私密性虽然不完全，但也可以接受。

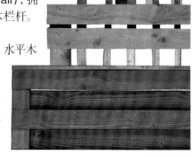

铁丝网围栏（Chain link），由铁丝网组成，通常连接在混凝土、木材或铁柱上。镀锌铁丝网可以使用长达10年，塑料覆盖的铁丝网使用寿命更长。在需要抵御动物的边界，它是很好的选择。

焊接铁丝栅栏（Weld wire），由开口宽阔的铁丝网组成，用钉子固定在木桩和围栏上。主要用作屏障，在外观不重要的地方抵御大型动物。

立柱链式栅栏（Post-and-chain），拥有金属或塑料制造的锁链，连接在木质、混凝土或塑料立柱上。在不能建造更结实栅栏的地方，可以使用它们来建造边界。

混凝土栅栏（Concrete），通常由带有穿孔的混凝土板组成，混凝土板可以装入混凝土立柱中。它们可以提供砖艺墙的安全性和稳定性，与木栅栏相比其所需要的维护也比较少。

碎砖填入洞中，将木柱固定就位。用水平仪确保立柱的垂直。用栅栏嵌板的宽度作为间距，为第二根柱子挖洞，确保它与准绳平齐。平整柱子和洞之间的土地，然后在两根栅栏柱之间的地平面上放一根木质或混凝土砾石板，防止嵌板接触土壤并腐烂。可以使用镀锌钉将木质砾石板固定在第一根柱子上。使用75毫米镀锌钉钉入预先穿透的钉孔，将栅栏嵌板连接在立柱上，或者用金属支架将它们固定在一起。将第二根柱子放入洞中，确保柱子垂直并使其紧密地靠在栅栏嵌板上，像之前那样安装砾石板和栅栏嵌板。对于剩余的柱子、砾石板和嵌板，使用相同的步骤安装。

使用木碎片和碎砖将木桩紧实地固定就位，使用水平仪保证它们的垂直。围绕每根柱子的基部堆积黏稠的湿混凝土（见586页），用小泥铲在各个角度创造斜坡以利于排水。

如果有需要，将柱子锯至嵌板之上，锯到相同的高度。使用木材防腐剂处理任何锯木表面，然后在每根柱子上添加突出的顶部，以便将雨水抛下。

金属柱架

除了挖洞以埋设栅栏柱子之外，还可以使用钉入土地中的金属柱架提供支撑，然后将木柱插在柱架上。这样可以降低用作立柱的木桩长度，并让它们远离土壤，从而延长木材的使用寿命。对于高达1.2米的栅栏，使用60厘米高的柱架，对于高达2米的栅栏可以使用75厘米高的柱架。

在将柱架钉入土地中之前，将一块从木桩上切削下来的边料填入柱架的插座中。这样可以保持柱架免遭损坏。许多生产商还提供特殊的零件，在将柱架钉入土地中时将它们安装在木质边料上。

不时检查柱架是否垂直进入土地中。用水平仪紧贴插座的四个边缘进行测量。在固定柱子时，拧紧插座中的紧固螺栓，如果没提供紧固螺栓的话，则使用螺钉或钉子穿透侧面穿孔进行安装。为了在暴露区域增加强度，还可以将金属柱架安装在碎砖层或混凝土基础上。

如何安装嵌板栅栏

1 挖一个75厘米深的洞，然后在洞中填入一层15厘米厚的碎砖。插入第一根混凝土柱，并检查柱子和嵌板的高度是否匹配。

2 围绕柱子填充碎砖块并灌入一些准备好的混凝土。向下夯实混凝土以移去空气泡。增添更多混凝土然后再次夯实。不时检查并保证柱子的垂直。

3 将嵌板栅栏放在地面上，精确地确定第二根柱子的位置。使用绳线作为指导，然后将第二个洞挖至需要的深度。

4 在立柱洞之间放置一根砾石板。平整土地，通过塞入或移除土壤使砾石板达到水平。用水平仪检查。

混凝土支墩

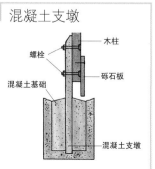

木柱
螺栓
砾石板
混凝土基础
混凝土支墩

为避免接触潮湿土壤引起的损害，用螺栓将栅栏木柱固定在混凝土基础中设置的混凝土支墩上。

5 将栅栏嵌板装入第一根混凝土桩的凹槽中。插入第二根柱子，然后用碎砖固定就位。在嵌板顶端安装木栅栏顶。

使用金属柱架搭建栅栏

1 在柱架的插座中放置木边料和安装零件。用长柄大锤逐步将金属柱架钉入土地中。

2 每敲几次大锤，都用水平仪测量，确保它被垂直打入土地中。用水平仪依次紧贴所有四个侧面，并进行必要的调整。

3 将栅栏的柱子插入柱架顶端的插座中，然后用钉子穿透侧面的孔眼进行固定。某些插座上安装了紧固螺栓。

4 用准绳继续夯入其他支柱。将栅栏板（这里是尖桩栅栏，下面使用砖块支撑以保证水平）钉在柱子上。重复相同的步骤，直到完成栅栏的搭建。

使用三角栏杆

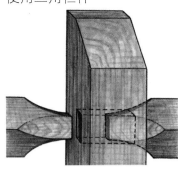

将栏杆的末端凿成可以插入支撑柱中榫眼的形状。将垂直的薄边板钉入三角栏杆背部。

密板栅栏

传统密板式栅栏的重叠木板钉在两根水平栏杆上，它们的截面是三角形，称为三角栏杆。栅栏立柱上有可以插入水平栏杆的榫眼，不过你也可以自己将榫眼凿出来。栏杆通常设置在栅栏顶端之下30厘米和地面之上30厘米。改变三角栏杆末端的形状，使它们能够嵌入榫眼，并用防腐剂处理切削后的表面。

按照搭建嵌板栅栏（见600页）的方式竖立栅栏立柱。使用碎砖紧实地固定第一根柱子，然后将第二根支柱松散地立在位置上。将第一对三角栏杆插入榫眼中，从而将第二根柱子拉到正确的位置上。安装三角拉杆时要注意使其平整的背面朝向嵌板合适的一侧。用水平仪检查并保证第二根柱子的垂直和栏杆的水平。如有需要，调整立柱的位置，然后围绕基础夯实碎砖以保持立柱的坚固。

在安装第一块薄边木板时，将它放置在砾石板上并将它连接在三角栏杆的背部，用钉子穿透较厚的边缘固定。然后将下一块木板的较厚边缘放置在第一块木板的薄边上，重叠大约1厘米，然后用钉子将其钉入三角栏杆。使用垫片确保每块木板之间都均匀重叠。

斜坡

在斜坡上搭建栅栏有两种方法：可以用一系列分段的水平栅栏搭建，也可以让栅栏板沿着斜坡逐步搭建。应该使用的方法在很大程度上取决于想要使用的栅栏类型。

台阶式栅栏

嵌板栅栏不能进行令人满意的切割，应该建造成台阶式的。直立栅栏立柱应该比在平地上搭建的更长，额外的高度取决于栅栏嵌板的宽度以及坡面的斜度。每块栅栏嵌板下方的三角形空隙可以用于修建矮墙来形成台阶，将嵌板放置在上面。或者切割出斜面砾石板，将它们安装在空隙中。

斜面栅栏

在修建沿着坡面倾斜的栅栏时，在斜坡顶端设立一根临时性立桩，然后再拉一根绳线至底端立桩。使用钉在栏杆上、由独立木板组成的栅栏系统（如密板栅栏或尖桩栅栏）。围栏不是水平设置在柱子之间的，而是与斜坡平行。将垂直的木板

斜坡

台阶式栅栏

按照在平地上的方式安装嵌板栅栏，不过栅栏柱子需要比在平地上的更长，因为要添加支撑砖墙。

斜面栅栏

栅栏的线条与斜坡平行，而立柱和嵌板的高度与平地上一样。

钉在栏杆上，并靠在砾石板上。

木材防腐剂

如果可能的话，购买在工厂用真空压缩的方法浸透防腐剂的木材，因为如果自己在家中用刷子施加防腐剂的话，对木材的浸透效果差得多。在使用经过处理的木材修建栅栏时，任何需要切割的末端都应该于使用前在防腐剂中浸泡24小时。保持所有防腐剂远离植物，要全程佩戴手套并穿戴旧衣服。

除非栅栏是使用天然防腐木材（如橡木或雪松木）搭建的，否则应该经常使用木材防腐剂处理它们。注意——木材防腐剂只能施加在干燥的木材上。

木馏油是一种常用于处理栅栏的有效防腐剂。不过它的气味很浓，有些人可能会觉得很难闻。使用这种材料时应该佩戴防护工具，如果口腔吞入、鼻子吸入或皮肤吸收的话，它都会有毒性。对于用来支撑植物的栅栏，不推荐使用木馏油。它对野生动物也有害。有机园艺师可以使用基于植物油和树脂的产品。

水基防腐剂使用起来比较宜人，并且对植物的毒害较小。其能改善木材的外观，并防止木材表面长霉。不过，其控制腐烂的能力不够强。其现在有各种各样的颜色，可以作为染色剂或涂料。木材染色剂可以加深木材的颜色或为木材染色，并且是半透明的，可以展示木纹的自然美丽，而涂料是不透明的，并且可能需要数层涂料——底漆、头道漆和表面涂层——提供对木材的完好保护。

关于栅栏的法规

在搭建任何栅栏之前，征询邻居的意见都是明智的。在某些地区，还需要咨询当地的建筑管理部门，了解相关法规要求。这些法规规定了工程的大小和外观，以及它们对相邻花园以及连接道路等的影响。在道路上作为边界的结构必须符合建筑法规的要求，特别是关于安全方面的。需要按法规要求行事。记住下列关于大门、墙壁和栅栏的要点：它们不应超过两米高，如果与公共道路相邻，则不应超过一米高。

维护

破损的木材支撑柱是最常见的问题之一。如果破损位于土壤表面，最有效的维修方法是使用混凝土支墩（见601页）。它是一根沿着已有柱子埋设在土地中的短桩，并用螺栓加固以提供支撑。

在受损柱子周围挖一个深45~60厘米的洞，然后锯掉受损的部分。用木材防腐剂处理切割过的木材末端。将混凝土支墩插入洞中，让支墩紧挨着柱子，然后围绕基础周围填入碎砖来提供支撑。用螺栓插入支墩上的孔，然后用锤子使劲敲击螺栓，在木支柱上留下印记。取下螺栓和支墩，然后在木柱上钻出螺栓眼。用螺栓将混凝土支墩固定在柱子上，在支墩一侧紧固螺母，从而避免损伤木质柱子。

确保柱子和支墩的垂直，如果必要的话，使用钉入地中的临时立桩为它们提供支撑。然后在洞中填充非常黏稠的湿润混凝土（见586页，"混凝土和砂浆配方"），向下夯实以去除任何气穴。大约一周，当混凝土凝固后，移除临时支撑桩并锯掉螺栓上所有突出的部分。

使用特制金属角架可以很容易地修补破损的三角栏杆。这些支架中有的用来支撑中间破裂的栏杆，有的用来支撑在连接柱子的末端腐烂的栏杆。两种类型都可以轻松地用螺钉固定就位。

框格棚架

框格棚架一般是木质的，在花园中兼具实用性和观赏性。它们可

以固定在栅栏或墙壁顶端，或紧贴它们安装。或者也可以将它们作为分界或屏障单独使用。弯曲或形状精巧复杂的框格板可以用来制作花园藤架。框格板有众多形状和图案，大多数由标准的菱形或方形组成，人字形框格棚架特别适合用作屏障。

框格棚架最常用于支撑攀援植物。对于独立式屏障，必须使用足够坚固的框格棚架，特别是如果要用它支撑茁壮的攀援植物的话；木框架的横截面厚度至少应为2.5厘米。如果要使用框格棚架来为墙壁或栅栏增加高度的话，可以使用重量较轻的类型。在购买框格棚架时，确保它经过压力处理，并用木材防腐剂（见对页）处理所有末端锯面。主要用于支撑攀援植物的轻质框格棚架还可以用铁丝和塑料制造。

竖立框格棚架

对于独立式框格棚架，可以按照安装普通栅栏嵌板（见600页，"嵌板栅栏"）的方式将框格板安装在立柱上。在将框格板连接到带木柱的栅栏上时，使用金属材质的立柱延长器。移去柱帽，然后将金属延长器套在立柱顶端。插入所需长度的延长立柱，并在延长立柱的顶端放置原来的柱帽。在将轻质框格棚架安装在砖艺墙的顶端时，框格棚架的侧面连接尺寸为5厘米×2厘米的木质长板条，然后将它们钉入墙中。如果将框格棚架挨着墙壁安装的话，它和墙面之间应保持2.5厘米的空隙以允许空气自由流通。铰链式安装可以让维护更方便（见130页，"将框格棚架安装在墙壁上"）。

框格棚架

框格棚架可以为安装它们的结构提供建筑细节，还可以为攀援植物提供支撑。有用刨平硬木制作的框格棚架，也有用便宜的粗锯软木制作的框格棚架。和用小大头钉固定的伸缩铁丝网风格框格棚架相比，用舌榫接合在一起的框格棚架更结实。

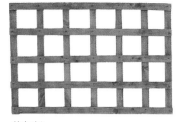

格架板

菱形格架板

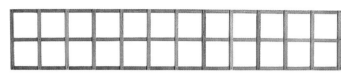

大方格板

藤架和木杆结构

"藤架"这个词的意思原来是指沿着框格棚架生长的植物形成的有顶步行通道。如今它可以用来描述任何直立桩支撑水平梁、上面可以种植攀援植物的结构。

传统上，藤架是使用原始的圆木杆建造的，但锯木常常是更好的选择，特别是如果藤架结合木地板铺装或者房屋作为一个支撑面的话。粗锯木板可以和作为直立桩的砖砌立柱和粉刷油漆的金属杆结合使用。橡木等硬木常用作藤架的锯木，不过只要用防腐剂进行高压处理，软木也可以使用。

藤架的建造

在坐标纸上画出你的设计，计算所需材料的数量，但要稍稍买得多一些，因为在建造过程中你可能会想要稍稍调整一下设计。如果要在上面架设植物的话，藤架需要至少高2.5米，为下方的行走留出空间。如果藤架横跨一条道路的话，直立桩之间应该足够宽，以便为两侧种植攀援植物留出空间。

支撑

将木桩立在60厘米深洞中的碎砖层和混凝土中（见600页，"嵌板栅栏"），或者使用金属支撑柱。如果你要在露台上修建藤架，可以在混凝土基础上安装特制的金属套。为避免打破混凝土或铺装表面，修建砖砌套，然后将立桩牢固地插入其中（见604页，"接缝和支撑"）。

锯木支撑桩的横截面应为100毫米×100毫米。如果荷载很重，可以在坚实的基础上修建砖砌立柱或混凝土砌块立柱（见597页，"砖的垒砌"）。

横梁

对于横梁，可以使用与立桩相同的锯木或者截面为50毫米×150毫米的木板。它们有时会被预制成形并且有凹口以便安装在立桩顶端。较轻的木材可以作为木椽铺设在横梁之间。

修建在砖砌露台上的木藤架
用于修建这座藤架的材料很少也很简单，但设计非常美观。支撑横梁的方形砖柱后面安装了一个大的方形框格棚架。

接缝和支撑

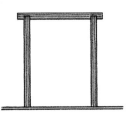

木藤架
大部分藤架的基本建造单元是一个简易的拱门。

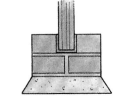

砖砌套
在坚实平面如混凝土上，使用有金属衬垫的砖砌柱脚套。

砖木结构藤架
砖砌立柱支撑木横梁。

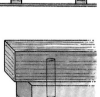

暗榫接缝
使用砂浆固定的木质暗榫锚定木质横梁。

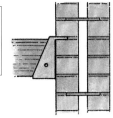

单侧藤架
木横梁的一侧连接在立柱上，另外一侧安装在墙壁上。

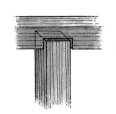

槽口接缝
木横梁整齐地架在垂直立柱上。

半重叠接缝
十字交叉的水平横梁非常隐蔽地连接在一起。

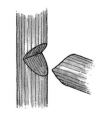

鸟嘴接缝
这种接缝可以将水平和垂直圆木杆连接在一起。

混凝土包裹
如果使用金属立柱，将它们沉入混凝土中固定。

横梁套
横梁套可以为轻质横梁提供足够的支撑。重横梁可能需要木质墙面板来安装。

横梁和立柱的接合

所有头顶的木工都可以使用镀锌金属支架和螺钉安装，这些零件一般都有为藤架特制的，不过如果你使用传统木工接榫（见上）的话，结构会更加坚固和美观。在将横梁安装到立桩上时，使用简单的槽口接缝。如果横梁本身需要突出立桩挑出的话，更适合使用这种接缝。

用木材防腐剂（见602页）处理接缝的切割表面，然后将它们钉在一起。不要以垂直角度钉入钉子；当结构在风中摇晃时，螺钉的固定效果更好。如果需要额外加大强度，可以在立桩与水平横梁相交处用螺丝钉钉入T字形金属架。

如果你使用金属杆来支撑木横梁的话，可以在横梁上钻出与金属杆直径相等的孔来进行有效的接合。孔的深度应该为木横梁厚度的一半。

木藤架的一侧常常由房屋墙壁支撑。为将木横梁连接到墙壁上，需要使用固定在砂浆缝中的横梁套。在使用砖砌柱作为支撑时，可用暗榫来安装水平木横梁（见上）。

你可能想在藤架顶端设置几根相互交叉的木椽。在两根相同厚度的木椽相交的地方，可以使用半叠接缝得到坚固且不显眼的饰面。

许多设计还可以在立桩和横梁之间使用角撑支架，让藤架更加结实。装入支架的木材大小应该大约为50毫米×50毫米，并且能够紧密地套入木梁上切割的凹口上。

将支架切割成需要的长度，然后将它们抬升到框架处并标记凹口的位置和形状。使用钻子和凿子切割出凹口。当所有的调整都已经完成后，用木材防腐剂处理所有切割面，然后用钉子将支架钉入凹口。

木杆结构

木杆结构包括花园中所有用圆木杆（一般是落叶松木或冷杉木）而不是锯木建造的结构。除了藤架之外，木杆也是拱门和屏障的常用材料，可以剥去树皮或者保留树皮作为漂亮的饰面。如果你想要使用带树皮的木杆，要记住树皮可能会成为花园害虫等野生动物的庇护所。

起支撑作用的垂直木杆直径应该为大约10厘米。它们可以设置在混凝土基床上（见600页，"嵌板栅栏"）或者开阔土地中。如果是后者，将木杆45～60厘米的长度埋在土地中以增加稳定性。如果需要保留树皮的话，将树皮从下往上剥去，剥至埋下后地面之上2.5厘米处。无论树皮是留在木杆上还是剥去，都需要将木杆的末端浸泡在防腐剂中过夜。将立桩木杆固定就位。如果混凝土基础（如果使用的话）已经完全凝固，就可以安装用于完成结构的横梁和角撑支架。

用作主横梁或角撑支架的木杆应该有至少8厘米的直径，但更具装饰性的格架结构可以使用较细的木杆。

可以根据设计将部分结构件预先在地面上组装好，然后将部分木杆切割成需要的长度，并做出必要的接缝。

木杆藤架或拱门的修建可以使用许多类型的接缝。半叠接缝，（见上）和锯木使用的相似，可以使用在木杆交接处。在将水平横梁连接在立杆上时，使用鸟嘴接缝（见上）。在组装前使用防腐剂处理所有木杆的末端。

和锯木一样，最好用钉子以一定角度斜钉，让它们更加结实。

其他种植支撑

不用竖立框格棚架或藤架也可以为攀援植物提供足够的支撑。使用相互交织的柳条和其他相对简单的结构也可以得到引人注目的效果（又见85页，"柳编墙"，以及124页，"攀援方法和支撑"）。

三脚架

木杆三脚架是一种将攀援植物融入混合或草本花境的良好方式。对于这种用途，剥去树皮比带树皮更好，因为它们不太可能吸引害虫。对于大型植物，使用直径大约15厘米的木杆。如果三脚架位于苗床中，应该将木杆插入装有砂砾的洞里。

花柱

如果想沿着花境背部或者沿着道路创造更规则的效果，可以竖立一排用砖或再造石修建的花柱。花柱的基部应该坚实地设置在混凝土基础上。为帮助攀援植物沿着花柱向上生长，使用包裹塑料的大型金属网。将金属网安装在花柱上，并随着攀援植物的生长将植物整枝在网上。

花园棚屋

棚屋是很有用的户外建筑,可以用来储藏花园工具和装备。它们可以容纳从小摆设到自行车的许多家居物件,有时候还可以作为车间使用。简单的工具间可以保持手动工具的干燥和清洁,但拥有充足空间、可以沿着一面墙设置工作台的较大棚屋是一项更好的投资。

设计

棚屋有各种不同的设计。某些棚屋有尖屋顶(像倒扣的V字),而其他棚屋有单坡斜屋顶或平屋顶。

与单坡斜屋顶棚屋相比,尖屋顶棚屋中央的净空高度更大,便于沿着一侧设置工作台。

单坡斜屋顶棚屋通常在较高的一侧设置门窗。比较明智的安排是在窗户下安排工作台,在较低一侧储藏工具。

作为一般原则,平屋顶一般只用在使用混凝土修建的坚固棚屋。

材料

花园棚屋可以使用各种材料建造——木材、混凝土、钢铁、铝或玻璃纤维。材料的选择取决于棚屋的预期使用寿命和用途,以及成本和维护上的需求。

木材

花园棚屋最常用的材料是木材,它能够很容易地与植物搭配,特别是木材风化变色后。最好使用经久耐用的木材如雪松木,因为它们天然防腐。

然而大多数棚屋是用比雪松木更便宜的软木制造的。试着寻找经过高压处理的木材制造的棚屋,而不是简单粉刷木材建造的。木棚屋应该使用建筑防潮纸(建材商提供)衬垫以减少湿气渗透的风险,并防止工具生锈。

混凝土

用混凝土建造的棚屋坚固耐久,但不是很美观,所以最好设置在房屋旁边而不是花园中显眼的位置。屋顶用预制混凝土板建造,一般是平的;屋顶可能有塑料部分以透入光线。混凝土棚屋必须建立在坚实的混凝土基础上(见586页)。

混凝土墙壁可以使用暴露砾石或仿砖饰面。粉刷后,它们能成为攀援植物和贴墙灌木良好的背景。

金属

如果在生产时进行防锈处理,铁皮棚屋会很耐久。它们通常是绿色的,但可以重新粉刷,一般不含窗户。

还有用联锁铝板制造的棚屋。大多数有侧滑门,某些还有丙烯酸树脂窗户。这些棚屋很少,主要用于储藏工具,基本上不需要维护。

玻璃纤维

小型玻璃纤维棚屋容易组装,不需要维护。它们的大小只能用来储藏工具。

选择木棚屋

木棚屋的使用寿命取决于建造和木材的质量。可能的话,充分比较建造好的棚屋——大部分较大的供应商有许多样品可供选择。仔细考虑下方列出的要点。

屋顶油毛毡
选择带有石屑饰面的粗厚油毛毡。质量不好的油毛毡会渗入水分,在三四年后会损坏木材。

屋顶
它必须坚固,而且如果你推一块屋面面板的话,它不能松弛或弯曲。

屋檐
应该突出墙壁至少5厘米。

净高空间
确保你可以舒适地站立;要记住在某些设计中有横梁。

门
它应该非常结实,拥有良好的交叉支撑。检查有无坚固的铰链和优质的锁。金属安装件应该防锈——如镀锌金属或铝。

地板
它应该足够坚固——可上下蹦跳来测试它的坚固度。

排水槽
将雨水引导至苗床或储水箱,保持盖板的干燥,从而延长棚屋的使用寿命。它们不是标准的装置,但容易自己安装。

窗户
它们必须安装良好并且有防锈安装件。如果用铰链在上方打开,下雨时棚屋容易进水。确保窗户下方有倾斜的窗台和滴水槽,防止雨水损坏盖板。

盖板
从棚屋内部检查,确定木板之间不透光。右侧见不同类型的盖板。

承木
如果棚屋没有建造在混凝土基础上,经过压力浸透防腐剂的承木有助于保持木棚屋的干燥。如果不使用承木,则将棚架设置在防潮材料上。

盖板的类型

舌榫盖板
这种盖板通常能够很好地预防恶劣的天气。

薄边重叠挡雨盖板
它们可能会歪曲或弯曲,除非很厚。

缩缘挡雨盖板
它比薄边重叠挡雨盖板贴合得更紧实。

合槽板
耐久,饰面美观。

缺边挡雨盖板
这种粗边挡雨板抵御恶劣天气的能力不太好。

气候与花园

气候对植物的生长有重要影响，而且在花园活动中获得的大部分满足感都来自应对气候的挑战。选择可以在当地盛行气候茂盛生长的植物是成功的关键，不过许多植物可以适应与它们的自然生境不同的条件。

气候对植物的影响是复杂的，并且受到许多因素的影响，包括植物在花园中的位置、成熟程度以及暴露在恶劣气候条件中的时间和程度。通过对环境影响的理解，园艺师可以种植健康、多产且美观的植物。

气候区

世界上的气候区可以分成几种基本且清晰的类型：热带气候区、沙漠气候区、温带气候区和极地气候区。

热带气候的特点是高温和强降雨量（有时是季节性的），能够支撑茂盛常绿的植被。沙漠的白昼平均温度可以超过38℃，但夜晚通常很冷，年平均降雨量低于25厘米；只有适应性很好的植物（如仙人掌）才可以在这些条件下存活。温带地区的日周期气候容易变化，但降雨量一般均匀分布在全年，并且温度没有热带气候或沙漠气候那么极端，在这种气候区，落叶植物比常绿植物更常见，因为它们能更好地适应这样的条件。极地气候非常寒冷，风强度大，降雨量低，所以很难生长植物。

除了四种主要气候类型，还有许多过渡性气候类型，如亚热带气候区和地中海气候区。

地区气候

气候区内的条件会受到维度、海拔以及距离海洋的远近等地理因素的影响，所有这些因素都会影响降水量和温度。

欧洲大陆

欧洲东北部和中部地区夏季和冬季的极端气温受维度以及广阔陆地面积的影响。大西洋和地中海相距太远，在冬天无法起到调节温度的作用——亚洲的广阔陆地在这个季节更加明显。不过，继续向南，受海洋的影响以及相对接近赤道的位置意味着地中海气候区拥有温和的冬天和降雨较少、炎热且干燥的夏天。

不列颠群岛

不列颠群岛的海洋性气候受温暖气流和周围海洋降雨的影响。特别是西部地区最容易受到从墨西哥湾过来的温暖气流影响，所以那里的冬天更温和，很少出现长期霜冻。

北美大陆

北美大陆在气候上有许多地区上的变化。例如，在北美大陆北部的萨斯喀彻温省到拉布拉多，平均最低温度为–50～–30℃，而南部亚利桑那州至维吉尼亚州之间地区的最低温度则为5～10℃。

是友是敌？
地面上一层5厘米厚的积雪可以防止土壤温度降低到0℃之下，以免冻伤植物根系。不过地上部分的树枝和枝条会被积雪的重量压伤，所以要将积雪从植物上去除。

气候要素

直接影响植物的生长及种植技术的气候要素包括温度、霜冻、降雪、降雨、湿度、阳光以及风。

温度

关键的植物生理过程如光合作用、蒸腾作用、呼吸作用以及植物的生长都受到温度的很大影响。每种植物都有适宜的最低和最高温度，超出这个温度范围，这些过程可能不再进行。大多数植物可以忍耐的最高温度大约为35℃，最低温度则差异很大。在极端低温出现时，植物组织可能会被摧毁（见下，"冰冻和解冻"）。

空气和土壤温度是影响植物休眠（见610页）启动和打破的最重要的气候因素，决定了植物生长期的长度以及种植哪种植物的选择。

空气温度

阳光产生的辐射能量可以升高大气温度。在温带和较凉爽的气候区，能够接受充分日照的背风向阳处可以用来种植来自较温暖地区的植物。

海拔对空气温度有重要影响：在相同的维度条件下，高海拔地区比低海拔地区更凉爽——海拔每增加300米，气温就降低0.5℃。高海拔地区的生长期也比较短，和低气温一起影响可以种植的植物种类。

土壤温度

土壤温度对根系的健康生长非常重要，并且影响植物从土壤中吸收水分和营养的速度。种子萌发以及根系发育的成功也依赖合适的土壤温度（见629页，"繁殖方法"）。

土壤的升温速度以及它在一年当中维持的温度取决于土壤类型和朝向。砂质土壤的回暖速度比黏土快，而排水良好的肥沃土壤比那些压实或贫瘠的土壤更能保持较长时间的温暖（又见616页，"土壤类型"）。

和平整地面和朝北倾斜位置相比，自然朝南倾斜的位置在春天会很快回暖，因为能够更充足地接受阳光。这些地方很适合种植早熟蔬菜作物。朝北斜坡相比比较凉爽，适合种植喜凉爽条件的植物。

霜冻

霜冻在园艺活动中是一个很大的危险，它比某地区的平均最低温度更关键。一场意料不到的严霜会造成严重后果：即使耐寒植物也会受到伤害，特别是如果它们在春天长出新枝叶的话。

霜冻在气温持续低于冰点之下时发生，有好几种形式。黑霜容易在干燥大气中发生，会让植物的茎秆和叶片变黑。在白霜发生时，潮湿空气中的水分凝结成冰晶。当土壤温度降低至冰点之下时会产生地面霜。霜冻穿透厚度取决于低温的强度和持续时间。冷空气聚集在地面上的平静晴朗冬夜特别危险。最

霜穴

随着相对温暖空气的升高，寒冷空气会下降至可以抵达的最低点，形成"霜穴"。谷地和洼地非常容易产生霜穴，任何在凹处生长的植物都会因此受到伤害。在相同的效应下，浓密的树篱或其他坚固结构（如墙壁和栅栏的后方）也会积聚霜冻。

容易受到伤害的植物是那些在秋天缺少足够光照和温度而导致木组织尚未充分成熟（硬化）的乔木、灌木和攀援植物。

在任何地区，春霜的风险都能决定可以安全播种或种植不耐寒植物的时间，如红花菜豆、番茄、菊花、大丽花以及半耐寒的苗床植物；秋霜的来临标志着它们生长期的结束。为帮助不耐寒植物越冬，将它们转移到室内或提供保护（见612~613页，"防冻和防风保护"）。

霜穴和冻害

在密度较重的冷空气向下流动聚集的地方容易产生霜穴，任何谷地或凹地都是潜在的霜穴。冷空气在洼地中凝聚，会扩大容易造成潜在伤害的地区，因为它会沿着谷地的斜坡向上逆流。

沿着斜坡种植的浓密树木或绿篱会阻挡冷空气在斜坡上的流动，从而在它们前方形成霜穴。将树篱进行清疏或移走，允许冷空气流通。

当土地冰冻时，植物根系会无法吸收水分。深根性乔木不受严重霜冻的影响，因为它们的根系位于冰冻线之下，而浅根植物无法补充不断的蒸腾作用损失的水分。严重的地面霜冻常常导致新种植的年幼植物或浅根植物被冻土抬升或"拔出"；当土壤开始融解时轻轻紧实土壤。

关于预防性措施，见612~613页，"防冻和防风保护"。

冰冻和解冻

霜冻本身并不一定总会对植物造成严重的伤害，而交替的冰冻和解冻更有破坏性。细胞液在冰冻时会膨胀，摧毁植物的细胞壁，这常常会杀死不耐寒的植物。较耐寒植物的花朵、嫩枝、芽以及叶片在解冻过程中也会出现损伤，有时候根系也会受伤。在严重霜冻时，某些木本植物的树皮可能会开裂。

如果重复发生严重霜冻，然后快速融解并造成土壤涝渍，这样对根系造成的伤害最大。晚春霜冻最容易伤害新生枝叶，导致叶片变黑，并对新芽和花朵造成伤害。

霜冻的持续时间与造成的伤害相关——-3℃持续15分钟可能不会造成伤害，但相同的温度持续三个小时会造成严重的损伤。

霜冻和栽培

虽然会对植物造成危险，但霜冻也可能有利于栽培。土壤水分会在冰冻时膨胀，将土块粉碎成较小的土壤颗粒；这在黏土中特别有用，可以让土壤更疏松。较低的土壤温度还能减少某些土壤害虫的数量。

降雪

当空气温度降低至冰点附近（但不低于冰点）时，云中的小液滴会冻结，然后以雪的形式降水。

雪在融化过程中可提供有用的水，并且常常能为植物提供有效的隔离保护：一层较厚的积雪可以防止下面土壤的温度降低至0℃之下，即使空气温度已经低于冰点。不过，大雪后续严重霜冻会损伤树枝和分枝。尽可能将厚积雪从易受伤害植物上移去。

园艺师和全球变暖

气候变化会不可避免地影响园艺师的种植活动。我们需要提前计划好，如何在较长的生长季中种植更多种类的植物，并应对干旱和不断变化的病虫害。会出现的情况包括：

更高的平均温度。春季来得更早也更温暖，秋季走得更迟，这可以延长许多植物的生长季。

更炎热也更干燥的夏季和秋季。在这种情况下土壤中水分的蒸发速度更快。

年平均降水量下降。大多数降水发生在冬季，导致某些土壤发生涝渍。

较高的二氧化碳含量会导致气温升高，二者都能促进植物生长。

蚜虫等害虫会爆发，因为它们可以在一个生长季完成更多次生命周期。

病害增加。温暖潮湿的冬天有利于疫霉属病菌和其他依赖水的病害传播。

杂草增多，因为气候条件有利于野草种子萌发，野草的生长期也会变长。

雨影区

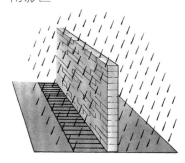

墙壁或实心栅栏的背风处（见上方阴影处）接受的雨水比向风面更少，因为墙壁或栅栏会创造出一个雨影区。

降雨

水是细胞液的主要组成部分，并且对光合作用非常重要。光合作用是非常复杂的生理过程，此过程可以将二氧化碳和水转化为活植物组织。光合作用对蒸腾作用的过程也很重要，从而保持植物的坚挺，并实现养分在植物中的运输。蒸腾作用、种子的萌发，以及根系、枝条、叶子、花朵以及果实的发育都依赖充足的水分供应。

降雨是露地种植植物的主要水源。大部分降水都通过蒸发或地面径流损失了，但浸透土壤的水分会被土壤颗粒吸收或者作为薄膜包裹在颗粒周围。植物根毛可以吸收水分和溶液中的养分。

为使生长达到最佳状态，植物需要稳定的水源供应。不过在实际中，降雨在频率和雨量上都不规律。

涝渍

在排水不良的土壤中，水的积累会导致涝渍。大多数植物在偶尔的暴雨下可以存活。如果涝渍持续，根系会因为空气窒息而死亡，除非是某些适应性极强的植物种类（如边缘水生植物、落羽杉（*Taxodium distichum*）和柳属植物（*Salix*））。在经常发生涝渍的地方，大多数植物都无法良好生长，除非改善排水（见623页，"涝渍土壤"）。

干旱

植物的生长常常更多地受到缺水而不是多水的影响。夏季阳光和温度处于最高水平时发生干旱是最常见的事情。萎蔫是干旱的第一个

外在表现，此时植物的生长速度会变缓，直到供给更多水分，蒸腾作用损失的水量会因为植物叶片上部分气孔关闭而减少。见675页，"叶"。

土壤

在降雨量较低的地区，可以使用各种方法增加土壤中植物可以利用的水量，例如清除杂草（见645~647页）、覆盖护根，以及通过掘入有机质以增加腐殖质含量（见626页，"护根"以及621页，"使用土壤添加剂"）。如果种植在远离产生雨影区的建筑、栅栏和乔木的位置，植物可以更充分地利用雨水。

猛烈的大雨会破坏土壤结构，但如果在排水良好的位置进行园艺栽培，则可以避免产生最坏的影响。如果无法做到这一点，可以通过深挖土壤或安装人工排水设施来改良排水（见620页，"双层掘地"，以及623页，"安装排水系统"）。

湿度

湿度水平由空气中的水汽含量和土壤中的水分含量决定。空气在什么情况下达到饱和取决于阳光、温度和风。空气湿度按照"相对湿度"进行衡量：按照饱和水气的百分比来表示。

在降雨量大的地区，空气湿度比较高。某些植物（如蕨类和苔藓）可以在非常潮湿的条件下茂盛生长。可以在植物周围洒水以增加空气湿度（见576页，"加湿器"）。这一点在繁殖植物时很有好处，因为这样可以减少蒸腾作用损失的水分。

较高的空气湿度会产生不良的效果：在高空气湿度的条件下很容易产生灰霉病（见661页）等真菌疾病。

阳光

阳光可以提供升高土壤和空气温度和湿度的辐射能量，在刺激植物的生长上发挥着重要的作用。

对于大多数植物，阳光以及随之导致的较高温度能够促进枝叶新

生、开花以及结果。晴朗的夏季还可以极大地促进植物中的营养积累，并有助于形成坚固的保护性组织，这意味着可以得到更好的繁殖材料。

白昼长度

24小时内日光照明的长度（白昼长度）取决于维度和季节，并影响某些植物如伽蓝菜属植物（*Kalanchoe*）、菊花和草莓的开花和结果。"短"日照的白昼长度小于12小时；"长"日照的白昼长度大于12小时。通过使用人工照明或遮蔽自然光照，可以对日光敏感型植物的花期进行调控。使用同样的方法还可以促进种子的萌发和幼苗的发育（见577页，"补光灯"）。

植物和阳光

植物总是向光生长的，例如，靠墙生长的灌木会在离墙最远的一端长出更多枝叶。在光线不良条件下生长的植物会发生徒长和黄化，因为它们会努力朝向更多光线生长。阳光强度可以控制某些植物的开花，比如圣诞星（*Ornithogalum umbellatum*）只在良好光照条件下开花。

大多数多叶植物需要充分光照才能达到最好的生长状态。某些植物可以在强烈的阳光直射下茂盛生长，但其他植物则无法忍耐。半耐寒植物、大多数水果和蔬菜、月季以及来自地中海地区的植物在全日照下生长得最好。另一方面，许多杜鹃类植物喜欢一定程度的荫凉，而常春藤和长春花在浓荫区域生长得最好。

强烈的阳光会灼伤花朵和叶片，特别是刚刚浇过水的。还可能

导致果实或树皮开裂。在种植时选择合适的位置以免被强光伤害，对于易受伤害的植物，在夏天提供人工遮阴，特别是在温室和冷床中（见576页，"遮阴"）。

风

风常常会损害植物并对它们的生长环境造成不良影响，但它也有一些好处：风在花粉和种子的传播上起重要作用，并且可以保持植物的凉爽，只要它们有充足的水分以防止干燥即可。此外，轻柔的风可以防止形成滞闷的空气，从而阻止植物发展出病害。

不过，风可能会抑制有益的昆虫，让控制病虫害和杂草变得更困难。在多风条件下喷洒农药效果会比较差，而且非目标植物会受农药的影响。风还会造成许多更严重的问题，但有许多保护植物的方法。

风害

如果木本植物持续暴露在强风下，它们的地上部分会生长得不平衡，容易向一边歪斜。暴露的树枝尖端容易受损或"枯梢"。生长在山坡顶部和多风海边的树木就是例子。

风的速度越大，它引起的损伤就越大。在强风下，植物的枝条和茎容易折断，在大风的压力下，乔木的根系可能会被拔出或严重松动。强风还可能损坏栅栏、温室以及其他花园结构。对于砂质或泥炭土壤，风还会导致土壤侵蚀。

高温状态下的强风会增加植物损失水分的速度，导致叶片和枝条干燥。即使是中等强度的风也会产生损害效果，阻止植物充分发挥生

阳光和阴凉

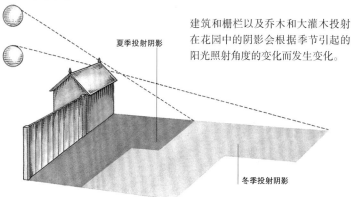

夏季投射阴影

冬季投射阴影

建筑和栅栏以及乔木和大灌木投射在花园中的阴影会根据季节引起的阳光照射角度的变化而发生变化。

风湍流

抬升地区的暴露位置会遭受严重的风害。被陆地阻碍的气流被引导至山坡周围并沿着山坡向上吹,使风的强度增大。

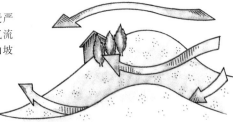

风漏斗

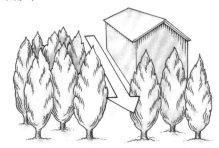

建筑和乔木之间的风漏斗会对其中种植的植物产生严重的伤害,因为空气会高速通过狭窄的通道。如果无法避免在这样的区域进行园艺活动,可建立风障来保护你的植物。

长潜力。如果温度非常低的话,也会发生相似的风害,如果土壤中的水分被冻结,则植物就无法补充失去的水分(见607页)。

地势的影响

风害的严重程度在很大程度上取决于地势。海滨区域常常没有防御海风的自然保护屏障。山顶区域可能同样暴露,因为风会围绕山坡并朝向山顶使劲刮。在山坡和谷地之间,成型乔木形成的通道之间,以及相邻建筑物之间,都有可能形成风漏斗。这会增强风的强度和速度,所以避免在这些区域种植。

风障是一种有效抵御风害的方

风障

以风障高度的10倍为间距等距离设置风障。

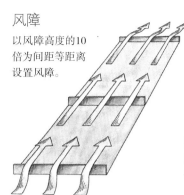

一系列风障
在大片平整土地上,可以使用数个半通透栅栏或屏障打破风的力量。

不透风风障
坚实的风障效果不好。空气被引导向上,然后又被向下拖拽产生湍流。

法。它们的形式有栅栏、屏障或树篱(见82~85页,树篱和屏障)等。

风障的工作原理

无论使用哪种风障,它都应该有50%的渗透性。坚实的屏障会将风引导向上,在它们后方产生低压区,低压区会将空气向下拉拽,导

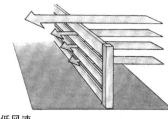

降低风速
风障应该是半通透的。气流仍然会穿过,但速度会降低。

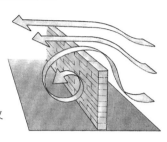

致进一步的湍流。

作为花园边界提供最大的保护时,栅栏或屏障需要高达4米,但用于保护低矮植物(如蔬菜和草莓)时,可以低矮至50厘米。为了在大片地区最有效地提供防风保护,以风障高度的10倍为间距等距离设置风障。

小气候

地形上的变化通常意味着当地小气候与特定气候区的一般气候条件有差异。如果得到防风保护的话,自然下降或凹地中的位置会相对温暖;另一方面,如果凹地被遮蔽了阳光的话,会非常凉爽,并且在冬天可能形成霜穴(见607页)。在位于高地背面的花园中,降雨会显著减少。

花园以及其中的植物能够进一步改造当地气候,并且还能引入强化花园小气候的景致。花园中的小气候会和周围区域有很大差异。在改变花园的小气候时,园艺师可以使用一定景致提供特定条件。

朝向

向阳斜坡上的土壤在春天会快速升温,为种植早熟作物或花卉创造良好的条件。如果土壤排水顺畅的话,同样的区域可以种植需要干旱条件的植物。

朝南栅栏和墙壁非常适合种植不耐寒的攀援植物、贴墙灌木以及整枝果树,因为它们在一天中的大多数时间都处于阳光照射下,这可以改善开花和结果。墙壁还能吸收许多热量并在夜晚释放,这在冬天可以提供一些额外的防冻保护。

防风

一排树木或一面栅栏能够为植物提供背风生长区域。风障两侧的生长条件会有不同,树篱或栅栏背风处接受的雨量较少,并且不受阳光升温效应的影响。

遮阴区域

树冠、树篱或大型灌木投射的阴影区域适合种植喜欢这种环境的植物。如果需要更大程度的遮阴,可以把植物种植在朝北的墙壁下,不过这样的位置比较冷。

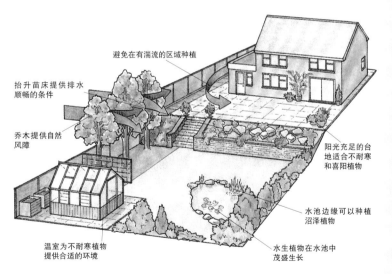

花园的小气候
即使是最小的花园也能提供几种不同的生长环境。各种景致都会创造它们自己的小气候区域,可以利用花园中的景致提供适合各种植物生长的小气候。

沼泽园

池塘或溪流的边缘以及花园中汇集雨水的低地可以用来创造类似沼泽的条件,喜湿植物可以茂盛地在其中生长。

温室和冷床

使用温室、冷床和钟形罩能完全控制气候条件,让园艺师可以在小型空间中创造多种多样的小气候(见566~583页,"温室和冷床")。

气候和植物的耐寒性

花园中的植物来自世界各地，其中有些种类忍耐不同气候条件的能力比其他种类好。这种"耐寒性"上的差异在很大程度上取决于野生物种以及杂交植物亲本的产地。

植物如何适应它们的环境

从外观上就可以判断植物的进化环境。例如，拥有带光泽或银灰色叶片的植物（如薰衣草），通常来自阳光强烈照射的地区；这些特征可以帮助叶片反射热量，保持叶片的相对凉爽并有助于保持水分。来自降雨量较低地区的植物常常具有特殊的适应性特征，比如有多毛、有黏性、有光泽、带刺、狭窄或肉质的叶片，这有助于减少蒸腾作用造成的水分损失。多肉植物的叶片、茎或根中有储水组织，因而它们可以忍耐长期干旱。

大而薄的深绿叶片非常适合捕捉昏暗的光线——所以具有这些特征的植物一般是在阴凉条件中进化的。植物的生长模式还会受到环境因素的影响：例如来自林地的春花球根植物会在树冠展开并遮挡光线之前一年中较早的时间开花。

休眠

植物进行休眠的目的是限制自身在极端天气中暴露，大多数植物都至少一段短暂的休眠期。许多木本植物在秋天落叶以减少蒸腾作用，而草本植物和球根植物的地上部分在冬天枯死，地下部分保持休眠。

土壤和空气温度是休眠启动和打破的最关键因素。例如，可以通过冷藏将植物保持在休眠状态；用于嫁接的休眠插穗可以储藏起来，直到砧木中的树液开始流动；灌木也可以储藏起来，直到土壤回暖足以种植。相反地，如果将盆栽球根植物以及冬花杜鹃类植物等放入温暖温室中，可以打破它们的休眠状态使它们提前开花（见238页，"可促进开花的球根植物"）。

影响耐寒性的因素

虽然从植物的来源及其生理活动可以得到有用的线索，但特定植物在特定花园中的耐寒性还受其他因素的影响：朝向、土壤类型、排水、风向、积雪、冬季降水，以及低温是否持续还是与温暖时期交替。所有这些因素都互相起作用，并且由于季度生长模式的不同，只是靠观察的话，很难预测某种特定植物的耐寒性是否足够，特别是同一物种来自不同气候区的不同植物个体在耐寒性上会有差异。

你可以种植什么

大多数植物在英国都足够耐寒，并且由于气候在变化，适合在户外试验着种植它们，特别是如果你可以利用或创造小气候（见609页），提供遮蔽，并使用保护护根的话。不过，作为了解植物的耐寒性的参考，每种植物都有相应的评级。

耐寒性等级的理解

用于指示植物耐寒性的系统有好几个，既有简单的"雪花"标志，也有皇家园艺协会优异奖开发的"H-评级法"，以及美国农业部（UDSA）开发的温度带系统（zonal system）。美国农业部的系统是研究最透彻也最深入的系统，全世界的许多国家都在使用。它将北美大陆分隔成用数字编号的区域，其根据是植物一般可以忍耐的冬季最低温度：区域的编号越低，植物的耐寒性越强。上方的世界地图列出了这些区域在世界上的分布。

这是一个很有用但不是十分简单的方法。包括最低冬季温度在内的多种因素影响植物的耐寒性，在北美的部分编号最大的地区，较高的夏季温度也会造成问题——但在英国不存在这样的问题。

这些系统的相互关联是一个复杂的问题，它们不可能精确对应，但下面列出的美国农业部耐寒带和其他耐寒等级的粗略比较比

较有用。

完全耐寒

可以忍耐冬季降温至–5℃至–20℃的植物；在英国，这些植物可以在大多数情况下安全越冬。同等的美国农业部温度带是Z6至Z9。皇家园艺学会将该类群进行了进一步划分：

H7（极耐寒，美国农业部Z6区及以下）为可以忍耐气温降低到–20℃的欧洲地区生长的草本和木本植物，通常来自大陆性气候区，包括英国暴露多风的高地地区。

H6（耐寒，非常寒冷的冬天；美国农业部Z6~Z7）来自大陆气候区的草本和木本植物，可以忍耐气温经常降低至–15℃和–20℃之间的气候。这些植物在英国和欧洲北部一般都比较耐寒，但生长在容器中的植物可能会受损，除非给予保护。

H5（耐寒，寒冷的冬天；美国农业部Z7~Z8）包括某些十字花科植物和韭葱在内的许多植物，可以在英国大部分地区的寒冷冬天存活，即使温度下降至–10℃和–15℃，除非这些植物位于开阔暴露处或者中间或北边的位置。常绿植物在

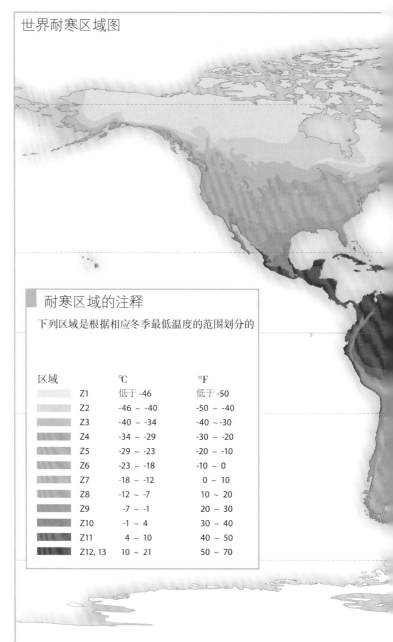

世界耐寒区域图

耐寒区域的注释

下列区域是根据相应冬季最低温度的范围划分的

区域	℃	°F
Z1	低于 -46	低于 -50
Z2	-46 ~ -40	-50 ~ -40
Z3	-40 ~ -34	-40 ~ -30
Z4	-34 ~ -29	-30 ~ -20
Z5	-29 ~ -23	-20 ~ -10
Z6	-23 ~ -18	-10 ~ 0
Z7	-18 ~ -12	0 ~ 10
Z8	-12 ~ -7	10 ~ 20
Z9	-7 ~ -1	20 ~ 30
Z10	-1 ~ 4	30 ~ 40
Z11	4 ~ 10	40 ~ 50
Z12, 13	10 ~ 21	50 ~ 70

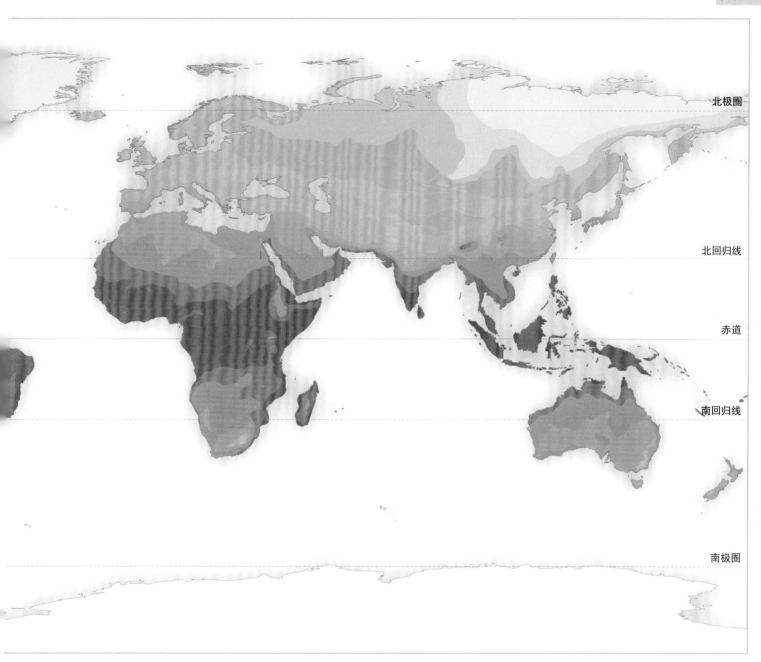

北极圈

北回归线

赤道

南回归线

南极圈

这样的条件下会受损，盆栽植物受损的风险会增加。

H4（耐寒，一般寒冷的冬天；美国农业部Z8~Z9）包括冬季十字花科植物在内的耐寒植物，可以忍耐-5℃和-10℃之间的冬季条件。某些一般耐寒植物在黏重或排水不良的土壤中无法忍耐漫长而潮湿的冬天，在寒冷的花园中会导致叶片冻伤和树枝枯梢。盆栽植物容易受到严酷冬天的伤害，特别是常绿植物和许多球根植物。

耐寒

这些植物可以忍耐降低至-5℃的低温，包括许多来自地中海气候

区的植物以及春播蔬菜。在英国，这些植物在英国的海岸和较温和地区（除非是极为严寒的冬天）都可以耐受寒冷，在别的地方，如果有墙壁保护或良好的小气候保护的话，它们也可以正常生长。它们有可能遭受早霜突然降临的伤害，在寒冷的冬季可能会被冻伤或冻死，特别是如果它们没有积雪覆盖或者生长在花盆中的话。它们可以在无霜的不加温温室中茂盛生长，或者使用人工保护。与之对等的美国农业部耐寒区域是Z9~Z10。

半耐寒

指可以忍耐1~5℃，但不能忍

耐冰点之下低温的植物。大多数多肉植物、许多亚热带植物、一年生苗床植物以及许多春播蔬菜都属于这一类型。它们一般需要凉爽无霜温室的保护，但当霜冻危险过去时可以移栽到室外。与之对等的美国农业部耐寒区域是Z10。

不耐寒

这些植物对寒冷更敏感——大多数需要加温温室才能成功地生长；在美国农业部的定义中，它们主要适合在Z11及之上的区域生长。皇家园艺学会将该类群进行了进一步划分：

H1a（美国农业部Z13）主要是热带植物，不能在气温降至15℃之下时存活，需要周年生长在加温温室中。

H1b（美国农业部Z12）亚热带植物，一般在温室中生长得更好，最低生长温度为10~15℃。在炎热晴朗背风处（如城市中心），它们可以在室外种植。

H1c（美国农业部Z11）指在温度不低于5~10℃的加温温室中生长得最好的植物，例如番茄、黄瓜和大多数苗床植物。它们可以在英国大部分地区的夏天生长在室外，因为温度足以促进其生长。

防冻和防风保护

在改变生长条件之前，选择可以在特定气候区茂盛生长的植物。试图在寒冷气候区种植非常不耐寒的植物几乎总是带来失望。对于在某个地方通常可以良好生长但在严寒的冬天会受伤害的物种，提供防冻和防风保护是明智的预防措施。充足的防风保护可以让园艺师种植种类广泛的植物，并且这对于露地栽培、无法轻易转移到温室内的大型植物，以及比晚花植物更容易冻伤的早花植物和乔木非常有用。还需要提供抵御强风的保护，因为强风会导致树枝断裂和树叶变黄。在经常经历极端低温的地区，对月季等植物在冬天需要挖沟假植以提供保护。

保护小乔木和灌木

欧洲蕨或秸秆保温
将树枝绑扎在一起，然后在距离树木30厘米处竖立半圆形的3根竹竿，在竹竿上固定环状金属网。将欧洲蕨塞入空隙中，然后用第四根立桩固定金属网。在顶端覆盖更多稻草。在网上再覆盖一张塑料布。

秸秆防冻障
在两层金属网之间塞入一层厚厚的秸秆。围绕植物包裹，在任何空隙中填充额外的秸秆，然后绑扎就位。

麻布带
将树冠和树枝或树叶绑扎起来，然后使用麻布带缠绕包裹树木，并用绳线或麻线隔一定距离进行绑扎。用稻草或欧洲蕨保护树干的基部。

麻布和秸秆覆盖
从底部向上，将秸秆塞入灌木分枝周围。用麻布松散地包裹，然后用绳线绑扎好。

用网保护框架结构
当贴墙整枝的果树开花时，使用编织尼龙网保护它们抵御夜间霜冻，向下卷以盖住果树，使用竹竿撑起网，让其远离花朵。

保护贴墙整枝植物的秸秆和网
对于贴栅栏或墙生长的乔木或灌木，在保护它们时可以使用秸秆或欧洲蕨塞入树枝后面。将网安装在栅栏的顶部和底部。在网和植物之间塞入更多秸秆，直到植物被覆盖。

培土
围绕根冠周围堆土至12厘米高，帮助灌木月季抵御极端低温。

月季的挖沟假植（只用于冬季极度严寒的地区）

1 松动根坨，然后挖出一条长度足以容纳侧放月季高度的沟，深度比灌木宽度大30厘米。

2 在沟中衬垫一层10厘米厚的秸秆，然后将灌木放倒。将秸秆塞在枝条周围和上方。

3 插入数根立桩并在它们之间绑扎绳线，以保持灌木的位置。回填土壤，培土至30厘米深。

预防措施

园艺师可以采取措施以防霜冻：不要在霜穴中种植，易受冻害的植物选择背风处（例如暖墙或阳光充足的堤岸前）种植。例如，不耐寒攀援植物可以依靠房屋墙壁（它可能比花园墙壁更温暖）种植，或者种植在可以轻松转移到背风处的容器中。幼苗、夏花球根植物以及块茎都只能在所有春霜风险过去后移栽，而月季和其他灌木不能在生长期较晚时施肥，因为这样会促进新生柔软枝叶的生长，然后容易被秋霜损坏。让草本植物自然枯死，死亡枝叶会在冬天保护根冠，而缓慢降解的有机质深厚护根可以为所有植物的根系提供保护。在冬季经常检查植物，紧实所有被抬高的土壤。

防冻保护

防寒保护的目的是通过保持恒定的温度，使植物隔离极端的冰冻条件。

隔离

使用麻布、毯子或双层报纸包裹植物，这样可以有效地保护地上部分，防止冻害。任何从土壤中冒出的温暖空气会被困在覆盖物下，形成隔离层。麻布有助于减缓回暖速度，可以帮助植物在冬季的反常温和时期保持休眠。在麻布下方的植物周围塞入的欧洲蕨或秸秆可以提

供额外隔离，适合贴墙整枝的乔木和灌木、攀援植物、马铃薯、草莓，以及小型乔木和灌木果树。温度一旦升高到冰点之上，覆盖物就可以撤除。如果可能的话，在包裹之前将贴墙整枝的植物从支撑物上解下来，并将枝条捆在一起。

对于生长在比自然越冬地更冷地区的小型灌木和乔木，可以围绕它们搭建一个松散的金属网笼，然后在笼子中填充干树叶或秸秆。绑在或钉在笼子顶端的塑料布可以保持隔离层的干燥。

堆积护根或土壤

对于枯死至休眠根冠的宿根植物，将护根或一些树叶覆盖在根冠上，然后用欧洲蕨或常绿修剪枝叶将它们固定就位。对于月季和其他木本植物，可以围绕其根部培土，或者侧放在挖出的沟中保存。在土壤寒冷的地区，土丘上应该覆盖一层秸秆。可以使用相同的方法保护根用蔬菜，这样即使是霜冻时期也可以收获。

钟形罩

如果只有少数植物需要保护，最好的方法是使用钟形罩，它就像微型温室一样，可以温暖土壤并维持稳定的温度。对霜冻敏感植物（如芦笋等）萌发出的嫩枝几乎可以用任何家居容器提供保护：旧水桶、大花盆或粗纸板箱都能很好地

提供保护。还有商业生产并出售的特制透明塑料钟形罩。玻璃钟形罩、聚乙烯板、塑料通道棚或冷床可以提供更耐久的钟形罩保护（见566～583页，"温室和冷床"）。

防风保护

防风保护的目的是在风影响任何植物之前降低它的速度，从而减少风对枝枝和枝干造成的机械损伤，并防止进一步的水分流失。如果种植在良好树篱的背风处，许多不耐寒植物的生存概率就会大大提高。1.5米高的树篱可以在7.5米

范围内有效降低风速的50%（见82～85页，"树篱和屏障"）。

乔木和灌木物种承受风的能力有很大差异。耐性最强的是那些叶片小、厚、刺状或蜡质的植物，如北美乔柏（*Thuja plicata*）、鼠刺属植物和冬青属植物。在落叶乔木中，桤木属植物（*Alnus*）、欧洲花楸（*Sorbus aucuparia*）、柳属植物（*Salix*）、（*Sambucus nigra*）以及西洋接骨木（*Crataegus monogyna*）都特别耐风。使用竹竿和网制造的风障或者特制产品可以在树篱成型过程中帮助挡风。

风障

双层网
使用竹竿支撑的柔软双层网保护茎干脆弱的植物。

雪栅
连接在立桩上的塑料雪栅可以保护植物免遭飘过来的雪和风的伤害。

特制风障
使用安装在矮胖立桩上的特制风障保护植物。

编条篱笆
将编条篱笆间隔放置在植物之间，与盛行风呈斜角，以便将强风偏转出去。

防冻和防雪覆盖

塑料瓶钟形罩
可以使用切割成两半的塑料瓶自制钟形罩，它们可以放置在植物上，用于在寒冷霜冻的天气为植物保温。

塑料通道钟形罩
使用金属线圈上拉伸的塑料通道钟形罩保护低矮的植物（如草莓）。在白天可以打开两端以便通风。

报纸
通过覆盖报纸并在两侧覆土固定，为马铃薯和其他不耐寒植物的新生枝叶提供保护。

园艺织物
这种轻质织物可以温暖土壤并提供防冻保护，而且同时可以让光线和水透过，接触下面的植物。

节约用水和循环用水

在花园中节约用水应该从选择适合土壤和气候条件的植物开始。在最需要节约用水的干旱地区，选择有肉质或蜡质表面叶片的物种以及草类，与来自地中海气候区的植物一样，它们能够很好地适应干旱。必须为容器中种植的植物浇水，否则它们不能发育出深厚的根系，并且可以利用的自然降水很有限。它们在多风条件下也更容易发生脱水。

改良土壤

必须将耐旱植物种植在准备充分的土壤中（见618页，"土壤耕作"）。通过混入有机质（见620页，"土壤结构和水分含量"）和使用护根（见622页）来改良土壤，这样可以大大减少后续浇水的需要。在需要额外灌溉的地方（见右，"降低对水的高度依赖"），按照下列原则尽可能充足地补充水分。

如何浇水

为降低蒸腾作用，在清晨和晚上浇水，并避免在阳光直射下浇水。在需要浇水时浇透，确保水分抵达植物根系。不要只是将土壤表面弄湿或者频繁少量浇水（见622页，"灌溉方法"）。水量不足会导致根系向表面生长，长此以往会让植物更容易受到伤害。当缺水现象刚刚出现时，每平方米施加不少于24升的水；如果必要，每7～10天浇一次水以维持植物生长。避免使用喷雾器，它会将许多水浪费在较

透过薄膜护根种植
在薄膜护根如土工布中切开裂口，并透过该裂口种植。护根可以减少蒸发并抑制杂草。

宽阔的区域。

收集雨水

在许多温带地区，降落在屋顶上的雨水可以而且应该用来补充自来水，充分地加以利用。作为一般性的方法，在计算屋顶上可以收集的雨水量时，应该用它的面积乘以附近地区的年降雨量（都用米表示）。转换成升时应该乘以1000。例如，在降雨量为

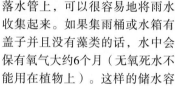

改善土壤的保水性
在结构不良或荒弃的土壤（左）中，水的吸收会比较困难。可以通过添加大块有机质如腐熟农场粪肥或花园堆肥来改善这样的土壤。

0.6米的地方，2.5米×3.5米的花园棚屋屋顶上可以收集多于5000升的雨水。面积为17米×7米的房屋屋顶可以流下将近72000升的水。

通过将集雨桶或水箱连接在落水管上，可以很容易地将雨水收集起来。如果集雨桶或水箱有盖子并且没有藻类的话，水中会保有氧气大约6个月（无氧死水不能用在植物上）。这样的储水容

降低对水的高度依赖

虽然某些园艺景致和作物的确需要额外灌溉，但这个需求可以通过下列方法减少：

新的种植

- 在每棵植株周围创造浅碟形的洼地，帮助保持水分并防止溢流。
- 安装可以将水分引导至每株植物根系的滴灌系统。
- 在种植前，将容器培育植物浸泡在水桶中，让生长基质湿透；这样能将空气彻底赶走。种植后立即再次浇透水。
- 浅浅地锄地，将杂草彻底清除。

容器和吊篮

- 在生长基质中混入保水性颗粒。
- 将生长基质平整至花盆边缘之下2.5～5厘米处，为每次浇水时充足的水分浸透生长基质留下空间。
- 将植物种植在一天中部分时间

遮阴的背风处。远离干燥风。
- 将容器挨着放在一起，不要单独摆放。

食用作物

- 仔细选择植物，特别是在干旱地区。如果在关键发育时期缺水，一些蔬菜无法成功生长发育。这样的例子包括马铃薯，它在块茎成熟期需要大量水分，还有开花结实期的番茄、小胡瓜和红花菜豆。

草坪

- 减少草坪大小，并增加砂砾床或表面。
- 选择相对耐干旱的混合草坪草种。
- 提高割草高度，例如从1厘米提高至2.5厘米。
- 在秋天施加合适的肥料以增加草皮的耐旱性。

露台

- 使用木结构创造半阴条件，减

少阳光在露台表面上的照射。反射的阳光可能会影响附近的植物，增加它们的水分损失。虽然乔木也可以提供遮阴，但它们的根系附近会形成干燥区，抵消荫凉带来的好处。
- 让露台表面稍稍倾斜，使水流到花园中而不是沿着附近的排水管道流失。
- 使用木板铺装而不用混凝土或石板，让水可以透过缝隙进入土壤。

水景

- 将流动的水转移到平静的水体中。前者的蒸发速度不可避免地比较高，特别是设置在阳光充足的暴露位置时。
- 种植睡莲，减少池塘以及其他未覆盖水面的蒸发。
- 用储藏的雨水补充损失的水量，尽量不使用自来水。

渗透软管
整段都带有小穿孔的软管非常适合灌溉成排种植的植物（这里是草莓）。

靶向灌溉
滴灌系统可以通过永久地安置在每株植物附近的滴头运送水分。

灰水的再利用
淋浴或沐浴后的水可以从落水管中引导至附近的集雨桶中，然后在花园里重新使用。集雨桶必须用盖子覆盖，这不光是为了安全，同时也能防止杂质和藻类的积累。

器应该放置在牢固的基座上，以便从底部的水龙头向洒水壶中注水。应该使用砖块或砌墙块建造的立柱来抬升它们。

由于降雨的发生是不规律的并且常常单次降雨量很大，所以一个集雨桶常常会发生溢流。将数个集雨桶用短管连在一起，增加它们的储水能力。还可以使用大型水箱。如果之前储藏过液体，就需要对容器内壁进行彻底清洁。

通过调整集雨槽的落水管，可以将集雨桶靠墙放置，并且不应该被日光暴晒。如果贴墙放置太显眼的话，可以用一个小装置通过管道将落水管收集的雨水引

导至远处——例如花园棚屋或框格棚架背后的位置。如果自然坡度不足以让水流入这些容器，应该在集雨桶中或落水管底部安装水泵。对于非常大的储水箱，即使它们的位置足够低，可以依靠重力从房屋屋顶收集雨水，也仍然需要一个水泵将水输送到花园各处。输水系统的修建应该可以让水泵通过一系列细管将水输送到花园中需要灌溉的地区。

安装在落水管或集雨桶溢流口上的雨水分流器还可以将多余的水转移到池塘中。用于该用途的池塘底部不能覆盖杂草，而且应该包含产氧植物。在大的自然

式花园中，可以使用卵石边缘创造拥有河滩效果的浅碟形密集种植池塘（见291页，"池塘边缘的风格"）。这样可以隐藏冬季和夏季之间任何剧烈的水位变化。和其他储水容器一样，池塘中也需要设置沉水式水泵，以便将水输送至花园中别的地方。

灰水

灰水指的是家用废水，而不是污水（又称作黑水）。家庭产生的灰水很多——普通浴室就可使用120升的水，因此在极端干旱条件下，灰水能够成为有用的水源，只要其中没有太多肥皂、清洁剂、脂肪或油脂。可以用水桶直接将浴室或水槽中的灰水运送到花园各处，或者利用虹吸作用将浴室中的水引导至花园。好的五金店中会提供优质的虹吸设备。

某些类型的家用废水比其他类型的更好。按照可使用程度排序，依次是淋浴用水、沐浴用水、浴室水槽以及多用途水槽，只要没有使用漂白剂和强力清洁剂即可。洗碗机和洗衣机排出的水一般不适合用在花园中，因为其中含有太多清洁剂。

千万不要将灰水用于新繁殖的植物或盆栽植物，以及那些种植在保育温室和温室中的植物。

集雨桶
在排水槽和集雨桶之间连接管道，收集温室、棚屋以及房屋屋顶上流下的雨水。买尽可能大的集雨桶，垫在足够高的位置，使底部的水龙头下可以容纳一个洒水壶。

使用灰水

- 储藏在专用容器中，不要和其他水混合。

- 灰水冷却下来后立即使用，保留时间不要超过数个小时。在夏天储藏的灰水会很快成为细菌繁殖的温床，气味难闻并滋生病原体。

- 将灰水施加在植物附近的土壤或基质中，不要直接浇在枝叶上。

- 千万不要将灰水使用在果树、蔬菜或香草上，喜酸植物也不要使用灰水，因为灰水中的清洁剂可能是碱性的。

- 千万不要使用喷灌将灰水灌溉在草坪以及其他任何会形成水洼的地方，因为这样的水很不卫生。害虫（如蚊子）会在水中繁殖；儿童可能会受到吸引在水洼中玩耍，动物还可能饮用其中的水。

- 避免将灰水用于滴灌或拥有细喷头的灌溉系统，否则它们会很快堵塞。

- 尽量在花园中交替使用不同类型的水，避免在某一区域持续使用灰水。如果过度使用灰水，土壤中会积累过高浓度的钠。可以对土壤进行测试。如果pH值超过7.5，植物的生长就会受到不良影响。如果过度使用了，可以通过施加石膏来补救；以每10平方米1千克的密度施加，直到pH值回到7。

土壤和肥料

土壤是非常复杂并且富于变化的物质，由风化岩石和有机物质（称为腐殖质）微粒组成，其中还有动植物生命。健康的土壤对成功的种植至关重要；它给植物提供机械支持，并供给水分、空气以及矿物质营养。如果你的花园中的土壤条件不够理想，有许多改良方法，而且对大多数土壤只需花费少量时间和精力就可以改善。例如，对涝渍土壤可以安装排水设施改善其土壤结构，疏松土壤的持水力可以通过掘入有机质如堆肥或腐熟粪肥来增加。肥料可以增加养分，石灰可以施加在酸性土壤中进行中和，而护根能够抑制杂草萌发并减少土壤中的水分损失。最终，通过园艺堆肥，可以将有机废料中的养分返回到土壤中。

土壤及其结构

大多数土壤都是根据其中黏土、粉砂和沙子的含量来分类的。这些矿质颗粒的尺寸和比例影响着土壤的化学和物理性质。黏土颗粒的直径小于0.002毫米；粉沙颗粒的直径可达最大黏土颗粒的25倍；而沙子颗粒的直径可以大1000倍——至2毫米。

土壤类型

壤土拥有最理想的均衡矿物质颗粒大小，含有8%~25%的黏土，从而其有良好的排水性和保水性，肥力也比较高。

黏土黏重，排水缓慢，并且在春天的回暖速度也比较慢，但肥力常常很高。不过它们很容易被压紧，夏天会被阳光烤硬。

砂质土和粉砂土中的黏土含量都很低，因此它们的保水性都不如黏土。砂质土特别疏松，排水顺畅，因此需要经常灌溉和施肥；它们在春天的回暖速度更快并且很容易使用有机质改良。与砂质土相比，粉砂土的保水性和肥力都更好，但更容易压实。有机或泥炭土是潮湿且呈酸性的；不过如果加以排水、施肥并施加石灰的话，它们可以很好地支持植物生长。

白垩土或石灰岩土浅薄，排水顺畅，并且呈碱性，肥力一般。

土壤的剖面结构

土壤可以分成三层：表层土、底层土和母岩层。表层土包含大部分土壤生物以及许多营养。它的颜色一般较深，因为其中含有人工或落叶自然添加的有机质。底层土的颜色一般较浅，如果它是白色的，则说明母岩层很可能是白垩或石灰岩。如果表层土和底层土之间没有颜色差异或差异很小，则说明表层土中的有机质含量可能不足。

土壤特征

黏土含有超过25%的黏土颗粒，特点是潮湿且黏稠。黏土颗粒含量不足8%的土壤属于粉砂土或砂质土，取决于粉沙颗粒和砂质颗粒哪种占多数。在潮湿酸性条件阻止有机质完全降解的地方会形成泥炭土，因此它们位于土壤表面或表面附近。然而白垩质土呈碱性并且排水顺畅，可以让有机质迅速降解。

砂质土壤
干燥，疏松，排水顺畅，容易耕作，但相对贫瘠。

泥炭
富含有机质，颜色深，保水性好。

黏土
排水缓慢的黏重土壤，通常富含养分。

白垩土
颜色淡，浅薄多砾石，排水顺畅，肥力一般。

粉砂土
粉砂土的保水性和肥力都相当好，但很容易被压紧。

花园中的杂草和野生植物有助于指示花园中的土壤类型以及它可能拥有的任何特征，不过这只能作为参考。桦木属植物（*Betula*）、石南类植物（帚石南属、大宝石南属以及石南属植物）、毛地黄（*Digitalis*）、荆豆（*Ulex europaeus*）以及包括杜鹃花在内的园艺植物都提示它们生长的土壤是酸性的。山毛榉属（*Fagus*）和白蜡属（*Fraxinus*）植物则意味着土壤可能是碱性的。野生植物还能揭示土壤的化学特性，例如，荨麻和酸模说明花园拥有富含磷的肥沃土壤，而三叶草说明土壤养分含量较低。

酸碱性

土壤pH值衡量的是酸碱性——范围是1~14。低于7的pH值说明是酸性土，而大于7的pH值说明土壤呈碱性。中性土壤的pH值为7。

土壤的pH值通常由含钙量决定。钙是一种碱性元素，几乎所有土壤中的钙都会在淋洗的作用下而流失（意味着它会被水冲走）。处

土壤剖面

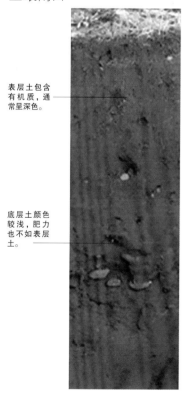

表层土包含有机质，通常呈深色。

底层土颜色较浅，肥力也不如表层土。

土壤一般由表层土、底层土和母岩层组成。每一层的厚度都有差异。

土壤颗粒的两种主要类型是沙子和黏土。沙子颗粒相对较大，水分会通过它们之间的空隙自由流走，而黏土颗粒非常细小，会将水分困在空隙之中。在手指之间搓动少量湿润土壤。砂质土壤会感觉多砂砾，不会粘连在一起或成团，不过砂质壤土的黏合性会稍好一些。粉砂土的感觉像丝绸或肥皂。用手指按压后，粉砂质壤土上可能会留下指印。壤质黏土的黏合性很好，可以滚成圆柱形。重黏土可以滚得更细，并且在光滑时有光泽。所有黏土都感觉黏稠且较重。

砂质土
用手指搓动砂质土时可以感受到明显的砂砾感。土壤颗粒很难黏合在一起。

黏土
潮湿时的黏土很黏稠，可以碾成球状，按压时会改变形状。

于白垩或石灰岩上富含钙质的土壤不大受影响，而其他土壤特别是砂质土在淋洗作用下会逐渐变得更酸。

如果必要的话，可以通过施加石灰（见625页）或添加富含石灰的材料如蘑菇基质来增加碱性。

电子pH计和土壤测试套装可以用来测量土壤pH值。在花园中的不同部位分别测试，因为即使在相对较小的区域，pH值也常常有变化。测试读数在为土壤施加石灰后特别不稳定。

pH值的影响

最重要的是，pH值影响土壤矿物质的可溶性，从而影响植物对它们的利用效率。酸性土壤容易缺磷。碱性土壤容易缺锰、硼和磷。

除了病虫害之外，土壤pH值还会影响有益土壤生物的数量。例如，蚯蚓不喜酸性土壤，但根肿病、大蚊幼虫和线虫在酸性条件下很常见。在碱性土壤中，马铃薯疮痂病发生的频率会更高。

测量pH水平

土壤测试套装使用混合土壤时会变色的化学溶液在一个小测试管中进行测量。然后将溶液颜色与比色卡进行比较，确定土壤样本的pH值。

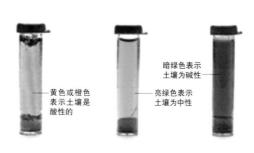

黄色或橙色表示土壤是酸性的

亮绿色表示土壤为中性

暗绿色表示土壤为碱性

最佳pH值

植物良好生长所需的pH范围是5.5~7.5。取决于所要种植的植物，6.5的pH值通常是最好的。不过，泥炭土的最佳pH是5.8。最高的植物产量一般是在中性土壤中得到的，不过大多数观赏植物可以忍耐较广泛的pH值范围。某些植物更加敏感，喜碱植物和喜酸植物可以适应极端pH值，如果生长在不合适的pH值环境中，它们的生长会受到不良影响。

土壤生物

某些土壤生物对于土壤肥力的维持十分重要。有益的真菌和细菌喜欢通气良好的土壤，并且能够忍耐较宽范围的pH值，不过大部分真菌都喜欢酸性土壤条件。某些真菌（根瘤菌）与植物的根系共生，并且能改善植物的营养状况。

小虫等微小的土壤动物对有机质的降解发挥着重要作用。显微级别的蠕虫和线虫有助于控制虫害——不过有些种类本身就是虫害。

较大的土壤动物特别是蚯蚓在土壤中挖掘觅食时可以改善土壤结构，蚯蚓的身体在土壤中穿行，将土壤颗粒粉碎，从而增加透气性并改善排水。

有益的土壤生物

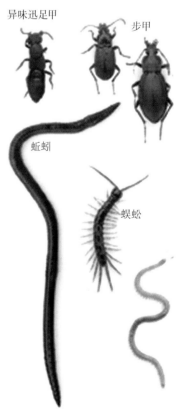

异味迅足甲

步甲

蚯蚓

蜈蚣

健康的土壤包含蚯蚓和其他生物构成的群落，它们有助于为土壤通气并降解有机质。

土壤耕作

正确的土壤耕作方法，包括除草、掘地和添加土壤改良剂等措施，这些都对植物的长期良好生长至关重要。

杂草与栽培植物竞争生长空间、光线、养分以及水分——实际上，竞争所有重要生长元素。杂草还可能藏匿许多病害，因此彻底清除或控制杂草也很重要。

可以使用几种不同的掘地方法来耕作土壤，具体取决于土壤条件和所种植的植物种类。如果土壤条件很贫瘠的话，可以通过添加有机物质同时掘地来改良土壤。

清理过度生长的花园

对于严重荒弃、过于茂盛的地方，可以使用工具或化学方法进行清理：使用最方便的方式（又见646页，"控制杂草"）。

机械清理

使用尼龙线割草机、灌木铲除机或长柄大镰刀砍倒尽可能多的地上枝叶，将它们从现场清理出去。然后使用旋转式割草机尽可能低地修剪剩余部分，然后再将所有剩余的植被挖出并移走。

或者使用旋耕机搅动土壤并将杂草切碎。让旋耕机在地面来回往返数次以打破垫状植被，然后用耙子将植被耙出，将其从土壤中移

除。不过，旋耕机的齿会将宿根杂草和根系或根状茎切割成碎片，这些碎片会迅速繁殖。因此，旋耕后必须用耙子仔细清理现场，手工清理所有残留的杂草碎片。重复处理很有必要。

化学清理

严格按照生产商的说明喷洒除草剂，让它发挥作用，然后割去地上部分。如果必要的话，对任何逃脱第一次喷洒的植物再次喷洒。

去除死亡植物或者将其混入土壤。大多数园艺师喜欢为种植准备整片区域，但乔木、灌木以及苗壮的观赏植物可以直接种植在死亡植被原来的种植穴里。

在不情愿使用化学药品的有机花园中，或者花园布局难以均匀使用除草剂的地方，使用机械或其他方法来控制杂草，比如护根（见626页）和有机措施，包括深苗床系统（见496~497页）。使用黑色塑料布覆盖花园某些区域至少一年也是清理土地的一种有效方法。

控制杂草

在实践中，所有花园的土壤都充满了杂草种子以及宿根杂草根系的碎片。杂草的种子是被风从附近土地上吹过来的，也可能是购买的植物附带的土壤或基质中包含的。耕作本身会扰动土壤，并常常将杂

清理某区域的杂草

使用除草剂
在种植新植物之前，被荒弃或杂草丛生的地方必须彻底清理。用除草剂对付顽强的杂草。

铲除杂草
用叉子将大型杂草的根系挖出并拔掉，抓住土壤附近的主茎，将整个根系清理掉。

草种子带到地面，让它们得以萌发（见620页，"陈旧育苗床技术"）。土壤耕作还会让宿根杂草根系的碎片重新开始发芽生长，进入新的生命周期。

彻底清除土壤中的杂草基本上是不可能的，不过经常除草是最好的控制方法。虽然比较劳累，但使用手叉进行人工除草是控制杂草的最有效的方法之一，因为你可以确保将整棵植株移出苗床。这对现有植物产生的扰动也最小。

锄地

可以使用锄子清除一年生杂草，锄地还有助于改善土壤的通气性（又见552页）。不过，除非谨慎

操作，否则会损坏附近栽培植物的表层根系和地上部分。锄地主要影响土壤表层，很少可以深达宿根杂草的根系；将宿根杂草的根挖出或使用除草剂摧毁它们（见647页）。

消毒土壤

某些土生病虫害如蜜环菌和线虫在土壤中非常顽强，只有对土壤进行消毒才能彻底清除它们。

土壤消毒剂应该作为最后的手段，因为它们并没有专门性，会将有益的和有害的土壤生物一并杀死。然而，土壤消毒是清除某些病虫害的唯一方法。这可能会导致花园中长期出现问题，因为有害生物会重新入侵土壤，而这时已经缺乏有益的捕食者来控制它们。

化学土壤消毒剂的毒性很强，只能由受过训练的操作者施加。消毒剂以颗粒的形式混入土壤中，然后与土壤中的水分作用，蒸发至土壤孔隙中。然后在土壤表面覆盖一层塑料布，塑料布上覆土以阻止气体逃逸（用于覆土的土壤应该丢弃不用）。在使用了土壤消毒剂后，需要等待数周才可以在土壤中安全地种植。

旋耕土壤

1 在耕作大面积土壤时，有必要租用机动旋耕机。将车把调整至舒适的位置，然后向下按压车把，使开垦刀完全穿透土壤。

2 旋耕后，用耙子将所有残存的宿根杂草碎片移出并从土壤表面清理掉，否则它们会重新恢复并生长。

掘地

通过掘地进行耕作可以提高土壤的透气性，打破地表上形成的硬壳，为植物的良好生长提供适宜条件。如果需要的话，可以同时施加有机质和肥料。在严重压紧的土壤中，掘地有助于改善土壤结构和排水。

最常用的耕作方法是使用铁锹掘地，单层掘地和双层掘地法一般是最有效也最省力的掘地方法。不过某些花园苗床可能不适合使用这样全面的土壤耕作方法，特别是在已经有很多植物的地方。在这样的情况下，可以用叉子掘地或简单掘地。

掘地的缺点

掘地会加快土壤有机质的降解速度，特别是在砂质土壤中，长远来看会降低土壤肥力。而且，对黏重潮湿的土壤进行挖掘会导致土壤压实，让土壤条件变得更差。如果这些土壤拥有良好的现有结构，可以不用掘地，特别是种植乔木和灌木的苗床。

非掘地和深厚苗床技术可以最大限度地降低对土壤的扰动，其特别受到有机园艺师的青睐，即使在蔬菜园中也能使用（见496～497页，"苗床系统"）。在大多数情况下，使用这些方法之前，需要先对土壤进行一次深耕，混入有机质以改善土壤结构。

掘地时间

尽可能在秋天掘地，然后土壤会暴露在冬季霜冻和冰雪下，这样有助于弄散大土块并改善土壤结构，特别是在黏重的土地中。

从仲夏至第二年早春，土地常常是潮湿或者冰冻的，无法进行挖掘。黏重土壤在潮湿时千万不要挖掘。

使用叉子

大部分掘地工作需要挖起并翻动土壤。叉子的形状使它能轻松地穿透土壤，它非常适合用来打开并松散土壤——但不适合挖起土壤。与铁锹相比，叉子对土壤结构的破坏更小，因为它会沿着已经存在的自然裂隙将土壤打散，而不是人为创造裂缝将其切断。

叉子适合粗略掘地以及翻动土壤，但不适合创造细耕面（见620页，"形成细耕面"）。还可以使用叉子从土壤中清除杂草，特别是宿根杂草，如匍匐披碱草（*Elymus repens*），且不会留下再次繁殖的小碎块。

简单掘地

在掘地时，某些园艺师喜欢简单地挖起一锹土壤，翻转后扣在原来的位置上，然后将其铲碎。这种为简单掘地。这是一种快速而且相对容易的栽培方式，适合清理土壤表面的任何杂屑和非顽固性杂草，混入少量粪肥和肥料，或创造表面耕面。在形状不规则的苗床或现有植物周围耕作时，简单掘地法常常是最好的选择。

单层掘地

单层掘地是一种有系统而且省力的耕作方式，可以让一片区域得到充分的挖掘，并产生均匀一致的效果，挖掘深度为一铁锹。

用绳线标记出需要耕作的区域，然后，从该地块的一端开始，挖深度为一铁锹、宽度大约为30厘米的沟。将第一条沟中的土壤堆放至前面的土地上。沿着地块向后挖掘，将接下来每条沟中的土壤都填到前一条沟中。

在形状规则的地块中以及对土壤一致性要求较高的地方使用这种方法——例如在蔬菜园中。在需要将大量有机质混入土壤中的地方，单层掘地法也很有用。

使用叉子掘地

在土壤湿润但不涝渍时用叉子翻动。有节奏地进行工作，插入叉子，然后将其翻转（见插图）以打碎土壤并增加其透气性。

简单掘地

大多数铁锹都有25厘米长的锹面。这是在掘地时所需要的深度。

1 将铁锹全部插入土壤中，保持锹面的直立。用前脚掌紧紧地踩实。

2 拉回铁锹杆，将土壤铲起。弯曲膝盖和肘部以抬起铁锹，不要试图挖出太多，尤其是在土壤黏重的地方。

3 翻转铁锹，将土壤扣在原地。这样可以将空气引入土壤，并促进有机物质的分解。

单层掘地

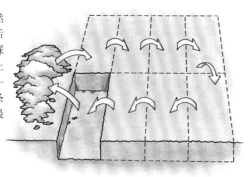

标记出苗床区域，然后挖一系列沟，向后工作以免将土壤踩实。将每条沟中的土壤填入挖出来的前一条沟中，使用第一条沟挖出的土壤填补最后一条沟。

1 挖一条深一锹、宽大约30厘米的沟。垂直插入铁锹并将土壤转移到前方的地面上。

2 挖第二条沟，将挖出的土壤填入前一条沟中。翻转土壤以掩埋一年生杂草和杂草种子。

抓住机会施加石灰（如果需要的话）和肥料例如骨粉等，将它们施加在每条沟的底部，然后再覆盖土壤。杂草特别是深根性宿根杂草会在掘地过程中得到清除。

双层掘地

双层掘地时，需要将土壤挖至两锹深，这种方法应该在土地之前未耕作过或者需要改善土地排水时使用。如果需要的话，应该像单层掘地一样，在这时施加石灰和肥料，并清除宿根杂草。

在表层土不足两锹深的地方，应该使用标准双层掘地法，确保上层土壤和下层土壤彼此分开。包含底层土的下层土壤不应该被带到表面。

首先像单层掘地一样标记出工作区域，然后将第一条沟的上层土以及下层土、第二条沟的上层土分别挖出，在旁边的地面上堆放成独立的三堆，做出清晰的标记。然后将第二条沟的底层土转移到第一条沟的底层，将第三条沟的上层土转移到第一条沟的上层。使用这种方法可以保证表层土和底层土的独立性。用同样的方式继续挖掘剩余的沟渠，在苗床末端，使用前两条沟中挖出的土壤填补最后两条沟中合适的位置。

如果表层土不止两锹深，就没有必要将上层土壤和下层土壤分开，来自一条沟的所有土壤可以简

双层掘地

标准双层掘地

挖出两锹深的沟，将每条沟中的土壤填入前一条沟中；不要将上层土和下层土弄混。

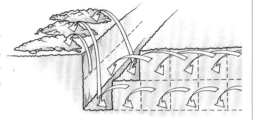

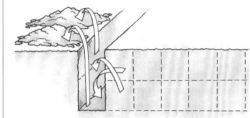

深厚表层土的双层掘地

在表层土至少有两锹深的地方，上层土和下层土可以混合或调换位置。挖出第一条沟中的上层土和下层土，将土壤堆放到一旁用于埋填最后一条沟，然后将第二条沟的上层土转移到第一条沟的底部。第二条沟的下层土转移到第一条沟的顶部，以此类推。

单地用于填补前一条沟（见上）。

形成细耕面

细耕面是一种适合种子萌发的表层土壤。它大部分由细小均匀的土壤颗粒组成，保水性好且平整。细耕面可以保证种子和土壤之间良好接触，以便种子轻松地吸收水分。

在播种前一个月准备育苗床，挖掘土壤然后任其风化。在即将播种前，用耙子打碎任何残存的土块，轻轻在地面踩踏以平整土壤，然后用耙子耙出种子需要的细耕面。

土壤结构和水分含量

对于会生长多年的植物，土壤需要拥有良好的内在结构。特别是

改善结构

为改善土壤结构，根据土壤需求掘入有机物质（如腐熟的粪肥或堆肥）。

在中度和黏重土壤中，植物生长依赖于土壤结构。

在结构良好的土壤中，土壤颗粒形成的碎屑是土壤孔隙网络的一部分，水、养分和空气都在其中循环。因此，土壤结构影响着保水性、排水速度和土壤肥力。结构不良的土壤可能会排水太顺畅或易产生涝渍，养分会通过淋洗作用流失。

结构不良的土壤

结构不良的土壤容易在冬天过于潮湿，夏天过于干燥。土壤水分经常从表面散失而不是向下渗透，然而土壤一旦变得潮湿，它的排水速度又很慢。这样的土壤难以耕作，在夏天会变得非常坚硬，像混凝土一样。因此，植物的根系很难穿透土壤，从而严重影响植物的生

细耕面

颗粒细小的质地均匀碎屑状土壤很适合用于萌发种子。它的保肥性和保水性都很好，同时还提供良好生长必需的顺畅排水。

陈旧育苗床技术

这种耕作方法需要通过较浅的挖掘扰动土壤，将杂草种子带到土壤表面。与此同时清除所有现有的杂草。于是杂草的种子就可以萌发生长，然后使用接触型除草剂或通过浅锄清除杂草幼苗——这一次尽可能减少对土壤造成的扰动。然后就可以按照需要在无杂草的土地播种。后续还会不可避免地萌发杂草种子，但由于主要的一批杂草已经被摧毁，后来的杂草控制会简单得多。

1 作为试验，这块土地的右半部分被挖掘，而左半部分则没有动。

2 数周后，杂草在耕作过的部分萌发。未被扰动的土地上长出的杂草相对较少。

长。在潮湿天气耕作黏重土壤会让其变得过于紧实。当土壤颗粒被压实后，土壤中的空气含量会减少，从而导致排水受阻。

潮湿条件下在土地上行走会破坏表层土壤的结构——土壤碎屑分解，细小的土壤颗粒会在表面形成一层壳，阻碍空气和氧气抵达植物的根系，还会阻碍种子萌发。这种情况会发生在某些类型的土壤中，特别是大雨或灌溉过多后的粉砂土。

改善土壤结构

为改善不良的土壤结构，使用双层掘地法（不要将表层土和底层土混在一起）尽可能深地耕作土壤，混入有机或非有机添加剂，帮助土壤颗粒胶合成碎屑。这样能大大改善土壤的通气性和保水性。在严重涝渍的地方，可能需要安装合适的排水系统（见623页）。

使用土壤添加剂

使用何种添加剂取决于土壤的类型。大部分添加剂可以施加在土壤表面或混入土壤中。有机材料（如动物粪肥和园艺堆肥）可以改善任何一种土壤类型的结构，并且能够提供宝贵的养分。此外，动物粪肥还会促进蚯蚓的活动，进一步改良土壤结构（见617页，"土壤生物"）。

疏松的砂质土壤可以混入少量黏土进行改良，而非常黏重的土壤则需要大量砂砾或沙子来改良。

在压紧的土壤或黏土中，增添粪肥、堆肥，以及/或者石灰（但不要为喜酸植物添加），通过促进土壤碎屑形成来改善其结构。

在粉砂土中，增添少量黏土以改善土壤结构，并使用粪肥和堆肥促进碎屑形成。

添加剂的数量取决于土壤条件，但一般原则是添加大约5～10厘米厚的大块添加剂。某些材料，特别是非有机复合物和保水凝胶的添加量应该更少，所以必须按照生产商的说明进行使用。

土壤添加剂的附加好处

添加剂还可以维持土壤中空气和水分的良好平衡。沙子、砂砾和粗糙有机物质可以用来改善粉砂土或黏土的排水。沙子和砂砾应该在土壤中沿着一条通道铺设，得到通畅的排水路径，而不是均匀混入土壤。某些添加剂如草炭替代物、草炭、腐熟粪肥以及保水凝胶（它们能保持多倍于自身重量的水）可以起到"海绵"的作用，并且可以用在排水顺畅的砂质土壤中增强保水能力。在压紧的土壤中，保水凝胶对于改善保水性非常重要，同时不会降低透气性。

土壤添加剂

添加堆肥、腐熟粪肥或草炭替代物如椰壳纤维可以改善土壤结构，并有助于保持土壤中的水分。蘑菇培养基质本身是碱性的，因此不能使用在喜酸植物上。石灰可以通过絮结作用将黏土颗粒胶合成碎屑。

蘑菇基质　　　粪肥

石灰　　　椰壳纤维

添加黏土可以改善贫瘠土壤的肥力。黏土、草炭替代物（或草炭）以及某种程度的树皮，都有助于保持本来可能被丢失的养分。

土壤添加剂的问题

某些添加剂不能在特定土壤条件下使用。例如，在黏土中少量添加细沙会堵塞土壤孔隙，让排水性变得更糟。可使用更开阔的材料代替，如砾石或粗砂。

新鲜粪肥会释放氨气或其他对植物有毒性的物质。如果不能为

粪便堆肥或让其充分腐烂，应该在秋天将其施加到土壤表面，土壤不加耕作越冬。这样会让粪肥逐渐降解，并被蚯蚓混入土壤中。

新鲜秸秆、叶片和树皮会在分解过程中消耗氮，造成土壤缺氮，除非同时在土壤中施加额外氮肥。

在制造花园堆肥时（见627页），千万不要使用感染病毒的植物残骸，也不要使用含有宿根杂草的任何材料——二者都很难控制和清理。这些材料应该焚烧或用其他方式处理。

比较土壤

良好土壤
结构良好的土壤拥有碎屑状的湿润质感，孔隙网络的透气性和保水性都很好。土壤碎屑胶结在一起，但不会形成一层壳。

不良土壤
表层土坚硬紧实，几乎不可耕作。排水不良。土壤干燥的地方会出现裂缝。

土壤问题

压紧
在被压紧的土壤中，土壤颗粒之间的孔隙被严重压缩。这会导致排水缓慢，通气不畅。

硬质地层
被严重压紧，几乎不透水的一层土壤。除非将硬质层打破并安装排水设置，否则水无法透过。

蓝斑
土壤表面上的蓝绿色斑表明土壤发生了严重涝渍，需要排水。土壤的气味也会很难闻。

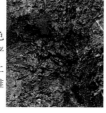

结壳
当表层土壤碎屑被大雨或猛烈灌溉摧毁时，或者土壤潮湿时在上面行走的话，土壤会形成"硬壳"。

水

充足的水分对于植物的良好生长至关重要，可以利用的水在一定程度上取决于植物本身，但也依赖于土壤类型和结构，以及灌溉方法。水常常出现短缺，不应该浪费，所以应该使用良好的灌溉和节水技术。知道哪些植物（以及在哪些时间）对干旱敏感，哪些植物对干旱有耐性也十分重要。

土壤中水分过多（涝渍）会对植物产生同样程度的伤害。耕作土壤并添加有机质和砂砾可以大大改善水分饱和土壤的排水性，但在严重涝渍的土壤中应该安装排水系统。

土壤水分

在结构良好的土壤中，水保持在毛细孔隙中，这些孔隙直径一般不超过0.1毫米，空气存在较大的孔隙中，因此土壤才可以是"湿润且排水良好的"。

植物最容易吸收的水来自直径最大的孔隙。随着孔隙变小，植物就越来越难吸收水分，所以土壤中的某些水分是永远无法被植物利用的。

黏土

黏土的持水性最好，但它们大部分的孔隙极小，因此植物不能总是得到它们需要的足够水分。

砂质土

砂质土的孔隙粗大，与黏土相比，其中含有的水更容易被植物吸收。不过砂质土的排水速度很快，而且很少有向两侧和向上的毛细运动。

错误的浇水方式

浇水的速度以不要在土壤表面形成水洼为宜，这会导致径流并侵蚀土壤。

灌溉方法

盆地式灌溉
挖出植物基部周围的土壤，然后在形成的盆地低洼中注水。

花盆法灌溉
将具有排水孔的大花盆埋到需灌溉的植物附近，然后在其中缓慢地注满水。

壤土

壤土一般含有比例均衡的粗孔隙和细孔隙——粗孔隙可以保证快速排水，而更细的孔隙则保持水分，且很大一部分都可以被植物吸收利用。

潜水位

通过毛细作用，水分可以从土壤下的潜水位向土壤表面移动。黏重土壤可以在潜水位之上2米处保持水分饱和，潜水位之上3.5米处的水可以被植物利用。粉砂土和大部分黏土在潜水位上1.5米处饱和，之上2.5米处的水可以被植物利用。细沙的数字分别是1.5米和2.4米，而粗砂则是30厘米和1米。在砾石中，根本没有水分的上升。在许多花园中，潜水位的深度太大，不会对植物产生任何影响。

灌溉技术

灌溉的目的是为土壤补充水分，使土壤储水量可以使用到下一次灌溉或降雨。每次浇透水，使土壤深处有足够的水。频繁而少量的浇水没有多大作用，因为大部分水分会在抵达植物根系之前从土壤表层蒸发。

土壤对水分的吸收

某植物的水分供应受其根系规模的限制。当种植在改善了排水（见623页）并经过双层掘地法（见620页）纠正土壤压紧的地方时，植物可以长出更深的根系。

然而在浇水时主要的限制因素是土壤吸收水分的速度。一般而言，土壤每小时可以吸收8毫米深的水分。浇水速度比土壤吸收的速度（例如使用手持软管或安装细花洒的洒水壶）更快，土壤表面会形成水洼，然后其中的水逐渐被吸收。在干旱条件下浇水后，可以使用钻子取土样测量——你可能会惊讶于水分渗透有多么少。如果植物根系周围的土壤仍然干燥，在第一次浇的水完全渗透后在该区域多浇几次水。

为减少地面径流，可以对地面进行改造，在每株植物周围形成浅槽（见上），保证水分抵达根系。花盆法灌溉（见上）、喷灌（561页）以及滴灌系统（见561页）都是有效的灌溉方法，因为水分会在数个小时内逐渐供应给根系。

节水技术

用护根覆盖土壤表面（见626页）可以促进雨水渗透，并最大限度地减少水分蒸发。通过有效地控制杂草（见618页），确保水分不会浪费在不想要的植物上。又见614~615页，"节约用水和循环用水"。

缺水

植物一旦开始萎蔫，它的生长速度就已经变慢了。在许多地区的夏季，用水量会大大超过实际供应的水量，所以土壤损失了许多水分。将添加剂如粪肥等掘入土壤有助于改善土壤结构（见621页）和保水性，这有助于防止缺水的发生，但除非现有的缺水得到灌溉补偿，否则土壤会变得更加干燥。因此经常浇水非常重要。

当地水文部门会有每月通过土壤和叶片蒸腾作用损失的数据，还有月降雨量。在计算浇水频率时，这些数字非常有用，不过为了保证更加精确，最好自己用雨量计测试每月降雨量，而不要用平均数字。

季度和建成需求

缺水在什么程度开始影响植物生长取决于植物本身。高产植物需要大量的水，所以土壤应该时刻保持湿润。某些植物有关键的生长时期，在这些时间段水分供应十分重要，例如，对于年幼观赏树木，第一个初夏比第二年初夏重要得多。果树在果实膨胀时需要大量的水，马铃薯的块茎成熟时也一样。

对于新种植或移栽的植物，浇水尤其重要，因为它们位于较浅的土壤或容器中。幼苗对干旱的忍耐力也比较低，稳定的水分供应至关重要。标准苗型乔木在整个第一个生长季都需要灌溉，因为它们的地上部分常常与根系不成比例。

干旱条件

即使是已经成型的花园植物，在长期干旱中也会受到伤害，尽管在一段时间内可能看不到伤害的迹象。不过，适度干旱可以改善某些蔬菜和水果的味道，特别是番茄。

在降雨量低的地区，需水量低的植物种类正变得越来越受欢迎：薰衣草属和糙苏属植物以及许多灰色或银色叶片的植物都是很好的例子。

观赏草可以很好地忍耐长期干旱天气。草坪可能会变成褐色，但雨水一旦到来就会重新变回绿色。因此夏季浇水并不是必不可少的，除非你想保持草坪的绿色。

涝渍土壤

当进入土壤中的水分超过排出土壤中水分的时候，就会发生涝渍。潜水位高的地方（见622页）以及土壤压紧且结构不良的地方特别容易受害。

根系（除了沼泽植物的根系）在涝渍土壤中无法正常运作，如果排水不加改善的话，最终可能会死亡。潮湿的土壤常常缺少特定的养分（特别是氮素），因此矿质元素的缺乏也会成为问题。由于潮湿土壤的温度较低，因此植物在春天的生长速度会变慢。根肿病（见657页）等病害在涝渍条件下也容易滋生。地面上生长的莎草和苔藓说明土壤可能有涝渍，而泥炭表层土和底层土之间鲜明的分界也说明排水很差。在涝渍黏土中，土壤会有滞闷的气味，颜色呈黄色或蓝灰色，这种现象称为潜育化。

在判断排水是否不良时，可以将水倒入一个深30～60厘米的洞中。如果洞中的水保持数个小时甚至数天也不消退，则说明土壤需要排水。如果挖掘得更深或者用金属杆向土壤深处插时遇到了阻力，则说明可能存在硬质地层（见621页，"土壤问题"）。

改善排水

在涝渍并不严重，只是在地表有多余水分的地方，可以通过塑造花园地形，将现场的水引导至排水沟中。在为潜水位高的地点改善排水时需要安装地下排水系统，最好让专业承包商来安装。如果已经有排水系统，需检查排水沟中是否有堵塞，或者管道有无破损。如果上方有排水阻碍如硬质地层，则地下排水系统不会起作用。

排水沟和盲沟

明渠系统是带走地面多余水分的最有效方法。它们应该深达1~1.2米，有倾斜的侧壁。同样有效但更加隐蔽的是盲沟，它是填充砾石的排水沟，顶部覆盖翻转的草皮和表层土。

排水系统和渗滤坑

渗滤坑是填充碎石的深坑，多余的水分会通过地下排水或排水沟渠流到这里（见下）。在土壤表层被压紧的地方，这种排水方法非常有效，因为它可以穿透任何硬质地层。在修建渗滤坑时，挖出一个宽约1米、深至少2米的坑。在其中填充碎砖或碎石，周围环绕土工布。在地面下至少60厘米处安装穿孔塑料管道或排水瓦管（见下），将水分从附近土地引导至渗滤坑。

储水区域

或者创造储水区域，让水汇聚入池塘或大型容器中，或者慢慢渗走。池塘对野生动物有益，但它的成功取决于排出水分中的沉积物含量——太多会导致池塘富含养分，因此易于淤塞并过度生长藻类。容器中收集的水分可以再次用于花园中。

如何修建渗滤坑

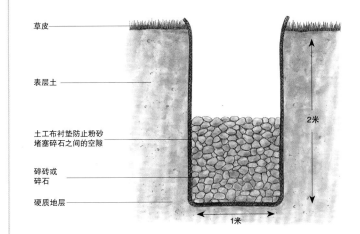

- 草皮
- 表层土
- 土工布衬垫防止粉砂堵塞碎石之间的空隙
- 碎砖或碎石
- 硬质地层
- 2米
- 1米

1 在花园中发生涝渍的地方，挖一个两米深、1米见方的洞。使用土工织物在底部和边缘铺设垫。然后填充碎砖或碎石至1米深。

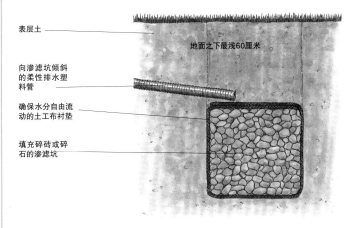

- 表层土
- 地面之下最浅60厘米
- 向渗滤坑倾斜的柔性排水塑料管
- 确保水分自由流动的土工布衬垫
- 填充碎砖或碎石的渗滤坑

2 将衬垫折叠在碎石上。然后将穿孔塑料管的末端放置在衬垫上方，使其位于地面之下大约60厘米处。在洞中填充表层土，铺上草皮。

安装排水系统

呈鱼骨形铺设的地下穿孔塑料管是一种有效的排水方法，可以将水引导至填充碎石的排水沟或渗滤坑中。将管道铺设在地面之下，使后来的耕作不会影响它们。来自附近土地中多余的水可以渗入管道，管道必须倾斜，以便它们将水运输到渗滤坑中。与排水瓦管（见下）相比，塑料管道柔软，容易切割，并且可以容忍土壤的自然运动。在连接两节管道时，在其中一个管道上切割出直径可以容纳另一个管道的洞；然后将其插入。在种植植物之前安装排水系统，因为工程会对现场产生很大影响。

瓦管排水系统

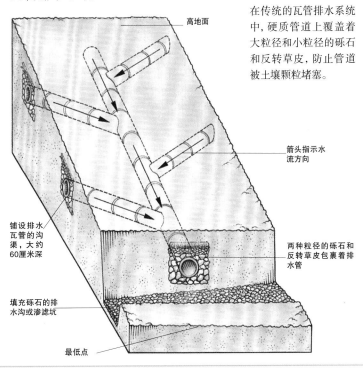

在传统的瓦管排水系统中，硬质管道上覆盖着大粒径和小粒径的砾石和反转草皮，防止管道被土壤颗粒堵塞。

- 高地面
- 箭头指示水流方向
- 铺设排水瓦管的沟渠，大约60厘米深
- 两种粒径的砾石和反转草皮包裹着排水管
- 填充砾石的排水沟或渗滤坑
- 最低点

土壤养分和肥料

植物可以利用的养分由矿物质离子组成，植物通过根系将它们从土壤中以溶液的方式吸收，并将它们与二氧化碳和水一起制造成有机养料。大量元素的需求量相对较大，包括氮（N）、磷（P）、钾（K）、镁（Mg）、钙（Ca）和硫（S）。微量元素同样重要，但需要的量很少，包括铁（Fe）、锰（Mn）、铜（Copper）、锌（Zn）、硼（B）和钼（Mb）。

为保证植物健康生长，可以在土壤中添加含有养分的肥料，但只有在土壤不能提供所需元素的情况下才需要这么做。在大多数土壤中，只有促进苗壮生长的氮、有助于根系强健的磷以及促进开花结实的钾需要经常补充。缺氮症（见664页）会导致生长低矮，而缺钾症（见667页）会导致叶片变色。缺硫症（见666页）不常见，但容易发生在根系发育不良的年幼植株上。锰/铁缺乏症（见663页）会导致叶片变成褐色，如果喜酸植物种植在碱性土壤或者用硬水灌溉的话容易发生这种情况。

肥料的类型

肥料的用量以及使用哪种类型的肥料都是复杂的问题。理解每种肥料的工作原理可望多产，也许还会更环保。注意这里的"有机"指的是"来自生物体"，而"非有机"指的是人造的化学物质。出于环保意识坚守有机原则的园艺师，应该仔细检查每种肥料的标签和出处，确保它们满足自己的要求。

大块有机肥料

同样的重量，大块有机肥料提供的养分比非有机化肥少。每吨粪肥一般包含6千克氮、1千克硫和4千克钾；同样多的元素以化肥的形式提供，只需要30千克的非有机肥料。

不过，粪肥对于有机种植非常重要，因为如此大块的有机物质可以提供许多益处，不是一次简单的元素分析就能说明的。粪肥富含微量元素，并且是氮的长期来源。它们还可以提供非常适宜蚯蚓活动的条件。添加粪肥可以改善大部分土壤的结构和保水性（见620页），而且这会促进根系生长，从而增加植物对养分的吸收。

浓缩有机肥料

传统的浓缩有机肥料包括血粉、骨粉以及蹄角粉。海藻粉和颗粒状鸡粪肥是有机园艺师们常用的肥料。与大块有机肥料相比，这种肥料容易操作，并且包含比例相当稳定的元素，但每单位元素的价格相对较贵。它们释放养分的速度很慢，部分依赖于土壤生物的降解作用，所以在土壤生物不活跃的时候如寒冷天气中可能会无效。

尽管存在一些担心，但没有记录证明制造含动物蛋白肥料的过程有任何健康风险，如用于本地花园的骨粉等；而且有些人认为这是一种很环保的处理垃圾的方式。不过，在使用这些产品时佩戴手套和面罩心里会觉得更放心一些，在栽培食用作物时可以使用花园堆肥代替。如果你不愿意使用动物来源的产品，海藻粉常常也能提供足够的植物营养。

可溶性非有机肥料

按重量计算，浓缩非有机肥料包含高比例的特定元素，而且大部分种类都容易运输、操作和使用，不过少数种类在操作时有刺激性；佩戴手套和防尘面罩总是好的。按照每单元元素计算，它们通常是最便宜的养分来源。它们能迅速纠正缺素症，并能够精确控制释放养分的时间。然而在砂质土壤中，很大比例的可溶性肥料会因为淋洗作用而损失。

在使用可溶性非有机肥料时，要谨慎选择向土壤中施加的矿物质离子，因为某些离子会对特定植物造成损伤。例如，红醋栗对于氯化物如氯化钾非常敏感；应该使用硫酸盐代替之。大量使用某些无机盐会让土壤盐分更大，这可能会伤害某些有益的土壤生物。应该少量多次地均匀施加可溶性非有机肥料，而不能一次大剂量使用。

各种肥料的元素含量（百分比）

	%氮（N）	%磷（P₂O₅）	%钾（K₂O）
有机肥料			
动物粪肥	0.6	0.1	0.5
血、鱼和骨混合粉	5	7	5
骨粉	3.5	20	–
椰壳	3	1	3.2
花园堆肥	0.5	0.3	0.8
蹄角粉	13	–	–
蘑菇培养基质	0.7	0.3	0.3
颗粒状鸡粪肥	4	2	1
磷钙土	–	26	12
海藻粉	2.8	0.2	2.5
木灰	0.1	0.3	1
非有机肥料			
硫酸铵	21	–	–
果茂（Growmore）	7	7	7
硫酸钾	–	–	49
过磷酸钙	–	18	–
缓释肥料	14	13	13

比较肥料

花园堆肥

蘑菇栽培基质

椰壳

血、鱼和骨混合粉

可溶性非有机肥料

这些对比展示了在补充相等分量的养分时，不同类型的肥料所需要的量。

缓释肥料

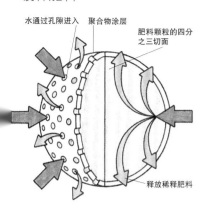

水通过孔隙进入 聚合物涂层

肥料颗粒的四分 之三切面

释放稀释肥料

水会从聚合物涂层中的孔进入肥料颗粒，在内部积聚足够的压力后就会胀开。

缓释肥料

这些肥料的配方比较复杂，可以缓慢地逐渐释放养分，有时候可以持续释放数月甚至数年。有些种类会缓慢地在土壤中分解，而有些会逐渐吸收水分，直到膨胀并裂开。许多种类的缓释肥颗粒有各种厚度的膜，养分透过这些膜从里面释放出来。这些肥料比较贵，在较大花园中使用并不经济，但它们对于照料盆栽植物（见323页）非常有用。

绿肥

种植这些植物纯粹是为了将它们掘入土壤以增加肥力和有机质含量。它们用于闲置土壤，可以防止养分被冲走，因为闲置土壤更容易受淋洗作用的影响。注意不要使用入侵性物种当作绿肥。

琉璃苣（*Borago officinalis*）、多花黑麦草（*Lolium perenne*）以及

制造聚合草肥料

聚合草属植物（*Symphytum*）是一种粗糙的入侵植物，但它是一种非常有用的绿肥，特别是'博金14'俄罗斯聚合草（*S. x uplandicum* 'Bocking 14'）。它的叶片可以用来制造有机液态肥或腐叶土。

聚合草液态肥包含一定水平的氮、磷酸盐和钾。经典配方是将3千克切碎叶片放入有盖容器里的45升水中，浸泡四五周。过滤掉气味刺激的液体并频繁使用，因为它的肥力比较弱。

为得到高肥力的腐叶土，在塑料容器中将切碎的聚合草叶片和潮湿的两年腐叶土交替分层堆放，每层厚10厘米。随着叶片的降解，它的养分会被腐叶土吸收。3~5个月后，强化的腐叶土就可以用作盆栽基质、护根或土壤调节剂。

聚合草（*Symphytum officinale*）都是优良的宿根绿肥。还可以使用混合的速生一年生植物。一年生羽扇豆等豆科植物拥有根瘤固氮菌，可以让它们从土壤的空气中获得氮元素。这些植物可以向土壤中补充大量氮，就像标准施肥程序一样；它的碳氮比很低，所以降解速度很快，可以提供许多可供植物使用的氮素。

施加肥料

浓缩肥料可以撒在土壤表面，或放置在单株植物旁边。某些肥料还能以液体形式施加在地表，或者作为叶面肥料直接施加在叶片上。所有产品，无论是有机的还是非有机的，都必须小心操作。总是佩戴防护装备。不要在大风天气施肥，将颗粒状或粉状肥料小心地施加在土地表面——千万不要接触植物茎干。只使用推荐剂量，太多会损伤植物。

撒肥

将肥料均匀撒落在整片土壤表面可以为大面积的土壤施肥，并最大限度地减少植物因为过度施肥而受到的伤害。在干燥天气下，某些元素特别是稳定的磷酸盐的吸收会很差；在可能的情况下，将磷酸盐掘入土壤。

肥料的放置

围绕植物基部施肥是一种经济有效的施肥方式，因为植物的根系会快速伸展到施肥区域。

液态肥料

施加养分的一种有效方法，特别是在土壤干燥的时期，是在使用前将肥料溶解在水中。在即将下雨时不要施肥，因为它们可能会被冲走而白白浪费掉。施加在叶面上的液态肥可以纠正某些因为特定土壤条件如高pH值引起的矿质缺乏症。对于深根性植物如果树，叶面施肥可以纠正某些相对难溶元素的缺素症。

施加石灰

施加石灰或富含石灰的材料如蘑菇培养基质可以增加土壤的碱性。可以用它来增加菜畦的产量，但很少用于观赏植物——最好选择适应现有条件的植物。普通石灰（碳酸钙）容易结块，但容易操作，使用起来也很安全。生石灰（氧化钙）可以更有效地升高pH值，但具有腐蚀性，可能灼伤植物，还会有过量使用的可能。生石灰加水制造的熟石灰（氢氧化钙）不如生石灰有效，但腐蚀性较轻。

使用石灰

石灰可以在任何时间铺撒在土壤表面，但应该尽可能提前于种植施加，并将石灰完全掘入土壤。选择平静的天气并佩戴护目镜。不要每年都施加石灰——过量施加石灰会导致缺素症，在不同地块测量土壤pH值，因为不均匀的分解速度会导致问题斑点化地出现。下表展示了土壤达到6.5的pH值（见617页，"最佳pH值"）所需要的石灰量。为迅速升高pH值，在掘地过程中施加石灰。对于已经成型的植物，将石灰作为表层覆盖施加，然后浇水使其进入土壤。不要将石灰和粪肥同时施加；它们会发生反应并以氨气的形式释放氮。这会损害植物并浪费氮素，在交替年份分别施加石灰和粪肥。

起始pH值	沙子（每平方米）	壤土（每平方米）	黏土（每平方米）
4.5	190克	285克	400克
5.0	155克	235克	330克
5.5	130克	190克	260克
6.0	118克	155克	215克

绿肥

在闲置土地播种绿肥的种子。当它们长到20厘米高时将它们割到地面上，一两天后将它们掘入土壤中。

如何施加肥料

撒肥

为了保证大面积施肥的精确，使用绳线或木杆将地块标记出只有1平方米的小块地面。在花盆或碗中装好推荐剂量的肥料，均匀地撒在小地块内。

放置

将肥料撒在植物基部周围，不要让任何肥料颗粒接触枝叶。

表面覆盖和护根

表面覆盖和护根是施加在土壤表面的材料。它们可以通过一定方式改善植物的生长，比如增加土壤中的养分和有机质含量，或减少土壤的水分损失等。或者只是起装饰作用。

表面覆盖

"表面覆盖"有两个意思。第一，它指的是将可溶性肥料施加在植物周围的土壤表面。第二，它还可以指施加在土壤或草坪表面的添加物质。例如，可以使用沙子或较细的有机物质对草坪进行表面覆盖，这些材料最终会被雨水冲进草坪里。

砾石或砂砾有时会用作苗床或盆栽植物的表面覆盖，为敏感的植物基部提供快速排水。它们还起到护根的作用，抑制土壤表面的苔藓或地衣生长。

还可以只是单纯地为了装饰效果而使用砾石或石屑对植物进行表层覆盖。

护根

护根以有机形式和非有机形式呈现，并通过数种方式促进植物

用作表面覆盖的材料

作为添加剂的表面覆盖
某些表面覆盖材料如腐熟粪肥和堆肥添加到植物周围的土壤上，可以提供腐殖质以及稳定的氮源。混合了壤土和草炭或椰壳纤维的沙子用作草坪的表面覆盖，目的是增加透气性。

沙子

基质

腐叶土

装饰性表面覆盖
砾石和砂质等材料可以添加至盆栽植物的基质表面以及花境或花坛土壤表面，特别是低矮的植物如高山植物周围。这些材料可以改善表面排水，同时起到衬托植物的作用。

砾石

粗砾

细砾

生长。它们可调控土壤温度，在冬季保持根系温暖，夏季保持根系凉爽；它们可减少土壤表面的空气损失；它们还通过隔绝光线来阻止杂草种子萌发。

在施加护根之前清除所有宿根杂草，否则它们会因为护根而受益，这有害于你的植物。不应在土壤寒冷或冰冻时施加护根，这样的隔离会起到反作用，土壤依然会保持寒冷——应该等到土壤在春天回暖后覆盖护根。

有机护根

为确保有效，有机护根应该持久并且不会轻易被雨水冲走。它应该拥有疏松的结构，让水可以快速地渗透它。

粗树皮是最有用的有机护根之一，因为它能阻碍土壤中杂草种子的萌发，而且出现的杂草也很容易清除。花园堆肥、腐叶土以及草炭替代物如椰壳纤维等不那么有效，因为它们能为杂草种子的萌发提供理想的基质，并且会很快混入土壤中，不过这样的确能改善土壤结构。

非有机护根

由可生物降解的园艺纸或透水园艺织物（土工布）制造的非有机护根很常见，而且铺设和固定都很容易。很容易透过它们种植，它们

能够很好地抑制杂草，同时又能让水渗透土壤进入根系。

薄膜护根的缺点之一是，一旦铺设就位，有机物质就不能再添加到土壤中。不过由于可以形成这样一道屏障，它们常常用在一层松散护根下方以延长其使用寿命。

使用不透水塑料布制造的护根特别适合在早播作物播种前临时铺在地面上用于升高土壤温度，或者再使用一段时间抑制杂草。不过，一旦铺设就位，几乎没有水分能从土壤表面蒸发出去，所以不要将它们使用在涝渍土壤上。

"漂浮"护根是轻质穿孔塑料或纤维织物，使用方式像钟形罩——随着作物的生长，漂浮护根会被植物抬起。它们的主要用途是升高温度；还可以作为一道屏障抵御害虫侵袭。

松散护根

施加护根
松散护根可以调控土壤温度、保持湿度并抑制杂草。它最好为10~15厘米深。

护根区域
对于小型至中型植物，将护根铺设至树冠下覆盖的全部区域。

固定塑料布

塑料布护根可以有效控制大块区域的杂草，并稍稍升高土壤温度。使用铁锹将塑料布的边缘塞入土壤中的5厘米深裂缝中。

土工布能够控制大块区域的杂草，并能数年维持良好状态。用大头钉固定织物，然后用土壤或护根覆盖边缘。

堆肥（基质）和腐叶土

"Compost"有两个完全不同的含义：花园堆肥是腐败有机质，并且是一种土壤添加剂；盆栽繁殖基质则是用有机材料（主要地）按照精确比例配制的混合物，用于种植盆栽植物（见322～323页，"盆栽基质"）和繁殖（见630页，"萌发的需求"）。

花园堆肥

花园堆肥对花园生产力的贡献是巨大的。除了直接供应养分，其中含有的大量腐殖质还可以增加土壤的保肥性，并有助于土壤的排水和透气性。它还有助于维持健康的土壤有益微生物种群。它应该在有机质降解速度达到稳定状态时添加到土壤中。它应该是深色、松散的，闻起来有泥土的甜香气。

制造花园堆肥

在制造堆肥堆时，将富含氮的材料（如草屑）和富含碳的材料（如树皮或揉成团的报纸）按照1:2的比例混合在一起。几乎任何植物材料，包括海藻都可以堆肥，但不要使用蛋白质和煮过的植物，否则会招来寄生虫。

使用除草剂后割草得到的前几次草屑不能使用，也不要添加太厚的草屑层，因为它们会阻止空气流动。不要使用除草剂处理过的植被，因为其中的化学物质会有残留。使用受污染堆肥作为护根对植物也

会造成伤害。如果堆肥中含有猫或狗的粪便，也会造成健康风险，特别是对儿童，因为其中可能有弓蛔虫（Toxocara）的卵。

修剪得到的枝叶可以添加到肥堆中，不过应该首先将木质茎干挑出。避免使用任何感染病虫害的材料，因为它们可以在肥堆中存活，藏匿在完成的堆肥中传播到整个花园。只使用年幼杂草，那些已经结出种子或马上结种子的杂草都应该丢进垃圾箱，所有顽固的宿根杂草也一样。特别重要的是要避免使用那些根系匍匐的植物，如匍匐披碱草（Elymus repens）和宽叶羊角芹（Aegopodium podagraria）。

堆肥添加剂

许多材料都可以令人满意地堆肥，但添加氮源可以有效地加速这一过程。氮可以以人工化肥或粪肥的形式添加，前者的氮素含量高，后者含有大量有益的微生物。按照需要将其添加到堆肥堆中，使有机材料和粪肥分层依次堆放。

如果肥堆中的材料酸性太强，则微生物无法有效地工作——添加石灰可以增强碱性。

堆肥过程

有机物质在堆肥中降解的过程依赖许多有益需氧细菌和真菌的活动。这些微生物的繁殖和有效工作需要空气、氮、湿度和温度。

为确保充分的空气流动，首先用厚而开阔的小枝材料制造出肥堆的基部。为维持良好的透气性，堆肥材料千万不能压得过紧或过于潮湿。在堆积肥堆时将细质感和粗质感的材料混合在一起，如果有必要的话则将细材料码放至一侧，直到有机会将它和粗材料混合。经常翻动肥堆，以避免过度压紧并加速堆肥过程。

双堆肥箱系统
在第一个箱子（左）中装入交替堆积的有机材料。当它装满后，将内容物转移到第二个箱子（右）中继续腐烂，然后再次装填第一个箱子。两个箱子在任何时候都要完好覆盖。

制造堆肥箱

1 在制作第一个侧壁时，将两根木条（作为立柱）以至少1米的间距平行放置在地面上。用钉子钉入木板，两侧接缝对齐。顶端和底端各留出8厘米的空隙。

2 制作第二个侧壁；在顶端钉上木材边料，临时性地将侧壁固定就位。钉入背板。

3 在前板立柱的内侧钉入两根板条（见插图）以提供滑槽。在底部固定一块木料作为"塞子"。

4 在前板顶端和底端各钉一块木板，用于移除前板时稳定堆肥箱。

5 检查并确定前板可以在板条之间轻松地滑动。如果必要的话，将末端锯掉少许。

使用堆肥箱
底部放置一层厚厚的小枝材料，以15厘米分层堆积肥堆，每一层撒少量粪肥。

粪肥

花园和厨房垃圾

不能用于堆肥的材料

在肥堆中使用厨余和花园垃圾可以提供优良的腐殖质来源，其有助于改良土壤结构，并可以为花境和花坛护根。

不过，应该注意不要将某些不能分解和腐败的垃圾材料加入里面，如锡罐、玻璃、塑料、合成纤维以及煤灰（可以加入木灰，因为它是很好的钾素来源）。

由于家用堆肥箱很少可以提供足够杀死害虫、病害和杂草种子的高温，最好使用篝火加温、深埋或通过市政绿色垃圾服务进行大规模堆肥（温度高）。

不应该添加到堆肥堆的有机材料包括：

- 乳制品、油、脂肪、鱼类和肉类垃圾，它们会吸引老鼠。
- 用过的猫砂、狗的粪便或丢弃的尿布，因为它们有健康隐患。
- 层压硬纸盒，如牛奶和果汁纸盒，其中可能含有塑料。
- 纸张有光泽的杂志，或者非常厚重的纸张（如电话簿），它们的降解速度非常慢。

不过，少量硬纸板和成团报纸适合加入堆肥堆中，特别是与快速腐烂的植物材料一起混合。

在堆肥过程中，肥堆应该保持湿润，但不能过于潮湿，所以在干燥天气应该进行必要的浇水。用麻袋布、塑料布或毯子覆盖。

细菌降解的过程本身会产生较高的温度，这会加速有机质的自然分解并有助于杀死杂草的种子以及某些病虫害。为有效地积累热量，堆肥箱的体积至少应为1立方米，不过最好可以达到2立方米。堆肥在两三周内达到最高温度，在大约3~12周内腐熟。

有氨气的味道说明堆肥含有太多氮；添加更多富含碳的材料，如硬纸板或厨房卷纸芯。臭鸡蛋味说明肥堆缺少空气，翻动肥堆并加入粗糙的大块材料。

缓慢的堆肥

堆肥过程可以以一种非故意的方式发生。例如，堆放的修剪枝叶会最终腐烂，即使它们没有放入肥堆箱中。不需要增添材料，也不需要翻动。不过有些材料不会完全分解——它还需要再次堆肥。

市政堆肥

许多当地政府部门运营社区回收中心，使用"绿色"垃圾制造花园堆肥。这些垃圾的来源是市政公园和花园，以及垃圾管理中收集的生活分类垃圾。这些产品常常提供或出售给家庭园艺师，是良好的护根材料。

蚯蚓堆肥

使用蚯蚓分解的堆肥非常肥沃，它是蚯蚓在其中消化并分解物质然后排出蚯蚓粪形成的。到目前为止，最有效的是红纹蚯蚓和虎纹蚯蚓。蚯蚓非常适合分解厨余垃圾，其可以以套装的形式购买，用在自制的蚯蚓堆肥箱中。

为得到良好的开始，将蚯蚓放入潮湿秸秆或报纸上的一层5厘米厚花园堆肥或粪肥中。堆积厨余垃圾（最厚达15厘米）让蚯蚓分解大部分垃圾，然后再加入更多。

蚯蚓只能在15℃之上的温度有效活动，所以在冬天应该将蚯蚓堆肥箱放置在保护设施中。不要让堆肥箱中积累过多液体。当堆肥箱装满之后，用筛子将蚯蚓从堆肥中筛出，用于下一次堆肥。

腐叶土

虽然叶片也可以添加至肥堆中，但它们最好单独堆肥，因为它们的分解速度很慢。它们更多地依赖微型真菌而不是细菌，所需要的空气较少，温度较低。在秋天将叶片堆积在金属网笼或堆肥箱中，每次都向下踩实。除了在干燥天气中浇水，在降解过程中基本不需要照料。两个箱子会很有用，因为叶片需要很长时间才能降解。或者也可以使用黑色塑料袋：向下按实叶片，浇少量水以帮助降解过程，然后等待其降解即可。

蚯蚓堆肥箱

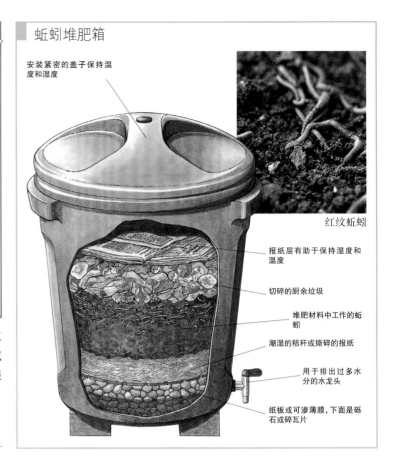

安装紧密的盖子保持温度和湿度

红纹蚯蚓

报纸层有助于保持湿度和温度

切碎的厨余垃圾

堆肥材料中工作的蚯蚓

潮湿的秸秆或撕碎的报纸

用于排出过多水分的水龙头

纸板或可渗薄膜，下面是砾石或碎瓦片

使用堆肥箱

腐叶土是优良的土壤调节剂和护根材料。它可以用作盆栽植物的基质添加剂。在完全降解（可能需要花费一年或更长时间）之前，不应将其从堆肥箱中取出。当其中一个堆肥箱正在腐熟时，使用另外一个。

繁殖方法

只要了解基本的原理，繁殖植物并不困难，而且还是增加植物数量最好最便宜的方法。此外，其为园艺师们提供了许多交换植物的机会，从而增加了栽培类型的多样性。从生长过于茂盛的宿根植物的简单分株到更加复杂的方法，繁殖技术有很多，比如通过杂交创造具有新特征（如新花色）的植物杂种。对于许多人来说，从一粒种子长成一棵健康植株或者从一根插条长成一棵新的乔木或灌木，这样的过程叫人着迷。只要掌握了本章节列出的方法，任何园艺师都可以成功地繁殖植物。

种子

种子是开花植物在自然界最常见的繁殖方式。它一般是一种有性繁殖方法，因此常常会产生各种基因组合，所以得到的幼苗是不同的。这样的变异提供了植物适应环境的基础，而且可以对品种进行育种和选择，得到特定目标性状的新组合。种子也许在某种程度上可以真实遗传，但常常在物种内的亲本和子代之间产生很大差异。在园艺栽培中，如果想要培育的植物保持特定的性状，变异会成为劣势，但如果找到了新的改良性状，它又会成为优势。

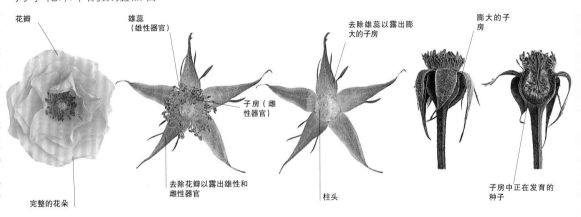

月季花朵中的繁殖器官

花瓣

雄蕊
（雄性器官）

去除雄蕊以露出膨大的子房

膨大的子房

子房（雌性器官）

完整的花朵

去除花瓣以露出雄性和雌性器官

柱头

子房中正在发育的种子

花朵中用于繁殖的部分是雄蕊（产生花粉的雄性器官）和雌蕊（雌性器官，由1或多个柱头、花柱和子房组成）。花瓣可以吸引授粉昆虫。

种子是如何形成的

大部分植物都是雌雄同体植物——就是说，每朵花都有雄性生殖器官和雌性生殖器官。随着花朵的成熟，花粉会在昆虫、鸟类、水或风的帮助下，转移到相同植株（自交）或同一物种不同植株（杂交）的柱头上。然后花粉粒萌发花粉管，花粉管沿着花柱朝子房中的胚珠伸展，于是雄配子和雌配子融合受精。受精卵发育成胚胎，胚胎由种子中储藏养分的组织供给营养，从而有了发育成新植株的能力。

收集和储藏种子

一般而言，种子应该在成熟后立即采收，然后储藏在凉爽、干燥、黑暗、通风处（如家用冰箱），直到准备使用。不过某些种子有特殊的需求。某些种子的寿命很短暂，应该尽可能快地播种。而有些种子可以在低温条件下储藏很长时间而不会失去活力。对于肉质果实，应该在水中浸泡并软化，将种子从果肉中取出，然后在10～20℃的条件下晾干。不过，在播种它们之前，大部分核果（如樱桃）的种子以及某些浆果类灌木（如小檗属和枸子属植物）的种子需要层积（见630页）。

当一个蒴果的果皮开裂时，将它与其他接近成熟的蒴果一同采收。在干净的纸袋中将它们晾干，然后再将种子取出。在成熟时，风媒种子会开始散开传播，所以要用细纱布或纸袋包裹结实枝条；或者剪下一两枝结实枝条，将它们放在室内并插入水中成熟。

如何克服休眠

某些植物种子具有可以帮助控制萌发时间的内在机制，例如，许多种子在秋末不会萌发，这时的环境条件不适合幼苗的生长，它们会保持休眠，直到温度和其他因素变得更加适宜。这种休眠是通过各种不同的方式实现的，包括种子中化学抑制剂的存在、种子萌发前必须使坚硬种皮腐烂或破口，有些种子还必须经历交替冷暖刺激才能萌发。园艺上已经发展出了几种克服自然休眠的方法，让种子可以更快地萌发，增加成功概率。

划破种皮

目的是刻伤坚硬的种皮，让水分得以进入，从而加速种子萌发。对于较大的坚硬种皮种子，如豆科植物的种子，可以使用小刀刻伤。对于更小的种子，可以将它们装入衬垫砂纸或装有尖砾的瓶子中摇晃。

划破种皮

在种植前，使用干净锋利的小刀刻伤黄牡丹（*Paeonia delavayi var. delavayi f. lutea*）等种子的坚硬种皮，让种子可以吸收水分。

温暖层积

这种方法用于许多木本植物的坚硬种皮种子（见79页，"需要层积的乔木种子"）。将种子放入装有湿润（但不要太潮湿）标准播种基质的塑料袋中，然后在20～30℃的温度下储藏4～12周。通常在播种前还要经过一段低温层积处理。又见114页，"打破种子休眠"。

低温层积

将种子浸泡24小时，然后将它们放入装有湿润（但不潮湿）蛭石的塑料袋中，或者将它们放到培养皿中的湿润滤纸上。将种子在1～5℃的低温中保存4～12周。如果已经开始萌发，立即播种。

对于大型种子，将它们与湿沙一起按照1:3的比例放入花盆中。用金属网覆盖，然后放入冷床中一或两个冬天直到萌发；然后立即播种。

萌发的需求

种子的萌发需要水、空气、温度，某些物种还需要光线。应该播种在质地较细的基质中，可以通过毛细作用将水提升至基质表面的种子。为辅助毛细作用，基质应该轻轻压实。如果不进行这样的压实，会出现气穴，那么对于毛细作用非常重要的通路就会断开。然而，基质不能压得太紧或者过于潮湿，以免破坏透气性；种子在不透气的基质中肯定无法成功萌发生长，因为它们不能得到至关重要的氧气。对于大部分种子来说，成功萌发所需的温度为15～25℃，加温增殖箱对于维持稳定的温度非常有用（见637页，"加温增殖箱"）。对于某些大型种子如朱顶红（*Hippeastrum*）的种子，将它们漂浮在水面上比播种在土壤表面更容易萌发（见246页，"热带球根植物"）。

物种之间其种子萌发对光照的需求不同：有一些种子需要光照（如庭芥属、秋海棠属、蒲包花属和小金雀属植物），而另一些光照会抑制其萌发（如葱属、翠雀属、黑种草属和福禄考属植物）。通过物理观察无法判断种子对光照的需求条件：如果不知道种子对黑暗或光照的需求状况，先将种子在黑暗中播种，如果种子在数周内还不萌发，将其转移到光照下。

播种和后期养护

在容器或露地播种后，不要让基质干掉或涝渍。对于秋季播种在容器中的种子，使用5毫米厚的一层粗砂或细砾覆盖；对于春播种子，用一层1厘米厚的蛭石替换砂砾：细颗粒蛭石用于小型至中型种子，大型种子则使用中颗

幼苗的生长

健康幼苗
在温室中茂盛生长的健壮匀称旱金莲（*Tropaeolum*）幼苗，已经可以移栽了。

粒蛭石。将容器放入合适环境中（见636页，"繁殖环境"）。萌发的第一个迹象是胚根或称初生根的出现，然后是子叶的萌发，它们提供了最初的营养储备。真叶后来才会出现，而且形状一般和子叶不同。

但幼苗长大到可以手持操作时，应该进行移栽（见217页，"疏苗移植"）。如果未能移栽，会导致幼苗生长势减弱，因为拥挤的幼苗会互相竞争光线和养分，且容易感染真菌疾病。移栽后，将幼苗转移到温暖的萌发环境以

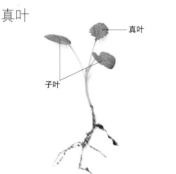

随着子叶枯萎，真叶逐渐担负起光合作用的任务。

不健康的幼苗
如果不能及早移栽，幼苗会变得苍白、拥挤并黄化——甚至可能死亡。

恢复成型，然后通过将容器放置到较凉爽的地方来逐渐炼苗（见638页，"炼苗"）。最初关闭然后逐渐打开的冷床非常适合用于炼苗。

生产杂种

在杂交植物时，防止自交是很重要的。在受控的杂交授粉中，应该将母本植物花朵的花瓣、花萼和雄蕊摘除，然后用塑料袋或纸袋将处理过的花套住以隔绝昆虫，直到母本花朵的柱头变得黏稠。然后将已经从父本雄蕊上收集的花粉转移到母本的柱头上进行受精。杂交种子会在子房中发育，并且应该按照需求在成熟时收集（又见168页，"杂交"）。

F1和F2杂种

对于追求一致性和接近完美的园艺师，可以选择F1和F2代杂种种子。这些类型的种子在某些植物中才有，大部分是一年生植物。这样的种子需要复杂的植物育种技术，因此更加昂贵。

由属于同一物种的两个精心维持的自交系杂交得到的第一代杂种就是F1代杂种。F1代杂种通常比它们的亲本苗壮，并且在花朵性状如花色和花型上有很强的一致性，这种一致性很少在开放授粉的种子中出现。有时候可以使用四个自交系，进行两次受控的杂交，得到"第二代杂种"，即F2代杂种——它们能保持F1代亲本的活力和一致性，还有其他在F1代不明显的优良性状。

刻伤后的浸泡

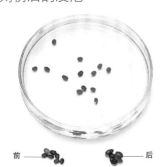

前　　　　后

划破种皮后，将羽扇豆等植物的种子浸泡在水中24小时，让它们稍微膨胀，然后播种。

种子如何萌发

在子叶留土型种子萌发时（右），子叶会留在土壤表面之下，而在子叶出土型种子的萌发中（最右），子叶会出现在地面之上。

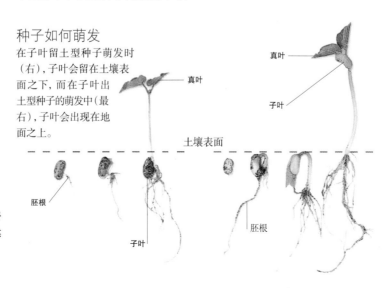

真叶

子叶

真叶

子叶

土壤表面

胚根

子叶

胚根

压条

压条是一种自然的繁殖方式：通过用土壤覆盖连在母株上的茎来诱导根系产生。然后将生根茎段从母株分离并继续生长。

进行压条的茎段常常被进行切割、环剥或扭曲。这会阻止植物激素和碳水化合物的流动，从而让它们在茎段中积累而促进根系萌发。损伤之后的植物组织缺水，这也有利于根系形成。另一个重要刺激是隔绝茎段的光线照射：缺少光线的细胞壁会变薄，根系更容易产生。为进一步刺激根系产生，在压条处使用生根激素。

压条方法

压条方法可以分为三类：一类是枝条被向下压至土壤中（简易压条、波状压条、自然压条和茎尖压条）；一类是将土壤堆积在枝条上（培土压条、开沟压条和法式压条）；还有一种则是将"土壤"带到枝条上（空中压条）。这里的"土壤"可以指任何生长基质，如草炭替代物、沙子、锯末或泥炭藓。

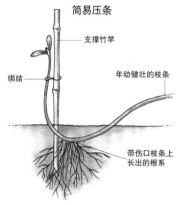

简易压条

最好在秋季和春季进行。母株必须年幼，并且在上一生长季进行修剪以得到健壮柔韧的枝条，这些枝条可以向下压至地面，并且容易生根。在枝条下端作一倾斜切口，并将切伤处固定在土壤上。枝条尖端绑扎在土壤中竖立的竹竿上。如果被压枝条在第二年秋天发育出良好的根系，就可以将它从母株上切下（又见115页，"简易压条"，以及144页，"简易压条"）。

波状压条

这种方法是简易压条的改进版，用于枝条柔软的植物如铁线莲。在长而幼嫩的枝条上覆盖土壤，将芽暴露在外产生气生根（见145页，"用波状压条法繁殖"）。

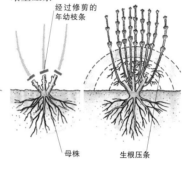

自然压条

某些植物如草莓会自然生长出走茎。这些走茎会在茎节处生根，形成新植株。新植株一旦完全成型，就可以将其从母株上分离并让其继续生长（又见470页，"繁殖"）。

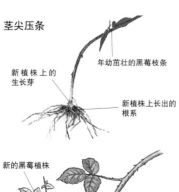

茎尖压条

这种方法用于从枝条尖端生根的灌木和攀援植物，例如黑莓。在夏天，将幼嫩健壮的枝条尖端埋入7～10厘米深的洞中。数周后，从枝条尖端会长出新的枝条，然后就

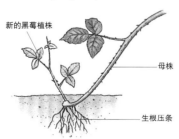

可以将新植株从母株上分离。将生根压条留在原地继续生长，如果需要的话，在第二年春天移栽（又见471页，"茎尖插条"）。

培土压条

业余园艺师用于少数木本植物，培土法对砧木的商业生产非常重要。在冬末或早春将母株的枝条剪短至距地面8厘米。新枝条一旦长到15～20厘米高，将土壤堆积在它们的基部，然后再堆土两次直到夏天。对于容易生根的植物如百里香和鼠尾草，不要在培土之前剪短茎秆。枝条会在秋天长出根系，将它们从母株上分离下来并移栽（又见414页）。

开沟压条

开沟压条法主要用于果树砧木，一般用于那些不容易生根的种类。母株以一定角度倾斜种植，以便将枝条钉入沟中并覆盖土壤。生根压条可以从母株上分离并形成新植株。

法式压条

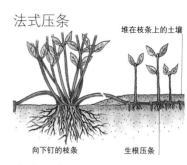

法国式压条又称连续压条，是改进的培土压条法。在冬末，将年幼枝条从母株钉到地面上。在所有新长出的部分上覆盖土壤至15厘米深。新枝条应该会在秋天前生根，落叶后可以将其分离并让其继续生长（又见116页，"法式压条"）。

空中压条

空中压条可以使用在乔木、灌木、攀援植物和室内观赏植物如杜鹃类、玉兰类和印度橡胶树等植物上。在春天或夏天，选择一或两年龄的强壮健康枝条。剪去茎尖向后30厘米内的侧枝和叶片。在枝条上做一条狭窄的伤口，并在上面施加激素生根粉。在伤口中塞入潮湿的泥炭藓（选择），保持伤口的开放。然后在受伤区域覆盖更多基质，用黑色塑料密封，直到根系长出（见116页，"空中压条法繁殖灌木"，以及383页，"空中压条"）。可能需要两年之久才会生根。

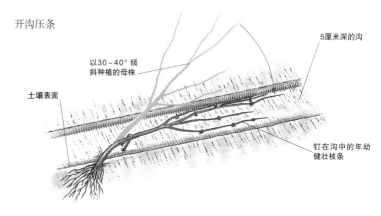

扦插

扦插繁殖是最常用的营养繁殖手段。插条主要有三种类型：茎插条、叶插条和根插条。茎插条直接从茎上或者从茎基部形成的薄壁愈伤组织上生根。这些根被称作不定根，意味着它们是后天人为产生的。某些较大的叶片也可以作为扦插材料，其可以从叶脉附近生根。健壮的年幼根也可以用来扦插——使用根插条繁殖是一种简便经济的方法，然而常常被大多数园艺师忽视。适宜物种会在根插条上同时长出不定芽和不定根。

根系如何形成

不定根一般从形成层的年幼细胞发育而来，形成层是一层参与茎增粗的细胞。它们一般位于运输食物和水的组织附近，容易在发育时得到滋养。

植物天然激素有助于不定根的生长，它通常会在插条基部积累。可以用人工合成激素来补充天然植物激素，这些人工激素既有粉剂也有溶液形式的。当施加在插条基部时，它们可以促进生根，除了那些非常容易生根的植物外，人工激素可用于其他所有植物种类。不过，激素的用量应该很小，因为过多使用会导致幼嫩组织受损。

可以购买到不同的生根激素种类，用于嫩枝插条的其活性成分浓度较低，而用于硬枝插条的浓度较高。某些种类还含有杀菌剂，有助

愈伤垫

某些植物（这里是墨西哥橘）会在从母株上分离下来的枝条基部形成一层保护性的垫状愈伤组织。

嫩枝插条

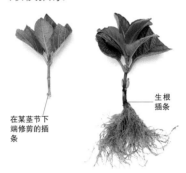

在某茎节下端修剪的插条

生根插条

嫩枝插条的柔软绿色茎干（这里是大叶绣球）通常会随着成熟并长出根系而变成棕色。

于防止病菌从插条伤口进入发生感染。

茎插条

茎插条常常根据组织的成熟程度分为嫩枝插条、绿枝插条、半硬枝插条和硬枝插条（或称熟枝插条）。这样的区分很有用，虽然并不精确，因为组织在整个生长季是连续发育的。

嫩枝插条

在春天采收，一般使用母株枝条的尖端（茎尖插条），不过草本植物也可以使用年幼的基部枝条（基部插条）（见200页，"基生茎插穗"）。由于年幼材料最容易生根，因此对于难以繁殖的物种，使用嫩枝插条扦插的成功概率最大。尽可能保持柔软的尖端，因为这里是产生生根激素的地方。嫩枝插条需要适宜的生长环境，因为它们损失水分的速度很快，很容易萎蔫（见636页，"繁殖环境"）。

绿枝插条

在初夏至仲夏生长开始变慢时采收，采自稍稍更成熟的枝条。它们的生根容易程度稍逊，但比嫩枝插条更容易存活，不过仍然需要给它们提供适宜的生长条件。

半硬枝插条

半硬枝插条在夏末采收，它们

不容易萎蔫，因为茎组织更结实而且已经木质化（见111页，"半硬枝插条"）。对于某些拥有大型叶片的物种（如榕属植物和山茶），可以只在某叶节上端和下端采取一小段半硬枝茎段，保留一片叶子，更经济地进行繁殖（见112页，"叶芽插条"）。

硬枝插条

完全成熟的硬枝（或称熟枝）插条是在秋季至春季生长期末尾时采取的，这时的组织已经充分成熟。它们最容易保持健康的状态，但生根速度通常很慢。硬枝插条可以分成两类：无叶的落叶类插条和阔叶常绿类插条。对于许多叶片有光泽的常绿植物（如冬青和杜鹃），它们的幼嫩插条很容易枯萎，因为叶面表面的保护性蜡质发育得很慢；因此最好用半硬枝插条或硬枝

半硬质插条

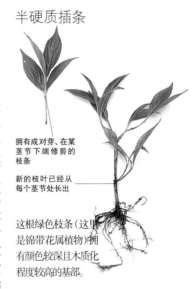

拥有成对芽、在某茎节下端修剪的枝条

新的枝叶已经从每个茎节处长出

这根绿色枝条（这里是锦带花属植物）拥有颜色较深且木质化程度较高的基部。

叶芽插条

健康的绿色叶片

将会长出新枝条的叶芽

一小段半硬枝茎段（这里是山茶）能够为叶芽插条提供足够的食物储备，因为它可以自己制造养料。

硬枝插条

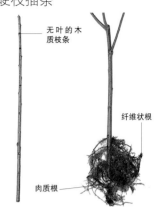

无叶的木质枝条

纤维状根

肉质根

嫩枝插条的柔软绿色茎干（这里是大叶绣球）通常会随着成熟并长出根系而变成棕色。

插条来繁殖它们（又见76页，"硬枝插条"；143页，"用硬枝插条繁殖"；以及165页，"硬枝插条"）。

何时采取茎插条

对于某特定物种并没有何时采取插穗的硬性规则，所以如果春天采取的插穗未能生根，可在该生长季继续采取插穗，并根据枝条的成熟程度进行相应的处理。

生根有困难的植物最好较早繁殖，让新植株在冬季来临之前充分成熟。由于生根激素的作用会被开花激素抵消，所以尽可能使用没有花芽的枝条；如果不得不使用带花芽的枝条，可将花芽去掉。

茎节插条

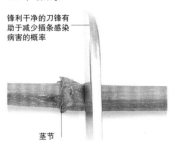

锋利干净的刀锋有助于减少插条感染病害的概率

茎节

大多数插条（这里是圆锥绣球）在茎节处生根情况最好，所以应该剪至某茎节下端。

节间插条

节间插条（这里是绣球藤）能够经济地得到最多的繁殖材料。

准备茎插条

茎插条一般修剪至某茎节下端，此处的形成层（使枝条增粗的细胞层）最活跃。许多容易生根的插条（如柳属植物的），在茎节处有已经形成的根，当枝条从母株上分离下来后，这些根就会开始发育。对于这些插条以及叶片在茎段上生长浓密的插条，可以在茎节中间修剪（节间插条）。

插条长度取决于物种，但一般为5~12厘米，或拥有五六个节。将位置较低的叶片去除，得到一段便于扦插的光滑茎干。为帮助插条生根，对半硬枝插条和硬枝插条常常进行"割伤"处理，在从插条基部2.5厘米的部位去除一小片树皮。这会暴露更多形成层，刺激根系形成。某些插条特别是半硬枝插条在采取时，可以将侧枝从主枝上拽下来，得到基部连接一段树皮的带茬插条（见112页，"带茬插条"）。"茬"能够为插条提供额外的保护直到生根，虽然这种现象尚未有科学的解释。

除了包含上一生长季积累养料的无叶片硬枝插条外，所有插条都

准备插条

未准备的插条

准备扦插的插条

为减少水分损失对叶子较多的插条（这里是某种杜鹃）造成的水分胁迫，去除部分叶片，将剩下叶片剪短一半。

需要光合作用来提供养分，才能长出根系和新的枝叶。不过，活跃的叶片会通过气孔损失水分，而水分不能很轻松地补充，过多的水分损失会导致扦插失败。为在光合作用和减少水分损失之间达成平衡，只保留四片成熟叶片和所有未成熟的幼嫩叶片。如果留下的叶片较大的话，将每片叶剪短一半，以最大限度地降低水分损失。

叶插条

对于某些植物，全叶（有或无叶柄）或叶段可以作为插条插入或固定在基质上。将全叶放平，叶脉间隔割伤，新的小植株会在大叶脉的伤口处形成。在繁殖大岩桐属（Sinningia）和旋果花属（Streptocarpus）植物时，可以将完全伸展的完好叶片切成段用于繁殖。非洲紫罗兰（Saintpaulia）和豆瓣绿属（Peperomia）植物可以使用带叶柄的全叶繁殖方法（见381页，"用叶片繁殖"）。

根插条

根插条应该在休眠期从年幼苗壮的根上采取，大部分乔木和灌木的根插条应有铅笔粗细，但对于某些草本植物（如福禄考），根插条会更细一些。

插条的长度

这取决于插条的生长发育环境：环境越温暖（生长期内），新枝条就出现得越快，因此就可以使用养分储备较少的较短插条，不过它们的长度不能小于2.5厘米。根插条最好种植在温室中。也可以使用冷床，但插条的生根速度会比较慢。对于可以露地繁殖的臭椿属（Ailanthus）和丁香属（Syringa），应该使用10~15厘米长的插条。

根插条的扦插

以正确的方式扦插根插条很重要，因为新根系总是从末端（距离植物根冠最远的那端）长出的。根系应该水平插入，顶端与土壤表面平齐，不过，草本植物的根插条常常水平扦插（又见201页，"根插穗"）。

生根基质

插条的生根基质需要含有空气（以获得氧气）和水分，但如果基质过于潮湿，插条会发生腐烂。因此，标准扦插基质必须拥有比含壤土盆栽基质更疏松的结构。生根基质必须保持温暖以加快根系的发育：18~25℃很适合来自凉爽气候区的物种，而对于那些来自温暖气候区的物种，32℃则比较适宜。如

根插条

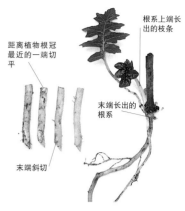

距离植物根冠最近的一端切平

根系上端长出的枝条

末端斜切

末端长出的根系

为区分两端，在采取插条（这里是金蝉脱壳）时，做出不同角度的切口。

保护性的环境

带叶插条在潮湿环境中生长得最好，比如用塑料袋密封的容器中，不要让塑料袋接触叶片。

果必要的话，使用底部加温装置（见637页）。

插条的养护

扦插后，将带有叶片的插条保存在密封盒子、喷雾单元、增殖箱或其他相似的湿润环境中。已经在户外种植到土地或容器中的无叶插条应该得到干净塑料大棚或冷床的保护。

每十天左右，按照需要为生根基质少量浇水，并喷施杀菌剂预防病害；同时打开天窗或揭开插条上方的塑料布，让空气流通5~10分钟。

一旦生根，就可以将插条单独上盆，在保护设施中繁殖的插条应逐渐炼苗（见637页）。

刻伤

树皮

绿色的髓质中心

刻伤茎基部暴露出的形成层

使用非常锋利、干净的小刀在葡萄等植物的半硬枝或硬枝插条基部做一向上倾斜的浅伤口。

大叶片

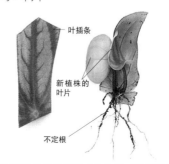

经过修剪的叶插条

在叶脉刻伤处形成的新小植株

某些植物如秋海棠的大型叶片可以切割成小块，每一块的叶脉刻伤处都会形成愈伤组织，然后长出不定根。

小叶片

叶插条

新植株的叶片

不定根

为促进愈伤组织形成和生根，豆瓣绿属植物等较小的叶片可以在边缘修剪。

储藏器官

储藏器官有各种各样的结构，包括鳞茎、球茎、根状茎、块根和块茎以及膨胀芽。大多数具有储藏器官的植物都通过产生吸芽繁殖。将它们挖出并分株以免过于拥挤。吸芽的开花速度比种子培育的植株快，并且和母株完全相同，而种子培育的植株可能产生变异。除了分株之外，主要的繁殖方式是将储藏器官切成段，然后通过刻伤的方法刺激它们长出吸芽。如果放入温暖黑暗的地方，这些碎块或吸芽就会形成完整的植株。

鳞茎

鳞茎的繁殖方法包括切段；吸芽、珠芽或小鳞茎的分株；分离鳞片或分离双层鳞片；以及挖伤法和刻痕法。关于适合每种繁殖方法的植物名单，见244~249页，"繁殖"。

宽厚的肉质内层鳞片叶

从叶腋处长出的新枝

水仙鳞茎上的膜质干燥外层鳞片

被膜鳞茎

新枝条

根

百合鳞茎较窄的肉质鳞片叶

无膜鳞茎

切段

对于可以迅速自然繁殖的被膜鳞茎如雪花莲，可以使用切段的方法加快繁殖速度。取决于鳞茎的大小，这种方法需要将每个鳞茎切成多达20个的片段。立即去除任何腐烂或发霉的材料，这对于防止病害发生非常重要，因为不能使用杀菌剂保护脆弱的片段。片段可以进行培养，或者放入装有蛭石的容器中，然后留在无霜温室中。新鳞茎一般会在12周内形成，但少数种类可能需要将近两年时间。将小鳞茎分离，然后重新上盆或种植。

对于雪花莲等切段鳞茎，当温度不超过25℃时，鳞片叶之间会长出小鳞茎。

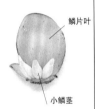

鳞片叶

小鳞茎

挖伤法和刻痕法

某些植物的鳞茎如风信子可以通过对鳞茎挖伤或刻痕的方式来繁殖。这会导致愈伤组织的发育，从而促进小鳞茎形成。在挖伤法中，将成熟鳞茎的基盘从中央挖下一部分，保留一圈位于外侧的基盘。在刻痕法中，在基盘上做出两个彼此垂直的浅伤口。将鳞茎储藏起来，基盘朝上，放入温暖黑暗处，直到小鳞茎形成。然后将它们分离并种植（又见249页，"简单切割"；249页，"挖伤风信子鳞茎"；249页，"延龄草属植物的挖伤和刻痕"）。

较浅地割伤某些鳞茎（这里是风信子）的基盘可以促进小鳞茎的形成。

愈伤组织

伤口内长出的小鳞茎

基盘

分离鳞片

分离鳞片法需要将鳞茎的鳞片摘下，然后诱导其长出小鳞茎。这主要用于贝母（Fritillaria）和百合（Lilium）等鳞片相当松散的鳞茎。将单独的鳞片叶从成熟鳞茎的基盘上拔掉，然后放入装有潮湿蛭石或草炭替代物的塑料袋中；覆盖砂砾，放入温暖黑暗处储藏。大约两个月后，基盘上会出现小鳞茎。将鳞片移入花盆让其继续生长，直到小鳞茎长大到可以分离（又见247页，"分离鳞片"）。

鳞片叶

在鳞片松散鳞茎（这里是百合）的单独鳞片叶的基部会长出小鳞茎。

新的地上部分

生根小鳞茎

分离双层鳞片

水仙以及雪花莲等被膜鳞茎可以分离双层鳞片来繁殖，将鳞茎垂直切成八至十块，并将每一块分割成带一段基盘的成对鳞片。然后按照分离鳞片的方式培养并让其继续生长（又见248页，"分离双层鳞片"）。

对于被膜鳞茎（这里是水仙），使用两个鳞片叶和一段基盘进行繁殖。

肉质鳞片叶

小鳞茎

基盘

珠芽或小鳞茎

珠芽生长在花序或茎上，小鳞茎生长在鳞茎本身以及茎生根上。二者都可以从母株上分离并发育成新的鳞茎（又见239页，"珠芽和小鳞茎"）。

某些百合属（Liulium）植物如卷丹（L. lancifolium）会在地上茎上长出小的像鳞茎似的结构，称为珠芽，而有些物种如麝香百合（L. longiflorum）会在土壤中的鳞茎或茎生根上长出与之相似的小鳞茎。

百合小鳞茎

长出根系的老茎

百合珠芽

吸芽的分株

球茎拥有宽厚的肉质鳞片叶，其发挥着储藏器官的作用。在它们的基部是腋生芽，会膨大形成吸芽。在生长季结束时将鳞茎挖出，分离吸芽并单独种植（见244页，"球根植物的分株"）。

小心地将每个吸芽从鳞茎（这里是水仙）上切下或拔下。

吸芽

母鳞茎

球茎

球茎是短缩紧凑的地下茎，内部结构充实。大多数球茎会在顶端附近长出数个芽，每个芽都会自然形成新的球茎。尺寸微小的小球茎（cormels）会在生长季以吸芽的方式生长在老球茎和新球茎之间（又见244页，"唐菖蒲的小球茎"）。为得到更大的球茎，可以在生长期即将开始之前将它们切成块，每块含有一个生长芽。迅速去除腐烂或发霉材料以防止病害。当新球茎出现时，放入花盆或露地，覆盖少量土壤。

新球茎

老球茎

小球茎

养分储藏组织

增厚的茎基

唐菖蒲球茎

培育小球茎

在休眠期将新球茎和小球茎从老球茎上分离下来并继续种植生长。

小球茎的生长发育

小球茎需要一段时间才能长到开花尺寸。下面展示了它们在第一年的发育过程。

根状茎

它们是一段水平生长的枝条，通常位于地面下，不过有时也会长在土壤表面上。可以将根状茎切成年幼健康的片段进行繁殖，每一段都有一个或更多生长芽，然后将它们单独种植（又见199页，"根状茎植物的分株"；249页，"延龄草属植物的挖伤和刻痕"；以及371页，"分株"）。

块根

块根是茎基部的一部分根，在夏天膨大变成储藏器官，如大丽花的块根。在春天繁殖这类植物，将成簇块根分成健康片段，每一段都包含一根枝条（又见248页，"球根的切块繁殖"）。球根还可以在春天使用萌发新枝进行基部插条繁殖（见251页，"如何通过基部插条繁殖"）。

块茎

某些植物（如马铃薯）的茎会变成块茎，起到储藏的作用。例如，球根秋海棠会在它们的茎基部形成多年生块茎。在春天，迅速移除任何腐烂或发霉的材料以防止病害。每一块都会长出基部枝条，可将其当作基部插条扦插繁殖（见251页，"如何通过基部插条繁殖"），或者让其继续生长形成新的块茎（见382页，"球根秋海棠的繁殖"）。

其他类型的储藏器官

某些植物如颗粒虎耳草（Saxifraga granulata）和某些伽蓝菜属（Kalanchoe）和天门冬属（Asparagus）物种会在分枝处长出圆形鳞茎状芽。这些芽可以按照小鳞茎或小球茎的方式分离下来单独种植（见634页）。

在某些水生植物如水鳖属（Hydrocharis）和狐尾藻属（Myriophyllum）中，这些相对较大的芽状结构被称为"膨胀芽"。成熟时，它们会从母株上脱落，沉入水底，然后成为新的植株。

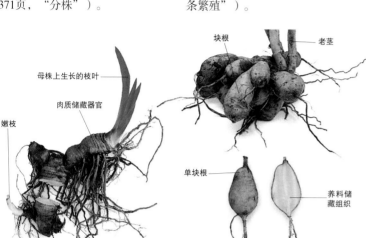

母株上生长的枝叶
肉质储藏器官
嫩枝
用于繁殖的健康年幼切块

鸢尾的根状茎

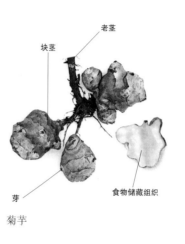

块根
老茎
单块根
养料储藏组织

大丽花

老茎
块茎
芽
食物储藏组织

菊芋

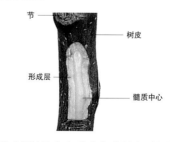

叶
膨胀芽
根

地中海水鳖

嫁接和芽接

对于许多木本植物和一些草本植物，可以将带芽茎段（插穗）嫁接在别的物种或品种砧木上，得到拥有更多目标性状的复合植株。大部分苹果、梨和核果果树都是用这种方法繁殖的。砧木对根系病害的抗性比接穗好，或者更适应某种特定的环境。常常要对砧木加以选择，因为它控制着接穗的生长，决定接穗是长成低矮植株还是非常健壮的植株。有时候会将难以扦插繁殖的接穗品种嫁接在容易生根的砧木上。砧木还会影响果树结果时的年龄以及果树的尺寸——低矮的砧木常常会让果树较早结果。相反地，砧木的生命周期会受接穗品种的影响，从而影响砧木的耐寒性。对土壤酸性的反应也会受到砧木和接穗品种相互作用的影响。

接穗可以只有极短茎干上的一个芽（又称为芽接），也可以是带多个芽的一长段茎。

嫁接时间

室外嫁接一般在冬末至早春进行，这时的形成层非常活跃，温和的天气条件也有利于愈伤组织细胞的生长。随后的炎热天气可能会将薄壁形成层细胞烤干。床接一般在温室或盆栽棚屋中进行，时间是冬季和夏季。

T字形芽接则常常在仲夏至夏末进行，这时接穗的芽已经发育充分，年幼的砧木材料也长到了合适粗细。为确保成功，砧木植物必须生长活跃，让树皮可以从木质部上分离，以便塞入要嫁接的芽。嵌芽接可以在很长的一段时间内进行，因为带芽接穗是放置在砧木一侧，而不是塞入其树皮下。

如何嫁接

由于嫁接切口不可避免地会损伤植物细胞，而嫁接结合部的薄壁细胞非常容易受真菌和细菌的感染，因此使用的刀子必须消毒且锋利，只做一次切割即可。繁殖环境、所用的植物材料以及绑结也必须非常干净。

一旦选择好砧木和接穗材料并根据嫁接类型切割成相应的形状，就可以将两个材料仔细对接，使形成层最大限度地接触。如果嫁接材料的宽度不同，则保证至少一侧的形成层是互相接触的。嫁接过

形成层

节
树皮
形成层
髓质中心

为确保嫁接成功，接穗的形成层必须尽可能紧密地与砧木的形成层贴紧。

程的关键是形成层的活力，它是树皮和形成层之间的一层连续不断的薄壁细胞，其不断产生新的细胞，使茎得以增粗。在嫁接后数天，砧木和接穗之间的区域应该会填满薄壁愈伤组织细胞。然后紧挨年幼愈伤组织的砧木和接穗形成层细胞会和附近的细胞连接起来，于是在两部分之间形成完整的形成层桥接。这个新的形成层会分化形成运输水和养分的组织，从而在功能上将接穗和砧木连接起来。

嫁接时应该使用干净的塑料绑带将接合处密封。没有必要用蜡密封，除非使用热空气诱导愈伤（见637页）。一旦嫁接，盆栽砧木应该保存在适宜的保护性环境中（见636页，"温室"，以及637页，"冷床"）。

经常检查嫁接接合处，嫁接处一旦愈合，立即将绑结解去。在接下来的生长季，将砧木植物剪短至从嫁接接合处长出的新枝条上端。

嵌芽接

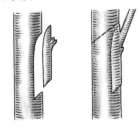

从砧木上削去一段成熟木质，然后用大小相似的接穗芽插条取代它原来的位置（见432页，"使用嵌芽接法繁殖"）。

T字形芽接

使用这种方法时，只将一个接穗芽嫁接在砧木上，首先在砧木上切割出一个"T"字，然后将芽塞到树皮下（见166页）。

切接

在砧木上做一个垂直向下的短切口，穿透形成层，然后做一斜切口直达第一个切口的底部。将切下的木条移除，用切割成合适形状的接穗代替之（见80页，"切接"，以及117页，"切接"）。

嵌接

在砧木一侧做一个稍稍朝内的向下切口。然后在接穗基部做两个斜切口进行准备。将接穗的楔形基部插入砧木的切口中，使形成层对齐。

劈接

在砧木顶端做一个2～3厘米深的垂直切口；将楔形接穗插入该切口中（见118页，"劈接"）。

鞍接

在砧木顶端做两个向上的斜切口形成马鞍形。然后将接穗切成相匹配的形状，使其紧密地贴合在砧木顶端（见117页，"鞍接"）。

镶接

以斜切口将砧木截短至5～8厘米。然后准备接穗以匹配。如果接穗比砧木细，先平切砧木，再斜切以匹配。

平接

砧木顶端和接穗基部都水平切割（见351页，"平接"）。

舌接

先在砧木和接穗上做出匹配的斜切口，然后在斜切面上做出浅舌片，让接穗牢固地与砧木联锁在一起（见433页，"舌接"）。

接穗　形成层桥
砧木　残存的舌片

舌接
砧木和接穗逐渐融合成一株植物。

繁殖环境

植物在繁殖时最容易受到伤害，所以它们所处的环境非常重要。环境的选择取决于选择哪种繁殖方法以及植物材料本身的成熟程度。例如，与无叶插条相比，带叶插条需要更受控制的环境。

温室

温室必须有足够的通风，在生长季还要有适当的遮阴（见573页，"创造合适的环境"）。在春天至初秋，在玻璃外壁粉刷一层遮阴涂料，帮助植物抵御极端天气条件（见576页，"遮阴涂料"）。额外遮阴可以通过钢丝吊索牵引的遮阴布提供。在阴天可以打开窗帘。

保护带叶插条

由于带叶插条最初没有根系，不能轻松吸收水分，补充叶片水分的损失，因此它们在温室中必须得到进一步的保护。

如果已经提供了适当的遮阴，在扦插托盘上放置一张透明塑料布或塑料袋，并将边缘塞到托盘下，这样就能得到令人满意的效果。冷凝在塑料布内壁的水

硬盖增殖箱

当通气口关闭时，水分被保持在增殖箱内。插条得以保持坚挺，更容易快速健康地生根。

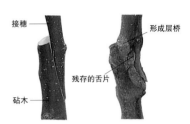

蒸气有助于防止插条脱水。如果塑料接触到嫩枝插条的话，它们可能会染病。在基质中插入劈开的竹竿或金属杆，将塑料布撑起。不过，在这样封闭的系统中有可能积累过高的气温，因此扦插容器应该放置在遮阴处。

硬质塑料增殖箱需要相似的遮阴。先开始保持通风口的封闭以维持空气湿润。一旦生根并且插条准备炼苗，应该将通风口打开。

喷雾单元在夏季是最好的繁殖体系，但在冬天和早春或秋末应该辅以底部加温。在理想情况下，喷雾单元应该在叶片表面维持一层水膜。叶片蒸腾作用仍然会损失一些水分，但喷雾过程产生的水会对其进行补充。由于喷雾是一次次进行的，温室湿度有波动，因此每片叶表面上的水膜不可能全部完好覆盖，会发生一定程度的水分损失。完整的喷雾系统包括供水管、滤器、喷头，以及调控喷雾频率的螺线管和传感器（见580页，"喷雾单元"）。

对于容易萎蔫的嫩枝插条，最好的繁殖系统是在喷嘴上方安置一个低矮透明的塑料帐篷。这可以提高喷雾间歇的空气湿度。在晴朗天气，为这样的封闭喷雾系统提供遮阴非常重要。

为温室遮阴（温带地区）

为防止温室在繁殖时过热，根据天气条件和季节施加一或多层遮阴。开阔且阳光充足位置的温室特别容易产生过热的问题

		春季	夏季	秋季	冬季
阴天	石灰水				
晴天	遮阴网				
	额外遮阴网				
	遮阴涂料				

低温加温的效果

长而强壮的
健康根系

加温生长的插条

少而短的根系

不加温生长的插条

底部加温

温度升高时大部分生化过程都会加快，所以提高基质温度有助于种子的快速萌发和插条的快速生根。在小型温室，加温电缆和加

热垫是最方便使用的（见580页，繁殖设施）。温度由杆状自动调温器或电子调温器控制。如果使用在密闭喷雾系统中，晴朗条件下可能会积累过高的空气温度，在此时必须将加热系统关闭。

热空气嫁接

在热空气嫁接中，将调温器控制的热空气施加到嫁接植株上，以促进愈伤组织的形成，而愈伤组织是成功嫁接的第一个征兆。在直径8厘米的塑料排水管中穿入两次土壤加温电缆，然后在管子上切割出洞——用于裸根砧木的为2.5厘米宽；用于盆栽砧木的为8.5厘米宽。然后将管子放置在地面上。每根接穗和嫁接处都用融化的蜡密封，所以不会发生脱水，然后绑扎并放入塑料管的洞中。任何裸露根系都覆盖土壤以保持凉爽而湿润，然后用密封材料包裹整个管子。如果管子内的温度设定为20～25℃，数周内就会长出愈伤组织。

加温增殖箱

这样的增殖箱可以用来延长

繁殖季节（见580页，"加温增殖箱"）。由于其中含有每平方米超过160瓦的加温设施，必须安装有效的自动调温器，否则在晴朗天气高温会损害插条。

冷床

冷床可以提供较高的空气和土壤温度，同时保持高空气湿度，并为年幼植株提供充足光线。它们可以用来在早春培育幼苗，保护嫁接，繁殖无叶和带叶插条。如果需要的话，还可以安装底部加温设施。

由于如此低矮的结构体积不大，因此它们在阳光充足的条件下

很容易过热，除非进行良好的通风和遮阴（见581页，"冷床"）。相反地，当气温降低到-5℃之下时，应该使用厚麻布、椰壳纤维垫、聚苯乙烯瓦或泡沫塑料密封冷床。

钟形罩和塑料大棚

玻璃和透明塑料制造的钟形罩和大棚是蔬菜园中最常用于让幼苗提前生长的设施。许多容易生根的插条也能在这样的环境中很好地生长（见582页，"钟形罩"）。在晴朗天气需要额外遮阴。

使用喷雾箱

可以使用喷雾箱来维持嫩枝插条需要的高湿度。将塑料布安装在自制框架中，然后在其中放入一个凉雾加湿器。不要一直运行加湿器，否则湿度水平会变得过高。

凉雾加湿器

繁殖植株的种植

为有效地繁殖植物，园艺师不但需要适当地准备繁殖材料，还需要在合适的环境中养护并继续种植新得到的植株，直到它们发育到足以在花园中茂盛生长。在繁殖的关键阶段，缺乏实践经验或粗心大意都会杀死已经完好生根的植株。

植株的养护

由于大多数繁殖方法都需要切割被繁殖植物的各个不同部位，因此植物的组织暴露在可能的感染之下，所以维持繁殖区域的卫生条件很重要。工具和工作台应该定期全面清洁（如果必要的话使用温和的消毒剂），并将死亡和受损的植物材料移除。盆栽基质必须总是保持新鲜和消

紧实基质

确保种子在均匀压实的平整基质中萌发，毛细作用和幼苗的生长不受基质中气穴的阻碍。

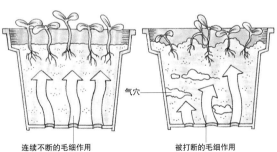

连续不断的毛细作用

被打断的毛细作用

气穴

毒。还可以使用含铜杀菌剂或生物防治的方法保护幼苗和带叶插条（如克菌丹），使用时要遵循生产商的说明。

当在花盆或托盘中准备播种基质时，用按压板轻轻压实基质，特别是容器边缘。水分在基质中是通过毛细作用向上吸收

的，如果不压实，基质中出现的气穴会打破毛细管上升产生的水柱。不过不要压实含壤土基质：填充根系的生长基质必须透气性良好，拥有开阔的结构，让植物呈现最好的生长状态。

用于繁殖植株生长的基质应该时刻保持湿润，但不要过于潮

湿。太潮湿的基质会减少可用氧气，根系可能死亡或染病。维持正确的环境也很重要，直到年幼植株可以进行炼苗（见对页，"繁殖环境"）。对幼苗进行移栽以免过于拥挤，因为除非空气可以在植

猝倒病

过于拥挤的幼苗容易发生猝倒病，特别是如果种植在潮湿、通风不畅的条件下，或者容易遭受冻害时。

边缘升高的育苗床

可以用边板围合育苗床。将织物直接铺在排水良好的土壤上。

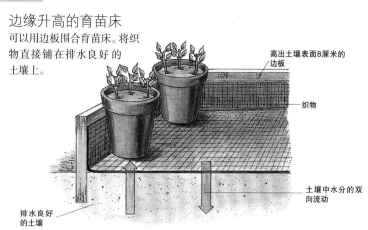

高出土壤表面8厘米的边板

织物

土壤中水分的双向流动

排水良好的土壤

沙床

在这种类型的育苗床中，可以将织物铺在被围合的粗砂床上。

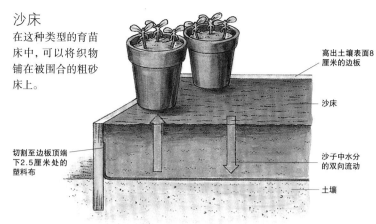

高出土壤表面8厘米的边板

沙床

切割至边板顶端下2.5厘米处的塑料布

沙子中水分的双向流动

土壤

株间自由流动，否则会引起滞闷的条件，诱发猝倒病（658页）。立即去除落叶和死亡植物材料。

大多数盆栽基质都是酸性的，就是说pH值小于7，理想的有机基质pH值是5～5.5。简易的测试套装可以测量pH值。碱性强的土壤或基质会减少植物可以利用的磷、铁、锰和硼，而土壤酸性太强意味着钙和镁可能供应不足。在为植物施肥时，严格按照生产商提供的说明施加专利生产的液态肥料。

炼苗

在对繁殖植株进行炼苗的过程中，年幼植株会逐渐适应外界空气温度，这一过程不能操之过急，因为覆盖在叶片上的天然蜡质需要在一段时日内经历外形和厚度上的变化，以减少水分损失。叶片上的气孔也需要慢慢适应室外环境。

首先，关闭增殖箱或喷雾单元的热源。然后逐渐增加白天打开盖子的时间。最终，盖子可以在白天和夜晚都打开。如果植株在温室中的保护性环境中培育，并最终需要移栽户外，那么应该先将它转移到冷床中。冷床也应该先关闭，然后逐渐打开。或者将它放在墙壁、栅栏或树篱的遮蔽下，并用园艺织物覆盖，先在白天然后在夜晚将覆盖物逐渐打开。炼苗过程可能要花两三周。

室外育苗床

一旦完成炼苗，容器中的大量新植株和幼苗就可以转移到室外育苗床中。最简单的形式就是一片清理且平整过的土地，上面覆盖着透水织物、黑色聚丙烯或抑制杂草的杂草垫，育苗床能提供一片干净的生长环境，有助于防止植物感染土生病害。植物被放置在织物上，通过毛细作用吸收土壤水分。可以在边缘设置木板（如上图）阻挡干燥的风，让灌溉更加有效。织物应该经常消毒以维持清洁的生长环境。

育苗床的大小可以是任意的，但它必须位于排水顺畅的土壤上。如果你的土壤是重黏土，应该将育苗床抬升，首先铺设塑料布，然后在上面添加一层不含石灰的8厘米厚粗砂。整个沙床需要被边板固定包围（见右上图）。边板和塑料布会保持湿度，而由沙子承担的排水会防止涝渍发生。沙子上可以覆盖一层透水织物，以防风将沙子吹走并抵御当地动物的干扰，保持沙子的清洁和卫生。

与普通的育苗床相比，沙床的优点是可以减少浇水量，最大限度地降低盆栽基质脱水的风险。更复杂的沙床中还有排水管道和自动灌溉系统。

微体繁殖

微体繁殖需要使用外植体，即幼嫩植物材料的微小片段。每个外植体都生长在包含有机养分、矿物盐、植物激素以及其他植物生长必需元素的基质中，并保持在受控制的环境中。外植体扩繁形成枝条或完整的小植株，它们可以作为"微型插条"生根培养，如果已经生根，则让它们逐渐适应温室条件。无菌条件至关重要，而将植物材料从培养容器转移到温室也比较困难。微体繁殖用于价值较高的植物，比如快速引入新品种时；其他方法难以繁殖的植物；以及获得无病毒植株。

在无菌条件下，将极细小的组织从植株上取下。这部分组织又称外植体，然后将其分开（见右）并让其在试管条件下生长（最右）。一旦长到足够大，这些胚胎植株就可以进一步分株或继续生长形成小植株。

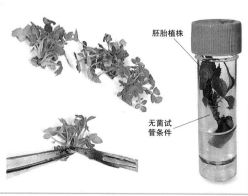

胚胎植株

无菌试管条件

转基因植物

基因修饰（GM）使用基因技术从植物细胞中鉴定并分离基因，并将它们引入其他植物细胞中，这些植物并不一定是同一物种或同一属的。它使得育种过程中可以组合来自完全不同植物的基因，得到全新的植物。转基因技术可带来的成果包括增加植物的花色和香味种类；改善果实味道；增加对干旱和低温的耐受性；并产生药用复合物。转基因技术还可以赋予植物对病虫害的抗性，如增加莴苣、番茄和辣椒对黄瓜花叶病毒的抗性，或增加烟草植物对除草剂的抗性。

通过操纵基因对自然秩序带来的重要改变引起了公众的注意。人们对转基因技术对环境造成的潜在风险提出了质疑。如果通过常规杂交使基因修饰导入的基因进入自然植物群体中，会不会引起不良后果呢？转基因植株是否会形成不想要的性状（如入侵性），从而形成"超级杂草"呢？转基因食品的摄入是否对人体健康有潜在危害呢？伦理方面的问题也开始出现，包括自由选择、商业影响的主导性以及一些基本程序的非可逆性等。

由于转基因技术的机遇和挑战并存，园艺师们应该意识到这些事实。有关转基因技术发展和实施的法规已经在运行，可评估它的好处和潜在风险。

植物生长问题

　　即使是最有经验的园艺师，也会面临植物病害和生长失调、害虫肆虐以及杂草等问题。不过，通过采用良好的栽培技术和花园管理方式，可以将这些问题控制在最低程度。当问题出现时，最重要的是首先正确地诊断它们，然后再决定适合的处理方式进行补救。对于某些问题，除了使用化学药剂外，还可以使用各种有机和生物防治的方法。

害虫、病害和生长失调

　　许多植物生长问题是显而易见的。乔木、灌木或其他植物会枯萎或变色，或者根本不长叶片或开花。害虫可能是植物健康状况不良的原因，如果发生虫害，可以在植株部分或全株上看到。有时根系感染的一些病害会首先在叶片表现出症状。本章提供了如何防治能够导致这些问题出现的害虫、病害和生长失调的方法。

病害
苹果和梨特别容易感染褐腐病（上）。

生长失调
缺钾症常常导致植物叶片出现褐色斑点（左）。

害虫
蚜虫可以很快侵害洋蓟和其他易受伤害的植物（最左）。

什么是害虫？

　　害虫是会对栽培植物造成损害的动物。某些害虫很容易观察到，如蛞蝓、蜗牛和兔子；而大多数害虫是微小的无脊椎动物，如螨类、线虫、木虱和多足类，它们都是不容易被发现的植物害虫。害虫中的最大类群是昆虫。害虫可以损伤或摧毁植株的一部分，有些情况下可以摧毁全株。它们通过各种方式进食——刺吸植物汁液、在叶片中潜行、使植物落叶，或者在茎、根或果实中挖洞。它们常常造成被称为虫瘿的畸形生长。某些害虫通过传播病毒或真菌病害间接危害植株，还有些种类会用蜜露覆盖植物，促进煤污病菌的生长。

什么是病害？

　　植物病害是其他生物体（如细菌、真菌或病毒）引起的病理性现象。真菌病害最常见，细菌病害相对少见。这些生物产生的症状在外观和严重程度上差异很大，但几乎总会影响植物的生长或健康，在严重的情况下甚至会杀死植株。感染速度受诸多因素如天气和生长条件的影响。在某些情况下，致病生物（病原体）会被携带者传播，如蚜虫。病原体有时会表现为变色，如锈病。变色、扭曲或萎蔫是病害感染的典型症状。

什么是生长失调

　　植物生长失调通常是由于缺乏营养，或者是生长或储藏条件不良引起的。不合适的温度范围、不充足或不稳定的水分或养分供应、光照水平过弱或不良的空气环境都会导致生长失调。如果缺乏某些对植物健康生长很重要的矿物质盐，也会产生问题。

　　气候、栽培或土壤条件会影响众多植物。通过叶片和茎变色等症状的出现，问题变得明显起来。缺少水、养料和适宜生长条件的植物不但会显得不健康，而且更容易遭受昆虫的侵袭以及感染真菌、病毒或细菌导致的病害。如果不及时诊断并处理问题，植株可能会死亡。

如何阅读本章

　　本章首先简要介绍了植物的生长问题以及可以用来控制它们的方法。然后是一个植物生长问题的图示，后面紧接着是更加全面的植物生长问题一览，描述了每种植物的生长问题，它的症状、原因和控制方法。在图示中，植物生长问题按照侵害部位进行组织，如叶部问题、花部问题等。你可以使用图示鉴定问题名称，然后在一览表中查找。或者如果你已经做出了诊断，可以直接在一览表中查询。

保护植物抵御问题

一系列防护措施保护着这些草莓。网罩抵御鸟类的侵袭，而一层秸秆有助于保持果实干燥，抑制霉变和腐烂。

综合防治

"综合防治"是限制和管控病虫害问题的公认最好方法。其目标是采取一切措施防止问题的发生，而且要在诉诸化学药剂之前考虑可以采取的所有选择——例如使用消毒盆栽基质和不含杂草的粪肥。采取综合防治的园艺师会将栽培防控和化学防控的最好方面结合起来，并偏向于栽培防控。他们选择有抗性的植物并维持高水平的花园卫生，保证植物的健康，从而更好地抵御病虫害侵袭。使用诱捕器、障碍物和驱虫剂防止害虫接近植物。经常检查植物以提早发现问题，并谨慎地做出精确的诊断。正确地使用化学药剂，并且只在即将发生严重病虫害时才使用。

预防问题

总是购买外观健康的强壮、苗壮植物。不要购买有枯梢或变色枝条、叶片呈现不正常颜色或者萎蔫或扭曲的植物。不要购买有明显病虫害感染迹象的植物。

检查容器培育的乔木和灌木根坨，如果它们过于被容器束缚或者根系发育不良，都不要购买。

确保植物适合在预留位置生长，需要考虑的因素包括土壤的类型、质地和pH值，位置的朝向，以及植物对霜冻的抵抗力。精心种植，确保土地准备充分，根系适当伸展。按照每种植物的特定需求进行浇水、施肥并对合适的部位进行修剪。

花园卫生

保持花园的整洁和良好管理是减少病虫害发生的最重要的方法之一。经常检查植物，尽早鉴定可能出现的新问题，因为和及早鉴定和处理的病虫害相比，完全站稳脚跟的病虫害更难处理。

定期去除并处理植物的染病部分以及某些害虫如菜青虫，这可能会很费精力，但肯定有助于控制问题。感染病虫害植株的残余碎片应该焚烧，否则害虫或病原体会存活下来，越冬，在第二年春天重新感染植株。

如果植株被病虫害严重感染，它可能无法再重新恢复健康，这样的植物应该彻底清除，特别是如果问题可能扩散到附近的健康植物的话。

轮作和连作问题

轮作蔬菜作物（通常以三或四年为周期）有助于防止土生病虫害积累到有害的水平。关于规划轮作系统的更多详细信息，见498页，"轮作"。

虽然轮作计划一般用于蔬菜，但在可行的地方也值得对一年生植物和球根植物进行轮作，因为这会减少根腐病和郁金香疫病等病害的积累。在同一块土地上连续多年种植特定种类的植物可能会导致问题（见156页，"月季的连作问题"）。如果根腐病变得很明显，清理所有植物，并在现场种植其他不易染病并且在植物学上无关的植物。

有抗性的植物

某些植物对病虫害的侵袭有抗性。育种家们已经充分利用这一点，并得到了对某些病虫害抗性更强的品种。对虫害有抗性的栽培植物包括某些软叶莴苣，它们很少受到莴苣根蚜的影响。对病害有抗性的植物包括某些番茄品种，它们能抵抗番茄叶霉病，以及攀援月季'五月金'（'Maigold'），它对白粉病、锈病和黑斑病有抗性。

在某些情况下，抗性可能是完全的，但如果生长条件不良或者其他因素如天气削弱了植物，即使是抗性植物也会感染某种特定疾病。在购买植物前，检查是否有容易买到的抗虫或抗病品种。抗性植物的种类每年都不一样，所以每年检查产品目录以寻找此类信息。

纠正栽培失调和缺乏症

不适宜的生长条件不但会导致整体生长不良，还会产生某些特定的症状，这些症状与某些病虫害的症状非常相似。当问题出现，但显而易见的原因，例如害虫的侵染并没有同时出现时，就需要整体考虑植物的生长环境——例如最近的天气条件或者土壤的健康状况，或者是否植物在某一方面的需求没有得到满足。在最好的情况下，只需采取一些简单的措施就能完全恢复植株的健康——例如施加某种矿质元素或者减少浇水频率。最坏的情况下，你只能接受极端天气带来的植物损害——或者终于明白某些植物就是不适合种植在你所能提供的环境中。

通过改变生长条件，可以最大限度地降低特定病虫害的感染风险。在蔬菜园中施加石灰（见625页）是一个经典的例子，通过增加土壤的碱性，能减少十字花科作物感染根肿病的危险。

防止病害积累

良好的卫生管理可以防止问题积累。经常清除变黄的叶片和落叶。

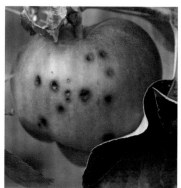

栽培失调的症状

苹果的苦痘病是由缺钙引起的，也可能会由含有充足钙的干旱土壤诱发。

有益生物

大黄蜂　专业授粉

工花园蜘蛛　捕捉无数害虫

草蜻蛉　幼虫捕食蚜虫和其他微小的植物害虫

瓢虫　以多种蚜虫为食

青蛙和蟾蜍　减少蛞蝓和蜗牛的数量

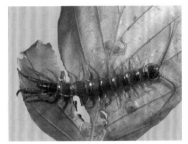
蜈蚣　捕食土生害虫

鸟类　控制昆虫类害虫

鼩鼱　蛞蝓和蜗牛是其食谱中的一部分

栽培防治

有机病虫害防治使用自然方法帮助植物抵抗感染并恢复。这些方法在园艺实践中的历史很长，近些年人们对它们的兴趣日益增加，特别是因为某些有害生物已经对曾经能控制它们的化学药剂产生了免疫力。园艺师们已经越来越清醒地意识到不负责任地使用化学药剂会对环境产生怎样的影响，特别是对那些花园中的有益生物——它们是植物害虫的捕食者或寄生者。

吸引害虫的捕食者

花园中的昆虫和其他生物并不全都是有害的。许多种类不但对植物很有用，而且实际上对植物的生存至关重要，非常有益处。例如，许多种类的水果、蔬菜和花朵都依赖授粉昆虫（如蜜蜂）在花朵之间传递花粉才能完成受精。

在其他情况下，某些天然捕食者物种有助于控制某些特定类型的害虫，因此应该把它们吸引到花园里来。害虫和捕食者之间的自然平衡需要花一些年才能完成，不过一旦建立这样的平衡，该花园会比别的单纯依赖化学药

剂的花园健康得多。

未被扰动的区域会吸引有益的动物，特别是如果种植许多本地物种的话。花坛或花境中放置的平整石块会被画眉用作砧板，在上面将蜗牛的壳砸碎。对于食蚜蝇和瓢虫这样的捕食者，可以引入颜色鲜艳的花朵吸引它们，特别是平展或开心型的花，让它们帮助控制害虫。

蠼螋诱捕器
在花盆中填充干草，并倒扣在易受侵害植物之间的竹竿上。每天检查花盆并将其中的蠼螋除掉。

驱鸟装置
发挥一点想象力就能轻松地制作稻草人，用它抵御鸟类对作物的伤害。

认识有益的花园动物

刺猬、鼩鼱、青蛙以及蟾蜍以许多居住在土地中的植物害虫为食，如蛞蝓和蜗牛。鸟类可能会在花园中造成一定程度的损害，但它们会捕食大量昆虫害虫，好处远远大于害处。某些无脊椎动物如蜈蚣会捕食地生害虫。蜈蚣以及与其相似的多足类（偶尔会引起轻微的损害）可以

比较容易地从每节身体的足数来分辨：蜈蚣每节身体只有一对足，而多足类每节身体有两对足。

蜘蛛也是有用的帮手，它们的网可以捕捉大量昆虫。不过某些昆虫可能是在花园中比较重要的。瓢虫是一种在很多国家都很常见的益虫，它的成虫和幼虫都以蚜虫等害虫为食。草蜻蛉的幼虫也喜欢吃蚜虫，可以通过种植

控制蛞蝓和蜗牛

不愿意使用除蛞蝓农药的园艺师可以使用其他各种控制方法。不要低估逐个摘除害虫的价值，特别是好几个人一起动手时。蛞蝓和蜗牛在夜间最活跃，可以很容易地用手电筒找到它们，特别是在潮湿的夜晚。将害虫收集起来，投入浓盐水中淹死。

生物防治法，使用可以让土生蛞蝓感染致命细菌疾病的线虫。春季至秋季施加在潮湿土壤中。

将挖空的葡萄柚或橙子倒扣在刚好露出土壤表面的石块上。蛞蝓和蜗牛会受香味吸引，移动到果皮下并停留在那里，至少待到上午。将它们投入浓盐水中淹死。

在瓶子中灌入一半啤酒或牛奶，然后将它埋入花园土地中。边缘应该露出土壤表面大约1厘米，防止有益的捕食者（如步甲）跌入。啤酒或牛奶的气味会吸引蛞蝓和蜗牛，它们会掉进去淹死。园艺中心有特制的蛞蝓"诱捕器"。

在特定植物周围使用沙子、砂砾、木屑、煤灰、松针或碎蛋壳等粗糙材料创造宽的物理屏障。这些材料有时可以阻挡蛞蝓和蜗牛穿越过来，除非中间有植被作为桥梁。

使用顶端和底部都剪掉的塑料瓶覆盖或包围容易受害的幼苗和小型植株。将瓶子插入土壤，使它们包围单株植物。

或使用专利生产的多孔矿物产品或铜带作为障碍物，放置在需要保护的植物周围。不过这样的障碍物在害虫最活跃的潮湿条件下效果较差。

花卉如金盏菊来吸引它们，并提供越冬用的巢箱。大黄蜂虽然有时也会损伤某些植物，不过其仍然能通过捕食其他昆虫类害虫帮助园艺师。步甲会吃掉很多种的害虫。

伴生种植

将某些伴生植物与作物种植在一起有助于减少虫害。例如，某些气味强烈的香草如薄荷和大蒜可以驱赶对气味敏感的害虫，从而保护附近的植物。故意种植宿主植物可以将害虫从其他植物那里吸引过来，或者吸引那些以害虫为食的捕食者。例如，旱金莲容易感染蚜虫，所以可以在附近种植吸引食蚜蝇的孔雀草（*Tagetes patula*），它们的幼虫会捕食蚜虫。

诱捕器、障碍物和驱赶设备

这些设施可以阻止害虫接近植物。许多设施可以用日常用具来制造。可以使用倒扣的花盆来捕捉蠼螋，在棍子上裂开的马铃薯或胡萝卜可以吸引线虫然后将它们掩埋。在温室中，在工作台下方放置盛水的浅碟，可以吸引蚂蚁和木虱。木虱并不危害成型植株，但专门啃食幼苗。温室粉虱非常喜欢黄色，因此可以使用不粘胶覆盖的黄色塑料板来捕捉。将它们放置在植物顶端，随着植物的生长向上移动它们。如果发现虫害感染，考虑使用生物防治（见对页）的方法。

信息素诱捕器可以在某些园艺中心购买或者邮购。它们可以释放特定昆虫（如苹果小卷蛾）产生的化学激素来捕捉雄虫。诱捕器通过将雄虫吸引到黏纸上来捕捉，从而减少剩余雌虫的交配机会。这样的诱捕器还能让园艺师们检测虫害感染的级别，并决定是否以及何时采取进一步措施。

诱捕器和障碍物可以用来抵御数量众多的蛞蝓和蜗牛（见左，"控制蛞蝓和蜗牛"）。更大的障碍物，从园艺织物到水果笼，可以放置在植物上抵御有翅

伴生种植
孔雀草常常能吸引食蚜蝇，后者以可能侵害附近植物的蚜虫为食。孔雀草的根系分泌物会减少根结线虫，一种常见于热带国家并偶发于温室的害虫。

昆虫（如胡萝卜茎蝇和甘蓝根花蝇），以及鸟类、兔子和鹿。捕虫圈可以阻碍昆虫沿着树木或花盆向上爬的通道，而专利生产的十字花科蔬菜项圈或使用毯子自制的项圈可以防止甘蓝根花蝇雌虫在年幼十字花科蔬菜附近产卵（见656页）。

驱赶设备如超声波设备常常用来保护植物抵御鼹鼠、猫和鸟类，将它们赶到别的地方。不过个体对声音的敏感程度不同，而且虽然驱赶鸟和宠物的设备在一开始管用，但它们需要频繁改变声音，否则这些生物会慢慢对它们熟悉起来。

可接受的有机处理措施

一些化学药剂来自自然界：例如，除虫菊酯是从除虫菊中提取的。其他有机处理措施包括脂肪酸和植物油，它们可以从花园中心购买，有粉剂和液态喷剂。不过，它们的持久性很短，并且只能在接触害虫或病菌时才能发挥作用，施用必须彻底。

和人工合成杀虫剂一样，有机园艺"可接受"的杀虫剂也是非选择性的，除了杀死目标害虫之外，还会杀死非目标生物。不过它们的药效持续时间很短，这大大减小了它们杀死非害虫生物的概率。

黄蜂诱捕器
挂在树上并含有水和蜂蜜的瓶子可以捕捉黄蜂，减小小型区域内的压力。瓶子应该覆盖带有小孔的纸张。

信息素诱捕器
在晚春将信息素诱捕器悬挂在苹果和梨树上。它会释放雌性苹果小卷蛾的气味从而来捕捉雄性苹果小卷蛾，减少交配的概率。

害虫	生物防治
蚜虫类	蚜虫幼虫的捕食者(食蚜瘿蚊Aphidoletes aphidimyza)
大蚊幼虫	致病线虫(夜蛾斯氏线虫Steinernema feltiae)
蛴螬	捕食性线虫(大异小杆线虫Heterorhabditis megidis)
蕈蚊幼虫	捕食性螨类(下盾螨属螨虫Hypoaspis miles)
粉蚧	瓢虫(孟氏隐唇瓢虫Cryptolaemus montrouzieri)
红蜘蛛	捕食性螨虫(智利小植绥螨Phytoseiulus persimilis)
柔软的蚧虫类	寄生蜂(赤黄阔柄跳小蜂Metaphycus helvolus)
蓟马	捕食性螨虫(钝绥螨属物种Amblyseius spp.)
地下蛞蝓	致病线虫(Phasmarhabditis hermaphrodita)
葡萄黑耳喙象幼虫	致病线虫(锯蜂斯氏线虫Steinernema kraussei)
粉虱	寄生蜂(丽蚜小蜂Encarsia formosa)

生物防治

对于某些最麻烦的害虫,特别是红蜘蛛、粉虱和葡萄黑耳喙象幼虫,可以使用生物防治的方法进行处理,该方法非常有效。生物防治指的是通过故意引入害虫的天敌如捕食者、寄生者或病害的方式来限制害虫造成的损伤。生物防治使用的是活生物体,一般是线虫或小型捕食者昆虫,它们对非目标物种没有害处。它们是在受控的条件下培育和出售的,而且由于它们是活生物体,因此必须在购买后立即引入植物或土壤中。这些微小的生物会在某一特定的发育阶段侵染它们的宿主或目标害虫,或者在它们之间传播病害。例如,使用含有体型微小的致病线虫锯蜂斯氏线虫(Steinernema

生物防治实例
丽蚜小蜂(*Encarsia formosa*)会侵袭并寄生粉虱的幼虫,导致它们变黑并最终死亡。这是一种非常有效的温室防治手段。

kraussei)的水浇灌含有葡萄黑耳喙象幼虫的盆栽基质或土壤,它们会感染致命的疾病,而捕食性线虫智利小植绥螨(*Phytoseiulus persimilis*)以红蜘蛛的卵、若虫和成虫为食。不过不是所有病虫害都可以使用合适的生物防治手段控制。生产商们正在开发有更好效果的技术、更好的运输方法以及新的生物。

大多数防治生物都需要至少21℃的白昼温度和良好的光照条件,以便在繁殖速度上超过害虫。因此与不加温温室或室外相比,可以更早地将它们引入加温温室。另一个取得成功的关键是正确地鉴定害虫从而采取合适的控制方法。如果你不确定害虫的种类,650~673页有症状图示和症状描述一览表。

防治生物还可以通过专业供应商邮购。它们一般会在园艺刊物和网络上做广告。好的园艺中心也可以就合适的控制手段和购买地点提出建议。

温室防治

许多生物防治手段只适用于温室或保育温室中。在植物严重感染之前引入它们,因为它们可能需要数周才发挥作用。限制杀虫剂的使用,因为大多数杀虫剂都对防治用生物有害,毒性最小的是控制许多小型昆虫和小虫的脂肪酸和植物油。

室外花园的生物防治

在环境条件相对不受控制的露地花园中,生物防治的实用性相对较差,特别是在使用杀虫剂的地方,因为它们会同时杀死害虫和防治用生物。在上表列出的生物防治中,只有用于蛴螬、大蚊幼虫、葡萄黑耳喙象以及地下蛞蝓的生物适合用于露地,只要土壤温度足够高。

化学防治

化学防治指的是通过施加杀虫剂消灭植物病虫害,杀虫剂可以杀死害虫或病菌,或者改变它们对植物或土壤的作用模式。栽培防控病虫害是良好园艺活动的基础,但

有时候在正确的时间负责任地使用杀虫剂能够得到最好的效果。

杀虫剂和杀菌剂

大部分杀虫剂(用于杀灭昆虫、螨虫和其他害虫)和杀菌剂(用于控制真菌引起的病害)通过接触病虫害生物或被它们内吸而发挥作用。

当害虫爬过喷施接触型杀虫剂的区域或者直接被喷施后,就会被杀死。接触型杀菌剂可以杀死正在萌发的真菌孢子,并阻止进一步的感染,但它们对已经成型的成熟真菌没有什么效果。

内吸型化学药剂会被植物组织吸收,有时会通过液流在全株运输。这种类型的杀菌剂,如腈菌唑可以杀死植物组织内的真菌。内吸型杀虫剂(如啶虫脒和噻虫嗪)主要用于刺吸式进食的害虫,不过也可以控制某些具有咀嚼性口器的害虫,如葡萄黑耳喙象幼虫以及某些甲虫和毛虫。要想让这些杀虫剂发

需申报的病虫害

英国经常遭受外来病虫害的威胁。如果发现一种新的病虫害有可能对作物或环境产生严重的破坏,必须对其进行申报。目前的例子包括危害马铃薯的害虫马铃薯叶甲(见658页),以及栎疫霉菌(*Phytophthora ramorum*)和*P.kernoviae*(见666页)。当某一问题需要申报时,植物健康和种子监察处(PHSI)必须被告知疫情的爆发情况。这家政府机构有权销毁受影响的植物以清除问题,比如现在正在流行的栎疫霉菌(*P. ramorum*)。这种方法非常有效,例如在对付马铃薯癌肿病时,后者可以通过强制性申报和种植抗性品种来控制。有时候消除入侵病虫害的努力会失败,需申报的地位会被取消。其中一个例子是梨果的火疫病,它在二十世纪50年代初次出现在英国,但如今已经在英国站稳了脚跟。

安全地使用化学药剂

如果你严格遵循说明,就是说按照生产商描述的方式和目的,使用化学药剂,它们会很有效,并且对使用者和环境不会产生危害。如今在英国和其他国家,园艺师不按照说明使用化学药剂是违法的。总是采取下列措施:

* 喷施之前三思:真的有必要么,是否可以用栽培或生物防治的手段代替?
* 谨慎选择化学药剂——确保它适用于你的目的。
* 以包装上注明的密度和频率使用。
* 池塘种植的植物不要使用任何类型的化学药剂。
* 除非依照生产商提供的说明,否则千万不要将不同的化学药剂混合在一起。
* 总是观察任何建议措施。
* 总是在无风或微风时喷洒,以免损伤附近的植物。
* 总是在晚上喷洒,这时附近的蜜蜂和食蚜蝇较少。
* 不要在炎热晴朗的天气喷洒,因为这样的天气会增加灼伤植物的风险。
* 佩戴护目镜、橡胶手套,穿长袖衣服,避免接触眼睛和皮肤。
* 不要吸入烟尘或烟雾。
* 确保化学药剂不会飘到别人的花园中。
* 使用时远离宠物和儿童。
* 在施加化学药剂时不要饮食或抽烟。
* 小心地处理多余的化学药剂,并彻底清洗使用的所有装备。
* 喷洒化学药剂使用的设备不要另做他用。
* 将化学药剂储藏在远离儿童和动物的地方。
* 将化学药剂储藏在带有原始标签的原始容器中,并保留任何附带的说明书。

花园安全
确保用于灌溉植物的水壶与用于施加除草剂的水壶完全分开。

喷洒化学药剂
某些药剂是已经制作好出售的，这样最理想，因为它避免了操作浓缩化学品的危险。

挥作用，应该对受影响的植株充分喷洒，特别是叶片背面。

害虫有时会产生耐药性，尤其是顽固的温室害虫，如粉虱和红蜘蛛。经常被内吸型杀菌剂处理的真

菌也会发展出耐药性。这个问题有时候可以通过使用不同类型的复合物来解决，但对于温室害虫来说，使用生物防治常常是更好的选择（见643页）。

化学药剂的剂型

杀死有害生物的是化学药剂中的活性成分，而化学药剂的剂型决定了它的功效和使用方法。杀虫剂和杀真菌剂有浓缩液、粉尘、粉末（可以配合加湿剂使用，确保活性成分完全穿透）、饵剂以及能够马上使用的稀释液体。合适的配制可以保证最大的功效以及对园艺师和环境的最大安全性。

植物毒性

一些植物会对杀虫剂和杀真菌剂产生不良反应。这种情况称为植物毒性。生产商提供的说明书常常会列出不应处理的植物种类。不过，这样的列表不可能是全面的，因为许多观赏植物对特定化学物质的反应依然未知。如果不能确定某

种化学药剂是否合适，首先在植株的一小部分测试杀虫剂或杀真菌剂，然后再决定是否用于全株。等待五至七天，如果没有发生不良反应，再将它们用于全株。

其他多种因素，包括植株的生长阶段以及周围的环境条件，都会增加植物被化学药剂伤害的可能。例如，幼苗、插条以及花瓣对生长条件的变化都比成熟叶片更加敏感，因此更容易受到某些化学处理的负面影响。相似地，受到任何胁迫的植株也不应该使用化学药剂处理。

为避免对植物产生副作用，千万不要在它们处于明亮阳光照射下、根系干燥时或暴露在异常高温或低温温度下使用化学药剂。

目前已经准入市场的防治药剂

有机杀虫剂

脂肪酸/杀虫肥皂（Fatty acids/insecticidal soaps） 传统软肥皂喷剂的现代版本，用于防治小型害虫，包括蚜虫、粉虱、红蜘蛛、蓟马、蚧虫类和粉蚧。

磷酸铁（Ferric phosphate） 颗粒状诱饵，用于控制蛞蝓和蜗牛。

植物油（Plant oils） 从植物中提取的，特别是油菜。喷洒使用，控制害虫的种类，与脂肪酸相似。

冬季喷洒的植物油（Plant oil winter wash） 在休眠期为落叶乔木和灌木果树喷洒，控制蚜虫、苹木虱、榆蛎盾蚧以及其他害虫的越冬卵。

除虫菊酯（Pyrethrum） 从除虫菊（*Pyrethrum cinerariifolium*）的花中提取。有喷剂和粉剂，用于控制蚜虫、粉虱、蓟马、叶蝉、蚂蚁、小毛虫以及其他小型昆虫。

人工合成杀虫剂

啶虫脒（Acetamiprid） 内吸型杀虫剂，用于杀灭盆栽观赏

植物的葡萄黑耳喙象幼虫时浇灌于土壤中，用于控制蚜虫、粉虱、蚧虫类、蓟马以及粉蚧时喷施。

恶虫威（Bendiocarb） 粉剂，用于控制蚂蚁、木虱以及建筑内部及旁边的黄蜂窝。

溴氰菊酯（Deltamethrin） 接触型喷剂，用于控制蚜虫、粉虱、蚧虫类、粉蚧、蛾子和叶锋幼虫、木虱、蓟马、盲蝽以及某些甲虫。可以用在众多食用作物上。

吡虫啉（Imidacloprid） 内吸型杀虫剂，通过叶片和根系被植物吸收。用于控制草坪中的大蚊幼虫和蛴螬。

高效氯氟氰菊酯（Lambda-cyhalothrin） 接触型喷剂，用于控制蚜虫、粉虱、蚧虫类、粉蚧、蛾子和叶锋幼虫

四聚乙醛（Metaldehyde） 颗粒状诱饵或作为液体浇灌，控制蛞蝓和蜗牛。

噻虫啉（Thiacloprid） 内吸型浇灌液体，用于控制盆栽观赏植物的葡萄黑耳喙象幼虫。还可以作为喷剂控制蚜虫、粉虱、盲蝽以及某些甲虫和叶蜂类害虫。

有机杀菌剂

波尔多液（Bordeaux mixture） 硫酸铜和氢氧化钙的混合物。在英国已经商业生产，用于控制马铃薯和番茄疫病、芹菜叶斑病、苹果和梨溃疡病、李属植物的细菌性溃疡、桃缩叶病以及某些柔软水果的锈病。

人工合成杀菌剂

氧氯化铜（Copper oxychloride） 防治的病害种类与波尔多液相似。

苯醚甲环唑（Difenoconazole） 内吸型杀菌剂，防治月季的白粉病、锈病和黑斑病，以及其他观赏植物的锈病（浓缩液或即用型喷洒液），还有果树和蔬菜的锈病、白粉病和疮痂病（只有浓缩液）。

腈菌唑（Myclobutanil） 内吸型杀菌剂，在英国有数种剂型，用于控制月季黑斑病、锈病以及观赏植物的白粉病、苹果和梨疮痂病，以及某些柔软水果的白粉病。

戊唑醇Tebuconazole 内吸型杀菌剂，用于控制月季和其他观赏植物的黑斑病和白粉病。

杀虫剂的管理和准入流程

欧盟要求在欧盟境内销售的所有杀虫剂必须标明活性成分。为了在欧盟的名单上获得一席之地，生产商们必须提交安全性数据，而且他们会从经济层面考虑是否将其纳入。一旦进入名单，含有这些活性成分的产品才可以上市销售。

市场的准入是由各国政府（英国的管理部门是化学品规范理事会）管理的，需要提供更多安全性数据。再一次，寻求市场准入的决定是基于经济层面的，并反应可能的需求，而需求在各国之间并不相同。

由于健康和安全法规的规定，大多数杀虫剂只对有资质的专业人员出售。有一些种类非常有限的产品，不带护具也能安全使用，这些产品对业余园艺师出售。

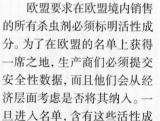

杂草和草坪杂草

简单地说，杂草就是那些作为不速之客出现的植物。它们拥有共同的特点：一般生长迅速并具有入侵性，与栽培植物竞争养分和水；它们几乎可以生长在任何土壤或位置上；而且它们常常对防控手段很有抗性。杂草可能会发生在花园中的几乎任何部分。栽培植物在某些特定的情况下也会被归类为杂草。如果它们在自己的位置上显示出太多侵略性并挤压它们的邻居，或者它们在整个花园中大量自播，或许就可以归类为"杂草"。

杂草的分类

一年生杂草在一年内完成全部生命周期。它们会结出大量可以萌发的种子，有时甚至会在一年内完成数代繁殖，就像欧洲千里光（Senecio vulgaris）那样。因此必须在它们能够结实之前的幼苗阶段清除一年生杂草。

多年生杂草则能够一年又一年地生长。某些种类像一年生杂草一样，可以轻松地用种子繁殖，但大多数种类通过各种储藏器官生存，如根状茎、球茎、珠芽、块茎以及粗厚的主根。许多多年生植物之所以能够繁殖，是因为糟糕的栽培技术，使得掘地或旋耕时将根状茎或根系碎块留在了土壤中。这些碎片随后产生了新的植株。

控制杂草

控制杂草主要有两种方式：使用良好的园艺栽培技术抑制它们的生长；或者使用手工、机械或化学方法将它们清除。

如何清除不同的杂草取决于各种因素：植物本身的习性、园艺师的偏好，以及杂草的位置——是在花境、草坪、道路或是荒弃处。

一年生杂草

和其他一年生植物一样，一年生杂草的生长、开花、结实和死亡都在一个生长季内完成。它们最常出现在经常耕作的区域，如蔬菜菜畦或一年生花境，在这些地方频繁地掘地可以抑制多年生杂草的生长。

它们生长得又快又强壮，对现场播种的作物造成很大的麻烦，因为它们会淹没生长较慢的植物，并通过争夺水分、养分、空间和光照降低栽培作物的产量。

花园中的入侵者
某些杂草一旦立足就很难清除，比如这里展示的小蔓长春花（Vinca minor）。蔓性茎会在接触土壤的地方迅速生根。

如何进行控制

必须在一年生植物结实之前将它们摧毁，因为许多种子又小又轻，很容易被风吹散，而且萌发速度很快。速成物种如荠菜（Capsella bursa-pastoris）会在一个生长季完成数个世代的繁殖。繁缕（Stellaria media）会抑制附近的植物，也应该在幼苗阶段得到控制。它的种子在秋天萌发，并在温和的冬天继续生长形成浓密的垫状。

水生杂草
花园池塘是黄菖蒲（Iris pseudacorus）的理想生活环境，它在非常潮湿的条件下生长得很茂盛，会远远压过生态系统中的其他植物。

许多种子散落后会被掩埋起来，并保持多年休眠，直到在耕作过程中被带到土壤表面。然后杂草会迅速萌发生长。如果某位置严重滋生杂草，应该在不种植作物的时候经常耕作土地，将萌发的幼苗杀死。

一年生杂草可以通过手工、机械或化学方法控制（见646页，"预防杂草"）。

常见一二年生杂草

欧洲千里光

欧荨麻

芥菜

猪殃殃

碎米芥菜

一年生早熟禾

千里光属植物

繁缕

多年生杂草

多年生杂草可以一年接一年地生长，通过储藏在肉质根、球根、根状茎或块茎中的养分度过冬季的寒冷和夏季高温。

它们可以分成两类：草本类和木质茎类。草本多年生植物在秋天枯死到地面。它们通过储藏在根系中的养分度过冬天，然后在春天重新出现。这类杂草包括大荨麻（*Urtica dioica*）、大羊蹄（*Rumex obtusifolius*）和田旋花（*Convolvulus arvensis*）等。同样归入这一类的还有无茎草本多年生植物，它们的叶直接从根或根状茎上长出，例如蒲公英（*Taraxacum officinale*）和宽叶羊角芹（*Aegopodium podagraria*）。

木质茎多年生植物如西洋接骨木（*Sambucus nigra*）和欧洲黑莓（*Rubus fruticosus*）通过将养料储藏在茎和分枝中来越冬。拥有木质茎的常绿植物常春藤（*Hedera helix*）也可能成为具有入侵性的杂草。

如何进行控制

多年生杂草拥有地下肉质根、根状茎，以及其他不容易控制的储藏器官。锄地和挖掘以及机械耕作都会将根系和根状茎打成碎片，而不会将它们杀死，它们会继续生长并让问题变得更严重。对于大多数多年生杂草，使用除草剂是最实用和最有效的控制方法。

预防杂草

可以通过各种方式来防止一年生和多年生杂草成型。这可以避免后续繁重的除草工作，特别是如果你采取的方法是剥夺土壤表面光照的话。没有光照，植物就无法生长。

在种植前，必须彻底清理现场的所有杂草，手工清除或使用化学药剂。在已经成型的栽培植物之间，杂草常常很难清除，可能需要将它们挖出并清洗根系，再将杂草分离。

用石灰中和酸性强的土壤可以抑制某些在酸性土壤中滋生的草坪杂草，如地杨梅（*Luzula campestris*）。

栽培健康的植物

苗壮的健康植株可以更有效地和杂草竞争。叶片蔓延的植物能够浓密地遮盖土壤，抑制下面杂草的萌发。

某些蔬菜作物如马铃薯能够很好地和一年生杂草竞争，可以用来为后续作物保持干净的土地（见498页，"轮作"）。

护根材料

种植后使用塑料布护根覆盖土壤可以防止一年生杂草成型。如果持续一个生长季（最理想的状况是两个）不加扰动，这种材料也能有效地抑制大多数宿根杂草。塑料布护根一般是可渗透的，可以让水分和养分抵达根系。在塑料布上覆盖树皮以改善外观。黑色塑料布在果树园和蔬菜园中特别有用，在其中做出切口，让作物可以透过它们生长。

在早春，施加5~8厘米厚的无杂草有机护根材料，如腐叶土、草炭替代物或经过处理的树皮，帮助抑制杂草种子萌发并闷死杂草幼苗。不要使用园艺堆肥或未充分腐熟的粪肥，因为它们常常含有杂草种子。

成型宿根杂草可能会穿透护根生长，但由于它们会在松散材料中扎根，因此容易清除。

地被植物以及在花境中将杂草割短

某些植物呈浓密的垫状生长，可以抑制杂草的萌发。在由于荫凉或土壤过干过湿导致杂草繁茂的地方，它们很有用处。谨慎选择地被植物，因为有些种类具有入侵性（见180页，"地被宿根植物"）。

某些顽固的多年生杂草如问荆（*Equisetum arvense*）、红花酢浆草（*Oxalis corymbosa*）和阔叶酢浆草（*O. latifolia*）等能够忍耐多次重复使用杀虫剂或挖掘。对于严重滋生杂草的花境，可以将它们剪短，并持续数年保持低矮草皮的形式。只要有时间，这种处理会逐渐消除大部分顽固的多年生杂草。

控制杂草

杂草一旦出现，可以通过三种方法将它们清除：手工除草、机械控制以及化学控制。除草剂有三种类型：作用于叶片上的；作用于土壤中的，以及针对特定类群植物的。

在花坛、蔬菜园以及小块苗床组成的土地中，徒手除草以及使用锄子和叉子常常是唯一可行的除草方法，因为使用除草剂的话无法避免伤害附近的花园植物或作物。

尽可能在干燥的天气手工除草或锄草，以便让杂草迅速枯萎死亡。在潮湿天气中，将杂草连根拔起并移走，防止它们再次生根。在栽培植物附近只能轻度锄地，以免损伤它们的表层根系。

常见多年生杂草

篱打碗花

加拿大蓟

酢浆草

大荨麻

蒲公英

宽叶羊角芹

酸模

匍枝毛茛

商业上经常使用耕耘机（旋耕机）控制成排种植的蔬菜之间的一年生杂草。但它们对于多年生杂草并不合适。它们会将匍匐披碱草和宽叶羊角芹等杂草的根状茎切成碎片，这些碎片会长成新的植株。在可能的地方，掘地或栽培之前使用除草剂杀死顽固的多年生杂草。

除草剂

作用于叶片的除草剂通过叶片或绿色茎进入杂草体内，使用喷雾器或带有细花洒的喷水壶施加。除草剂有两种不同类型：内吸型和接触型。第一种通过转运作用从杂草的叶片转移到根部，从而摧毁一年生和多年生杂草。为达到最好的效果，应该在杂草苗壮生长时使用。

第二种类型通过直接接触杀死杂草。它们能杀死多年生杂草的绿色叶片和茎以及一年生杂草，但不能杀死多年生杂草的根，因为它们一般会再次生长。某些除草剂可以通过叶片和根系同时起作用。

通过土壤作用的产品施加于土壤中，并被生长的杂草吸收。它们被转移到地面之上的部分，通过干涉杂草的新陈代谢将杂草杀死。它们会在土壤中保持活性，有时候可以保持数月之久，随着杂草种子的萌发将它们杀死。它们可以杀死成型的一年生杂草，而且还可以杀死或抑制许多成型的多年生杂草。当计划在使用过土壤作用型杀虫剂的土地上种植时，检查生产商提供的关于残留活性的说明，在推荐残留时段过去之前，不要播种或种植任何植物。

选择性除草剂会杀死叶片宽阔的双子叶杂草，但不会杀死单子叶杂草。园艺师们买不到只针对单子叶禾草的杀虫剂。

化学除草剂的类型

随着时间的变化，园艺师们可用的除草剂类型也在改变——新的产品被发明出来或者已经有的产品被撤销。在购买除草剂时，寻找可以在杂草造成问题的地方安全使用的产品种类。可用除草剂包含下列这些：

草胺磷（接触型作用）和敌草快（接触型）的作用都很快，可以杀死一年生杂草，但只能阻碍多年生杂草的生长。它们可以杀死越冬一年生杂草。待它们在土壤中失去活性后再进行春季播种或种植。

草甘膦（转运型，作用于叶片）是控制多年生杂草最有用的除草剂之一。它是一种作用于叶片的除草剂，其可以向下转移到根系，杀死或强烈阻碍最顽固杂草的生长。它不具选择性，应该远离所有花园植物，包括树莓、月季以及其他萌蘖的木本植物。由于它不会在土壤中保持活性，所以杂草死亡后就可以立即耕作。

残留除草剂，预防裸露地面以及硬质表面缝隙中生长杂草，一般和草甘膦配合使用。活性成分可能包括：氟噻草胺、磺草唑胺、恶草灵或吡氟酰草胺。某些配方可以用来防止特定乔木和灌木周围生长杂草，但必须仔细检查说明书，防止植物受损。

有机除草剂

如今有些除草剂中的活性成分是天然产品，如乙酸、壬酸以及脂肪酸。由于它们是天然产品，所以与人工制品相比，更受某些园艺师的青睐。它们通过接触起作用，不过某些含有马来酰肼的产品也有一定的内吸毒性。有机园艺师不能接受马来酰肼。

安全地使用除草剂

在使用除草剂时必须时刻保持小心：

▦ 虽然不是强制性的，但在混合使用除草剂时，佩戴护具总是明智的，例如橡胶手套和旧衣服。

▦ 不要在大风天使用除草剂，否则它有可能被吹到附近的植物上，造成严重的伤害。

▦ 只按照产品标签上推荐的用途使用除草剂，例如不要使用道路除草剂来抑制月季花坛中的杂草。

▦ 总是按照生产商的说明稀释可溶性除草剂。

▦ 总是按照标签上的推荐密度施加除草剂。

▦ 总是保留原始容器，并确保标签完好地粘在容器上，避免混用。

▦ 永远不要将稀释后的除草剂储藏起来供日后使用。

▦ 将除草剂储藏在远离儿童和动物的地方，最好是在锁起来的储藏室或棚屋中。

欧洲黑莓

倭毛茛

虎杖

田旋花

问荆

匍匐披碱草

柳叶菜属物种

其他多年生杂草

鸦蒜（*Allium vineale*）
斑叶疆南星（*Arum maculatum*）
匍匐风铃草（*Campanula rapunculoides*）
野芝麻（*Lamium purpureum*）
匍匐委陵菜（*Potentilla reptans*）
欧洲蕨（*Pteridium aquilinum*）
千里光（*Senecio jacobaea*）
绿珠草Mind-your-own-business（*Soleirolia soleirolii*）
款冬花（*Tussilago farfara*）

草坪杂草

许多多年生杂草都能在草坪中引起问题。它们的共同特征是能够在经常修剪的低矮草坪中生长繁衍。它们通常是由风或鸟携带的种子萌发生长出来的。草坪杂草一旦萌发，大部分种类都会通过割草的作用迅速传播，如果想清除它们，必须及早处理。

最麻烦的草坪杂草包括：丝状婆婆纳（*Veronica filiformis*）、地杨梅（*Luzula campestris*）、一年生早熟禾（*Poa annua*）和绿珠草（*Soleirolia soleirolii*，同*Helxine soleirolii*）。这些顽固杂草很少对草坪除草剂产生反应，因此需要其他形式的处理。

在草皮过于稀疏，无法进行充分竞争的地方，苔藓也会成为问题。

预防杂草和苔藓

良好的草坪养护是有效的预防措施。草坪中大量杂草的存在往往表示观赏草长得不够苗壮，无法防止杂草生长成型。施肥不足以及干旱是生长不良最常见的原因。土壤被压得过紧，以及割草高度过低也会引起苔藓的扩张。关于草坪养护的更多信息，见395~400页，"日常养护"。较顽固的杂草（如绒毛草，*Holcus lanatus*）可能依然会成为问题，受影响的成簇草皮可能需要更换，并将清理后的区域重新铺设草皮或重新播种草种。

在播种前用耙子耙地并挖出匍匐茎，这样有助于抑制蔓生杂草的蔓延，如车轴草（*Trifolium* spp.）、丝状婆婆纳（*Veronica filiformis*）和酸模（*Rumex* spp.）等。

对于苔藓，可以使用控制苔藓的药剂或草坪沙将其杀死。不过这只是短期解决方式，除非促进苔藓生长的环境得到纠正，否则苔藓问题还会再次出现。

清除杂草

取决于它们的严重程度，处理草坪杂草主要有两种方式。可以手工清除，或者使用合适的除草剂清除。

对于零星散布的莲座状杂草如雏菊（*Bellis perennis*）、蒲公英（*Taraxacum officinale*）和车前属植物（*Plantago* spp.），手工清除是一种很有效的方法。使用掘根器或手叉将杂草挖出，然后重新紧实任何移动位置的草皮。

使用化学药剂清除杂草

专门用于草坪的除草剂通过转运作用（在植物体内从叶片转移到根系）起效，然后杂草在使用药剂数天内开始扭曲枯死。这种化学药剂是有选择性的，在正常稀释浓度下不会伤害草坪草，但不要将它们使用在萌发不超过六个月的草坪草幼苗上。

在新铺设的草皮上也不要使用草坪除草剂，除非铺设后经过了一个生长季。

化学药剂的范围

为控制更多种类的杂草，专利生产的草坪除草剂通常结合了两种或更多活性成分。这些成分包括：

2,4-D，一种选择性除草剂，对阔叶莲座型杂草特别有效，如酸模和雏菊。常和氯丙酸配合使用。

二氯吡啶酸，一种持久性很强的选择性除草剂，效果良好，但需

草坪杂草

丝状婆婆纳

白车轴草

钝叶车轴草

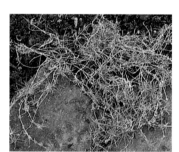
仰卧漆姑草

小酸模

匍枝毛茛

大车前

夏枯草

荠

喜泉卷耳

绿毛山柳菊

其他草坪杂草

雏菊（*Bellis perennis*）
绒毛草（*Holcus lanatus*）
毛茅草（*Holcus mollis*）
猫耳菊（*Hypochaeris radicata*）
灯芯草（*Juncus effusus*）
地杨梅（*Luzula campestris*）
长叶车前（*Plantago lanceolata*）
车前草（*Plantago media*）
一年生早熟禾（*Poa annua*）
蒲公英（*Taraxacum officinale*）

要谨慎地处理割草得到的草屑（参考标签）。

氯丙酸，能够杀死各种顽固的小叶蔓生杂草，如车轴草（Trifolium spp.）和百脉根（Lotus corniculatus）。常与2,4-D配合使用。

硫酸亚铁，草坪沙中的活性成分，用于清除苔藓。

氯氟吡氧乙酸，选择性除草剂，对车轴草特别有效，对婆婆纳也有一定效果。

2-甲-4-苯氧基乙酸，一种选择性除草剂，用于控制那些对其他化学药剂有抗性的杂草。

麦草畏，常与2,4-D或2-甲-4-苯氧基乙酸配合使用，增加控制杂草的种类。

石灰，可以在冬天以磨碎的白垩或石灰岩的形式施加在酸性土壤中，施加密度为每平方米50克，抑制车轴草和地杨梅的生长。重复施加2,4-D制备药剂可以让酸得到部分控制，地杨梅对草坪除草剂有较强耐受性。

购买和使用除草剂

草坪除草剂是作为浓缩液出售的，因此需要稀释才能使用。也可以买到可溶性粉末、即用型喷剂、气雾剂等形式的除草剂，有些类型是和液态或颗粒状草坪肥料结合在一起的。在生长季开始时为草坪施肥，两至三周后当草坪草和杂草都生长得很健壮时施加除草剂。在春天，随着杂草的枯萎和死亡，蔓生草坪会很快占据它们留下的任何空挡。在使用除草剂时应该非常小心（见647页的安全使用注意事项）。

割草后等待两至三天再使用除草剂，让杂草有时间长出新的叶片来吸收化学成分。使用除草剂后两或三天内不要割草，为除草剂转移到根系留出时间。另外，使用除草剂后头几次割草得到的草屑不要放入堆肥箱中堆肥（查看标签上的详细信息）。

某些草坪杂草（如雏菊和车前草）只需要施加一两次除草剂就会被杀死，其他杂草（如车轴草）可能需要施加两三次才行，每次间隔四至六周。

在杂草对各种除草剂均无反应的地方，将它们手工清除。这通常意味着对长有杂草的草皮区域进行清除并更换，或者对草皮进行施肥、松土和通气，加强草皮的生长并抑制杂草。

荒弃位置

根据区域荒弃的时间以及杂草站稳脚跟的程度，需要使用不同的处理方式。荒弃时间较长的位置可能需要一年甚至更长时间才能将杂草清除干净以便进行种植。

短期荒弃

在荒弃时间最长只有一年的地方，大部分杂草都是一年生杂草。在春天或夏天使用一两次草甘膦将它们杀死。

可以不使用化学药剂处理短期荒弃区域的杂草，但更加费工。使用不透光塑料布覆盖可以在数个月内抑制杂草。为更快地取得效果，可以在干旱时期使用中型旋耕机对土壤耕作两次，每次间隔两三周。另外，种植叶片繁茂的白芥、马铃薯或南瓜也可以抑制杂草并清理土地。

冬季清理

如果要在冬季清理现场，可以使用旋转式割草机清除一年生杂草的越冬地上部分。然后在种植之前将任何多年生杂草手工挖出。在清理荒弃的菜畦时，从较温暖阳光较充足的一端开始，那里的作物播种时间是最早的。

长期荒弃

在荒弃两年后，多年生杂草已经很好地成型，和一年生杂草进行着有力的竞争。如果再荒弃一年，到第三个生长季即将结束的时候，现场将大部分或全部是苗壮的多年生杂草。严重滋生杂草的区域已经无法手工或使用旋耕机清理（后者所能做的只不过是将杂草转移到土壤中而已）。使用转移型除草剂更实用，等待一个生长季，让化学成分完全发挥作用。

剪短杂草

如果在春天开始清理，将拥有木质茎的杂草如欧洲黑莓剪短至距地面30~45厘米。然后使用标签上注明推荐用于残株处理的草甘膦产品来处理残株。

杂草丛生的池塘
不使用除草剂，通过手工等方式清理红萍和浮萍等杂草。使用装满大麦或薰衣草秸秆的包裹来处理藻类。

如果不想用除草剂来清除荒弃区域的杂草，可以使用不透光的塑料布覆盖现场，等待一年，最好是两年。经过这样的处理后，耕作会变得相对轻松，不过杂草的木质茎可能需要挖出。

深挖是传统的清理荒弃地面的方法，但除非工作区域很小，否则非常费力。为得到更快的效果，可以在夏季连续干旱时使用大功率机动旋耕机耕作土壤，而且重复耕作可以清除许多杂草。不过在第二年还需要后续措施，如栽培措施或使用不透光塑料布覆盖。

夏季喷洒除草剂

另一种方法是在春天将杂草剪短，然后任其生长至仲夏，然后用草甘膦喷施现场，它在由春季修剪刺激长出的新枝叶上更加有效。它是一种转移型除草剂，施加后通常需要三四周才能见效，它不会在土壤中残留活性，因此杂草死亡后就能立即耕作和种植。

顽固性杂草如问荆和旋花类可能需要再次使用草甘膦进行点对点的处理，也许还要两或三个生长季才能完全控制它们。

闲置土地

在曾经耕作过的土地需要闲置时，并且其中没有宿根杂草的话，可以通过定期轻度耕作来保持干净，可以使用锄子或机动工具如旋耕机。或者定期使用草甘膦将长出的杂草幼苗杀死。

如果多年生杂草充斥现场，任其生长至仲夏，然后用草甘膦处理。

缝隙中的杂草

道路和砖艺缝隙中的杂草很难手工清除，所以一般需要用化学药剂处理。

在早春，施加专利生产的道路除草剂。这种除草剂是接触型和土壤作用型化学物质的混合物，后者常常可以在土壤中保持数个月的活性。它们还可能包含作用于叶片的转运型除草剂，用于对付那些已经成型的多年生杂草，这类杂草通常不受这些混合物中低强度的土壤作用性化学物质的影响。

可以对在道路中生长的多年生杂草进行点对点的处理，或者当其再次健壮地生长时喷洒草甘膦。含有土壤作用型成分的产品能够提供更长时间的控制，它们一般还含有草甘膦。

园艺百科全书（典藏版）

植物生长问题图示

这些内容有助于鉴定花园中植物损伤的原因。

叶片部分

叶片背部的蛞蝓，见670页

蛞蝓造成的损伤，见670页

木虱，见673页

切叶蜂造成的伤害，见662页

跳甲，见660页

葡萄黑耳喙象造成的叶面损伤，见672页

葡萄黑耳喙象，见672页

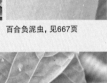

榆蓝叶甲幼虫，见672页

百合负泥虫，见667页

螻蛄，见659页

叶蜂幼虫，见669页

天门冬甲，见654页

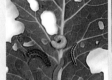

菜青虫，见656页

茎上的蚜虫，见654页，蚜虫类

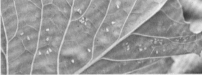

粉虱，见673页

白锈病，见673页

白粉病，见667页

多足类，见664页

叶蝉，见663页

梨叶蜂的幼虫，见665页

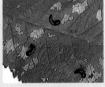

刺吸式性害虫（木虱类），见670页

锈病，见668页

潜叶类害虫造成的伤害，见662页

病毒病（环斑），见672页

银叶病，见669页

细菌性叶斑和斑点，见663页

叶芽线虫造成的伤害，见662页

木栓质疮痂病，见658页

蛀洞，见669页

粉蚧类，见664页

蚧虫类，见669页

疮痂病，见669页

百合病，见663页

盲蝽造成的伤害，见657页

郁金香疫病，见672页

真菌性叶斑病，见660页

粉蚧类，见664页

火疫病，见659页

杀虫剂/杀菌剂损伤，见662页

接触型除草剂造成的伤害，见658页

红蜘蛛造成的伤害，见668页

高温和灼伤，见661页

干旱，见659页

瘿蚊，见660页

缺钾症，见667页

缺锰症，见663页

缺磷症，见666页

盲蝽，见657页

萱草瘿蚊，见661页

瘿螨造成的伤害，
见661页

瘤腺体，见665页

桃缩叶病，见665页

铁筷子叶斑病，见661页

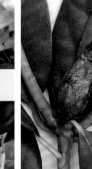

�，见659页

杜鹃芽枯病，
见668页

蓟马，见671页

缺氮症，见664页

瘿蜂，见661页

煤污病，见670页

病毒病，
见672页

菊花花瓣枯萎病，
见657页

杜鹃花瘿，见654页

梨锈病，见671页，乔木锈病

山茶瘿，见657页

铁筷子黑死病，见661页

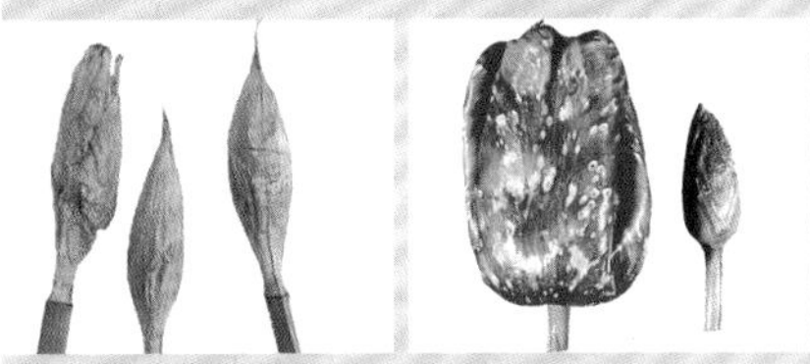

干旱，见659页

郁金香疫病，
见672页

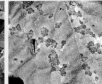
葱谷蛾幼虫，见663页

线虫对福禄考造成的伤害，
见659页

低温，见663页

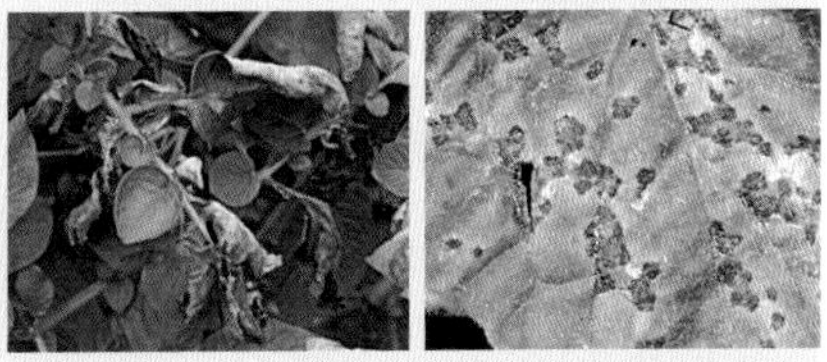

番茄/马铃薯疫病，
见671页

番茄叶霉病，见671页

油菜花露尾甲，
见666页

增生，
见667页

卷叶蛾幼虫，见671页

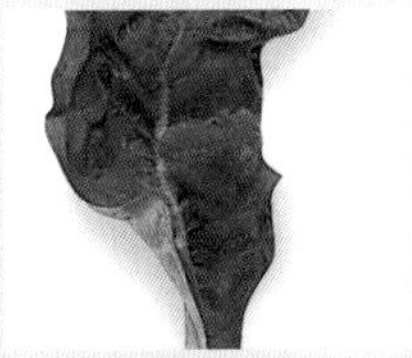

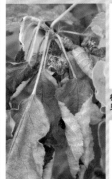
供水不规律，见662页

月季卷叶叶蜂造成的伤害，
见668页

天幕毛虫，见671页

植原体，
见666页

樟冠网蝽造成的伤害，
见666页

激素型除草剂造成的伤害，
见662页

冬尺蠖蛾幼虫，
见673页

黄杨疫病，见656页

花枯萎病，
见655页

灰霉病，
见661页

果实、浆果和种子

疮痂病，见669页

苹果叶蜂，见654页

鸟类造成的伤害，见655页

灰霉病，见661页

树莓小花甲幼虫，见667页

缺钙症（苦痘病），见656页

褐腐病，见656页

李小食心虫，见666页

脐腐病，见656页，缺钙症

苹果小卷蛾幼虫，见658页

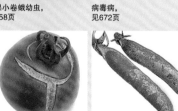

病毒病，见672页

葡萄枯萎病，见669页

供水不规律，见662页

豌豆蓟马造成的伤害，见665页

豌豆小卷蛾幼虫，见665页

番茄疫病，见671页

高温和灼伤，见661页

白粉病，见667页

根、块茎、鳞茎、球茎和根状茎

猝倒病，见658页

蛴螬，见657页

涝渍，见673页

根腐病，见660页

根肿病，见657页

储藏中的腐烂，见670页

大蚊幼虫，见663页

欧洲防风草溃疡，见665页

金针虫，见673页

水仙基腐病，见664页

报春花腐锈病，见667页

鸢尾根腐病，见662页

内部锈斑病，见662页

洋葱颈腐病，见665页

冠瘿病，见658页

蛞蝓造成的伤害，见670页

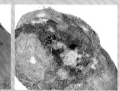

胡萝卜茎蝇的幼虫，见657页

细菌性腐烂，见655页

洋葱白腐病，见665页

马铃薯疮痂病，见658页

马铃薯疫病，见671页

马铃薯块茎坏死，见667页

水仙线虫造成的伤害，见664页

葡萄黑耳喙象幼虫，见672页

紫纹羽病，见672页

啮齿动物造成的伤害，见668页

葱地种蝇幼虫，见665页

茎、分枝和叶芽

黄萎病，见672页

荷兰榆树病（茎上的条纹），见659页

荷兰榆树病（扭曲的小枝），见659页

细菌性溃疡病，见654页

低温，见663页

菌核病，见669页

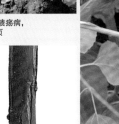

连翘瘿，见660页

黏液流/湿木，见670页

蚜虫类，见669页

灰霉病，见661页

茎疫病，见670页

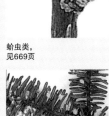

球蚜类，见654页

绵蚜，见673页

供水不规律，见662页

地老虎，见658页

根腐病，见660页

缺硼症，见655页

沫蝉，见660页

真菌子实体，见660页

全株

五隔盘单毛孢属溃疡，见669页

干旱，见659页

涝渍，见673页

马铃薯黑腿病，见655页

修剪不当，见655页

丛赤壳属真菌溃疡病，见664页

月季萎缩病，见668页

冠瘿病，见658页

蜜环菌，见661页

铁线莲枯萎病，见657页

再植病害/土壤衰竭，见668页

兔子造成的伤害，见667页

猝倒病，见658页

葡萄黑耳喙象幼虫，见672页

牡丹枯萎病，见666页

珊瑚斑病，见658页

马铃薯薯囊肿线虫（在根系），见667页

蕈蚊幼虫，见660页

草坪

雪腐镰刀菌病，见670页

凝胶状斑块，见654页，藻类及凝胶状地衣类

猫和狗造成的损伤，见657页

黏菌霉病，见670页

绿色黏液，见654页，藻类及凝胶状地衣类

币斑病，见659页

红线病，见668页

毒菇，见671页

病虫害及生长失调现象一览

球蚜类

受害植物： 松柏类植物，尤其是冷杉属（*Abies*）、松属（*Pinus*）、云杉属（*Picea*）、花旗松（*Pseudotsuga-menziesii*）以及落叶松属（*Larix*）。

主要症状： 茎干和叶上出现带有绒毛的白色霉斑，冷杉属出现凹凸不平的肿胀，云杉属表现为茎尖肿大（虫瘿）的现象。

病原： 球蚜或松柏类绒毛蚜虫（如球蚜属*Adelges* spp）是一种体型微小的灰黑色似蚜虫昆虫，从树皮和叶子中吮吸树汁，并分泌白色蜡线。

防治方法： 成型乔木能够承受伤害，但对于小型乔木应在仲冬至冬末或初夏温和干燥的白天，对幼龄苗木喷施溴氰菊酯。

藻类及凝胶状地衣类

受害植物： 草坪及其他植草区域。

主要症状： 植株表面出现绿色或青黑色光滑斑点。

病原： 凝胶状地衣及藻类，其极易出现在排水不良、通气不畅或土壤压缩的区域。

防治方法： 改善草坪的排水，并使其通气顺畅。对草坪上影响光照并导致草坪潮湿的树或灌木进行修剪和移除，并施用一些含有硫酸亚铁的专业草坪护理产品。

葱属潜叶虫

受害植物： 韭葱、洋葱、青葱、蒜、香葱等。

主要症状： 以植物汁液为食的成虫在叶子上留下成排的白色斑点，幼虫危害叶子、茎干和鳞茎，植物组织内镶嵌有棕色圆柱形的蛹。

病原： 葱属潜叶虫（*Phytomyza gymnostoma*）的幼虫。幼虫是发白的无头蛆虫，长约4毫米。蛹长2～3毫米。每年发生两个世代，幼虫生长在春末和晚秋。

防治方法： 目前没有有效的农药来控制花园和田地里的幼虫。主要的措施是在春天用带筛孔的防虫网覆盖植物，并在秋天防止害虫产卵。

炭疽病类

受害植物： 柳属（*Salix*）的主要植物，如金垂柳（*S.xsepulcralis* var. *chrysocoma*）、山茱萸属（*Cornus*）的植物如大花四照花（*C.florida*）、四照花（*C.kousa*,）、山茱萸（*C.nuttallii*）；金鱼草（*Antirrhinum*）。

主要症状： 茎干上出现深色、椭圆平滑的坏死斑，长约6毫米，叶片上出现深褐色小斑点，叶子变黄、卷曲、提前凋落。这种病害一般不致死。

病原： 主要为真菌，包括侵染柳属的杨柳炭疽菌（*Marssonina salicicola*），侵染山茱萸属的毁灭性座盘孢（*Discula destructiva*），以及侵染羽扇豆的炭疽菌属（*Colletotrichum*）的多个种类。通常发生在温和、潮湿的天气。飞溅的雨水有利于病株坏死斑及叶子损伤处的子实体的传播。

防治方法： 尽可能剪除已经感病腐烂的芽，并去除受到影响的叶子。

蚁类

受害植物： 一年生、低矮的多年生植物以及草坪草。

主要症状： 植物生长缓慢并且易枯萎。成堆的土壤出现并掩埋掉生长低矮的植物。在草坪上会有小堆细土堆积在地表，主要发生在夏天。

病原： 在植物上有许多种类的黑色、黄色或红褐色蚂蚁，如毛蚁属（*Lasius*）和蚁属（*Formica*），其在地下建造巢穴会影响根系生长，它们通常不以植物为食，但是同样会对植物造成不小的危害。在草坪上的蚂蚁，如黄毛蚁（*Lasius flavus*），在建造地下巢穴的时候会把土壤带到地表。

防治方法： 蚂蚁通常是难以消除的，应当在保留其存在的同时采取措施。在草坪上，当土壤干燥的时候，用刷子清理蚂蚁导致的土堆。情况严重时，用含有夜蛾斯氏线虫（*Steinernema feltiae*）的水浇灌草坪。

蚜虫类

受害植物： 绝大多数植物。

主要症状： 叶片通常粘着蜜露（蚜虫的分泌物），起水泡，并感染煤污病而变黑；在茎和芽上同样可能出现上述症状。叶片同时可能出现发育不良和卷曲的现象。

病原： 蚜虫通常聚集在茎和叶背吮吸植物汁液，一些种类还危害植物根系。蚜虫长达约5毫米，呈绿色、黄色、褐色、粉色、灰色或黑色。其中一些种类如山毛榉蚜虫的体表被白色绒蜡覆盖。除此之外，蚜虫还能够传播病毒。

防治方法： 在冬季用植物油清洗落叶果树和灌木上的虫卵，引进瓢虫或草蛉龄以控制蚜虫。在温室中引入食蚜瘿蚊（*Aphidoletes aphidimyza*）和蚜茧蜂（*Aphidius* spp）进行生物防治。在严重感染之前用溴氰菊酯、高效氯氟氰菊酯、植物油、脂肪酸或除虫菊酯喷施植物，或使用内吸性杀虫剂如噻虫啉防治。

苹果叶蜂

受害植物： 苹果。

主要症状： 果实被蛀孔并在仲夏未熟时脱落。受损的果实有时会保留在树上直到成熟，但果实畸形并且在其表面有长带状疤痕。

病原： 苹果叶蜂（*Hoplocampa testudinea*）的幼虫，一种白色毛虫状的昆虫，长约1厘米，头部褐色。其分布不如苹果小卷蛾（见658页）常见。

防治方法： 如果叶蜂造成了多年危害，在花瓣掉落七天之内喷施溴氰菊酯或高效氯氟氰菊酯；注意在黄昏时喷施以避免伤害蜜蜂。

苹木虱

受害植物： 苹果。

主要症状： 花朵变为褐色，呈冻害状，在花梗上出现小型绿色昆虫。

病原： 苹木虱（*Psylla mali*）的幼虫，一种扁平的淡绿色昆虫，体长约2毫米。严重时会导致花朵凋亡或不育。

防治方法： 在冬季用植物油洗刷受害植株。并在花瓣显色前的绿色花蕾聚集阶段用溴氰菊酯、高效氯氟氰菊酯、除虫菊酯喷施害虫聚集的部位。

天门冬甲

受害植物： 天门冬

主要症状： 叶片被啃食，表皮从茎干脱离导致其干枯、变为褐色。损害发生在春末至初秋之间。

病原： 成年及幼年的天门冬甲（*Crioceris asparagi*）都会对植物造成危害。成年甲虫体长约7毫米，翅为黄黑相间鞘翅，胸略带红色。

防治方法： 侵染程度较轻时手工捉除害虫。危害严重时喷施除虫菊酯，如果植物处于花期中，注意在黄昏时喷施以保护蜜蜂。

杜鹃花瘿

受害植物： 杜鹃，特别是作为室内植物的印度杜鹃（*Rhododendron simsii*）。

主要症状： 树叶和花朵上出现肉质、淡绿色的肿胀（虫瘿），后期变为白色。

病原： 外担子菌属的杜鹃外担菌（*Exobasidium azaleae*），通常是在高湿下引发，孢子通过昆虫或空气传播。

防治方法： 看到虫瘿尽快除去，防止真菌产生孢子。

细菌性溃疡病

受害植物： 李子属，特别是樱桃和李子。

主要症状： 在茎干上出现平整或凹陷的细长溃疡斑，并有金色或琥珀色胶状液体从受害区域滴下。茎开始恶化，伴随着树叶和花朵枯死及芽无法萌发。同时叶面可能出现溃烂破损的症状。第655页。

病原： 丁香假单胞菌丁香致病变种（*Pseudomonas syringae* pv. *syringae*）和丁香假单胞菌李致病变种（*P. syringae* pv. *morsprunorum*）。

防治方法： 去除腐烂的枝条使树体恢复健康，在夏末和初秋对叶面喷施波多尔混合液或其他合适的含铜杀菌剂。

细菌性叶斑病

受害植物：乔木、灌木、玫瑰、多年生植物、一年生植物、球根植物、蔬菜、水果以及室内植物。

主要症状：各种斑点或斑块产生，呈水渍状，通常有黄色的边缘或斑晕（光轮疫病）。飞燕草的叶子会出现黑色斑点。

病原：假单胞菌的细菌，其通常是通过昆虫、雨水飞溅或靠风传播的种子传播的。

防治方法：使树叶保持干燥，去除被黑色斑点侵染的叶子，对李子和樱桃（仅此两种植物）喷施氧氯化铜或波尔多液（Bordeaux mixture）。

细菌性腐烂

受害植物：马铃薯。

主要症状：块茎在生长或储存时很快地变为黏滑的块状，并散发出强烈的气味。

病原：细菌通过伤口或感染造成的损伤进入块茎。

防治方法：保持良好的生长条件，小心地收获马铃薯以避免损伤。并及时去除受到侵染的块茎。

修剪不当

受害植物：木质化的多年生植物、灌木和乔木。

主要症状：植物的造型丑陋、不自然或不匀称。植物缺少生理活性且花量不多。修剪过的树枝甚至整个树体可能会枯萎死亡。

病原：修剪的部位离主干太近或太远。一个直切口留下了较大的伤口，是因为没有保留残枝，或更为严重的情况，修剪时没有保留分枝环（其区域能够最快速地形成愈伤组织来愈合伤口）。相反，如果残留枝过长同样会导致枯萎。修剪时不小心会伤害相邻的树皮。

防治方法：在修剪乔木或灌木时，选择每年正常的时间，并小心遵循正确的方法，切记要检查修剪的程度。使用锋利的修剪工具并保证剪口平滑完整。必要的时候，雇用一个有信誉的树木整形专家。

灰地种蝇

受害植物：四季豆和红花菜豆、小胡瓜。

主要症状：种子无法发芽或无法生长。幼苗被吃掉。

病原：灰地种蝇（Delia platura）的幼虫，其为白色的无腿蛆虫，长约9毫米。啃食芽、种子和幼苗。

防治方法：避免在土壤冷湿的时候播种（以促进种子快速发芽），或在播种之前催芽。如果问题经常发生，可在温室的穴盘里播种，待种苗长出时移苗。

小檗叶蜂

受害植物：一些落叶的小檗属植物（Berberis spp.）和十大功劳属植物。

主要症状：植物，尤其是小檗属植物，会在夏天的早期和晚期，由于毛虫类的幼虫侵袭导致快速落叶。

病原：小檗叶蜂（Argeberberidis）的毛虫类幼虫，长约18毫米，体为奶油白色带有褐色和黄色的斑点。每年有两个世代，分别在早夏和夏末。其成虫体长约8～10毫米，体为黑色，有带黑色斑纹的翅膀和向上弯曲的触角。

防治方法：定期检查是否存在幼虫，必要时喷施除虫菊酯、溴氰菊酯或噻虫啉（thiacloprid）。

大芽螨

受害植物：一般为榛子属植物（Corylus）、欧洲红豆杉（Taxusbaccata）、金雀花属植物（Cytisus）和黑醋栗（Ribesnigrum）。

主要症状：芽异常变大或无法萌发。

病原：微小的瘿螨在芽的内部摄取养分。榛子属植物会被榛植螨（Phytoptus avellanae）侵染，金雀花属植物被瘿螨（Aceria genistae）侵染，红豆杉属植物会被欧洲红豆杉拟生瘿螨（Cecidophyopsis psilaspis）侵染，黑醋栗的病原是茶藨子拟生瘿螨（C. ribis）。黑醋栗的大芽螨会传播病毒类疾病，即所谓的退化。

防治方法：在冬天去除受到影响的芽。欧洲红豆杉和榛子的耐受能力是很强的。但是严重受影响的黑醋栗和金雀花一旦被发现症状，应当被及时掘起和销毁。黑醋栗的一个品种'本霍普'（'Ben Hope'）能够抵抗大芽螨。

鸟类

受害植物：乔木（观赏树木和果树）、大多数果实，灌木，特别是连翘、醋栗、樱桃（李属）、梨、杏、唐棣、番红花、欧洲报春（Primula vulgaris）以及黄花九轮草（报春花属）和豌豆、大豆及其他蔬菜作物的种子。

主要症状：乔木和灌木的花芽被啄食，外部的芽鳞散落在地面上。番红花和报春花的花朵变成碎片。蔬菜，特别是豌豆和黄豆，果实、种子和幼苗被啄食或吃掉。

病原：鸟类，包括红腹灰雀（危害树木、灌木和水果）、麻雀（危害番红花和报春花）和林鸽（危害芸薹属植物和灌木的果实）。蔬菜、水果和幼苗可能被鸟类（包括鸽子、黑鸟、椋鸟和松鸡）啄食或吃掉。

防治方法：网、细筛或一个永久性的防鸟笼是目前仅有的能预防鸟害的方法。惊鸟的设备，如哼歌的磁带、稻草人或铝箔条，只在最开始是有效的，鸟很快就会适应。而以铝铵硫酸盐为主的防水喷雾剂，必须经常使用以保持其有效性。

插条黑腿病

受害植物：扦插用插条，尤其是天竺葵属（pelargoniums）植物。

主要症状：基部的茎变黑、萎缩、软化并且腐烂；植物褪色，最终死亡。

病原：各种微生物，如腐霉属（Pythium）和丝核菌（Rhizoctonia），它们通常在卫生状况不良的条件下传播。未杀菌的堆肥、脏锅、盘、工具以及使用非自来水通常会导致该病。这种疾病同样也通过土壤水分传播。

防治方法：使用清洁的设备，给堆肥消毒并且使用自来水。将插条在扦插之前蘸一些生根粉。及时地去除受到侵染的插条。

马铃薯黑腿病

受害植物：马铃薯。

主要症状：茎崩坏、变黑并在基部腐烂，同时叶子褪色。这种疾病通常发生在生长季开始的时候，其形成的每一个块茎都可能会腐烂。大多数的作物仍然是健康的，只有若干植物表现出症状。

病原：黑胫病菌（Pectobacterium atrosepticum），其通常是用来形容受到轻度感染的种子块茎，在种下的时候不显示任何症状。

防治方法：及时去除受影响的植株。在运输的时候检查块茎，并且不储存任何不确定的块茎。这种细菌不太可能在土壤里积累到危险的水平，可以用轮作的方法种植马铃薯。

花枯萎病

受害植物：观赏植物及果树，如苹果、梨和李属的植物等。

主要症状：花朵变为褐色或白色，但不脱落。相邻的叶子变为褐色并且死亡，严重情况下这种现象会造成很大的破坏。许多微小的、色彩明亮的孢子聚集在受害部位，冬季在树皮上形成脓疱。

病原：链核盘菌属（Monilinia spp.）的病菌，其在潮湿的条件下发展很快，会导致水果的褐腐病。其孢子通过空气传播，通过鲜花感染植物。

防治方法：去除所有受到感染的部位。不保留任何一棵有感染褐腐病果实的树。苯醚甲环唑（Difeno-conazole）能够控制樱桃、李子树、梅子树、布拉斯李树及观赏树木的花枯萎病。

缺硼症

受害植物：胡萝卜、欧洲防风草、瑞典甘蓝、芜菁和甜菜的根系。康乃馨（石竹类植物）、莴苣、芹菜、番茄；所有的水果（最常见的梨、李子、草莓）。这种情况是相当罕见的。

主要症状：植物根系形状和质地不佳，颜色发灰。树体纵向开裂，有时会形成树洞。同时会出现变褐现象，即所谓的褐色髓，可能发生在树干最低的部分，通常在年轮的同心圆内；这种现象主要发生在芜菁和瑞典甘蓝上，使它们的口感变差并且纤维化。甜菜表现为内部变色并且可能产生溃疡。在其他植物上会出现生长点死亡，导致发育停滞并呈丛生状。芹菜的茎干会产生横向裂缝，暴露出来的植物组织变为褐色；莴苣无法抽薹。梨变得扭曲畸形并带有褐色斑点，有斑点的果肉非常类似叫作石痘病（stoney pit）的病毒病的症状。李子产生畸形并分泌胶质。草莓变小并且色泽不良。

病原：土壤缺硼，或者植物因为生长条件不良而无法吸收微量元素。最常见的是充满白垩和石灰的土壤，这些土壤非常干燥，硼会流失掉。这种病症一般很少会影响温室植物。

防治方法：保持适宜的土壤水分含量并避免过多的石灰。在存在问题的生境中引入一个易感病的植物之前，给土壤以35克/20平方米（1盎司/20平方码）的密度施加硼砂并混合园艺沙以达到更简易、更精确的使用目的。在盆栽介质中使用加工的微量元素。

黄杨疫病

受害植物：黄杨属植物（*Buxus* spp.）。

主要症状：与真菌病症状相似。叶片出现褐色斑点，并在秋天完全变为褐色。帚梗柱孢属真菌（*Cylindrocladium*）会形成褐色条纹并且其会沿着茎干向下蔓延，细小的茎可能会死亡。

病原：两种不同的真菌，黄杨刺座霉菌（*Volutella buxi*）和黄杨柱枝双胞霉菌（*Cylindrocladium buxicola*）。这两个病原体经常一起发生，但都可独立引起疾病。黄杨刺座霉菌的感染条件为伤口或受到胁迫的植物。

防治方法：业余园丁用来对观赏植物使用的杀菌剂，对两种病菌都只能取得很有限的效果。发病后销毁受害植物和落下的叶子并更换表层的土壤。为了防止柱枝双胞霉菌感染，新的植物应该与现有植物分开培养一个月，以确保它们是安全的。选择可替代的树篱和灌木状植物。

黄杨绢野螟

受害植物：黄杨属植物（*Buxus* spp.）。

主要症状：树叶被这种蛾的幼虫啃食，幼虫生活在丝质囊中。受到严重影响的植物会出现落叶。

病原：黄杨绢野螟（*Cydalimaperspectalis*）

的幼虫。其体长约40毫米，呈微黄发绿并且有黑色的斑纹。幼年毛虫啃食叶子的下表面，导致受损的叶子干枯。年长的幼虫吃掉除去中脉的整个叶片。其每年发生两个世代，分别在夏天早期和晚期。

防治方法：一旦发现幼虫立即喷施溴氰菊酯、高效氯氟氰菊酯或除虫菊酯。

褐腐病

受害植物：栽培的水果，尤其是苹果、李子、桃和梨等。

主要症状：水果表面出现变软、褐化的区域，并渗透到果肉中。随后表面开始出现同心圆状的乳脂色脓疱。受影响的水果会落下或者保留在树上但变得干燥和干瘪。

病原：链核盘菌属（*Monilinia*）真菌，美澳型核果褐腐病菌（*M.fructigena*）和核果链核盘菌（*M.laxa*）。那些脓疱产生孢子，随后孢子被风或昆虫传播至其他水果，通过水果表皮的伤口或受损处入侵感染。

防治方法：防止水果受到损伤（如虫害造成的损伤），并及时清理受到影响的水果。一般认为苯醚甲环唑（*Difenoconazole*）可以用来控制樱桃、李子、梅子的褐腐病。

马铃薯褐腐病和环腐病

受害植物：马铃薯和一些茄属（*Solanaceous*）植物（感染褐腐病）；马铃薯（感染环腐病）。

主要症状：相似的两种病害——植物可能会枯萎但是症状主要是出现在块茎上。最初，将马铃薯切开时能看见表皮下有一个褐色环，之后开始腐烂。

病原：细菌、青枯雷尔氏菌（*Ralstonia solanacearum*）（褐腐病）、马铃薯环腐病菌（*Clavibacter michiganensis* subsp. *sepedonicus*）（环腐病）。

防治方法：使用经过认证确保无病原的种子。这两种病害都主要发生在欧洲大陆，最近曾在英国爆发但已被解决。

球蝇

受害植物：水仙花、朱顶红属（*Hippeastrum*）、雪花莲属（*Galanthus*）、

蓝铃花（*Hyacinthoides non-scripta*）、漏斗曲管花（*Cyrtanthus purpureus*）和燕水仙属（*Sprekelia*）。

主要症状：种球生长受阻或只产生数量很少的像草一样的叶子，在种球内部能够发现蛆虫。

病原：水仙球蝇（*Merodon equestris*），体形与一只小型的大黄蜂相似，其幼虫在健康的种球内部单独生活。雌性成虫于初夏在土壤表层的种球上产卵。幼虫体形臃肿、白褐相间，体长约18毫米，它们在春夏之间会用黏着的排泄物占据种球的中心。食蚜蝇属（*Eumerus* spp.）球蝇，体黑色，腹部有白色月牙形斑纹。长约8毫米，寄生在已经被其他害虫、疾病或物理损伤损害的种球中。一个种球中通常生活着若干个小球蝇。

防治方法：避免在温暖、不通风的场地进行种植，这种场地会吸引成年球蝇。在球根地上部分死亡的时候硬化根颈周围的土地，或在初夏的时候覆盖细网状的幕布或园艺绒布来防止成虫产卵。

球茎狭跗线螨

受害植物：水仙花、朱顶红属，特别是室内植物。

主要症状：发育不良，树叶蜷曲，叶缘和花茎同时出现锯齿状瘢痕。

病原：寄生在鳞茎的根颈部的微小、白色的球茎狭跗线螨（*Steneotarsonemus laticeps*）。

防治方法：去除受到感染的鳞茎。从信誉良好的供应商处购买优质鳞茎。或购买目前适合业余园丁使用的能够有效控制这种虫害的化学物质。

菜青虫

受害植物：主要的芸薹属植物，包括卷心菜、花椰菜和球芽甘蓝。一些多年生和一年生观赏植物，如旱金莲属（*Tropaeolum*）。

主要症状：晚春和初秋之间叶片上出现穿孔，在芸薹属植物的中心和叶子上能发现青虫。

病原：欧洲粉蝶（*Pieris brassicae*）的幼虫，其体表有黄色和黑色的毛；菜粉蝶（*P.rapae*）的幼虫，其体呈浅绿色有柔软的毛；以及甘蓝夜蛾

（*Mamestra brassicae*）的幼虫，其体表呈黄绿色或褐色，很少有毛。

防治方法：用手去除掉年幼的青虫。对于严重感染的情况，用溴氰菊酯、高效氯氟氰菊酯或除虫菊酯喷施树叶。

甘蓝根花蝇

受害植物：芸薹属植物（包括卷心菜、花椰菜、球芽甘蓝、芜菁、瑞典甘蓝）、萝卜等。

主要症状：植物生长缓慢并且枯萎；幼苗和移植苗死亡；块根上出现蛀孔。

病原：甘蓝根花蝇（*Delia radicum*）以根为食的幼虫，其外形为白色的无腿蛆虫，长约9毫米。其在春季中期和秋季中期能发生数个世代，主要对植物的幼苗造成危害。

防治方法：放置专用的根颈环，或是底衬或纸板制作的环，直径约12厘米，放在移植芸薹属植物的地上，用来防止雌成虫在土壤中产卵。或在整个种植区域放置园艺织物，在织物洞中插入芸薹属植物的幼苗。另外，也可以在园艺绒布或除虫网中种植作物。目前没有针对这种虫害并且允许在花园中使用的农药。

缺钙症

受害植物：苹果（这种情况又称苦痘病），盆栽番茄，以及甜辣椒（脐腐病）等。

主要症状：苹果的果肉产生褐色斑点，有苦味；果皮有时会出现凹痕。苦痘病可能会影响树上或商店里的水果。番茄和胡椒的果子产生凹痕，花的末端变为黑褐色。

病原：缺钙，可能伴有其他营养失衡，是由无规律或不良的水分供应导致钙的吸收受阻造成的。缺钙的细胞群组会崩溃和褪色。

防治方法：避免过酸的生长介质。有规律地进行灌溉，可能的话对植物的根部进行保护。对苹果可以从初夏到收获时节之间，每十天喷施一次硝酸钙。

山茶瘿

受害植物：山茶花。

主要症状：叶子上在夏天出现乳脂色的凸起（虫瘿）。通常只会发现少量的虫瘿，其余的叶子都表现正常。虫瘿的顶端的叶片有时会萎缩。这些虫瘿可能约20厘米长，圆形或分叉，它们会产生一个白色的"花"，即孢子囊。植物的生理活性不会受到影响。潮湿的天气容易发生这种症状。

病原：一种叫作山茶外担菌（*Exobasidium camelliae*）的真菌。

防治方法：一旦发现虫瘿要及时清理掉。如果能在虫瘿产生花状孢子囊之前清理掉，一般不会发生次生感染。

盲蝽

受害植物：灌木和多年生植物，尤其是菊花、倒挂金钟、绣球花、莸属（*Caryopteris*）、大丽花，一年生植物，一些蔬菜（很少）以及水果。

主要症状：芽尖的叶子扭曲并且有多个较小的穿孔。花发育不均衡，辐射状的花瓣较小。倒挂金钟的花瓣完全无法开放。损伤主要发生在夏天。

病原：盲蝽，如长毛草盲蝽（*Lygus rugulipennis*）和原丽盲蝽（*Lygocoris pabulinus*），外形为绿色或褐色的昆虫，长约6毫米，吸食茎尖的汁液。它们用有毒的唾液杀死植物组织，并将叶子撕碎。

防治方法：在冬天清除植物碎片。在刚刚产生受损迹象的时候，用溴氰菊酯或噻虫啉喷施植物。

胡萝卜茎蝇

受害植物：主要是胡萝卜、欧洲防风草、荷兰芹（*Petroselinum crispum*）等。

主要症状：成熟的根部外层皮肤下出现锈褐色蛀孔，小型植物出现变色的叶子并且可能会导致死亡。

病原：乳脂黄色蛆虫，即胡萝卜茎蝇（*Psila rosae*）的幼虫，在较大的根的表皮组织内取食；它们在秋天会钻得更深。幼虫体形瘦长无足，长达1厘米。

防治方法：将易受感染的植物围绕在一个明确的至少60厘米高聚乙烯屏障里，或种植在防虫网的下面，以此来排除低空飞行的雌蝇。有些品种，比如'海市蜃楼'（'Flyaway'）

和'抗虫'（'Resistafly'），受到侵害的概率小一些。在秋天将胡萝卜取出进行储存来避免损害。

毛虫

受害植物：许多花园植物。

主要症状：叶子或者是花，被吃掉。

病原：各种种类的蝴蝶和蛾子的幼虫，它们以植物材料为食。园林中最常见的是冬蛾和菜青虫、网蛾毛虫以及卷叶虫。韭葱蛾毛虫也可能造成严重的伤害。

防治方法：如果可以的话，用手摘除毛虫，并用园艺起绒布覆盖作物。对于菜青虫造成的严重危害，可以用化学药剂喷施叶子。

猫和狗

受害植物：草坪草、种苗、花园植物等。

主要症状：花园，尤其是草坪和其他长草地区，被粪便污染；草和叶子因尿液造成"烧苗"现象；新播种区域被抓伤。

病原：猫和狗。猫喜欢干燥和新耕种的土壤。

防治方法：当看到猫和狗在植物上排尿时，立即用水冲洗植物，以避免烧苗。也可以使用胡椒粉或硫酸铵制成的排斥物质，但是往往只能提供暂时的保护。超声波设备可以将猫和狗赶走。

蛴螬

受害植物：幼苗期的一年生植物、球根花卉、草坪草以及蔬菜等。

主要症状：蔬菜类的根部出现孔洞。茎的基部被吃掉，小型的植物会枯萎甚至最终死亡。草坪草的根部被摧毁，导致草皮变得稀疏。在秋天到来年春天之间，狐狸、獾和乌鸦在捕食害虫的同时会毁坏受到害虫侵害的草坪。

病原：以一年生植物、球根花卉和蔬菜的根部为食的乳脂白色的幼虫，其成虫为如鳃金龟（*Melolontha melolontha*）和庭园丽金龟（*Phyllopertha horticola*）等甲虫。幼虫体态臃肿，呈"C"字形，长达5厘米，有褐色的头部，三对足。在草坪上进行危害

的，主要是以根为食的庭园丽金龟和威尔士金龟（*Hoplia philanthus*）的幼虫。

防治方法：对于一年生植物、球根花卉和蔬菜而言，寻找并且清除蛴螬的幼虫，或是在仲夏的时候，当土壤湿润而温暖（至少12℃）时，用含有大异小杆线虫（*Heterorhabditis megidis*）的水浇灌植物。对草坪而言，需要给草坪施肥和灌溉以促进其良好地生长；如果损伤严重，在春天用播种或铺草皮的方法修补草坪；在初夏用生物防治的致病线虫浇灌草坪或用吡虫啉来进行处理。

巧克力斑病

受害植物：蚕豆。

主要症状：巧克力色的斑点或条纹同时出现在叶子和茎上，有时会覆盖整个叶片。在极端的情况下植物会死亡。

病原：蚕豆葡萄孢菌（*Botrytis fabae*），一种喜欢在潮湿的春天滋生的真菌。生长在强酸性的土壤中的植物容易受到感染，因为在这种环境下会滋生出柔软、茂盛的菌落。冬季播种的作物在这种环境下受灾最严重。

防治方法：稀疏地播下种子，在此之前先以每平方米20克的量将含硫酸盐的钾肥混入土壤，并避免施加氮肥。在收获的最后清除受到影响的植株。

菊花花瓣枯萎病

受害植物：菊花和菊科的其他植物以及银莲花属的植物。这种疾病是罕见的。

主要症状：外部的舌状花产生褐色、水渍状的椭圆形斑点。如果整个花序都受到影响，它就会凋谢死亡。葡萄孢菌（*Botrytis cinerea*）可能会在受影响的花朵上滋生，并掩盖最初的症状。

病原：花枯锁霉菌（*Itersonilia perplexans*），这种真菌侵染易感病的植物，通常是温室中种植的种类。

防治方法：去除受到影响的花朵。

铁线莲枯萎病

受害植物：铁线莲，主要是大花的

品种，如'杰克曼尼'铁线莲。

主要症状：嫩枝的终端从新生的树叶开始枯萎，并且连接叶子的叶柄也会变黑。在最低处的一对枯萎的叶子的下表皮可能会出现一个变色的小点。植物整体也会开始萎缩。

病原：茎点霉菌（*Phoma clematidina*），能够在老茎上产生释放孢子的子实体。另外，非致病的原因（如干旱、排水不畅、移植不当）导致的枯萎也常被误认为是这种病害。

防治方法：切除掉任何受到影响的茎以避免对健康组织造成影响，如果必要的话甚至包括地下的部分。铁线莲属的植物（*Clematis* spp.）只能靠自身抵抗铁线莲枯萎病，因为目前没有有效的防治方法。

根肿病

受害植物：家养的十字花科植物，特别是某些芸薹属（如卷心菜、球芽甘蓝和甘蓝芜菁等），以及一些观赏植物，包括屈曲花属（*Iberis*）、糖芥属（*Erysimum*）和紫罗兰属（*Matthiola*）等。

主要症状：肿胀并扭曲的根部；发育不良并且通常会导致植物变色；在炎热的天气下会枯萎。

病原：根肿病菌（*Plasmodiophora brassicae*），一种黏菌，其喜排水不良的酸性土壤，也常能在肥料和植物体的残骸中被发现。这种病菌容易通过鞋子和工具传播，其孢子即便在一个缺乏寄主植物的环境中，也能存活20年甚至更长的时间。杂草易感染这种病害，如荠菜和田芥菜，它们可能成为一个感染源。在干燥的夏季，根肿病一般不会发生，因为孢子发芽需要潮湿的条件。

防治方法：在轻微的症状开始出现的时候，及时清除掉受到影响的植物。清理杂草，改善排水并在土壤中撒石灰（625页）。选择抗性强的品种：'千吨'卷心菜（'Kiloton'），球芽甘蓝'克罗诺斯'（'Cronus'）和球芽甘蓝'克里斯普斯'（'Crispus'），'克拉普顿'花椰菜（'Clapton'）和'清晰'花椰菜（'Clarity'），瑞典甘蓝'克里斯普斯'（'Gowrie'）和'马力'（'Marion'）。用9~12厘米的装有通用栽培基质的花盆培养植物。

苹果小卷蛾

受害植物：苹果和梨。

主要症状：成熟的果实上出现蛀孔。

病原：苹果小卷蛾（*Cydia pomonella*）的幼虫，在水果的中心取食；当它们成年后，每个毛虫都会在水果内部制造一个被蛀屑填满、通往外部的隧道。

防治方法：在春末到仲夏之间，在树上悬挂激素诱导的陷阱，以抓住雄蛾，减少卵的受精。当雌蛾飞行时，使用陷阱同样会有效。因此喷剂可以更准确地用来定时控制幼虫的孵化。如果需要的话，在早夏喷施溴氰菊酯或高效氯氟氰菊酯，并在三周后再喷施一次。

马铃薯叶甲

受害植物：马铃薯、番茄、茄子、辣椒和花烟草（*Nicotiana*）等。

主要症状：叶子被吃掉，只留下主脉。作物的产量大大降低。

病原：马铃薯叶甲（*Leptinotarsa decemlineata*）的成虫和幼虫。成虫是呈明黄色、有黑色条纹的甲虫；幼虫呈橘红色，长达1厘米。在欧洲（除了英国和爱尔兰地区）广泛传播。

防治方法：马铃薯叶甲在英国是一种重要害虫。疑似的感染源必须上报到政府，见643页（如果不上报这种重要的害虫，或者不按照PHSI的指导进行控制是一种犯罪）。

马铃薯疮痂病

受害植物：马铃薯。

主要症状：皮肤上产生凸起的结痂的斑块，并且其有时会破裂。伤口可能较浅，但是在某些情况下块茎上出现大裂口和变形的现象。果肉通常是没有损伤的。

病原：马铃薯疮痂病菌（*Streptomyces scabies*），一种类似细菌但能产生菌丝体的生物，在砂质、轻便且富含石灰的土壤中普遍存在，这些最近才刚被发现。这种病害的发展是在干燥、炎热的夏季，土壤中的水分较低的时候比较常见。

防治方法：改善土壤质地并且避免石灰，定期浇水。不在刚种过芸薹属的土地上种植马铃薯。种植抗性强的品种如'爱德华国王'（'King Edward'）；非常敏感的品种包括'玛丽斯派珀'（'Maris Piper'）和'达希瑞'（'Desiree'）。

接触型除草剂造成的伤害

受害植物：所有的植物。

主要症状：叶子上出现褪色、漂白的点，有时会变为褐色，并有小疙瘩出现在茎上。鳞茎在直接接触除草剂后的第二年，会出现树叶褪为近白色并且凋亡的现象。严重时会导致植物生理活性降低甚至死亡。通常随着植物的生长这些症状会消失。

病原：因为刮风的情况或者粗心的使用导致的喷雾偏差。清洗不彻底的喷雾器或灌溉工具也可能导致污染。

防治方法：遵循制造商的使用说明。使用滴棒涂药器或者喷壶取代喷雾剂，并保持用于除草剂的设备单独使用。

珊瑚斑病

受害植物：阔叶乔木和灌木，尤其是胡颓子属（*Elaeagnus*）、榆属（*Ulmus*）、山毛榉属（*Fagus*）、槭树属（*Acer*）、木兰属（*Magnolia*）和醋栗等。

主要症状：受影响的嫩枝萎缩，之后被直径约1毫米的橘粉色脓疱覆盖。一直到近年来，这种病害在枯枝和木质物残体上都是最常见的，但是它逐渐变得更加具有攻击性，现在能同时影响生活芽和死亡的植物。

病原：一种叫作朱红丛赤壳菌（*Nectria cinnabarina*）的真菌。从橘粉色脓疱中释放的孢子，通过飞溅的雨水和修剪工具传播。它们通过树木受损或死亡的区域和伤口进入并感染植物。

防治方法：清理所有的木质物残体。从明显低于被感染区域的部位剪除受到影响的枝条。

木栓质疮痂病

受害植物：仙人掌和其他多浆植物，尤其是仙人掌属植物和昙花。

主要症状：有软木质的或褐色、不规则的斑点出现。这些区域后来凹陷。

病原：过高的湿度或过度的光照。

防治方法：采取措施来改善植物的生长条件。然而在极端的调节下，一旦植物成为病害的传播者，就必须被丢弃。

冠瘿病

受害植物：乔木、灌木（最常见藤本果实和月季），木本和一些草本的多年生植物。

主要症状：根部产生不规则的、圆形的突起；偶尔整个根系扭曲成一个单一的、巨大的凸起。这些凸起也可能在茎干上产生或破裂，但是植物的生理活性不会受到严重影响。

病原：一种在潮湿土壤中常见的、叫作Agrobacterium（*Agrobacterium tumefaciens*）的细菌。通过表皮的伤口进入植物内部并且导致细胞增生。

防治方法：避免植物受伤，改善土壤排水。剪除并销毁受到影响的茎来防止继发感染。

冠腐病

受害植物：主要是多年生植物和室内植物；还有乔木、灌木、一年生植物、球根花卉、蔬菜和水果等。

主要症状：植物的基部腐烂并可能产生难闻的气味。植物枯萎、衰弱然后死去。

病原：细菌和真菌生物通过表皮的伤口进入植物茎干；深植的植物同样会受到感染。

防治方法：避免茎基部受到损伤，保持树冠部位没有受损植物残体；不要直接用覆盖物覆盖植物。确保植物的种植深度合理。完整地切除受到影响的区域可以预防病害扩散，但是植物频繁死亡时应该掘起并销毁。

地老虎

受害植物：低矮的多年生植物、一年生植物、块根蔬菜以及莴苣等。

主要症状：块根作物出现蛀孔，直根可能被切断，并导致植物枯萎死亡。低矮植物的茎基部和叶子有明显的刻痕，导致植物生长缓慢、枯萎并死亡。

病原：多种蛾类的幼虫（如夜蛾类和地老虎类），通常为奶油褐色，长约4.5厘米。它们吃植物根部和茎基的外部组织，同时在晚上危害地上部分。

防治方法：当看到危害发生时，搜寻并消灭地老虎。当叶子上发生损伤时，在黄昏对易感病的植物喷施溴氰菊酯。

猝倒病

受害植物：所有植物的幼苗。

主要症状：受害的根部变黑、腐烂，幼苗倒伏并死亡。病害通常从播种盘的尽头开始并迅速传播到其他植株上。土壤和死亡的植株上可能会出现毛绒的真菌菌落。

病原：各种真菌（特别是腐霉菌和一些疫霉菌），其利用土壤或水传播并通过根部或茎基部侵害幼苗。它们在潮湿、不卫生的环境中繁殖。

防治方法：目前，一旦发生这种病害感染没有有效的控制方法。为了预防该病，可以稀疏地播种，改善通风，保持严格的卫生，避免浇水过多。只使用消毒的堆肥、自来水、干净的托盘和盆。适时地结合适宜的杀虫剂进行灌水。

鹿

受害植物：大多数植物,特别是乔木、灌木（包括月季）以及草本植物等。

主要症状：树枝和叶子被吃掉；树皮被擦伤磨损。在冬天，树皮也有可能被吃掉。

病原：主要是獐和鹿，它们以枝、叶和树皮为食。当雄性用气味腺标记树木或摩擦新生鹿角上的绒毛时，树皮也会受到磨损。

防治方法：用至少2米高的铁丝网栅栏保护花园，或者在茎干的周围设置铁丝网。排斥性喷雾或惊吓设备，如悬挂锡罐，只能提供短期的对鹿的防护。

地卷属

受害植物：草坪和其他植草区，尤其是那些土地贫瘠的区域。

主要症状：青黑色、卷曲或多叶的生长集团，伴随着暗淡乳白色的较低的表面出现在草坪上。

病原: 犬地卷(*Peltigera canina*),它在排水、通风不良、种植过密、光照不好的草坪上最麻烦。

防治方法: 耙出地衣并施用包含硫酸亚铁的苔藓清除剂,能够控制病害。提高草坪通气和排水条件,定期施肥。

币斑病

受害植物: 草坪和其他植草区,尤其是那些含有细叶剪股颖和匍匐羊茅的草坪。

主要症状: 初秋时出现小型、稻草色的斑点。起初它们的直径约2.5~7厘米,但是随后会汇集成较大的区域,成熟后变为黑色。

病原: 一种叫作核盘菌(*Sclerotinia homoeocarpa*)的真菌,其喜黏重土或压实的土壤和碱性环境。碱性土或用石灰处理过的土壤可能会产生上述症状。它经常出现在温暖、潮湿的天气。

防治方法: 提高土壤的通气条件,用弹簧齿草坪耙除去草坪上的杂草。

霜霉病

受害植物: 一年生草本、宿根花卉、蔬菜、球根花卉和一些水果,包括芸薹属、紫罗兰属(*Matthiola*)、莴苣和烟草等。

主要症状: 叶子的下表面出现一个毛绒的白色菌落,同时上表面有黄色或褐色的污点;老叶子通常会受到更严重的影响。植物生长受阻并且容易受到继发感染,如灰霉菌/葡萄孢属(见661页)。

病原: 大多数种类的霜霉属(*Peronospora*)、单轴霉属(*Plasmopara*)和盘梗霉属(*Bremia*)真菌,它们喜欢潮湿的环境。这种真菌可以在土壤中存活下来。

防治方法: 稀疏地播种,不使植物过度拥挤。改善通风和排水状况;避免过度灌溉。清除受到影响的叶子或植物。在一个新的地方重新种植并且不会受到感染的植物材料做堆肥。

干旱

受害植物: 所有的植物,尤其是那

些新种植的、容器种植的或在轻质砂土中种植的植物;草坪。

主要症状: 芽发育不完全,花朵小而稀疏。秋天过早变色和落叶,接着可能会萎缩。植物枯萎并且生长受阻。开花和结果的数量明显减少。水果也可能变小、扭曲并且质地粗糙。在草坪上,有各种大小的黄褐色、稻草色的斑点出现,在极端情况下整个地区都可能会变色。损伤通常发生在春末或初夏。

病原: 由于土壤水分的不充足或不可利用导致的慢性(长期)或反复的干旱;植物的叶子在没有遮蔽的地方过多的水损失;或者土壤压实。炎热的天气下植物在小容器里是非常脆弱的,太多干燥的盆栽介质也非常难以保湿。某些植物上会出现干枯、褐色的芽,如山茶花(*Camellias*)和杜鹃(*Rhododendrons*),这是之前的若干年在芽分化的期间缺水导致的。在草坪上,自流排水、砂质土壤是最危险的。

防治方法: 定期给植物浇水,并且经常检查在炎热或太阳直射的位置上的植物。实生苗植物比扦插苗具有更好的抵抗干旱的能力;给土壤松土减少种植的紧实度。在适当的地方,使用覆盖物以提高保水性。在草坪上,为了提高抗旱性,在晚上浇水,定期施肥,如果预测天气会干旱;可将剪除的草放在草坪上并在秋末松土施肥。让草在修剪之前充足地生长并避免修剪得太密。草坪将在降雨时恢复,所以在水资源短缺时浇水可以省略。

荷兰榆树病

受害植物: 榆属(*Ulmus*)和榉属(*Zelkova*)。

主要症状: 小枝的枝桠处出现凹痕,新生的小枝可能是形状弯曲的。树皮下面出现纵向的、深褐色的条纹。树冠中的叶子可能会干枯、变黄和死亡。这样的树可能在两年内死亡。

病原: 榆枯萎病菌(*Ophiostoma novo-ulmi*),一种通过榆小蠹啃食树皮的时候传播的真菌。受到感染的属会通过地下共同的根系传播给健康的树。

防治方法: 这种病害无法防治或根除。清除掉死亡的树,因为它是一

个安全隐患,并且避免种植本地的榆树。

蚯蚓

受害植物: 草坪。

主要症状: 泥泞的小型沉积物或蚯蚓粪便在春天和秋天出现在草坪的表面。

病原: 蚯蚓,尤其是异唇蚓属(*Allolobophora* spp)。

防治方法: 用刷子分散干燥的粪便。目前对于业余的园丁来说没有有效的杀虫剂可以使用。酸化处理并不能总是让土壤有足够的酸性阻止蚯蚓。

蠼螋

受害植物: 灌木、宿根花卉和一年生植物,如大丽花、铁线莲和菊花等。杏和桃也会受影响。

主要症状: 在夏天嫩叶和花瓣被吃掉。

病原: 蠼螋(*Forficula auricularia*)——黄褐色、长约18毫米、有一对弯钳的昆虫。其白天藏匿晚上出来觅食。

防治方法: 设置倒扣的、松散地塞满干草或稻草的花盆,架在易感植物之间的竹竿上;蠼螋在白天会用这些花盆来藏匿,可以利用这一点来将它们清除和消灭。另外可以在黄昏的时候喷施溴氰菊酯。

线虫

受害植物: 福禄考和洋葱。

主要症状: 福禄考发育不良,出现茎尖狭窄的叶子和膨大的茎;洋葱叶子和茎膨大软化。严重时导致植物死亡。

病原: 鳞球茎茎线虫(*Ditylenchus dipsaci*),其在植物组织内取食。

防治方法: 烧毁受到影响的植物。在有受到感染的洋葱生长的地方,在接下来两年内种植无感染性的蔬菜(莴苣和芸薹属)。根插条的福禄考能够避免线虫。目前对于园林没有化学药剂能够进行有效的控制。

黄化

受害植物: 所有园林植物的幼苗和软茎植物。

主要症状: 茎细长并且经常是苍白

的,植物可能朝着可用的光源的方向生长,发展成一种显著的不平衡的状态。叶子有萎黄病并且花量在一定程度上减少。

病原: 光线不足,经常是由于植物选址不佳或者是相邻植物、建筑和类似的构筑物的阴影造成的。过度拥挤的植物容易受到这种条件的影响。

防治方法: 仔细地选择和安置植物。当开始发芽时确保足够的光照能够提供给新生的幼苗。植物受到一点细微影响的时候是可以通过改善条件使其恢复的。

扁化

受害植物: 所有的植物,最常见的是飞燕草、连翘属、瑞香和'十月'日本早樱(*Prunus subhirtella* 'Autumnalis')等。

主要症状: 异常的、宽阔扁平的花茎产生。主干也会变宽变平。

病原: 在许多情况下,病原是早期由于昆虫、蛞蝓、霜冻或人为触摸而破坏的生长点;同样也可能是由于微生物感染或基因病引起的。

防治方法: 扁化不会造成伤害;受影响的地方可以保留也可以修剪掉。

火疫病

受害植物: 蔷薇科家族的成员中的梨果类,如梨、苹果、一些花楸属、枸子属和山楂属植物等。

主要症状: 叶子一般变为黑褐色、起皱并死亡,并且它们会保留在茎上。一些花楸属和山楂的叶子可能会变黄并脱落。渗透的溃疡出现在树枝甚至可能是整棵树上并最终死亡。

病原: 一种叫梨火疫病菌(*Erwinia amylovora*)的细菌,其产生自那些溃疡,通过花朵进行入侵。它是通过风、飞溅的雨水、昆虫和花粉在不同植物间传播的。

防治方法: 及时清除受到影响的植株或修剪掉受到影响的区域,距离受损处至少60厘米;切记在花园里使用锯子时,每棵树用完之后要蘸取消毒剂以避免传播疾病。火疫病已经不再是一个检疫疾病了。

跳甲

受害植物： 芸薹属、芜菁、瑞典甘蓝、萝卜、桂竹香和紫罗兰的幼苗等。

主要症状： 叶子的上表面有呈扇形的小洞和凹坑；幼苗可能会死亡。

病原： 小型、黑色或金属蓝色的甲虫（如条跳甲属各物种，*Phyllotreta* spp.），有时沿着每个鞘翅有黄色条纹。通常约2毫米长，后腿较大以使它们能够在受到惊扰的时候跳下植物表面。它们在植物残体上越冬。

防治方法： 清除植物残体，尤其是在秋天。在渔网布或细网格下播下种子并定期浇水以帮助植物在脆弱的阶段快速增长。当灾害发生时用溴氰菊酯或高效氯氟氰菊酯喷施幼苗。

根腐病

受害植物： 范围广泛，特别是牵牛花、堇菜属（*Viola* spp.）和其他花坛植物、番茄、黄瓜、豌豆、黄豆和初期的用容器种植的植物等。

主要症状： 茎基部褪色、腐烂或向内收缩。其导致植物上部枯萎、倒伏；较低处的叶子通常最先显现出症状。根部变黑并破损或腐烂。

病原： 一系列的通过土壤和水传播的真菌，在不卫生的条件下滋生。它们往往是通过未经消毒的堆肥和非自来水的使用产生的，并在土壤中增殖，特别是敏感植物反复在同一地点种植的情况下。

防治方法： 轮作敏感植物。保持严格的卫生状况并只使用新鲜、经过消毒的堆肥和自来水。去除受到影响的植物和其根部附近的土壤。

连翘瘿

受害植物： 连翘。

主要症状： 该灌木的茎上形成粗糙、木质化的圆形虫瘿。这些虫瘿年复一年地存在但是很少对植物有不利的影响。

病原： 不明；可能是细菌感染。

防治方法： 严格来说没有哪项措施是必需的，但是这些不雅观的有虫瘿的茎也许应该被清除掉。

沫蝉

受害植物： 乔木、灌木、宿根花卉、一年生植物等。

主要症状： 初夏茎和叶子上出现一些白色的泡沫小球，其内部包含一个昆虫。在这些昆虫取食处的植物顶端生长的芽可能是扭曲变形的，但其损害是最小的。

病原： 沫蝉（如长沫蝉（*Philaenus spumarius*））的若虫，其奶油色的咀吸式口器能分泌一种防护性泡沫保护自己。成虫的颜色略深，长达4毫米，暴露地生活在植物上。

防治方法： 如果必须治理的话，手工清除害虫的幼虫，用水流冲洗或喷施噻虫啉（在没有可食用植物的情况下）或者溴氰菊酯。

倒挂金钟属刺皮瘿螨

受害植物： 倒挂金钟属。

主要症状： 严重扭曲的叶子和花朵，当芽尖成为波浪形扭曲、暗淡的黄绿色或红色的膨大组织时，植物的生长停止。

病原： 微小的虫瘿，倒挂金钟属刺皮瘿螨（*Aculops fuchsiae*），其从顶芽和花芽的生长组织中吮吸汁液。化学物质被分泌到植物上使其生长畸形。这种螨虫可以通过蜜蜂采集花粉的时候转移到新的植物上。

防治方法： 目前对业余园丁来说没有有效的杀虫剂。剪除受到感染的植物并处理掉剪枝，这可以刺激再生出健康的部分，但是植物可能很快又被再次感染。

真菌子实体

受害植物： 主要是乔木，尤其是成熟的或是过熟的乔木，还有灌木和多年生木本植物。

主要症状： 在根部有真菌的子实体，通常呈支架状，沿着根系的方向出现在地面上；它们通过微小的菌丝黏附到根上。它们的外表通常根据天气条件发生变化。根部可能变得空洞并最终坏死，使得地面上的树体非常不稳定。在茎上，真菌的子实体通常出现在较低的树干上，但有时在树冠的上半部分接近枝桩或其他伤口的地方也会出现。它们是短生或多年生的，两者都会随着天气状况改变外表。受害的树体一般生长缓慢，并且可能会产生过多坏死的木头和产生稀疏的树冠。

病原： 各种真菌，如亚灰树花菌属（*Meripilus*）或灵芝属（*Ganoderma*）。

防治方法： 寻求专业的建议，特别是当树构成了一个潜在危害的时候。去除子实体并不能阻止进一步衰退，而且也不能减少传播向其他树木的机会。

真菌性叶斑病

受害植物： 乔木、灌木、宿根花卉、一年生植物、球根花卉、蔬菜和水果等，还包括许多室内植物。

主要症状： 叶子上出现离散的、同心圆状分层的斑点；仔细检查能发现针孔大小的真菌子实体。斑点通常是褐色或瓦灰色的。在一些情况下它们会合并。可能会导致过早落叶，如月季黑斑病，但在某些情况下不会对整体植物的生理活性造成危害或影响。

病原： 广泛种类的真菌。

防治方法： 清除植物上所有受到影响的部位，把落下的叶子耙到一起并烧毁。对月季喷施腈菌唑（*myclobutanil*）、苯醚甲环唑（*difenoconazole*）或灭菌唑（*triticonazole*）。前两者可以控制其他的斑点病，但是目前没有明确的数据。它们也许能控制真菌叶斑病。

蕈蚊

受害植物： 覆盖下的植物。幼苗和插穗比已经长成的植物更易受感染。

主要症状： 幼苗和插穗都无法生长；灰褐色的蝇虫在堆肥的表面或植物上方飞舞，并且能发现幼虫。

病原： 蕈蚊的幼虫如迟眼蕈蚊属各物种（*Bradysia* spp.），其主要以死亡的根部和叶子为食，但是也会入侵年幼植物的根部。幼虫为体形细长、白色、长约6毫米的蛆虫，头部为黑色。其成虫也是类似的长度。它们对健康的成型植物不会造成任何的问题。

防治方法： 保持温室清洁，清除土壤表面的枯叶和花以避免为害虫提供避难的场所。使用黏稠的黄色陷阱挂在上述的植物上来捕捉成年的蝇虫。引进捕食性螨虫下盾螨属种（*Hypoaspis*）捕食蕈蚊的幼虫。

镰刀菌萎蔫病

受害植物： 宿根花卉、一年生植物、蔬菜和水果；最常发生感染的是翠菊属（*Callistephus*）、石竹属（*Dianthus*）、香豌豆（*Lathyrus odoratus*）、豆类和豌豆等植物。

主要症状： 茎和叶子上出现黑色的斑块；这些斑块有时覆盖着一个白色或粉色的真菌菌落。根部变黑或坏死。植物枯萎，并且经常是突发性的。

病原： 各种形式的微小的尖孢镰刀菌（*Fusarium oxysporum*），这种真菌存在于土壤或植物残体上，或者有时通过种子传播；它们有时通过新生芽引入。当相同类型的植物年复一年地在土壤中生长时，这种真菌就会建立在土壤中。

防治方法： 目前没有治疗受害植物的方法。清除受到影响的植物及其附近的土壤，销毁植物。避免敏感的植物在该地区生长。扦插时只选用健康的芽；如果可能，种植抗性好的品种。

瘿蚊

受害植物： 许多花园植物特别是紫罗兰（*Viola*）、皂荚和黑醋栗等。

主要症状： 紫罗兰的叶子变厚并且无法展开。皂荚的叶子膨大并褶皱形成荚状的虫瘿。黑醋栗茎尖的叶子无法正常扩展，顶芽也可能坏死。

病原： 橙白色、长达2毫米的蛆虫，其以虫瘿里的植物组织为食；一个夏季会发生三到四个世代。以下是三个种类的瘿蚊的幼虫：紫罗兰瘿蚊（*Dasineura affinis*）、皂荚瘿蚊（*D.gleditchiae*）和黑醋栗叶瘿蚊（*D.tetensi*）。

防治方法： 清除并销毁受到影响的叶子。幼虫在虫瘿内部被保护得很好，所以几乎不可能用杀虫剂来控制它们。

瘿螨

受害植物: 乔木和灌木,包括李子树、梨子树、核桃树、葡萄树、槭树(*Acer*)、椴树(*Tilia*)、榆树(*Ulmus*)、山楂树(*Crataegus*)、花楸(*Sorbus aucuparia*)、金雀儿(*Cytisus*)、山毛榉(*Fagus*)和黑醋栗树。

主要症状: 根据螨虫种类的不同而变化,包括叶子上出现的发白的绿色或红色丘疹或尖刺(枫树、榆树、椴树和李子树);叶子的上表面出现凸起的水泡状区域,下表面有灰白色绒毛(核桃和葡萄树);厚的、发卷的叶缘(山毛榉和山楂树);灰白色叶斑,之后转变为黑褐色(花楸和梨树);叶子发育不良(金雀儿)。植物的生理活性不会受到影响。

病原: 显微镜下可见的瘿螨,其分泌化学物质引起植物异常的生长。成虫体小,乳白色,身体呈管状,具两对足。

防治方法: 如果需要的话,去除受到影响的叶子或芽。目前没有有效的化学控制。

瘿蜂

受害植物: 橡树(*Quercus*)和月季。

主要症状: 橡树的症状包括秋天树叶的下表面出现扁平的垫状物;春天芽上长出良性的、球形的木质增生(石瘿)或有髓的栎树虫瘿;柔荑花序上出现黄绿色或红色的成束的红醋栗虫瘿;以及黄绿色、黏稠的"流苏",橡树虫瘿。在夏末的时候,原种月季的茎和杂种月季的吸盘出现肿胀并被黄粉色、苔藓状的叶片覆盖。对这些植物造成的损害是较小的。

病原: 瘿蜂的幼虫;当它们取食时,分泌会导致虫瘿的化学物质。

防治方法: 不需要进行任何处理。

灰霉病

受害植物: 乔木、灌木、宿根花卉、一年生植物、球根花卉、蔬菜、水果和室内植物等。软叶的植物对这种病害尤其敏感,同样还有薄皮的水果,如葡萄、草莓、树莓以及番茄等。

主要症状: 茎和叶子上出现坏死、变色的斑块。可能发生迅速的恶

化,导致茎的上部死亡。真菌孢子在腐烂的植物材料上繁殖。在水果上,有绒毛的灰色菌落在软质的褐色斑点上发展。伤害迅速扩散并且整个水果可能会衰弱。未熟的番茄可能会产生假斑点,一个暗淡的绿环出现在表皮上,但是剩下的水果颜色正常并且也不腐烂(未受影响的部分可能会被吃掉)。在开花的其他植物上,带有绒毛的灰色真菌菌落会出现在花和叶子的斑块上。这些可能在后来被传播到植物茎和枝叶上,并导致褪色和迅速恶化。

病原: 雪花莲(*Galanthus*)上的葡萄孢菌(*Botrytis cinerea*)和灰霉菌(*B. galanthina*),其喜生长在潮湿、空气循环不畅的条件下。真菌孢子通过气流和飞溅的雨水传播;最容易受到感染的是受伤的植物。水果也可以通过接触那些患病的个体而受到感染。硬质的黑色弹性菌核(真菌的子实体)在植物体的残骸上产生,落到地上并可能导致后续的感染。

防治方法: 避免植物受到损伤,清除已经死亡或快死亡的植物材料,并提供良好的空气循环,确保在任何时候这些植物的空间足够并且有良好的通风条件。及时清除并烧毁任何受到影响的区域(如果是雪花莲的话则是清除整个株丛)。

灰松鼠

受害植物: 幼龄的乔木、花蕾、水果和坚果等。

主要症状: 树皮被啃坏。花蕾、成熟的果实以及坚果都被吃掉。

病原: 灰松鼠。

防治方法: 陷阱只有在更广泛的区域才能发挥作用。

铁筷子黑死病

受害植物: 铁筷子属的植物(*Helleborus* spp.)。特别是杂种铁筷子(*Helleborus* x *hybridus*)(同样的还有东方铁筷子(*H. orientalis*))。

主要症状: 植物组织上有沿着叶脉或在叶脉之间的黑色斑纹和斑点。这些黑色的标记可能呈一个环状的斑点图案或是一条直线,其经过植物叶柄到主干部分。花朵也会受到影响。叶子和茎可能变得扭曲并

且发育不良。

病原: 铁筷子网状坏死病毒。

防治方法: 这种疾病无法根除并且目前也不太清楚。受到影响的植物应该被挖出来并烧毁,对其周围的植物应该喷施蚜虫杀虫剂以降低铁筷子蚜虫入侵的风险。

铁筷子叶斑病

受害植物: 铁筷子属的植物,但对尖叶铁筷子(*H. argutifolius*)坚硬的叶子破坏性不是很大。尼日尔铁筷子(*H. niger*)特别容易受到影响。

主要症状: 性状不规则的黑褐色大斑点出现在叶子和茎上。这些斑点经常合并,导致叶子变黄和死亡。斑点也会发生在花和较低的茎上,受到感染的茎在斑点的入侵下可能会枯萎,导致花蕾无法开放。

病原: 一种叫铁筷子叶斑菌(*Coniothyrium hellebor*)的真菌。

防治方法: 腈菌唑(*myclobutanil*)、戊菌唑(*penconazole*)和灭菌唑(*triticonazole*)被认为能够控制其他一些观赏植物的疾病,其可能对铁筷子叶斑病有一些控制作用。

萱草瘿蚊

受害植物: 萱草属(*Hemerocallis* spp.)。

主要症状: 花蕾变得异常肿大并且无法开放。这个问题主要发生在春末和仲夏。

病原: 萱草瘿蚊(*Contarinia quinquenotata*),一种微小的蝇虫,其将卵产在生长的花蕾中。受影响的花蕾包含白色的蛆虫,长达2毫米,在花瓣之间取食。

防治方法: 摘去并烧毁长有虫瘿的花蕾。晚花的品种能够避免伤害。

高温和灼伤

受害植物: 特别是多浆植物或花卉,它们一般在温室中,以及幼苗;同样还有乔木、灌木、宿根花卉、一年生花卉、球根花卉、蔬菜、水果和室内植物等。也有软质的水果、木本果、番茄和苹果,特别是绿皮的品种。

主要症状: 叶子枯萎、黄化或褐化,

变得干枯和易碎,并且可能会死亡;尖端和边缘往往是最先受到影响的。在极端的情况下茎会萎缩。炎热的温度使植物的上部或暴露的部分产生褐色的斑点;温室中的叶子非常容易受到感染。叶子可能会完全枯萎。焦灼的花瓣褐化并变得干枯易碎。月季可能无法开放因为外层的花瓣干枯并限制了花蕾。水果的表皮出现变色的斑块,尤其是在最上面或者暴露程度更高的水果。

病原: 在一个封闭的环境中有非常高或波动很大的温度变化(如一个温室);灼伤是由于明亮,但不一定是炎热的阳光。在户外,凉爽阴暗的时期之后炎热、明亮天气会导致灼伤的发生。如果被太早摘下或者储存在通气不畅的地方会导致苹果褪色。

防治方法: 尽可能使温室暗一点,提供足够的通风以使温度降低,并将植物从温室中任何可能发生危险的地方移开。避免过度灌溉以及在有阳光的天气下喷施农药。收获成熟的苹果并储存在合适的条件下。

蜜环菌

受害植物: 乔木、灌木、攀缘植物和一些木本的多年生植物;尤其是紫藤、杜鹃花以及女贞。

主要症状: 树干或茎的基部的树皮上生长出乳白色的菌丝体,有时它也会向高处扩展;黑色根状菌索(即真菌链)出现。在秋天子实体生长成簇状并在第一次霜降的时候死亡。树胶或树脂从松柏树皮的裂缝中流淌出来。植物恶化并且最后死亡;多花或多果可能在死亡前短暂地发生。子实体有时也会在植物丛的地下根上生长。

病原: 蜜环菌属的真菌(主要是蜜环菌,*Armillaria mellea*),其通过根状菌索的移动或是通过根系的接触从受感染的植物或树桩开始传播。

防治方法: 挖掘并烧毁受影响的植物、树桩和根系。如果必要的话,雇用承包商将树枝凿碎或挖出。避免易感的植物;选择一些抗性强的品种,如欧洲红豆杉(*Taxus baccata*)、山茱萸、山毛榉(*Fagus*)和长阶花属植物。

激素型除草剂造成的伤害

受害植物：阔叶植物，主要是月季、葡萄、番茄等，以及松柏类。

主要症状：叶子窄小，经常是增厚的，并且有突出的叶脉。它们可能是杯状的，非常扭曲。叶柄也会变得扭曲。茎上可能会出现小疙瘩。至于番茄，尽管它们正常成熟后可以食用，但是其味道可能非常糟糕并且是空心的。在污染发生之前水果通常不会受到影响。

病原：生长调节剂或激素类除草剂导致的污染，污染源往往是来自一个相当远的地方；极少量的物质也可能造成广泛的伤害。问题的常见来源是喷雾偏差、受污染的喷雾器或喷壶，以及受污染的盆栽介质和肥料。

防治方法：根据制造商的说明使用除草剂，在相邻的花园植物周围放置防护屏障以防止喷雾偏差。保持一个喷雾器或喷壶只用来喷除草剂。储藏除草剂时远离堆肥、化肥和植物。受影响的植物通常会随着生长摆脱上述症状。参见"除草剂"，第647页。

七叶树伤流溃疡病

受害植物：欧洲七叶树（*Aesculus hippocastanum*）、印度七叶树（*A. indica*）和红花七叶树（*A. x carnea*）是易感树种。

主要症状：伤流的溃疡，树皮的感染可能最终会导致整棵树势的衰落。

病原：传统上归结于疫霉菌，但是近几年出现的感染病案例是由叫作丁香假单胞菌七叶树致病变种（*Pseudomonas syringae* pv *aesculi*）的细菌引起的。

防治方法：目前没有办法控制这种感染，因为没有抗菌的化学物质能够在观赏植物上使用。不推荐切除受到感染的枝条因为这样为细菌制造了新的进入点并且也有助于存在于植物体内的细菌接种体的传播。除此之外受到影响的树是一种潜在的健康危害源，它们最好单独栽种，并且如果其有生理活性很强的树冠的话也可能会恢复。

七叶树潜叶虫

受害植物：七叶树属（*Aesculus* spp.）。

主要症状：叶子上被蛾子的幼虫吃掉了内部组织的地方会变色。长椭圆形的潜叶虫最初是白色的，有褐色斑点，后来会变成完全的褐色。大部分叶子可能会在夏末变成褐色并且过早地落叶。

病原：体型微小的欧洲七叶树潜叶虫（*Cameraria ohridella*）的幼虫。在春末和夏末直接会发生三个世代。

防治方法：没有有效的杀虫剂可供使用，而且七叶树往往太高难以喷施。印度七叶树是能够抵抗这种潜叶虫的。

杀虫剂/杀菌剂损伤

受害植物：一些室内植物和花园植物。

主要症状：离散的斑点或斑块，往往是漂白或烧焦的，出现在叶子上，叶子可能会凋落；植物通常能够生存。

病原：往往是在化学物质的使用频率或间隔时间上发生错误，或是在炎热、阳光明媚的天气下使用造成的。即便是正确使用，一些植物也会因为杀菌剂或杀虫剂而受损，这些易感物种会在包装上标明；在使用前仔细检查。

防治方法：对有特殊使用要求或产品标签上标注的植物使用专用的化学药剂。遵循制造商的说明。

内部锈斑病

受害植物：马铃薯。

主要症状：锈褐色斑点出现于整个果肉上。

病原：在砂质土、有机物含量低的土壤或是总体上营养含量低特别是缺钾和磷的土壤上种植。

防治方法：在种植前向土壤中混入腐殖质并在春天进行常规性的施肥。定期浇水。种植抗性强的品种，如'爱德华国王'（'King Edward'）。在六月浇灌含有硝酸钙的水。

鸢尾根腐病

受害植物：鸢尾。

主要症状：边叶的基部腐烂，然后腐烂传播至根茎，最先感染最年轻的部分。受到感染的区域萎缩成一个恶臭的小块。

病原：果胶杆菌（*Pectobacterium carotovorum*），这种细菌在渍水土壤中繁殖。细菌通过伤口或其他受损区域进入根茎。

防治方法：在种植之前检查所有的根茎是否有任何形式的损伤，要特别小心以避免伤害它们。在优质的排水良好的土壤上浅浅地种植根茎。采取措施以确保蛞蝓（其可能会对根茎造成伤害）处于控制之下。迅速除去任何腐烂的组织可以帮助暂时性地解决问题，但是长远来说最好是将整个球茎丢弃。

供水不规律

受害植物：可能是所有的植物，尤其是那些容器种植的植物。

主要症状：乔木茎干的外皮层或树皮可能会分离或裂开。叶子和花朵变得不平整、扭曲或是较一般的小。水果是畸形和缩小的，突然浇水可能会导致它们的树皮和内部开裂，让它们变得容易感病，并导致腐烂。

病原：不规律的供水，导致生长上的不规律和植物上部扭曲畸形。在气候导致的缺水或不稳定的灌溉导致的长期干旱之后突然灌水，会导致茎干破损和开裂。

防治方法：提供定期和充足的水的供应，特别是在炎热多风的天气，并且要特别注意任何生长在容器里的植物。不要在干旱之后为了弥补严重缺乏的水分突然灌溉。在适当的地方尽可能在土壤上放置一些覆盖物以保存更多的水分。

草坪蜜蜂

受害植物：草坪。

主要症状：草坪上出现小型的圆锥形土堆并且顶部有洞，特别是在夏天容易出现。小蜜蜂飞过草坪并进入或是离开这个锥形的巢穴。

病原：独居蜂（*Andrena* spp.）的若干品种。每个雌性都在土壤上挖掘自己的巢穴隧道并将挖掘的土壤排到草坪表面。当巢穴建造完成后，雌蜂收集花蜜并作为食品为其幼虫储存。这些独居蜂不具有攻击性，不会用刺攻击其他生物（除非是在被激怒的情况下）。

防治方法：像其他的蜜蜂一样，草坪蜜蜂是有益的传粉昆虫，所以应该容忍其存在。它们的巢穴隧道不会对草坪造成损坏。

叶芽线虫

受害植物：一年生植物和许多草本多年生植物。最经常被入侵的是钓钟柳、菊花和杂种银莲花（*Anemone* x *hybrida*）。

主要症状：黑褐色的斑块像岛屿一样或呈楔形出现在叶子的叶脉之间。

病原：滑刃线虫属（*Aphelenchoides* spp.），它们大量存在于受到侵扰的叶子内部以其为食。

防治方法：烧毁所有受到影响的叶子或一旦发现感染则销毁整个植物。对于菊花，将休眠芽浸泡在46℃的净水中五分钟以获得干净的插穗。没有有效的农药可供业余园丁使用。

潜叶类害虫

受害植物：乔木、灌木、宿根花卉和蔬菜，如丁香、冬青、苹果、樱桃、芹菜和菊花。

主要症状：叶子上有白色或褐色区域，通常的特定的潜叶蝇会有特定的形状，如线形、环形和不规则形。

病原：各种潜叶蝇的幼虫，如芹菜潜叶蝇（*Euleia heraclei*）和菊花潜叶蝇（*Chromatomyia syngenesiae*）；叶蛾，桃潜叶蛾（*Lyonetia clerkella*）；叶甲，如山毛榉叶甲（*Rhynchaenus fagi*）；以及叶蜂，如桦树叶蜂（*Fenusa pusilla*）。

防治方法：轻度感染时去除和销毁受影响的叶子。目前可供业余园丁使用的农药不能用来控制潜叶类害虫。

切叶蜂

受害植物：主要是月季，同样也还有乔木和其他灌木。

主要症状：菱形或圆形的大小一致的块状从叶片的叶缘被切除。

病原： 切叶蜂（*Megachile* spp.），其用切下的叶片筑造巢穴。它们体长约1厘米，腹部下方有姜黄色的体毛。

防治方法： 切叶蜂因为传播花粉而有一些益处，除非植物严重受损，否则没有必要控制它们。如果它们造成了一个持久的伤害，则当它们回到叶子中时用力拍打叶子。

叶蝉

受害植物： 乔木、灌木、宿根花卉、一年生植物、蔬菜和水果等。杜鹃、天竺葵、报春花、月季、番茄通常是最敏感的。

主要症状： 粗糙、苍白的污点出现在叶子的上表面，除了杜鹃，杜鹃的损伤只表现为杜鹃花芽枯萎的扩散。

病原： 叶蝉，如蔷薇小叶蝉（*Edwardsiana rosae*）和温室叶蝉（*Hauptidia maroccana*），其为绿色或黄色的昆虫，长约2~3毫米，在受到惊扰会从植物上飞走。它们的身体较宽，紧随着头部呈倒锥形。杜鹃叶蝉（*Graphocephala fennahi*）是蓝绿色和橙色相间的，长约6毫米。其乳白色不成熟的幼虫比较不活跃。

防治方法： 当发现叶蝉的活动时，在叶子下面喷施溴氰菊酯、除虫菊酯或吡虫啉。

叶瘿

受害植物： 灌木、宿根花卉、一年生植物，特别是大丽花、菊花以及天竺葵。

主要症状： 茎上接近地面的位置长出微小、扭曲的芽和叶子。

病原： 香豌豆束茎病菌（*Rhodococcus fascians*），一种土壤传播的细菌，其通过细小的伤口进入寄主内。其容易通过工具或是受到感染的植物繁殖材料进行传播。

防治方法： 清除受到影响的植物并去除它们附近的土壤，处理之后用水清洗。保持严格的卫生，定期给工具、容器以及温室消毒。不要用受到感染的植物来进行繁殖。

大蚊幼虫

受害植物： 幼龄的一年生植物、球根花卉、蔬菜、草坪和其他植草地区。

主要症状： 根部被吃掉，茎在地面处被切断，植物变黄，并且可能最终死亡。草坪上会在春天和夏天出现褐色斑点，有时能够看见蛆虫。

病原： 长脚蝇，也称为"长脚叔叔（daddy-long-legs）"（如大蚊属（*Tipula* spp.））的幼虫，其以植物的根和茎为食。幼虫长约3.5厘米，身体灰褐色，呈管状，无足。

防治方法： 在植物上看见损伤时，寻找并消灭长脚蝇的蛆虫，或者在温暖（12~20℃）、湿润的土壤上，在夏末的时候用夜蛾斯氏线虫（*Steinernema feltiae*）来进行生物防治。草坪上，用水浸泡受影响的区域，用麻布袋或黑色塑料薄膜覆盖一天以将长脚蝇的幼虫赶到其表面，可以以此来消灭它们。另外在初秋的时候应用上述的病原线虫进行生物防治，或用吡虫啉（imidacloprid）进行处理。在湿润的秋天过后问题会更加严重。长脚蝇幼虫的危害常发生在新近投入栽培使用的土地，所以这个问题会在几年之内逐步减少。

葱谷蛾

受害植物： 韭葱、洋葱、青葱、蒜、香葱等。

主要症状： 藏在叶子下面的小型幼虫，其会导致产生白色斑块并会钻入茎和鳞茎之中。虫蛹在叶子或茎外部网状的茧中。

病原： 葱谷蛾（*Acrolepiopsis assectella*）的幼虫，长达10毫米，体乳白色，有暗褐色的头部。它们在早夏和夏末之间发生两个世代并有幼虫生长。

防治方法： 没有有效的杀虫剂用于在花园中控制这种幼虫。在夏天用细网格的防虫网覆盖植物以防止害虫产卵。

闪电

受害植物： 所有的高大乔木。

主要症状： 树皮被剥去，在一个方向上可能会出现一条深沟，通常沿着植物的螺旋纹理。心材可能被粉碎，导致树体容易感病。树冠上产生死亡的树枝并且树冠的上部可能会死亡。

病原： 闪电。

防治方法： 在有价值的高大树木旁安装避雷针，但是这个方法不是很实用。

百合病

受害植物： 百合类，特别是白花百合（*L. candidum*）和棕黄百合（*L.x testaceum*）。

主要症状： 深绿色水渍状的斑点出现在叶子上，后来转变为暗褐色。之后叶子枯萎并保留在茎上。当病原体进入叶腋后茎干也可能会腐烂。死亡的组织上会形成黑色的菌核（真菌的子实体）。

病原： 一种叫作百合灰霉病菌（*Botrytis elliptica*）的真菌，湿润的气候会促进其繁殖。叶片损伤处（或在春天菌核上）会产生孢子，孢子会随着雨水飞溅或风力传播。

防治方法： 在排水良好的地方生长；清理所有受到影响的植物残体。没有用于治疗百合病的化学药剂。

低温

受害植物： 乔木、灌木、宿根花卉、一年生植物、球根花卉、水果、蔬菜和室内植物等；幼苗、幼龄的植物和各种容器种植的植物是最脆弱的。

主要症状： 叶子，尤其是幼苗的叶子，有时会变白，产生褐色、干燥的斑块；常绿树的叶子可能会变成褐色。霜害导致发皱、干枯或变色（通常是变黑）的叶子，叶子的下表面会高起，看起来像镀银一样。腐烂的斑块，表现为褐色或黑色且较干燥、柔软，常出现在花朵上，特别是在暴露的头状花序上。霜害可能导致花瓣枯萎或变色并使整朵花死亡。褐色、干枯的斑块也会出现在茎上，特别是在槭树科植物上。茎干可能会变黑、衰弱并且破损或裂开，这样为各种导致树木枯萎的生物提供了入侵的机会。如果水分在其中积累并冻结的话裂缝会扩大，这样会引起整株植物的死亡。

病原： 低温或者偶尔较大的温度上的波动。植物在暴露的位置上或在霜口上容易受到影响。

防治方法： 检查植物是否与场地相适应。对稚嫩、脆弱和没有遮蔽的植物提供越冬保护。对在保护或覆盖绒布的条件下成长起来的植物进行耐寒驯化。

缺镁症

受害植物： 乔木、灌木、球根花卉、多年生植物、一年生植物、蔬菜和水果等；同样还有许多室内植物。番茄、菊花和月季是最容易受到影响的。

主要症状： 变色的区域，通常是黄色但偶然是红色或是褐色，出现在叶脉之间（脉间萎黄病），受影响的叶子可能在早秋凋落。较老的叶子会最先受到影响。

病原： 酸性土壤、过多的浇水或降雨，这两种情况都会导致镁流失；或过高的钾含量，会导致镁元素不可用。用高钾肥促进开花或结果的植物（如番茄）容易受到感染。

防治方法： 用硫酸镁在秋天对这些植物或土壤进行处理；将它们按照25克/平方米的量整齐地添加到土壤中，或在每10升水210克硫酸镁液中加入一种像软肥皂一样的湿润介质，做叶面喷雾剂来使用。

缺锰症/缺铁症

受害植物： 乔木、灌木、宿根花卉、一年生植物、球根花卉、蔬菜和水果以及室内植物。

主要症状： 从叶子的边缘开始变黄或变褐并在叶脉之间延伸。整个叶色也开始变得更黄。嫩叶会先受到缺铁的影响。

病原： 植物被种植在不适合的土壤或介质中；特别是喜酸性的植物，无法从碱性土壤中吸收足够的微量元素。长期浇灌硬水，掩埋着的废弃物（如建筑碎石）、雨水从墙壁里的砂浆里流过都是可能导致土壤局部pH值提高的原因。

防治方法： 选择与土壤类型合适的植物并且清除区域内的建筑碎片。对易感植物使用雨水，而不是自来水。在种植之前或之后酸化土壤，并使用酸性护根。使用铁的化合物以及多孔形式的微量元素和硫酸锰。

粉蚧类

受害植物：室内和温室植物，仙人掌和其他肉质植物、葡萄树、柑橘树等。

主要症状：叶子和茎腋处出现带绒毛的白色物质。植物可能黏着蜜露（排泄物）并因煤污病变黑。根部也可能受到影响。

病原：各种粉蚧（如粉蚧属（*Pseudococcus*）和臀纹粉蚧属（*Planococcus*））；其为软体、灰白色的无翅昆虫，长约5毫米，通常有白色、蜡质的细丝尾随它们身体。根部损伤是由于根粉蚧（*Rhizoecus* spp.）导致的。

防治方法：在夏天引进孟氏隐唇瓢虫（*Cryptolaemus montrouzieri*）用来生物防治，或用溴氰菊酯、噻虫啉、植物油或脂肪酸每周喷施若干次。

机械损伤

受害植物：所有植物都有可能。

主要症状：在茎或树皮上能够看见一个整齐的伤口。受伤区域的树汁可能会发酵成黏流液，病原菌进入伤口从而导致植物萎缩甚至死亡。伤口愈合后会留下一个凸起。

病原：使用园林器械和工具不小心所致。

防治方法：清除严重受损的芽或茎。木本植物的伤口应当被单独留下。

紫菀螨

受害植物：紫菀（*Aster*），特别是荷兰菊（*A. novi-belgii*）。

主要症状：植物开花不良；一些花会转化成小叶子组成的花结。灰褐色的伤害出现在发育不良的茎上。

病原：紫菀螨（*Phytonemus pallidus*），一种微观的螨虫，以花蕾和茎尖为食。

防治方法：丢弃受到感染的植物，用不易感病的多年生紫菀，如美国紫菀（*A. novae-angliae*）或蓝菀（*A. amellus*）来取代它们。没有可供业

余园丁使用的有效化学药剂。

多足类

受害植物：幼苗和其他柔弱组织、草莓、水果和马铃薯块茎。

主要症状：幼苗和其他柔弱组织被吃掉，蛞蝓的损伤出现在鳞茎上，马铃薯的块茎肿大。损害非常严重。

病原：多足类（如千足虫属*Blaniulus*、*Brachydesmus*属和筒马陆属*Cylindroiulus*），为黑色、灰色、褐色或乳白色的在地表或其下方土壤中取食的生物。它们有坚硬的、分段的身体，每段有两对足（蜈蚣，作为一种有益的捕食者，每段身体只有一对足）。斑点蛇千足虫（*Blaniulus guttulatus*）是一种最具有破坏性的种类。其纤细、乳白色的身体长达2厘米，每一面都有一排红点。多足类喜欢在富含有机质的土壤中繁殖。

防治方法：彻底地耕作土壤并保持良好的卫生。在多足类多发的区域使用无机肥取代有机肥，尤其是在马铃薯正在生长的时候。多足类是很难控制的，但是它们自身很少成为一个问题，通过控制蛞蝓能够避免多足类的问题。

鼹鼠

受害植物：草坪、种苗和幼龄植物。

主要症状：成堆的土壤（鼠丘）出现在草坪和种植区域。幼龄植物的根和种苗会受到侵扰。

病原：在土壤中挖掘的鼹鼠。

防治方法：控制鼹鼠最有效的方法是捕捉，不过有时也可以使用超声波设备赶走，虽然是暂时的，但至少能让它们停止危害。

水仙基腐病

受害植物：水仙花。

主要症状：储存大约一个月之后，鳞茎的基板变得柔软、呈褐色，并且腐烂。病情恶化逐渐扩散到内部，其内会变成深褐色，并且有浅粉色、毛绒的真菌菌落可能出现在基板和鳞茎内部之间。鳞茎逐渐失

水变得干瘪皱缩。在地下的鳞茎可能会受到感染，如果不取出，会腐烂在土壤中。在某些情况下，叶子发黄和萎蔫的症状会最先发生。

病原：通过土壤传播的真菌尖孢镰刀菌水仙专化型（*Fusarium oxysporum* f.*narcissi*），其通过基板感染鳞茎；温度过高的土壤会促进这种真菌的滋生。如果受感染的鳞茎不被取出，它可能会感染相邻的鳞茎。储存受到感染但是不显示症状的鳞茎同样也会成为一个种植时的感染源。

防治方法：在收获季节的早期，在土壤上升之前取出鳞茎，用多菌灵浸泡鳞茎也可作为一种解决方法。在储存之前彻底检查鳞茎看是否有感病的症状。

水仙线虫

受害植物：水仙花、蓝铃花（*Hyacinthoides non-scripta*），以及雪花莲。

主要症状：鳞茎横切过的断面有褐色的同心圆。植物生长受抑制并且扭曲，受影响的鳞茎总是会腐烂的。

病原：鳞球茎茎线虫（*Ditylenchus dipsaci*），一种微观的线虫，其以鳞茎和叶子为食。在鳞茎自然化种植的地方，感染的面积会因为害虫在土壤中传播而逐年增加。杂草也能为水仙线虫提供庇护。

防治方法：挖出并烧毁受到感染的植物以及任何在它们附近1米内的植物。用44℃的水浸泡休眠的水仙鳞茎3个小时，能够杀死线虫并且不会伤害鳞茎，但是没有特殊的设备很难保持温度不变。避免至少两年之内在受到影响的区域重复种植易感植物，保持杂草在控制内。目前没有可用的化学治理方法。

丛赤壳属真菌溃疡病

受害植物：木本多年生植物、灌木、乔木，尤其是苹果树、多花海棠、苹果属（*Malus*）、山毛榉（*Fagus*）、杨属（*Populus*）、花楸属、桑属（*Morus*）以及山楂树。

主要症状：树皮上的小片区域，通常会接近芽或伤口，变暗并且向内

下陷；树皮的裂缝形成松散、片状的同心圆。变大的溃疡限制了养分和水的运输，并且导致茎和叶的退化。在极端的情况下整棵树都会被环绕并且萎缩。夏天会出现白色的脓疱，冬天则会是红色。

病原：真菌，丛赤壳属溃疡菌（*Neonectria galligena*），感染修剪、落叶、不规律的生长、霜害、棉蚜引起的伤口。

防治方法：修剪受影响的树枝或更大的枝干，清除整个溃疡的区域。在无风的日子对受影响的树木喷施含铜的杀虫剂。避免易感品种，如'考克斯的橙色苹果'（'Cox's Orange Pippin'）、'伍斯特红苹果'（'Worcester Pearmain'）和'詹姆斯·格里夫'（'James Grieve'）。

缺氮症

受害植物：大多数户外植物和室内植物。

主要症状：植物长出淡绿色的叶子，有时会发展成黄色或粉红色。总体的生长减缓，整个植物最终可能会变得略微纤细。

病原：植物生长在贫瘠的轻质土上或者在受到限制的环境如悬挂的篮子、窗台上的花箱或其他容器中。

防治方法：使用含氮量高的肥料，如硫酸铵、白垩硝或粪肥。

栎属衰弱病

受害植物：慢性的栎属衰弱病主要影响夏栎（*Quercus robur*），急性的栎属衰弱病影响成年（更大的超过50岁的）夏栎、无梗花栎（*Quercus petraea*）和两者的杂种。

主要症状：慢性的栎属衰弱病导致树冠症状的恶化是逐步加深的，持续许多年甚至几十年最终导致死亡。与慢性的不同，急性栎属衰弱病导致树冠恶化的症状可能直到树死亡之前才会出现。一种深色的液体从树皮中的裂缝（约5~10厘米）沿着树干滴下。其可能在每年固定的时间停止和干燥，并且会被大雨洗掉。从接近地面的高度到树冠高处可能存在多个伤流的斑块。一些树

木会在感染后的四五年间死亡。

病原: 慢性栎属衰弱病被认为是多种因素共同导致的,如害虫、疾病和环境条件等。急性栎属衰弱病是近几年刚被发现的,其被认为是由一种细菌病原体导致的。

防治方法: 通过为植物提供一个合适场地(土壤条件、气候等)以实现其健康、蓬勃地生长。证据显示当地起源的树种能够更好地适应当地的条件并且更容易抵御害虫和疾病的入侵。目前对急性栎属衰弱病的防治建议是让受影响的树木保留在原地,除非其构成了一个直接的安全隐患或对健康的栎树进行病害的传播。

栎属欧洲带蛾

受害植物: 栎属(*Quercus* spp.)。

主要症状: 在春末夏初栎树的叶子被群居的毛虫吃掉。如果它们接触到人类的皮肤会引起强烈的皮疹。

病原: 欧洲带蛾(*Thaumetopoea processionea*)的幼虫,一种最近在英国定居的害虫。其长达25毫米,有黑白相间的体毛,在晚间觅食,在白天群集在树皮上的丝网巢穴中。

防治方法: 因为栎树太高而难以用喷剂进行控制。对较小的树使用溴氰菊酯、高效氯氟氰菊酯或除虫菊酯。避免人体接触毛虫和它们的丝网。

瘤腺体

受害植物: 可能是所有的植物,特别是天竺葵、茶花、桉树和多浆植物等。

主要症状: 凸起的、瘤状的斑块出现在叶子上。其最初和叶子其余部分的颜色类似,但后来变为褐色。

病原: 过高的湿度,无论是空气中还是土壤介质中,都会使得植物细胞的含水量异常高。这样就会导致局部细胞群膨胀,形成外部增生,并且会在后来破裂,导致叶子上出现褐色斑块。

防治方法: 通过改善通风条件和小心控制植株种植间距来提高植物周围空气流通。减少浇水的次数,

尽可能改善排水条件。受到这种条件影响的叶子在任何时候都不应该被摘下。

葱地种蝇

受害植物: 主要是洋葱,有时也会对青葱、大蒜和韭葱造成影响。

主要症状: 生长不良,外围的叶子变黄,鳞茎中可能会发现蛆虫。

病原: 以根部和鳞茎为食的葱地种蝇(*Delia antiqua*)幼虫,其为白色的蛆虫,长达9毫米。

防治方法: 仔细拔出并烧毁受到感染的植物。在园艺织物覆盖下生长的洋葱能够避免雌蝇产卵。目前没有可供业余园丁使用的农药。

洋葱颈腐病

受害植物: 洋葱和青葱。

主要症状: 根颈部的鳞片变得柔软和变色;受影响的区域会出现一个密集的、毛绒的、灰色的真菌菌落;同时还可能会形成黑色的菌核(子实体)。在一些严重的情况下鳞茎最终枯死。这些症状往往会直到鳞茎被储存时才会出现。

病原: 一种叫作葱腐葡萄孢菌(*Botrytis allii*)的真菌,主要通过种子上的真菌孢子和植物残体上存在的菌核传播。

防治方法: 从有信誉的来源获得球茎和种子。促进硬实、成熟的洋葱的生长;不要在仲夏施肥,避免过高的氮肥,定期浇水。收获后,将洋葱的顶部尽快烘干。储存在凉爽、干燥的条件下并保证良好的空气流通,丢弃受损的鳞茎。避免种植更易感病的白色鳞茎的洋葱。

洋葱白腐病

受害植物: 洋葱、青葱、大蒜和韭菜等。

主要症状: 鳞茎的基部和根部被一个毛绒的白色真菌菌落覆盖,其坚硬的黑色菌核(真菌子实体)会嵌入鳞茎内部。

病原: 一种叫作白腐小核菌(*Sclerotium cepivorum*)的真菌。土

壤中的菌核至少能够在七年内保持活性,当感受到新寄主植物的根部存在时,它们就会滋长,导致植物受到感染。

防治方法: 尽早挖出并烧毁受到影响的植物。受害后至少在八年内不要再次种植易感作物。

欧洲防风草溃疡

受害植物: 欧洲防风草。

主要症状: 受影响的欧洲防风草的肩部变色并且腐烂,叶子上可能出现一些斑点。这种情况主要发生在秋季和冬季。

病原: 多个种类的真菌,主要是花枯锁霉菌(*Itersonilia perplexans*)。其中有些就生活在土壤中,其他的产生孢子通过病变的叶子进入土壤。

防治方法: 轮作。防止欧洲防风草的根部受伤,尤其是胡萝卜蝇的幼虫造成的损害。推迟并密集播种以促使欧洲防风草产生小根,这样能够使其不易感病,在每一排起垄以制造屏障来防止病变的叶子携带的孢子进入。及时清除所有受到影响的植物。在碱性的深壤土中种植欧洲防风草,并且选择抗性较强的品种,如'Avonresister'或'角斗士'('Gladiator')。

豌豆小卷蛾

受害植物: 豌豆。

主要症状: 豆荚中的豌豆被毛虫吃掉。

病原: 豌豆小卷蛾(*Cydia nigricana*),其在仲夏的早期会在豌豆的花上产卵。幼虫体乳白色,头部褐色,长约1厘米。

防治方法: 使用性激素陷阱捕捉雄性,以减少其与雌性成功交配的机会;在花后对植物喷施溴氰菊酯或高效氯氟氰菊酯7~10天。提前或延迟播种的豌豆不需要喷施。

豌豆蓟马

受害植物: 豌豆。

主要症状: 豆荚变为银褐色并保持扁平或只在梗端有一些种子。

病原: 豌豆蓟马(*Kakothrips pisivorus*),其身体较窄,黑褐色,吸取汁液的昆虫长度约2毫米。未成熟的幼虫外观与成虫相似,但为橙黄色。成虫和幼虫都以植物为食;喜干热的环境。

防治方法: 当损害发生时,定期给植物浇水,对植物喷施溴氰菊酯、高效氯氟氰菊酯或除虫菊酯。

桃缩叶病

受害植物: 桃、油桃、扁桃和其亲缘较近的观赏物种(李属)。

主要症状: 叶子变得扭曲、起泡并且有时浮肿,后来转变为深红色;叶子表面后来会出现一个白色的菌落。叶子脱落,但是会在脱落后产生第二片扁平健康的叶子。

病原: 一种叫作桃缩叶病菌(*Taphrina deformans*)的真菌,凉爽、潮湿的环境会促其滋生。孢子是通过风或雨向嫩枝、芽鳞和树皮的裂缝间传播的,孢子以此来越冬。

防治方法: 摘掉受到影响的叶子。保护植物让叶子在11月到5月中旬期间保持干燥;开放式的木质框架覆盖重型塑料能够解决问题。为了防止感染,用波尔多液或一种合适的含铜杀菌剂在冬季的中后期对植物进行喷施,在14天后重复喷施一次。

梨叶蜂

受害植物: 梨和李属的树木;同样还有产果和观赏用的李子属、木瓜属植物、山楂等。

主要症状: 叶子表面上被幼虫啃食的地方出现发白的褐色斑块。

病原: 梨粘叶蜂(*Caliroa cerasi*)——一种小黑叶蜂的幼虫阶段。

幼虫长约10毫米,头部末端较宽。其身体被一种黑色黏着的物质覆盖,因此像蛞蝓一样。它们主要以叶子的表面为食。在初夏和初秋之间能繁殖3代。

防治方法: 第一次发现幼虫时及时用溴氰菊酯、除虫菊酯或噻虫啉进

行喷施。

梨瘿蚊

受害植物：梨树。

主要症状：果实从末端开始变为黑色，并从树上坠落。果实内部能发现小型的蛆虫。

病原：梨瘿蚊（*Contarinia pyrivora*）。其成虫在未开放的花蕾上产卵；这些卵会孵化成泛白的橙色蛆虫，长达2毫米，在果实内部摄食，使果实变黑、腐烂。

防治方法：在蛆虫落入土壤化蛹之前收集并烧毁受害的果实。大型树木上的梨蚊防治是非常困难的。

牡丹枯萎病

受害植物：牡丹（芍药属）。

主要症状：受到影响的嫩枝的茎基部枯萎、衰弱并变为褐色。这种感染一般始于茎干的基部，被一个灰色的、毛绒的霉斑状的真菌菌落覆盖。受影响的茎的外部和内部都会产生小型的黑色菌核（真菌子实体）。

病原：一种叫作牡丹葡萄孢菌（*Botrytis paeoniae*）的真菌。菌核落入土壤并保存到条件适宜（尤其是在湿润的年份）的时候引起新的感染。

防治方法：在症状开始出现时，及时剪除草本芍药上受到影响的嫩枝直到地下的部分；修剪过密的植物使其变疏。

拟盘多毛叶枯病

受害植物：特别是松柏类植物，但同样也有许多其他木本观赏植物如山茶、杜鹃等。

主要症状：叶子变黄后变褐，通常是从枝条的茎尖处往回蔓延的。许多黑色、针头大小的肉眼可见的子实体，在受到影响的植物组织内部产生。

病原：拟盘多毛孢属（*Pestalotiopsis*）真菌（多个种）。

防治方法：唯一的选择是除去死亡和濒死的叶子。剪除受到影响的枝条将减少能够引发新一轮感染的

孢子的数量。通过确保所有健康植物都能在良好的条件下生长来将感染的可能性降到最小。

缺磷症

受害植物：可能是所有的植物；但是这种缺素症不太可能发生在大多数花园中。

主要症状：植物生长减缓，幼龄的叶子出现暗淡变黄的症状。

病原：土壤中硫酸盐的流失、地区多雨。植物生长在重黏土或深泥炭土中，或是在铁盘子上的土壤中，最有可能遭受缺磷的危险。

防治方法：使用硫酸钙。骨粉也是有效的，虽然发挥作用的时间较长。

疫霉根腐病

受害植物：乔木、灌木、多年生木本植物；槭树属、美国扁柏（*Chamaecyparis lawsoniana*）、苹果、欧洲红豆杉（*Taxus baccata*）、杜鹃、树莓和石南是最常受到侵害的。

主要症状：会导致根部腐烂、溃疡流伤，小枝和叶子枯萎的症状。叶子褐化，病变传播通常是从叶柄、叶尖或叶缘处开始的。病变通常沿着叶脉（中脉）快速传播，呈"V"字状。红棕色的液体从树皮的裂缝中流出，干涸后变成一种深色的煤焦油材质。在感染区域的上部，叶子可能是苍白、稀疏的，并且枝条可能萎缩并最终死亡。坏死组织产生的斑块出现在茎干基部或树干上，植物组织下面有蓝黑色污点；叶子稀疏萎黄。继续发展下去植物会萎缩，并可能会导致死亡。较大的根从茎或树干处开始萎缩，尽管较细的根系仍表现出完全健康的状态；受影响的根部会变为黑色。

病原：疫霉属（*Phytophthora*）的多种真菌，经常出现在湿润、渍水土壤中。根部被土壤和受感染植物残骸中积累的游动孢子入侵。一些种类具有高度专一性（*Phytophthora ilicis*，只感染冬青），而其他的病原有一个广泛的寄主范围，如樟疫霉菌（*P.cinnamomi*）、*P.plurivora*以及

检疫病原体栎疫霉菌（*P.ramorum*）和*P. kernoviae*。

防治方法：避免过重的灌溉强度，尽可能提高区域土壤的排水条件。只在信誉良好的来源处购买高质量的植物，选择耐性强或抗疫霉菌的品种，如异叶铁杉（*Tsuga heterophylla*）和杂扁柏（x *Cuprocyparis leylandii*）。目前没有可供业余园丁使用的有效的化学药剂控制方法。如果发现了嫩枝和叶子有枯萎的症状，剪除健康组织上受到感染的枝条，如果溃疡面积较小，可以通过剪除坏死的树皮来清除感染。另外受影响的植物应该被移除，包括周围的土壤。疫霉菌可以在土壤中潜伏多年。改善排水并且保持受影响的区内至少在三年内没有木本植物。如果怀疑栎疫霉菌（*P. ramorum*）和*P. kernoviae*存在，不要试图自己去控制疾病，而应该将情况报告给相关植物健康的权威部门来解决。

植原体

受害植物：乔木、灌木、宿根花卉、一年生植物、球根植物、蔬菜、水果（特别是草莓）等。

主要症状：叶子可能小于一般尺寸、扭曲并且被褪色的图案覆盖。花是绿色的、体积小并且也可能是扭曲的。花色无法恢复到正常的颜色并且随后长出的果实也是绿色的。铁线莲上的症状类似于霜害，但是在生长季后期受"霜害"影响的花将被正常颜色的花朵取代。草莓类植物的这种情况会导致花瓣变成绿色，产生的嫩叶是黄色、体小并且是不规则的；此外，老叶子在花期停止时会变为明显的红色。

病原：植原体，其被认为与细菌有关。植原体是通过叶蝉在植物间传播的，通常是从被变叶病感染的三叶草属植物上获得的感染源。

防治方法：清除所有受到影响的植物，只购买经过认证的水果品种，防控害虫，特别是有可能成为潜在的病原传播者的昆虫（叶蝉）。清除杂草，因为它们可能会藏匿这种疾病。

樟冠网蝽

受害植物：马醉木属植物和杜鹃。

主要症状：叶子的上表面产生粗糙、苍白的斑点，背面会有锈褐色粪便状斑点。成虫、幼虫和蜕下的皮都能在叶背面找到。

病原：一种刺吸式害虫，樟冠网蝽（*Stephanitis takeyai*）。其成虫长约4毫米，体黑褐色。透明的翅膀平贴在昆虫背部，有一个独特的黑色X字形标记。没有翅膀的幼虫身体上有刺。

防治方法：在初夏的时候喷施溴氰菊酯或噻虫啉以消灭幼虫。

李小食心虫

受害植物：李子属。

主要症状：果实早熟然后坠落。果实内能够发现粉色的毛虫与其产生的排泄物。

病原：李小食心虫（*Grapholita funebrana*），其在初夏时在果实上产卵。这些孵化的幼虫长度可达1厘米。

防治方法：如果把性激素陷阱挂在树上以捕捉雄性李小食心虫，能够减少雌性成功交配的概率，因此能够减少生虫的果子数量。像对付苹果小卷蛾（见658页）一样喷施农药。

油菜花露尾甲

受害植物：玫瑰、香豌豆（*Lathyrus odoratus*）、水仙、西葫芦、红花菜豆以及其他的花园花卉。

主要症状：在春季和夏季的中晚期能够在花朵中发现黑色的小甲虫。

病原：油菜花露尾甲（*Meligethes* spp.），其长约2毫米，体黑色。它们以花粉为食但是其他方面对开花不会造成直接的伤害。

防治方法：油菜花露尾甲是不能被控制的，因为其在油菜田里繁殖出数量巨大的群体飞到花园。使用杀虫剂是不明智的；杀虫剂会损伤花瓣并对有用的传粉者（如蜜蜂）造成伤害。剪下花朵后，将其放在一个棚子或者车库里，用一个光源（如开着的门）直射它，甲虫就会飞走，用这种方法可以摆脱甲虫的困扰。

缺钾症

受害植物：食用和观赏用的水果植物，主要是黑醋栗、苹果和梨等。

主要症状：叶子变为蓝色、黄色或紫色，斑纹或叶子的尖端或叶缘上有褐色的污点。一些叶子可能会向内卷；它们非常柔软并且因此会遭到病原体的入侵。整个植物的开花、随后的结果以及一般的生长都会受到抑制。

病原：在质地轻薄或高白垩或泥炭含量的土壤中种植植物。

防治方法：改善土壤结构。使用硫酸钾或高钾化肥来改良。

马铃薯囊肿线虫

受害植物：马铃薯和番茄。

主要症状：植物黄化死亡，从较低的叶子开始，马铃薯块茎增大受阻。被掘起的植物的根部显示出许多白色、黄色或褐色的囊肿，直径约1毫米。

病原：根寄生线虫，其会破坏水和营养物质的吸收。成熟的雌虫肿大，它们的身体（即所谓的囊肿）会破坏根部细胞壁。囊肿包含多达600个卵；它们能够在多年之内保持活性。马铃薯金线虫（*Globodera rostochiensis*）的囊肿在它们成熟后由白色变为黄色再变为褐色；马铃薯白线虫（*G. pallida*）的囊肿直接从白色变为褐色。

防治方法：轮作作物来干扰病害侵染的建立。一些马铃薯能够抵抗马铃薯金线虫，如'口音'（'Accent'）、'彭特兰标枪'（'Pentland Javelin'）、'火箭'（'Rocket'）、'斯威夫特'（'Swift'）（幼龄马铃薯）、'卡拉'（'Cara'）、'马里斯派'（'Maris Piper'）、'毕加索'（'Picasso'）和'斯坦斯特'（'Stemster'）（主要作物）；其他品种，如'玛克辛'（'Maxine'）、'桑特'（'Sante'）和'英勇'（'Valor'）也能够忍耐马铃薯白线虫。目前没有可供业余爱好者使用的化学控制方法。

马铃薯块茎坏死

受害植物：马铃薯。

主要症状：褐色、弧形的褪色斑纹，通常是在畸形的块茎内部产生的。马铃薯单独显示出这些症状，但是这种病毒能够感染烟草、翠菊（*Callistephus*）、剑兰、郁金香、风信子和辣椒等。

病原：大量的病毒，包括烟草脆裂病毒（tobacco rattle virus）以及一般不常见的马铃薯帚顶病毒（potato mop-topvirus）；这些都是通过独立生存在土壤中的线虫传播的。

防治方法：避免其他寄主植物种植在受过影响的土地上，并且在一块之前没有使用过的土地上种植马铃薯。使用经过认证无病毒的种子。

白粉病

受害植物：大多数户外植物和许多室内植物；大多数水果，通常为葡萄、桃和醋栗。

主要症状：真菌菌落，通常是白色和粉色的，出现在叶子上。通常是在上表面被发现的，也有可能出现在下表面或是两面都出现。也可能会出现紫色或黄色的斑点。叶子变黄并提前脱落。在水果上，在表皮上出现发白的灰色真菌斑块，往往在成熟时斑块会变成褐色。葡萄的浆果变硬，会破裂，并且无法完全变大；也会出现真菌的二次感染。开裂的醋栗是不常见的，并且其上的真菌菌落可以被擦掉。

病原：各种真菌，包括单丝壳属（*Sphaerotheca*）、白粉菌属（*Erysiphe*）、新白粉菌属（*Neoerysiphe*）、叉丝单囊壳属（*Podosphaera*）、高氏白粉菌属（*Golovinomyces*）和布氏白粉菌属（*Blumeria*）的物种。一些有严格的寄主范围；其他的入侵范围则较为广泛。孢子通过风和飞溅的雨水传播，真菌可能在寄主植物的表面越冬。

防治方法：避免在干燥的地方种植易感植物，灌溉和覆盖物是必要的。及时清理受到影响的区域。种植一些有抗性的醋栗，如'因维卡'（'Invicta'）和'金翅'（'Greenfinch'）。

用腈菌唑喷施观赏植物、苹果、梨、醋栗和黑醋栗。苯醚甲环唑（Difenoconazole）可以用于观赏植物和一些水果树。灭菌唑（Triticonazole）和戊唑醇（tebuconazole）可用于观赏植物。

报春花腐锈病

受害植物：报春花属。

主要症状：根部腐烂、纵向开裂，显露出褐色的内核；多数死亡，植物倒伏在地上。叶子变黄、枯萎、死亡，当根部从尖端开始往回腐烂时，植物会倒伏在地面上。花朵枯萎。

病原：一种叫报春花疫霉菌（*Phytophthora primulae*）的真菌，其可以在土壤中存活多年并保持活性。

防治方法：挖掘出并烧毁所有受到影响的植物。在一个全新的场地种植新的报春花。

增生

受害植物：主要是蔷薇属，特别是老品种，但是偶尔有其他的观赏植物和生产果实的植物。

主要症状：花茎从现有花的中心生长出来，一朵新的花会从原有的上方形成。在一些情况下数个花蕾在一起形成，被一组花瓣包围。

病原：花蕾生长点在早期被破坏，通常是受到霜害或昆虫的攻击。当问题再次出现时，可能是由于病毒导致的。

防治方法：严重和反复受到影响的植物，可能是由于病毒感染造成的，在这种情况下应该彻底销毁掉受害植物。在其他情况下，是不需要进行治疗的。

兔子

受害植物：幼龄的小树；低矮的植物。

主要症状：树皮被啃食，特别是在寒冷的天气。低矮的植物被吃掉，有时会一直被啃食到地下的部分。

病原：兔子。

防治方法：用至少1米高并且埋入地下20厘米的铁丝网将花园保护起来。另外，在敏感植物的周围放置一些不太复杂的栅栏。用铁丝网或螺旋树木防护项圈来保护基地的树木。基于硫酸铵的防护剂，只能提供有限的保护，特别是在潮湿的天气或植物快速生长的时期。

树莓小花甲

受害植物：主要是树莓，但也有黑莓和杂种茎生水果。

主要症状：成熟的果实枯竭并在茎端褐化；果实内部能够发现昆虫的幼虫。

病原：树莓小花甲（*Byturus tomentosus*）。其雌虫会在仲夏的早期在花朵上产卵。褐色发白的幼虫长约6毫米，在约两周后孵化。它们首先在果实的茎端取食，后会进入果实的内部。

防治方法：只有化学喷雾能够提供一个有效的控制。当第一个粉色的水果出现时对树莓使用溴氰菊酯；对于罗甘莓在80%的花瓣落下的时候喷施；对于黑莓当第一朵花瓣开放的时候喷施。第二次喷雾可能需要在树莓和罗甘莓第一次喷雾两周后进行。在黄昏进行喷雾以避免对蜜蜂造成伤害。

百合负泥虫

受害植物：球根百合以及贝母（*Fritillaria*）。

主要症状：叶子和花在早春和仲秋之间被吃掉。

病原：百合负泥虫（*Lilioceris lilii*）的成虫和幼虫。成虫长约8毫米，体为明亮的红色。幼虫呈红褐色，头部黑色，并被湿润的黑色排泄物覆盖。

防治方法：在一个较长的产卵及发病的时期（仲春至仲夏）中都很难防治。用手摘除，或者用溴氰菊酯、啶虫脒（acetamiprid）或噻虫啉喷施。

红蜘蛛

受害植物：乔木、灌木、宿根花卉、球根花卉、一年生植物、仙人掌、肉质植物、蔬菜以及水果。豆类、黄瓜、西瓜、苹果和李子等特别容易受到影响。

主要症状：叶子变得暗淡、枯黄，上表面出现微小的、苍白的斑点。叶子提前脱落，一个微小的丝织物可能会覆盖植物。

病原：红蜘蛛，有八条腿，体长小于1毫米。其身体呈黄绿色，有褐色斑纹，并且可能会在秋天变为橙黄色。红蜘蛛有若干物种，最常见的是二斑叶螨（*Tetranychusurticae*），又叫温室红蜘蛛；其在夏天会对花园和室内的植物造成影响。

防治方法：红蜘蛛的快速繁殖能力和抗药性让防治非常困难。为了阻止其侵扰，在温室需要对叶子下面喷水以保持一个较高的湿度，在玻璃上设一些遮挡以避免高温；如果在感染情况还没有变得非常严重的时候引入捕食性螨虫智利小植绥螨（*Phytoseiulus persimilis*），能提供一种有效的针对红蜘蛛的生物防治。红蜘蛛能够通过喷施植物油或脂肪酸三到四次进行控制，每次间隔五天。

红线病

受害植物：草坪草，尤其是那些细叶草，如牛毛草等。

主要症状：微小的、淡粉色至红色的、凝胶状的、真菌线状分枝建立在草坪的一个小斑块上，其直径约8厘米，之后会褪色变白。草坪很少会被直接致死，但会被削弱并且其外观会遭到破坏。

病原：一种叫作黑麦草赤丝病菌（*Laetisaria fuciformis*）的真菌，其在大雨后十分常见。当土壤缺氮或者通气不良时，真菌的问题也会变得棘手。

防治方法：改善草坪的维护和排水，通气、翻松土壤以及进行必要的施肥。真菌杀菌剂能够全年使用，除了旱季以及草坪结冻的时候。

再植病害/土壤衰竭

受害植物：主要是蔷薇属，通常是那些以狗蔷薇为砧木的植物，以及果树。

主要症状：植物活力降低，生长和根发育受阻。

病原：可能有多个原因，包括寄居在土壤中的线虫及其传播的病毒、通过土壤传播的真菌和养分枯竭等。

防治方法：不在之前栽种过相同或相近物种的土地上种植替代植物。在至少45厘米深的范围内更换土壤，深度要大于根系生长的范围若干厘米。没有合适的化学消毒剂可供业余爱好者使用，但是可以将土地交给专业承包商处理。

杜鹃芽枯病

受害植物：杜鹃花属。

主要症状：芽形成但无法展开。芽变成褐色、干枯，有时产生一层银灰色的薄膜，并在春天被黑色的真菌刚毛覆盖。受到影响的芽不会脱落。

病原：一种叫作杜鹃芽枯病菌（*Pycnostysanus azaleae*）的真菌，其通过杜鹃叶蝉（*Graphocephala fennahi*）造成的伤口进行感染。

防治方法：尽可能在仲夏前去除并销毁所有受到影响的芽，仲夏的时候叶蝉会变得非常普遍；也可以在夏末和早秋对植物喷施农药。见叶蝉（第663页）。

啮齿类

受害植物：灌木、幼龄的乔木、番红花的球茎、豌豆和黄豆的幼苗、种子、蔬菜以及储存中的水果。

主要症状：茎和根部的外层被啃食；同样树皮也会出现同样的症状。种子、幼苗、球茎、蔬菜和水果都会被吃掉。

病原：小鼠、大鼠和田鼠。

防治方法：捕鼠夹能够提供最佳的解决方案；鼠得克（difenacoum）、溴鼠灵（brodifacoum）、溴敌隆（bromadiolone）或杀鼠迷（coumatetralyl）毒饵都可以使用。

根蚜虫

受害植物：莴苣、黄豆、胡萝卜、欧洲防风草、洋姜、蔷薇属、石竹类植物等。

主要症状：植物生长缓慢，夏季的中晚期在阳光明媚的天气下有枯萎的倾向。白色的蜡质粉末可能出现在根部及附近的土壤上。

病原：蚜虫，长达3毫米，一般为乳脂状褐色，以植物根部及茎基部为食。不同种类的蚜虫入侵不同种类的植物，如囊柄瘿绵蚜（*Pemphigus bursarius*）入侵莴苣，耳状报春花伪卷叶绵蚜（*Thecabius auriculae*）入侵耳状报春花。

防治方法：轮作蔬菜作物，种植抗根蚜虫的莴苣品种。根蚜虫很难用杀虫剂来处理。盆栽的观赏植物可以用噻虫啉或啶虫脒来防治葡萄象甲的幼虫。

根结线虫

受害植物：多种花园植物，包括暖季型的果树、蔬菜和观赏植物。温室植物也是非常敏感的。

主要症状：根部或块茎上出现虫瘿或肿大。整体的生长受阻，植物枯萎、变黄，有时会彻底死亡。

病原：根结线虫（*Meloidogyne* spp.），其体形瘦长，呈透明状，仅0.5毫米长。幼虫会钻入根部。

防治方法：烧毁所有受到影响的植物。轮作蔬菜作物；选择抗性植物。目前没有可供业余园丁使用的化学防治方法。

月季萎缩病

受害植物：月季。

主要症状：植物萎缩，同时可能会褪色。表面形成真菌菌落。症状会在某些情况下恶化。

病原：种植不当、维护不良或者环境不适宜。严重或反复受到霜害，叶病或真菌也可能会造成这种病害。

防治方法：正确地种植玫瑰，定期施肥灌溉。修剪植物，并保持病害和虫害在控制范围内。清除所有死亡或者病变的组织使其成为健康的植物。

月季卷叶叶蜂

受害植物：月季。

主要症状：月季的叶子边缘向下卷曲形成绷紧的管状，通常发生在春末和夏初。

病原：月季卷叶叶蜂（*Blennocampa phyllocolpa*）。雌虫在叶子上产卵，分泌化学物质并导致叶片卷曲。浅绿色的毛虫一样的幼虫会在卷曲的叶片内部取食。成虫体呈黑色，约3~4毫米长，有透明的翅膀。

防治方法：摘除并烧毁所有卷曲的叶子。另外，可对叶蜂的成虫喷施溴氰菊酯。

迷迭香甲虫

受害植物：迷迭香、薰衣草、鼠尾草、百里香。

主要症状：叶片被吃掉，主要发生在夏秋的晚期和春天，甲虫及其幼虫都能在植物上看见。

病原：迷迭香甲（*Chrysolina americana*）的成虫，其长约7毫米，沿着它们的翅膀基部和胸部有紫金色和绿色的条纹。幼虫身体柔软，呈灰白色，有深色条纹。成年甲虫夏天生活在植物上，但不会进食。

防治方法：在薰衣草和迷迭香的下面放置报纸，摇晃植物然后收集甲虫及其幼虫。严重感染的时候，用噻虫啉、溴氰菊酯或高效氯氟氰菊酯对植物进行喷施。

锈病

受害植物：乔木、灌木、宿根花卉、蔬菜、水果和室内植物。薄荷（*Mentha*）、月季、树莓和黑莓常易受到感染。

主要症状：小型的亮橘色或褐色孢子斑块在叶子的背面形成，每一个都会在叶子上表面对应一个黄色的斑点。孢子可能出现在同心环或脓疱上，有时呈苍白的浅褐色，如菊花白锈病的症状。有时也会产生冬孢子，深褐色或黑色。叶子也会在早期落下。同样茎干上的脓疱包含着亮橘色或深褐色的形成中的孢子，或是已经明显从内部破裂开来。一些植物，如杜松，会产生凝胶状的物质。严重情况下，茎干变得普遍扭曲并且破裂。并且可能伴随着植物的萎缩。

病原：真菌，最常见的是柄锈菌属的物种，其通过飞溅的雨水和空气的流通传播，并在植物残体上越冬。一些锈病是系统性疾病。

防治方法：清除所有受到影响的区域。尽可能增加通风和植物种植间距以及避免植物过度繁密生长来改善空气流通。受到影响的植物应该通过彻底的杀菌剂喷雾处理，包括苯醚甲环唑（difenoconazole）、戊唑醇（tebuconazole）、灭菌唑（triticonazole）或腈菌唑（myclobutanil）等。

叶蜂幼虫

受害植物：乔木、灌木、草本多年生植物和水果。尤其易受影响的是松柏类、杨柳、假升麻、路边青属植物、楼斗菜、多花黄精、月季、醋栗和红醋栗。

主要症状：导致植物落叶。

病原：不同种类叶蜂（如松叶蜂属（Diprion）、丝角叶蜂属（Nematus）、锉叶蜂属（Pristiphora））的幼虫；其幼虫长约3厘米，体一般为绿色，有时有黑色斑点。多花黄精叶蜂（Phymatocera aterrima）的幼虫颜色为灰白色。多数幼虫紧附在叶缘处，当它们受到惊吓时身体会弯曲呈"S"形，但是路边青属或多花黄精叶蜂的幼虫不会有这种反应。

防治方法：可能的话手工摘除害虫。对严重受到感染的植物喷施溴氰菊酯、高效氯氟氰菊酯、除虫菊酯或噻虫啉。

疮痂病

受害植物：梨树、橄榄树、杨柳树、枇杷树、火棘和苹果属，包括观赏树木和果树。

主要症状：深色和绿褐色的斑块，疮痂状或有时呈水泡状，出现在叶子上；所有受到影响的叶子都会提前凋落。黑褐色的疮痂状斑块出现在皮肤上，严重的侵染会导致水果变小并且畸形，在某些情况下可能会出现裂缝，这可能会导致水果容易受到继发感染。

病原：一些真菌，如苹果黑星病菌（Venturia inaequalis）、梨黑星病菌（Venturia pirina）、柳黑星病菌（Venturia saliciperda）以及Fusicladium oleagineum，其生长在潮湿的天气中。它们可能在受感染的叶子和树枝上越冬。

防治方法：让植物保持中心部向外

散开，并剪除任何受到感染的枝条和水果。把落下的叶子耙到一起并且烧毁。用一种合适的杀菌剂喷施植物，如苯醚甲环唑（difenoconazole）、腈菌唑（myclobutanil）或灭菌唑等。苯醚甲环唑被认为可以控制观赏植物和苹果、梨和柑橘（只用浓缩配方）的疮痂病。腈菌唑（灭真菌剂）可以用来控制梨和苹果上的疮痂病。腈菌唑、戊唑醇（tebuconazole）和灭菌唑的剂型也可以用来控制观赏植物的疮痂病。不要储藏受影响的水果。

蚧虫类

受害植物：乔木、灌木、仙人掌科和其他肉质植物、水果、室内植物和温室植物。

主要症状：叶子可能黏附着蜜露（分泌物）并被乌黑的霉菌污染。严重受到感染的植物也可能表现为生长减缓。白色的、包含虫卵的蜡质沉积物也不时出现在茎上。

病原：蚧虫类，包括扁平球坚蚧（Parthenolecanium corni）、褐软蜡蚧（Coccus hesperidum）、榆蛎盾蚧（Lepidosaphes ulmi）以及七叶树蚧（Pulvinaria regalis）。它们通常是黄色、褐色、深灰色或白色的，长约6毫米，身体呈扁平或凸起、圆形、梨形或卵形。通常能在叶子下表面和茎干上发现它们。

防治方法：用植物油在冬天对生产水果的落叶树种进行喷雾。在温室中使用赤黄阔柄跳小蜂（Metaphycus helvolus）进行生物防治。对其他植物喷施溴氰菊酯、噻虫啉、植物油或脂肪酸，选取的时间为在新孵化的蚧虫幼虫刚出现的时候，对于温室植物而言是全年，对于室外植物来说则是夏季的早期至中期。

菌核病

受害植物：多种蔬菜和观赏植物。

主要症状：突发性枯萎，叶基部泛黄，茎干上出现褐色的腐烂。这些症状伴随着白色霉斑，其内一般包含硬质的黑色结构，称为菌核。通常情况茎基部会受到侵害，但是储存的球茎和胡萝卜以及欧洲防风草也会受到影响。

病原：一种叫作核盘菌（Sclerotinia sclerotiorum）的真菌。

防治方法：受到感染的植物材料应该销毁掉，特别是在菌核被释放到土壤之前。它们往往能够存活多年。这些材料不应该用来制作堆肥。病害的寄主范围非常广，所以杂草也可能成为寄主，应当被除掉。如果受到感染的土壤不能更换，八年之内不应该再种植易感植物。目前没有可供业余园丁使用的化学控制方法。

立枯病

受害植物：多种生长在温暖气候中的蔬菜作物（没有出现在英国），包括豆类、卷心菜、甜马铃薯和番茄。

主要症状：幼苗显示出倒伏的症状。年老植物的根颈或茎在地面处腐烂，嫩枝泛黄，枯萎甚至死亡。

病原：白绢病真菌（Athelia rolfsii syn. Corticium rolfsii）通过基部入侵植物；线虫或昆虫造成的伤口会促进真菌的感染。植物种植在轻质沙土上并且水分供应充足的情况下是最容易受到危害的。

防治方法：适当地护理作物，清除病变的植物和其残体，避免在污染的区域种植作物；烧毁受影响的残留物或将其深埋进土中。

五隔盘单毛孢属溃疡

受害植物：针叶植物，主要是柏属（Cupressus），特别是大果柏木（C. macrocarpa）、意大利柏木（C. sempervirens）以及杂扁柏（x Cuprocyparis leylandii）。

主要症状：一些分散的分枝长出暗淡的叶子，之后变黄、死亡，变为褐色并最终脱落。受影响的枝条产生溃疡，流出大量的树脂，并且被黑色、水泡状子实体覆盖。但溃疡布满一个分枝或主干时，会使其死亡。

病原：五隔盘单毛孢属真菌（Seiridium cardinale）产生的于空气中传播的孢子入侵树木，其入侵途径通常是修剪分枝造成的端口、树皮上的细小缝隙、叶鳞和小枝分叉处。感染最容易发生在植物的休眠季节。

防治方法：剪除所有受到影响的分枝，甚至严重时，要将整棵树都清除掉。目前没有可供使用的化学防治方法。

葡萄枯萎病

受害植物：葡萄树（Vitis vinifera）。

主要症状：浆果生长的茎干枯萎。浆果口感水份过多或带有酸味；褐色品种变为红色和白色透明状。浆果保存在枝条上会枯萎并且容易患病，如灰霉病（见661页）。

病原：修剪过重，浇水不足或过多，或者土壤条件不良。

防治方法：剪除枯萎的浆果，定期向叶面追肥。在几年内减少作物的种植量并试图提高总体的土壤条件。

蛀洞

受害植物：食用或观赏樱桃（李属）、桃、青梅、油桃、李和月桂樱（Prunus laurocerasus）；以及其他的乔木、灌木和木本多年生植物。

主要症状：变色（通常为褐色）斑点出现在叶子上；坏死的叶片组织消失，留下空洞。情况严重时，叶片的大部分都会消失。

病原：丁香假单胞菌李死致病变种（Pseudomonas syringae pv. morsprunorum）和丁香假单胞菌丁香致病变种（Pseudomonas syringae pv. syringae）会在李属植物上导致蛀孔，假单胞菌丁香致病变种也会在其他寄主植物上引起这种病症。小点霉属真菌（Stigmina carpophila）也会导致李属植物出现相似的症状。

防治方法：改进受害植物总体的生长环境和整体的健康状况。对于李和樱桃可以用含铜的杀菌剂进行喷雾。

银叶病

受害植物：阔叶乔木和灌木，特别是那些蔷薇家族的植物；李和樱桃最容易受到攻击。

主要症状：叶子上出现银色的变色斑块，通常开始于独立的分枝，最后会蔓延到整个树冠。树枝萎缩；受影响的叶片中心有一个黑色的凹陷斑。

病原：真菌紫软韧革菌（Chondrostereum purpureum），其通常出现在被砍伐的原木和枯枝上。孢子是由黏附在树皮上的革质支架产生的。支架的上表面呈暗淡的灰色、稍带些毛，下表面则是紫色、光滑的。孢子可能通过新鲜的伤口（不到一个月）入侵感染。银色叶片本身不会传染。

防治方法：避免伤害植物。在夏天对易感植物进行修剪，这个时候感染不容易发生。清除受到影响的部分，修剪位置离感染的部分15厘米左右。

黏液流/湿木

受害植物：乔木、灌木和木本多年生植物；铁线莲尤其容易受到影响。

主要症状：茎干萎缩并从基部流出粉红色、黄色或灰白色黏液。液体通常是黏稠的，有难闻的气味。

病原：在树液压强升高，即萌芽前期，茎干受到损伤（通常是霜害或物理损伤）。树汁从伤口流出，液体含糖量很高并且包含了各种微生物（尤其是酵母、细菌和真菌），这些微生物会导致液体增稠和变色。

防治方法：避免茎干受到损伤，尤其是易感的植物。及时清除受到影响的茎干，剪除的位置一定要在健康部分，必要时甚至可以剪到地下部分。给予植物足够的肥料和水分，植物在修剪后可以产生更多的新枝。

黏菌霉病

受害植物：常见的草类，偶尔会有一些其他植物。

主要症状：浅褐色、橙色或白色的成簇子实体会让个别的草叶窒息，之后孢子会被释放出来，使黏菌的外表变成灰色；草地看起来很难看但不会受到损伤。这种情况在春季晚期很常见，并且早秋可能会再次出现。

病原：黏菌。它们常常会在下大雨的时候进入繁盛时期。

防治方法：灌溉受影响的区域。通过在秋季挖土和翻松来促进根系生长。

蛞蝓和蜗牛

受害植物：非木质化植物，特别是幼龄植物；马铃薯。

主要症状：叶子上出现蛀孔，并且

茎干可能部分被剥除；叶子和土壤表面会留下银色的痕迹。马铃薯块茎的外表面被钻出圆形的孔洞，在夏季其内部也会出现许多蛀孔。

病原：蛞蝓（如温室蛞蝓属（*Milax* spp.）、陆蛞蝓属（*Arion* spp.）、网纹野蛞蝓属（*Deroceras* spp.））以及蜗牛（如智利螺旋蜗牛（*Helix aspersa*））。病原主要为黏滑的软体动物，主要在晚上或雨后取食。

防治方法：定期翻耕以使虫卵暴露在外。使用陷阱或栅栏（见642页），或手动清除。'红隼'（'Kestrel'）和'桑特'（'Sante'）马铃薯是抗蛞蝓的。用致病线虫*Phasmarhabditis hermaphrodita*进行生物防治。将硫酸铁或四聚乙醛除蛞蝓剂稀疏地分散到植物之间，或对观赏植物和土壤表面喷施液体四聚乙醛，也可以使用物理栅栏。

煤污病

受害植物：金莲花、银莲花、紫罗兰、冬菟葵（*Eranthis hyemalis*）和玉米。

主要症状：圆形或椭圆形的凸起，通常是暗绿色或灰白色，产生在叶子上的。它们会破裂，并释放出粉末状的大量黑色孢子；严重感染时叶子会枯萎死亡。叶梗也会产生相似的症状。

病原：多种真菌，如条黑粉菌属（*Urocystis*）和黑粉菌属（*Ustilago*）；孢子通过飞溅的雨水和气流传播。

防治方法：烧毁受到影响的植物；即使这个问题似乎暂时被控制了之后感染仍可能再度爆发。

雪腐镰刀菌病

受害植物：草坪，特别是那些包含高比例的一年生草地早熟禾（*Poa annua*）的草坪。

主要症状：草地上出现黄色坏色的斑块，并且它们经常会联合成较大的面积。在潮湿的天气会形成白色的菌落，导致草坪粘在一起。这种病症容易在晚秋和冬季流行起来，特别是在那些当白雪覆盖的时候被践踏的地区。

病原：主要是雪腐镰刀菌（*Monographella nivalis*同*Fusarium nivale*），这种真菌会在通气不良和氮肥过多的条件下滋生。

防治方法：在易感区域加强维护，定期对土壤进行通气和翻松。避免在夏末与初秋间使用含氮量高的化肥。使用硫酸铁有助于防治雪霉菌；一种叫作肟菌酯的杀菌剂也被认为是可以用来控制它的。

稻绿蝽

受害植物：豆类、番茄、树莓及多种观赏植物。

主要症状：成群的稻绿蝽幼虫吸食种穗和生长中的豆类和水果。受损的豆类和水果可能发生畸变和变色。

病原：成年的稻绿蝽（*Nezara viridula*），长约12毫米，其可能被人误认为是无害的红尾碧蝽（*Palomena prasina*）。后者的背部表面有一个深褐色区域，而稻绿蝽是均匀的绿色。该害虫的幼虫体为黑色或绿色，有一排白色、粉色或黄色斑点在身体上表面。

防治方法：用溴氰菊酯、高效氯氟氰菊酯或除虫菊酯喷施处理。

褐斑病/茎疫病

受害植物：树莓。褐斑病可能也会入侵罗甘莓。

主要症状：褐斑病，夏末会在分节处出现紫色区域；不久后这些紫色区域会增大并且变为银灰色。许多小型褐色产生孢子的结构出现在每一个斑点的中心。芽会坏死，或是产生已经死亡的新枝。茎疫病，真菌通过损伤的点进入后，植物会从地上部分开始恶化，使得茎产生黑色的变色斑并且变得脆弱。叶子枯萎。被削弱的植物比维护良好的强壮植物更容易再次被这种病害感染。

病原：褐斑病为悬钩子小双胞腔菌（*Didymella applanata*）感染，茎疫病为盾壳霉小球腔菌（*Leptosphaeria coniothyrium*）感染。

防治方法：良好地维护植物。在首次出现病害的症状时，剪除受到影响的茎条，对于茎疫病甚至需要剪到地下的部分。用含铜的杀菌剂喷

施植物。

供肥不足

受害植物：草坪和其他植草区域。

主要症状：草坪稀疏、参差不齐并且通常有些苍白；其可能被苔藓和杂草入侵或被病原体感染。植物生长减缓。

病原：施肥不足或使用的肥料不当。

防治方法：施肥的季节选择在春天，或者更好的是在夏天和秋天，在一年中不同的时间选择适宜的肥料。在秋天通过挖土和翻松土壤促进植物根系的生长。

储藏中的腐烂

受害植物：鳞茎和球茎，特别是损害的植物材料或存储条件不良。

主要症状：变色斑，有时是凹陷的斑点出现在鳞茎的表面或其外层鳞片或皮肤下方。斑点上可能会出现真菌菌落，并且在整个鳞茎组织上扩散。

病原：一系列的真菌和细菌。真菌腐烂一般症状为变硬或干，并且最终鳞茎失水干瘪，但是如果细菌同时存在于腐烂处，其可能是软的并且带有恶臭。感染通常局限在小范围的、距离非常接近的鳞茎或球茎间传播，这种感染同时可能出现在地里或储藏中。温度过低或过高以及潮湿的条件会促使这种病害的产生。

防治方法：只储存和种植健康的鳞茎，并且避免使其遭受损伤。在合适的条件下存储，并确保鳞茎相间没有接触以防止通过接触传播储存的疾病；及时清除任何有恶化迹象的个体。

刺吸式性害虫（木虱类）

受害植物：月桂（*Laurus nobilis*）、黄杨（*Buxus*）以及梨树。

主要症状：月桂的叶缘泛黄、增厚并卷曲；黄杨的叶子发育受阻；梨树的叶子黏附着蜜露（排泄物）并且被黑霉菌污染。在春天损伤发生在黄杨上，夏天发生在月桂和梨上。

病原：吸食性害虫（如月桂木虱

（*Trioza alacris*）、黄杨木虱（*Psylla buxi*）、梨木虱（*Psylla pyricola*）），小型类蚜虫的有翅昆虫的扁平不成熟的幼虫。幼虫长约2毫米，一般呈灰色或绿色。

防治方法：剪除严重受到影响的枝条并将其烧毁。用溴氰菊酯或除虫菊酯对植物进行彻底的喷施，时间为春天或损伤第一次发生时。

天幕毛虫

受害植物：许多落叶乔木，特别是李子属和苹果属。

主要症状：在春天和早夏时节枝杈处有大型白色丝质虫茧。幼虫在白天外出活动啃食树叶，在晚上返回。

病原：天幕毛虫是多种蛾类的幼虫，如黄褐天幕毛虫（*Malacosoma neustria*）和棕尾毒蛾幼虫（*Euproctis chrysorrhoea*）。两者的幼虫都是毛虫，前者沿着身体有蓝色、白色和橘红色条纹。褐尾幼虫体黑褐色有白色斑纹，其尾端有一对红色斑点。

防治方法：在可能的情况下，将毛虫的巢穴销毁。避免接触褐尾幼虫，因为它们的毛刺会引起皮疹。另外，对受到影响的乔木和灌木喷施杀虫剂，如溴氰菊酯、高效氯氟氰菊酯或除虫菊酯等。幼龄的幼虫要比年老的对杀虫剂更加敏感。也可参见网蛾毛虫，第673页。

蓟马

受害植物：灌木、一年生植物、球根植物、蔬菜、水果和室内及温室植物；宿根植物，常包括长筒花属（*Achimenes*）、鄂报春（*Primula obconica*）、大岩桐属（*Sinningia*）、旋果花属（*Streptocarpus*）、非洲紫罗兰、菊花、仙客来、月季、剑兰、天竺葵。

主要症状：银白色变色斑伴随着微小的黑点出现在叶子上表面。白色的斑点出现在花瓣上，色素的流失可能是非常严重的。严重感染会阻止花蕾开放。

病原：各种蓟马类缨翅目昆虫（如唐菖蒲简蓟马（*Thrips simplex*）、烟蓟马（*T. tabaci*）、西花蓟马（*Frankliniella occidentalis*）和豌豆蓟马（*Kakothrips pisivorus*））；

还有月季蓟马（*T. fuscipennis*）。这些昆虫的外表为黑褐色，长约2毫米，有时交叉着暗淡条纹。不成熟的幼虫呈暗淡的橘红色，但是其他的方面与成虫相似。成虫和幼虫都在叶子的上表面取食，或进入未开放的花蕾并对其造成损伤。

防治方法：定期对植物进行灌溉，使用遮光网或增加通风以降低温室内的温度。在严重的虫害感染到来之前，用钝绥螨（*Amblyseius degenerans*）针对西花蓟马（*Frankliniella occidentalis*）进行生物防治。当发现损伤时，可对所有的蓟马喷施溴氰菊酯、高效氯氟氰菊酯、除虫菊酯等。

崖柏疫病

受害植物：崖柏属（*Thuja*）物种。特别是北美乔柏（*Thuja plicata*）。

主要症状：个别鳞叶在春末和夏初时变黄后变褐。在死亡的叶片上可以看见黑色子实体状态的真菌，子实体随后脱落并留下一个蛀孔。死亡的叶片会在树上保留整个冬天。严重感染时引起叶片大范围变褐，有时伴随着小枝萎缩。易感性随着植物年龄的增加而减少。

病原：雪松叶枯病菌（*Didymascella thujina*, syn. *Keithia thujina*）。

防治方法：清除所有受到金钟柏疫病感染而脱落的树枝。避免在空气流通不佳的地方种植幼苗或苗木。

毒菇

受害植物：草坪和其他植草区域。

主要症状：真菌，子实体生长期，有时会出现一个明显的环（"蘑菇圈"），通常是在埋入土中的木材上。多数情况不会造成伤害，但是蘑菇圈是有害并且破坏观赏性的。两个茂盛的青草构成的环，一个在另一个内部，有时直径达到几米，两环之间的草相继死去；伞菌后来出现在中间地带的外部。一个白色真菌菌落在环的范围内渗入土壤中。

病原：多种真菌，包括鬼伞属（*Coprinus*）、小菇属（*Mycena*）以及会产生蘑菇圈的硬柄小皮伞（*Marasmius oreades*）。它们都有地

下菌丝并通过以风传播的孢子扩散到新的区域。

防治方法：当鬼伞属和小菇属第一次出现时，在孢子产生前刷去它们。如果真菌生长在腐烂的木头上，将其清除。目前没有可以使用的化学控制方法。对草坪施肥以掩盖绿环。

番茄叶霉病

受害植物：几乎只有温室种植的番茄。

主要症状：灰紫色毛绒的真菌斑块出现于叶子的下表面，每一个斑块对应上表面有一个泛黄的色斑。叶子变黄、枯萎、死亡但不会落下。较低处的叶子最先受到影响。

病原：黄枝孢霉（*Passalora fulva*, syn. *Cladosporium fulvum*），这种真菌喜欢温暖潮湿的环境。其孢子通过昆虫、工具、触摸甚至空气流动来传播。它们在植物残体和温室建筑上越冬。

防治方法：清除受到影响的叶子，改善通风和使空气流通。培育抗病的品种，如'雪莉'（'Shirley'）和'掷弹兵'（'Grenadier'）。然而，这些抗性品种也未必能抵抗所有品种的叶霉病。

番茄/马铃薯疫病

受害植物：番茄（露天，有时在温室中）、马铃薯。

主要症状：褐色的变色斑点出现在叶子的尖端和边缘处；在潮湿的条件下这些色斑可能被一个白色的真菌菌落填满。叶片组织死亡，当斑块汇合时整片受到影响的叶子都会死亡。在番茄上，首先会出现一些褐色的色斑，然后果实开始收缩并腐烂。即使果实看起来似乎是健康的，实际中也可能在几天之内迅速恶化。在马铃薯上，深色的凹陷斑点开始时出现在表皮，之后下方的果肉也会出现红褐色的污点。其块茎开始出现一种干枯的腐烂，并且可能受到导致软腐烂的细菌的二次感染。

病原：致病疫霉（*Phytophthora infestans*），这种真菌喜欢温暖潮湿的环境。其孢子产生在番茄和马铃薯的叶子上及马铃薯的茎上，通过

风和雨传播；它们可能被冲刷入土壤以感染马铃薯的块茎。

防治方法：避免过度浇水。在温室中种植番茄而不是露天栽培。将马铃薯深培土以为其块茎提供一个屏障来防止孢子落下，选择抗性强的品种，如萨伯品系（Sarpo）中的'米拉'（'Mira'），该品种显示出更多有效的针对新兴优势菌株的抗性。通过用波尔多液或合适的含铜杀菌剂进行彻底喷施来保护番茄和马铃薯。潮湿的季节在疫病出现之前喷施植物；一旦初期症状显现就要及时对其进行喷雾。

卷叶蛾幼虫

受害植物：乔木（观赏型和产果型）、灌木、宿根花卉、一年生植物以及球根植物。

主要症状：两片叶子可能被光滑的丝线绑定在一起，或者可能是一片叶子被黏附到一个水果上，或是叶子自身折叠起来。褐色的、干燥的、骨骼状的斑块出现在叶子上。

病原：卷叶蛾，如荷兰石竹卷叶蛾（*Cacoecimorpha pronubana*）的幼虫。这种幼虫会啃食叶子的下表面。其长约2厘米，总体呈深绿色，头部褐色。幼虫在受到惊吓时会迅速向后蠕动。

防治方法：挤压捆绑在一起的叶片以碾压毛虫或蛹。用性激素陷阱能够针对荷兰石竹卷叶蛾进行防治；陷阱能够捕捉雄性并减少雌性成功交配的可能性。如果问题较为严重，用溴氰菊酯或除虫菊酯彻底喷洒受害植物。

乔木锈病

受害植物：梨树锈病感染梨树并在刺柏属植物上进行交替。桦树锈病感染桦树并在落叶松属植物上进行交替。杨树锈病感染杨树并在葱属（*Allium*）、箭芋属（*Arum*）、山靛属（*Mercurialis*）、落叶松属或松属植物上交替。柳树锈病感染柳树并在葱属、卫矛属和落叶松属植物上交替。美国五针松锈病感染五针松并在红醋栗和醋栗上进行交替

主要症状：锈病对成熟的树木（美国五针松疱锈病除外）来说是相对无害的。它们主要入侵叶子来产生灰黄色或橙色的脓疱，还有一些会感染树皮。美国五针松疱锈病感染松树的树皮，形成凸起，可能会围绕并杀死分枝。在黑醋栗上，落叶会很严重，但是这些发生在生长后期，所以不会对植物造成不利影响。

病原：一些真菌，这些真菌的种类随寄主而定。

防治方法：除非在确认树木感染之后，可以使用能够主动对抗并减缓症状的杀菌剂，否则没有治理的必要。有时清除一个已知的交替寄主以打破这种循环的方法比较实用，尽管其他孢子仍然可以被吹动一些距离。

热带根腐病

受害植物：一年生和多年生植物，温带和热带植物，包括广泛的豆类、四季豆、黄瓜、甜瓜、南瓜、花生等。

主要症状：一年生植物表现为生长季中期枯萎，茎基部和根上部腐烂；受感染的组织形成病变并通常在腐烂前转变为红色。当水分供应受到限制时叶子出现萎黄病，幼苗可能表现出倒伏的症状。花生壳变黑并迅速腐烂。多年生作物受感染的组织变为紫色并且植物会枯萎。

病原：各种形式的以土壤传播的真菌，如茄属镰刀菌（*Fusarium solani*）、烟草根黑腐病菌（*Thielaviopsis basicola*）、瓜亡革菌（*Thanatephorus cucumis*）、疫霉属（*Phytophthora* spp.）和腐霉属（*Pythium* spp.）等。这种疾病通过土壤和受影响的植物残体携带；种植在排水不良的酸性土壤中的作物感染的风险尤其大。过高的土壤温度会促进豌豆根腐病（豌豆根腐病菌（*Aphanomyces euteiches*））的发展。

防治方法：轮作作物一个较长的周期。如果可能的话，使用高温或杀菌剂对种子进行处理。可能的话，改善土壤的排水。

郁金香疫病

受害植物：郁金香。

主要症状：叶子被淡褐色的、生产孢子的斑点覆盖。叶子和嫩枝都会产生畸形并且生长受阻，后来被浓密的、灰色的、生产孢子的真菌菌落及黑色菌核（真菌子实体）覆盖。鳞茎产生凹陷的褐色病变和小型的黑色菌核。植物可能无法发育成熟。漂白的并且通常是细长的斑点出现在花瓣上；严重受到影响的花朵可能会枯萎。一些花蕾保持紧闭，并被密集的灰色真菌菌落覆盖。

病原：郁金香葡萄孢菌（*Botrytis tulipae*），这种真菌在潮湿的季节特别活跃；其孢子通过风和雨传播。菌核存在于受感染的鳞茎或土壤中，后来当郁金香再次被栽植在同一区域时就会萌动。

防治方法：及时清除并烧毁受到影响的叶片和嫩枝（甚至最好是整株植物）。从初冬开始种植。在生长季结束时将鳞茎掘出并晾干，去除任何含有菌核的个体。在相同地点重复种植郁金香前等待至少两年；或者也可以更换土壤。

黄萎病

受害植物：多种花园和温室植物。

主要症状：茎和根的维管系统的色斑，产生纵向的褐色斑纹（除去茎外部的树皮后显露出）。木质化植物在几年内恶化，甚至可能死亡。

病原：黄萎病的数个种类的真菌，其可能存在于土壤或植物残体中，或是向新的茎干中引入。

防治方法：清除任何受到影响的植物和根系附近的土壤。在对患病植物或疑似患病植物使用修剪工具后，彻底对其进行清洗（见第554页）。保持杂草在严格的控制下，不在受影响的区域中种植易感植物。

榆蓝叶甲

受害植物：荚蒾属植物。

主要症状：叶子上被啃食出孔洞；这种症状是从夏季的早期开始的，当叶子被啃食到只剩下叶脉时，进一步的损害就会发生在夏末。

病原：（榆蓝叶甲（*Pyrrhalta viburni*））。危害的第一时期在春季晚期，是由于荚蒾甲虫乳白色的幼虫造成的，其体长约7毫米，身体上有黑色的斑纹。第二阶段的伤害发生在夏末，是由于成年甲虫造成的，其身体呈灰褐色。

防治方法：当幼虫首次出现时，用溴氰菊酯、除虫菊酯或噻虫啉来对植物进行喷施。

葡萄黑耳喙象成虫

受害植物：灌木，主要是杜鹃、绣球花、卫矛和山茶花；还有草莓、葡萄和许多草本植物。

主要症状：植物叶缘出现刻痕，通常是在接近地面的地方，时间为春季中期到秋季中期。

病原：成年的葡萄黑耳喙象（*Otiorhynchus sulcatus*），其身体为灰黑色，约9毫米长，有一个短鼻子和一对弯曲的触角。其在晚上觅食，白天隐藏。

防治方法：损害的发生会持续一段较长的时间，防止是困难的，但是良好的卫生状况和清除植物残体能够减少害虫可以藏身的地方。使用生物防治的方法控制幼虫阶段，可在夏末用含有锯蜂斯氏线虫（*Steinernema kraussei*）的水灌溉基质。一旦成型，植物就可以忍受叶片的损害。

葡萄黑耳喙象幼虫

受害植物：灌木、宿根花卉、球根植物和室内植物；倒挂金钟属、秋海棠、仙客来、凤仙花、景天属、报春花属（包括九轮草群）和草莓是普遍易受影响的。容器种植的植物特别的脆弱易感。

主要症状：植物生长缓慢、枯萎、衰弱并死亡。幼虫啮食根部并钻入仙客来和秋海棠的块茎。木质化植物的外部组织被从地下部分开始啃食。

病原：葡萄黑耳喙象（*Otiorhynchus sulcatus*）丰满白色的幼虫，其长达1厘米，略弯，头部褐色，无足。成虫在春天和秋产卵，危害通常发生在秋天到春天期间。

防治方法：保持良好的卫生以避免为成虫提供庇护场所。也可以使用斯氏线虫进行生物防治；在夏末用水浇入盆栽用土中，这种方法可以杀死幼虫；湿润、排水良好、温度在5~21℃的土壤是必需的。或者，也可用啶虫脒或噻虫啉的溶液来在夏末对易感植物进行处理。

紫纹羽病

受害植物：蔬菜，主要是胡萝卜、欧洲防风草、芦笋、瑞典甘蓝、芜菁、马铃薯、芹菜。

主要症状：根、块茎和其他的地下部分，被一个密集的淡紫色真菌菌落覆盖，菌落黏附着一些土壤颗粒。植物的地上部分生长受阻并且褪色。可能会发生继发腐烂。

病原：卷担子菌（*Helicobasidium brebissonii*），这种真菌隐藏在一些杂草中，喜酸性、浸水的土壤。

防治方法：及时烧毁受到影响的植物。避免在受到过感染的地方种植易感植物，重复种植至少间隔四年；清除种植区域内的杂草。

病毒病

受害植物：所有植物。

主要症状：叶子小、扭曲或集合成花结。常见泛黄纹路（花斑、环斑、斑点）。花小、扭曲、花中带有条纹或是花色被破坏。果实也会小于正常水平，并且扭曲、变色，集合成花结。黄瓜花叶病毒导致黄瓜、甜瓜和南瓜果实产生疙瘩并扭曲，其上有深绿色和黄色的斑点；梨石痘病毒可导致扭曲的、有凹痕的果实，表面有死亡的石细胞造成的斑块。

病原：大量的病毒，其中一些对应着多种寄主。受感染的植物树汁中亚微观的病毒颗粒，可能通过吸食树汁的蚜虫、寄居在土壤中的线虫、手工接触、修剪或繁殖工具甚至是通过种子来被传送到健康的组织上。

防治方法：可能的话购买经过认证的植物（脱毒苗）。保持潜在的传播者如蚜虫等，在控制的范围内，确保种植地点没有杂草，因为杂草有可能藏匿病毒。尽可能清除并烧毁受到影响的植物；在疑似感病的植物表现健康后也要做特殊处理，并且不要用它们来进行繁殖。在一个新的地点种植替代植物。

黄蜂

受害植物：树上的果实，如李子、梨、苹果、无花果以及葡萄等。

主要症状：在夏季晚期，成熟的果实上被吃出较大的孔洞；能观察到黄蜂在取食。

病原：黄蜂（*Vespula* spp.），其会被最初受鸟类破坏的果实吸引。

防治方法：在损害开始之前，在架子上放置棉布或尼龙衣制成的袋子来保护果实。用灌装啤酒制作黄蜂陷阱；用一个纸盖子盖在陷阱上，盖子上戳一个黄蜂大小的孔。找到并销毁黄蜂的巢穴。

涝渍

受害植物：所有植物。

主要症状：叶子变黄，植物枯萎。树皮从分枝处剥落。根可能完全腐烂。剩下的部分开始变黑并且外表皮很容易剥离。

病原：由于土壤结构不良，压实、排水不良或浇水过多，导致的生长介质中含水分过多。

防治方法：在可行的地方改善土壤结构和排水，建立高床；如果有必要，选择更有可能在潮湿的环境中生存的植物。检查容器种植的植物的排水口是否足够，使水能够不受阻碍地流过排水口；每两年移植一次。在生长季进行定期的叶面追肥有助于刺激植物生长，可使浸水的根被新生的取代。

网蛾幼虫

受害植物：多种乔木、宿根花卉、一年生植物，特别是果树、卫矛、柳树、刺柏属、山楂和枸子属植物。

主要症状：受影响的枝条上叶子会脱落，被害虫啃食的区域覆盖着密集的灰白色的丝质虫网。

病原：多种蛾类的幼虫，如棕尾毒蛾（*Euproctis chrysorrhoea*）、黄褐天幕毛虫（*Malacosoma neustria*）、巢蛾类（*Yponomeuta* spp.）、山楂网蛾（*Scythropia crataegella*）以及刺柏网蛾（*Dichomeris marginella*）。最后两种网蛾的幼虫一般不会超过2厘米；其余的幼虫长达5厘米，体表有毛。

防治方法：通过仔细修剪来清除小范围的感染。如果问题严重，对植物喷施溴氰菊酯或除虫菊酯。

尾鞭病（缺钼症）

受害植物：所有的芸薹属植物，特别是花椰菜和青花椰菜。

主要症状：叶子生长异常并形成狭窄的带状，花椰菜和花茎甘蓝的头部极小，甚至根本就没有。

病原：钼元素缺乏，最常发生在酸性土壤中。

防治方法：用石灰增加土壤的碱性。在播种或移植易感作物之前，向土壤中添加钼元素。

白锈病

受害植物：十字花科植物，常见的芸薹属植物、银扇草、南芥属植物和香雪球。

主要症状：白色闪亮的真菌孢子群，通常集合成同心圆，在叶子下表面形成。严重受到影响的叶子或芸薹属的头部，在这种情况下会变得扭曲。

病原：白锈病菌，这种真菌在密集种植的植物上最为麻烦。

防治方法：清除并烧毁受到感染的叶子。轮作植物，并增加种植间距。一些品种，如'桥梁F1号'球芽甘蓝（*Brussels sprout* 'Bridge F1'），能够较好地抵抗白锈病。

粉虱类

受害植物：室内和温室植物，一些蔬菜和水果。

主要症状：叶子被黏着的蜜露（粉虱类排泄物）和黑色的霉斑覆盖。小型的白色有翅昆虫在受到惊扰时会从植物上飞过。

病原：粉虱类，活跃的白色有翅昆虫，约2毫米长；未成熟的鳞片状的幼虫是固定不动的，其身体呈发白绿色（或者如果是寄生性的则是黑色），扁平或卵圆形。有若干个物种，最常见的是白粉虱（*Trialeurodes vaporariorum*）。在露天中，芸薹属植物会被甘蓝白粉虱（*Aleyrodes proletella*）攻击。

防治方法：寄生蜂丽蚜小蜂（*Encarsia formosa*）能够在温室中提供生物防治，时间为春季中期和秋季中期，在早期引入寄生蜂进行防治。温室和花园粉虱可以用啶虫脒、溴氰菊酯、高效氯氟氰菊酯、除虫菊酯、噻虫啉、脂肪酸或植物油进行喷施处理。抗杀虫剂的温室粉虱也可能存在。

冬尺蠖蛾幼虫

受害植物：多种落叶乔木、果树以及月季。

主要症状：在开始萌芽到春末间，叶子被吃掉。花和果实也可能严重受损。

病原：冬尺蠖蛾（*Operophtera brumata*）的幼虫，其形态为浅绿色的毛虫，约2.5厘米长。

防治方法：秋季的中期在树的周围放置至少15厘米宽的黏性油脂条带，以防止无翅的雌蛾爬到树枝上产卵。在萌芽后喷施溴氰菊酯、高效氯氟氰菊酯或除虫菊酯等。

金针虫

受害植物：马铃薯和其他块茎作物、种苗、宿根花卉、一年生植物以及球根植物。

主要症状：块根作物上被钻出直径约3毫米的孔洞，表面上与蛞蝓造成的孔洞相似。其他植物的地下部分受到损伤。小型的植物枯萎甚至死亡。

病原：细长的、身体僵硬的橘红色幼虫，其成虫为叩头虫（金针虫），如细胸金针虫属（*Agriotes* spp.）。幼虫以根和茎基部为食，其体长约2.5厘米，头部后方有三对足，臀部下方有一个钉状突起。这个问题主要发生在当牧草引入栽培的时候。

防治方法：当损伤被发现后，寻找并消灭金针虫。一旦块根植物成熟后就将其从土壤中取出。在土壤已经种植两三年后，土壤中该害虫的数量就会减少。

女巫扫帚

受害植物：主要是桦树属（*Betula*）

和鹅耳枥属（*Carpinus*）；灌木；木本多年生植物。

主要症状：密集的小枝丛出现在原本正常的分枝上。叶子在早期褪色并且较小，但是生理活性不会受影响。

病原：真菌（特别是外囊菌属（*Taphrina*））和螨虫（如瘿螨属（*Eriophyes*）），这些病原会导致感染扩散。

防治方法：在低于感染区域的位置剪除树枝。

木虱

受害植物：幼苗和其他柔软的植物组织，包括草莓果实等。

主要症状：幼苗上或茎尖的叶子上出现孔洞，但木虱不是一般意义上的害虫；它们主要以腐烂的植物材料为食，常见于已经被其他虫害或病害损害的植物上。

病原：木虱，如潮虫属（*Oniscus*）、鼠妇（*Armadillidium* spp.），又称等足类甲壳动物（slaters）。它们呈灰色或灰褐色，有时有白色或黄色的斑点，长约1厘米，身体坚硬并且是分段的。它们在晚上觅食，白天藏在看不见的黑暗庇护所中。

防治方法：清除植物残体，保持温室整洁以减少木虱的藏身之处。给幼苗浇水以帮助它们度过这个脆弱的时期。

绵蚜

受害植物：苹果属、枸子属和火棘属等。

主要症状：毛绒的白色霉斑一样的物质出现在春天的树皮上。开始在较大的分枝上，在旧的修剪口附近或在树皮的裂缝中，后来会扩散到新的嫩枝上，产生软质的凸起。从上面能看得见蚜虫。

病原：苹果绵蚜（*Eriosoma lanigerum*），其体形小，呈灰黑色，从树皮上吸食树汁并分泌白色的蜡线。

防治方法：当发现害虫时，用溴氰菊酯、啶虫脒或噻虫啉对植物进行喷雾。

简易植物学

掌握一些植物学的基础知识，对作为园艺师的你理解如何保持植物健康以及许多其他园艺技术（如繁殖等）非常有帮助。例如，对植物内在结构（解剖学）和外部建成（形态学）的研究可以揭示如何进行嫁接或做出能够快速愈合的修剪切口。生理学（研究植物新陈代谢的学问）可以让我们理解植物对水和光照的需求；光合作用、蒸腾作用、呼吸作用的过程；以及各种养分起到的作用。对植物的鉴定和分类（分类学）能够揭示有着相似栽培需求的属类或物种之间存在的紧密联系。

植物的多样性

世界上共有超过25万种结种子的植物，包括在一年或更短时间内开花、结实和死亡的一年生植物；在第一年萌发生长，第二年开花、结实并死亡的二年生植物；以及可以连续生存多年的多年生植物，其中包括木本植物。一般来说，"多年生植物"（宿根植物）这个词指的是草本或花镜植物，而乔木和灌木被称为木本植物。植物的根、茎、叶和花都可能为了适应特定的目的或环境而产生各种变态。

根

它们将植物锚定在土壤中，并吸收水分和矿物质盐，植物利用这些成分制造出养料。肉质主根向下伸展，两侧长出分叉的水平细根。纤维状根从茎基部扩展形成极细的根系网络，而在某些植物中是从主根长出来的。根尖有纤弱的根毛，它与土壤颗粒紧密接触，并吸收水分和矿物质盐。根系有时会变态形成储藏器官，如许多地生兰那样，还有胡萝卜等植物的膨大肉质主根以及大丽花等植物的块根。

茎

植物的茎提供了植物地上部分的框架，其支撑着叶、花和果实。某些茎细胞得到特化，可以提供强壮的框架；某些细胞可以将水和矿物盐（木质部）或叶片制造的养料（韧皮部）运输到植物的各个部位。茎常常变态并行

植物的基本结构

生产种子的花

叶和花从极短的基部茎上长出

进行光合作用和蒸腾作用的叶

九轮草报春（*Primula*）

吸收水和养分的根

根系

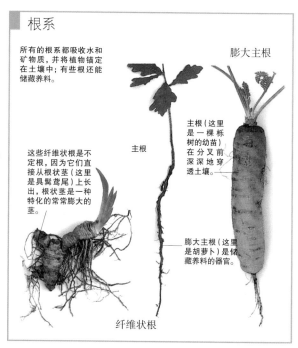

所有的根系都吸收水和矿物质，并将植物锚定在土壤中；有些根还能储藏养料。

膨大主根

主根（这里是一棵栎树的幼苗）在分叉前深深地穿透土壤。

主根

这些纤维状根是不定根，因为它们直接从根状茎（这里是具髯鸢尾）上长出，根状茎是一种特化的常常膨大的茎。

膨大主根（这里是胡萝卜）是储藏养料的器官。

纤维状根

茎的类型

草本茎

它们是一年生植物的茎干，在秋天枯死至根茎处。草本茎（这里是八宝景天，*Sedum spectabile*）通过支撑组织的加厚得到加固，支撑组织一般位于表皮层下。

茎干被细胞中的水分压力（膨压）支撑

木质茎

木本植物和乔木（这里是槭树）的坚硬茎干和分枝框架是次生加粗形成的——这一过程会产生新的输导组织，其中的细胞含有木质素。

在表皮层会形成一层新的保护层，树皮

鳞茎

这种变态茎是一种生长于地下的养料储藏器官，其使植物（这里是水仙）可以在不良生长条件中保持休眠。鳞茎由基盘和肉质变态叶或鳞片形式的叶基构成。

外层覆盖的被膜包裹着的鳞茎

叶的形状

鳞状叶（'矮金'日本扁柏）

羽状复叶（刺槐）

宽卵圆叶（山茶）

羽状裂的叶（龟背竹）

二回羽状复叶（欧洲鳞毛蕨）

掌状叶（欧洲七叶树）

线形叶（一年生早熟禾）

使其他功能。球茎、根状茎以及许多块茎都是地下的膨大茎，它们的变态是为了储藏养料；在仙人掌植物中，茎常常膨大并包含储藏水的组织。

叶

叶的形状丰富多样，并且有各种变态，如仙人掌的刺状叶和豌豆的卷须。无论它们的形状如何，叶都是植物的制造中心。它们含有叶绿素，可以吸收阳光的能量，将来自空气的二氧化碳和来自土壤的水分转化成碳水化合物，这一过程称为光合作用。光合作用的副产物，氧气，对于所有生命都至关重要。驱动植物新陈代谢的能量来源于呼吸作用，在这一过程中植物将碳水化合物分解，释放出能量、二氧化碳和水。

叶的表面面积相对较大，这可以让它们最大限度地吸收光线；它们很薄，可以让光线进入包含叶绿素的细胞，并能让气体在所有细胞之间迅速移动。它们的表面包含许多气孔，氧气和二氧化碳通过这些气孔出入叶片。通过蒸腾作用，气孔还能控制水分流失。在干旱条件下，植物叶片的大量蒸腾以及通过根系吸收的水分不足是导致它们萎

蒸腾作用

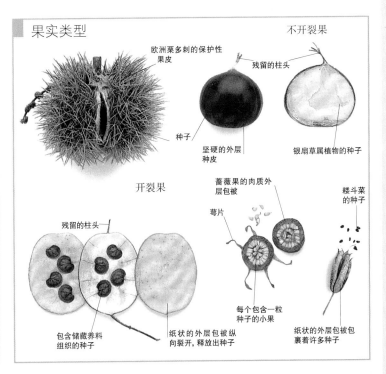

植物液流

百合叶片上的毛孔

通过张开的毛孔流失的水分

控制毛孔开合的保卫细胞

从根系中吸收的水和矿物质

叶片表面的水分蒸腾产生了将水分和矿质营养从根系向上拉动至叶片的动力；这种水分流动被称为"蒸腾流"。

光合作用

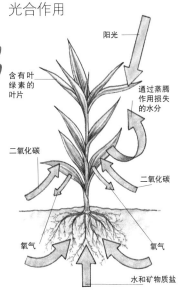

阳光

含有叶绿素的叶片

通过蒸腾作用损失的水分

二氧化碳

二氧化碳

氧气

氧气

水和矿物质盐

植物叶片中的叶绿素捕捉阳光的能量，将水和二氧化碳转化为碳水化合物和氧气。

薷的原因。

虽然矿物质只占植物净重的1%，但它们是必不可少的。溶液中的矿物质直接关系到细胞的水分平衡，并有助于调控细胞之间的物质运输。它们维持着生化反应所需的合适pH值，还是叶绿素和各种酶的重要组成部分，后者是植物内各种化学反应的生物催化剂。

果实和种子

种子是开花植物的繁殖方式

之一。每个种子都是由一颗受精卵发育形成的，而一个果实中有一个或多个种子。果实有许多类型，并以多种方式散布它们的种子。某些种子不需要特殊处理就能迅速萌发；而有些种子在栽培中需要经过一定的处理才能较快地萌发（又见629页，"如何克服休眠"）。

荚果和蓇果是裂果，它们会沿着一条或多条有规律的线开裂，将种子释放出来，就像耧斗菜那样。不开裂的果实（如榛子）不会开裂，它们坚硬的壳中包裹着一枚种子（果仁）。这些大型种子中水分和脂肪含量很高，除非储藏在凉爽湿润的环境下，否则会很快变质。在蔷薇属植物中，多个不开裂的小果，每个包含一粒种子，共同包裹在中空的花托中，称为蔷薇果。播种前，需要将每粒种子（严格地说是果实）分离开。

在肉质果实中，种子包被在果肉里，这类果实包括浆果（如香蕉、番茄、葡萄等），它们有许多种子；核果（如李、樱桃、桃等），它们一般只在果实中央有一粒坚硬的种子；以及梨果（如苹果、梨），它们是子房和花的其他部位一起发育形成的。在所有类型的果实中，种子都应该从果肉中分离并清洁后才能播种。

果实类型

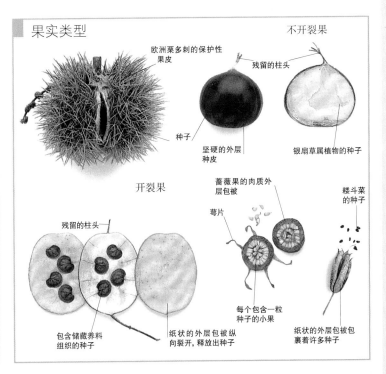

不开裂果

欧洲栗多刺的保护性果皮

残留的柱头

种子

坚硬的外层种皮

银扇草属植物的种子

开裂果

蔷薇果的肉质外层包被

耧斗菜的种子

残留的柱头

萼片

包含储藏养料组织的种子

纸状的外层包被向纵裂开，释放出种子

每个包含一粒种子的小果

纸状的外层包被包裹着许多种子

花

花是植物的第四个基本组成部分，它们在颜色、气味和形状上表现出非凡的多样性，并且为了完成繁殖功能，发展出了许多适应性特征。它们可能是光彩照人的单花（木槿、郁金香等），也可能是许多小花组成的尖状花序（火炬花）、总状花序（风信子）、圆锥花序（丝石竹）、伞状花序（百子莲），或者是无数小花组成的头状花序（菊科植物如大丽花）。

一朵花有四个主要部分：花瓣或花被片、萼片、雄蕊，以及一个或多个心皮（合称雌蕊）。最醒目的是花瓣，着生在一轮（通常情况下）萼片上方。花粉粒中携带雄配子，而连接在雄蕊丝状体上的花药中包含花粉粒；雄蕊的数量差异很大，从番红花属植物的3枚至毛茛属植物的30枚或更多。心皮包裹着雌配子，有一个伸出的花柱，尖端是可以接

花的组成部分

柱头 / 花药 / 雄蕊 / 花柱 / 花丝 / 萼片 / 花瓣 / 花柄

突变

突变是植株内部发生的基因改变，可以在园艺上对其加以利用，通过繁殖突变部位得到新的品种。突变可以在植株的所有部位发生，但拥有园艺价值的主要是花色和重瓣突变，以及绿色植物上的彩斑突变。

菊花品种经常产生突变，例如一个花序中的一朵花常常和其他花的颜色不同。

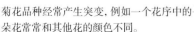

带有黄色突变的白色品种

花的性别

雌雄异株植物需要两种性别的植株种植在一起才能结实。雌雄同株植物在同一棵植株上开雌花和雄花。两性（雌雄同体）花在同一朵花中既含有雄性器官（雄蕊），也含有雌性器官（心皮）。

雌株 雄株

雌雄异株
日本茵芋

雌雄同株
秋海棠

雄花（有雄蕊）
雌花（无雄蕊）

两性花
蟹爪兰

柱头（雌性器官）
雄蕊（雄性器官）

受花粉的柱头。花粉粒在柱头上萌发，然后含有雄配子的花粉管会沿着柱头组织向下伸展，与雌配子融合（受精过程），最终形成种子。

许多植物在同一植株上开单独的雄花和雌花（单性花），如桦属和榛属植物。它们被称为雌雄同株植物。两性花植物，或称雌雄同体植物，每朵花都有雌性和雄性器官。有些物种同时开单性花和两性花，它们被称为一雄多雌植物。而在雌雄异株植物中，一棵植株上开出的所有花都是一个性别，例如冬青属（*Ilex*）、丝缨花属（*Garrya*）的许多物种

以及茵芋属（*Skimmia*）的一些变种。必须将雄株和雌株种在一起才能结实，这一点对于拥有观赏性浆果的植物特别重要，如冬青属以及白珠树属（*Gaultheria*）的许多物种和品种。

不同的近缘物种一般无法杂交，因为它们常常出现在不同生境中，在不同时间开花，或者在花朵特征上有阻碍成功杂交的轻微差异。在栽培过程中，这些障碍有时候可以得到克服，且经过人为设计可以得到杂种（见630页，"生产杂种"）。

被子植物和裸子植物

开花的被子植物产生的种子包被在子房中。裸子（字面上的意思是"裸露的种子"）植物包括不开花植物，它们产生的种子只有部分被母株组织包裹。松柏科（*Coniferae*）是裸子植物中最大的一个科，其包含许多个属的常绿植物，如松属（*Pinus*）和雪松属（*Cedrus*），还有一些落叶植物，如落叶松属（*Larix*）、银杏（*Ginkgo*）和水杉（*Metasequoia*）。同样属于裸子植物的还有苏铁科植物，这是一类古老、生长缓慢的植物，拥有漂亮的常绿棕榈状叶片，如非洲苏铁属（*Encephalartos*）植物。

花的分类

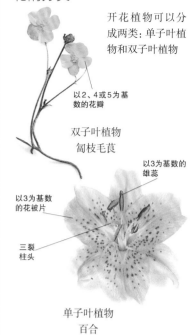

开花植物可以分成两类：单子叶植物和双子叶植物

以2、4或5为基数的花瓣

双子叶植物
匍枝毛茛

以3为基数的雄蕊

以3为基数的花被片

三裂柱头

单子叶植物
百合

叶脉

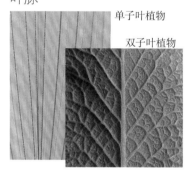

单子叶植物

双子叶植物

单子叶植物的叶脉形状通常是平行的（这里是大叶仙茅*Curculigo capitulata*）；而双子叶植物的叶脉通常构成网状（这里是报春花）。

根据种子内子叶的数量，被子植物可以分为单子叶植物和双子叶植物。单子叶植物只有一片子叶，并且成熟叶片一般拥有平行叶脉；而且一般拥有相对柔软的非木质茎。它们的花器官数量是3或3的倍数，而且萼片和花瓣的形状常常非常相似。鸢尾、水仙、包括竹子在内的所有禾本科植物，以及棕榈都是单子叶植物。双子叶植物的叶片拥有网状叶脉；花器官的数量为2、4或5（偶有7或更多）的倍数，而且萼片和花瓣一般在大小和颜色上都有很大差异。双子叶植物的生长习性非常多样，既有阔叶灌木如栎树（*Quercus*），又有草本植物如芍药（*Paeonia*）。

术语词汇表

植物名称

在本书中，提到植物时一般会使用它们的植物学学名。不过，对于某些植物，包括蔬菜、水果和香草，更常使用的是俗名。在查找这些植物的学名时，可以查询索引，其中包括本书涉及的全部植物的俗名和学名。植物的学名是根据植物学分类体系和林奈的双名命名法（属名附加种加词）命名的。

分类和命名

在植物学中通常使用两个名字来指示一种植物，一般使用拉丁文。第一个名字一般首字母大写，指的是属名，第二个名字是种加词，如*Rosa canina*（狗蔷薇）。在自然界中，一个物种之内常常有微小的差别；它们会得到第三个名字，并且前面有"subsp."（subspecies，亚种）、"var."（varietas，变种）或"f."（forma，变型）等前缀，如*Rhododendron rex* subsp. *fictolacteum*（假乳黄杜鹃）和*Daboecia cantabrica* f. *alba*（白花大宝石南）。植物学上不同的物种或属之间有性杂交得到的后代称为杂种，用乘号表示，如*Epimedium x rubrum*（红叶淫羊藿）。无性杂交，通过嫁接植物组织并融合得到的植株称为嫁接杂种，用加号表示，如+*Laburnocytisus* 'Adamii'（毒雀花）。这种植物是使用毒豆属（*Loburnum*）和山雀花属（*Chamaecytisus*）物种嫁接形成的杂种。

品种（或栽培变种）是已经被选择或从野外或花园中进行人工培育，并进行栽培生长，通过受控制的繁殖方式保持其特征的植物。品种的名称需要使用罗马字体，首字母大写，并用单引号注明：如*Calluna vulgaris* 'Firefly'（'萤火虫'帚石南）。

当育种者培育出新品种后，它会得到一个代号名称用于正式鉴定，其可能和该品种出售时的商品名并不一致。例如，以QUEEN MOTHER作为商品名出售的月季还有一个代号名称'Korquemu'；在本书中将两个名字都列了出来，以如下形式表示：*Rosa* QUEEN MOTHER（'Korquemu'）（'太后'月季）。为保护品种的拥有权，育种者可以申请品种权（PBR），申请和批复都要使用代号名称。

这张术语词汇表解释了本书中用到的园艺术语。

Acid酸性（土壤） pH值小于7（参看碱性和中性）。

Adventitious 不定的从一般不出现的地方生长出来；例如，不定根直接从茎上长出。

Adventitious bud 见Bud。

Aerate通气（土壤） 通过机械方式松动土壤，以便让空气（氧气和二氧化碳）进入；例如使用带钉滚筒为草坪通气。

Aerial root气生根 生长在地面之上的根，用于锚定植物；在附生植物中，还可以用来吸收空气中的水分。

Air layering 见Layering。

Alkaline碱性（土壤） pH值大于7（参看酸性和中性）。

Alpine高山植物 生长在山区林木线之上的植物；不严格地指可以在相对较低海拔生长的岩石园植物。

Alpine house高山植物温室 通风良好的不加温温室，用于栽培高山植物和岩根植物。

Alternate互生（叶） 在茎的两侧交替连续地以不同高度生长（参看对生）。

Anemone-centre托桂型（花） 中央花瓣或小花（变态雄蕊）形成垫状堆积，外层花瓣或小花平展的花型，如某些菊花。

Annual一年生植物 在一个生长季完成全部生命周期（萌发—开花—结实—死亡）的植物。

Anther花药 雄蕊的一部分，产生花粉；通常着生在花丝上。

Apical 见Terminal。Apical bud: 见Bud。Apical-wedge grafting 见Grafting。

Approach grafting 见Grafting。

Aquatic水生植物 任何在水中生长的植物；它可以漂浮于水面上，或者完全沉入水中，或者在池塘底部生根，叶子和花露出水面。

Asexual reproduction无性繁殖 不涉及受精的繁殖方式，在繁殖中常常使用机械方法（见Vegetative propagation）。

Auxins植物生长激素 天然产生或人工合成的植物生长物质，控制枝条生长、根系形成，以及植物的其他生理过程。

Awn芒 一种尖端或刚毛，通常出现在禾本科植物花序的颖片上。

Axil腋 叶和茎之间、主干和分枝之间、或茎和苞片之间的夹角。（又见Bud: Axillary bud）。

Axillary bud见Bud。

Back-bulb老假鳞茎（兰花） 没有叶片的老假鳞茎。

Ball 见Root ball。

Balled 1)形容已经挖出并带有根坨的乔木和灌木，根坨用麻布或其他材料包裹，以便在移植过程中保持完整。2)形容还未完好地打开，在花蕾时开始腐烂的花朵。

Bare-root裸根 形容根系裸露出售、不带土壤的植物。

Bark-ringing环剥 将某些果树的树干或分枝剥去一圈树皮，抑制过于健壮的生长，促进结实。又称为"girdling"。

Basal plate基盘压缩的茎 鳞茎的一部分。

Basal stem cutting 见Cutting。

Base-dressing施加基肥 播种或种植前将肥料或腐殖质（粪肥、堆肥等）施加到或掘入土壤中。

Bastard trenching见 Double digging。

Bed system苗床系统 一种将蔬菜紧密成排种植的方法，为便于出入，常常成块或成狭窄的苗床种植。

Bedding plants花坛植物 培育到几乎成熟并移栽的一二年生植物（或做一二年生栽培的植物），常大片种植用于临时性展示。

Biennial二年生植物 萌发后在第二个生长季开花并死亡的植物。

Blanch遮光黄化 隔绝正在发育的枝叶的光线照射，让植物组织保持柔软适口。

Bleed流液 通过切口或伤口损失树液。

Blind盲 形容开花失败的植物，或生长点被毁的茎。

Bloom 1) 花或花序 2)茎、叶或果实上包被的白色或蓝白色蜡质。

Blown 形容已经过了完全成熟期，开始凋谢的花或结球蔬菜。

Bog plant沼泽植物 自然生境下土壤永久潮湿或能够在这样的条件下茂盛生长的植物。

Bole主干 从地面向上到第一个大分枝的乔木树干。

Bolt 过早开花结实。

Bract苞片 花或花序基部的变态叶，常常起到保护作用。苞片的形状可能像普通叶片，或者小并呈鳞片状，或大且色彩鲜艳。

Branch分枝 从木本植物的主茎或树干上长出的枝条。

Brassica 十字花科植物。

Break 腋芽长成的枝条。

Broadcasting撒播 将种子或肥料均匀地撒在地面上，而不是播种在沟里。

Broadleaved阔叶 形容拥有宽阔平整叶片而不是针状叶的乔木或灌木。

Bromeliad凤梨 凤梨科植物。

Bud芽 初级或浓缩枝条，包括胚胎叶、叶簇或花。Adventitious bud不定芽：生长不正常的芽，如从茎上直接长出而不是从叶腋处长出的芽。Apical (or terminal) bud顶芽：茎顶端的芽。Axillary Bud腋芽：在叶腋处长出的芽。Crownbud冠芽：枝条尖端的花芽，旁边围绕着通常较小的其他花芽。Fruit bud结果芽：会长出叶子和花（然后是果实）的芽。Growth bud生长芽：只长出叶或枝条的芽。

Bud union芽接结合处 接穗芽与砧木结合的位置。

Budding芽接 一种嫁接方法。

Budding tape见Grafting tape。

Bud-grafting见Grafting。

Budwood芽条 从树上剪下，用于提供芽接接穗的枝条。

Bulb鳞茎 一种变态茎，起到储藏养料的作用，主要由肉质鳞片叶（一种变态芽）以及极度缩短的茎（基盘）组成。

Bulb fibre球根基质 草炭、牡蛎壳和木炭的混合物，常用于球根的盆栽，容器常常不设排水孔。

Bulbil珠芽 类似鳞茎的小器官，常常着生在叶腋处，偶尔生在茎上或花中。（参看Bulblet）

Bulblet小鳞茎 从成熟鳞茎基盘的被膜外部长出的正在发育的小型鳞茎。（参看Bulbil和Offset。）

Bush 1)矮灌木 2) 树干不高于90厘米的开心果树。Bush fruit灌木果树：生产柔软水果的矮灌木，如黑醋栗和鹅莓。

Cactus仙人掌 仙人掌科植物，茎和纹孔（特化的细胞群）含有储水组织，纹孔上长出刺、花和枝条。

Calcicole钙生植物 喜石灰岩环境，在碱性土壤中茂盛生长的植物。

Calcifuge厌钙植物 不喜石灰岩环境，在碱性土壤中无法生长的植物

Callus愈伤组织 植物在受损表面形成的保护性组织，特别是木本植物的插条基部。

Calyx (复数形式 calyces) 花萼萼片的总称，包裹花蕾的外层绿色结构。

Cambium形成层 一层分生组织，可以产生新细胞，使茎和根加粗（又见Meristem）。

Capillary matting毛细管垫 使用合成纤维制造的垫子，通过毛细管作用将水拉升以灌溉盆栽植物。

Capping盖层 压紧、大雨或灌溉破坏土壤结构后形成的硬壳（参看Pan）。

Carpel心皮 开花植物的花的雌性器官，包含胚珠；一朵花中的数枚心皮合

称雌蕊。

Carpet bedding地毯花坛 使用群体密集种植的低矮鲜艳花坛植物，创造出各种设计图案。

Catkin柔荑花序 一种总状花序(见Raceme)，苞片明显，单花小，常常是单性的并且没有花瓣。

Central leader中央领导枝 乔木的中央直立枝条。

Certified stock认证植物 得到环境、食品和农村事务部(在美国是美国农业部)认证，没有特定病虫害的植株。

Chilling requirement需冷量 为打破休眠启动成花，植物所必需的在特定温度之下经历的一段时间。

Chinese layering中国压条 空中压条的别名；见Layering。

Chip-budding 见Grafting。

Chlorophyll叶绿素 绿色的植物色素，主要负责吸收光线，从而在植物体内进行光合作用。

Clamp堆放储藏 一种在室外储藏根茎类作物的方法。将作物堆高，然后用秸秆和土壤覆盖以抵御霜冻；填充秸秆的"烟囱"洞可以提供通风。

Climber攀援植物 使用其他植物或物体当作支撑，向上攀爬的植物。self-clinging climbers自我固定攀援植物：使用有支撑作用的不定气生根或者有黏性的卷须末端来攀援；tendril climbers卷须攀援植物：通过卷曲它们的叶柄、叶卷须或变态茎尖枝条进行攀援；twining climbers缠绕攀援植物通过卷曲它们的茎攀援。Scandent、scrambling及trailing climbers蔓生攀援植物；会产生生长而柔软的茎，爬过其他植物或结构；它们只是松散地将自己靠在支撑物上。

Cloche钟形罩 一种小型通常可移动的结构，由透明塑料或玻璃制造，一般搭建在金属框架上；用于保护露地种植的早播作物，以及在种植前温暖土壤(又见Floating cloche)。

Clone克隆 1) 使用营养繁殖或无性繁殖得到的一群基因完全相同的植物。2)这样一群植物中的某一单株植物。

Cold frame冷床 镶嵌玻璃的不加温箱子状结构，使用砖块、木材或玻璃建造，有一个带铰链或可撤去的玻璃或透明塑料天窗，用来保护植物抵御过度寒冷。

Collar 1)根颈 植物的根与茎相交的地方，又称为"neck"。2)领环 主分枝与树干相交处(或次级分枝与主分枝相交处)。

Companion planting伴生种植 种植对附近植物有好处的植物种类，这些好处可能是驱赶病虫害或促进生长。

Compositae 菊科。

Compost 1) 盆栽基质，含有壤土、沙子、草炭、草炭替代物、腐叶土或其他

成分。2) 堆肥，一种有机材料，富含腐殖质，由分解的植物残骸和其他有机物质形成，用作土壤改良剂或护根。

Compound复合的 可以分成两个或更多次级部分，例如一枚复叶由两枚或更多小叶组成。(参看Simple。)

Cone球果 松柏植物和某些开花植物的浓密成簇苞片和花，常常长成结种子的木质结构，如常见的松球。

Conifer松柏植物 裸子植物，通常是常绿乔木或灌木，和被子植物的不同之处在于裸露的胚珠并不包裹在子房里，而是常常着生在球果中。

Contact action接触作用 杀虫剂或除草剂通过直接接触杀死害虫或杂草。

Coppicing平茬 每年将乔木或灌木修剪至接近地面，以产生健壮并且常常美观的枝条。

Cordon壁篱式 一种经过修剪的植物(通常是果树)，一般通过重度修剪得到一个主干。Single cordon单壁篱式拥有一个主干，双重(double)或U形壁篱有两个主干，而多重壁篱(multiple cordon)有三个或更多主干。

Corm球茎 一种类似鳞茎的地下膨大茎或茎基，常常包裹着纸状被膜。老球茎每年会被顶芽或侧芽长出的新球茎代替。

Cormel新生小球茎 成熟球茎外围长出的小型球茎，一般位于被膜外部，如唐菖蒲。

Cormlet小球茎 成熟球茎基部长出的小型球茎(通常是旧被膜内部)(又见Offset)。

Corolla花冠 花朵花被的内层，由数枚离生或合生的花瓣组成。

Cotyledon子叶 种子萌发后产生的第一片或第一批叶子。根据成熟种子内含有的子叶数量，开花植物(被子植物)分为单子叶植物和双子叶植物。在裸子植物(松柏植物)中，子叶常常是轮生的。

Crocks瓦片 黏土花盆的碎片，用于覆盖花盆的排水孔，为根系提供顺畅的排水和空气流通，并防止生长基质从排水孔流失或堵塞排水孔。

Crop rotation轮作 以三四年为一个周期，在不同的菜畦中种植蔬菜作物，最大限度地减少土生病虫害的风险。

Cross-fertilization异花受精 异花授粉后导致花朵内的胚珠受精。

Cross-pollination异花授粉 来自某植株花朵花药上的花粉转移到另一植株花朵的柱头上；这一术语常常用来不严格地描述异花受精。(参看Self-pollination。)

Crown 1)根颈 草本植物的茎与根相交处，从那里长出新的枝条。2)树冠 乔木主干上方长出的分枝部分。

Crown bud 见Bud。

Culm秆禾 本科草或竹子的茎，常中空。

Cultivar品种 "栽培变种(cultivated variety)"的简称(缩写为cv)，一群(或这样一群中的某一个)拥有一个或更多特异性状的栽培植物，并通过有性繁殖或无性繁殖保持这些性状(参看Variety)。

Cutting插条 从植物体上切下来的一部分(叶、根、枝条或芽)，用于繁殖。Basal stem cutting(基部茎插条)：当植物在春天开始生长时，从植物(通常是草本植物)基部采取的插条。Greenwood cutting(绿枝插条)：春季生长缓慢下来后，从幼嫩枝条的柔软尖端采取的插条，比嫩枝插条稍硬，木质化程度稍高。Hardwood cutting(硬枝插条)：在生长季结束时，从落叶或常绿植物的成熟枝条上取下的插条。Heel cutting(带踵插条)：基部带有一小段树皮或成熟木质的插条。Internodal cutting(节间插条)：基部切口在两个茎节或生长芽之间的插条。Leaf cutting(叶插条)：从分离的叶片上或叶片一部分上采取的插条。Leaf-bud cutting(叶芽插条)：由极短的一段茎以及单个或一对芽或叶片组成。Nodal cutting(茎节插条)：基部切口位于某生长芽或茎节。Ripewood cutting(熟枝插条)：从成熟枝条上采取的插条，一般是常绿植物的，在生长期采取。Root cutting(根插条)：从半成熟或成熟的根上采取的插条。Semi-ripe cutting(半硬枝插条)：在生长季从半成熟枝条上采取的插条。Softwood cutting(嫩枝插条)：在生长期从年幼未成熟的枝条上采取的插条。Stem cutting(茎插条)：从植物茎的任何部位采取的插条。Stem tip cutting(茎尖插条)：从枝条尖端采取的任何插条；有时指的是嫩枝或绿枝插条。

Cyme聚伞花序 顶端通常较平的有限花序，中央或顶端小花首先开放。

Damping down洒水降温 用水洒湿温室地板和工作台以增加湿度，特别是在非常炎热的天气。

Deadheading摘除枯花 摘掉已经开放枯萎的花或头状花序。

Deciduous落叶植物 形容在生长季结束时落下叶片并在下一生长季开始时重新长出叶片的植物；半落叶植物只在生长季结束时落下部分叶片。

Degradable pot可降解花盆 使用可降解材料(如压缩草炭或纸)制造的花盆。

Dehiscence开裂 形容果实(通常是蒴果)和花药成熟时打开释放内容物的过程。

Determinate 1) 有限的，形容中央或顶端小花首先开放的花序，于是主花轴不能进一步扩展(参看Cyme)。2) 形容灌

木状或低矮的番茄(参看Indeterminate; Semi-determinate)。

Dibber戳孔器 用于在土壤或盆栽基质中戳孔的工具，然后在孔中插入幼苗或插条。

Dicotyledon双子叶植物 种子内拥有两片子叶的开花植物；叶脉通常呈网状，花瓣和萼片的基数为2、4或5，而且植物体有形成层(参看Monocotyledon)。

Die-back枯梢 由于受损或病害导致枝条尖端死亡。

Dioecious雌雄异株 在不同植株上分别生长雌性和雄性器官。

Disbudding除蕾 去除多余的蕾，促进优质花或果的发育。

Distal end远端(插条) 距离母株根颈处最远的一端(参看Proximal end)。

Division分株 一种繁殖方法，将植物分成数块，每块都有自己的根系以及一或更多枝条(或休眠芽)。

Dormancy休眠植物 整体暂时停止生长，且其他活动减缓的现象，通常发生在冬季；seed dormancy(种子休眠)：由于物理、化学或其他种子内在因素，即使在萌发适宜条件下种子也不萌发的现象；double (seed) dormancy(双重休眠)：由于种子内存在两个休眠因素导致的不萌发。

Double(花) 见Flower。

Double cordon 见Cordon。

Double digging双层掘地法 一种将土壤挖掘至两锹深的耕作方法。又称"trench digging"或"bastard trenching"。

Drainage排水 多余水分流出土壤的过程；也用来指排出多余水分的排水系统。

Drill播种或种植沟 土壤中一条狭窄笔直的沟，用于播种或种植幼苗。

Drupes 见Stone fruits。

Earthing up培土 在植物基部培高土壤，预防强风摇晃根系、为茎遮光，或促进茎生根。

Epicormic shoots徒长枝 从乔木或灌木树干上，由潜伏芽或不定芽生长而成的枝条(又见Water shoots)。

Epigeal 子叶出土萌发时通过伸长胚轴将种子推出土壤表面的种子类型(参看Hypogeal)。

Epiphyte附生植物 生长在别的植物上但不寄生的植物，从大气中获得水分和养分，不在土壤中生根。

Ericaceous 1)指杜鹃花科植物，它们通常是厌钙植物，并需要小于6.5或低的pH值。2) 形容pH值适合种植杜鹃花科植物的栽培基质。

Espalier树墙 一种植物整枝形式，主干垂直生长，三层(通常)或更多分枝在两侧水平生长，形成一个平面；常用于果树。

Evergreen常绿植物 形容可以保持叶

片长于一个生长季的植物；半常绿植物只能保持部分叶片生长超过一个生长季。

Eye 1) 芽眼，休眠芽或潜伏芽，如马铃薯或大丽花块茎上的芽眼。2) 花心花的中央位置，特别是如果它的颜色与花瓣不同的话。

F1 hybrids F1代杂种 使用两个纯种自交系作为亲本，杂交得到的第一代植株，产生整齐一致并高产的子代。F1代杂种结出的种子不能真实遗传。F2 hybrids（F2代杂种）：F1代杂种自交或杂交得到的后代，它们的一致性不如亲本。

Falls 垂瓣 鸢尾及其近缘植物的下垂或水平的萼片或花萼。

Family 科 植物分类中的一个级别，将相关的属归为一个科，如蔷薇科（Rosaceae）中包括蔷薇属（Rosa）、花楸属（Sorbus）、悬钩子属（Rubus）、李子属（Prunus）和火棘属（Pyracantha）。

Fastigiate 帚状分枝 （通常是乔木和灌木）垂直向上生长，几乎与主干平行。

Feathered 羽毛状苗 形容带有数个水平侧枝（"羽毛"）的一年生苗木。

Fertile 可育（植物） 能够产生有生活力的种子；开花枝条也称为可育枝，与不开花枝条（不育枝）相反。

Fertilization 受精 花粉粒（雄性）与胚珠（雌性）融合形成可育种子的过程。

Fibrous 1) 纤维状，形容细且常常分叉的根系。2) 形容含有死亡草根的壤土。

Filament 花丝雄蕊的柄，上面着生花药。

Fimbriate 毛缘 植物的带毛边缘。

Flat 平盘 描述浅种植箱和容器的美国术语。

Flat grafting 见Grafting。

Floating cloche 漂浮钟形罩 轻质薄膜材料，一般使用聚丙烯纤维织物制造（织物），放置在作物上，随着植物的生长被抬起。它能提供一定的防冻保护，同时透水透光。又称为漂浮护根（又见Cloche）。

Floret 小花 众多花组成的头状花序中的单朵小花。

Flower 花 含有繁殖器官的植物组成部分，一般围绕着萼片和花瓣。基本花型有：single（单瓣型），一轮花瓣，四至六枚；semi-double（半重瓣型），花瓣数量是正常的两三倍，通常为两三轮；Double（重瓣型），数轮花瓣，无雄蕊或极少雄蕊；fully double（完全重瓣型），花常常呈圆球形，花瓣密集，雄蕊隐藏或缺失（参看Flowerhead）。

Flowerhead 头状花序 众多小花密集地生长在一起，呈现单朵花的外形，如菊科植物的花。

Force 促成栽培 通过控制环境（一般是升高温度）促进植物生长，通常是促

进开花或结实。

Forma (f.) 变型物种内更低一级的分类单位，通常只有很小的特征变化。如大花绣球藤（Clematis montana f. grandiflora）是绣球藤（C. montana）的一个花朵更大、生长更健壮的变形；也常不严格地指物种内的任何变形。

Formative pruning 成型修剪 一种在年幼乔木和灌木上实施的修剪方法，用于得到想要的分枝结构。

Foundation planting 基础种植 花园内乔灌木的基本种植，一般是结构性的永久种植。

Frame 见Cold frame。

Framework 结构框架 乔木或灌木的永久分枝结构；主分枝决定它的最终形状；Framework plants（框架植物）：在花园中构成设计基本结构的植物（参看Foundation planting）。

Frame-working 框架嫁接(果树) 将所有侧枝剪短至主结构框架，然后将不同品种的接穗嫁接在每根主框架分枝上。

French layering 见Layering。

Friable 松散的（土壤） 质感良好易碎；能够形成适宜种植的耕面。

Frond 1)蕨叶，蕨类植物类似叶片的器官。有些蕨类会产生不育蕨叶和可育蕨叶，后者生产孢子。2) 不严格地繁殖植物的大型复叶。

Frost hardy 见 Hardy。

Frost pocket 霜穴 冷空气聚集的低洼处，常常承受严重且漫长的霜冻。

**Frost tender 见Tender。

Fruit 果实 植物经过受精的成熟子房，包含一粒至多粒种子，例如浆果、蔷薇果、蒴果和坚果；这个词也常常用来指可食用的水果。

**Fruit bud 见Bud。

Fruit set 坐果 授粉和受精后果实的成功发育。

**Fully double 见Flower。

Fully reflexed 见Reflexed。

Fungicide 杀菌剂 一类可以杀死真菌特别是导致病害的真菌的化学物质。

Genus 属 (复数形式genera) 植物分类中的一个分类级别，位于科和种之间。同属内是一群共有一系列特征的物种；例如所有七叶树物种都属于七叶树属（Aesculus）（又见Cultivar、Family、Forma、Hybrid、Subspecies以及Variety）。

Germination 萌发 当种子开始生长并发育成植株时发生的物理化学变化。

Girdling 环剥 1)由于动物或机械损伤，导致茎或分枝一圈树皮脱落，阻止水和养分抵达植物的上半部分，最终导致环剥处以上的组织全部死亡。2)见Bark-ringing.

Glaucous 蓝灰色 有一层蓝绿色、蓝

灰色、灰色或白色蜡质

Graft 嫁接 人为地将一个或多个植株的部分嫁接到另一植株上。

Graft union 嫁接接合处 砧木和接穗相结合的位置。

Grafting 嫁接 一种繁殖方法，人为将一种植物的接穗接合到另一种植物砧木上，使二者在功能上融合为一棵植株。

嫁接方法包括劈接、芽接（包括嵌芽接和T字形芽接）、平接、鞍接、侧接（见351页，仙人掌和其他多肉植物，"侧接"）、嵌接、切接以及舌接等（详见635-636页，繁殖方法，"嫁接和芽接"）。

Approach grafting（靠接）：将两个独立生长的植物嫁接在一起。一旦愈合，就将砧木植物接合处以上的部分和接穗植物接合处以下的部分移去（见528页，"嫁接番茄"）。

Grafting tape 嫁接绑带 在愈合过程中保护嫁接接合处的带子。

Green manure 绿肥 快速成熟的多叶作物，专门用于掘入土壤中增加肥力。

Greenwood cutting 见Cutting。

Grex [gx]群 用于描述兰属杂种，来源于拉丁文，意思是"一群"。

Ground colour 背景色 花瓣的主要（背景）颜色。

Ground cover 地被植物 能够迅速覆盖土壤表面从而抑制杂草的常常很低矮的植物。

Growth bud 见 Bud。

gx Grex的缩写。

Half hardy 半耐寒 指不能忍受某一气候区霜冻的植物。该术语一般暗示植物可以忍受不耐寒植物不能忍受的低温。

Half standard 半标准树 地面和最低分枝之间的主干高度为1～1.5米的乔木或灌木。

Hardening off 炼苗 使保护设施中培育的植物逐渐适应较寒冷的室外条件的过程。

Hardpan 见Pan。

Hardwood cutting 见Cutting。

Hardy 耐寒 可以在不加保护的情况下耐受周年气候条件，包括霜冻。

Haulm 茎秆 马铃薯和豆类等植物的地上部分。

Head 1) 乔木，干净树干上方的树冠。2)浓密的花序。

Head back 重剪 将乔木和灌木的主分枝剪短一半或更长。

Heading 见Heart up。

Heart up 结球 莴苣或卷心菜开始从内层形成紧密的球形叶丛。

Heavy 黏重（土壤） 拥有高比例的黏土含量。

Heel 茬插条 从主干上拽下后基部带

有的一小片树皮。

Heel cutting 见Cutting。

Heeling in 假植 暂时性的种植，等到植物可以移栽到固定位置。

Herb 1) 香草，因其医学或调味功能或者叶片有香味而种植的植物。2) 植物学上指草本植物。

Herbaceous 草本植物 非木本植物，地上部分在生长期结束时枯死到根颈处。它主要指多年生植物，不过在植物学上它们也可以指一二年生植物。

Herbicide 除草剂 用于控制或杀死杂草的化学物质。

Humus 腐殖质 土壤中化学成分非常复杂的腐败植物残骸。也常常用来指部分腐败的物质，如腐叶土或堆肥。

Hybrid 杂种 由两个不同分类单元植物（见Taxon）杂交得到的后代。同属不同物种之间杂交得到的杂种称为属内杂种。不同属物种之间杂交得到的杂种称为属间杂种（又见F1 hybrids和F2 hybrids）。

Hybrid vigour 杂种优势 某些杂种在生长势和产量上显示出的增强。

Hybridization 杂交 形成杂种的过程。

Hydroculture 溶液培养 将植物在富含养分的水中栽培，有时种植在消毒砾石中（又见Hydroponics）。

Hydroponics 水培 将植物种植在稀释营养液中。泛指任何形式的无土栽培。

Hypocotyl 下胚轴 种子或幼苗的一部分，位于子叶下。

Hypogeal 子叶 留土种子的一种萌发类型，种子和子叶保留在土壤中，而嫩茎（胚芽）伸出土壤。

Incurved 内卷 指花和小花的花瓣向内弯曲，形成紧密的圆形。

Indehiscent 不裂 形容不开裂并散发种子的果实（参看 Dehiscent）。

Indeterminate 无限 1) 指不限定于某一朵花的花序，随着下方花朵的开放，主花轴会继续生长（如翠雀的总状花序）。2) 形容高或壁篱状番茄，在合适的气候条件下，可以长到无限的高度（参看 Determinate; Semi-determinate）。

Inflorescence 花序 在一个花轴上着生的一簇花，如总状花序、圆锥花序和聚伞花序。

Informal 不规则 指的是菊花、大丽花以及其他花卉植物某些品种的不规则花型。

Inorganic 非有机 不包含碳的化学复合物。非有机肥料指天然产生或人工制造的肥料（参看 Organic）。

Insecticide 昆虫杀虫剂 一种用于控制或杀死昆虫的杀虫剂。

Intercropping 间作 将速成蔬菜和生长较慢的作物种植在一起，最大限度地利用空间。

Intergeneric hybrid 见 Hybrid。

Intermediate中间型 1) 用于描述介于翻卷型和莲座型之间的菊花花型。2) 性状表现位于两亲本之间的杂种。

Internodal cutting 见 Cutting。

Internode节间 茎上两个节之间的部分。

Interplanting间植 1) 在慢生植物之间种植速成植物，让它们一起达到观赏期。2) 将两种或更多植物种植在一起，表现不同的颜色或质感（如郁金香种植在桂竹香中）。常用在花坛中。

Interspecific hybrid 见 Hybrid。

Irrigation灌溉 1)浇水的统称。2) 使用管道或喷灌系统为植物提供受控制的灌溉。

John Innes compost约翰英纳斯基质 一种含壤土的基质，由位于英国诺威奇（Norwich）的约翰英纳斯园艺研究所开发，并制定了标准配方。

Knot garden结节花园 使用低矮的树篱或修剪整齐的香草布置成规则并且常常复杂的图案。

Lateral侧枝 从根或枝条上长出的次级枝条或根。

Layer planting分层种植 一种间植方式，成群紧密种植在一起的植物连续开花。

Layering 压条 通过诱导连接在母株上的枝条生根而起效的一种繁殖方法。基本形式是某些植物中自然发生的自我压条。方法包括：空中压条（又称为中国式压条）、法式压条、培土压条（见414页，香草花园，"培土压条"）、波状压条、简易压条、茎尖压条以及开沟压条。（详见631页，繁殖方法，"压条"。）

Leaching 淋失 表层土中的可溶性养分随着向下的排水而流失。

Leader 领导枝 1) 植物的中央茎干。2) 主分枝的顶端枝条。

Leaf 叶 一种植物器官，有各种形状和颜色，常呈扁平和绿色，着生在茎上，进行光合作用、呼吸作用和蒸腾作用。

Leaf cutting见Cutting。

Leafmould腐叶土 使用堆肥叶片制造的富含纤维的薄脆材料，可用作盆栽基质中的成分或土壤改良剂。

Leaf-bud cutting 见 Cutting。

Leaflet小叶 复叶的组成部分

Legume荚果 一室开裂果，成熟时开裂成两半，是豆科植物的果实。

Light 1) 天窗，冷床的可移动盖子。2) 轻质，形容沙子比例高、黏土含量低的土壤。

Lime石灰 泛指众多含钙复合物；土壤中的石灰含量决定着它是碱性、酸性还是中性的。

Line out 列植 将年幼植株或插条成排移植在育苗床或冷床中。

Lithophyte岩生植物 一种在岩石（或多石头的土壤）上自然生长的植物，通常从大气中吸收养分和水分。

Loam壤土 该术语用于描述中等质感的土壤，包含或多或少量的沙子、粉砂和黏土，并且一般富含腐殖质。如果某种成分的含量较高，该术语又可调整为粉砂壤土、黏质壤土或砂质壤土。

Maiden 一年生嫁接乔木苗（又见Whip）。

Maincrop主要作物（蔬菜） 这些品种可以在整个生长季产出作物，比早熟或晚熟品种的生产期都长。

Marginal water plant水边植物 生长在池塘或溪流边缘，半沉入浅水或在永久湿润土地上生长的植物。

Medium 1) 基质，可以用于种植或繁殖植物的混合基质。2) 中度土壤，介于黏重和疏松土壤之间的中间类型（又见Loam）。

Meristem分生组织 可以分裂形成新细胞的植物组织。茎尖和根尖包含分生组织，可用于微体繁殖。

Micronutrients微量元素 对植物非常重要，但需求量很小的化学元素，又称为trace elements（又见Nutrients）。

Micropropagation微体繁殖 通过组织培养繁殖植物。

Midrib 叶中脉。

Module 穴盘指各种类型的容器，特别是那些用于播种和移栽幼苗，有多个穴孔的类型。

Monocarpic一次结实 植物在死亡前只开一次花，结一次果实；这样的植物需要数年才能长到开花大小。

Monocotyledon单子叶植物 种子中只有一片子叶的开花植物；它们还有叶脉平行的狭窄叶片，花器官的基数为3。

Monoecious雌雄同株 在同一株植物上开雄花和雌花。

Monopodial单轴的 从茎上的顶芽无限地生长下去（参看Sympodial）。

Moss peat见Peat。

Mound layering见Layering。

Mulch护根 施加在土壤表面的一层材料，可以抑制杂草、保持湿度并维持相对凉爽均匀的根系温度。

Multiple cordon 见Cordon。

Mutation突变 受到诱导或自发产生的基因改变，常常导致枝叶出现彩斑或花朵出现与母株不同的颜色。又称sport。

Mycorrhizae根瘤菌 与植物根系互利共生的土壤真菌。

Naturalize自然式种植 就像在野外一样营建生长。

Neck 见 Collar。

Nectar 花蜜 植物蜜腺分泌出的甜味液体；常常可以吸引授粉昆虫。

Nectary蜜腺 常出现在花中的腺体组织，但有时也会出现在叶和茎上，分泌花蜜。

Neutral中性（土壤） pH值为7，既不呈酸性，也不呈碱性。

Nodal cutting 见Cutting。

Node节 茎上生长一个或更多叶、枝条、分枝或花的地方。

Non-remontant非一季多次开花 一次完成全部开花或结实的植物（参看Remontant）。

Nursery bed育苗床 用于萌发种子和继续种植年幼植株的区域，然后将它们移栽到别的固定位置上。

Nut坚果 内含一粒种子的不开裂果实，有坚硬或木质外壳，如橡子。可泛指所有带木质或革质外壳的果实或种子。

Nutrients养分 用于生成蛋白质和其他植物生长必需物质的矿物质（矿物质离子）。

Offset吸芽 通过自然增殖方式出现的年幼植株，一般位于母株基部，在鳞茎中，吸芽现在被膜内形成，不过后来从中分离。又称为offshoots。

Offshoot 见Offset。

Open-pollination开放授粉 自然授粉（又见Pollination）。

Opposite对生 描述两个叶片或其他植物器官在茎或轴上以相同高度生长在对侧（参看Alternate）。

Organic有机 1)在化学上，指的是来自分解的植物或动物体，含有碳的化合物。2)泛指来自植物材料的护根、基质或相似材料。3) 还可以形容不使用人工合成或非有机材料进行的作物生产和园艺活动。

Ovary子房 花朵雌蕊的基部，包含一个或更多胚珠；受精后可以发育成果实（又见Carpel）。

Ovule胚珠 子房的一部分，受精后发育成种子。

Oxygenator产氧植物 向水中释放氧气的沉水水生植物。

Pan 1) 种植盘，陶制或塑料浅花盆，宽度并深度大得多。 2)硬质地层，一层不透水不透气的土壤，阻碍根系生长和排水。某些硬质地层会在黏土或富铁土壤中自然发生。因为大雨或灌溉过量或者连续使用耕作机械导致的土壤结壳（见Capping），也可称为硬质地层。

Panicle圆锥花序 一种无限有分枝的花序，常常由数个总状花序组成（见Raceme）。又可泛指任何分枝的花序。

Parterre花坛花园 包含观赏花坛的平整区域，常常是低矮的植物被围合在低矮的树篱之中（参看 Knot garden）。

Parthenocarpic单性结实 不进行受精而生产果实。

Pathogens病原体 一类致病微生物。

Pathovar (pvar.) 致病变种 几种病菌物种的次级分类单位。

Peat草炭 半腐败、富含腐殖质的植物材料，形成于沼泽土表面。Moss或sphagnum peat（泥炭藓）：大部分来自半腐败的泥炭藓，用于盆栽基质。Sedge peat（莎草草炭）：来自莎草、泥炭藓以及石南属植物；它比泥炭藓更粗糙，不太适合用于盆栽。

Peat bed草炭苗床 使用草炭块建造的苗床，其中填充草炭含量很高的土壤；用于种植喜酸植物。

Peat blocks 草炭块 从自然草炭沉积层中切割下来的块。

Peat-substitute草炭替代物 描述许多不同有机材料，如椰壳纤维的术语，这些材料可以代替草炭用于盆栽基质和土壤改良剂。

Peduncle 花梗 单朵花的柄。

Peltate盾形(叶片) 叶柄一般连接在叶片背面中央的叶片；有时叶柄可能偏离中心，位于叶片边缘。

Perennial多年生 严格地指可以生长至少三个生长季的任何植物；一般用来指草本植物和木本植物（如乔木和灌木）。

Perianth花被 花萼和花冠的合称，特别是当它们非常小的时候，如在许多球根花卉中。

Perianth segment花被片 花被的一部分，形状通常像花被，有时称作被片。

Perlite珍珠岩 由膨胀火山矿物质组成的小型颗粒，加入生长基质以改善透气性。

Perpetual四季开花型 形容在整个生长季或很长一段时间内都有花连续开放的植物。

Pesticide杀虫剂 一种化学物质，通常是人工生产的，用于杀死包括昆虫、螨虫和线虫的各种害虫。

Petal花瓣 一种变态叶，常常有鲜艳的色彩；一般是双子叶植物花冠的一部分（参看Tepal）。

Petiole叶柄。

pH 衡量酸碱度的方法，园艺上用于土壤。取值范围是1~14；pH值为7是中性，7以上是碱性，低于7是酸性（又见Acid，Alkaline，and Neutral）。

Photosynthesis光合作用 在植物体内通过复杂的反应生产有机化合物的过程，需要叶绿素、光能、二氧化碳和水。

Picotee花边 形容拥有鲜艳颜色的狭窄边缘的花瓣。

Pinching out摘心 摘除植物的茎尖生长点（使用大拇指和手指），促进侧枝生长和花蕾形成。又称为"stopping"。

Pistil见Carpel。

Pith髓(茎) 茎中央的柔软植物组织。

Pleaching编结 将种植成一排的树木的分枝编织并整形，形成一面墙或一项华盖。

Plumule见Hypogeal。

Plunge齐边埋 将花盆齐边埋入草炭、沙子或土壤苗床中，保护植物的根系，或帮助植物抵御极端温度。

Pod荚果 这个术语定义并不明确，一般用来指任何干燥、开裂的果实；特别是用于豌豆和豆类。

Pollarding截顶 将乔木的主分枝定期剪短至树干，或者至短分枝框架，高度通常为大约2米（参看Coppicing）。

Pollen花粉 植物花药中形成的雄性细胞。

Pollination授粉 花粉从花药转移到柱头上（又见Cross-pollination、Open-pollination和Self-pollination）。

Pollinator授粉者 1) 传播花粉的中介或方法（如昆虫，风等）。2) 在果树种植中，描述用来提供花粉以保证其他自交不育或半自交不育品种坐果的品种。

Polyembryonic多胚的 一个胚珠或一粒种子中含有不止一个胚。

Pome fruit梨果 通过子房和花托（花萼和花冠的融合基部）融合在一起发育而成的坚实肉质果实；如苹果或梨。

Pompon蜂窝型 几乎呈球状的小型头状花序，由大量小花组成。

Potting compost（又称potting mix或potting medium）盆栽基质 壤土、草炭替代物（或草炭）、沙子以及养分以不同比例配制的混合物。无土基质不含壤土，主要成分是添加了养分的草炭。

Potting on换盆 将某植株从一个花盆移栽到更大的花盆中。

Potting up上盆 将幼苗移栽到装有基质的独立花盆中。

Pricking out移栽幼苗 将幼苗从萌发的苗床或容器中移栽到有空间继续生长的地方。

Propagation繁殖 通过种子（通常是有性的）或营养（无性）方式增加植物数量。

Propagator增殖箱 一种为培育幼苗、插条生根或其他繁殖材料提供湿润空气的结构。

Proximal end近端（插条） 距离母株根颈处最近的一端（参看 Distal end）。

Pseudobulb假鳞茎 合轴兰花的（有时候很短的）根状茎上长出的加粗鳞茎状茎。

Quartered rosette四分莲座状 莲座型花，花瓣排列成四等分。

Raceme总状花序 一种无限不分枝花序，在一根长主轴上着生许多小花。

Radicle胚根 幼嫩的根。

Rain shadow雨影区 靠近墙壁或栅栏，不受盛行风影响，因此接受的降雨量比露地更少的区域。

Rambler 蔓生攀援植物。

Ray flower（或floret）舌状花（小花）菊科头状花序最外层，拥有管状花冠的

小花。

Recurved翻卷 形容向后弯曲的花朵或花序的花瓣。

Reflexed反卷 形容突然向后弯曲，超过90°的花朵或花序的花瓣。它们有时被称作完全反卷。泛指任何花瓣或花被片翻卷的花朵。

Remontant一季开花多次 形容在生长季不止开一次花的植物（常用于月季和草莓）（参看Non-remontant）。

Renewal pruning更新修剪 不断将侧枝剪短，刺激新长出的侧枝代替它们。

Respiration呼吸作用 通过化学变化，从复杂的有机分子中释放能量。

Revert逆转 回到初始状态，例如彩叶植物长出普通绿色叶片。

Rhizome根状茎 一种特化的、常常水平匍匐生长的膨大或柔软地下茎，起到储藏器官的作用，并长出气生根。

Rib肋枝 扇形整枝树木的辐射状分枝。

Rind外皮 灌木或乔木形成层外的外层树皮。

Ripewood cutting见Cutting。

Root根 植物的一部分，一般位于地下，锚定植物并吸收水分和养分（又见Aerial root）。

Root ball 根坨 当植物从容器或露地挖出时的根系以及附带的土壤或基质。

Root cutting见Cutting。

Root run 根区 植物的根系可以扩展到的地方。

Root trainers 长而柔韧的无底花盆，在商业上用于种植深根性乔木幼苗。它们可以促进长的纤维状根生长，有助于帮助幼苗快速恢复。

Rooting生根 根系的产生，一般指的是插条。

Rooting hormone生根激素 一种粉末或液态化学物质，在低浓度下使用，促进根系生长。

Rootstock砧木 用于为嫁接植物提供根系的植物。

Rose花洒（洒水壶） 穿孔喷嘴，用于扩散和调节水流。

Rosette莲座 1) 从大约同一个位置辐射长出的簇生叶片，常常生长在极度短缩的茎上。2) 花瓣或多或少呈圆形排列。

Rotation见Crop rotation。

Rounded球状 有规律地内卷。

Runner走茎 水平伸展、常常很柔软的茎，在地面横走，茎节处生根形成新的植株。常与匍匐枝混淆。

Saddle grafting见Grafting。

Sap树液 植物细胞和维管组织中包含的汁液。

Sapling树苗 年幼乔木；木质部硬化之前的幼年苗木。

Scandent攀援 攀爬或松散地攀援（又见Climber）。

Scarification 1) 划伤种皮，对种皮进行机械摩擦或化学处理，以加快吸收水分并促进萌发。2) 翻松，使用松土机或耙将苔藓或枯草层从草坪中清除出去。

Scion接穗 从一个植物上切下的枝条或芽，用于嫁接在另一个砧木植物上。

Scrambling climber 见Climber。

Scree岩屑堆 由风化岩壁产生的碎石坡。在花园中被模仿成岩屑床，其中可以种植需要顺畅排水的高山植物。

Sedge peat 见Peat。

Seed种子 成熟的受精胚珠，含有一个可以发育为成年植株的休眠芽。

Seed dormancy 见Dormancy。

Seed leaf 见Cotyledon。

Seedhead 任何包含成熟种子的果实。

Seedling实生苗 种子发育而成的年幼植株。

Selection选种 因特定性状被选择的植物，一般进行繁殖以维持该性状。

Self layering见 Layering。

Self-clinging climber 见 Climber。

Self-fertile自交可育 使用自己的花粉受精后可以发育出有生活力种子的植物（又见Fertilization、Pollination、Self-pollination和Self-sterile）。

Self-incompatible见 Self-sterile。

Self-pollination自交授粉 花药上的花粉转移到同一朵花或同一植株不同花的柱头上（参看Cross-pollination）。

Self-seed自播 在母株周围散播可育种子形成实生幼苗。

Self-sterile自交不育 无法通过自交授粉获得可育种子的植物，需要不同授粉者才能成功受精。又称为"self-incompatible自交不相容"。

Semi-deciduous见Deciduous。

Semi-determinate半有限型 形容高或壁篱式番茄，只能长到1~1.2米（参看Determinate; Indeterminate）。

Semi-double见 Flower。

Semi-evergreen 见 Evergreen。

Semi-ripe cutting见Cutting。

Sepal萼片 花被的最外一轮，通常小且绿，不过有时候颜色鲜艳并像花瓣。

Serpentine layering见 Layering。

Set 1)经过挑选用于种植的小型洋葱、青葱鳞茎或马铃薯块茎。2) 形容经过成功受精并产生小果实的花朵。

Sexual reproduction有性生殖 一种需要受精的生殖方式，产生种子或孢子。

Sheet mulch薄膜护根 一种使用人工制造材料（如塑料）的护根。

Shoot 枝条 分枝、茎或小枝。

Shrub灌木 一种木质基础植物，通常从基部或近基部分枝，缺少主干。

Side grafting 见 Grafting。

Sideshoot侧枝 从主枝两侧长出的枝条。

Side-wedge grafting见Grafting。

Simple单（主要指叶） 不分裂的（参看Compound）。

Simple layering 见 Layering。

Single见Flower。

Single cordon 见 Cordon。

Single digging单层掘地 一种掘地方法，只将表层土翻至一锹深。

Snag残桩 修剪不当留下的短桩。

Softwood cutting见Cutting。

Soil mark土壤标记 植物的茎上显示的挖出之前原来土壤表面的印记。

Species物种 植物分类的单位，位于属下，包括紧密相关、非常相似的个体。

Specimen plant 标本植物 单株非常醒目的植物，通常是茂盛的乔木或灌木，种植在可以清晰地看到的地方。

Spent 凋谢（花） 正在枯萎或死亡。

Spike穗状花序 一种总状花序（见Raceme），因此也是无限花序，沿着主轴着生小花，小花无柄。

Spikelet小穗状花序 小型穗状花序，构成复合花序的一部分；常见于禾本科植物。

Spit铁锹 铲面的深度，通常为25~30厘米。

Splice grafting见Grafting。

Spliced side grafting见Grafting。

Spliced side-veneer grafting见Grafting。

Sporangium孢子囊 在蕨类植物上产生孢子的结构。

Spore孢子 不开花植物如蕨类、真菌和苔藓的微小生殖结构。

Sport见Mutation。

Spray分枝 花梗上的一群花或头状花序，如菊花和康乃馨。

Spur 1) 距花，瓣上的中空凸起，常常产生花蜜。2)短枝，生长花芽的短小分枝，常见于果树。

Stalk梗 叶或花梗部的统称（如叶柄、花梗）。

Stamen雄蕊 植物的雄性生殖器官，由产生花粉的花药和支撑花药的花丝组成。

Standard 1) 标准苗第一分枝下的树干至少高两米的乔木（又见Half-standard）。2) 经过整枝，在分枝下拥有一段干净树干（月季需要有1~1.2米高）的灌木。3) 旗瓣，鸢尾花被中三片位于内层且常常直立的花瓣。4)旗瓣，豆科蝶形花亚科植物花瓣中最大且常常位于顶端的花瓣。

Station sow定点播种 逐个播种种子，或者沿着一条线或播种沟按照固定间距小批播种。

Stem茎 植物的主轴，通常位于地面

园艺百科全书（典藏版）

之上，并支撑叶、花和果实。

Stem cutting 见Cutting。

Stem tip cutting 见Cutting。

Sterile不育 1)不开花或产生可育种子（参看Fertile）。2)形容没有功能健全雄蕊和雌蕊的花（见Carpel）。

Stigma柱头 心皮的顶端结构，通常由花柱支撑，在受精前接受花粉。

Stock见 Rootstock。

Stock plant母株 用于获取繁殖材料的植物，无论是种子还是营养繁殖材料。

Stolon匍匐枝 一种水平伸展或拱形的茎，常常位于地面之上，在尖端生根产生新植株。常与走茎混淆。

Stone fruits核果 又称"drupes"，有一个或更多种子包裹在肉质、通常可食用的组织中。它们通常是李属植物（如杏、李子、樱桃等）和其他植物如芒果的果实。

Stool新枝 从植物基部产生的大量一致的枝条，例如某些经常剪短的灌木，用于产生繁殖材料，还有菊花等。

Stooling 1) 培土压条法，见Layering。2) 通过平茬定期修剪木本植物。

Stopping 见Pinching out。

Strain 品系松散、定义不明的术语，有时指种子培育植株的种系；该术语不被国际栽培植物命名法规承认，因为它定义不明确。

Stratification层积 将种子储藏在温暖或寒冷条件下以克服休眠，并帮助萌发。

Stylar column复合花柱 多枚花柱融合在一起。

Style花柱 心皮拉伸延长的部分，位于子房和柱头之间，有时不存在。

Subfamily亚科植物 分类中的一个单位，科下的次级类群。

Sub-lateral次级侧枝 从侧枝或分枝上长出的侧枝。

Subshrub亚灌木 1)完全木质化的低矮植物。2)基部木质化，但上方枝条柔软通常呈草本状的植物。

Subsoil底层土 表层土下方的那层土壤；它们通常比较贫瘠，质地和结构也比表层土差。

Subspecies亚种 种下的分类单位，比变种或变型更高一级。

Succulent多肉 (植物) 拥有肥厚肉质枝叶，可以储存水分的植物。所有仙人掌都是多肉植物。

Sucker萌蘖条 1)从植物的根系或地下茎长出的枝条。2)在嫁接植物中，萌蘖条指的是任何从嫁接接合处之下长出的枝条。

Sympodial合轴枝条的 有限生长，以花序结束；生长由侧芽继续（参见Monopodial）。

Systemic内吸型 形容被植物吸收并分配到全株的杀虫剂或杀菌剂，一般施

加在土壤或叶面上。

Tap root主根 植物向下垂直生长的主根系（特别是乔木）；泛指任何向下生长的强壮的根。

Taxon分类群（复数形式 taxa） 处于任何一个分类级别的一群植物；用于形容共有某些特定性状的植物。

T-budding 见 Grafting。

Tender不耐寒 容易被冻伤的植物。

Tendril卷须 一种变态叶、分枝或茎，通常呈丝状（长而柔软），并且能将自己连接在支撑结构上（又见Climber）。

Tepal被片 单片花被，无法区分是花瓣还是萼片，就像番红花和百合一样（又见Perianth segment）。

Terminal顶部的 位于茎或分枝的顶端；通常指芽或花朵。

Terminal bud 见 Bud。

Terrarium玻璃容器 使用玻璃或塑料制造的密闭容器，在其中种植植物。

Terrestrial地生 生长在土壤中；陆地植物（参看Epiphyte以及Aquatic）。

Thatch枯草层 草坪表面积累的一层死亡有机物质。

Thin轻薄(土壤) 泛指贫瘠的土壤，主要原因是结壳和干旱。

Thinning疏减 去除部分幼苗、枝条、花或果蕾，以增强剩余部分的生长和品质。

Tilth细耕面 通过耕作创造出的细腻疏松土壤表面。

Tip layering 见Layering。

Tip prune茎尖修剪 剪短枝条的生长尖端，以促进侧枝生长或去除死亡部分。

Tissue culture组织培养（植物） 在人工基质中的无菌条件下生长植物组织。

Top-dressing表面覆盖 1) 将可溶性肥料、新鲜土壤或基质施加到植物周围的土壤或草坪表面，以补充营养。2)施加在植物周围土壤表面的装饰性覆盖物。

Topiary树木造型 对乔、灌木进行修剪和整枝，得到各种复杂几何或自由形状的艺术。

Topsoil表层土 最上层的土壤，通常最肥沃。

Trace element见Micronutrients。

Trailing climber 见Climber。

Translocated转运型（可溶性营养元素或杀虫剂） 在植物的维管束系统（疏导组织）内移动。

Transpiration蒸腾作用 从植物的叶和茎蒸发而损失水分。

Transplanting移植 将植物从一个位置转移到另外一个位置。

Tree乔木 木本多年生植物，通常有明确的主茎或树干，上方是分枝树冠。

Trench digging 见Double digging。

Trench layering 见Layering。

True真实遗传（育种） 自交授粉（见Self-pollination）后得到的后代与亲本相似的植物。

Trunk树干 乔木的加粗木质主干。

Truss 浓密紧凑的花序或果序。

Tuber块根或块茎 一种膨大的器官，通常位于地下，由茎或根发育而成，用于储藏养料。

Tufa凝灰岩 多孔隙的凝灰岩，可以吸收并保持水分；用于栽培难以在园土中生长的植物。

Tunic 被膜鳞茎或球茎的纤维状膜或纸状外皮。

Tunicate被膜的 包裹在被膜中。

Turion 1) 膨胀芽，某些水生植物产生的从母株分离出去的越冬膨大芽。2) 根出条，有时可以描述不定枝条或萌蘖条。

Twining climber 见Climber。

"U" cordon 双重壁篱式

Underplanting下层种植 将低矮植物种植在较大植物下方。

Union见Graft union。

Upright峭立 形容分枝垂直或半垂直生长的植物株型（参看Fastigiate）。

Urn-shaped坛状（花） 球状至圆柱状，开口有些内收；U型。

Variable变异的 在性状上产生变化；特别是种子培育的植株在性状上与母株不同。

Variegated彩斑 拥有各种颜色的不规则图案；尤其用于形容带有白色或黄色色斑的叶，但不限于这些颜色。

Variety 1) 变种，在植物学上，指野生物种自然产生的变种，介于亚种和变型之间。2) 还常用（但并不精确）于描述任何一种植物的变化类型（参看Cultivar）。

Vegetativegrowth营养生长 不开花，通常只长叶片的生长。

Vegetative propagation营养繁殖 通过无性繁殖的方法增殖植物，通常会得到基因相同的植物。

Vermiculite蛭石 一种轻质云母状矿物，保水和透气性良好，常用于扦插基质和其他盆栽基质。

Water shoots徒长枝 一般形容常常出现在乔木树干或分枝修剪伤口附近生长的徒长枝。

Whip鞭状苗 没有侧枝的年幼实生苗或嫁接树苗。

Whip grafting 见 Grafting。

Whip-and-tongue grafting见 Grafting。

Whorl轮 三个或更多器官从同一个地点长出。

Widger小锄子 一种刮铲形状的工具，用于移植或移栽幼苗。

Windbreak风障 任何遮挡植物并过

滤强风的结构，常常是树篱、栅栏或墙壁。

Wind-rock风撼 强风将植物根系吹得不牢靠。

Winter wet冬季潮湿 冬季土壤中积累的过多水分。

Woody木本的 描述的是坚硬加粗而不是柔韧的茎干或树干（参看Herbaceous）。

Wound伤口 植物被剪切或受损区域。

Wound paint伤口涂料 修剪后涂抹在伤口上的专用涂料。

索 引

園艺百科全书（典藏版）

园艺百科全书（典藏版）

致谢

照片来源

出版者感谢以下人员和机构慷慨地同意复制他们的照片。

（注释：a－上；b－下/底部；c－中；f－远；l－左；r－右；t－顶部）

页面上的位置是先从顶端至底端，再从左至右列出的。

植物图谱中的照片是先横排从左至右，然后从顶部排向下至底部排，有时会有标注。当图片出现在逐步展示中时，按照标注赋予序号。

viii Dorling Kindersley: Alan Buckingham (c). 4 D. Hurst/Alamy (cr). The Garden Collection: Liz Eddison/Designer: Julian Dowle. RHS Chelsea Flower Show 2005 (b). 6 The Garden Collection: Derek Harris (l). 7 GAP Photos Ltd: Jo Whitworth/The Garden House, Devon (b). 8 Alamy Images: Keith M Law (l). 15 Andrew Lawson (t). 18 Andrew Lawson: Ann and Charles Fraser. 19 Clive Nichols: Jill Billington (tr). 20 Steve Wooster (br). Garden Picture Library: Howard Rice (bl). 21 Andrew Lawson (t) (cc) (br). 22 Jerry Harpur: Jon Calderwood. 23 Andrew Lawson (b). Garden Picture Library: Lorraine Pullin (cl); Brigitte Thomas (c). Jerry Harpur: Diana Ross (cr). 24 Andrew Lawson (t). 25 Jerry Harpur (tl); Xa Tollemache (bl); Wollerton Hall, Shropshire (tr). 26 Dorling Kindersley: Peter Anderson (bl). Jerry Harpur (t); Arabella Lennox (bl). 27 Dorling Kindersley: Peter Anderson (br). Andrew Lawson: G. Robb/Hampton Court Show 1999 (tr). Jerry Harpur: Terry Welch (tl). 28 Garden Picture Library: Ron Sutherland (t). Jerry Harpur: Simon Fraser (br). 29 Andrew Lawson (b). Clive Nichols: Architectural Plants, Sussex (tr). 31 Dorling Kindersley: Peter Anderson(t r). 34 Garden Picture Library: Brigitte Thomas (tc). Jerry Harpur (bl). 35 Garden Picture Library: John Glover (bl); Zara McCallmont (br). 36 Clive Nichols . 40 Andrew Lawson: Bosvigo House, Cornwall (t). 41 Andrew Lawson (tc). 42 Garden Picture Library: Clive Nichols (bl). 43 Garden Picture Library: Steve Wooster (tr). 46 Garden Picture Library: Georgia Glynn-Smith (r); J.S. Sira (l). Andrew Lawson (tl). 47 Jerry Harpur: Old Rectory, Billingford (tc). Andrew Lawson (c) (tr), Wollerton Hall, Shropshire (tr). 48 Andrew Lawson (bl). Clive Nichols (t). 49 Andrew Lawson (tl) (tr) (bl) (br). 50 Dorling Kindersley: Peter Anderson (b l). 54 GAP Photos: Clive Nichols (cb). 55 Lauren Springer (tr). 58 Elizabeth Whiting Associates (bl). 60 Will Giles (bl). 61 The Garden Collection: Andrew Lawson (bc). Garden Picture Library: Tresco Abbey Gardens (tr). 83 Harry Smith Horticultural Photographic Collection. 92 Dorling Kindersley: Peter Anderson (b r). 108 Dorling Kindersley: Caroline Reed (bl) 109 Andrew Lawson (tl) (tr). 138 Raymond Evison (pb 7). 139 Raymond Evison (bl). 143 Dorling Kindersley: Elaine Hewson (br). 150 Gap Photos: Juliette Wade (t). 154~155 Andrew Lawson (t). 173 Garden Picture Library: JohnGlover (b). 178~179 Clive Nichols: The Old Vicarage, Norfolk (b). 180 Andrew Lawson (tr). 182 Dorling Kindersley: Elaine Hewson (tr), Caroline Reed ('乔治王'蓝菀), ('蓝色霍比特'扁叶刺芹), (马其顿川续断), (柳叶马鞭草), ('红辣椒'欧蓍草). 189 John Galbally (tc) (tr) (bla) (bfr). 202 Eric Crichton (bl). Steve Wooster (t). 204~205 GAP Photos: BBC Magazines Ltd. 212 Ted Andrews (cl). 227 Eric Crichton (box 2). 232 Eric Crichton (tl) (tr), Gillian Beckett (pb 1, 8), 233 Eric Crichton (tl) (tr). 243 Jerry Harpur (b). 249 Horticulture Research International, Kirton (ts 3). 250 Eric Crichton (pb 2). 254 Garden Picture Library: J.S. Sira. 261 Trevor Cole (t). 263 Caryl Baron: AGS/Pershore, Worcs. (tr), Wiert Nieuman (br). 290 Elizabeth Whiting Associates (br). 312 Dorling Kindersley: Emma Firth (tr). 316 Andrew Lawson (t), Jerry Harpur (bl) (br). 317 Jerry Harpur (tr), S & O Mathews Photography: Private Garden, Morrinsville, New zealand (b). 318 Dorling Kindersley: Alan Buckingham (梨). 354~355 Harpur Garden Library: Maggie Gundry, Jerry Harpur. 356 Marston & Langinger Ltd (bc). 357 Marston & Langinger Ltd (tc), Will Giles (br). 360 Andrew Lawson (t). 387 Jerry Harpur (tr). 401 Jerry Harpur (tr). 436 Dorling Kindersley: Alan Buckingham (bl). 445 Dorling Kindersley: Alan Buckingham (cr). 455 Rosemary Calvert/Photographers Choice RF © Getty (cr). 458 Elvin McDonald (b). 461 Garden Picture Library: J.S. Sira. 467 Prof. H.D. Tindall (b). 471 Dorling Kindersley: Alan Buckingham (tr). 478 Dorling Kindersley: Alan Buckingham (bl). 479 Prof. Chin (cr) (i) (bl). 480 Harry Smith Horticultural Photographic Collection (t). Prof. H.D. Tindall (b). 482 Prof. H.D. Tindall (t). 482 Birmingham Botanical Gardens (l). 483 Prof. H.D. Tindall (tr) (b). Harry Smith Horticultural Photographic Collection (tl), Royal Botanic Gardens, Kew (c). 484 A~z Collection (cl). Harry Smith Horticultural Photographic Collection (cr). 486 Prof. Chin (b). Prof. H.D. Tindall (tl) (r). 487 Prof. Chin (tl) (c) (bl). 488 A~z Collection (cr). 489 Harry Baker (cl) (c). Harry Smith Horticultural Photographic Collection (bl). 492 Jerry Harpur (tr). 496 Royal Horticultural Society, Wisley (b), 497 Boys Syndication (bl). 515 Prof. H.D. Tindall (cl) (br). 522 Prof. Chin (br). 523 Prof. Chin (t), Harry Smith Horticultural Photographic Collection (cl). 530 Prof. Chin (cl), (br) (i). 531 Elvin McDonald (cl) (i). 532 Park Seeds (bl) (r), W. Atlee Burpee & Co. (t). 543 Prof. H.D. Tindall (b). 544 GAP Photos: Gary Smith (fcra). 545 Prof. H.D. Tindall (c). 553 BCS America (c). 557 Allett Mowers . 566 John Glover . 567 John Glover (t). 591 Silvia Martin (b). 593 Jerry Harpur (t), Steve Wooster (bl). 595 Steve Wooster (bl). 598 Eric Crichton (tr). 606 Dorling Kindersley: Steven Wooster. 614 Michael Pollock: RHS Wisley (tl). 615 Garden Picture Library: Georgia Glynn-Smith (tc), Mel Watson (tr). 621 ADAS Crown © (bl-6). 638 J. Nicholas (bl). 640 Dorling Kindersley: Alan Buckingham (br). 641 Dorling Kindersley: Alan Buckingham (tr) (br), Kim Taylor (Birds). 642 Dorling Kindersley: Alan Buckingham (br). 650 ICI Agrochemicals （番茄/马铃薯疫病）, （根肿病）. Alan Buckingham （粉蚧类）, （真菌叶斑病）. Royal Horticultural Society, Wisley （火疫病）, （百合病）. Holt Studios International （杀虫剂/损伤）, （高温和灼伤）. Dorling Kindersley: Alan Buckingham （天门冬甲）. 651 Alamy Images: Papilio （天幕毛虫）. Alan Buckingham （梨锈病）, （冬尺蠖蛾幼虫）（卷叶蛾幼虫）, （花枯萎病）. Royal Horticultural Society, Wisley （杜鹃花瘿）, （郁金香疫病）, （植原体）; Horticultural Science （铁筷子黑死病）. Holt Studios International (缺氮症), (缺钾症), (缺磷症), （番茄叶霉病）. Horticulture Research International, Kirton （低温）. Dorling Kindersley: Alan Buckingham （缺镁症）. Maff Crown © （菊花花瓣枯萎病）. 652 ADAS Crown （猝倒病）. B & B Photographs （马铃薯疫病）. Alan Buckingham （灰霉病）, （疮痂病）. Holt Studios International （高温和灼伤）,（细菌性腐烂）. Horticulture Research International, Kirton （根腐病）. Dorling Kindersley: Alan Buckingham （褐腐病）, （洋葱白腐病）. Photos Horticultural （涝渍）, （冠腐病）, （铁线莲枯萎病）. Royal Horticultural Society, Wisley （病毒病）, （豌豆蓟马）, （欧洲防风草溃疡）, （啮齿动物）, （内部锈斑病）（水仙线虫）（洋葱颈腐病）（葱地种蝇）. 653 Forestry Commission （黏液流/湿木）. Harry Smith Horticultural Photographic Collection （猫和狗）. Holt Studios International (马铃薯黑腿病), (猝倒病), (马铃薯囊肿线虫), （币斑病）, （红线病）. Horticulture Research International, Kirton(缺硼症). Oxford Scientific Films (毒菇). Royal Horticultural Society, Wisley （灰霉病）, (兔子和野兔). Sports Turf Research Institute (凝胶状斑块).

额外照片来自：

Jane Burton, Peter Chadwick, Eric Crichton, Geoff Dann, John Glover, Jerry Harpur, Neil Holmes, Jacqui Hurst, Dave King, Andrew McRobb, Andrew Lawson, Andrew de Lory, Tim Ridley, Karl Shone, 和Gerry Young

Jacket images: 封面和封底: iStockphoto.com <http://iStockphoto.com> : Olga Axyutina

我们尽了一切努力寻找版权所有者。出版人向任何非有意的遗漏致歉，并希望在本书将来的版本中补全这些信息。

所有其他图片来自 ©Dorling Kindersley 更多信息见: www.dkimages.com <http://www.dkimages.com>

Dorling Kindersley 向下列人员和机构致谢：

专家意见（Specialist advice）

Mr Ted Andrews (香豌豆); Peter and Fiona Bainbridge (园林设计和建设); Harry Baker (果树); Graham Davis (水资源法规咨询方案); Dr Bob Ellis (蔬菜品种名单); Dennis Gobbee (月季杂交); Patrick Goldsworthy, British Agrochemical Association (化学防控); Ken Grapes, Royal National Rose Society; Tony Hender (幼苗); Peter Orme (岩石园设计和建设); Terence and Judy Read (葡萄品种名单); Prof. S. Sansavini (水果品种名单); Pham van Tha (水果品种名单); 以及在皇家园艺学会威斯利花园的许多工作人员，他们不吝耐心和时间，在本书编写期间提供了许多园艺技术上的建议。

提供拍照植物或地点

Mrs Joy Bishop; Brickwall House School, Northiam; Brinkman Brothers Ltd, Walton Farm Nurseries, Bosham; Denbies Wine Estate, Dorking; Mrs Donnithorne; Martin Double; J.W. Elliott & Sons (West End) Limited, Fenns Lane Nursery, Woking; Elsoms Seeds Ltd, Spalding; Mrs Randi Evans; Adrian Hall Ltd, Putney Garden Centre, London; Mr & Mrs R.D. Hendriksen, Hill Park Nurseries, Surbiton; The Herb and Heather Centre, West Haddlesey; Hilliers Nurseries (Winchester) Ltd, Romsey; Holly Gate International Ltd, Ashington; John Humphries, Sutton Place Foundation, Guildford; Iden Croft Herbs, Staplehurst; Mr de Jager; Nicolette John; David Knuckey, Burncoose Nursery; Mr & Mrs John Land; Sarah Martin; Frank P. Matthews Ltd, Tenbury Wells; Mr & Mrs Mead; Anthony Noel, Fulham Park Gardens, London; Andrew Norfield; Notcutts Garden Centre, Bagshot; Bridget Quest–Ritson; Royal Botanic Gardens, Kew; Royal Horticultural Society Enterprises; Lynn and Danny Reynolds, Surrey Water Gardens, West Clandon; Rolawn, Elvington; Mrs Rudd; Miss Skilton; Carole Starr; Mr & Mrs Wagstaff; Mrs Wye.

图片展示工具

Spear and Jackson Products Ltd, Wednesbury, West Midlands; Felco secateurs supplied by Burton McCall Group, Leicester

供应工具

Agralan, Ashton Keynes; Bob Andrews Ltd, Bracknell; Black and Decker Europe, Slough; Blagdon Water Garden Products PLC, Highbridge; Bloomingdales Garden Centre, Laleham; Bulldog Tools Ltd, Wigan; Butterley Brick Ltd, London; CEKA Works Ltd, Pwllheli; Challenge Fencing, Cobham; J. B. Corrie & Co Ltd, Petersfield; Dalfords (London) Ltd, Staines; Diplex Ltd, Watford; Direct Wire Ties Ltd, Hull; Robert Dyas (Ltd), Guildford; Fishtique, Sunbury–on–Thames; Fluid Drilling Ltd, Stratford–upon–Avon; Gardena UK Ltd, Letchworth Garden City; Gloucesters Wholesales Ltd, Woking; Harcros, Walton–on–Thames; Haws Elliott Ltd, Warley; Honda UK Ltd, London; Hozelock Ltd, Birmingham; ICI Garden Products, Haslemere; LBS Polythene, Colne; Merck Ltd, Poole; Neal Street East, London; Parkers, Worcester Park; Pinks Hill Landscape Merchants Ltd, Guildford; Qualcast Garden Products, Stowmarket; Rapitest, Corwen; Seymours, Ewell; Shoosmith & Lee Ltd, Cobham; SISIS Equipment Ltd, Macclesfield; Thermoforce Ltd, Maldon.

额外协助

Sarah Ashun, Jennifer Bagg, Kathryn Bradley–Hole, Lynn Bresler, Diana Brinton, Kim Bryan, Susan Conder, Jeannette Cossar, Diana Craig, Penny David, Paul Docherty, Howard Farrell, Roseanne Hooper, David Joyce, Steve Knowlden, Mary Lambert, Claire Lebas, Margaret Little, Louise McConnell, Caroline Macy, Eunice Martins, Ruth Midgley, Peter Moloney, Sarah Moule, Fergus Muir, Chez Picthall, Sandra Schneider, Janet Smy, Mary Staples, Tina Tiffin, Roger Tritton, Anne de Verteuil, John Walker

设计协助 Murdo Culver, Gadi Farfour, Alison Shackleton, Nicola Erdpresser, Rachael Smith, Aparna Sharma, Kavita Dutta, Elly King.

编辑协助 Fiona Wild, Aakriti Singhal, Jane Simmonds, Joanna Chisholm, Katie Dock.

图片研究 Mel Watson

第四版 2012
图片研究 Emma Shepherd
额外编辑协助 Chauney Dunford
额外设计协助 Vicky Read, Vanessa Hamilton
索引 Dorothy Frame

DK India Charis Bhagianathan, Karan Chaudhary, Rahul Ganguly, Tina Jindal, Swati Mittal, Arani Sinha, Manish Chandra Upreti, Manasvi Vohra

Dorling Kindersley 还想要感谢
来自皇家园艺学会威斯利花园的Jim Arbury, Guy Barter, Jim Gardiner, Andrew Halstead, and Beatrice Henricot在本版更新中提供的帮助。

缩写			
C	摄氏	ml	毫升
cf	相比	mm	毫米
cm	厘米	oz	盎司
cv(s)	品种	p(p).	页
F	华氏	pl.	复数
f.	变型	pv.	致病变种
fl oz	液体盎司	sp.	种
ft	英尺	spp.	种（复数）
G	克	sq	平方
in	英尺	subsp.	亚种
Kg	千克	syn.	同义
lb	磅	var.	变型
m	米	yd	码

注：当植物的全名在一段文字或名单中出现后，它们的属名会缩写为首字母。